'블루 마블(Blue Marble)' 지표 이미지

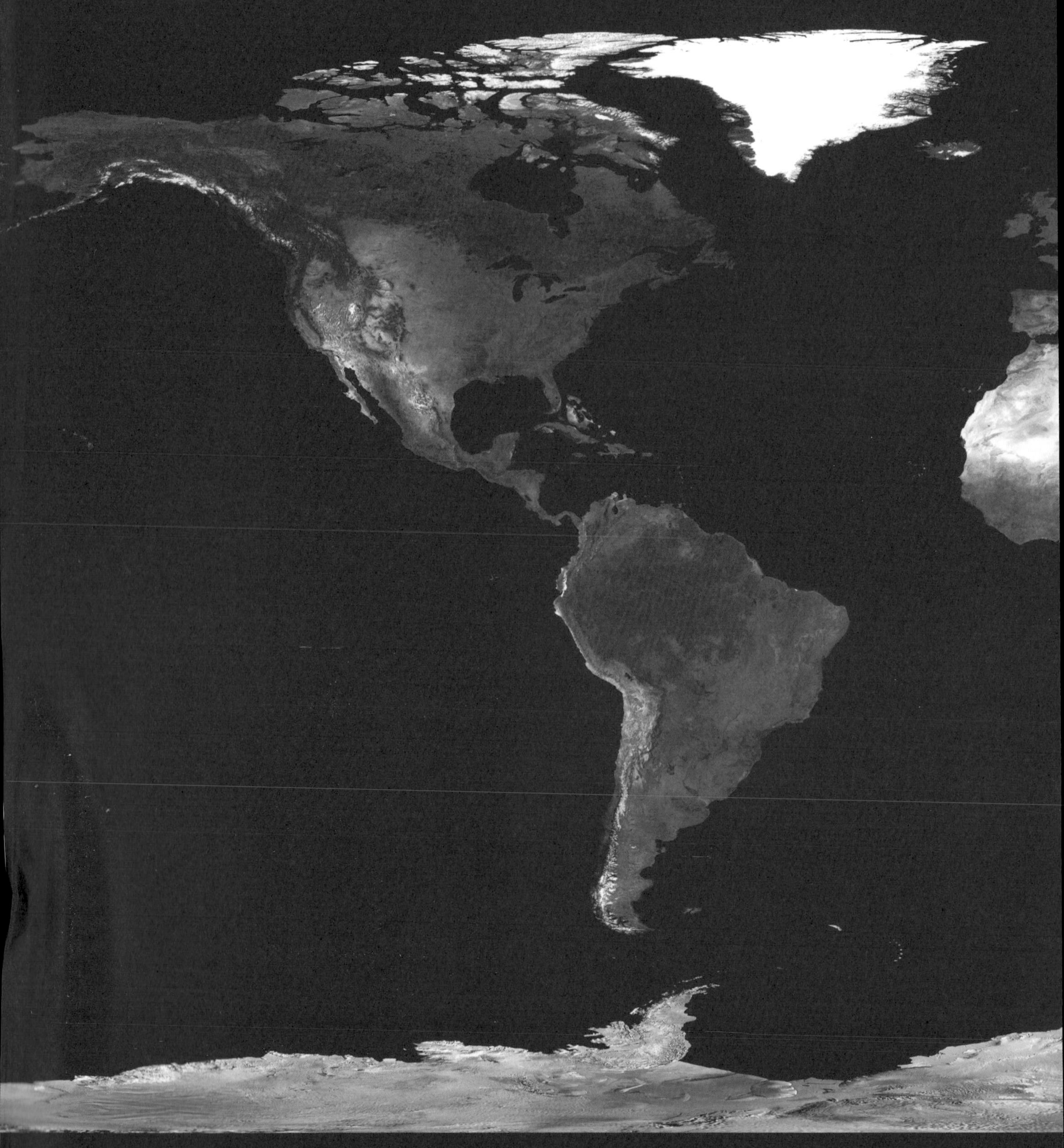

위의 이미지는 현재까지 가장 상세하고 선명하게 트루컬러(true color, 24비트 컬러)로 나타낸 지구 전체의 이미지이다. 과학자들과 시각디자이너들이 위성을 이용하여 수개월 동안 촬영한 지표면, 해양, 빙하, 구름 등의 이미지를 하나로 통합한 것이다.

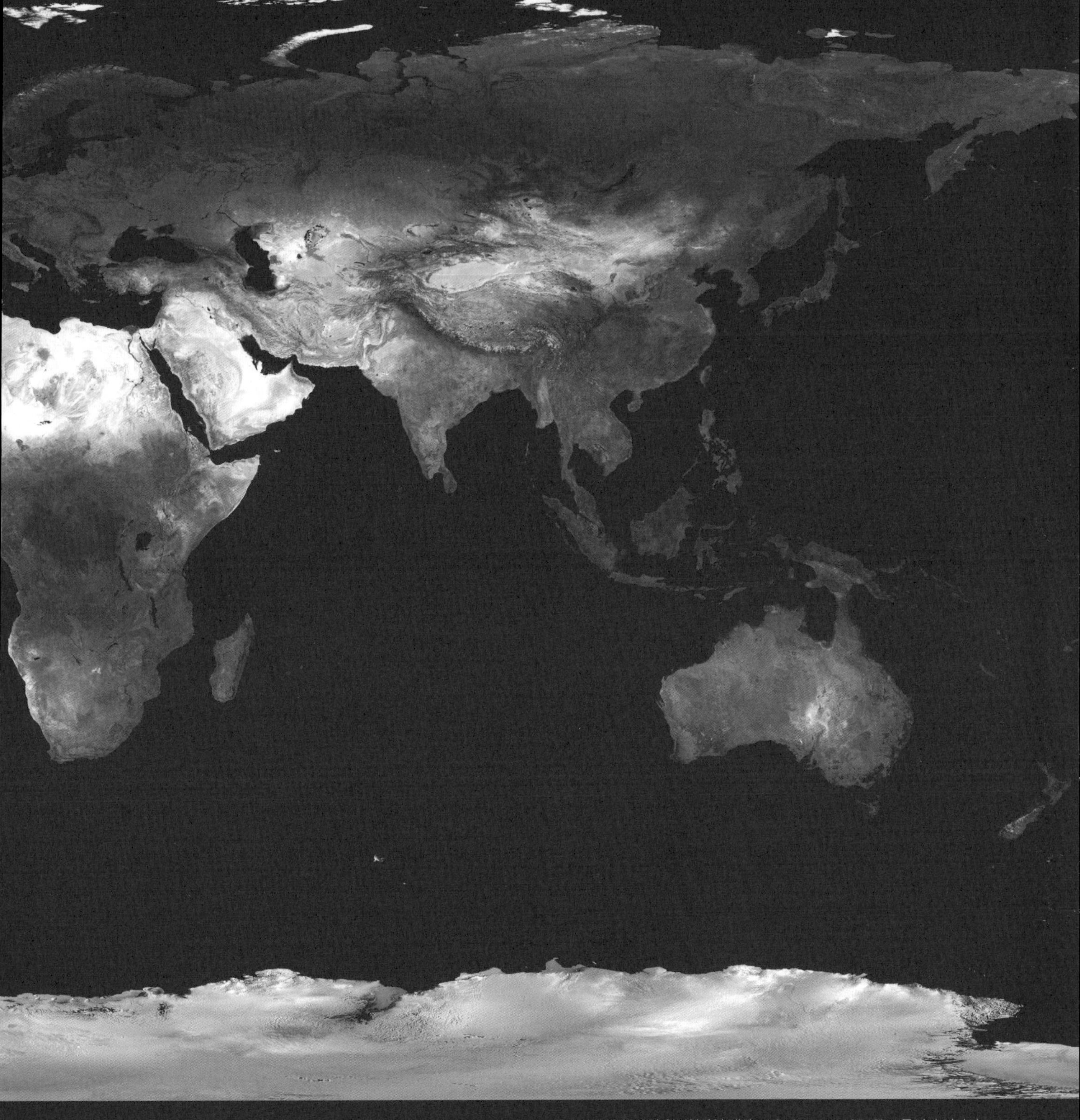

NASA/GSFC의 위성영상인 테라 모디스(Terra MODIS) 트루컬러 이미지

Introduction to Contemporary Geography
현대지리학

Introduction to Contemporary Geography
현대지리학
James M. Rubenstein, William H. Renwick, Carl T. Dahlman 지음
안재섭, 김희순, 이광률, 정희선 옮김

현대지리학

발행일 | 2013년 8월 5일 1쇄 발행

저자 | James M. Rubenstein, William H. Renwick, Carl T. Dahlman
역자 | 안재섭, 김희순, 이광률, 정희선
발행인 | 강학경
발행처 | (주) 시그마프레스
편집 | 홍선희
교정 · 교열 | 김문선

등록번호 | 제10-2642호
주소 | 서울특별시 영등포구 양평로 22길 21 선유도코오롱디지털타워 A401~403호
전자우편 | sigma@spress.co.kr
홈페이지 | http://www.sigmapress.co.kr
전화 | (02)323-4845, (02)2062-5184~8
팩스 | (02)323-4197

ISBN | 978-89-6866-079-5

Introduction to Contemporary Geography

* 책값은 책 뒤표지에 있습니다.

이 도서의 국립중앙도서관 출판시도서목록(CIP)은 서지정보유통지원시스템 홈페이지(http://seoji.nl.go.kr)와 국가자료공동목록시스템(http://www.nl.go.kr/kolisnet)에서 이용하실 수 있습니다.(CIP제어번호: CIP2013012451)

역자 서문

이 책은 미국 마이애미대학교의 지리학과 교수인 James M. Rubenstein, William H. Renwick, Carl T. Dahlman이 지리학 관련 교양 및 전공 기초 학습서로 집필한 것을 번역한 것이다. 이 책의 장점은 지리학을 전공으로 하는 경우뿐만 아니라 교양으로 학습하는 경우에도 지리학의 기본적인 개념, 이론, 연구 주제를 각종 시각적 자료를 통해 매우 쉽고 효과적으로 이해할 수 있게 하였다는 점이다. 각 장의 세부 주제에서 21세기의 주요 화두인 '세계화'와 '문화적 다양성'이라는 두 요소의 의미와 관계를 세계 여러 지역을 사례로 입체적으로 설명하고 있다는 것도 또 하나의 큰 장점이다.

이 책은 자연지리학과 인문지리학의 기본 개념과 주제를 총 14개 장으로 나누어 설명하고 있다. 각 장의 세부 주제에 대한 설명은 두 페이지에 걸친 양면 편집 형식으로 구성되어 있으며, 각종 그래프, 사진, 지도를 통해 해당 개념을 시각적으로 도해하여 효과적으로 이해할 수 있도록 하고 있다. 각 장의 세부 주제는 두 가지 핵심 질문으로 시작하여 간결한 텍스트로 설명하고, 결론 부분에서는 이 핵심 질문들을 중심으로 전체 내용을 요약한 후 각 장에서 다룬 주요 용어에 대한 정의를 제공하고 있다. 이와 함께 인터넷에서 관련 자료를 찾아보고 구글어스(Google Earth™) 이미지를 탐색하는 연습 문제를 풀어봄으로써 전체 학습 내용을 다시 상기할 수 있도록 하고 있다. 이 책을 통해 종합 학문 분야로서 지리학의 성격과 지표상에서 발생하고 있는 다양한 자연 및 인문 현상을 살펴봄으로써 세계 각 지역의 특성도 한눈에 파악할 수 있다.

역자들은 원본의 의미를 그대로 전달하기 위해 세심한 주의를 기울였으나 번역상의 오류나 미흡한 부분이 있다면 이는 전적으로 역자들의 책임이다. 앞으로 계속 고치고 보완해나갈 예정이다. 마지막으로 이 책을 출간해주신 (주)시그마프레스의 강학경 사장님과 꼼꼼하게 원고를 수정하고 편집해주신 관계자 여러분께 깊은 감사의 뜻을 전한다.

2013년 7월

역자 일동

저자 서문

새로운 형식의 지리 세계에 온 것을 환영한다. 오늘날은 영상 시대이다. 지리학은 영상과 같은 시각적인 면을 잘 활용하는 학문 분야이다. 여러분은 이제부터 Pearson 출판사가 시각적인 방법을 활용하여 제작한 지리 세계의 다양한 모습을 경험할 수 있을 것이다.

현재와 지리

이 책의 출판 목적은 여러분들이 하나의 학문 분야로서 지리학에 대해 학습할 수 있도록 하는 것이다. 지리학은 인류가 직면하고 있는 문제들에 대해서 공간적 개념을 중심으로 접근하고 있다. 이 책은 지리학 관련 교양 및 전공 기초를 위한 목적으로 활용할 수 있도록 구성되어 있다. 따라서 필자들은 이 책이 지리학의 전공 심화 과정을 학습하기에 앞서서 기초 지식을 쌓는 데 유용할 것이라고 생각한다.

이 책의 중심 주제는 21세기를 이끄는 주요 요인으로 작용하고 있는 세계화(globalization)와 문화 다양성(cultural diversity)이라는 두 축을 팽팽하게 연결하는 것이다. 세계는 점점 더 경제적, 문화적, 환경적으로 통합되어 가고 있다. 예를 들면 개별 기업 또는 국가의 활동은 세계 여러 나라 국민들에게 영향을 미치고 있다. 오늘날 경제와 문화의 세계화가 지리학 연구에 있어서 중요한 영역인 만큼 국지적 다양성 또한 동등하게 고려되고 있다. 인류는 소수민족의 언어, 종교, 경제활동 등 고유한 문화적 정체성을 보존하기 위한 노력을 기울이고 있다.

최근에 발생한 전 지구적인 이슈는 지리적 안목이 얼마만큼 필요한가를 생각하게 한다. 21세기에 접어든 이후 지난 10여 년간 지구 상에서는 우리들에게 잘 알려지지 않은 곳에서 벌어진 전쟁도 있었고, 우리들이 예견할 수 없었던 경제적 갈등도 일어났다. 지리학의 공간적 안목은 언어 · 종교와 같은 문화 특성, 인구성장 · 이동과 같은 인구패턴의 변화, 에너지와 식량 공급과 같은 자원의 경제적 변화 등에 대해서 이해하고 설명하는 데 커다란 도움을 준다.

예를 들어 지리학자들은 수자원의 분포와 소비의 연관성을 통해 물 부족 위기와 같은 심각한 문제를 예견해왔다. 지리학자들은 물의 공급지와 소비지 간의 사회, 경제, 문화, 정치, 제도의 차원에서 상이한 특성을 보이는 장소에 주목하고, 관개농업과 같이 물의 소비에 대한 공간적인 분포 특성을 기술한 다음, 이러한 분포 특성을 인간과 자연과의 관계를 고려하여 심층적으로 설명한다.

각 장의 구성

각 장은 총 11~16쪽의 양면 편집 형식으로 구성되어 있다. 각 장에 설명되어 있는 내용은 다음과 같다.

- **개요.** 첫 번째 페이지에는 단원의 간략한 소개와 함께 9~13개의 핵심 이슈가 소개되어 있다. 핵심 이슈는 여러 개의 연구 주제를 담고 있다.
- **QR 코드.** 개요에서는 QR 코드가 있어 스마트폰으로 각 장의 내용과 관련된 웹사이트를 확인할 수 있다. QR 코드로 UN이나 미국지질조사국과 같은 사이트를 통해 최신의 데이터와 통계치를 손쉽고 빠르게 확인할 수 있다.
- **주제.** 9~13쪽에 걸쳐 각 장의 핵심 이슈가 각각 설명되어 있다. 2쪽으로 구성된 소단원은 핵심 질문과 요점을 중심으로 교수 및 학습자가 편리하게 활용할 수 있도록 편집되어 있다. 각 페이지는 내용의 분류 및 검색의 편리성을 고려하여 고유한 번호 체계로 구분되어 있으며, 다음과 같은 내용들이 포함되어 있다.
  - ○ **핵심 질문과 요점.** 각 소단원은 주요 개념을 바탕으로 한 '핵심 질문'과 2개의 '요점'을 중심으로 구성되어 있다. 핵심 질문은 학습자가 주요 개념을 폭넓게 바라볼 수 있게 하며, 요점은 각 장을 학습하고 난 뒤 주제를 효과적으로 이해할 수 있게 한다. 핵심 질문과 요점이 각 장의 주제를 종합해서 파악하게 하며, 각 장의 마지막 부분에 제공된 요약 부분에서 전체 내용을 축약하여 정리할 수 있다.
  - ○ **사진과 텍스트를 통합한 지면.** 각 장의 주요 개념과 내용은 최상의 이미지를 통해 확인할 수 있다.
  - ○ **최신의 통계 자료와 이미지 제공.** 자료는 2010년 미국 센서스 자료와 2011년 인구조사국의 세계 인구 데이터에 근거한다. 근래에 발생한 정치적 분쟁, 경제불황, 일본의 지진과 쓰나미 등과 같은 최신 뉴스들이 포함되어 있다.
  - ○ **구글어스의 활용.** 각 장의 주요 내용과 마지막 부분에는 구글어스(Google Earth™)를 통해 공간 이미지 자료들을 분석하여 답변을 할 수 있는 질문이 제공되어 있다.
- **요약.** 주제 면에 이어 요약 면에서 주요 개념과 주요 용어를 복

습할 수 있게 하며, 학습자가 미디어 자료를 통해 이해도를 높이고 비판적 사고를 할 수 있게 만든다. 요약 면은 다음과 같이 구성되어 있다.

○ **핵심 질문**. 개요 면의 핵심 질문은 요약 부분에서 반복하여 전체 내용을 정리하게 함으로써 주요 내용을 효과적으로 복습하게 한다.

○ **인터넷 자료**. 해당 장의 주제와 관련된 유용한 인터넷 사이트의 URL이 제공되어 있다.

○ **지리적으로 생각하기**. 비판적 사고를 위한 질문이 제공되어 학습자에게 고차원적인 사고를 할 수 있도록 한다.

○ **탐구 학습**. 학습자가 구글어스를 이용하여 전 세계의 장소 이미지를 탐색한 후 검토한 바를 기초로 관련 질문들에 해답을 구할 수 있게 한다.

○ **핵심 용어**. 이 책에서는 해당 장에서 설명된 핵심 용어가 처음 언급될 때 볼드체로 표기되어 있다. 이 핵심 용어는 각 장의 마지막 부분에 설명되어 있으며, 부록에서 다시 한 번 확인할 수 있다.

○ **다음 장의 소개**. 다음 장에 대한 간략한 소개와 함께 해당 장과의 연관성을 언급한다.

이 책의 미디어 활용법

이 책은 미디어를 통합적으로 활용하여 강의자 및 학습자가 유연한 자기주도 학습과 평가를 하도록 한다. 이와 함께 최신의 데이터, 지도, 시각적 학습 자료, 공간 학습 도구를 제공하고 있다.

- **QR 코드**. 일반 교재에서는 학습자가 원자료와 최신 자료를 얻는 것이 용이하지 않다. 이 책에서는 각 장의 첫 페이지에 QR 코드를 제공하여 학습자가 모바일 기기로 웹사이트에 신속하게 접속하여 학습 내용과 관련된 최신 자료와 정보를 활용할 수 있게 한다.
- **구글어스**. 구글어스(Google Earth™)는 학습자에게 다양한 데이터와 디지털 미디어를 이용한 매시업을 통해 장소감을 파악하고 지구의 자연경관과 문화경관을 탐색할 수 있는 기회를 제공한다.

각 장의 주제 면과 요약 면에 제공된 구글어스의 이미지와 학습 활동을 통해 학습자는 지표와 다양한 데이터를 탐색하고 시각적 공간 데이터 분석을 하여 학습 이해도를 높일 수 있다.

주제 전개 맥락

이 책에서는 주요 주제에 대해 다음과 같은 형식으로 논리를 전개한다.

지리학자들이 사용하는 기본 개념은 무엇인가

지리학자들은 몇 가지 기본 개념을 활용하여 세계 인구의 분포와 인류의 다양한 전 지구적 활동, 그리고 이러한 활동의 패턴과 양상에 담겨진 논리를 설명해오고 있다. 제1장에서는 지리학자들이 세계를 인식하는 방법을 설명한다.

지표에는 어떤 물리적 프로세스가 나타나는가

제2~4장까지는 지표의 자연환경에 대한 개관으로서 대기 순환, 지형 변화, 생태계 역학 등 경관 형성에 작용하는 프로세스를 설명한다.

인류는 어떠한 곳에 거주하고 있는가

제5장과 6장의 주제는 지구 상에서 인구분포의 차이가 발생하는 원인으로, 세계 인구의 분포와 성장, 그리고 지역 간 인구이동에 대해 살펴본다.

문화적 집단들이 어떻게 분포되어 있는가

제7장과 8장에서는 상이한 문화적 특성들의 분포와 그 공간적 패턴으로부터 야기된 정치적인 문제들에 대해서 살펴본다. 제7장에서는 문화적 정체성을 형성하는 핵심적인 요인인 언어와 종교에 대해 다룬다. 제8장에서는 문화적 다양성으로부터 비롯된 정치적인 문제들을 집중적으로 다룬다. 지리학자들은 지역 간 문화적 양상의 유사성과 상이성에 대해서 주목하고, 공간 분포 패턴이 나타나는 이유를 고찰한 다음, 문화의 특성을 고려하여 인류 평화에 기여할 수 있는 방안에 대해서도 고려하고 있다.

지표에 상이하게 분포하고 있는 인류가 삶을 영위하기 위해 각각 어떠한 활동을 하고 있는가

인간은 생존을 목적으로 한 식량의 생산과 공급에 의존하고 있다. 인간의 다양한 활동 중 '인간이 필요한 식량을 땅으로부터 직접 경작해서 얻는지, 아니면 다른 직업에 종사하면서 벌어들인 소득으로 식량을 구입하는지'는 중요하면서 또한 의미 있는 차이이다. 제9~12장까지는 인간의 세 가지 삶의 방식, 즉 농업, 산업, 서비스업에 대해서 설명한 것이다. 제13장은 오늘날 경제, 문화 활동의 중심지인 도시에 대해 기술한다.

지구 상의 자원을 사용하면서 발생하는 이슈에는 어떤 것들이 있는가

마지막 장은 지구 상의 천연자원을 이용하면서 발생하는 이슈와 관련된 것으로서 자연지리와 인문지리에 모두 적용되는 주제이다. 지리학자들은 인류가 천연자원을 이용하기 시작하면서 초래된 자원고갈, 환경파괴, 비효율성 등의 문제들과 이로부터 기인한 문화적 문제들에 대해 관심을 기울이고 있다.

저자 소개

James M. Rubenstein

James M. Rubenstein 박사는 1975년 존스홉킨스대학교에서 박사학위를 취득하였다. Rubenstein 박사는 미국 오하이오 주 옥스퍼드에 위치한 마이애미대학교에서 지리학과 교수로 재직하며 도시지리학과 인문지리학을 강의하고 있다. 그는 *Contemporary Human Geography*를 비롯하여 고등학교와 대학교의 인문지리학 교재인 *The Cultural Landscape*를 출간하였다. 또한 자동차 산업과 관련한 연구를 진행하여 *The Changing U.S. Auto Industry: A Geographical Analysis*(Routledge), *Making and Selling Cars: Innovation and Change in the U.S. Auto Industry*(The Johns Hopkins University Press), *Who Really Made Your Car? Restructuring and Geographic Change in the Auto Industry*(W. E. Upjohn Institute, Thomas Klier 공저) 등 세 권의 책을 저술하였다.

William H. Renwick

William H. Renwick 박사는 1973년 로드아일랜드대학교에서 학사학위를, 1979년 클라크대학교에서 지리학 박사학위를 취득하였다. 캘리포니아대학교 로스앤젤레스 캠퍼스와 러트거스대학교에서 재직하였으며, 현재는 마이애미대학교의 지리학과 교수이다. Renwick 박사는 *Introduction to Geography: People, Places and Environment*를 공저로 출간하였다. 그는 지형학과 환경 문제에 관심을 갖고 있는 자연지리학자로서, 특히 미국 중서부의 농업 경관에서 하천과 호수에 인간의 활동이 미치는 영향을 연구하고 있다. 그는 목재로 만든 보트를 타고 연구 자료를 수집하기 위해 답사를 다닌다.

Carl T. Dahlman

Carl T. Dahlman 박사는 2001년 켄터키대학교에서 지리학 박사학위를 취득하였으며, 지리학 박사 과정을 이수하기 전에 사회학, 음악학, 도시 연구 분야에서 각각 학위를 취득하였다. 그는 현재 마이애미대학교의 지리학과 교수로 재직하며 정치지리학, 인구 이주, 이동성, 세계화 등에 대한 강의를 하고 있다. Dahlman 박사는 *Introduction to Geography: People, Places and Environment*를 공저로 출간하였다. 그의 연구 주제는 유럽 동남부 지역의 지정학에서 유럽 통합의 역할인데, *Bosnia Remade: Ethnic Cleansing and Its Reversal*(Oxford University Press, Gearóid Ó Tuathail 공저)을 출간하였다. 그는 사진 촬영과 아들과 함께하는 여행을 취미로 삼고 있다.

요약 차례

차례

1 지리적으로 생각하기 2

2 날씨, 기후, 그리고 기후 변화 32

3 지형 64

4 생물권 92

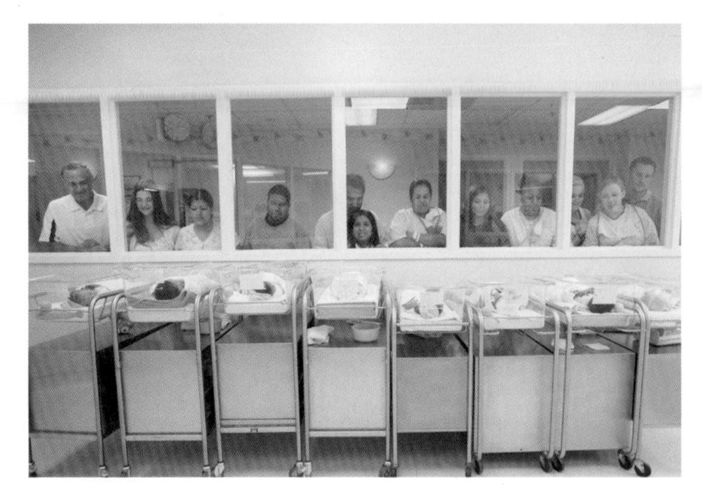

5 인구 116

6 이주 140

7 언어와 종교 164

8 정치지리학 194

9 개발 220

10 식량과 농업 244

11 산업 272

12 서비스 활동과 거주 공간 294

13 도시 패턴 318

14 자원 342

이 책의 구성

이 책은 학생들의 학습 방식을 고려하여 시각 자료, 텍스트, 능동적 학습을 위한 도구, 온라인 미디어 등을 새로운 방식으로 통합하여 제작한 지리학 입문서이다.

모든 장은 주요 개념에 기초한 '핵심 질문'을 중심으로 구성하였다. 핵심 질문은 학생들이 읽고 이해해야 하는 2개의 '요점'으로 이루어진 주제 면을 통해 학습자에게 개념에 대해 전반적으로 이해할 것을 요구한다.

사람들은 무엇을 식량으로 삼는가?

농업의 분포에 어떤 특징이 나타나는가?

농업은 어떤 도전에 직면하고 있는가?

각 장은 2쪽의 양면 편집 형식으로 구성되어 강의자가 유연하게 내용을 강의할 수 있게 한다. 각 주제 면에서는 시각 자료, 텍스트, 능동적 학습을 위한 도구, 온라인 미디어 등이 통합적으로 제공되어 해당 개념을 효과적으로 파악할 수 있게 한다.

110 생물 형태와 생태 군락의 분포는 무엇인가?

4. 생물권 111

4.9 주요 생물상

▶ 산림 생물상은 수분 과잉 지역에서 나타난다.

▶ 초지, 사막, 툰드라는 식물 성장의 주요 한계 지역에서 발견된다.

지구는 8개 주요 생물상을 포함한다(그림 4.9.1)

그림 4.9.1 주요 생물상

열대우림 / 열대사바나, 혼성 초지 및 소림 / 사막 관목 / 지중해성 소림 관목과 초지 / 활엽수림 또는 혼성활엽수림 및 침엽수림 / 침엽수림 / 중위도 프레리와 스텝 초지 / 툰드라 / 빙상

그림 4.9.2 그린란드 하레피요르드의 툰드라

툰드라

툰드라(tundra) 식생은 부드러운 줄기를 가진 작은 식물과 작은 관목에 의해 우점된다(그림 4.9.2). 이들은 바람 아래에 위치하거나 눈에 묻혀 휴면하면서 추위에 살아남고, 짧고 서늘한 여름에만 성장한다. 툰드라 식생은 매우 느리게 성장하지만 분해가 매우 느려서 유기물이 풍부한 물질이 집적되게 된다.

낙엽활엽수림

나무가 1년의 특정 기간 동안 잎을 떨어뜨리는 **낙엽활엽수림**(broadleaf deciduous forest)은 나무의 성장이 어려운 추운 계절이 존재하는 환경 조건에서 나타난다(그림 4.9.5). 여름철에는 낮이 길고 태양고도가 높아서 열대식물 성장의 60~75%에 달할 정도로 빠른 성장이 가능하지만, 이러한 성장이 가능한 계절은 5~7개월에 불과하다. 낙엽활엽수는 햇빛을 가능한 많이 받을 수 있도록 잎이 넓고 평평하다. 낙엽활엽수림은 열대우림보다 다양성은 덜하다.

그림 4.9.5 독일 튀링겐의 낙엽활엽수림

그림 4.9.6 스페인 안달루시아의 지중해성 소림

지중해성 소림 관목과 초지

지중해성 기후 지역에서는 상대적으로 작은 나무로 이루어진 혼성 소림(woodland)과 초지가 발견된다(그림 4.9.6). 이곳에서는 인간과 번개에 의한 산불이 잘 발생한다. 빈번한 산불로 많은 식물종이 분포하며, 산불에 의한 영향으로 설명할 수 있는 경관이 연속적으로 나타나기도 한다.

중위도 프레리와 초지

초지는 더운 여름, 추운 겨울, 중간 정도의 강수가 나타나는 반건조 중위도 지역에서 우세하다(그림 4.9.3). 풀은 기온과 수분 조건이 양호한 짧은 계절(일반적으로 봄과 초여름) 동안 빠르게 성장하기 때문에 이러한 기후에 매우 적합하다. 건조하거나 추운 시기 동안 이러한 식물의 지표 윗부분은 말라 버리지만, 뿌리는 휴면하며 생존한다. 이는 산불이 나더라도 생존이 가능하게 하며, 침입한 나무나 관목의 희생을 통해 가용 수분을 사용하여 빠르게 다시 성장한다. 많은 초지가 밀, 옥수수, 콩, 기타 곡물을 생산하는 농경지로 전환되었다.

그림 4.9.3 캐나다 서스캐처원의 중위도 프레리

그림 4.9.7 오스트레일리아 남부의 사막

사막

사막(desert)은 수분이 거의 없어 대부분의 지역이 황무지이며, 수분 스트레스에 완전히 적응한 식생들만 산재되어 나타난다(그림 4.9.7). 사막의 식물은 풀과 같이 다양한 유형의 가뭄에 대해 내성을 가지며 보다 습윤한 지역에서 일반적인 것이 있고, 선인장과 같이 거의 사막에서만 나타나는 것도 있다.

그림 4.9.4 코스타리카의 열대우림

열대우림

열대우림은 키 큰 활엽수가 1년 내내 잎을 유지한다(그림 4.9.4). 열대우림은 임관인 최상층을 가지며, 아래에 2개 이상의 층이 나타난다. 각 층은 서로 다른 우점종을 가지며 각 층과 관련된 동물 군락이 나타난다. 열대우림은 한 지역에서 발견되는 생물의 다양성을 의미하는 생물 다양성으로 유명하다. 열대의 식물 다양성은 대규모 동물 다양성과 부합한다. 복잡한 수직적 구조는 서식지와 종 다양성도 형성한다. 열대우림 지역에서 생물의 이러한 광범위한 다양성은 산림 벌채, 멸종, 생물 다양성에 대한 논쟁의 중심에 열대우림 생물상이 위치하게 하였다.

그림 4.9.8 미국 메인 주의 침엽수림

침엽수림

침엽수림 또는 **냉대림**(boreal forest) 생물상(그림 4.9.8). 추운 겨울 동안 낮은 습도와 결빙된 지표는 수분 스트레스를 유발하지만, 바늘잎 모양의 나무는 작은 표면적의 잎을 가지며 수분 손실을 줄여주는 수지가 코팅되어 있어 생존할 수 있다. 광범위한 냉대림은 남반구의 경우 50~70°의 위도대가 거의 없기 때문에 북반구에만 나타난다. 온대 침엽수림은 연중 식물이 성장할 수 있는 충분한 강수와 온난한 기온을 가지는 서안해양성 기후에서 나타난다. 침엽수림은 열대우림에 비해 다양성이 많이 없다.

열대사바나와 소림

사바나와 개방된 소림은 나무가 듬성듬성 자라고 있어 지표에 햇빛이 충분히 들어와서 풀과 관목이 조밀하게 자란다(그림 4.9.9). 이러한 식생은 나무가 낙엽이 질 정도로 건조한 계절이 존재함을 의미하며, 어떤 지역에서는 건조한 계절에 낙엽수가 주로 나타나기도 한다.

그림 4.9.9 동아프리카 케냐의 열대사바나

새로운 방식의 내용 요약

각 장의 마지막 부분에 제공된 새로운 방식의 내용 요약을 통해 학습자가 비판적 사고와 미디어를 이용한 학습 활동을 통해 풍부한 내용을 학습할 수 있게 한다.

각 장의 모든 면에서 핵심 질문과 요점에 대한 재검토

구글어스의 이미지 탐색을 위한 질문 제공

지구 표면은 갑작스럽고 극적인 움직임과 수백만 년 동안의 점진적인 움직임에 의해 끊임없이 변화하고 있다. 지형은 단단한 지구 내부에서 움직이는 작용과 지표 위에서의 작용 모두를 반영한다.

핵심 질문

판구조 운동은 지구 표면의 모양을 어떻게 형성하는가?

- ▶ 판 경계에서의 이동은 산맥을 형성한다.
- ▶ 모든 지진과 화산 분출은 판구조 운동과 관련되어 있다.

암석의 풍화와 퇴적물 운반은 경관을 어떻게 형성하는가?

- ▶ 암석은 작게 부서져 이동하게 된다.
- ▶ 중력과 침식작용은 사면 하부의 하천으로 퇴적물을 운반한다.
- ▶ 하천은 퇴적물을 하류로 운반하며, 그 경로를 따라 퇴적물을 범람원에 일시적으로 퇴적한다.
- ▶ 모든 경관은 지형 형성작용을 반영하는 다양한 규모와 형태의 지형들을 가진 사면과 계곡으로 이루어져 있다.

빙하와 파랑에 의해 형성된 지형은 무엇인가?

- ▶ 해안을 따라 파랑의 에너지가 집중되기 때문에 해안 지역은 급속한 침식과 퇴적이 일어난다.
- ▶ 플라이스토세 동안의 빙하작용은 전 세계 대부분 지역의 경관을 엄청나게 변화시켰다.
- ▶ 기후 변화는 빙하를 줄어들게 하며 해수면을 상승시키고 있다.

지리적으로 생각하기

1980년에 워싱턴 주 세인트헬렌스 산이 격렬하게 폭발하였다. 1989년에는 캘리포니아 주에서 로마프리에타 지진이 발생하였다(그림 3.CR.1).

1. 지도상에서 두 지점은 얼마나 멀리 떨어져 있는가?
2. 두 사건 사이에는 연관성이 있는가?
3. 연관성이 있는 이유와 연관성이 없는 이유를 제시하라.
4. 여러분이 거주하고 있는 지역 또는 부근 지역에서 발생한 가장 큰 자연재해는 무엇인가?
5. 이러한 자연재해를 일으키는 요인은 무엇인가?
6. 이러한 재해의 취약성을 줄이기 위해 여러분이 거주하고 있는 지역의 사람들은 무엇을 하고 있는가?

그림 3.CR.1 세인트헬렌스 산

인터넷 자료

미국지질조사국은 http://waterwatch.usgs.gov/에서 유량과 수자원 상황에 대한 최신의 유익한 정보를 제공해준다.

NASA의 지구 관측 사이트인 http://earthobservatory.nasa.gov/에서는 전 세계의 최근 상황을 보여주는 "Images" 페이지를 통해 유익한 위성사진을 제공해준다.

탐구 학습

곡류하천 찾아보기

구글어스를 실행하여 곡류하천을 찾아보라. 사례 하천의 위치 정보는 다음과 같다.

위치 : 31°20′N 91°4′W, 36°9′N 89° 36′W, 69°53′N 159°28′W

하천이 곡류하는 것을 보기 위해 내려다보는 높이를 10~50km로 축소하라.

곡류하는 하도를 확인할 수 있는가?

눈금자 도구를 이용하여 사진이 촬영된 시기에 하도 내에 물이 흐르는 부분만이 아니라 전체 하도를 포함시켜 하천의 폭을 측정해보라. 그다음은 하천의 곡류대가 포함되도록 하여 하도의 길이를 측정해보라(곡선을 측정하기 위해 눈금자 도구 대화상자에서 "경로"를 클릭하라.). 측정한 구간 내에 곡류대 오른쪽의 개수를 세어보고, 그 개수를 거리로 나누어보자. 그 결과값이 곡류대의 파장이며, 일반적으로 곡류대의 파장은 하천 폭의 10~15배이다.

세 지역의 사례 하천은 그러한 상관관계에 부합하는가?

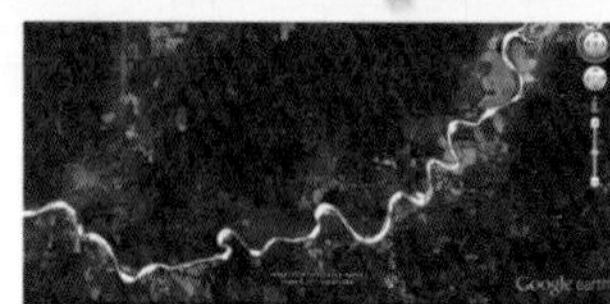

핵심 용어

곡류(meandering) 곡류대의 오른쪽과 왼쪽을 가로지르며 구불구불한 유로를 따라 흐르는 물의 모습
기계적 풍화(mechanical weathering) 물리적인 또는 기계적인 힘에 의해 암석이 더 작은 입자로 부서지는 현상
단층(fault) 암석의 이동이 일어나는 곳을 따라 형성된 지각의 균열
대륙빙하(continental glacier) 하부 지형의 통제를 적게 받는 수백에서 수천 킬로미터 범위의 두껍고 거대한 빙하
마그마(magma) 지표 하부에서 용융된 암석
맨틀(mantle) 지구의 핵 바로 위 그리고 지각 바로 아래 부분
발산 경계(divergent plate boundary) 두 판이 서로 멀어지는 판의 경계로 새로운 지각이 형성된다.
범람원(floodplain) 하천에 의한 퇴적으로 형성된 하천 하도에 인접한 낮은 평지
변성암(metamorphic rock) 일반적으로 열이나 압력에 의해 다른 종류의 암석이 변형되어 형성된 암석
변환단층 경계(transform plate boundary) 두 판이 판의 경계를 따라 서로 평행하게 이동하는 경계
빙퇴석(moraine) 일반적으로 용해 지역 부근에서 빙하에 의해 퇴적된 암석과 퇴적물이 집적된 지형
빙하(glacier) 이동하고 있는 지속적인 큰 얼음덩어리
빙하성 유수퇴적 평원(outwash plain) 빙하에서 나온 융빙수 하천에 의해 운반된 모래와 자갈이 집적된 지형으로 일반적으로 빙하 말단의 종퇴석 바로 건너편에 퇴적된다.
사면 운반작용(mass movement) 중력에 의해 지구 표면에서 암석과 토양이 사면 하부로 이동하는 현상
삼각주(delta) 하천이 호수나 바다로 들어가는 곳에 형성된 퇴적지형
성층화산(composite cone volcano) 용암 분출과 화산재의 폭발적인 분출로 형성된 화산
수렴 경계(convergent plate boundary) 두 판이 서로 만나는 판의 경계로 지각이 소멸하거나 두꺼워진다.
순상지(shield) 아주 오래된 대륙의 중심부
순상화산(shield volcano) 상대적으로 유동성이 큰 용암의 분출에 의해 형성된 상대적으로 완만한 사면을 가진 화산
쓰나미(tsunami) 해저지진에 의해 형성된 극단적으로 파장이 긴 파랑. 파랑은 수백 km/h로 이동한다.
연안류(longshore current) 해안에 평행하게 해안선을 따라 이동하는 쇄파대 내의 흐름
연안 운반(longshore transport) 연안류에 의한 퇴적물의 운반
용암(lava) 지표에 도달한 마그마
유량(discharge) 단위시간당 하천의 어떤 지점을 흐르는 물의 양
유역 분지(drainage basin) 하천을 따라 명확한 경계를 나타낼 수 있는 특정 하천으로 유출이 유입되는 지리적 범위이며, 유역 분지에서 유출된 물은 하천을 따라 이동한다.
유출(runoff) 토양 표면이든 하천이든 육지 위를 흐르는 물
지진(earthquake) 지구 내부 에너지의 갑작스러운 방출로 지각이 흔들리는 현상
지판(tectonic plate) 서로 다른 방향으로 이동하는 지각의 거대한 조각
지표류(overland flow) 보통 지면에 흡수되는 물보다 강수가 더 빨리 내릴 때 사면 위의 토양 표면에 흐르는 물
지형(landform) 산지나 계곡, 범람원과 같은 육지 표면의 특징적인 형태
진앙(epicenter) 지진의 진원에서 수직으로 지표면과 만나는 지점
진원[focus (of an earthquake)] 지구 내부에서 지진이 최초로 발생한 지점
토양 포행(soil creep) 동물이 땅을 파거나 동결과 융해에 의해 이동되는 것처럼 다양한 크기의 입자들의 개별적인 이동에 의해 일어나는 사면 하부로의 느린 토양 이동
퇴적물 운반(sediment transport) 지표의 침식작용에 의해 형성된 암석 입자의 이동
퇴적암(sedimentary rock) 지구 표면에서 여러 작은 암석 입자들이 집적되고 결합되어 형성된 암석
평형(grade) 하천의 퇴적물 운반 능력이 하천이 운반하는 퇴적물의 양과 균형을 이룬 상태
플라이스토세(Pleistocene Epoch) 약 3백만 년 전부터 시작되어 1만 2,000년 전에 끝난 제4기 초반의 지질학적 시기
해빈(beach) 파랑에 의해 운반된 퇴적물이 파랑이 부서지는 해안선을 따라 형성된 퇴적지형
해수면(sea level) 파랑과 폭풍, 조석에 의한 변이를 평균한 바다 표면의 높이
해안단구(marine terrace) 해수면이 현재보다 높았을 때 해안의 침식으로 형성된 해안선을 따라 현재의 해수면보다 높아진 거의 평평한 지표면
화산(volcano) 용암으로 마그마가 분출하는 지표의 분출구
화성암(igneous rock) 마그마의 결정으로 형성된 암석
화학적 풍화(chemical weathering) 지표에서의 화학반응을 통해 암석이나 광물이 부서지는 현상

▶ 다음 장의 소개

식생과 토양은 대기권, 수권, 암석권, 생물권 간의 물, 탄소, 영양물의 이동을 통해 기후 및 지형과 연결되어 있다. 이러한 연결, 즉 생지화학적 순환과 그에 따른 식생 및 토양의 패턴을 다음 장에서 살펴볼 것이다.

인터넷 자료 확인해보기

핵심 용어의 정의

다음 장의 소개에서 주제 소개

지리적으로 생각하기에 비평적인 질문 제공

최신 데이터와 애플리케이션

이 책에는 최신의 연구 결과, 통계치, 이미지가 제공되어 있다.

128 인구성장이 국가별로 다르게 나타나는 이유는 무엇인가?

5.6 출산율 감소

- 일부 개발도상국에서는 교육 및 보건 서비스의 확대에 힘입어 출산율이 낮아지고 있다.
- 피임법의 보급을 통해 출산율을 낮추는 개발도상국도 있다.

20세기 후반에 인구는 급격하게 증가하였다. 1970년대에 정점에 도달한 이후, 20세기 말과 21세기 초반에 세계 자연증가율은 꾸준하게 감소하고 있다. 자연증가율은 1960년대에 선진국에서 감소하기 시작하였으며 개발도상국에서는 1970년대부터 감소하기 시작하였다(그림 5.6.1).

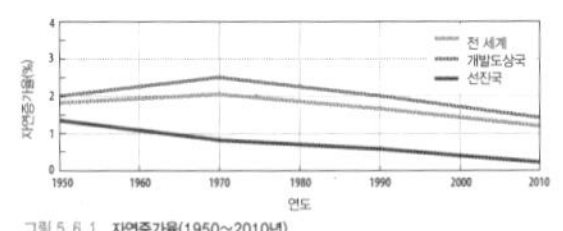

그림 5.6.1 자연증가율(1950~2010년)

대부분의 국가에서는 낮아진 출산율 때문에 자연증가율이 감소하였다(그림 5.6.2). 1980~2010년까지 조출생률이 1에 그쳤던 덴마크, 노르웨이, 스웨덴 등 북유럽 3개국을 제외한 모든 국가의 조출생률이 감소하였다.

이러한 출산율 감소에는 두 가지 전략이 작용하였다. 하나는 교육과 의료 프로그램에 대한 의존율이 상대적으로 높아진 것이며, 또

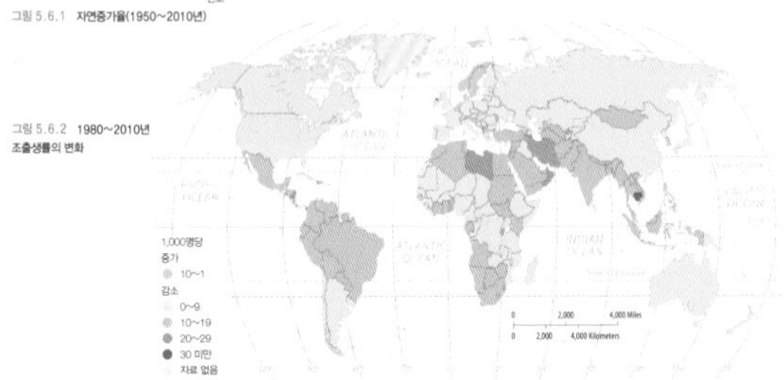

그림 5.6.2 1980~2010년 조출생률의 변화

다른 하나는 피임법의 보급이다. 국가별로 경제 및 문화적 상황이 상이하기 때문에 가장 효율적인 방법 또한 국가별로 다르다.

교육 및 의료 프로그램을 통한 출산율 감소

출산율을 낮추는 한 가지 방법은 지역 경제 상황 개선의 중요성을 강조하는 것이다. 부유한 지역은 낮은 출산율을 장려하는 교육 및 의료 프로그램을 시행할 수 있는 재정적인 여유가 있다.

- 만약 더 많은 여성이 학교에 다닐 수 있고 더 오랫동안 교육을 받을 수 있다면, 여성들은 고용에 필요한 기술을 더 많이 습득할 수 있으며 자신의 삶에 대한 경제적 주도권을 지니게 될 가능성이 높아진다.
- 양질의 교육을 통하여 여성들은 자신들이 가진 출산에 대한 권리를 더 잘 이해하고, 출산과 관련된 정보와 선택에 대해 더 많이 알게 되며, 보다 효율적인 피임 방법을 선택할 수 있게 된다.
- 의료 프로그램의 향상을 통하여 양질의 산전 프로그램 등을 실시하고 아동 예방접종을 실시함으로써 영아사망률이 감소할 것이다.

최신 데이터로 2010년 미국 센서스, 2011년 인구조사국의 세계 인구, 2011년에 발생한 일본 지진과 쓰나미 등의 최신 뉴스 기사가 포함되어있다.

QR 코드

각 장의 첫 페이지에 제공된 QR 코드를 통해 학습자가 스마트폰으로 다양한 오픈 소스의 지리학 관련 웹사이트를 확인할 수 있고, 최신의 데이터와 통계치를 손쉽고 빠르게 확인할 수 있다.

학습자는 모바일 스마트폰으로 QR 코드를 스캔하고 다음과 같은 단계를 따르면 된다.

1단계 – 앱 스토어에서 QR 코드 리더 앱을 다운로드하거나 스마트폰에 내장된 코드 리더 프로그램을 이용한다.
2단계 – 스마트폰에서 QR 코드 리더 앱을 실행하여 코드를 스캔한다.
3단계 – 스마트폰으로 웹사이트를 확인한다.

Marye Stone Dahlman(1969~2011)을 추억하며

이 책을 바친다.

Introduction to Contemporary Geography
현대지리학

1 지리적으로 생각하기

지리적으로 생각하기는 인간의 가장 오래된 활동 가운데 하나이다. 아마도 최초의 지리학자는 선사시대에 강을 건너거나 산을 오르면서 다른 쪽에 무엇이 있는지 살펴보고, 거주하는 곳으로 돌아와 관찰한 것에 대해 말하고, 가는 길을 땅에 표시해둔 사람이었을 것이다. 두 번째 지리학자는 그 땅 위의 지도를 따라 다른 쪽에 가본 친구나 친척이었을 것이다.

오늘날의 지리학자들도 우리가 살고 있는 세계에 대해 더 많이 이해하기 위해 여전히 다른 곳에 가보려고 노력하고 있다. 지리학은 지표면에 나타난 여러 사상(事象)과 그 공간적 분포의 원인을 다루는 학문이다. 제1장에서는 지리학자들이 전 세계의 인문환경과 자연환경을 연구하는 데 기초가 되는 기본 개념들을 소개한다.

지리학자들은 어떻게 위치를 설명하는가?

1.1 지리학의 소개
1.2 고대와 중세의 지리학
1.3 지도 읽기
1.4 지리 좌표
1.5 지리학의 현대적인 분석 도구

왜 지표상의 개별 지점은 고유한가?

1.6 장소 : 고유한 입지
1.7 지역 : 고유한 지리적 영역

브라질 이파네마 (Ipanema) 해변

어떻게 서로 다른 지점들이 연관되어 있는가?

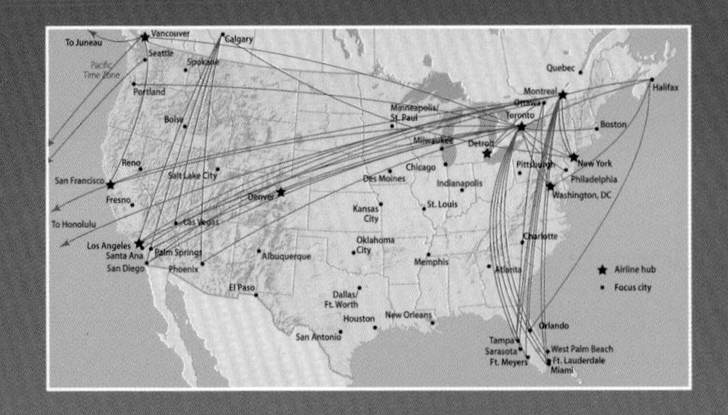

- 1.8 스케일 : 전 지구적 수준에서 국지적 수준으로
- 1.9 공간 : 사상의 분포
- 1.10 연결 : 장소 간 연계

'지리학의 세계'를 확인하려면 스캔하라.

인간과 환경은 어떻게 연계되어 있는가?

- 1.11 지구의 물리적 시스템
- 1.12 인간과 환경 간의 상호작용

1.1 지리학의 소개

▶ 지리학은 자연과학과 사회과학에 기반을 두고 있다.

▶ 지리학자는 사물이 '어디'에 위치하는가, 사물이 '왜' 그곳에 위치하는가, 그리고 사물의 위치가 왜 '중요'한가를 설명하고자 한다.

지리학(geography)이라는 단어는 고대 그리스의 학자였던 에라토스테네스(Eratosthenes, 기원전 276~194년경)에 의해 만들어졌다. 이 단어는 그리스어로 '지구'라는 뜻의 *geo*와 '기술하다'라는 뜻의 *graphy*가 결합된 것이다. 오늘날의 지리학은 지구에 대해 기술하는 것에 그치지 않고 학문으로서의 성격을 갖추고 있다.

지리학은 자연과학과 사회과학에 기반을 둔다

지리학은 크게 인문지리학(human geography)과 자연지리학(physical geography)으로 구분된다. 브라질의 이파네마(Ipanema) 해안에서는 자연지리학자와 인문지리학자 모두가 흥미로운 연구 주제를 발견한다.

- 인문지리학자들은 경제활동과 도시와 같은 문화적 특성을 연구한다(그림 1.1.1).
- 자연지리학자들은 지형 · 식생과 같은 자연환경적 특성의 분포에 관심을 갖는다(그림 1.1.2).

지리학의 독특한 특징 중의 하나는 인간의 활동을 이해하기 위해 자연과학의 개념을 이용하고, 역으로 물리적 프로세스를 이해하기 위해 사회과학의 개념을 이용한다는 것이다.

지리학자들은 사물의 위치와 그 이유를 설명한다

지도는 사물의 위치를 보여주며 지리학의 가장 중요한 도구 가운데 하나이다. 고대와 중세 지리학자들은 지표에 대한 정보를 시각적으로 보여주기 위해 지도를 제작하였다. 오늘날에는 전자 데이터를 통해 정교한 지도가 제작되고 있다.

지리학자는 왜 지표상의 모든 장소가 고유하면서도 다른 장소들과 연관되어 있는지 연구한다.

지리학자는 왜 모든 장소가 고유한지 설명하기 위해 다음과 같은 두 가지 기본 개념을 이용한다.

- **장소**(place)는 지표상의 특정 지점으로, 독특한 특성을 지니고 있다. 각각의 장소는 지표상에 고유한 절대적 위치를 갖는다(그림 1.1.3).
- **지역**(region)은 지표면의 일부로서 문화적 · 자연적 특성이 독특하게 결합하여 다른 지역과 구별된다(그림 1.1.4).

지리학자는 서로 다른 장소 간의 연관성을 설명하기 위해 다음과 같은 세 가지 기본 개념을 이용한다.

- **스케일**(scale)은 연구의 대상이 된 지표의 일부분과 지표 전체 간의 관계를 나타낸다. 지리학자는 모든 스케일에 대해 연구하지만 점차 전 지구적인 스케일에서 나타나는 분포 패턴과 그 프로세스에 대한 관심이 증가하고 있다(그림 1.1.5).
- **공간**(space)은 두 사물의 물리적 간격을 말한다. 지리학자는 수많은 객체들이 어떤 이유로 일정한 규칙을 가지고 공간상에 분포하는지 연구한다(그림 1.1.6).
- **연결**(connection)은 공간의 장애물(barrier)을 넘어 인간과 사물 사이에 이루어진 관련성이다. 지리학자는 연결이 이루어지는 다양한 방식에 주목한다(그림 1.1.7).

지리학자는 공간 패턴의 중요성을 설명하기 위해 자연환경과 인간 행태 사이의 연관성을 살펴본다. 인간은 자연의 영향을 받지만 반대로 인간은 자연을 변형시킨다.

그림 1.1.1 **브라질 이파네마의 인문지리적 특성**
이파네마는 세계에서 손꼽히는 대도시인 리우데자네이루에 위치하며, 관광을 경제 기반으로 두고 있다.

그림 1.1.2 **이파네마 해변의 자연지리**
이파네마의 자연경관에서 '두 형제(Two Brothers)'라고 불리는 2개의 산봉우리를 포함한 독특한 지형을 찾아볼 수 있다.

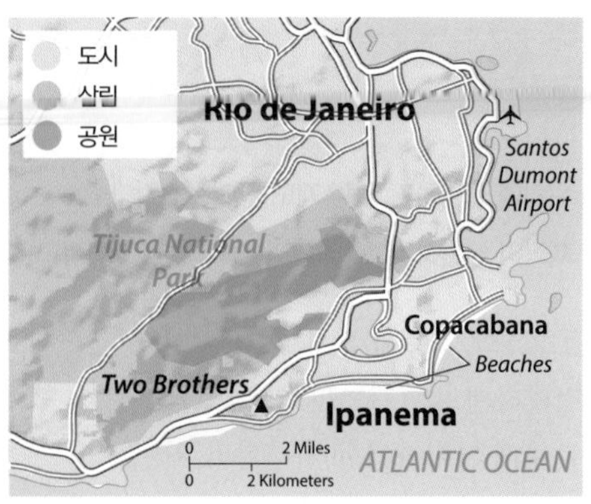

그림 1.1.3 **장소**
이파네마 해변은 브라질 리우데자네이루의 대서양 해안을 따라 위치한다.

그림 1.1.4 **지역**
이파네마를 포함하여 'Aw'라고 표시된 기후 지역은 연중 온난하지만 강우는 5~10월 사이에 집중된다. 최상의 해변 날씨를 만끽하기 위해서 12월에 이파네마에 방문할 것을 추천한다. 이파네마 인근 지역들은 상이한 기온과 강우 패턴을 나타낸다.

그림 1.1.5 **스케일**
지리학자는 세계화의 경향과 지역의 다양성을 연구한다. 그 예로서 다양한 지역 출신의 사람들이 해변에서 간편한 복장으로 놀이를 하고 있는 모습을 사진에서 확인할 수 있다. 동시에 이 사진에서는 다채로운 문화 특성이 드러난다. 반면 신체를 많이 노출한 모습에 익숙하지 않은 문화권이 많다.

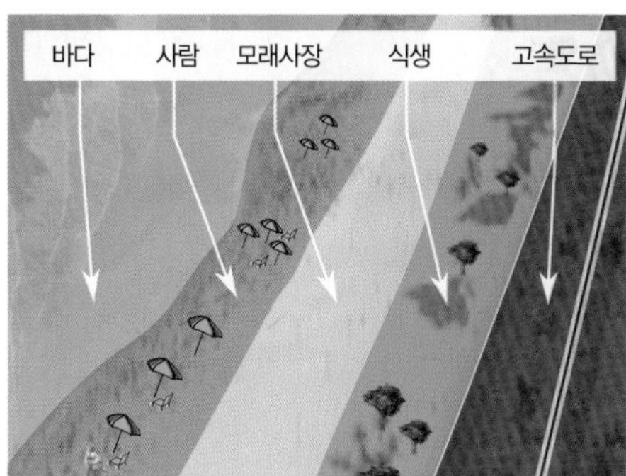

그림 1.1.6 **공간**
이파네마 해변을 찾은 사람들은 이곳에서 무작위로 분포하지 않고 가능한 고속도로로부터 멀리 떨어져 해변과 평행하게 일렬로 분포해있다.

그림 1.1.7 **연결**
사람들은 고립되어 살아가지 않는다. 이파네마 해변은 리우데자네이루 시의 나머지 지역과 고속도로로 연결되어 있다. 위 사진과 같이 이파네마 해변과 전 세계가 항공기로 연결될 수 있다.

1.2 고대와 중세의 지리학

▶ 고대 이후로 지리학자는 위치를 설명하기 위해 지도를 이용해왔다.

▶ 중세시대에 정교한 지도 제작이 부활하였고, 탐험의 시대에 지도 제작법은 더욱 발전하였다.

중국을 포함하여 고대 그리스와 지중해 동부 도서 지역의 지리학자들은 점차 정확하게 지표를 묘사한 지도를 제작하였다. 중세시대 유럽과 아시아에서 지리학과 지도 제작이 부활하였다.

그림 1.2.2 **톨레미가 제작한 세계지도(기원전 150년경)**
지중해와 인도양을 둘러싸고 있는 로마제국을 중심으로 제작된 세계지도

고대의 지리학

현존하는 가장 오래된 지도들은 기원전 7세기, 6세기에 지중해 동부 지역에서 제작되었다(그림 1.2.1). 고대 지중해 동부 지역에서 지리적 사상(思想)의 발달에 기여한 학자들은 다음과 같다.

- 밀레투스(학파)의 탈레스(Thales of Miletus, 기원전 624~546년경)는 육지를 측정하기 위해 기하학의 원리를 도입하였다.
- 아낙시만드로스(Anaximander, 기원전 610~546년경)는 탈레스의 제자로 세계가 원통형 모양이라고 주장하였으며, 항해사들로부터 정보를 얻어 세계지도를 작성하였다.
- 헤카타이오스(Hecataeus, 기원전 550~476년경)는 세계여행(*Ges Periodos*)이라는 최초의 지리 서적을 저술하였다.
- 아리스토텔레스(Aristotle, 기원전 384~322년)는 지구가 둥글다는 것을 최초로 밝혔다.
- 에라토스테네스(Eratosthenes, 기원전 276~195년경)는 지리학(geography)이라는 단어를 처음 고안하였으며 지구가 둥글다는 사실을 받아들였고(당시 대부분의 사람들이 부인함), 0.5%의 오차 범위 내에서 지구의 둘레를 계산하였다. 이와 함께 지구를 정확히 5개의 기후 지역으로 구분하였으며, 최초의 지리학 서적으로 알려진 그의 책에 당시 알려진 세계를 기술하였다.
- 스트라보(Strabo, 기원전 63~기원후 24년경)는 지리학(*Geography*)이라는 제목이 붙은 17권의 저서를 통해 지구에 대해 기술하였다.
- 톨레미(Ptolemy, 기원후 100~170년경)는 8권으로 된 지리학 안내서(*Guide to Geography*)를 저술하였으며 지도 제작의 원리를 제시하였고, 이후 1,000년 이상 사용된 다수의 지도를 제작하였다(그림 1.2.2).

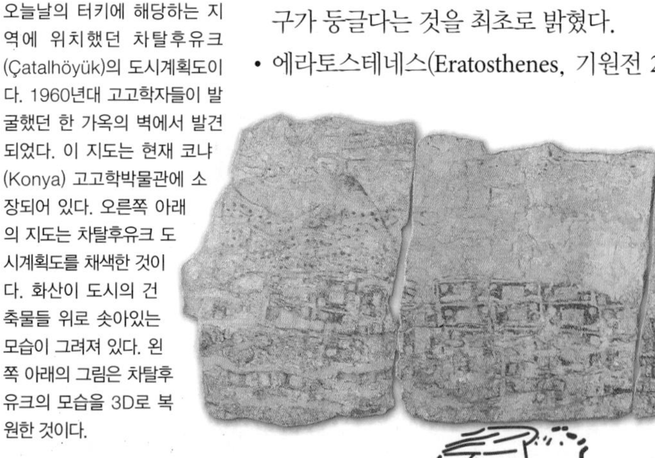

그림 1.2.1 **현존하는 가장 오래된 지도**
기원전 6200년경에 제작된, 오늘날의 터키에 해당하는 지역에 위치했던 차탈후유크(Çatalhöyük)의 도시계획도이다. 1960년대 고고학자들이 발굴했던 한 가옥의 벽에서 발견되었다. 이 지도는 현재 코냐(Konya) 고고학박물관에 소장되어 있다. 오른쪽 아래의 지도는 차탈후유크 도시계획도를 채색한 것이다. 화산이 도시의 건축물들 위로 솟아있는 모습이 그려져 있다. 왼쪽 아래의 그림은 차탈후유크의 모습을 3D로 복원한 것이다.

고대 중국에서 지리학의 발달에 기여한 책과 인물은 다음과 같다.

- 중국의 역사서 서경(書經)은 기원전 5세기에 만들어진 현존하는 가장 오래된 중국의 지리서이기도 한데, 이 책 속의 '유에 바치는 헌사'라는 제목이 붙은 장에는 중국의 지역별 경제 자원이 기술되어 있다.
- 중국 지도학의 아버지로 불리는 페이 슈(裴秀, 기원후 224~271)는 기원후 267년에 아주 정교한 중국 전도를 제작하였다.

중세의 지리학

기원후 1세기 동안 지도는 수학적 기반을 잃고 환상적인 모습만을 강조하여 지구를 사나운 동물과 괴물에 둘러싸인 평평한 원반으로 묘사하였다. 중세시대에 과학적인 지도 제작이 아시아에서 먼저 부활하였고 이후 유럽에서도 다시 시작되었다. 중세에 지리학의 발달에 기여한 사람들은 다음과 같다.

- 무슬림 지리학자인 무하마드 알 이드리시(Muhammad al-Idrisi, 1100~1165년경)는 1154년에 오랫동안 방치되었던 톨레미의 저서에 기반하여 세계지도를 제작하고 지리학 서적을 저술하였다(그림 1.2.3).
- 모로코의 학자였던 아부 압둘라 무하마드 이븐-바투타(Abu Abdullah Muhammad Ibn-Battuta, 1304~1368년경)는 이슬람권인 북부 아프리카, 남부 유럽, 아시아 대부분의 지역을 30여 년에 걸쳐 여행하였다. 이동거리가 12만 km(7만 5천 마일)에 달했으며, 릴라(*Rihla*, '여행')라는 제목의 책을 저술하였다.

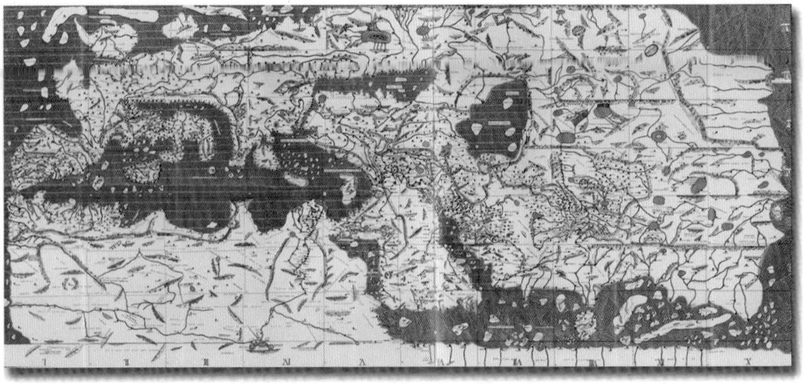

그림 1.2.3 **1154년 알 이드리시가 작성한 세계전도**
알 이드리시는 제작된 이후 거의 1,000년 동안 방치되었던 톨레미의 지도를 바탕으로 세계지도를 제작하였다.

탐험의 시대의 지리학

지리상의 발견과 함께 유럽에서 인쇄술의 발달로 과학적 지도 제작법의 진보가 이루어졌다.

- 독일의 지도학자인 마르틴 발트제뮐러(Martin Waldseemuller, 1470~1521년경)는 최초로 'America'라고 표시한 지도를 제작하였다. 이 지도에는 라틴어로 '탐험가 아메리고(Amerigo)로부터'라고 쓰여있다(그림 1.2.4).
- 플랑드르 지방의 지도 제작자였던 아브라함 오르텔리우스(Abraham Ortelius, 1527~1598년)는 최초의 현대적인 세계지도를 제작하였으며, 지구 상의 대륙들이 분리되기 전에는 모두 하나로 결합되어 있었다고 가정하였다(그림 1.2.5).

그림 1.2.4 **1507년 발트제뮐러가 제작한 세계지도**
이 지도는 대서양을 두고 유럽과 아프리카로부터 분리된 서반구를 그리고, 'America'라고 표시한 최초의 지도이다.

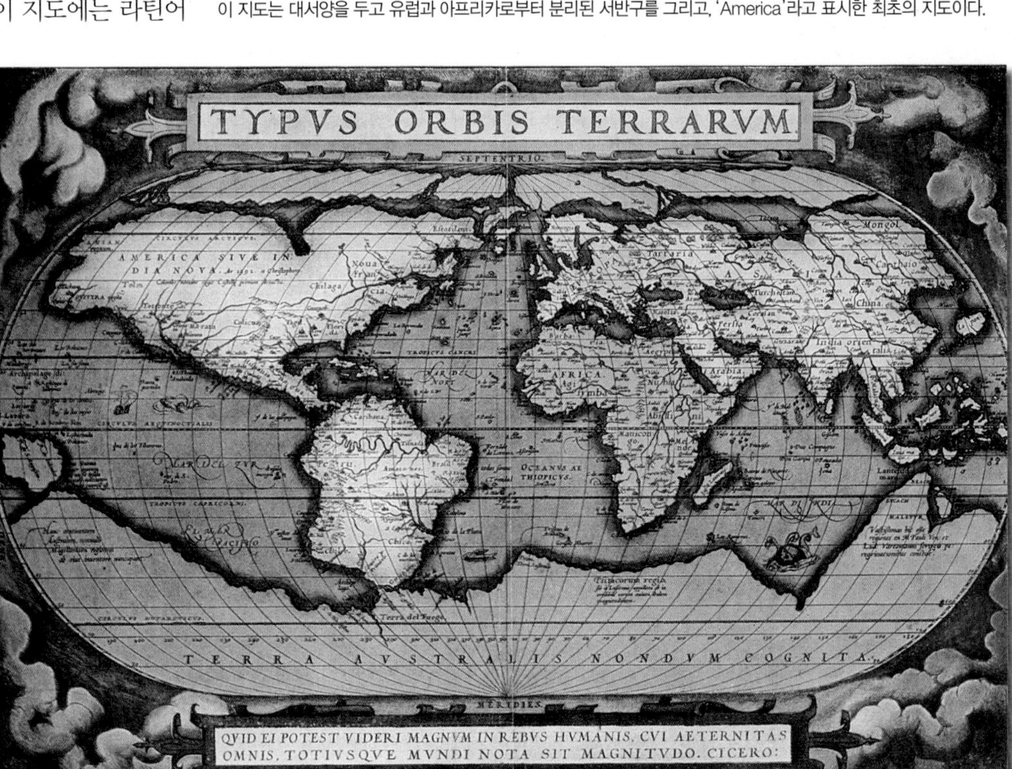

그림 1.2.5 **1571년 오르텔리우스가 제작한 세계지도**
이 지도는 남극대륙뿐만 아니라 서반구의 상당 부분을 보여주고 있는 최초의 지도이다.

1.3 지도 읽기

▶ **지도는 지표 전체 혹은 일부분을 축소시킨 것이다.**

▶ **지도는 구형의 지구를 평평하게 표현한 것이다.**

수 세기 동안 지리학자들은 **지도학**(cartography)이라고 불리는 지도 제작을 정교화하기 위해 노력해왔다. **지도**(map)는 실제 세계의 축소판으로서 책상이나 컴퓨터에서 작업할 수 있는 크기로 제작된다. 지도는 다음과 같은 두 가지 목적으로 사용된다.

- 참고 자료로서의 기능. 지도는 두 장소 간의 최단 경로를 찾거나 길을 잃지 않도록 해준다.
- 정보 전달 기능. 인간의 활동이나 자연환경적 특성의 분포를 보여주고 그와 같은 분포의 원인을 생각해보는 데 필요한 최적의 수단이다.

지도 제작자는 지도를 제작하기 위해 다음과 같은 두 가지 사항을 결정해야 한다.

- 지도상에 지표를 얼마나 자세히 표현할 것인가?(지도의 축척)
- 구체인 지구를 어떻게 평평한 종이에 옮겨 그릴 것인가?(투영법)

지도의 축척

지도상에 포함될 지리적 영역이 지구 전체인지, 대륙인지, 국가인지, 혹은 도시인지를 결정해야 한다. 만일 지구 전체라면 지도상에 공간이 부족하기 때문에 많은 부분이 생략되어야 한다. 반대로 한 도시의 도로지도와 같이 지표면의 아주 작은 부분만을 표시하려 한다면 특정 장소를 자세하게 표현할 수 있다.

이와 같이 정밀도와 지도에 포함될 지역의 면적을 결정하는 것이 **축척**(map scale)이며, 지도상에 나타난 크기와 지표상의 실제 크기 간의 관계를 의미한다. 축척은 다음과 같은 세 가지 방식으로 표기된다(그림 1.3.1).

- 비율 혹은 분수
- 문자 축척
- 그래픽 축척

투영법

지구는 구체이며, 지구본의 형태로 표현될 때 가장 정확하다. 그러나 지구본은 지표면의 지리 정보를 전달하기에는 제한적인 도구이다. 크기가 작은 지구본은 상세한 정보를 표현할 수 있는 공간이 부족하며 크기가 큰 지구

지도상의 1cm는 지표상의 100km와 같다. 이는 1:10,000,000 축척을 나타낸다.

그림 1.3.1 **축척**

다음의 네 가지 이미지는 각각 워싱턴 주, 시애틀 대도시권, 시애틀 도심, 워싱턴 주 서부의 파이크 플레이스 마켓(Pike Place Market)을 나타낸다. 이 이미지들은 세 가지 방식으로 축척을 표시할 수 있다.

- **비율 혹은 분수**는 지도상의 거리와 지표상의 실제 거리 간의 비율을 나타낸다. 워싱턴 주 지도의 축척은 1:10,000,000으로 지도상의 1단위 거리는 지표상에서 실제로는 1천만 단위 거리를 나타낸다. 여기에서 단위는 인치, 센티미터, 피트, 손가락 길이 등 어떤 것이어도 된다. 거리를 나타내는 단위가 지도와 지표상의 측정 단위와 같다면 어떤 것이어도 상관없다. 비율 표기법에서 왼쪽에 쓰는 1은 항상 지도상의 거리 단위를 말하며, 오른쪽에 쓰는 숫자는 항상 같은 단위의 지표상의 거리이다.
- **문자 축척**은 지도와 지표상의 거리의 관계를 글로 표시한다. 일례로 "1cm는 10km와 같다."라는 문장은 지도상의 1cm가 지표상의 10km를 나타낸다는 것을 말한다. 여기에서도 첫 번째 숫자는 항상 지도상의 거리를, 두 번째 숫자는 지표상의 거리를 나타낸다.
- **그래픽 축척**은 막대선을 그려 지표상의 거리를 나타낸다. 막대선을 그리기 위해서 먼저 지도상의 거리를 인치나 센티미터 가운데 무엇으로 표기할지 결정해야 한다. 다음으로 지도상의 거리를 막대선으로 그리고 그에 상응하는 지표상의 실제 거리를 막대선 위 눈금에 숫자로 표기한다.

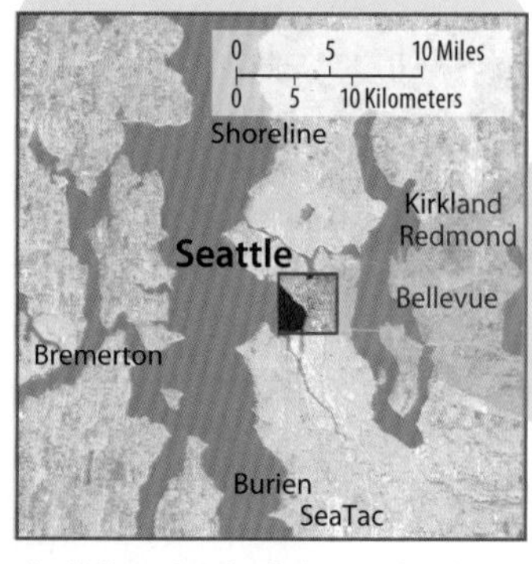

지도상의 1cm는 지표상의 10km와 같다. 이는 1:1,000,000 축척을 나타낸다.

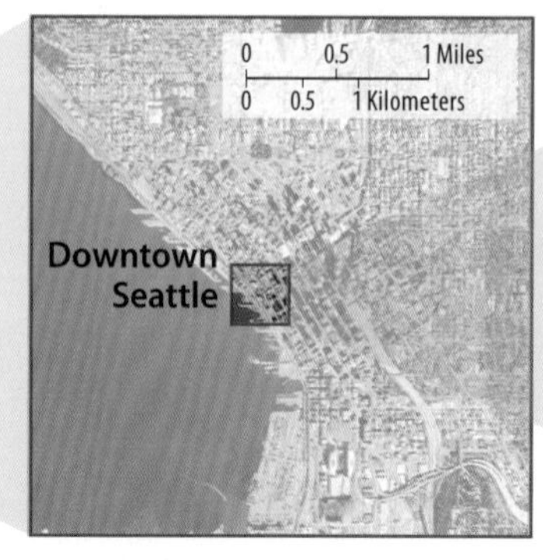

지도상의 1cm는 지표상의 1km와 같다. 이는 1:100,000 축척을 나타낸다.

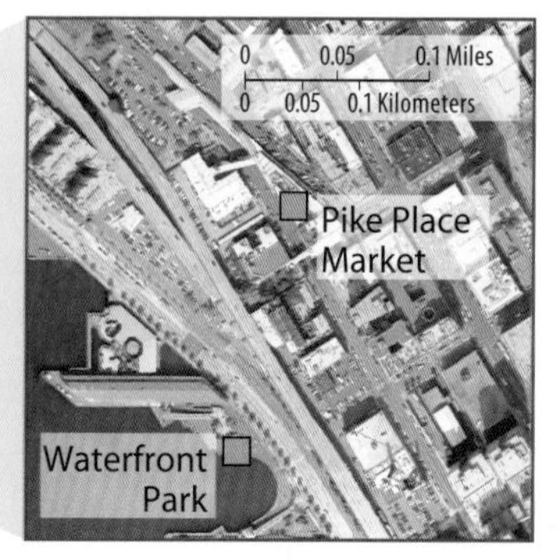

지도상의 1cm는 지표상의 100m와 같다. 이는 1:10,000 축척을 나타낸다.

본은 부피가 크고 취급하기 불편하다. 그리고 지구본은 지도 위에 직접 표시를 하거나 복사를 하기 쉽지 않고 컴퓨터 스크린으로 보여주거나 차 안에서 확인하기 어렵다.

평평한 종이 위에 지구를 그리는 것이 필연적으로 왜곡을 발생시키므로 지도학자들에게 구체인 지구는 난관이 된다. 지표상의 위치를 평평한 지도 위로 옮기는 과학적인 방법을 **투영법**(projection)이라고 부른다. 투영법의 종류가 그림 1.3.2에 제시되어 있다.

투영법은 네 가지 종류의 왜곡을 발생시킨다(그림 1.3.3).

1. 면적의 **형태**가 왜곡되어 실제보다 훨씬 길어 보이거나 납작하게 보일 수 있다.
2. 두 지점 간의 **거리**가 실제보다 증가하거나 감소할 수 있다.
3. **상대적 크기**가 왜곡되어 실제 한 지역의 크기가 다른 지역보다 작은데도 지도상에서 크게 표현될 수 있다.
4. 한 장소에서 다른 장소로의 **방향**이 왜곡될 수 있다.

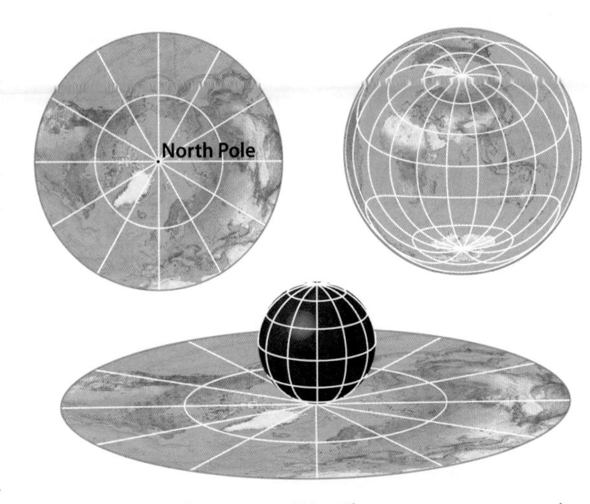

그림 1.3.2a **방위도법(azimuthal projection)**
방위도법은 넓은 지역을 표시하는 데 적합하며, 대부분의 세계지도가 이 도법으로 제작된다.

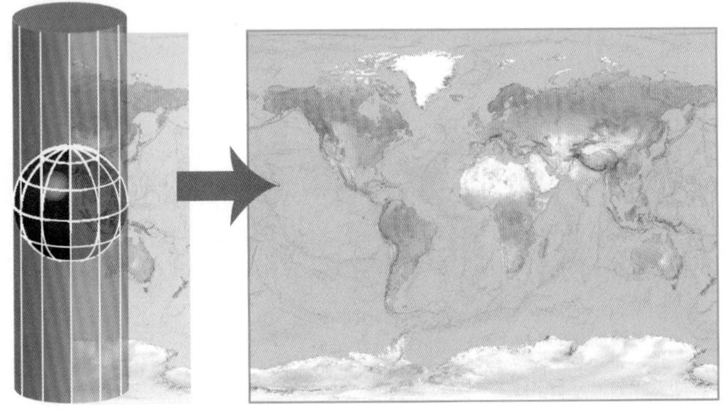

그림 1.3.2b **원통도법(cylindrical projection)**
원통도법은 특수 목적의 지도에 사용된다. 가장 널리 사용되는 원통도법으로 제작된 세계지도는 1569년 헤라르뒤스 메르카토르(Gerardus Mercator)에 의해 제작된 것으로 항해지도로 널리 사용되었다.

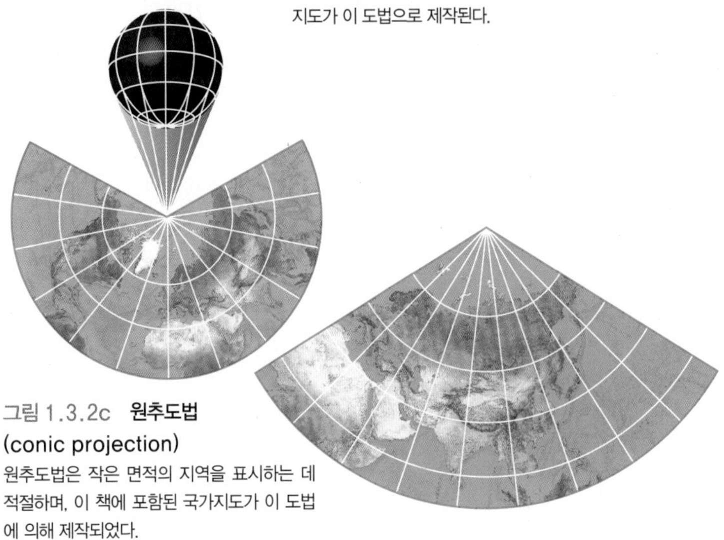

그림 1.3.2c **원추도법 (conic projection)**
원추도법은 작은 면적의 지역을 표시하는 데 적절하며, 이 책에 포함된 국가지도가 이 도법에 의해 제작되었다.

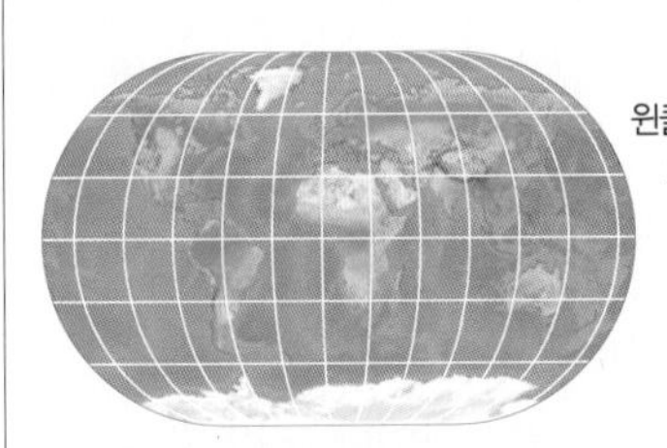
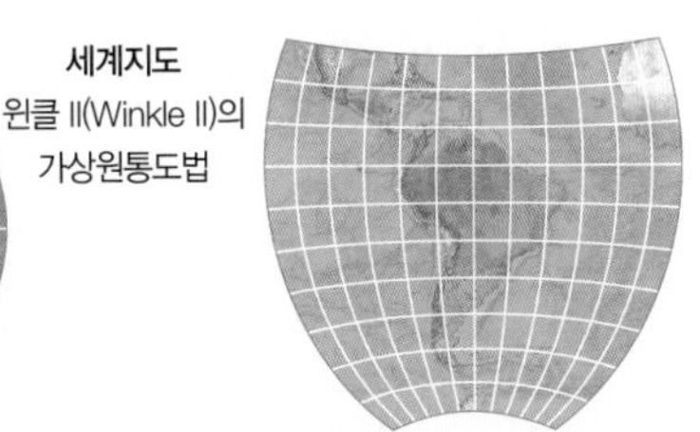

세계지도
윈클 II(Winkle II)의 가상원통도법

대륙지도
람베르트 방위정적도법

국가지도
람베르트 정형원추도법

그림 1.3.2d **이 책에 이용된 도법**

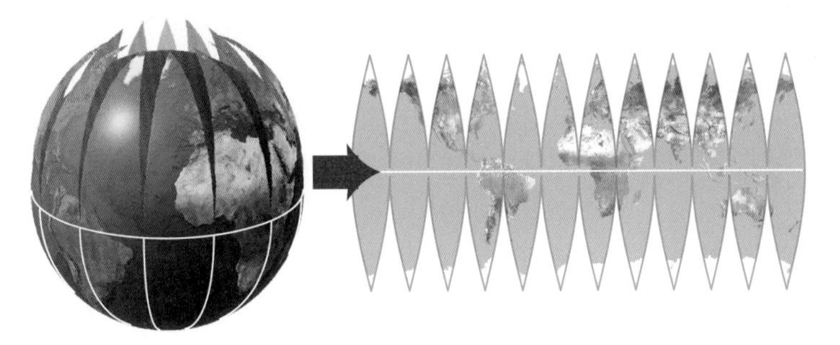

그림 1.3.3 **왜곡**
지도를 만들기 위해서 구체 모양의 지구는 여러 구획들로 나뉜다. 납작해진 이러한 구획들은 평평해진 종이 위에서 왜곡된다.

1.4 지리 좌표

▶ **지리 좌표는 지표를 경도와 위도로 구분한다.**

▶ **지리 좌표는 시간대를 나누는 기준이 된다.**

지리 좌표(geographic grid)는 지표 위에 격자 패턴으로 그려진 호(arc)로 이루어진다. 지표상의 특정 지점의 위치는 경선과 위선이라고 불리는 호로 나타낸다. 지리 좌표는 시간대를 구분하는 데 중요하다.

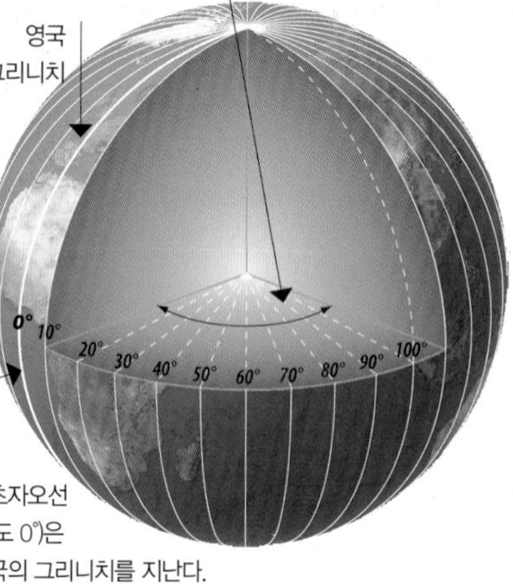

지구의 중심에서 도(°)로 측정된 경도선은 적도 근처에서 경도선 간격이 가장 크며, 극지점으로 수렴한다.

영국 그리니치

0° 10° 20° 30° 40° 50° 60° 70° 80° 90° 100°

본초자오선 (경도 0°)은 영국의 그리니치를 지난다.

그림 1.4.1 **경도**
경선은 본초자오선을 중심으로 동쪽과 서쪽 가운데 어느 쪽에 위치하는가에 따라 동경과 서경 0~180°로 구분된다.

위도와 경도

지도학자들은 위도와 경도를 숫자로 구분한다.

- **경선**(meridian)은 북극과 남극 사이에 그려진 호이다. 각 경선에는 숫자를 부여하여 **경도**(longitude)를 구분한다. 영국 그리니치천문대를 관통하는 경선이 경도 0°이고, **본초자오선**(prime meridian)이라고 부른다. 본초자오선의 정반대 지역에 위치한 경선이 경도 180°이다. 모든 경선은 0°~180° 사이의 값을 갖는다(그림 1.4.1).
- **위선**(parallel)이란 경선과 직각으로 적도와 평행하게 그려진 원(circle)을 의미한다. 경선의 위치를 나타내는 숫자를 **위도**(latitude)라고 한다. 적도는 위도 0°이며, 북극은 북위 90°, 남극은 남위 90°이다(그림 1.4.2).

위도 1°는 약 111km (69마일)이다.

0°는 적도이다.

그림 1.4.2 **위도**
위도는 적도를 중심으로 북쪽과 남쪽 가운데 어느 쪽에 위치하는가에 따라 북위와 남위 0~90°로 구분된다.

위도와 경도는 위치를 나타내는 데 쓰인다. 일례로 펜실베이니아 주 필라델피아는 북위 40°, 서경 75°에 위치한다(그림 1.4.3).

특정 장소의 수리적 위치는 1°를 60분(′)으로, 1분을 60초(″)로 나누어 좀 더 상세하게 표현한다. 필라델피아 시청의 수리적 위치는 북위 39°57′8″, 서경 75°9′49″로 나타낸다.

GPS(Global Positioning System)는 도를 분과 초가 아닌 소수(decimal fraction)로 표기한다. GPS로 필라델피아 교외에 있는 'Bally Ribbon Mills' 제분소의 위치를 측정하면 북위 40.400780°, 서경 75.587439°로 나타난다.

위도와 경도를 측정하는 것은 지리학이 부분적으로 자연과학과 사회과학의 성격을 모두 갖고 있다는 것을 보여주는 좋은 예이다.

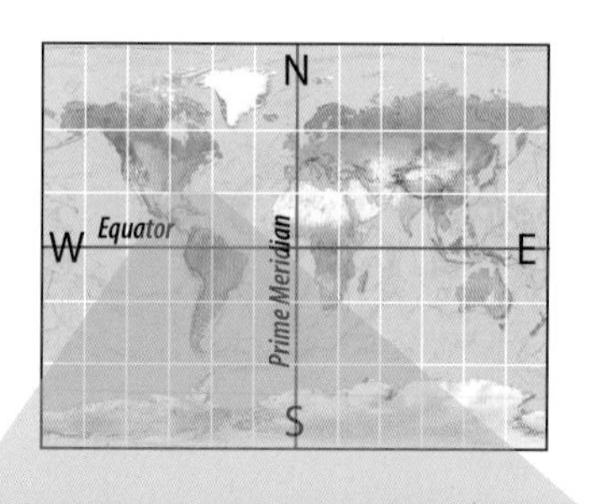

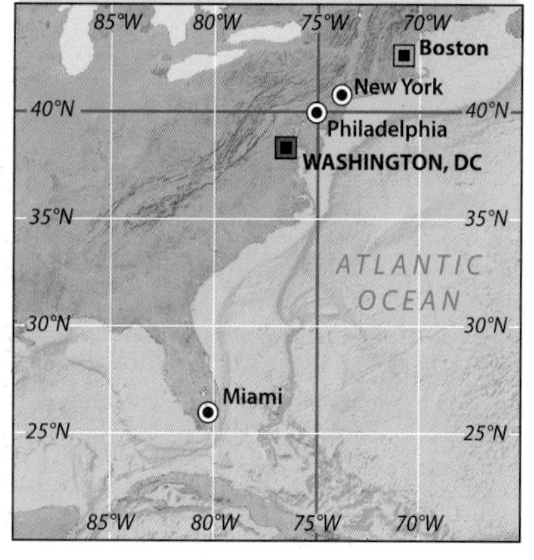

그림 1.4.3 **경도와 위도에 의한 위치 표기**
펜실베이니아 주 필라델피아는 북위 40°, 서경 75° 부근에 위치한다.

- 위도는 지구의 형상과 태양을 따라 공전하는 과학적 원리에 근거한 것이다. 적도(위도 0°)는 지구의 가장 큰 둘레이고 매일 12시간의 일광 시간이 나타나는 곳이다. 심지어 고대에도 낮의 길이와 함께 태양과 별의 위치를 통해 위도를 정확하게 측정할 수 있었다.
- 경도는 인위적인 것이다. 모든 경선의 길이가 같고, 북극과 남극을 지나기 때문에 어떤 경선도 경도 0°로 선택될 수 있다. 그러나 경도가 가장 먼저 정확하게 측정되고 국제협약이 맺어졌을 당시에 영국이 전 세계에서 최강국이었기 때문에 경도 0°는 그리니치천문대를 지나는 것으로 결정되었다.

시간대

경도는 시간을 계산하는 기준이 된다. 지구는 구체로서 매 24시간마다 자전을 하며 360° 경도로 나뉜다. 그러므로 동쪽과 서쪽으로 15° 이동하는 것은 출발점보다 1시간 일찍 혹은 늦은 장소로 이동하는 것과 같다(360°를 24시간으로 나누면 15°이다.).

국제협약에 의해 정해진 **그리니치표준시**(Greenwich Mean Time, GMT) 혹은 세계시(만국표준시, Universal Time, UT)는 본초자오선(경도 0°)에서의 시간을 말하며, 지표상의 모든 지점의 기준시가 된다.

지구가 동쪽으로 자전을 하므로 현 위치에서 동쪽에 있는 장소는 항상 태양을 '먼저' 지난다. 그러므로 본초자오선에서 동쪽으로 이동할 경우 시간을 '맞추기' 위해 GMT 기준으로 시간을 매 15°마다 1시간씩 앞으로 돌려놓아야 한다. 만일 본초자오선에서 서쪽으로 이동한다면 시간을 '늦추기' 위해 반대로 시간을 GMT 기준으로 매 15°마다 1시간씩 뒤로 돌려놓아야 한다.

경도 15°마다 표준시간대가 할당되어 있다(그림 1.4.4). 미국과 캐나다는 4개의 표준시간대를 가지고 있다.

- 동부 표준시간대(Eastern Standard Time Zone)는 서경 75°를 기준으로 하며 GMT(그리니치표준시)보다 5시간 빠르다.
- 중부 표준시간대(Central Standard Time Zone)는 서경 90°를 기준으로 하며 GMT보다 6시간 빠르다.
- 산악 표준시간대(Mountain Standard Time Zone)는 서경 105°를 기준으로 하며 GMT보다 7시간 빠르다.
- 태평양 표준시간대(Pacific Standard Time Zone)는 서경 120°를 기준으로 하며 GMT보다 8시간 빠르다.

미국에는 2개의 표준시간대가 추가된다.

- 알래스카 표준시간대(Alaska Standard Time Zone)는 서경 135°를 기준으로 하며 GMT보다 9시간 빠르다.
- 하와이－알류샨 표준시간대(Hawaii-Aleutian Standard Time Zone)는 서경 150°를 기준으로 하며 GMT보다 10시간 빠르다.

캐나다에는 2개의 표준시가 추가된다.

- 대서양 표준시간대(Atlantic Standard Time Zone)는 서경 60°를 기준으로 하며 GMT보다 4시간 빠르다.
- 뉴펀들랜드 표준시간대(Newfoundland Standard Time Zone)는 GMT보다 3시간 30분 빠르다. 그 이유는 뉴펀들랜드 섬이 서경 53~59° 사이에 위치하여 대서양 표준시간을 따르면 동절기에 오후가 너무 어둡고, GMT보다 3시간 이른 표준시를 따르면 동절기에 오전이 너무 어둡다고 주민들이 판단했기 때문이다.

경도 180°는 **날짜변경선**(International Date Line)으로 정해져 있다. 만일 북아메리카 대륙을 향해 동쪽으로 가면서 날짜변경선을 지나면 시간을 24시간, 즉 하루를 뒤로 돌려놓아야 한다. 반대로 아시아를 향해 서쪽으로 가고 있다면 24시간을 앞으로 돌려놓아야 한다.

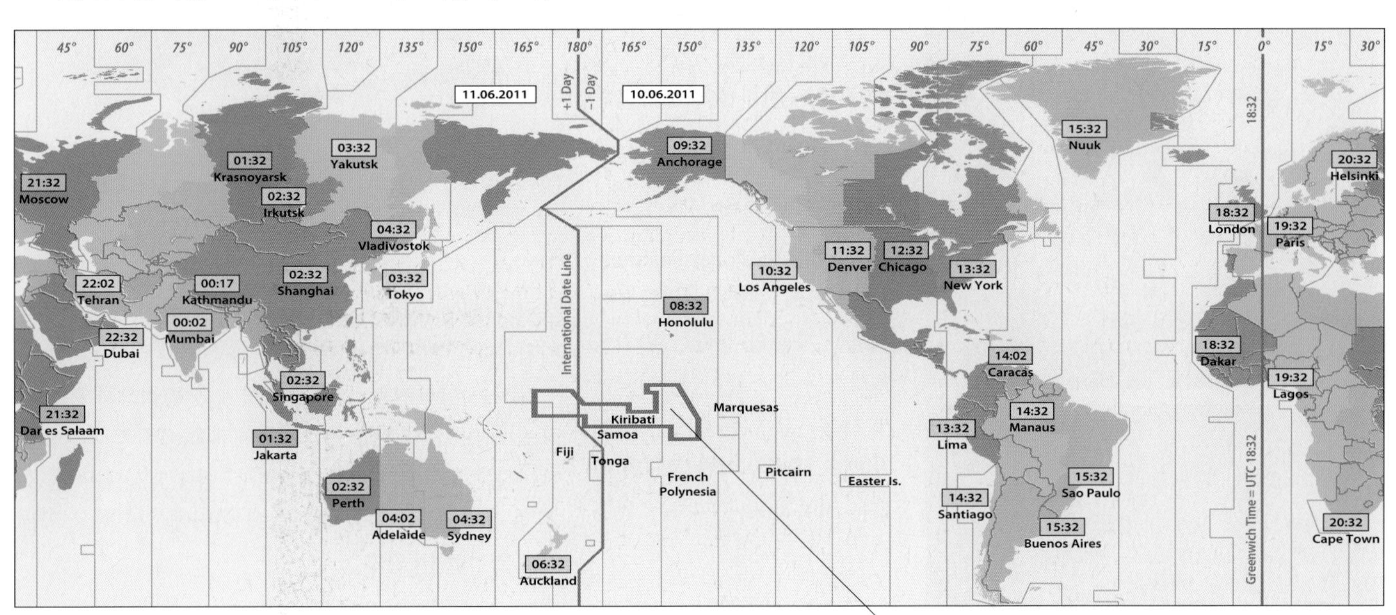

그림 1.4.4 **시간대**

서경 75°를 기준으로 하는 미국 동부는 GMT보다 5시간 빠르다(본초자오선과 서경 75° 사이의 경도 차이를 15°로 나누면 5시간이다.). 그러므로 동계에 뉴욕 시의 시간이 오후 1시 32분(13시 32분)일 때 GMT는 오후 6시 32분(18시 32분)이다. 하계에 북아메리카 대부분을 포함하여 전 세계의 많은 지역들이 1시간씩 시간을 앞당기므로 하계에 GMT로 오후 6시 32분이면 뉴욕 시의 시간은 오후 2시 32분이다.

뉴욕에서 일요일 오후 1시 32분(13시 32분)이라면 런던에서는 일요일 오후 6시 32분, 파리에서 일요일 오후 7시 32분(19시 32분), 헬싱키에서 일요일 오후 8시 32분(20시 32분), 모스크바에서 일요일 오후 9시 32분(21시 32분), 싱가포르에서 월요일 오전 2시 32분, 시드니에서 월요일 오전 4시 32분이다. 더욱 동쪽으로 나아가면 오클랜드에서는 월요일 오전 6시 32분이지만 호놀룰루로 간다면 오클랜드와 호놀룰루 사이에 위치한 날짜변경선 때문에 일요일 오전 8시 32분이다.

전 세계 대부분의 국가에서 경도 180°를 날짜변경선으로 삼고 있다. 그러나 1997년 태평양의 군도(群島) 국가인 키리바시(Kiribati)는 날짜변경선을 3,000km(2,000마일) 동쪽으로 옮겨 자국의 동쪽 경계에 해당하는 서경 150° 부근으로 옮겼다. 그 결과 키리바시는 지구 상에서 일출을 가장 처음 맞이하는 국가가 되었다. 키리바시는 이로 인해 2000년 1월 1일(엄밀하게 말하면 새천년의 시작은 2001년 1월 1일이다.) 새천년의 시작을 먼저 맞이하기 위해 많은 해외 관광객들이 방문할 것이라고 예상했지만 큰 성과는 없었다.

1.5 지리학의 현대적인 분석 도구

▶ 위성영상 자료가 지리학 연구에 이용되기도 한다.

▶ 복잡한 지리 데이터가 지리정보시스템을 통해 중첩되고 분석될 수 있다.

지표를 정확하게 지도화한 지리학자들은 **지리정보학**(GIScience)으로 관심을 돌렸다. 지리정보학은 위성과 기타 정보 기술을 통해 얻은 지구에 대한 데이터를 개발하고 분석하는 분야이다. 지리정보학으로 지리학자들은 훨씬 더 정확하고 복잡한 지도를 제작하고 시간의 흐름에 따라 장소의 특성을 측정할 수 있다.

원격탐사

지표면에 대한 데이터를 지구궤도를 도는 위성이나 다른 장거리 장비를 이용하여 구득하는 것을 **원격탐사**(remote sensing)라고 한다. 원격탐사 위성이 지표를 스캔하여 디지털 형태로 된 이미지를 수신기지로 전송한다.

위성 센서는 언제 어느 때나 화소, 즉 픽셀(pixel)의 형태로 이루어진 아주 작은 지표 이미지를 기록한다. 스캐너는 지표로부터 반사, 혹은 방출되는 전자기파를 감지한다. 원격탐사로 만들어진 지도는 다수의 픽셀 행과 열로 이루어진 격자 형태를 이룬다. 센서로 감지할 수 있는 지표상의 속성의 크기는 스캐너의 해상도에 달려있다. 지리학자들은 원격탐사 자료를 이용하여 농업, 가뭄, 도시의 스프롤과 같은 다양한 속성들의 분포 변화를 지도화한다(그림 1.5.1).

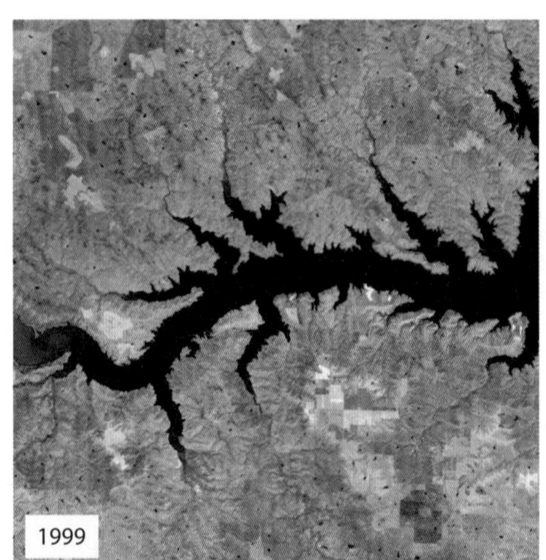

그림 1.5.1 **원격탐사**
위의 이미지는 1999년에 촬영한 미국 사우스다코타 주에 위치한 오아히 호(Oahe Reservoir)의 위성영상이다. 수심이 깊은 곳은 진한 청색으로, 수심이 얕은 곳은 연한 청색으로 나타난다. 아래의 이미지는 2004년에 촬영한 오아히 호의 위성영상이다. 진한 청색 부분의 면적이 감소한 것에서 드러나듯이 수년간 계속된 가뭄으로 저수지의 수심이 줄어들었다.

GPS

위성항법장치(Global Positioning System, GPS)는 지표상에 위치한 사물의 정확한 위치를 측정하는 시스템이다. 미국에서 사용되고 있는 GPS는 정해진 궤도 내에 위치한 24개의 위성을 감독하고 통제하는 위치 추적 스테이션(tracking station)과 위성의 신호로부터 위치, 속도, 시간 등을 계산하는 수신기를 갖추고 있다.

그림 1.5.2 **GPS**
많은 차량들의 계기판에 GPS가 설치되어 있는데, 운전자에게 도로를 안내하고 교통 체증을 피할 수 있는 경로 등을 제공한다.

GPS는 항공기와 선박의 운항에 보편적으로 이용되고 있으며, 점차 차량 운전자들에게 목적지까지 경로를 안내하는 도구로 이용되고 있다(그림 1.5.2). GPS를 갖춘 휴대폰으로 친구와 가족들이 어디에 위치하고 있는지도 알아볼 수 있다.

GIS

지리정보시스템(Geographic Information System, GIS)은 지리 정보를 수집, 저장, 질의, 분석, 시각화하는 컴퓨터 시스템이다. 지리정보시스템을 통해 손으로 그린 것보다 훨씬 정확한 지도를 제작할 수 있다(이 책에 포함된 지도들은 모두 GIS를 이용하여 제작된 것이다.).

지표상의 어떤 사물도 정확하게 측정하고 기록하여 컴퓨터에 저장할 수 있다. 지도는 컴퓨터로 저장된 수많은 자료를 불러내고 조합하여 이미지화한 것이다. 각 유형의 지도는 레이어(layer)로 저장될 수 있다(그림 1.5.3).

GIS는 지리학자가 지도에 포함된 속성 간의 관계가 유의미한지, 혹은 단순히 우연에 의한 것인지 계산할 수 있게 한다. 레이어는 서로 다른 정보들을 비교하여 관계를 알아보는 데 이용된다. 예를 들어 언덕의 사면을 개발로부터 보호하는 데 관심을 갖는 지리학자는 최근에 건설된 주택들의 정보를 담은 레이어와 급경사 지역에 대한 레이어를 비교해보고자 할 것이다.

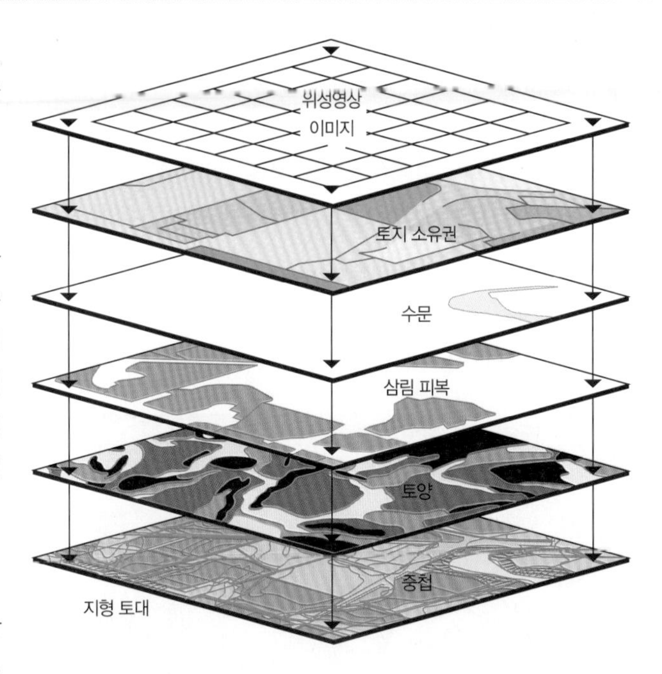

그림 1.5.3 GIS
지리정보시스템은 레이어에 입지에 관한 정보를 저장하는 기능을 포함한다. 각각의 레이어는 서로 다른 종류의 인문환경과 자연환경 정보를 나타낸다. 각 레이어는 개별적으로, 혹은 중첩해서 볼 수 있다.

매시업

구글맵(Google Map)과 구글어스(Google Earth)와 같은 지도 서비스는 컴퓨터 프로그래머들에게 API(Application Programming Interface)를 쉽게 이용할 수 있게 만들었다. API는 주소록과 같은 데이터베이스와 지도 제작 소프트웨어 간의 의사소통을 가능하게 하는 컴퓨터 언어를 말한다. API는 www.google.com/apis/maps와 같은 웹사이트에서 얻을 수 있으며 컴퓨터 프로그래머가 데이터를 지도에 첨부시키는 매시업을 가능하게 한다. '매시업(mash-up)'이라는 용어는 인터넷을 통해 서비스되는 지도 위에 데이터를 중첩시켜 표시하는 행위를 말하며, 힙합에서 2곡 이상의 노래를 섞는 행위와 비슷한 데에서 유래했다.

그림 1.5.4 매시업
구글어스를 이용하여 런던 도심과 런던아이(템스 강 남쪽에 위치한 대회전 관람차) 부근의 지하철역을 나타내는 매시업을 살펴보자.

위치 : 영국 런던의 런던아이(London Eye)

구글어스의 네비게이션 툴과 단계별 항목을 이용하여 런던아이 지역의 특성을 살펴보라.

런던아이에서 최단 거리인 지하철역까지의 거리는 얼마인지 측정해보라.

매시업은 아파트, 바, 호텔, 스포츠 시설, 환승역 등을 찾는 데 도움을 준다(그림 1.5.4). 지도 제작 소프트웨어는 비행 중에 있는 민간 항공기의 정확한 위치와 가장 저렴한 가격의 주유소, 고속도로와 교량에서의 교통 상황 등을 보여줄 수 있다.

1.6 장소 : 고유한 입지

▶ 입지는 지표상의 특정 사물의 위치를 의미한다.

▶ 입지는 지명, 상대적 위치, 절대적 위치 등으로 나타낼 수 있다.

인간은 장소에 대한 강한 감정을 가지는데, 이는 지표상의 특정 장소를 독특하게 만드는 특징에 대한 느낌이다. 지리학자는 특정 장소가 어디에 입지하는지, 그리고 각 장소를 독특하게 만드는 특징들은 무엇인지에 대해 연구한다. 지리학자는 지표상에 있는 어떤 사물의 위치를 **입지**(location)를 통해 나타낸다.

그림 1.6.1 **미국에서 가장 긴 지명**
미국에서 가장 긴 지명은 매사추세츠 주에 위치한 Chargoggagoggmanchauggagoggchaubunagungamaugg 호이다. 이 호수의 이름은 3개의 구절을 합쳐서 만들어졌다고 알려져 있다. 세 구절은 "당신들은 그 쪽에서 낚시를 하시오(Chargoggagogg).", "우리는 이쪽에서 낚시를 하겠소(Manchauggagogg).", "아무도 중간에서 낚시를 하지 마시오(Chaubunagungamaugg)."이다. 이 이름은 호수 인근에 분포하던 여러 아메리카 인디언 부족들이 동의하여 만들어졌다고 알려져 있다.

지명

지표상에 사람이 살고 있는 모든 장소와 심지어 아무도 살고 있지 않은 장소에도 이름이 붙여져 있기 때문에 지명은 어떤 장소의 입지를 표현하는 가장 손쉬운 방법이 되기도 한다. **지명**(toponym)은 지표상의 어떤 장소에 주어진 이름이다.

어떤 장소의 지명은 인물의 이름을 따서 붙이기도 하는데, 그 지역의 개척자이거나 아니면 조지 워싱턴(George Washington)과 같이 장소와 무관한 유명인의 이름이 붙기도 한다. 세인트 루이스(St. Louis)와 세인트 폴(St. Paul)과 같은 종교와 관련된 지명이 붙기도 하고, 아테네(Athens), 아티카(Attica), 로마(Rome)처럼 고대 도시명을 따라 붙이기도 하며, 특정 장소에 가장 처음 정착한 이주 집단의 이름을 붙이기도 한다(그림 1.6.1).

미국에서는 지도에 표시된 지명을 최종적으로 중재하기 위한 목적으로 미국지질조사국(U.S. Geological Survey)이 운영하는 지명위원회(Board of Geographical Names)가 19세기 후반에 설립되었다. 최근 이 위원회에서는 인종이나 민족적 편견을 조장하는 지명을 개칭하는 데 주력하고 있다.

그림 1.6.2 **싱가포르의 상대적 위치**
싱가포르는 말라카 해협 근처에 위치하는데 이곳은 남중국해와 인도양 사이를 운항하는 선박들의 주요 통로이다. 세계 해상무역의 1/4에 해당하는 5만여 척의 선박이 매년 이 해협을 통과한다. 싱가포르 시 도심은 싱가포르 강이 싱가포르 해협과 만나는 곳에 위치한다.

상대적 위치

상대적 위치(situation)는 다른 장소와의 관계 속에서 이루어지는 입지를 말한다. 상대적 위치는 다음과 같은 두 가지 이유로 입지를 설명하는 데 중요한 방법이 된다.

- 상대적 위치는 익숙한 장소와 비교하여 위치를 알려주기 때문에 익숙하지 않은 장소를 찾는 데 도움을 준다. 사람들은 길을 알려줄 때 다음과 같이 상대적 위치를 언급한다. "법원청사를 지나 계속 가다 보면 큰 느릅나무가 나오는데 그 옆이에요."
- 상대적 위치는 입지의 중요성을 알려준다. 많은 장소들은 다른 장소로의 접근을 용이하게 해주기 때문에 중요하다. 싱가포르는 상대적 위치 덕택에 동남아시아에서 무역과 물류의 중심지가 되었다(그림 1.6.2).

절대적 위치

지리학자들은 장소의 입지를 **절대적 위치**(site)로 표현하기도 하는데, 절대적 위치는 장소의 자연적 특성을 의미한다. 절대적 위치는 기후, 하천, 지형, 토양, 식생, 위도와 고도 등이 주요 특징으로 나타난다. 물리적 특성을 종합한 것이 각 장소의 고유한 특성이 된다(그림 1.6.3).

인간은 장소의 특성을 변화시킬 수 있는 능력을 가지고 있다. 뉴욕 시 맨해튼 섬 남부 지역은 피터 미뉴잇(Peter Minuit)이 원주민으로부터 네덜란드 금화와 은화로 23.75달러를 지불하고 구입했는데 1626년에 비해 그 면적이 2배가 되었다(그림 1.6.4).

그림 1.6.3 **싱가포르의 절대적 위치**
싱가포르는 약 60여 개의 도서로 이루어져 있으며, 가장 면적이 넓고 인구규모가 큰 섬은 풀라우 우종(Pulau Ujong) 섬이다. 싱가포르 시의 절대적 위치는 풀라우 우종 섬의 남부라고 표현할 수 있다.

그림 1.6.4 **뉴욕 시의 변화하는 절대적 위치**
(오른쪽 위) 맨해튼 섬은 허드슨 강과 이스트 강을 따라 만들어진 간척지에 건축물들이 들어서면서 바뀌었다. 맨해튼 섬이 간척지를 통해 하천 쪽으로 확장됨으로써 사무실, 주택, 공원, 창고, 부두가 건립되었다. (왼쪽) 세계무역센터가 1960년대 후반부터 1970년대 초반에 걸쳐 허드슨 강을 따라 조성된 간척지에 세워졌다. 배터리파크시티(Battery Park City)도 간척지에 세워졌다.

위치 : 미국 뉴욕 주 뉴욕 시의 세계무역센터(World Trade Center)

이미지 상단 근처에 있는 세계무역센터 자리를 줌인하여 클릭해보라. 클릭하면 사람들이 몰린 다양한 사진을 확인할 수 있다. 계속 줌인하면 스트리트 뷰를 볼 수 있다.

어떤 이미지가 나와있는가?

1.7 지역 : 고유한 지리적 영역

▶ 지역이란 고유한 특성이 결합된 지표상의 한 영역을 의미한다.

▶ 지역은 기능지역, 등질지역, 인지지역 세 가지 유형으로 구분한다.

인간은 규모가 작은 장소뿐만 아니라 규모가 큰 지역에서도 '장소감(sense of place)'을 느낄 수 있다. 한 가지 이상의 독특한 특징들로 구분된 지표의 일부를 '지역'이라고 한다. 지역은 언어 · 종교와 같은 문화적 특성, 농업 · 산업과 같은 경제적 특성, 기후 · 식생과 같은 자연적 특성이 결합한 것으로 **문화 경관**(cultural landscape)이 그 종합적 특성으로 나타난다.

기능지역

기능지역(functional region)은 결절지역(nodal region)이라고도 하며 결절 혹은 중심과 그 주변으로 이루어진 지역을 말한다. 기능지역을 정의하기 위한 기능은 핵심이나 결절지역에서 우세하게 나타나며, 주변부로 갈수록 그 기능이 점차 약해진다. 지역은 교통이나 통신 시스템, 혹은 경제적 · 기능적 관계에 의해 중심 지점과 연계되어 있다.

지리학에서 기능지역은 경제적 영향권을 설명하는 데 사용된다. 지역의 결절에는 상점이나 서비스가 위치하고 그 영향권의 경계는 상점의 상권이나 서비스의 한계가 된다. 인간과 인간의 활동은 결절로 유인되며, 정보는 결절에서 주변부로 확산된다.

텔레비전 방송 수신권, 신문 배달권, 백화점 상권 등이 기능지역의 예이다(그림 1.7.1). 텔레비전 방송의 전파는 송신국에서 가장 강하며, 주변부로 갈수록 약해져서 결국 잡히지 않는 지역에 이른다. 백화점 상권의 경계 부분에 가면 고객을 거의 유인하지 못하며, 신문 구독의 경우도 마찬가지이다.

새로운 기술이 발전하면서 기존의 기능지역의 범위를 변화시키기도 한다. USA 투데이, 월스트리트저널, 뉴욕타임스와 같은 일간지들은 한곳에서 편집이 이루어진 후 위성으로 전송되어 다른 장소에서 인쇄되고 항공기나 트럭으로 배달된다. 텔레비전 프로그램도 케이블, 인공위성, 인터넷 등을 이용함으로써 먼 곳에서도 방송이 된다. 우편이나 인터넷을 이용하여 원거리에 있는 상점에서도 쇼핑을 할 수 있다.

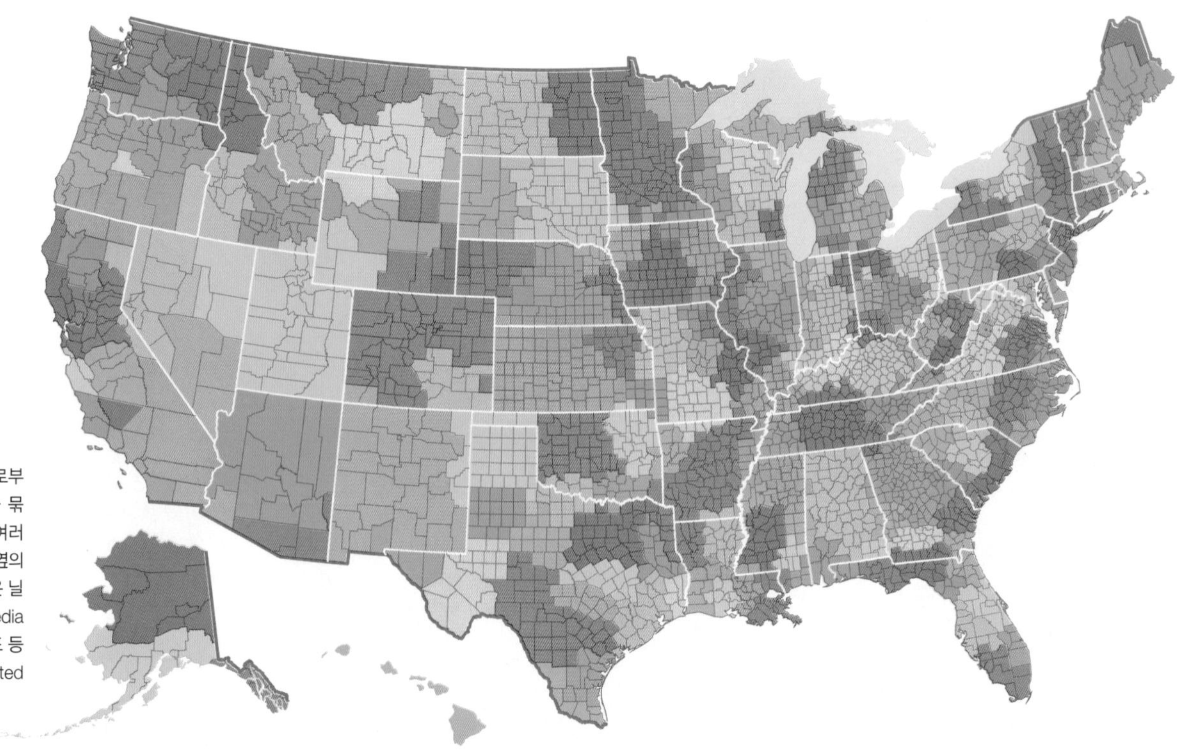

그림 1.7.1 **기능지역**
미국은 텔레비전 송신국으로부터 전파를 받는 카운티들을 묶은 텔레비전 시장에 따라 여러 개의 기능지역으로 나뉜다. 옆의 지도에 보이는 각 기능지역은 닐슨미디어리서치(Nielson Media Research) 회사에 의해 상표 등록된 용어인 DMA(Designated Market Area)라고 일컫는다.

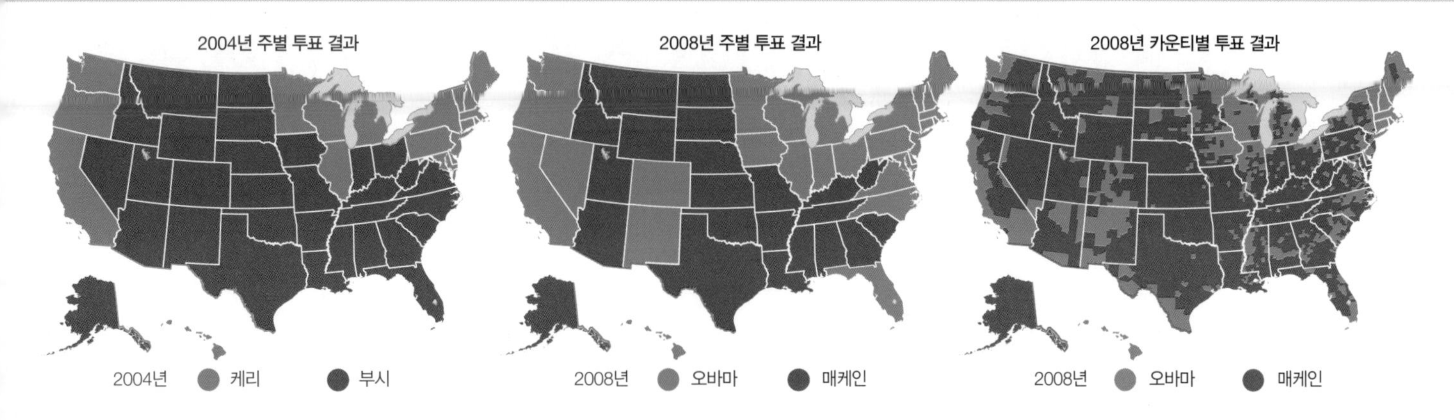

그림 1.7.2 **등질지역**
첫 번째 지도는 2004년 대통령 선거 결과를 주별로 나타낸 것이다. 민주당 후보 존 케리(John Kerry)는 미국의 북동부, 중서부, 서부 태평양 연안 지역에서 승리를 거뒀지만 공화당 후보 조지 W. 부시(George W. Bush)가 나머지 지역에서 승리했다. 두 번째 지도는 2008년 대통령 선거 결과를 주별로 나타낸 것이다. 민주당 후보 버락 오바마(Barack Obama)는 4년 전 공화당을 지지하던 지역에서 득표함으로써 선거에서 승리하였다. 세 번째 지도는 2008년 대통령 선거 결과를 카운티별로 나타낸 것이다. 공화당 후보 존 매케인(John McCain)은 미국 전역에서 승리를 거뒀지만 오바마 후보가 가장 인구가 많은 카운티에서 승리함으로써 가장 많은 득표를 했다.

등질지역

등질지역(formal region)은 영어로 'uniform region' 혹은 'homogeneous region'이라고도 하며 특정 지역 내에 있는 사람들이 한 가지 이상의 특성을 공유하는 지역을 말한다. 공유된 특성은 공통의 언어와 같은 문화적 가치, 특정 작물의 생산과 같은 경제적 활동, 기후와 같은 환경적 속성 등을 의미한다. 이러한 특성은 등질지역 전체에 걸쳐 나타난다.

지리학에서 전 지구적으로, 혹은 국가 간에 종교나 경제발전 수준과 같은 변수들이 어떠한 공간 분포 패턴을 보이는지를 설명하는 데 등질지역의 개념이 이용된다. 등질지역을 구분하는 것은 대체로 정확한 수치적 분포를 보여주려 하기보다는 일반적인 패턴을 보여주기 위함이다.

일부 등질지역은 국가나 지방행정구역 단위로 나타나기 때문에 쉽게 알아볼 수 있다. 몬태나 주는 등질지역의 예로서 주 정부가 법률을 제정하고 세금을 징수하고 차량 번호판을 발급하여 주 전체가 공통된 특성을 지닌다.

등질지역에서는 하나의 특성이 보편적으로 나타나지 않고 다른 특성에 비해 우세한 형태로 나타날 수 있다. 예를 들어 미국에서 공화당 후보가 가장 많은 득표를 한 곳을 공화당 지역으로 구분할 경우 공화당으로 분류된 지역이라 할지라도 공화당 후보가 100% 지지 득표를 얻는 것은 아니며 선거에서 항상 승리하는 것도 아니다(그림 1.7.2).

등질지역을 구분하는 것이 지역의 특성을 일반화하는 과정이라 하더라도 지역의 문화적, 경제적, 환경적 요소의 다양성도 주의 깊게 인식해야 할 필요가 있다. 어느 한 지역의 소수집단이 그 지역의 다수집단과 언어, 종교, 자원 면에서 다를 수 있다. 한 지역에 거주하는 사람들이 그들의 젠더나 민족성에 따라 사회적 지위나 경제적 역할이 다를 수 있다는 점을 고려해야 한다.

인지지역

인지지역(vernacular region)은 영어로 'perceptual region'이라고도 하며 사람들이 자신의 문화적 정체성의 일부로 존재한다고 믿는 지역을 말한다. 인지지역은 지리적 사고를 통해 개발된 학문적 모델이라기보다는 장소에 대한 비공식적인 감정으로 나타난다.

인지지역의 예로 미국인들은 남부 지역을 미국 내 다른 지역과는 아주 다른 환경적, 문화적, 경제적 특성을 지닌 지역이라고 자주 언급한다. 이러한 특성은 각종 통계자료에서도 확인된다.

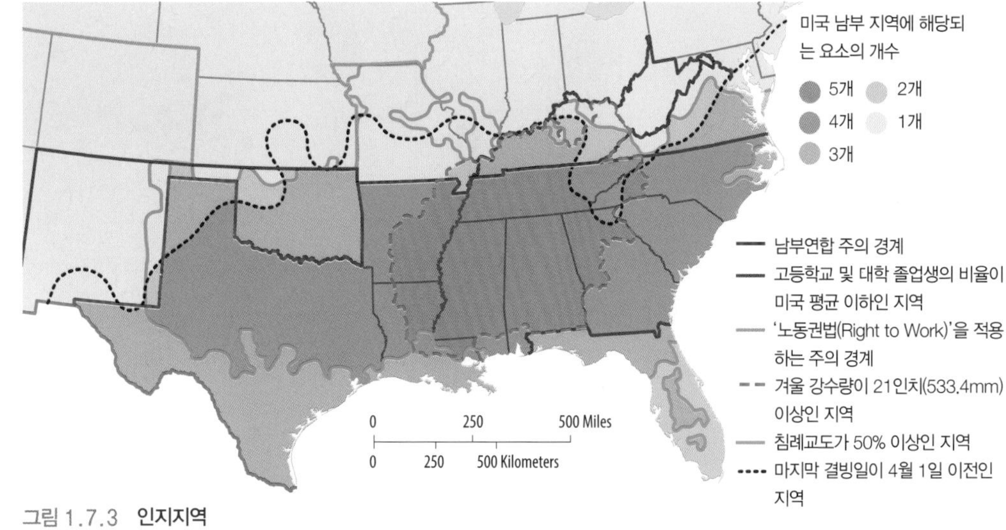

그림 1.7.3 **인지지역**
미국 남부 지역은 여러 가지 요소들이 독특하게 나타나는 인지지역이다.

1.8 스케일 : 전 지구적 수준에서 국지적 수준으로

▶ 전 세계가 경제적 · 문화적으로 연결되어 있다.

▶ 세계화에도 불구하고 사람들은 특화된 경제적 역할을 수행하며, 문화적 다양성을 고수하고 있다.

지리학에서는 국지적 수준에서부터 전 지구적 수준에 이르기까지 다양한 스케일을 다룬다. 지리학자는 전 지구적 수준에서는 전체적 패턴을, 도시 근린 지역과 같은 국지적 수준에서는 고유한 특성을 파악하고자 한다. 현대 사회에서 지리학은 아주 규모가 작은 지역에서부터 전 세계에 이르기까지 모든 공간 스케일에서 인간의 활동을 설명할 수 있다는 점에서 중요하다.

스케일은 **세계화**(globalization)로 인해 지리학에서 점차 중요성이 커지고 있는 개념이다. 세계화는 어떤 사상(事象)을 전 세계로 확산시키는 힘과 프로세스를 의미한다. 세계화는 전 세계가 공간적 스케일의 측면에서 축소되고 있다는 것으로 이해할 수 있는데, 이는 문자 그대로 크기가 줄었다는 것이 아니라 한 장소의 사람, 사물, 아이디어 등이 다른 지역의 것과 상호작용할 수 있는 능력 면에서 세계의 스케일이 줄어들고 있다는 것을 의미한다. 사람들이 전 세계의 경제와 문화를 쉽게 접할 수 있게 되어 세계는 보다 등질화되고 통합되며 상호의존적이 된다(그림 1.8.1).

그림 1.8.1 **중국 베이징의 차오양 업무 지구**

경제의 세계화

세상과 동떨어져 외진 곳에 사는 사람들은 일상에 필요한 생필품을 스스로 해결해야 한다. 그러나 한 지역에서 일어나는 대부분의 경제활동은 다른 지역의 의사결정권자들과의 상호작용에 영향을 받는다. 작물의 선택은 수요와 시장가격에 영향을 받는다. 공장은 원료와 생산품의 수송이 용이한 곳에 입지한다.

경제의 세계화는 다국적기업(multinational corporation)이라고도 불리는 **초국적기업**(transnational corporation)에 의해 주도된다. 초국적기업은 새로운 제품을 개발하고 공장을 운영하며 본사나 대주주가 있는 국가들뿐만 아니라 여러 나라를 시장으로 하여 활동하고 있다(그림 1.8.2).

전 세계 모든 곳이 세계경제의 일부이지만 세계화로 인해 지역적 범위에서 국지적인 특화가 나타난다. 개별 장소는 그 장소가 가지고 있는 자산을 바탕으로 독특한 역할을 수행한다. 어떤 장소는 유용 광물자원을 가지고 있거나 교육 수준이 높은 노동력을 얻을 수 있다. 초국적기업은 각 장소의 특수한 경제적 자산을 개발하고 활용한다.

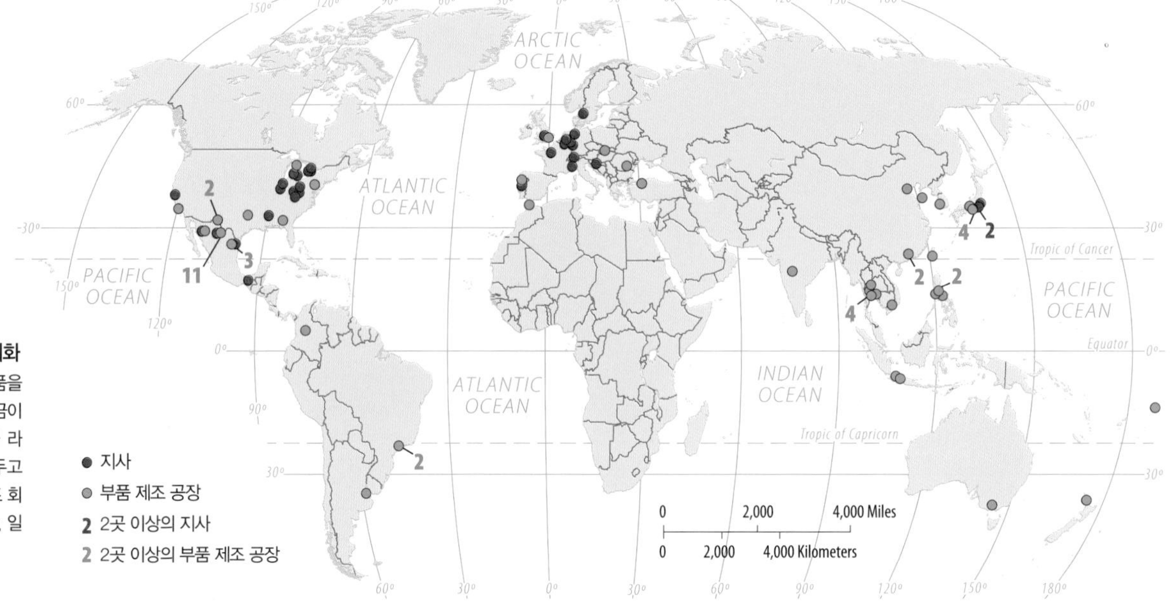

그림 1.8.2 **경제의 세계화**
야자키(Yazaki)는 자동차 부품을 생산하는 초국적기업으로, 임금이 상대적으로 저렴한 아시아와 라틴아메리카에 제조 공장을 두고 있으며, 주 고객인 자동차 제조 회사들이 있는 유럽, 북아메리카, 일본에 지사를 두고 있다.

현대 기술로 자본, 원료, 상품, 기술 등을 포함한 경제적 자산이 전 세계로 쉽게 이동하고 있다. 초고속 정보통신망과 같은 기술의 발달로 기업들은 이제 전 지구적 스케일에서 경제활동을 조직하는 것이 더욱 용이해졌다.

문화의 세계화

지리학자들은 세계 각 지역의 문화적 선호가 유사해짐에 따라 전 지구적으로 동질적인 구조물이 들어서고, 동질적인 문화적 가치를 가지는 경관이 형성되고 있는 현상에 주목하고 있다. 패스트푸드 레스토랑, 주유소, 소매 체인점 등은 어느 지역에서라도 가능한 한 같은 외관을 만들어 소비자가 세계 어느 곳에서든 같은 수준의 서비스를 기대하게끔 만든다(그림 1.8.3).

지역의 문화에 따라 다르게 나타나는 신념, 생활양식, 전통 등은 세계적인 의식주 형태 및 여가활동, 예를 들어 청바지, 나이키 운동화, 코카콜라, 맥도날드 햄버거 등이 유입됨에 따라 존속 자체가 위협을 받고 있다.

문화 경관을 획일하게 만드는 것은 문화적 신념과 양식을 나타내는 종교와 언어의 세계화이다. 특히 아프리카인들은 토속신앙을 버리고 전 세계적으로 신도가 수억 명에 달하는 기독교와 이슬람교를 받아들였다. 세계화에는 일반적인 의사소통 방법이 필요한데 영어가 점차 그와 같은 역할을 담당하고 있다.

지역의 다양성

점차 많은 사람들이 전 지구적 문화를 접하고 이를 받아들이려 하면서 지역의 문화적 특색, 형식, 신념 등은 사라질 위기에 처해있다. 그러나 세계화에도 불구하고 장소에 따른 문화적 차이는 지속될 뿐만 아니라 심지어 많은 지역에서 더 뚜렷해지고 있다.

전 세계적으로 상품이 표준화되었다고 해서 모든 사람들이 똑같은 문화 상품을 원하는 것은 아니다. 통신기술의 혁신적인 발전은 문화의 세계화를 촉진하는 동시에 문화적 다양성을 보존하기도 한다.

예를 들어 텔레비전은 이제 채널이 소수의 몇 개로 제한되어 하나의 문화적 가치만을 전달하지 않는다. 케이블과 위성 시스템을 통한 프로그램의 제공으로 사람들은 수백 가지의 프로그램을 선택할 수 있다. 방송 통신의 세계화로 지리적으로 멀리 떨어진 곳에 있는 사람들이 동일한 텔레비전 방송 프로그램을 시청할 수 있게 되었다. 또한 방송 시장의 세분화로 같은 집에 살고 있는 사람들이 서로 다른 방송 프로그램을 시청할 수 있게 되었다.

중국

두바이

러시아

태국

요르단

일본

그림 1.8.3 **문화의 세계화** '맥도날드' 매장은 전 세계적으로 117개국에 3만 2,000개 이상이 분포한다. 맥도날드는 매장 외관에 획일성을 주기 위해 2개의 노란색 아치를 세운다.

다른 장소의 소비자들이 점차 비슷한 문화적 선호를 보이지만 모든 사람들이 똑같이 선호하는 것을 얻을 수 있는 것은 아니다. 문화적 선호의 세계화 속에서 전통 문화 요소를 유지하려는 사람들의 욕구는 일부 지역에서 정치적 분쟁과 시장의 분절화를 가져오기도 한다.

세계화로 개별 장소의 문화와 경제의 고유성이 소멸되지는 않는다. 인문지리학자들은 오늘날의 수많은 사회적 문제들이 문화와 경제의 측면에서 세계화를 이끌어 가는 힘과 고유한 문화적 전통과 경제적 자율성을 유지해가려는 힘 사이의 긴장 관계에서 비롯되고 있다고 설명한다.

1.9 공간 : 사상의 분포

▶ 공간 분포의 특성은 밀도, 집중도, 패턴 세 가지 유형으로 나타낸다.

▶ 젠더와 민족성은 공간상에서 패턴이 얼마나 다양할 수 있는지를 보여주는 중요한 예이다.

체스와 컴퓨터게임은 공간에 대해 생각하게 만든다. 체스판이나 스크린의 말은 상대편을 이기기 위해 위치가 정해져 기하학적 패턴을 형성한다. 경기자는 게임에서 이기기 위해 말의 이동 방향을 이해하고 예측하는 공간적 기술을 가지고 있어야 한다.

이와 비슷하게 공간적 사고는 지리학자들이 사용하는 가장 근본적인 기술로서 게임판보다 훨씬 큰 지표 위에서 사상(事象)의 배열을 이해하는 데 가장 필요한 기술이다. 지리학자는 인간과 인간활동의 배열을 파악하고 왜 그러한 분포 패턴을 보이는지에 대해 고민한다.

인문적 · 자연적 사물은 지표상에 고유한 공간을 점유하고 있고, 각 사물 사이에는 물리적 간격이 있다. 지리학자는 지표상에서 사상이 어떻게 공간을 점유하고 있는지 설명한다. 지구 전체에 걸쳐, 혹은 각 지역에 따라 사상의 빈도는 다르며, 서로 인접해있거나 떨어져 있어 상호 간의 거리도 무척 다양하게 나타난다. 이와 같은 사상의 공간적 배열 특성을 **분포**(distribution)라고 한다.

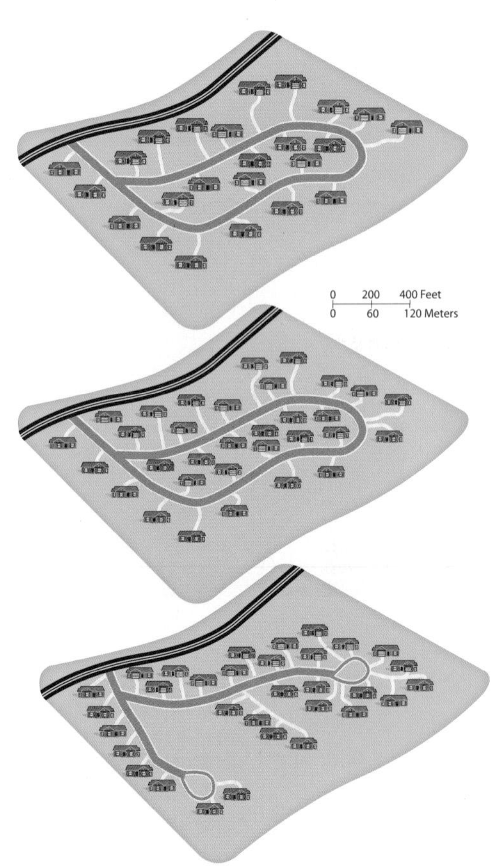

그림 1.9.1 **분포**
첫 번째 그림에서 주거지의 주택 밀도가 두 번째 그림에서보다 낮다(30에이커의 동일한 면적의 토지에 각각 24개 주택과 32개 주택이 분포한다.). 그러나 이 두 그림에서 주택은 모두 분산되어 있다. 두 번째와 세 번째 그림에서 주택 분포 밀도는 같지만 세 번째 그림의 주택은 군집 분포를 보인다(30에이커의 동일한 면적의 토지에 32개의 주택이 분포한다.). 세 번째 그림에서 주택들은 넓은 공유지를 가지고 있지만 두 번째 그림에서는 개별 주택마다 넓은 개인 정원이 있다.

분포의 특성

지리학자들은 분포의 세 가지 주요 특성을 다음과 같이 설명한다.

- **밀도.** 밀도는 사상이 공간상에 나타나는 빈도를 말한다. 측정할 수 있는 사상은 사람, 주택, 자동차, 화산 등 여러 가지 다양한 형태를 띠고 있으며, 지역의 크기는 평방킬로미터(square kilometers), 평방마일(square miles), 헥타르(hectares), 에이커(acres) 등 면적을 나타내는 단위로 측정되고 표기된다. 인구규모가 크다고 해서 밀도가 높은 것은 아니다. 러시아는 네덜란드보다 인구가 많지만 네덜란드는 영토 면적이 작기 때문에 인구밀도가 러시아보다 더 높다.
- **집중도.** 집중도는 사상이 공간상에 확산되어 있는 정도를 말한다. 만약 사상들이 한 지역에서 서로 가까이 위치해있다면 군집을 이루었다고 하며, 만약 서로 멀리 떨어져 있다면 분산되어 있다고 말한다. 서로 다른 지역의 집중도를 명확하게 비교하기 위해서는 동일한 면적과 동일한 수를 대상으로 해야 한다.
- **패턴.** 패턴은 공간상에 사물이 기하학적으로 배치되어 있는 것을 말한다. 어떤 사상은 규칙적인 패턴으로 분포하는 반면, 어떤 것은 불규칙적으로 분포해있다.

집중도는 밀도와 같지 않다. 두 근린 지구에서 주택 분포의 밀도는 같지만 집중도는 다를 수 있다. 주택이 분산된 분포를 보이는 근린 지구에서는 주택마다 넓은 개별 정원이 갖춰져 있지만 주택이 밀집된 군집 분포를 보이는 근린 지구에서는 주택들이 서로 가깝게 위치하며, 근린 공원과 같은 공공 용지가 넓게 분포한다(그림 1.9.1).

밀도와 집중도의 차이는 근린 지구보다 넓은 스케일에서도 확인된다. 20세기 후반 동안 미국 야구팀의 연고지 분포는 변화하여 밀도는 높아지고 집중도는 낮아졌다(그림 1.9.2).

지표상에서 사상은 정사각형이나 직사각형 패턴으로 분포해있는 경우가 있다. 미국의 많은 도시들은 격자형 패턴(grid pattern)이라고 알려진 규칙적인 가로망 패턴을 갖고 있는데, 도로가 동일한 간격으로 직각으로 교차하면서 정사각형이나 직사각형 블록을 형성하고 있다.

그림 1.9.2 **메이저리그 야구팀의 분포**
미국 메이저리그 야구팀의 연고지 변화는 밀도와 집중도의 차이를 보여준다.

다음의 6개 팀은 1950~1960년대에 연고지를 이전하였다.

브레이브스(Braves) — 1953년 보스턴에서 밀워키로, 1966년 애틀랜타로 이전
브라운스(Browns) — 1954년 세인트루이스에서 볼티모어로 이전(오리올스로 개명)
애슬레틱스(Athletics) — 1955년 필라델피아에서 캔자스시티로, 1968년 오클랜드로 이전
다저스(Dodgers) — 1958년 브루클린에서 로스앤젤레스로 이전
자이언츠(Giants) — 1958년 뉴욕에서 샌프란시스코로 이전
세너터스(Senators) — 1961년 워싱턴에서 미니애폴리스로 이전(미네소타 트윈스로 개명)

다음의 14개 팀은 1960~1990년대 사이에 창단되었다.

에인절스(Angels) — 1961년 로스앤젤레스, 1965년 캘리포니아 주 애너하임으로 이전
세너터스(Senators) — 1961년 워싱턴, 1971년 알링턴(Arlington, 텍사스 레인저스로 개명)으로 이전
메츠(Mets) — 1962년 뉴욕
애스트로스(Astros) — 1962년 휴스턴(원래 명칭은 콜트 45)으로 이전
로열스(Royals) — 1969년 캔자스시티
파드리스(Padres) — 1969년 샌디에이고
엑스포스(Expos) — 1969년 몬트리올에서 2005년 워싱턴으로 이전(내셔널즈로 개명)
파일로츠(Pilots) — 1969년 시애틀에서 1970년 밀워키로 이전(브루어스로 개명)
블루제이스(Blue Jays) — 1977년 토론토
매리너스(Mariners) — 1977년 시애틀
말린스(Marlins) — 1993년 마이애미(원래 명칭은 플로리다)로 이전
로키스(Rockies) — 1993년 덴버(콜로라도 주)
레이스(Rays) — 1998년 탬파베이(원래 명칭은 데블레이스)
다이아몬드백스(Diamondbacks) — 1998년 피닉스(애리조나 주)

이와 같은 재입지와 창단의 결과로 팀의 밀도는 증가하였고 분포는 분산되었다.

공간에 표출되는 젠더와 민족의 다양성

젠더와 민족에 따라 공간 패턴이 상이하게 나타난다. 어머니, 아버지, 아들, 딸로 이루어진 '전형적인 미국인' 가족을 생각해보자. 물론 이와 같은 가족 형태는 미국 전체 가구의 1/4에도 미치지 못한다는 것은 잠시 제쳐두자.

아버지는 아침에 차를 타고 직장에 출근하여 차를 주차하고 낮 시간대를 보낸 후 오후 늦게 차를 몰고 집에 돌아온다. 어머니는 자녀를 차에 태워 학교에 데려다 주고 슈퍼마켓에 들러 쇼핑을 하고 할머니 댁을 방문하며 강아지를 산책시킨다. 오후에 다시 학교에 가서 자녀를 차에 태워 스포츠 연습장이나 발레 레슨장으로 데려가 활동에 참여하게 한다. 이와 같은 일정 사이사이에 수천 평방피트에 달하는 집을 청소하고 정돈하는 등 가사일을 한다. 대부분의 미국 여성들은 이제 직장에서 일을 하고 있어 도시 공간 내에서 복잡한 이동 패턴이 더욱 복잡해졌다.

공간 내에서 젠더의 중요성은 어린 시절에 습득된다. 남자아이는 야구 레슨을, 여자아이는 발레 레슨을 받는다. 이는 도시에서 야구장과 발레 스튜디오 가운데 어느 곳에 더 많은 공간이 할당되는가 하는 질문을 던지게 한다(그림 1.9.3).

만일 위에서 언급한 가족이 동성 부부라면 이들의 공간 이동 패턴은 다를 것이다. 마찬가지로 미국 내에서 인종과 민족에 따라 공간의 상호작용이 다르게 나타난다.

그림 1.9.3 **젠더와 공간**
남자아이들이 주로 운동경기를 하는 운동장은 여자아이들이 주로 이용하는 발레 스튜디오보다 더 넓은 공간이 필요하다.

1.10 연결 : 장소 간 연계

▶ 확산을 통해 어떤 특징이 한 지역에서 다른 지역으로 퍼진다.

▶ 장소 간 연계로 공간적 상호작용이 발생한다.

지리학자들은 장소 간 혹은 지역 간 연계에 대해 많은 관심을 가지고 있다. 과거 문화 집단 간에 이루어진 대부분의 상호작용은 정착자, 탐험가, 약탈자가 한 지역에서 다른 지역으로 이동하기 위해 필요했다. 오늘날에는 자동차나 항공기를 이용한 이동으로 훨씬 더 빨라졌다. 보다 빠른 교통수단의 등장으로 장소 간의 거리가 단축되었는데, 이는 물리적 거리가 아니라 시간적 거리가 단축되었다는 의미이다. 지리학자들은 이와 같은 현상을 **시공간 압축**(space-time compression)이란 용어로 표현한다. 시공간 압축으로 장소 간의 거리가 줄어들고 있다는 느낌을 갖게 되고, 장소들에 대한 접근성은 증가한다(그림 1.10.1). 이로 인해 우리는 세계 각지에서 일어나는 일을 보다 빠르게, 그리고 보다 많이 알게 된다.

그러나 우리가 어떤 장소에 대해 알아보기 위해 꼭 물리적으로 이동할 필요는 없다. 우리는 컴퓨터나 원거리 통신 장비를 통해 먼 곳에 위치한 사람과 의견을 교환할 수 있고 텔레비전을 통해 먼 곳에 있는 사람들을 볼 수 있다. 다양한 형태의 의사소통으로 다른 장소에 위치한 사람들도 동일한 문화적 사고, 사회제도, 물질문화 등을 가지고 있다는 것을 알게 된다.

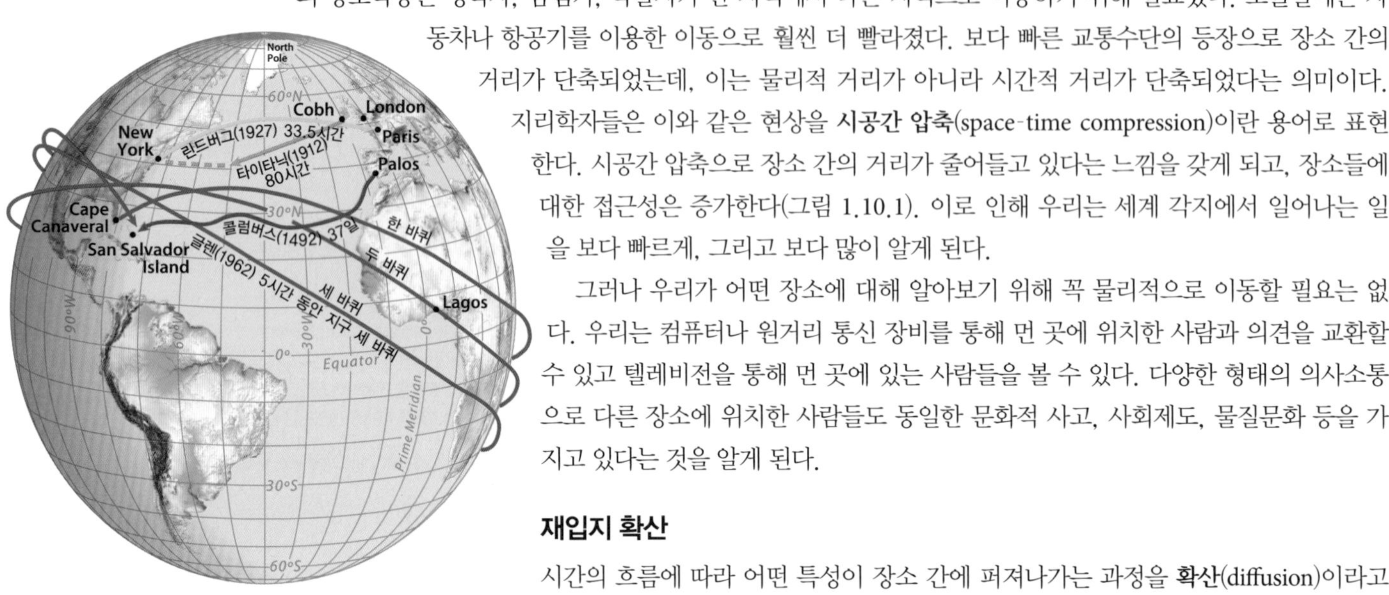

그림 1.10.1 **시공간 압축**
교통수단의 발달로 세계가 축소되었다.

- 1492년 크리스토퍼 콜럼버스(Christopher Columbus)는 카나리아제도(Canary Islands)에서 산살바도르 섬(San Salvador Island)까지 대서양을 항해하는 데 37일(대략 900시간)이 걸렸다.
- 1912년 타이타닉 호는 출발 후 80시간 동안 항해하여 전체 이동 거리의 2/3를 지났을 때 빙산과 충돌해 침몰했다. 타이타닉 호는 아일랜드의 퀸스타운[(Queenstown, 오늘날의 코브(Cobh)]에서 뉴욕까지 약 5일 간의 항해로 이동할 예정이었다.
- 1927년 찰스 린드버그(Charles Lindbergh)는 최초로 대서양을 쉬지 않고 비행하였는데 뉴욕에서 파리까지 33.5시간이 소요되었다.
- 1962년 존 글렌(John Glenn)은 최초로 지구궤도를 돈 미국인으로 대서양을 약 15분 만에 횡단하고 5시간 동안 지구를 세 바퀴 돌았다.

재입지 확산

시간의 흐름에 따라 어떤 특성이 장소 간에 퍼져나가는 과정을 **확산**(diffusion)이라고 한다. 혁신이 발생한 장소는 **발원지**(hearth)라고 부른다. 어떤 특성이 발원지 혹은 결절지에서 시작되어 다른 장소들로 확산된다. 지리학자들은 발원지의 입지적 특성과 시간이 지남에 따라 확산되는 과정을 기록한다.

확산은 사람, 사물, 아이디어가 다른 지역과 상호작용할 때 발생한다. 지리학자들은 재입지 확산과 팽창 확산 두 가지 유형을 구분한다. **재입지 확산**(relocation diffusion)은 사람들이 물리적으로 이동함으로써 아이디어가 한 장소에서 다른 장소로 퍼져나가는 것을 말한다. 사람들은 이주할 때 자신의 언어, 종교, 민족성을 포함한 문화를 전파한다(그림 1.10.2).

팽창 확산

팽창 확산(expansion diffusion)은 어떤 특성이 눈덩이처럼 늘어나면서 한 장소에서 다른 장소로 퍼져나가는 것을 말한다. 팽창 확산은 다음 세 가지로 세분된다.

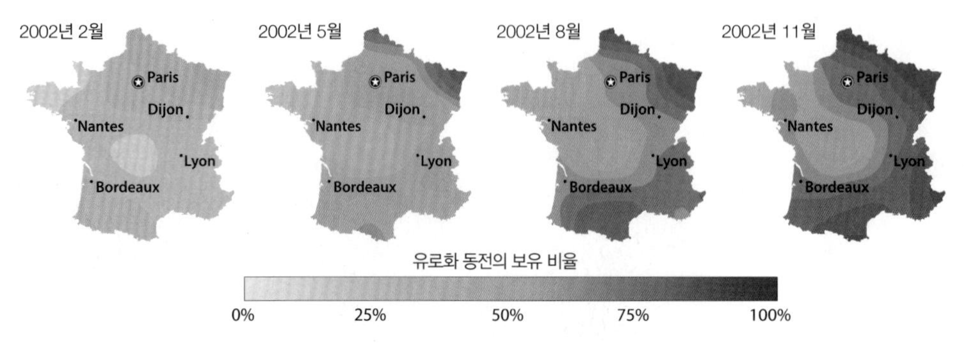

그림 1.10.2 **재입지 확산**
2002년 1월 1일 유럽 12개국이 공용 화폐로 유로화를 도입하였는데 이로 인해 학자들은 재입지 확산을 측정할 수 있는 기회를 얻게 되었다. 유로화 지폐는 동일한 디자인으로 발행되었지만 동전의 경우는 달라서 12개 국가는 EU 내에서의 경제 비중에 따라 할당된 만큼 자체적으로 동전을 주조하였다. 각 국가에서 주조된 동전은 12개국에서 공통으로 사용할 수 있었지만 주조국 내에서 주로 사용되었다. 프랑스 학자들은 자국 내에 들어온 EU 회원 11개국의 동전을 매월 확인하였다. 타 국가에서 주조된 유로화 동전의 비율은 프랑스로의 재입지 확산을 알아볼 수 있는 측정 지표가 되었다. 당연하게도 프랑스에서 동전의 확산은 국경 근처에서 가장 활발하게 일어났다.

계층 확산(hierarchical diffusion)은 지위가 높거나 권위를 가진 사람으로부터, 혹은 결절지로부터 다른 사람이나 장소로 아이디어가 퍼져나가는 것을 말한다. 계층 확산은 정치 지도자, 사회 엘리트, 영향력을 가진 사람 등으로부터 아이디어가 다른 사람들에게 전이되는 것이다.

전염 확산(contagious diffusion)은 사람들 간의 전이가 급속하고 광범위하게 이루어지는 것을 말한다. 전염이라는 용어가 내포하는 것처럼 확산의 형태가 독감과 같은 전염병의 확산 방식과 유사하다. 월드와이드웹(World Wide Web)을 통한 정보의 확산은 전염 확산 방식의 예라 할 수 있으며, 전 세계에서 인터넷에 접속한 사람들이 동시에 동일한 정보에 접근할 수 있기 때문에 급속하게 정보가 확산될 수 있다.

자극 확산(stimulus diffusion)은 기본 원리가 확산된 경우를 말한다. 예를 들어 애플사의 아이폰(iPhone)과 아이패드(iPad) 운영체제의 혁신적인 특징은 경쟁사의 제품에 그대로 적용되었다.

위와 같은 세 가지 유형의 팽창 확산은 오늘날 현대적인 통신 시스템이 발달하면서 과거보다 훨씬 빠른 속도로 이루어지고 있다. 아이디어는 사람들이 실제 다른 지역으로 이동하지 않더라도 한 장소에서 다른 장소로 확산될 수 있다.

공간적 상호작용

장소가 네트워크로 서로 연결되어 있을 때 지리학자는 장소들 간에 **공간적 상호작용**(spatial interaction)이 일어난다고 말한다. 일반적으로 한 집단이 다른 곳과 더 멀리 떨어져 있을수록 두 집단 간의 상호작용은 더 줄어든다. 접촉은 거리가 길어질수록 감소하여 결국에는 없어진다. 이와 같은 현상을 **거리 조락**(distance decay)이라고 한다.

교통 시스템은 재입지 확산을 용이하게 만드는 네트워크를 형성시킨다. 예를 들어 대부분의 항공사들은 '허브 앤 스포크(hub-and-spoke)'라는 독특한 네트워크를 채택하고 있다(그림 1.10.3). 항공사들은 비행기로 수많은 장소에서 대도시의 허브 공항으로 여객과 물자를 보내고 이 허브 공항으로부터 다시 다른 장소들로 이동시킨다(그림 1.10.4).

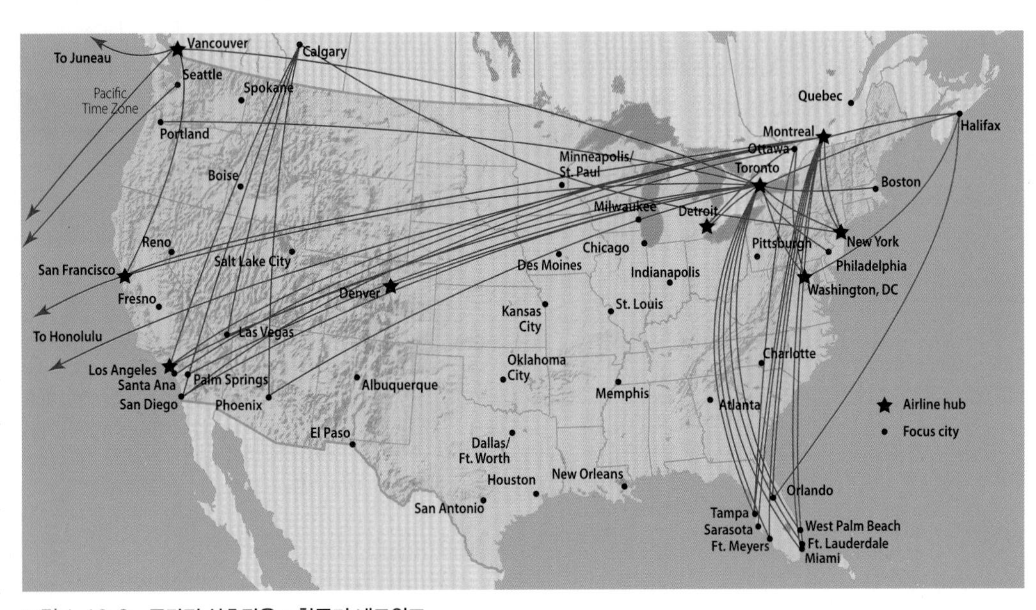

그림 1.10.3 **공간적 상호작용 : 항공기 네트워크**
에어캐나다는 다른 주요 항공사와 마찬가지로 '허브 앤 스포크' 시스템으로 항공 루트 네트워크를 구축하였다. 에어캐나다의 항공기들은 대부분 토론토를 허브로 하여 이곳을 출발지나 기착지로 삼고 있다.

전자 통신 시스템이 서로 멀리 떨어져 있는 사람들 간에 상호작용을 가능하게 하였다. 전자 통신 시스템의 개발 초기에는 사람들이 지구 반대편에 있는 사람에게도 값싸고 손쉽게 의사를 전달하고 지구 반대편의 사건과 소식을 알 수 있게 되었으므로 지리학에 곧 '사망 선고'가 내려질 것이라고 생각했다. 그러나 실제로 지리학은 전보다 훨씬 더 중요해졌다. 인터넷 접속은 컴퓨터에 전원을 공급하거나 컴퓨터 혹은 스마트폰의 배터리를 다시 충전시킬 수 있는 전기 공급에 달려있다.

인터넷은 또한 지리학의 중요성을 확대시켰다. 인터넷에 접속하면 접속자가 전 세계 어느 곳에 위치하고 있는지가 드러난다. 이와 같은 정보는 특정한 취향과 특정 장소를 겨냥하여 광고를 하고 제품을 판매하고자 하는 사업가들에게 매우 가치가 있다.

그림 1.10.4 **항공사 허브**
아래 사진은 에어캐나다의 허브 공항인 토론토 피어슨 국제공항(Toronto Pearson International Airport)의 모습이다.

1.11 지구의 물리적 시스템

▶ 지구의 자연환경은 4개의 권역으로 구성되어 있다.

▶ 이 4개의 권역은 서로 연계되어 상호작용한다.

지리학자들은 자연환경의 프로세스를 서로 연계된 4개 권역의 관점에서 연구한다. 이 네 가지 자연계는 생물계와 비생물계로 구분된다. **생물계**(biotic system)는 생물체로, **비생물계**(abiotic system)는 무기물로 구성되어 있다.

지구의 4개 권역

지구의 4개 권역 가운데 비생물계에 속하는 것은 다음과 같다.

- **대기권**(atmosphere)은 지구를 둘러싸고 있는 얇은 가스층이다(그림 1.11.1).
- **수권**(hydrosphere)은 지구 상의 물로 이루어진 모든 영역을 말한다(그림 1.11.2).
- **암석권**(lithosphere)은 지각과 지각 바로 아래에 위치한 맨틀 상층부의 일부를 포함한다(그림 1.11.3).

지구의 4개의 권역 가운데 생물계에 속하는 것은 다음과 같다.

- **생물권**(biosphere)은 지구 상의 모든 생명체를 말하며 모든 미생물과 동식물을 포함한다(그림 1.11.4).

4개 권역의 명칭은 그리스어로 암석(litho), 공기(atmo), 물(hydro), 생명(bio)에서 유래하였다.

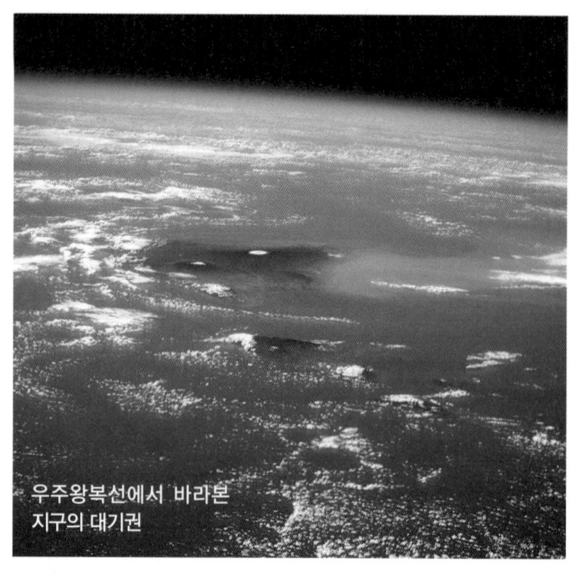

그림 1.11.1 **대기권**

지구는 고도 480km(300마일)까지 얇은 가스층에 둘러싸여 있다. 대기권 하층의 건조한 공기는 약 78%의 질소, 21%의 산소, 0.9%의 아르곤, 0.036%의 이산화탄소, 0.064%의 기타 기체로 구성되어 있다(양으로 측정하였다.). 대기권의 기체는 지구의 중력에 의해 안정적으로 유지되며, 그로 인해 기압이 형성된다. 지역 간 기압의 차이는 바람, 폭풍, 강우와 같은 기상현상을 발생시킨다.

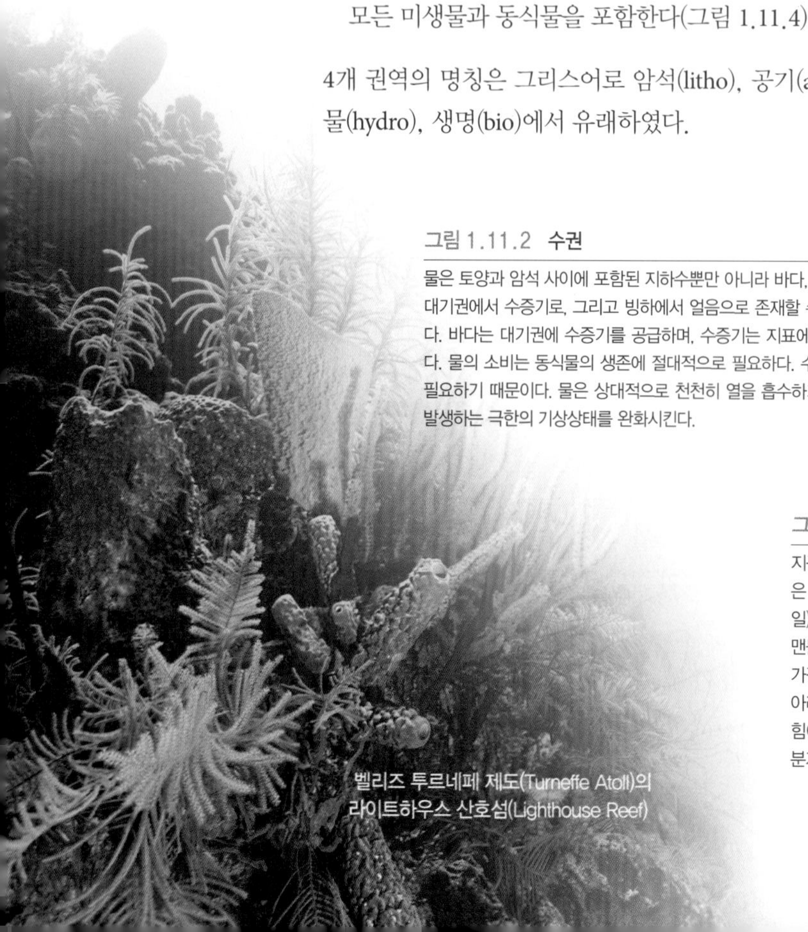

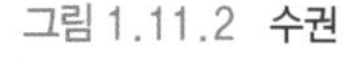

그림 1.11.2 **수권**

물은 토양과 암석 사이에 포함된 지하수뿐만 아니라 바다, 호수, 하천에 액체 상태로 존재한다. 물은 또한 대기권에서 수증기로, 그리고 빙하에서 얼음으로 존재할 수 있다. 바다는 지구 전체 물의 97%를 차지한다. 바다는 대기권에 수증기를 공급하며, 수증기는 지표에 다시 강우로 돌려보내고, 강우는 담수를 만든다. 물의 소비는 동식물의 생존에 절대적으로 필요하다. 수많은 동물과 다양한 식물이 생존하는 데 물이 필요하기 때문이다. 물은 상대적으로 천천히 열을 흡수하거나 발산하므로 지표의 많은 곳에서 계절별로 발생하는 극한의 기상상태를 완화시킨다.

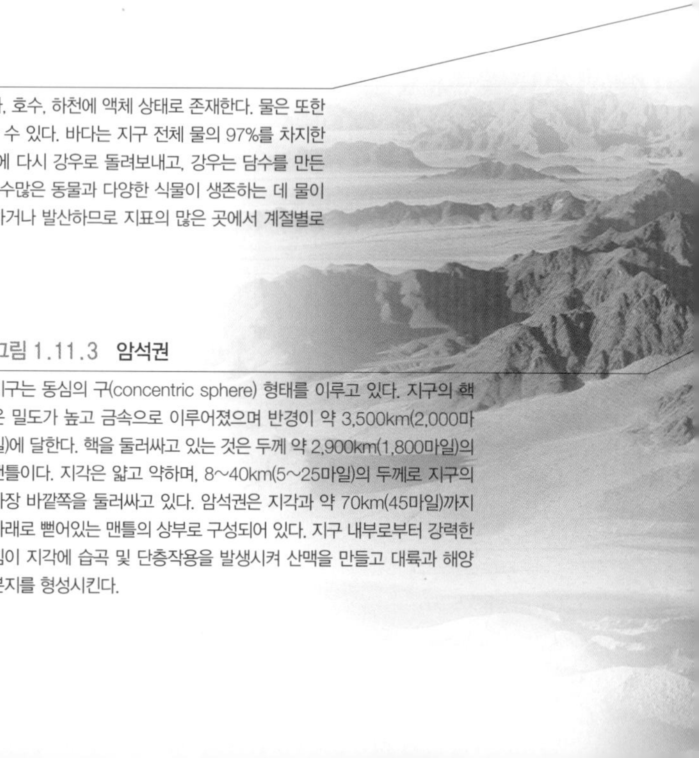

그림 1.11.3 **암석권**

지구는 동심의 구(concentric sphere) 형태를 이루고 있다. 지구의 핵은 밀도가 높고 금속으로 이루어졌으며 반경이 약 3,500km(2,000마일)에 달한다. 핵을 둘러싸고 있는 것은 두께 약 2,900km(1,800마일)의 맨틀이다. 지각은 얇고 약하며, 8~40km(5~25마일)의 두께로 지구의 가장 바깥쪽을 둘러싸고 있다. 암석권은 지각과 약 70km(45마일)까지 아래로 뻗어있는 맨틀의 상부로 구성되어 있다. 지구 내부로부터 강력한 힘이 지각에 습곡 및 단층작용을 발생시켜 산맥을 만들고 대륙과 해양 분지를 형성시킨다.

벨리즈 투르네페 제도(Turneffe Atoll)의
라이트하우스 산호섬(Lighthouse Reef)

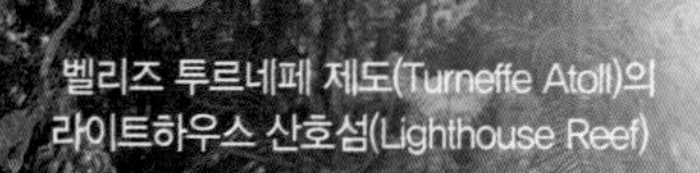

생물권에서의 상호작용

생태계(ecosystem)는 생물체를 비롯하여 생물체와 상호작용하는 비생물계를 포함한다. **생태학**(ecology)은 생태계를 연구하는 학문 분야로서 생태학자들은 생물권 내에서 다양한 생태계 간의 상호작용뿐만 아니라 특정 생태계 내에서 생물과 환경 간의 상호작용을 연구한다.

생물권의 생물체는 다음과 같은 세 종류의 비생물계와 상호작용을 한다.

- 암석권에서 대부분의 동식물은 생존에 필요한 먹이와 공간을 얻는다.
- 수권은 동식물에게 생존에 필요한 물을 제공하고, 특히 수중생물에게는 서식 환경을 제공한다.
- 대기권은 동물의 호흡에 필요한 공기를 제공하고 유해 태양광선으로부터 보호해준다.

생물권은 생물체와 3개의 비생물계가 상호연결된 시스템이다. 예를 들어 약간의 토양을 샘플로 채취해보면 암석권의 광물질, 수권의 수분, 대기권의 공기, 생물권의 식물과 곤충이 포함되어 있다.

지리학은 자연과학적 성격뿐만 아니라 사회과학적 성격을 띠고 있으므로 지리학자들은 인간과 4개 권역 간의 상호작용을 연구한다(그림 1.11.5).

- 대기권의 산소량이 감소하거나 대기권이 오염된다면 인간의 호흡에 문제가 발생한다.
- 인간은 물 없이 생존할 수 없다.
- 안정적인 암석권은 인간에게 건축재와 에너지 연료를 제공한다.
- 생물권은 인간에게 식량을 제공한다.

그림 1.11.4 **생물권**

생물권은 비생물계와 연결되어 있다. 생물권은 지구의 모든 생물을 포함한다. 생물체가 자연환경과의 상호작용 없이는 생존할 수 없기 때문에 생물권에는 지표와 가까운 범위 내에서의 비생물계도 포함된다. 대부분의 생물체는 암석권에서 3m(10피트) 이내, 수권에서 200m(650피트) 이내, 대기권에서 30m(100피트) 이내에 분포한다.

그림 1.11.5 **생태계**

세계 인구의 1/2 이상이 도시에 분포하므로 지리학자들은 도시 생태계에 특히 관심을 가지고 있다. 암석권은 주거지와 상업 공간 조성에 필요한 토지를 제공한다. 수권은 도시민에게 소비할 물을 제공하고, 도시민이 배출하는 오염물질은 대기권으로 배출된다. 생물권의 일부 동식물은 도시에서 생존하기 어렵지만 일부는 번성하기도 한다.

나미비아의 나미브 나우클루프트(Namib-Naukluft)공원

브라질 이파네마 (Ipanema)

1.12 인간과 환경 간의 상호작용

▶ 환경은 인간의 활동을 제한할 수 있지만 사람들은 환경에 적응한다.

▶ 인간은 환경을 변형시킬 수 있지만 파괴할 수도 있다.

지리학은 인간의 행태과 자연환경과의 관계를 핵심 주제로 삼는다. 인간과 환경과의 관계를 지리학적으로 연구하는 분야를 **문화생태학**(cultural ecology)이라고 부른다. 지리학자들은 인간과 환경 간의 두 가지 상호작용 유형에 관심을 가지고 있다. 즉, 인간이 환경에 어떻게 적응하는지와 인간이 환경을 어떻게 변형시키는지에 대해 연구한다.

가능론 : 환경에 대한 적응

1세기 전 지리학자들은 자연환경이 사회적 발전을 일으킨다고 보았는데, 이를 **환경결정론**(environmental determinism)이라고 한다. 예를 들어 환경결정론에서는 유럽 북서부 지역의 온화한 기후가 사람들을 건강하게 하고 사망률을 낮추며 높은 생활수준을 유지하게 만든다고 주장하였다.

오늘날 지리학자들은 인간활동과 자연환경 간의 관계를 설명하는 데 있어 환경결정론을 거부하고 **가능론**(possibilism)을 선호하고 있다. 가능론에 의하면 자연환경은 일부 인간의 활동을 제한하지만 사람들은 환경에 적응할 능력을 갖고 있다. 사람들은 자연환경이 제공하는 수많은 대안을 고려하여 어떻게 행동할지를 결정한다. 일례로 사람들은 작물이 어떤 기후 조건하에서 잘 성장하는지 알고 있다. 밀은 벼보다 한랭한 기후에서 잘 자란다. 그러므로 지리학의 가능론적 관점에 맞게 사람들은 환경을 고려하여 재배할 작물을 선택한다.

그림 1.12.1 **네덜란드의 환경 변화**
북해 만에 위치한 조이데르 해는 한때 홍수로 네덜란드를 위협했다. 1932년에 완공된 제방은 조이데르 해가 바닷물에서 민물로 바뀌도록 만들었다. 새롭게 형성된 물줄기의 이름은 '에이셀(IJsselmeer)'이다. '에이셀 호(Lake IJssel)'라고도 하는데 에이셀 강(IJssel River)이 그곳으로 흘러가기 때문이다. 호수의 일부는 여러 개의 간척지(폴더)를 만들기 위해 배수되었다. 이는 약 1,600km²(620평방마일)에 해당한다. 네덜란드 정부는 수입 농산물의 의존을 줄이고자 대부분의 간척지를 농업용지로 남겨두었다.
두 번째 야심 찬 제방 프로젝트는 델타플랜이다. 네덜란드에는 라인 강(the Rhine, 유럽에서 운항하는 선박이 가장 많은 하천이다.), 마스 강[the Maas, 프랑스에서는 뮤즈 강(the Meuse)이라고 부른다.], 스켈트 강[the Scheldt, 벨기에에서는 스헤르데 강(the Schelde)이라고 부른다.]을 포함하여 여러 중요한 강이 지나고 있다. 이러한 강들은 북해로 흐르는데, 여러 지류로 나뉘고 홍수에 취약한 저지대 삼각주를 형성한다. 1953년 1월에 거의 2,000여 명의 사람들의 목숨을 앗아간 대홍수 이후, 델타플랜에 의해 북해로 연결된 수로를 차단하기 위해 여러 개의 댐을 건설하였다. 이 프로젝트가 모두 완수되는 데에는 30년이 걸렸으며, 1980년대 중반에 이르러 모든 댐이 완공되었다. 아래의 사진은 네덜란드 루스드렉트(Loosdrecht) 인근의 간척지 모습이다.

환경의 개조

현대 기술의 발달로 인간과 환경 간의 전통적인 관계가 변화하였다. 인간은 자연환경을 과거보다 더 광범위하게 변화시킬 수 있다.

네덜란드와 미국 루이지애나 주만큼 자연환경이 인간에 의해 크게 변화된 곳을 찾아보기 어렵다. 두 지역에서는 모두 해수면보다 낮은 곳을 간척하여 약 8,000km²(3,000평방마일)의 면적을 확장하였다. 네덜란드에서 이루어진 간척은 자연환경의 영향을 좀 더 민감하게 반영하였다.

- **네덜란드의 간척**. 네덜란드인들은 간척지 조성과 제방 건설 프로젝트로 주어진 환경을 변화시켰다. 네덜란드에서는 해수면보다 낮은 곳에서 강제 배수를 하여 조성한 간척지를 **폴더**(polder)라고 한다. 네덜란드에서 폴더의 면적은 모두 합쳐 6,500km²(2,600평방마일)에 달하는데 이는 네덜란드 전체 영토의 16%를 차지한다(그림 1.12.1).

대규모 제방도 두 지역에 건설되었다. 네덜란드에서는 북부와 남서부에 각각 조이데르 해(Zuider Zee) 프로젝트와 델타플랜(Delta Plan) 프로젝트로 거대한 규모의 제방들이 건설되었다. 이 제방들은 해수가 북해에서 간척지로 침범하는 것을 막아준다.

- **루이지애나 주 남부의 간척**. 루이지애나 주 정부는 뉴올리언스와 주변 저지대의 홍수를 막기 위해 제방, 방파제, 수로, 양수 시설 등으로 이루어진 복잡한 홍수 방지 시스템을 구축하였다. 그러나 2005년에 대규모 피해를 가져온 허리케인 카트리나는 루이지애나 주 남부와 멕시코 만에 위치한 인접 주에서 자연의 힘을 제어할 수 없음을 보여주었다.

카트리나와 같은 초대형 허리케인은 늦여름과 가을에 대서양에서 발생하여 멕시코 만의 수온이 높은 해수로 인해 세력이 강해지며, 육지를 강타할 때 저지대를 침수시키는 강력한 폭풍과 강우를 발생시킨다. 인문지리학자들은 허리케인에 의한 재해에 효과적으로 대응하지 못하고 공간적으로 불균등하게 나타나는 문제에 주목하였다.

허리케인 카트리나의 피해자들은 주로 저지대에 거주하는 빈곤한 노년층 흑인들이었다(그림 1.12.2). 지역사회, 주 정부, 연방 정부가 재해에 신속하지 못하고 부실하게 대응함으로써 큰 비난을 받았으며, 희생자들은 뉴올리언스를 비롯하여 피해를 입은 지역에서 정치적, 경제적, 사회적으로 취약층이었다는 점이 지적되었다.

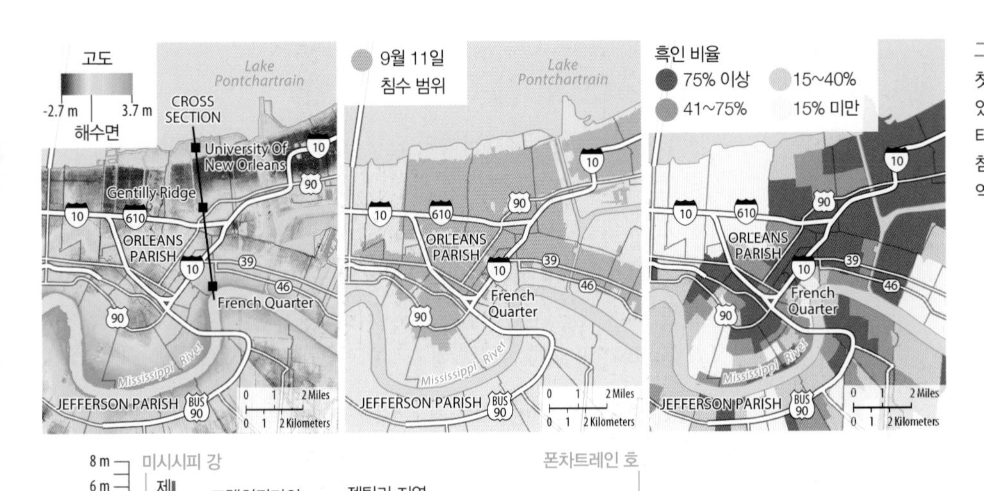

그림 1.12.2 **미국 루이지애나 주 남부의 환경 변화**
첫 번째 지도는 뉴올리언스 면적의 80%가 해수면 아래에 속해 있다는 것을 보여준다. 두 번째 지도는 허리케인 카트리나가 강타한 다음 날 뉴올리언스의 제방이 붕괴되어 광범위한 지역이 침수되었음을 나타낸다. 세 번째 지도는 주로 흑인들의 거주 지역에서 홍수 피해가 컸음을 보여준다.

제1장에서는 지리학을 이해하는 데 필요한 주요 개념과 지리학자들이 생각하는 방식을 소개하였다.

핵심 질문

지리학자들은 어떻게 위치를 설명하는가?

▶ 지리학에서는 자연현상과 인문현상의 분포를 살펴본다.

▶ 지리학은 고대의 항해와 탐험을 돕기 위한 목적으로 발달하였다.

▶ 지도는 고대 이후로 지표상의 사물의 위치를 나타내기 위해 제작되고 이용되었으며, 지리학의 가장 중요한 도구 가운데 하나이다.

▶ 위성영상과 지리정보시스템으로 지리학에서 사물의 위치를 나타내는 방식이 크게 발전하였다.

왜 지표상의 개별 지점은 고유한가?

▶ 지표상의 개별 장소는 절대적 위치와 상대적 위치 면에서 고유한 특성을 가진다.

▶ 지역은 고유한 특성들이 결합하여 나타나는 지표의 일부분이다.

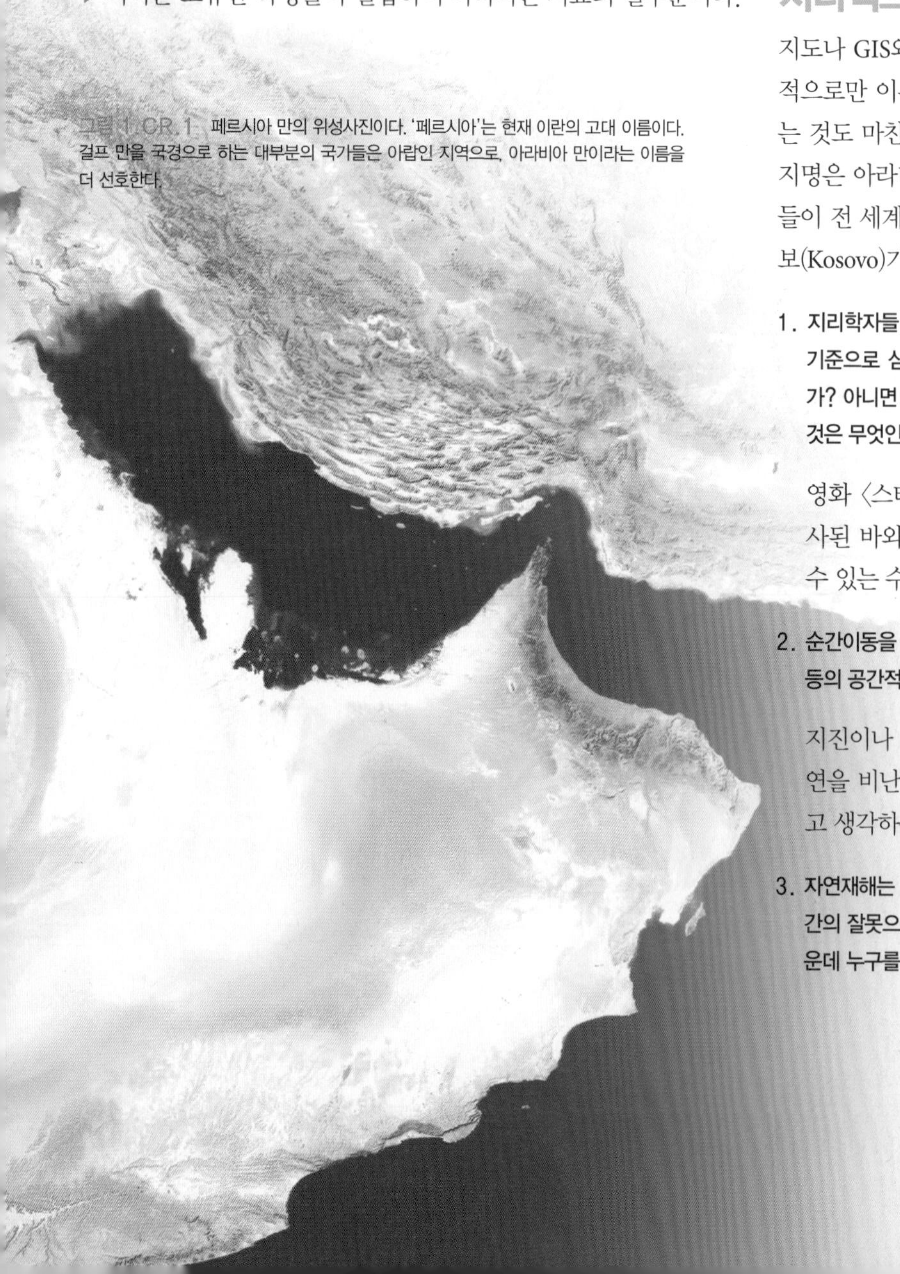

그림 1.CR.1 페르시아 만의 위성사진이다. '페르시아'는 현재 이란의 고대 이름이다. 걸프 만을 국경으로 하는 대부분의 국가들은 아랍인 지역으로, 아라비아 만이라는 이름을 더 선호한다.

어떻게 서로 다른 지점들이 연관되어 있는가?

▶ 오늘날 전 세계의 문화와 경제를 쉽게 접할 수 있게 되었다.

▶ 수많은 인문환경과 자연환경의 특성들은 공간적으로 규칙성을 갖고 분포한다.

▶ 확산의 과정을 통해 한 장소의 인문환경과 자연환경의 특성은 다른 곳과 연관된다.

인간과 환경은 어떻게 연계되어 있는가?

▶ 인간을 포함한 생물체로 구성되는 생물권은 대기권, 수권, 암석권의 프로세스와 연관되어 있다.

▶ 인간의 활동은 환경에 의해 영향을 받으며, 반대로 인간은 환경을 변화시킨다.

지리적으로 생각하기

지도나 GIS와 같은 지리학의 도구를 이용하는 것은 단순하게 기계적으로만 이루어지는 것이 아니다. 축척, 투영법, 레이어를 결정하는 것도 마찬가지이다. 예를 들어 페르시아 만(Persian Gulf)이라는 지명은 아라비아 만(Arabian Gulf)으로 바뀌어야 한다고 믿는 국가들이 전 세계적으로 많다(그림 1.CR.1). 또한 일부 국가에서는 코소보(Kosovo)가 독립국가로 표기되어서는 안 된다고 주장한다.

1. 지리학자들이 지명과 같은 정치적으로 민감한 사안을 결정하기 위해 무엇을 기준으로 삼아야 한다고 생각하는가? 대다수가 주장하는 바를 따라야 하는가? 아니면 강대국에서 결정하는 바를 따라야 하는가? 다른 기준이 있다면 그것은 무엇인가?

영화 〈스타트렉(Star Trek)〉이나 〈해리포터(Harry Potter)〉에 묘사된 바와 같이 사람들이 지구 상의 어떤 지점으로 순간이동할 수 있는 수단이 발명되었다고 상상해보자.

2. 순간이동을 가능하게 하는 장치가 발명된다면 지구 상에서 인구, 활동, 환경 등의 공간적 분포 특성은 어떻게 변화할 것이라고 생각하는가?

지진이나 허리케인과 같은 자연재해가 발생할 경우 사람들은 자연을 비난하며 스스로를 냉혹한 자연의 무고한 희생자일 뿐이라고 생각하는 경향이 있다.

3. 자연재해는 실제 순수 자연현상으로부터 얼마나 기인하는가? 재해는 실제 인간의 잘못으로부터 얼마나 기인하는가? 희생자들은 자연, 타인, 자기 자신 가운데 누구를 탓해야 하는가? 이 질문에 대한 답변의 이유는 무엇인가?

인터넷 자료

북아메리카에서 지리학에 대해 학습할 수 있는 유용한 인터넷 사이트는 전문기관에서 운영하고 있으며, 그 기관은 다음과 같다. 미국지리학자협회(Association of American Geographers)는 www.aag.org(이 장의 첫 번째 페이지에 있는 QR 코드를 스캔하면 연결된다.), 미국지리학회(American Geographical Society)는 www.amergeog.org, 미국지리교육학회(National Council for Geographic Education)는 www.ncge.org, 캐나다지리학자협회(Canadian Association of Geographers)는 www.cag-acg.ca이다.

내셔널지오그래픽(National Geographic)은 홈페이지(www.nationalgeographic.com)에 자사가 발행하고 있는 잡지 기사와 텔레비전 프로그램 등의 자료와 함께 온라인 매핑 서비스도 제공하고 있다.

탐구 학습

뉴올리언스

(위) 구글어스를 이용하여 뉴올리언스에서 허리케인 카트리나가 어떤 변화를 가져왔는지 살펴보자. (아래) 뉴올리언스에서 디자이어 근린 지구를 찾아보라. 구글어스는 과거의 위성영상 이미지도 제공하고 있으므로 2005년 8월 30일 허리케인 카트리나가 뉴올리언스를 강타한 날의 이미지를 찾아본 후 침수 지역이 언제 사라지는지 살펴보라.

위치 : 미국 루이지애나 주 디자이어 근린 지구(Desire Neighborhood Development)

"과거 이미지 보기" 아이콘을 클릭하라.

2005년 8월 30일로 타임라인을 맞춰보라.

허리케인 카트리나가 지나간 후 배수가 되어 침수된 지역의 건물이 다시 이미지에서 나타나는 날짜는 언제인가?

지형과 국경을 표기한 세계지도

핵심 용어

가능론(possibilism) 물리적 환경은 인간의 활동을 제약하지만, 인간은 물리적 환경에 적응하고 다양한 대안적 활동을 선택할 능력이 있다는 이론

거리 조락(distance decay) 특정 현상이 기원한 지역으로부터 거리가 멀어질수록 그 중요성이 감소하고 궁극적으로는 그 현상이 사라지는 것

경도(longitude) 본초자오선(경도 0°)을 중심으로 동서로 거리를 측정하여 경선의 위치를 표시하는 숫자 체계

경선(meridian) 지도 위에 남극과 북극을 기준으로 그려진 호(arc) 모양의 선

계층 확산(hierarchical diffusion) 핵심적인 인물, 혹은 권력의 중심지(결절지)로부터 다른 사람이나 장소로 추세나 특징이 퍼져가는 것

공간(space) 두 지역 간의 물리적 간격

공간적 상호작용(spatial interaction) 지역 내, 혹은 지역 간 아이디어(사상), 인간활동, 자연적인 프로세스의 움직임

그리니치표준시(Greenwich Mean Time, GMT) 경도 0°인 본초자오선이 지나는 시간대의 시간

기능지역(functional region) '결절지역'이라고도 하며, 핵심이나 결절점을 중심으로 조직된 영역

날짜변경선(International Date Line) 경도 180°를 지나는 경선. 미국을 향해 동쪽으로 가다 날짜변경선을 지나면 시계는 하루(24시간)를 뒤로 되돌려야 하고, 아시아를 향해 서쪽으로 간다면 날짜는 하루를 앞당겨놓아야 한다.

대기권(atmosphere) 지구를 둘러싸고 있는 얇은 가스층

등질지역(formal region) 'uniform region', 'homogeneous region'이라고도 하며, 한 가지 이상의 고유한 특성을 공유하는 사람들이 거주하는 영역

문화 경관(cultural landscape) 문화 집단에 의해 변형된 자연경관

문화생태학(cultural ecology) 인간과 환경의 관계에 대해 지리학적으로 연구하는 분야

밀도(density) 단위 지역 내에 특정 사물의 빈도

발원지(hearth) 창의적인 아이디어가 최초로 발생한 지역

본초자오선(prime meridian) 경도 0°를 나타내는 자오선으로, 영국의 그리니치천문대를 통과하는 선

분포(distribution) 지표상에 특정 사물이 배치된 상태

비생물계(abiotic) 비생명체와 무기물로 구성된 시스템

상대적 위치(situation) 다른 장소와의 상대적인 관계로 설명되는 위치

생물계(biotic) 생물체로 구성된 시스템

생물권(biosphere) 지구 상의 모든 생명체를 지칭

생태계(ecosystem) 생물체와 함께 생물체와 상호작용하는 범위 내의 비생물계

생태학(ecology) 생태계를 연구하는 학문

세계화(globalization) 전 세계를 연관시키는 활동이나 프로세스로, 결과적으로 특정 사상(事象)이 전 지구적 범위를 갖게 된다.

수권(hydrosphere) 지구 상에서 물로 이루어진 모든 영역

스케일(scale) 일반적으로 지구 전체와 지표의 일부분 간의 관계를 지칭한다. 특히 지도상에 나타난 특정 지역의 크기와 실제 크기와의 관계를 말한다.

시공간 압축(space-time compression) 교통통신시스템의 발달로 특정 사상이 먼 곳으로 확산되는 데 걸리는 시간이 감소하는 현상

암석권(lithosphere) 지각과 지각 바로 아래에 위치한 맨틀의 상층부

연결(connection) 공간의 장벽을 넘어선 인간과 사물의 관계

원격탐사(remote sensing) 지구궤도를 도는 인공위성이나 다른 장거리 통신 수단을 통해 지표에 관한 데이터를 획득하는 것

위도(latitude) 적도(0°)를 중심으로 남과 북으로 거리를 측정하여 지구 상에 그린 평행선의 위치를 표시하기 위해 사용된 숫자 체계

위선(parallel) 자오선과 직각이면서 적도에 평행하게 지구에 그려진 원

위성항법장치(Global Positioning System, GPS) 인공위성, 기지국, 수신기 등을 통해 지구 상의 특정 사물의 정확한 위치를 확인하는 시스템

인지지역(vernacular region) 'perceptual region'이라고도 하며, 사람들이 스스로의 문화적 정체성의 일부가 포함되어 있다고 믿는 지역

입지(location) 지표상의 사물의 위치

자극 확산(stimulus diffusion) 고유한 특징은 제외되더라도 근본 원리는 전이되는 것

장소(place) 고유한 특성에 따라 구분되는 지구 상의 특정 지점

재입지 확산(relocation diffusion) 한 장소에서 다른 장소로 사람이 이동하면서 퍼지는 특징이나 추세

전염 확산(contagious diffusion) 전체 인구의 추세나 특징이 급속하고 넓게 퍼지는 확산

절대적 위치(site) 한 장소의 물리적 특성으로 설명되는

위치

지도(map) 2차원으로 혹은 평평하게 지표면 전체나 그 일부를 표현한 것

지도학(cartography) 지도 제작에 관한 학문

지리정보시스템(Geographic Information System, GIS) 지리 데이터를 구축, 조직, 분석, 시각화하는 컴퓨터 시스템

지리정보학(Geographical Information Science, GIScience) 인공위성이나 기타 전자정보 기술을 통해 획득한 지구에 대한 데이터를 분석하는 분야

지리 좌표(geographic grid) 지표 위에 격자 패턴으로 그려진 호(acr)의 체계

지명(toponym) 지표면의 한 부분에 붙여진 이름

지역(region) 문화적 · 자연적 특징의 독특한 조합으로 구분되는 지표의 영역

집중도(concentration) 일정한 지역 위에 특정 사물이 차지하는 비중

초국적기업(transnational corporation) 본사나 주주가 위치한 국가를 포함하여 여러 국가에서 연구를 수행하고, 공장을 운영하며, 상품을 판매하는 기업

축척(map scale) 지표상에 위치한 실제 사물의 크기와 지도상에 표시된 사물의 크기 간의 관계

투영법(projection) 평평한 지도에 실제 지표면에서의 입지를 표시하기 위해 사용되는 체계

패턴(pattern) 일정 범위의 지역에서 사물의 배열이 규칙성을 띤 것

팽창 확산(expansion diffusion) 한 지역에서 다른 지역으로 추세나 특성이 점점 더 커져가는(snowballing) 방식으로 확대가 이루어지는 형태

폴더(polder) 네덜란드에서 배수를 시켜 육지로 만든 땅

확산(diffusion) 장시간에 걸쳐 한 장소에서 다른 장소로 추세나 특성이 퍼져나가는 과정

환경결정론(environmental determinism) 19세기와 20세기 초반에 자연과학에서 발견되는 일반적인 법칙으로 지리학을 연구하는 접근 방식. 이 이론에 따르면, 지리학은 자연환경이 어떻게 인간활동에 영향을 미쳤는가에 대해 연구하는 분야이다.

▶ 다음 장의 소개

지구는 태양을 중심으로 공전하고 있다. 태양으로부터의 에너지는 지구의 4개 권역에 직접적으로 영향을 준다. 태양에너지가 지구의 대기권에 어떻게 도달하는지 생각해보자.

2 날씨, 기후, 그리고 기후 변화

폭풍, 강설, 맑은 하늘, 따뜻함 또는 추움과 같은 날씨 상태는 태양으로부터 받는 복사에너지에 의해 만들어진다. 이 태양에너지는 대기를 통해 수평 및 수직으로 분산되고, 결국 우주로 되돌아간다. 이 분산은 바람을 통해 온난한 지역에서 서늘한 지역으로 열을 전달하고 한랭한 지역에서 온난한 기후 지역으로 차가운 공기를 운반한다. 마찬가지로 공기는 해양으로부터 육지로 수분을 운반하고, 건조한 공기는 해양으로 되돌아간다. 날씨는 한 장소에서 다른 장소로 공기와 수분이 이동 또는 순환하는 과정에서 발생한다.

날씨는 대기 순환이 항상 변하기 때문에 매일 변한다. 이 변화에도 불구하고 순환은 특정한 패턴을 따르는 경향이 있다. 날씨 패턴은 각각 다른 장소에서 발생하는 지표면의 기본 현상 중 하나이다. **기후**(climate)는 수십 년 또는 그 이상 기간에 날씨 상태의 총합이다. 지구의 순환과 그에 따른 기후가 매우 복잡하고 우리의 통제를 크게 벗어난 인자들에 의해 조절될지라도 그것은 인간에 의해 바뀔 수 있다. 이 장에서 우리는 날씨를 통제하는 프로세스, 이 프로세스에 의한 기후 분포, 인간활동이 날씨와 기후를 변화시키는 방법을 탐구할 것이다.

에너지는 지구-대기 시스템에서 어떻게 이동하는가?

오클라호마 주 노먼의 뇌우

무엇이 날씨를 만드는가?

미국의 날씨와 기후 정보를 알고 싶으면 스캔하라.

지구에는 어떤 기후가 있고, 기후는 어떻게 변하는가?

2.1 지구-태양 기하학

▶ 태양복사의 강도는 주로 태양광선이 특정 지역의 지표면을 비추는 각도에 영향을 받는다.

▶ 일조시간은 위도와 계절에 영향을 받는다.

에너지는 **복사**(radiation)를 통해 우주를 이동한다. **일사**(insolation, 투입되는 태양복사) 또는 지구의 특정 지역에 들어오는 복사 또는 **태양에너지**(solar energy)의 양은 두 가지 요인에 영향을 받는다.

- 태양복사의 강도 또는 시간당 도달량
- 태양복사가 들어오는 하루 동안의 시간

그림 2.1.1 **입사각**

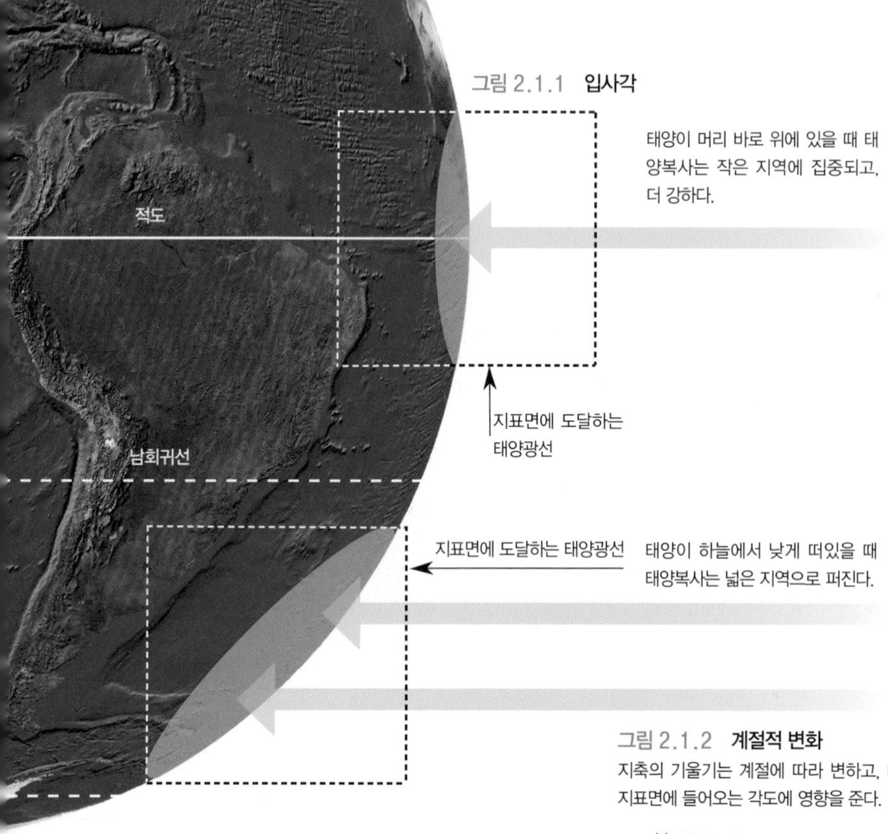

태양이 머리 바로 위에 있을 때 태양복사는 작은 지역에 집중되고, 더 강하다.

지표면에 도달하는 태양광선

지표면에 도달하는 태양광선 태양이 하늘에서 낮게 떠있을 때 태양복사는 넓은 지역으로 퍼진다.

북회귀선

적도

남회귀선

강도

하루 또는 계절에 따른 복사 강도의 차이는 태양복사가 어느 시점에 특정 지역으로 들어오는 각도인 **입사각**(angle of incidence)의 변화 때문이다. 이 각도는 장소, 시간, 계절에 따라 변한다(그림 2.1.1). 지축의 기울어짐과 지구가 계속해서 태양 주위를 공전하기 때문에 태양이 정오에 수직으로 비추는 지역은 1년 동안 이동한다. 특정 시간과 장소에서 태양복사의 강도는 그곳의 위도와 계절에 따라 변한다(그림 2.1.2).

그림 2.1.2 **계절적 변화**

지축의 기울기는 계절에 따라 변하고, 태양복사가 지표면에 들어오는 각도에 영향을 준다.

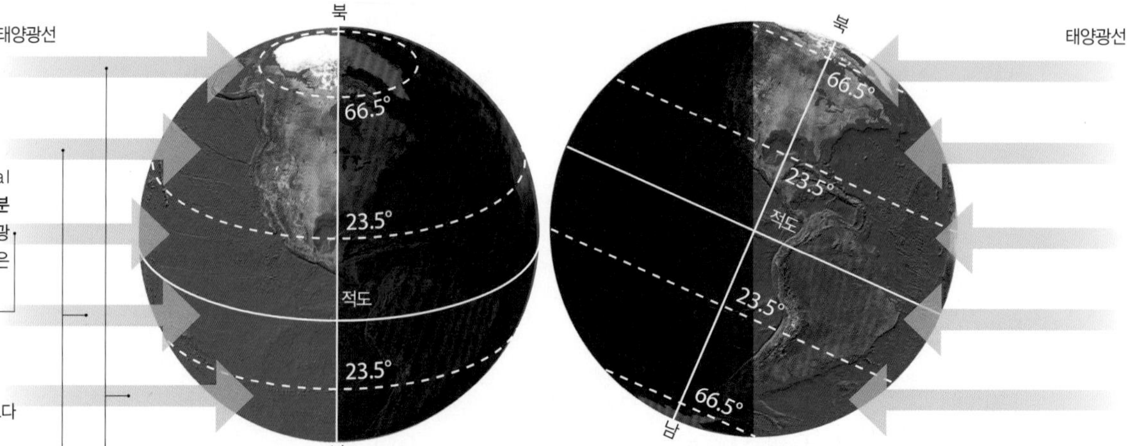

춘분부터 추분까지 태양은 북반구 지역에서 머리 바로 위에 있다(태양 직하점).

태양광선

북반구에서 3월의 **춘분**[vernal (spring) equinox]과 9월의 **추분**(autumnal equinox) 정오에 태양광선은 적도를 수직으로 비추고, 태양은 머리 바로 위에 있다(태양 직하점).

이곳에서 태양복사의 강도는 적도보다 92% 감소된다.

이곳에서 태양복사의 강도는 단지 적도의 50%이다.

북 66.5° 23.5° 적도 23.5° 남

3월과 9월의 분점

북 66.5° 23.5° 적도 23.5° 66.5° 남

하지(6월)

추분부터 춘분까지 남반구 지역은 더 높은 강도의 복사를 받을 것이다.

일조시간

장소에 따른 일조시간은 태양과 수직적 관계에서 지축이 23.5° 기울어진 결과이다(그림 2.1.3). 적도 지역은 항상 12시간의 낮과 12시간의 밤을 가진다. 그러나 고위도에서 일조시간은 계절에 따라 상당히 변한다. 예를 들면 캐나다 매니토바 주 위니펙과 같은 북반구 도시의 **하지**(summer solstice) 때 24시간 동안 대기권 상층에서 측정된 태양복사는 **동지**(winter solstice) 때보다 거의 6배 많다(그림 2.1.4).

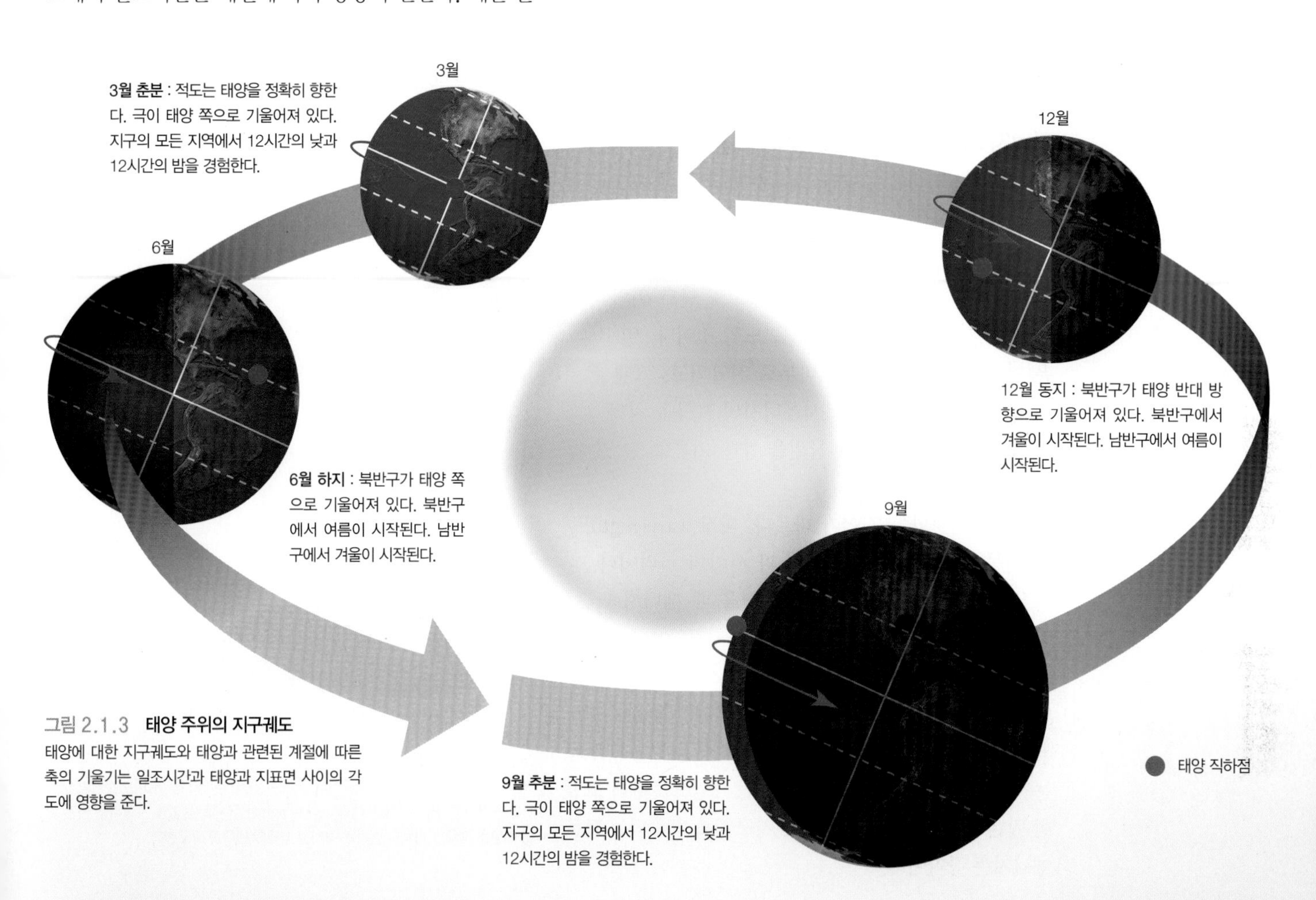

그림 2.1.3 **태양 주위의 지구궤도**
태양에 대한 지구궤도와 태양과 관련된 계절에 따른 축의 기울기는 일조시간과 태양과 지표면 사이의 각도에 영향을 준다.

그림 2.1.4 **하지**
북극권의 북쪽 지역들은 24시간 동안 낮이다. 이 다중노출사진은 6월 자정 때 아이슬란드 코파스커 주변에 있는 시거다르스타다빅만의 하늘에서 태양의 경로를 보여준다.

2.2 에너지 교환 메커니즘

▶ 에너지 교환은 복사, 전도, 대류, 잠열 이동에 의해 일어난다.

▶ 복사에너지는 단파복사의 형태로 지구로 보내지고 장파복사의 형태로 우주로 되돌아간다.

일단 태양에너지가 지구 대기로 들어오면 이 에너지는 지구 전체에 재분배되어 에너지 교환 프로세스에 큰 변화를 준다. 에너지 교환 수지를 작성해보면 이 복잡한 시스템에서 다른 부분들의 상대적 중요성을 알 수 있다.

에너지 교환 메커니즘

자연환경에서 에너지 교환 형태 중 열 이동에 가장 중요한 프로세스는 복사이다. 라디오, TV, 전구, 전등, 전열을 포함한 전자파에 의해 전달되는 에너지가 복사 또는 복사에너지이다. 우리는 만지지 않고도 난로 위의 가열 기구로부터 방출되는 열을 느낄 것이다. 열은 가열 기구에서 당신의 피부로 전달되고, 그때 열이 느껴진다. 물질이 복사에너지의 흐름을 차단할지라도 복사는 공간과 물질을 통해 이동할 수 있다(그림 2.2.1).

복사에너지파는 길이가 다르다. **파장**(wavelength)은 연못의 물결처럼 연속적인 파 사이의 거리이다. 파장은 그것이 어떤 물질에 부딪혔을 때 에너지 활동에 영향을 준다. 어떤 파는 반사되고, 어떤 파는 흡수된다. **단파에너지**(shortwave energy)와 **장파에너지**(longwave energy)로 불리는 파장의 두 범위는 태양에너지가 어떻게 대기권에 영향을 주는지를 이해하는 데 가장 중요하다. 태양으로부터 도달한 많은 에너지는 단파인 반면, 지구에서 방출되는 모든 에너지는 장파이다.

그림 2.2.1 **열의 이동**
복사에너지는 공간을 통해 이동한다. 전도는 냄비 손잡이를 통하는 것처럼 물체 사이의 접촉을 필요로 한다. **대류**(convection)는 유체의 혼합을 포함하는 반면 열의 이동은 액체가 기체로 변하는 것처럼 상태의 변화를 요구한다.

대기권의 복사

태양으로부터 들어오는 에너지가 대기권을 통과할 때 어떤 파장은 흡수되어 대기권을 온난화시키는 반면 다른 파장은 통과하거나 반사되어 다른 곳에서 흡수되거나 우주로 되돌아간다. 구름은 우주로 되돌아가는 반사된 에너지에 중요한 역할을 하고 이 과정에서 대기의 수분과 날씨 프로세스는 지구-대기-태양 시스템에서 중요한 에너지 교환량을 나타내는 에너지 수지에 상당한 영향을 미칠 수 있다.

열이 물체에 흡수될 때 물체의 온도는 상승하고, 열은 물체에 저장된다. 이렇게 저장된 열이 방출될 때 물체는 냉각된다. 물체가 열을 저장하는 능력은 그것이 무엇으로 만들어졌는지에 따라 다르다. 어떤 물질은 온도 변화가 작지만 많은 양의 열을 흡수하고 방출할 수 있는 반면 어떤 물질은 에너지의 적은 투입과 방출을 통해 빠르게 가열되고 냉각된다.

대기권의 모든 기체 중에서 몇몇은 투입되는 많은 단파의 태양에너지를 통과시키지만, 그럼에도 불구하고 방출하는 많은 장파에너지는 흡수한다. 이런 특성의 기체를 **온실기체**(greenhouse gas)라 부르는데, 대기권의 열 교환에 매우 중요하다(그림 2.2.2). 많은 온실기체들 중에서 수증기, **이산화탄소**(carbon dioxide, CO_2), **오존**(ozone, O_3), **메탄**(methane, CH_4)이 특히 중요하다. 이

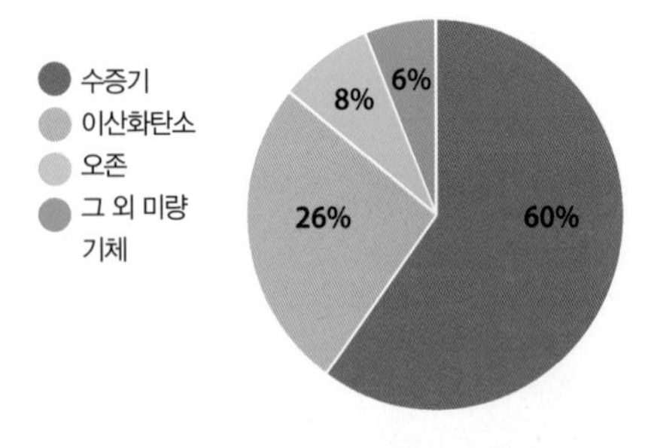

그림 2.2.2 **대기 가열에서 온실기체의 영향**
대기권의 기체들은 단파복사와 장파복사를 흡수하는 능력이 다르다. 이 도표는 맑은(구름이 없는) 하늘을 가열하는 수증기, 이산화탄소, 오존, 그 외 미량 기체의 상대적인 기여도를 보여준다.

기체들은 대기의 1%밖에 안 되는 작은 부분을 구성하지만 대기 가열에서 가장 중요하다. 수증기는 대기 가열에 많은 기여를 한다. 인간의 활동은 대기권에 온실기체의 양을 증가시키고 있는데, 이것을 지구온난화의 주된 원인으로 믿고 있다. 이 장의 뒷부분에서 이 주제를 다시 볼 것이다.

지표로 흡수된 에너지는 장파복사, 대류, 잠열 교환(물의 증발/응결)을 통해 대기권과 우주로 되돌아가며, 더 세부적인 내용은 다음 절에서 논의할 것이다(그림 2.2.3).

그림 2.2.3 **지구의 에너지 수지**
(A) 지구에 도달한 태양에너지의 약 50%는 지표에 흡수된다. 나머지는 (B) 대기권에 흡수되거나, (C) 우주로 반사된다. 지표에 흡수된 에너지는 주로 (D) 잠열 교환, (E) 대류, (F) 장파복사에 의해 대기권으로 이동한다. 대기권에 흡수된 에너지는 우주로 방출된다. 여기서 보여주는 에너지 교환은 순 교환이다. 많은 양의 에너지는 장파복사에 의해 지표와 대기권 사이를 오가지만 순 교환은 위로 이동한다.

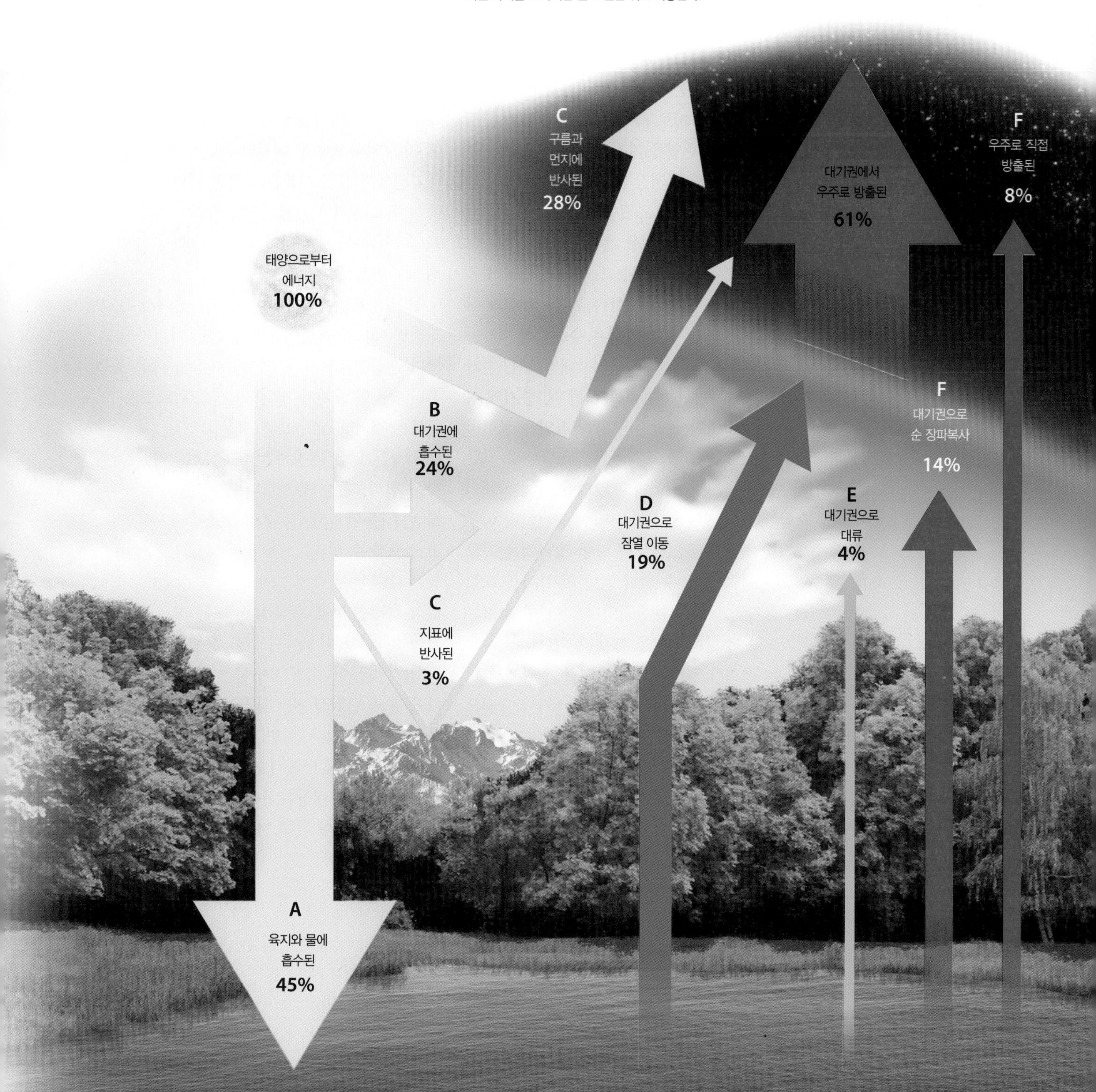

2.3 잠열

▶ 기체, 액체, 고체 상태 사이의 전환은 많은 에너지 교환을 포함한다.

▶ 잠열은 지구-대기 시스템의 에너지 이동에서 중요한 역할을 한다.

물은 잠열 교환이라고 불리는 프로세스를 통해 지구 에너지 수지의 중심 역할을 한다. 이 프로세스는 지표면에서 대기권으로, 저위도에서 고위도로 거대한 양의 에너지를 이동시키고, 또한 강수를 발생시키는 데 가장 영향력이 큰 메커니즘이다.

열의 두 가지 형태

우리는 열을 두 가지 형태인 현열과 잠열로 구별할 수 있다. **현열**(sensible heat)은 우리의 촉각으로 감지할 수 있다. 그것은 온수 또는 뜨거운 냄비에서 우리가 느낄 수 있는 열이고, 온도계로 측정할 수 있다. 대기, 해양, 암석, 토양은 모두 현열을 가진다. 반면 **잠열**(latent heat)은 물과 수증기 속에 '저장'되어 있다. '숨겨진'을 의미하는 잠열은 물의 상태를 조절한다. 얼음이 녹을 때 그것은 주변으로부터 열에너지를 흡수한다. 이것은 얼음이 녹을 때 우리의 손이 차가움을 느끼는 것으로 얼음은 우리의 손으로부터 열을 흡수한다. 열은 잠열과 같이 융빙수 안에 저장된다. 또한 잠열은 수증기에 저장된다. 만약 우리가 증기에 의해 손가락이 데었다면, 손가락에서 수증기가 기체에서 액체로 응결될 때, 증기에 저장되고 물로부터 방출된 놀랄만한 양의 잠열을 경험하게 될 것이다.

공기는 **수증기**(water vapor)라고 알려진 기체 상태의 수분을 포함한다. 공기는 건조한 사막의 공기처럼 매우 적은 수증기를 가질 수 있고, 또는 습한 정글의 공기처럼 수증기로 가득차 있을 수 있다. 수증기 분자를 포함할 수 있는 공기의 능력은 제한적이다. 온난한 공기는 차가운 공기보다 더 많은 수분을 가질 수 있다.

상대습도는 공기가 얼마나 습윤한지를 우리에게 알려준다. **상대습도**(relative humidity)는 공기가 잠재적으로 가질 수 있는 최대의 수분량에 대한 공기의 실제 수분 함유량으로서 %로 표시한다. 예를 들면 30℃(86°F)의 공기가 그것이 가질 수 있는 최대 수증기량의 반을 함유한다면, 상대습도는 50%이다. 하지만 22℃(71°F)로 냉각된다면 같은 양의 수증기를 가진 공기는 3/4 포화되고, 상대습도는 75%이기 때문에 차가운 공기는 낮은 수분 보유 능력을 가진다. 공기가 상대습도 100%에서 냉각되면 응결이 일어나고 잠열이 방출된다.

잠재 에너지 이동

해양 또는 식생으로 덮인 지표면에서 물이 증발하면 열은 증발하는 물에 포함되고, 지표면은 냉각된다(그림 2.3.1). 그러나 대기는 온난해진다. 수증기가 구름과 강수의 형태로 대기권에서 응결되고, **응결**(condensation)에 의한 열의 방출은 대기가 온난해지는 주요 원인이다. 대기권에서 잠열 이동을 포함한 에너지양은 매우 큰데, 특히 주요 날씨 시스템과 태풍이 그러하다. 지표면과 물 표면에 흡수된 태양에너지의 약 40%가 잠열 교환에 의해 대기권으로 이동된다.

물이 지표면에서 증발하고 대기권에서 응결될 때 수직적인 에너지 교환이 일어날 뿐만 아니라 많은 양의 열이 수평적으로 이동하는데('이류'), 예를 들면 온난 습윤한 공기가 저위도에서 고위도로 이동하는 것이다.

수체는 열을 저장하는 데 중요한 역할을 한다. 물은 육지보다 주어진 온도 변화 동안 많은 양의 열을 흡수하고 방출할 수 있다. 그 이유는 해양과 같은 수체는 바람에 의해 혼합될 수 있고 해수면 아래 수심 10m 또는 계절에 따라 그 이상까지 열을 운반할 수 있기 때문이다. 게다가 물은 토양보다 물질의 단위질량당 훨씬 더 많은 열을 흡수할 수 있다. 반면 지표면은 계절에 따라 단지 2m 깊이에서 가열되고 냉각된다. 해양은 육지가 저장할 수 있는 것보다 훨씬 더 큰 부피의 물질에 열을 저장할 수 있고, 여름에 빠르게 가열되지 않을 뿐만 아니라 겨울에 빨리 냉각되지도 않는다.

그림 2.3.1 **잠열의 흡수와 방출**
물이 고체에서 액체나 기체로 바뀔 때 열은 흡수된다. 물이 기체에서 액체나 고체로 바뀔 때 열은 방출된다. 대부분의 증발은 지표면에서 일어나고, 대부분의 응결은 대기권에서 일어나기 때문에 지표면에서의 증발과 대기권에서의 응결은 지표면부터 대기권까지 열의 순 교환의 결과이다. 융해(고체가 액체로)될 때 흡수된 열의 총량과 응고(액체가 고체로)될 때 방출된 열의 총량은 액체와 기체 사이의 전환 때보다 적지만, 그럼에도 불구하고 중요하다. 이 그래프는 흡수되거나 방출된 열의 총량을 보여주며, cal/g로 나타낸다(에너지 단위).

2.4 기온 변화

▶ 위도와 계절에 따라 조절되는 에너지 투입은 지표면의 기온에 영향을 주는 가장 중요한 인자이다.

▶ 물의 열 저장 능력과 해양과의 거리 또한 기온에 영향을 준다.

어떤 장소에서 기온은 그곳의 에너지 수지의 결과이고, 특히 태양으로부터 도달한 에너지의 총량이다. 세계 기온 분포도에서 이 영향을 볼 수 있다.

기온의 계절적 변화

저위도는 태양고도가 가장 높아서 태양복사의 강도가 가장 강하기 때문에 평균적으로 가장 높은 기온을 나타낸다(그림 2.4.1). 저위도는 연중 높은 태양고도각을 이루고, 이것은 열대 지역[**북회귀선**(Tropic of Cancer)과 **남회귀선**(Tropic of Capricorn) 사이]을 항상 온난하게 만든다(그림 2.4.2).

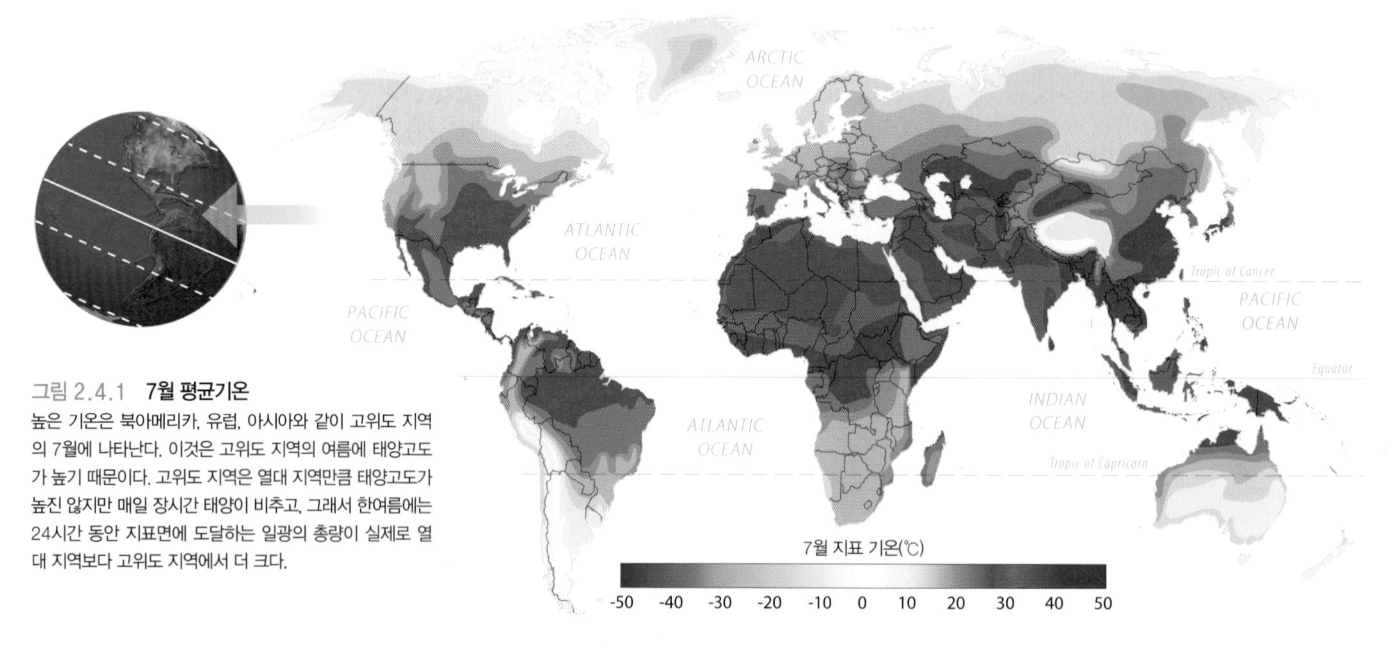

그림 2.4.1 **7월 평균기온**
높은 기온은 북아메리카, 유럽, 아시아와 같이 고위도 지역의 7월에 나타난다. 이것은 고위도 지역의 여름에 태양고도가 높기 때문이다. 고위도 지역은 열대 지역만큼 태양고도가 높진 않지만 매일 장시간 태양이 비추고, 그래서 한여름에는 24시간 동안 지표면에 도달하는 일광의 총량이 실제로 열대 지역보다 고위도 지역에서 더 크다.

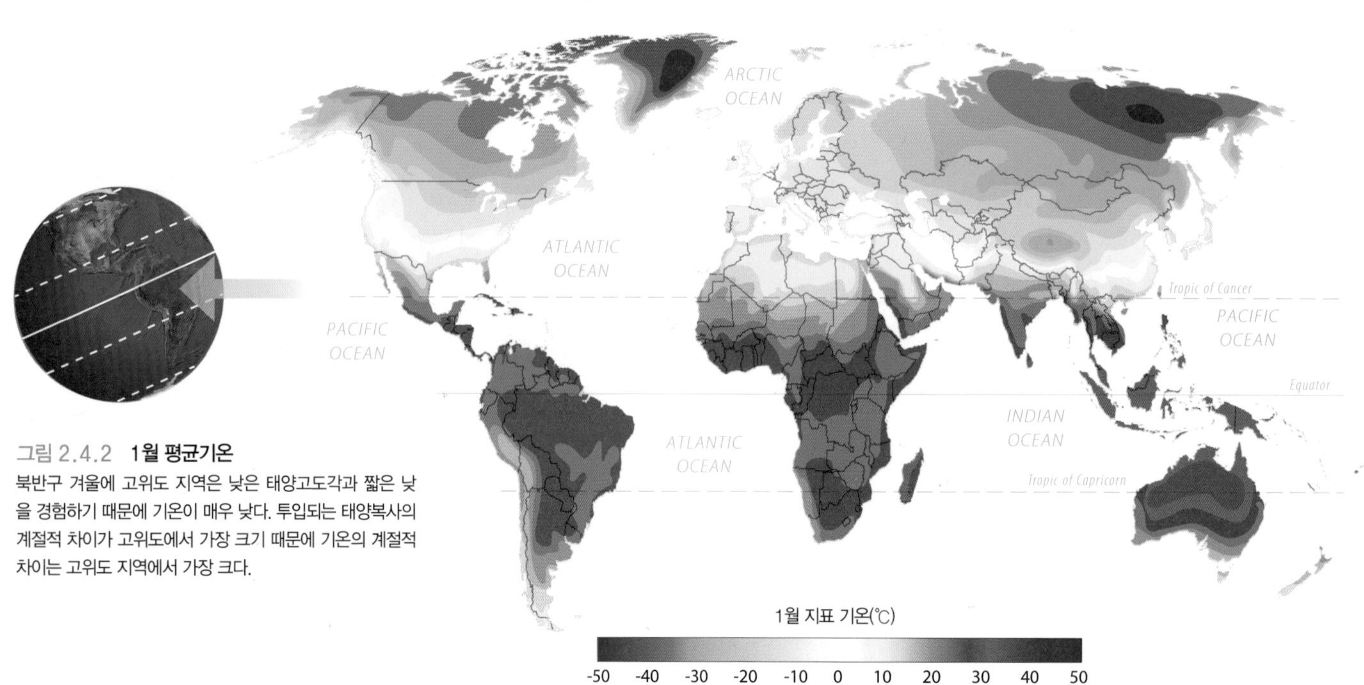

그림 2.4.2 **1월 평균기온**
북반구 겨울에 고위도 지역은 낮은 태양고도각과 짧은 낮을 경험하기 때문에 기온이 매우 낮다. 투입되는 태양복사의 계절적 차이가 고위도에서 가장 크기 때문에 기온의 계절적 차이는 고위도 지역에서 가장 크다.

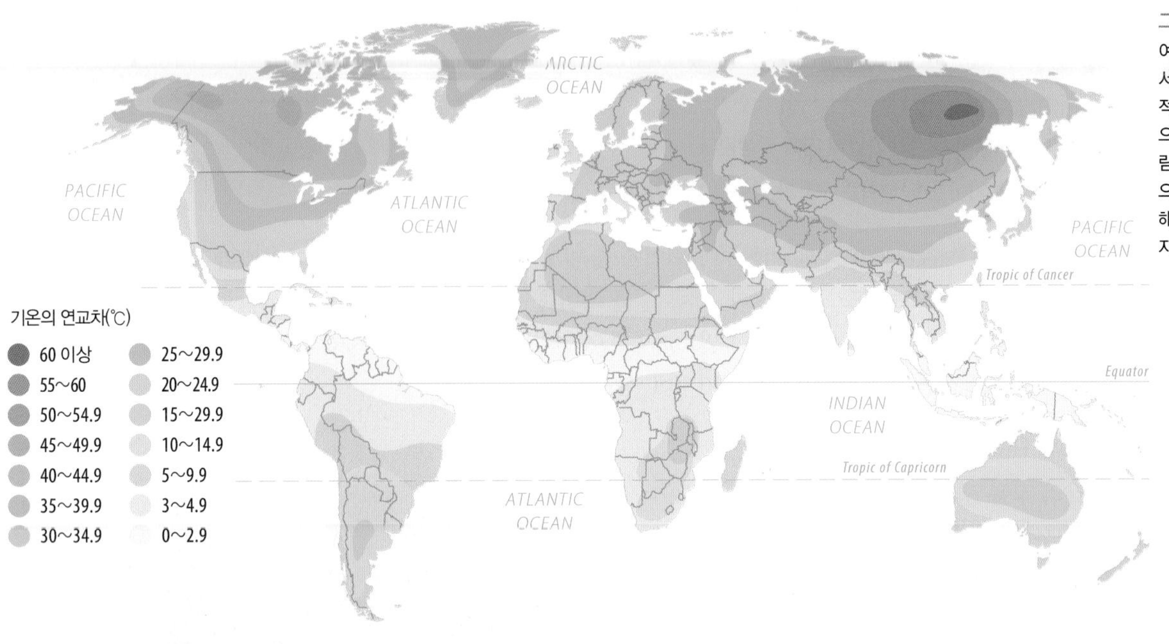

그림 2.4.3 **기온차**
여름과 겨울의 기온차는 육지에서 가장 크고(파란색), 특히 계절적인 차이는 고위도 대륙의 동쪽으로 갈수록 크다. 이 위도에서 바람은 일반적으로 서쪽에서 동쪽으로 불어서 대륙의 서부 지역은 해양의 영향을 받고, 대륙의 동부 지역은 내륙의 영향을 받는다.

육지와 물의 영향

북아메리카 및 아시아와 같은 고위도의 큰 대륙은 7월과 1월 사이에 매우 큰 기온차를 보인다(그림 2.4.3). 시베리아의 7월 평균기온은 10℃(50°F) 이상인 반면, 1월 평균기온은 －40℃(－40°F)이다. 7월과 1월의 기온차는 동부 시베리아에서 50℃(90°F)를 넘는다. 반면 시베리아와 유사한 위도인 북태평양의 알류산열도는 7월에는 약 15℃(59°F)이고, 1월에는 약 5℃(41°F)로, 단지 약 10℃(18°F)의 차이를 보인다. 대륙 중앙 지역의 극단적인 기후와 비교해서 해양 주변 지역의 온화한 기후는 물에서의 열 저장과 해양에서 인접한 대륙으로 열이 **이류**(advection)한 결과이다(그림 2.4.4).

그림 2.4.4 **물의 영향**
열이 해양에 저장되었기 때문에 기온차는 알류산열도(왼쪽)보다 시베리아(오른쪽)에서 더 크고, 해안 지역의 기온은 온화하다.

2.5 대류와 단열 과정

▶ 대류는 아래로부터 대기의 가열에 의해 발생된다.

▶ 수직적 이동에 의한 온도 변화는 구름과 강수를 생성한다.

대류는 유체의 일부분(기체 또는 액체)이 가열되었을 때 발생하는 유체의 이동이다. 가열된 부분은 더 차가운 부분 위로 상승하여 팽창되고 밀도가 낮아진다. 대류는 물 속이나 하늘 위의 하얀 뭉게구름 속에서 볼 수 있는 난류를 발생시킨다. 단위부피당 질량이 감소하여 밀도가 낮아지면 따뜻한 공기는 더 차갑고 밀도가 높은 공기 위로 상승하는데, 그것은 열기구가 주변의 차가운 공기 위로 상승하는 것과 같다.

맑은 날의 대류

맑은 날의 섬을 생각해보라(그림 2.5.1). 태양에너지는 지표의 모래에 흡수된다. 지표면이 온난할 때 장파에너지를 재방출하고 몇몇은 지표 위의 대기에 흡수된다. 수면은 육지보다 덜 온난하고, 공기는 바다 위보다 섬 위에서 훨씬 더 온난해진다(그림 2.5.2).

그림 2.5.1 **섬 위에서의 대류**
이 섬 위에서처럼 지표면이 가열되었을 때 지표 위의 온난한 공기는 상승한다.

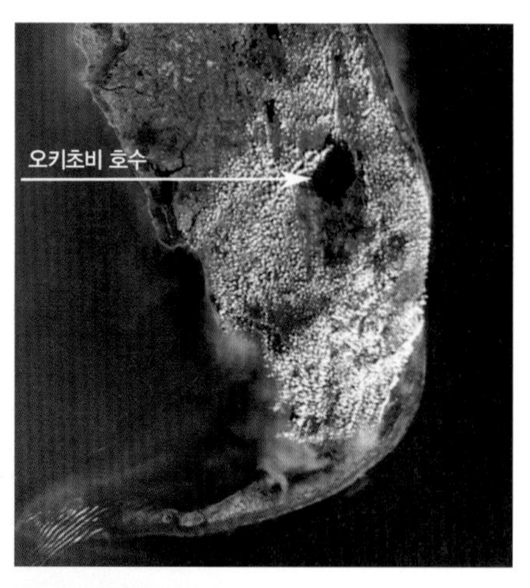

그림 2.5.2 **플로리다 지역 위의 대류와 구름**
플로리다의 인공위성 사진은 낮 동안 가열되어 온난한 육지 위에 형성된 구름을 보여주지만, 차가운 해양과 오키초비 호수에는 구름이 없다. 구름이 있는 지역은 공기가 상승한 지역이다.

온난한 공기의 상승

차가운 공기의 하강

바다에서 육지로 부는 수평풍

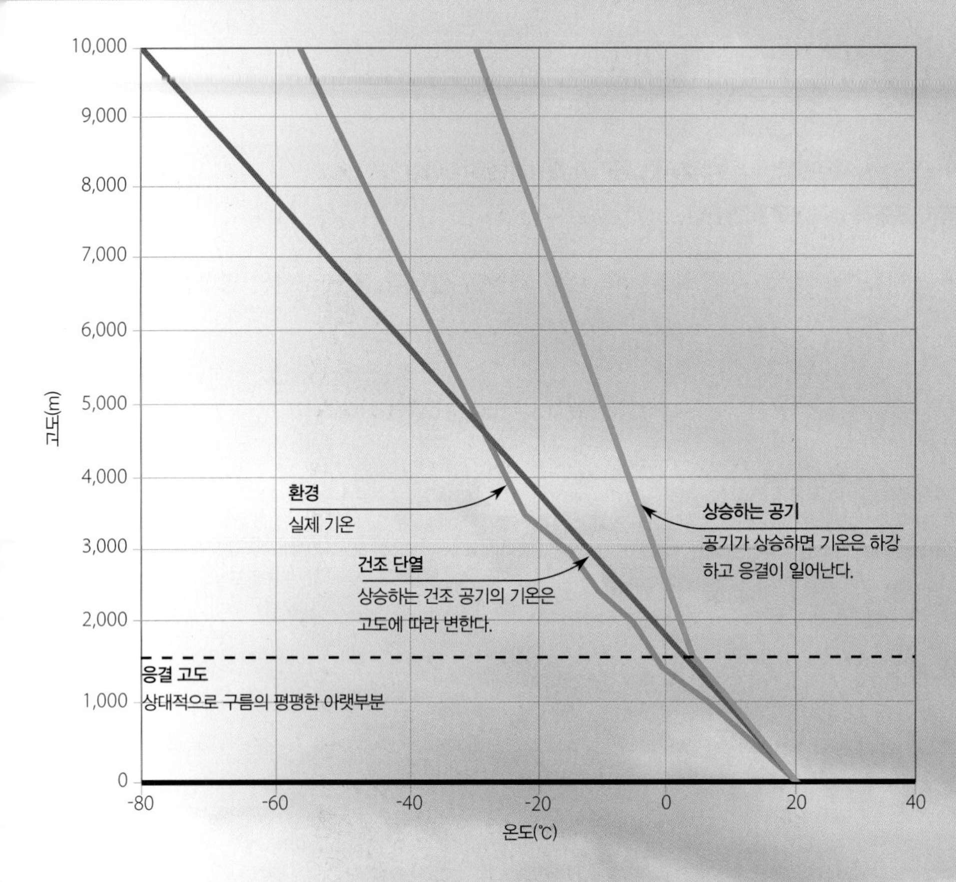

그림 2.5.3 **대기 기온의 수직적 패턴**
기온 환경의 상승은 수직적인 공기의 이동을 조절한다.

대류와 강수

공기는 위에 놓인 공기의 무게에 의해 압축된 기체이다. 공기가 상승하면 위에 놓인 공기의 무게가 감소하고, 낮아진 압력에 의해 공기는 팽창한다. 압축된 기체는 기온을 상승시키지만, 팽창된 기체는 기온을 하강시킨다(예를 들어 분무기를 사용할 때 우리의 손은 차가워질 수 있다.). 상승한 공기의 팽창에 의한 기온 감소는 **단열 냉각**(adiabatic cooling)으로 불린다. 단열이라는 용어는 '열을 가하지 않는' 것을 의미한다.

대류가 공기를 상승시키면 공기의 압력은 고도에 따라 감소하고 공기는 냉각된다(그림 2.5.3). 결국 냉각은 수증기량을 감소시켜 그것을 수용할 수 있다. 응결은 공기가 수용할 수 있는 수증기량이 실제 수증기량에 도달했을 때 일어나고, 이때 상대습도는 100%이다.

공기가 계속 냉각되어 응결 수준 이상으로 상승하면 수증기를 수용할 수 있는 능력은 더 감소하고 더 많은 응결이 일어난다. 이 응결은 잠열을 방출하고 공기를 온난화시킨다. 추가된 열은 응결을 막기에는 충분하지 않지만 그 열은 같은 고도에서 주위의 공기보다 더 온난한 공기를 만들어 공기의 상승을 가속화시킨다.

상승한 공기 아래의 기압은 주변보다 더 낮기 때문에 지도에서 저기압의 중심처럼 나타난다. 바람은 저기압의 중심을 향해 나선형으로 분다. 지구가 회전하지 않는다면 바람은 고기압에서 저기압으로 단순하게 직선으로 불 것이다. 그러나 실제 회전하는 행성에서 바람은 우회하며 곡선의 경로를 가진다. 이 바람의 굴절(자전하는 지구의 표면을 이동하는 어떤 물체)은 **코리올리 효과**(Coriolis effect, 전향력)로 불린다(그림 2.5.4). 굴절은 지구 자전의 결과인 코리올리 효과에 의해 일어난다.

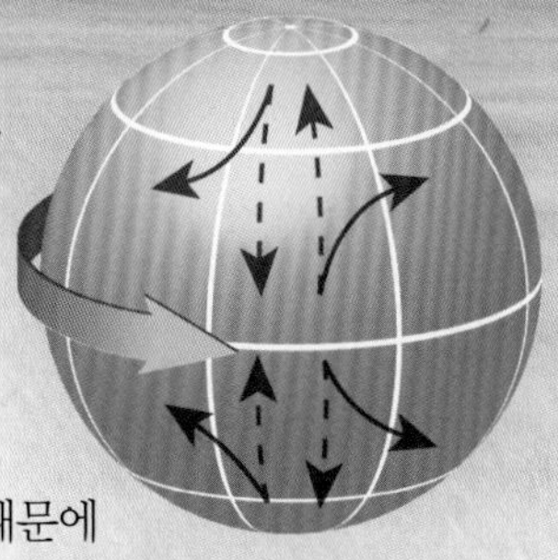

그림 2.5.4 **코리올리 효과**
회전하는 물체의 표면에서 움직이는 공기(바람)를 포함한 어떤 물체의 분명한 활동은 변한다. 그 결과가 북반구에서 오른쪽으로 굴절하고 남반구에서 왼쪽으로 굴절하는 바람이다. 이 굴절을 코리올리 효과라고 부른다.

2.6 전 지구적 대기 순환

▶ **열대와 중위도는 공기가 상승하는 지역이고, 아열대와 극은 공기가 하강하는 지역이다.**

▶ **위도 순환대는 계절에 따라 북쪽과 남쪽으로 이동한다.**

전 지구적 순환은 대규모 대류 세포들로 이루어져 있고, 바람 패턴은 바람과 지구 자전의 영향을 받는다(그림 2.6.1).

그림 2.6.1 **일반적인 대기 순환**
일반적인 대기 순환 패턴은 열대와 중위도에서 공기가 상승하고 아열대와 극에서 공기가 하강하는 동-서 방향의 세포를 포함한다. 지상풍은 공기가 하강하는 지역에서 공기가 상승하는 지역으로 불지만 열대 지역에서는 동쪽으로부터, 중위도 지역에서는 서쪽으로부터 굴절하면서 분다.

편서풍
아열대고기압 세포의 극 쪽에서 순환은 극 쪽으로 나타난다. 그러나 이 바람은 코리올리 효과에 의해 굴절하기 때문에 바람은 북반구에서는 남서풍이, 남반구에서는 북서풍이 우세하다.

극고기압
극 지역에서 낮은 일사에 의한 극심한 추위는 높은 밀도의 공기와 고기압을 형성한다. 이 **극고기압대**(polar high-pressure zone)에서 공기는 매우 냉량하고, 매우 적은 수분을 포함하며, 대류와 강수는 제한적이다.

무역풍
지표에서 공기는 상승하는 공기를 대체하며 적도로 수렴한다. 코리올리 효과는 이렇게 이동하는 공기를 북반구에서는 북동무역풍을 형성하며 오른쪽으로 굴절시키고 남반구에서는 남동무역풍을 형성하며 왼쪽으로 굴절시킨다. 상층의 공기는 **열대수렴대**(InterTropical Convergence Zone, ITCZ)로부터 아열대 위도를 향해 북쪽과 남쪽으로 멀리 순환한다. 이 공기는 매우 많은 수분을 가지고 매일 강우를 내리며 현재 온난하고 건조하다.

열대수렴대
열대에서 연중 계속되는 태양에너지의 투입은 공기를 가열시키고, 그것을 팽창시켜 저기압을 형성한다. 그 결과 대류성 상승 공기는 지구 적도 위에서 매일 나타난다. 이것은 열대수렴대를 형성하며, 지상풍이 수렴하는 북회귀선과 남회귀선 사이의 지대이기 때문에 그렇게 불린다. 대류성 강수가 일반적이고, 오후에 항상 뇌우가 나타난다.

아열대고기압
열대수렴대로부터 극 쪽으로 확산된 온난 건조한 공기는 북위 약 25°, 남위 약 25°에서 하강한다. 이것은 고기압대를 형성하며, 특히 해양에서 강하다. 이러한 **아열대고기압대**[SubTropical High-pressure(STH) zone]는 건조하며, 일조량이 많고, 강수가 적은 지역이다.

아열대고기압 세포와 관련된 건조한 공기의 하강은 건조기후를 형성하고, 그래서 대부분의 세계 주요 사막 지역은 북위 약 25°, 남위 약 25°인 이 지대에 위치한다. 아열대고기압대는 이 위도에서 해양의 동부에서 가장 강하기 때문에 주요 사막은 대륙의 서쪽 가장자리에서 나타난다. 이 대륙의 동부는 온난 습윤한 열대 공기가 가져오는 순환 때문에 더 습윤한 경향이 있다.

중위도 저기압
아열대고기압대의 극 쪽은 **중위도 저기압대**(midlatitude low-pressure zone)이다. 이 저기압 지역은 아열대 위도에서 불어오는 온난한 공기와 극 지역에서 불어오는 차가운 공기가 수렴한다. 온난기단과 한랭기단은 소용돌이치는 저기압 세포에서 충돌하고, 두 기단 사이의 경계를 따라 이동하는 한대전선으로 알려져 있다.

1월의 열대수렴대는 일반적으로 태양복사가 최대인 적도의 남쪽에 있다(그림 2.6.2). 북반구에서 고기압은 육지에서 발달하고, 저기압은 해양에서 발달한다.

아시아는 세계에서 평균기압이 1월 동안 가장 높고, 7월 동안 가장 낮다(그림 2.6.3). 그 결과 인근의 바람 방향은 계절에 따라 역전된다. 이것은 **몬순 순환**(monsoon circulation)을 발생시켜 아시아 내륙으로부터 부는 겨울 계절풍은 대부분의 남부와 동부 아시아에 매우 건조한 겨울을 제공하는 반면 인도양과 태평양으로부터 내륙으로 부는 여름 계절풍은 습윤한 여름을 발생시킨다. 이 습윤한 여름은 잘 알려진 몬순 계절로서 남부 아시아에서 많은 비를 내린다(그림 2.6.4).

그림 2.6.4 **인도의 몬순 강우**

그림 2.6.2 **1월 순환 패턴**

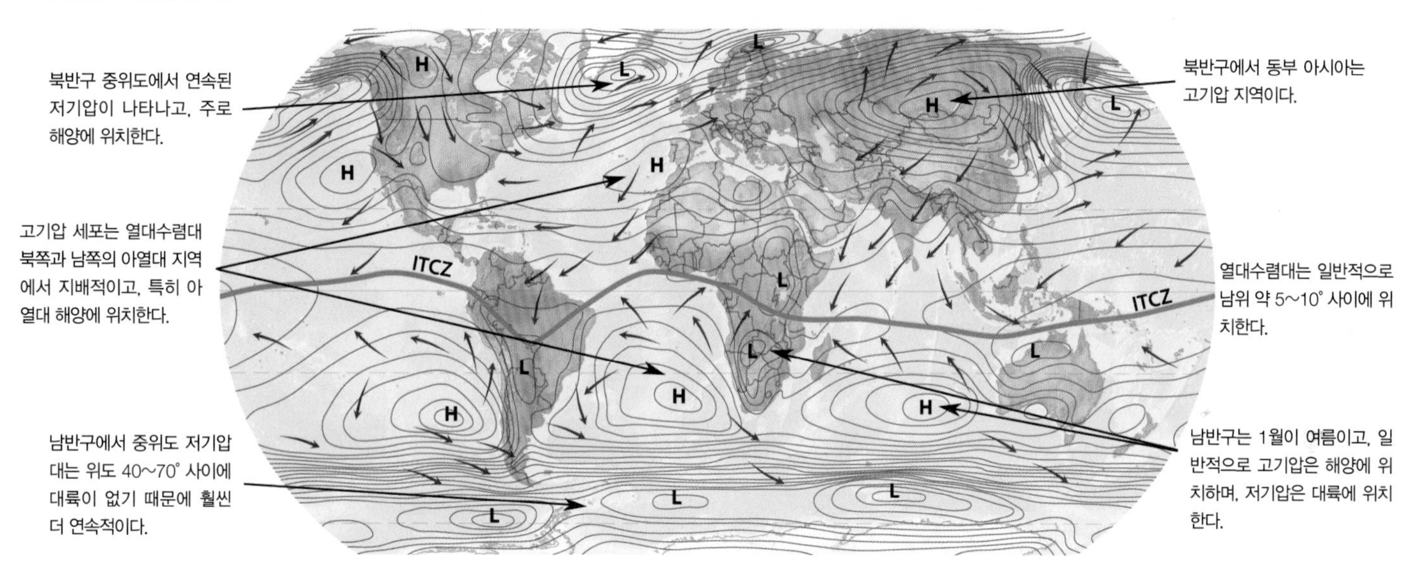

그림 2.6.3 **7월 순환 패턴**

2.7 해양 순환

▶ 바람의 방향은 해양의 표면 해류에 영향을 주는 반면, 물의 염도와 온도는 지하 순환에 영향을 준다.

▶ 해양 순환 패턴은 날씨의 변화를 가져오며 연중 변한다.

바람이 해양에서 불면, 그것은 바다 표면을 끌면서 파랑과 해류를 만든다(그림 2.7.1). 또한 탁월풍의 계속적인 끌림은 해양 표면층에서 큰 해류를 발생시킨다. 바람뿐만 아니라 해수 온도와 염도는 물의 밀도 차이를 만들고, 밀도가 높은 지역에서 낮은 지역으로 해류의 이동을 촉진시킨다. 이것은 대기 중 고기압 지역에서 저기압 지역으로 바람이 부는 방법과 유사하다. 바람, 온도, 염도는 각각 지구 주변의 열을 재분배하는 해류를 발생시키는 데 중요하다(그림 2.7.2).

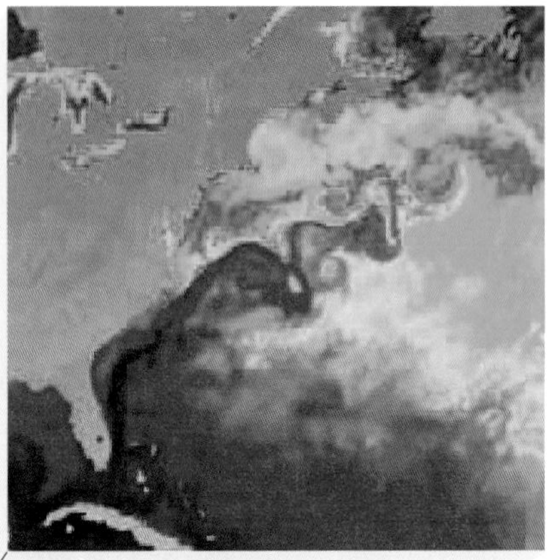

그림 2.7.1 **일반적인 해양 순환**
이 도표에서 표층 해류는 붉은색으로 나타나는 반면 심층 해류는 파란색으로 보인다.

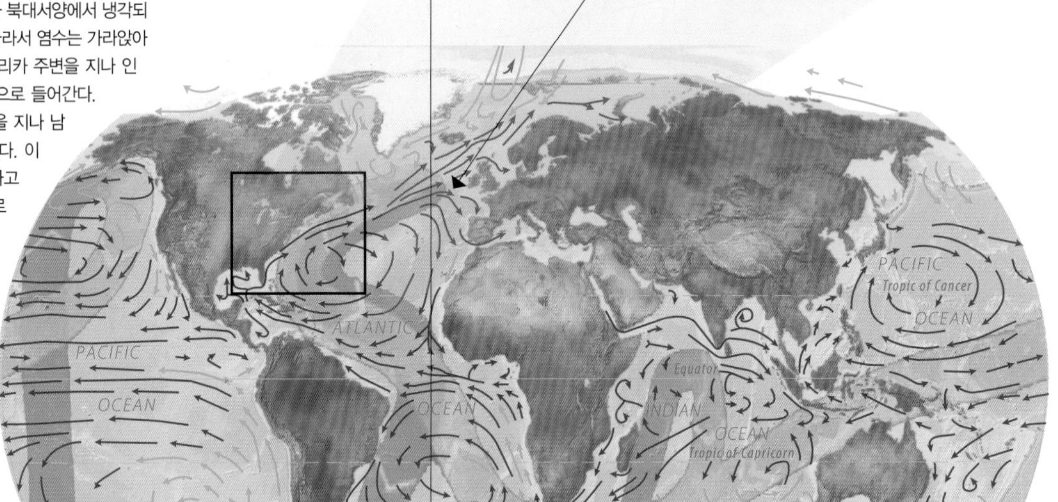

그림 2.7.2 **멕시코만류**
이 사진은 붉은색의 온수와 푸른색의 냉수를 보여준다. 멕시코만류는 대서양을 가로질러 북류하는 강한 난류이다. 거대한 소용돌이들이 눈에 보인다.

열염분 순환

물은 해양에서 바람에 의한 표면 순환뿐만 아니라 수직적으로도 순환한다. 이 순환에서 가장 중요한 것 중 하나는 열염분 순환(thermohaline circulation)으로 불리는데, 온도 및 염도의 변화에 의해 나타난다. 멕시코만류에서 온수는 대기로 증발하기 때문에 해양 표층의 염도가 증가한다. 이 염수가 북대서양에서 냉각되면 밀도는 냉각과 염도에 의해 증가하고, 따라서 염수는 가라앉아 남쪽으로 이동하기 시작한다. 해류는 아프리카 주변을 지나 인도양으로 계속해서 남쪽으로 흘러 태평양으로 들어간다. 표층으로 상승한 물은 대서양에서 인도양을 지나 남서쪽으로 이동하여 결국 멕시코만류가 된다. 이 해류의 다른 지류들은 인도양에서 순환하고 또한 남반구의 고위도에서 전 지구적으로 순환하는 강한 서풍 해류와 합쳐진다.

환류

환류(gyre)는 해양 순환의 중요한 특징이다. 바람에 의한 순환 해류는 탁월풍을 반영한다. 환류는 열대고기압 세포 아래에서 형성된다. 멕시코만류는 북대서양에서 환류의 서쪽 날개를 형성한다. 해류가 적도의 저위도에서 고위도로 온수를 순환시키면, 이류를 통해 극 방향으로 열이 운반된다. 이 같은 흐름은 적도 방향으로 한랭한 해류의 흐름을 만들어 균형을 맞추며, 중위도 서부 해안과 아열대 내륙 사이에서 가장 중요하다. 이 차가운 해류는 수면 위쪽 대기의 낮은 부분을 냉각시키고, 하강하는 공기를 발생시킨다. 공기의 상승이 없는 대륙은 매우 건조할 것이다. 동부의 가장 건조한 몇몇 지역 중에서 페루와 칠레의 아타카마 사막이 가장 중요한데, 이 효과에 의해 건조한 부분이 나타난다. 유사하게 남부 아프리카의 나미브 사막, 호주의 대부분, 남부 캘리포니아와 북서부 멕시코의 해안을 따라서도 나타난다.

엘니뇨-남방진동(ENSO)

해양과 대기 순환 사이의 밀접한 관계는 **엘니뇨**(El Niño)라고 불리는 현상에 의해 증명된다. 이 용어는 스페인어로 '(남자)아이'란 뜻이며, 그 현상이 크리스마스 근처에 일어나기 때문에 '아기 예수'라고 한다. 엘니뇨는 매년 일어나는 동부 열대 태평양에서 변화된 순환이다. 이 변화에서 남아메리카 서부에서 흐르는 일반적인 한류는 느리고 때때로 역전되며, 중앙 태평양 동부의 온수로 대체된다. 엘니뇨에 대응하는 것으로 특히 이 지역에서 발견된 한류인 라니냐(La Liña, '여자아이')가 있다.

전형적인 순환(라니냐)은 페루 해안의 표층으로 심층수를 상승시키고, 어류를 부양하는 영양분을 운반한다(그림 2.7.3a). 역전된 물의 흐름(엘니뇨, 그림 2.7.3b)은 1970년대 페루에서 멸치 산업을 붕괴시키는 데 기여하였다. 엘니뇨 사건은 더 먼 곳까지 영향을 미치는데 전 지구의 한 부분에서 변화된 순환은 북아메리카, 남아메리카, 태평양 지역에 변화를 주는 순환 패턴을 발생시킨다. 예를 들면 엘니뇨 사건은 미국 남서부의 홍수, 인도의 강수 감소, 호주의 가뭄과 관련이 있다(그림 2.7.4). 라니냐 사건은 종종 남부와 남동부 아시아에 습윤한 날씨와 남부 미국의 건조한 상태를 유발한다.

이 대규모 해류는 날씨와 기후 패턴에 엄청난 영향을 준다. 많은 경우에 시간에 따른 해류 변화의 지속성은 그 범위가 수년에서 수천 년에까지 이른다. 열염분 순환의 지속성의 변화는 수만 년 전의 갑작스러운 기후 변화와 관련된 것으로 여겨진다.

그림 2.7.3a **일반적인 기후 상태**

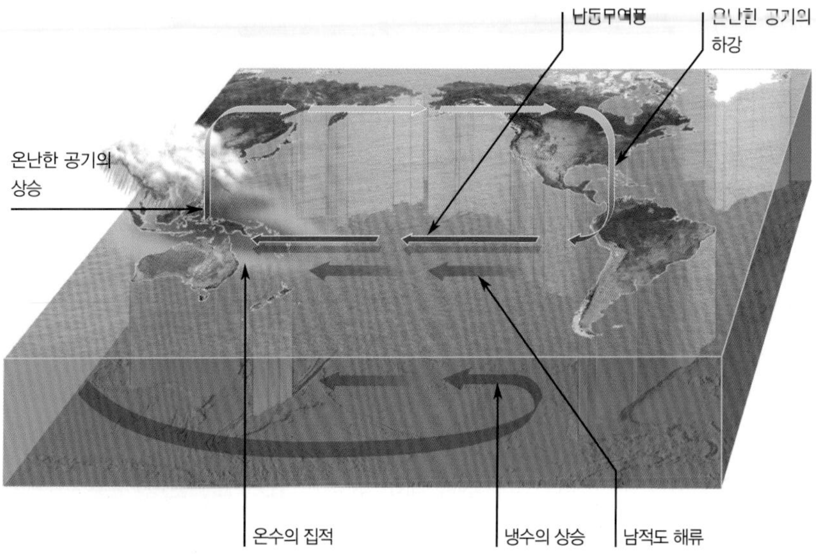

남동무역풍
온난한 공기의 하강
온난한 공기의 상승
온수의 집적
냉수의 상승
남적도 해류

남동무역풍의 역전 또는 약화
저기압과 상승하는 공기
하강하는 공기와 고기압
동쪽으로 난류

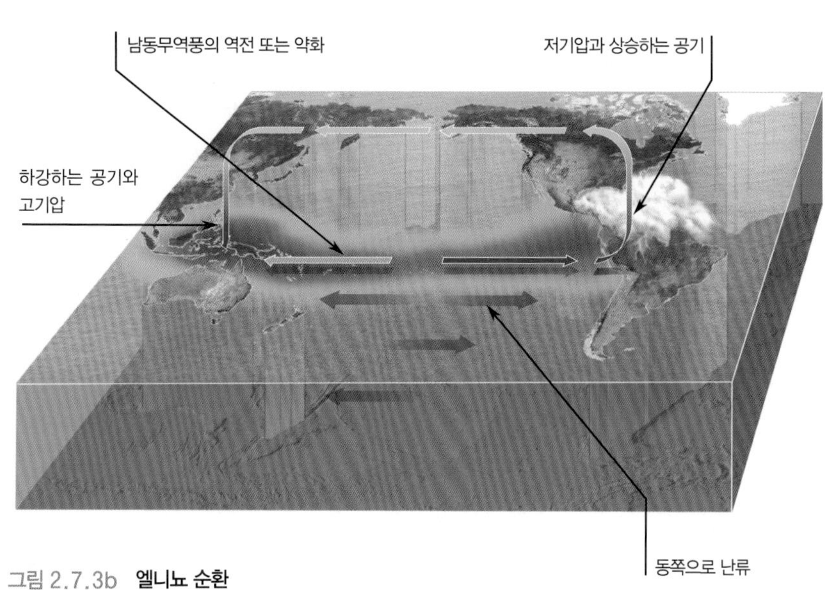

그림 2.7.3b **엘니뇨 순환**
일반적인 상태(또는 라니냐)인 다이어그램(위)과 역전된 상태(엘니뇨)인 다이어그램(아래)

그림 2.7.4 **엘니뇨의 영향**
호주 남동부 버렌동 호수의 가뭄 후 갈라진 건조한 저수지 바닥

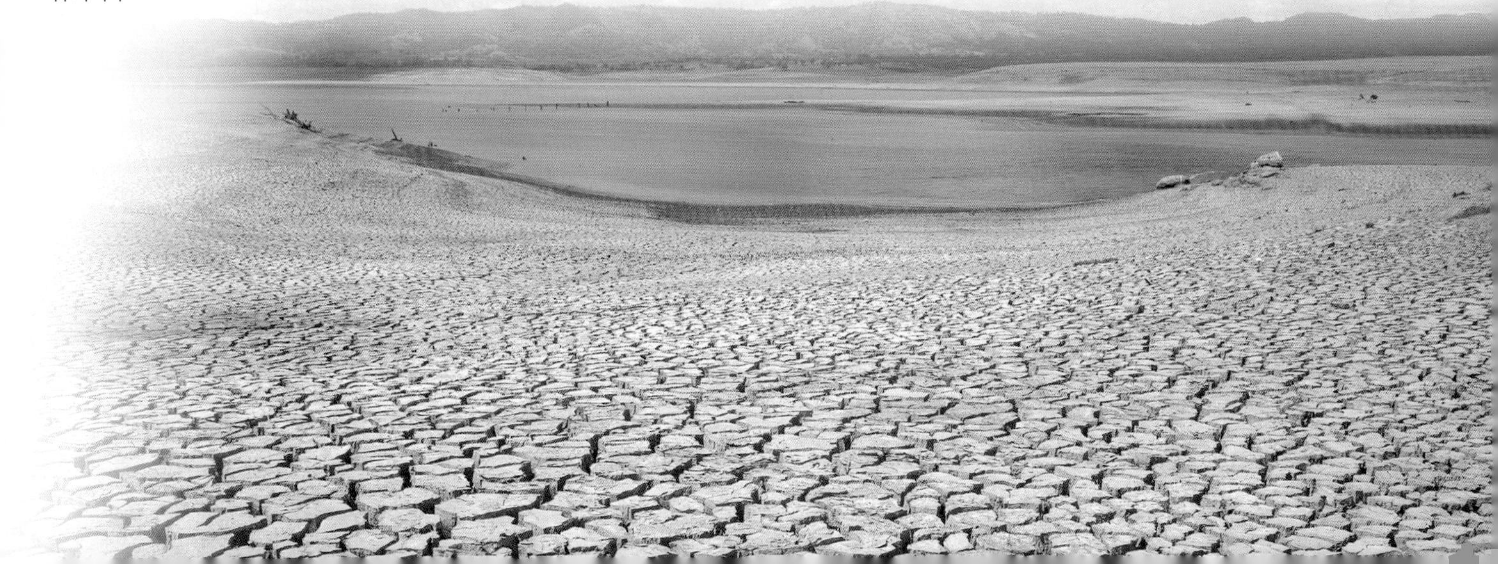

2.8 강수의 원인

▶ 강수는 습윤한 공기가 상승할 때 발생한다.

▶ 네 가지 일반적인 메커니즘은 공기를 상승시킨다.

강수는 공기가 응결되기에 충분할 정도로 상승하면 발생한다. 공기를 상승시키는 대류, 지형적 상승, 수렴, 전선이라는 네 가지 형태가 있다.

대류성 강수

온난하고 습윤한 여름날, 하늘은 아침에 맑고 태양은 밝다. 태양은 지표를 빠르게 온난화시키고 대기 온도는 상승한다. 습윤한 공기는 지표로부터 재방출된 장파복사를 잘 흡수하기 때문에 대부분 온난한 공기는 지표 근처에서 나타난다(그림 2.8.1).

그림 2.8.1 **대류**
지표 근처의 공기가 데워지면 공기는 팽창하고 밀도는 낮아져 주변의 차가운 공기 위로 상승한다.

대류성 폭풍은 세계 강수의 큰 부분을 차지하고 있다. 강한 일사에 의해 기온이 상승하는 열대기후 지역에서 매일 강한 대류성 폭풍은 습기의 원천이다. 높은 기온은 공기가 더 많은 수분을 보유하도록 하기 때문에 중위도 기후에서 이 같은 폭풍은 대개 여름에 나타나고, 이것은 강한 대류에 의해 더 많은 잠열이 방출될 수 있다는 것을 의미한다.

대류는 공기를 상승시키고 강수를 발생시키는 다른 메커니즘과 함께 작동한다. 종종 이 다른 메커니즘은 더 강한 대류를 이끄는 계기가 된다.

지형적 상승

강수는 때때로 산맥을 향해 수평적인 바람이 불 때, 산지를 지나기 위해 공기가 상승하는 과정에서 발생한다. 이것을 **지형성 강수**(orographic precipitation)라고 부른다(그림 2.8.2). 공기가 상승하면 팽창에 의해 단열 냉각되는데, 냉각은 응결을 발생시키고 그 결과 강수가 나타난다. 공기는 산의 바람받이 쪽으로 이동하여 정상을 넘은 후에 바람의지 쪽으로 내려온다. 그래서 하강이 일어나면 대기의 상대습도는 상당히 떨어진다. 산의 바람의지 쪽은 종종 비가 오는 바람받이 방향보다 훨씬 건조하다.

수렴성 강수

대규모 폭풍 시스템에서 큰 저기압 지역은 주변 지역으로부터 수렴한 공기를 형성

그림 2.8.2 **지형적 상승**
바람은 산을 넘도록 상승하는 힘을 가하고, 구름과 강수를 발생시킨다.

한다. 이 상승 공기는 강수를 야기한다(그림 2.8.3). 이 같은 저기압과 강수 지역은 2.6절에서 묘사된 대규모 순환 패턴에 의해 이동한다. 우리는 지구의 인공위성 사진을 통해 강수가 나타나는 곳에서 넓은 구름 지역을 본다.

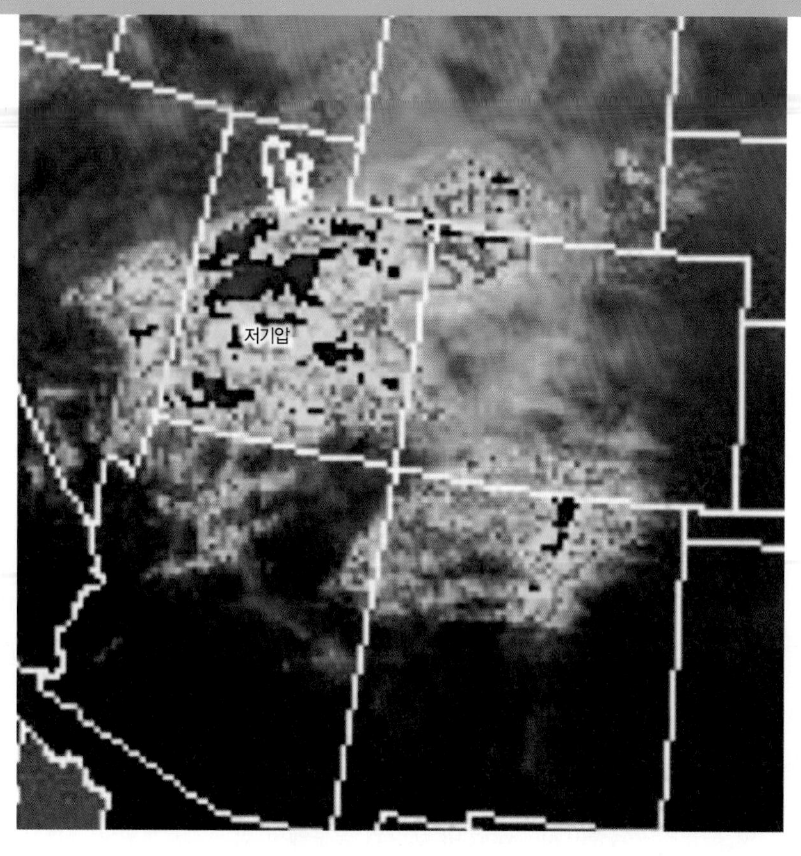

그림 2.8.3 **수렴성 강수**
인공위성 사진은 미국 서부의 저기압 지역과 공기의 상승을 보여준다. 색이 나타나는 지역은 특히 높은 구름 정상부이고, 그러므로 강수가 내린다.

전선

전선성 상승은 **전선**(front)을 따라서 형성되는데, 전선은 두 기단 사이의 경계이다. 기단은 넓은 지역에서 상대적으로 기온과 습도가 균일한 특징을 가진 공기(수백 또는 수천 km^2)이다. 기단이 육지 또는 물 위에서 형성될 때 이러한 특징을 가진다.

북아메리카 캐나다 중부에서 형성된 기단은 한랭(상대적으로 고위도인 캐나다) 건조한(해양의 수분 공급원으로부터 격리) 경향이 있다(그림 2.8.4). 이러한 형태의 공기는 대륙성 한대기단으로 불린다. 반면 멕시코 만처럼 열대 해양에서 형성된 기단은 온난 습윤한 경향이 있고, 해양성 열대기단이라고 불린다.

만약 이 두 기단이 만난다면 경계, 즉 전선이 그 사이에 형성될 것이다. 한랭한 공기는 상대적으로 밀집되어 있기 때문에 덜 밀집된 온난한 공기 아래로 이동하는 경향이 있고, 반면 온난한 공기는 차가운 공기 위로 상승하는 경향이 있다. 이 전선을 따라서 공기가 상승하는 곳에서 강수가 나타난다.

그림 2.8.4 **한랭전선**
한랭한 공기는 온난한 공기 아래로 전진하고 이동하며, 온난한 공기는 위쪽으로 상승한다.

2.9 폭풍

▶ **열대성 저기압은 열대와 아열대 해양에서 형성된 강력한 대류 시스템이다.**

▶ **중위도 저기압은 중위도의 강수 형성에 많은 영향을 주는 폭풍이다.**

폭풍은 강수와 때때로 강력한 바람을 가져오는 대류가 집중된 지역이다. 지역 규모에서 큰 폭풍은 수백에서 수천 킬로미터 지역에까지 영향을 준다. **저기압**(cyclone)이라고도 불리는 폭풍은 북반구에서는 반시계방향으로 남반구에서는 시계방향으로 소용돌이치며 수렴하는 기압이 낮은 넓은 지역을 형성하기도 한다. 저기압은 열대성 저기압과 중위도 저기압 두 가지 형태가 있다.

열대성 저기압

열대성 저기압은 열대와 아열대의 온난한 해양에서 발달한 강력하고 순환하는 대류 시스템으로 주로 온난한 계절에 발생한다. 이 같은 폭풍은 시간당 119km(시간당 74마일) 이상의 풍속을 가지며, 북아메리카에서는 **허리케인**(hurricane)으로, 서태평양에서는 **태풍**(typhoon)으로, 인도양과 북부 호주에서는 사이클론(cyclone)으로 불린다(그림 2.9.1).

그림 2.9.1 태풍의 내부
태풍은 매우 강한 대류의 복잡한 소용돌이를 가진다.

상층 바람의 소용돌이
태풍의 눈 벽 주위의 가장 빠른 바람 소용돌이
건조한 공기의 하강
폭풍해일 지역의 해수면 상승
바람과 비의 소용돌이

이 폭풍은 **무역풍**(trade wind)대 해양의 동부에서 전형적으로 발달한다. 저기압(공기의 상승) 지역과 바람이 수렴하는 지역에서 시작되고, 온난 습윤한 공기를 받아들인다. 열대성 저기압은 일반적인 대기 순환과 마찬가지로 아열대의 대서양, 태평양, 인도양에서 동쪽에서 서쪽으로 이동한다. 열대성 저기압은 온난 습윤한 공기를 운반하기 때문에 온난한 계절 동안 해양에서 매우 강력해진다(그림 2.9.2). 육지에서는 에너지의 원천을 잃기 때문에 약해진다. 또한 잔잔한 해양 표면은 강한 바람이 발달하는 데 유리하다. 반면 육지에서는 언덕과 나무의 마찰에 의해 바람이 약해진다.

그림 2.9.2 허리케인 이고르
2010년에 이 대서양 허리케인은 최고 풍속이 115mph(250km/h) 이상이었다. 그것은 버뮤다와 뉴펀들랜드의 육지를 강타하였다. 뉴펀들랜드 해안의 파랑은 25m(83피트)의 높이를 기록하였다.

습윤한 열대 공기는 수증기에 많은 현열과 잠열 에너지를 가지지만, 특히 잠열 에너지를 더 많이 가진다. 잠열 에너지는 폭풍의 성장, 수렴, 잠열의 방출을 통해 대류를 강화시킨다. 저기압의 중심은 더 강하게 성장하고, 풍속도 증가하며, 코리올리 효과로 인해 발달한 나선형 순환을 발생시킨다.

태풍이 인간에게 가장 위협적인 곳은 열대와 아열대 해안 지역, 대륙의 동부 가장자리, 인도양으로부터 북쪽으로 공기가 들어오는 몬순 순환이 나타나는 남부 아시아 지역이다. 태풍이 육지를 강타하면 강한 바람과 강력한 저기압의 결합은 **폭풍해일**(storm surge)을 야기하고, 폭풍 중심에서 상승한 해수면은 수 미터로 높아질 것이다. 해일은 내륙을 강타하는 큰 파랑을 운반하고, 그 결과 해안 저지는 완전히 파괴된다. 사실 대부분의 태풍 사망자와 피해는 폭풍해일의 결과이다. 이러한 위험뿐만 아니라 토네이도 역시 일반적으로 해안에 온 태풍과 같은 영향을 미친다.

중위도 저기압

중위도 저기압(midlatitude cyclone)은 **한대전선**(polar front)을 따라 발달한 저기압의 중심이다. 그들은 전선을 따라 중위도의 일반적인 순환에 의해 서쪽에서 동쪽으로 이동한다. 중위도 저기압은 대개 태풍보다 작은

강도이지만 훨씬 더 일반적이다(그림 2.9.3).

중위도 저기압에서 공기는 한대전선의 각각 온난하고 한랭한 부분으로부터 저기압의 중심으로 이동한다. 일반적으로 저기압의 동쪽은 온난한 공기가 한랭한 공기 쪽으로 이동하는 곳으로 **온난전선**(warm front)이 발달한다. 서쪽은 나선형 운동으로 인해 온난한 공기 아래로 한랭한 공기의 이동을 발생시키며, **한랭전선**(cold front)을 형성한다. 저기압의 중심은 동쪽으로 이동하고, 전선들은 저기압과 함께 이동하며 그들이 지나가는 곳에 강수를 내린다. 지표에서 전선의 경로는 대개 기온, 강수, 바람 방향의 중요한 변화로 나타난다. 육지를 가로질러 전진, 후퇴하는 한대전선에 의해 한랭한 공기와 온난한 공기가 교대되는 이러한 저기압의 반복된 경로는 날씨 변화에 큰 영향을 미친다. 가끔 특히 북아메리카에서 중위도 저기압과 관계있는 강한 한대전선은 **토네이도**(tornado)를 형성한다(그림 2.9.4). 토네이도, 중위도 저기압, 열대성 저기압의 특징과 발생 패턴은 그림 2.9.5에 요약되어 있다.

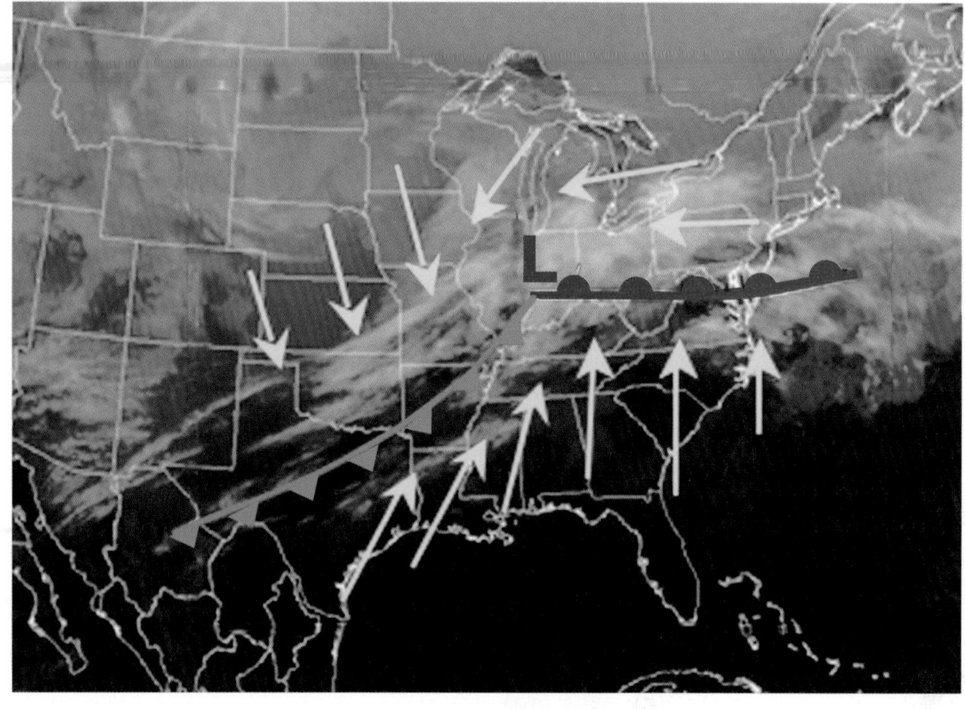

그림 2.9.4 **중위도 저기압**
2011년 2월 21일 인디애나 주의 중심에 위치한 이 폭풍은 온난전선(빨간색)의 전면에 비를 내렸고, 한랭전선(파란색)을 따라서 눈을 내렸다.

그림 2.9.3 **캔자스의 번개와 거대 뇌우**

그림 2.9.5 **세 가지 주요 저기압의 특징**

	열대성 저기압	중위도 저기압	토네이도
발생 위치	무역풍대 해양의 동부	한랭한 극공기와 온난한 아열대 공기가 마주치는 한대전선을 따라 발생	한대전선과 열대성 저기압을 포함한 강력한 대류가 나타나는 지역
이동	일반적으로 무역풍을 따라 동에서 서로 이동하지만, 적도로부터 멀어질수록 동쪽으로 곡선을 그리며 되돌아간다.	전선을 따라 서에서 동으로 이동하고, 중위도의 일반적인 순환을 따른다.	짧은 거리 이동(10~100마일)
강도	육지에 도달하면 강도가 약해지는데, 에너지의 원천을 잃어버리기 때문이다.	열대성 저기압보다 약한 강도	매우 강하지만 매우 지역적
강수의 원인	강한 대류(특히 폭풍의 중심에 가까울 때)	전선을 따라서 상승한 공기와 저기압 중심 근처의 수렴	대류
발생 빈도	약간 일반적	매우 일반적	상대적으로 드묾

2.10 세계 기후

▶ **기후는 기온과 강수량의 연평균 및 계절적 변화에 기초하여 분류된다.**

기후는 시간을 초월한 한 장소의 날씨 패턴으로 수십 년 또는 그 이상의 날씨 상태에 대한 요약이다. 지구의 특정 지역을 나타내는 식생, 천연자원, 인간활동은 그곳의 기후에 많은 영향을 준다. 지리학자들은 기후를 효과적으로 분류하는 체계를 찾기 위해 오랫동안 노력해왔다. 문제 중 하나는 경계를 결정하는 것이다. 그것은 음영의 무한한 변화가 있는 두 색깔 사이의 차이를 결정하는 방법과 약간 유사하다. 여기서는 가장 일반적으로 사용되는 기후 구분 체계를 보여준다(그림 2.10.1).

지역의 독특한 기후를 이해하기 위해 필요한 매우 중요한 두 가지 관측치는 기온과 강수량이다.

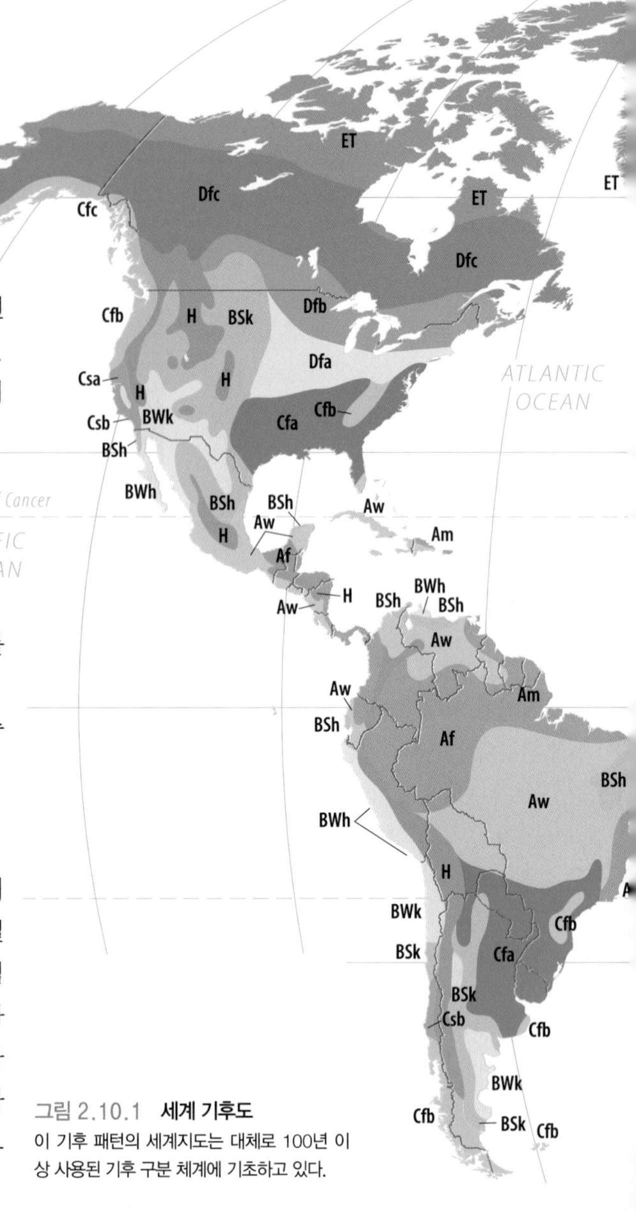

그림 2.10.1 **세계 기후도**
이 기후 패턴의 세계지도는 대체로 100년 이상 사용된 기후 구분 체계에 기초하고 있다.

기온

일상 대화에서 우리는 '덥거나 추운 기후'와 '습하거나 건조한 기후'를 언급한다. 지구 기온에서 가장 확실한 차이는 열대와 극, 겨울과 여름 간의 차이이다(그림 2.10.2). 이 차이는 태양에너지의 투입과 관련된 위도와 계절의 변화에 의해 나타난다. 또한 기온은 고도에 따라 변한다(그림 2.10.3). 이 변화는 앞에서 설명한 상승하는 공기의 단열 냉각 때문에 일어난다. 이것은 일반적으로 산지가 주변의 저지보다 더 시원한 이유이다.

그림 2.10.2 **시베리아의 산림**
침엽수림은 짧고 온난한 여름과 길고 한랭한 겨울이 나타나는 지역에서 볼 수 있다.

강수량

강수량은 장소와 시간에 따라 큰 차이를 보인다. 뇌우는 한 장소에서 많은 비를 내릴 수도 있고, 단지 짧은 거리에서 적게 내릴 수도 있다. 세계적으로 연강수량은 사막의 약 0cm부터 습윤한 열대 지역의 300cm(120인치) 이상까지의 범위를 보인다. 어떤 열대 산지는 연강수량이 10m(396인치) 이상을 기록하였다.

평균 강우량은 지역의 기후에 대해 많은 것을 알려주기도 하고, 많은 것을 알려주지 않기도 한다. 강우의 시기와 확실성은 똑같이 중요하다. 중위도와 같이 시원한 지역에서 강수는 흔히 일반적인 강우의 형태인 반면 열대 지역에서는 호우의 형태이다. 우리는 또한 매년 강우에서 중요한 변화를 경험한다. 유럽과 북아메리카의 습윤한 지역에서 연강우량은 평균 연강우량의 15% 미만에서 변한다. 반면 대부분 열대와 아열대의 연강우량은 15~20%의 변동을 보이고, 반건조와 건조 지역의 연강우량은 50% 이상 변동을 보일 수 있다.

증발된 물의 효과는 관측된 강우량보다 더 크다. 식물은 물을 요구하고, 강수 현상과 중요한 관련성을 가진다. 많은 기후 분류 시스템은 지역의 식생과 관련하여 강수량을 고려한다. 식생은 지구 육지에 내리는 모든 강수량의 약 2/3 정도의 많은 물을 소모한다. 물이 증발하는 데에는 열에너지가 필요하기 때문에 온난한 기후는 더 많은 증발수를 만들 수 있다. 그러므로 기온은 건조기후와 습윤기후를 구분하는 데 중요하다.

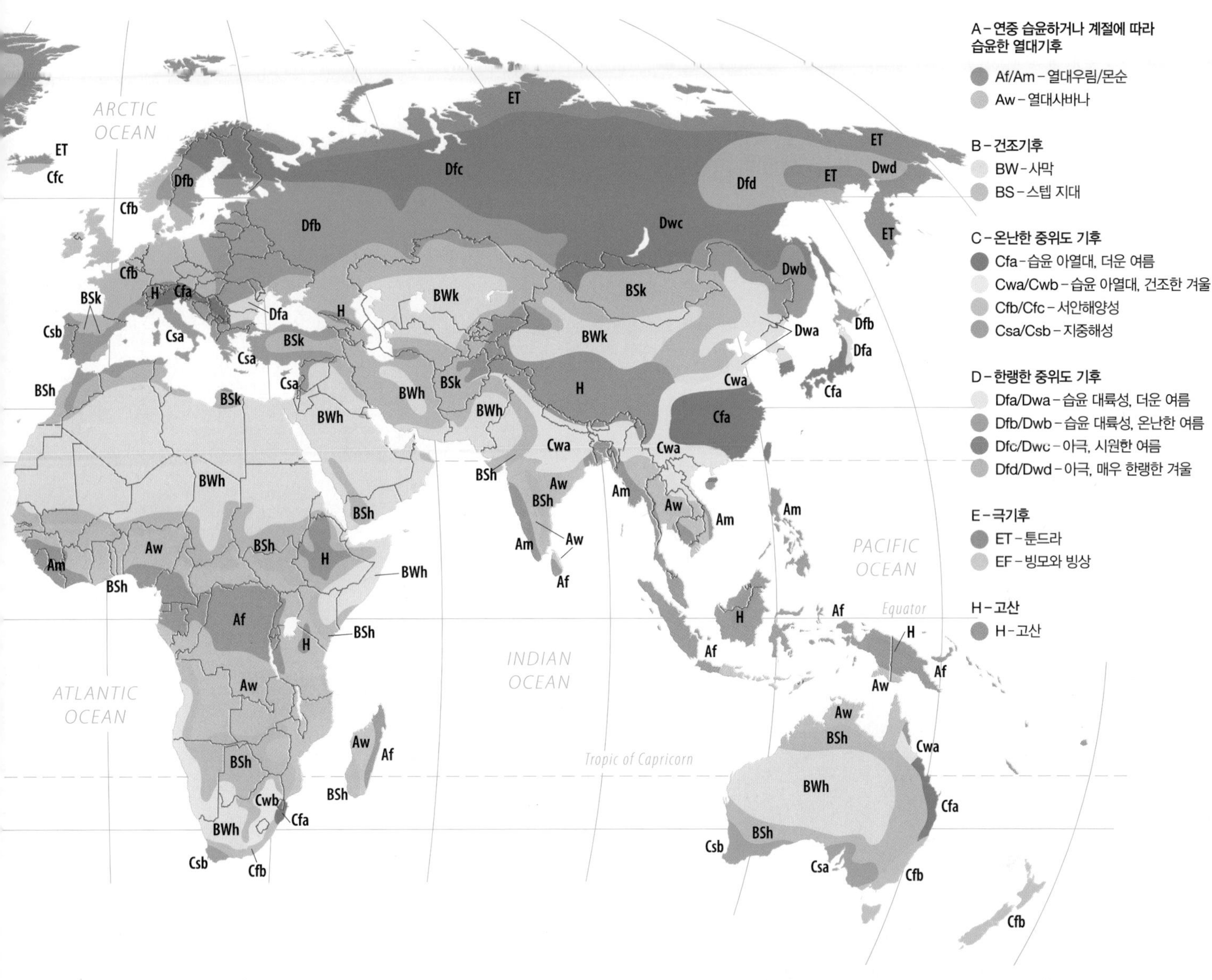

그림 2.10.3 **고도와 관련된 기후 변화**
구글어스를 이용하여 히말라야 산맥과 기후에서 고도의 영향을 알아보라. 에베레스트 산은 멀리 있다.

위치 : 네팔의 리방(Libang)
고도 6,000m(20,000피트) 주변을 확대하라.
시야를 수평선으로 기울여라.
주변을 보고 지형을 관찰하라.

1. 리방 주변의 계곡과 같은 지형은 무엇인가? 빌딩 또는 농경지의 흔적이 보이는가?
2. 고도 2,500~4,000m(8,000~13,000피트) 사이에 어두운 녹색 식생이 있다. 그것이 무엇이라고 생각하는가?
3. 당신이 고도 4000m(13,000피트) 위를 봤을 때 어떻게 식생이 변하는가? 이 변화의 전체적인 원인은 무엇인가?

2.11 기후의 다양성

가장 일반적으로 사용되는 분류 체계는 5개의 주요 범주로 기후를 구분한다(그림 2.11.1).

- 한랭한 중위도(그림 2.11.2)
- 온난한 중위도(그림 2.11.3)
- 극(그림 2.11.4)
- 건조(그림 2.11.5)
- 연중 습윤하거나 계절에 따라 습윤한 열대(그림 2.11.6)

그림 2.11.2 알래스카의 데날리국립공원

● 한랭한 중위도 기후

한랭한 중위도 기후는 전형적으로 '대륙성'으로 불리는데 해양에서 멀리 떨어져 있어서 해양으로부터 수분 공급을 받지 못하고 기온의 영향이 중간 정도이다. 이 기후는 내륙과 북반구 대륙 동부의 위도 약 35~60° 사이에서 나타난다. 남반구의 이 위도에서는 대륙이 거의 존재하지 않기 때문에 북반구에서 주로 나타난다.

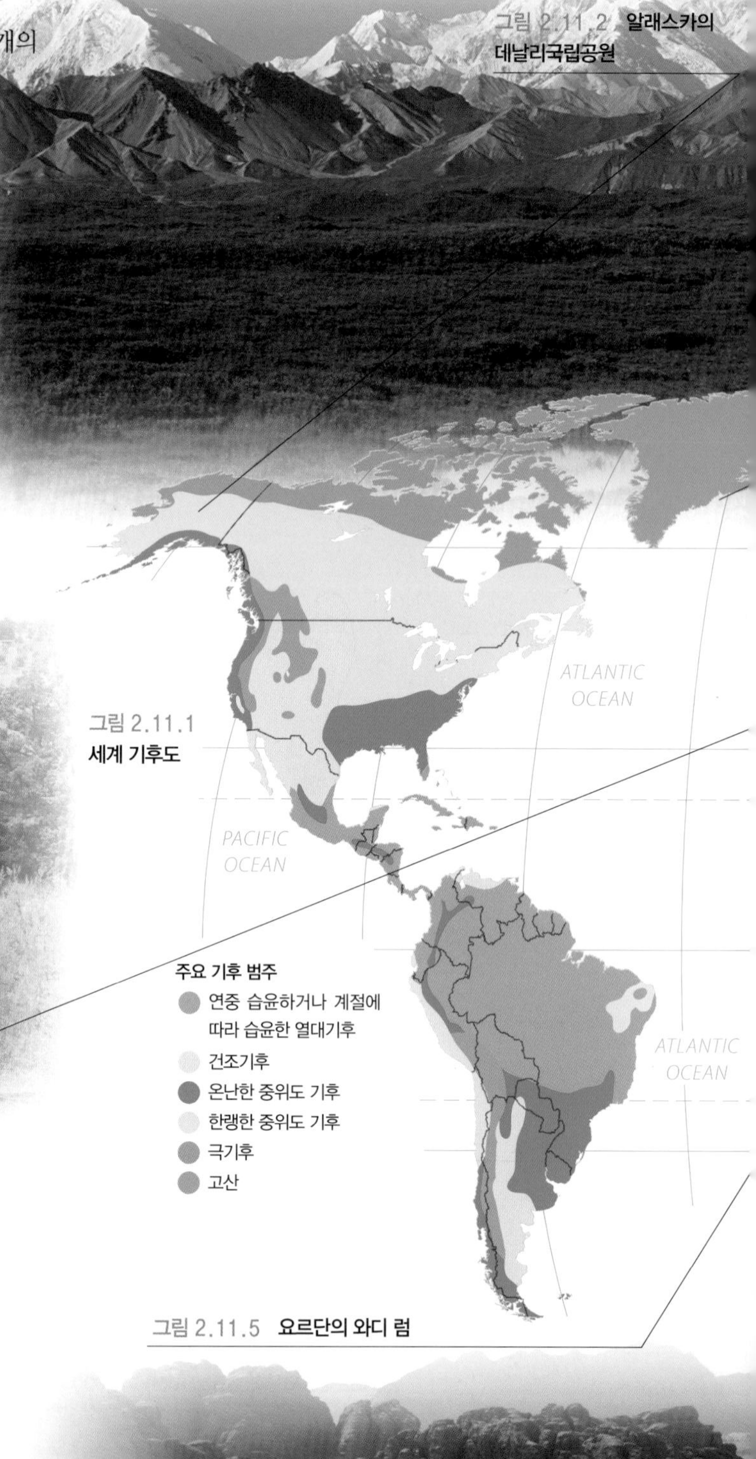

그림 2.11.1 세계 기후도

그림 2.11.3 이탈리아의 토스카나 지방

● 온난한 중위도 기후

중위도에서 일사의 계절적 변화는 기온에 많은 영향을 미친다. 중위도는 분명히 한랭한 계절(겨울)을 경험한다. 아열대 지역에서 겨울은 동결이 일어날 수 있는 한두 달 정도일 것이다. 중위도에서 강수는 중위도 저기압이 형성되고 이동할 때 나타나는 온난한 열대 공기와 한랭한 극 공기 사이의 경계인 한대전선에 많은 영향을 받는다. 습윤한 아열대 기후는 위도 약 25~40° 사이의 대륙 동부와 위도 약 35~50° 사이의 대륙 서부에 나타난다.

위도 약 35~65° 사이의 대륙 서부 해안은 연중 습윤하고 기온 변화가 작은 온화한 기후이다. 이 지역은 습윤 아열대기후보다 시원하며, 특히 여름이 그러하다. 이 서안 해양성 기후는 해양의 기온에 의해 조절된다. 기온에서 해양의 영향은 매우 크고, 일반적으로 아열대 위도와 관련된 겨울 기온은 더 북쪽의 55°까지 나타난다.

대륙의 서부 해안에서 또 다른 독특한 계절기후가 나타난다. 건조한 여름의 지중해성 기후는 유럽의 지중해 지역과 북아프리카 일대에서 나타나는데, 그곳의 유명한 이름을 기후가 빌리고 있다. 강수량은 아열대고기압대가 북쪽과 남쪽으로 이동하기 때문에 계절적이다. 여름에 아열대고기압대는 극 방향으로 이동하여 건조를 가져오고, 겨울에는 적도 방향으로 이동하여 중위도 저기압대의 더 빈번한 저기압으로 대체된다.

그림 2.11.5 요르단의 와디 럼

● **극기후**

고위도 기후는 낮은 평균기온과 극한의 계절적 변동성이라는 두 가지 중요한 특징을 가진다. 이 기후는 극과 그 주변에서 나타나고, 기온에 의해 물이 액체 형태인지 아닌지를 결정하기 때문에 기온에 의해서만 구별된다. 이 기후는 부족한 일사의 결과이고, 극에서 겨울 동안 낮이 없는 기간에서부터 한여름에 잠시 동안 지구에서 가장 낮이 긴 기간까지 변한다. 툰드라기후는 식생이 자라는 짧고 시원한 여름을 가지는 반면 빙설기후는 연중 어느 때라도 중요한 식생이 자랄 수 없을 만큼 춥다.

그림 2.11.4 **그린란드의 남쪽 해안**

● **연중 습윤하거나 계절에 따라 습윤한 열대기후**

이 기후는 대부분 적도의 남북위 10°에 위치하지만 남북위 20°까지 확장될 수 있다. 이 지역은 열대수렴대의 영향을 많이 받고 세계의 열대우림 지역을 포함한다. 열대 지역은 연중 온난하기 때문에 일교차는 연교차보다 더 크다. 높은 기온은 에너지의 이용이 물을 증발시키는 데 유용하다는 것을 의미한다.

많은 습윤 열대 지역에서 강우가 1년 중 특정 부분에 집중되고 뚜렷한 건기를 가지는 것은 열대수렴대 또는 몬순 순환 패턴의 위치가 계절에 따라 이동하기 때문이다(예를 들면 남부 아시아, 동남아시아, 서아프리카 일부). 열대수렴대는 북반구 여름에 북쪽으로 이동하고, 11~4월 사이에 남쪽으로 이동하며, 강우도 그것을 따라 이동한다.

남부 아시아와 남동부 아시아에서 강수의 계절적인 차이가 큰데, 그 이유는 몬순 순환 패턴 때문이다. 여름에 아시아 대륙은 가열되고 모든 방향으로 공기가 들어오는 대규모 저기압 지역이 발달한다. 저기압 세포는 인도양과 태평양으로부터 습윤한 공기를 지속적으로 대륙에 이끌어 강우를 집중시킨다.

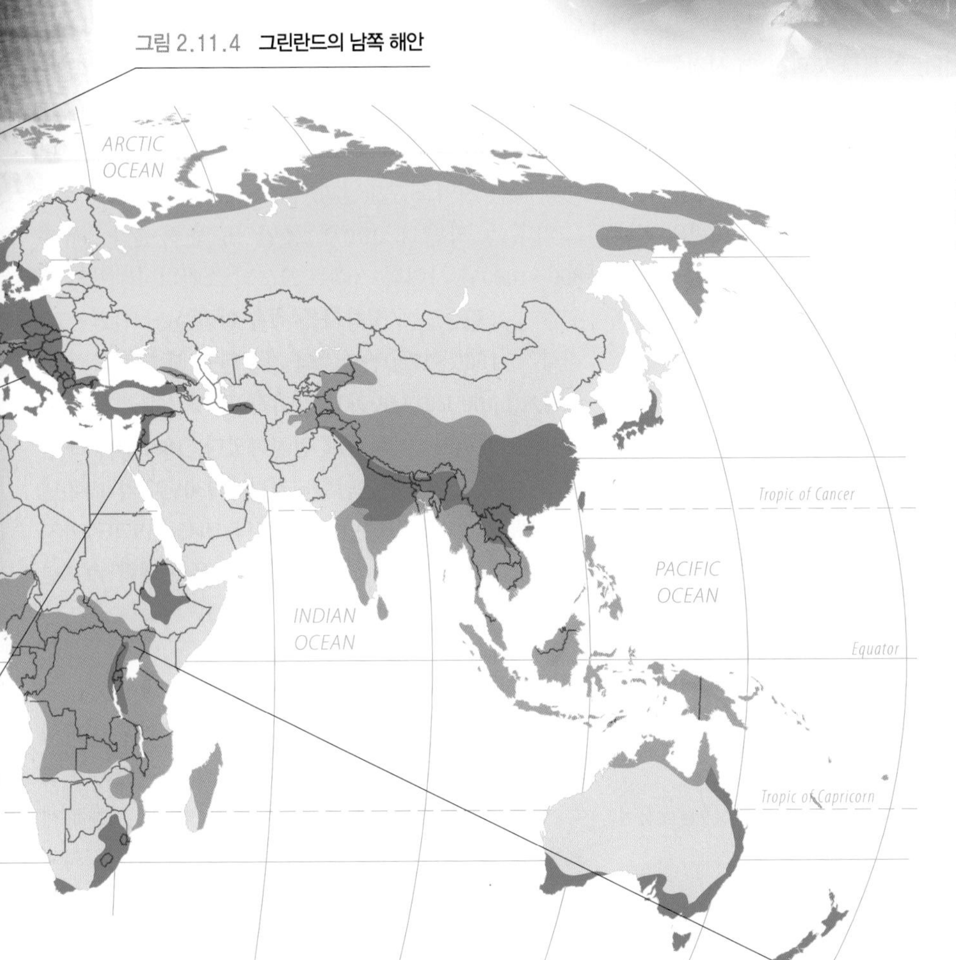

그림 2.11.6 **동아프리카 우간다의 르웬조리 산**

● **건조기후**

건조기후는 일반적으로 저위도 습윤기후의 북쪽과 남쪽 바로 옆에 대상으로 위치한다. 많은 건조 지역은 아열대고기압대와 관련이 있으며, 아프리카 사하라 사막이 대표적이다. 다른 사막은 해양의 수분 공급원으로부터 격리시키는 산지에 의해 야기된다. 예를 들면 아시아에서 산맥은 중국에서 카프카스까지 동에서 서로 뻗어있고, 인도양의 수분을 내륙으로부터 막는다. 북아메리카의 로키 산맥과 남아메리카의 안데스 산맥은 태평양의 수분을 막는다.

지리학자들은 건조(사막)와 **반건조기후**(semiarid climate)를 구분한다. 건조기후는 연중 약간의 수분이 부족한 반면 반건조기후는 잠시 동안 식생이 자라는 데 이용할 수 있는 풍부한 수분을 제공하는 우기를 가진다. 대부분의 세계 초지는 이 기후대이다.

2.12 지구온난화

▶ 기후는 지난 수백만 년 동안 극적으로 변하였고, 현재도 계속 변하고 있다.

▶ 우리가 이해하는 대부분의 기후 변화는 기후에 대한 자연과 인간의 영향을 증명한 모델들로부터 나왔다.

과거의 기후 변화는 최근 변화들이 과거의 기후 변화와 유사한지 아니면 인간활동 때문에 특별한 것인지를 결정하는 데 유용한 단서를 제공할 수 있다. 모델들은 미래의 기후를 예측하는 데 도움이 된다.

과거의 기후

지구 전체의 46억 년 역사를 봤을 때 지난 2백만 년의 역사는 매우 예외적이다. 현재를 포함한 이 시기는 지질학자들에게 **제4기**(Quaternary period)로 알려져 있다. 제4기를 보면 지구의 평균기온은 현재보다 10℃(18°F) 이상 낮은 시기도 있었고, 오늘날보다 온난한 시기도 있었다(그림 2.12.1). 지난 100만 년 동안 약 10번의 한랭한 시기가 있었고, 그 시기는 약 10만 년에 한 번 상당히 규칙적으로 나타났다. 한랭한 시기 동안 큰 대륙 빙상은 오늘날 남극대륙과 그린란드의 대부분을 덮은 것처럼 북아메리카, 북유럽, 북아시아까지 확장되었다. 빙기 때 물은 바다에서 감소하였고, 빙하의 형태로 육지에 저장되었기 때문에 해수면이 낮은 시기였다. 얼음으로 덮이지 않은 지역도 오늘날과 매우 달랐다.

기후는 지난 1,000년 동안 또 변하였다. 서기 800~1000년 사이의 기후는 오늘날 스칸디나비아의 선원들이 그린란드에 정착지를 세울 만큼 온난하였다. 그러나 약 1500~1750년까지의 기온은 특히 한랭하였다. **소빙기**(Little Ice Age)라고 알려진 이 시기에 빙하는 유럽, 북아메리카, 아시아로 전진하였다. 1800년대 초반 이후 기후는 상당히 온난화되었다. 1930년대와 1940년대에는 상대적으로 온난하였고, 약 1945~1970년까지 기온 하강이 나타났다. 지구의 평균기온은 대략 1975년 이후 극적으로 상승하였다(그림 2.12.2)

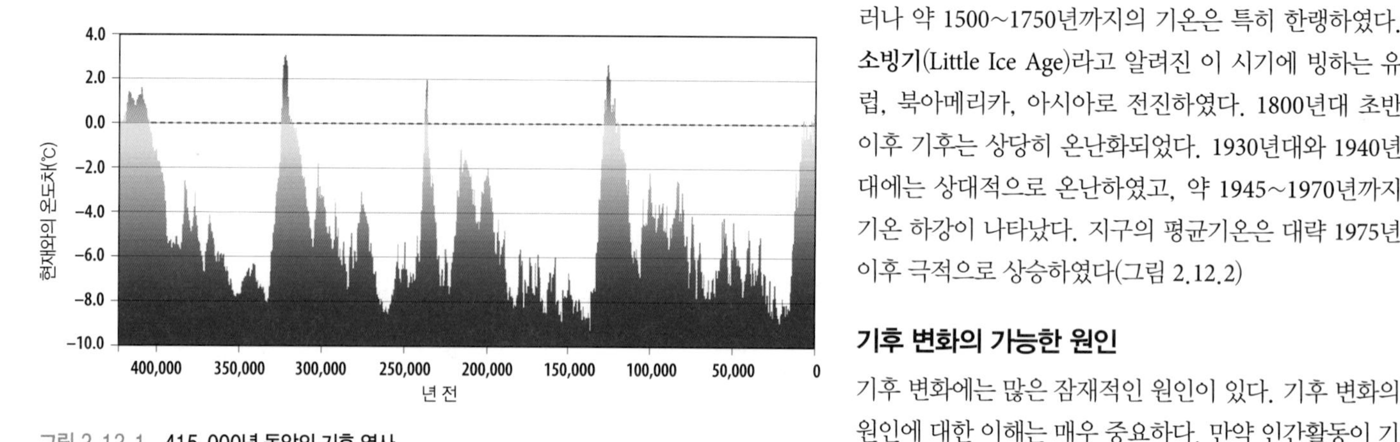

그림 2.12.1 **415,000년 동안의 기후 역사**
반복되는 한랭과 온난을 고려한 기후의 중요한 변화는 태양 주위의 지구궤도 기하학의 변화와 관련이 있는 '조절 기구'에 의해 불안정하지만 부분적으로 규칙적인 기후 시스템을 설명한다.

기후 변화의 가능한 원인

기후 변화에는 많은 잠재적인 원인이 있다. 기후 변화의 원인에 대한 이해는 매우 중요하다. 만약 인간활동이 기후에 영향을 미친다고만 배운다면, 그 영향을 제한하게 되는 것이다. 만약 기후 변화가 자연적 프로세스에 의해 완전히 지배된다고 가정한다면 대기권에서 잠재적인 인

그림 2.12.2 **빙모의 감소**
북극의 해빙 크기는 최근 수십 년 동안 현저히 작아졌다. 다음의 이미지는 1979년(왼쪽)과 2011년(오른쪽) 9월 빙하의 면적뿐만 아니라 1979~2011년 동안 9월 중순 빙하의 변화를 보여준다.

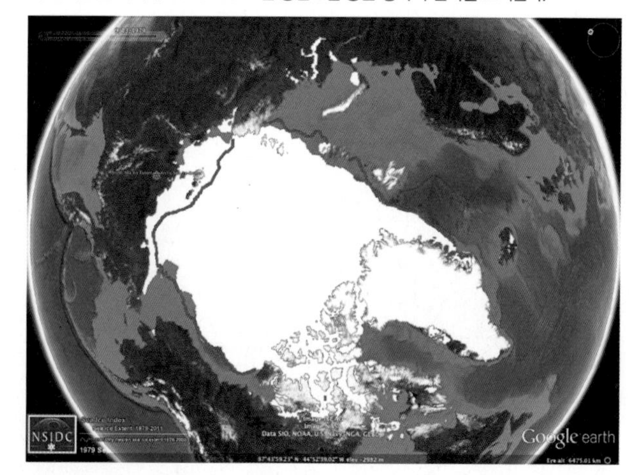

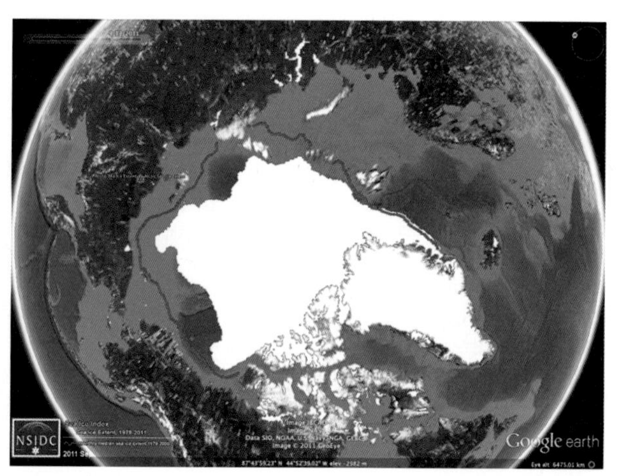

간의 영향을 고려할 필요가 없을 것이다.

태양복사

태양을 관찰한 인공위성에 기초한 최근의 연구들은 태양복사의 변화가 과거 수백 년 동안 관찰된 기후 변화에 영향을 줄 수 있다고 제안하기 시작했지만, 그 영향은 아마 다른 요인과 비교하면 적을 것이다(그림 2.12.3). 수만 년 이상의 오랜 기간 동안 우리는 태양 주위의 지구궤도의 형태가 변동하고 있다는 것을 알고 있고, 이 변동은 약 10만 년 규모의 주요 기후 변화의 시간을 결정하는 조절 기구처럼 나타난다.

화산 폭발

화산 폭발은 대기권 상층에 많은 양의 먼지와 이산화황과 같은 기체를 투입하므로 수년 동안 기후에 영향을 줄 수 있다. 이 기체는 지구 대기를 통과하는 태양복사를 걸러내어 그 양을 감소시키며, 결국 기온을 낮춘다.

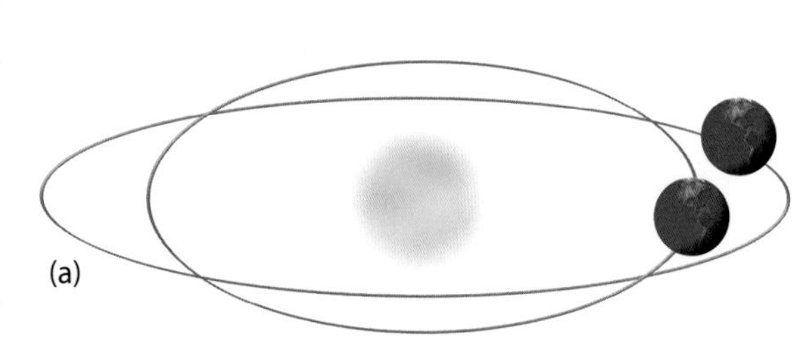

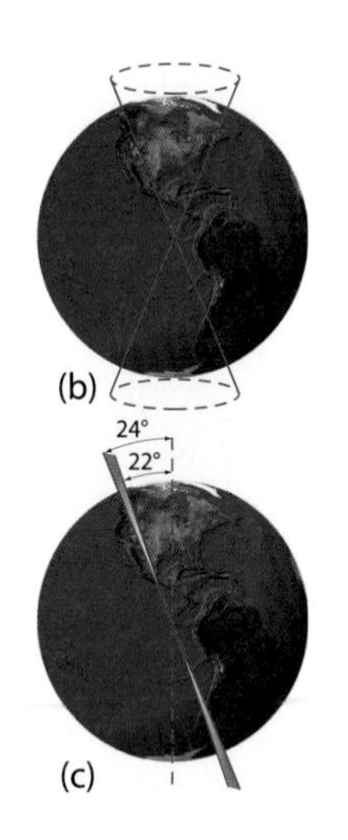

그림 2.12.3 **지구궤도의 변화**
기후는 태양 주위의 지구궤도 기하학의 장기간 변화에 맞추어 변할 것이다. 이 변화는 (a) 지구와 태양 사이 거리의 연 변화, (b) 태양 주위의 지구궤도 형태와 관련한 지축의 방향, (c) 태양 주위의 지구궤도와 관련된 축의 기울기이다.

기후에 대한 인간의 영향

지구궤도 변동 또는 화산 폭발에 의한 변화와 같은 프로세스는 과거에는 기후에 분명히 영향을 주었지만 지난 200년 동안의 극단적인 온난화를 설명하지는 못한다. 우리는 현재 이 온난화가 크게 인간과 인간의 영향에 의한 대기 중 이산화탄소 때문이라는 것을 알고 있다. 2.2절에서 설명한 것처럼 이산화탄소는 몇몇 중요한 온실기체 중 하나이다. 인간에 의한 대기 중 이산화탄소량의 증가는 최근 **지구온난화**(global warming)의 1차적 원인이다. 컴퓨터 기후 모델은 이것을 증명하는 데 도움을 준다.

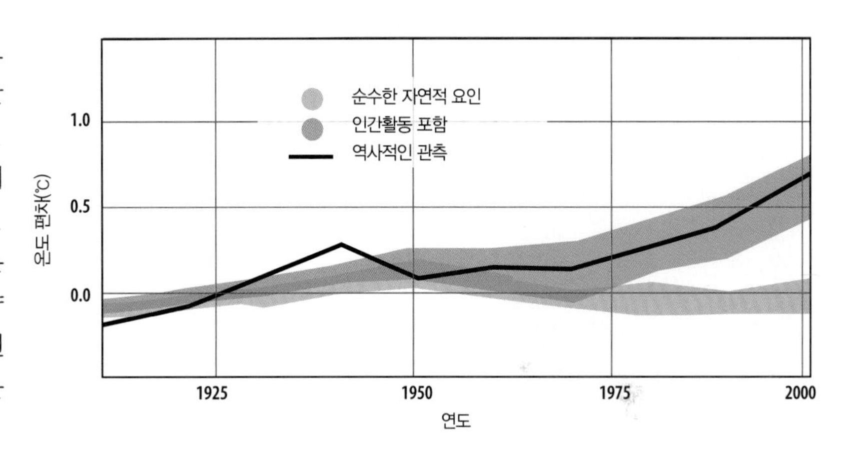

과거 증거와 미래 예측을 위한 모델들

우리가 미래의 지구온난화를 예측하는 데 사용하는 모델들은 우리가 2일 또는 3일 후의 날씨를 예측하는 데 사용하는 모델들과 유사하다(그림 2.12.4). 우리는 얼마의 복사에너지가 기온으로 변하는지와 어느 정도의 기온과 압력이 강수, 바람 등에 영향을 미치는지를 나타내는 수식과 함께 현재의 대기, 지표면, 해수면의 상태에 대해 우리가 알고 있는 만큼 컴퓨터 프로그램에 입력한다. 그러면 컴퓨터는 미래의 대기 순환을 가상화한다.

이 모델들과 그 수식들은 수천 년 또는 수백만 년 동안 주의 깊은 관측(실제 세계의 자료)을 통해 만들어졌기 때문에 지구온난화가 인간의 활동 때문이라는 많은 설득력 있는 증거를 제공한다. 예측된 기후 또는 미래의 기후에 더해서 역사적인 기후를 '예측'하는 데 모델을 이용할 수 있다. 1910년의 기후를 시작으로 우리가 알고 있는 태양 활동과 화산 폭발과 같은 자연적 요인의 역사적인 변화를 추가한다면 지난 100년의 기온을 예측할 수 있다. 이러한 과거의 예측은 관측과 잘 맞지 않는데 특히 예측된 기온보다 관측된 기온이 훨씬 더 높은 1950년 이후가 그렇다. 그러나 이산화탄소, 메탄, 다른 오염물질의 배출과 같은 대기에서 인간의 활동을 모델에 추가한다면 지난 100년의 기후를 예측하는 데 매우 유용할 것이다. 그 결과는 모델들이 합리적인 정확도로 기온을 예측할 수 있다는 것과 인간이 지구온난화를 야기하고 있다는 것을 증명한다.

그림 2.12.4 **모델과 관측에 의해 예측된 지구의 기온 변화**
컴퓨터 모델들을 이용하여 날씨를 예측하는 것처럼 기후 변화를 예측할 수 있다. 컴퓨터 모델에 이산화탄소와 다른 오염물질과 같은 인간에 의한 배기가스를 포함한다면 정확해진다.

2.13 지구온난화의 영향

▶ **인간에 의한 중요한 기후 변화는 진행 중이며, 추가적인 변화는 수십 년 안에 나타난다고 예상된다.**

▶ **몇몇 요인은 미래의 기후 변화에 관한 불확실성에 기여한다.**

지구온난화의 영향에 대한 가장 중요한 내용은 세계 130개국 이상의 정부에서 참여한 과학자들의 단체인 기후 변화에 관한 정부 간 협의체(Intergovernmental Panel on Climate Change, IPCC)의 연구로부터 비롯되었다. IPCC에서 요약하고 보고한 정보는 정치적인 영향에서 완전히 자유롭지 못하였고, 어떤 과학자들은 IPCC의 객관성을 비판하였지만, 그 보고서는 매우 복잡한 과학을 믿을 수 있는 총론과 같이 일반적으로 여겨졌다.

전 지구적인 기후 변화에 대한 IPCC의 2007년 평가보고서에서는 기후가 변하고 있는 많은 양상을 확인하였고, 그것은 이 변화가 20세기에 시작되었고 적어도 인간에 의해 야기되었으며, 21세기에 일어날 것이라는 참가한 과학자들의 신뢰를 반영한 진술을 포함하고 있다(그림 2.13.1).

예상되는 지구온난화의 많은 양상은 매우 불확실하다. 세 가지 주요 불확실성이 있다.

그림 2.13.1 **관측되고 예측된 기후 변화**
기후 변화의 요약은 IPCC에 의해 관측되고 예측되었다.

경향의 현상과 방향	20세기 후반에 일어날 가능성	관측된 경향에 대한 인간의 기여 가능성	21세기 동안 예상되는 미래 경향의 가능성
 많은 지역에서 온난하고 덜 추운 낮과 밤이 나타남	✔✔✔	✔✔	✔✔✔✔
 많은 지역에서 온난하고 더 빈번한 더운 낮과 밤이 나타남	✔✔✔	✔✔ (밤)	✔✔✔✔
 많은 지역에서 온난 기간과 열파의 빈도가 증가함	✔✔	✔	✔✔✔
 많은 지역에서 호우 빈도가 증가함	✔✔	✔	✔✔✔
 가뭄의 영향을 받는 지역이 증가함	✔✔ (1970년대 이후 많은 지역)	✔	✔✔
 강한 열대성 저기압의 활동 증가	✔✔	✔	✔✔
 매우 높아진 해수면의 영향 증가(쓰나미 제외)	✔✔	✔	✔✔

✔✔✔✔ : 거의 확실한(확률 99% 이상), ✔✔✔ : 매우 그럴듯한(확률 90% 이상), ✔✔ : 그럴듯한(확률 66% 이상), ✔ : 약간 그럴듯한(확률 50% 이상)

1. 우리는 기후 시스템과 모델들이 얼마나 정확한지 완전히 이해하지 못하고 있다.

날씨와 기후 예측에 사용되는 컴퓨터 모델들의 정확성은 최근에 상당히 개선되었지만 아직 제한적이다. 첫 번째, 우리는 모든 장소와 고도에서 기온, 압력 등의 현재 상태에 대한 세부적인 정보를 얻을 수 없다. 두 번째, 우리가 대기의 흐름을 예측하는 데 사용하는 법칙은 환경의 복잡성을 완벽히 대표하지 못할 것이다. 우리는 장기간 기후 예측과 같은 문제에 직면한다. 예를 들면 우리가 현재 보유한 지구 기후 모델들은 예상되는 미래 평균 기온에서 상당히 일관적이지만, 저기압과 저기압 경로의 중요성 때문에 강수량과 일치되지 않는다.

또한 우리의 모델들은 어떤 중요한 대기 프로세스에 대한 불완전한 이해를 제공한다. 예를 들면 인간에 의한 지구온난화는 대기의 수분 함량을 변화시킬 수 있다. 우리는 대기의 수분 함량이 감소하기보다 증가한다고 믿는다. 그러나 만약 그것이 증가한다면 추가된 수분은 방출되는 복사를 더 가둘 것인가? 그러므로 온난화는 증가될 것인가? 또는 그것이 대신 구름을 증가시켜 투입되는 에너지를 반사시킬 것인가? 이 질문에 대한 대답은 우리가 현재 알고 있는 대기 순환과 구름 형성 과정보다 더 자세한 이해를 필요로 한다.

2. 예측 불가능하고 잠재적으로 빠른 상태 변화('임계치')가 기후에 영향을 줄 수 있다.

앞으로 기후 변화가 계속되면 지구-대기 시스템의 일부분이 임계치에 도달할 것이고, 변화의 상태가 빠르고 되돌릴 수 없게 증가할 것이라는 우려가 커지고 있다. 이들 중 하나가 북극의 해빙 감소이다. 해빙이 감소하면 해양이 더 많은 태양복사를 흡수할 수 있는데 그 이유는 해빙이 수면보다 더 많은 에너지를 반사하기 때문이다. 이것은 연중 매우 오랜 기간 얼지 않는 북극해의 많은 부분에서 일어날 수 있다. 반면 수면은 증발을 통해 빙하가 덮은 물보다 더 빠르게 열을 손실하는데, 이것은 논쟁이 될 만큼 큰 문제는 아닐 것이다. 또 다른 가능한 임계치는 그린란드의 빙모와 남극대륙의 일부분과 같은 빙모 융해의 가속화와 관련이 있다. 우리는 상대적으로 불안정성의 메커니즘이 존재한다고 확신하지만, 고려하는 대부분의 것들은 잘 이해되지 않으며, 상상되는 빠른 변화가 일치할지 일치하지 않을지를 아는 것은 어렵지만 만약 일치한다면 그것은 곧 또는 먼 미래에 일어날 것이다.

3. 이산화탄소 배출율과 같은 미래의 상태는 알려져 있지 않다.

대기에 증가한 이산화탄소량은 우리가 사용하는 화석연료, 토지 이용, 산림 채벌 및 나무 심기와 같은 토지 관리에 의해 주로 조절된다. 대부분 우리의 예상은 사람들이 화석연료를 계속 사용하고, 오늘날과 같은 방법으로 계속해서 토지를 관리했을 때를 기초로 추측하지만, 이 과정은 미래에 변할 수 있다(그림 2.13.2).

그림 2.13.2 **뉴멕시코의 석탄을 태우는 발전소**
우리는 매우 많은 화석연료 매장량을 보유하고 있지만 그것의 사용은 지구온난화를 증가시키며 기후 변화와 관련이 있다.

지구와 대기에서 받은 태양에너지의 총량은 위도, 계절, 시간에 따라 변한다. 이 에너지는 광역의 기온 패턴을 결정하고, 대기와 해양의 순환을 이끈다. 기후형의 분포는 에너지 투입과 순환 시스템을 반영한다.

핵심 질문

에너지는 지구-대기 시스템에서 어떻게 이동하는가?

- ▶ 태양을 도는 지구궤도 기하학은 태양에너지를 통해 위도, 계절, 일일 변화를 결정한다.
- ▶ 에너지는 복사, 대류, 잠열 교환, 전도를 통해 지표면, 대기권, 우주를 통과한다.
- ▶ 투입되는 단파의 태양에너지는 상대적으로 투과하지만 방출되는 장파복사를 흡수하는 대기권 기체는 대기 가열의 핵심이다.
- ▶ 물이 증발/응결하거나 융해/동결할 때 일어나는 잠열 교환은 에너지 교환과 강수에서 중심 역할을 한다.

무엇이 날씨를 만드는가?

- ▶ 기온은 주로 에너지의 투입으로 조절되고, 육지 또는 물과 같이 지표면의 특징에 따라 큰 영향을 받는다.
- ▶ 대류는 공기를 상승시켜 구름과 강수를 일으키는 원인이 된다.
- ▶ 해양 순환은 바람에 의한 표면 해류를 포함하고, 심해의 순환은 물의 온도 및 염도와 관련이 있다.
- ▶ 강수는 대류, 지형적 상승, 수렴, 전선의 결과이다.
- ▶ 열대성 저기압은 큰 대류성 폭풍이다. 전선은 중위도 저기압의 주요 형태이다.

지구에는 어떤 기후가 있고, 기후는 어떻게 변하는가?

- ▶ 기후 또는 평균 날씨는 에너지의 투입과 순환의 지배적인 패턴과 관련하여 지구 상에서 변한다.
- ▶ 주요 기후형은 습윤한 열대기후, 계절에 따라 습윤한 열대기후, 건조기후, 온난한 중위도 기후, 한랭한 중위도 기후, 극기후를 포함한다.
- ▶ 기후는 지난 수백만 년 동안 극적으로 변하였고 현재도 변하고 있다.
- ▶ 모델들은 우리가 기후 변화의 원인을 이해하고 미래 기후를 예측하는 데 도움을 준다.
- ▶ 현재와 예상되는 미래의 기후 변화는 더 온난한 기후와 극심한 강수의 증가를 포함한다.

지리적으로 생각하기

2주 동안 대기 온도, 바람 방향, 운량, 강수량이 포함된 일간 날씨 잡지를 모으라. 같은 기간 동안 일간 신문에서 날씨 지도를 스크랩하라.

1. 고기압 시스템과 저기압 시스템의 패턴이 날씨에 어떻게 영향을 미치는가?
2. 연평균기온 5℃ 상승이 당신의 삶에 어떤 영향을 미치는가? 직접적인 영향을 생각해보고, 세계의 경제적 또는 사회적 경향으로부터 비롯된 간접적인 영향을 생각해보라(2.CR.1).

그림 2.CR.1 **해수면 상승**
방글라데시 갠지스 삼각주의 파수르 강에서 발생한 폭풍과 관련된 홍수는 해수면 상승에 의해 더 악화되었다.

탐구 학습

워싱턴 주 시애틀

구글어스를 이용하여 날씨에서 산지의 영향을 탐구하라.

위치 : 워싱턴 주 에임스레이크(Ames Lake)

선택 : "날씨" 메뉴 아래에 "기상정보와 기상예보"를 체크하라.

1. **오늘 에임스레이크의 날씨는? 지역을 둘러보라. 무슨 식생으로 덮인 것 같은가?**

위치 : 워싱턴 주 위냇치(Wenatchee)

지금 워싱턴 주 위냇치 동쪽 약 100마일 지역의 날씨를 확인하라.

2. **위냇치의 날씨는 에임스레이크의 날씨와 어떻게 다른가?**
3. **날씨와 식생의 차이는 관련이 있는가?**

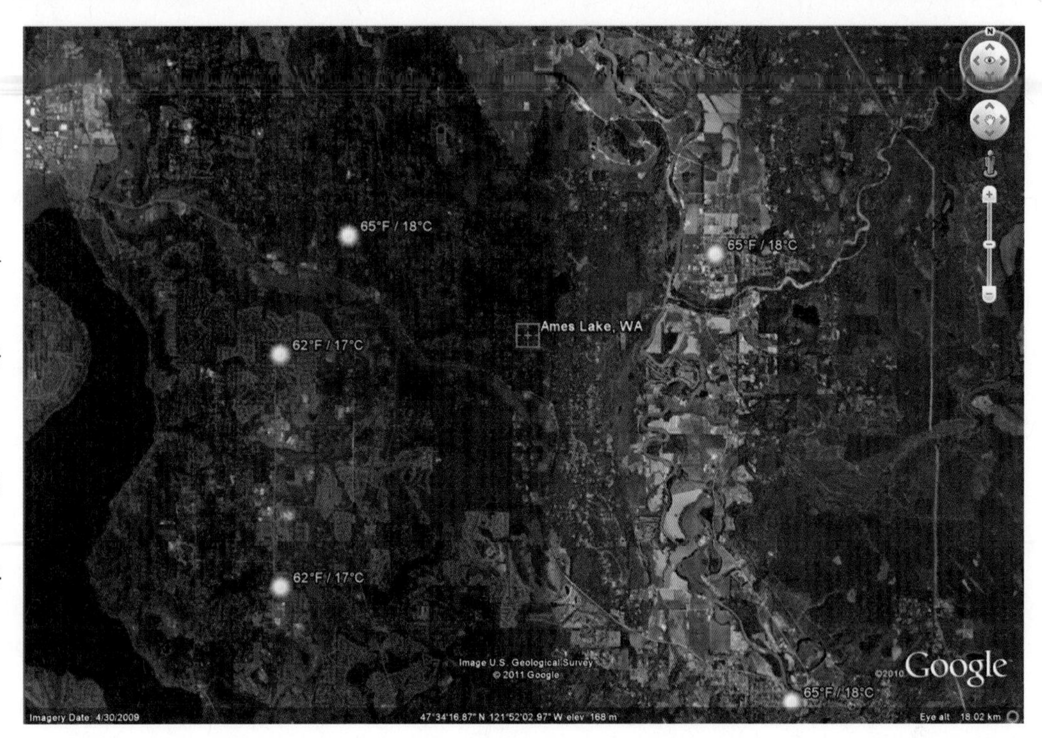

인터넷 자료

기후 변화에 관한 정부 간 협의체(IPCC)는 기후 변화와 그 변화에 대한 정책에 관하여 가장 유용한 과학적인 정보를 함께 제공한다. IPCC의 웹사이트는 www.ipcc.ch이다. 오크리지국립연구소의 이산화탄소정보분석센터(CDIAC)는 온실기체, 기후 변화, 이와 관련된 이슈들에 대한 많은 양의 정보를 cdiac.ornl.gov 웹사이트에 보유하고 있다.

핵심 용어

극고기압대(polar high-pressure zone) 북극과 남극 주변에서 공기가 하강하는 고기압 지역

기후(climate) 수십 년 또는 그 이상 기간의 종합적인 날씨 상태

남회귀선(Tropic of Capricorn) 남위 23.5° 선

단열 냉각(adiabatic cooling) 상승하는 공기의 팽창에 따른 공기의 냉각. 단열은 '열을 가하지 않는' 것을 의미한다.

단파에너지(shortwave energy) 태양으로부터 방출되는 파장이 약 0.2~0.5마이크론인 복사에너지

대류(convection) 대기 중 온난한 공기의 상승과 같은 기온 하강의 밀도 차이에 따른 유체의 순환

동지(winter solstice) 남반구에서 6월 20일 또는 21일은 북위 23.5° 선을 따라 태양이 정확히 머리 위에 위치하는 날이고, 북반구에서 12월 20일 또는 21일은 남위 23.5° 선을 따라 태양이 정확히 머리 위에 위치하는 날이다.

메탄(methane) 화학식 CH_4로 대기에서 발견되는 미량의 기체. 온실효과의 주요 원인

몬순 순환(monsoon circulation) 아시아에서 기압과 바람의 계절적 역전. 아시아 내륙에서 불어오는 겨울철 바람은 건조한 겨울을 형성하고, 인도양과 태평양에서 내륙으로 부는 여름철 바람은 습윤한 여름을 형성한다.

무역풍(trade wind) 아열대와 열대 위도의 탁월풍은 열대수렴대를 향해 불고, 일반적으로 북반구에서는 북동풍, 남반구에서는 남동풍이 분다.

반건조기후(semiarid climate) 연중 강수량이 잠재적인 증발량보다 약간 작은 기후

복사(radiation) 모든 방향으로 방출하는 전자기파로 형성된 에너지

북회귀선(Tropic of Cancer) 북위 23.5° 선

사막기후(desert climate) 적은 강수량과 강수량보다 훨씬 큰 잠재 증발량을 가진 충분히 온난한 기온을 보이는 기후

상대습도(relative humidity) 대기가 보유할 수 있는 수분 함량과 비교한 대기 중 실제 수분 함량. %로 표시

소빙기(Little Ice Age) 지구 기후가 특히 서늘한 약 1500~1750년 사이의 시기

수증기(water vapor) 기체로 형성된 대기 중 수분

아열대고기압대[SubTropical High-pressure(STH) zone] 약 북위 25°와 남위 25°에서 공기가 하강하는 고기압 지역

엘니뇨(El Niño) 동부 열대 태평양에서 매년 나타나는 서류에서 동류로 바뀌는 순환의 변화

열대수렴대(InterTropical Convergence Zone, ITCZ) 표면풍이 수렴하는 북회귀선과 남회귀선 사이의 저기압 지대

오존(ozone) 3개의 산소 원자를 가진 분자들로 구성된 기체. 지상에서는 강한 부식성 기체이지만, 상층 대기에서 자외선을 흡수하므로 지구에서 삶을 보호하는 데 필수적이다.

온난전선(warm front) 온난기단이 한랭기단으로 전진할 때 형성된 경계

온실기체(greenhouse gas) 온실효과에 기여하는 대기 중 미량 물질. 수증기, 이산화탄소, 오존, 메탄, 프레온가스는 중요한 예이다.

응결(condensation) 물이 기체 상태(증기)에서 액체 또는 고체 상태로 변화하는 것

이류(advection) 바람 또는 해류에 의한 공기 또는 물체의 수평적 이동

이산화탄소(carbon dioxide) 화학식이 CO_2인 대기의 미량 기체, 온실효과의 주요 원인

일사(insolation) 지구의 특정 지역에 도달한 태양에너지의 총량

입사각(angle of incidence) 어느 시점에 태양복사가 특정한 장소의 지점을 비추는 각

잠열(latent heat) 물과 수증기에 저장된 열로서 인간에 의해 감지되지 않는다. 잠재한다는 것은 '숨은' 것을 의미한다.

장파에너지(longwave energy) 지구에서 재방출되는 파장 약 5.0~30.0마이크론의 에너지. 적외선을 포함하고, 열을 느낄 수 있다.

저기압(cyclone) 바람이 북반구에서 반시계방향(또는 남반구에서 시계방향)으로 소용돌이치며 수렴하는 대규모로 기압이 낮은 지역

전선(front) 온난한 공기와 한랭한 공기 사이의 경계

제4기(Quaternary period) 거의 지난 3백만 년을 포함하는 지질학적 시간

중위도 저기압(midlatitude cyclone) 보통 온난전선 및 한랭전선과 관련 있는 중위도에서 저기압 중심에서 나타나는 폭풍

중위도 저기압대(midlatitude low-pressure zone) 아열대고기압대와 극고기압대로부터 공기가 수렴하는 저기압 지역

지구온난화(global warming) 적어도 수십 년 이상 기온의 일반적인 증가는 일차적으로 지구 대기 중 이산화탄소량의 증가에 의해 야기된다.

지형성 강수(orographic precipitation) 산지 위로 공기가 상승하는 힘에 의해 발생하는 강수

추분(autumnal equinox) 북반구에서 9월 22일 또는 23일의 정오에 태양의 수직광선이 적도를 비춘다(태양이 적도를 따라 정확히 머리 위에 있는 것을 뜻한다.).

춘분[vernal (spring) equinox] 북반구에서 3월 20일 또는 21일, 이틀 중 하루 정오에 태양의 수직 광선은 적도를 비춘다(태양은 적도를 따라 정확하게 머리 위에 있다.).

코리올리 효과(Coriolis effect, 전향력) 지구의 자전 때문에 물체가 일정한 경로로부터 굴절하여 지구 표면을 가로지르며 이동하는 경향

태양에너지(solar energy) 태양으로부터의 복사에너지

태풍(typhoon) 태평양에서 발달한 열대성 저기압의 이름

토네이도(tornado) 대개 뇌우와 관련이 있고 빠르게 회전하는 공기 기둥. 가끔 300km/h(185miles/h) 이상의 풍속을 가진다.

파장(wavelength) 복사에너지 또는 수체의 연속적인 파랑 사이의 거리

폭풍해일(storm surge) 허리케인 중심에서 상승한 해수면은 수 미터일 것이고, 허리케인이 해안에 도착했을 때 대부분의 피해를 준다.

하지(summer solstice) 북반구에서 6월 20일 또는 21일은 북위 23.5° 선을 따라 태양이 정확히 머리 위에 위치하는 날이고, 남반구에서 12월 20일 또는 21일은 남위 23.5° 선을 따라 태양이 정확히 머리 위에 위치하는 날이다.

한대전선(polar front) 중위도에서 전 지구적으로 순환하는 한랭한 극기단과 온난한 아열대 공기 사이의 경계

한랭전선(cold front) 한랭기단이 온난기단 쪽으로 전진할 때 형성되는 경계

허리케인(hurricane) 주로 온난한 계절 동안 열대와 아열대의 온난한 해양 위에서 발달하는 강한 열대성 저기압. 허리케인은 태평양에서는 태풍으로, 인도양에서는 사이클론으로 불린다.

현열(sensible heat) 촉각 또는 온도계에 의해 감지되는 열

환류(gyre) 아열대고기압 세포 아래에서 순환하는 해류

주요 기후와 쾨펜의 기후 구분

기후형 기후 특징

연중 온난한 열대기후

습윤 열대기후

Af 건기가 없이 항상 온난 습윤한 열대기후(왼쪽 그래프)

Am 짧은 건기를 가지지만 항상 온난 습윤한 열대기후

계절에 따라 습윤한 열대기후

Aw 확실한 건기와 우기를 가지지만 항상 온난 습윤한 열대기후

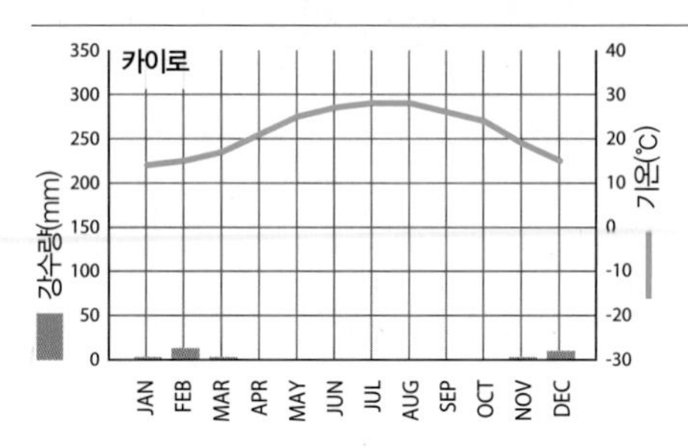

건조기후

사막기후

BWh 열대 사막기후(왼쪽 그래프)

BWk 중위도 사막기후

반건조기후

BSh 열대 반건조(스텝)기후

BSk 중위도 반건조(스텝)기후

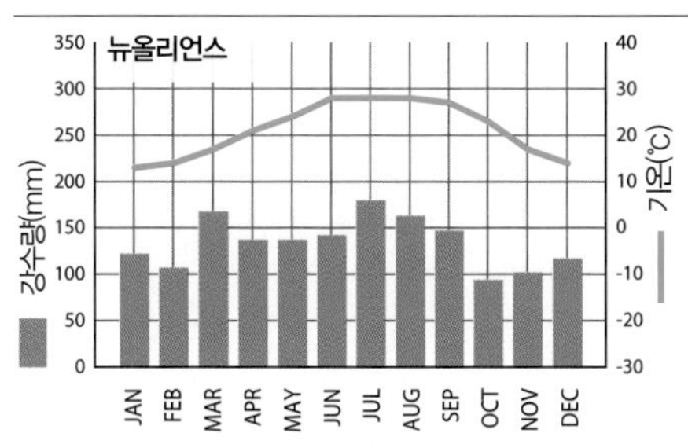

온난한 여름과 서늘한 겨울의 중위도 기후

습윤 아열대기후

Cfa 건기가 없고 더운 여름의 온난 습윤한 아열대기후(왼쪽 그래프)

Cw 더운 여름과 건조한 겨울의 온난 습윤한 아열대기후

서안 해양성 기후

Cfb 건기가 없고 온난한 여름의 서안 해양성 기후

Cfc 건기가 없고 서늘한 여름의 서안 해양성 기후

지중해성 기후

Cs 온난 건조한 여름과 서늘하고 습윤한 겨울의 지중해성 기후

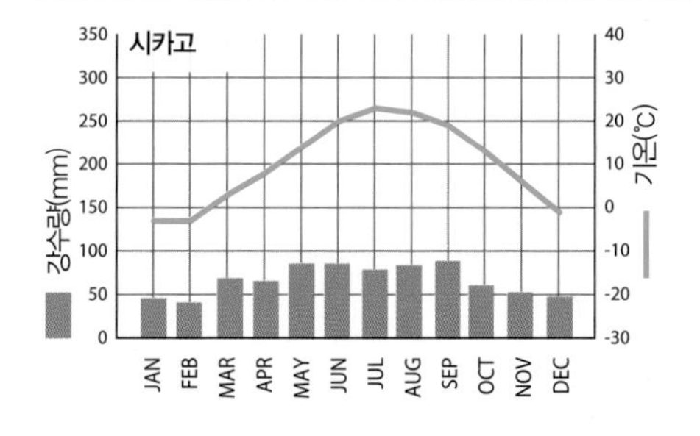

온난한 여름과 한랭한 겨울의 중위도 기후

습윤 대륙성 기후

Dfa 건기가 없고 더운 여름과 한랭한 겨울의 습윤 대륙성 기후(왼쪽 그래프)

Dwa 더운 여름과 한랭 건조한 겨울의 습윤 대륙성 기후

Dfb 건기가 없고 온난한 여름과 한랭한 겨울의 습윤 대륙성 기후

Dwb 온난한 여름과 한랭 건조한 겨울의 습윤 대륙성 기후

아극기후

Dfc 건기가 없고 서늘한 여름과 매우 한랭한 겨울의 습윤한 아극기후

Dwc 서늘한 여름과 매우 한랭 건조한 겨울의 습윤한 아극기후

Dfd 건기가 없고 서늘한 여름과 몹시 추운 겨울의 습윤한 아극기후

Dwd 서늘한 여름과 몹시 한랭 건조한 겨울의 습윤한 아극기후

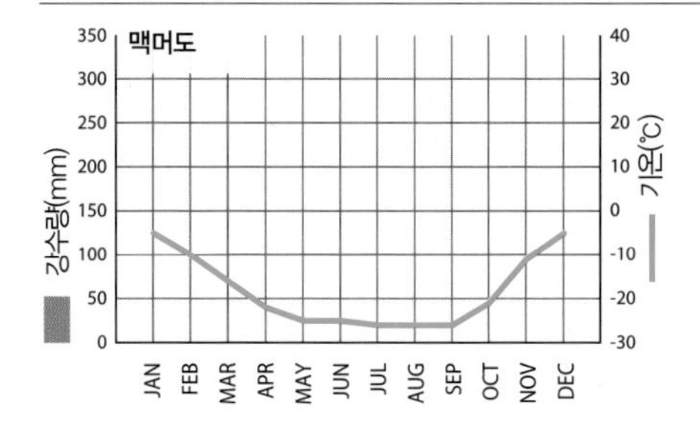

극기후

툰드라기후

ET 매우 서늘하고 짧은 여름과 몹시 추운 겨울의 툰드라기후

빙모와 빙상기후

EF 기온이 항상 영하인 빙설기후(왼쪽 그래프)

▶ 다음 장의 소개

지구의 지각은 상호 관련성을 가지고 이동하는 구조적인 판들로 구성되어 있다. 판들 사이의 상대적인 움직임은 판의 경계에서 대규모 지형을 형성한다.

3 지형

지구의 표면은 항상 역동적으로 움직이고 있다. 지진, 화산 분출, 산사태는 갑작스럽고 극적인 움직임이며, 나머지 경관들 또한 매년 조금씩 변화하고 있다.

오늘날 우리가 보고 있는 평야, 산지, 계곡과 같은 지형들은 지형 형성작용에 의해 형성되었다. 퇴적암의 층리는 퇴적을 일으킨 하천과 바다에 대해 말해준다. 지각의 움직임에 의해 산지가 조금씩 솟아오르고 있다. 계곡과 평야는 물이 흐르는 길을 따라 모양을 만들고, 하도를 형성하며, 운반 물질을 퇴적한다. 해안과 해빈은 대양의 가장자리에서 파랑의 작용에 의해 형성된 특징적인 형태를 갖는다.

이러한 자연적인 프로세스와 더불어 인간의 활동도 대기권과 생물권을 변화시키는 것처럼 단단한 지구 표면을 많이 변화시킨다. 농업 활동은 토양의 비옥도를 급격히 감소시킨다. 반건조 지역의 경우 과도한 목축은 사막화를 일으킨다. 많은 농업 지역에서는 자연적인 침식률보다 10~100배 이상 빨리 토양이 침식되고 있다. 인간에 의한 지구 상의 물질 이동을 측정한 결과 모든 자연적인 프로세스에 의해 지구 상의 물질이 이동한 것보다 인간에 의한 지구 물질의 이동이 더 많았다.

유타 주의 라살(La Sal) 산과 아치스(Arches)국립공원

지구 내부의 프로세스가 지형 경관에 어떻게 반영되는가?

암석의 이동은 지표의 모양을 어떻게 만드는가?

미국지질조사국에서 제공하는 최근의 지진, 화산, 산사태 정보를 얻으려면 스캔하라.

빙하와 파랑은 지표의 모양을 어떻게 만드는가?

3.1 대지진

▶ 대양저에서 일어난 지진은 지표를 흔들고 난 후에 엄청난 파괴를 야기하는 쓰나미를 발생시킨다.

▶ 막대한 피해와 인명 손실에도 불구하고 일본의 철저한 지진 대비에 의해 더 큰 재앙을 피할 수 있었다.

2011년 3월 11일, 신뢰성 있는 지진 규모의 측정이 이루어진 이후 네 번째로 큰 규모의 지진이 일본 북부 해안 가까이에서 발생하였다.

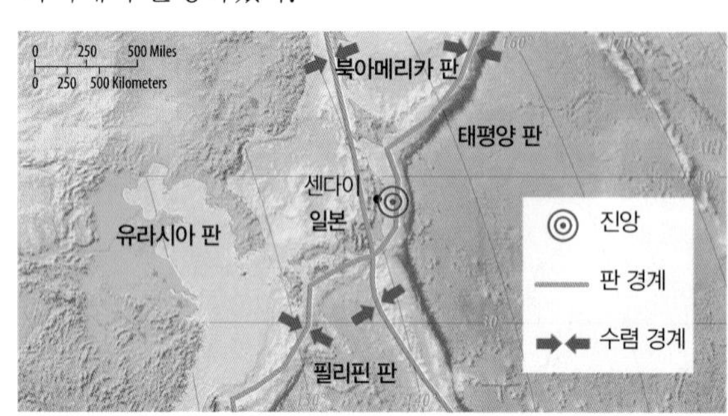

그림 3.1.1 **2011년 3월 11일 센다이를 파괴한 쓰나미** 일본 인구의 대부분은 해안 근처에 거주한다. 방파제는 과거에 더 작은 규모의 쓰나미로부터 이 지역을 보호하였지만, 2011년에 발생한 규모의 쓰나미로부터는 이 지역을 보호하지 못했다.

두 **지판**(tectonic plate), 즉 단단한 지각의 큰 두 조각이 각자 다른 방향으로 움직이고 있는 곳에서는 지진이 발생한다. 북아메리카와 남아메리카가 위치한 태평양 동안과 러시아 동부, 일본, 필리핀, 인도네시아, 뉴질랜드가 위치한 태평양 서안의 가장자리 지역 대부분을 포함하여 세계의 여러 장소에서 그러한 움직임이 일어나고 있다. 규모가 가장 큰 세 번의 지진은 1960년의 칠레 지진, 1964년의 알래스카 지진, 2004년의 인도네시아 지진이라고 알려져 있다.

2011년 지진의 지각운동 중심점, 즉 **진원**(focus)은 해안에서 약 130km, 깊이 32km 지점이었다. 373km 떨어진 도쿄의 고층 건물이 흔들릴 만큼 강한 움직임이 있었다. 센다이 같은 해안 도시들의 피해는 엄청났다. 그러나 가장 심각한 피해는 지진 발생 몇 분 후에 해안 지역을 덮친 지진해일, 즉 **쓰나미**(tsunami) 때문에 발생하였다. 쓰나미가 해안으로 접근해옴에 따라 파랑은 파고가 높아지고 부서졌으며, 쓰나미가 일본 해안에 도달했을 때에는 파고가 10m(30피트) 이상이었다. 쓰나미는 이러한 재해를 방지하기 위해 설치한 방파제에 부딪혔으며, 일부 지역의 경우 방파제를 넘어 수 킬로미터 내륙까지 들어와 지나가는 곳의 모든 것들을 파괴하고 쓸어버렸다. 운이 좋은 사람들은 고지대까지 대피할 수 있는 충분한 시간이 있었지만, 2만 명 이상의 사람들이 목숨을 잃었다(그림 3.1.1).

수만 명의 사람들이 집을 잃었다. 이러한 피해와 더불어 원자력발전소의 원자로가 심각하게 피해를 입었다

그림 3.1.2 **후쿠시마 다이이치 원자력발전소** 발전소 시설은 쓰나미 때문에 3기의 원자로 노심이 용융되는 피해를 입었다.

(그림 3.1.2). 그 결과 방사능이 누출되었고 발전량이 감소하였다.

일본은 지진과 쓰나미를 많이 경험하였다. 운동에너지로 환산해보면 1923년의 지진은 2011년 지진보다 적은 규모의 지진이었으며, 도쿄-요코하마 지역 연안에서만 피해가 발생하였다. 그 결과 수십만 호의 가옥이 불탔고, 지진에 의해 발생한 쓰나미의 파고는 12m였다. 14만 명의 사람들이 사망하였다. 선진국이라는 일본의 위치와 함께 오랜 기간 동안의 지진 경험은 지진과 쓰나미에 효과적으로 대처할 수 있도록 해주었다. 2011년의 지진은 1923년 지진 이후 일본에 영향을 준 가장 큰 규모의 지진이었다. 그다음으로 큰 규모의 지진은 1995년 고베에서 발생한 지진이었으며, 5,500명이 사망하였다.

비교를 위해 미국지질조사국(USGS)은 2000년 이후 지진과 그에 따른 쓰나미에 70만 명 이상이 사망한 전 세계의 사례를 찾아보았다. 각각 20만 명 이상이 사망한 지진이 두 번 있었다. 하나는 2004년 인도네시아와 인도양의 지진/쓰나미였고, 다른 하나는 2010년 아이티 지진이었다(그림 3.1.3). 이러한 재해는 강한 지각운동을 견딜 수 있는 정교한 건물을 건설할 능력이나 경보 시스템이 없고 부상당하거나 집을 잃은 사람들에게 의료 서비스와 피난처를 제공하는 대응 시스템이 없는 지역에서 발생하였다. 아이티 지진의 규모는 일본의 지진 규모보다 낮았지만, 10배 이상의 사람들이 사망하였다. 선진국 사람들에 비해 자연재해에 취약한 후진국 사람들은 폭풍이나 홍수, 가뭄과 같은 다른 재해에도 취약하다.

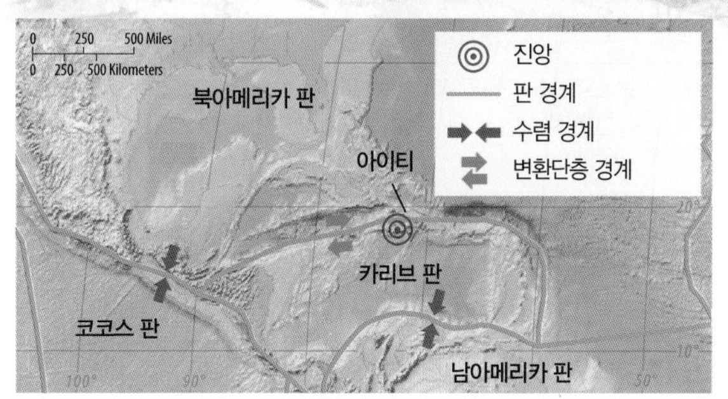

3.1.3 **아이티 포르토프랭스의 피해**
아이티의 수도를 파괴한 2010년 1월 12일에 발생한 지진

3.2 판구조론

▶ 지각은 각각 다른 방향으로 이동하는 지판으로 구성되어 있다.

▶ 지판들의 이동은 판의 경계에 대지형을 형성한다.

지구는 껍질에 금이 가있는 계란을 닮았다. 지각은 얇고 단단하며, 평균 두께는 45km(28마일)이다. **맨틀**(mantle)로 알려진 지각 바로 밑의 암석은 지구 내부의 열 때문에 일어나는 대류에 의해 천천히 움직이는 유체이다. 맨틀의 이러한 움직임은 지표의 열을 수송하는 대기권에서의 바람과 유사하다. 맨틀의 움직임은 지구의 단단한 지각으로 이루어진 지판들을 움직이게 한다(그림 3.2.1).

그림 3.2.1 **판의 이동에 의해 일어난 변화**

2억 년 전 지구의 대륙은 판게아로 알려진 하나의 초대륙으로 모두 합쳐져 있었다.

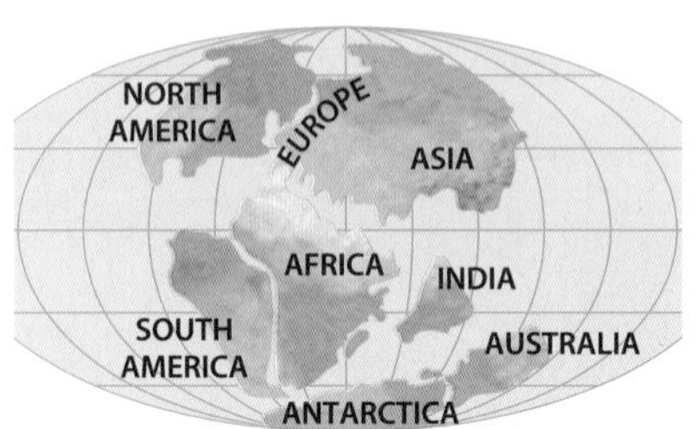

1억 3,500만 년 전에 대륙은 갈라졌다.

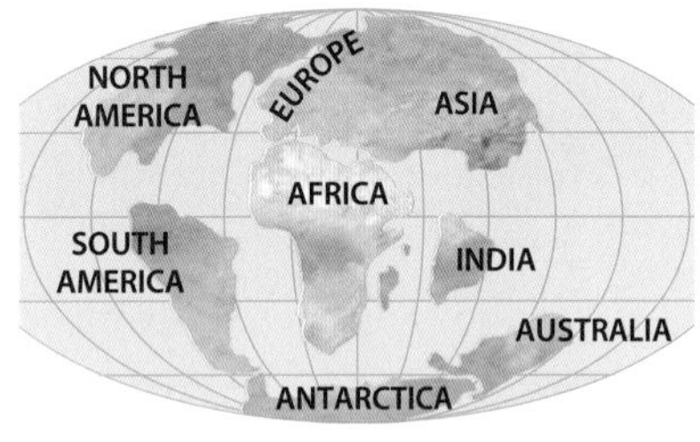

6,500만 년 전에는 북아메리카와 유럽이 여전히 합쳐져 있지만 대륙의 배치는 현재와 비슷한 모습이 되기 시작하였다.

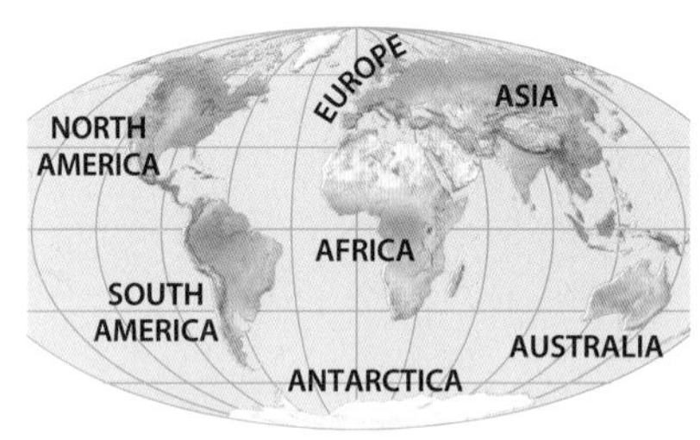

현재의 대륙 배치

움직이는 지판 사이에는 세 가지 유형의 경계가 형성되며, 판들이 서로 분리되기도 하고, 만나기도 하며, 미끄러지기도 한다(그림 3.2.2). 판의 운동은 지진을 일으키고 화산을 분출시키며, 산지를 형성한다(그림 3.2.3, 3.2.4). 수억 년 동안 지구의 형태는 이러한 판의 운동에 의해 완전히 변화되었다(그림 3.2.5).

그림 3.2.2 **상부 맨틀과 지각의 단면**

발산 경계

판들이 분리되는 경계는 **발산 경계**(divergent plate boundary)이다. 판의 이동 속도는 매우 느리며, 일반적으로 1년에 수 센티미터 정도 이동한다. 그리고 대부분의 발산 경계는 해저에 위치한다. 대서양중앙해령이 대표적인 사례이며, 아프리카 판의 작은 판들이 분리되는 동아프리카 열곡도 사례 지역이다. 동아프리카 열곡의 깊이는 수백 미터이며, 범위는 남쪽의 모잠비크에서 북쪽의 홍해까지 수천 킬로미터이다. 발산 경계는 화산 활동이 일어나는 지역으로 분출하는 용암에 의해 새로운 지각이 형성된다.

수렴 경계

판들이 서로 만나는 경계는 **수렴 경계**(convergent plate boundary)이다. 판의 충돌에 의해 하나의 지각 판이 천천히 하부로 이동하여 맨틀로 되돌아가게 된다. 그 이유는 해저지각의 밀도가 대륙지각의 밀도보다 크기 때문이며, 대륙지각으로 구성된 판이 해양지각으로 구성된 판과 충돌할 때 밀도가 큰 해양지각은 밀도가 작은 대륙지각 아래로 가라앉는다. 해양지각의 일부는 다시 용융되어 맨틀로 이동한다. 그때 용융된 마그마는 지표 쪽으로 이동하며, 하강하는 판의 상부 지점에서 화산 분출이 일어난다. 유라시아 판과 인도-오스트레일리아 판이 수렴하는 인도네시아의 남부와 남서부 지역이 대표적인 사례이다.

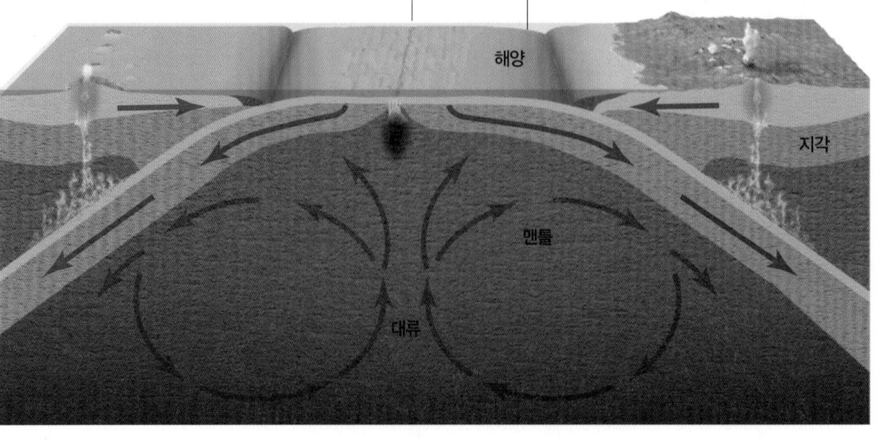

▲ 샌안드레아스 단층

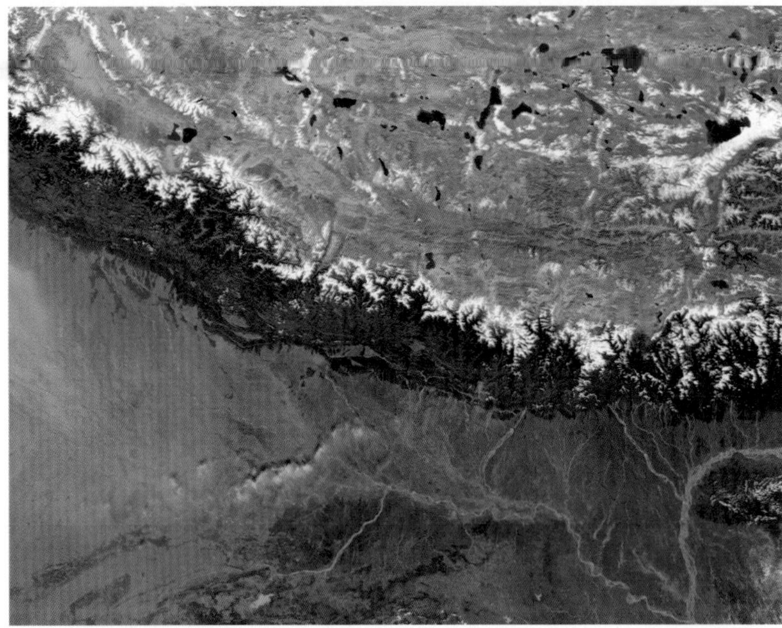

▲ 히말라야 산맥

그림 3.2.3 **판의 운동에 의해 형성된 산맥**
히말라야 산맥(위)은 수렴 경계에서 인도-오스트레일리아 판과 유라시아 판의 충돌에 의해 형성되었으며, 아직도 형성되고 있다.

◀ 그림 3.2.4 **변환단층 경계**
변환단층 경계에서 태평양 판과 북아메리카 판 사이에 형성된 해안 산맥

그림 3.2.5 **지판의 경계**
이 지도는 수렴, 발산, 변환단층 경계를 보여준다. 수렴하거나 발산하지 않고 미끄러지는 판의 경계는 **변환단층 경계**(transform plate boundary)이다. 태평양 판이 북아메리카 판에 비해 북서쪽으로 이동하는 캘리포니아의 샌안드레아스 단층이 대표적인 사례이다. 이러한 판의 경계는 매끄럽지 않으며, 두 판이 서로 미끄러질 때 산지와 능선이 형성된다. 판들은 오랜 기간 동안 결속되어 있다가 갑자기 미끄러지며, 캘리포니아 지역에 자주 발생하는 지진을 일으킨다.

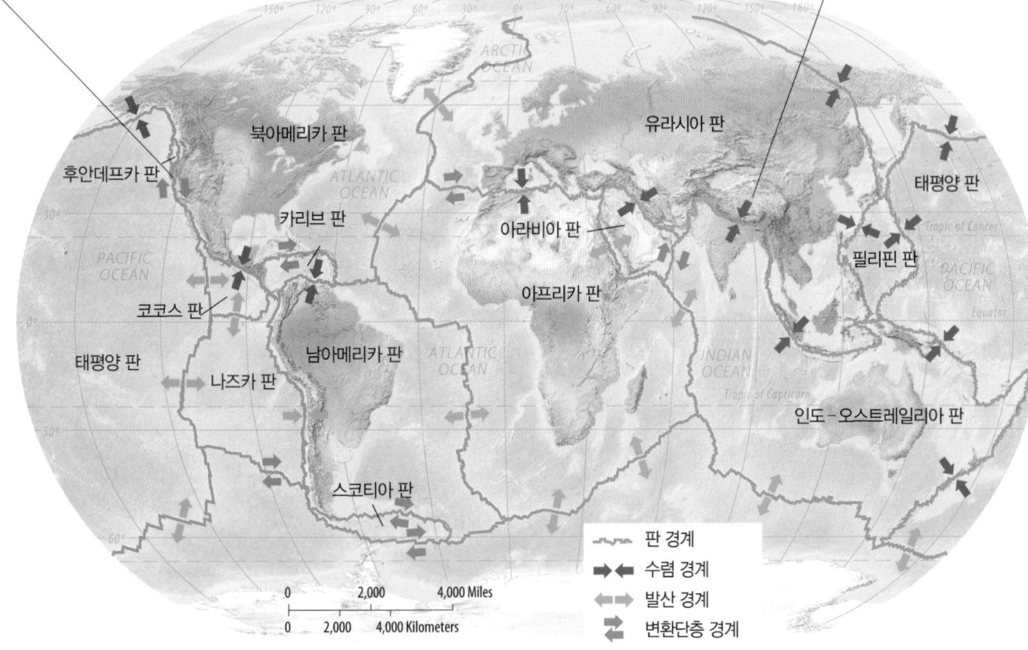

지각의 수직적 이동

지각의 일부는 수평적으로 움직일 뿐만 아니라 수직적으로도 움직인다. 두 판이 충돌할 때 지각은 아래의 지구 내부로 이동하거나 산지를 형성하며 위로 이동할 것이다. 수백만 년 동안 판 경계에서의 수직적인 운동은 수천 미터 높이의 산맥을 형성하였다. 또한 지각의 수직적인 운동은 물 위에 배가 떠있는 것처럼 지각이 맨틀 위에 '떠있기' 때문에 일어난다. 지각에 새로운 물질이 추가된다면 지각은 가라앉고, 기존의 물질이 지각에서 제거된다면 지각은 솟아오른다. 퇴적물의 퇴적이나 빙하에서의 얼음 집적은 지각을 가라앉게 할 것이다. 지각의 하중 부가와 하중 제거에 의해 야기되는 이러한 수직적 운동을 **지각 평형 보정**(isostatic adjustment)이라 부른다.

3.3 지질 재해 : 화산과 지진

▶ 화산 분출과 지진은 주로 판의 경계를 따라 발생한다.

▶ 화산 분출과 지진은 빈번하게 발생하지는 않지만 대재앙을 가져올 수 있다.

치명적인 재해

지진과 화산은 지질적으로 활동적인 지역의 사람들에게 피해를 주는 주요 지질 재해이다. 이러한 재해는 거대하고 경이로운 힘 때문에 일어나지만 사람들이 지진과 화산이 발생하는 곳에 거주하기 때문이기도 하다. 지진과 화산 분출이 빈번하게 발생하여 사람들이 화산과 지진에 적응했다면, 아마 다른 곳에 거주할 것이다. 그러나 거대한 지진과 화산 분출은 빈번하지 않으며 따라서 사람들은 재해에 대한 의식이 떨어진다.

지진의 규모는 방출된 에너지와 연관되어 있지만, 또한 우리에게 지진에 의해 야기된 피해에 대해 알려준다. 일반적으로 **진앙**(epicenter)에 가까울수록, 그리고 산사태나 붕괴의 대상이 되는 도시 지역일수록 피해가 더 커진다. 또한 흔들리기 쉬운 암석이나 퇴적물로 이루어진 지역이나 건물의 내진 설계가 되지 않은 지역에서 지진의 피해는 더 커진다.

화산

지진과 마찬가지로 화산도 지판의 경계를 따라 집중적으로 분포하고 있다. 지구 내부의 열은 **마그마**(magma, 용융된 암석)를 생성한다. 마그마가 지표에 도달하면 분출하며 **화산**(volcano)을 형성한다. 지표 위를 흐르는 마그마[**용암**(lava)]는 화산암 평원을 형성하거나 산지를 형성하기 위해 쌓일 것이다. 마그마나 용암의 화학 조성에 의해 화산암의 조직이 결정되고 그에 따라 만들어진 지형의 유형이 결정된다.

순상화산

순상화산은 냉각되었을 때 현무암을 형성하는 묽은 용암을 분출한다. 이러한 화산은 모양 때문에 **순상화산**(shield volcano)이라 부른다. 하와이 섬('Big Island')의

그림 3.3.1 **치명적인 결과**
메라피 화산이 폭발했을 때 구조대가 희생자를 담은 포대를 운반하고 있다.

그림 3.3.2 **인도네시아 메라피 화산의 폭발**
인도네시아의 메라피 화산은 대기 중으로 약 3,500m의 화산재와 연기 기둥을 내뿜으며 폭발했다. 유독하고 매우 뜨거운 구름은 열운이라 부르며, 여러 차례의 폭발 동안 산지 사면 하부로 빠르게 흘러내린다.

마우나로아 산이 활화산이지만 하와이의 여러 섬들은 모두 거대한 순상화산이다. 일반적으로 조용한 이 화산은 활동이 좀 더 활발해지고 주거 지역에 용암류의 피해가 예상될 때 가끔씩 뉴스에 보도된다. 중앙해령은 비슷한 현무암 용암에 의해 형성된다.

성층화산

인명 피해와 파괴를 가져오는 폭발적인 화산은 **성층화산**(composite cone volcano)일 것이다. 성층화산은 용암과 화산재의 혼합으로 구성되어 있다. 성층화산의 마그마는 걸쭉하고 가스를 많이 포함하고 있으며, 분화구를 통해 폭발적으로 분출한다. 폭발은 화산재와 유황 함량이 높은 가스를 대기에 방출한다(그림 3.3.1, 3.3.2). 또한 치명적인 가스를 뿜어낼 것이며 화산 사면 하부로 위험한 이류를 일으킨다. 반복적인 폭발은 용암과 화산재가 혼합된 층으로 이루어진 원뿔 모양의 산지를 만든다.

성층화산의 폭발은 한 번에 수만 명의 사람들을 희생시켰지만, 그러한 재해는 심각한 지진보다는 빈도가 적다. 전 세계 수천 개의 화산이 휴면 상태(활동을 하지 않고 있지만 폭발 잠재력이 있는 상태)에 있다. 약 600개의 화산은 활발하게 용암과 화산재, 가스를 내뿜고 있으며 일부는 매일 내뿜고 있지만 사람들이 그 주변에 거주하지 않기 때문에 대체로 피해를 발생시키지는 않는다. 그러나 다른 화산들은 수백 년 동안 분출하지 않았으며, 그 근처에 사람들이 거주하고 있다. 일부 지역의 경우 지진감시센터가 화산 폭발 경고를 해준다. 그러나 경보가 이루어지지 않을 때에는 위험이 커질 것이다. 화산은 분출이 있기 전에 여러 가지 경고 신호를 주기 때문에 일반적으로 화산 폭발을 예측하는 것은 지진을 예측하는 것보다 정확하다.

지진

지각의 갑작스러운 이동인 **지진**(earthquake)은 매일 수천 번씩 발생한다. 지진은 판의 경계를 따라 집중적으로 일어난다(그림 3.3.3). 지각이 실제로 이동하는 곳은 지진의 진원지이다. 진원지는 일반적으로 지표 부근이지만, 깊이 600km의 지표 하부일 수도 있다. 진원에서 연직으로 지표와 만나는 지점이 진앙이다. 진원에서 방출된 에너지는 모든 방향으로 이동하여 전 세계에 전달되며, 다양한 속도로 여러 암석층을 통과한다. 진도는 모멘트 규모라 불리는 0~9의 대수 규모로 측정된다(규모가 1 증가하는 것은 에너지가 10배 증가하는 것과 같다.). 규모 3~4의 지진은 약한 지진이다. 규모 5~6의 지진은 창문이 깨지고 약한 건물이 쓰러진다. 규모 7~8은 인구 밀집 지역에 엄청난 피해를 준다. 2011년 일본에서 발생한 지진은 규모가 9.0이었다.

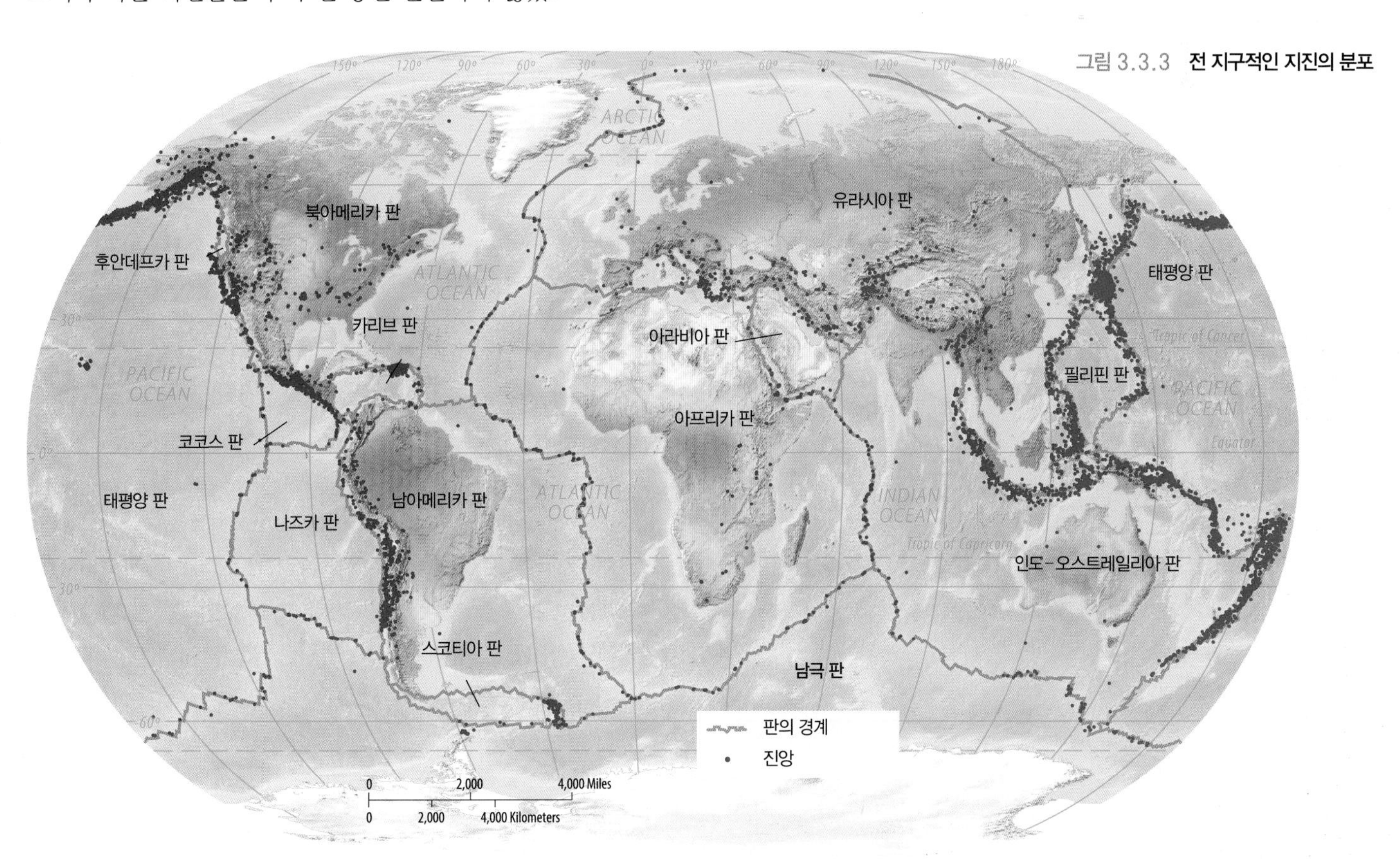

그림 3.3.3 **전 지구적인 지진의 분포**

3.4 기반암의 지질구조

▶ 지각의 움직임은 매우 다양한 유형의 암석과 지질구조를 만든다.

▶ 침식에 대한 암석 저항력의 차이는 지형에 반영된다.

시간의 경과에 따라 지각의 운동은 매우 다양한 암석을 형성한다. 암석은 형성 과정에 따라 세 가지 유형으로 나눌 수 있다(그림 3.4.1).

그림 3.4.1 **암석의 주요 유형**

암석의 유형	어떻게 형성되는가?	어떤 암석이 있는가?
화성암	용융된 지각(마그마)이 식어서 굳어졌다.	현무암(대양저의 대부분을 포함한 화산 지역에서 일반적인 암석) 화강암(대륙 지역에서 일반적인 암석)
퇴적암	암석은 입자들이 운반되고 퇴적된 후 교결되어 형성된다.	모래, 점토, 칼슘질 퇴적물이 집적되고 입자들이 교결될 때 형성되는 사암, 셰일, 석회암
변성암	기존의 암석이 강한 압력과 열에 노출된 후 더 치밀하게 변화하여 형성된 결정질 암석이다.	대리석(변성된 석회암) 슬레이트(변성된 셰일)

그림 3.4.2 **버지니아 주 셰넌도어 계곡의 매사너튼 산** 산지는 U자 모양으로 습곡된 암석의 상부이며, 지표에 놓인 저항력이 큰 사암층이 능선을 형성하였다. 산지 정상부의 계곡은 암석이 U자 모양으로 습곡된 내부에 위치한다.

광물은 암석을 구성하는 물질이다. 여러 가지 광물들은 각각 특수한 화학적 특성과 결정을 갖는다. 지각은 수천 가지의 광물을 함유하고 있기 때문에 지구의 암석은 지역에 따라 다양하다.

순상지(shield)로 알려진 대륙지각의 광범위한 지역(순상화산과 혼동하지 말 것)은 수백만 년 동안의 부분적인 침식에도 불구하고 상대적으로 손상되지 않은 지역이다. 순상지는 금속 광석과 화석연료 같은 고농도의 광물을 함유하고 있다. 순상지는 아프리카, 아시아, 북아메리카와 같은 거대한 대륙의 중심부에 위치한다. 전 세계 광산의 대부분은 지표에 노출된 대륙 순상지에 위치한다.

판의 경계를 따라 일어나는 지각운동은 암석에 엄청난 응력을 가한다. 암석은 단단하지만 휘어지고 접힌다. 충분한 응력이 가해질 때 암석은 균열을 따라 부서지며, 이것을 **단층**(fault)이라 부른다. 그 후 부서진 조각들은 새로운 위치로 이동하게 된다. 발산 경계 부근에서는 지각을 잡아당기기 때문에 암석이 파쇄되어 멀어진다. 수렴 경계 부근에서는 지각을 압축하기 때문에 암석이 부서진다. 그렇지 않으면 지각은 양탄자처럼 헝클어져 습곡을 일으킨다(그림 3.4.2). 애팔래치아 산맥과 히말라야 산맥은 판의 수렴 경계를 따라 발생한 단층과 습곡에 의해 형성된 산맥의 사례이다. 단층은 변환단층 경계를 따라서도 일어난다.

장소에 따른 지질구조와 암석 유형의 차이는 지표의 지리적 변동성에 영향을 주는 중요한 부분이다(그림 3.4.3, 3.4.4). 이러한 지질적 특징은 세 가지 방식으로 지표에 영향을 준다. 단층과 같은 지각운동은 그림 3.2.3과 같은 산지 지형을 형성한다. 암석을 침식하고 파쇄하는 프로세스에 대한 저항력은 암석에 따라 다르다. 연약한 암석은 좀 더 빨리 제거되지만, 저항력이 큰 암석은 제자리에 남아있다(그림 3.4.5). 땅의 모양은 하부의 암석 구조를 반영하여 저항력이 큰 암석은 고도가 높고 급경사의 사면을 형성하고, 연약한 암석은 계곡을 형성하고 경사가 완만한 지형을 형성한다.

그림 3.4.3 **콜로라도 주의 황량한 평탄면**
산지는 한쪽 지괴는 상승하고 다른 한쪽 지괴는 하강하는 단층에 의해 형성되었다.

그림 3.4.4 **애리조나 주 콜로라도 고원의 마블캐니언**
이 경이로운 경관은 거의 수평으로 놓인 상대적으로 강한 퇴적에 의해 형성된 절벽과 침식에 약한 퇴적암에 의해 형성된 완경사가 구분되는 것이 특징이다.

그림 3.4.5 **캐나다 퀘벡 주 중부 지역의 빙하 침식**
구글어스를 이용하여 산지를 이루는 경암과 계곡을 이루는 연암을 관찰해보라.
위치 : 49°20'N, 69°W, 내려다보는 높이 약 30km까지 축소하라.

직선들이 모두 어떻게 형성되었을 것이라 생각하는가?

3.5 사면과 풍화

▶ 공기와 물에 노출된 암석은 썩어서 이동할 수 있는 조각들로 부서진다.

▶ 암석 입자는 사면 하부로 이동하고 여러 단계를 거쳐 하천 시스템으로 이동한다.

풍화는 암석을 거력에서부터 자갈, 모래, 실트, 그리고 미세한 점토 입자와 용해된 입자까지 작은 크기로 쪼개는 과정이다. 풍화는 토양 형성에 있어 첫 번째 단계이다. 풍화가 일어나지 않는다면 중력과 물, 바람, 빙하와 같은 기구들이 지형을 만들기 위해 암석을 이동시킬 수 없다. 암석은 지표에서 풍화에 노출되었을 때 부서지기 시작한다(그림 3.5.1). 풍화는 물, 산소, 이산화탄소, 기온의 변동에 영향을 받는다. 풍화는 화학적 풍화와 기계적 풍화 두 가지 방식으로 일어난다.

화학적 풍화

암석은 공기와 물에 노출되면 암석을 구성하는 광물에 변화가 일어나는 **화학적 풍화**(chemical weathering)의 결과로 작게 부서질 것이다. 또한 식생의 분해에 의해 방출된 산은 암석을 화학적으로 풍화시킨다. 용해된 화학적 풍화 산물 중 일부는 토양과 암석으로 투과되는 물에 의해 운반된다(그림 3.5.2). 결국 물은 이러한 화학물질들을 강으로 운반할 것이고 그 후 바다로 운반된다. 이것은 바닷물 염분(용해된 염)의 근원이다.

화학적 풍화의 대표적인 사례가 산화이다. 철은 암석 내에 존재하는 일반적인 원소이며, 공기 중의 산소와 결합하여 산화철이 되거나 녹이 슨다. 산화철은 원래의 철과는 매우 다른 특성을 가지는데, 물리적으로 약하며 보다 쉽게 침식된다. 우리는 풍화에 노출된 철 또는 강철 표면에 일어난 산화작용의 효과를 볼 수 있으며, 녹슨 산화물은 쉽게 벗겨진다.

그림 3.5.1 **남아메리카 열대우림 지역의 풍화된 암석**
이 암석은 단단했었지만 화학적 풍화와 기계적 풍화에 의해 부서졌다. 풍화가 계속되면 큰 입자들이 작은 입자로 크기가 감소하고, 어떤 경우에는 암석의 다른 잔류물에서 새로운 점토 광물이 형성된다.

그림 3.5.2 **켄터키 주 맘모스 동굴 국립공원**
탄산칼슘의 화학적 풍화에 의해 형성되었다. 석회암과 다른 퇴적암을 구성하는 주요 성분인 탄산칼슘은 용해성이 있는 이온으로 풍화되며, 하천에 의해 바다로 운반된다. 기반암이 석회암인 일부 지역의 경우 지하수가 많은 양의 암석을 제거하여 통로를 만들고, 석회암 내부에 거대한 동굴을 형성한다. 동굴이 붕괴되면 지표에 싱크홀이라 불리는 함몰지가 형성된다. 이러한 지형들은 카리브 섬(특히 푸에르토리코, 쿠바, 자메이카), 미국 남부의 여러 지역(특히 플로리다 주, 켄터키 주, 미주리 주), 중국 남동부 등 전 세계의 여러 지역에서 찾을 수 있다.

기계적 풍화

암석은 물리적인 힘에 의해서도 부서진다. 이것을 **기계적 풍화**(mechanical weathering)라 부른다. 빈번한 온도 변화에 따라 암석은 팽창하고 수축되며, 결국 암석은 부서진다. 그리고 암석의 갈라진 틈으로 물이 스며들어가 기온이 내려가면 얼음 결정으로 동결될 수 있다. 물이 얼면 부피가 약 9% 팽창하며 암석의 틈을 넓힌다. 암석의 틈 사이에서 성장하는 식물의 뿌리도 기계적 풍화를 돕는다. 여러분은 식물 뿌리에 의해 들려진 보도블록을 본 적이 있을 것이다. 기계적 풍화와 화학적 풍화 모두 암석을 작게 부순다. 기계적인 힘이 암석의 틈을 벌리면 물이 스며들어가 화학적으로 풍화시키기도 한다.

풍화된 물질의 이동

일단 암석이 풍화되면 풍화된 암석은 한 장소에서 다른 장소로 이동할 것이다(그림 3.5.3). 보통 모든 물질들은 중력에 의해 사면 하부로 이동한다. 이것은 두 가지 방식, 즉 사면 운반작용이나 표면 침식을 통해 일어난다. **사면 운반작용**(mass movement)의 경우 암석은 중력의 꾸준한 인력에 의해 구르거나 미끄러지거나 낙하한다. 표면 침식의 경우 중력에 의해 사면 하부로 흐르는 물이 단단한 암석 입자를 운반한다(그림 3.5.4). 바람이나 빙하가 풍화된 물질들을 한 장소에서 다른 장소로 운반할 때에도 지표 침식이 일어난다.

풍화된 물질은 완경사의 사면보다는 급경사의 사면에서 더 빨리 아래로 이동한다. 산지의 경사는 두 지점 간의 고도차(수직높이)를 두 지점 간의 수평적 거리(수평거리)로 나눈 기울기로 측정한다. 두 지점 사이에 수직높이가 크고 수평거리가 짧으면 물질들은 산지 아래로 더 빨리 이동한다. 중력에 의해 경사진 곳은 어디에서나 물질이 이동할 것이다. 아무리 경사가 완만한 곳이라도 사면 운반작용을 통해서든 표면 침식을 통해서든 적은 양의 풍화된 물질을 이동시킬 수 있는 위치에너지를 가지고 있다. 그러나 침식은 완경사 지역보다는 급경사 지역에서 보다 빠르게 일어난다.

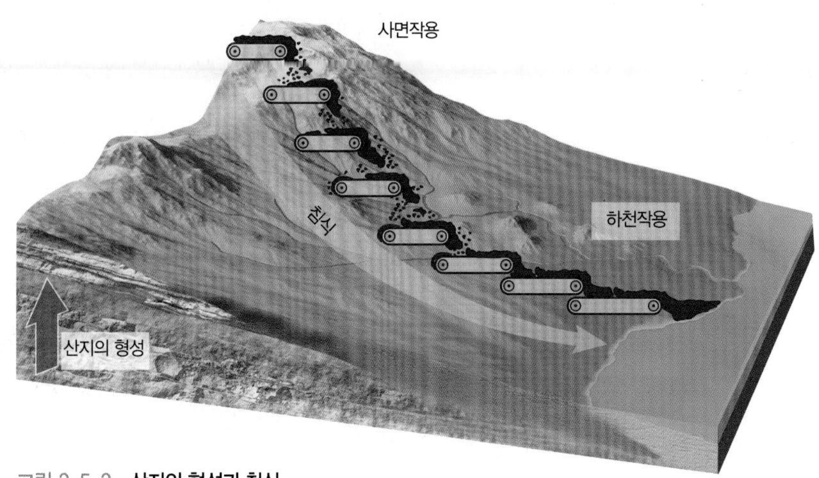

그림 3.5.3 **산지의 형성과 침식**
산지의 형성 과정은 암석을 융기시켜 풍화에 노출시킨다. 컨베이어벨트로 표현된 것처럼 풍화된 물질은 여러 단계를 거쳐 하천에 의해 사면 하부로 운반되고, 하곡을 따라 바다로 운반된다. 이렇게 풍화된 물질들은 그 경로를 따라 토양과 하천 퇴적에 의해 일시적으로 저장된다. 저장 기간은 짧은 시간일 수도 있지만 수백 또는 수천 년일 수도 있으며, 기원지에서 바다까지 모래 입자 하나의 여정은 매우 오랜 시간이 걸릴 수도 있다.

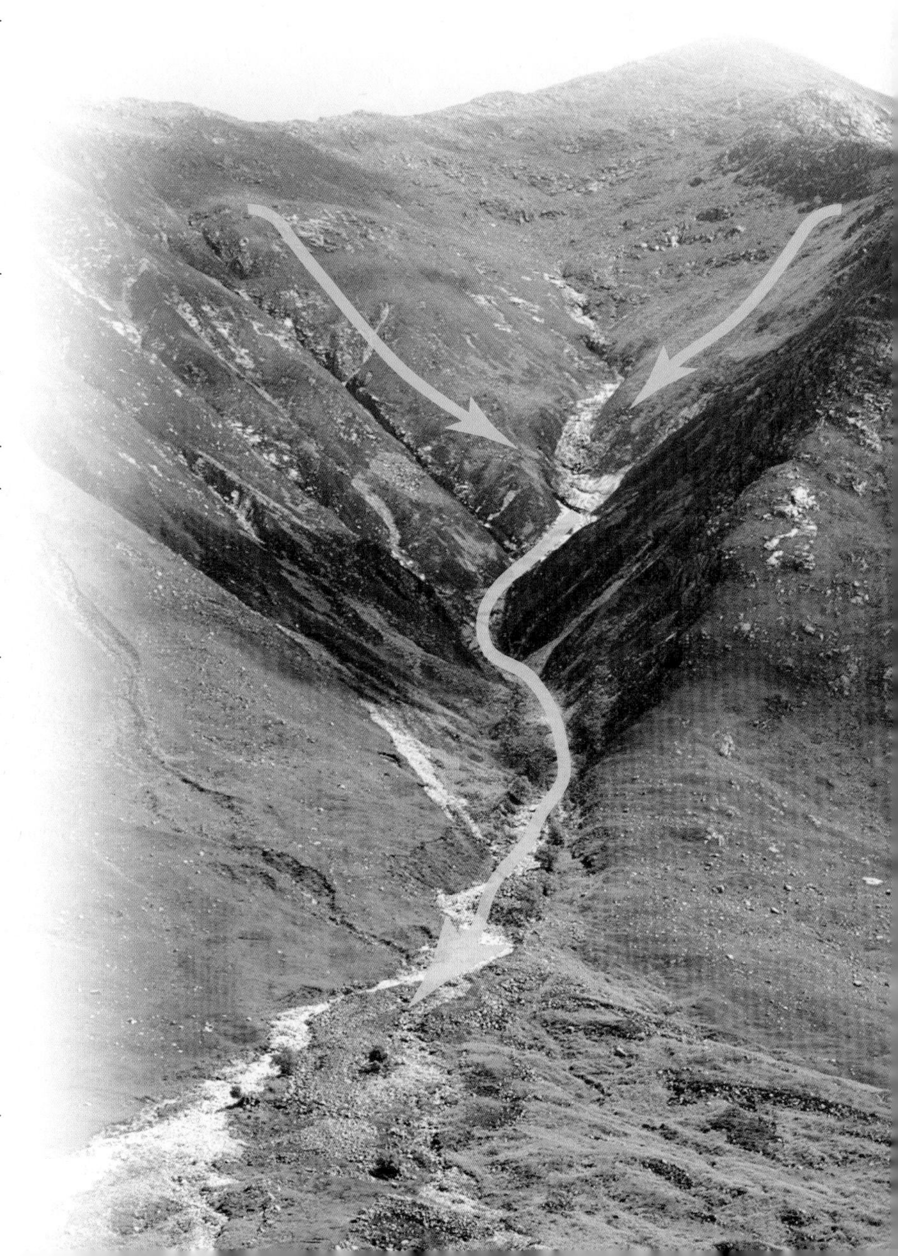

그림 3.5.4 **스코틀랜드 고지인 글렌에티브의 하천**
사면작용은 산지 하부로 퇴적물을 이동시키고, 하천은 퇴적물을 하곡 아래로 운반한다.

3.6 사면 운반작용

▶ 사면 운반작용은 사면 물질에 대한 중력의 직접적인 영향으로 토양을 사면 하부로 보내는 것이다.

▶ 암석이나 토양이 중력에 저항할 수 없어 연약해진 사면에서 산사태가 일어난다.

어떤 **사면 운반작용**(mass movement)은 매우 흔하고 점진적으로 일어나지만, 어떤 사면 운반작용은 드물고 갑작스럽게 발생한다.

흔하고 점진적인 사면 운반작용

사면 운반작용의 가장 흔한 유형은 **토양 포행**(soil creep)이다. 이름에 제시된 것처럼 포행은 산지 사면 하부로 물질이 매우 느리고 점진적으로 이동하는 것이다. 설치류가 땅을 파고 지렁이와 같은 벌레가 구멍을 파며 곤충이 토양을 치우는 것처럼 아주 적은 이동이 포행에 의해 일어난다. 포행은 토양 상부 1~3m 사이의 지표 부근에서 일어난다. 포행은 매우 느리고 일반적으로 알아채지 못하지만 상대적으로 꾸준히 일어나며, 시간의 흐름에 따라 엄청난 양의 물질을 사면 하부로 이동시킬 수 있다(그림 3.6.1).

그림 3.6.1 **스페인 발렌시아의 토양 포행**
기울어진 나무와 식물 등이 포행의 증거이다.

드물고 갑작스러운 사면 운반작용

암석 낙하는 경암이 단애를 형성한 매우 급경사인 산지와 같은 특수한 환경에서 찾아볼 수 있고 가끔씩만 일어나는 사면 운반작용의 사례이다(그림 3.6.2). 풍화에 의해 물질이 약해져 중력이 물질을 이동시킬 수 있는 시점에서 암석은 결국 낙하한다.

산사태나 이류와 같은 매우 위험하고 극단적인 사면

그림 3.6.2 **뉴멕시코 주 푸에블로보니토의 위협적인 암석**
1941년에 뉴멕시코 주의 고대 유적지인 푸에블로 보니토(Pueblo Bonito)의 단애에서 암석이 푸에블로 마을로 떨어졌다. 암석이 떨어지기 거의 1,100년 전인 기원후 약 850년경에 단애 하부에 건설된 푸에블로는 암석 낙하로 마을의 많은 부분이 파괴되었다. 푸에블로는 수백 년 전에 버려진 곳이어서, 과학자들은 암석 낙하가 있기 전에 수년 동안 암석의 이동을 관찰하였는데 아무도 부상을 입지 않았다.

운반작용은 습한 환경이 조성될 때 경사가 급한 사면에서 일어난다(그림 3.6.3). 산사태의 경우 상대적으로 온전한 암석이나 토양 덩어리가 사면 아래쪽으로 지표를 따라 미끄러진다. 수분 함량이 높은 물질은 연약해지고 중력에 대한 저항력이 감소하기 때문에 산사태는 많은 강수 이후에 전형적으로 일어난다. 반대로 산사태가 풍화된 암석과 토양에 일어난다면 암석과 토양이 산지 아래로 이동할 때 두꺼운 유동체로 부서져 이류가 된다. 여러 지역에서의 인구성장은 이와 같은 재해에 취약한 급경사 지역에 사람들이 더 많이 거주하도록 내몰고 있다(그림 3.6.4).

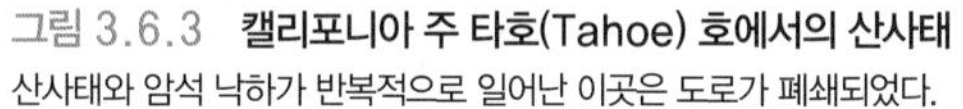

그림 3.6.3 **캘리포니아 주 타호(Tahoe) 호에서의 산사태**
산사태와 암석 낙하가 반복적으로 일어난 이곳은 도로가 폐쇄되었다.

그림 3.6.4 **브라질 노바프리부르구(Nova Friburgo)의 산사태**
2011년 1월의 폭우에 따른 결과이다.

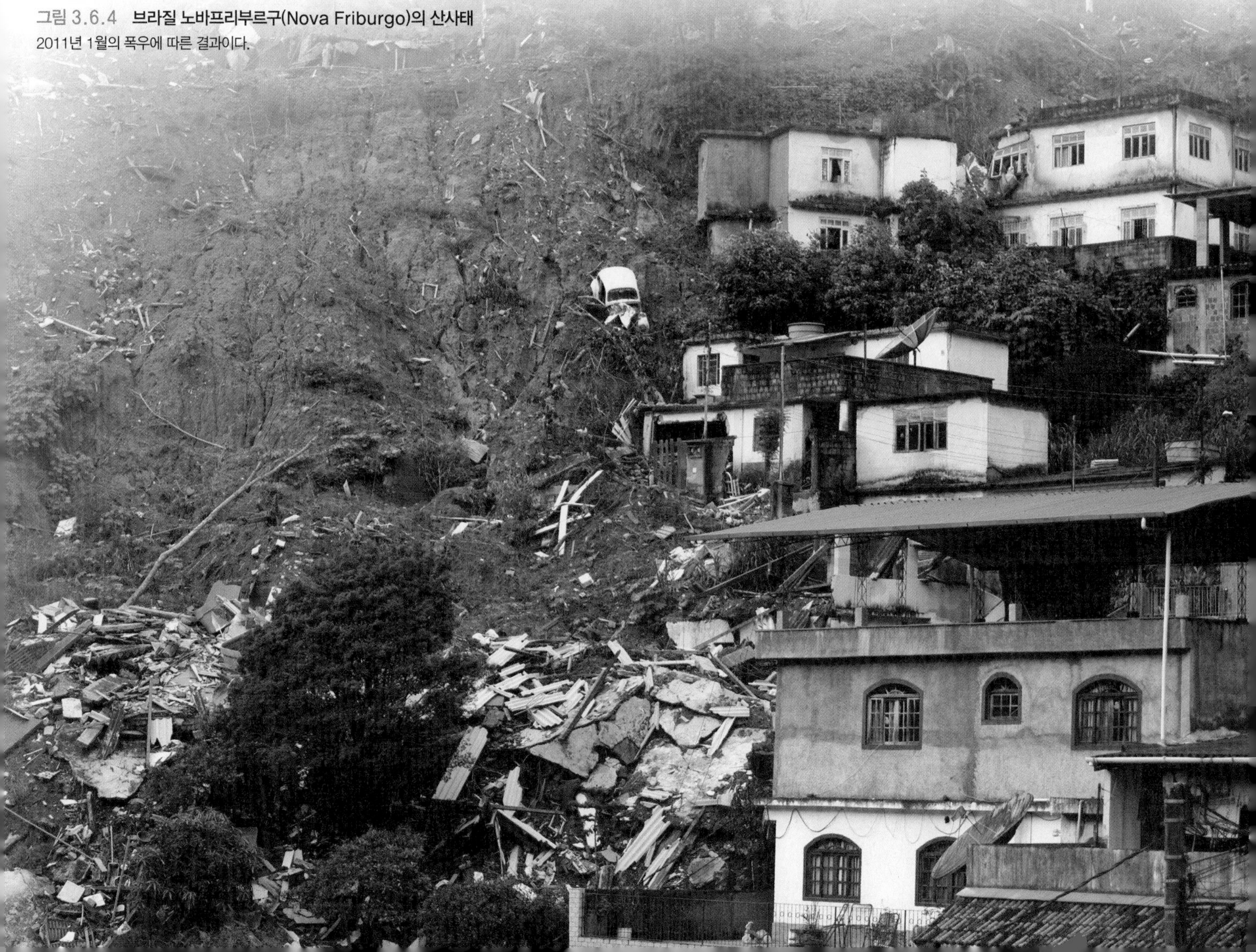

3.7 지표의 침식

▶ **토양 표면의 침식은 많은 강수로 인해 지표 위로 과도한 물이 흐르거나 나지 위로 강한 바람이 불 때 발생한다.**

▶ **물과 바람의 침식은 토양 표면이 노출되었을 때 가속화된다.**

가장 일반적인 형태의 토양 침식은 강수에 의해 발생한다. 폭우는 가끔 토양이 흡수하는 속도보다 더 빨리 지표로 떨어진다. 땅에 흡수되지 않는 물은 지표류로 땅 위를 흐르게 된다. 물이 지표 위를 흐를 때 물은 토양 입자를 들어 올려 사면 하부로 토양 입자를 운반한다. 이러한 **지표류**(overland flow)가 충분해지면, 물은 하도를 형성한다.

유수에 의해 파인 수 센티미터에 불과한 아주 작은 하도를 릴(rill, 세곡)이라 부른다(그림 3.7.1). 릴은 토양 포행이나 농부의 쟁기질에 의해 없어질 만큼 작은 하도이다. 그러나 하도에 물이 충분히 모이면 하도는 더 커지게 되고 영구적으로 물을 운반하게 된다. 이처럼 하도가 깊어짐에 따라 하도는 물을 더 모으고 가까운 사면에서 토양을 침식한다. 하천이 충분한 물을 모을 때 우곡(gully)을 형성하거나(그림 3.7.2) 궁극적으로는 영구적인 하곡을 형성한다.

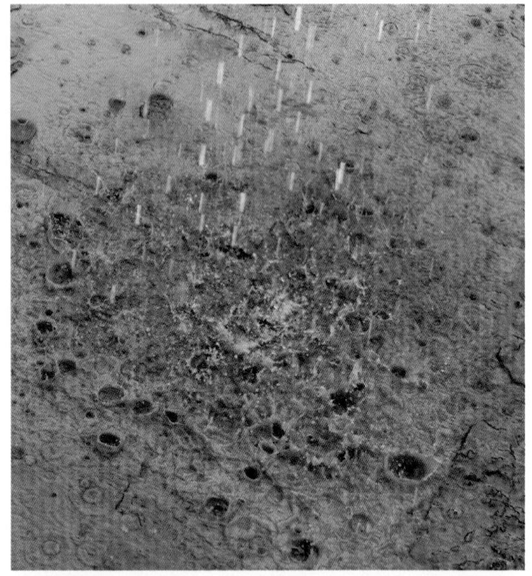

그림 3.7.1 **토양 침식**
토양 표면의 침식은 나지에 떨어진 빗방울의 충격과 토양 위를 흐르는 물이 결합되어 일어난다. 둘 다 나지에 엄청난 강수가 내릴 때 잘 일어난다. 위쪽 사진은 많은 강수에 의해 발생하는 지표류를 보여주고, 왼쪽 사진은 지표류에 의해 형성된 릴을 보여준다.

침식의 가속화

대부분의 자연 상태에서는 풀과 나무에 의해 지표가 피복되어 있기 때문에 물에 의한 표면 침식은 상대적으로 느리게 일어난다. 그러나 지구 표면의 많은 지역에서 인간은 삼림을 제거하고 농경지를 만들면서 식생을 제거해왔다. 지표에서 식생 피복이 제거되면 표면 침식의 속도가 서서히 증가하여 침식이 가속화된다. 식생이 제거된 지표는 식생이 제거되기 전 수천 년 동안에 겪었던 침식보다 수개월 동안에 더 많은 표면 침식을 겪을 수 있다. 침식된 토양은 하류의 수질을 오염시키고 남겨진 토양의 농업 생산력은 감소하게 된다.

사람들은 나무를 연료, 가구, 종이로 이용하거나 농업이나 도시 개발과 같은 다른 목적으로 토지를 이용하기 위해 자연 식생을 제거하였다. 어떤 목적이든 간에 식생 피복을 제거한 결과 침식이 증가하였으며, 특히 삼림이 농경지로 대체된 지역에서 극심했다. 성장하는 인구의 수요에 맞추기 위해 새로운 농경지 개간과 기존의 농경지를 더 집약적으로 이용하는 두 가지 주요 방식을 통해 식량 생산을 증가시켰다. 두 가지 전략 모두 비옥한 토양의 침식을 가져올 수 있다.

새로운 농경지 개간은 18~19세기 동안 미국의 표면 침식이 증가하는 데 크게 기여하였다. 미국 동부와 중서부 지역에서 200만 km^2 이상의 삼림이 제거되어 농경지와 목초지로 개간되었다. 이러한 삼림 파괴는 토양 침식 속도를 약 10~100배 정도 증가시켰다. 기존의 농경지를 더 집약적으로 이용할 때 농경지의 침식은 더욱 증가한다. 많은 농업 지역에서 토양이 자연적으로 형성되는 것보다 더 빨리 손실되고 있으며, 따라서 토양의 비옥도가 점점 떨어지고 있다.

1930년대 이후 토양이 버려지고 토양 보전 기술이 채택되면서 미국 농장의 표면 침식이 엄청나게 감소하였다(그림 3.7.3). 게다가 많은 농부들이 비료를 좀 더 효율적으로 이용하기 위한 방법을 찾았으며 그에 따라 농경지의 토양이 하천으로 씻겨나가는 것이 줄어들었다. 농업에 의한 하천 오염이 중요한 문제로 남아있기는 하지만, 지난 수십 년 전에 비해서는 많이 감소하였다.

그림 3.7.2 **캔자스 주의 우곡 침식**
농경지에서의 지표 유출 증가는 우곡을 형성할 수 있다.

그림 3.7.3 **인디애나 주의 두 군데 콩 재배 농장에서 일어난 토양 침식**
(왼쪽) 이 농장은 전통적인 쟁기질을 통해 경작하였다. 재배 초기에 폭우가 내렸을 때 엄청난 침식이 일어났다.
(오른쪽) 인접한 농장은 토양 보전법을 이용하여 경작하였으며, 이전에 경작하고 남은 옥수수로 덮여 토양이 대부분 남아있다. 이 농장의 토양 침식은 엄청나게 줄어들었다.

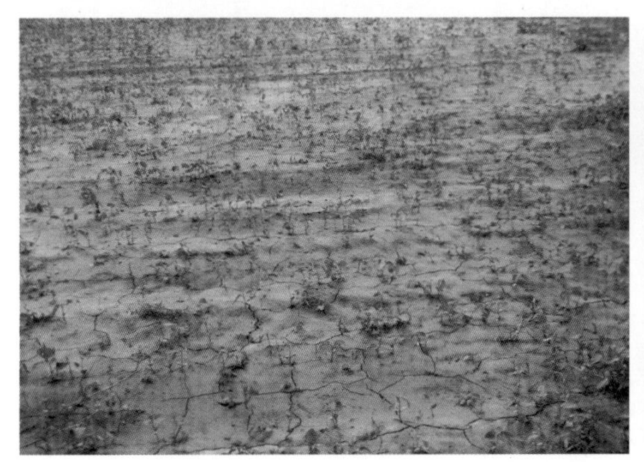

3.8 하천

▶ **유수는 퇴적물을 운반한다.**

▶ **하천은 곡류하면서 범람원을 형성한다.**

하천의 물은 지하수와 지표류 두 곳에서 기원한다. 지표에 강수가 내리면 대부분은 토양으로 침투하거나 흡수되어 하천이나 지하수를 통해 흘러나간다.

유수의 퇴적물 운반

지하수는 토양과 기반암을 관통하여 서서히 이동한다. 하천을 따라 흐르는 모든 물은 강수에 의해 직접적으로 공급될 뿐만 아니라 지하수에 의해서도 공급된다. 강수량이 많아지면 토양은 강수가 떨어지는 속도보다 빨리 물을 흡수하지 못하게 된다. 하천을 통한 모든 흐름, 즉 **유출**(runoff)은 토양수, 지하수, 지표류에서 비롯된다.

하천은 **유역 분지**(drainage basin)라 부르는 지역의 물을 배수한다. 유역 분지는 농경지만큼 작은 경우도 있지만, 거대한 대륙만큼 큰 경우도 있다. 작은 유역 분지는 큰 유역 분지 내에 포함되어 있다. 일반적으로 유역 분지의 면적이 넓은 하천일수록 더 많은 물을 운반한다. 작은 릴은 큰 하천으로 물과 물질을 운반하며, 여러 하천이 만나 더 큰 강을 이루고 바다로 흘러간다. 단위시간당 하천이 운반하는 물의 양은 그 하천의 **유량**(discharge)이 된다. 어떤 하천의 유량은 보통 홍수 시에 증가하고 건조기에 감소한다.

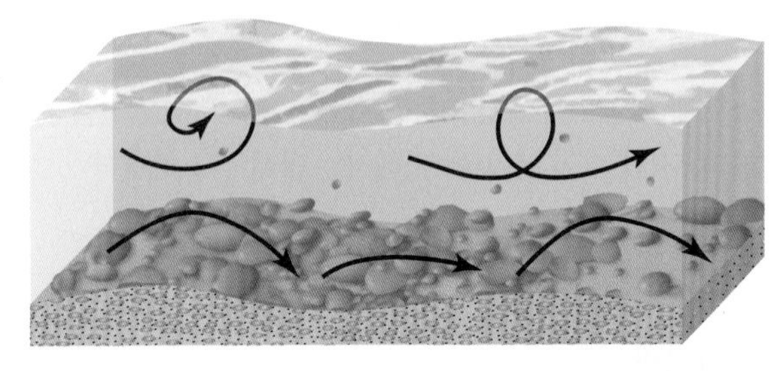

그림 3.8.1 **퇴적물 운반**
퇴적물은 흐르는 물에 떠서 운반되거나 하상을 따라 구르고 튀면서 운반된다.

산지든 하도든 물이 지표 위를 흐를 때에는 물과 함께 작은 암석 입자들도 운반한다. 작은 입자들은 물과 섞여 흐르며 흙탕물처럼 보이고, 큰 입자들은 밑바닥 위를 구르거나 튀며 이동할 것이다. 하천에서의 이러한 물질 이동을 **퇴적물 운반**(sediment transport)이라 부른다(그림 3.8.1). 하천이 운반하는 퇴적물의 양은 흐르는 물의 양의 증가할 때 증가하며, 따라서 일반적으로 큰 하천이 작은 하천보다 더 많은 양의 퇴적물을 운반한다. 홍수 시에 운반되는 퇴적물의 양은 평수 시에 운반되는 퇴적물의 양보다 수백 또는 수천 배 많을 것이다(그림 3.8.2). 또한 완경사의 사면에서보다는 급경사의 사면에서 퇴적물 운반량이 더 많은 경향이 있다.

그림 3.8.2 **애리조나 주 리스페리 부근의 콜로라도 강**
퇴적물이 상류 저수지에 갇혔기 때문에 매우 적은 양의 퇴적물이 운반되고 있어 먼 쪽은 물이 녹색이다. 지류 하천의 유역 분지에 많은 강수가 내려 앞쪽의 물은 흙탕물이다.

범람원

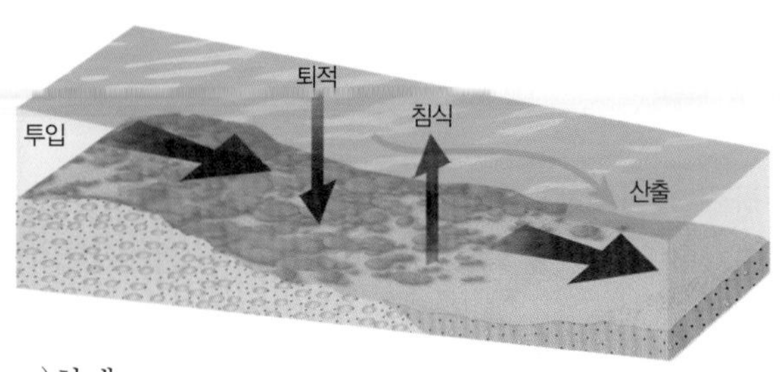

그림 3.8.3 **퇴적물은 꾸준히 침식되고 운반되며 퇴적된다.**
하천의 어느 특정 부분에서 침식되는 것보다 많은 퇴적물이 퇴적되면(투입이 산출보다 크면) 하상은 높아진다. 퇴적되는 것보다 더 많이 침식되면(산출이 투입보다 많으면) 하상은 낮아진다. 하도의 모양은 하천을 통해 이동하는 물과 퇴적물의 양에 맞추어 꾸준히 조정되고 있다.

퇴적물은 여러 단계를 거쳐 하류로 운반되며, 한 장소에서 침식된 입자들은 더 하류 지역에 퇴적된다(그림 3.8.3). 하상과 하도 양안은 하천에 의해 운반되고 일시적으로 퇴적물 물질로 이루어져 있으며, 나중에 하천의 유로가 **곡류**(meandering)하게 될 때 다시 침식된다(그림 3.8.4). 지속적인 침식과 퇴적이 일어나는 **범람원**(floodplain)(그림 3.8.5)이라 부르는 하도와 인접한 낮은 평지와 하도에서 지속적으로 침식과 퇴적이 일어남에 따라 하천은 **평형**(grade)으로 알려진 안정 상태로 향한다. 평형하천은 정확하게 수집한 만큼의 퇴적물만 운반한다. 하천은 오랜 기간 동안 평형 상태를 거의 유지하지 못하는데, 그 이유는 풍화의 일변화와 침식과 인간활동의 교란이 지속적으로 균형을 깨뜨리기 때문이다. 하천의 상태가 변화하여 퇴적물 운반이 증가하거나 감소할 때 하도의 형태가 변화할 것이다. 폭풍으로 인해 매우 많아진 유량은 하도의 이동을 유발할 것이다. 상류에서 늘어난 침식이 하천이 운반할 수 있는 것보다 많은 퇴적물을 발생시킬 때 초과된 퇴적물은 하도 또는 범람원에 퇴적된다.

퇴적물의 퇴적은 서서히 하천의 고도를 높이며, 그 결과 상류부와 하류부의 고도 차이가 줄어들고 하천의 경사도 완만해진다. 낮아진 하천의 경사는 상류에서 운반되는 퇴적물의 양을 감소시킨다.

그림 3.8.4 **영국의 콜(Cole) 강**
급경사의 하안은 침식이 일어나는 지역이고, 하상에 자갈로 이루어진 경사진 퇴적체(bar, 바)는 퇴적이 일어나는 지역이다.

그림 3.8.5 **러시아 캄차카반도의 비벤카(Vyvenka) 강**
하천은 좌우로 곡류하며, 범람원을 형성하였다. 범람원은 하도가 연장된 것이며, 유역 분지 상류의 유출과 침식작용과 연계되어 있다.

3.9 하천지형

- **하천의 침식은 하곡망을 형성하며 물과 퇴적물은 하류로 운반된다.**
- **하천 시스템은 토지 이용, 기후, 퇴적물과 유출에 영향을 주는 다른 요인들의 변화에 대응한다.**

하천은 육지에서 유출되는 물을 모은다. 이러한 유출은 저지대로 집중되고 하도를 형성한다.

시간이 흐름에 따라 하천은 아래 방향으로 침식하며, 하도망과 그에 따른 하곡망을 형성한다. 이러한 하곡을 흐르는 하천은 상류 지역뿐만 아니라 인접한 산지 사면에서도 퇴적물을 모은다. 하천은 일반적으로 상류 지역의 경사는 급하고 하류 지역의 경사는 완만한 오목한 종단면이 발달한다(그림 3.9.1). 작은 하천은 사면의 경사가 급하고 작은 하곡을 가지며, 큰 하천은 사면의 경사가 완만하고 큰 하곡을 가진다. 하천지형은 여러 가지 방식으로 환경이 변화하는 동안 수십억 년에 걸쳐 발달한다(그림 3.9.2). 구조적인 힘은 지각을 변위시켜 사면 경사를 변화

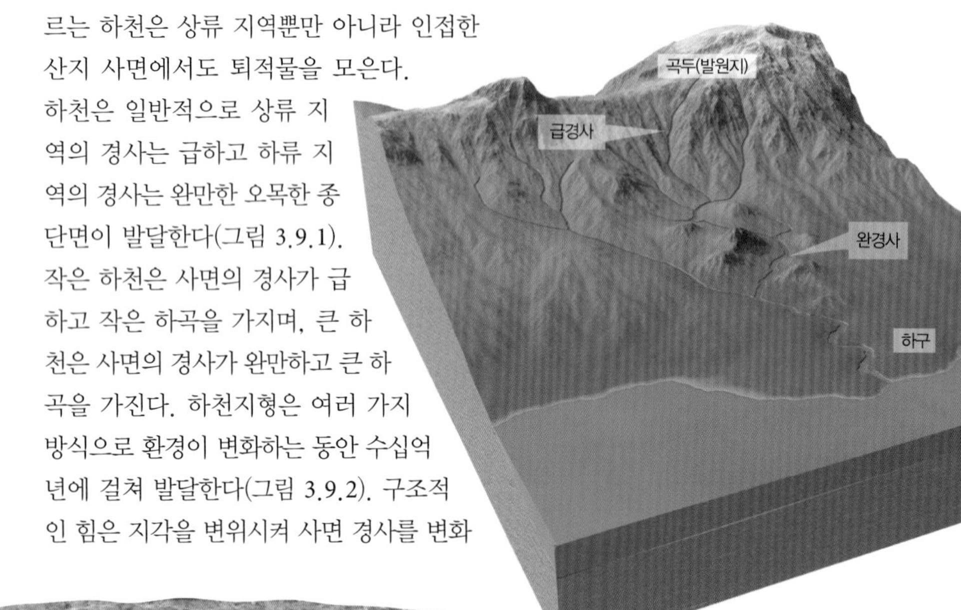

그림 3.9.1 **본류와 지류하천의 이상적인 단면**
종단면은 상류로 갈수록 경사가 급하고 하류로 갈수록 경사가 완만한 상류 쪽으로 오목한 형태이다. 하천이 하류로 흘러감에 따라 더 많은 물이 모이고 침식력은 증가한다. 경사가 완만한 하류 지역에서는 흐름이 느려지며, 하천이 운반하는 퇴적물의 양과 하천의 침식력이 균형을 이룬다.

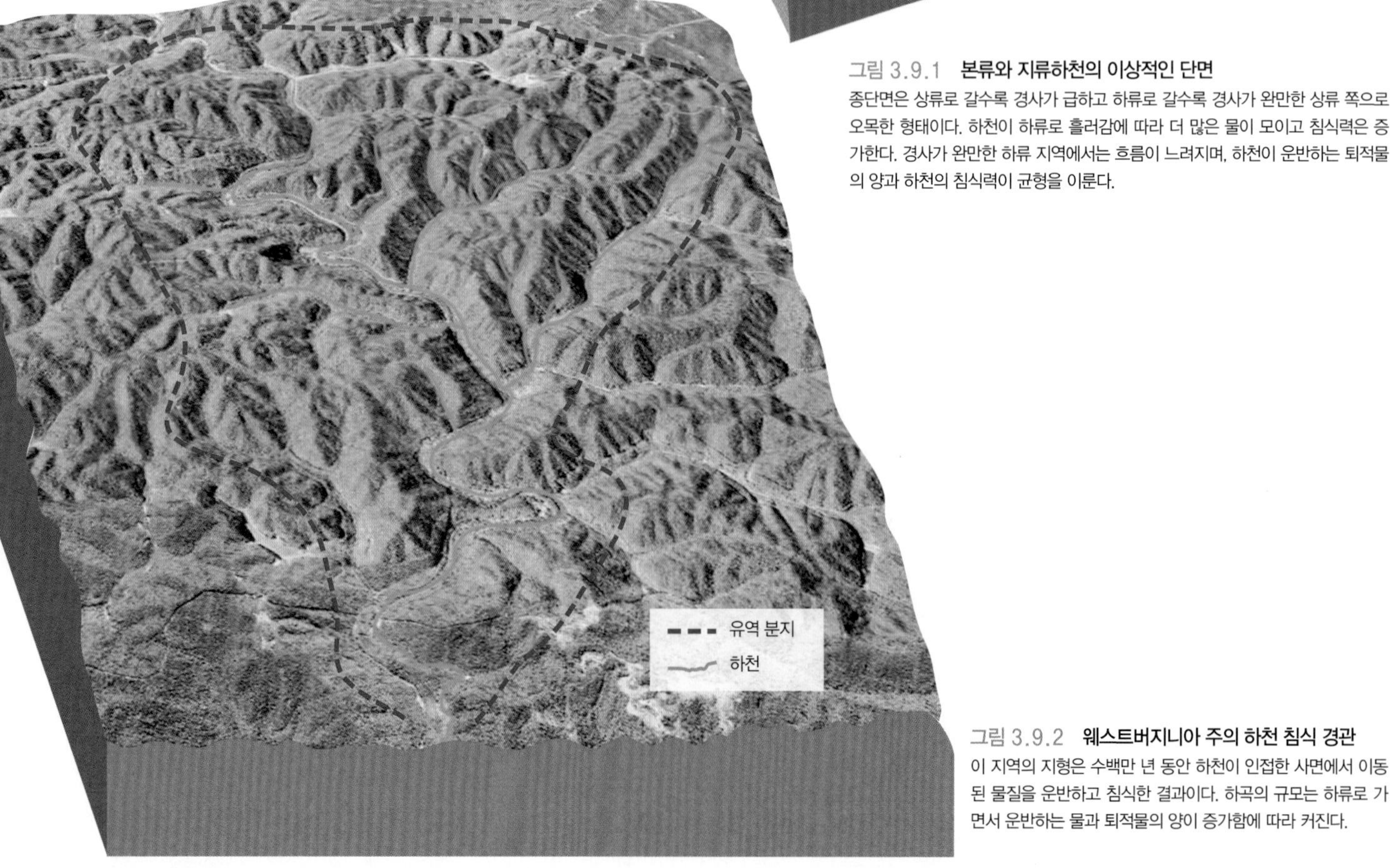

그림 3.9.2 **웨스트버지니아 주의 하천 침식 경관**
이 지역의 지형은 수백만 년 동안 하천이 인접한 사면에서 이동된 물질을 운반하고 침식한 결과이다. 하곡의 규모는 하류로 가면서 운반하는 물과 퇴적물의 양이 증가함에 따라 커진다.

그림 3.9.3 **스네이크(Snake) 강의 하안단구**
하안단구는 하천이 낮아진 새로운 침식 기준면에 맞추어 하방침식을 함으로써 현재 하천보다 더 높은 곳에 위치하는 과거의 범람원이다.

시키며, 기후가 변화함으로써 유출량을 변화시킨다. 또한 식생과 토지 이용의 변화로 유출과 퇴적물 투입량이 영향을 받는다. 따라서 거의 모든 하천은 물과 퇴적물 투입량에 있어 엄청난 변화를 경험하였으며, 이러한 변화는 하안단구(stream terrace)(그림 3.9.3)라 불리는 유기된 범람원과 더 이상 현재의 하천 시스템이 아닌 과거 하천에 의해 형성된 다른 지형들을 통해 알 수 있다.

미국과 여러 다른 국가의 농경지에서는 가속화된 침식으로 많은 양의 퇴적물이 범람원에 퇴적되었으며 범람원의 고도가 높아지고 있다. 예를 들어 미국 중서부 지역의 경우 많은 하곡에 19세기와 20세기 초에 퇴적된 1~2m 두께의 퇴적층이 형성되었다. 현재 많은 하천들이 토양 침식의 감소와 다른 요인에 의해 이전에 퇴적한 퇴적물을 침식하기 시작하였으며, 현재의 하도보다 높은 하안단구가 형성되고 있다. 하천은 계속 변화하고 있으며, 오랜 기간 중 잠시 안정한 상태를 유지하고 있다(그림 3.9.4).

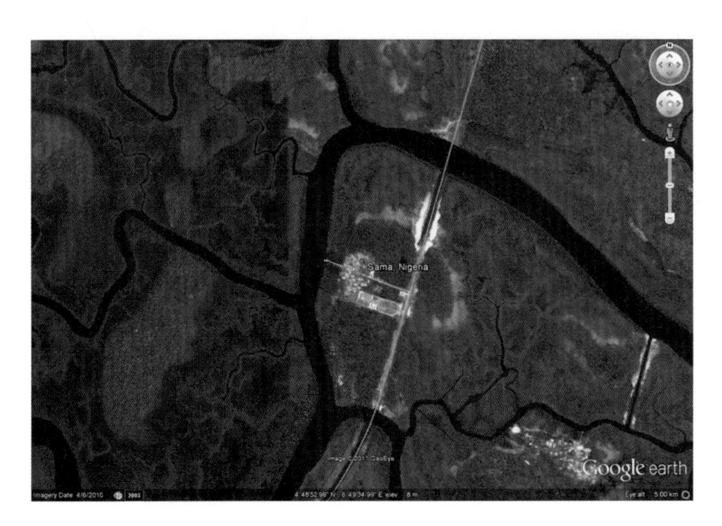

그림 3.9.4 **나이저 삼각주**
구글어스를 이용하여 주요 삼각주를 찾아보라. 나이저 강이 대서양으로 유입될 때 완만한 하천경사 때문에 유속이 느려지며, **삼각주**(delta)라 불리는 광대한 지표면에 퇴적물이 퇴적된다. 다른 삼각주와 마찬가지로 이 지역은 많은 양의 석유 퇴적물을 포함하고 있다.
위치 : 4°50′N, 6°50′E

내려다보는 높이를 10km로 축소하고 주변 경관으로 이동해보라.

1. 삼각주의 자연적 특징은 무엇인가?

2. 이 지역에서 인간에 의한 지형 변화의 증거는 무엇인가?

3.10 해안의 작용과 지형

▶ **파랑은 해안을 침식하고 해안선을 따라 퇴적물을 이동시키며, 해빈과 관련 지형들을 형성한다.**

▶ **해수면 변동은 해안지형을 변화시킨다.**

파랑이 부딪히는 해안선을 따라 엄청난 양의 에너지가 집중되기 때문에 해안은 매우 활동적인 지역이다. 해안 지역은 연간 수 미터의 속도로 침식에 의해 사라지기도 하고 퇴적을 통해 부가되기도 한다. 해수면 상승은 여러 가지 해안지형 형성작용을 가속화시키며, 해안 지역의 취약성을 증가시킨다.

바람이 해수면 위를 불어갈 때 바람의 에너지는 파랑을 일으키는 에너지로 전환된다. 파랑은 물과 공기의 경계를 따라 수평적으로 이동하는 에너지의 형태이다. 바람이 더 강하고 더 먼 거리를 불 때 더 많은 에너지가 이동되고 더 큰 파랑을 형성한다. 또한 파랑은 바람이 부는 수면의 범위가 넓어질수록 더 크게 성장한다.

파랑이 이동하는 속도는 한 파정에서 다음 파정 사이의 거리인 파장에 영향을 받는다. 작고 잔잔한 파랑은 매우 느리게 이동하지만, 대양을 이동하는 파랑의 속도는 10~50km/h이다. 해저지진에 의해 형성되는 매우 긴 파장의 파랑인 쓰나미는 수백 km/h로 이동한다. 외해에서는 쓰나미의 파고가 수십 센티미터에 불과해 항해하는 선박이 그것을 감지하지 못하고 지나간다. 수심이 얕은 곳으로 파랑이 접근할 때 파랑의 움직임은 해저 바닥에 영향을 받게 되며 파랑의 모양이 변화한다(그림 3.10.1). 우리는 일상적인 바람에 의해 형성된 파랑이 해빈에서 부서지는 것을 보았으며, 쓰나미가 수 미터 이상의 높이로 솟아오르는 것도 본 적이 있다.

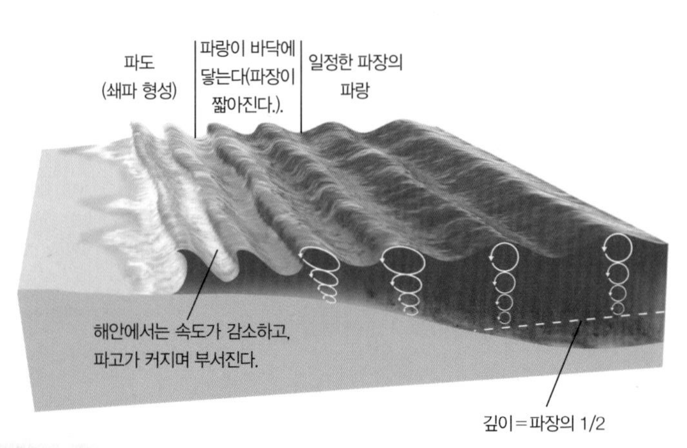

그림 3.10.1 **해안으로 접근하는 파랑**
파랑은 상대적으로 변화가 없는 깊은 대양을 가로질러 수천 킬로미터를 이동하지만, 파랑이 해안에 가까워짐에 따라 얕은 해저 바닥이 물의 움직임을 방해하고 파랑의 모양을 일그러뜨린다. 파랑의 속도가 느려짐에 따라 상부의 물이 앞쪽으로 전진하며 부서진다.

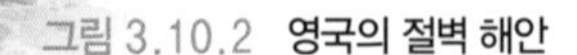

그림 3.10.2 **영국의 절벽 해안**
파랑이 해안에 부서지는 곳에서 침식력이 집중된다. 엄청난 침식력을 가진 파랑이 해안에 부딪힐 때 파랑의 에너지가 방출된다. 연안의 수심이 얕다면 해빈이 형성될 것이다. 해빈의 자갈과 모래 입자는 끊임없이 앞뒤로 구르며 더 작은 입자로 작아진다. 가장 작은 입자는 수심이 깊은 곳으로 운반되어 해저에 퇴적된다. 굵은 모래나 자갈은 해안에 남겨져 해빈을 형성하며, 해빈에서는 파랑이 지속적으로 부서지고 입자들이 이동한다.

해빈(beach)에 부서지는 파랑을 봤을 때 가장 확실한 물의 움직임은 해빈을 기어오르고 흘러내리는 파랑이 해안선에 수직으로 이동하는 것이며, 그 결과 침식이 일어난다(그림 3.10.2). 그러나 파랑이 해안에 비스듬하게 접근하면 파랑의 에너지는 해안에 평행한 방향으로 물을 이동시키며, 많은 파랑의 반복적인 움직임은 해안을 따라 평행하게 이동하는 **연안류**(longshore current)를 발생시킨다. 하천과 유사한 연안류는 파랑에 의해 침식이 일어난 지역의 퇴적물을 **연안 운반**(longshore transport)을 통해 이동시키고 운반에너지가 감소하는 수심이 깊은 곳에 운반하던 물질을 퇴적한다. 연안류는 엄청난 양의 퇴적물을 먼 거리로 이동시킬 수 있다.

하천과 마찬가지로 해안의 **지형**(landform)도 해안 지역에 유입되는 퇴적물과 해안 지역에서 제거되는 퇴적물 사이의 균형에 의해 형성된다. 해빈, 사취(만의 입구를 가로질러 성장하는 모래톱), 연안사주(육지와 평행한 길고 좁은 모양의 섬)와 같은 독특한 지형이 발달한다. 유입되는 퇴적물보다 제거되는 퇴적물이 많다면 해안은 침식된다. 이것은 전 세계 모든 해안선의 상태이다. 그러나 일부 지역의 경우 제거되는 퇴적물보다 유입되는 퇴적물이 많으며, 육지가 성장하고 있다.

해안지형 형성작용에 있어서 인간의 영향

해안 환경에서 일어나는 변화의 속도가 빠르고 여러 가지 상업 활동과 여가 활동이 해안 지역에 집중되어 있기 때문에 인간은 해안선에 평행한 방파제나 해안선에 수직인 방향으로 돌제나 도류제 및 비슷한 구조물을 건설함으로써 해안지형 형성작용을 적극적으로 관리하고 있다. 모래의 이동을 막기 위해 해안에 도류제가 건설된 지역은 멀리 떨어진 해빈에 퇴적되어야 할 모래의 양을 감소시켜 침식을 유발한다. 사람들은 또한 해안에 방파제를 건설하지만, 방파제에 부딪히는 파랑은 방파제 주위의 모래를 제거하며, 결국은 방파제가 약해진다.

그림 3.10.3 **해안 퇴적물의 이동**
구글어스를 이용하여 캘리포니아 남부 해안을 찾아보라. 이곳의 연안류 운반 방향은 북쪽에서 남쪽이다. 퇴적 때문에 항구 북쪽의 해빈이 넓다. 항구는 모래의 이동을 방해하며 그 결과 남부 해빈은 침식이 일어나 좁다.

위치 : 캘리포니아 주 레돈도비치 항구 (Redondo Beach Harbor)

내려다보는 높이를 약 8km로 축소해보라. 연안의 해저 협곡을 주의 깊게 보자. 모래는 남쪽의 항구를 향해 이동하고 있지만, 남쪽의 해빈에는 도달하지 못한다.

모래가 어디로 간다고 생각하는가?

해수면 변동

어떤 지점에서 바닷물의 평균고도를 **해수면**(sea level)이라 부른다. 지난 수백 년 동안 지구 전체의 해수면은 해안 지역에서 1년에 약 2mm 정도 상승하였으며, 달리 말해 안정한 상태였다. 해수면 상승 속도는 점점 빨라지고 있는 것으로 보인다. 지난 20년 동안 해수면 상승률은 1년에 약 3mm였다. 해수면은 해수의 승온에 의한 팽창과 더불어 빙하의 융해로 인해 해수의 부피가 커지기 때문에 상승한다. 현재의 해수면 변화는 최종 빙기 이후부터 일어난 약 85m의 해수면 상승과 비교하면 적은 편이지만, 지난 수십 년 동안의 해수면 상승은 전 세계의 해안 거주 지역을 위협하고 있으며, 많은 태평양의 낮은 섬들이 사라질 위기에 처해있다.

두 가지 다른 시간 규모에서 해수면 변화의 차이는 엄청나다. 단기간(수십 년)의 측면에서는 해수면 변화의 방향이 해안선 침식에 영향을 준다. 해수면이 상승하면 연안의 수심이 깊어지게 되고 파랑은 육지에 더 가까운 곳에서 부서져 더 많은 침식이 일어난다. 해수면이 하강하면 수심이 얕아져 더 먼 연안에서 파랑이 부서져 파랑의 에너지가 소멸되며 해안선의 침식은 줄어든다. 대부분의 해안선은 경사가 완만하여 해수면이 조금만 상승해도 해안선을 육지 쪽으로 많이 이동시킨다(그림 3.10.4).

장기간(수천 년)의 측면에서는 해수면 변화가 해안선의 모양을 많이 바꾼다. 플라이스토세 빙기 동안 해수면은 많이 낮아졌으며 해안 지역의 하천은 하류 지역의 하곡을 깊이 침식시켰다. 약 10,000~20,000년 전부터 빙하가 녹으면서 전 세계의 해수면이 상승하였으며, 하천의 하곡은 침수되고 거대한 만이 형성되었다(그림 3.10.5).

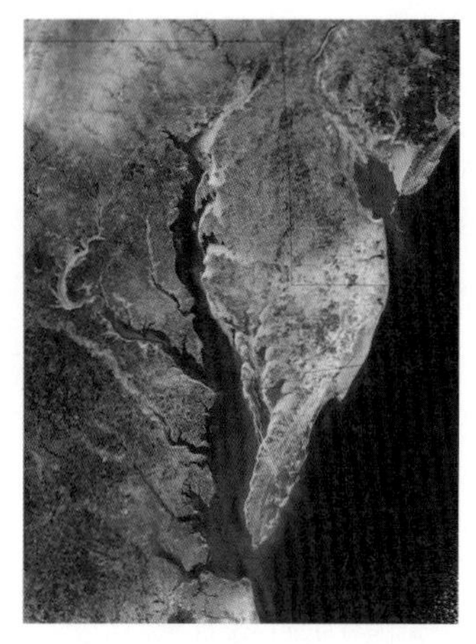

그림 3.10.5 **델라웨어 만과 체사피크 만**
이처럼 깊은 만입은 최종 빙기 이후의 해수면 상승에 의해 델라웨어 강과 서스쿼해나 강 하곡의 저지대가 침수(익곡)된 것이다.

구조 운동에 의해 육지가 융기한 지역은 다른 지역에 비해 해수면이 오히려 하강한다. 이것은 해빈에서 일반적으로 자라는 식생과 동물, 토양을 남긴다. 대부분의 미국 서부 해안은 지난 수백만 년 동안 구조적으로 융기해왔다. 그 결과 미국 동부 해안에는 수심이 깊은 하구가 없지만 서부 해안에는 현재 해수면보다 높은 과거의 해안선, 즉 **해안단구**(marine terrace)가 형성되어 있다.

그림 3.10.4 **마이애미 해변**
이곳은 파랑의 작용과 연안류 운반에 의해 형성된 연안사주 위에 도시가 건설되었다. 인간의 영향이 없는 자연적인 상황에서 퇴적물은 연안사주의 바다 쪽에서는 침식이 일어나고 육지 쪽에서는 퇴적이 일어나며, 시간이 흐름에 따라 연안사주는 육지 쪽으로 이동할 것이다. 그러나 도시는 움직이지 않으며 침식으로 손실되는 모래는 인위적으로 보충된다. 현재 해변은 폭풍에 매우 취약하다. 해수면 상승에 의해 해안 침식과 폭풍 시 침수 위험이 증가하고 있다.

3.11 빙하작용

▶ 빙하의 형성은 기후에 의해 조절되며, 녹는 눈의 양에 비해 해마다 얼마나 많은 양의 눈이 내리는지에 달려있다.

▶ 빙하의 이동 방식 또한 기후와 연관되어 있으며, 빙하가 집적되는 지역에서 녹는 지역으로 이동한다.

빙하(glacier)는 해마다 눈이 집적되는 장소에서 빙하가 녹는 따뜻한 지역까지 흐르는 얼음 하천이다(그림 3.11.1). 물은 눈의 형태로 빙하의 상부에 유입된다. 빙하는 얼음이 녹고 증발하여 소모되거나 빙산으로 떨어져 나갈 때까지 산지 하부로 흘러간다(그림 3.11.2).

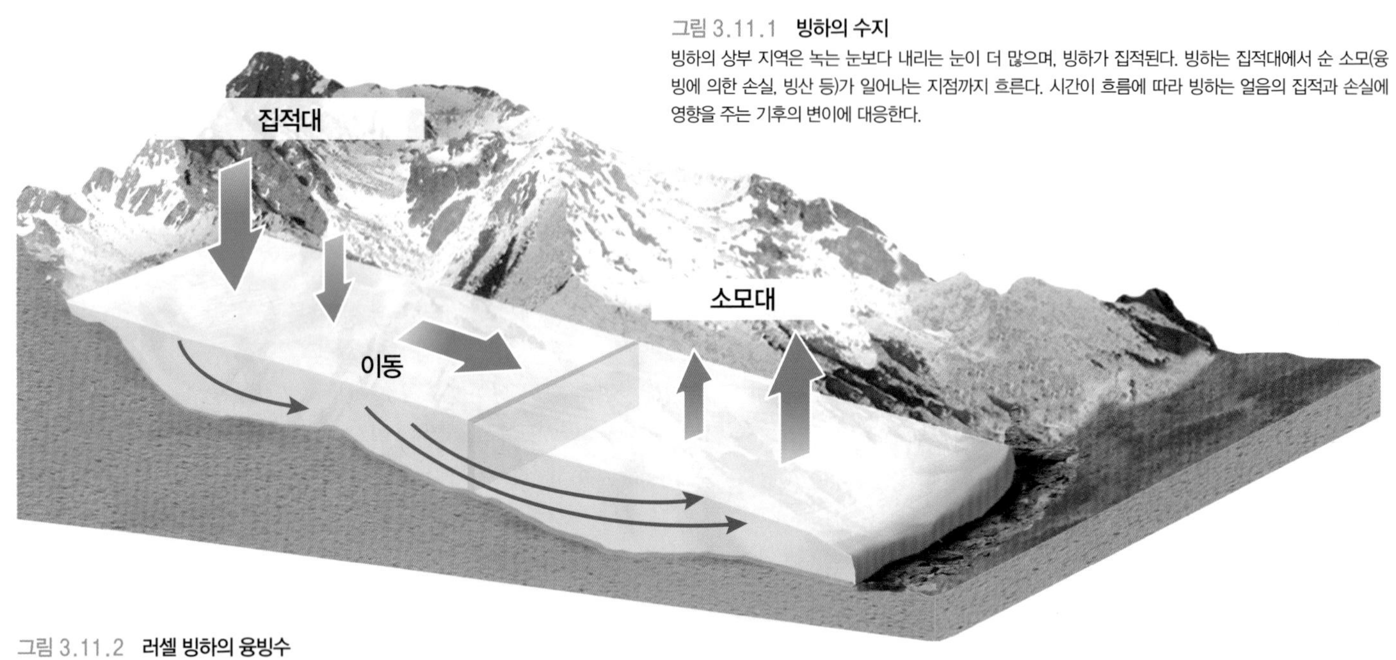

그림 3.11.1 **빙하의 수지**
빙하의 상부 지역은 녹는 눈보다 내리는 눈이 더 많으며, 빙하가 집적된다. 빙하는 집적대에서 순 소모(융빙에 의한 손실, 빙산 등)가 일어나는 지점까지 흐른다. 시간이 흐름에 따라 빙하는 얼음의 집적과 손실에 영향을 주는 기후의 변이에 대응한다.

그림 3.11.2 **러셀 빙하의 융빙수**
그린란드 빙상에서 배수되는 러셀(Russell) 빙하의 융빙수. 모든 그린란드의 빙하처럼 지구온난화의 결과 러셀 빙하도 후퇴하고 있으며, 후퇴 속도가 빨라지고 있다. 그리고 물을 배수하는 하천은 늘어난 융빙수 때문에 유량이 점점 더 불어나고 있다.

빙하의 이동

빙하는 보통 1년에 수 미터에서 수백 미터의 속도로 매우 느리게 이동한다. 기상과 기후의 변이에 따라 빙하의 규모는 매년 달라진다. 빙하는 빙하의 기원 지역에 많은 눈이 내리면 성장하며, 기온 상승으로 말단부에서 녹는 양이 늘어나면 줄어든다. 세계에서 가장 이동 속도가 빠른 빙하는 가장 한랭한 기후 지역이 아니라 집적과 소모 속도가 빠른 기후 지역에 위치한다. 예를 들어 뉴질랜드의 일부 빙하는 매우 빠르게 이동하며, 빙하가 완전히 녹기 전에 아열대기후가 나타나는 고도에 도달한다. 한편 남극의 빙하는 매우 느리게 이동한다. 빙하는 또한 불규칙적으로 움직인다. 여러 해 동안 빙하가 1년에 수 미터 정도만 움직이다가 이후 여러 해 동안은 갑자기 1년에 수백 미터씩 이동하며 다시 느리게 이동한다.

줄어드는 빙하

지난 200년 동안 세계의 모든 빙하는 기후온난화로 인해 줄어들고 있다(그림 3.11.3). 과학자들은 지구의 해수면에 미치는 잠재적인 영향 때문에 세계에서 가장 큰 얼음덩어리인 그린란드와 남극대륙의 빙하를 매우 집중적으로 관찰해왔다. 전체 모습은 복잡하고 불확실성이 남아있지만, 두 지역 모두 빙하의 순 손실이 있었다는 연구 자료가 나왔다. 그린란드의 경우 고도가 높은 지역의 얼음 두께는 두꺼워졌지만 말단부 부근의 두께는 굉장히 얇아졌다. 남극대륙의 경우 남극 서부의 빙상은 질량이 엄청나게 감소하였지만 남극 동부의 데이터는 일부 지역은 순 증가가 나타났고 다른 지역은 순 손실이 나타났다.

그림 3.11.3 **알래스카 주 뮤어 빙하의 후퇴**
전 세계의 여러 빙하들처럼 뮤어(Muir) 빙하도 지난 200~300년 동안 엄청나게 후퇴하였다. 왼쪽 위의 사진은 1941년, 오른쪽 위의 사진은 1950년, 아래쪽 사진은 2005년의 모습이다.

3.12 빙하지형

▶ 빙하의 침식은 산지에 그릇 모양의 와지와 U자곡을 형성한다.

▶ 빙하의 퇴적은 북반구 대부분의 지역에 많은 양의 퇴적물을 남겨두었다.

빙하는 컨베이어벨트와 비슷하다. 즉, 빙하는 침식이 일어난 지역에서 퇴적물을 싣고 퇴적이 일어난 지역에 내려놓는다. 얼음이 집적되고 이동하기 시작할 때 빙하는 많은 퇴적물을 싣고, 그 후 빙하가 녹는 곳에 운반하던 물질을 퇴적한다(그림 3.12.1).

집적 지역은 얼음이 움직이며 땅을 침식하기 때문에 침식이 일어나는 곳이고, 소모 지역은 퇴적이 일어나는 곳이다. 빙하가 형성된 지역은 일반적으로 깊은 그릇 모양의 와지와 U자곡을 남긴다. 빙하에 의해 심하게 침식된 지역은 매우 얇은 토양으로 덮여있거나 암석이 드러나있다. 퇴적이 일어난 지역에서는 이동한 빙하의 모양을 띠는 퇴적물을 볼 수 있고, 융빙수 하천에 의해 퇴적물이 운반되어 물이 흐른 흔적이 있는 퇴적물을 볼 수 있으며, 융빙수가 유입되는 호수나 바다에 남겨진 퇴적물을 볼 수 있다. 빙하의 퇴적은 급속한 융빙이 일어나는 지역의 지형을 형성하는 데 특히 중요한 역할을 한다. 그 이유는 많은 양의 퇴적물이 이 지역에 퇴적되어 **빙퇴석**(moraine)을 형성하기 때문이다.

미국 중북부 지역의 대부분은 빙력토(till)라 불리는 빙하 퇴적물이 쌓여있다. 빙하의 확장 범위의 끝부분(컨베이어벨트의 끝)에서는 종퇴석(terminal moraine)이라 불리는 빙력토와 같은 빙하성 퇴적물을 볼 수 있다. 일부 종퇴석은 규모가 매우 크다. 실제로 뉴욕 주의 롱아일랜드와 매사추세츠 주 케이프코드는 과거 빙하작용에 의해 형성된 종퇴석의 상부에 위치한다. 흐르는 융빙수는 빙하를 나와 빙하에 가까운 곳에 넓게 퇴적하며, **빙하성 유수퇴적 평원**(outwash plain)이라 불리는 완경사의 평야를 형성한다. 두꺼운 암석층으로 이루어진 빙하성 유수퇴적 평원은 두께 100m 이상의 모래와 역층이 빙하 가까이에 퇴적된다. 더 작은 실트와 점토는 보다 더 멀리 운반되며 호수나 바다 또는 더 먼 계곡에 퇴적될 것이다.

지난 300만 년 중 대부분의 시간 동안 빙하는 남아메

그림 3.12.1 **빙하의 침식과 퇴적에 의해 형성된 지형** 이 사진은 콜로라도 주 터쿼이즈(Turquoise) 호이며, 큰 규모의 종퇴석이 쌓인 빙하곡에 형성되었으며, 종퇴석에 막혀 호수가 형성되었다.

리카 안데스 산맥의 많은 지역과 북아메리카, 유럽 그리고 아시아 북부의 대부분 지역을 덮고 있었다(그림 3.12.2). 지구 역사에 있어 이 기간을 **플라이스토세**(Pleistocene Epoch)라 부르며, 플라이스토세에는 여러 차례의 빙기가 있었다. 각각의 빙기 동안 대륙 위를 이동하며 빙하 지형을 만든 **대륙빙하**(continental glacier)는 이전의 환경적 상황에 대한 증거를 지워버렸다. 약 2만 년 전에는 가장 마지막 빙하가 최대 범위로 전진하였으며, 약 9천 년 전까지 빙상에 덮였던 대부분의 지역이 드러났다. 빙하가 녹은 후 상대적으로 적은 시간이 흘렀기 때문에 빙하에 덮였던 지역들은 빙하 작용의 흔적이 매우 잘 남아있다(그림 3.12.3).

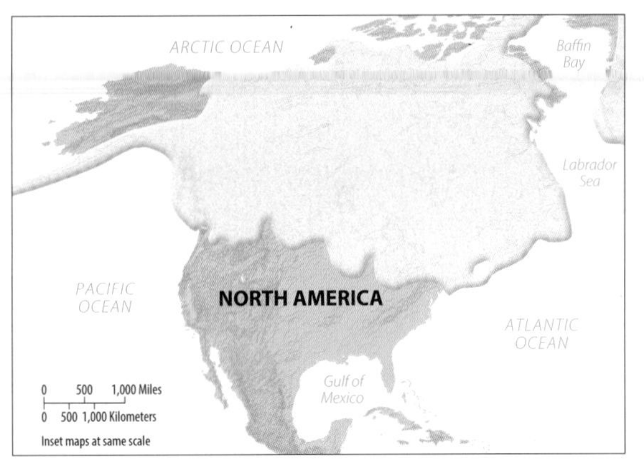

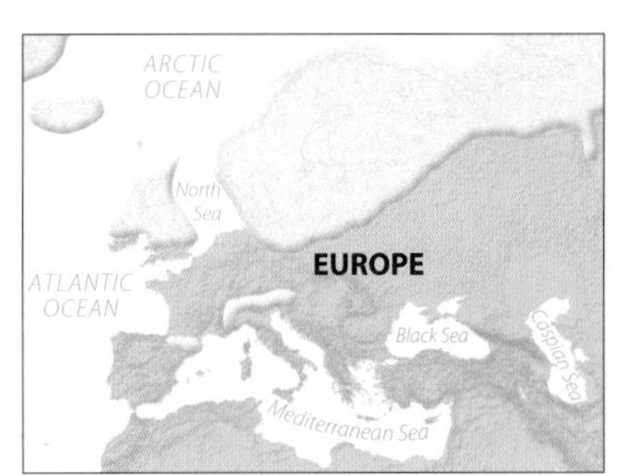

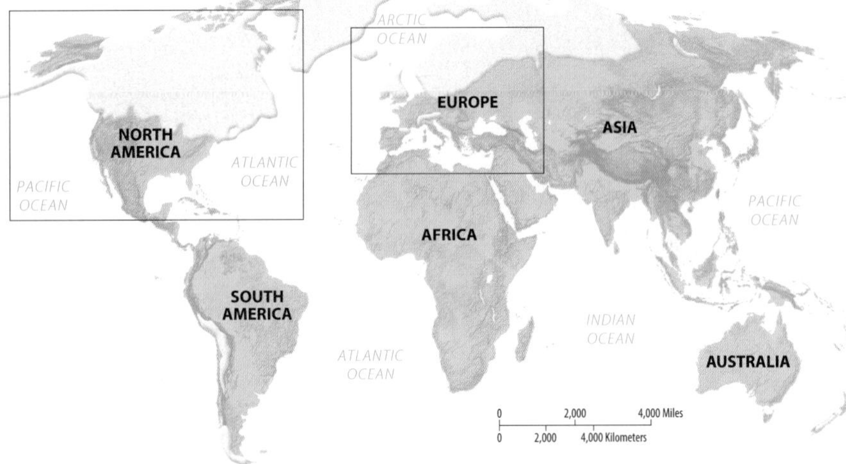

그림 3.12.2 **최종 빙기 동안 대륙빙하의 범위**
북반구의 대부분은 2만 년 전에 빙하로 덮여있었다. 이 지도는 북아메리카(왼쪽 위), 유럽(오른쪽 위), 전 세계(아래)의 빙하 범위를 보여준다.

그림 3.12.3 **경관에 미치는 빙하의 영향**
(왼쪽) 뉴질랜드 남섬 웨스트코스트의 11,000년 된 종퇴석 위를 망류하는 와이호 강과 와이호 만곡대(loop) 부분의 항공사진. (아래) 오리건 주 스틴스 산의 빙하성 U자곡

지구 표면은 갑작스럽고 극적인 움직임과 수백만 년 동안의 점진적인 움직임에 의해 끊임없이 변화하고 있다. 지형은 단단한 지구 내부에서 움직이는 작용과 지표 위에서의 작용 모두를 반영한다.

핵심 질문

판구조 운동은 지구 표면의 모양을 어떻게 형성하는가?

- ▶ 판 경계에서의 이동은 산맥을 형성한다.
- ▶ 모든 지진과 화산 분출은 판구조 운동과 관련되어 있다.

암석의 풍화와 퇴적물 운반은 경관을 어떻게 형성하는가?

- ▶ 암석은 작게 부서져 이동하게 된다.
- ▶ 중력과 침식작용은 사면 하부의 하천으로 퇴적물을 운반한다.
- ▶ 하천은 퇴적물을 하류로 운반하며, 그 경로를 따라 퇴적물을 범람원에 일시적으로 퇴적한다.
- ▶ 모든 경관은 지형 형성작용을 반영하는 다양한 규모와 형태의 지형들을 가진 사면과 계곡으로 이루어져 있다.

빙하와 파랑에 의해 형성된 지형은 무엇인가?

- ▶ 해안을 따라 파랑의 에너지가 집중되기 때문에 해안 지역은 급속한 침식과 퇴적이 일어난다.
- ▶ 플라이스토세 동안의 빙하작용은 전 세계 대부분 지역의 경관을 엄청나게 변화시켰다.
- ▶ 기후 변화는 빙하를 줄어들게 하며 해수면을 상승시키고 있다.

지리적으로 생각하기

1980년에 워싱턴 주 세인트헬렌스 산이 격렬하게 폭발하였다. 1989년에는 캘리포니아 주에서 로마프리에타 지진이 발생하였다(그림 3.CR.1).

1. 지도상에서 두 지점은 얼마나 멀리 떨어져 있는가?
2. 두 사건 사이에는 연관성이 있는가?
3. 연관성이 있는 이유와 연관성이 없는 이유를 제시하라.
4. 여러분이 거주하고 있는 지역 또는 부근 지역에서 발생한 가장 큰 자연재해는 무엇인가?
5. 이러한 자연재해를 일으키는 요인은 무엇인가?
6. 이러한 재해의 취약성을 줄이기 위해 여러분이 거주하고 있는 지역의 사람들은 무엇을 하고 있는가?

인터넷 자료

미국지질조사국은 http://waterwatch.usgs.gov/에서 유량과 수자원 상황에 대한 최신의 유익한 정보를 제공해준다.

NASA의 지구 관측 사이트인 http://earthobservatory.nasa.gov/에서는 전 세계의 최근 상황을 보여주는 "Images" 페이지를 통해 유익한 위성사진을 제공해준다.

탐구 학습

곡류하천 찾아보기

구글어스를 실행하여 곡류하천을 찾아보라. 사례 하천의 위치 정보는 다음과 같다.

위치 : 31°20′N 91°4′W, 36°9′N 89° 36′W, 69°53′N 159°28′W

하천이 곡류하는 것을 보기 위해 내려다보는 높이를 10~50km로 축소하라.

곡류하는 하도를 확인할 수 있는가?

눈금자 도구를 이용하여 사진이 촬영된 시기에 하도 내에 물이 흐르는 부분만이 아니라 전체 하도를 포함시켜 하천의 폭을 측정해보라. 그다음은 하천의 곡류대가 포함되

그림 3.CR.1 세인트헬렌스 산

도록 하여 하도의 길이를 측정해보라(곡선을 측정하기 위해 눈금자 도구 대화 상자에서 "경로"를 클릭하라.). 측정한 구간 내에 곡류대 오른쪽의 개수를 세어보고, 그 개수를 거리로 나누어보자. 그 결과값이 곡류대의 파장이며, 일반적으로 곡류대의 파장은 하천 폭의 10~15배이다.

세 지역의 사례 하천은 그러한 상관관계에 부합하는가?

핵심 용어

곡류(meandering) 곡류대의 오른쪽과 왼쪽을 가로지르며 구불구불한 유로를 따라 흐르는 물의 모습

기계적 풍화(mechanical weathering) 물리적인 또는 기계적인 힘에 의해 암석이 더 작은 입자로 부서지는 현상

단층(fault) 암석의 이동이 일어나는 곳을 따라 형성된 지각의 균열

대륙빙하(continental glacier) 하부 지형의 통제를 적게 받는 수백에서 수천 킬로미터 범위의 두껍고 거대한 빙하

마그마(magma) 지표 하부에서 용융된 암석

맨틀(mantle) 지구의 핵 바로 위 그리고 지각 바로 아래 부분

발산 경계(divergent plate boundary) 두 판이 서로 멀어지는 판의 경계로 새로운 지각이 형성된다.

범람원(floodplain) 하천에 의한 퇴적으로 형성된 하천 하도에 인접한 낮은 평지

변성암(metamorphic rock) 일반적으로 열이나 압력에 의해 다른 종류의 암석이 변형되어 형성된 암석

변환단층 경계(transform plate boundary) 두 판이 판의 경계를 따라 서로 평행하게 이동하는 경계

빙퇴석(moraine) 일반적으로 융해 지역 부근에서 빙하에 의해 퇴적된 암석과 퇴적물이 집적된 지형

빙하(glacier) 이동하고 있는 지속적인 큰 얼음덩어리

빙하성 유수퇴적 평원(outwash plain) 빙하에서 나온 융빙수 하천에 의해 운반된 모래와 자갈이 집적된 지형으로 일반적으로 빙하 말단의 종퇴석 바로 건너편에 퇴적된다.

사면 운반작용(mass movement) 중력에 의해 지구 표면에서 암석과 토양이 사면 하부로 이동하는 현상

삼각주(delta) 하천이 호수나 바다로 들어가는 곳에 형성된 퇴적지형

성층화산(composite cone volcano) 용암 분출과 화산재의 폭발적인 분출로 형성된 화산

수렴 경계(convergent plate boundary) 두 판이 서로 만나는 판의 경계로 지각이 소멸하거나 두꺼워진다.

순상지(shield) 아주 오래된 대륙의 중심부

순상화산(shield volcano) 상대적으로 유동성이 큰 용암의 분출에 의해 형성된 상대적으로 완만한 사면을 가진 화산

쓰나미(tsunami) 해저지진에 의해 형성된 극단적으로 파장이 긴 파랑. 파랑은 수백 km/h로 이동한다.

연안류(longshore current) 해안에 평행하게 해안선을 따라 이동하는 쇄파대 내의 흐름

연안 운반(longshore transport) 연안류에 의한 퇴적물의 운반

용암(lava) 지표에 도달한 마그마

유량(discharge) 단위시간당 하천의 어떤 지점을 흐르는 물의 양

유역 분지(drainage basin) 하천을 따라 명확한 경계를 나타낼 수 있는 특정 하천으로 유출이 유입되는 지리적 범위이며, 유역 분지에서 유출된 물은 하천을 따라 이동한다.

유출(runoff) 토양 표면이든 하천이든 육지 위를 흐르는 물

지진(earthquake) 지구 내부 에너지의 갑작스러운 방출로 지각이 흔들리는 현상

지판(tectonic plate) 서로 다른 방향으로 이동하는 지각의 거대한 조각

지표류(overland flow) 보통 지면에 흡수되는 물보다 강수가 더 빨리 내릴 때 사면 위의 토양 표면에 흐르는 물

지형(landform) 산지나 계곡, 범람원과 같은 육지 표면의 특징적인 형태

진앙(epicenter) 지진의 진원에서 수직으로 지표면과 만나는 지점

진원[focus (of an earthquake)] 지구 내부에서 지진이 최초로 발생한 지점

토양 포행(soil creep) 동물이 땅을 파거나 동결과 융해에 의해 이동되는 것처럼 다양한 크기의 입자들의 개별적인 이동에 의해 일어나는 사면 하부로의 느린 토양 이동

퇴적물 운반(sediment transport) 지표의 침식작용에 의해 형성된 암석 입자의 이동

퇴적암(sedimentary rock) 지구 표면에서 여러 작은 암석 입자들이 집적되고 결합되어 형성된 암석

평형(grade) 하천의 퇴적물 운반 능력이 하천이 운반하는 퇴적물의 양과 균형을 이룬 상태

플라이스토세(Pleistocene Epoch) 약 3백만 년 전부터 시작되어 1만 2,000년 전에 끝난 제4기 초반의 지질학적 시기

해빈(beach) 파랑에 의해 운반된 퇴적물이 파랑이 부서지는 해안선을 따라 형성된 퇴적지형

해수면(sea level) 파랑과 폭풍, 조석에 의한 변이를 평균한 바다 표면의 높이

해안단구(marine terrace) 해수면이 현재보다 높았을 때 해안의 침식으로 형성된 해안선을 따라 현재의 해수면보다 높아진 거의 평평한 지표면

화산(volcano) 용암으로 마그마가 분출하는 지표의 분출구

화성암(igneous rock) 마그마의 결정으로 형성된 암석

화학적 풍화(chemical weathering) 지표에서의 화학반응을 통해 암석이나 광물이 부서지는 현상

▶ 다음 장의 소개

식생과 토양은 대기권, 수권, 암석권, 생물권 간의 물, 탄소, 영양물의 이동을 통해 기후 및 지형과 연결되어 있다. 이러한 연결, 즉 생지화학적 순환과 그에 따른 식생 및 토양의 패턴을 다음 장에서 살펴볼 것이다.

4 생물권

지구의 물리적 시스템인 수권, 생물권, 암석권, 대기권은 서로 밀접하게 연관되어 있다. 물, 탄소, 산소, 질소 등은 이러한 시스템 사이에서 꾸준히 이동한다. 이러한 교환은 환경적 작용을 조절하고, 지표에서 식생과 토양의 공간적 패턴을 결정하며, 지구의 모든 하부 시스템을 연결하는 중대한 역할을 수행한다. 물의 가용성과 이동에 영향을 미치는 기후는 이러한 교환에 핵심적인 역할을 한다. 지난 수 세기 동안 이러한 물리적 작용에 대한 인간의 역할은 우리가 직접적으로 생태계를 변화시키는 것에서부터 간접적으로 기후를 변화시키는 것까지 엄청나게 증가하였다.

생태계를 통해 물과 영양물의 순환은 어떻게 이루어지는가?

슬로바키아의
(농업에 의해 약간 제거된)
낙엽활엽수림

생태계를 통해 물질과 에너지는 어떻게 순환하는가?

4.5 영양물 순환

4.6 먹이사슬과 망

4.7 토양

생물 형태와 생태 군락의 분포는 무엇인가?

4.8 생물상의 다양성

4.9 주요 생물상

4.10 인간이 주도하는 시스템

NASA에서
생물권의 위성영상을
보려면 스캔하라.

4.1 생지화학적 순환과 생태계

▶ 물, 질소, 탄소는 대기권, 수권, 암석권, 생물권을 이동한다.

▶ 인간은 일상생활을 통해 생지화학적 순환에 주요한 역할을 한다.

식물과 동물의 성장과 쇠퇴를 포함한 모든 생물의 작용인 생물권 작용은 에너지와 물질의 교환에 의존한다. 지구는 태양으로부터 빛의 형태로 일정한 에너지를 공급받는다. 필수 물질인 물과 탄소를 포함한 여러 가지 물질은 생물권 자체뿐 아니라 대기권, 수권, 암석권에서도 이용된다.

생지화학적 순환

생지화학적 순환(biogeochemical cycle)은 탄소, 질소, 기타 생물권의 영양소를 포함한 필수 물질을 제공하는 재순환 과정이다(그림 4.1.1). 또한 생지화학적 순환은 암석권, 수권, 생물권, 대기권을 연결한다. 이것의 하부 시스템 중에서 물의 흐름을 나타내는 **물순환**(hydrologic cycle)은 생지화학적 순환의 예이다. 또 다른 중요한 예는 (CO_2와 기타 물질의) 대기권, (유기물의) 생물권, (용해 성분의) 수권, (암석과 화석연료의) 암석권 사이에서 이동하는 요소인 **탄소순환**(carbon cycle)이다.

에너지보존법칙은 에너지가 일반적인 조건에서 창조되거나 파괴되지 않는다고 설명하지만, 하나의 형태에서 다른 형태로의 변화는 가능하다. 마찬가지로 질량보존의 법칙은 일반적인 조건에서 물질이 하나의 형태에서 다른 형태로 변화될 수 있지만, 핵반응을 제외하면 창조되거나 파괴될 수는 없다고 설명한다. 따라서 시스템의 한 부분에 저장되거나 이동하는 다량의 물질 변화는 전체적인 시스템에서 중요하다고 할 수 있다. 미시시피 강은 이러한 효과를 증명하기 위한 좋은 사례이다.

인간의 영향

미시시피 강은 미국 중부와 캐나다 남부의 약 476만 km^2 면적에서 물, 퇴적물, 용해 물질을 운반한다(그림 4.1.2). 미시시피 강의 주요 지류하천에는 대부분의 물을 공급하는 오하이오 강과 많은 퇴적물을 공급하는 미주리 강이 포함된다. 미시시피 강은 이러한 물과 물질을 모아서 남쪽으로 운반한다. 강을 따라서 퇴적물이 임시로 범람

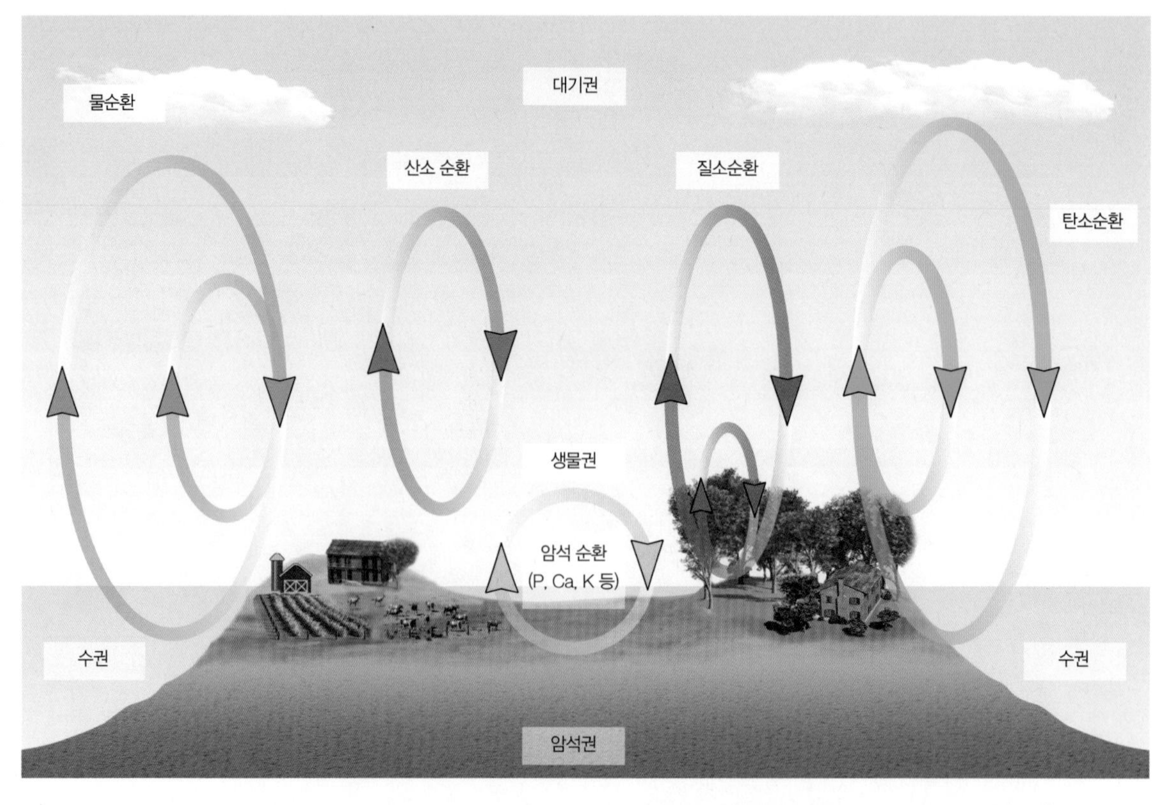

그림 4.1.1 **생지화학적 순환**
이러한 순환은 대기권, 생물권, 수권, 암석권 사이에서 물질을 이동시킨다. 순환은 여기에서 아주 간단한 형태로만 표현되어 있다. 환경에 중요한 광물학적 순환은 인(P), 칼슘(Ca), 칼륨(K) 등을 포함한다.

원에 저장되고, 영양물은 수중생태계에서 흡수되거나 분해되며, 강에서 취수된 물은 도시와 농경지에 공급된 후에 폐수로서 미시시피 강으로 다시 유입된다.

미시시피 삼각주는 루이지애나 주와 미시시피 주의 50,000km^{2}에 달하는 광대한 면적을 차지하며, 해수면 부근에서 넓은 습지를 이루고 있다. 이들 습지는 지난 수백만 년 동안 퇴적물 공급을 통해 형성되었고 변화되었으며, 매우 다양한 생태계 군락을 유지하고 있다. 멕시코 만 연안에서 육지로부터 만으로 운반된 영양물은 풍부하고 다양한 해양생태계를 유지하는 데 도움을 준다. 삼각주와 연안 지역에 다량으로 축적된 석유와 가스는 하천에서 운반된 영양물과 유기물로부터 형성된 것이다.

최근에 토지 이용 및 하천 관리와 관련한 두 가지 요인이 이러한 환경을 변형시켰다.

- 첫째, 약 100만 개의 크고 작은 댐이 본류와 지류하천의 유역 분지에 건설되었다. 본류의 수운 구조와 결합된 이러한 댐은 삼각주의 광대한 습지로 공급되는 퇴적물을 감소시켰다. 습지는 자연적으로 침수되었고, 내륙에서 퇴적물 유입의 감소로 연간 약 50km^{2}의 습지가 사라지고 있다.
- 둘째, 농경지에서 광범위한 비료의 사용은 다량의 질소를 만으로 운반시키는 결과를 초래하였다. 이러한 질소는 죽게 되면 물속으로 가라앉는 부유식물의 성장을 촉진하였다. 이러한 식물 유해가 부패되면서 산소를 고갈시켜 멕시코 만에는 '데드존(dead zone, 산소가 부족한 죽음의 해역)'이 형성되어 있다.

그림 4.1.2 **미시시피 삼각주**
이것은 독특한 환경이다. 대규모의 습지, 풍부한 어장, 광물자원을 가진 이곳은 북아메리카의 다른 환경과 차이가 있다. 삼각주는 원유 유출과 같은 국지적 문제만이 아닌 심각한 환경적 위협에 직면해있다. 일리노이 주에서의 비료 사용과 노스다코타 주에서의 댐 건설과 같은 원거리 활동에 의한 영향도 받고 있다.

4.2 물순환

▶ **지구에서 물의 대부분은 시간이 지나면 결국 해양으로 유입된다.**

▶ **물 교환을 설명하는 수지는 물순환과 수자원에 대한 이해를 돕는다.**

해양과 염호
염수(짠물)인 해양은 물의 거대한 저장소이다. 이는 지구 전체 물의 약 97.3%이다.
빙하와 만년설
2% 정도의 물이 빙하에 저장되어 있다.
염수성 지하수
약 0.009%가 염수성 지하수이다.
담수
약 0.6%가 담수(민물)이다.
담수성 지하수
담수를 차지하는 0.6%의 대부분은 주로 지하수에 저장되어 있다.
호수, 습지, 하천
전체 물의 0.008%가 하천과 호수에 있다.
토양수
전체 물의 0.002%는 토양에 포함되어 있다.
대기권의 수분
대기권은 지구 전체 물의 0.001%에 불과하지만, 날씨와 기후에 강력한 영향을 미친다.

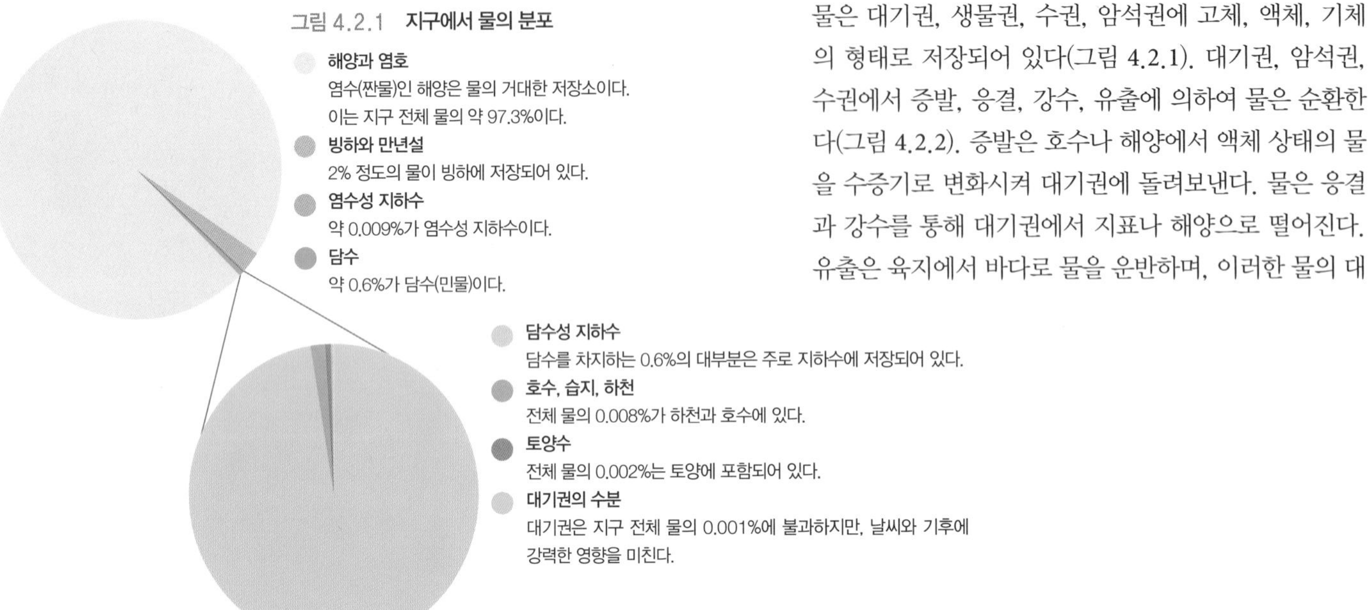

그림 4.2.1 **지구에서 물의 분포**

물은 대기권, 생물권, 수권, 암석권에 고체, 액체, 기체의 형태로 저장되어 있다(그림 4.2.1). 대기권, 암석권, 수권에서 증발, 응결, 강수, 유출에 의하여 물은 순환한다(그림 4.2.2). 증발은 호수나 해양에서 액체 상태의 물을 수증기로 변화시켜 대기권에 돌려보낸다. 물은 응결과 강수를 통해 대기권에서 지표나 해양으로 떨어진다. 유출은 육지에서 바다로 물을 운반하며, 이러한 물의 대

그림 4.2.2 **물순환**
괄호 안의 숫자는 연평균 이동하는 물의 양을 의미한다.

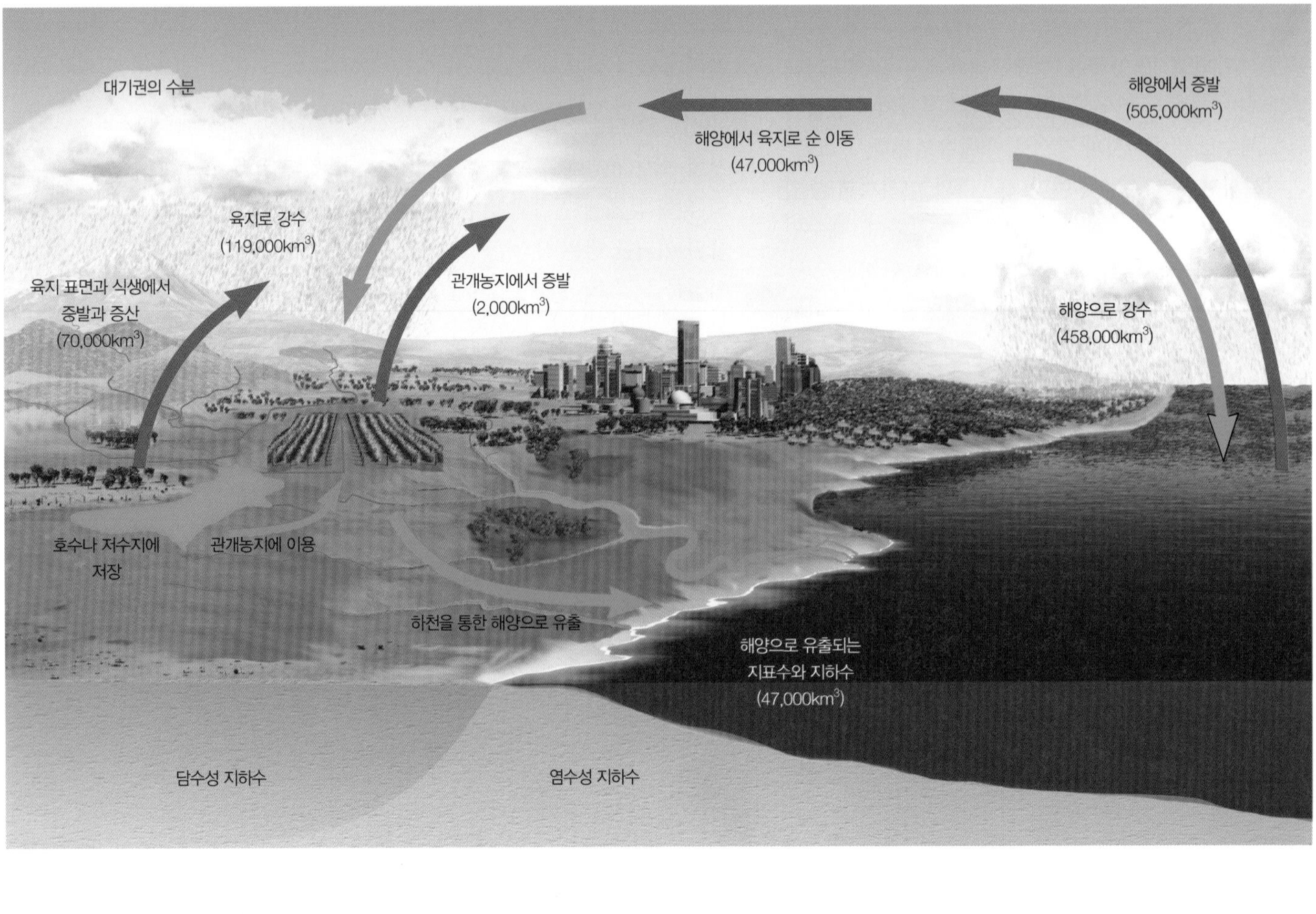

대기권의 수분
해양에서 증발
(505,000km³)
해양에서 육지로 순 이동
(47,000km³)
육지로 강수
(119,000km³)
육지 표면과 식생에서
증발과 증산
(70,000km³)
관개농지에서 증발
(2,000km³)
해양으로 강수
(458,000km³)
호수나 저수지에
저장
관개농지에 이용
하천을 통한 해양으로 유출
해양으로 유출되는
지표수와 지하수
(47,000km³)
담수성 지하수
염수성 지하수

부분은 **지하수**(groundwater)로서 일시적으로 저장된다. 이러한 흐름이 물순환이다.

증발, 응결, 강수, 유출의 지구 평균 비율은 지구 물 수지로서 나타낸다. 각각의 과정은 지리적인 물 가용량에 따라 차이가 있다. 해양에서 대기로 증발된 여분의 물은 바람에 의해 육지 쪽으로 이동되어 구름에서 응결되고 강수로서 지표에 내린다(그림 4.2.3). 육지에 떨어진 물의 2/3는 지표에서 증발되고, 나머지 1/3은 하천으로 배수되어 유출을 통해 바다로 되돌아간다. 상당수의 하천 물(세계 평균의 약 5%)은 해양으로 흐르지 않고, 관개농지에서 용수로 사용된 후에 대기로 되돌아간다(그림 4.2.4).

그림 4.2.3 **아마존 유역의 물순환**
아마존 유역에는 태평양의 수증기가 안데스 산맥에 의해 차단되고, 대서양의 물이 강수로 공급된다. 무역풍이 남아메리카를 서에서 동으로 가로질러 수증기를 운반함으로써 증발산 작용은 대기에 물을 공급하고, 이후 그 물은 강수로 다시 내린다. 아마존 동부에서 강수는 대서양으로부터 증발을 통해 주로 얻지만, 서부에서는 식생이 이미 사용한 재순환된 물이 전체 강수량의 상당 부분을 차지한다.

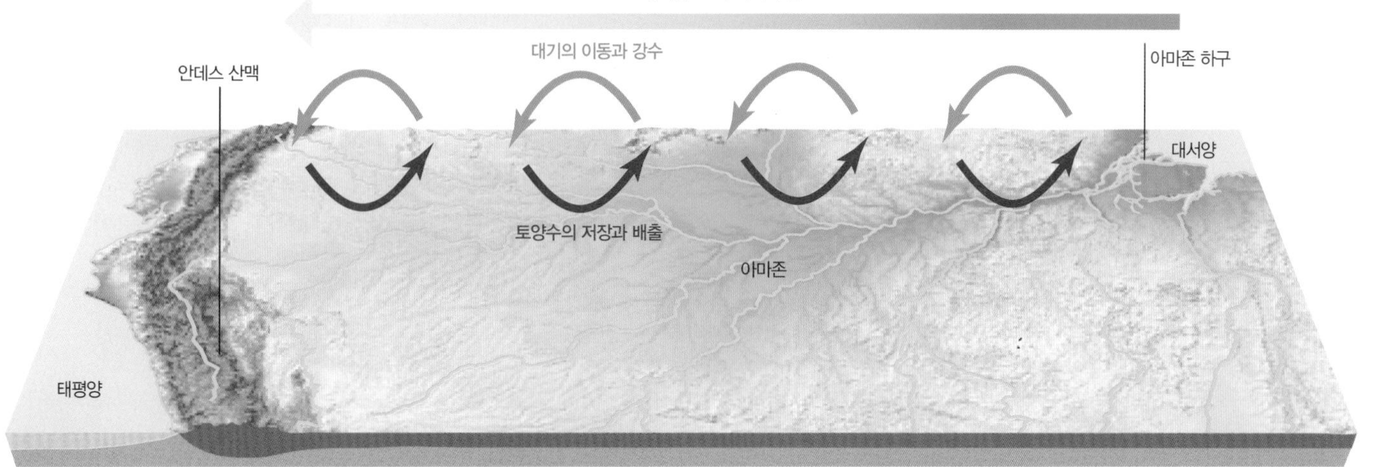

1940

2009

그림 4.2.4 **미드 호**
네바다 주와 애리조나 주의 경계를 따라 위치한 이 저수지는 네바다 주, 애리조나 주, 캘리포니아 주의 도시와 관개농지에 물과 전기를 공급한다. 저수지의 수위는 계속되는 가뭄으로 2000년 이후부터 계속 낮아지고 있다.

4.3 지역적 물 수지

▶ **기후와 날씨는 지역적인 물의 이동에 영향을 미친다.**

▶ **지역적 물 수지는 식물 성장, 하천 유출, 물 가용성의 계절적인 변화를 설명한다.**

물 수지는 물 관리를 위해 매우 중요하다. 물 수지는 어떤 지역에서 얼마나 많은 물을 이용할 수 있는지, 수자원이 기후와 어떻게 관련되는지, 인간의 활동이 수자원을 어떻게 변화시키는지에 대해 대답해준다(그림 4.3.1).

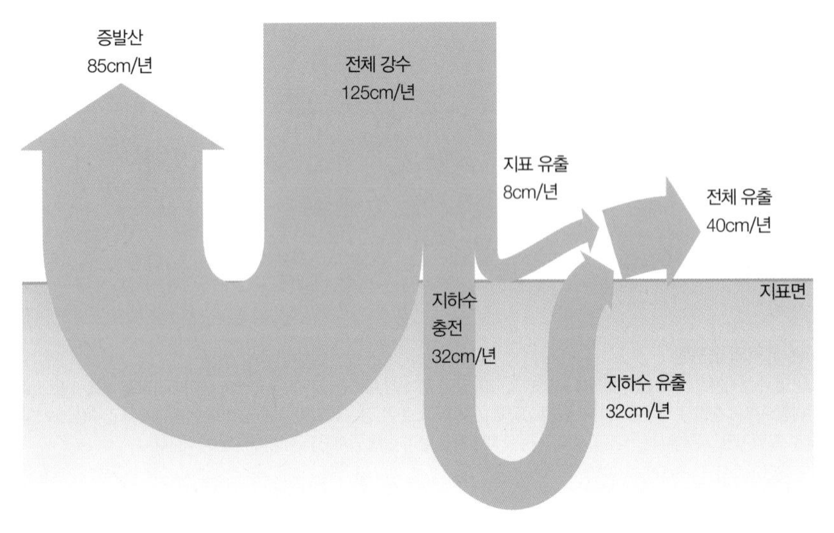

그림 4.3.1 **전형적인 중위도 지역에서의 지역적 물 수지**
이러한 물 수지의 양은 중위도 기후에서 전형적이다. 강수의 대부분이 증발산 된다는 점을 주목하라.

물 수지 모형은 연간 물 수지의 변화를 설명한다(그림 4.3.2). 식생이 양호한 지역은 액체에서 기체로의 물 상태 변화가 식물의 잎에서 다량으로 발생한다. 이러한 식물의 작용을 **증산**(transpiration)이라고 하며, 증산이 증발과 함께 나타나면 **증발산**(Evapotranspiration, ET)이라고 부른다.

ET의 비율은 시간과 장소에 따라 무척 다양하지만 일반적으로 두 가지 요인에 영향을 받는다.

- 물은 증산하는 식물이 이용할 수 있어야 한다.
- 공기의 습도는 포화 상태가 아니어야 한다.

물이 증발하기 위해서는 에너지가 필요하다. 물이 액체에서 기체로 기화할 때 식물의 잎을 냉각시킨 에너지가 흡수된다(이것은 수증기의 잠열이 된다.). 따라서 증발산 비율은 주로 에너지 가용성에 의존한다. ET는 온난한 조건에서 매우 빨리 발생하고, 영하에서는 사실상 정지된다. 대기의 습도와 풍속도 중요하다. ET는 습하고 평온한 날보다 건조하고 바람이 부는 날

그림 4.3.2 **전형적인 중위도 습윤기후인 미국 일리노이 주 시카고의 물 수지 모형**

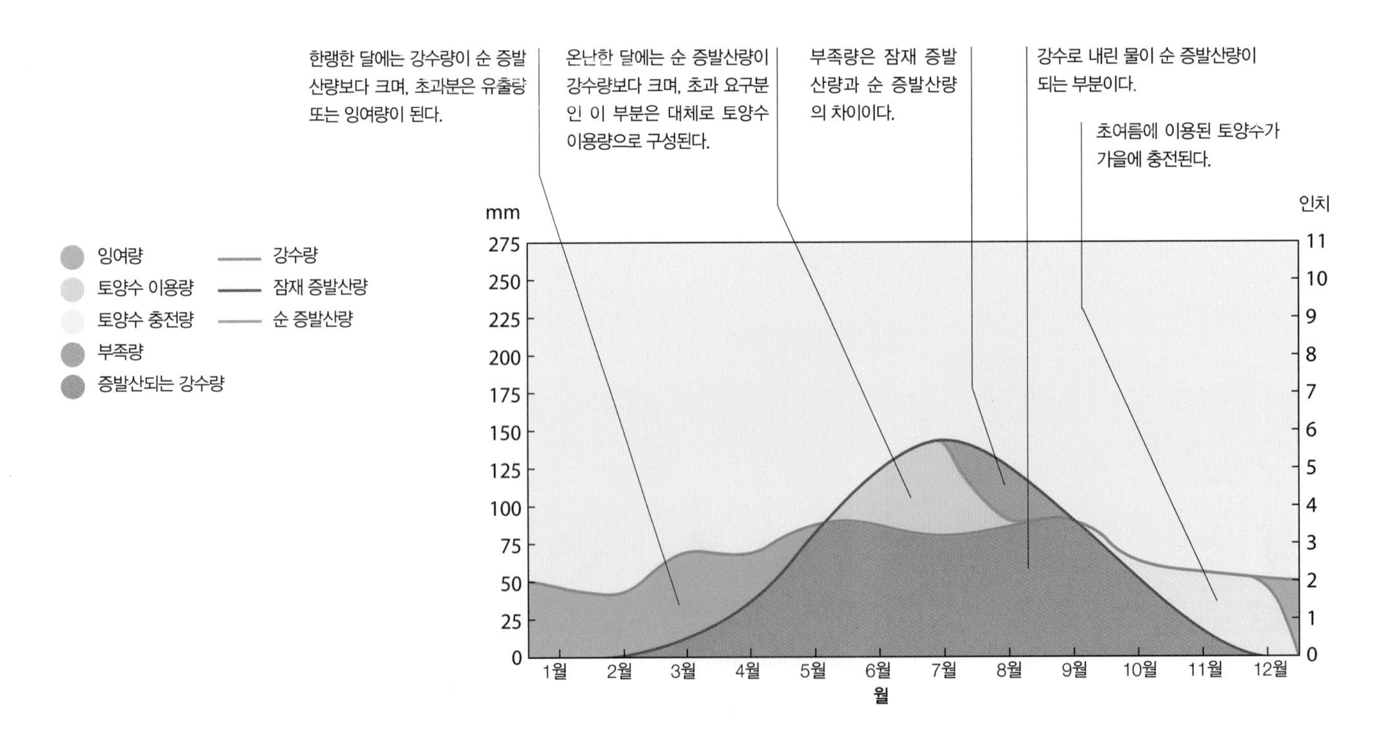

에 더 빠르다. 증발산은 식물의 증산작용으로 인해 겨울에는 낮고 여름에는 높다.

온난한 기상 조건은 높은 ET를 선호하지만, 토양은 이러한 요구를 충족하기에는 너무 건조할 것이다(그림 4.3.3). 따라서 잠재 ET와 순 ET를 구분한다. **잠재 증발산량**(Potential Evapotranspiration, POTET)은 가능하다면 모두 증발할 수 있는 물의 양이다. **순 증발산량**(Actual Evapotranspiration, ACTET)은 현재 조건에서 실제로 증발할 수 있는 양이다. 만약 물이 풍부하다면 ACTET와 POTET는 같다. 그러나 물이 단기간에만 공급된다면 ACTET는 POTET보다 작다.

ACTET는 POTET보다 절대로 많을 수 없다. POTET와 강수량을 비교하는 것은 다양한 기후에서 물의 가용성을 설명하기에 좋은 방법이다. 예를 들어 만약 강수량이 POTET보다 항상 많다면 식물에게 물은 충분히 공급되고 기후는 아주 습윤하다. 만약 강수량이 대부분의 시간 동안 POTET보다 적다면 식물은 필요한 만큼 물을 더 이상 얻을 수 없어서 자연 식생은 건조한 상태가 되고 기후는 건조해진다.

물 수지는 기후에 따라 매우 다양하다(그림 4.3.4). 습윤기후에서는 강수량이 항상 요구량에 버금가고, 저장된 토양 수분은 짧은 건조 기간 동안에만 부가적으로 적은 양의 물을 공급한다. 반건조 및 건조기후에서는 1년 동안 물의 요구량이 강수량을 초과해 나타나므로 토양 수분은 완전하게 재충전되지 않으며, 식물은 심각한 수분 부족을 견뎌야 한다.

그림 4.3.3 **관개 중인 휴양지**
시카고와 같은 기후에서 사람들은 풀의 증발산이 활발한 여름에 잔디밭이나 골프 코스에 물을 뿌린다.

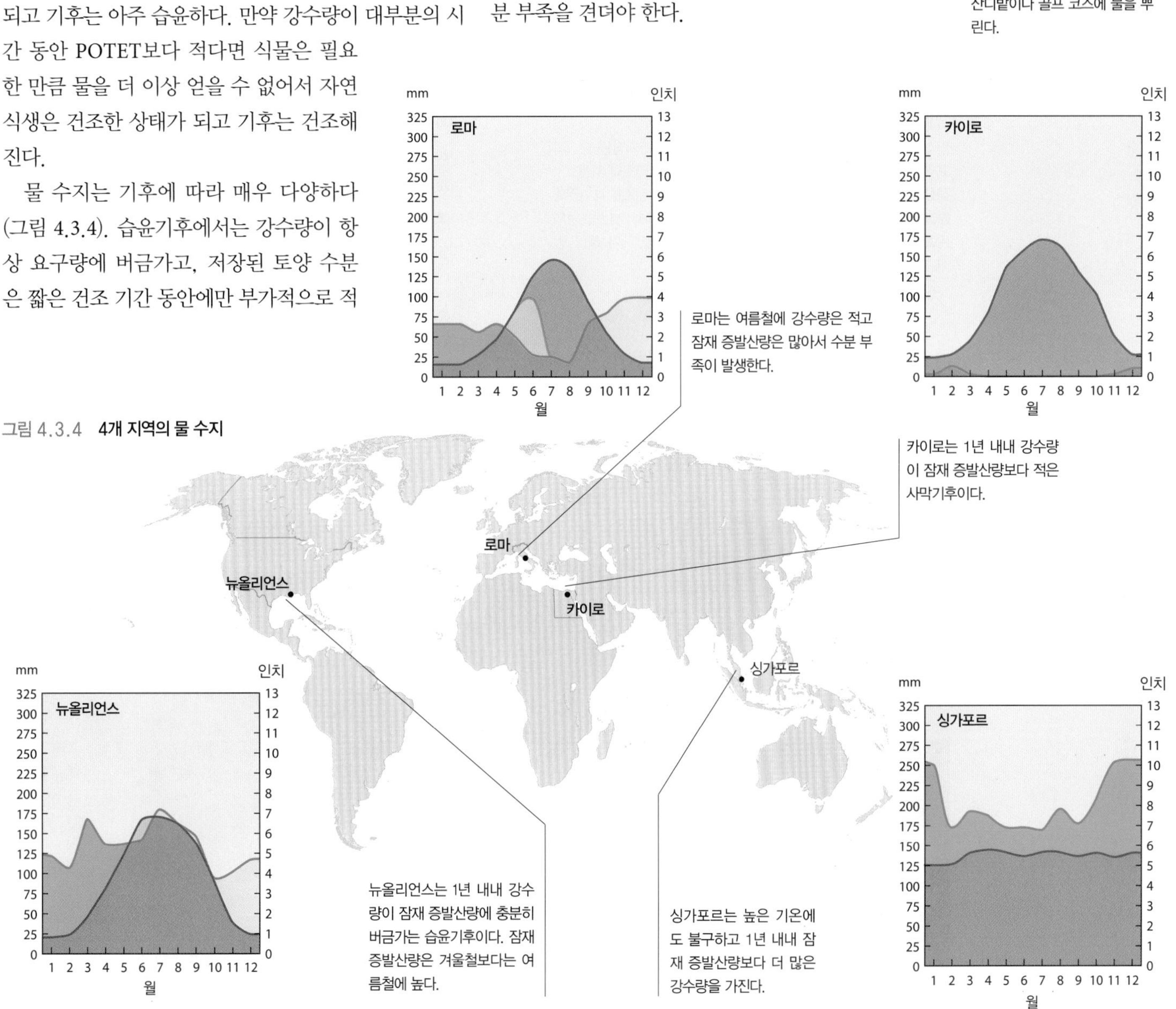

그림 4.3.4 **4개 지역의 물 수지**

4.4 탄소순환

▶ 식물의 성장과 분해는 탄소순환을 발생시킨다.

▶ 증가하는 대기 중 CO_2는 기후변화에 영향을 미친다.

탄소순환 과정에서 대기권에 이산화탄소(CO_2)의 형태로 존재하는 탄소는 식물 조직에서 광합성을 통해 탄수화물을 형성한다(그림 4.4.1). 동물은 식물을 소비하고, 식물의 탄수화물을 자신의 생명 활동을 위해 이용한다. 탄소는 **생물량**(biomass), 즉 살아있거나 죽은 식물과 동물, 퇴적물 속에 포함된 유기물에 저장된다. 대부분의 모든 살아있는 생물들이 수행하는 호흡을 통해 탄소는 CO_2로서 대기권에 되돌아간다. 또한 이산화탄소는 화석연료의 연소에 의해서도 대기권에 추가된다(그림 4.4.2).

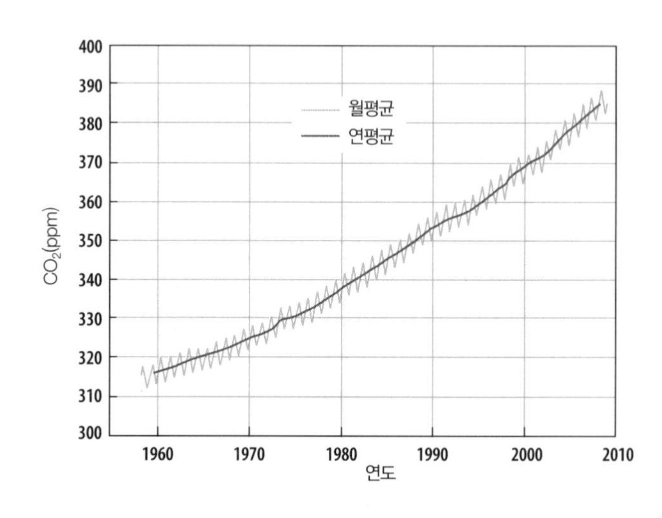

그림 4.4.2 **대기 중 이산화탄소 농도**
하와이 마우나로아에서 측정되는 이산화탄소 농도는 북반구의 연간 광합성 주기를 반영하여 계절에 따라 증감한다. 농도는 성장하는 식물에 탄소가 유입되는 봄철에서 가을철까지 감소하고, 유기물이 분해되는 겨울철에는 증가한다. 특히 매년 평균 농도는 주로 화석연료의 연소로 인해 약 2ppm씩 증가한다.

그림 4.4.1 **탄소순환**
탄소는 대기권에서 취해지고, 광합성을 통해 생물량에 저장된다. 그리고 호흡을 통해 대기권으로 되돌아간다. 화석연료의 연소와 시멘트의 생산은 암석에 오랜 기간 저장되어 있던 엄청난 양의 탄소를 대기권에 방출하였다. 또한 기체 교환을 거쳐 대기와 해양 사이에서 엄청난 양의 탄소가 교환된다. 탄소의 주요 저장 공간은 토양, 식물, 대기, 해양, 암석, 화석연료 등이다.

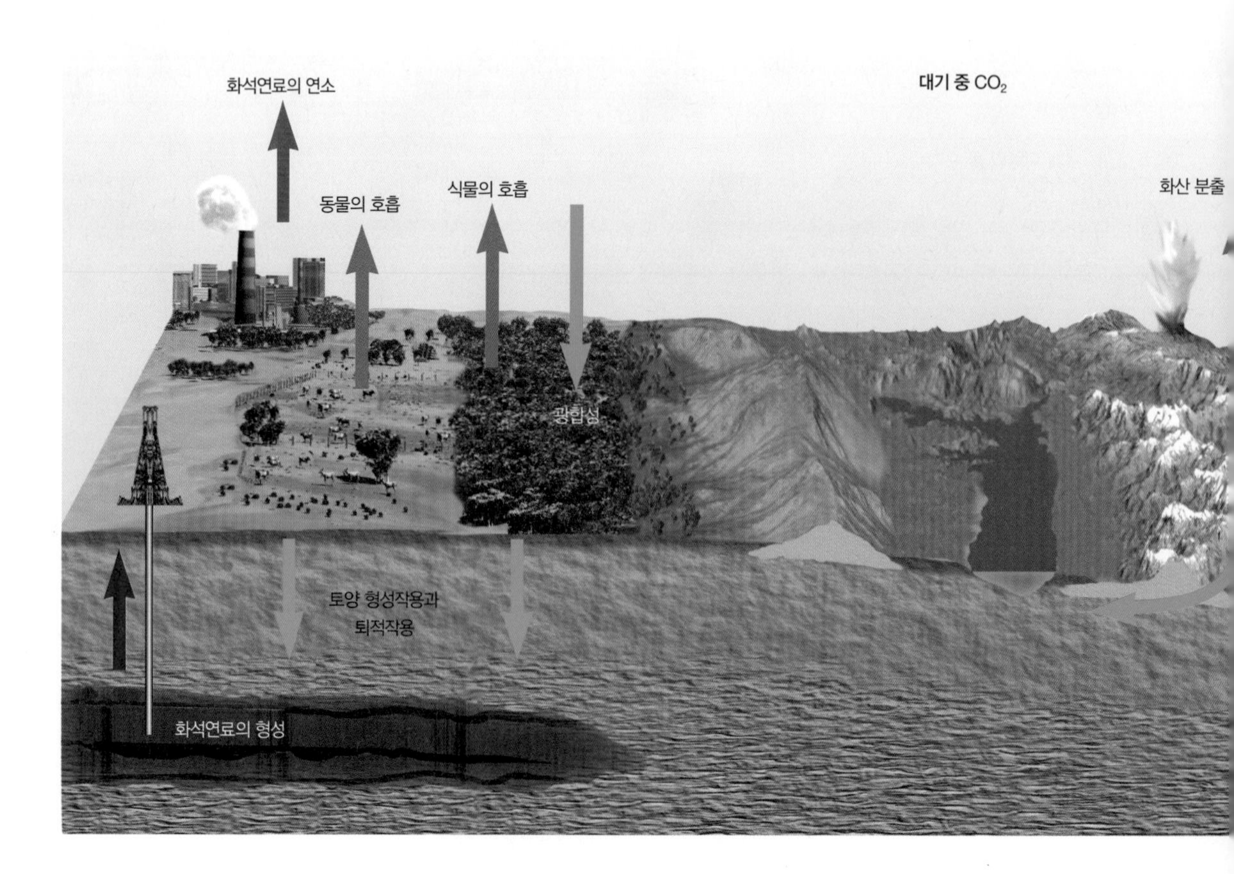

광합성

광합성, 퇴적작용, 호흡, 연소는 탄소와 산소를 생물과 환경 사이에서 순환시킨다. **광합성**(photosynthesis)은 아래의 식으로 나타낼 수 있다.

이산화탄소 + 물 + 에너지 → 탄수화물 + 산소

이러한 반응을 통해 지상의 식물은 공기로부터 이산화탄소, 토양으로부터 물, 태양복사로부터 에너지를 흡수한다. 식물은 조직 내에 추후에 이용될 탄수화물을 저장하고, 대기에 산소를 방출한다. 식물은 동물이 존재할 수 있도록 대기에 산소를 공급하는 원천이다.

호흡(respiration)은 광합성과 반대되는 반응으로 이루어진다.

탄수화물 + 산소 → 이산화탄소 + 물 + 에너지(열)

호흡 과정에서 탄수화물은 대기의 산소와 결합하면서 CO_2와 물로 분해된다. 이 과정에서 에너지가 방출된다. 이러한 에너지의 일부는 열로서 소실되고, 일부는 추후의 생명 활동에 이용될 화합물로 저장된다.

식물은 성장하면서 대기의 탄소를 흡수한다. 산림이 제거되면 나무에 존재하던 대부분의 탄소는 분해되거나 연소를 통해 대기로 방출된다.

탄소순환의 방출과 저장에 대한 인간의 영향

세계의 많은 지역, 특히 열대 습윤 지역에서 산림 벌채와 도시 개발은 생물권의 탄소 저장소를 감소시키고 대기권으로 탄소를 보내게 된다(그림 4.4.3). 그러나 미국 동부와 같은 다른 지역에서는 산림이 실제로 증가하고 있고, 젊은 산림이 성장하고 있으며, 이 과정에서 탄소가 저장되고 있다. 유사하게 미개발 토지를 농경지로 전환한 초기에는 대체로 유기물과 토양의 탄소가 감소되지만, 추후에 토양이 회복된다면 탄소는 원래 상태로 되돌아온다. 최근에 산림 벌채가 대기권 탄소의 대규모 변화를 유발하는 것으로 여겨지고 있지만, 세계의 일부 지역에서는 대량의 탄소가 생물권에 흡수되기도 한다. 결국 불확실함이 커진다.

비록 많은 과정이 포함되지만 화석연료의 연소는 지구 대기권의 CO_2 증가와 지구온난화를 일으키는 가장 중요한 요인이다. 유럽이나 북아메리카와 같이 오래전에 산업화된 지역에서 CO_2가 가장 많이 배출되었지만, 최근의 경제성장은 화석 탄소 배출의 급격한 증가를 유발하였다. 2000~2009년 동안 지구의 화석 탄소 배출은 매년 3.2% 증가하였고, 중국은 같은 기간에 2배 이상 배출하였다. 중국은 미국, 유럽, 일본에서 소비되는 제품을 생산하면서 배출된 탄소로 인하여 현재 세계 최대의 CO_2 배출국이다.

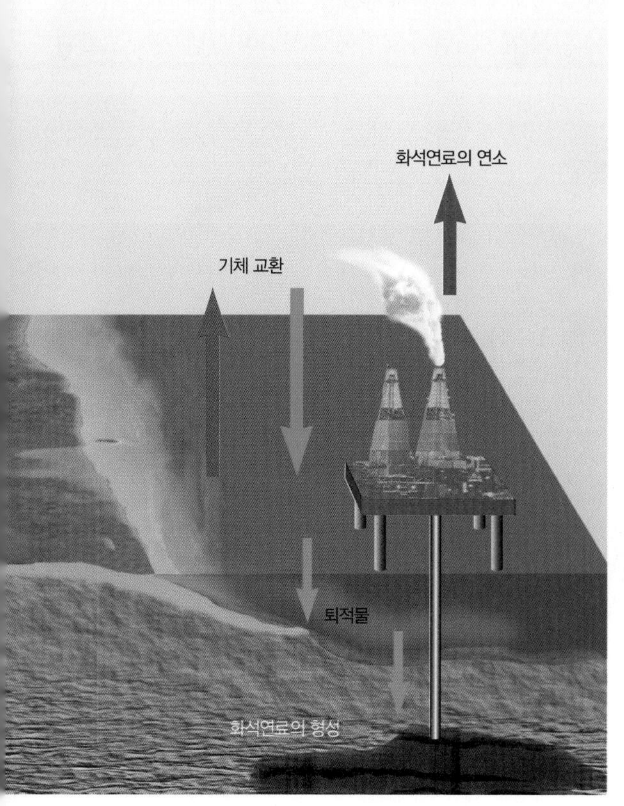

그림 4.4.3 **2000~2009년 세계의 탄소 수지**
대기권 탄소의 총량은 연간 4.1Gt(기가톤, 10억 톤) 증가하였다. 이러한 증가는 주로 2000~2009년 동안 연간 7.7Gt의 화석연료 연소와 시멘트 생산에 의해 유발되었고, 이보다는 덜하지만 연간 1.1Gt의 토지 이용 변화에 의해서도 유발되었다. 이러한 추가되는 양보다 대기권에 축적되는 양은 매년 4.1Gt으로 더 적다. 해양은 약 2.3Gt을 흡수하고, 나머지 2.4Gt은 생물권과 토양에 흡수되는 것으로 알려져 있다(Global Carbon Project, 2010).

4.5 영양물 순환

▶ **질소와 인은 생태계에 기본적인 영양물을 공급하면서 지구 생태계에서 순환한다.**

▶ **영양물 순환에 대한 인간의 간섭은 지구 생태계에 급격한 변화를 일으켰다.**

대기권, 암석권, 수권, 생물권 사이에서 물과 탄소를 이동시키는 물과 탄소의 순환과 더불어 필수적인 영양물도 지구 생태계를 통해 이동한다. 이 가운데 가장 중요한 것이 질소와 인이다. 질소와 인의 순환은 인간에 의해서 생태계, 즉 식물 및 동물과 이들이 상호작용하는 물리적 환경에 심각한 영향을 미치면서 크게 변화하고 있다.

질소순환

질소순환에서 질소는 대기에서 취해져서 고정되거나, 식물과 동물이 단백질이나 다른 분자를 생성할 수 있는 형태로 변환된다(그림 4.5.1). 질소 고정은 자연적인 작용과 인간에 의해서 발생된다.

- 대부분의 자연적인 질소 고정은 토양에서 세균에 의해 이루어지고, 이후 식물에 의해 흡수되어 식물 조직에 결합된다. 이러한 질소는 분해되어 대기로 다시 방출되어 되돌아가기 전에 식물로부터 식물을 소비하는 동물에게 이동된다. 세균은 암모니아(NH_4)와 질산(NO_3)과 같이 물에 쉽게 용해되는 유동적인 형태로 생물량에 획득되는 질소를 변환시키는 데 중요한 역할을 한다. 토양에서 이동하는 물은 이러한 가용성 질소를 하천과 해양으로 이동시킬 수 있다.
- 인간은 비료 생산을 통해 질소를 고정시킨다. 이러한 질소는 환경적으로 널리 퍼져있는 농업 시스템을 통해 증가된다. 자동차와 화력발전소 또한 질산염과 같이 생화학적인 형태의 강수를 통해 지표에 되돌아오는 많은 양의 질소산화물을 방출한다.

현재에는 자연적인 작용보다 인간에 의해 더 많은 질소가 고정되고 있다.

인순환

질소의 주요한 저장소는 대기권이지만, 인순환의 주요 저장소는 암석권이다(그림 4.5.2). 인은 암석의 풍화에 의해 토양으로 유입되고, 식물에 흡수되어 생물권으로 이동한다. 인은 배설물과 죽은 생물량의 분해를 통해 토양과 물로 되돌아간다. 질소와 마찬가지로 인도 식물 성장을 위해 필수적인 영양물이다. 인은 농작물을 수확하면 농경지에서 이동하게 되고, 농경지에서 배출되는 물에 의해 제거되면서 토양에 축적되어 있던 것이 고갈된

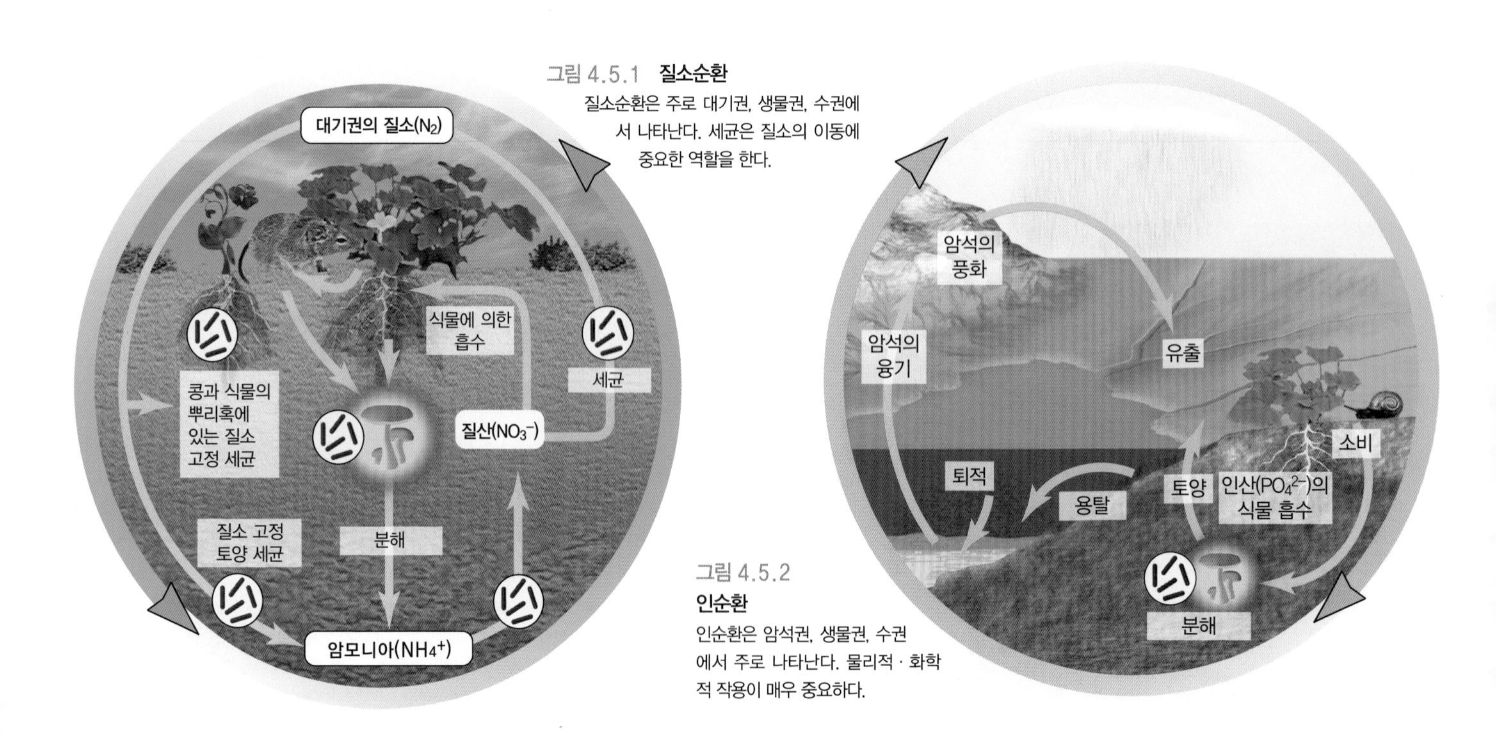

그림 4.5.1 **질소순환**
질소순환은 주로 대기권, 생물권, 수권에서 나타난다. 세균은 질소의 이동에 중요한 역할을 한다.

그림 4.5.2
인순환
인순환은 암석권, 생물권, 수권에서 주로 나타난다. 물리적 · 화학적 작용이 매우 중요하다.

다. 우리는 토양에 인 비료를 투입함으로써 소실된 인을 보충하고 농작물의 성장을 촉진한다. 이러한 비료는 인이 풍부한 암석을 채굴하거나 해안이나 섬에서 새의 배변 퇴적물을 채취하여 생산한다.

부영양화

하천, 호수, 해안 지역의 환경에서 막대한 양의 생화학적 질소와 인의 증가는 수중생태계를 급격하게 변화시키고 있다. 토양 내의 영양물은 농작물의 생산을 촉진하지만, 물속의 영양물은 물속 조류식물의 성장을 촉진한다. 이를 **부영양화**(eutrophication)라 부른다(그림 4.5.3). 수표면에서 조류의 증식은 생물학적 활동을 촉진시키고, 동물성 플랑크톤(조류를 먹는 작은 동물)의 수를 늘린다. 그러나 조류와 동물성 플랑크톤이 죽어서 깊고 어두운 물속에 가라앉으면 분해되면서 산소가 소비된다. 이로 인해 깊은 물속에는 산소 함량이 낮아지고 심해져 또는 깊은 물속에 사는 생물이 생존이 불가능하여 '데드존(dead zone)'이 된다(그림 4.5.4).

이러한 문제를 해결하기 위해서 농업인들은 비료를 덜 사용해야 하거나 비료 사용의 효과를 극대화시킬 수 있는 기술을 이용해야 한다. 그러한 기술의 한 가지 예는 농경지의 비료 요구량의 변화를 나타내는 전자 지도를 이용한 정밀 농업이다. 트랙터에 장착된 GPS 수신기는 트랙터에 견인된 비료 투하기를 통제하는 GPS 시스템과 연결되어 있다. 트랙터가 농경지를 이동하면 비료 투하기는 농경지의 각 지점에서 요구되는 값을 조절하므로 비료가 필요 이상으로 투입되지 않는다. 정밀 농업은 농업인의 비료 사용 비용을 절감시키고, 하류의 수질을 개선할 수 있다.

그림 4.5.3 **조류의 대량 번식**
중국 하오저우

그림 4.5.4 **세계의 저산소 해안**
육지로부터 상당한 영양물이 투입되는 해안 지역은 조류 생성이 과도해지기 쉽고, 수중에 산소 함량이 낮아지게 된다.

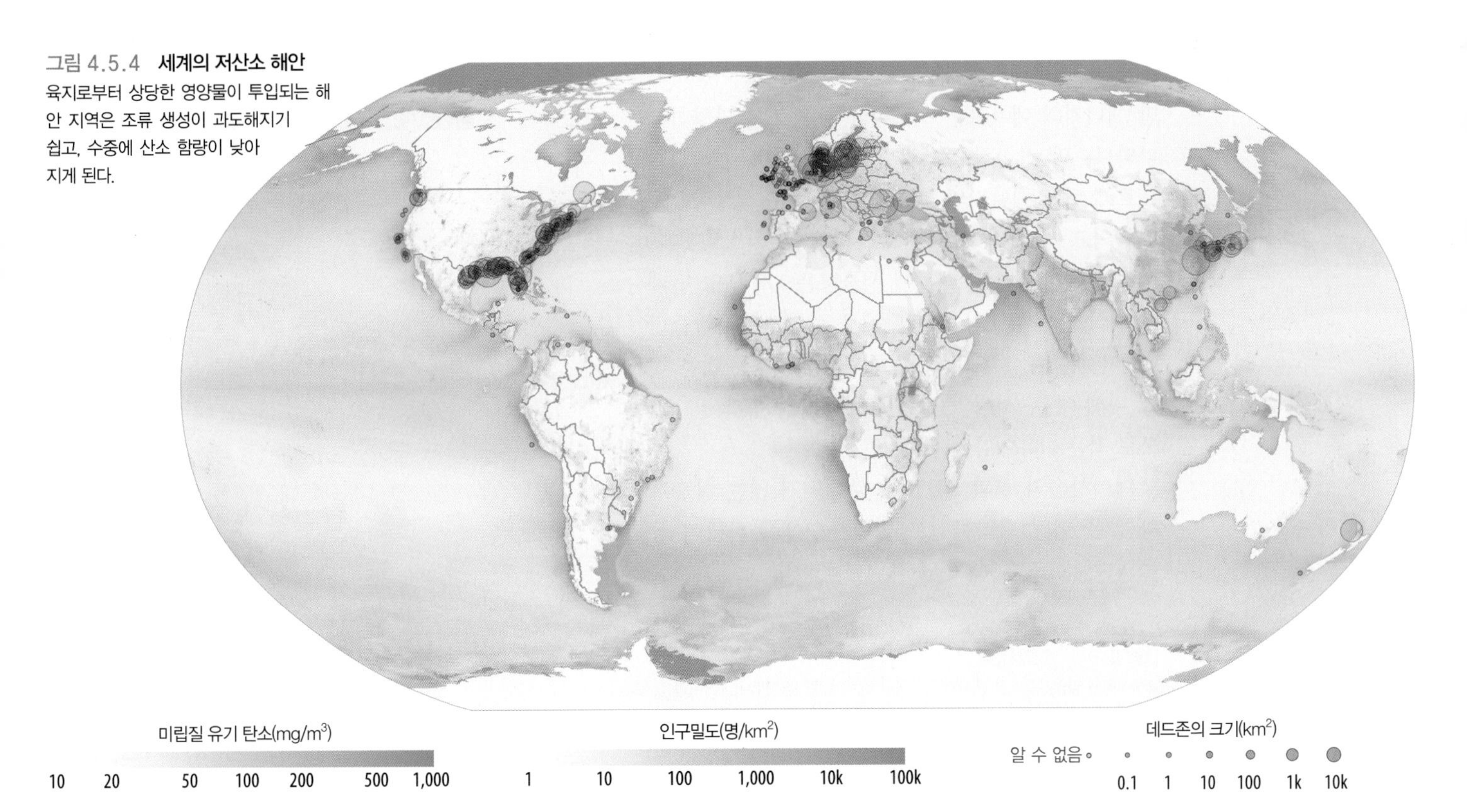

4.6 먹이사슬과 망

▶ **먹이사슬은 식물 광합성과 초식동물, 육식동물, 그리고 최종적인 분해자를 연결한다.**

▶ **각 생태 공동체의 모든 구성 요소들은 복잡한 상호작용으로 연결되어 있다.**

생태계는 어떤 지역의 모든 생물체, 그리고 이들과 상호작용하는 물리적 환경으로 이루어져 있다. 생태계는 잔디밭이나 연못과 같은 매우 작은 면적을 차지할 수도 있다. 분석의 척도가 크든 작든 간에 확실하고 기본적인 생태계 구성 요소들이 존재한다.

- 생산과 소비를 위해 필요한 비생물적인 물질과 에너지 – 물, 영양물, 산소 · 이산화탄소와 같은 기체, 에너지(빛과 열)
- 생산자 – 스스로 영양분을 생산하고 소비자의 먹이가 되는 녹색식물과 기타 생물
- 소비자 – 생산자 또는 다른 소비자를 먹는 생물
- 분해자 – 죽은 생물을 소화하고 재순환시키는 세균, 곰팡이, 벌레, 지렁이와 같은 작은 생물

먹이사슬

녹색식물은 광합성을 통해 영양분을 생산한다. 영양분은 먹이사슬의 방식으로 생태계에 분포한다(그림 4.6.1). 동물이 소비한 대부분의 영양분은 신체 기능을 유지하기 위해 사용되고 일부는 체내에 저장된다.

먹이사슬의 각 단계는 **영양 단계**(trophic level)라 부른다. 영양분은 한 단계에서 다른 단계로 이동하지만 에너지의 대부분은 소모된다. 실제로는 다양하게 나타나지만 경험적으로 보면 다음 단계에서 영양분으로 소비된 에너지의 약 1/10이 새로운 생물량으로 전환되고, 나머지 9/10는 호흡되고 열로 소모된다. 이러한 에너지 손실 때문에 생물량은 1차 영양 단계(녹색식물)에서 고차 영양 단계로 진행할수록 감소한다. 이것은 쥐, 토끼와 같은 초식동물의 수는 많은 것에 비해 여우, 사자와 같은 육식동물의 수가 상대적으로 적은 이유이다.

먹이사슬의 결과 DDT 등 분해되지 않는 살충제와 같은 어떤 화학물질은 먹이사슬을 통과하여 동물의 체내 조직 속에 축적된다. 만약 파괴되기보

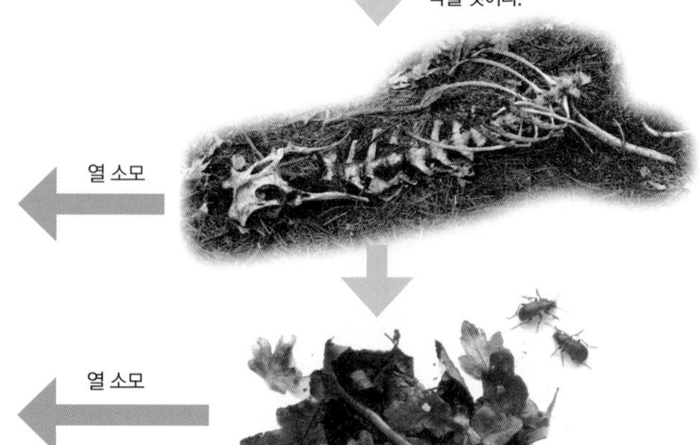

그림 4.6.1 **먹이사슬**
녹색식물은 영양분의 1차 생산자로, 1차 소비자인 **초식동물**(herbivore)과 **잡식동물**(omnivore)에게 먹힌다. **육식동물**(carnivore) 또는 2차 소비자는 식물이 아닌 다른 동물로부터 에너지를 얻는다. 이러한 **먹이사슬**(food chain)의 각 영양 단계에서 에너지는 열로 소모되며, 배설물은 분해자에 의해 분해된다.

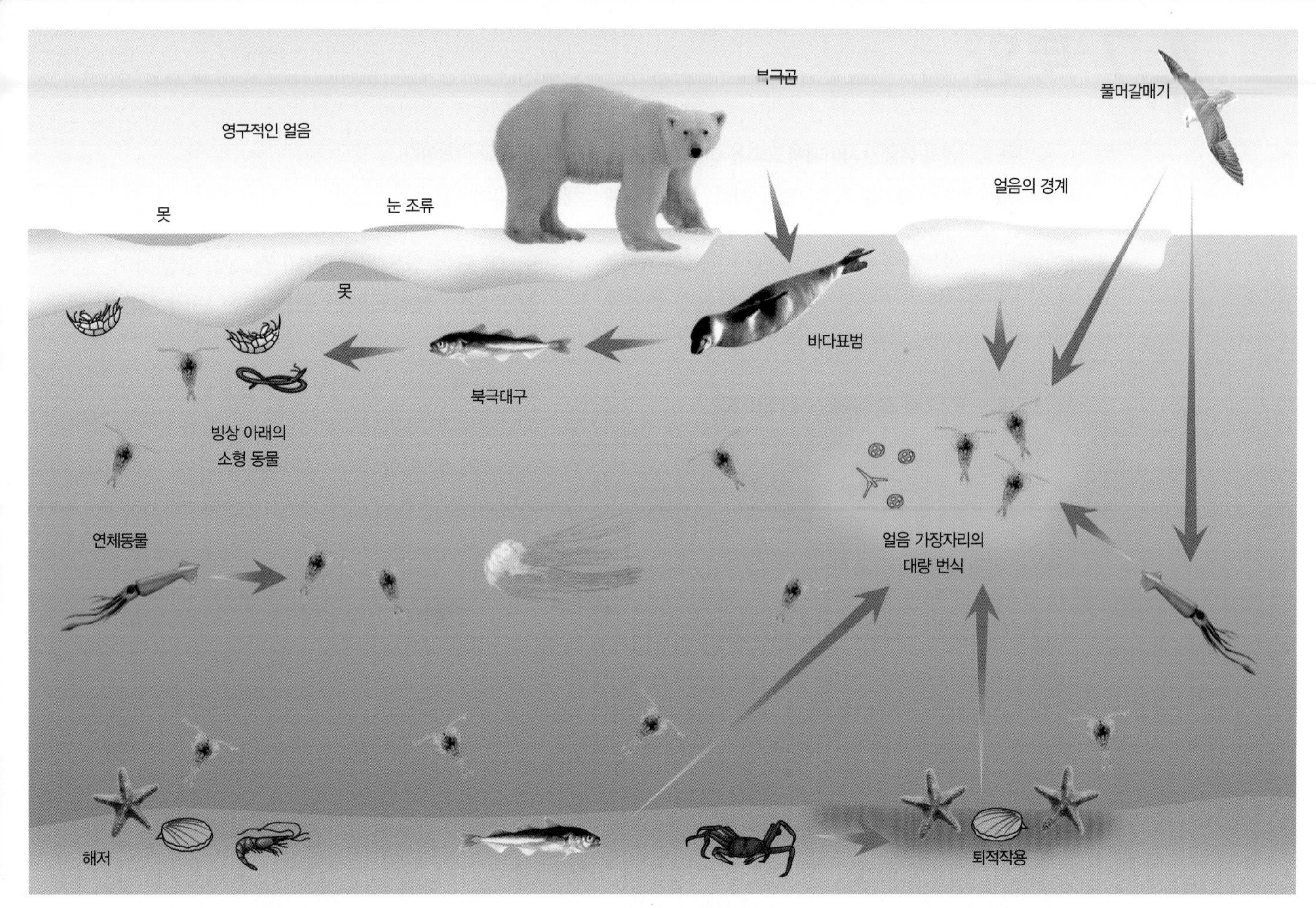

그림 4.6.2 **북극해의 먹이망**
먹이망은 공동체를 이루는 많은 종들 사이의 복잡한 관계이다. 북극해의 얼음 환경과 관련된 먹이망은 해조류 · 갑각류 · 어류 · 바다 포유류와 같은 해양 동물, 오리와 갈매기 같은 조류, 북극여우와 북극곰 같은 육상 포유류, 먹이망의 다른 모든 부분에서 소비되지 않은 배설물과 유기물을 먹는 넓은 범위의 분해자가 결합된다.

다는 동물에게 축적되는 물질이라면 **생물학적 농축**(biomagnification)으로 불리는 과정에 의해 각 영양 단계에서 살충제의 농도가 증가한다. 이러한 과정은 20세기 중반에 대머리독수리와 같은 조류 개체 수가 감소한 주요한 요인이다. 이러한 결과 때문에 DDT와 유사 살충제는 세계 많은 지역에서 금지되었거나 심하게 제한되고 있고, 최근에는 이러한 문제를 줄이기 위해 상대적으로 빨리 파괴되는 살충제를 사용한다.

복잡한 상호작용

영양 단계는 하나의 방향으로 나타나지만, 생태계에서 에너지의 흐름은 사다리같이 상대적으로 좀 더 복잡하게 나타난다. 이러한 복잡한 시스템을 설명하기 위해 먹이망(food web)이라는 개념을 사용한다(그림 4.6.2). 각각의 생물은 여러 영양 단계에서 먹이를 먹으며, 다양한 시간과 다양한 먹이 원천에 의존할 것이다. 예를 들어 흑곰은 식물과 동물을 모두 먹는 잡식동물로서 1년 동안 다양한 먹이를 섭취하는데, 어린 식물의 봄 새싹, 뿌리, (초식 또는 육식인) 곤충, (초식인) 어린 사슴과 같은 포유류, (초식 또는 육식인) 어류 등을 먹는다.

먹이망의 관계인 생산자–소비자, 피식자–포식자의 다중성은 생태계의 모든 부분에서 연결도가 높다는 것을 의미한다. 1차 생산량의 변화 또는 어떤 종의 개체 수 변화는 수많은 다른 종에 긍정적 또는 부정적인 영향을 미칠 것이다.

4.7 토양

▶ 토양은 암석권과 생물권 사이에서 조화를 이루며, 물순환의 중요한 조절 장치이다.

▶ 토양 특성은 시간에 따른 기후, 모재, 지형, 생물 활동에 의해 영향을 받는다.

토양(soil)은 역동적이며, 지구의 생물권을 유지하는 데 필수적인 광물과 유기물로 이루어진 다공질 층이다. 토양 특성은 다섯 가지 요인에 의존한다.

1. 모재는 토양을 형성하는 광물이다.

풍화는 암석을 작은 입자로 파괴시키고 새로운 화합물을 형성한다. 토양을 형성하는 모재(parent material)는 특히 젊은 토양에서 토양의 화학적 · 물리적 특성에 영향을 미치기 때문에 중요하다.

2. 기후는 물의 이동과 생물 활동을 조절한다.

물은 암석 풍화와 토양 형성에 핵심적인 역할을 수행한다. 매우 습윤한 기후에서는 많은 물이 토양을 통과하면서 가용성 광물을 용해시켜 제거한다. 이러한 용탈 때문에 일반적으로 습윤기후 지역의 토양은 건조 지역에 비해 나트륨, 칼슘과 같은 가용성 광물의 양이 적다. 그러나 반건조 지역에서는 물이 토양에 유입되어 가용성 광물을 증발산이 발생하는 지표를 향해 들어 올린다. 반건조 및 건조기후의 토양은 지표 부근에서 상대적으로 가용성 광물이 풍부한 층을 갖는다.

3. 식물과 동물에 의한 생물 활동은 광물을 이동시키고, 토양에 유기물을 더한다.

식물은 토양 표면에 집적되는 유기물을 생산하고, 동물은 이러한 유기물을 토양 내에서 재배치한다. 또한 식물과 동물은 풍화작용에도 영향을 미친다.

4. 지형은 물의 이동과 침식 속도에 영향을 미친다.

지형은 배수와 침식을 통제하면서 토양 내에 존재하는 물의 양에 영향을 미친다. 급경사 지역은 평탄하거나 완경사 지역보다 일반적으로 배수가 빠르게 발생하며, 침식도 더 잘 일어난다.

5. 이 모든 요인은 시간의 경과로 발생하며, 성숙한 토양이 형성되려면 보통 수천 년의 시간이 요구된다.

토양은 역동적이며, 지구의 생물권을 유지하는 데 필수적인 광물과 유기물로 이루어진 다공질 층이다. 토양 형성은 1천 년 이상 동안 점차적으로 발생하는 느린 과정이다. 수백 또는 수천 년 동안 형성된 토양은 수만 년 동안 형성된 토양과 화학적 · 생물학적 작용에 의해 변화된 특성이 매우 다르게 나타난다.

토양 특성은 토양 **층위**(horizon)에 따라 다양하다

그림 4.7.2 **세계 토양도**

히스토졸
(histosol)
이 토양은 주로 한랭한 극기후에서 매우 느리게 분해되면서 축적된 죽은 유기물로 이루어져 있다.

옥시졸(oxisol)
이 토양은 수천 년 동안 강한 화학적 풍화를 받아 가용성 광물이 제거된 것이다. 철산화물이 다량으로 집적되어 있기 때문에 주로 붉은색을 띤다. 이러한 유형의 토양은 물에 의해 가용성 광물이 용탈되었기 때문에 영양물이 빈약하다.

(그림 4.7.1). 토양 층위는 토양 내의 물, 광물, 유기물의 수직적인 이동을 통해 형성되며, 서로 다른 깊이에서 생물학적·화학적 활동에 따른 변화에 의해 형성된다. 토양 층위의 특성은 토양의 종류에 따라 매우 다양하다.

모든 토양이 그렇지는 않지만 대부분의 토양은 전형적인 A, B, C층을 포함하고 있다. 어떤 층의 존재와 특성은 토양의 유형을 구분하는 중요한 기준이다. 여기에서는 토양 단면의 다섯 가지 사례를 제시한다. 이는 세계에 분포하는 매우 다양한 토양의 일부만을 나타낸 것이다(그림 4.7.2).

그림 4.7.1 **일반적인 토양 단면**

O층

O(유기질)층은 부엽(낙엽, 나뭇가지, 죽은 곤충, 기타 유기물)이 축적되어 층을 이루고 있다.

A층

A층에서는 부엽이 분해되면서 곤충, 지렁이, 세균이 부엽을 소비하고 아래로 이동시킨다. 이러한 굴착동물의 배설물과 사체는 A층에 유기물을 더욱 추가시킨다. 많은 토양에서 A층은 식물의 생존을 유지할 다량의 영양물을 포함한다. 물은 토양 표면에서 물질을 제거한다.

B층

생물과 물은 A층에서 B층으로 물질을 이동시킨다. 화학적 풍화에 의해 형성된 점토 광물은 B층에 집적되며, 건조 지역에서는 칼슘과 같은 가용성 광물이 B층에 집적된다.

C층

C층은 상부의 물질과는 달리 토양 형성작용에 의해 완전히 변화되지 않은 풍화된 모재를 포함한다.

ARCTIC OCEAN

PACIFIC OCEAN

INDIAN OCEAN

TLANTIC OCEAN

0 1,000 2,000 Miles
0 1,000 2,000 Kilometers

- 알피졸
- 안디졸
- 아리디졸
- 엔티졸
- 겔리졸
- 히스토졸
- 인셉티졸
- 몰리졸
- 옥시졸
- 스포도졸
- 울티졸
- 버티졸
- 암석 지역
- 이동성 사구
- 얼음/빙하

알피졸(alfisol)

이 토양은 중간 정도의 유기물 함량으로 갈색을 띤다. 산림 지역에서 형성되고 대체로 비옥한 편이다.

아리디졸(aridisol)

건조기후의 토양은 물이 가용성 광물을 제거하지 못하기 때문에 가용성 광물이 매우 풍부하다. 또한 식물의 성장이 어렵기 때문에 유기물 함량이 대체로 낮다.

몰리졸(mollisol)

초원을 이루는 반건조기후에서 형성된 어둡고 비옥한 토양이다. 유기물과 영양물이 풍부하다.

4.8 생물상의 다양성

▶ **광합성 비율은 충분한 강수량, 온난한 기온, 풍부한 영양물질을 가진 지역에서 가장 크다.**

▶ **생물 형태의 다양성은 서식지의 다양성에 기인한다.**

광합성은 햇빛, 물, 영양물질, 식물 성장을 위한 적절한 기저물질을 요구한다. 다양한 기후는 서로 다른 양의 햇빛과 가용 수분을 가지는 반면, 지구적 규모에서 영양물질과 기저물질의 조건은 주로 지질과 지형에 의해 지배된다. 충분한 햇빛과 수분을 가진 육지부는 가장 높은 광합성 비율을 나타낸다(그림 4.8.1). 또한 대부분의 습지와 연안 지역은 매우 높은 비율의 생산성을 나타낸다. 건조기후와 1년의 특정 기간에 제한적인 햇빛을 받게 되는 중위도 기후에서는 광합성 비율이 낮다. 해양의 넓은 지역은 제한적인 가용 영양물질로 인해 대륙에 비해 광합성 비율이 낮다.

영양 생산성과 경쟁

특정 생태계 내에서 생물은 영양물질, 수분과 같은 자원을 위해서 경쟁한다. 이러한 경쟁 속에서 보다 성공적인 식물과 동물이 환경을 지배할 것이다. 식물의 경우 빛, 수분, 영양물질, 공간을 위해 이러한 경쟁을 한다. 식물은 성장하기 위해 이러한 요소 모두를 요구하지만, 어떤 생태계에서는 대체로 한 가지 요소가 제한적이라서 경쟁과 적응이 강요된다. 예를 들어 건조 환경에서 식물은 충분한 햇빛을 위해 경쟁할 필요는 없지만 부족한 수분을 위해 경쟁한다. 습윤 환경에서는 수분은 풍부하지만 햇빛을 위해 경쟁한다. 적절한 수분과 빛을 보유한 지역은 척박한 토양을 가질 수 있는데, 그러한 식물은 영양물질을 위해 경쟁해야 한다. 식물은 진화를 통해 특정 환경에서 생존을 유지할 수 있는 독특한 생물 형태, 생리적 특성, 번식 방법을 채택한다. 해당 지역의 지표 피복을 지배하는 식물은 주어진 환경에서 대체로 제한적으로 나타나는 자원을 위한 경쟁에 최적화되어 있다.

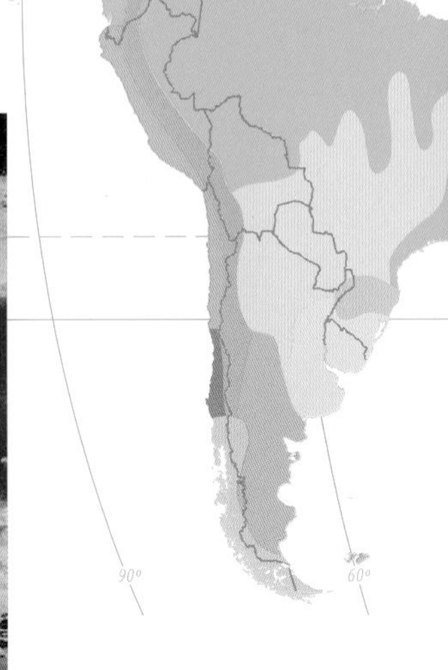

그림 4.8.1 **세계의 식물 생산성 지도**
이것은 식물 성장에 대한 정보를 제공해주는 지구에서 반사된 빛을 이용한 거의 2년 동안의 합성 위성영상이다. 대륙의 녹색과 해양의 밝은 청색 지역은 식물 성장을 의미한다.

생물상

지구의 생태계는 대체로 지역의 기후 또는 우점하는 식생에 따라 명명된 특정 식물과 동물 유형으로 특징지어진 **생물상**(biome)으로 구분된다(그림 4.8.2). 일반적으로 생물상은 많은 생태계를 포함한다. 육상 생물상은 기후와 식생이라는 두 가지 주요한 가시적인 특징을 가진다. 그림 4.8.2의 생물상 명칭은 특징적인 식물과 동물의 다양한 군락이다.

세계의 식생도는 세계의 기후도와 거의 유사하다. 생태적으로 다양하고 복잡한 산림은 생물량 내에 주요 영양물을 저장하고 있는 습윤 환경에서 나타난다. 건조 및 반건조 지역에서 식생이 희박한 것은 수분 스트레스에 의한 것이다. 습윤한 중위도 기후에서 발달한 산림은 겨울의 추위에 따라 보다 온난한 지역에서는 활엽수림이, 극주변 위도대에서는 침엽수림이 나타난다. 고위도 기후에서 온화한 여름철을 가진 지역은 추위에 내성을 가진 짧은 식생이 우점한다. 얼음으로 둘러싸인 극기후에서는 식생이 존재하지 않는다. 아래의 지도는 자연적으로 우점하는 식생 유형을 보여주고 있다. 식생의 실제 분포는 산림 벌채와 농업과 같은 인간의 훼손으로 인해서 제시된 지도와는 다소 차이가 있다.

그림 4.8.2 **육상의 주요 생물상**
이 지도는 인간이 농업 지역에서와 같은 식생 훼손이 없다고 할 때 존재하는 식생을 보여준다. 지도는 산지와 인구 밀집 지역에서 나타나는 식생 유형의 모호한 국지적 차이를 일반화한 것이다.

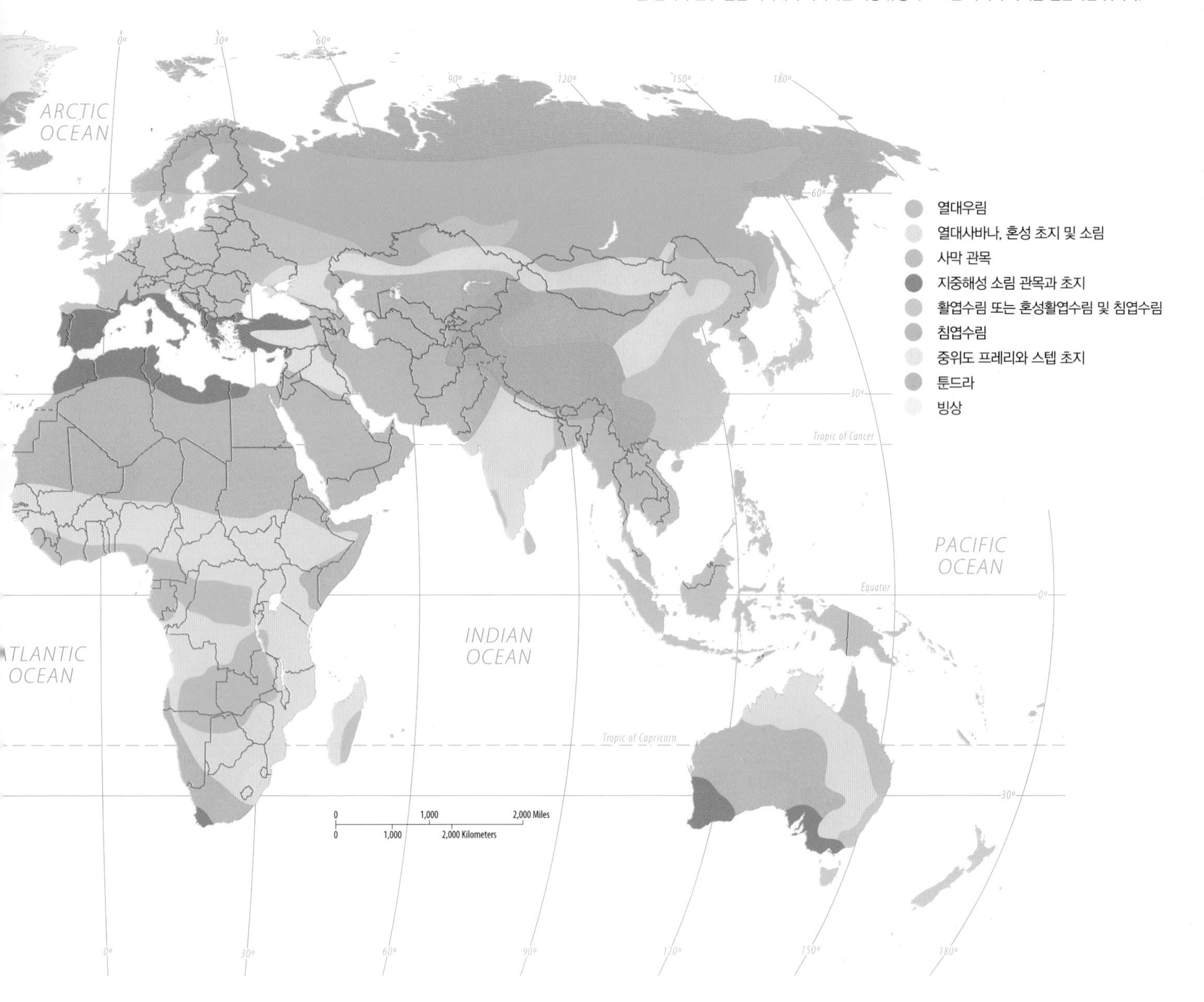

4.9 주요 생물상

▶ 산림 생물상은 수분 과잉 지역에서 나타난다.

▶ 초지, 사막, 툰드라는 식물 성장의 주요 한계 지역에서 발견된다.

지구는 8개 주요 생물상을 포함한다(그림 4.9.1)

그림 4.9.1 **주요 생물상**

- 열대우림
- 열대사바나, 혼성 초지 및 소림
- 사막 관목
- 지중해성 소림 관목과 초지
- 활엽수림 또는 혼성활엽수림 및 침엽수림
- 침엽수림
- 중위도 프레리와 스텝 초지
- 툰드라
- 빙상

툰드라

툰드라(tundra) 식생은 부드러운 줄기를 가진 작은 식물과 작은 관목에 의해 우점된다(그림 4.9.2). 이들은 바람 아래에 위치하거나 눈에 묻혀 휴면하면서 추위에 살아남고, 짧고 서늘한 여름에만 성장한다. 툰드라 식생은 매우 느리게 성장하지만 분해가 매우 느려서 유기물이 풍부한 물질이 집적되게 된다.

그림 4.9.2 **그린란드 하레피요르드의 툰드라**

중위도 프레리와 초지

초지는 더운 여름, 추운 겨울, 중간 정도의 강수가 나타나는 반건조 중위도 지역에서 우세하다(그림 4.9.3). 풀은 기온과 수분 조건이 양호한 짧은 계절(일반적으로 봄과 초여름) 동안 빠르게 성장하기 때문에 이러한 기후에 매우 적합하다. 건조하거나 추운 시기 동안 이러한 식물의 지표 윗부분은 말라 버리지만, 뿌리는 휴면하며 생존한다. 이는 산불이 나더라도 생존이 가능하게 하며, 침입한 나무나 관목의 희생을 통해 가용 수분을 사용하여 빠르게 다시 성장한다. 많은 초지가 밀, 옥수수, 콩, 기타 곡물을 생산하는 농경지로 전환되었다.

그림 4.9.3 **캐나다 서스캐처원의 중위도 프레리**

그림 4.9.4 **코스타리카의 열대우림**

열대우림

열대우림은 키 큰 활엽수가 1년 내내 잎을 유지한다(그림 4.9.4). 열대우림은 임관인 최상층을 가지며, 아래에 2개 이상의 층이 나타난다. 각 층은 서로 다른 우점종을 가지며 각 층과 관련된 동물 군락이 나타난다. 열대우림은 한 지역에서 발견되는 생물의 다양성을 의미하는 생물 다양성으로 유명하다. 열대의 식물 다양성은 대규모 동물 다양성과 부합한다. 복잡한 수직적 구조는 서식지와 종 다양성도 형성한다. 열대우림 지역에서 생물의 이러한 광범위한 다양성은 산림 벌채, 멸종, 생물 다양성에 대한 논쟁의 중심에 열대우림 생물상이 위치하게 하였다.

낙엽활엽수림

나무가 1년의 특정 기간 동안 잎을 떨어뜨리는 **낙엽활엽수림**(broadleaf deciduous forest)은 나무의 성상이 어려운 추운 계절이 존재하는 환경 조건에서 나타난다(그림 4.9.5). 여름철에는 낮이 길고 태양고도가 높아서 열대식물 성장의 60~75%에 달할 정도로 빠른 성장이 가능하지만, 이러한 성장이 가능한 계절은 5~7개월에 불과하다. 낙엽활엽수는 햇빛을 가능한 많이 받을 수 있도록 잎이 넓고 평평하다. 낙엽활엽수림은 열대우림보다 다양성은 덜하다.

그림 4.9.5 **독일 튀링겐의 낙엽활엽수림**

그림 4.9.6 **스페인 안달루시아의 지중해성 소림**

지중해성 소림 관목과 초지

지중해성 기후 지역에서는 상대적으로 작은 나무로 이루어진 혼성 소림(woodland)과 초지가 발견된다(그림 4.9.6). 이곳에서는 인간과 번개에 의한 산불이 잘 발생한다. 빈번한 산불로 많은 식물종이 분포하며, 산불에 의한 영향으로 설명할 수 있는 경관이 연속적으로 나타나기도 한다.

ARCTIC OCEAN

INDIAN OCEAN

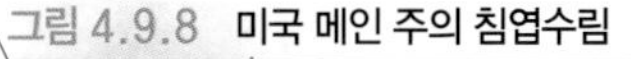

사막

사막(desert)은 수분이 거의 없어 대부분의 지역이 황무지이며, 수분 스트레스에 완전히 적응한 식생들만 산재되어 나타난다(그림 4.9.7). 사막의 식물은 풀과 같이 다양한 유형의 가뭄에 대해 내성을 가지며 보다 습윤한 지역에서 일반적인 것이 있고, 선인장과 같이 거의 사막에서만 나타나는 것도 있다.

그림 4.9.7 **오스트레일리아 남부의 사막**

열대사바나와 소림

사바나와 개방된 소림은 나무가 듬성듬성 자라고 있어 지표에 햇빛이 충분히 들어와서 풀과 관목이 조밀하게 자란다(그림 4.9.9). 이러한 식생은 나무가 낙엽이 질 정도로 건조한 계절이 존재함을 의미하며, 어떤 지역에서는 건조한 계절에 낙엽수가 주로 나타나기도 한다.

그림 4.9.8 **미국 메인 주의 침엽수림**

침엽수림

침엽수림 또는 **냉대림**(boreal forest) 생물상(그림 4.9.8). 추운 겨울 동안 낮은 습도와 결빙된 지표는 수분 스트레스를 유발하지만, 바늘잎 모양의 나무는 작은 표면적의 잎을 가지며 수분 손실을 줄여주는 수지가 코팅되어 있어 생존할 수 있다. 광범위한 냉대림은 남반구의 경우 50~70°의 위도대가 거의 없기 때문에 북반구에만 나타난다. 온대 침엽수림은 연중 식물이 성장할 수 있는 충분한 강수와 온난한 기온을 가지는 서안해양성 기후에서 나타난다. 침엽수림은 열대우림에 비해 다양성이 많이 없다.

그림 4.9.9 **동아프리카 케냐의 열대사바나**

4.10 인간이 주도하는 시스템

▶ 인간의 활동은 지구 생물권의 모든 부분에 영향을 미치며, 어떤 생물상을 완전히 제거하기도 한다.

▶ 생물상의 주요 구성 요소가 잔존할지라도 종의 다양성과 생지화학적 순환은 변화된다.

식물, 토양, 기후, 인간활동은 각각 다르게 영향을 미친다. 인간이 없다면 기후는 식생에 가장 크게 영향을 미칠 것이다. 농업 지역을 제외한다면 세계의 식생과 토양 분포가 세계의 기후와 거의 일치한다는 점에서 기후는 토양 형성과 식물 성장에도 매우 큰 영향을 미친다. 그러나 남극을 제외한 세계 대륙 지역의 37% 면적이 농경지나 목장이라는 점을 포함하여 인간은 세계 대부분의 육지 지역의 생태계에 깊숙이 관여하고 있다.

생지화학적 순환

몇몇의 경우에 인간은 자연에 비해 더욱 많은 생물량과 영양물질을 형성하고 있다.

- 생물권이 형성하는 막대한 양의 탄소에도 불구하고 인간이 대기에 CO_2 양을 꾸준히 증가시킴으로써 지구의 탄소순환에 중요한 역할을 하고 있다는 사실을 우리는 이미 알고 있다.
- 광합성을 통한 음식의 생산은 인간이 주요한 역할을 수행하는 또 하나의 중요한 생지화학적 과정이다. 지구 광합성의 약 8%는 농경지에서 이루어진다.
- 인간은 직접적으로 자신과 가축을 위한 먹이로서 그리고 목재와 같은 재료를 위한 섬유질로서 식물을 소비할 뿐 아니라 간접적으로 골프장에 자라는 잔디 또는 농장에 남겨진 잉여 농작물과 같이 식물의 특성과 상태를 통제함으로써 매우 큰 영향을 미치고 있다.

생물학적 산물의 약 3~40%는 인간이 '독점'하는 것으로 추정된다(그림 4.10.1). 이러한 산물은 인간의 욕구를 충족시키고 있기 때문에 더 이상 자연적인 먹이망을 제공하지 않는다. 인간에 의해 관리되지 않고 자연적인 먹이 공급에 의존하는 생물은 고통받고 있다. 넓게는 서식지 변화로 판단할 수 있는 이러한 영향은 생물 다양성이 감소한 주요 요인이다.

변화된 먹이망에 더하여 영양물질의 순환도 근본적으로 변화되었다. 집약적인 농업 활동은 많은 지역에서 유기물과 같은 영양물질이 토양 내에서 소모되고 있음을 의미한다. 그러한 경우 수십 년 후에야 토양의 비옥도가 감소하기 때문에 수년 동안에는 큰 문제가 없는 것처럼 보이게 된다. 수확량의 변화는 해마다 날씨, 해충, 식물 질병과 장기간의 토양 파괴로 인한 결과를 숨겨주는 기술 변화에 의해 유발된다. 농경지가 감소한 어떤

그림 4.10.1 **아마존의 산림 벌채**

구글어스를 이용해 아마존의 식생 변화를 탐색하라. 10°S, 63°W에 위치한 브라질의 혼도니아로 이동하라. 이 지역은 최근 10년 동안 대규모의 산림 벌채가 이루어졌다.

이 지역은 무엇으로 이용되고 있는가?

유사한 지역으로 보이는 그림 10.10.2와 비교해보라. 내려다보는 높이를 10km로 확대하라. "보기" 메뉴에서 "과거 이미지"를 클릭하라. 경관 변화를 살피기 위해 타임슬라이더를 이용하라.

산림 벌채는 대부분 언제 일어났는가?

1935년

2005년

그림 4.10.2 **자연 식생이 대체된 농경지 경관**
북아메리카 중위도 지역에서는 지난 2세기 동안 많은 농경지가 만들어졌다. 1930년 이후 미국의 농경지는 감소하였고, 이전의 농경지는 성장한 산림으로 대체되었다. 왼쪽은 1935년과 2005년에 오하이오의 농경지 경관을 보여준다.

지역에서는 유기물이 회복하는 데 도움이 되고 있지만(그림 4.10.2), 장기간의 토양 파괴는 세계의 많은 지역에서 발생하고 있다.

토양과 식생

토양은 침식에 의해 변형되었고 농업에 의해 가속화되었다. 침식은 토양에서도 대체로 가장 비옥한 부분인 최상부를 제거한다. 이는 영양물질과 토양의 가능성을 제거하는 것이다. 많은 농경지에서 표토의 손실은 수 센티미터에서 수십 센티미터의 범위로 나타난다. 종종 침식의 깊이는 전체 A층의 중요 부분에 해당하는 토양 표면의 장기간 노출에 의해 유발된다.

반건조 지역에서는 사막과 같은 곳의 식물이 생존하기 위해 더 낮은 곳의 토양 수분과 영양물질을 이용하는 과정에서 토양이 파괴될 수 있다. 반건조 식생과 토양이 인간의 이용에 의해 사막과 같이 변화되는 과정인 **사막화**(desertification)는 세계의 여러 반건조 지역에서 발생하고 있다(그림 4.10.3). 결과적으로 훨씬 적은 수의 동물을 키워야 한다. 비록 최근의 기후가 근본적으로 변화되지는 않았더라도 토지는 인간에 의해 과도하게 이용되면서 더욱 사막처럼 바뀌고 있다.

전 세계적으로 막대한 양의 유기 탄소가 토양에 저장되어 있지만, 농업 활동은 토양에 있는 유기 탄소의 손실에 기여하고 있다. 이러한 탄소 중 일부는 농경지에서 침식된 퇴적물에 묻히며, 일부는 분해되어 대기 중 이산화탄소의 증가에 기여한다. 개선된 농경지 관리 체제는 토양 유기 탄소를 회복시키기 위해 토양을 보호하고, 대기에 방출되는 탄소를 상쇄하기 위한 방법을 마련할 것이다.

그림 4.10.3 **애리조나의 방목지**
이곳의 토지는 잘 관리된 것으로 보이지만, 많은 건조 지역의 과목은 토양에 해를 끼치며 가축을 부양할 수 있는 토양의 능력을 감소시킨다.

이 장은 생물권과 지구 시스템 사이에 주요 물질의 순환 과정에서 생물권의 역할에 대해 알아보았다.

핵심 질문

생태계를 통해 물과 영양물의 순환은 어떻게 이루어지는가?

▶ 물순환, 영양물 순환, 탄소순환을 포함한 생지화학적 순환은 모든 지구 시스템을 연결한다.

▶ 물순환은 근본적으로 기후에 의해 결정되며, 수자원과 식물 성장의 많은 부분을 조절한다.

생태계를 통해 생명체는 어떻게 형성되고 순환하는가?

▶ 식물은 광합성을 통해 먹이를 생산하고, 이 먹이는 호흡이라는 정반대의 작용을 통해 생태계에서 소비된다.

▶ 먹이에너지와 영양물은 먹이사슬을 따라 생산자에서 소비자로 이동한다. 생태계에서 유기물은 먹이망으로 연결되어 있다.

▶ 토양은 물리적 · 생물학적 작용으로 형성되며, 생지화학적 순환에 중심 역할을 수행한다.

생물 형태와 생태 군락의 분포는 무엇인가?

▶ 지구의 생태 군락은 다양하다. 세계의 생물상도는 세계의 기후도와 거의 유사하다.

▶ 인간의 활동은 많은 생태 군락을 변화시켰고, 생지화학적 순환의 지배적인 역할을 담당하고 있다.

지리적으로 생각하기

우리는 물을 사용할 때 물이 어디에서 왔고 우리가 사용한 후 어디로 가는지에 대해 별로 생각하지 않는다.

1. 우리 지역의 음용수가 어디에서 왔는지 확인해보라. 지하수인가, 지표수인가?(그림 4.CR1) 우리가 사용한 후에는 어디로 가는가?

자동차와 화력발전소에서 화석연료의 연소에 의한 질소산화물의 방출은 전 세계 생태계에 질소의 가용성을 엄청나게 증가시키고 있다.

2. 이것이 식물 성장 속도와 탄소순환에 어떤 영향을 미칠 것으로 생각하는가?

지구온난화는 열대에서는 미약하지만 고위도에서는 매우 큰 기온 변화를 일으킬 것으로 예상된다.

인터넷 자료

국제 지권-생물권 프로그램(International Geosphere-Biosphere Programme)은 전 지구적인 변화와 최근의 경향에 대한 다양한 보고서를 생산하는 조사기구이다. http://www.igbp.net/을 방문해보라.

국제자연보존연합(International Union for Conservation of Nature)은 전 세계의 환경 문제를 모니터링하고 해결 방안을 모색하고 있다. 웹사이트 http://www.iucn.org/는 생물 다양성과 지구 변화에 대한 풍부한 정보를 가지고 있다.

그림 4.CR.1 **미국 콜로라도의 푸에블로 댐과 저수호**
이 댐은 콜로라도 남부의 콜로라도스프링스, 푸에블로, 라헌타, 그리고 기타 지자체에 물을 공급할 것이다.

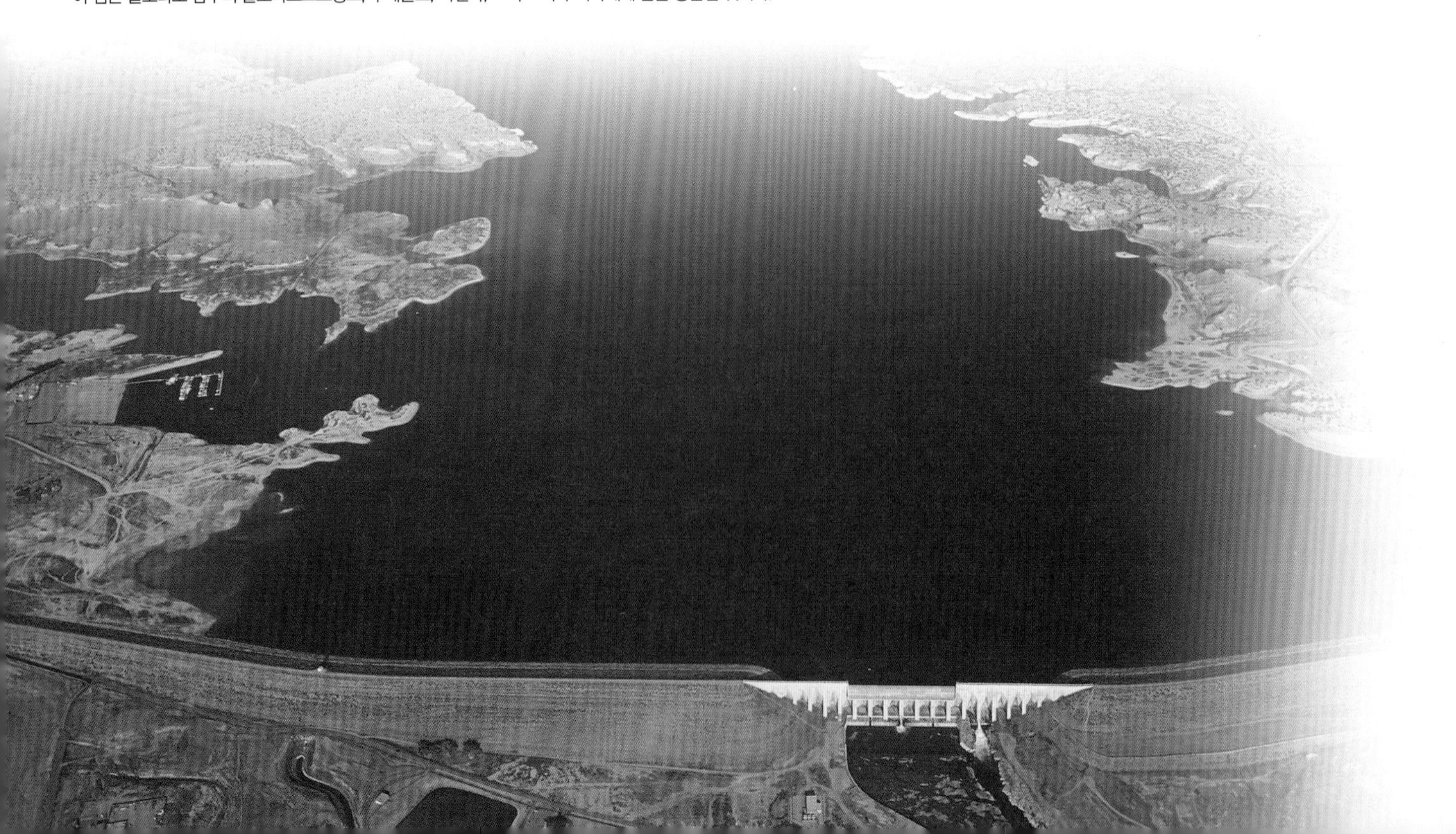

탐구 학습

아랄 해

아랄 해는 관개를 위해 상류의 물을 이용한 결과 최근 수십 년 동안 심각한 변화가 타나났다.

구글어스에서 아랄 해(Aral sea)로 이동하라.

"보기" 메뉴에서 "과거 이미지"를 선택하라.

과거에서 최근까지 여러 해를 타임슬라이더로 이동하라.

무슨 일이 일어났는가?

핵심 용어

광합성(photosynthesis) 녹색식물에서 이산화탄소와 물이 탄수화물과 산소로 변화하는 화학적 반응

낙엽활엽수림(broadleaf deciduous forest) 중위도 습윤기후에 분포하는 겨울에 낙엽이 지는 활엽수로 이루어진 산림

냉대림(boreal forest) 한랭한 대륙성 기후에 분포하는 상록침엽수림

먹이사슬(food chain) 녹색식물에서 시작하여 초식동물, 육식동물, 그리고 분해자로 끝나는 생태계에서 먹이의 연속적인 소비

물순환(hydrologic cycle) 대기권에서 지표로, 그리고 지표를 거쳐 다시 대기권으로 되돌아가는 물의 이동

부영양화(eutrophication) 영양물이 과잉 공급된 수체에서 식물 성장이 과다하게 발생하는 과정

사막(desert) 수분을 획득하고 보유하기 위해 희박한 식물 분포를 나타내는 식생 유형

사막화(desertification) 과목 및 경작과 같은 인간의 토지 이용으로 인하여 지역의 토양과 식생 피복이 사막과 같이 변화하는 과정

생물량(biomass) 주어진 환경에서 살아있거나 죽은 생물의 건조 질량

생물상(biome) 특정한 식물 또는 동물 유형으로 구분된 생태계의 대분류 단위

생물학적 농축(biomagnification) 먹이사슬의 상위 단계로 이동하면서 농도가 증가하여 신체 조직에 물질이 축적되는 경향

생지화학적 순환(biogeochemical cycle) 탄소, 질소, 기타 영양물과 같이 주요 물질을 생물권에 공급하는 환경적 순환 과정

순 증발산량(Actual Evapotranspiration, ACTET) 주어진 환경에서 증발 또는 증산된 물의 양

영양 단계(trophic level) 생산자, 초식동물, 육식동물과 같이 먹이사슬 내에 상대적으로 다른 위치

육식동물(carnivore) 다른 동물을 주 먹이로 하는 동물

잠재 증발산량(Potential Evapotranspiration, POTET) 물을 최대로 이용할 때 나타날 수 있는 증발산량

잡식동물(omnivore) 식물과 동물을 모두 먹이로 하는 동물

증발산(evapotranspiration) 증발과 증산의 합

증산(transpiration) 식물에 의해 토양에서 뿌리를 통해 공급된 물이 잎에서 증발되어 대기로 날아가는 현상

지하수(groundwater) 지표면 하부에 물로 포화된 암석 또는 토양에 존재하는 물

초식동물(herbivore) 식물을 주 먹이로 하는 동물

층위(horizon) 토양 형성 과정을 거쳐 형성된 토양 내부의 특징적인 층

탄소순환(carbon cycle) 광합성, 호흡, 퇴적, 풍화, 화석연료의 연소 등의 과정으로 발생하는 대기권, 수권, 생물권, 암석권 사이에서 탄소의 이동

토양(soil) 지표면에서 광물과 유기물로 이루어진 다공질의 역동적인 층

툰드라(tundra) 1년의 대부분이 눈으로 덮인 고산 지역이나 고위도에서 나타나는 키가 작고 느리게 성장하는 식생 유형

호흡(respiration) 식물과 동물에서 탄수화물과 산소가 결합하여 물, 이산화탄소, 열로 분해되는 화학적 반응

▶ 다음 장의 소개

세계 인구가 성장할수록 생물권에서 인간의 의존성은 높아질 것이다. 21세기 중반에는 약 90억 명의 인구가 예상된다. 다음 장에서는 인구분포와 변화에 대해 논의한다.

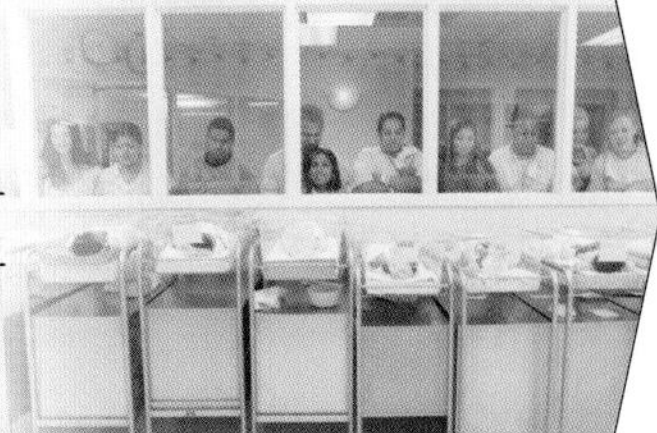

5 인구

역사상 그 어느 때보다도 많은 인구가 지구 상에 거주하고 있으며, 그 규모는 70억에 이른다. 이 중 많은 사람들이 개발도상국에 살고 있고, 오늘날 세계 인구증가의 거의 대부분이 개발도상국에 집중되어 있다.

세계는 인구과잉인가? 앞으로 몇 년 안에 그렇게 될 것인가? 지리학적 접근 방법은 이러한 의문에 대한 답을 구하는 데 매우 유용하다. 지리학자들은 **인구과잉**(overpopulation)이 단순히 지구 상의 총 인구수의 문제가 아니라 오히려 인구수와 자원 이용 가능성 간의 관계에서 기인하는 것이라고 한다.

인구과잉이란 한 지역의 인구수가 주어진 환경에서 적절한 수준의 생활을 제공할 수 있는 능력을 넘어선 상태를 의미한다. 전 지구적으로 보았을 때 인간의 생명을 유지할 수 있는 지구의 능력은 충분하다. 일부 지역에서는 인구와 가용 자원 간의 균형이 이루어지지만, 어떤 지역에서는 전혀 그렇지 않다. 나아가 인구규모가 가장 큰 지역이라고 해서 인구와 자원 간의 불균형이 일어나는 지역이라고 할 수는 없다.

세계의 인구는 어느 곳에 분포되어 있는가?

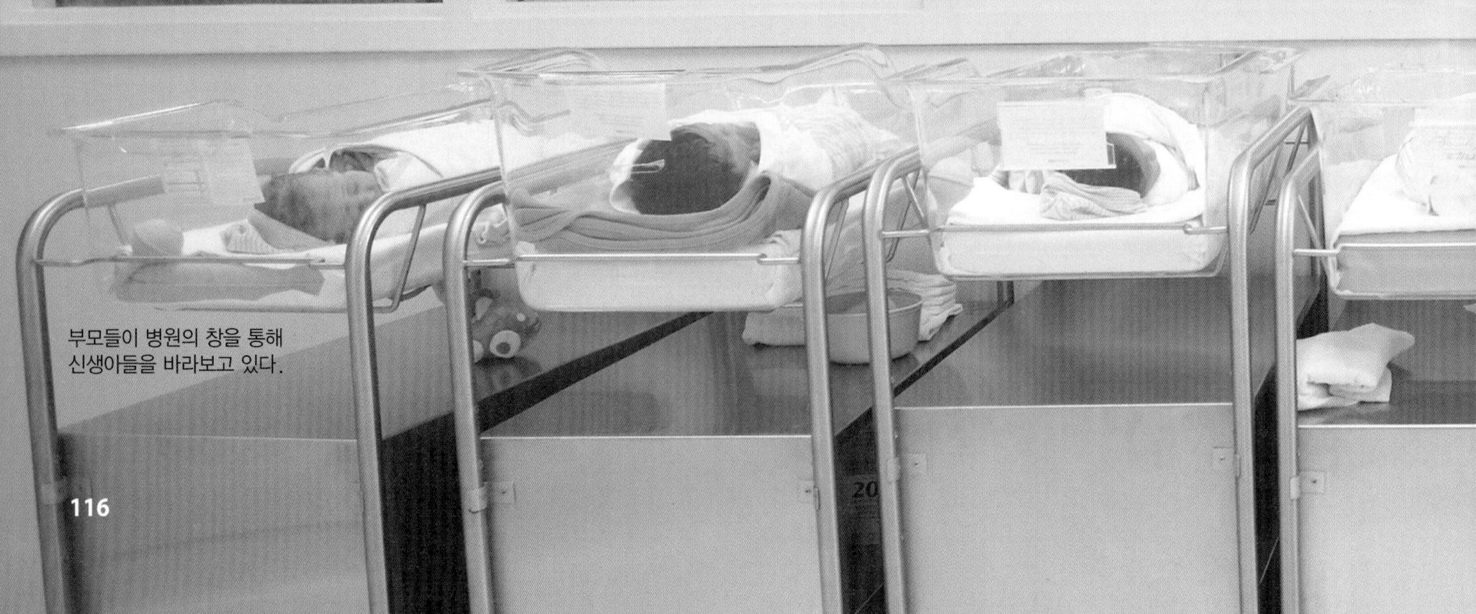

부모들이 병원의 창을 통해 신생아들을 바라보고 있다.

인구성장이 국가별로 다르게 나타나는 이유는 무엇인가?

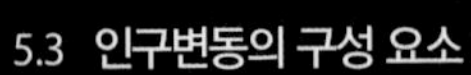

최신 인구 자료를 보려면 스캔하라.

미래의 인구는 어떻게 변화할까?

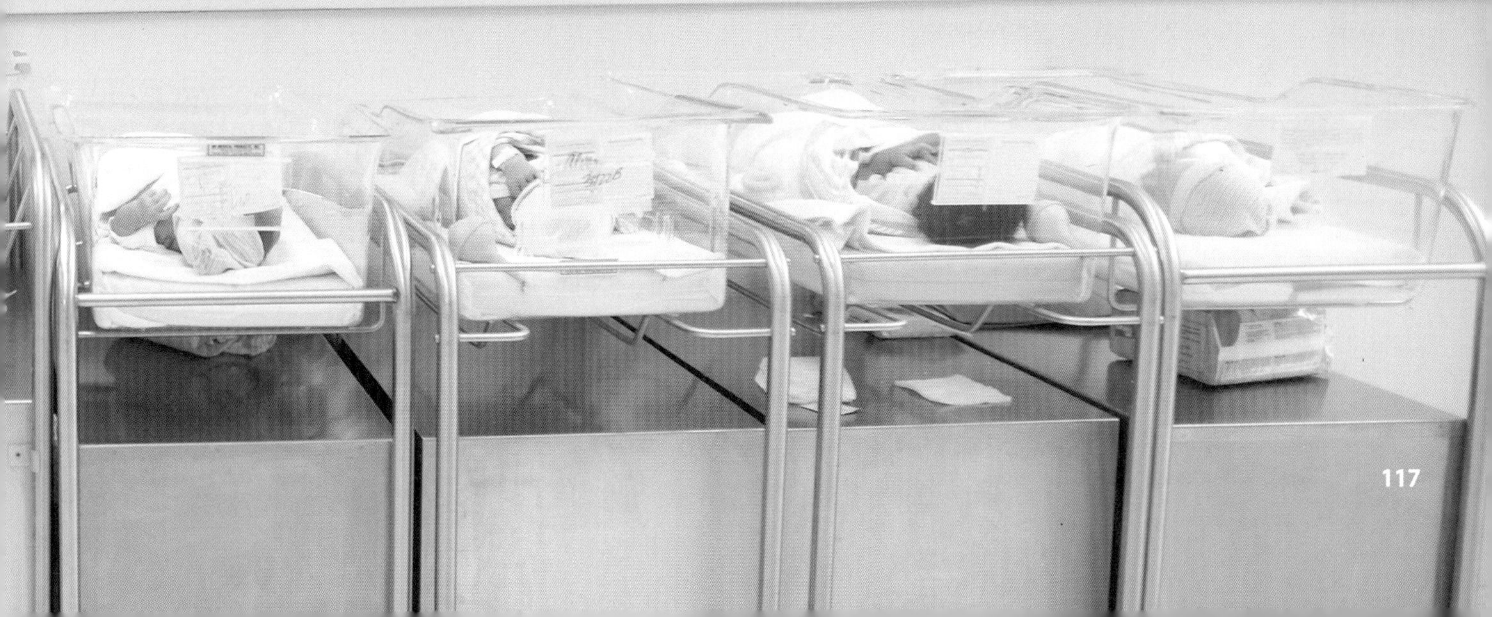

5.1 인구집중

▶ **세계 인구의 2/3 정도가 4개 지역에 거주한다.**

▶ **극한의 거주환경에서는 인구밀도가 낮다.**

사람들은 지표면 전체에 균등하게 분포되어 있지 않다(그림 5.1.1). 농업과 같은 활동을 하기에 너무 건조하거나, 너무 습하거나, 너무 춥거나, 혹은 너무 산이 많은 지역에는 상대적으로 적은 수의 사람들이 살고 있다(그림 5.1.2).

국가별 인구수를 기준으로 국가의 크기를 표현하여 인구지도를 그려보면 인구밀집 지역이 잘 나타난다(그림 5.1.3). 세계 인구의 2/3는 동부 아시아, 남부 아시아, 동남아시아, 유럽의 4개 지역에 집중되어 있다(그림 5.1.4).

브라질 호라이마

그림 5.1.2 **인구 희박 지역**
일부 자연환경에서는 적은 수의 사람이 거주한다.

그림 5.1.1 **인구분포**

km^2당 인구규모(명)

- 1,000 이상
- 250~999
- 25~249
- 5~24
- 1~4
- 1 미만

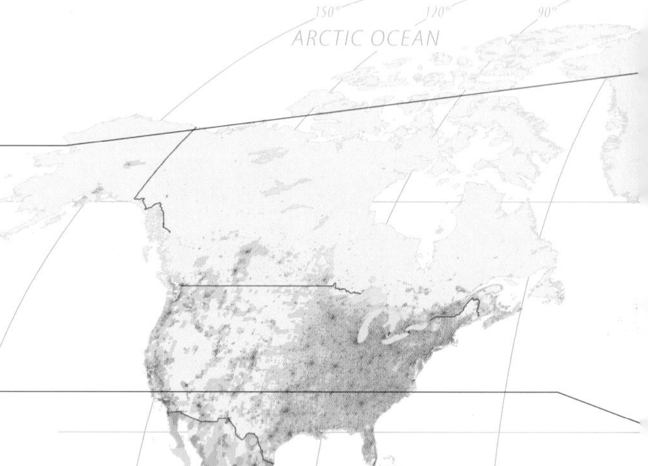

그림 5.1.2A **혹한 지역**
북극과 남극 주변의 대부분의 땅은 얼음으로 뒤덮여있거나 지표면이 늘 결빙되어 있다(영구동토). 극지방은 작물을 경작하기에 적합하지 않고, 몇몇 동물만이 극한 추위에 생존할 수 있으며, 극히 소수의 사람만이 거주하고 있다.

그림 5.1.2B **건조 지역**
너무 건조하여 작물 재배가 불가능한 지역은 지구 육지 표면의 약 20%를 차지한다. 비록 일부 사람들이 그 기후에 적응된 낙타와 같은 동물을 사육하며 생존하고 있기는 하지만, 일반적으로 사막은 많은 사람들에게 식량을 공급할 수 있을 만큼 곡물을 재배하기에는 물이 부족하다. 건조한 토지는 집약적인 농업에는 부적합하지만 인간에게 유용한 천연자원을 보유하고 있다. 특히 세계 원유의 상당량이 건조 지역에 매장되어 있다.

그림 5.1.2C **습윤 지역**
브라질의 아마존 강 주변과 같이 강우량이 매우 많은 지역도 사람이 살기에 적합하지 않다. 고온다습한 기후 환경은 토양으로부터 영양분을 빠르게 유출시키기 때문에 농업에 불리하다.

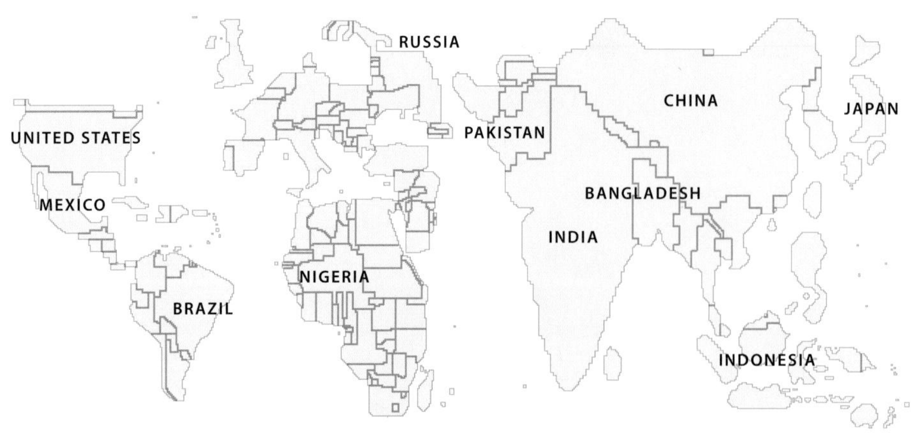

인구규모가 1억 이상인 국가들은 국가명을 표기하였음

그림 5.1.3 **인구지도**
인구지도상에서 유럽, 동부 아시아, 남부 아시아, 동남아시아는 크게 확대되어 표현되지만 아프리카와 서반구 지역은 축소되어 나타난다. 페이지 중앙에 위치한 정적 도법의 지도와 비교해보면 그 차이가 더 두드러진다.

그림 5.1.2D **고산 지역**
세계적으로 높은 고원 지역들은 대체로 경사가 급하고, 눈으로 덮여있으며, 정착민의 수 또한 희박하다. 그러나 일부 고산 지역, 특히 저위도 지방(적도 근처)에서는 예외적으로 산악 지역의 인구밀도가 더 높은데, 이는 고도가 높은 곳에서 농업이 가능하기 때문이다.

그림 5.1.4 4대 인구집중 지역

4개 지역에서는 몇 가지 공통점이 발견된다. 이 지역 사람들의 대부분은 내륙보다는 연해 지역이나 바다로의 접근이 용이한 하천 인근에 살고 있다. 4대 인구집중 지역은 전반적으로 토양이 비옥하고 기후가 온화한 저지대이다.

그림 5.1.4A 유럽

유럽에는 세계 인구의 1/9이 거주하고 있다. 유럽에는 40여 국가가 포함되는데, 1km²의 면적에 인구 3만 2천 명인 모나코에서부터 아시아의 영토까지 포함하면 세계에서 면적이 가장 큰 러시아까지 포함된다.

유럽 인구의 3/4은 도시에 거주한다. 도시 및 마을들은 조밀한 도로망과 철도망으로 연결된다. 유럽에서 인구밀도가 가장 조밀한 지역은 런던이나 파리같이 유구한 전통을 지닌 수도나 독일 및 벨기에의 주요 하천 주변의 석탄 매장 지역이다.

이 지역의 온화한 기후로 인해 다양한 작물의 재배가 가능하지만 유럽인들은 자급할 만큼 충분한 식량을 생산하지는 않는다. 대신 주요 식량과 자원을 세계 다른 지역에서 수입한다. 새로운 자원을 찾고자 하는 열망은 지난 6세기 동안 유럽인들이 세계 여러 지역을 탐험하고 식민화하는 주요 동기가 되었다. 유럽에 수입된 자원 대부분은 공산품 생산에 이용된다.

그림 5.1.4B 동부 아시아

동부 아시아에는 세계 인구의 1/5이 거주하고 있다. 동부 아시아에는 세계에서 인구가 가장 많은 국가인 중국이 포함된다. 중국의 인구는 태평양 연안에 주로 분포하며 내륙으로는 황하 강 및 양쯔 강 같은 하천 유역의 비옥한 지역에도 집중되어 있다. 중국 내륙의 산악과 사막 지역에는 인구가 희박하다. 중국은 인구 2백만 명 이상의 도시가 25개나 되고 1백만 명 이상의 도시 또한 61개에 이르지만 인구의 절반 이상이 촌락에 거주하며 농업에 종사한다.

일본과 한국의 인구도 일부 지역에 편중되어 분포한다. 인구의 40% 이상이 도쿄, 오사카 및 서울 3개 도시에 집중되어 있다. 세 도시의 면적은 두 나라 국토 면적의 3%도 되지 않는다. 중국과는 대조적으로 일본과 한국 인구의 3/4 이상이 도시에 거주하고 제조업이나 서비스 업종에 근무한다.

그림 5.1.4C 동남아시아

동남아시아는 세 번째로 중요한 인구밀집 지역이다. 동남아시아의 인구는 약 5억 명이며 대부분 인도와 태평양의 수많은 섬에 거주한다. 자바, 수마트라, 보르네오, 파푸아뉴기니, 필리핀 등이 주요 섬이다. 자바 섬은 인구규모가 1억 명 이상으로 가장 많은 인구가 거주한다. 인도네시아는 자바를 비롯한 1만 3,677개의 섬으로 이루어졌으며, 세계 4위의 인구 대국이다.

필리핀에도 인구밀도가 높은 섬들이 많으며, 주민들은 주로 하천 계곡에 거주하거나 아시아 대륙 남동부에 위치한 인도차이나 삼각주 지역에 집중되어 있다. 중국 및 남아시아와 유사하게 동남아시아인의 다수가 촌락에 거주하며 농업을 생업으로 삼고 있다.

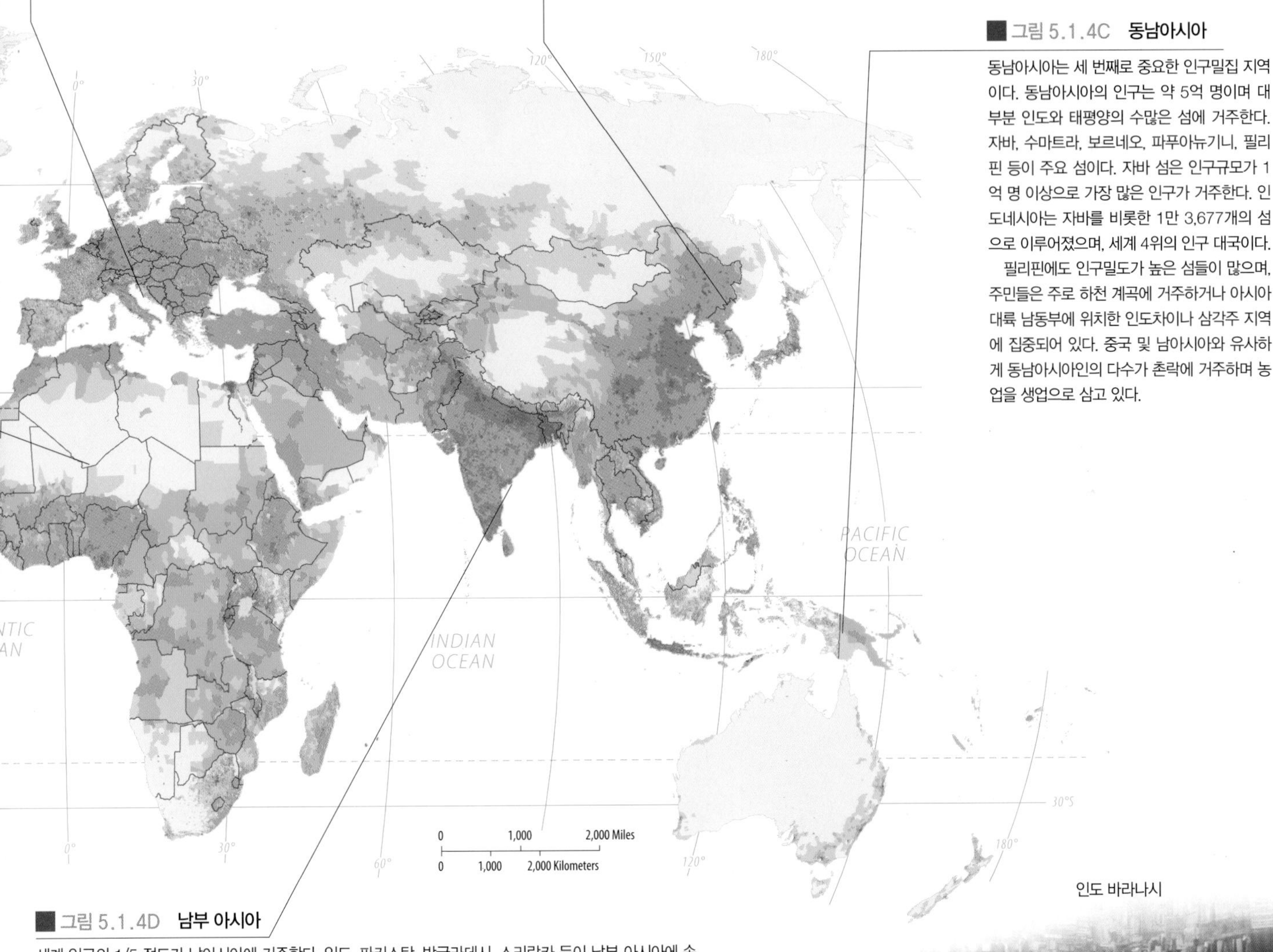

그림 5.1.4D 남부 아시아

세계 인구의 1/5 정도가 남아시아에 거주한다. 인도, 파키스탄, 방글라데시, 스리랑카 등이 남부 아시아에 속한다. 남부 아시아의 주요 인구집중 지역은 파키스탄의 라호르(Lahore) 지역에서부터 인도와 방글라데시를 거쳐 벵골 만에까지 이르는 약 1,500km의 회랑 지역이다. 이 지역의 인구 대부분은 인더스 강과 갠지스 강의 평원을 따라 집중되어 있다. 서쪽의 아라비아 해로부터 동쪽의 벵골 만에 이르는 인도의 긴 해안선을 따라서도 많은 인구가 집중되어 있다.

남부 아시아에서는 대부분의 인구가 촌락에 거주하고 농업에 종사하고 있으며 촌락민의 비율이 중국보다도 훨씬 더 높다. 인구가 2백만 명 이상인 도시가 18개에 이르고 1백만 명 이상의 도시는 46개나 되지만 이 지역의 도시화율은 1/4에 그친다.

인도 바라나시

5.2 인구밀도

▶ **산술적 인구밀도는 해당 지역의 면적 대비 거주 인구수의 비율로 측정한다.**

▶ **지리적 인구밀도와 농업적 인구밀도는 인간과 자원 간의 공간적 관계를 나타낸다.**

제1장에서 특정 지역에 거주하는 사람의 수로 정의된 인구밀도는 산술적 인구밀도, 지리적 인구밀도 및 농업적 인구밀도를 포함하여 여러 방법으로 계산할 수 있다. 지리학자들은 이러한 인구밀도 측정을 통하여 인구분포와 이용 가능한 자원의 관계를 설명한다.

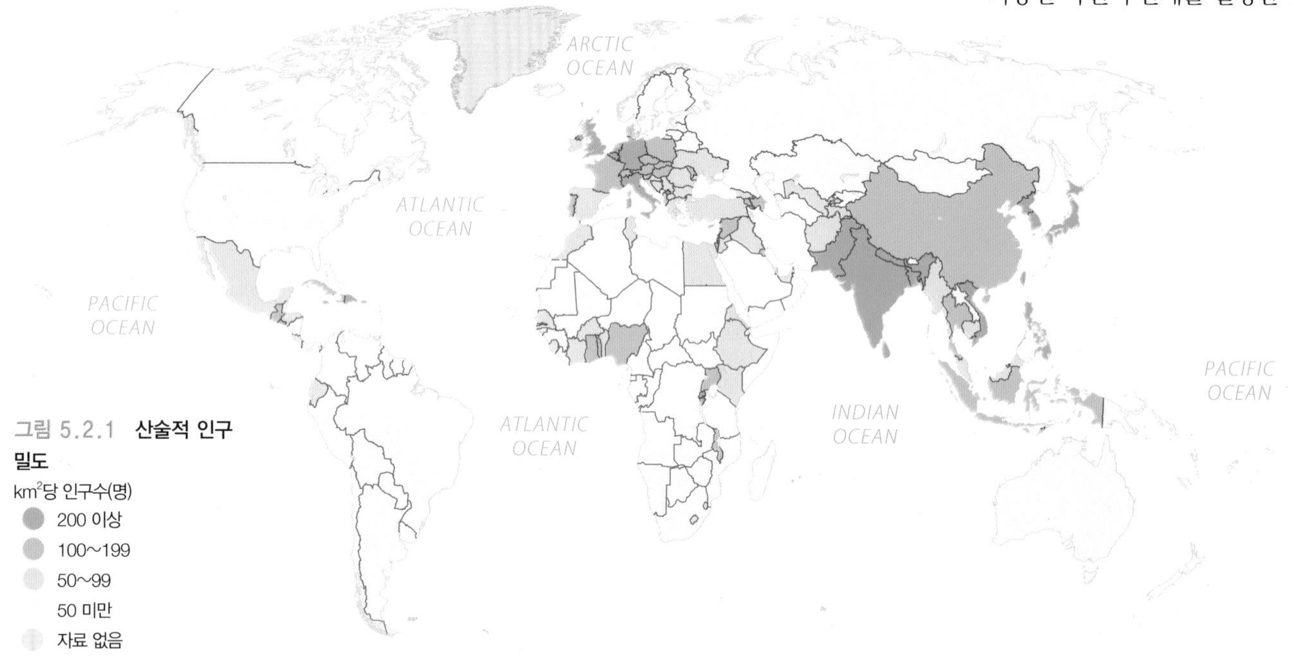

그림 5.2.1 **산술적 인구밀도**

km²당 인구수(명)
- 200 이상
- 100~199
- 50~99
- 50 미만
- 자료 없음

산술적 인구밀도

지리학자들은 총 인구수를 면적으로 나눈 **산술적 인구밀도**(arithmetic density)를 가장 자주 이용한다(그림 5.2.1). 지리학자들은 이 측정값을 계산하는 데 필요한 두 가지 정보, 즉 총 인구수와 총 면적에 대한 자료를 쉽게 얻을 수 있기 때문에 서로 다른 국가들의 인구밀도를 단순 비교하는 데 있어 산술적 인구밀도(인구밀도라고도 알려진)를 사용한다.

산술적 인구밀도는 인구규모를 영토 면적으로 나누어 계산한다. 그림 5.2.2에 몇 가지 예가 제시되어 있다.

	산술적 인구밀도 (km²당 인구)	2010년 인구 (백만 명)	국가 면적 (백만 km²)
캐나다	3	34	10.0
미국	32	310	9.6
네덜란드	400	17	0.04
이집트	80	80	1.0

그림 5.2.2 **네 국가의 산술적 인구밀도**

미국의 산술적 인구밀도는 네덜란드와 이집트에 비해 매우 낮지만 캐나다에 비해서는 높다.

산술적 인구밀도는 세계 여러 지역의 단순한 인구과밀을 비교할 수 있는 자료로, '인구가 분포하는 지역'에 관한 답을 준다. 그러나 왜 지구 표면 전체에 사람들이 균등하게 분포하지 않는가를 설명하기 위해서는 다른 척도의 인구밀도가 더욱 유용하다(그림 5.2.3).

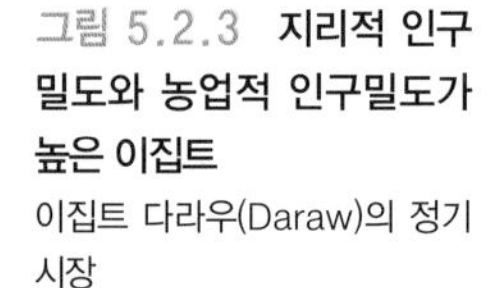

그림 5.2.3 **지리적 인구밀도와 농업적 인구밀도가 높은 이집트**

이집트 다라우(Daraw)의 정기시장

지리적 인구밀도

보다 유용한 인구밀도 측정법은 경작지 면적당 거주 인구수를 조사함으로써 얻을 수 있다. 경작지는 농업에 적합한 땅이며, 한 지역에서 **경작지**(arable land) 면적당 거주 인구수를 비교한 지표를 **지리적 인구밀도**(physiological density)라 한다(그림 5.2.4). 지리적 인구밀도가 높을수록 충분한 식량을 생산하기 위해 토지에 주어지는 압력이 증가한다.

지리적 인구밀도는 지역의 인구규모와 자원 이용 가능성 간의 상관관계에 대한 통찰력을 제공한다(그림 5.2.5). 이집트와 네덜란드의 지리적 인구밀도가 미국이나 캐나다의 인구밀도보다 훨씬 높으며, 이는 이집트와 네덜란드의 1헥타르 면적의 경작지에서 재배된 작물이 미국이나 캐나다의 동일 면적의 경작지에서 재배된 작물에 비해 훨씬 더 많은 사람들에게 식량으로 공급되고 있다는 것을 의미한다.

지리학자들은 지리적 인구밀도와 산술적 인구밀도의 비교를 통해 식량을 생산할 수 있는 경작지의 인구 수용 능력을 파악한다. 예를 들어 이집트에서 산술적 인구밀도와 지리적 인구밀도 간의 큰 차이는 국토 대부분이 농업에 적합하지 않다는 것을 의미한다. 실제로 이집트인의 95%가 나일 강 계곡과 하류의 삼각주에 거주하고 있는데, 이는 이 지역이 이집트에서 하천 이용 및 관개를 통한 작물의 집약적인 재배가 가능한 유일한 지역이기 때문이다.

MapMaster™

지리적 인구밀도
1,000 이상
500~999
250~499
250 미만
자료 없음

그림 5.2.4 **지리적 인구밀도**

이집트와 네덜란드 이외에도 어떤 국가의 지리적 인구밀도가 높게 나타나는가?

	지리적 인구밀도 (경지 면적 km^2당 인구)	경지 면적 (백만 km^2)
캐나다	65	0.5
미국	175	1.7
네덜란드	1,748	0.01
이집트	2,296	0.03

그림 5.2.5 **네 국가의 지리적 인구밀도**

농업적 인구밀도

비슷한 지리적 인구밀도를 가진 두 국가라도 경제적 조건이 다르기 때문에 식량 생산량은 상당한 차이를 보일 수 있다. **농업적 인구밀도**(agricultural density)는 경작지 면적에 대한 농부 수의 비율이다(그림 5.2.6).

농업적 인구밀도의 측정을 통하여 경제적인 격차를 파악할 수 있다. 이집트의 농업적 인구밀도는 캐나다, 미국, 네덜란드에 비해 매우 높다(그림 5.2.7). 선진국의 농업적 인구밀도는 전반적으로 낮은데, 이는 기술력과 자본력을 바탕으로 소수의 농부가 대규모 경지에서 농사를 지을 수 있고, 많은 사람들에게 식량을 공급할 수 있기 때문이다. 이로 인해 선진국의 대다수 인구가 농경지에서 일하기보다는 공장, 사무실, 매장에서 일할 수 있다.

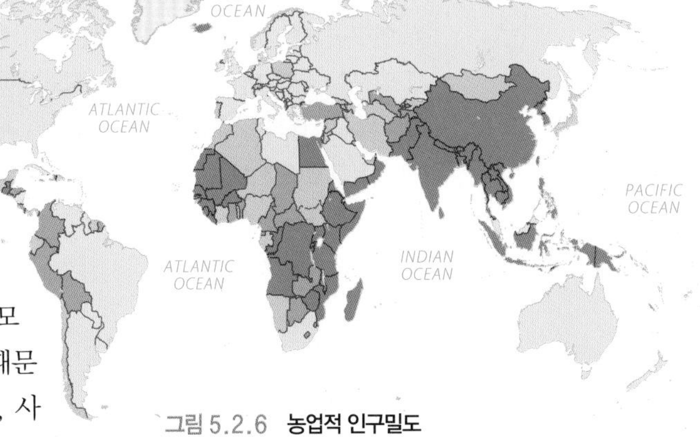

그림 5.2.6 **농업적 인구밀도**

경지 면적당 농민의 수
100 이상
50~99
25~49
25 미만
자료 없음

지리학자들은 한 국가의 인구와 자원 간의 상관관계를 파악하기 위해 지리적 인구밀도와 농업적 인구밀도를 함께 조사한다. 예를 들어 이집트와 네덜란드의 지리적 인구밀도는 모두 높지만, 네덜란드는 이집트보다 훨씬 낮은 농업적 인구밀도를 나타낸다. 이를 통해 네덜란드와 이집트는 모두 부족한 경지로 인해 식량 생산에 커다란 압력을 받고 있지만, 네덜란드의 경우 이집트보다 농업 체계가 효율적이기 때문에 적은 수의 농업 인구만으로도 농업 생산이 가능하다는 결론을 내릴 수 있다.

	농업적 인구밀도 (경지 면적 km^2당 농민 수)	농업 인구비율
캐나다	1	2
미국	2	2
네덜란드	23	3
이집트	251	31

그림 5.2.7 **네 국가의 농업적 인구밀도**

5.3 인구변동의 구성 요소

▶ 지리학자들은 3대 지표를 활용하여 인구변화를 측정한다.

▶ 인구변화의 지표는 지역마다 상이하게 나타난다.

사망하는 사람보다 태어나는 사람이 훨씬 더 많은 곳에서는 인구가 급속하게 증가하고, 출생자 수가 사망자 수를 아주 작게 초과하는 곳에서는 인구가 느리게 증가하며, 사망자 수가 출생자 수보다 많을 때에는 인구가 감소한다. 지리학자들은 자연증가율, 조출생률, 조사망률 세 가지 측정을 통해 한 국가의 또는 세계 전체의 인구변동을 파악한다.

한 지역의 인구는 사람들이 이주해올 때 증가하고, 이주해나갈 때 감소한다. 이 인구변동 요소 중의 하나인 이주(migration)에 대해서는 제6장에서 논의할 것이다.

자연증가율

자연증가율(Natural Increase Rate, NIR)은 인구가 1년 동안 증가한 비율이다. '자연'이란 용어는 국가의 인구 증가율에서 이주가 제외되었다는 의미이다. 21세기 처음 10년 동안 세계 자연증가율은 1.2%였는데, 이는 세계의 인구가 매년 1.2%씩 증가하고 있다는 의미이다.

전 세계 인구는 연간 약 8,200만 명씩 증가하고 있다. 이 수치는 1989년 사상 최고치였던 연간 8,700만 명보다는 적은 것이다. 오늘날 세계 자연증가율 역시 사상 최고치를 나타내었던 1963년도의 2.2%보다 낮다. 전 세계의 증가인구수는 매년 줄고 있지만 자연증가율의 감소 추세와 비교하면 감소폭이 상당히 완만한데, 이는 표준 인구규모가 과거에 비해 훨씬 크기 때문이다. 전 세계 인구는 1800년경에 10억 명에 도달하였으나 인구가 10억씩 증가하는 데 소요되는 시간은 지속적으로 감소하였다(그림 5.3.1).

자연증가율은 인구규모가 2배로 증가하는 데 필요한 연수인 **배가 기간**(doubling time)에 영향을 미친다. 21세기 초반의 연간 1.2%의 자연증가율로 볼 때 세계 인구는 향후 약 54년 안에 2배가 될 것이다. 자연증가율이 21세기 내내 동일하게 유지된다면 2100년에 세계 인구는 240억 명에 달할 것이다. 자연증가율이 현재에서 1.0으로 낮아지게 된다면 배가 기간은 70년으로 연장되고 2100년 세계 인구는 150억 명이 될 것이다.

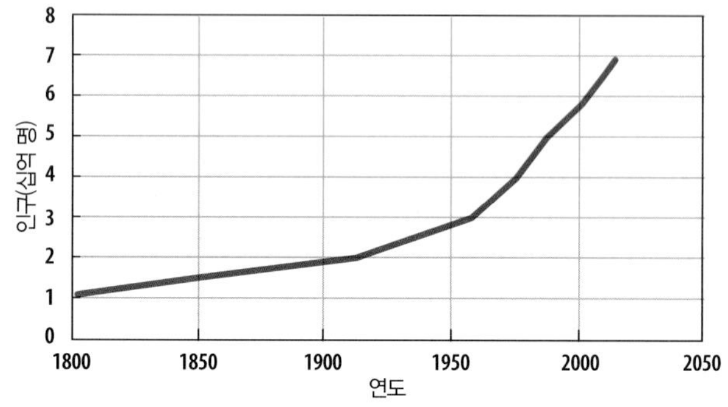

그림 5.3.1 세계의 인구성장

자연적 인구증가의 97% 이상은 개발도상국에서 일어나고 있다(그림 5.3.2). 사하라 이남 아프리카, 중동 및 북부 아프리카 대부분의 국가들은 자연증가율이 2.0%를 초과한다. 반면에 유럽은 마이너스를 나타내고 있는데, 이는 이주하는 사람이 없다면 인구가 감소함을 뜻한다. 지난 10년 동안 세계 인구증가의 약 1/3이 남부 아시아에서 발생하였고, 1/4은 사하라 이남 아프리카에서 발생하였으며 나머지는 동아시아, 동남아시아, 라틴아메리카, 중동 및 북부 아프리카 지역에서 비슷한 비중으로 이루어졌다. 자연증가율의 지역 차이를 통해 알 수 있듯이 새롭게 증가하는 인구의 대부분은 저개발국에서 최소한의 생활을 유지하면서 살고 있다.

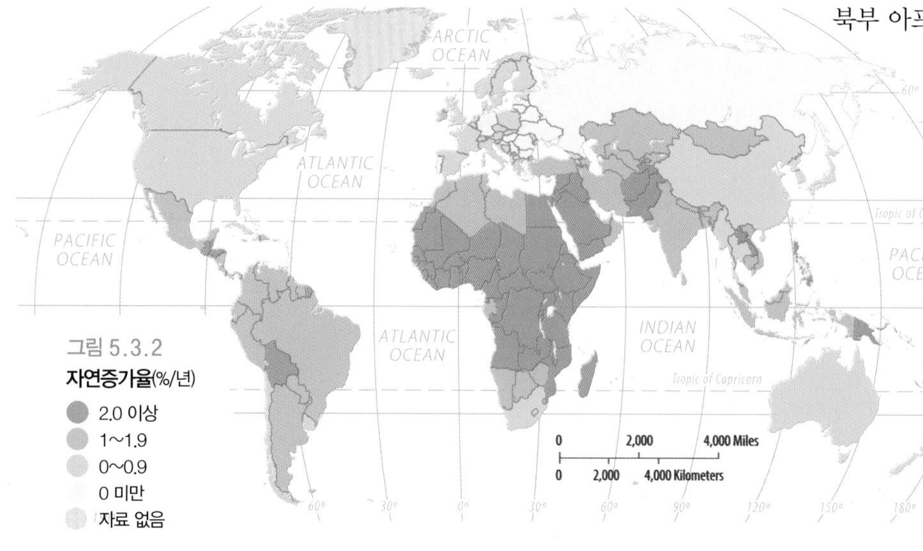

그림 5.3.2
자연증가율(%/년)
- 2.0 이상
- 1~1.9
- 0~0.9
- 0 미만
- 자료 없음

그림 5.3.3 **높은 조출생률을 나타내는 말라위**
사하라 이남 아프리카에 있는 말라위는 세계에서 조출생률이 가장 높은 국가 중 하나이다.

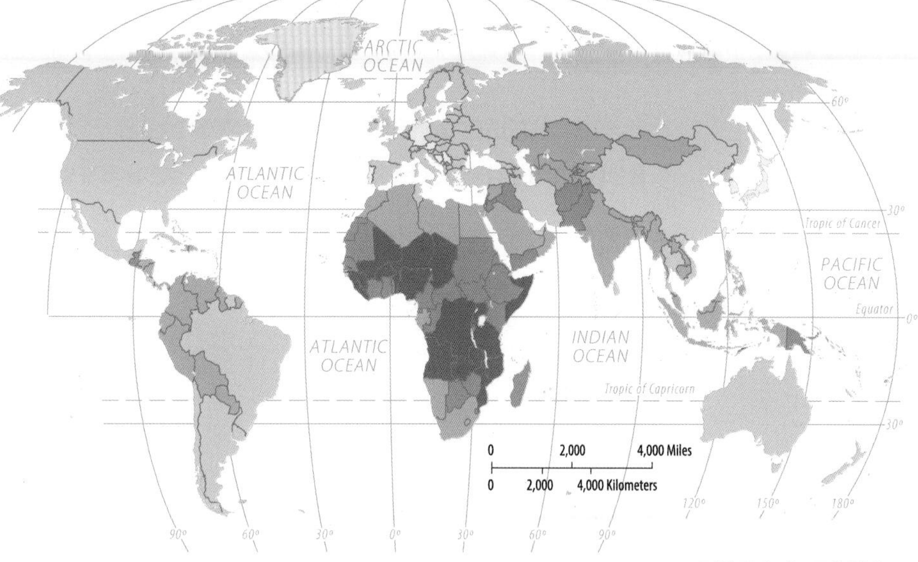

그림 5.3.4 **조출생률**
인구 1,000명당
- 40 이상
- 30~39
- 20~29
- 10~19
- 10 미만
- 자료 없음

조출생률

조출생률(Crude Birth Rate, CBR)은 그 사회에 살고 있는 사람 1,000명당 1년 동안의 총 출생자 수이다. 조출생률이 20이라는 것은 1년 동안 인구 1,000명당 20명의 아기가 태어났다는 의미이다.

세계의 조출생률 지도는 자연증가율의 분포와 유사하다. 자연증가율과 마찬가지로 조출생률도 사하라 이남 아프리카에서 가장 높고, 유럽에서 가장 낮다(그림 5.3.3). 많은 사하라 이남 아프리카 국가들은 조출생률이 40 이상인 반면에 유럽 국가들은 대부분 10 이하로 낮다(그림 5.3.4).

조사망률

조사망률(Crude Death Rate, CDR)은 그 사회에 살고 있는 사람 1,000명당 1년 동안의 총 사망자 수이다. 조출생률과 마찬가지로 조사망률도 인구 1,000명당 연간 사망자 수로 표현한다.

자연증가율은 먼저 조출생률과 조사망률을 1,000명당 수치에서 퍼센트(100명당 숫자)로 변환한 후, 조출생률과 조사망률의 차이로 계산한다. 그러므로 만약 조출생률이 20이고 조사망률이 5라면(모두 인구 1,000명당), 자연증가율은 1,000명당 15, 또는 1.5%이다.

조사망률은 자연증가율과 조출생률처럼 지역적인 양상이 나타나지는 않는다(그림 5.3.5). 모든 개발도상국의 복합 조사망률은 실제로 모든 선진국의 복합 조사망률보다 낮다. 더욱이 세계에서 가장 높은 조사망률과 가장 낮은 조사망률의 편차는 조출생률의 편차보다 훨씬 적다. 세계에서 가장 높은 조사망률은 1,000명당 17이고, 가장 낮은 조사망률은 1로 16의 차이가 나는 반면에, 각 국가의 조출생률은 그 범위가 1,000명당 7~52까지로 그 차이가 45나 된다.

세계에서 가장 부유한 나라 중 하나인 덴마크가 가장 가난한 나라 중 하나인 카보베르데보다 조사망률이 더 높은 이유는 무엇일까? 광범위한 병원 및 의료 체계를 갖추고 있는 미국이 멕시코와 중앙아메리카의 모든 국가들보다 조사망률이 더 높은 이유는 무엇인가? 그 답은 이들 국가들의 인구가 인구변천 과정에서 서로 다른 단계에 있기 때문이다(5.5절 "인구변천" 참조).

그림 5.3.5 **조사망률**
인구 1,000명당
- 20 이상
- 15~19
- 10~14
- 5~9
- 5 미만
- 자료 없음

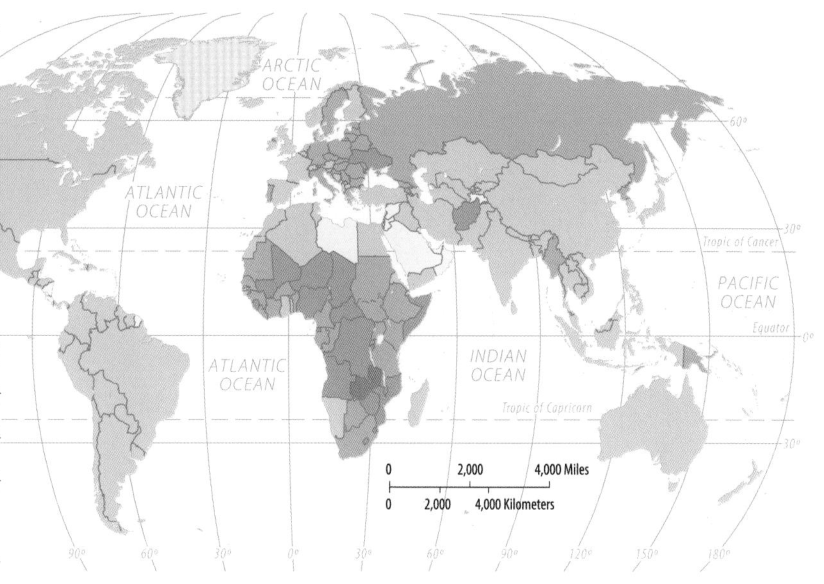

5.4 인구구조

▶ 한 국가의 인구변동은 출산율과 영아사망률의 영향을 받는다.

▶ 출생률과 사망률의 패턴은 유년층과 노년층의 비율에 영향을 크게 받는다.

한 국가의 출생아 수를 측정할 때 앞서 논의한 조출생률 외에 합계출산율도 사용한다. 영아사망률은 조사망률과 함께 한 국가의 사망에 관한 주요한 측정 방법이다. 출생 및 사망의 조합을 통하여 한 국가의 유년층 및 노년층 비중의 특성을 살펴볼 수 있다.

합계출산율

합계출산율(Total Fertility Rate, TFR)은 가임 연령(약 15~49세)인 여성 1명당 평균 자녀 수이다. 학자들이 합계출산율을 예측하기 위해서는 장차 가임 연령에 도달할 여성들이 오늘날 그 연령에 해당하는 여성과 같은 수의 자녀를 출산할 것이라고 가정해야 한다.

세계 전체의 합계출산율은 2.5이다. 거의 모든 유럽 국가들이 2 이하인 것에 비해 사하라 이남 아프리카의 많은 국가들은 5 이상이다(그림 5.4.1). 합계출산율은 문화적으로 급속하게 변화하는 세상을 맞고 있는 여성들 개인의 미래를 예견하는 반면에 조출생률은 당해 연도에 사회 전체의 모습을 보여준다.

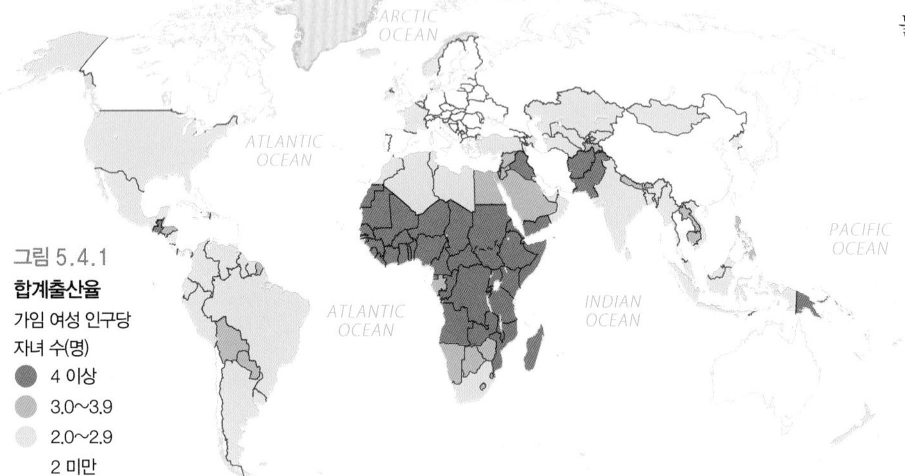

그림 5.4.1
합계출산율
가임 여성 인구당 자녀 수(명)
4 이상
3.0~3.9
2.0~2.9
2 미만
자료 없음

영아사망률

영아사망률(Infant Mortality Rate, IMR)은 총 출생아 수에 대한 1세 이하 영아의 연간 사망률이다. 조출생률 및 조사망률과 같이 영아사망률도 일반적으로 퍼센트(100명당)보다는 유아 1,000명 출생당 사망 수로 표현한다.

영아사망률이 가장 높은 곳은 사하라 이남 아프리카의 가난한 국가들이고, 반면에 가장 낮은 곳은 서부 유럽이다(그림 5.4.2). 사하라 이남 아프리카에 있는 대다수 국가들은 영아사망률이 80을 넘는 반면 유럽은 5 이하이다. 이는 사하라 이남 아프리카 국가의 아기 12명 중 1명이 첫 번째 생일이 되기 전에 사망하는 반면 유럽의 아기들은 200명 중 1명꼴이라는 의미이다.

일반적으로 영아사망률은 국가의 보건-의료 시스템과 밀접한 관련이 있다. 숙련된 의사와 간호사, 현대적인 병원 및 의약품의 대량 공급이 가능한 국가에서는 영아사망률이 매우 낮다. 미국의 경우 의료 시설이 잘 갖추어져 있기는 하지만, 캐나다와 유럽의 모든 국가들보다 영아사망률이 높다. 미국의 아프리카계 흑인과 기타 소수민족의 영아사망률은 미국 전국 평균의 2배 정도이며, 이는 라틴아메리카나 아시아 국가와 비슷한 수준이다. 이러한 이유에 대해 일부 의료 전문가들은 미국의 극빈자층(소수민족 집단 포함)이 임신 기간이나 유아기에 충분한 의료 서비스를 누릴 경제적 여유가 없기 때문이라고 진단하고 있다.

그림 5.4.2 **영아사망률**
신생아 1,000명당
100 이상
50~99
25~49
10~24
10 미만
자료 없음

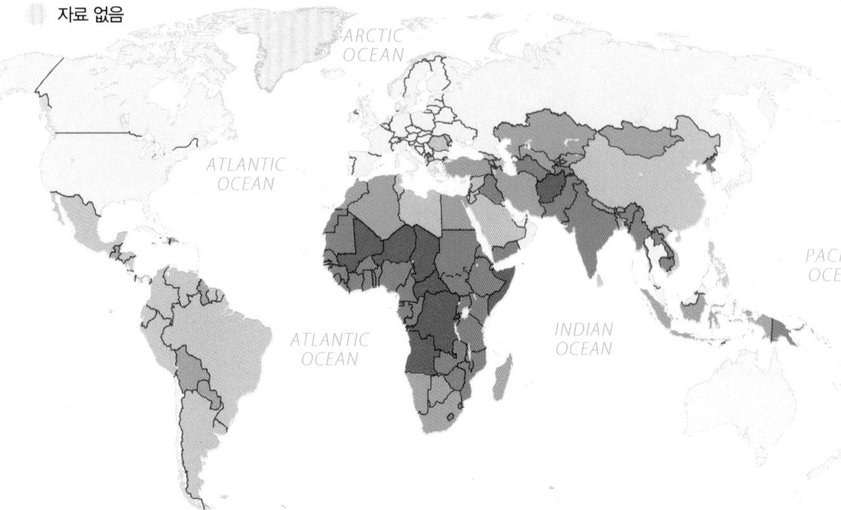

기대수명

출생 시의 **기대수명**(life expectancy)은 신생아가 현재의 사망률에 비추어 기대할 수 있는 평균수명이다. 유럽의 부유한 국가들은 기대수명이 길고 사하라 이남 아프리카의 빈곤한 국가들은 기대수명이 짧다. 오늘날 유럽에서 태어난 아기들은 80세까지 살 수 있다고 예상되지만, 사하라 이남 아프리카에서 태어난 아기들의 기대수명은 겨우 40세이다(그림 5.4.3)

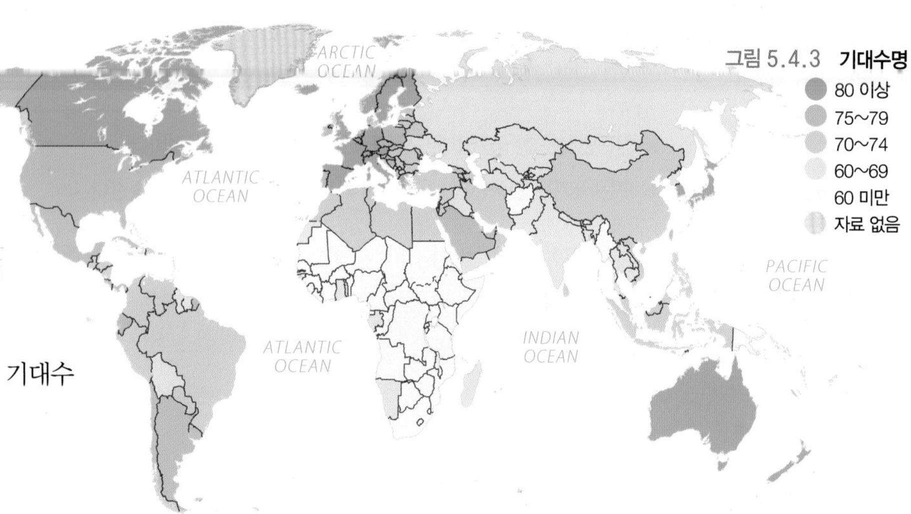

그림 5.4.3 **기대수명**
80 이상
75~79
70~74
60~69
60 미만
자료 없음

유년층과 노년층

선진국의 15세 이하 인구는 전체 인구의 약 1/6 정도인 데 비해, 저개발국의 15세 이하 인구는 1/3이나 된다(그림 5.4.4). 저개발국은 높은 아동 비율로 인해 학교, 병원, 보육 시설과 같은 서비스를 제공하기 위한 재원을 마련하여야 하며 이는 커다란 재정적 부담으로 작용한다. 또한 이들이 학교를 졸업하는 연령이 되었을 때 고용 측면에서 재정 할당이 지속적으로 이루어져야 한다.

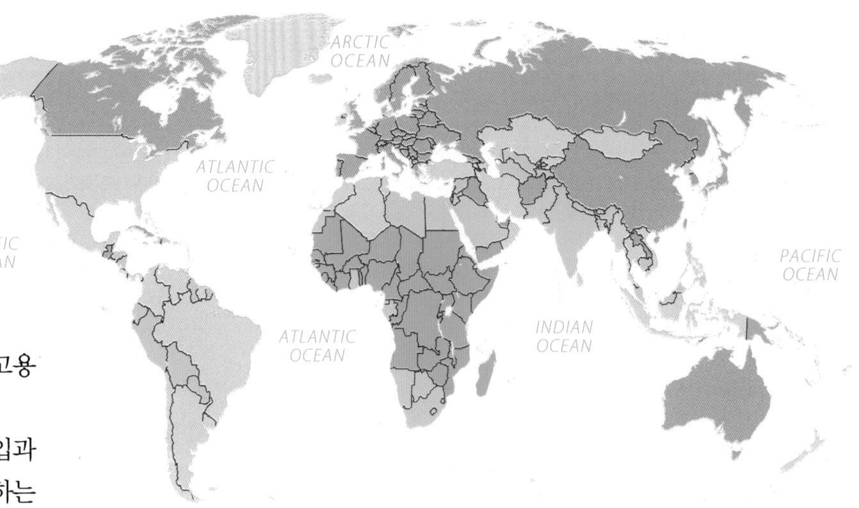

그림 5.4.4 **15세 미만 인구비율(%)**
40 이상
30~39
20~29
20 미만
자료 없음

이에 비해 선진국은 퇴직 후 적절한 수준의 수입과 의료 서비스를 필요로 하는 노령 인구비율이 증가하는 문제에 직면해있다. 인구의 '노령화'로 인해 유럽 및 북아메리카 국가들은 노령 인구의 요구를 충족시키기 위한 여러 문제가 산적해있다. 미국, 캐나다, 일본 및 많은 유럽 국가에서는 정부 지출의 1/4 이상이 사회보장, 의료 및 노령 인구를 위한 각종 프로그램에 할애된다.

부양비(dependency ratio)란 경제활동에 종사하기에는 너무 어리거나 나이가 든 인구수와 생산 연령층의 인구수를 비교한 것이다. 부양비가 커질수록 일을 할 수 없는 사람들을 부양해야 하는 경제활동인구의 재정적인 부담이 증가한다. 0~14세 및 65세 이상의 사람들은 일반적으로 부양 인구로 분류된다.

인구피라미드(population pyramid)란 한 국가의 인구를 연령과 성별 집단을 기준으로 막대그래프로 표현한 것이다(그림 5.4.5). 한 국가의 인구피라미드는 기본적으로 조출생률에 의해 결정된다. 조출생률이 높은 국가는 유년층의 비중이 상대적으로 높으며 피라미드의 하단부가 매우 넓게 나타난다. 반면 노년층의 비중이 상대적으로 높은 국가는 상단부가 넓어 피라미드 꼴이라

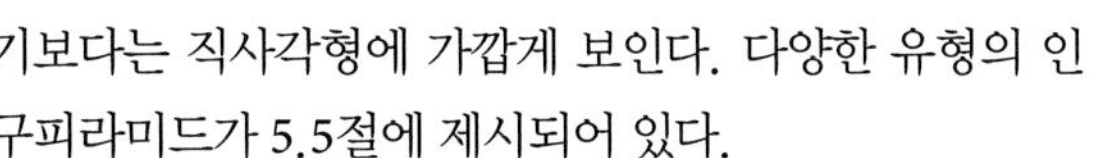
기보다는 직사각형에 가깝게 보인다. 다양한 유형의 인구피라미드가 5.5절에 제시되어 있다.

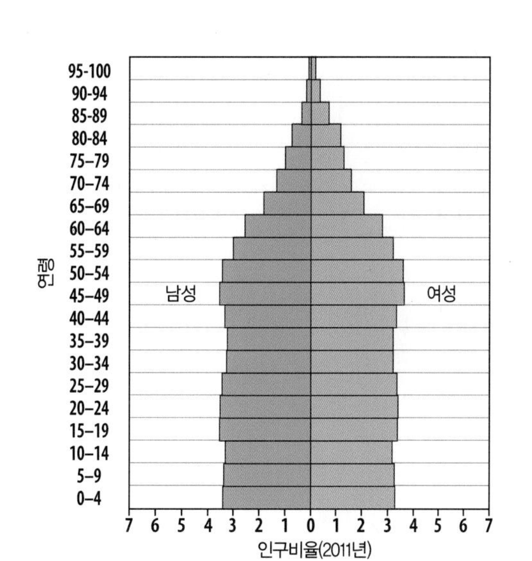

그림 5.4.5 **미국의 인구피라미드**
인구피라미드는 전체 인구에 대해 5세 단위로 연령 집단별 백분율을 표시한 것이다. 가장 어린 연령 집단(0~4세)이 피라미드의 가장 하단에 위치하고 나이가 가장 많은 집단이 가장 상단에 위치하게 된다. 각 막대의 길이는 전체 인구에 대한 해당 연령 집단의 비율이다. 관례적으로 남성은 왼쪽에, 여성은 오른쪽에 표시한다.

5.5 인구변천

▶ **인구변천은 한 국가의 인구구조 변화 과정을 표현한 것이다.**

▶ **모든 국가는 인구변천 모델의 네 가지 단계 중 한 단계에 속한다.**

세계의 모든 국가는 인구의 자연증가율, 출생률, 사망률 등에서 일정한 변화를 겪고 있으며, 국가별로 그 시기와 정도에서 차이가 나타난다. 비록 국가별로 정도의 차이는 있지만, 인구변화에서 비슷한 과정, 즉 **인구변천**(demographic transition)이 나타난다. 인구변천은 몇 단계로 구성되며, 모든 국가는 그중 한 단계에 속한다.

인구변천의 네 단계

인구변천은 몇 개의 단계로 구성된 과정이다. 국가들은 한 단계에서 다음 단계로 변화한다. 각 국가가 처한 단계를 시기별로 알아볼 수 있다.

1단계
- 매우 높은 조출생률
- 매우 높은 조사망률
- 매우 낮은 자연증가율

인류 역사의 대부분이 이 단계에 속하였는데, 예측 불가능한 식량 공급과 질병이 그 원인이었다.

1단계의 대부분의 기간 동안 인간은 수렵과 채집에 의존하였다. 식량을 쉽게 획득할 수 있을 때 지역 인구는 증가하고, 그렇지 않을 때 인구는 감소한다. 오늘날 1단계에 남아있는 국가는 없다.

2단계
- 여전히 높은 조출생률
- 급속히 감소하는 조사망률
- 매우 높은 자연증가율

200여 년 전 선진국에서 이루어진 산업혁명은 부와 기술의 발전으로 이어졌으며, 이 중 일부는 건강한 공동체를 만드는 데 이용되었다.

개발도상국은 50여 년 전 선진국으로부터 페니실린, 백신, 살충제 및 기타 의약품이 전수되어 말라리아와 결핵 같은 전염성 질병이 억제되었다(그림 5.5.1).

3단계
- 급속히 감소하는 조출생률
- 완만하게 감소하는 조사망률
- 완만한 자연증가율

100여 년 전 선진국에서는 사람들이 소수의 자녀를 출산하기로 결정하였는데, 이는 부분적으로는 2단계의 사망률 감소에 대한 지연된 반응이기도 하고, 다른 한편으로는 가족이 농촌에서 도시로 이주해가면서 대가족이 더 이상 경제적 자산이 아니게 되었기 때문이다.

최근 일부 개발도상국이 3단계에 진입하였는데, 정부 정책의 영향으로 대규모의 가족을 지양하는 경우 특히 그러하다.

4단계
- 매우 낮은 조출생률
- 낮고, 약간 증가하는 조사망률
- 0 또는 마이너스 자연증가율

최근 일부 선진국이 4단계에 진입하였다. 피임법이 널리 확산되고 경제활동에 참여하는 여성의 수가 증가하면서 부부가 소수의 자녀를 갖기로 결정하게 되었다.

전업주부 여성의 비율이 감소함에 따라 하루 종일 어린 자녀를 돌볼 수 있는 여성의 비율 또한 감소한다. 사람들이 다양한 방법의 피임법을 사용할 수 있게 됨에 따라 피임률 또한 높아지고 있다.

그림 5.5.1 **2단계 : 시에라리온**

인구변천의 네 단계를 모두 경험한 국가는 자연증가율이 0에 가까운 1단계에서 시작하여 다시 자연증가율이 0에 가까워지는 4단계까지 한 주기를 완료한 것이다(그림 5.5.2). 1단계와 4단계 간의 주요한 차이는 다음과 같다.

1. 조출생률과 조사망률이 1단계에서는 높고 4단계에서는 낮다.
2. 총 인구수는 1단계에서보다 4단계에서 훨씬 많다.

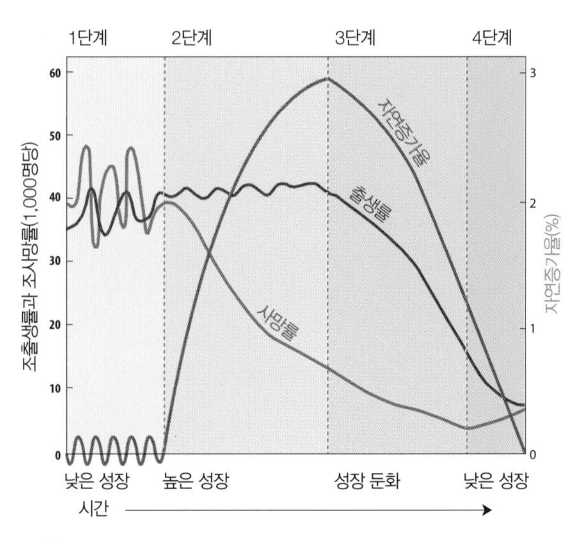

그림 5.5.2 **인구변천 모델**

2단계(높은 성장) : 카보베르데

서부 아프리카의 대서양에 위치하며, 12개의 작은 섬으로 이루어진 카보베르데는 1950년경에 1단계에서 2단계로 이동하였다(그림 5.5.3). 1975년 독립하기 이전까지 카보베르데는 포르투갈의 식민지였다. 포르투갈 행정관들은 1단계에 속한 식민지 기간 동안 자세한 출생 및 사망 기록을 남겼다.

카보베르데의 인구는 20세기 전반에 발생한 여러 차례의 심각한 기근으로 인하여 실제로 감소하였는데, 이는 당시 이 나라가 1단계에 머물렀다는 점을 뒷받침한다. 카보베르데는 1950년에 갑자기 2단계로 이동하였는데, 그 해에 시작된 항말라리아 캠페인으로 인하여 조사망률이 급격하게 감소하였기 때문이다.

카보베르데의 인구피라미드는 가임 연령기에 있는 여성의 수가 많음을 보여준다. 카보베르데가 완전한 3단계가 되기 위해서는 가임 여성들이 자신의 어머니 세대보다 훨씬 더 적은 수의 자녀를 출산해야 한다.

3단계(성장 둔화) : 칠레

칠레는 1930년대에 조사망률이 급속히 감소하면서 인구변천 2단계로 이동하였다. 여타 라틴아메리카 국가들처럼 칠레도 미국을 비롯한 선진국의 의료 기술을 전수받아 조사망률이 감소하였다.

칠레는 1960년대에 인구변천 3단계로 진입하였다. 이는 1966년 시작된 정부의 강력한 가족계획 정책의 영향이었다.

그러나 1970년대에 칠레 정부가 정책을 바꾸어 가족계획 정책에 대한 지원을 취소하였다. 게다가 칠레인 대부분이 인공적인 산아제한 시술에 반대하는 로마가톨릭 신자이기 때문에 향후 칠레의 조출생률 추가 감소는 어려울 것으로 예견된다. 따라서 칠레가 가까운 장래에 인구변천 4단계로 접어들 가능성은 낮다.

4단계(낮은 성장) : 덴마크

대부분의 유럽 국가들과 마찬가지로 덴마크도 인구변천 4단계에 도달하였다. 덴마크는 조사망률이 영구적으로 감소하기 시작한 19세기에 인구변천 2단계에 진입하였다. 그리고 19세기 후반에 조출생률이 감소하면서 3단계로 이동하였다.

1970년대 이후 덴마크는 줄곧 4단계에 머무르고 있으며, 조출생률과 조사망률이 비슷하다. 덴마크의 조사망률은 노령 인구의 증가 때문에 최근에는 다소 증가하였다. 암 치료와 같은 획기적인 의학 기술의 발달로 인하여 노령 인구가 더 오래 살지 않는 한 조사망률이 더 감소할 가능성은 적어 보인다.

덴마크의 인구피라미드는 인구변천의 영향력을 보여준다. 덴마크의 연령별 인구구조는 종형을 나타내며, 유년층 인구와 노년층 인구비율이 비슷하게 나타난다.

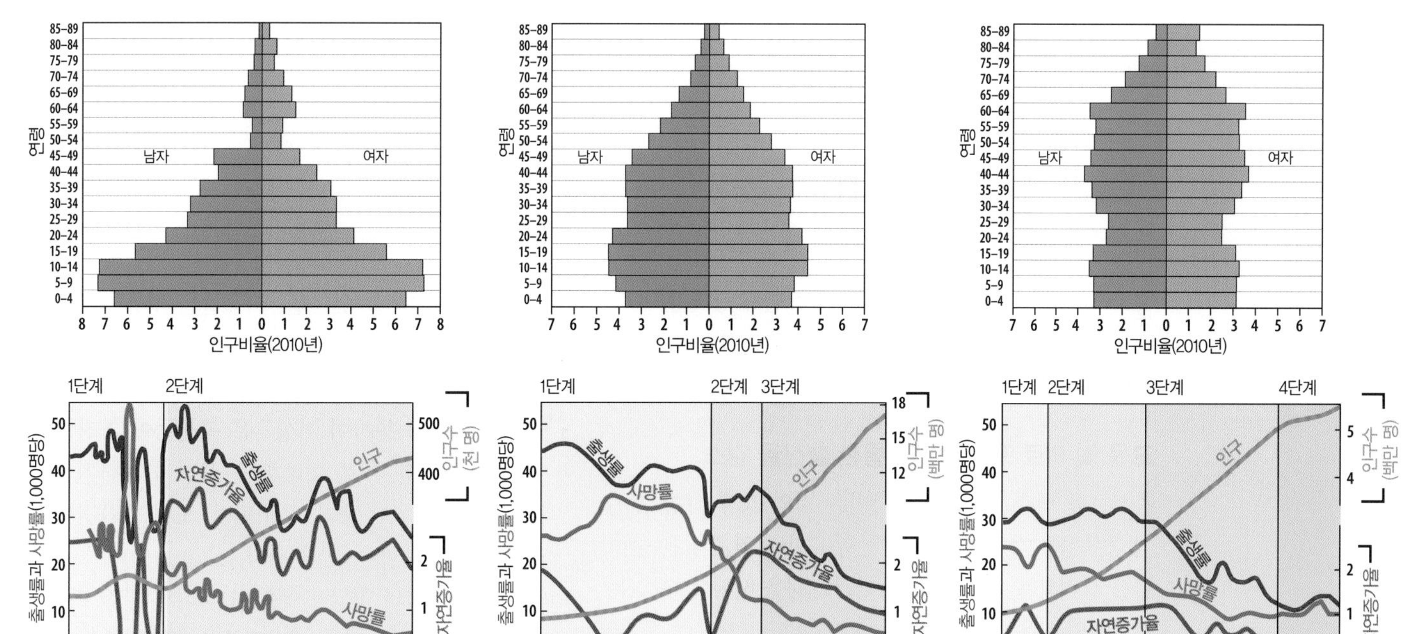

그림 5.5.3 카보베르데(왼쪽), 칠레(가운데), 덴마크(오른쪽)의 인구피라미드와 인구변천

5.6 출산율 감소

▶ **일부 개발도상국에서는 교육 및 보건 서비스의 확대에 힘입어 출산율이 낮아지고 있다.**

▶ **피임법의 보급을 통해 출산율을 낮추는 개발도상국도 있다.**

20세기 후반에 인구는 급격하게 증가하였다. 1970년대에 정점에 도달한 이후, 20세기 말과 21세기 초반에 세계 자연증가율은 꾸준하게 감소하고 있다. 자연증가율은 1960년대에 선진국에서 감소하기 시작하였으며 개발도상국에서는 1970년대부터 감소하기 시작하였다(그림 5.6.1).

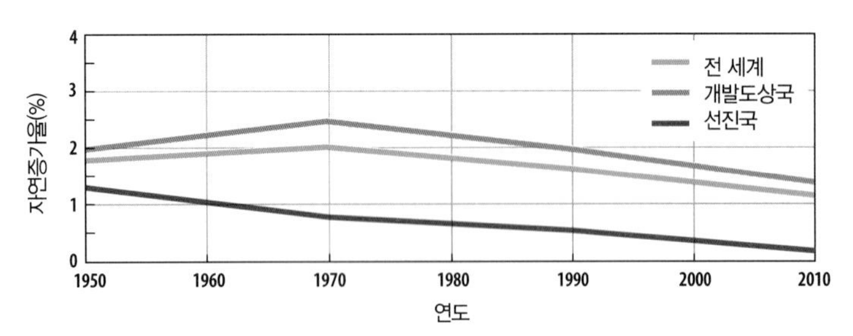

그림 5.6.1 **자연증가율(1950~2010년)**

대부분의 국가에서는 낮아진 출산율 때문에 자연증가율이 감소하였다(그림 5.6.2). 1980~2010년까지 조출생률이 1에 그쳤던 덴마크, 노르웨이, 스웨덴 등 북유럽 3개국을 제외한 모든 국가의 조출생률이 감소하였다.

이러한 출산율 감소에는 두 가지 전략이 작용하였다. 하나는 교육과 의료 프로그램에 대한 의존율이 상대적으로 높아진 것이며, 또

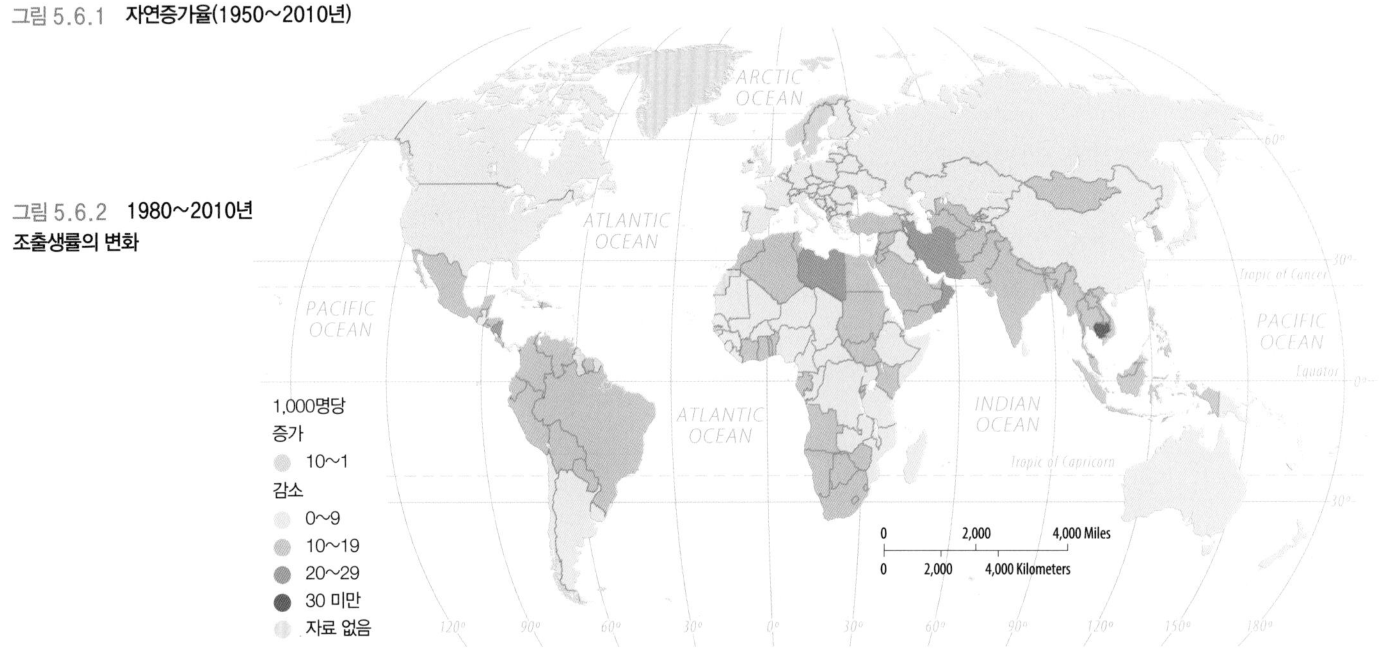

그림 5.6.2 **1980~2010년 조출생률의 변화**

다른 하나는 피임법의 보급이다. 국가별로 경제 및 문화적 상황이 상이하기 때문에 가장 효율적인 방법 또한 국가별로 다르다.

교육 및 의료 프로그램을 통한 출산율 감소

출산율을 낮추는 한 가지 방법은 지역 경제 상황 개선의 중요성을 강조하는 것이다. 부유한 지역은 낮은 출산율을 장려하는 교육 및 의료 프로그램을 시행할 수 있는 재정적인 여유가 있다.

- 만약 더 많은 여성이 학교에 다닐 수 있고 더 오랫동안 교육을 받을 수 있다면, 여성들은 고용에 필요한 기술을 더 많이 습득할 수 있으며 자신의 삶에 대한 경제적 주도권을 지니게 될 가능성이 높아진다.
- 양질의 교육을 통하여 여성들은 자신들이 가진 출산에 대한 권리를 더 잘 이해하고, 출산과 관련된 정보와 선택에 대해 더 많이 알게 되며, 보다 효율적인 피임 방법을 선택할 수 있게 된다.
- 의료 프로그램의 향상을 통하여 양질의 산전 프로그램 등을 실시하고 아동 예방접종을 실시함으로써 영아사망률이 감소할 것이다.

- 영아사망률이 낮아지면 여성들이 출산을 제한하기 위한 보다 효율적인 피임 방법을 선택할 가능성이 높아진다.

피임기구를 통한 출산율 감소

출산율을 감소시키는 또 다른 방법은 현대적인 피임기구의 보급이다. 경제발전이 장기적으로 출산율 감소에 긍정적인 영향을 미칠 수 있으나 피임법을 통한 출산율 감소를 옹호하는 사람들은 경제발전을 통한 방법이 효과를 거두기까지는 너무 긴 기간이 소요된다고 지적하고 있다. 그보다는 피임법을 통한 가족계획 프로그램에 투자하는 것이 훨씬 빠르게 출산율을 감소시킬 수 있다는 것이다.

개발도상국에서는 피임기구의 수요가 공급보다 훨씬 많다. 따라서 피임기구 이용을 증가시킬 수 있는 가장 효과적인 방법은 더 많은 양의 기구를 저렴하고 신속하게 공급하는 것이다. 피임기구 옹호자들은 피임법이 출산율을 저하시킬 수 있는 최선의 방법이라고 주장한다.

- 방글라데시는 국민소득과 문맹률이 거의 향상되지 않았다. 그러나 1990년에는 방글라데시 여성의 6%만이 피임기구를 이용하였지만 2010년에는 56%의 여성이 피임기구를 이용하고 있다. 마찬가지로 콜롬비아, 모로코 및 태국을 비롯한 다른 개발도상국에서도 피임기구의 사용이 증가하고 있다.
- 아프리카 여성의 피임기구 사용률은 가장 낮다. 따라서 피임기구 보급 정책은 아프리카 국가에서 가장 강한 영향력을 미칠 수 있을 것이다(그림 5.6.3). 라틴아메리카 여성의 3/4, 아시아 여성의 2/3가 피임기구를 이용하는 데 비해 아프리카 여성은 약 1/4만이 피임기구를 이용하고 있다(그림 5.6.4, 5.6.5). 이러한 차이는 경제, 종교, 교육 등을 이유로 들 수 있다.
- 아프리카와 중동 지역의 출산율이 높은 것은 상대적으로 낮은 여성의 지위를 반영한다. 여성이 남성에 비해 정규 교육을 덜 받고 법적 권리가 적은 사회에서는 여성들이 자녀를 많이 출산하는 것을 높은 지위의 척도로 여기고, 남성들은 다자녀를 그들의 생식력의 상징으로 생각한다.

그림 5.6.3 **가족계획을 하는 여성의 비율(%)**
75 이상
50~74
25~49
25 미만
자료 없음

어떤 안이 더 성공적인지 가늠하기는 어렵지만, 많은 사람들이 종교 및 정치적인 이유로 산아제한 프로그램을 반대한다. 로마가톨릭, 기독교 근본주의, 이슬람교, 힌두교 등의 신자들은 종교적인 신념 때문에 피임기구 사용을 거부하기도 한다. 미국에서는 낙태에 의한 임신 중절에 대해서는 반대가 심하여 미국 정부는 때때로 낙태를 지원하는, 심지어 그러한 지원이 전체 프로그램의 아주 작은 부분을 차지하는 경우라도 국가 및 가족계획 조직에 대한 재정 보조금을 보류하기도 한다.

그림 5.6.4 **저출산을 장려하는 간판**
중국 정부는 적은 수의 자녀를 갖도록 장려하는 간판을 전국에 세웠다.

그림 5.6.5 **가족계획 방법**
피임약
자궁 내 피임장치
콘돔
여성 불임시술
남성 불임시술
금욕적인 생활
기타
가족계획을 하지 않음

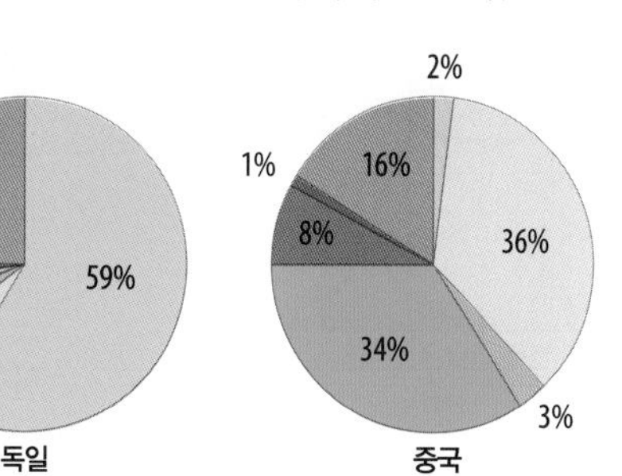

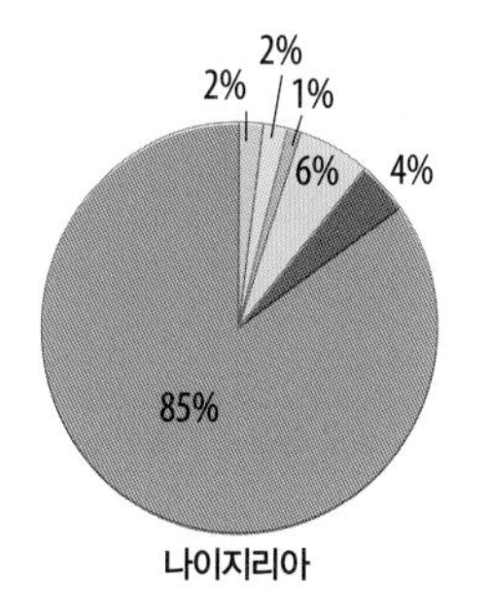

5.7 미래의 인구

▶ 세계의 인구는 과거보다 훨씬 더 완만한 비율로 증가할 것이다.

▶ 일부 선진국은 인구변천의 5단계로 진입할 것이다.

21세기의 자연증가율은 20세기에 비해 훨씬 완만하게 증가할 것이라고 예상되지만, 세계 인구는 지속적으로 증가할 것이다. 실제로 모든 개발도상국 인구는 증가하고 있다. 21세기에 세계의 인구규모는 인구규모가 가장 큰 중국과 인도의 영향을 상당히 받을 것이다.

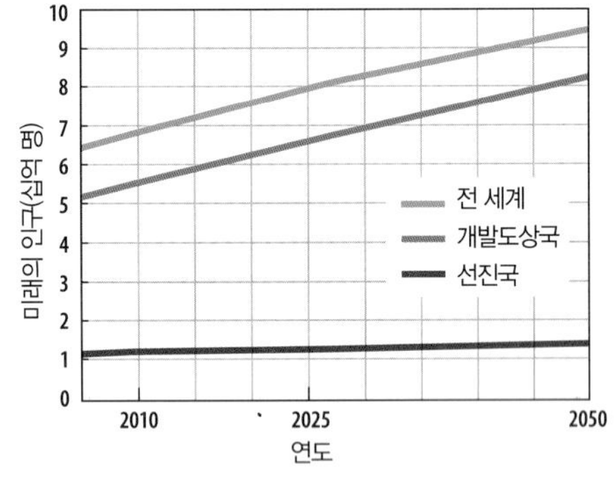
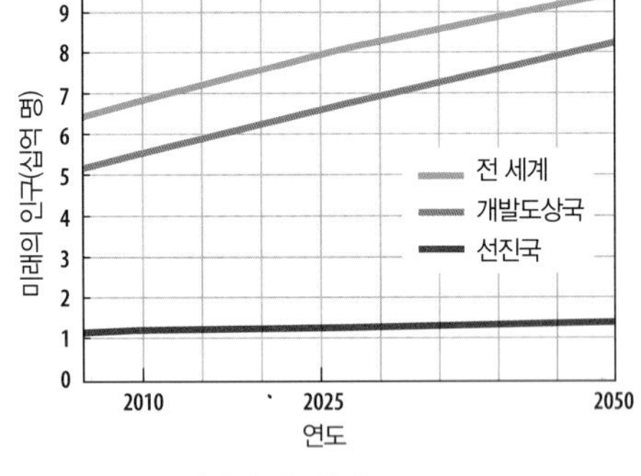

그림 5.7.1 **미래의 인구성장**
출처 : 미국인구통계국

미래 인구성장의 구성 요소

미래의 인구는 근본적으로 출산율에 의해 결정될 것이다. 미국인구통계국에 의하면 2050년에는 전 세계 인구가 95억 명에 이를 것이라고 한다(그림 5.7.1). UN은 합계출산율이 현재의 2.5 수준을 유지한다면 2050년 세계 인구는 그보다 훨씬 많은 120억 명에 이를 것이라고 전망하였다. 그러나 합계출산율이 향후 1.5로 하락하면 2050년 세계 인구는 약 80억 명 정도에 그칠 것이라고 전망하였다.

인구에 대한 모든 전망은 공통적으로 미래의 세계 인구에서 노년층의 비중이 월등히 높아질 것이라고 예견하고 있다. **노년인구부양비**(elderly support ratio)는 65세 이상 인구를 생산 연령(15~64세) 인구수로 나눈 것이다(그림 5.7.2). 노년인구부양비가 적다는 것은 노년 계층의 연금, 의료 서비스 및 기타 부양을 위하여 생산 연령 인구가 져야 하는 부담이 상대적으로 적다는 것을 의미한다.

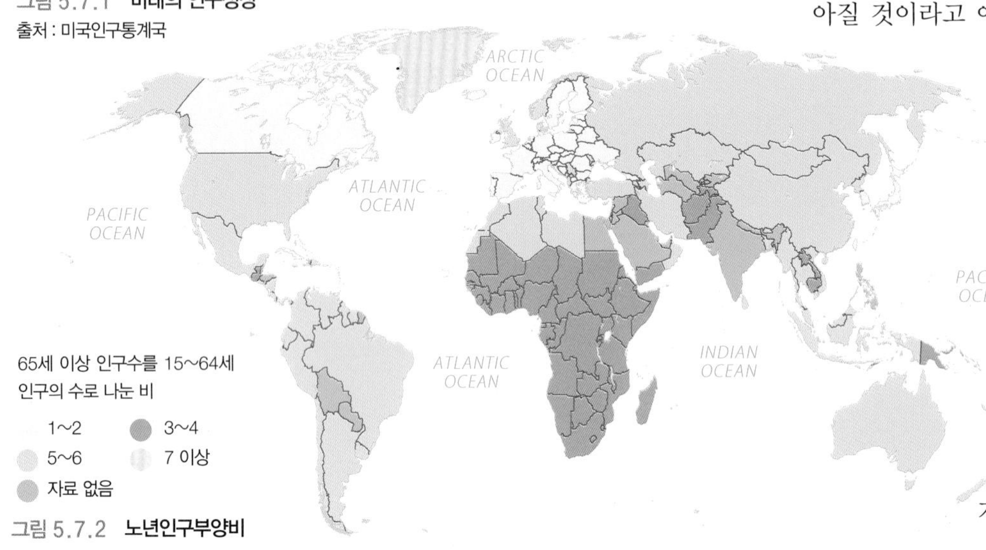

그림 5.7.2 **노년인구부양비**

인구변천 5단계의 가능성

일부 선진국의 인구학자들은 21세기 들어 인구변천의 5단계가 가능할 것이라고 조심스러운 예측을 하였다. 즉, 유소년층에 비해 노년층이 많은 다수의 선진국에서는 21세기에 인구감소가 일어날 것이라고 전망하였다. 노년층 인구의 비중이 높기 때문에 사망률이 증가할 것이다.

한편 5단계에 접어든 국가에서는 20세기 후반에 지속된 낮은 출산율의 영향으로 매우 적은 수의 여성들만이 아이를 출산하려 할 것이다. 인구가 감소한 와중에도 많은 여성들이 더 적은 수의 자녀를 가지려 하기 때문에 출산율은 지속적으로 감소할 것이며, 4단계보다 더 낮아질 것이다(그림 5.7.3).

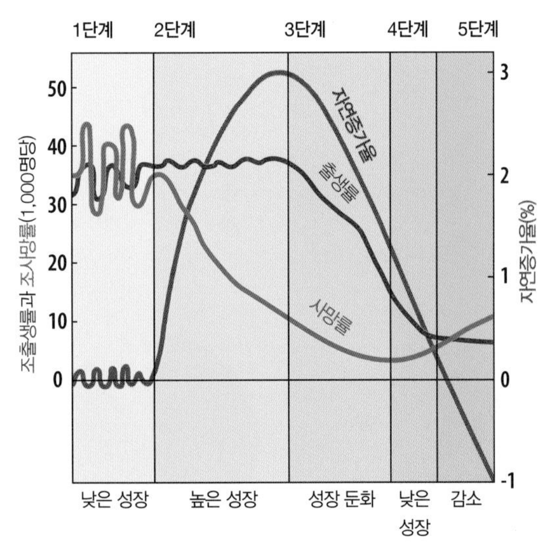

그림 5.7.3 **인구변천의 5단계**

5단계(인구감소) : 일본

- 매우 낮은 조출생률
- 증가하는 조사망률
- 자연증가율의 감소

인구변천 모델에 5단계를 포함시킨다면 일본은 전 세계에서 가장 먼저 5단계에 진입할 국가이다. 일본의 인구는 지난 2006년 1억 2,800만 명을 정점으로 이후 계속 감소하여 2025년에는 1억 1,900만 명, 2050년에는 9,500만 명을 기록할 것으로 예상된다. 인구감소로 인하여 노년 인구의 비율은 증가할 것으로 예상되며, 이는 인구피라미드의 변화에서도 나타난다(그림 5.7.4). 일본은 세계에서 최초로 노년인구부양비가 1이 될 것으로 예상되며, 이는 은퇴 인구의 수와 이들을 부양해야 하는 경제활동 인구의 수가 같다는 것을 의미한다.

일본은 심각한 노동력 부족 문제를 겪고 있다. 일본은 이민자를 받아들이기보다는 자국민이 더 많이 일하도록 독려함으로써 부족한 노동력을 메우고 있다. 노년층이 계속해서 경제활동에 참여하는 것을 장려하고, 의료 기관보다는 가정에서 의료 서비스를 받을 수 있게 하며, 주택을 담보로 의료 서비스를 제공하는 프로그램을 시행하고 있다.

일본 여성들은 육아와 일을 병행하기보다는 결혼하여 육아에 전념하거나 미혼으로 일을 지속하는 경향이 강하다. 일본의 최근 인구조사에 의하면 대부분의 일본 여성이 일에 전념하는 것을 택하였으며, 출산 가능성이 가장 높은 연령대인 20~34세 일본 여성의 절반 이상이 미혼인 것으로 나타났다.

인도 대 중국

세계에서 인구가 가장 많은 중국과 인도는 향후 전 세계의 인구과잉 문제에 큰 영향을 미칠 것이다. 전 세계 인구의 1/3 이상을 차지하는 중국과 인도는 서로 다른 가족계획 정책을 실시하고 있다.

인도의 인구정책

그림 5.7.5 **인도 콜카타(예전의 캘커타)의 가족계획 사무소**

인도는 1952년에 세계에서 처음으로 가족계획 프로그램을 실시하여 피임기구를 무료로 보급하거나 보조금을 지급하였다. 1972년에 낙태가 합법화된 이후 연간 수백만 건의 낙태수술이 이루어지고 있다.

인도의 가족계획 프로그램에서 가장 논란이 된 것은 1971년에 설치된 불임수술 의료 기관이었다. 이곳에서는 외과수술을 통하여 사람들을 불임으로 만들었으며, 불임수술을 받는 사람에게 한 달치 평균임금 정도의 장려금을 지급하였다. 그러나 많은 인도인들이 강제로 불임수술을 받게 되지 않을까 염려했기에 반대 여론이 조성되었다. 정부는 더 이상 산아제한을 정부의 최우신 정책으로 삼지 않았다. 대신 정부는 교육에 중점을 둔 가족계획 프로그램을 장려하였으며, 라디오 및 텔레비전 광고를 통한 교육과 지역 의료 기관을 통한 정보 배포가 이루어졌다(그림 5.7.5). 인도의 문화적 다양성으로 인하여 전국적인 캠페인은 그리 큰 효과를 거두지 못하였다.

그림 5.7.6 **한 자녀 정책을 선전하는 포스터(중국 상하이)**

중국의 인구정책

중국은 인구성장률이 뚜렷하게 감소하는 과정을 겪었다. 중국 가족계획의 핵심은 1980년에 실시된 한 자녀 정책이다(그림 5.7.6). 한 자녀 정책을 따르는 부부들은 정부로부터 보조금을 지급받았고 장기간의 육아휴가 혜택을 누렸으며 더 좋은 주택이나 토지를 제공받았다. 더 적극적인 출산제한을 위하여 피임과 낙태, 불임수술이 무료로 시행되었다.

21세기 들어 중국이 시장경제 체제로 이행되고 중국 가정의 경제 수준이 향상됨에 따라 한 자녀 정책이 도시 지역을 중심으로 완화되었다. 병원에서는 더 다양한 가족계획을 선택할 수 있도록 상담을 해주고 있다. 둘째 자녀를 원하는 부부들은 벌금을 내는 대신 정부에 '가족계획 비용'을 지불하는데, 이는 추가로 태어난 아이를 양육하는 데 정부가 지출하는 비용을 가족이 일정 부분 부담하는 명목이다.

한 자녀 정책의 완화로 인하여 출산율이 크게 증가하지 않을까 하는 우려는 찾아보기 어렵다.

그림 5.7.4 **일본의 인구피라미드**
1950년(왼쪽), 200년(가운데), 2050년(오른쪽)

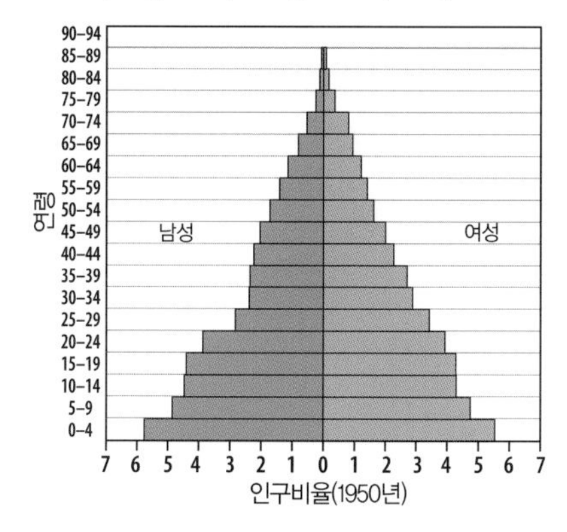

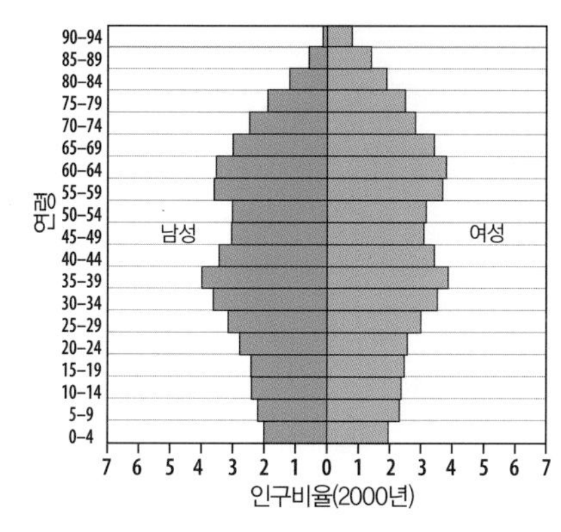

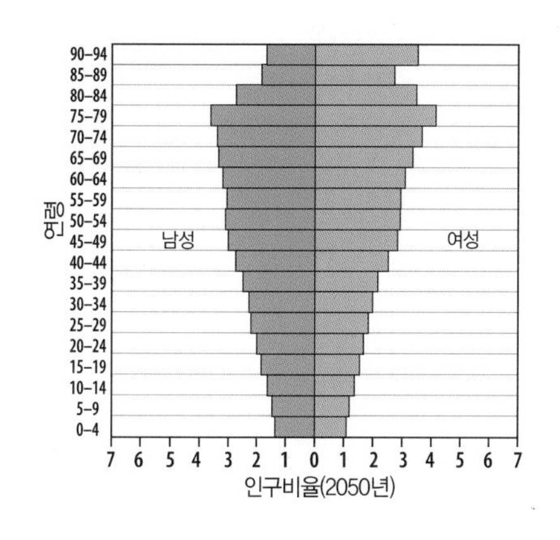

5.8 맬서스의 냉엄한 예견

▶ 맬서스는 인구증가 속도가 식량의 증가 속도보다 훨씬 빠를 것이라고 예견했다.

▶ 오늘날 지리학자들은 맬서스의 주장에 대한 대안적인 비판을 제시하고 있다.

영국의 경제학자 토머스 맬서스(Thomas Malthus, 1766~1834)는 세계의 인구증가율이 식량 공급을 훨씬 더 초과하고 있다고 최초로 주장한 사람이다. 1798년 출판된 **인구론**(*An Essay on the Principle of Population*)에서 맬서스는 인구는 **기하급수적**(geometrically)으로 증가하는 반면에 식량 공급은 **산술급수적**(arithmetically)으로 증가하기 때문에 세계 인구가 식량 공급 속도보다 훨씬 더 빠르게 증가하고 있다고 주장하였다. 맬서스의 관점은 오늘날에도 여전히 영향력을 지니고 있다(그림 5.8.1).

그림 5.8.1 **맬서스 이론과 현실**
맬서스는 인구증가 속도가 식량 증산의 속도보다 빠를 것이라고 예측하였는데(왼쪽), 인도의 경우 1960년대 이후 식량 생산량의 증가 속도가 인구증가 속도를 능가하였다(오른쪽).

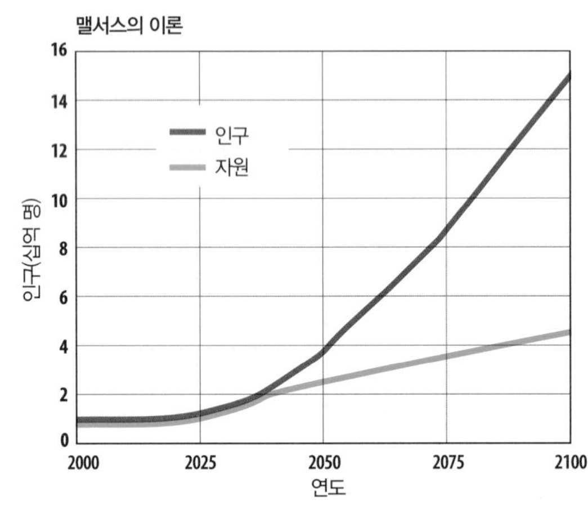

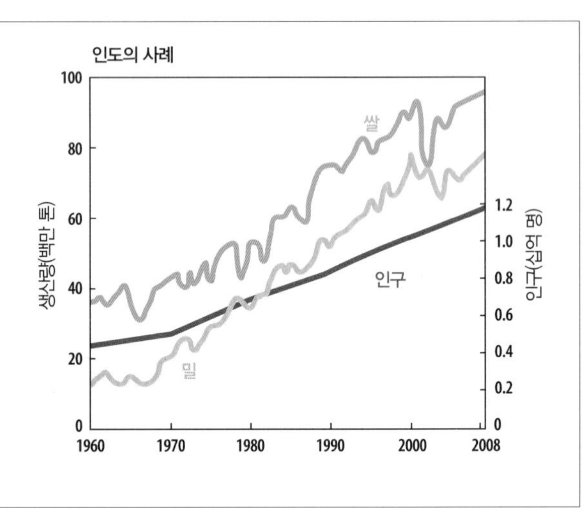

맬서스의 지지자들은 최근 인구성장에서 나타난 두 가지 특성 때문에 200여 년 전 맬서스가 그의 이론을 주장했을 때보다 현재가 더 위협적인 상황이 되었다고 주장한다.

1. 맬서스의 시대에는 부유한 몇몇 국가들만이 인구변천 2단계로 진입했다. 맬서스는 선진국의 의료 기술 전수 덕분에 빈곤 국가들의 인구증가가 매우 빠르게 진행될 것이라는 사실을 예견하지 못했다. 따라서 일부 국가에서는 인구성장과 식량 자원 간의 격차가 맬서스가 예상했던 것보다도 훨씬 더 벌어졌다.
2. 세계의 인구증가는 식량 생산뿐 아니라 여러 자원을 초과하고 있다. 신맬서스주의자들의 견해에 따르면 세계는 앞으로 식량, 공기, 농지 및 연료 부족에서 기인한 전쟁과 폭동이 증가할 것이다.

맬서스에 대한 비판

많은 지리학자들은 인구증가가 자원을 고갈시킨다는 맬

그림 5.8.2 **인도의 풍부한 식량**
케랄라의 시장

그림 5.8.3 **인도의 풍부한 식량**
벵갈로 근처의 감자 농장

서스의 이론에 대해 비판을 제기하고 있다. 오히려 더 많은 인구로 인하여 경제성장이 촉진되고 나아가 더 많은 식량을 생산할 수 있게 된다. 인구성장으로 인하여 소비자의 규모가 증가하고 기술 향상에 필요한 더 많은 아이디어가 발생할 수 있게 된다.

일부 이론가들은 빈곤, 기아 및 기타 경제발전의 부족과 관련된 사회복지 문제들이 인구성장의 결과가 아닌 불공평한 사회 및 경제 제도의 결과라고 주장한다. 만약 자원이 공평하게 분배된다고 가정한다면, 인류가 보유하고 있는 자원은 지구 전체의 기아와 빈곤을 퇴치하기에 충분하다.

정치 지도자들, 특히 아프리카의 지도자들 중 일부는 인구가 많을수록 국력이 강해지므로 높은 인구성장이 국가를 위해 유익한 것이라 주장하기도 한다. 이들은 군대에서 복무할 수 있는 청년들이 계속해서 공급되기 위해서는 인구성장이 지속되어야 한다고 생각한다. 전 세계적인 인구성장 억제 정책에 대하여 일부 지도자들은 전 세계 인구에서 빈곤한 국가의 비중이 증가하는 것을 막고자 선진국에서 실시하는 것이라고 주장하고 있다.

맬서스의 이론과 현실

지난 반세기 동안 세계적인 규모로 일어난 여러 상황들은 맬서스의 이론을 뒷받침하지 못했다. 지리학자인 바츨라프 스밀(Vaclav Smil)은 1950년 이후 세계 인구가 역사상 가장 빠른 속도로 증가하였지만 전 세계의 식량 생산은 인구의 자연증가율보다 훨씬 더 빠르게, 그리고 지속적으로 증가하였다고 주장하였다. 맬서스의 식량 생산에 대한 예언은 사실에 가까웠지만 인구증가에 대한 그의 예언은 너무 비관적인 것이었다.

20세기 후반에 세계의 식량 생산은 맬서스가 예상했던 것보다 훨씬 더 빠르게 증가하였다(그림 5.8.2). 재배기술의 발달과 품종 개량, 경작 면적의 확대로 식량 생산량이 증가하였다(그림 5.8.3). 전 세계적으로 많은 사람들이 식량을 구입할 경제적인 여유가 없거나 식량을 공급받지 못하고 있지만, 이는 맬서스가 예견한 식량 생산량의 부족이 아니라 부의 불균등한 분배와 관련된 문제이다.

맬서스의 모델에 의하면 세계 인구는 1950~2000년 사이에 25억 명에서 100억 명으로 4배 증가하여야 하나, 실제로 이 기간 동안 세계 인구는 60억 명으로 증가하였다. 맬서스는 인구변천 3, 4단계로의 변동을 가능하게 한 문화, 경제, 기술 면에서의 결정적인 변화를 예측하지 못하였던 것이다.

5.9 역학적 변천

▶ 인구변천의 각 단계에서는 사망과 관련한 변인이 작용하고 있다.

▶ 인구변천 단계에서의 변화는 사망 원인에 의해 결정되기도 한다.

의학 연구자들은 인구변천의 각 단계에서 두드러지게 나타나는 사망 원인에 초점을 맞추는 **역학적 변천**(epidemiologic transition)에 주목하였다. 전염병을 통제하고 예방하기 위해서는 질병 특유의 분포와 확산을 이해해야 하므로 역학 전문가들은 스케일, 연결 등의 지리학적 개념에 크게 의존하고 있다. 역학적 변천이라는 용어는 의학의 한 분야인 **역학**(epidemiology)에서 유래된 것으로, 역학은 특정 시점에 특정 인구 집단 사이에서 유행하고 특정한 원인에 의해 발생하는 질병들에 대한 발병, 확산, 통제와 관련된 분야이다.

1단계 : 전염병과 기근(높은 조사망률)

1971년에 역학 전문가인 압델 옴란(Abdel Omran)은 1단계를 전염병과 기근의 단계라고 명명하였다. 전염병과 기생충 감염이 인간의 주요 사망 원인이었으며 동물 및 타인의 공격이나 사고 또한 주요한 사망 원인이었다. 맬서스는 이러한 사망 원인을 인구성장에 대한 자연적인 조절이라고 칭하였다.

역사상 가장 혹독한 1단계의 전염병은 흑사병(임파선종 흑사병)으로, 감염된 쥐들에 붙어있던 벼룩을 매개로 인간에게 전이된 것으로 추정된다.

- 흑사병은 오늘날의 키르기스스탄 타타르 지역에서 기원하였다.
- 이 흑사병은 타타르 군대가 흑해에 위치한 이탈리아 무역항을 공격하자 오늘날의 우크라이나 지역으로 전파되었다.
- 1347년 흑해의 무역항에서 탈출한 이탈리아인들이 배를 타고 남동부 유럽의 주요 해안 도시로 이동하면서 감염된 쥐들도 함께 이동하였다.
- 이 흑사병이 해안에서 내륙 도시로, 다시 촌락 지역으로 확산되었다.
- 이 흑사병은 1348년에 서유럽까지 확산되었고 1349년에는 북유럽까지 전염되었다.

1347~1350년까지 유럽 인구의 절반이 넘는 2,500만 명이 사망하였다. 중국에서는 1380년 한 해에만 약 1,300만 명이 흑사병으로 사망하였다.

흑사병이 마을과 가정 전체를 휩쓸어 농장에는 일할 사람이 없었고 부동산을 물려받을 상속인도 없는 지경이 되었다. 교회에는 성직자와 신도가 사라졌으며 학교에는 교사와 학생이 사라졌다. 승무원 전원이 흑사병으로 사망한 배들이 방향을 잃은 채 바다 위를 표류하기도 하였다.

2단계 : 세계적 유행병의 후퇴(급속히 감소하는 조사망률)

역학적 변천의 2단계는 세계적 유행병이 사라지는 단계이다. **세계적 유행병**(pandemic)이란 광범위한 지역에 걸쳐 발생하고 매우 높은 비율의 인구가 영향을 받는 질병이다.

2단계에서는 산업혁명을 거치면서 공중위생 및 영양 상태의 개선, 의학의 발전이 이루어졌고, 결과적으로 전염성 질병의 확산이 감소하게 되었다(그림 5.9.1). 그러나 사망률이 즉각적으로 그리고 보편적으로 감소하지는 않았다. 이는 산업혁명 동안 급속하게 성장한 산업 도시로 가난한 사람들이 대거 유입되었는데, 이들의 사망률이 현저히 높았기 때문이다.

상수 및 하수 시스템의 건설로 19세기 후반 이후 콜레라가 완전히 근절되었다. 그러나 100여 년이 지난 오늘날에도 인구변천 2단계로 진입하여 인구가 급속하게 성장하는 개발도상국의 도시에서는 콜레라가 발생하고 있다.

그림 5.9.1 **역학적 변천 2단계**
제2단계 질병인 콜레라가 이라크 바그다드 시의 교외 지역인 프다일리야(Fdailiyah)에서 발생하였다. 이 지역에서는 상수도관과 하수도관이 서로 얽혀있다.

3단계 : 퇴행성 질병(완만히 감소하는 조사망률)

3단계는 감염성 질병으로 인한 사망은 감소하지만 퇴행성 질병이 증가하는 것이 특징이다. 3단계에서 특히 중요한 두 가지 만성질환은 심장마비와 같은 심장혈관계 질환과 여러 형태의 암이다.

3단계에 속한 국가에서는 소아마비나 홍역 같은 감염성 질병의 발병이 급격히 감소한다. 이는 효과적인 백신의 접종 때문이다.

4단계 : 퇴행성 질병의 지연(낮지만 증가하는 조사망률)

옴란이 처음 제시한 역학적 변천은 제이 올샨스키(Jay Olshansky)와 브라이언 올트(Brian Ault)에 의해 퇴행성 질병의 지연을 특징으로 하는 4단계까지 확장되었다. 퇴행성 질병인 심장혈관계 질환과 암이 계속해서 사망의 주요 원인이지만, 의학의 발전으로 인해 노년층의 기대수명이 연장된다.

약물을 이용해 암의 전이 속도를 완화시키거나 완전히 제거한다. 혈관 우회 수술 등을 통하여 심혈관계의 질환을 치료한다. 또한 식습관을 개선하고 흡연 및 음주를 줄이며 운동을 하는 등 생활 습관을 개선함으로써 건강을 증진시킨다.

그림 5.9.2 **역학적 변천 3단계**
예방주사를 맞는 아기를 안고 있는 엄마(짐바브웨)

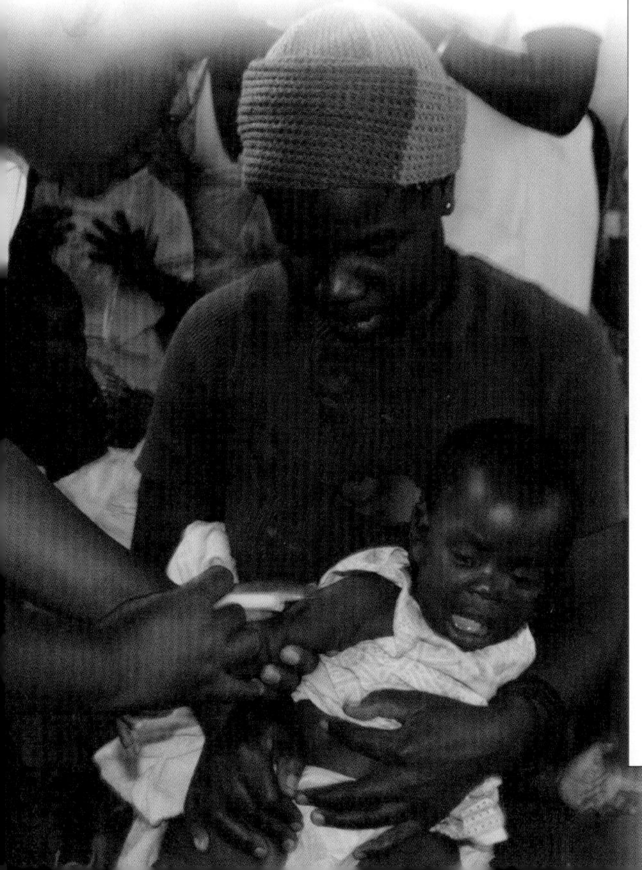

콜레라의 확산을 그린 최초의 'GIS' 지도

존 스노우(John Snow, 1813~1858) 박사는 영국의 의사로, 지리학자는 아니었다. 1854년에 스노우 박사는 19세기에 창궐했던 참혹한 전염병 중의 하나인 콜레라를 퇴치하기 위하여 GIS 지도를 직접 만들었다. 그는 콜레라 사망자의 분포 지도와 우물 펌프의 위치가 표시된 지도를 런던 소호 지역의 지도에 겹쳐보았다. 가난한 소호 지역 사람들은 우물 펌프의 물을 식수 및 생활용수로 사용하고 있었다(그림 5.9.3).

지도를 겹쳐보았을 때 콜레라 사망자들이 소호 전역에 고르게 분포되어 있지는 않았다. 스노우 박사는 콜레라 사망자들이 브로드 거리(오늘날 브로드윅 거리)의 한 우물 펌프 주변에 집중적으로 분포되어 있는 것을 발견하였다. 브로드 거리의 우물을 조사한 결과 물이 오염된 것으로 밝혀졌다. 조사를 계속한 결과 오염된 하수가 펌프 근처의 수원으로 흘러 들어가고 있었다는 사실이 밝혀졌다.

스노우 박사의 지리적 분석 이전에는 많은 사람들이 전염병 환자들은 지은 죄에 대한 벌을 받는 것이라고 믿었으며 가난을 죄악이라고 생각하였기 때문에 대부분의 전염병 환자는 당연히 가난하다고 생각하였다. 오늘날 우리는 가난한 사람들이 오염된 물을 이용할 가능성이 더 높기 때문에 가난한 이들이 쉽게 콜레라에 걸린다는 것을 이해한다.

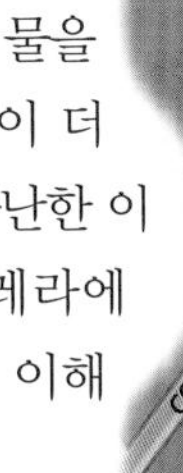

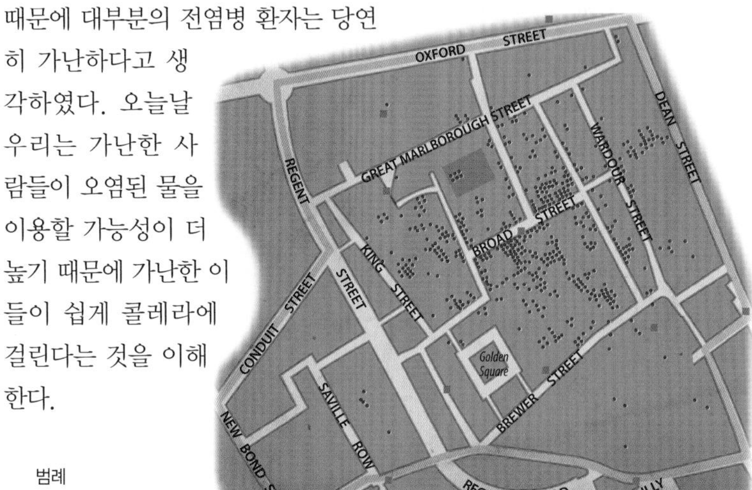

그림 5.9.3 **GIS의 탄생**
(위) 1854년 런던 소호 지역의 콜레라 분포를 나타낸 스노우 박사의 지도 (아래) 구글어스를 사용하여 오늘날 런던에서 스노우 박사와 콜레라 발병을 기억해보자.
위치 : 영국 런던의 브로드윅 거리 39번지(39 Broadwick Street)
브로드윅 거리 39번지로 "스트리트 뷰"를 드래그하라.
나침반을 움직여서 남쪽이 위로 가고 북쪽이 아래로 가게 하라.
나침반을 움직여서 동쪽이 위로 가고 북쪽이 왼쪽으로 가게 하라.

1. **존 스노우의 이름을 딴 브로드윅 거리 39번지 건물은 현재 어떤 용도로 사용되고 있는가?**
2. **브로드윅 거리에서 콜레라가 창궐하였다는 또 다른 증거는 무엇인가?**

5.10 전염병의 세계적인 창궐

▶ 몇몇 전염성 질병들이 다시 출현하고 있으며 새로운 전염병이 나타나고 있다.

▶ 전 세계적으로 가장 치명적인 전염병은 AIDS이다.

인구변천의 5단계를 상기해보면 노년층의 비율이 높기 때문에 조사망률이 증가한다. 일부 의학 전문가들은 역학적 변천의 5단계, 즉 전염 및 감염성 질병이 다시 출현하는 단계로 이행하고 있다고 주장한다. 5단계에서는 조사망률이 더욱 높아질 수 있다. 일부 역학 전문가들은 최근의 경향은 전염성 질병을 제어하는 장기적인 과정에서 나타나는 일시적 퇴보일 뿐이라고 주장하고 있다.

역학적 변천의 5단계에서는 소멸되었거나 통제할 수 있었던 전염성 질환들이 다시 나타나기도 하고, 새로운 전염병이 나타나기도 한다. 역학적 변천의 5단계가 출현할 가능성은 빈곤, 진화, 교류의 증가 등 세 가지 이유를 통해 살펴볼 수 있다.

역학적 변천 5단계의 원인 : 빈곤

전염병은 빈곤한 지역에서 더욱 많이 발생한다. 그 이유는 다음과 같다.

- 비위생적인 환경이 많다.
- 대부분의 사람들이 치료에 필요한 약품을 구입할 수 없다.

결핵은 미국과 같은 선진국에서는 거의 완벽하게 통제되고 있는 질병이지만 개발도상국에서는 여전히 주요 사망 원인이다. 공기를 통해 전염되는 '폐결핵'은 감염 환자의 기침, 재채기를 통해 확산되어 폐를 손상시킨다.

미국에서 결핵으로 인한 사망자는 1900년에는 인구 10만 명당 200명이었으나 1940년에는 60명으로 낮아졌고 오늘날에는 0.5명 정도이다. 그러나 개발도상국의 결핵 발병률은 선진국의 10배 이상이며 전 세계적으로 연간 200만 명 이상이 결핵으로 사망하고 있다(그림 5.10.1).

역학적 변천 5단계의 원인 : 진화

전염병과 관련된 미생물들은 약물과 살충제에 대한 저항력을 증가시킴으로써 환경의 영향에 반응하며 계속해서 진화하고 또 변화하고 있다. 항생제와 유전공학으로 인하여 신종 또는 변종 바이러스 및 박테리아가 출현하기도 한다.

20세기 중반에 전염 매개인 모기를 퇴치하는 DDT를 이용함으로써 말라리아가 거의 근절되었다. 예를 들어 스리랑카의 말라리아 환자는 1955년 100만 명에서 1963년 18명으로 급격히 감소하였다. 그러나 1963년에 말라리아가 다시 발병하여 전 세계적으로 해마다 100만 명 이상이 이 병으로 사망하고 있다. DDT에 내성을 지닌 모기가 진화한 것이 주요 원인이었다.

역학적 변천 5단계의 원인 : 교류의 증가

사람들은 여행을 하면서 질병을 옮기고, 다른 이들의 질병에 노출되기도 한다. 자동차 시대가 도래하여 사람들이 보다 쉽게 도시와 촌락을 오고 가게 되었으며 항공기가 등장하여 국가 간의 왕래도 용이해졌다.

그림 5.10.1 2009년 결핵으로 인한 사망자

미국의 여행 증가와 AIDS

뉴욕 주, 캘리포니아 주 및 플로리다 주에 위치한 공항들은 미국을 방문하는 여행객들의 주요 입국 장소이다(그림 5.10.2). 여행의 급증으로 전염성 질병이 다시 출현하면서 이들 지역은 전염병에 가장 먼저 노출된다.

1980년대 초반에 뉴욕 주, 캘리포니아 주, 플로리다 주가 미국 내 AIDS의 근원지였던 것은 우연이 아니다(그림 5.10.3 왼쪽). 1980년대에 AIDS가 미국 전역으로 확산되었지만, 이 병이 절정에 이르렀던 1993년에 이 3개 주 및 텍사스의 AIDS 감염자 수는 전국의 절반을 차지하였다(그림 5.10.3 오른쪽). AZT 같은 치료약과 AIDS 예방법이 빠르게 보급된 결과 새로운 감염 사례는 급속히 감소하였다.

샌프란시스코 3.5
라스베가스 1.7
로스앤젤레스 6.5
호놀룰루 1.7
휴스턴 1.5
시카고 2.8
애틀랜타 1.3
올랜도 2.2
마이애미 5.3
워싱턴 2.2
뉴욕 13.3
보스턴 2.1

그림 5.10.2 **국제 여행객 수**
2007년 미국 공항에 도착한 국제 승객(캐나다에서 입국한 승객 제외)의 규모(백만 명)

최근 몇 년간 가장 치명적인 전염병은 AIDS(후천성 면역결핍증)였으며, 2007년까지 세계적으로 2,500만 명이 사망하였다. 3,300만 명이 HIV(AIDS의 원인인 인간면역결핍 바이러스)를 지닌 채 살아가고 있다.

AIDS는 사하라 이남 아프리카 지역에 가장 큰 영향을 미치고 있다. 이 지역의 인구는 전 세계 인구의 1/10을 차지하지만 전 세계 HIV 감염자의 2/3, 어린이 보균자의 9/10가 이 지역에 분포하고 있다(그림 5.10.4).

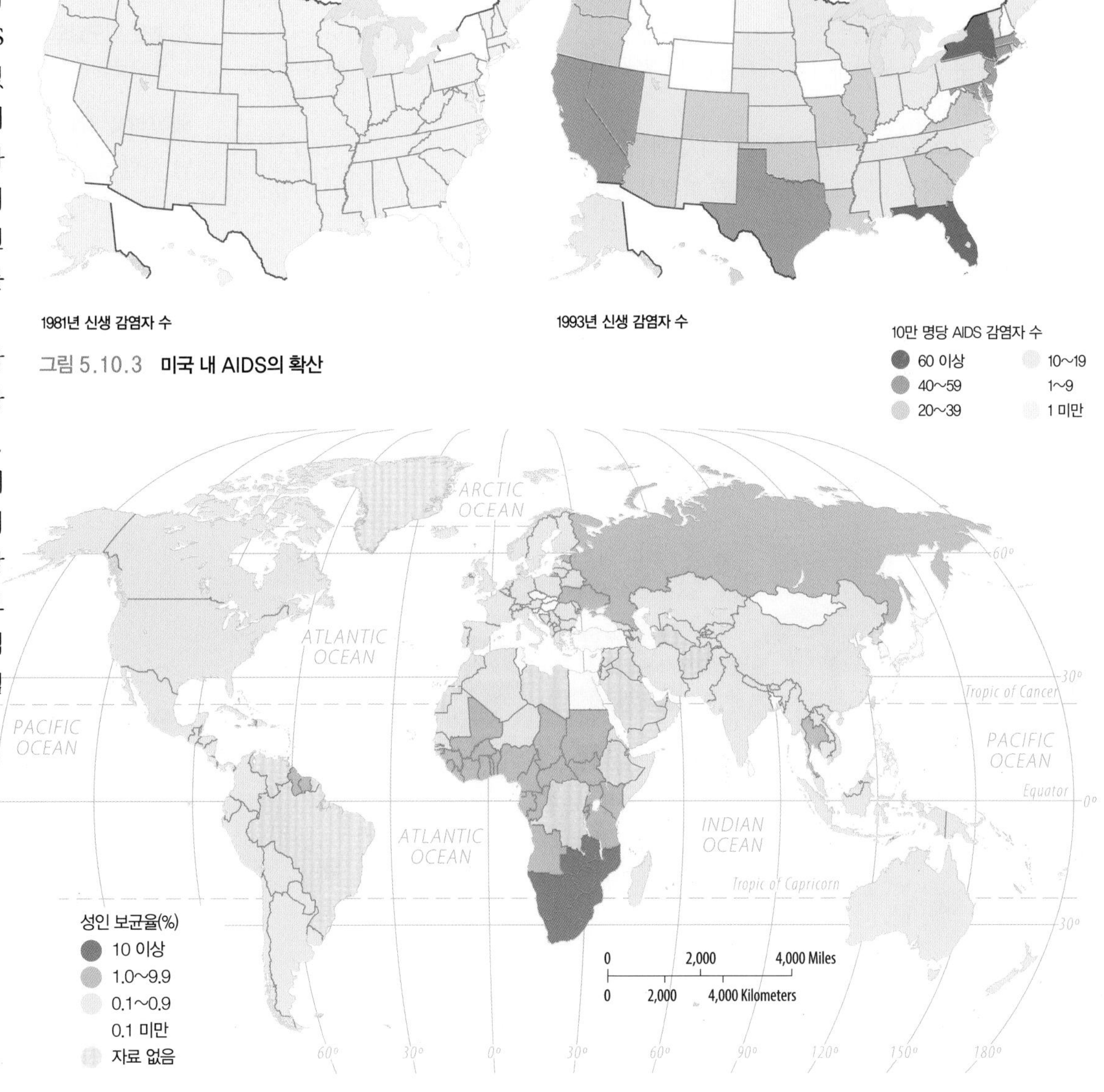

그림 5.10.3 **미국 내 AIDS의 확산**

그림 5.10.4 **HIV/AIDS**

이 장에서는 지리학자들이 세상에 대해 사고하는 방법을 살펴보았으며, 지리학의 주요 개념에 대해서도 살펴보았다.

핵심 질문

세계 인구는 어느 곳에 분포되어 있는가?

▶ 세계의 인구는 지역별로 편중되어 분포한다. 세계 인구의 2/3가 동부 아시아, 남부 아시아, 유럽, 동남아시아에 거주하고 있다.

▶ 인구분포에서 지역적 편중이 나타나는 것은 자원의 분포와 밀접한 관련이 있다.

인구성장이 국가별로 다르게 나타나는 이유는 무엇인가?

▶ 인구는 출산율의 영향으로 증가하고 사망률의 영향으로 감소한다.

▶ 인구변천은 한 국가의 인구가 높은 출생률과 사망률로 인한 낮은 인구증가의 상태로부터 낮은 출생률과 사망률로 인해 인구증가율은 낮으나 인구규모는 훨씬 많은 상태로 변화하는 과정이다.

▶ 200여 년 전 맬서스는 인구증가 속도가 식량 증가 속도를 앞지를 것이라고 주장하였다. 현재 몇몇 전문가들은 일부 지역에서는 맬서스의 예측이 적중하였다고 본다.

미래의 인구는 어떻게 변화할까?

▶ 대부분의 유럽과 북아메리카 국가들은 미래에 인구가 서서히 증가하거나 심지어 감소할 것이다.

▶ 출생률의 감소로 세계의 인구성장률이 둔화되고 있다.

▶ 한편 일부 국가에서는 노화와 관련된 퇴행성 질병으로 인해 사망률이 증가하고 있으며 일부 개발도상국에서는 전염성 질병으로 인해 사망률이 증가하고 있다.

그림 5.CR.1 **매우 높은 산술적 인구밀도 : 이집트 다라우(Daraw)의 시장**
높은 인구밀도가 인간의 행동에 영향을 미친다는 증거는 무엇인가?

지리적으로 생각하기

미국인구조사국은 연령이나 성별과 같은 미국의 인구에 관한 대부분의 정보를 표본조사를 이용해 얻을 수 있게 되었다. 그러나 각 주의 전체 인구규모나 선거구의 결정은 전수조사를 통하여 이루어지고 있다.

1. 인구를 집계하는 데 있어 두 방법의 장점은 각각 무엇일까?

일부 지역에는 인구밀도가 매우 높게 나타난다(그림 5.CR.1). 과학자들은 높은 인구밀도가 인간의 행동에 영향을 미친다는 의견에 동의하지 않는다. 몇몇 실험에서는 제한된 공간에 매우 많은 수의 쥐들을 가두면 공격성, 경쟁심, 폭력성 등이 증가한다는 결과가 나왔다.

2. 높은 인구밀도로 인해 인간의 행동이 특별히 폭력적으로나 공격적으로 변화한다는 증거가 있는가?

베이비붐 세대는 1946~1964년 사이에 태어난 사람들로, 미국 인구의 약 1/3이 이 세대에 해당된다.

3. 베이비붐 세대들이 점차 나이가 들어감에 따라 향후 미국 전체 인구에 어떠한 영향을 미치게 될까?

인터넷 자료

미국인구통계국(Population Reference Bureau, PRB)은 www.prb.org에서 세계 모든 지역과 국가에 대한 권위 있는 인구정보를 제공한다.

UN 사무국 경제사회국의 인구분과에서는 모든 국가의 인구, 출생, 사망에 관한 표를 http://esa.un.org/unpd/wpp/unpp/panel_population.htm에서 제공하며, 이 장의 첫 번째 페이지의 QR 코드를 스캔하면 동일한 정보를 얻을 수 있다.

탐구 학습

이집트의 마하미드

구글어스를 사용하여 나일 강 제방 근처에 있는 인구 45,000의 도시 마하미드를 찾아보라.

위치 : 이집트 룩소르 지방의 마하미드(Mahāmīd)를 찾아 확대해보라.

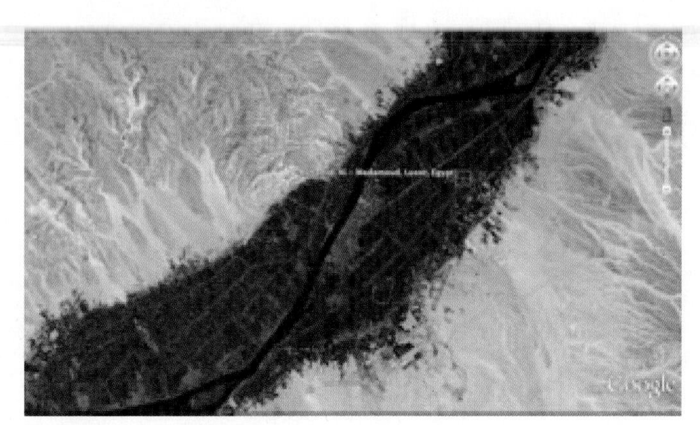

1. 도시 내부 및 주변 토양의 색깔은 무엇인가? 토양의 색을 통해 토지가 농업에 이용되거나 혹은 사막임을 구분할 수 있는가?

황갈색으로 둘러싸인 초록색 대상 지역이 모두 나타날 때까지 축소하라.

2. 초록색 대상 지역은 얼마나 넓은가? 황갈색은 무엇을 나타내는가? 초록색 대상 지역 가운데에 있는 것은 무엇인가?

핵심 용어

경작지(arable land) 농업에 적합한 토지

기대수명(life expectancy) 개인이 처한 사회, 경제, 의료 환경하에서 살 수 있을 것이라 예상되는 평균연령. 출생 시 기대수명은 신생아가 앞으로 살 것이라 기대할 수 있는 평균수명이다.

노년인구부양비(elderly support ratio) 경제활동 연령대(15~64세)의 인구를 65세 이상 인구수로 나눈 것

농업적 인구밀도(agricultural density) 경작지 면적에 대한 농부 수의 비율

배가 기간(doubling time) 인구가 지속적인 비율로 증가한다고 가정할 때 인구규모가 2배로 증가하는 데 필요한 연수

부양비(dependency ratio) 경제활동에 종사하기에는 너무 어리거나 나이가 든 인구수(15세 이하 어린이와 65세 이상 노년층)와 생산 연령층의 인구수를 비교한 것

산술적 인구밀도(arithmetic density) 인구규모를 영토 면적으로 나눈 비율

세계적 유행병(pandemic) 광범위한 지역에 걸쳐 발생하고 매우 높은 비율의 인구가 영향을 받는 질병

역학(epidemiology) 의학의 한 분야로 대규모 인구 집단에 영향을 미치는 질병의 발병, 확산, 통제와 관련된 분야

역학적 변천(epidemiologic transition) 인구변천의 각 단계에서 두드러지게 나타나는 사망 원인

영아사망률(Infant Mortality Rate, IMR) 연간 출생아 수에 대한 1세 이하 영아의 사망률, 출생 영아 1,000명당 사망 수로 표현

인구과잉(overpopulation) 주어진 환경에서 적절한 생활수준으로 부양 가능한 인구규모를 초과한 인구수

인구변천(demographic transition) 한 사회의 인구가 높은 출생률과 사망률로 인한 낮은 인구증가의 상태로부터 낮은 출생률과 사망률로 인해 인구증가율은 낮으나 인구규모는 훨씬 많은 상태로 변화하는 과정

인구피라미드(population pyramid) 한 국가의 인구를 연령과 성별 집단을 기준으로 막대그래프로 표현한 것

자연증가율(Natural Increase Rate, NIR) 인구가 1년 동안 증가한 비율. 조출생률에서 조사망률을 뺀 수

조사망률(Crude Death Rate, CDR) 인구 1,000명당 1년 동안의 총 사망자 수

조출생률(Crude Birth Rate, CBR) 인구 1,000명당 1년 동안의 총 출생자 수

지리적 인구밀도(physiological density) 한 지역의 단위 경작지당 거주 인구수. 경작지는 경작 가능한 토지를 의미한다.

합계출산율(Total Fertility Rate, TFR) 여성 1명이 가임 기간 동안 출산하는 평균 자녀의 수

▶ 다음 장의 소개

인구는 출산율의 영향으로 증가하고 사망률의 영향으로 감소한다. 한 지역의 인구는 사람들이 이주해오면 증가하고 이주해나가면 감소한다. 다음 장에서는 인구변화의 요인 중 하나인 이주에 대해서 다룰 것이다.

6 이주

인류는 언제나 이동해왔다. 인간의 기본적인 욕구를 충족시키기 위해 이동하기도 하였고 빈 땅을 찾기 위해서 이동하기도 하였다. 지구 상에 인류가 확산된 과정을 살펴보면 식량의 분포와 매우 밀접한 관련이 있다. 기술의 발달로 과거보다 더 많은 인구가 더욱 먼 거리까지 이주할 수 있게 되었으며, 이로 인해 인류의 분포는 지난 500년간 매우 뚜렷한 변화를 겪었다. 이주민이 배출되는 지역은 시대에 따라 변화하였으며, 이주민이 향하는 지역 또한 변화하였다. 오늘날 가장 큰 이주의 물결은 빈곤한 국가로부터 부유한 국가로의 이주이다.

인간은 여러 이유로 인해 이주한다. 오늘날 이주의 주된 원인은 더 나은 일자리이다. 즉, 사람들은 임금이 낮고 구직 기회가 적은 지역을 떠나 임금이 높고 구직 기회가 많은 지역으로 이주한다. 사람들은 또한 전쟁, 폭력 사태, 억압 등을 피하여 안전한 거주지를 찾아 이주한다. 일시적인 형태의 이주는 관광이라 부르며, 이 또한 지구 상의 인류의 분포를 변화시킨다.

이주는 또한 국가에도 주요한 영향을 미친다. 국내의 한 지역으로부터 다른 지역으로 이동하는 국내 이주는 시간의 경과에 따라 한 국가의 인구 패턴을 완전히 변화시키기도 한다. 정부에서는 국경 통과 허가와 시민권의 선별적 부여를 통해 국제 이주민을 통제하고 있다.

이주의 역사적 패턴은 어떠한가?

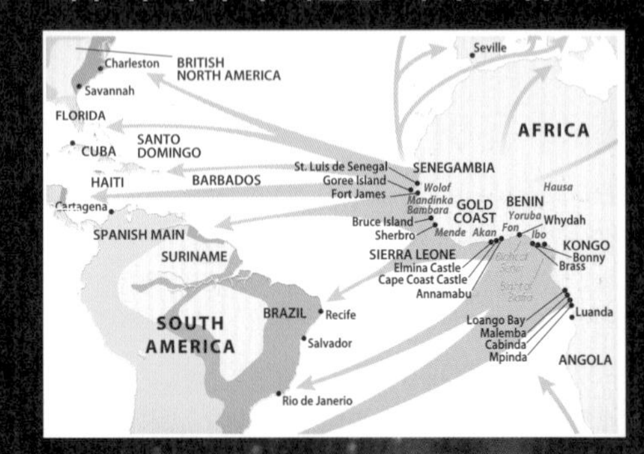

소규모 선박을 통해 스페인 해안으로 이주하려던 아프리카인들이 스페인 해안 경비대에 체포되었다.

사람들이 이주하는 목적은 무엇인가?

6.4 국제 노동 이주

6.5 강제 이주

6.6 관광 이주

인구의 특성은 이주로 인해 어떻게 변화하는가?

6.7 주거 이동성

6.8 미국 이주민의 출신지 변화

국제 이주에 대한 분석을 보려면 스캔하라.

이주민의 증가에 대해 정부는 어떻게 대처하는가?

6.9 불법 이주

6.10 이주에 대한 통제

6.1 인류의 기원

▶ 인류 이주의 역사는 약 20만 년 전으로 거슬러 올라가며, 인간은 지속적으로 이주했다.

▶ 전 세계에 인류가 분포한 흔적은 고고학적, 언어학적, 유전적 증거를 통해 확인할 수 있다.

인류의 역사를 살펴보면 인간은 끊임없이 이주하였다. 다른 생물종들과 마찬가지로 인간 또한 여러 이유로 인해 가까이 혹은 멀리까지 이동하였다.

초기 인류의 이주 원인

이주 확산(demic diffusion)이란 사람들이 한 장소에서 다른 장소로 이동하는 현상이다. 초기 인류는 인구규모가 성장함에 따라 새로운 식량 자원을 찾아 이동하였다. 빙하의 전진과 후퇴, 해수면의 변화, 위험한 생물종으로부터의 탈출 등도 이동의 원인이었으며, 인간은 이동을 통해 모험심과 호기심을 충족시키기도 하였다. 인류 역사의 초기 인간은 이러한 방식의 이주를 통해 전 세계로 확산되었다(그림 6.1.1).

이주와 인류의 기원지

인간이 지구 상에 퍼져나간 초기의 이주는 **인류 기원설**(human origins)에 대한 다음과 같은 문제의 해답을 얻는 데 매우 중요하다. 우리는 어디서 왔으며 무엇이 우리를 인간답게 만들었을까? 선사시대의 이주 패턴을 밝힘으로써 인류 기원지의 위치를 밝혀낼 수 있고, 인류가 지구 상을 돌아다니면서 겪었던 변화를 추적할 수 있다. 대부분의 과학자들은 인류가 수십만 년 전 동부 아프리카 중앙에서 초기 호미니드(hominid)로부터 진화하였다는 데 동의한다. 이러한 인류 기원설에 대한 증거로는 이 지역에서 자주 발견되는 초기 호미니드의 유골을 들 수 있다.

초기 이주의 증거

인류의 확산에 대한 결정적인 증거는 초기 현생 인류의 유골 및 특징과 같은 고고학적 기록에서 찾아볼 수 있다(그림 6.1.2, 6.1.3, 6.1.4).

최근 인간 유전자의 복원과 분석 기술의 발달로 초기 인류 이주의 지도를 채워나가기 시작하였다. 언어 및 그 발달 과정에 대한 과학적 연구는 선사시대 후반기의 이주에 대한 통찰을 제시하였다. 이러한 연구를 바탕으로 인류의 기원과 초기 이주에 관한 기초과학적인 이해가 이루어지고 있다.

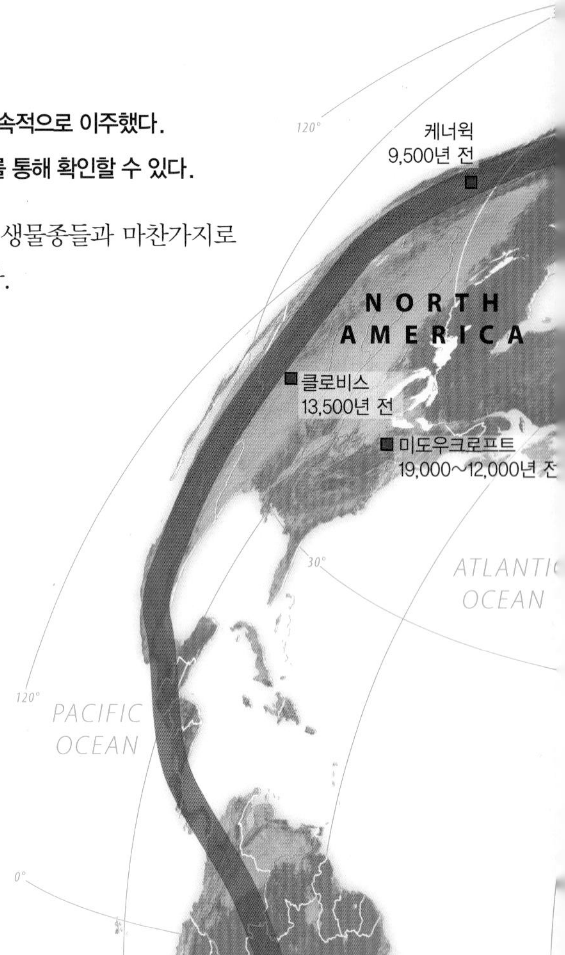

그림 6.1.1 **인류의 지구 점유**
인류가 지구 상에 정착한 방식에 대하여 아프리카 기원 및 확산 가설이 과학적으로 인정되었다. 그러나 인류 점유의 증거물들에 대한 정확한 연대를 추정하기가 어렵고, 일부 지역에서는 논란의 여지가 남아있다.

■ 화석이나 유물의 발견 지점

200,000년 전 이주 시기

→ 일반적인 경로

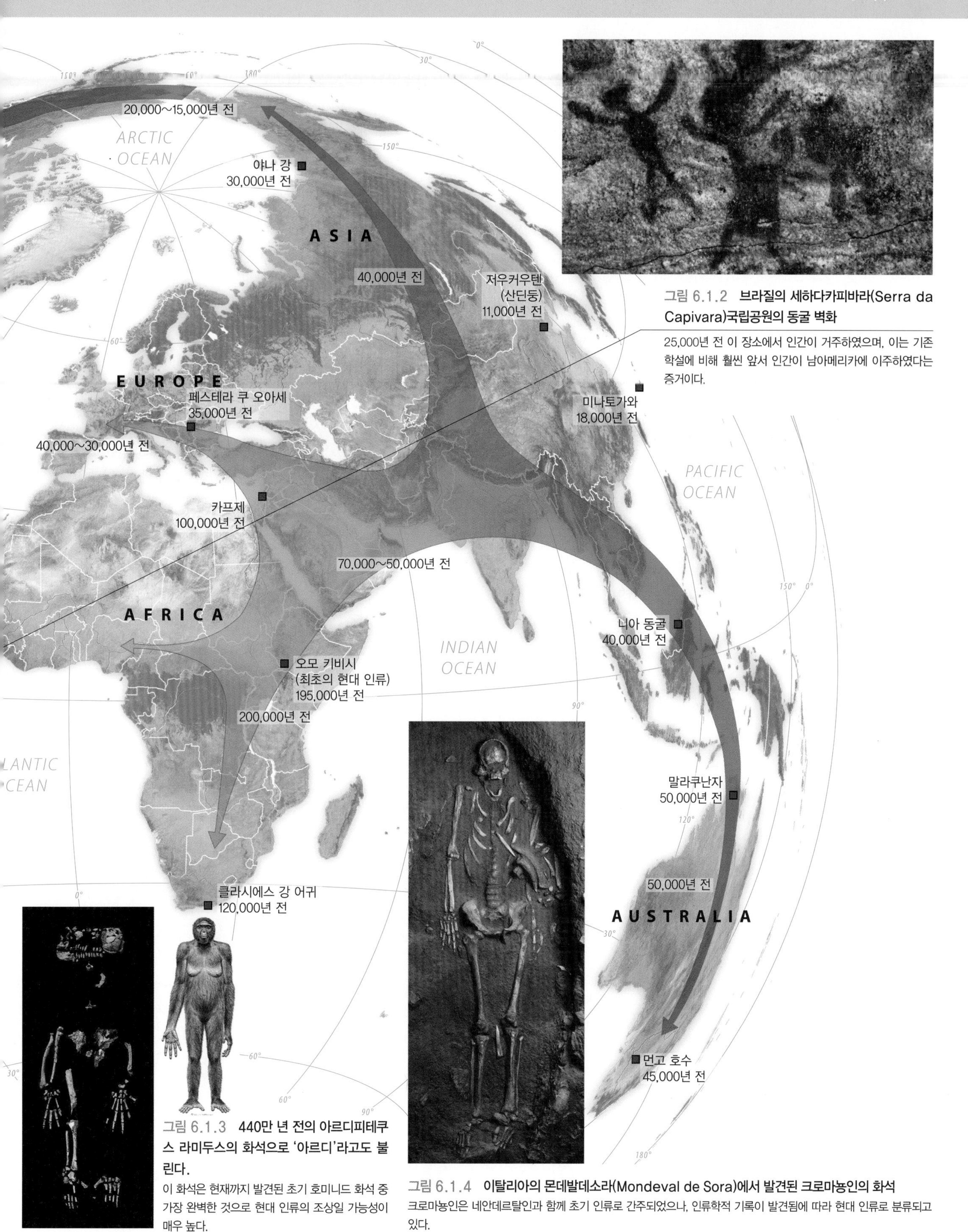

그림 6.1.2 **브라질의 세하다카피바라(Serra da Capivara)국립공원의 동굴 벽화**

25,000년 전 이 장소에서 인간이 거주하였으며, 이는 기존 학설에 비해 훨씬 앞서 인간이 남아메리카에 이주하였다는 증거이다.

그림 6.1.3 **440만 년 전의 아르디피테쿠스 라미두스의 화석으로 '아르디'라고도 불린다.**

이 화석은 현재까지 발견된 초기 호미니드 화석 중 가장 완벽한 것으로 현대 인류의 조상일 가능성이 매우 높다.

그림 6.1.4 **이탈리아의 몬데발데소라(Mondeval de Sora)에서 발견된 크로마뇽인의 화석**

크로마뇽인은 네안데르탈인과 함께 초기 인류로 간주되었으나, 인류학적 기록이 발견됨에 따라 현대 인류로 분류되고 있다.

6.2 현대의 대규모 이주

▶ 전 세계에 걸쳐 이루어진 대규모 이주는 현대 세계의 형성에 주요한 영향을 미쳤다.

▶ 시간의 경과에 따라 장거리 이주민의 규모가 증가하였다.

지난 500여 년간, 즉 근현대기에는 앞선 시기에 비해 월등히 긴 거리를 더 많은 사람들이 이동하였다. 이는 유럽의 정복 항해 및 전 세계에 건설된 식민지로부터 시작된 세계화의 영향과 관련이 있다. 새로운 조선 기술의 발달로 상품과 사람의 이주가 더욱 가속화되었다.

유럽으로부터 이주

근현대기에 스페인, 포르투갈, 영국, 프랑스, 네덜란드를 주축으로 전 세계에 식민지가 건설되었다(그림 6.2.1). 이 시기에 **정착민 이주**(settler migration)를 통해 유럽인들이 해외 식민지로 재배치되었다.

식민지 정착민들은 주로 자연자원을 채취하고 모국을 상대로 교역을 하였다. 15~18세기까지 유럽 열강들은 전 세계에 150여 개의 식민지를 건설하였다. 19세기에는 유럽 국가들로부터 미국으로 매우 거대한 **이주 물결**(migration stream)이 일어 1821~1920년까지 3,300만 명이 이주하였다(그림 6.2.2와 6.8절 "미국 이주민의 출신지 변화" 참조).

이주민이 정착함으로써 여러 지역의 인구구성이 원주민 중심에서 유럽인 중심으로 변화하였다. 정착민들이 아메리카 대륙으로 이주하면서 새로운 질병들이 함께 전파되었고, 이로 인해 원주민의 인구규모가 10%로 급감하였다. 폭력 또한 원주민의 수가 감소하는 데 일조하였다. 유럽인들은 수적인 면에서 매우 열세였던 아프리카에서조차 20세기 후반까지 정치 및 경제적 우위를 유지하였다.

아프리카로부터 이주

농업 및 광업을 기반으로 이루어진 식민지 경제는 유

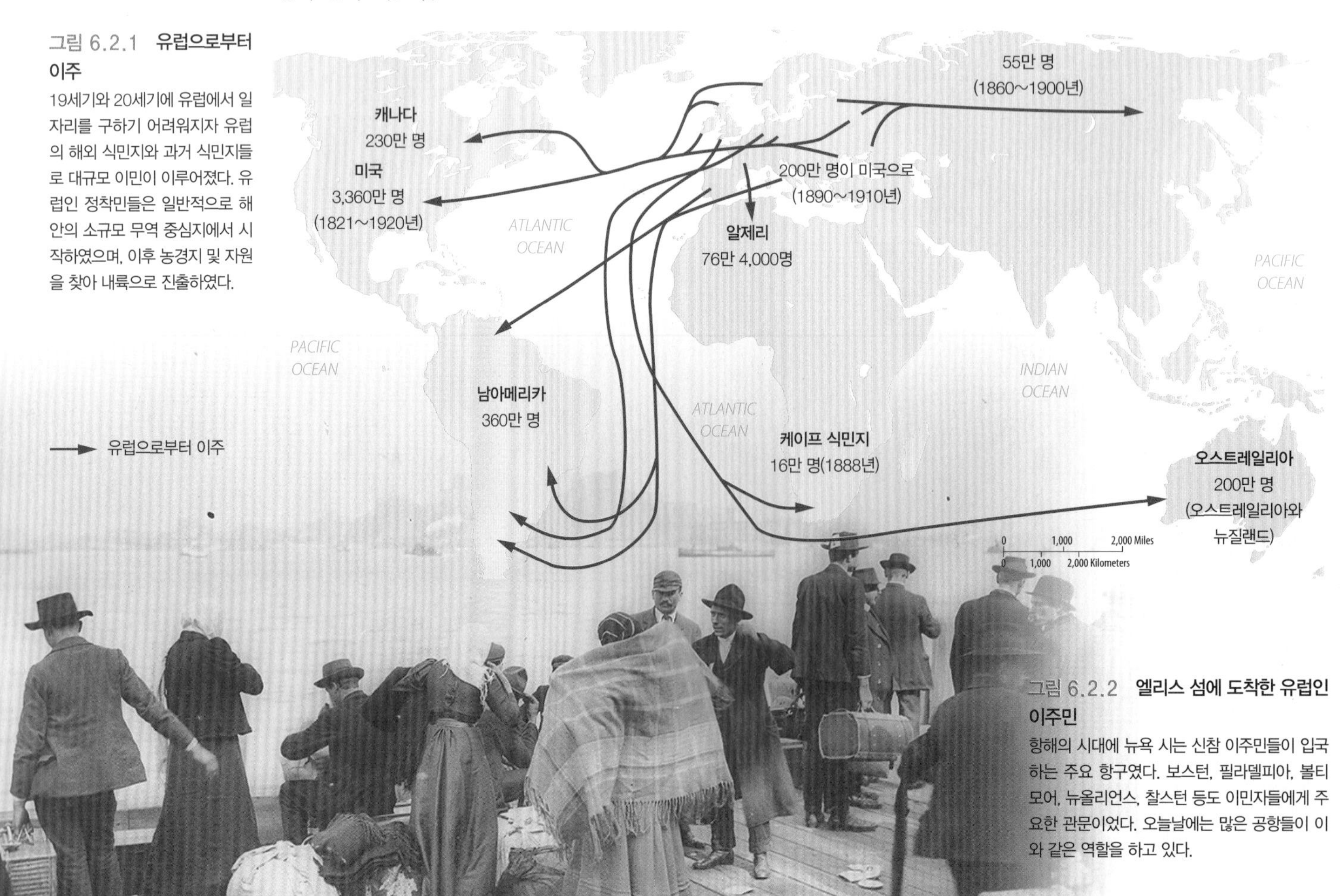

그림 6.2.1 유럽으로부터 이주
19세기와 20세기에 유럽에서 일자리를 구하기 어려워지자 유럽의 해외 식민지와 과거 식민지들로 대규모 이민이 이루어졌다. 유럽인 정착민들은 일반적으로 해안의 소규모 무역 중심지에서 시작하였으며, 이후 농경지 및 자원을 찾아 내륙으로 진출하였다.

그림 6.2.2 엘리스 섬에 도착한 유럽인 이주민
항해의 시대에 뉴욕 시는 신참 이주민들이 입국하는 주요 항구였다. 보스턴, 필라델피아, 볼티모어, 뉴올리언스, 찰스턴 등도 이민자들에게 주요한 관문이었다. 오늘날에는 많은 공항들이 이와 같은 역할을 하고 있다.

럽인 정착민 집단이나 원주민 이외에도 추가로 많은 노동력을 필요로 했다. 노예들의 **강제 이주**(forced migration)는 식민 초기부터 시작되었으며, 주로 서부 아프리카 및 중앙아프리카 지역의 주민들이 아메리카 대륙으로 강제로 이송되었다. 17세기와 18세기에만 약 1,450만 명의 아프리카인들이 신세계로 이주해야 했다(그림 6.2.3). 노예로 포획된 사람들은 이보다 3배 정도 더 많았으나 대서양을 건너는 동안 배에서 비인간적인 처우로 인해 많은 사람이 사망하였다.

신세계는 노예에 기반을 둔 경제를 통해 유럽의 공장과 소비자들을 위한 저렴한 원료를 생산하였다. 식민지 체제하에서는 유럽 출신의 엘리트 계층만이 이익을 보았다. 지주들은 노예를 동물처럼 다루고, 사고팔았으며, 강간을 하거나 구타를 하고 심지어 살해하기도 하였다. 과거 노예제를 채택한 미국, 브라질 및 여러 라틴아메리카 국가에서는 이러한 폭력적인 관행이 아직도 잔재하고 있다. 노예제는 이미 19세기에 폐지되었고 그로부터 오랜 시간이 흘렀지만 노예의 자손들은 여전히 차별을 받고 있다.

아시아로부터 이주

노예제 폐지 이후에도 저렴한 노동력에 대한 수요가 지속되자 당시 궁핍하고 굶주리던 중국인들을 유입시키기 시작하였다. 중국인의 **디아스포라**(diaspora)로 대규모의 노동 이민자들이 동남아시아와 아메리카 대륙, 기타 식민 지역에까지 이주하였다. 디아스포라란 각기 다른 목적지로 인구가 이주하는 것을 의미한다. 어떤 이들은 빈곤한 생활 여건 때문에 중국을 떠나야만 했고, 어떤 이들은 빚을 탕감받는 조건으로 시한부 노예 형식으로 고용계약을 하였다. 이 시기에 중국 상인들의 활동 범위가 동부 아시아 및 남부 아시아로 확대되었으며 이후 중국 민족의 무역 공동체는 이 지역의 경제에서 매우 주요한 위치를 차지하게 되었다(그림 6.2.4). 중국인들에게 낯선 사회에서의 삶이 언제나 용이하지는 않았다. 많은 곳에서 그들의 경제적 성공에 대해 의심에 찬 눈초리가 쏟아지고 있으며 그들을 이방인처럼 여긴다.

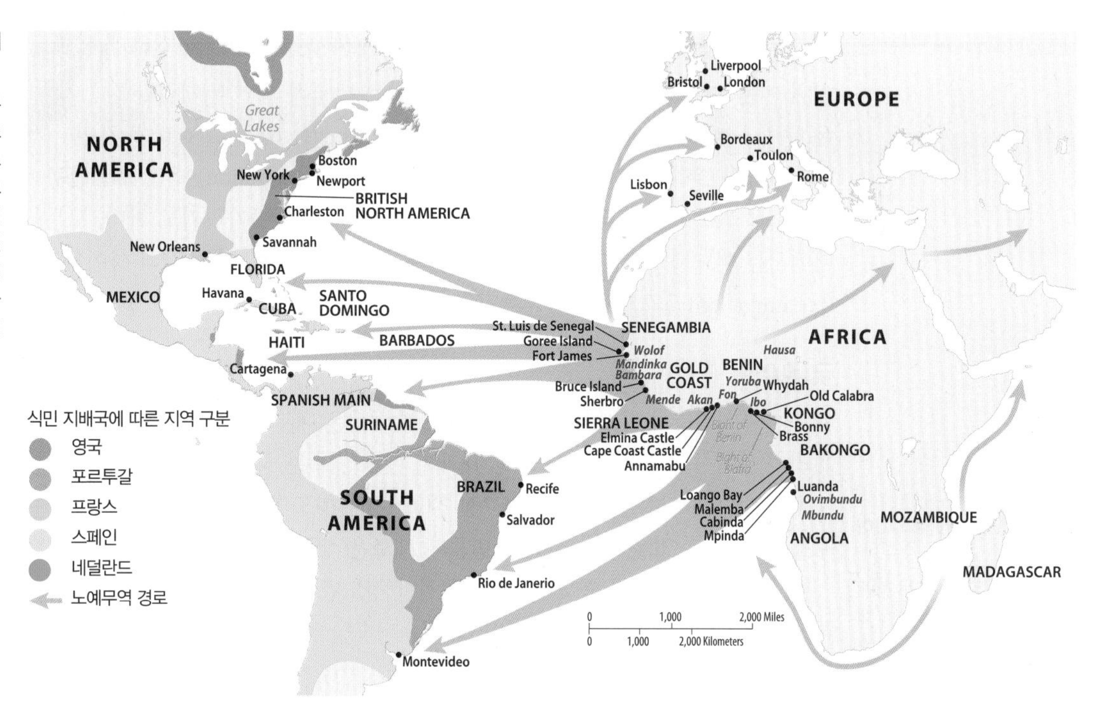

그림 6.2.3 **아프리카 노예의 강제 이주**
아프리카 노예의 신세계로의 이동은 삼각 무역 체계의 일부를 구성하였다. 포획된 아프리카인들은 유럽산 공산품과 교환되었다. 그들은 신세계의 노예 노동력으로 팔려나갔으며 노예 판매로 얻은 수익은 다시 농장에서 생산된 원료를 구입하는 데 사용되었다. 설탕이나 면화와 같은 원료는 배에 실려 유럽으로 팔려나갔다. 여기서 얻은 이익으로 다시 공산품을 구입하고, 이를 포획된 아프리카인을 얻는 데 사용하였다.

그림 6.2.4 **중국으로부터 이주**
중국인 디아스포라의 규모는 약 4,000만 명에 이르며 중국계 이주민은 전 세계에 걸쳐 거주하고 있다. 약 3,000만 명 이상이 동남아시아에 거주하고 있으며, 북아메리카에 500만 명, 유럽에 200만 명 정도가 거주하고 있다. 중국 무역상들이 저렴한 소비재를 수입하여 지역 시장에 판매하면서 빈곤한 국가 내에서 경제적 지배력이 강화되고 있다. 최근에는 아프리카 국가에서 화상들의 성공으로 지역 무역상들이 피해를 입고 있다.

6.3 이주의 기원과 목적지

- 이주에 관한 결정에는 배출 요인과 흡인 요인이 복합적으로 영향을 미친다.
- 오늘날 대부분의 국제 이주는 빈곤한 국가에서 부유한 국가로 이루어진다.

사람들은 배출 요인과 흡입 요인에 의해 이주한다. **배출 요인**(push factor)은 사람들이 자신의 현재 위치로부터 이동해나가도록 유도하고, **흡인 요인**(pull factor)은 사람들이 새로운 위치로 이동해가도록 유도한다.

이주에서 배출 요인과 흡인 요인의 역할

국가 간 이주를 유발하는 가장 주요한 배출 및 흡인 요인은 경제적 요인이며 이는 6.4절에서 다룰 것이다. 지진과 같은 환경적 요인과 내전과 같은 문화-정치적 요인 또한 강제 이주의 원인이며 이는 6.5절에서 다룰 것이다. 배출 및 흡입 요인의 작용으로 인해 지역의 **유출**(emigration)이 일어나 인구가 감소하기도 하고 **유입**(immigration)이 일어나 인구가 증가하기도 한다. 모든 국가에서는 어느 정도의 인구유입이나 인구유출이 발생하며, 이들 간의 차이를 **순 이주**(net migration)라고 한다.

국내 이주

19세기에 지리학자 라벤스타인(E. G. Ravenstein)은 대부분의 이주가 국내에서 일어나는 단거리 이동이라는 점에 주목하였다. 18세기 이후 대부분 국가에서 국내 이주는 촌락으로부터 도시로의 이주가 주를 이루었다(6.7절 참조). 이촌향도 현상은 촌락 지역이 증가하는 촌락 인구를 부양할 수 없을 때 일부 촌락민들이 새로운 생활터전을 찾아 도시로 떠나면서 발생하는 것이 일반적이다. 현재 전 세계 인구의 절반 정도만이 도시 지역에 거주하고 있으며 촌락으로부터 도시로의 이주는 향후 수 세기 정도는 지속될 것이다(그림 6.3.1). 세계의 도시 인구에 대해서는 12.9절에서 다룰 것이다.

그림 6.3.1 **케냐의 나이로비**
동부 아프리카에 위치한 나이로비는 인구성장 속도가 매우 빨라 1980년 이후 인구가 3배로 증가하였다. 새로 이주해온 주민 대부분이 조밀한 빈민가에 거주한다.

국제 이주

최근 수십 년간 부유한 지역과 빈곤한 지역 간의 경제적 격차가 증가하면서 국제 이주가 현저히 증가하였다(그림 6.3.2). 최근 발생한 대규모 국제 이주는 교통 기술의 발달, 이주 목적지와의 교류 증대, 그리고 이주 목적지에 대한 정보 증대 등이 긍정적인 영향을 미쳤으며 그 결과 세계 지역 간에 경제적인 목적의 국제 이주가 활발해졌다.

아시아, 라틴아메리카, 아프리카 등은 인구의 순 유출 지역이며 북아메리카, 유럽, 오세아니아 지역은 순 유입 지역이다. 국제 이주의 주요 이주 경향은 다음과 같다.

- 아시아에서 유럽으로 이주
- 아시아에서 북아메리카로 이주
- 라틴아메리카에서 북아메리카로 이주

그림 6.3.2 **세계적으로 2억 1,400만 명 이상의 사람들이 출신국 이외의 국가에 거주한다.**
화살표의 굵기는 지역 간 이동 인구수를 표기하고 있다. 인구 순 유입 국가는 빨간색으로, 순 유출 국가는 파란색으로 표시하였다.

그림 6.3.3 **인재 유출**
영국의 의료 전문직에 대한 수요가 증가함에 따라 아프리카의 영연방 국가에서 유능한 의사 및 간호사들이 유입되고 있다. 사진 속의 의사는 런던의 의료 기관에서 근무하고 있다.

이 외에도 유럽에서 북아메리카로, 아시아에서 오세아니아로 상당한 인구가 이주한다. 라틴아메리카에서 오세아니아로 이주하는 사람들은 적은 편이며 아프리카에서 타 지역으로의 이주민 또한 규모가 작은 편이다.

전 세계의 이주 패턴을 살펴보면 개발도상국가에서 선진국으로의 이주가 대부분을 차지하는 것을 알 수 있다. 상대적으로 임금이 낮고 인구의 자연 증가율이 높은 나라에서 비교적 임금이 높고 구직이 용이한 나라로 이주하는 것이 일반적이다. 인구의 순 유출이 일어나는 국가는 부유한 국가에 인구를 빼앗기고 있다는 점을 상기해야 한다. 유출되는 인구 중에는 그 사회에서 가장 명석한 인재들이 다수 포함되며, 이러한 현상을 **인재 유출**(brain drain)(그림 6.3.3)이라고 한다. 인재 유출 현상은 의료 전문직과 같은 전문직 분야에서 일반적으로 일어나고 있으며 이주민의 출신국에서는 인재 유출로 인해 큰 상실을 경험하게 된다.

6.4 국제 노동 이주

▶ 대부분의 국제 이주민은 일자리를 찾는 노동자들이다.

▶ 노동 이주자는 경제가 성장하고 있는 국가를 찾아간다.

대부분의 사람들은 일자리를 구하고 더 나은 삶을 살기 위해 이주한다. 라벤스타인은 이를 '이주의 법칙'이라고 하였으며 장거리 이주는 경제 중심지로 집중되는 경향이 있다고 하였다(그림 6.4.1). 사람들은 구직 기회가 적은 지역으로부터 이주해나가고 구직 기회가 많을 것 같은 지역으로 이주해간다(그림 6.4.2).

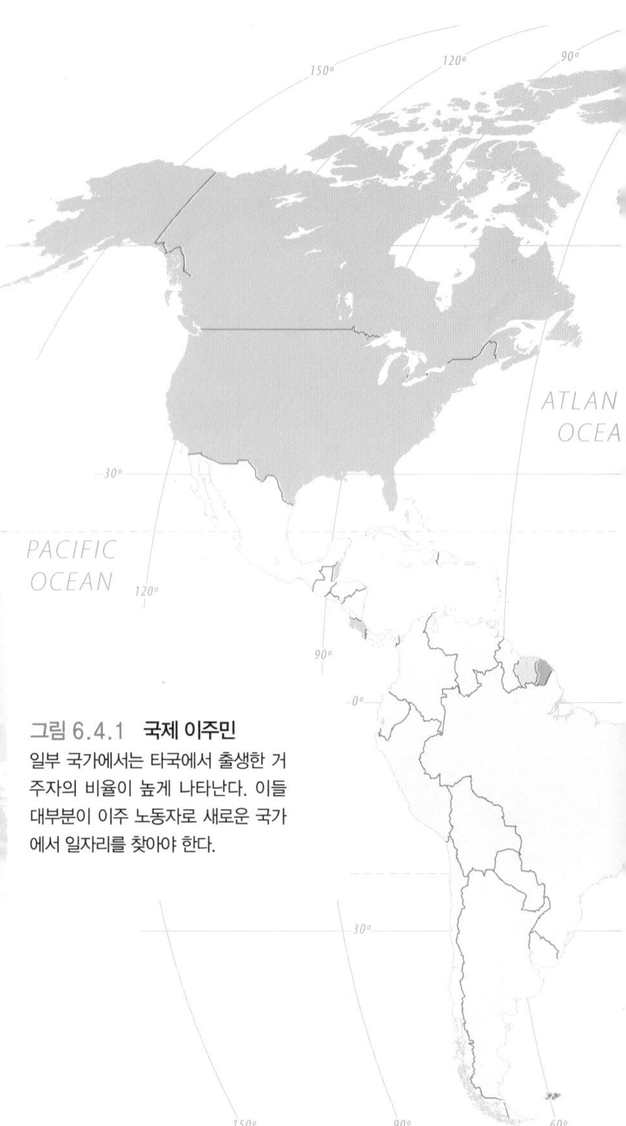

그림 6.4.1 **국제 이주민**
일부 국가에서는 타국에서 출생한 거주자의 비율이 높게 나타난다. 이들 대부분이 이주 노동자로 새로운 국가에서 일자리를 찾아야 한다.

그림 6.4.2 **인도 출신의 이주 노동자**
남부 및 동남아시아의 빈곤한 국가 출신의 노동자들이 페르시아 만의 부유한 산유국으로 대거 이주하였다. 이러한 인도 출신 노동자들은 공사장 인부로 일하여 카타르 도하가 국제 금융 중심지로 변화하는 데 일조하였다.

그림 6.4.3 **캘리포니아 샌이시드로 역의 입국사무소**
구글어스를 이용하여 세계에서 가장 많은 사람들이 통과하는 미국과 멕시코의 국경 지역을 살펴보라.
위치 : 캘리포니아의 샌이시드로(San Ysidro)를 검색하여 남쪽으로 향하는 고속도로를 따라 샌이시드로 육로 입국사무소(San Ysidro Land Port of Entry)까지 가보라.
미국으로 입국하기 위해 줄을 서있는 차량들을 확대해보라.

1. **이 지점을 통해 연간 약 5천만 명이 입국한다. 입국민의 대부분은 샌디에이고에 있는 근무지로 통근하는 멕시코인들로, 저녁에는 집으로 돌아간다. 이렇게 줄이 길게 늘어선 이유는 무엇일까?**

확대하여 국경을 살펴보라.

2. **입국사무소의 입국 정체를 해결하기 위해 어떤 방안을 도입하였는가?**

목적지 : 북아메리카

미국과 캐나다는 경제적인 이유로 이주하는 이들에게 특히 주요한 목적지였다. 19세기에는 많은 유럽인들이 북아메리카로 이주하였으며, 당시 유럽 출신 이주민들은 금으로 포장된 도로를 발견하리라 기대했다고 한다. 말 그대로 그러한 것을 바라지는 않았겠지만, 미국과 캐나다는 유럽인들에게 경제적 성취에 대한 가능성을 제시하였다. 미국과 캐나다에 대한 이러한 열망은 아시아 및 라틴아메리카인들에게 옮아갔다(그림 6.4.3). 이들 중 일부는 충분한 돈을 벌면 집으로 돌아가서 새로이 살림을 꾸리기 위해 취업을 하는 **한시적 이주 노동자**(temporary labor migrant)이다. **계절 이주자**(seasonal migrant)는 연중 일정 기간에 작물을 수확하거나 특정 분야에 취업한다.

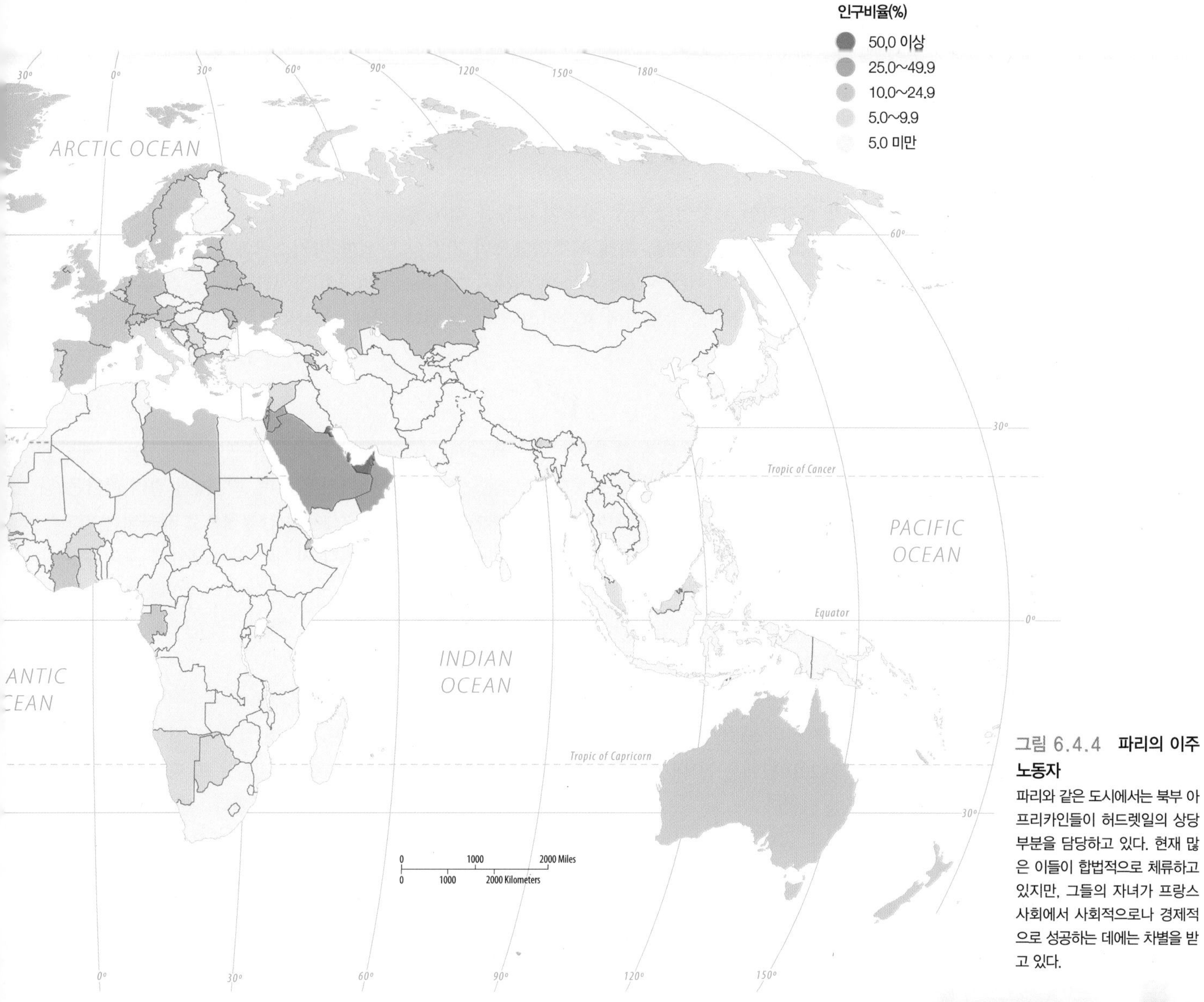

그림 6.4.4 **파리의 이주 노동자**

파리와 같은 도시에서는 북부 아프리카인들이 허드렛일의 상당 부분을 담당하고 있다. 현재 많은 이들이 합법적으로 체류하고 있지만, 그들의 자녀가 프랑스 사회에서 사회적으로나 경제적으로 성공하는 데에는 차별을 받고 있다.

목적지 : 유럽

제2차 세계대전 이후 유럽은 경제적 목적의 이주민들에게 주요한 목적지였다. 독일, 프랑스, 이탈리아 및 기타 유럽 국가는 **초청 노동자**(guest worker) 제도를 마련하여 이주 노동자들이 공장에서 근무하거나 전쟁 피해 지역의 재건 현장에서 일할 수 있게 하였다. 오늘날 대부분의 유럽 국가들은 전반적으로 이주를 억제하고 있지만, 아프리카와 중동으로부터 이주민이 유입되고 있다(그림 6.4.4). 이주민들은 지역민들이 기피하는 저임금 단순 노무직에 종사하기 때문에 유럽 사회에서 매우 중요한 역할을 하고 있다. 이주 노동자들은 베를린, 브뤼셀, 파리, 취리히 등의 도시에서 버스 기사, 청소부, 도로 수선공, 식당 종업원 등과 같은 주요 서비스직에 종사한다.

이주민들의 임금 수준은 유럽 평균에 비해서는 낮지만 그들 고국의 임금 수준보다는 훨씬 높다. 국민들이 국외에서 취업함으로써 빈곤한 국가의 실업 문제가 감소된다. 또한 이주 노동자들은 수입의 대부분을 고국의 가족들에게 **송금**(remittance)함으로써 경제적으로 고국에 도움이 된다. 외화가 유입됨으로써 고국의 지역 경제도 활성화된다.

6.5 강제 이주

▶ 일부 이주자는 폭력 사태나 재난을 피해 이주한다.

▶ 강제 이주는 지역적이거나 국지적인 경향을 띤다.

강제 이주는 이주가 불가피한 상황이나 향후 참혹한 고통을 겪게 될 경우 발생한다. 최근 일어난 리비아 내전으로 인해 많은 이들이 전쟁을 피해 이주하였으며 지진이 발생한 파키스탄에서는 산악 지역 거주민들이 피난을 했다. 강제 이주는 노동 이주에 비해서 그 규모는 현저히 작지만, 급작스런 **추방**(displacement)로 인해 인구유출지와 유입지에 혼란이 발생할 수 있다. 강제 이주는 정치적인 원인이나 환경적인 원인에 의해 발생한다.

정치적 원인에 의한 강제 이주

정치적 원인에 의한 강제 이주는 대부분 무력 충돌이나 차별에 의해 발생한다(그림 6.5.1). 유엔난민고등회의(UNHCR)는 2010년 전 세계적으로 강제 이주민의 규모가 4,400만 명에 달한다고 추정하였다. 강제로 이주한 이들은 몇 가지 유형으로 분류된다. 1951년 유엔난민고등회의에서는 **난민**(refugee)을 '인종, 종교, 국적, 사회 집단 내의 위치 혹은 정치적 견해로 인해 박해를 당할까 두려워 조국에서 강제로 이주해 나왔거나 그러한 두려움으로 인해 조국에 자신의 보호를 맡길 수 없는 사람'으로 정의하고 있다. 2010년에는 전 세계적으로 난민의 규모가 1,500만 명을 넘었다.

강제 이주민이 모두 난민은 아니며, 이주의 범위가 국내에 한정되는 경우가 많다. 2010년에는 전 세계적으로 2,700만 명 정도가 **국내 유민**(Internally Displaced Persons, IDPs)이었다. 국내 유민에 대해서는 국제법상의 보호가 이루어지지 않으며 고향에서 멀리 떠나온 상태에서 생존하기 위해서는 간헐적으로 제공되는 인도주의적인 구호를 얻거나 자신이 직접 생계를 꾸리는 수밖에 없다. 수단 내전으로 발생한 국내 유민들은 생필품을 구하기조차 어려웠으며 국제기구의 원조도 받지 못했다(그림 6.5.2).

국내 유민 및 난민은 개발도상국 지역에서도 빈곤하고 불안정하며 분쟁이 발생하기 쉬운 지역에서 주로 발생한다. 따라서 대부분의 난민들은 또 다른 빈국이나 불안정한 국가에 도움을 구하게 된다. 결과적으로 탄자니아와 이란같이 지역 내에서 상대적으로 안정적인 국가들이 난민들의 주요 목적지가 되고 있다.

그림 6.5.1 2008년 주요 난민
빈곤하고 분쟁이 발생하기 쉬운 지역에서 대규모 난민이 발생한다. 장거리 난민 이주는 수용 국가가 초청하고 지원을 하게 되는데, 미국이 소말리아 난민들을 초청하였고 스웨덴이 이라크 난민들을 초청한 바 있다.

그림 6.5.2 **수단의 강제 이주**
아프리카에서 가장 큰 국가인 수단은 환경적 불안정성과 정치적 이유로 인해 수백만 명이 집을 떠나 유민이 되었다. 2011년 남수단이 형성되면서 유민 문제가 일부 해결되었으나 새로운 문제들이 발생하고 있다.

그림 6.5.2b **다르푸르의 파괴된 마을**
잔자위드 군이 습격하여 주민들을 살해하고 내쫓은 후 파괴된 주택의 벽만이 남아있다. 2011년 다르푸르 내전으로 200만 명 이상의 유민이 발생한 것으로 추정된다.

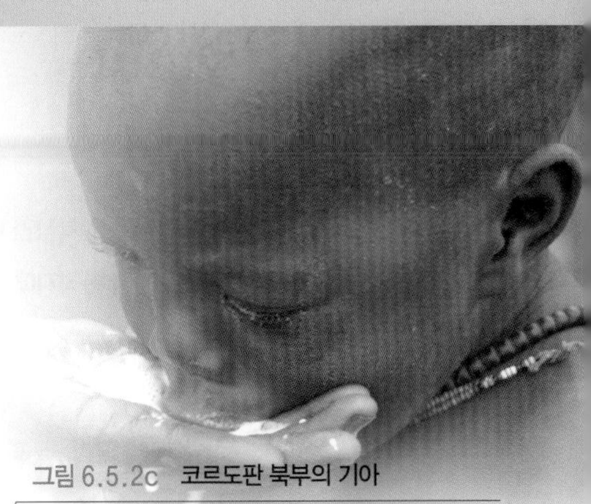

그림 6.5.2c **코르도판 북부의 기아**
반복되는 가뭄과 비효율적인 경제 정책으로 수단의 많은 지역에서 기아가 발생하고 있으며 코르도판 북부에서도 그러하다. 이 지역에서는 기근이 매우 빈번하게 발생하고 있다. 가뭄이 지속되자 많은 주민이 북부 수단으로 이주하였으며 이는 환경적 원인에 의한 강제 이주에 속한다.

그림 6.5.2a **차드의 난민 캠프**
다르푸르에서 발생한 폭력 사태를 피해 250만 명 이상의 난민이 이주하였다. 그들은 국경을 따라 세워진 난민 캠프에 수용되었다. 차드는 중앙아프리카공화국에서 발생한 내전으로 인한 난민들과 그 피난민들을 받아들이기도 하였다.

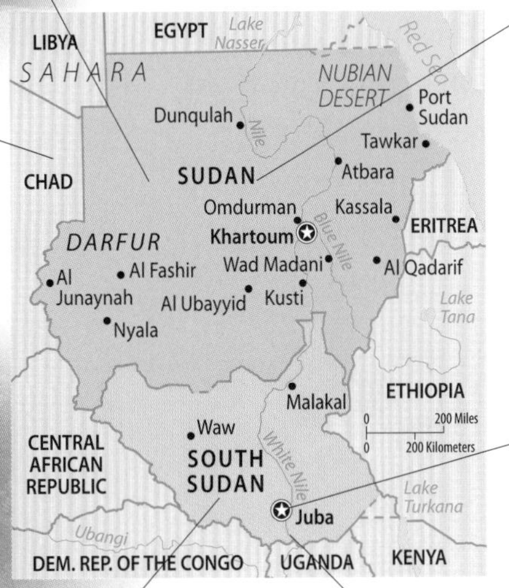

그림 6.5.2d **수단인민해방군(SPLA)**
수단인민해방군은 남수단의 주요 정치 세력에 속한 군사 조직으로 북부 수단으로부터 독립하기 위해 싸운다. 해방군은 20년 이상 정부에 대항해 항전해왔으며 그 결과 100만 명 이상의 시민이 사망하였다. 2011년 현재 약 40만 명의 주민이 남수단 내에서 이주하였다.

그림 6.5.2f **유엔군**
수단 남부 지역에서 UN의 평화유지와 인도주의적 임무를 지원하기 위해 전 세계 국가로부터 약 10만 명의 군인 및 고문관들이 파견되었다. 남수단은 2011년 7월 9일 독립국가를 수립하였다.

그림 6.5.2e **우간다의 유민 캠프**
신의 저항군(Lord's Resistance Army)이 관계된 북부 우간다의 폭력 사태로 수십만 명이 유민 캠프로 몰려들었으며, 수천 명의 난민이 남수단으로 이주하였다.

환경적 원인에 의한 강제 이주

홍수, 쓰나미, 지진, 산사태, 화산 폭발 등과 같은 자연재해가 발생하면 사람들은 항상 피신해야 한다. 이렇게 이주하는 사람들을 **환경적 유민**(environmentally displaced person)이라고 하며 1951년 유엔난민고등회의에서는 이들을 보호 대상에 포함시키지 않았다. 최근 발생한 환경적 유민으로는 허리케인 카트리나 이후 뉴올리언스를 떠나간 사람들과 2010년 지진 이후 고향을 버리고 떠나간 아이티 사람들이 있다. 2010년 유엔난민고등회의에서는 강제 이주한 200만 명에게 원조를 제공하였으며, 이 중에는 자연재해로 인해 유민이 된 사람들도 포함되었다.

6.6 관광 이주

▶ **관광은 일시적인 이주의 한 형태이다.**

▶ **관광이 목적지에 미치는 경제적 · 환경적 영향력은 지대하다.**

해변에서 휴가를 보내거나 주말을 다른 지역에서 보내는 것은 관광이다. 관광은 자신이 거주하지 않는 지역을 방문하거나 다른 지역의 사람을 만나러 가는 동안 발생하는 일시적인 이주의 한 형태라고 할 수 있다. 관광객들은 한 국가 내에서 이동하거나 국가 간에 이동한다.

지난 20년간 국제 관광객의 규모는 2배로 증가하였다. 2010년 약 9억 4,000만 명 정도의 외국인이 다른 나라에 **입국**(arrival)하였다(그림 6.6.1). 만약 전 세계의 모든 관광객을 한 국가의 국민이라고 가정한다면, 그 국가는 아마도 세계에서 세 번째로 인구규모가 큰 국가가 될 것이다. 관광객의 절반 정도가 레저나 레크리에이션 활동을 위해 여행하며, 해변에 가거나 지역의 음식을 즐기고 역사 유적지를 방문하기도 한다(그림 6.6.2). 관광객의 25% 정도가 가족 및 친구를 방문하거나 건강상의 이유로, 혹은 종교 활동을 위해 방문한다. 이들은 자국에서는 받을 수 없는 의료 처치를 받거나 성지순례를 위해 여행한다.

국제 관광객의 절반 정도가 유럽을 방문한다. 중국, 터키, 말레이시아 및 멕시코도 매우 인기 있는 관광지이다. 대부분의 관광객들은 유럽인이나 아시아인이다. 관광을 통해 문화적 접촉이 발생한다(그림 6.6.3).

그림 6.6.1 **국제 관광객의 규모**
이 지도는 관광객 자격으로 각 국가에 도착하는 사람들의 수를 나타낸 것이다.

그림 6.6.2 **인기가 많은 관광지**
태국의 방콕과 같은 도시는 모든 지역에서 관광객이 넘쳐나며 이 도시의 거주민과 공무원들은 관광객들로 인해 불편함을 겪기도 한다.

관광산업

관광산업은 어떠한 면에서는 세계에서 가장 거대한 산업이다. 2010년 한 해 국제 관광객은 9,190억 달러를 지출하였다. 관광객들은 방문지에서 호텔, 식사, 레크리에이션 비용, 기념품, 세금까지 모든 면에 막대한 돈을 지불한다. 대다수의 국가에서 관광산업은 가장 빠르게 성장하고 있는 경제 분야이다. 관광산업은 여러 빈곤 국가의 주요 수입원이다. 관광산업에서 발생한 수입은 캄보디아 GNI의 약 14%를 차지하고, 이집트에서도 7.5%에 이른다. 이러한 국가에서 정치적으로 불안정한 상황이 발생하면 관광객들이 불안함에 방문을 중단하여 외화 유입이 중단되기도 한다.

여러 빈곤 국가에서는 뛰어난 자연경관을 이용한 경제발전 전략을 추구하고 있다. 이러한 지역에 방문객이 증가하여 불행하게도 자연환경에 부정적인 영향을 미치기기도 한다. 관광객을 위해 호텔, 교통 시설, 음식 등이 제공되며, 이 과정에서 토지의 용도가 바뀌고 공해도 발생한다. 이로 인해 지역의 자연경관에 대한 부담이 증가한다. 이러한 문제는 관광업에 의존하는 개발도상국에만 국한된 것이 아니다. 유럽 지중해변의 리조트 지역에서도 담수 공급 부족으로 어려움을 겪고 있으며 민감한 해양계에 막대한 양의 오수를 투기하여 큰 문제가 되고 있다. **생태관광**(ecotourism)은 환경에 대한 관광객의 영향력을 최소화는 데 초점을 둔 관광이나 그 영향력은 아직 제한적이다(그림 6.6.4). '생태관광객'들은 자연경관이 아름다운 지역을 방문하고 레크리에이션 활동을 하면서 일반 관광객에 비해 자전거와 텐트를 사용하는 경향이 더 강하다.

그림 6.6.3 **문화적 충돌**
선진국에서 온 관광객들은 개인의 행동과 음식 섭취에 덜 조심하는 경향이 강하다. 관광업 종사자들은 관광객을 대접할 때 자신들의 문화적 취향을 배제해야 하는 경우가 많다. 일부 이슬람 국가에서는 지역민들과 격리되어 남녀 관광객이 어울리고 수영하고 음주를 할 수 있는 특별한 구역이 설정되어 있다.

그림 6.6.4 **고릴라 관찰하기**
위험한 야생을 관찰하는 여행에서는 야생의 민감한 서식지를 보호해야 한다. 르완다의 고릴라 보호구역을 방문할 때에는 숲에 대한 방문객의 영향력을 최소화해야 한다.

6.7 주거 이동성

▶ 가장 일반적인 영구 이주의 형태는 국내 이주이다.

▶ 역내 이주와 역외 이주를 발생시키는 원인은 서로 다르다.

한 국가 내의 지역 간 이주는 영구 이주의 가장 일반적인 형태이다. 미국인들은 평생 평균 10회 이상 거주지를 옮기는데 대부분 진학이나 이직이 주요 원인이다. 한 국가 내에서 거주지를 옮기는 경향을 **주거 이동성**(residential mobility)이라 한다. 흡인 및 배출 요인은 고용이 가장 주요한 요소이지만 자연경관이 아름다운 장소나 레크리에이션 기회가 많은 곳, 생활 편의성이 높은 장소를 선호하는 것 또한 주요한 흡인 요인이다.

그림 6.7.1 **중국의 역외 이주(2000~2005년)** 최근 수십 년간 중국의 급속한 경제적 변화로 인해 대규모 국내 이주가 발생하였다. 이주민들은 대부분 수출 지향 산업체들이 집중된 중국 동부 해안의 산업도시로 향하였다. 이주민들이 고향을 떠난 주요 배출 요인은 촌락 지역의 빈곤이었으며 주요 흡인 요인은 더 높은 임금과 도시 생활에 대한 기대감이었다.

역외 이주

역외 이주(interregional migration)란 한 국가 내의 지역 간에 이루어지는 비교적 장거리의 이주이다(그림 6.7.1). 역외 이주로 가장 유명한 예는 미국 서부 개척 시대의 이주이다. 200여 년 전 미국은 주거지가 대부분 대서양변에 집중되었으나 대규모의 역외 이주를 통하여 북아메리카 대륙 대부분의 지역에서 정착과 발전이 이루어졌다.

역내 이주

동일 지역 내에 한정된 이동을 **역내 이주**(intraregional migration)라 한다. 역내 이주는 역외나 국제 이주에 비해 훨씬 빈번하게 일어난다. 대부분의 역내 이주는 촌락으로부터 도시 지역으로 이주 혹은 도시로부터 교외 지역으로 이주이다(그림 6.7.2).

이촌향도 현상. 유럽과 북아메리카의 이촌향도 현상은 1800년대 산업혁명의 일부로 가속화되었다. 예를 들어 미국의 도시화율은 1800년 5%에서 1920년 50%로 증

그림 6.7.2 **경기 침체로 인한 이동성의 증가**

경기 침체 시에는 국내 이주자들이 어떤 도시들로 이주하는가?

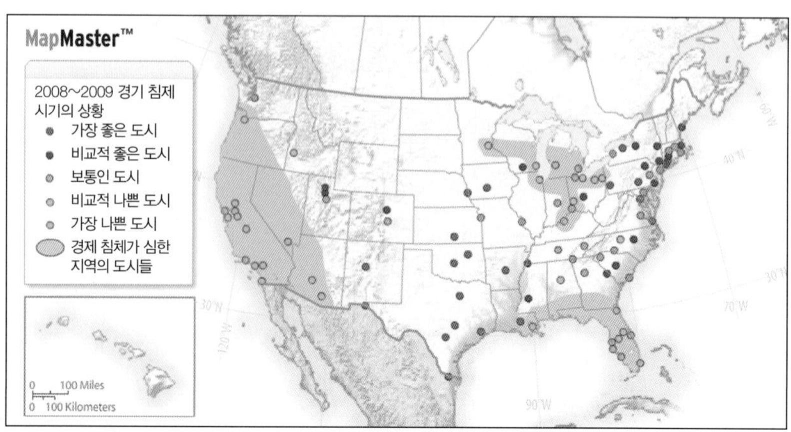

가하였다. 미국을 비롯한 선진국의 도시화율은 90%에 가깝다. 최근 몇 년간 아시아, 라틴아메리카, 아프리카의 개발도상국에서는 대규모의 이촌향도 현상이 나타났다. 전 세계적으로 매년 2,000만 명 이상이 촌락을 떠나 도시로 이주하는 것으로 추정된다. 역외 이주와 마찬가지로 대부분의 이촌향도민들은 더 나은 경제적 여건을 찾아 이주한다.

도시로부터 교외 지역으로 이주. 오늘날 선진국에서 일어나는 역내 이주는 도시에서 교외로의 이주가 주를 이룬다(그림 6.7.3). 20세기 중반 이후 선진국 대부분의 도시에서는 인구가 감소하였으나 교외 지역에서는 빠르게 증가하였다. 미국에서는 해마다 이촌향도 이주민의 약 2배에 이르는 인구가 도시 중심부에서 교외 지역으로 이주한다. 유타 주의 교외 지역인 프로보(Provo)는 2000년대 들어 인구가 59%나 성장한 반면 도시 중심부의 인구성장률은 13%에 그쳤다. 캐나다와 유럽에서도 유사한 현상이 나타난다. 다른 형태의 이주와 달리 교외로의 대규모 이주의 원인은 고용과 큰 연관이 없다. 이주민 대부분이 일자리 때문에 교외로 이주하지 않는다. 아파트 대신 개인 마당이 딸린 단독주택과 좋은 학군, 자연이나 문화 시설에 대한 높은 접근성 등이 특징인 교외의 생활방식이 그들을 유인한다(그림 6.7.4).

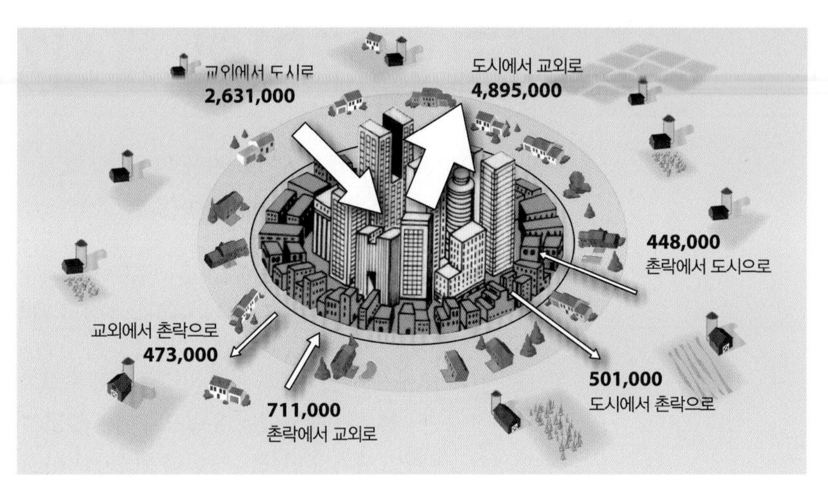

그림 6.7.3 **2007년 미국의 역내 이주(백만 명)** 메트로폴리탄 지역 내에서는 전국 이주 경향과는 전혀 다른 이주 패턴이 나타난다.

역이주. 지난 20세기 말 선진국에서는 새로운 이주 경향이 나타났다. 촌락으로 이주하는 이주민의 규모가 촌락에서 이주해나가는 이주민의 규모보다 커졌는데, 이는 새로운 현상이다. 일부 지역에서는 도시로부터 촌락 지역으로의 순 이주, 즉 **역도시화**(counterurbanization)가 일어나고 있다. 교외화의 경우처럼 사람들은 생활방식 때문에 도시에서 촌락으로 이주한다. 어떤 이들은 번잡한 도시 생활에서 벗어난다는 점에 매력을 느끼고 어떤 이들은 말을 기르고 채소를 재배하는 농장 생활에 매료된다. 그러나 여전히 많은 사람들이 공장이나 상점에서 근무하고 심지어 도시의 직장으로 통근한다.

그림 6.7.4 **교외화** 피닉스 교외 지역과 사막이 매우 극적인 대조를 나타내고 있다. 시가지가 빠르게 성장함에 따라 주변의 자연 지역으로 도시가 침투하고 있다.

6.8 미국 이주민의 출신지 변화

▶ **미국의 이주 역사는 크게 세 시기로 구분된다.**

▶ **이주민의 주요 출신 지역은 시기별로 달라졌다.**

미국은 **이민 국가**(immigrant nation)로, 인구 대부분이 이민자와 그 후손들로 구성되어 있다. 미국 이주의 역사는 크게 세 시기로 구분할 수 있으며, 시기별로 상이한 지역으로부터 이주민이 유입되었다(그림 6.8.1).

- 17세기와 18세기에는 유럽과 아프리카로부터 주로 이주하였다(그림 6.8.2).
- 19세기 중반~20세기 초반에는 유럽으로부터 주로 이주하였다(그림 6.8.3).
- 20세기 후반~21세기 초반에는 라틴아메리카와 아시아로부터 주로 이주하였다(그림 6.8.4).

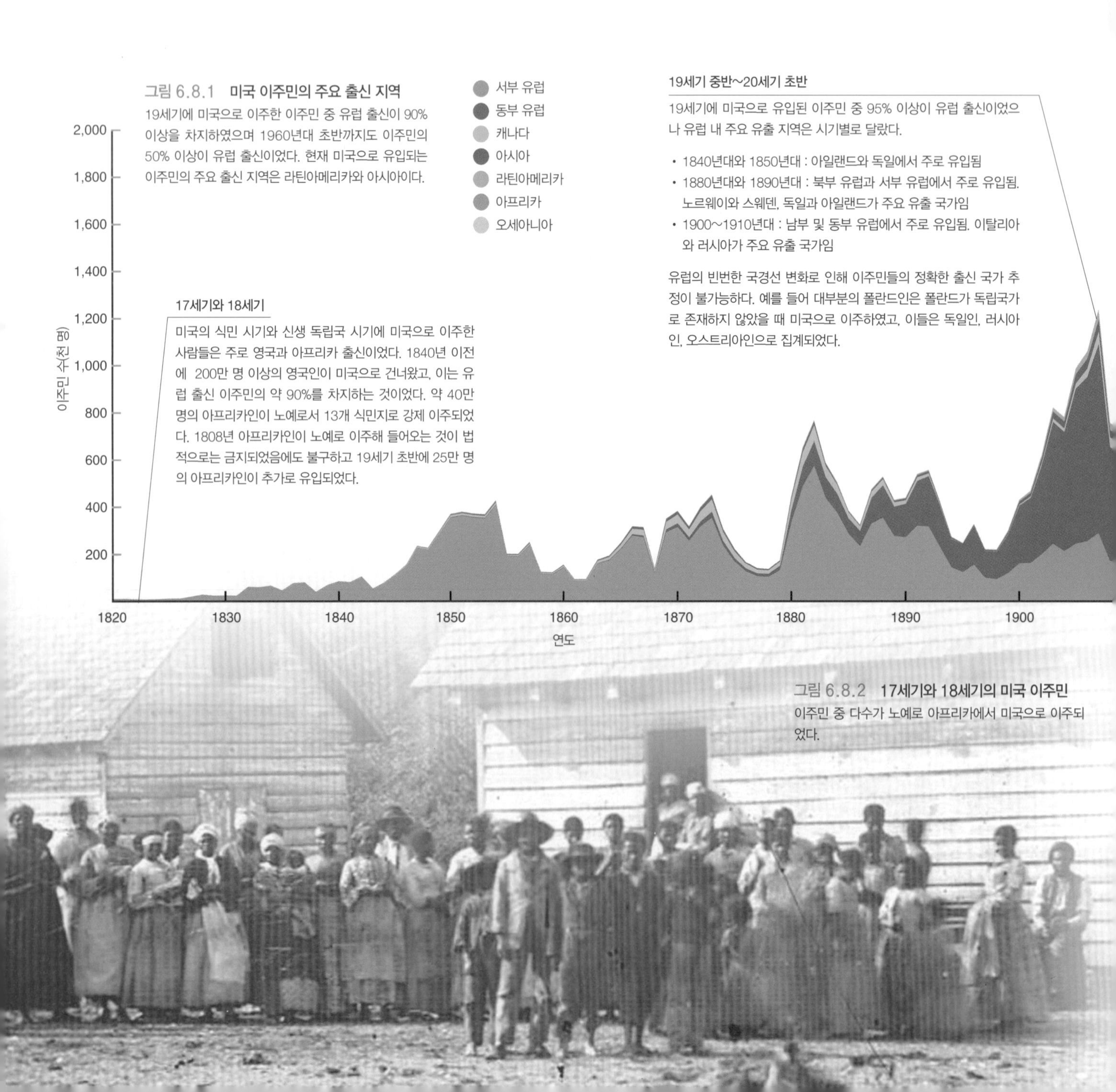

그림 6.8.1 **미국 이주민의 주요 출신 지역**
19세기에 미국으로 이주한 이주민 중 유럽 출신이 90% 이상을 차지하였으며 1960년대 초반까지도 이주민의 50% 이상이 유럽 출신이었다. 현재 미국으로 유입되는 이주민의 주요 출신 지역은 라틴아메리카와 아시아이다.

그림 6.8.2 **17세기와 18세기의 미국 이주민**
이주민 중 다수가 노예로 아프리카에서 미국으로 이주되었다.

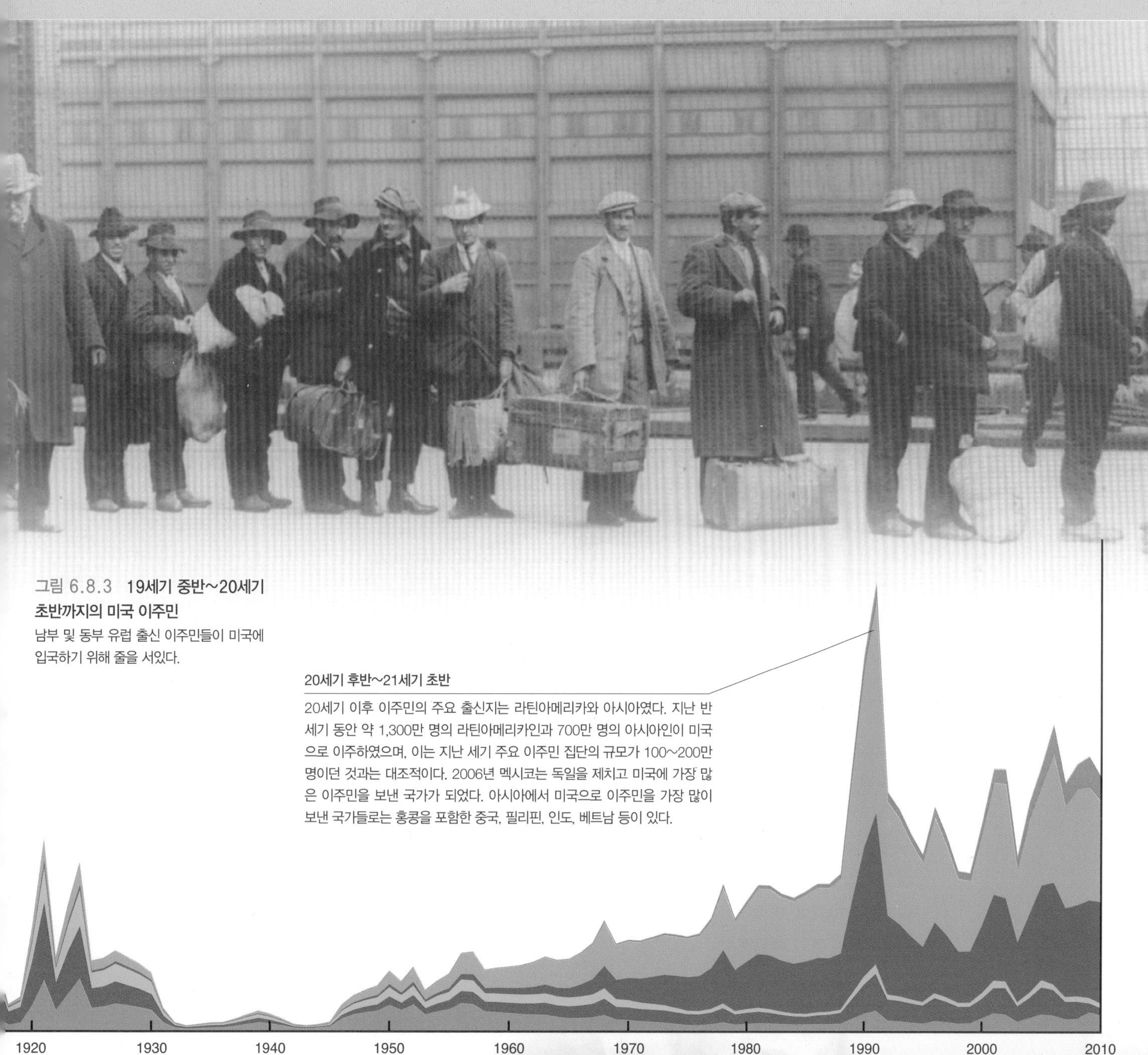

그림 6.8.3 **19세기 중반~20세기 초반까지의 미국 이주민**
남부 및 동부 유럽 출신 이주민들이 미국에 입국하기 위해 줄을 서있다.

20세기 후반~21세기 초반

20세기 이후 이주민의 주요 출신지는 라틴아메리카와 아시아였다. 지난 반세기 동안 약 1,300만 명의 라틴아메리카인과 700만 명의 아시아인이 미국으로 이주하였으며, 이는 지난 세기 주요 이주민 집단의 규모가 100~200만 명이던 것과는 대조적이다. 2006년 멕시코는 독일을 제치고 미국에 가장 많은 이주민을 보낸 국가가 되었다. 아시아에서 미국으로 이주민을 가장 많이 보낸 국가들로는 홍콩을 포함한 중국, 필리핀, 인도, 베트남 등이 있다.

그림 6.8.4 **20세기 후반~21세기 초반까지의 미국 이주민**
멕시코시티에서 한 가족이 길을 떠날 준비를 하고 있다(위). 뉴욕 시 차이나타운의 중국인 가족(오른쪽)

6.9 불법 이주

▶ 일부 이주민들은 불법으로 거주하며 취업한다.

▶ 불법 이주에 대한 대처는 나라마다 다르다.

정부에서는 이주민의 입국을 통제하고자 한다. 정부의 허가 없이 입국하는 사람들을 무허가 이주민 혹은 **불법 이주민**(undocumented immigrant)이라 한다. 이주민의 규모가 크고 국경이 개방되어 있는 경우에는 입국에 대한 통제가 어렵다.

미국과 같이 경제적으로 부유한 국가에는 많은 사람이 일자리를 찾아 이주하고자 한다. 2009년에만 약 30만 명의 불법 이주민들이 미국에 입국한 것으로 추정되며 이들 중 대부분은 3,200km에 이르는 미국-멕시코 국경을 통하여 도착하였다. 이 국경 지대에는 1만 7,000명의 연방 요원들이 배치되어 있다.

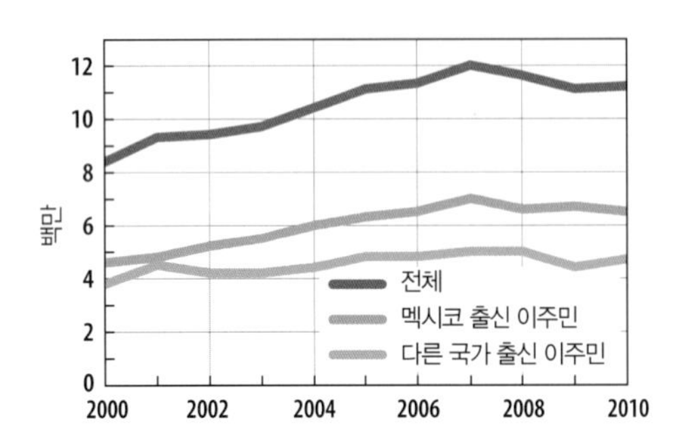

그림 6.9.1 **미국의 불법 이주민 규모**

퓨히스패닉센터(Pew Hispanic Center)는 2010년 1,120만 명의 불법 이주민이 미국 내에 거주하고 있다고 추정하였다. 불법 이주민의 규모는 21세기 초반에 빠르게 증가하였다(그림 6.9.1). 불법 이주민의 규모는 2007년 최고조에 달한 이후 감소 추세를 나타내고 있는데, 이는 2008년 미국의 심각한 경제 불황으로 고용 기회가 줄어들었기 때문이다.

퓨히스패닉센터의 연구에 의하면 불법 이주민들은 다음과 같은 특징을 지닌다.

- **출신국.** 약 60% 정도가 멕시코 출신이다. 그 이외에는 멕시코를 제외한 라틴아메리카 국가 출신 이주민과 다른 지역 출신 이주민이 비슷한 비중을 차지한다.
- **어린이.** 1,120만 명의 불법 이주민 중 약 100만 명 정도는 어린이다. 한편 부모가 미국에서 불법체류 중에 태어난 어린이가 450만 명에 이르며 이 아기들은 법적으로 미국 시민이다.
- **노동력.** 약 800만 명의 불법 이민자들이 미국에서 취업하고 있으며, 이들은 미국 전체 노동력의 5% 정도를 차지한다. 불법 이주민들은 일반 미국인들에 비해 건설 및 요식업종에 종사하는 비율이 높으며 교육, 보건, 금융 등 사무직의 종사 비율은 더 낮다.
- **분포.** 대부분의 불법 이주민은 캘리포니아 주와 텍사스 주에 집중되어 있다(그림 6.9.2). 전체 주민에서 불법 이주민이 차지하는 비중이 가장 높은 곳은 네바다 주이다.

그림 6.9.2 **미국의 불법 이주민 분포**

어떠한 민족 집단이 불법 이주민의 비율이 높은 지역에 많이 분포하는가?

국경 넘기

미국과 멕시코의 국경은 3,141km에 이른다. 텍사스 주 엘파소, 캘리포니아 주 샌디에이고와 같은 도시에 인

그림 6.9.3 **샌디에이고와 티후아나 간의 국경선**

접한 국경선 및 고속도로(그림 6.9.3)를 따라 월경하는 사람들을 막기 위해 국경순찰대의 경비가 삼엄하다(그림 6.9.4). 몇몇 지점에서는 합법적으로 걸어서 국경을 넘을 수도 있다(그림 6.9.5). 그 외 지역의 국경 부근에는 대부분 인구가 매우 희박하다(그림 6.9.6). 미국은 전체 국경 중 1/4 정도에 장벽을 건설하였다(그림 6.9.7).

실제로 일부 오지에서는 국경을 찾기조차 힘들다. 미국-멕시코 국경 및 수자원위원회는 19세기에 성립된 일련의 조약에 의거하여 공식 지도를 발행해야 할 의무가 있다. 이 위원회는 또한 19세기에 세워진 1.8m 높이의 철제 구조물 276개를 유지해야 하며, 1970년대에 추가로 세워진 38cm 높이의 표식 440개를 유지해야 할 의무가 있다.

그림 6.9.4 **칼렉시코와 멕시칼리 간의 국경 넘기**
국경을 경계로 시가지가 다르게 나타난다.
멕시코의 멕시칼리(Mexicali)로 이동하라.

1. **사진 북쪽에 녹색의 사각형 토지들이 있는 것은 어느 나라인가?**
2. **녹색의 사각형 토지들은 무엇인가?**

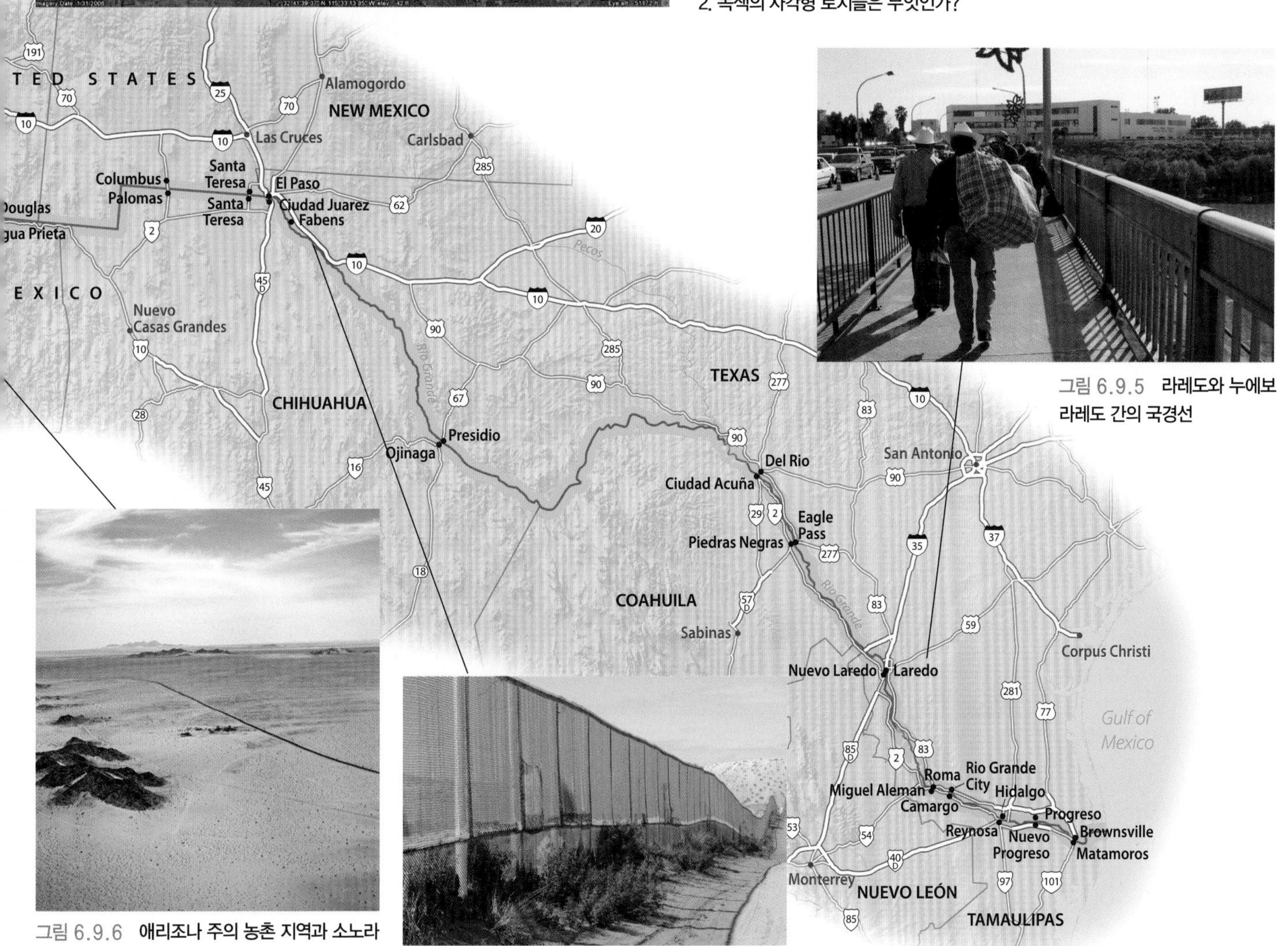

그림 6.9.5 **라레도와 누에보 라레도 간의 국경선**

그림 6.9.6 **애리조나 주의 농촌 지역과 소노라 주 사이의 국경을 멀리서 바라본 사진**

그림 6.9.7 **엘파소와 후아레스 간의 국경선**

6.10 이주에 대한 통제

- ▶ 이주 정책은 국가별로 다양하여 이주를 장려하기도 하고 제한하기도 한다.
- ▶ 유럽의 여러 국가들은 유럽 내의 이주를 허용하기로 합의하였다.

많은 국가에서는 불법 이주, 치안 불안, 밀수 등의 가능성 때문에 이주민들을 못 미더운 시선으로 본다. 어떤 국가에서는 이주민들로 인해 공공 자원에 대한 부담이 가중되며, 주민들의 일자리가 없어지고, 원치 않는 문화적 변화가 일어날 것이라고 염려한다. 이러한 염려들은 기우일 뿐이지만, 주민들은 국가가 이주를 통제하기를 바란다(그림 6.10.1). 국가에 따라서는 **반이주 정책**(exclusionary policy)이나 배타적인 정책을 도입하여 이주민을 처벌하고 이주민의 고용주 또한 처벌하기도 한다. 이주민에 대한 포퓰리즘적인 폭동이나 폭력 사건들은 이러한 정책의 확대에 영향을 미친다.

이러한 시각과는 반대로 이주민들도 세금을 내고 법을 지키며 군대에 복무하므로 오히려 대부분의 수용 국가에 이익이 된다는 시각이 있으며 이는 **포용적 정책**(inclusionary policy)으로 이어진다. 일부 이주민들은 이주 국가에 매우 유용한 전문 기술을 지닌 인재이기도 하고 경제성장에 기여하기도 한다(6.3절의 '인재 유출'에 대한 내용 참조). 어떤 이주민들은 국제적인 기업을 운영하며 상당한 규모의 투자를 함으로써 이주 국가의 환심을 사기도 한다. 어떤 경우에는 이주민들이 모국의 언어와 문화를 유지하기를 권장하기도 한다.

대부분의 국가는 **선별적 이주 정책**(selective immigration policy)을 채택함으로써 원치 않는 이주민들 배제시키고 바람직한 사람들을 받아들이고자 한다. 과거 유럽 국가들은 북부 아프리카와 중동 지역에서 초청 노동자를 유치하는 포용적인 정책을 유지하였으나 오늘날에는 이들 지역으로부터의 이주를 제한하고 유럽인들을 선호하고 있다(그림 6.10.2). 미국은 다른 나라에서 유입되는 사람들의 규모를 제한하기 위해 이주 할당제를 실시하고 있다. 동시에 미국 정부는 매우 바람직한 이민자들에 대해서는 특별 승인을 해주고 있다.

정부에서는 비자 발급을 통해 선별적인 정책을 실천하고 있는데, **비자**(visa)란 이주민들이 도착하기 이전에 입국을 위해 받는 허가이다. 특별한 취업 허가증이나 거주 허가증이 발급되기도 한다. 일반적으로 일시적인 이주민과 장기 이주민을 위한 비자와 허가증은 다르다. 일시적인 이주민에는 관광객, 통근자(국외에서 거주하나

그림 6.10.1 **웨스트뱅크의 국경선**
테러리스트들의 공격을 우려한 이스라엘은 웨스트뱅크 주변에 국경 장벽을 설치하여 팔레스타인인들을 격리시키고자 하였다. 한편 이스라엘은 장벽을 통해 팔레스타인인들이 근무 목적으로 통행하는 것도 통제할 수 있게 되었다.

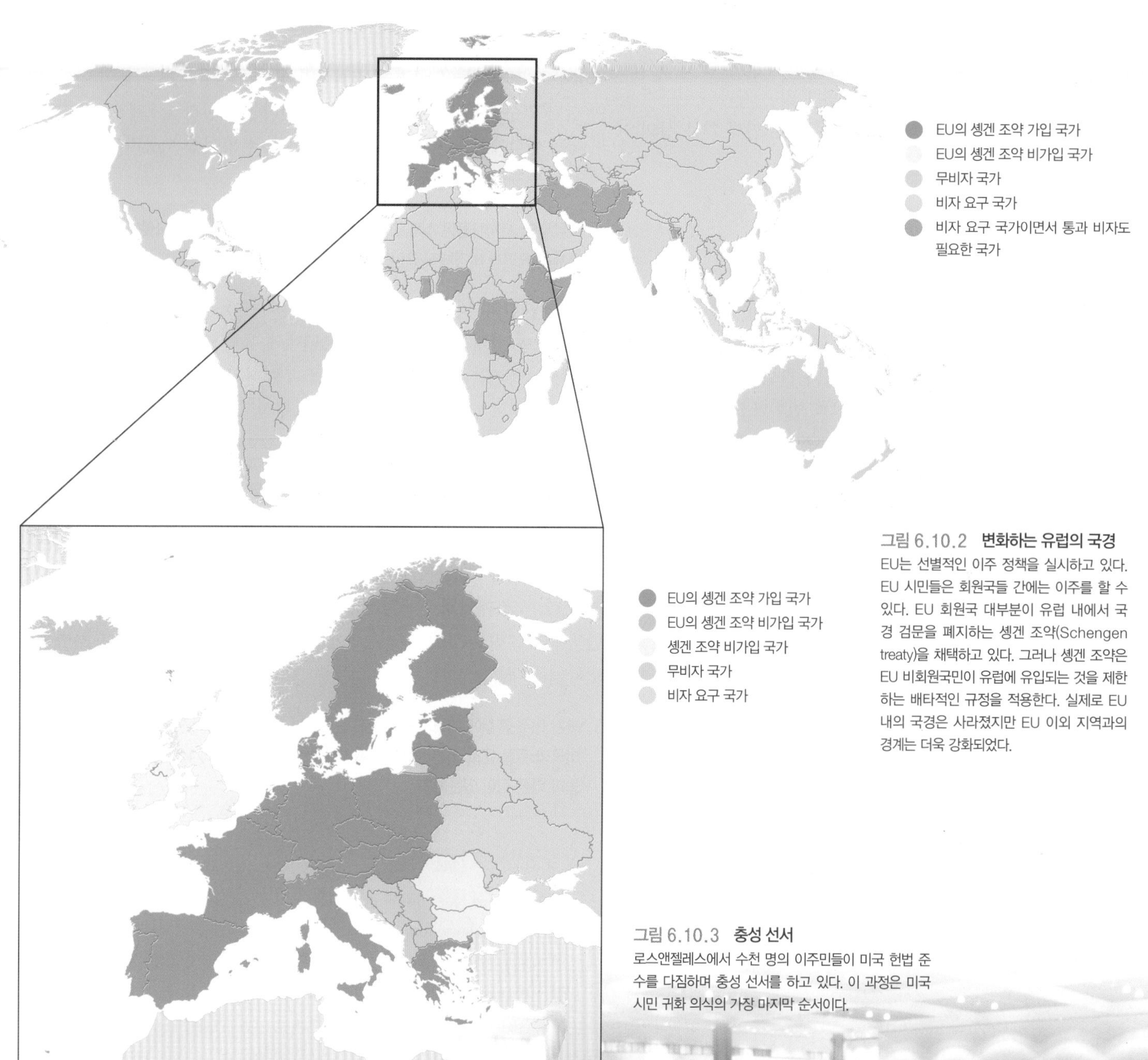

그림 6.10.2 **변화하는 유럽의 국경**
EU는 선별적인 이주 정책을 실시하고 있다. EU 시민들은 회원국들 간에는 이주를 할 수 있다. EU 회원국 대부분이 유럽 내에서 국경 검문을 폐지하는 솅겐 조약(Schengen treaty)을 채택하고 있다. 그러나 솅겐 조약은 EU 비회원국민이 유럽에 유입되는 것을 제한하는 배타적인 규정을 적용한다. 실제로 EU 내의 국경은 사라졌지만 EU 이외 지역과의 경계는 더욱 강화되었다.

국내로 취업한 사람) 등이 포함되고 국가를 통과하는 사람도 포함된다. 무기한으로 혹은 영구히 이주하고자 하는 사람들은 결국에는 귀화할 수 있는 비자를 획득해야 한다. **귀화**(naturalize)란 이주한 국가의 합법적이고도 영구적인 시민이 된다는 의미이다(그림 6.10.3). 비자, 허가증, 귀화에 관한 규정은 국가마다 다르다.

그림 6.10.3 **충성 선서**
로스앤젤레스에서 수천 명의 이주민들이 미국 헌법 준수를 다짐하며 충성 선서를 하고 있다. 이 과정은 미국 시민 귀화 의식의 가장 마지막 순서이다.

이주는 지속적으로 인간 삶의 일부를 차지하였으며, 이주의 목적은 식량이나 직업을 찾는 것이기도 하고 여가를 즐기기 위한 것이기도 하였다. 국제 이주로 인해 많은 국가의 인구가 변화하고 있다. 오늘날 국내 및 국제 이주로 인해 지구 상의 인류 분포가 재편되고 있다.

핵심 질문

이주의 역사적 패턴은 어떠한가?

- ▶ 선사시대의 인류는 아프리카로부터 이주해나가 결국 전 세계에 정착하였다.
- ▶ 지난 500여 년간 일어난 대륙 및 국가 간의 대규모 이주로 인해 지역별 인구의 특성이 극적으로 변화하였다.
- ▶ 지난 5세기 동안 현대의 대규모 이주의 기원과 목적지가 변화하였다.

사람들이 이주하는 목적은 무엇인가?

- ▶ 사람들은 대부분 일자리를 찾고 경제적 환경을 개선하기 위해 이주한다. 다른 이유로 인해 이주하는 사람들도 새로운 이주지에서 스스로 생계를 해결해야 한다.
- ▶ 일부 이주민들은 정치적 혹은 환경적 요인으로 인해 고향을 떠나야 한다.
- ▶ 오늘날 가장 일반적인 국제 이주의 형태는 관광으로, 이는 사람들이 한시적으로 이동하는 것이다.

인구의 특성은 이주로 인해 어떻게 변화하는가?

- ▶ 영구 이주의 가장 일반적인 형태는 국가 내 가구의 이전이다. 이러한 이주는 경제적으로 어려운 지역에서 경제적 기회가 더 많은 지역으로 이동하는 것이 일반적이다.
- ▶ 지난 2세기 동안 미국으로 유입된 주요 기원 국가가 변하였다.

이주민의 증가에 대해 정부는 어떻게 대처하는가?

- ▶ 튼튼한 경제는 유입민들을 끌어들이지만, 유입민들은 입국하여 일할 수 있는 허가를 정부로부터 받지 못할 수도 있다.
- ▶ 정부는 이주민에 대한 경제적, 정치적, 문화적 태도에 기반하여 이주를 장려하거나 제한하는 정책을 채택한다.

지리적으로 생각하기

자유무역 지지자들은 국경을 초월하여 상품의 자유로운 이동이 이루어져야 한다고 주장한다. 이는 수출품을 생산하는 노동자들에게 이익이 갈 것이라는 생각에서이다. 그러나 일반적으로 국제 이주 노동자는 이주 목적지의 노동자들에게는 위협으로 받아들여진다.

1. 자유무역 지지자들은 실제로 자유로운 이주를 배제하는가? 이러한 논의에서 어떠한 경제적 요인과 비경제적 요인들을 고려하였는가?

1951년 난민회의의 원래 의도는 난민들이 수용국에서 영구적인 망명을 인정받아야 한다는 것이었다. 1990년대에 유럽으로 난민 이주가 증가하자 수용국에서는 한시적인 지위만을 부여하고 고국에서 급박한 상황이 종료되는 대로 난민들이 돌아가기를 요구하고 있다.

2. 난민들이 영구적인 망명을 인정받는 데 대한 찬성 및 반대의 이유는 무엇인가? 난민들이 고국으로 돌아가는 데 대한 찬성 및 반대의 이유 또한 무엇인가?

대부분의 히스패닉계 인구가 합법적으로 이주하고 있음에도 불구하고 최근 미국 내 이주에 관한 논의는 히스패닉계 인구의 이주에 초점이 맞춰져 있다. 히스패닉계 인구가 미국의 문화를 변화시킬 것이라는 의견이 일반적이다(그림 6.CR.1). 일부 주에서는 합법적인 거주자마저도 차별하는 조치들을 내놓고 있다.

3. 과거 이주 물결에 대해서 이루어진 논의로는 어떠한 것들이 있는가? 유입민들로 인해 미국의 주류 문화가 변화하거나 자극을 받았는가? 최근의 유입민 집단이 과거의 집단들과 다른 점이 있는가?

인터넷 자료

국제이주기구에서는 이주에 관한 기본 용어, 통계, 주요 이주 현상에 관한 기술 등을 http://www.iom.int에서 제공하고 있다.

미국인구조사국에서는 미국의 이주 및 주거 이동성에 관한 상세한 통계를 http://www.census.gov/hhes/migration에서 제공하고 있다.

그림 6.CR.1 **이니트맨 프로젝트**
불법 이주에 반대하는 단체가 미국 국회의사당에서 집회를 열고 있다.

탐구 학습

다르푸르의 강제 이주

구글어스를 이용하여 수단 다르푸르 지역의 파괴를 살펴보라. 이 지역에서는 정부의 지원을 받은 군부 세력이 주민들을 마을에서 내몰았다.
"단계별 항목"의 "지구촌 바로알기"를 열어라.
"다르푸르 사태"를 선택하라.

위치 : 수단의 다르푸르(Darfur)

선택 : "다르푸르 사태"를 선택하여 파괴된 마을의 사진을 살펴보라.

1. 쫓겨난 사람들이 집으로 돌아오는 것을 막기 위하여 군인들은 어떠한 노력을 하였는가?

2. 지역의 경제적 이용에 관해 조사해보라. 다르푸르 사람들을 쫓아냄으로써 군인들은 어떠한 이익을 얻게 되는가?

핵심 용어

강제 이주(forced migration) 폭력이나 재해 같은 강압적인 상황에서 이루어지는 이주

계절 이주자(seasonal migrant) 정기적이지만 한시적으로 이주하는 사람. 예를 들어 수확기에만 일을 하고 농한기에는 되돌아가는 경우

국내 유민(Internally Displaced Persons, IDPs) 출신 국가 내에서 강제로 이주해야 하는 사람

귀화(naturalize) 출신 국가가 아닌 다른 국가의 국민이 되는 과정

난민(refugee) 국제위원회의 규정에 의하면 강제적으로 조국을 떠나 다른 나라로 이주해야 하는 사람

디아스포라(diaspora) 고향을 떠난 사람들이 세계 여러 지역으로 분산되는 것

반이주 정책(exclusionary policy) 인구 유입을 방지하고자 하는 정부의 정책

배출 요인(push factor) 기존 거주지에서 사람들을 떠나게 하는 요인

불법 이주민(undocumented immigrant) 정부에서 요구하는 법적 요건을 갖추지 않은 채 한 국가에 입국한 이주민

비자(visa) 한 국가에 들어가기 위해 입국 이전이나 입국 현장에서 부여되는 허가서

생태관광(ecotourism) 관광객들이 환경에 미치는 영향력을 최소화하는 데 초점을 둔 관광

선별적 이주 정책(selective immigration policy) 이주민에 대한 허가 여부를 조건부로 하는 정부의 정책

송금(remittance) 출신 지역의 가족 등에게 보내는 돈

순 이주(net migration) 유입 인구수와 유출 인구수의 차이

역내 이주(intraregional migration) 한 지역 내에서 이루어지는 이주

역도시화(counterurbanization) 도시 및 교외 지역으로부터 촌락 지역으로 이주하는 현상

역외 이주(interregional migration) 국가 내의 한 지역으로부터 다른 지역으로 이루어지는 이주

유입(immigration) 새로운 지역으로의 이주

유출(emigration) 한 지역에서 이주해 나가는 것

이민 국가(immigration nation) 대부분의 인구가 이주민과 그 후손으로 이루어진 국가

이주 물결(migration stream) 한 기원지로부터 공통의 목적지로 이루어지는 지속적인 이주 현상

이주 확산(demic diffusion) 사람들이 한 장소에서 다른 장소로 이동하는 현상

인류 기원설(human origins) 현대 인류가 처음으로 어느 곳에서 언제 나타났으며, 그들이 어떻게 지구 상에 분포하게 되었는지에 관한 이론

인재 유출(brain drain) 이주를 통해 고도로 훈련된 전문직 종사자들을 잃는 것

입국(arrival) 사람들이 한 국가 내로 들어가는 것

정착민 이주(settler migration) 새로운 식민지로 이주한 개인과 가구

주거 이동성(residential mobility) 한 지역으로부터 다른 지역으로 거주지를 이동하는 것

초청 노동자(guest worker) 부족한 노동력을 보충하기 위해 허용되는 이주 노동자

추방(displacement) 사람들을 한 지역에서 다른 지역으로 강제로 이주하게 하는 것

포용적 정책(inclusionary policy) 인구유입을 수용하거나 장려하는 정부의 정책

한시적 이주 노동자(temporary labor migrant) 일자리를 찾아 이주하였으나 영구 이주는 하지 않는 노동자

환경적 유민(environmentally displaced person) 자연재해로 인해 이주할 수밖에 없는 사람

흡인 요인(pull factor) 새로운 지역으로 사람들을 이주하게 하는 요인

▶ 다음 장의 소개

이주민들은 자신들의 문화도 함께 지닌 채 이동한다. 세계적인 규모에서 이주가 일어남에 따라 종교와 언어도 새로운 지역으로 전파되고 있으며, 이주민의 새로운 경험에 의해 그들이 지닌 문화 또한 변화하고 있다.

7 언어와 종교

지구 상의 언어와 종교는 문화적 다양성을 보여주는 좋은 예이다. 지리학자들은 서로 다른 장소의 문화적 특성에서 나타나는 유사점과 차이점이 무엇이며, 문화적 특성이 공간적으로 어떻게 분포하고, 그것이 전 세계의 분쟁과 어떻게 연관되어 있는지에 주목한다.

지리학자들은 언어학자나 종교학자가 아니므로 지리적으로 중요한 요소들에 관심을 기울인다. 일부 언어와 종교는 전 세계적인 분포를 보이기도 하지만 또 일부의 언어와 종교는 지리적으로 제한적인 범위에서만 찾아볼 수 있다.

문화적 가치는 여행객의 짐과 같아서 사람들은 한 장소에서 다른 장소로 이동할 때 문화적 가치도 함께 가지고 간다. 다만 사람들이 새로운 곳으로 이주한 후에도 자신의 종교를 그대로 유지하지만 언어의 경우에는 달라서 이주한 곳의 언어를 새로 배워야 한다.

언어의 분포에는 어떤 특징이 나타나는가?

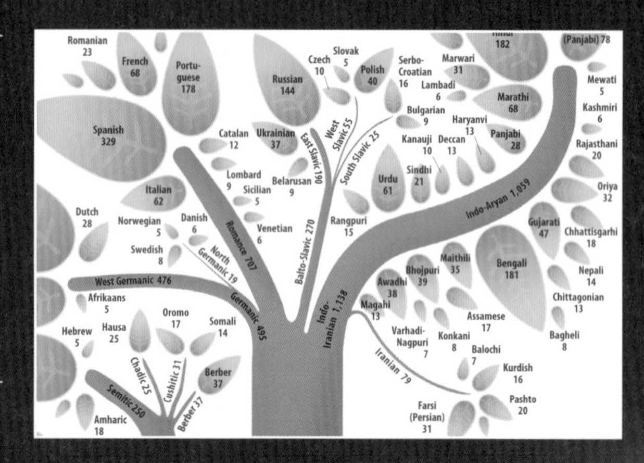

베트남 호치민 시에 위치한 노트르담 성당의 프랑스어와 베트남어로 쓰인 타일

언어는 어떻게 공간을 공유하는가?

7.4 우세언어와 사멸 위기에 처한 언어

7.5 북아메리카의 프랑스어와 스페인어

7.6 복수언어 국가

종교의 분포에는 어떤 특징이 나타나는가?

세계의 언어에 대해 살펴보고자 한다면 스캔하라.

7.7 종교의 분포

7.8 종교의 지리적 분화

7.9 종교의 기원

7.10 보편종교의 확산

종교는 경관에서 어떻게 나타나는가?

7.11 보편종교의 성지

7.12 민족종교와 경관

7.13 서남아시아의 종교 분쟁

7.1 언어의 분류

▶ **전 세계 6,000개 이상의 언어는 어족, 어계, 어군으로 분류된다.**

▶ **이들 언어 가운데 약 100여 개만이 사용자 규모가 500만 명을 넘는다.**

언어(language)는 음성을 통한 의사전달 체계로서 특정 인구 집단이 같은 의미로 이해하는 소리의 집합이다. **공용어**(official language)는 문서를 출간하거나 행정업무를 수행할 때 정부에서 공식적으로 사용하는 언어이다. 많은 언어가 **문자 전통**(literary tradition), 즉 문자로 이루어진 의사소통 체계를 가지고 있다. 전 세계에서 1,000만 명의 사람들이 대략 85개의 언어를, 100~1,000만 명의 사람들이 대략 300개의 언어를 사용하고 있다.

전 세계의 언어는 어족, 어계, 어군으로 구분할 수 있다.

- **어족**(language family) : 선사시대부터 존재하던 공통의 조상언어(ancestral language)에서 갈라져 나온 언어들의 집합이다(그림 7.1.1).
- **어계**(language branch) : 같은 어족 내에서 수천 년 전부터 존재하던 공통의 조상언어에서 갈라져 나온 언어들의 집합이다. 어계 간의 차이는 어족 간의 차이만큼 광범위하거나 오래되지는 않았지만 고고학적 증거를 통해 같은 어족에서 어계가 파생되었다는 것을 확인할 수 있다.
- **어군**(language group) : 한 어계 내에서 비교적 가까운 과거에 공통된 기원을 가지며, 문법과 어휘에서 상대적으로 차이가 크지 않은 언어들의 집합이다.

그림 7.1.2는 어족, 어계, 어군 간의 관계를 나타내고 있다.

- 어족은 나무의 줄기에 해당한다.
- 나무의 줄기는 몇 개의 가지로 갈라지며, 이는 어계와 어군을 나타낸다.
- 개별 언어는 잎으로 표현된다.

줄기의 굵기와 나뭇잎의 숫자가 클수록 해당 어족과 언어를 사용하는 인구가 많은 것을 의미한다.

나무에 적힌 숫자는 해당 언어를 사용하는 **원어민**(native speaker)의 수를 백만 명 단위로 표시한 것이다. 원어민이란 해당 언어를 제1언어로 사용하는 사람을 일컫는다. 총합에서 해당 언어를 제2언어로 사용하는 사람들의 수는 제외하였다.

그림 7.1.2에서 지표면에 해당하는 곳에 각각의 어족을 별개의 나무로 표현하고 있는데 이는 어족들 간의 차이가 역사 기록보다 더 오래전에 형성된 것이기 때문이다. 언어학자들은 어족들이 수만 년 전에는 소수의 상위 어족들로 묶여있었을 것이라고 추정한다. 상위 어족들은 그림에서 지표면 아래의 뿌리로 표현되었는데 그 존재 여부가 매우 불확실하고 논쟁의 여지가 크기 때문이다.

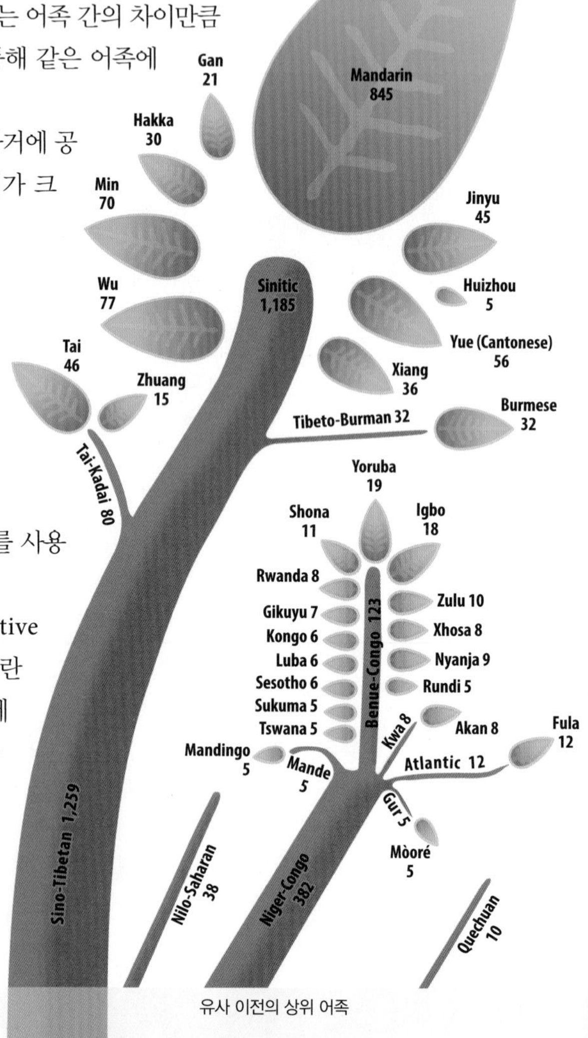

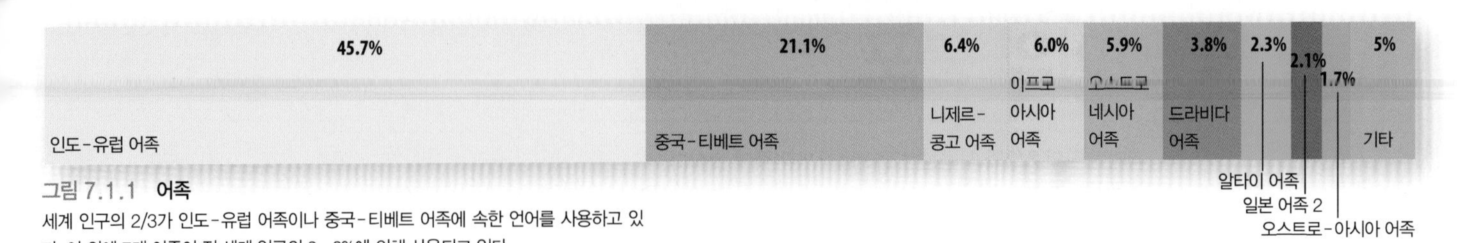

그림 7.1.1 **어족**
세계 인구의 2/3가 인도-유럽 어족이나 중국-티베트 어족에 속한 언어를 사용하고 있다. 이 외에 7개 어족이 전 세계 인구의 2~6%에 의해 사용되고 있다.

그림 7.1.2 **어족 나무**
적어도 1,000만 명 이상이 사용하는 어족은 나무의 줄기로, 500만 명 이상 사용하는 언어는 나뭇잎으로 표현되어 있다.

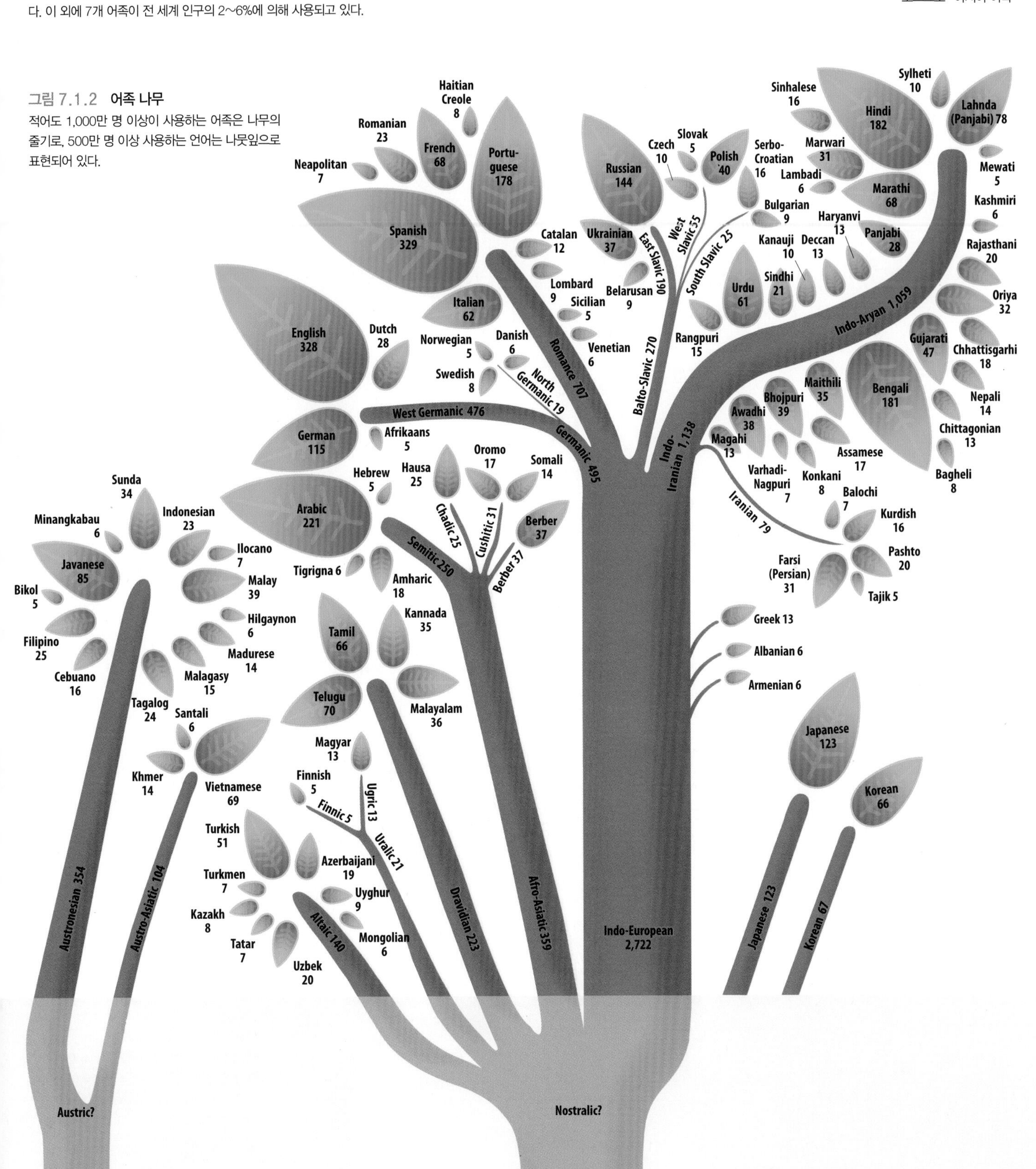

7.2 언어의 분포

- ▶ 세계 인구의 2/3가 사용하는 언어는 2개 어족에 속한다.
- ▶ 전 세계에서 나머지 1/3의 인구가 사용하는 언어는 7개 어족에 속한다.

그림 7.2.1은 최소 1,000만 명이 모국어로 사용하는 어족을 나타낸다. 그림 7.2.1에 포함된 설명문은 최소 1억 명이 사용하는 9개 어족에 관한 것이다.

인도-유럽 어족은 8개의 어계로 나뉜다(그림 7.2.2). 인도-아리아 어계를 사용하는 인구의 규모가 10억 명 이상으로 가장 크다. 게르만, 로만스, 발토-슬라브 어계를 사용하는 인구는 1억 명 이상이다. 알바니아, 아르메니아, 그리스, 켈트 어계는 인도-유럽 어족에 속한 어계들로 사용하는 인구의 규모가 상대적으로 작다.

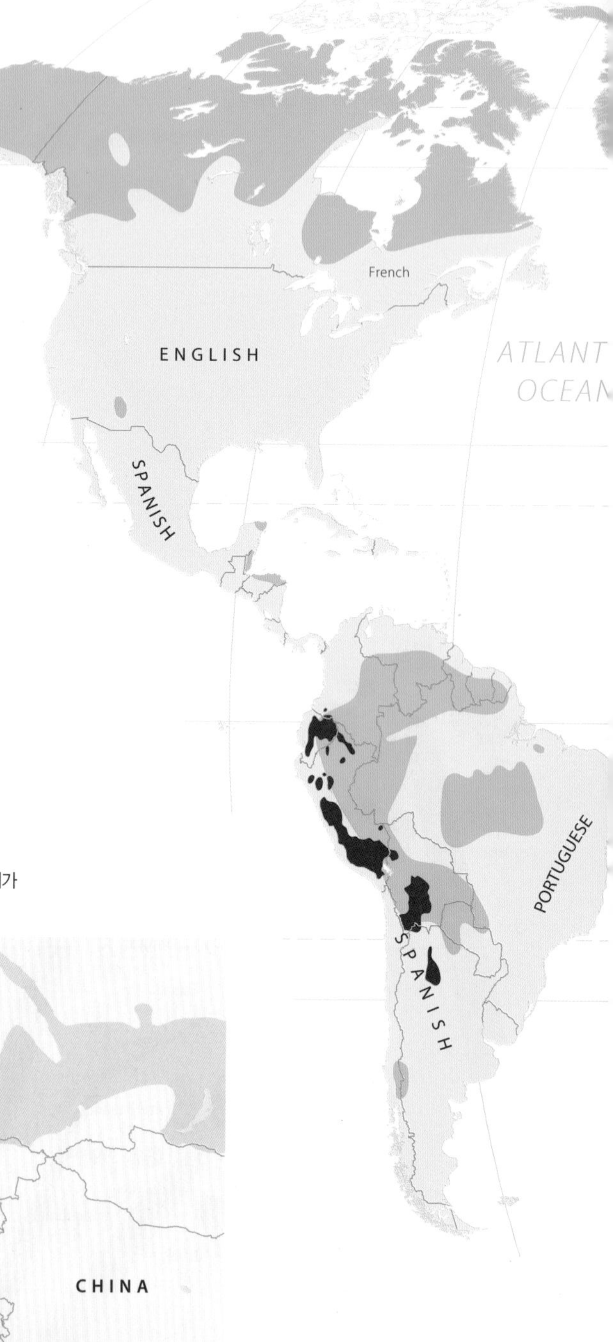

French
ENGLISH
ATLANTIC OCEAN
SPANISH
PORTUGUESE
SPANISH

그림 7.2.1 **사용 인구규모가 1,000만 명 이상인 어족**

아프로-아시아 어족
알타이 어족
오스트로-아시아 어족
오스트로네시아 어족
드라비다 어족
인도-유럽 어족
일본어
한국어
니제르-콩고 어족
나일-사하라 어족
케추어
중국-티베트 어족
우랄
기타
인구 희박 지역

스페인어
1억 명 이상의 인구가 사용하는 언어
프랑스어
5,000만~1억 명의 인구가 사용하는 언어

그림 7.2.2 **인도-유럽 어계**
인도-유럽 어족에 속한 어계로 아시아에서는 인도-이란 어계, 유럽에서는 아시아, 게르만, 로만스, 발토-슬라브 어계가 가장 널리 사용된다. 서반구에서는 게르만 어계와 로만스 어계가 우세하다.

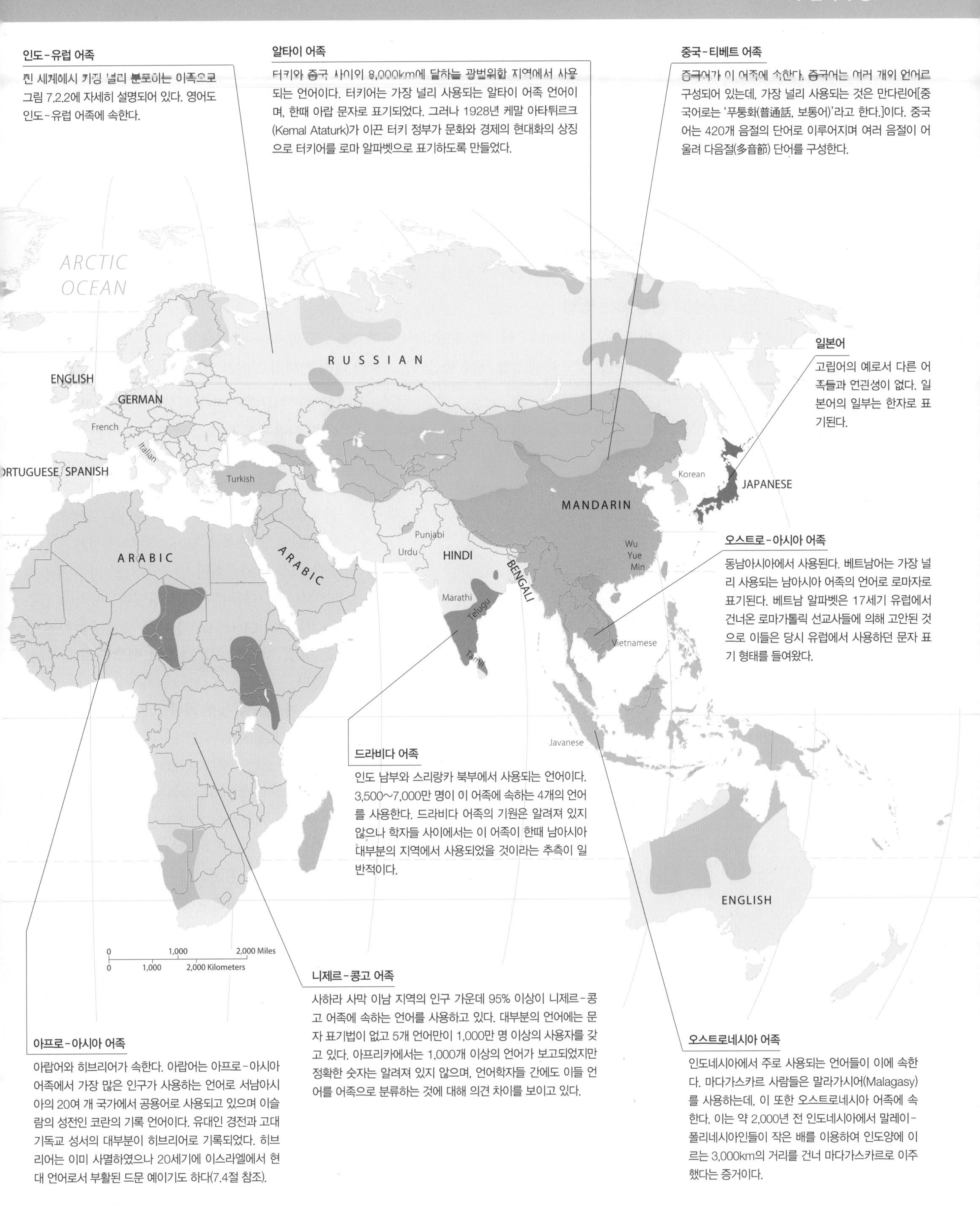

인도-유럽 어족

전 세계에서 가장 널리 분포하는 어족으로 그림 7.2.2에 자세히 설명되어 있다. 영어도 인도-유럽 어족에 속한다.

알타이 어족

터키와 중국 사이의 8,000km에 달하는 광범위한 지역에서 사용되는 언어이다. 터키어는 가장 널리 사용되는 알타이 어족 언어이며, 한때 아랍 문자로 표기되었다. 그러나 1928년 케말 아타튀르크(Kemal Ataturk)가 이끈 터키 정부가 문화와 경제의 현대화의 상징으로 터키어를 로마 알파벳으로 표기하도록 만들었다.

중국-티베트 어족

중국어가 이 어족에 속한다. 중국어는 여러 개의 언어로 구성되어 있는데, 가장 널리 사용되는 것은 만다린어[중국어로는 '푸퉁화(普通話, 보통어)'라고 한다.]이다. 중국어는 420개 음절의 단어로 이루어지며 여러 음절이 어울려 다음절(多音節) 단어를 구성한다.

일본어

고립어의 예로서 다른 어족들과 연관성이 없다. 일본어의 일부는 한자로 표기된다.

오스트로-아시아 어족

동남아시아에서 사용된다. 베트남어는 가장 널리 사용되는 남아시아 어족의 언어로 로마자로 표기된다. 베트남 알파벳은 17세기 유럽에서 건너온 로마가톨릭 선교사들에 의해 고안된 것으로 이들은 당시 유럽에서 사용하던 문자 표기 형태를 들여왔다.

드라비다 어족

인도 남부와 스리랑카 북부에서 사용되는 언어이다. 3,500~7,000만 명이 이 어족에 속하는 4개의 언어를 사용한다. 드라비다 어족의 기원은 알려져 있지 않으나 학자들 사이에서는 이 어족이 한때 남아시아 대부분의 지역에서 사용되었을 것이라는 추측이 일반적이다.

니제르-콩고 어족

사하라 사막 이남 지역의 인구 가운데 95% 이상이 니제르-콩고 어족에 속하는 언어를 사용하고 있다. 대부분의 언어에는 문자 표기법이 없고 5개 언어만이 1,000만 명 이상의 사용자를 갖고 있다. 아프리카에서는 1,000개 이상의 언어가 보고되었지만 정확한 숫자는 알려져 있지 않으며, 언어학자들 간에도 이들 언어를 어족으로 분류하는 것에 대해 의견 차이를 보이고 있다.

아프로-아시아 어족

아랍어와 히브리어가 속한다. 아랍어는 아프로-아시아 어족에서 가장 많은 인구가 사용하는 언어로 서남아시아의 20여 개 국가에서 공용어로 사용되고 있으며 이슬람의 성전인 코란의 기록 언어이다. 유대인 경전과 고대 기독교 성서의 대부분이 히브리어로 기록되었다. 히브리어는 이미 사멸하였으나 20세기에 이스라엘에서 현대 언어로서 부활된 드문 예이기도 하다(7.4절 참조).

오스트로네시아 어족

인도네시아에서 주로 사용되는 언어들이 이에 속한다. 마다가스카르 사람들은 말라가시어(Malagasy)를 사용하는데, 이 또한 오스트로네시아 어족에 속한다. 이는 약 2,000년 전 인도네시아에서 말레이-폴리네시아인들이 작은 배를 이용하여 인도양에 이르는 3,000km의 거리를 건너 마다가스카르로 이주했다는 증거이다.

7.3 언어의 기원과 확산

▶ 언어는 이주를 통해 기원지로부터 확산이 이루어진다.
▶ 방언은 이주와 고립을 통해 형성된다.

언어는 특정 장소에서 기원하여 그 언어의 사용자들이 타 지역으로 이주함으로써 다른 장소로 확산되는 것이 전통적인 방식이다. 영어 사용자들의 분포는 특정 언어가 전 세계로 확산된 과정을 이해하게 해주는 훌륭한 사례라고 할 수 있다.

기원과 확산 : 전쟁 혹은 평화

어족의 기원과 초기 확산은 선사시대부터 시작되었다. 언어학자와 인류학자 간에 언제, 어디서 인도-유럽 어족이 기원하였으며, 그것이 어떤 경로와 과정에 의해 확산되었는지에 대해 견해의 차이가 있다.

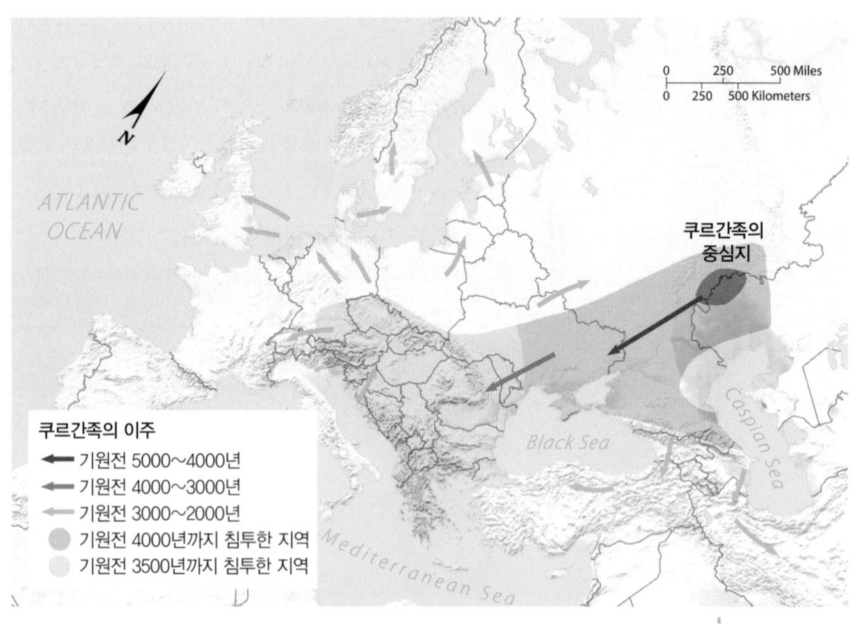

그림 7.3.1 **인도-유럽 어족의 기원과 확산 : 유목 전사 가설**

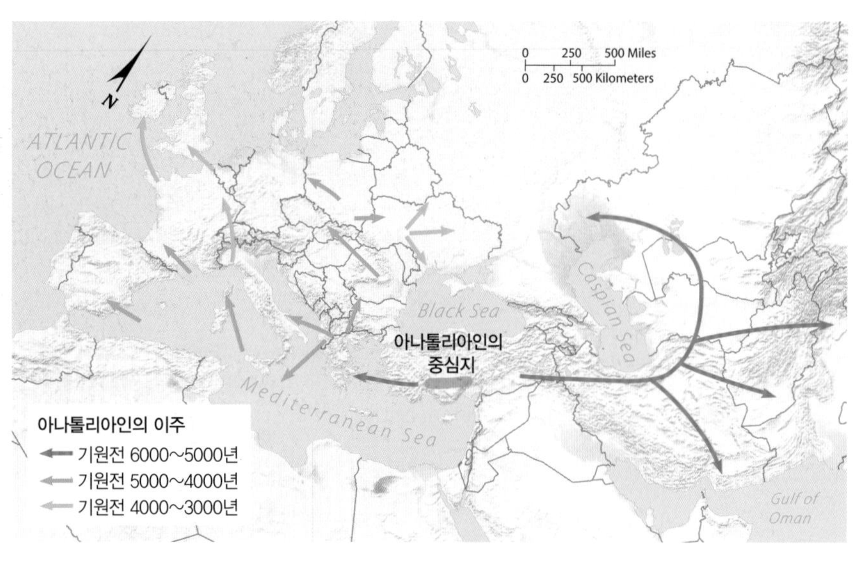

그림 7.3.2 **인도-유럽 어족의 기원과 확산 : 정주 농부 가설**

- **'전쟁' 가설(유목 전사 가설).** 최초의 인도-유럽 어족 사용자들은 오늘날의 러시아와 카자흐스탄 국경 근처에 분포하는 쿠르간족(Kurgan)이었을 것이다(그림 7.3.1). 쿠르간족은 5,000년 전에 인류 최초로 말과 소를 가축화한 유목민이다. 가축 사료로 쓸 초목을 찾아 이주하던 쿠르간 전사들은 그들이 가축화한 말을 무기로 하여 유럽과 남아시아의 대부분을 정복하였다. 마리야 김부타스(Marija Gimbutas)가 세운 가설에 의하면 인도-유럽 어족은 쿠르간족의 이주를 통해 확산되었다.
- **'평화' 가설(정주 농부 가설).** 고고학자 콜린 렌프류(Colin Renfrew)는 인도-유럽 어족의 최초 사용자가 쿠르간족보다 2,000년 앞서서 오늘날 터키의 일부에 해당하는 아나톨리아(Anatolia) 동부 지역에 거주했다고 주장한다(그림 7.3.2). 렌프류는 인도-유럽 어족의 최초 사용자가 군사 정복에 의해서가 아니라 농경문화를 갖고 유럽과 남아시아로 이주했다고 생각한다. 이 어족이 널리 확산된 것은 이 어족을 사용하는 사람들이 사냥에 의존하는 대신 자신들의 식량을 농업을 통해 생산함으로써 인구규모가 증가하고 풍요로운 삶을 누리게 되었기 때문이라고 본다.

인도-유럽 어족이 어떻게 확산되었든 간에 사람들 사이의 의사소통 수준은 낮았다. 이주자들은 수 세대에 걸쳐 고립이 지속된 후 점차 고유한 어계, 어군, 언어를 발전시켰다.

영어의 기원과 확산

영어는 유럽의 다양한 지역으로부터 여러 민족이 영국으로 이주하여 영국의 언어가 되었다(그림 7.3.3).

- **기원전 2000년경 켈트족.** 켈트족은 켈트어로 분류되는 언어를 사용하였다. 그 이전의 초기 언어에 대해서는 알려진 바가 없다.
- **기원후 450년경 앵글족, 색슨족, 후트족.** 독일 북부와 덴마크 남부의 세 부족이 켈트족을 영국 북단과 서단으로 몰아냈는데, 이 지역에 콘월(Cornwall), 스코틀랜드의 하일랜드(Highland), 웨일스(Wales) 지방도 포함되었다. 잉글랜드라는 지명은 앵글족의 땅이라는 의미이며, 영국민은 종종 앵글로색슨이라고 불린다.
- **787~1171년 바이킹족.** 오늘날의 노르웨이에 해당하는 지역에 분포했던 바이킹족은 영국 북동부 해안에 상륙하여 여러 취락을 급습하였다. 바이킹족은 영국을 정복하지 못했지만 이들의 언어가 영어에 영향을 주었다.
- **1066년 노르만족.** 오늘날의 프랑스 노르망디에 해당하는 지역에 분포했던 노르만족은 1066년 영국을 정복하였고 이후 300년 동안 프랑스어를 영국의 공용어로 지정하였다. 영국 의회는 법정에서 사용하는 공용어를 프랑스어에서 영어로 바꾸기 위해 1362년 변론법(Statute of Pleading)을 제정하였으나 의회에서는 1489년까지 업무 수행 언어로 프랑스어를 사용하였다.

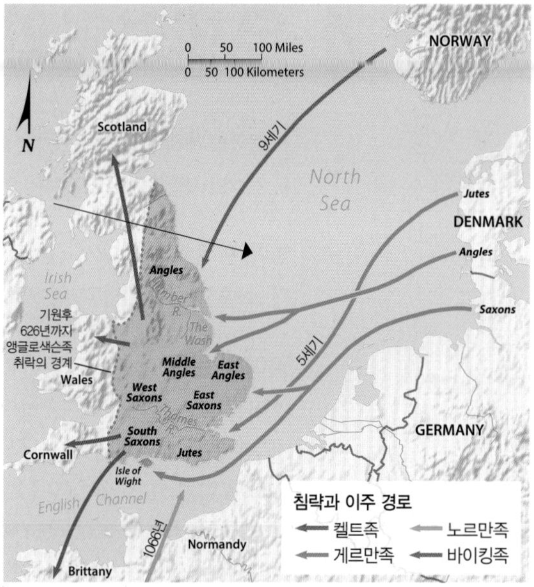

그림 7.3.3 **잉글랜드에 대한 침략**

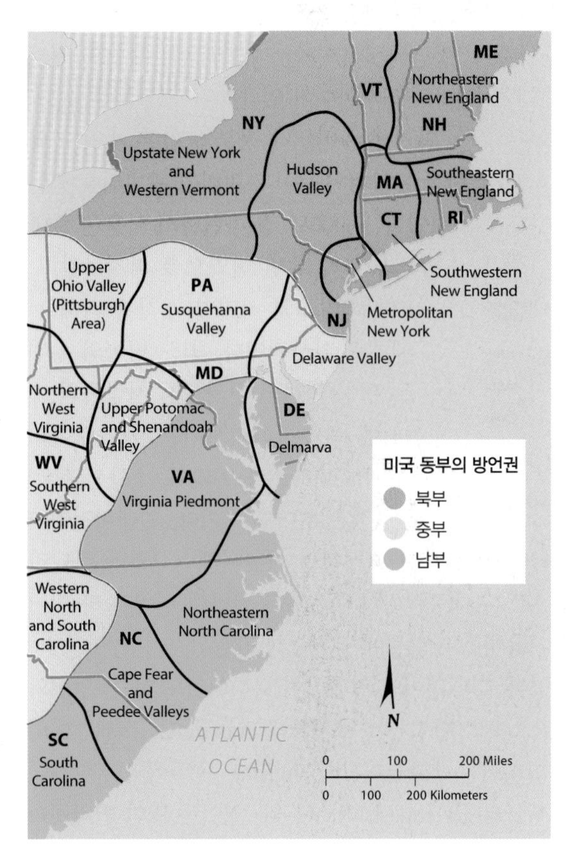

그림 7.3.4 **미국의 방언**

방언

방언(dialect)은 한 언어가 갖는 지역적 편차를 의미하며, 독특한 어휘, 철자, 발음 등을 특징으로 한다. 지리학자들은 특히 방언의 차이에 대해 관심을 가져왔는데, 이는 방언이 각 인구 집단이 거주하는 환경의 고유성을 반영하기 때문이다. 방언은 세 가지 요소에서 큰 차이를 보인다.

- 어휘
- 철자
- 발음

북아메리카인들은 자신들이 사용하는 영어가 인도, 파키스탄, 호주, 그리고 기타 영어 사용 국가들의 경우는 말할 것도 없고 영국인들과도 다르다는 것을 잘 알고 있다. 세계 각 지역에서 사용되는 영어의 차이는 지리적 분리의 결과이다. 미국과 영국은 대서양에 의해 분리되어 18~19세기에는 서로 거의 영향을 주지 않은 채 영어를 독립적으로 발전시켰다. 20세기 전까지 이 두 국가 간에 사람들의 왕래는 거의 불가능했으며 인간의 목소리를 먼 곳까지 전달할 수단도 없었다.

영어는 미국과 영국 내에서 지방마다 편차가 있다(그림 7.3.4). 미국과 영국 모두 북부인과 남부인의 발음이 다르다(그림 7.3.5).

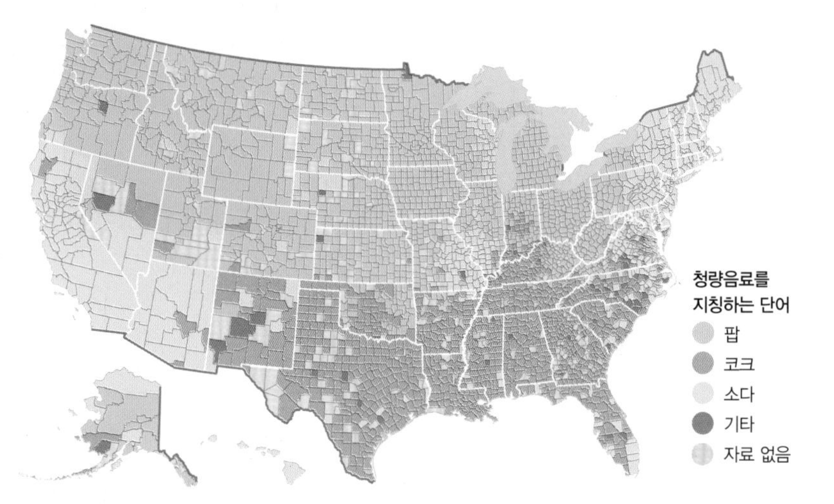

그림 7.3.5 **청량음료와 관련된 방언**
청량음료는 팝, 콜라, 소다 등으로 지칭되는데, 미국 내에서 지역마다 다른 분포를 보인다.

7.4 우세언어와 사멸 위기에 처한 언어

▶ 영어는 세계에서 가장 우세한 공용어이다.

▶ 소수의 사람들만이 사용하는 언어는 적극적인 보존이 이루어지지 않으면 사멸한다.

영어는 현대 사회에서 국제적인 의사소통 언어가 되었다. 예를 들면 프랑스 상공을 비행하고 있는 폴란드인 항공기 조종사는 관제탑과 영어로 교신한다.

영어의 분포

영어는 오스트레일리아, 영국, 미국의 우세언어이면서 전 세계 55개국에서 사용되는 공용어이다(그림 7.4.1). 영어를 공용어로 사용하는 국가에 20억 명의 인구가 분포하지만 이들이 모두 영어를 능숙하게 사용할 수 있는 것은 아니다.

오늘날 전 세계에 영어가 분포하게 된 것은 지난 4세기 동안 영국인들이 식민지로 이주하여 영어를 전파한 데에 기인한다. 영어는 17세기에 처음 영국으로부터 북아메리카로 확산되었다. 최근에는 미국이 영어를 전 세계로 확산시키는 데 기여하였다.

링구아 프랑카

영어와 같은 국제적인 의사소통 언어를 **링구아 프랑카**(lingua franca, 공통어)라고 한다. 영어 이외의 링구아 프랑카로는 동아프리카의 스와힐리어, 남아시아의 힌두스탄어, 동남아시아의 인도네시아어, 구 소비에트 연방의 러시아어가 있다.

과거에는 이주나 정복과 같은 재입지 확산을 통하여 링구아 프랑카가 광범위하게 분포하였다. 2,000년 전 라틴어의 사용은 로마 제국과 함께 유럽 전역으로 퍼져나갔고, 영어는 영국의 식민지 개척에 의해 전 세계로 확산되었다. 최근 영어의 우위는 팽창 확산의 결과로서 사람들의 재입지에 의해서라기보다는 아이디어의 가산 효과(additive effect)와 같이 사상(事象)의 확산을 통해 이루어진 것이다. 텔레비전이나 인터넷을 통한 전 세계적인 커뮤니케이션뿐만 아니라 영어로 된 대중문화의 확산으로 인하여 영어가 타 언어를 사용하는 사람들에게 친숙해졌다.

영어는 타 언어와 결합하여 확산되기도 한다. 영어와 프랑스어의 합성어는 **프랑글레**(Franglais), 스페인어와의 합성어는 **스팽글리시**(Spanglish), 독일어와의 합성어는 **뎅글리시**(Denglish)라 부른다. 영어는 또한 인터넷이 도입된 이후 인터넷의 주요 언어가 되었다(그림 7.4.2).

고립어

고립어(isolated language)는 어떤 언어와도 연관성이 없어 어떤 어족에도 속하지 않는 언어를 말한다. 가장 대표적인 예로 유럽의 바스크어(Basque)를 들 수 있는데,

그림 7.4.1 **영어 사용 국가**

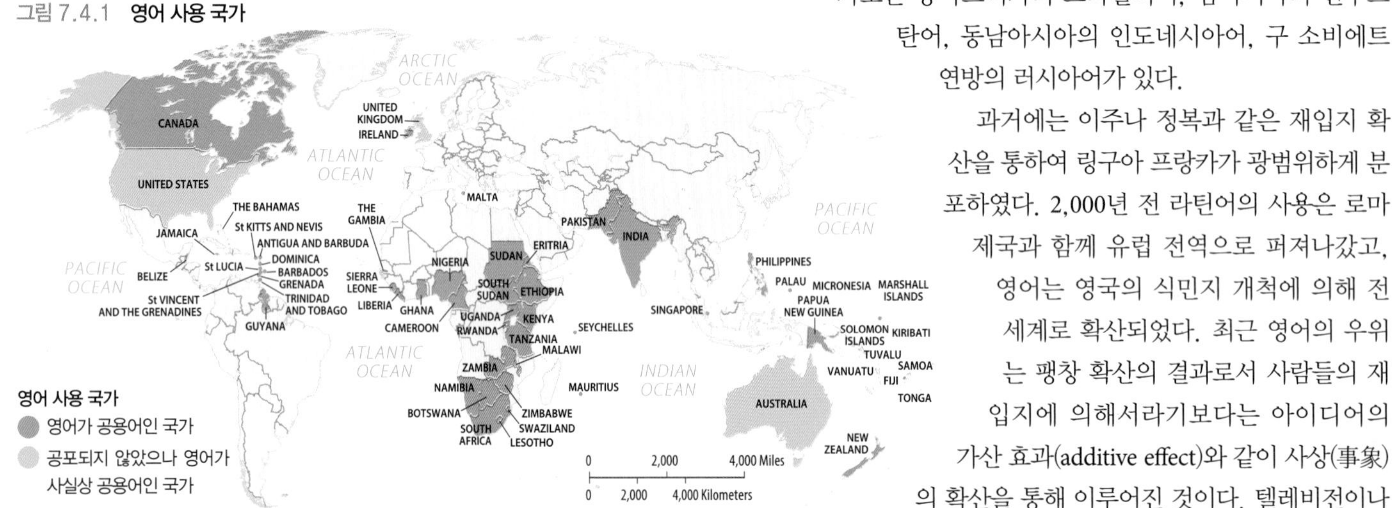

그림 7.4.2 **인터넷 사용자의 언어**

1990년대 온라인 사용자의 3/4과 전체 웹사이트의 3/4이 영어를 사용하였다. 최근 기타 언어들, 특히 중국어가 영어의 뒤를 잇고 있다.

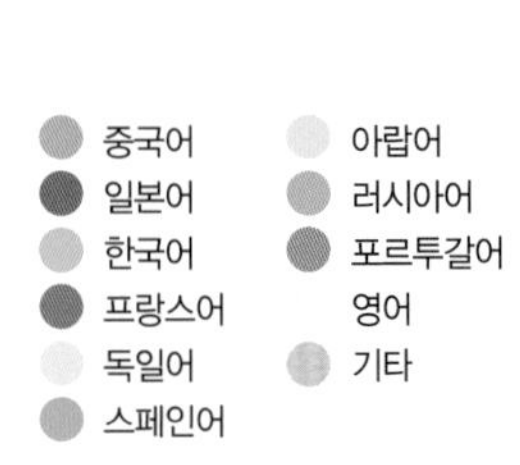

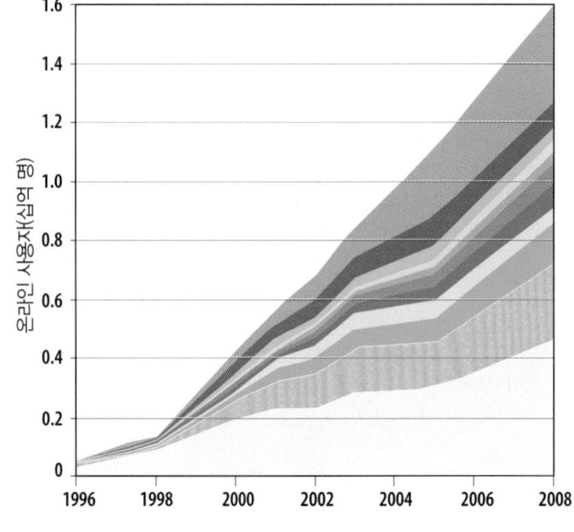

바스크어는 인도-유럽어를 사용하는 사람들이 이주해 오기 전부터 사용되었고 현재 유럽에서만 사용되는 언어이다. 바스크어는 한때 유럽에서 광범위하게 사용되기도 하였지만 인도-유럽어가 들어오면서 사용자가 감소하였다(그림 7.4.3).

그림 7.4.3 **바스크어**
바스크어는 스페인 북부와 프랑스 남서부의 피레네 산맥 지대에 분포하는 60만 명의 바스크인이 사용하고 있는 언어이다. 바스크어가 다른 언어들과 연관성이 없다는 점은 바스크인들이 산악 지대에서 고립되어 거주해왔다는 것을 반영한다. 왼쪽 사진은 프랑스 바욘느(Bayonne) 지역의 건물 외벽에 그려진 바스크 국기와 "바스크족은 반드시 살아남아야 한다."라고 써있는 바스크어를 보여준다.

사멸어

사멸어(extinct language)는 한때 사용되었으나 어느 누구도 더 이상 일상생활에서 사용하지 않는 언어로 전 세계적으로 수천여 개에 달한다.

히브리어는 사멸하였으나 다시 부활된 드문 예이다. 성경이 쓰인 시대에 일상적으로 사용되던 언어인 히브리어는 기원전 4세기에 사멸하였고, 이후에는 유대인들의 종교의식에서만 사용되었다. 현재 이스라엘에 해당하는 지역에 거주하던 사람들은 예수의 시대에는 아람어(Aramaic)를 사용하였으며, 이후 아랍어를 사용하였다.

이스라엘이 건국되어 1948년에 독립을 선포하였을 때 히브리어는 아랍어와 함께 공용어가 되었다. 히브리어가 공용어로 채택된 것은 이스라엘의 유대인 인구가 전 세계 여러 국가에 거주하다 다시 귀환한 사람들로 구성되어 각자 사용하는 언어가 상이했기 때문이다. 히브리어는 유대인의 기도문에서 사용되고 있었기 때문에 새로운 국가에 모인 전혀 다른 문화적 배경을 가진 유대인 집단들을 상징적으로 통합하는 데 그 어떤 언어보다도 적절했다(그림 7.4.4).

그림 7.4.4 **히브리어 : 사멸언어의 부활**
왼쪽 사진은 예루살렘의 식료품점 간판에 쓰인 히브리어를 보여준다.

사멸 위기에 처한 언어의 보호

'에스놀로그(Ethnologue)' 웹사이트에서는 약 500여 개의 언어가 거의 사멸 단계에 있다고 추정하고 있지만, 이 가운데 일부는 보존되고 있다. EU는 켈트 어족을 비롯하여 사멸 위기에 처한 언어들에 대한 재정 지원을 위하여 소수언어를 위한 유럽위원회(European Bureau for Lesser Used Languages, EBLUL)를 창설하였으며, 그 본부는 아일랜드 더블린에 두었다(그림 7.4.5).

- **아일랜드 게일어**(Irish Gaelic). 게일어는 영어와 함께 아일랜드공화국의 공용어이다. 아일랜드의 정부 간행물은 영어와 게일어로 출판되어야 한다.
- **스코틀랜드 게일어**(Scottish Gaelic). 스코틀랜드의 외딴 고지대나 북부 도서 지방에서 주로 사용된다.
- **웨일스어**(Welsh). 웨일스 지방에서는 학교에서 웨일스어가 필수 이수 과목이며, 도로 표지판에는 영어와 웨일스어가 모두 사용된다. 또한 웨일스어로 된 동전이 유통되고 텔레비전과 라디오 방송국에서는 웨일스어로 방송을 한다.
- **콘월어**(Cornish). 콘월어는 1777년에 이 언어의 마지막 원어민이 사망함으로써 사멸되었다. 2008년에는 콘월어의 표준 표기법이 완성되었다.
- **브르타뉴어**(Breton). 프랑스 브르타뉴(Brittany) 지방에서 주로 사용된다. 브르타뉴어는 프랑스어 어휘가 많이 섞여있다는 점에서 다른 켈트어와 차이가 있다.

언어의 생존은 그 사용자들의 정치적 · 군사적 역량에 좌우된다. 켈트어는 켈트족이 한때 지배하던 영토의 대부분을 다른 언어를 사용하는 사람들에게 빼앗김으로써 쇠퇴하였다.

그림 7.4.5 **켈트어**
이 사진은 라이더컵(Ryder Cup) 골프 대회가 2010년 웨일스 남동부 뉴포트의 궨트(Gwent)에 위치한 켈틱 매너 리조트(Celtic Manor Resort)에서 개최되었을 때 리조트 밖에 세워진 주차 안내판을 보여준다. 영어와 켈트어가 함께 쓰인 것을 볼 수 있다.

7.5 북아메리카의 프랑스어와 스페인어

▶ 북아메리카에서 프랑스어와 스페인어 사용자가 점차 증가하고 있다.

▶ 언어는 서로 혼합되어 다른 형태의 언어로 바뀔 수 있다.

북아메리카에서는 영어가 사용된다. 그러나 캐나다의 프랑스어, 미국의 스페인어와 같이 영어 이외의 언어 사용자가 점차 증가하고 있다. 또한 프랑스어, 스페인어, 영어, 기타 언어들이 서로 혼합되어 새로운 언어를 형성하고 있다.

그림 7.5.1 캐나다 퀘벡 주에서 'Hello' 대신 프랑스어로 'Bonjour'라고 쓰인 간판의 모습

캐나다의 프랑스어

프랑스어는 영어와 함께 캐나다의 공용어이다(그림 7.5.1). 프랑스어 사용자들은 캐나다 인구의 1/4에 이른다. 프랑스어 사용자 대부분은 퀘벡 주에 집중되어 있으며, 이들은 퀘벡 인구의 3/4 이상을 차지한다(그림 7.5.2).

최근까지 퀘벡은 캐나다에서 가장 빈곤하고 낙후된 지역이었다. 퀘벡에서 경제와 정치 활동은 소수의 영어 사용자들이 장악하고 있었으며, 프랑스어를 사용하는 지도층 인사들이 부족하여 문화적 고립을 겪었다.

퀘벡 정부는 일상생활에서 프랑스어 사용을 의무화하였다. 퀘벡지명위원회(Quebéc's Commission de Toponyme)는 영어에서 유래한 지명이 붙은 도시, 하천, 산의 명칭을 다시 제정하였다. 팔각형의 빨간색 도로 표지판에 쓰여있던 'Stop'이라는 단어는 프랑스나 여타 프랑스어 사용 국가에서도 'Stop'이라고 표기함에도 불구하고 'Arrêt'라는 프랑스어로 대체하였다. 모든 상업 간판에는 프랑스어를 주로 사용하여야 하며, 입법부는 프랑스어로 쓰지 않은 옥외 간판을 전면 금지하는 법안을 통과시켰다(캐나다 대법원에서 이를 위헌이라고 판결하였다.).

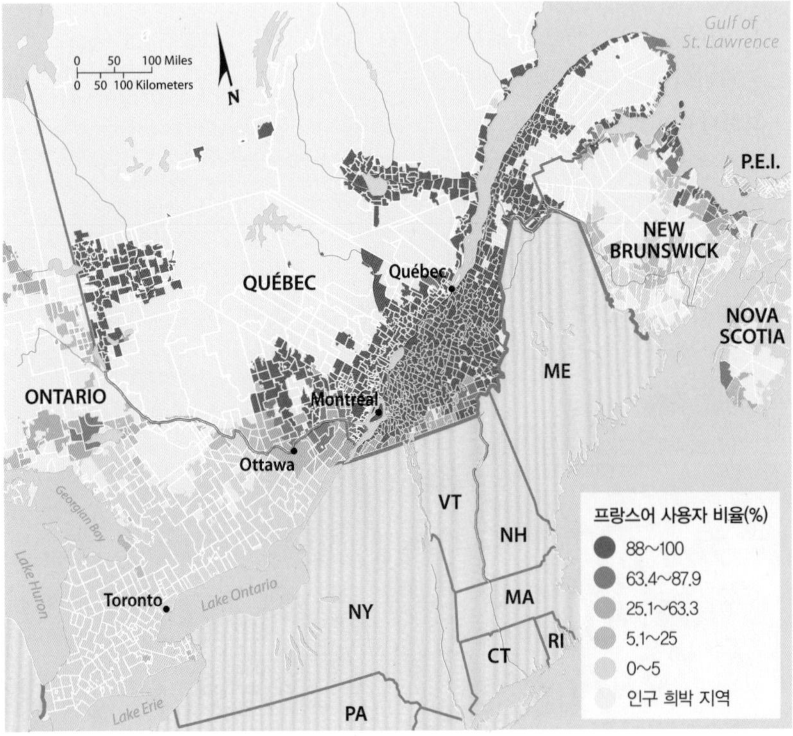

그림 7.5.2 캐나다의 프랑스어와 영어 사용권의 경계

다수의 퀘벡인들은 자신들의 문화적 전통을 보존하는 유일한 방법이 퀘벡 주가 캐나다에서 분리 독립하는 것이라고 생각한다. 주민 투표 결과 좀 더 많은 퀘벡 주 유권자들이 캐나다로부터 분리되는 것에 반대하였으나 그 차이는 근소했다. 친프랑스어 정책에 불안을 느낀 많은 영어 사용자들과 주요 기업들은 퀘벡 제1의 도시인 몬트리올에서 영어 사용 지역인 온타리오 주 토론토로 이주하였다.

1970년대와 1980년대에는 퀘벡의 프랑스어 사용자들과 영어 사용자들 간에 많은 갈등이 있었으나 현재 협력이 증진되고 있다. 몬트리올은 한때 언어로 인한 거주지 분리가 심하여 동부는 프랑스어 사용자 거주지, 서부는 영어 사용자 거주지로 분리되었으나 점차 통합되고 있다.

퀘벡에서는 비록 프랑스어가 영어에 비해 높은 위상을 갖고 있지만 프랑스어를 사용하지 않는 유럽, 아시아, 라틴아메리카계 이주민을 받아들여 융합하는 정책을 펴고 있다. 많은 이민자들이 링구아 프랑카로서 프랑스어보다는 영어를 선호하지만 퀘벡 정부는 이를 금하고 있다.

미국의 스페인어

미국에서는 대규모의 라틴아메리카 이주민이 유입됨에 따라 스페인어가 점차 주요한 언어가 되고 있다. 일부 지역에서는 정부의 문서와 공시가 스페인어로 발간된다. 미국에서는 수백여 개의 스페인어 신문사, 라디오와 텔레비전 방송국이 운영되고 있으며, 이들의 분포는 특히 남서부 지방과 플로리다 주 남부, 그리고 북부 대도시에서 두드러진다(그림 7.5.3).

언어적 동질성은 이민 국가인 미국의 주요한 특성이며, 미국 시민이 되기 위해서는 영어를 배워야 한다. 그러나 미국 내 언어의 다양성은 초기에 비해 보다 확대되었다. 2000년 기준 미국 가정에서 영어 이외에 다른 언어를 사용하는 인구는 5,600만 명에 이르는데, 이는 5세 이상 미국 인구의 20%에 달하는 것이다. 가정에서 스페인어를 사용하는 인구는 3,500만 명이며, 200만 명 이상이 중국어를 사용하고 프랑스어, 독일어, 한국어, 타갈로그어, 베트남어를 사용하는 인구 또한 각각 100만 명 이상에 이른다. 미국에서 스페인어 사용 인구가 증가함에 따라 27개 주와 일부 지역에서 영어를 공용어로 지정하였다.

그림 7.5.3 **미국의 스페인어**
플로리다 주 마이애미 시 리틀하바나(Little Havana)의 음식점 간판

미국에서는 학교에서 이중언어 교육의 실시 여부를 놓고 의견이 분분하다. 일부에서는 스페인어를 사용하는 아동들이 스페인어로 교육을 받아야 한다고 주장하는데, 이는 아동들이 모국어로 교육을 받을 때 교육 효과가 더 크고, 그들의 문화적 유산을 잘 보존할 수 있다는 사고에 바탕을 둔 것이다. 이와 다른 의견을 가진 이들은 실질적으로 모든 곳에서 영어 구사 능력이 필요하기 때문에 스페인어로 교육을 받는 것은 아동들이 성장하여 일자리를 구할 때 일종의 핸디캡으로 작용할 수 있다고 주장한다.

미국에서 영어 사용은 언어가 문화적 연계를 형성하는 가장 중요한 매개임을 상징하고 있다. 세계 경제와 문화에서 영어 사용자들의 지배력이 증대됨에 따라 영어 구사력은 미국 내에서뿐만 아니라 전 세계 사람들에게 중요해졌다.

혼성어

크레올어(creole) 혹은 **혼성어**(creolized language)는 식민지 개척자의 언어와 지배당하는 민족의 토착언어가 혼합된 결과로 형성된 언어를 말한다(그림 7.5.4). 'creole'이라는 단어는 로만스어에서 파생되었는데 주인의 집에서 태어난 노예를 의미한다.

혼성어는 식민지화된 집단에서 우세한 식민 지배 집단의 언어를 받아들일 때 형성되지만, 문법을 단순화하거나 과거에 사용하던 옛 언어의 단어를 추가하는 등의 변화를 일으킨다. 혼성어의 예로서 아이티에서 사용하는 프랑스 크레올어, 네덜란드령 앤틸리스제도의 파피아멘토어(Papiamento, 스페인 크레올어), 아프리카 연해에 위치한 카보베르데제도(Cape Verde Islands)에서 사용하는 포르투갈 크레올어를 들 수 있다.

그림 7.5.4 **바누아투의 크레올어인 비슬라마어**
비슬라마어(Bislama)로 쓰인 에이즈의 위험을 경고하는 보건 캠페인 광고

7.6 복수언어 국가

▶ 벨기에와 스위스는 유럽 내에서 복수언어를 사용하는 국가의 대표적인 사례이다.

▶ 나이지리아는 언어의 다양성을 지닌 아프리카 국가의 대표적인 사례이다.

두 언어의 경계에서 문제가 발생할 수 있다. 인도-유럽 어족의 로만스 어계와 게르만 어계의 경계선이 유럽의 벨기에와 스위스 두 국가의 중앙을 지난다. 벨기에는 스위스에 비해 다른 언어를 사용하는 집단들 간의 이해관계를 조정하는 데 더 큰 어려움을 겪고 있다.

벨기에

벨기에에서 자동차로 이동하다 보면 고속도로에서 언어의 다양성을 확인할 수 있다(그림 7.6.1). 벨기에는 언어 경계에 의해 크게 두 지역으로 구분된다. 왈론인(Walloon)이라고 불리는 벨기에 남부 지역 사람들은 프랑스어를 사용하고, 플라망인(Fleming)이라고 불리는 벨기에 북부 지역 사람들은 네덜란드어인 플라망어를 사용한다(그림 7.6.2).

플라망 지방과 왈론 지방 간의 반목은 경제적 · 정치적 차이에 의해 악화되었다. 역사적으로 왈론 지방이 벨기에의 경제와 정치를 장악해왔으며, 프랑스어가 국가의 공용어였다.

플라망어 사용자들의 압력에 의해 벨기에는 플라망과 왈론을 2개의 독립된 지역으로 분리하였다. 각 지역은 문화적 업무, 공공 보건, 도로 건설, 도시 개발 업무 등에 관한 조정을 관장하는 의회를 독립적으로 구성하고 있다.

스위스

스위스에서는 여러 개의 언어가 평화롭게 공존한다(그림 7.6.3). 그 이유는 지방 분권으로 권력을 중앙과 지방정부가 공유하며, 의사결정은 빈번히 시행되는 국민 투표에 의해 이루어지는 데에서 찾을 수

그림 7.6.1 **벨기에의 언어적 다양성**
먼저 프랑스어로, 다음으로 플라망어로 쓰인 고속도로 나들목의 도로 표지판

그림 7.6.2 **벨기에의 언어**
프랑스어는 왈론 지방의 주요 언어이며, 플라망 지방에서는 네덜란드 방언인 플라망어를 주요 언어로 사용한다.

있다. 스위스에서는 독일어(인구의 64%가 사용), 프랑스어(20%), 이탈리아어(7%), 로만시어(1%) 등 4개 언어가 공용어로 사용된다. 로만시어의 사용자 규모는 작지만 스위스 유권자들은 1978년 국민 투표를 통하여 로만시어를 공용어로 삼았다(그림 7.6.4).

그림 7.6.4 **스위스의 언어적 다양성**
스위스는 위에 보이는 표지처럼 4개의 공용어를 갖고 있다. 첫 번째 줄 왼쪽에는 독일어, 오른쪽에는 프랑스어, 두 번째 줄 왼쪽에는 이탈리아어, 오른쪽에는 로만시어가 사용되었다. 벌목 때문에 산행자, 자동차, 말이 숲에 들어가면 안 된다고 경고하고 있다.

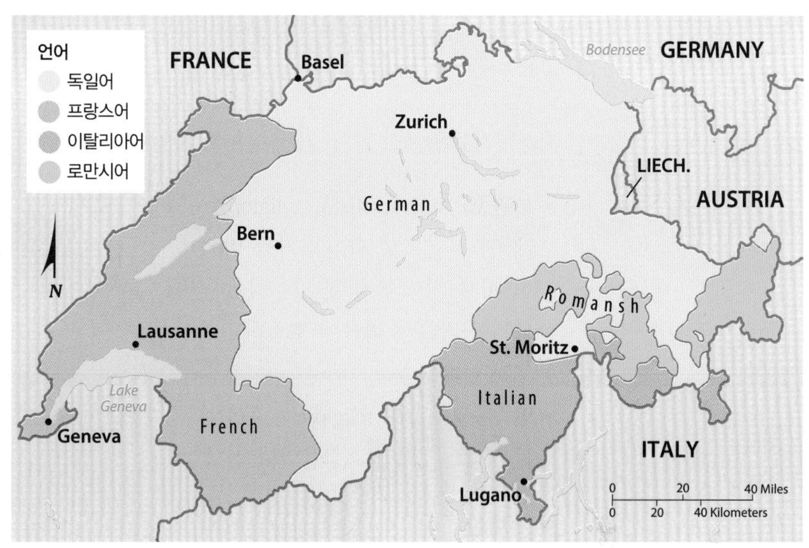

그림 7.6.3 **스위스에서 사용하는 언어**

나이지리아

아프리카에서 가장 인구가 많은 국가인 나이지리아에서는 수많은 언어의 사용으로 문제가 발생하고 있다. '에스놀로그(Ethnologue)'의 웹사이트에 의하면 나이지리아에는 493개의 언어가 존재하고 있으나 널리 사용되는 언어는 3개뿐이다. 하우사족(Hausa), 요루바족(Yoruba), 이그보족(Igbo) 세 부족의 언어를 사용하는 인구가 전체 인구의 각각 15% 정도이며, 나머지 55%의 인구는 490개 언어 중 하나를 사용한다(그림 7.6.5).

나이지리아의 다른 지역에 거주하는 부족들 사이에서는 전투가 자주 발생하고 있다. 남부에 거주하는 이그보족은 1960년대에 나이지리아로부터 분리 독립을 시도하였으며, 북부에 거주하는 하우사족은 요루바족이 자신들을 차별하고 있다고 지속적으로 주장하고 있다. 지역 간 긴장 완화를 위하여 정부는 수도를 요루바족이 지배하는 남서부 지방의 라고스(Lagos)에서 중앙의 아부자(Abuja)로 옮겼다(그림 7.6.6).

나이지리아의 사례는 문화적 다양성과 언어적 다양성이 두드러진 여러 집단이 면적이 좁은 지역을 차지하고 있을 때 문제가 발생할 수 있다는 점을 시사한다. 또한 나이지리아에서는 지역적 스케일에서 고유한 문화 집단들을 구분할 때 언어가 매우 중요한 역할을 함을 알 수 있다. 다른 어족의 언어는 말할 것도 없이 같은 어족에 속한 언어들조차도 서로 이해할 수 없기 때문이다.

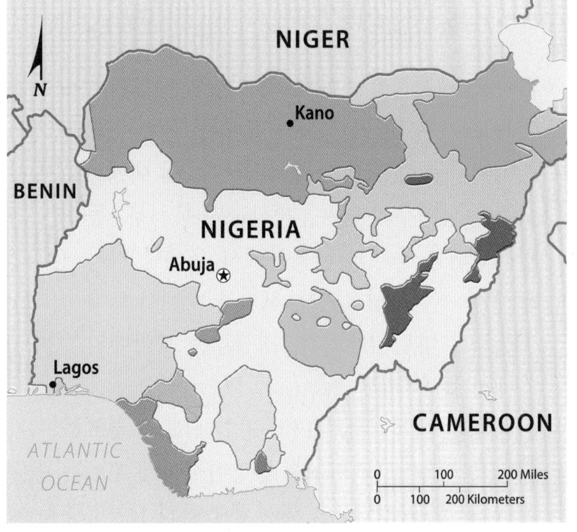

그림 7.6.5 **나이지리아의 언어**

사용자 규모가 100만 명 이상인 언어

니제르-콩고 어족
- 아다마와풀풀데어
- 아낭어
- 에비라어
- 에도어
- 이비비오어
- 이그보어
- 이존어
- 나이지리아풀풀데어
- 티브어
- 요루바어
- 기타 부족어

아프로-아시아 어족
- 하우사어
- 기타 부족어

나일-사하라 어족
- 카누리어
- 기타 부족어

그림 7.6.6 **나이지리아의 언어 다양성**
하우사어로 된 성경

FARAWA

Allah ya ha-
a. 2 Kasa kwa
kuma; a kan
ai dufu: ruhun
a bisa ruwaye.
Bari haske shi
a ya kasanche.
haske yana da
raba tsakanin
llah ya che da
ya che da shi
ie akwai safiya
nan.
ie, Bari sarari
in ruwaye, shi
vaye. 7 Allah
ya raba ru-

kin nan biyu; babban domin
mulkin yini, karamin domin
mulkin dare: ya yi tamrari
17 Allah kuma ya sanya su
sararin sama domin su bada
bisa duniya, 18 su yi mulkin
dare, su raba tsakanin ha
dufu kuma: Allah kwa ya
da kyau. 19 Akwai maraic
safiya kuma, kwana na
nan.
20 Kuma Allah ya che, Ba
su yawaita haifan masu-
danda ke da rai, tsuntsaye
tashi birbishin duniya chiki
sama. 21 Allah kuma y
katayen abubuwa na teku

7.7 종교의 분포

▶ **지리학자들은 종교를 보편종교와 민족종교 두 유형으로 구분한다.**

▶ **두 가지 종교 유형은 서로 다른 지리적 분포를 보인다.**

지리학자들은 종교를 두 가지 유형으로 구분한다.

- **보편종교**(universalizing religion)는 세계 전 지역으로 확산되기를 바라며, 전 세계 어느 지역에 거주하든 간에 모든 사람들의 마음에 호소하고자 한다.
- **민족종교**(ethnic religion)는 주로 특정 장소에 거주하는 사람들에게만 호감을 일으킨다.

보편종교

전 세계적으로 가장 신도의 규모가 큰 3대 보편종교는 기독교, 이슬람교, 불교이며, 각각의 지리적 분포는 상이하다(그림 7.7.1).

- **기독교.** 세계적으로 20억 명 이상의 신도가 분포하는 기독교는 북아메리카, 남아메리카, 유럽, 오스트레일리아에서 특히 우세한 종교이다. 유럽 내에서 로마가톨릭은 남서부와 동부, 개신교는 북서부, 동방정교회는 동부와 남동부에서 우세한 기독교 종파이다(그림 7.7.2). 서반구 내에서 로마가톨릭은 라틴아메리카, 개신교는 북아메리카에서 우세하다.
- **이슬람교.** 세계적으로 13억 명의 신도가 분포하는 이슬람교는 북아프리카에서 중앙아시아에 이르는 중동 지역에서 우세하다. 전 세계 무슬림의 1/2이 중동 이외에 인도네시아, 파키스탄, 방글라데시, 인도 등 4개국에 분포한다. 수니파가 이슬람교의 가장 큰 종파로 전체 무슬림의 83%를 차지한다. 시아파는 이란, 파키스탄, 이라크에 집중되어 있다(그림 7.7.3).
- **불교.** 세계적으로 약 4억 명의 신도가 분포하는 불교는 주로 중국과 동남아시아에서 우세하다. 대승불교는 주로 중국, 일본, 한국에 분포하며 전체 불교도 가운데 약 56%를 차지한다. 소승불교는 전체 불교도의 약 38%를 차지하며, 특히 캄보디아, 라오스, 미얀마, 스리랑카, 태국에 분포한다. 나머지 6%는 라마교도(Tantrayanist)로 주로 티베트와 몽골에 분포한다.
- **기타 보편종교.** 시크교와 바하이교는 기독교, 이슬람교, 불교 다음으로 가장 신도 수가 많은 보편종교이다. 전 세계 2,500만 명의 시크교도 가운데 300만 명이 인도 펀자브(Punjab) 지방에 집중되어 있다. 800만 명의 신도를 가진 바하이교는 세계 여러 지역에 분산되어 있는데, 이 가운데 주로 아프리카와 아시아 대륙에 분포한다.

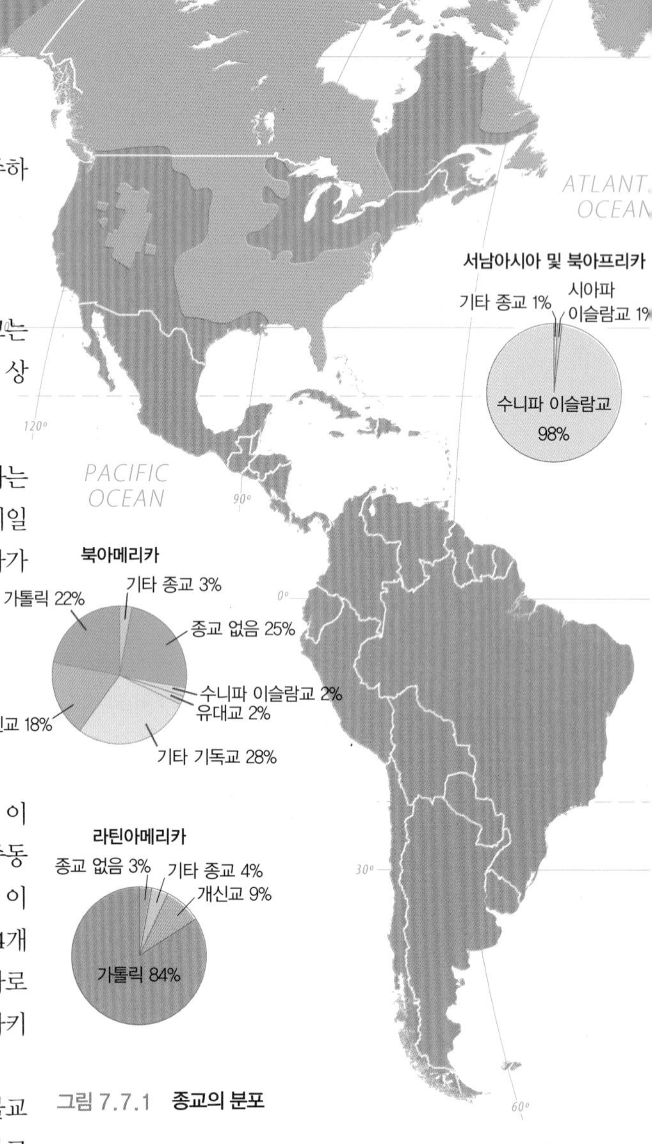

그림 7.7.1 **종교의 분포**

그림 7.7.2 **스웨덴의 기독교**

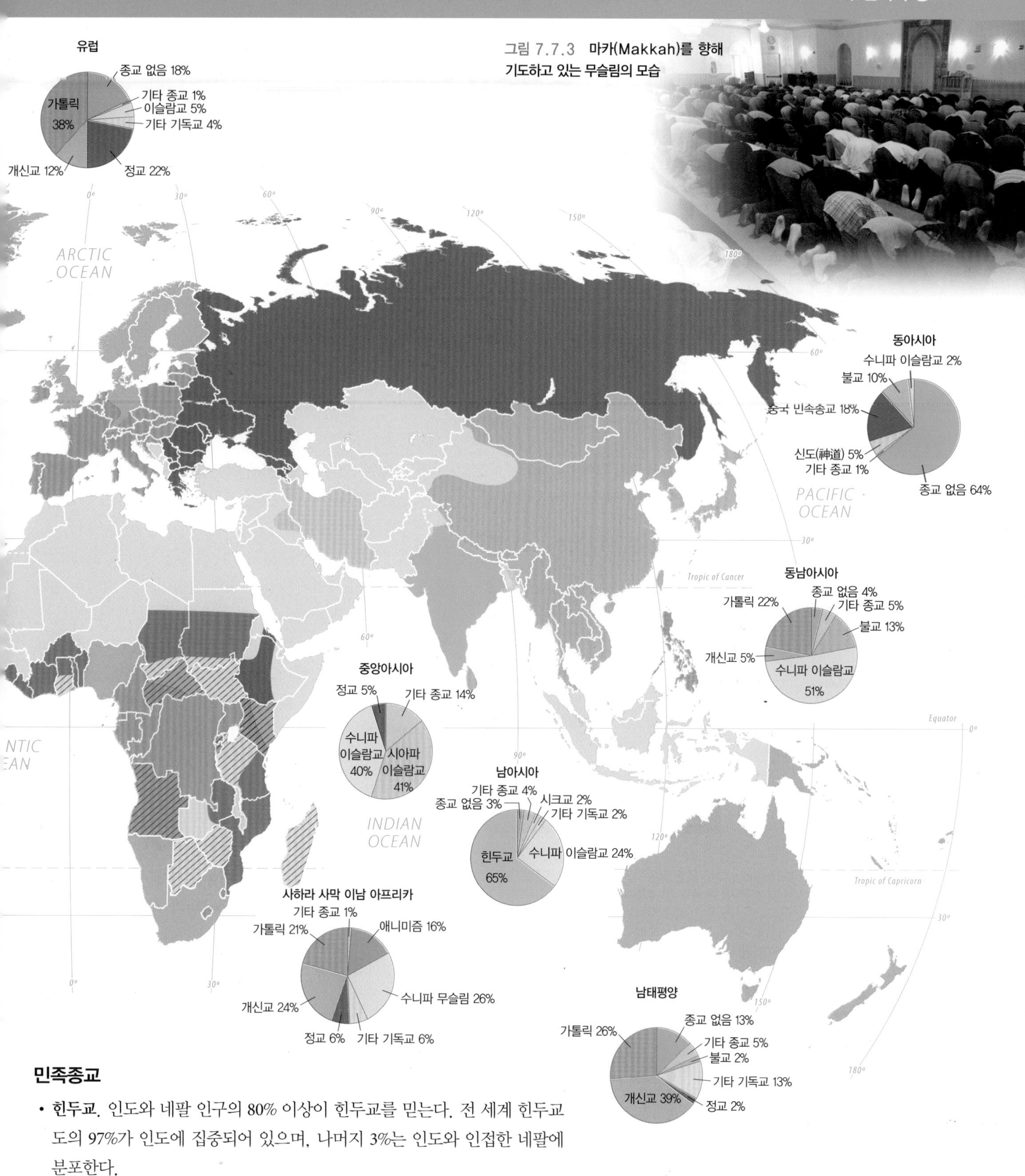

그림 7.7.3 **마카(Makkah)를 향해 기도하고 있는 무슬림의 모습**

민족종교

- **힌두교**. 인도와 네팔 인구의 80% 이상이 힌두교를 믿는다. 전 세계 힌두교도의 97%가 인도에 집중되어 있으며, 나머지 3%는 인도와 인접한 네팔에 분포한다.
- **기타 민족종교**. 동아시아에서는 수백만 명의 사람들이 민족종교를 믿고 있는데 중국에서는 유교와 도교, 일본에서는 신도(神道)가 특히 우세하다. 아프리카에서는 대륙 전체 인구의 12%에 해당하는 약 1억 명의 사람들이 **애니미즘**(animism)이라고 불리는 전통 민족종교를 믿고 있다. 유대교도는 미국에 약 600만 명, 이스라엘에 약 500만 명, 유럽에 약 200만 명, 아시아와 라틴아메리카에 각각 약 100만 명이 분포한다.

7.8 종교의 지리적 분화

▶ 세계 3대 보편종교는 서로 다른 종파를 가지고 있다.
▶ 종파는 독특한 지역적 분포를 보인다.

세계 3대 보편종교는 종파, 교파, 분파로 세분된다.

- **종파**(branch)는 한 종교 내에서 가장 크고 근본적인 구분이다.
- **교파**(denomination)는 하나의 단일한 율법적 조직 내에서 수많은 지역 집회를 통합하는 역할을 하며, 종파를 세분한 것이다.
- **분파**(sect)는 확립된 교파로부터 분리된 상대적으로 작은 규모의 집단을 말한다.

기독교의 종파

기독교는 다음과 같은 3개의 주요 종파로 나뉜다(그림 7.8.1).

- **로마가톨릭**. 'Catholic'이라는 단어는 그리스어로 '보편적'이라는 의미로, 2세기에 처음 기독교 교회에 붙여졌다. 로마가톨릭은 교황이 이끌며, 교황은 로마의 주교이기도 하다. 주교들은 예수의 12제자를 계승한 자로 여겨진다. 로마가톨릭 신도들은 교황이 절대적인 권위를 가지고 있으며, 신학적 논쟁에서 로마가톨릭 교회의 결정이 절대적으로 옳다고 믿는다.
- **동방정교회**. 동로마제국의 신앙과 예배로부터 14개의 자치 교회들이 유래하였다. 로마교회와 동방교회의 분리는 5세기까지 거슬러 올라가지만 두 교회가 완전히 분리된 것은 1054년이다. 러시아정교회는 모든 동방정교회 신도의 40%, 루마니아정교회는 20%, 불가리아, 그리스, 세르비아정교회는 각각 10%, 그리고 기타 9개 교파가 나머지 10%를 차지한다.
- **개신교**. 프로테스탄트 개혁 운동은 마르틴 루터(Martin Luther)가 1517년 10월 31일에 독일 비텐베르크(Wittenberg) 교회 문에 95개조의 논제를 붙여놓으면서 시작되었다고 간주된다. 루터에 따르면 개인은 하나님과 직접적인 의사소통을 통해 구원을 얻을 1차적인 책임이 있다. 은총은 교회가 수행하는 성사를 통해서라기보다는 신앙심을 통해 얻는다.

그림 7.8.1 **기독교의 예배 장소**
왼쪽 사진은 미국 매사추세츠 주 에드가타운(Edgartown)의 개신교 교회의 모습이며, 오른쪽 사진은 이탈리아 피사에 위치한 로마가톨릭 성당의 모습이다. 아래 사진은 독일 기프호른(Gifhorn)의 동방정교 교회의 모습이다.

로마가톨릭과 개신교 신도는 각각 미국 인구의 약 1/3씩을 차지한다. 나머지 1/3은 기타 기독교도와 기타 종교 신도, 그리고 어떤 종교도 믿지 않는 사람들로 구성된다.

불교의 종파

불교는 대승불교와 소승불교 두 종파로 나뉜다(그림 7.8.2).

- **대승불교**(Theravada)는 '상좌들의 길'을 의미하며, 부처의 지혜, 자조, 자아성찰의 삶을 강조한다.
- **소승불교**(Mahayana)는 '큰 나룻배' 또는 '뗏목'을 의미하며, 2,000년 전 대승불교로부터 분리되었으며, 타인을 가르치고,

그림 7.8.2 **불교의 수도승**
왼쪽 사진은 스리랑카 칸디(Kandy)에 위치한 투스템플(Tooth Temple)의 소승불교 수도승의 모습이다. 오른쪽 사진은 일본 가마쿠라의 부처상 앞에 선 대승불교 수도승의 모습이다.

두 종파의 차이는 이슬람교의 형성 초기로 거슬러 올라가며, 아들이나 지도력이 뛰어난 추종자가 없었던 예언자 마호메트의 사후에 지도자 승계에 대한 의견 차이를 반영한 것이다(그림 7.8.3).

힌두교의 신

힌두교에서는 한 분의 중심적인 권위자나 단일한 성서가 존재하지 않으므로 각 개인이 적합한 종교 의식을 선택하게 한다(그림 7.8.4). 힌두교도들은 다양한 가능성이 열려있는 가운데 특정 신을 선택하여 숭배한다.

- 전체 힌두교 신도의 약 68%로서 가장 많은 신도를 갖는 힌두교 종파는 비슈누(Vishnu) 신을 숭배하는 비슈누파(Vaishnavism)이다. 비슈누 신의 가장 중요한 화신은 크리슈나(Krishna)이다.
- 전체 힌두교 신도의 약 27%가 보호와 파괴의 신인 시바(Siva) 신에 헌신하는 시바파(Sivaism)를 신봉한다.

자비를 베풀고, 도움을 주는 부처의 삶을 강조한다.

이슬람교의 종파

'Islam'이라는 용어는 아랍어로 '하느님의 의지에 대한 복종'을 의미하며, 아랍어로 '평화(peace)'라는 용어와 비슷한 어원을 갖는다. 이슬람교도는 무슬림(Muslim)이라고 불리는데, 아랍어로 '하느님에게 복종한 자'라는 의미이다. 이슬람교는 다음과 같은 2개 종파로 구분된다.

- **수니파.** '수니(Sunni)'라는 말은 아랍어로 '정통(orthodox)'이라는 말에서 나왔으며, 수니파가 전체 무슬림의 2/3를 차지하고, 대부분의 이슬람 국가들은 중동과 아시아에 분포한다.
- **시아파.** '시아(Shiite)'라는 말은 아랍어로 '종파의(sectarian)'라는 말에서 나왔으며, *Shia* 라고 쓰기도 한다. 시아파는 이란과 그 인접국 인구의 거의 90%를 차지한다.

그림 7.8.3 **이슬람교의 예배 장소**
오른쪽 사진은 바레인 마나마(Manama)에 위치한 수니파 모스크의 모습이다. 왼쪽 사진은 이라크 사마라(Samara)의 시아파 모스크로 2006년에 파괴되었다.

- 샤크티파(Shaktism)는 비슈누 신과 시바 신의 배우자 신에게 헌신하는 숭배 형태이다.

인도에서는 신봉하는 힌두교 신들은 특정 지역에 집중된 분포를 보인다. 북부에서는 시바 신과 샤크티 신을, 동부에서는 샤크티 신과 비슈누 신을, 서부에서는 비슈누 신을, 남부에서는 시바 신과 비슈누 신을 신봉한다. 그러나 시바 신과 비슈누 신의 성지는 인도 전역에 흩어져 있다.

그림 7.8.4 **힌두교**
인도 바라나시(Varanasi)의 갠지스 강에서 목욕하는 사람들의 모습

7.9 종교의 기원

▶ 민족종교의 기원지는 알려져 있지 않다.

▶ 보편종교의 기원지는 명확하게 알려져 있다.

보편종교와 민족종교의 지리적 기원은 상이하다.

- 힌두교와 같이 민족종교의 기원은 단일한 역사적 인물과 연관되어 있지 않으며, 그 기원지도 명확하거나 알려져 있지 않다.
- 기독교, 이슬람교, 불교와 같은 보편종교의 발상지는 한 개인의 생애 동안 발생한 사건들에 기초하여 형성되었으며, 명확히 알려져 있다. 세계 3대 보편종교의 기원지는 모두 아시아이다.

힌두교

힌두교는 유사 이전에 이미 존재하였다(그림 7.9.1). 현존하는 가장 오래된 힌두교 문서는 기원전 1500년경에 제작된 것이다. 중앙아시아의 아리아족이 기원전 1400년경에 인도를 침공하였으며, 인도-유럽 어족 언어를 전파하였는데 언어의 전파에 대해서는 이 장의 앞에서 언급하였다. 아리아족은 언어와 함께 종교도 전파하였다. 고고학적 탐사로 힌두교의 기원을 기원전 2500년까지 거슬러 올라가게 만든 유물들이 발굴되었다. 'Hinduism'이라는 말은 오늘날 인도에 해당하는 지역에 분포했던 사람들을 지칭하기 위해 기원전 6세기에 만들어진 용어이다.

그림 7.9.2 **기독교의 기원지 : 예루살렘의 성묘 교회**
성묘 교회는 기독교인들에게 예수의 십자가에 못 박힘, 매장, 부활이 일어난 곳에 세워진 것으로 알려져 있다.

기독교

기독교는 기원전 8~4년경 베들레헴에서 태어나 기원후 30년 예루살렘에서 십자가에 못 박혀 사망한 예수의 가르침에 기초하여 창건되었다(그림 7.9.2). 유대인으로 자란 예수는 작은 무리의 사도를 모아 하느님의 왕국(Kingdom of God)의 도래에 대해 설교하였다. 예수는 '기름 부음을 받은(anointed)'이라는 의미이며, 히브리어로는 메시아(messiah)에 해당하는 그리스어인 그리스도(Christ)라고 명명되었다.

예수의 전도 3년째에 그는 사도 가운데 1명인 이스가리옷 유다(Judas Iscariot)에 의해 밀고되었다. 예수는 예루살렘에서 사도들과 최후의 만찬(유대교의 유월절 밤축제일)을 함께한 후 체포되었으며, 선동자로 사형에 처해졌다. 예수의 사망 사흘째 되던 날 그의 무덤이 빈 채로 발견되었다. 기독교인들은 예수가 인간의 죄를 속죄하기 위해 죽었으며, 하느님에 의해 죽음으로부터 부활하였고, 예수의 부활은 사람들에게 구원의 희망을 준다고 믿는다.

그림 7.9.1 **힌두교의 알려지지 않은 기원지 : 카일라스 산**
카일라스 산(Mount Kailās)으로 순례가 언제, 그리고 왜 시작되었는지는 알려져 있지 않다. 이곳은 힌두교를 비롯한 여러 종교의 성지로 매우 중요한 곳인데 힌두교에서는 영원한 행복의 장소로 여겨진다. 유사 이전에 그 누구도 성지로서 카일라스 산의 정상에 오르지 못했다. 힌두교도들은 이 산이 악과 슬픔의 파괴자인 시바 신이 거처하고 있다고 믿는다.

불교

불교의 창시자인 싯다르타 고타마(Siddharta Gautama)는 기원전 563년경 현재 네팔에 해당하는 룸비니(Lumbinī)에서 태어났다. 왕세자였던 고타마는 아름다운 아내, 궁전, 하인들을 갖춘 특권이 주어진 삶을 살았다.

불교 설화에 따르면, 고타마의 삶은 네 번의 여행 후 바뀌었다. 그는 첫 번째 여행에서 쇠약한 노인, 두 번째 여행에서는 병에 걸린 사람, 세 번째 여행에서는 망자와 마주쳤다. 이와 같은 고통과 고난의 현장을 목격한 후 고타마는 자신이 더 이상 안락하고 보호받는 삶을 누릴 수 없다고 느끼기 시작하였다.

고타마는 네 번째 여행에서 수도승을 만났는데, 그가 속세로부터 벗어남, 즉 해탈에 대해 가르침을 주었다. 고타마는 7주 동안 명상과 고뇌를 하며 숲 속의 보리수(bodhi tree 혹은 bo) 아래에 머물렀다(그림 7.9.3). 고타마는 이후 부처(Buddha), 즉 '깨달음을 얻은 자'가 되었다.

이슬람교

이슬람교의 예언자 마호메트(Muhammad)는 570년경 마카(Makkah)에서 태어났다. 마호메트는 아브라함(Abraham)과 하갈(Hagar)의 아들이었던 이스마엘(Ishmael)의 후손이었다. 유대교와 기독교는 아브라함의 아내 사라(Sarah)와 아들 이삭(Isaac)에서 출발한다. 사라는 아브라함이 하갈과 이스마엘을 추방하도록 만들었고, 이들은 아라비아의 사막을 떠돌다가 마침내 마카에 도착하였다.

그림 7.9.3 **불교의 기원지 : 인도 보드가야(Bodhgaya)의 마하보디(Mahabodhi) 사원**
부처는 보리수 아래에서 해탈의 경지에 이르렀다. 이 사원은 기원전 3세기부터 이곳에 위치하였으며, 현재와 같은 건축물은 기원후 1세기에 건립된 것이다.

이슬람교에서는 마호메트가 40세에 명상을 하며 은둔하고 있는 동안 천사 가브리엘을 통해 하느님으로부터 첫 번째 계시를 받았다고 믿는다. 이슬람 성서인 코란(Quran)은 가브리엘을 통해 예언자 마호메트에게 전해진 하느님의 말씀을 기록한 것이다.

마호메트는 하느님이 그에게 계시한 진실을 설교하면서 박해를 받기 시작하였고, 622년에는 하느님으로부터 야스리브(Yathrib)로 떠나라는 명을 받았다. 야스리브라는 지명은 이후 마디나(Madinah)로 바뀌었는데, 이는 아랍어로 '예언자의 도시'라는 의미이다. 마카로부터 야스리브로 이동한 것을 히즈라[Hijra, 아랍어로 '이주(immigration)'를 뜻하며, *hegira*라고도 표기함]라고 부른다. 마호메트는 632년 사망하여 마디나에 매장되었다(그림 7.9.4).

그림 7.9.4 **이슬람교의 기원지 : 사우디아라비아 마디나의 알 마스지드 알 나바위 모스크(예언자의 모스크)**

마호메트는 그의 집터 위에 지어진 모스크에 묻혔다. 이 모스크는 이슬람교에서 두 번째로 신성한 장소이자 세계에서 두 번째로 큰 모스크이다.

위치 : 사우디아라비아 마디나의 알 마스지드 알 나바위 모스크(Al-Masjid Al-Nabawi)

구글어스의 네비게이션 툴과 단계별 항목을 이용하여 이 지역을 탐색하고 다음의 물음에 답하라.

1. **모스크 주변의 거대한 건축물들의 주요 용도는 무엇인가?**
2. **왜 이와 같은 유형의 건축물이 모스크 가까이에 위치해있는가?**

기타 보편종교

신도 규모가 작은 기타 보편종교들의 기원은 단일 인물들과 연관되어 있다.

- **시크교**는 남아시아를 여행하며 자신의 신앙을 설교했던 구루 나나크(Guru Nanak, 1469~1539년)에 의해 창시되었다. 많은 사람들은 그의 시크[Sikh, 힌두어로 '사도(disciple)'를 의미]가 되었다.
- **바하이교**는 바하울라(Bahá'u'lláh, '신의 영광'을 의미하는 아랍어)라고 알려진 후사인 알리 누리(Husayn 'Ali Nuri)에 의해 19세기에 창시되었다. 바하울라는 바브[Bāb, 페르시아어로 '관문(gateway)'이라는 의미]라고 알려진 알리 무하마드 시라지(Alí Muhammad Shírází, 1819~1850년)의 사도였다. 하느님의 예언자이며 전령으로서 바하울라는 종교들 간의 불화를 극복하고 보편 신앙을 확립하고자 하였다.

7.10 보편종교의 확산

▶ 보편종교는 기원지를 넘어 전 세계로 확산되었다.

▶ 선교사와 군사적 정복은 보편종교를 확산시키는 중요한 방법이다.

세계 3대 보편종교는 각각의 기원지로부터 전 세계로 확산되었다. 각 종교의 추종자들은 기원지에서 설파된 메시지들을 독특한 경로를 따라 전 세계로 전파시켰다(그림 7.10.1).

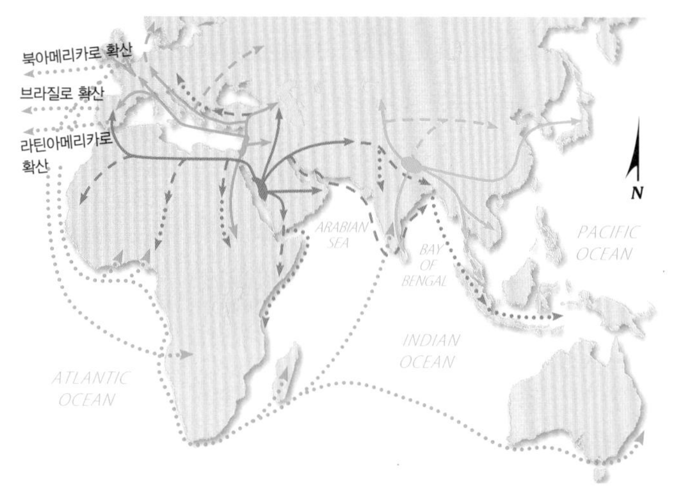

	불교	기독교	이슬람교
중심지	●	●	●
8세기까지의 확산	→	→	→
12세기까지의 확산	- -▸	- -▸	- -▸
12세기 이후의 확산	···▸	···▸	···▸

그림 7.10.1 **보편종교의 확산**
기독교는 오늘날의 이스라엘에서 주로 유럽을 향해 서쪽으로 확산되었다. 불교는 오늘날의 네팔로부터 주로 동아시아와 동남아시아를 향해 동쪽으로 확산되었다. 이슬람교는 오늘날의 사우디아라비아로부터 주로 북아프리카를 향해 서쪽으로, 그리고 서남아시아와 중남부 아시아를 향해 동쪽으로 확산되었다.

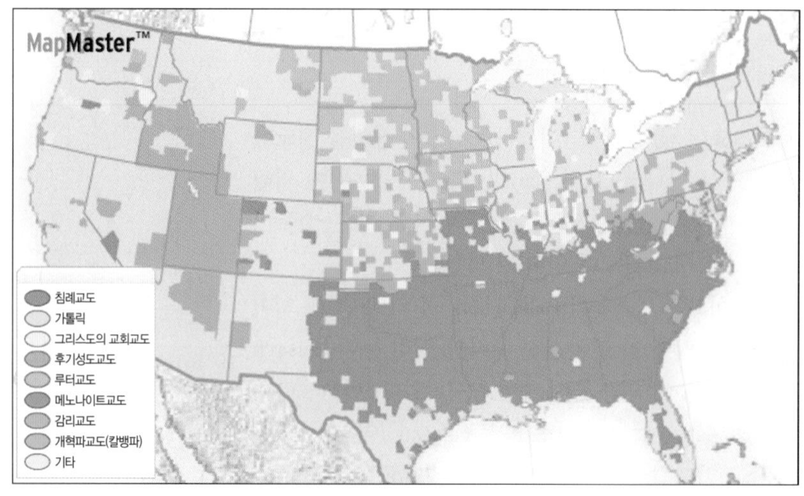

그림 7.10.2 **북아메리카에서 기독교의 확산**
북아메리카에서 기독교 종파와 개신교 교파의 분포는 인구 이주의 패턴에 영향을 받는다.

1. 미국 서남부 지역에서 우세한 기독교 종파는 무엇인가?
2. 어떤 인구 집단이 미국으로 이주한 패턴이 이와 같은 분포를 설명해주는가?

기독교의 확산

예수가 로마 점령 팔레스타인 지방에서 교의를 처음 공포했던 때부터 기독교가 어떻게 확산되었는지에 대해 명확하게 기록되어 있다. 제1장에서 우리는 확산의 유형을 재입지 확산(이주를 통한 확산)과 팽창 확산(가산효과) 두 가지로 구분하였다. 기독교는 이 두 가지 확산 유형이 결합하여 전파되었다.

기독교는 처음에는 서남아시아의 발상지로부터 재입지 확산을 통해 전파되었다. **선교사**(missionary), 즉 재입지 확산을 통해 보편종교를 전하는 것을 돕는 사람들이 로마제국의 보호 항해 루트와 훌륭한 도로망을 따라서 예수의 가르침을 다른 지역으로 전파시켰다. 1500년 이후 유럽인들의 이주와 선교 활동에 의해 기독교가 전 세계로 확산되었다(그림 7.10.2).

기독교는 두 가지 형태의 팽창 확산을 통해 로마제국 내에서 광범위하게 퍼져나갔다.

- 전염 확산 : 도시에 거주하는 기독교 신자와 주변 농촌 지역에 거주하는 비신자 간의 일상적인 접촉을 통해 전염 확산이 이루어졌다.
- 계층 확산 : 로마제국의 주요 엘리트 인물에 해당했던 로마 황제가 기독교를 받아들이면서 계층 확산이 이루어졌다. 콘스탄티누스 황제는 313년 자신이 기독교도가 되어 기독교의 확산을 장려하였으며, 테오도시우스 황제는 380년에 기독교를 로마제국의 공식 종교로 공포하였다.

불교의 확산

불교는 인도 북동부 기원지로부터 빠른 속도로 확산되지는 않았다(그림 7.10.3). 불교를 확산시킨 중요한 인물은 기원전 273~232년 마가다왕국(Magadhan Empire)의 아소카(Asoka) 왕이었다. 기원전 257년 마가다왕국의 권력이 최고조에 이르렀을 때 아소카 왕이 불교도가 되었으며, 이후에도 불교의 사회적 원리를 실현하려고 노력하였다.

그림 7.10.3 **불교의 확산**
불교가 동아시아와 동남아시아로 확산되면서 부처의 생애에서 일어난 주요 행적들을 나타내기 위해 발상지에 성지가 조성되었다. 다메크 스투파(Dhamek Stupa)는 부처가 최초로 설법을 행한 장소를 나타내기 위해 기원후 500년경 인도 사르나트(Sarnath)의 녹야원(Deer Park) 내에 건립되었다.

아소카 왕의 아들인 마힌다(Mahinda)는 실론 섬(현재의 스리랑카)으로 사절단을 이끌고 방문하였으며, 실론 섬의 왕과 백성들이 불교로 개종하였다. 결과적으로 스리랑카는 가장 오래된 불교 국가가 되었다. 불교 포교사들이 기원전 3세기 카슈미르, 히말라야 산지, 버마(미얀마), 인도의 여러 지역으로 파견되었다.

기원후 1세기에 무역상들이 인도 북동부로부터 무역 경로를 따라 불교를 중국에 전했다. 중국의 통치자들은 기원후 4세기에 백성들이 불교 수도승이 되도록 허용하였으며, 이후 불교는 중국에서 중요한 종교가 되었다. 불교는 4세기에 중국으로부터 한반도로 확산되었으며, 2세기가 지난 후에는 한반도로부터 일본으로 전해졌다. 같은 시기 불교는 인도에서 지지 기반을 상실하였다.

이슬람교의 확산

마호메드의 후계자들은 추종자들을 군대로 조직하여 이슬람 통치 지역을 아프리카, 아시아, 유럽 등 광범위한 지역으로 확대시켰다. 마호메트의 사망 이후 1세기 동안 무슬림 군대는 팔레스타인, 페르시아 제국, 인도 등의 많은 지역을 정복하였으며, 혼인을 통해 수많은 비아랍인들을 이슬람교로 개종시켰다.

무슬림들은 서쪽으로 북아프리카를 점령하였으며, 1492년 지브롤터 해협을 건너 서유럽 지역, 특히 현재 스페인에 해당하는 지역 대부분을 점령하였다(그림 7.10.4). 기독교인들이 서유럽 전역을 차지하였을 때, 무슬림들은 남동부 유럽과 터키를 지배하였다.

기독교의 경우와 마찬가지로 보편종교로서 이슬람교는 서남아시아의 발상지를 넘어서 사하라 사막 이남 아프리카와 동남아시아 지역으로 전도사들의 재입지 확산을 통해 확산되었다. 세계에서 네 번째로 인구가 많은 인도네시아는 비록 공간적으로는 서남아시아의 이슬람 핵심 지대로부터 떨어져 있지만 이슬람교가 매우 우세하다. 이는 아랍 상인들이 13세기에 인도네시아에 이슬람교를 전했기 때문이다.

기타 보편종교의 확산

- **바하이교**는 19세기 후반 예언자 바하울라의 아들 압둘 바하(Abdu'l-Bahá)의 지도력하에 다른 지역들로 확산되었다. 20세기에는 세계 모든 대륙에 바하이교 사원이 건립되었다.
- **시크교**는 발상지인 남아시아 지역에 상대적으로 집중되어 있다. 1947년 인도와 파키스탄이 독립하였을 때 대부분의 시크교도들이 집중 분포하던 펀자브 지역이 인도와 파키스탄의 두 지역으로 나뉘었다.

그림 7.10.4 **이슬람교의 확산**
이슬람교는 711년 스페인으로 확산되었다. 이슬람교가 스페인으로 전파된 직후 코르도바(Cordoba)에 위치한 한 교회가 전 세계에서 두 번째로 규모가 큰 모스크로 바뀌었다. 이 모스크는 코르도바 메스키타(Mezquita de Cordoba)라고 불렸는데, 1236년 기독교인들이 다시 이 모스크를 차지하고 성당으로 바꾸었다.

7.11 보편종교의 성지

▶ 보편종교의 성지는 창시자의 생애와 연관되어 있다.

▶ 보편종교에서 건축물은 독특한 역할을 한다.

종교는 특정 장소에 신성한 지위를 부여한다. 보편종교는 창시자의 생애와 연관된 도시와 성스러운 구조물에 신성함을 부여한다. 성지는 자연환경의 어떤 특성과도 연관성이 없다.

기독교의 예배당

교회는 타 종교의 어떤 건축물보다도 기독교에서 훨씬 중요한 역할을 하는데 그 이유는 구조물이 종교의 원리를 표현하기 때문이다. *church*라는 단어는 그리스어로 '구세주', '지도자', '힘'을 의미하는 용어로부터 유래하였다. 많은 지역에서 교회는 가장 크고 높은 건축물이며, 시각적으로 두드러진 위치에 입지해있다.

초기 교회 건물은 바실리카(basilica)로 알려진 로마의 공공 집회를 위한 건축물을 모델로 하여 직사각형 형태로 세워졌다. 성직자가 예배를 주도하는 주변보다 높이 올린 제단은 예수가 십자가에 못 박힌 갈보리(Calvary) 언덕을 상징하였다.

기독교가 수많은 교파로 분할되었기 때문에 우세한 단일 교회의 건축 양식이 존재하지 않는다(그림 7.11.1). 동방정교회는 5세기에 비잔틴제국에서 발달한 화려하게 장식한 건축 양식을 따랐다. 북아메리카의 수많은 개신교 교회들은 거의 장식이 없고 간결한데, 그 이유는 개신교에서 교회를 신도들의 회합을 위한 집회당으로 간주하고 있는 것을 반영하고 있기 때문이다.

그림 7.11.1 **기독교의 성지**
독일 뮌헨의 성 보니파세(St. Boniface) 교회

이슬람교의 신성 도시

이슬람교의 성지들은 예언자 마호메트의 생애와 연관된 도시들에 분포한다. 무슬림에게 가장 신성한 도시는 마호메트의 탄생지인 마카이다. 적정한 재산이 있고 신체 건강한 무슬림들은 모두 하지(hajj)라고 불리는, 마카 **순례**(pilgrimage)를 가도록 되어있다. 순례는 종교적인 목적으로 성지를 방문하는 것을 말한다.

그림 7.11.2 **이슬람교의 성지**
사우디아라비아 마카의 알 마스지드 알 하람

이슬람교에서 가장 신성한 대상은 이슬람 모스크인 알 마스지드 알 하람(al-Masjid al-Harám)에 위치한 실크로 덮여있는 정육면체 모양의 구조물인 알카바(alKa'ba)이다(그림 7.11.2). 두 번째로 가장 신성한 장소는 마디나로서 이곳은 마호메트가 최초로 예언자로서 지지를 얻었으며, 사후 그의 시신이 묻힌 곳이기도 하다(그림 7.9.4 참조).

무슬림은 모스크를 집회 공간으로 간주하지만 로마 가톨릭이나 동방정교회의 예배당처럼 봉헌된 장소는 아니다. 모스크는 중앙에 안마당을 가지고 있다. 강단은 모든 무슬림들이 기도를 해야 하는 방향인 마카를 향해 안마당 끝에 놓인다. 이슬람 모스크의 첨탑은 무잔(muzzan)이라고 알려진 사람이 기도를 명령하는 장소이다.

불교의 성지

불교도들은 부처의 생애에서 중요한 사건들이 일어난 8

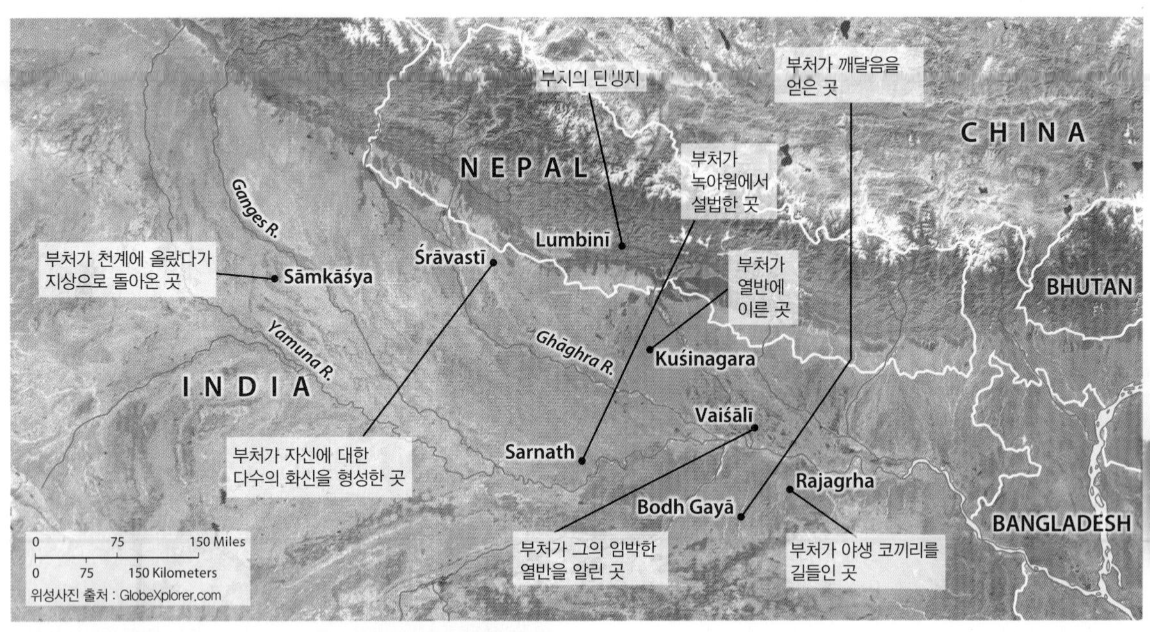

그림 7.11.4 **불교의 성지**

그림 7.11.3 **바하이교의 성지**
인도 델리의 바하이교 사원

곳의 장소를 신성하게 여긴다. 여덟 장소 가운데 4곳이 가장 중요한 곳으로서 인도 북동부와 네팔 남부의 좁은 지역에 집중되어 있다(그림 7.11.4).

탑은 불교 경관에서 가장 두드러지며, 시각적으로 매력적인 구성 요소이다. 탑에는 불교도들이 부처의 몸과 의복의 일부라고 믿는 유품이 모셔져 있다. 탑은 신도들의 예배를 목적으로 제작되지 않는다. 개인의 기도와 명상은 탑 부근의 불교 사원, 멀리 떨어진 곳에 위치한 수도원이나 각 가정에서 이루어진다.

시크교의 성지

시크교의 가장 신성한 구조물인 다르바르 사힙(Darbar Sahib, 황금사원)은 7세기에 암리차르(Amritsar)에 건립되었다(그림 7.11.5). 인도로부터 자치권을 얻으려던 시크교도들은 황금사원을 본거지로 삼아 인도 군대를 공격하였다. 1984년에는 인도 군대가 황금사원에 피난해있던 1,000여 명의 시크교 분리주의자들을 공격하였다. 이로 인해 인도의 수상이었던 인디라 간디(Indira Gandhi)는 1984년 말에 자신의 경호원이었던 2명의 시크교도에 의해 암살되었다.

바하이교의 성지

바하이교는 전 세계에 신자가 분포하는 보편종교라는 것을 나타내기 위해 모든 대륙에 사원을 세웠다. 바하이교 사원이 세워진 곳은 1953년 미국 일리노이 주 윌메트(Wilmette), 1961년 오스트레일리아의 시드니와 우간다의 캄팔라(Kampala), 1964년 독일 프랑크푸르트 근처의 라겐하인(Lagenhain), 1972년 파나마의 파나마시티, 1984년 사모아 아피아(Apia) 근처의 티아파파타(Tiapapata), 1986년 인도의 뉴델리이다(그림 7.11.3).

이란의 테헤란, 칠레의 산티아고, 이스라엘의 하이파(Haifa)에도 사원이 들어설 예정이다. 1908년 당시 러시아 아슈하바트(Ashgabat, 오늘날 투르크메니스탄의 수도에 해당)에 세워진 최초의 바하이교 사원은 소비에트연방에 의해 박물관으로 바뀌었으며 1962년 강진이 있은 후 철거되었다.

그림 7.11.5 **시크교의 성지**
인도 암리차르의 다르바르 사힙(황금사원)

7.12 민족종교와 경관

▶ 민족종교에서 달력과 우주의 기원에 대한 믿음은 자연환경에 근거한다.

▶ 민족종교는 특정 장소의 자연환경과 관련이 있다.

민족종교는 인간과 자연 사이의 관계에 대한 이해에서 보편종교와 상이한 특성을 보인다. 민족종교의 원리에는 자연환경에서 나타나는 다양한 현상들이 혼합되어 있다.

유대력

민족종교의 종교력(宗敎曆)은 농업을 하는 데 일정한 주기가 필요하기 때문에 계절의 변화에 근거하여 만들어졌다. 사람들은 좋은 환경 조건을 희망하거나 과거의 성공에 대한 감사를 드리기 위해 기도를 드린다.

유대교는 보편종교라기보다는 민족종교로 분류된다. 이는 유대교의 주요 축일들이 유대교의 발상지(오늘날의 이스라엘)에서 만들어진 농경력에 나타나는 행사들에 근거하고 있기 때문이다(그림 7.12.1). 유대교(Judaism)라는 명칭은 야곱(Jacob)의 12명의 아들 중 1명인 유다(Judah)로부터 나왔으며, 이스라엘(Israel)은 야곱을 일컫는 또 다른 성서상의 이름이다.

유대인들이 다수민족을 이루는 유일한 국가인 이스라엘에서는 태양력이 아닌 태음력을 사용한다. 음력에 의하면 1개월은 29일이며, 따라서 음력에 의해 약 350일로 이루어진 1년은 농사 절기와 조화를 이루지 못한다. 유대력은 19년마다 윤달을 7번 추가하여 이 문제를 해결하므로 주요 축일은 매년 같은 시기에 경축된다.

유대교에서 가장 근본적인 것은 전지전능한 하느님에 대한 믿음이다. 유대교는 오직 단 하나의 신으로 하느님만이 존재한다는 믿음, 즉 **일신교**(monotheism)를 지지하는 최초의 기록된 종교였다. 유대교는 주변 민족들에 의해 신봉된 다수의 신을 숭배하는 **다신교**(polytheism)와 대비된다.

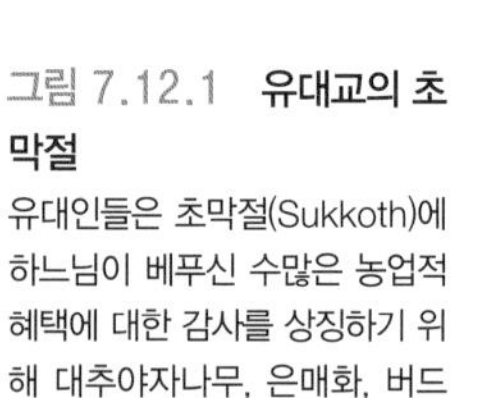

그림 7.12.1 **유대교의 초막절**
유대인들은 초막절(Sukkoth)에 하느님이 베푸신 수많은 농업적 혜택에 대한 감사를 상징하기 위해 대추야자나무, 은매화, 버드나무 가지를 들고 기도한다.

중국 민족종교의 우주기원론

우주기원론(cosmogony)은 우주의 발생에 관한 일련의 종교적 믿음을 말한다. 유교나 도교와 같은 중국 민족종교의 근원인 우주기원론은 우주가 두 가지 힘, 즉 만물에 공존하는 음과 양으로 구성되었다는 것이다. 음의 힘(땅, 어둠, 여성, 차가움, 깊은 곳, 수동성, 죽음)은 양의 힘(하늘, 빛, 남성, 뜨거움, 높은 곳, 활동성, 생명)과 균형과 조화를 이루기 위해 상호작용한다. 불균형은 무질서와 혼돈을 일으킨다.

철학자이며 교육자였던 공자(기원전 551~479년)의 언사에 근거하여 만들어진 유교는 전통을 따르고, 의무를 지키고, 타인을 동정심과 존경심으로 대하는 것과 같이 '예의' 또는 '올바른 행동'으로 번역될 수 있는 고대 중국의 전통인 예(禮)의 중요성을 강조한다(그림 7.12.2).

관료였던 노자(기원전 604~531년경)에 의해 조직된 도교는 삶의 신비롭고 마법적인 측면을 강조한다. 도교 신도들은 도(道)를 추구하며, 이는 '길' 또는 '통로'를 의미한다. 도는 궁극적으로는 모든 것이 이성적인 분석으로 귀결되는 것이 아니기 때문에 이성이나 지식이 아닌 신화나 전설을 통해 사건들을 설명한다.

그림 7.12.2 **공자상**
중국 난징의 공자 사원

무생명체에 깃든 영혼

애니미즘을 믿는 사람들은 신의 힘이 신비로우며, 일부 소수의 사람들만이 의료적 목적을 비롯한 여러 목적을 위해 이 힘을 이용할 수 있다고 생각한다(그림 7.12.3). 그러나 신은 기도와 희생을 통해서 진정시킬 수 있다고 여겨진다. 애니미즘 신자들은 환경을 변형시키려 시도하기보다는 환경재해를 정상적이며 불가피한 것으로 받아들인다.

애니미즘 신자들은 식물이나 암석과 같은 움직이지 않는 것이나 천둥 및 지진과 같은 자연적인 현상들이 '정령화(animated)', 즉 분리된 영혼과 의식이 있는 생명을 가지고 있다고 믿는다. 아프리카의 정령신앙들은 비록 최고신 아래에 계층적으로 여러 신들이 존재하지만 일신교적인 관념에 근거하고 있다고 알려져 있다. 이러한 신들은 최고신을 보조하거나 수목이나 강처럼 자연현상을 인격화시킨 것이다.

1980년 당시 대륙 인구의 절반에 해당하는 약 2억 명의 아프리카인들이 애니미즘 신자로 분류되었다. 비록 실제로는 애니미즘 신자 비율이 낮고 감소하고 있음에도 불구하고 일부 지도와 교재에서는 아프리카를 애니미즘이 지배하는 지역으로 분류하고 있다. 아프리카에서 애니미즘의 규모는 세계에서 가장 규모가 큰 보편종교인 기독교와 이슬람교의 확산에 의해 급속히 감소하여 현재에는 1억 명에 이른다.

그림 7.12.3 **아프리카의 애니미즘**
오도쿠타(Odo-Kuta) 마스크의 특징과 형태는 수렵시대 사람들로부터 발달하였다. 원형의 디자인은 이 세상의 모습과 그 안에 위치한 개인의 위치를 나타내는 모형을 보여주고 있다. 이와 같은 세계의 질서를 강화시키는 마스크의 힘은 인간의 영역을 넘어선 곳에서 나오는 것으로 간주되기 때문에 절대적이다.

힌두교의 성지

보편종교와 달리 힌두교에서는 시신의 매장보다는 화장을 행한다. 갠지스 강의 물로 시신을 닦고 화장용 장작더미 위에서 서서히 태운다(그림 7.12.4). 어린이, 고행자, 그리고 특정 질병을 앓았던 사람은 매장한다. 화장은 정화의 행위로 여겨지지만 인도에서는 목재 공급이 부족한 실정이다.

화장이 시작된 동기는 유목민들의 시신이 야생동물이나 악령에게 공격받을 수도 있으며, 심지어 되살아날 수 있다는 공포 때문에 시신을 남기는 것을 꺼려했던 것에서 유래되었다고 믿어진다. 화장은 또한 사후세계로 떠날 수 있도록 영혼을 육체로부터 자유롭게 하며, 사후세계로 여행을 떠나는 영혼에게 따뜻함과 안락함을 제공한다는 의미를 가졌다.

그림 7.12.4 **힌두교의 성지**
인도에서 가장 일반적인 시신 처리 형태는 화장이다. 중산층의 사망자 시신은 화장장의 전기소각로를 통해 화장된다. 빈곤층의 사망자 시신은 이 사진에서와 같이 갠지스 강변에서 소각된다. 고위 관리나 전통적인 힌두교 의식을 독실하게 따랐던 사망자의 시신도 야외에서 화장될 수 있다.

7.13 서남아시아의 종교 분쟁

▶ 유대인, 무슬림, 기독교도들은 이스라엘과 팔레스타인을 점령하기 위해 투쟁해왔다.

▶ 유대교, 이슬람교, 기독교의 성지들이 예루살렘에 집중되어 있다.

유대인, 기독교인, 무슬림은 서남아시아에 위치한 좁은 면적의 땅을 차지하기 위해 2,000년 동안 투쟁해왔다.

- **유대교**에서는 이곳을 약속의 땅(Promised Land)으로 간주한다. 민족종교인 유대교의 발달 과정에서 중요했던 사건들이 이곳에서 발생하였으며, 종교 관습과 의식은 고대 히브리인의 농경 생활로부터 의미를 갖게 되었다.
- **기독교**에서는 예수의 삶, 죽음, 부활이 이곳에 집중되어 일어났기 때문에 팔레스타인을 성지로, 예루살렘을 신성도시로 간주한다.
- **이슬람교**에서는 마호메트가 승천했다고 생각되는 장소이기 때문에 예루살렘을 마카와 마디나에 이어 세 번째 신성도시로 간주한다.

유대인의 관점

이스라엘은 유대인들이 다수 집단으로 구성된 전 세계에서 유일한 국가로서 1947년에 UN에 의해 수립되었다(그림 7.13.1). 자국 주변에 유대인 국가가 수립되는 것을 반대한 아랍 무슬림 국가들은 1948년, 1956년, 1967년, 1973년 네 번에 걸쳐 이스라엘과 전쟁을 벌였으나 모두 패배했다.

이스라엘은 1967년 육일전쟁(Six-Day War)에서 예루살렘의 구 시가지를 포함하여 인접 국가들의 일부 영토를 점령하였다. 이스라엘은 1979년 평화 협정을 맺고 시나이 반도를 이집트에 반환하였다. 웨스트뱅크(West Bank, 요르단 영토였음)와 가자지구(이집트 영토였음)는 아랍 무슬림 정부를 중심으로 팔레스타인을 형성하였으나 이스라엘의 군대가 계속 이 지역에 주둔해왔다.

예루살렘은 유대인들에게 고대 신앙의 중심지였으

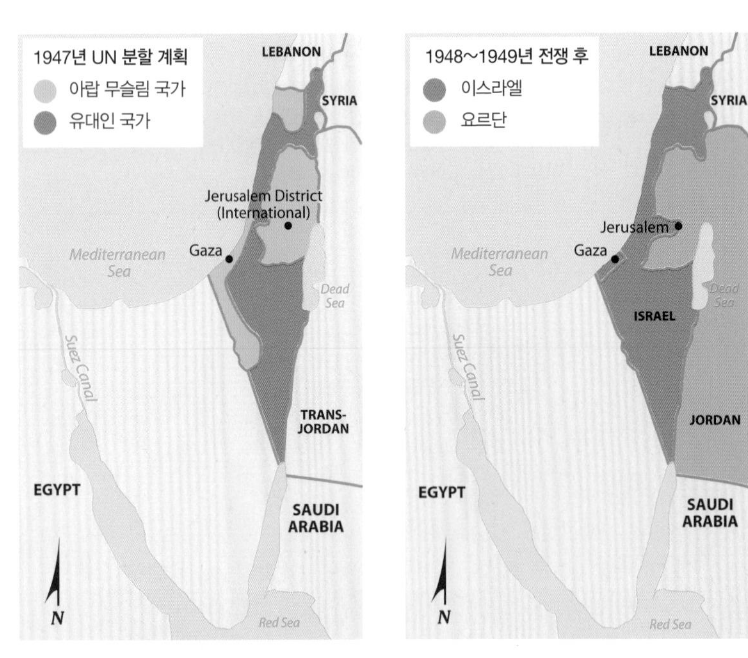

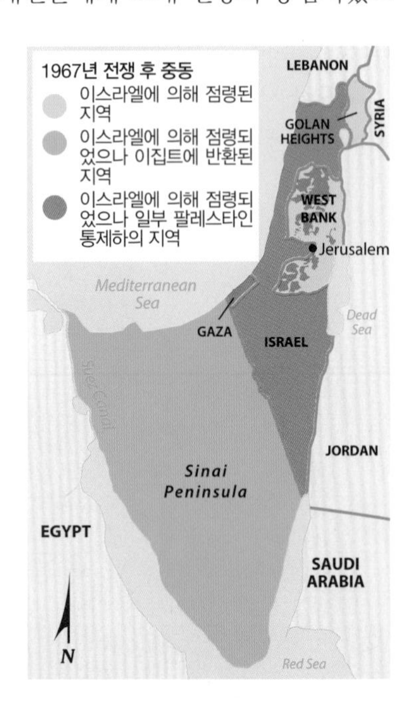

그림 7.13.1 **팔레스타인과 이스라엘의 경계 변화**

(왼쪽) 1947년 UN 분할 계획. 아랍 무슬림이 우세한 지역과 유대인이 우세한 지역을 분리시키기 위해 경계가 그어지면서 두 국가가 형성되었다. 예루살렘은 UN에 의해 관리되는 국제도시로 조성될 계획이었다.

(가운데) 1948~1949년 전쟁 후 이스라엘. 이스라엘이 독립을 선언한 날, 몇몇 인접 국가들이 전쟁을 시작하였고, 이 전쟁은 휴전으로 끝났다. 이스라엘 국경은 UN의 분할 구역을 넘어서 예루살렘의 서부 교외 지역을 포함하여 확대되었다. 요르단은 성지가 밀집되어 있는 구 시가지를 포함하여 웨스트뱅크와 예루살렘 동부 지역의 통제권을 얻었다.

(오른쪽) 1967년 전쟁 후 중동. 이스라엘은 시리아의 골란 고원(Golan Heights), 요르단의 웨스트뱅크와 동부 예루살렘, 이집트의 시나이 반도와 가자지구를 점령하였다. 이스라엘은 1979년에 시나이 반도를 이집트에 반환하였으며, 1994년에 가자지구와 웨스트뱅크를 팔레스타인에 돌려주었다. 이스라엘은 아직도 골란 고원, 웨스트뱅크의 대부분과 동부 예루살렘을 지배하고 있다.

며, 성전(제1성전)이 위치한 곳으로 각별하게 신성시되는 곳이다. 제2성전은 기원후 70년 로마인들에 의해 파괴되었지만 서쪽 성벽(Western Wall, 통곡의 벽)이 오늘날까지 보존되어 독실한 유대인들이 매일 방문하여 기도를 행하는 곳으로 남아있다(그림 7.13.2).

예루살렘에서 무슬림들에게 가장 중요한 구조물은 기원후 691년에 지어진 바위 돔 사원(Dome of the Rock)이다. 무슬림들은 건축물의 돔 아래에 큰 암석이 위치한 곳이 아브라함이 그의 아들 이삭을 희생시키기로 준비한 제단일 뿐만 아니라 마호메트가 승천한 장소라고 믿는다. 바위 돔 사원 옆에는 기원후 705년 완공된 알 아크사 모스크(al-Aqsa Mosque)가 위치해있다.

유대인들과 무슬림들이 직면하게 되는 어려운 문제는 알 아크사 모스크가 유대교 제2성전 터 위에 건설되었다는 사실이다. 진입로를 복잡하게 배치하여 무슬림들은 서쪽 성벽의 정면을 지나지 않고 모스크로 출입할 수 있다. 그러나 글자 그대로 성스러운 유대교 구조물 위에 세워진 성스러운 이슬람교 건축물이므로 지도상에 경계선을 그어 이 둘을 구분할 수 없다.

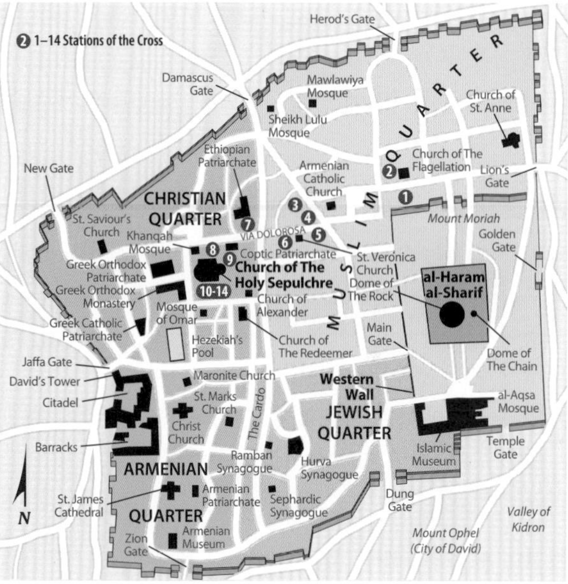

팔레스타인인의 관점

팔레스타인 사람들은 1973년 전쟁이 끝난 후 이스라엘의 주적으로 등장하였다. 이집트와 요르단은 가자지구와 웨스트뱅크에 대한 소유권을 각각 주장하였고, 팔레스타인 사람들을 이들 영토의 합법적인 통치자로 인정하였다.

5개 집단의 사람들이 스스로를 팔레스타인 사람이라고 생각한다.

- 1967년 이스라엘에 의해 점령된 영토에 살고 있는 사람들
- 이스라엘의 무슬림 주민들
- 1948년에 국가로 수립된 이스라엘로부터 도피한 사람들
- 1967년 전쟁이 끝난 후 이스라엘이 점령한 영토로부터 도피한 사람들
- 스스로를 팔레스타인 사람으로 간주하는 타 국가에 거주하는 사람들

팔레스타인 사람들은 유대인 정착민들이 자신들의 통제하에 있는 영토를 확대하려 하고 있음을 잘 알고 있다.

무슬림의 적대감은 1967년 전쟁 후에 커졌는데, 이 전쟁에서 이스라엘은 인접 국가들의 일부 영토를 점령하였으며, 점령 영토에서 이스라엘 사람들이 정착지를 건설하도록 허용하였다.

일부 팔레스타인 사람들은 1967년 전쟁에서 빼앗긴 모든 영토를 반환받는 대신 유대인이 다수인 이스라엘을 인정하려고 한다. 이와 달리 또 일부의 팔레스타인 사람들은 이스라엘이 존재할 권리를 인정하지 않으며, 요르단 강과 지중해 사이에 위치한 전체 영토의 통제권을 얻기 위해 계속해서 투쟁하길 원한다. 이스라엘은 팔레스타인의 공격을 저지하기 위해 점령 지역에 장벽을 건설하였다.

그림 7.13.2 **예루살렘**
1/4 평방마일이 되지 않는 예루살렘의 구 시가지는 유대인들에게 중요한 종교 구조물(통곡의 벽), 무슬림들에게 중요한 구조물(바위 돔 사원과 알 아크사 모스크), 기독교도들에게 중요한 구조물(성묘 교회와 십자가의 길)을 포함하고 있다. 아래 사진에서 바위 돔 사원은 왼쪽 아래에 위치하며, 알 아크사 모스크는 오른쪽 아래에, 서쪽 성벽은 오른쪽 앞에 위치한다.

중동은 세계적으로 문화적 다양성에 기인한 분쟁의 발생 가능성이 큰 지역들 가운데 한 곳이다. 전 세계 경제와 문화에서 언어와 종교의 다양성은 사람들의 삶에서 중요한 역할을 수행한다.

핵심 질문

언어의 분포에는 어떤 특징이 나타나는가?

- ▶ 언어는 어족, 어계, 어군으로 세분된다.
- ▶ 가장 사용자가 많은 2개의 어족은 인도-유럽 어족과 중국-티베트 어족이다.
- ▶ 어족은 유사 이전에 발생하였으며, 사람들의 이주를 통해 확산되었다.

언어는 어떻게 공간을 공유하는가?

- ▶ 일부 언어는 인구 이주와 정복으로 널리 확산되었지만 또 일부 언어는 확산되지 않았다.
- ▶ 영어가 북아메리카에서 우세하지만 프랑스어와 스페인어 사용자가 점차 증가하고 있다.
- ▶ 일부 국가에서는 서로 다른 언어 사용자들 간에 분쟁을 겪기도 하지만 또 일부 국가에서는 평화롭게 언어적 다양성을 누리고 있다.

종교의 분포에는 어떤 특징이 나타나는가?

- ▶ 종교는 보편종교와 민족종교로 구분할 수 있다.
- ▶ 보편종교는 민족종교보다 그 분포가 광범위하다.
- ▶ 종교는 종파, 교파, 분파로 세분된다.

종교는 경관에서 어떻게 나타나는가?

- ▶ 보편종교는 창시자의 생애에서 중요했던 장소들을 신성시한다.
- ▶ 민족종교는 발상지의 자연환경과 농업에 의해 가장 큰 영향을 받는다.
- ▶ 서로 다른 종교의 신도들이 같은 공간, 특히 중동 지역을 차지하기 위해 투쟁해왔다.

그림 7.CR.1 **퀘벡의 독립을 외치는 시위대의 모습**

지리적으로 생각하기

미국의 30개 주는 모든 정부의 행정업무에서 영어를 사용해야만 한다는 법률을 통과시켰다.

1. 문화적 통합과 다양성의 관점에서 바라볼 때 영어만 사용하라는 법률로부터 발생하는 장단점은 무엇인가?

퀘벡은 캐나다로부터 독립을 선언하면서 논란이 빚어졌다(그림 7.CR.1).

2. 퀘벡의 독립은 퀘벡을 제외한 캐나다의 나머지 지역과 미국에 어떤 영향을 미칠 것인가?

자연증가율, 조출생률, 순이주율과 같은 인구학적 차이가 중동의 유대인, 기독교인, 무슬림 사이에서 나타날 수 있다.

3. 인구학적 차이가 서남아시아 지역에서 종교 집단들 사이의 미래관계에 어떤 영향을 미칠 것인가?

인터넷 자료

전 세계 모든 언어에 관한 상세한 정보를 www.ethnologue.com에서 찾아볼 수 있다. 언어적 다양성이 가장 큰 지역은 '에스놀로그(Ethnologue)' 웹사이트에 제공된 세계지도에 빨간색 점으로 표시되어 있다.

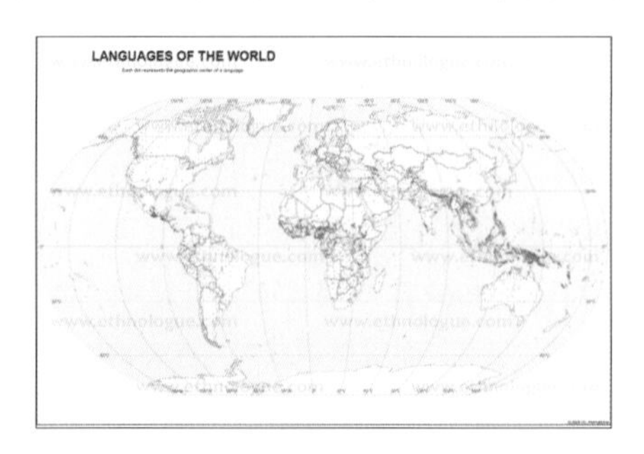

종교, 종파, 교파별 신도 수에 대한 통계치는 www.adherents.com에서, 또는 이 장의 첫 페이지에 있는 QR 코드를 스캔하여 확인할 수 있다.

글렌매리연구소(Glenmary Research Center)는 로마가톨릭에 속해있는데, www.glenmary.org에서는 미국의 종교지도를 제공한다. 옆의 지도는 종교를 갖지 않은 미국인들의 분포를 보여주는 지도이다(붉은색이 높은 비율을 나타냄).

탐구 학습

미국 캘리포니아 주 샌프란시스코

구글어스를 이용하여 미국의 언어 다양성을 탐구해보라.

위치 : 미국 캘리포니아 주 샌프란시스코 그랜트애비뉴 400번지(400 Grant Ave.)를 검색하라.

"스트리트 뷰"를 눌러 드래그하라.

그랜트애비뉴를 따라 북쪽으로 마우스를 옮겨보라.

1. 상업 간판에 영어 이외에 어떤 언어가 사용되었는가?

2. 샌프란시스코의 그랜트애비뉴 400번지 지역은 또 어떻게 불리는가?

핵심 용어

고립어(isolated language) 다른 언어와의 관련성이 적어 어느 어족에도 속하지 않는 언어

공용어(official language) 정부가 경제활동과 공공 문서 사용에 채택한 언어

교파(denomination) 단일의 율법적 · 행정적 조직 내에서 수많은 지역 신도들을 통합시키는 종파의 세분

다신교(polytheism) 하나 이상의 신을 믿거나 숭배하는 것

뎅글리시(Denglish) 독일어와 영어의 합성어

링구아 프랑카(lingua franca) 모국어가 다른 사람들 사이에서 서로 이해되고 공통적으로 사용되는 언어

문자 전통(literary tradition) 구두로 표현될 뿐 아니라 문자로도 기록되는 언어

민족종교(ethnic religion) 그 원리가 신도들이 집중된 특정 지역의 자연적 특성들에 기초할 가능성이 크며 상대적으로 집중된 공간 분포를 갖는 종교

방언(dialect) 언어의 지역적 변화. 단어, 철자, 발음 등으로 구분된다.

보편종교(universalizing religion) 특정 지역에 거주하는 사람들뿐만 아니라 모든 사람들에게 호소하는 종교

분파(sect) 확립된 교파로부터 분리된 상대적으로 작은 집단

사멸어(extinct language) 한때 사람들이 일상생활에서 사용하였으나 더 이상 사용되지 않는 언어

선교사(missionary) 보편종교를 확산시키는 것을 돕는 사람

순례(pilgrimage) 종교적 목적으로 신성하다고 간주되는 장소로의 여행

스팽글리시(Spanglish) 히스패닉계 미국인들이 사용하는 영어와 스페인어의 혼합어

애니미즘(animism) 식물 · 암석과 같은 자연계의 구성요소와 천둥 · 지진과 같은 자연 현상이 영혼과 의식이 있는 생명을 갖고 있다는 믿음

어계(language branch) 수천 년 전에 존재하던 공통의 조상언어에서 파생되어 서로 연관된 일련의 언어들. 한 어계 내에 속한 언어들 간의 차이는 어족들 간의 차이에 비해 범위가 작고 오래되지 않으며 인류학적 증거를 통하여 같은 어족에서 파생된 것임을 증명할 수 있다.

어군(language group) 같은 어계 내에서 비교적 최근에 같은 어원에서 파생되었고 문법이나 어휘에서의 차이가 비교적 적은 일련의 언어들

어족(language family) 유사 이전에 존재하던 공통의 조상언어로부터 파생되어 서로 연관성을 갖는 일련의 언어들

언어(language) 소리를 사용하여 이루어지는 의사소통 체계. 한 집단의 사람들이 같은 의미로 이해하는 발음들의 총체

우주기원론(cosmogony) 우주의 기원에 관한 일련의 종교적 신앙

원어민(native speaker) 특정 언어를 제1언어로 사용하는 사람

일신교(monotheism) 유일신의 존재에 대한 교리 혹은 믿음

종파(branch) 특정 종교 내에서 가장 크고 근본적인 구분

크레올어(creole) 혹은 혼성어(creolized language) 식민지 개척자의 언어와 피지배 민족의 토착언어가 혼합되어 형성된 언어

프랑글레(Franglais) 프랑스인들이 프랑스어에 들어온 영어 단어를 일컫는 용어. 영어 단어 'French'와 'English'에 각각 해당하는 프랑스어 'français'와 'anglais'의 합성어

▶ 다음 장의 소개

이 장에서는 전 세계 사람들에게서 나타나는 문화적 다양성의 주요 요인을 살펴보았다. 다음 장에서는 문화적 다양성으로부터 발생하는 정치적 문제들을 살펴본다.

8 정치지리학

우주 공간에서 보면 지구 상의 대륙에는 정치적 단위와 관련된 어떠한 경계도 나타나지 않으며, 국경도 보이지 않고, 분쟁도 없다. 지구에 처음 온 사람에게 백지도를 준다면, 지구가 여러 조각으로 나뉘어 있다는 것을 짐작하기 어려울뿐더러 설사 그러하더라도 우리가 지구를 어떻게 정치적 공간으로 나누었는지 짐작조차 하지 못할 것이다. 그러나 역사상 인간은 끊임없이 지구의 육지와 해양을 나누어왔다. 사냥권, 초기 문명들, 도시국가, 제국, 그리고 오늘날 우리의 국가들을 나눈 체계 등을 통해 사회가 사상과 환경의 변화에 따라 통치되고 있음을 알 수 있다.

정치적 경계 지도가 정치적 단위 내 혹은 단위 간에 충돌의 결과이거나 혹은 그 배경이 됨을 잘 알고 있다. 정치지리학은 우리의 세계가 정치적으로 어떻게 분할되는지, 또한 정치적 단위들이 공간적으로 어떻게 관련을 맺고 상호작용을 하는지, 그리고 장소 특화적인 요인들이 어떻게 분쟁과 평화의 원인이 되는지를 연구하는 것이다.

세계는 정치적으로 어떻게 조직되는가?

애리조나 주 노갈레스 시 근처의 미국-멕시코 국경

국가는 내부적으로 어떻게 조직되는가?

8.5 국가의 통치 유형

8.6 선거지리학

8.7 민족과 국민

분쟁은 지역별로 어떻게 다른가?

8.8 서부 아시아의 분쟁

8.9 발칸반도의 인종 청소

8.10 아프리카의 분쟁과 학살

8.11 테러리즘

세계 각국의 자료를
이용하려면 스캔하라.

8.1 세계의 국가

▶ 오늘날 세계의 기본적인 정치 단위는 국가이다.

▶ 국가는 다른 국가들이 인정을 할 경우에만 존재한다.

국가(state)는 정치적인 단위로 조직된 영역으로, 국내외의 사안을 다루는 정부가 통치한다. 국가는 지구 상에 규정된 영토를 점유하고 있으며, 지속적으로 거주하는 인구를 거느리고 있다. 국가는 **주권**(sovereignty)을 가지고 있는데, 이는 타국의 간섭 없이 내정을 통치하는 독립성을 의미한다. 나라(country)라는 용어는 국가와 동의어이다.

세계지도를 보면 거주 가능한 모든 육지가 어떤 국가에 속해있는 것처럼 보이지만, 역사적으로 살펴보면 꼭 그러한 것만은 아니었다. 1940년대까지만 해도 세계는 오직 50여 개 국가로만 이루어졌으나, 2011년 현재 193개국이 UN에 가입되어 있다(그림 8.1.1). 가장 최근에 세워진 국가는 남수단(South Sudan)이다.

역사적으로 신생국가들의 주권 독립에 관하여 기존의 국가들은 **인준**(recognition)이나 공식적인 인정 절차를 통하여 신생국이 국가로서 자격을 지녔음을 인정해왔다. 제2차 세계대전 이후 UN의 회원국 가입이 인준과 동일한 효력을 지닌다(그림 8.1.2).

국가는 자국의 정부, 법률, 군대, 지도자 등을 통하여 통치된다. 국가의 통치는 간혹 다른 세력의 도전에 직면하기도 한다. 일부 국가에서는 영토가 여러 문화적 집단이나 정치적 집단에 의해 점유되기도 하며, 이들은 자신들만의 독립된 국가를 세우고자 열망하기도 한다(그림 8.1.3). 20세기에 건국한 대부분의 국가들은 유럽의 식민 지배로부터 독립하고자 하는 반식민지 운동에 의해 세워졌다. 새로운 국가가 영토로 주장하는 지역에 대하여 하나의 국가뿐 아니라 여러 나라가 권리를 주장함으로써 새로운 단일국가의 형성이 어렵게 되기도 한다(그림 8.1.4, 8.1.5). 이러한 예로 중국, 인도, 파키스탄이 서로의 영토임을 주장하고 있는 카슈미르 지역을 들 수 있다.

그림 8.1.1 UN 회원국

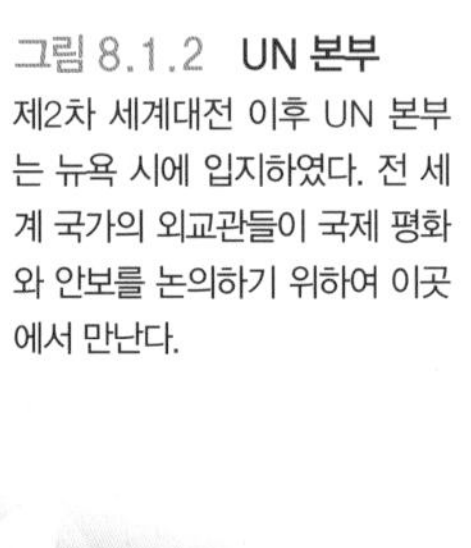

그림 8.1.2 **UN 본부**
제2차 세계대전 이후 UN 본부는 뉴욕 시에 입지하였다. 전 세계 국가의 외교관들이 국제 평화와 안보를 논의하기 위하여 이곳에서 만난다.

그림 8.1.3 **코소보 : 인정받지 못한 주권**
코소보공화국은 2008년 세르비아로부터 독립을 선언하였으나, 이어 일부 세르비아 지도자들에 의한 인종 청소와 전쟁 범죄가 자행되었다. 세르비아의 동맹국인 러시아는 코소보가 UN 회원국이 되는 것을 저지하였으나 세계 주요 국가들은 코소보의 주권을 인정하였다. 미국과 대부분의 유럽 국가들은 코소보를 독립된 주권국가로 인정하고 있으나 세르비아, 러시아 및 아프리카와 아시아 대부분의 국가들은 인정하지 않고 있다.

그림 8.1.4 **대만 : 주권국가인가?**

대부분의 나라는 중국(공식명 중화인민공화국)과 대만(공식명 중화민국)은 독립된 주권국가로 인정하고 있다. 중국 정부에 의하면 대만은 주권국가가 아니라 중국의 일부이다. 이러한 혼란스러운 상황은 1940년대 후반 국민당과 공산당 간의 내전에서 기원한 것이다. 1949년 국민당이 패배한 이후 국민당 지도자들은 중국 해안으로부터 200km 떨어진 대만으로 망명하였다. 국민당은 아직도 중국 전체에 대한 통치권이 있다고 주장하고 있다. 국민당은 언젠가 공산당을 물리치고 중국을 탈환하기 전까지 최소한 대만에서 통치를 지속할 수 있다고 주장하였다. 1971년 UN은 중국의 의석을 국민당에서 공산당으로 이전하였으며, 1979년 미국은 공식적으로 중국 공산당을 중국으로 인정하였다.

193개 회원국
- 초기 회원국 51개국
- 1940년대 : 8개국 추가
- 1950년대 : 24개국 추가
- 1960년대 : 42개국 추가
- 1970년대 : 25개국 추가
- 1980년대 : 7개국 추가
- 1990년대 : 31개국 추가
- 2000년대 : 4개국 추가
- 2010년대 : 1개국 추가
- 비회원국

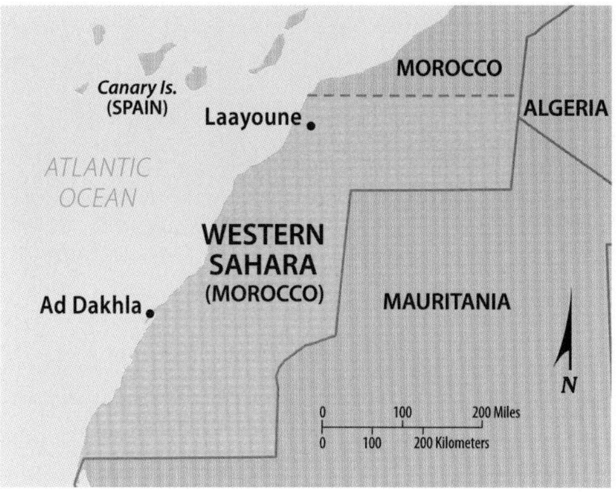

그림 8.1.5 **서사하라 : 주권국가가 아닌 국가**

인구가 거의 없는 사막에 위치한 서사하라는 한때 스페인의 식민지였으나 현재 정부가 없는 아프리카의 마지막 주요 영토이다. 스페인은 1975년 철수하기 전까지 모로코와 모리타니 사이에 위치한 대륙의 서쪽 해안을 점유하고 있었다. 1979년 모리타니가 철수하자 모로코는 서사하라를 식민지화하기 위하여 주민들을 이주시켰다. 서사하라는 독립을 주장하며 모로코의 주장에 맞서고 있다. UN은 독립에 대한 국민투표를 계속해서 요청하고 있으나 이루어지지 않았는데, 이는 모로코인들이 이 지역의 광물자원을 소유하고자 하기 때문이다.

8.2 국가의 영역

▶ 국가는 영토, 영공, 영해를 포함하는 영역으로 구성된다.

▶ 국가의 형상은 국내 행정에 영향을 미친다.

영역(territory)은 주권국가가 물리적으로 소유를 주장하는 공간이다. 영역은 영토, 영역의 지하, 내륙 수괴, 그리고 이 모든 것들 위의 영공까지를 포함한다. 해안선이 있는 나라는 근해에 영해를 소유할 뿐 아니라 연장된 해양에 대한 특별한 권리까지 갖는다(그림 8.2.1).

국가의 형상은 내부 행정의 용이함이나 어려움에 영향을 미칠 수 있다. 나라는 기본적으로 촉수형(prorupted), 응집형(compact), 신장형(elongated), 단절형(fragmented), 관통형(perforated) 다섯 가지 형상으로 유형화된다(그림 8.2.2).

그림 8.2.1 **국가의 영역**
1967년 국제 조약의 의하여 모든 국가가 우주 공간이나 천체를 자국의 영토의 일부로 주장할 수 없게 되었다.

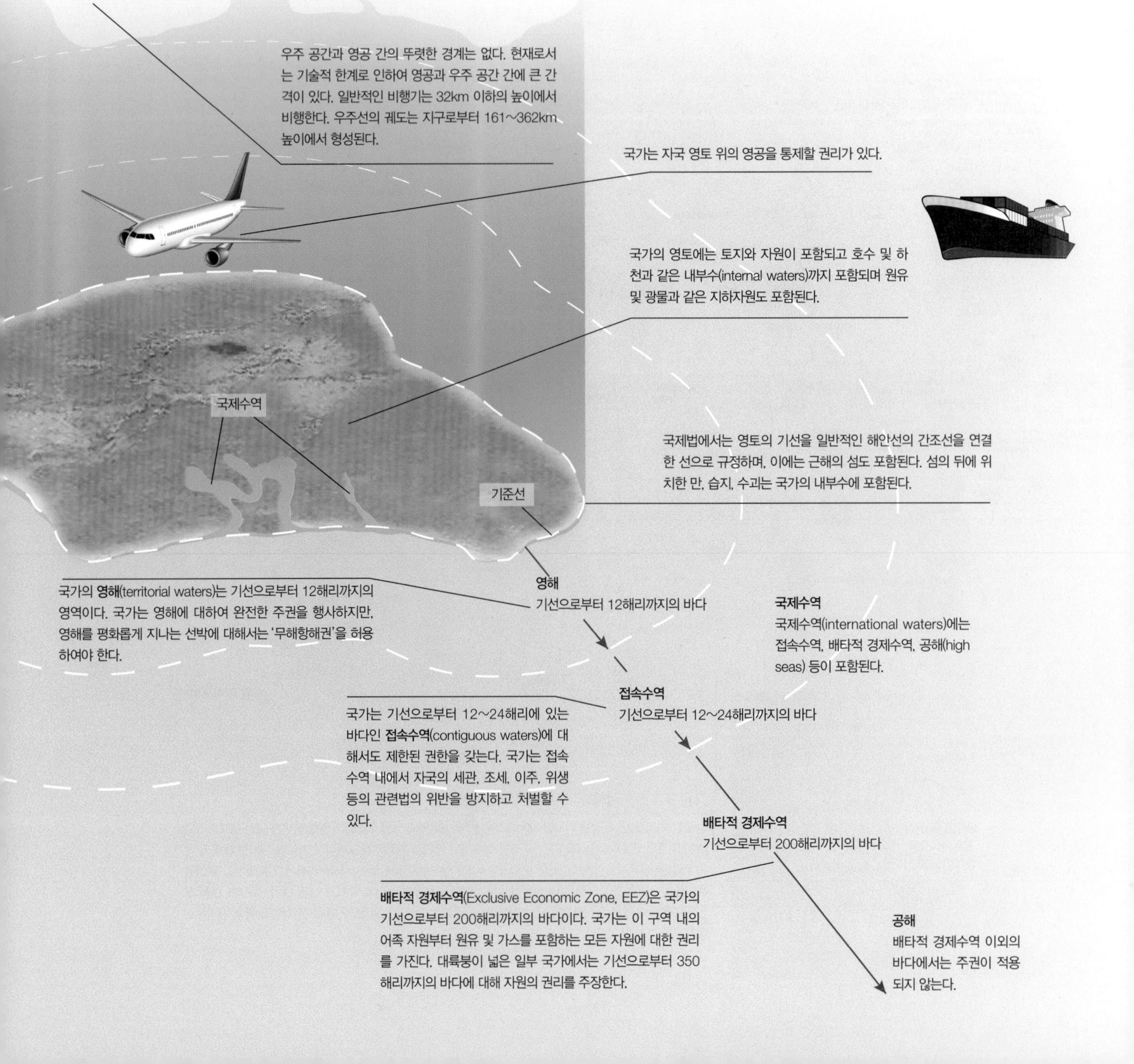

우주 공간과 영공 간의 뚜렷한 경계는 없다. 현재로서는 기술적 한계로 인하여 영공과 우주 공간 간에 큰 간격이 있다. 일반적인 비행기는 32km 이하의 높이에서 비행한다. 우주선의 궤도는 지구로부터 161~362km 높이에서 형성된다.

국가는 자국 영토 위의 영공을 통제할 권리가 있다.

국가의 영토에는 토지와 자원이 포함되고 호수 및 하천과 같은 내부수(internal waters)까지 포함되며 원유 및 광물과 같은 지하자원도 포함된다.

국제수역

국제법에서는 영토의 기선을 일반적인 해안선의 간조선을 연결한 선으로 규정하며, 이에는 근해의 섬도 포함된다. 섬의 뒤에 위치한 만, 습지, 수괴는 국가의 내부수에 포함된다.

기준선

국가의 **영해**(territorial waters)는 기선으로부터 12해리까지의 영역이다. 국가는 영해에 대하여 완전한 주권을 행사하지만, 영해를 평화롭게 지나는 선박에 대해서는 '무해항해권'을 허용하여야 한다.

영해
기선으로부터 12해리까지의 바다

국제수역
국제수역(international waters)에는 접속수역, 배타적 경제수역, 공해(high seas) 등이 포함된다.

접속수역
기선으로부터 12~24해리까지의 바다

국가는 기선으로부터 12~24해리에 있는 바다인 **접속수역**(contiguous waters)에 대해서도 제한된 권한을 갖는다. 국가는 접속수역 내에서 자국의 세관, 조세, 이주, 위생 등의 관련법의 위반을 방지하고 처벌할 수 있다.

배타적 경제수역
기선으로부터 200해리까지의 바다

배타적 경제수역(Exclusive Economic Zone, EEZ)은 국가의 기선으로부터 200해리까지의 바다이다. 국가는 이 구역 내의 어족 자원부터 원유 및 가스를 포함하는 모든 자원에 대한 권리를 가진다. 대륙붕이 넓은 일부 국가에서는 기선으로부터 350해리까지의 바다에 대해 자원의 권리를 주장한다.

공해
배타적 경제수역 이외의 바다에서는 주권이 적용되지 않는다.

그림 8.2.2 국가의 형상

그림 8.2.2a 촉수형 국가

대부분 응집된 형태이지만 한쪽이 돌출되어 확장된 국가가 **촉수형 국가**(prorupted state)이다. 촉수는 수자원이나 기타 자원에 접근하기 위하여 국경을 설정하기 때문에 형성된다. 예를 들어 콩고는 콩고 강을 따라 대서양까지 500km 정도 뻗어있다. 나미비아의 북서쪽에는 카프리비 스트립이라 불리는 돌출부가 있는데, 이는 식민 시기에 잠베지 강으로 접근하고 경쟁관계에 있는 식민 영토와의 소통을 방해하기 위하여 만든 것이다.

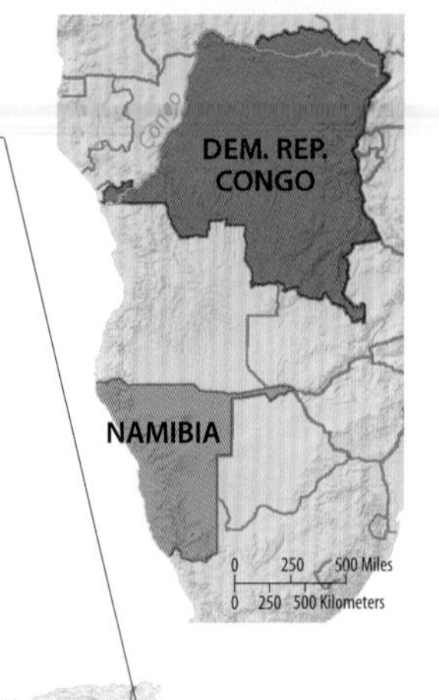

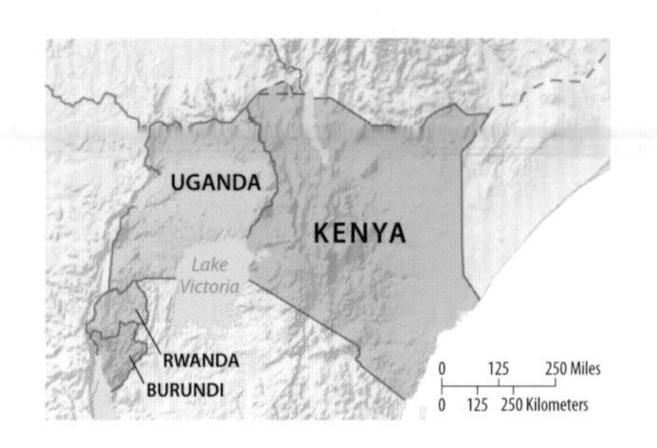

그림 8.2.2b 응집형 국가

응집형 국가(compact state)는 중심부에서 국경까지 어느 방향으로든 거리가 크게 다르지 않다. 국가 내 모든 지역에서 원활한 소통이 이루어질 수 있다. 아프리카의 부룬디, 르완다, 케냐, 우간다 등이 응집형 국가이나 이들 국가들도 정치적 혼란을 겪고 있다.

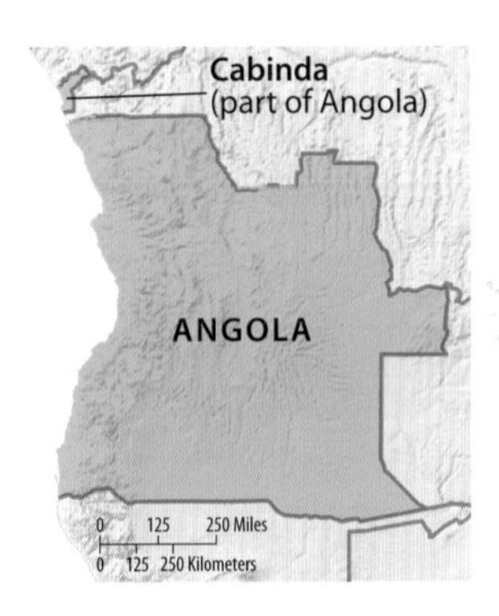

그림 8.2.2c 신장형 국가

신장형 국가(elongated state)는 길고 좁은 형상이다. 말라위는 대표적인 신장형 국가로, 남북으로 850km에 이르나 동서로는 100km에 불과하다. 잠비아, 이탈리아, 칠레 등도 신장형 국가이다. 신장형 국가에서는 긴 거리로 인한 높은 수송비 부담으로 말단에 위치한 지역이 경제적으로나 사회적으로 고립되기도 한다.

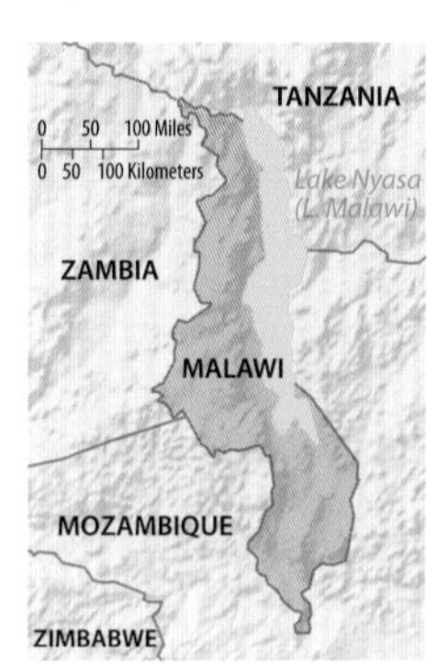

그림 8.2.2d 단절형 국가

단절형 국가(fragmented state)는 연속적이지 않은 영토로 이루어져 있다. 다른 국가의 영토에 의해 단절이 일어난 경우 문제가 발생한다. 영토의 작은 조각은 본토의 **고립 영토**(exclave)라 불린다. 본토와 고립 영토 간을 오가는 데에는 다른 국가의 허가가 필요하며 경우에 따라 허가가 나지 않을 수도 있다. 앙골라의 카빈다 지역처럼 본토의 통치를 거부하는 소수집단이 고립 영토에 거주하는 경우도 있다. 러시아의 주요 고립 영토인 칼린그라드도 비슷한 경우이다.

탄자니아와 잔지바르의 경우처럼 하천에 의해 영토의 단절이 일어나기도 한다. 미국을 비롯한 많은 국가에서 하천에 의한 단절이 나타나 거주 및 행정에 더 많은 비용이 소요되곤 한다.

그림 8.2.2e 관통형 국가

다른 나라를 완벽하게 에워싼 나라를 **관통형 국가**(perforated state)라 한다. 관통형 국가의 좋은 예는 남아프리카공화국으로, 레소토를 완전히 둘러싸고 있다. 이탈리아가 바티칸 시국과 산마리노를 둘러싼 것도 이러한 예이다. 관통형은 국가의 일부가 다른 국가에 완전히 둘러싸인 경우에도 해당된다. 이러한 예는 인도와 방글라데시, 스페인과 프랑스, 벨기에와 네덜란드 간의 국경에서도 나타나며 이 외에도 여러 경우가 있다. 다른 나라에 의해 둘러싸인 영토는 **엔클레이브**(enclave)라 한다.

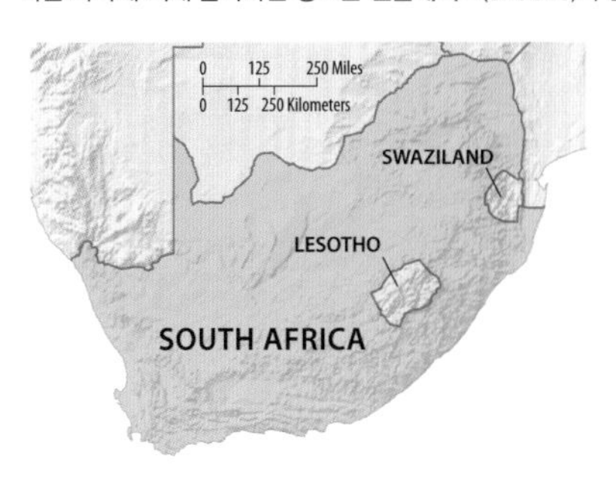

루안다에서 카빈다 가기

구글어스를 사용하여 앙골라의 고립 영토 도시인 카빈다로부터 수도인 루안다까지 가는 경로를 찾아보라. 어떤 종류의 교통수단을 이용할 수 있으며 어떤 경로로 가야 하는가?

위치 : 앙골라의 카빈다(Cabinda)

주요 교통 환승 지점을 확대하여 대서양 해안에 위치한 카빈다로부터 남쪽으로 379km 떨어진 곳에 위치한 루안다(Luanda)까지 경로를 따라가보라.

1. 가장 먼 경로는 어떤 종류의 교통수단을 이용해야 하는가?
2. 가장 단거리에서는 어떤 종류의 교통수단을 이용하는가?
3. 어떤 종류의 교통수단이 가장 적은 비용이 소요되는가?
4. 다른 주요 도시로부터 카빈다까지는 거리가 얼마나 되는가?
5. 루안다와 카빈다는 어떤 국가에 둘러싸여 있는가?

8.3 국가에 속하지 않는 공간

▶ 지구 상의 일부 지역은 어느 국가에도 속하지 않는다.

▶ 국가들은 공동 공간을 운영하는 방법을 합의를 통하여 모색한다.

지구 상의 많은 부분이 개별 국가에 속하지 않는다. **국제 조약**(international treat)이라고 하는 국가 간의 협정을 통하여 해양, 남극, 우주 공간에 대해 국가가 주권 주장을 확대하는 것을 금하고 있다. 조약에서는 또한 이러한 공간을 보호하거나 운영하는 데 필요한 국가 간 협력 방식이나 개별 국가의 행동 방식을 규정하고 있다.

공해

전 세계 대양에서 개방된 수역을 운영하는 방식과 관련된 문제는 이미 수 세기 전부터 대두된 것이다. 17~19세기 무렵에 유럽 국가들이 전 세계의 식민지를 놓고 경쟁하기 시작하자 각국의 해군들이 항해나 무역을 봉쇄하기 위해 서로 충돌하곤 하였다. 일부 국가들은 용병 선원을 고용하여 타국의 선박을 나포하기도 하였으며 이는 현대 해적의 기원이 되었다. 국가들은 마침내 공해를 공유하는 것이 자신들에게 이익이 된다는 것을 깨닫고 해적을 소탕하여 안전하고 공개된 항로를 개척하였다. 그러나 공동 공간의 운영과 그에 속한 자원에 대한 법적 근거는 최근까지 불명확하였다.

1982년 해양법에 관한 UN 회의에서 공해에 대한 정의를 내렸는데, 공해란 해안에 접한 국가가 주장하는 영해와 배타적 경제수역(EEZ)을 넘어 펼쳐진 바다이다(8.2절 참조). 회의에서는 해안 국가의 배타적 경제수역의 범위를 기선으로부터 200해리(370km)로 정하였다. 이로 인해 공해 면적이 1/3가량 감소하였다(그림 8.3.1).

국가에 등록된 선박은 공해 항해와 어로 작업을 할 수 있다. 공해에서 선박은 등록된 국가의 법을 따르지만 바다에서 조난을 당하거나 난파를 당한 선박을 돕는 전통을 지켜야 한다. 따라서 모든 국가가 범죄자를 기소할 수 있다는 **보편관할권**(universal jurisdiction)의 원칙에 따라 어느 국가든 해적과 교전을 벌이고 해적을 기소할 수 있다. 이 회의에서는 또한 공해는 평화적 목적을 위해 보전되어야 한다는 점을 명시하였으나 참전 중인 해군 병력은 이러한 사항을 묵살하곤 한다.

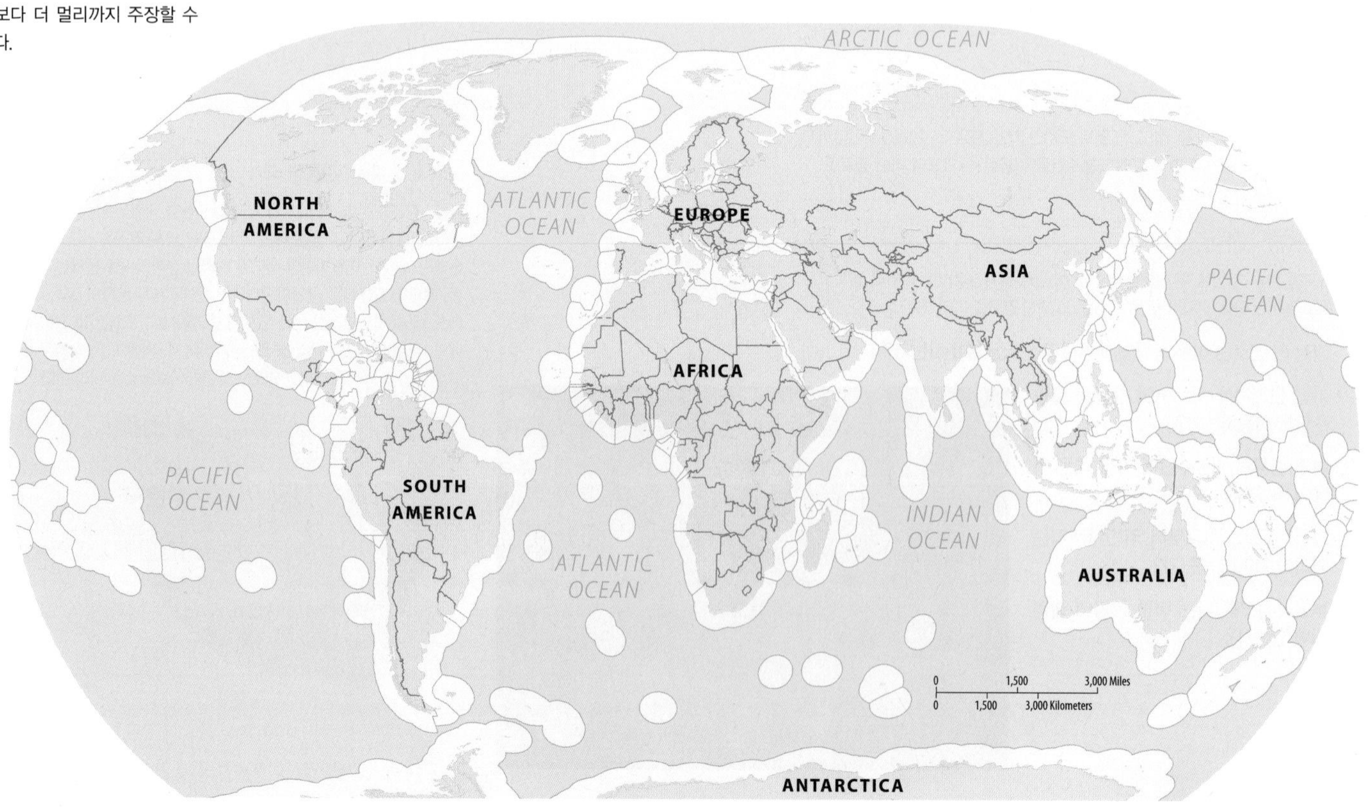

그림 8.3.1 **줄어드는 공해** 1982년 해양법에 관한 UN 회의에서는 도서국을 비롯한 해양 국가가 자국의 해안으로부터 200해리에 이르는 대양에 대해 배타적 경제수역을 주장할 수 있게 허용하였다. 지도에서 배타적 경제수역은 옅은 하늘색으로 되어있다. 대륙붕이 긴 국가에서는 그보다 더 멀리까지 주장할 수 있다.

남극

국가에 속하지 않는 공간에 관한 조약에서는 평화적 이용, 과학적 접근, 인류 전체의 발전 등에 대해 언급하곤 한다. 1959년에 협약된 남극 조약에 이러한 원칙이 포함됨에 따라 당시까지 남극대륙에 대해 제기되던 영토권 주장은 보류되었다(그림 8.3.2). 이로 인해 남극에 대한 새로운 영토권 주장도 금지되었다. 남극에는 원주민이 없으며 거주민들은 과학기지의 연구원들로 영구 거주자가 아니다. 전문가들은 녹아내리고 있는 빙하 밑에서 가치 있는 자원이 발견되면 이 조약이 폐기될 것이라고 예상하고 있다.

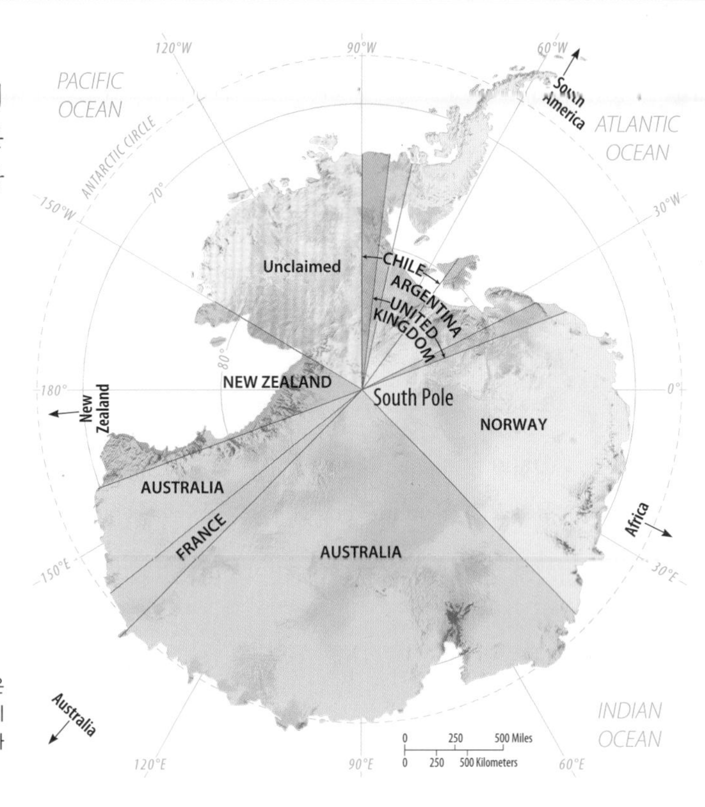

그림 8.3.2 **남극**

남극은 세계에서 유일하게 특정 국가에 속하지 않은 거대 대륙이다. 남극의 면적은 1,400만 km^2에 달하며 이는 캐나다보다 50%나 큰 것이다. 아르헨티나, 오스트레일리아, 칠레, 프랑스, 뉴질랜드, 노르웨이, 영국 등이 남극에 대한 영유권을 주장하고 있다. 아르헨티나, 칠레, 영국의 주장은 서로 충돌하고 있다.

우주 공간

해양법 및 남극 조약의 기초를 이룬 원칙들과 마찬가지로 1967년에 협약된 우주 공간 조약은 우주 공간 및 달을 포함하는 천체에 대한 국가들의 배타적인 이용을 제한한다. 이 조약에서는 영유권 주장을 금하는 한편, 우주 공간에서 핵무기 사용도 금하고 있으나 재래무기 사용은 허용하고 있다. 남극 조약과 마찬가지로 인류를 위한 과학적 탐사를 강조하고 있다. 지구의 궤도 구역을 군사적, 상업적으로 광범위하게 이용함에 따라 우주 폐기물이 다른 우주선에 피해를 주는 문제가 발생할 수 있다(그림 8.3.3). 조약에서는 우주선이 끼친 피해에 대해서는 해당 국가가 책임이 있다고 규정하고 있다.

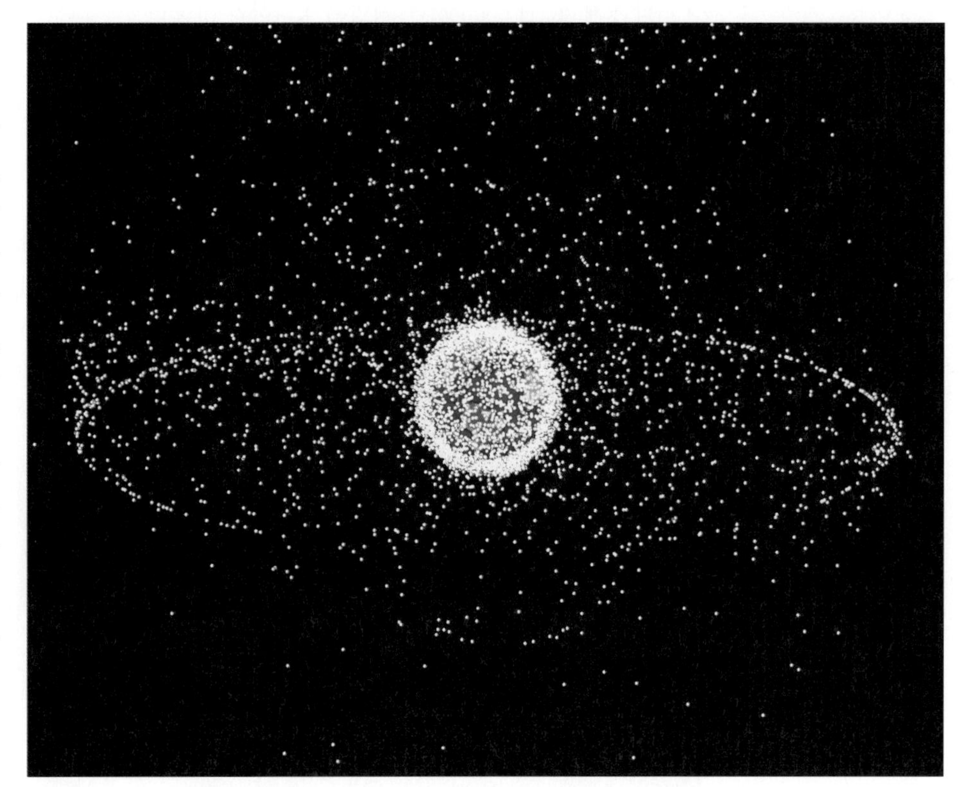

그림 8.3.3 **우주 공간**

지구의 궤도권은 인공위성, 우주선, 초기에 이용되었던 우주 잔해 등으로 가득차 있어 결코 비어있다고 할 수 없다. NASA에서 제작한 이 지도는 직경 10cm 이상의 궤도 물질 약 1만 9,000개의 위치를 사진으로 찍은 것이다. 지구 정지 궤도상에 있는 물체들은 인공위성에서 버려진 잔해덩어리들로 이루어져 지구가 자전하는 표면의 고정된 자리에서 움직인다. NASA는 이러한 물질들을 추적하여 우주선들이 해로운 물체와 충돌하는 것을 막고자 한다.

8.4 국가 간 경계

▶ 국가 간 경계는 정치적 공간을 분할한다.

▶ 국가 간 경계는 여러 방식으로 정의될 수 있다.

지구의 인공위성 사진을 보면, 산맥이나 대양 같은 지형은 알 수 있으나 국가 간의 경계는 알 수 없다. 경계선은 지구 상에 표기되어 있지 않으나 표기하는 것이 오히려 더 나은데, 이는 많은 이들에게 자연 지형보다 더 의미가 있기 때문이다.

국가 간 경계에는 두 가지 유형이 있다.

- **지형적 경계**(physical boundary)는 자연경관의 주요 지형과 일치한다.
- **문화적 경계**(cultural boundary)는 문화적 특징의 분포에 의해 형성된다.

경계의 두 가지 유형 중 어느 것이 더 좋거나 더 '자연스러운' 것이라 할 수 없으며, 대부분의 경계는 두 유형이 결합된 것이다.

지형적 경계

지표상의 주요 지형은 좋은 경계가 될 수 있는데, 지도 상에서나 현실에서 쉽게 눈에 띄기 때문이다. 국가 간에는 세 가지 유형의 지형적 경계가 이용되고 있다(그림 8.4.1).

- **사막 경계**(desert boundary). 사막은 통과하기 어렵고 인적도 드물어 효율적인 경계를 이룬다. 북아프리카의 사하라 사막은 북쪽의 알제리, 리비아, 이집트와 남쪽의 모리타니, 말리, 니제르, 차드, 수단 등을 나누는 안정적인 경계가 되고 있다.
- **산악 경계**(mountain boundary). 횡단하기 어려운 산맥은 효과적인 경계가 될 수 있다. 산악으로 인해 맞은편에 거주하는 국민들 간의 접촉이 제한되며, 겨울철 눈보라가 불어 통행로가 폐쇄되면 전혀 접촉할 수 없다. 산악은 영구적으로 고정되어 있으며 인적도 드물기 때문에 유용한 경계가 될 수 있다.
- **수문 경계**(water boundary). 강, 호수, 바다는 가장 보편적으로 이용되는 지형적 경계이다. 수문 경계는 지도와 인공위성 사진에서 쉽게 눈에 띄기 때문이다. 역사적으로 수문 경계는 타국의 침략에 대한 좋은 방어막이 되었는데, 침략국은 군대를 선박으로 수송해

GRACIAS POR SU VISITA
THANKS FOR YOUR VISIT

그림 8.4.1 **지형적 경계** (위) 리비아와 차드 사이의 사막 경계. (오른쪽) 아르헨티나와 칠레 사이의 산악 경계. (맨 오른쪽) 독일과 프랑스 사이의 수문 경계

야 했고 침공한 국가 내에 상륙 지점을 확보해야 했기 때문이다. 침공을 받은 국가는 상륙 지점에 방어를 집중하면 되었다.

문화적 경계

문화적 경계 중 가장 일반적인 두 경계는 기하학적 경계와 민족적 경계이다. 기하학적 경계는 지도상에 단순하게 그은 직선이다. 국가 간의 문화적 경계는 민족의 차이, 특히 언어와 종교의 차이에 따라 형성된다.

- **기하학적 경계**(geometric boundary). 미국과 캐나다 국경의 일부는 2,100km에 이르는 일직선(엄밀하게는 호)으로 미네소타 주와 매니토바 주 사이의 우즈 호(Lake of Woods)에서부터 워싱턴 주와 브리티시컬럼비아 주 사이의 조지아 해협까지 위도 49°를 따라 연결된다(그림 8.4.2). 이 경계는 1846년 미국과 당시 캐나다를 통치하던 영국 간의 협약에 의해 설정되었다. 두 나라는 알래스카 주와 유콘 주 사이에 서경 141°를 따라 남북으로 그은 기하학적 국경에도 합의하였다.
- **민족적 경계**(ethnic boundary). 민족 집단의 분리가 가능한 곳에서는 국가 간 경계가 설정된다(그림 8.4.3). 언어는 특히 유럽에서 경계를 나누는 중요한 문화적 특성이다. 종교적 차이는 종종 국경과 일치하지만 종교를 근거로 국경선을 설정하는 경우는 매우 드물다.

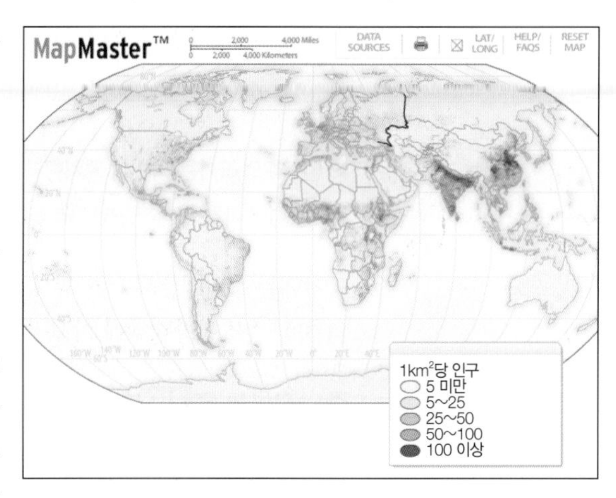

그림 8.4.2 **기하학적 국경선과 인구**
식민 시절에 외교관들이 설정한 경계선들의 경우 그들에게 알려지지 않은 지역은 직선으로 관통하여 그은 경우들이 종종 있다. 사하라 사막과 미국 - 캐나다 국경선이 그 좋은 예이다.

기하학적 경계가 인구밀집 지역을 지나는가?

그림 8.4.3 **민족적 경계 : 그리스와 터키령 키프로스**
지중해에서 세 번째로 큰 섬인 키프로스는 그리스와 터키, 두 국가의 영토로 이루어져 있다. 1974년 그리스와 키프로스의 통일을 바라는 그리스계 키프로스 군 관계자들이 정권을 찬탈하였다. 쿠데타 직후 터키계 키프로스 소수민족을 보호한다는 명분하에 터키가 키프로스를 침략하였다. 터키가 점령한 지역은 1983년에 북키프로스터키공화국으로 독립을 선언하였다.

국경 지구

국경 지구(frontier)란 어느 국가도 완전한 정치적 통제권을 행사하지 못하는 지대이다. 국경지구는 그 폭이 수 킬로미터에 이르고 인구가 희박하거나 아예 거주하지 않는다. 역사적으로 국경선보다는 국경 지구가 많은 국가들을 분리하였다(그림 8.4.4). 전 세계적으로 국경 지구는 국경선으로 대체되고 있다. 현대적인 통신 체계 덕에 예전에는 접근조차 어려웠던 경계선까지도 효율적으로 감시하고 수비할 수 있게 되었다.

그림 8.4.4 **아라비아 반도의 국경 지구**

8.5 국가의 통치 유형

▶ 민주주의 국가는 국민이 통치한다.

▶ 1800년 이후 세계적으로 민주주의 국가의 수가 증가하였다.

국가에는 중앙정부와 지방정부 두 가지 형태의 정부가 있다. 국가적 차원에서는 중앙정부가 다소 민주적이다. 지역 차원에서 지방정부에 어느 정도까지 권력을 배분할지 결정하는 것은 중앙정부이다.

중앙정부의 통치 유형

중앙정부는 민주주의정부, 독재정부, 혼합정부로 분류할 수 있다(그림 8.5.1). 구조적평화센터에 의하면 **민주주의정부**(democracy)와 독재정부는 세 가지 면에서 결정적인 차이를 지닌다고 한다(그림 8.5.2). **독재정부**(autocracy)는 국민보다는 통치자의 이익에 의해 운영된다. **혼합정부**(anocracy)는 완전한 민주주의도 아니고 완전한 독재주의도 아니어서 두 유형의 혼재가 나타나는 정부이다. 혼합 정부는 불안정성이 높다.

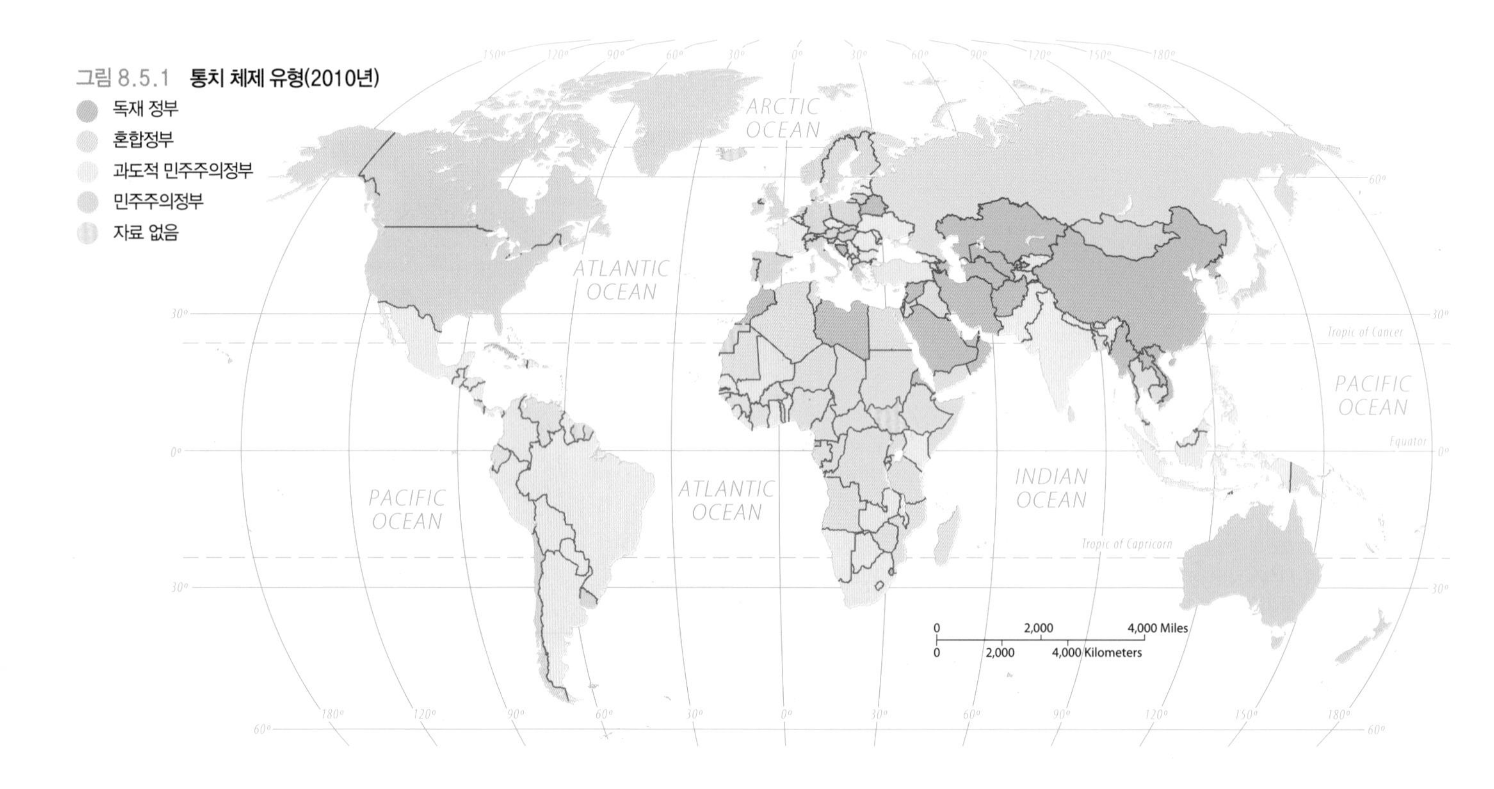

그림 8.5.1 **통치 체제 유형(2010년)**

그림 8.5.2 **민주주의정부와 독재정부 간의 차이점**

요소	민주주의정부	독재정부
지도자 선출	국민들이 지도자 및 대안적 정책에 대한 실질적인 지지를 표현할 수 있는 제도와 과정이 마련되어 있음	명확히 정의된 승계 규칙(대개의 경우 세습)에 따라 기성 정치 엘리트 내에서 지도자가 선출됨
국민 참여	행정가들이 권력을 행사할 때 제한을 가할 수 있는 제도가 마련되어 있음	국민들의 참여가 매우 제한적이거나 금지됨
견제와 균형	모든 국민들이 일상생활에서나 정치 참여 활동에서 시민의 자유를 보장받음	지도자들은 입법 · 사법기관이나 시민사회기관의 견제 없이 권력을 행사함

그림 8.5.3 **아랍의 봄**
2010년 말부터 대중의 저항과 혁명 운동이 아랍 세계를 휩쓸고 지나갔다. 튀니지와 이집트에서 독재 체제가 무너졌다. 리비아에서는 시위가 군부 혁명으로 이어져 정부를 전복시켰다. 시리아에서는 정부가 시위대에 대하여 무력 대응을 하였다.

민주주의화의 경향

지난 200년간 세계는 전반적으로 더 많은 민주주의 국가들이 탄생하였다. 이러한 현상에 대해 구조적평화센터는 세 가지 원인을 제시하였다.

- 독재정치, 특히 군주제를 대신하여 선거에 의해 구성된 정부가 증가하였는데, 선거에 의해 선출된 정부는 시민의 요구에 더욱 부응하며 그들의 권리를 더욱 존중하고 있다(그림 8.5.3).
- 선거에 참여하고 공직에 참여함으로써 시민들이 통치에 참여하는 일이 증가하였다.
- 유럽과 북아메리카에서 탄생한 민주주의 통치 체제가 세계의 다른 지역으로 확산되었다(그림 8.5.4).

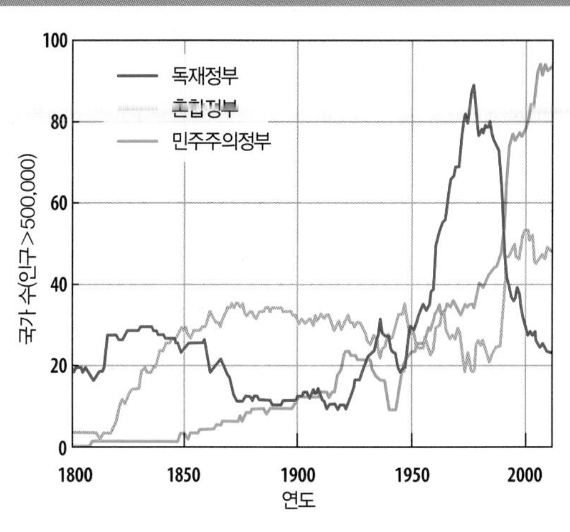

그림 8.5.4 **민주주의화의 경향**

지방정부 : 단일정부

국가의 정부는 단일정부 체제와 연방정부 체제의 하나 혹은 두 가지 방식에 따라 구성된다. **단일정부**(unitary state) 체제는 중앙정부에 대부분의 권력을 집중하고 지방정부는 상대적으로 적은 권력을 지니는 형태이다. 원칙적으로 단일정부 체제는 국가 내에 문화적 차이가 거의 없고 국가적 단위로서 인식이 강한 지역에서 가장 잘 작동한다. 이는 단일정부 체제가 모든 지역과의 효율적인 의사소통을 전제로 하기 때문이며, 따라서 소규모 국가일수록 적용하기가 쉽다. 단일정부 체제는 유럽에서 매우 일반적이다(그림 8.5.5). 케냐 및 르완다 같은 다민족 국가에서도 단일정부 체제를 시행하고 있으며, 지배적인 민족의 가치를 다른 민족에게도 강요하고 있다.

그림 8.5.5 **단일정부 국가인 모나코**

지방정부: 연방정부

연방정부(federal state) 체제에서는 국가 내 지방정부가 강력한 권력을 갖는다. 미국과 같은 연방국가에서는 지방정부의 법이 우선된다. 다민족 국가에서는 각기 다른 민족에게 권력을 분산하기 위해 연방정부 체제를 도입하기도 하는데, 민족들이 지역별로 편중되어 있을 경우 특히 그러하다(그림 8.5.6). 연방정부 체제에서는 지방정부의 경계가 민족별 분포에 따라 형성되기도 한다.

연방정부 체제는 국가의 규모가 매우 클 경우 더욱 적절한데, 국가의 수도가 너무 멀어서 머나먼 오지 지역까지 효율적인 통치를 하기가 어렵기 때문이다. 러시아, 캐나다, 미국, 브라질, 인도 등 세계적으로 영토가 큰 국가들이 연방정부 체제를 도입하고 있다. 그러나 정부 형태가 반드시 영토의 크기에 의해 결정되는 것은 아닙니다. 영토는 작지만 플라망과 왈론이라는 문화 집단으로 구성된 벨기에도 연방정부 체제를 도입하고 있으나(제5장 참조), 중국은 공산주의 가치를 추진하고자 단일정부 체제를 도입하고 있다.

최근 들어 전반적으로 연방정부 체제로 전환되는 추세가 강하다. 많은 국가에서 단일정부 체제가 축소되었고 아예 폐기하는 국가도 여럿이다.

그림 8.5.6 **독일의 정부 체제**
독일은 16개의 연방(Länder)으로 이루어진 연방국가이다. 각 연방은 의회 정치를 실시하여 지역별로 법과 정책을 제정하고 실행한다.

8.6 선거지리학

▶ 선거구를 조정하면 선거 결과가 바뀔 수 있다.

▶ 게리맨더링은 집권당에 유리하게 선거구를 조정하는 것이다.

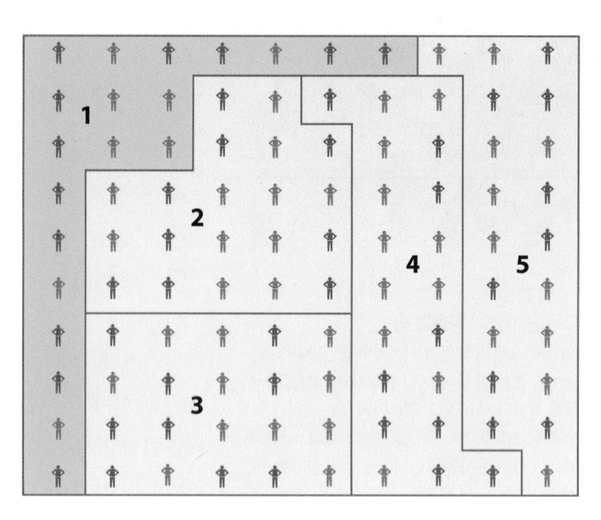

그림 8.6.2 **'낭비표' 게리맨더링**

'낭비표'는 반대편 지지자를 흩어놓아 모든 구역에서 소수가 되게 만드는 것이다. 파란색 정당이 선거구를 재조정할 수 있다면 4개 선거구에서 파란색 정당이 간신히 다수를 차지하고 한 구역(1번)에서 빨간색 정당이 압도적 다수를 차지하는 선거구역을 배치함으로써 '낭비표' 게리맨더링을 할 수 있다.

미국을 비롯한 여러 나라에서는 법적 선거 구역의 경계를 주기적으로 조정하는데, 이는 각 구역이 대체로 동일한 인구규모를 가질 수 있도록 보장하기 위해서이다. 인구이동으로 인해 일부 구역에서는 인구가 증가하는 한편 다른 지역에서는 줄어들기 때문에 경계를 반드시 재설정하여야 한다. 435개에 이르는 미국의 하원 선거 구역은 통계청이 공식적으로 인구통계를 발표하는 매 10년마다 재조정된다.

선거구를 집권당에 유리하도록 조정하는 과정을 **게리맨더링**(gerrymandering)이라 한다. 게리맨더링이라는 용어는 매사추세츠 주지사(1810~1812)와 미국의 부통령(1813~1814)을 지냈던 엘브리지 게리(Elbridge Gerry, 1744~1814)의 이름을 따서 명명한 것이다. 주지사였던 게리는 그가 속한 당에 유리하도록 주의 선거구를 재조정하는 법안을 통과시켰다. 한 반대자는 새로운 선거구가 '살라멘더(salamander, 도롱뇽)'처럼 괴상하게 생겼다고 비판하였으며, 또 다른 반대자는 그 운율을 살려 '게리맨더'라고 불렀다. 그 후 신문에서는 몸통이 선거구로 이루어진 '게리맨더'라는 괴물을 편집자 만평에 그려넣었다(그림 8.6.1).

게리맨더링은 다음과 같은 방식으로 이루어진다. 우선 100명의 유권자가 있는 마을을 각각 20명의 유권자를 지닌 5개의 선거구로 나눈다고 가정한다. 전체 지지율은 파란색 정당이 52명의 지지자로 52%이고 빨간색 정당은 48명의 지지자로 48%이다. 게리맨더링은 '낭비표(wasted vote)'(그림 8.6.2), '초과표(excess vote)'(그림 8.6.3), '무더기표(stacked vote)'(그림 8.6.4) 세 가지 형태로 이루어진다.

대부분의 유럽 국가는 독립적인 위원회에서 경계 조정 업무를 맡고 있다. 위원회는 투표 선호도나 집권당과 무관하게 응집되고 동질적인 선거구를 만들기 위해 노력한다. 미국 아이오와 주와 워싱턴 주도 독립적 혹은 초당파적 위원회를 구성하고 있다(그림 8.6.5). 그러나 미국 대부분의 주에서는 경계 조정 임무가 주 의회에 맡겨진다. 주 의회를 장악한 정당은 당연히 의석수를 더 많이 차지할 수 있는 방향으로 경계를 조정한다.

1985년 미국 대법원은 게리맨더링이 불법이라고 판결을 내렸으나 기존의 괴상한 모양의 선거구에 대한 해체 명령은 내리지 않았다. 또한 2001년 노스캐롤라이나 주에서 아프리카계 미국인 민주당원의 당선을 보장하기 위해 만들어진 이상한 모양의 선거구를 허용하는 판결을 내렸다. 미국 의석의 1/10 정도만이 게리맨더링을 통해 경합을 벌이며, 특수한 상황을 제외하고는 한 선거에서 다음 선거로 전환될 때 소수의 의석만이 바뀌고 있다.

통계청이 공식적으로 인구통계를 발표하는 매 10년마다 각 선거구의 인구가 같게 재조정되어야 한다. 정당들은 각 정당 후보들에게 유리한 선거구 모양을 경쟁적으로 내놓는다(그림 8.6.6).

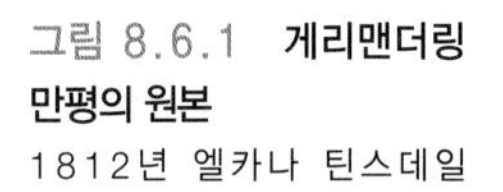

그림 8.6.1 **게리맨더링 만평의 원본**

1812년 엘카나 틴스데일(Elkanah Tinsdale)이 그렸다.

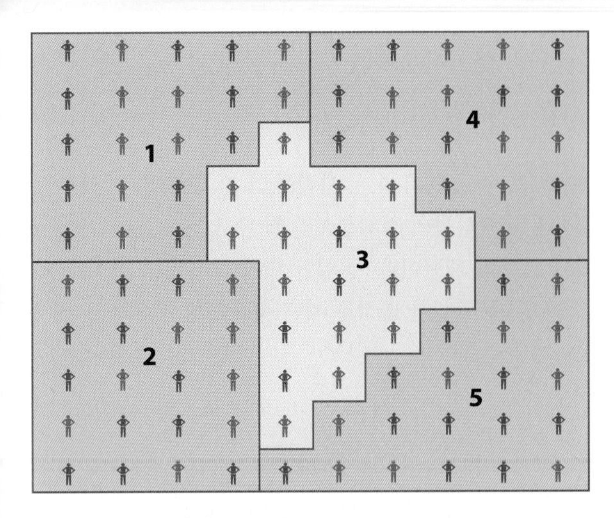

그림 8.6.3 **'초과표' 게리맨더링**

'초과표'는 반대편 지지자를 일부 선거구에 집중시키는 방법이다. 만약 빨간색 정당이 선거구를 재조정할 수 있다면 4개 선거구에서 빨간색 정당이 간신히 다수를 차지하고 한 선거 구역에서 파란색 정당이 압도적인 다수를 차지하는 방식으로 선거구를 배치함으로써 '초과표' 게리맨더링을 할 수 있다.

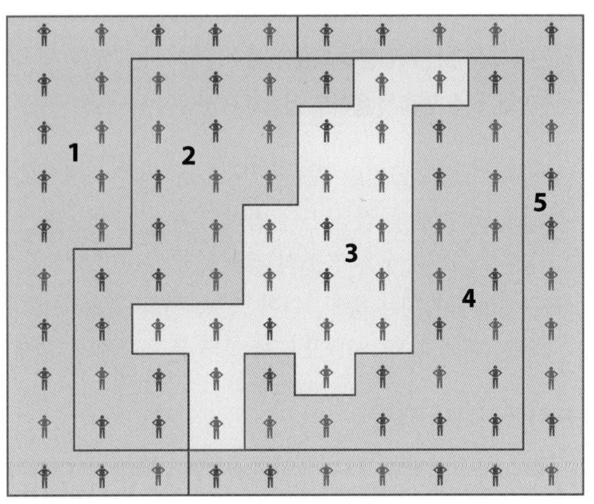

그림 8.6.4 **'무더기표' 게리맨더링**

'무더기표'는 이상한 모양의 경계를 만들어 멀리 떨어져 있는 같은 당 지지자들을 연결하는 방법이다. 만약 빨간색 정당이 선거구를 재조정할 수 있다면 빨간색 정당이 간신히 다수를 차지하는 4개 선거구와 파란색 정당이 압도적인 다수를 차지하는 1개 선거구로 이루어진 괴상한 모양의 5개 선거구를 만들 수 있다.

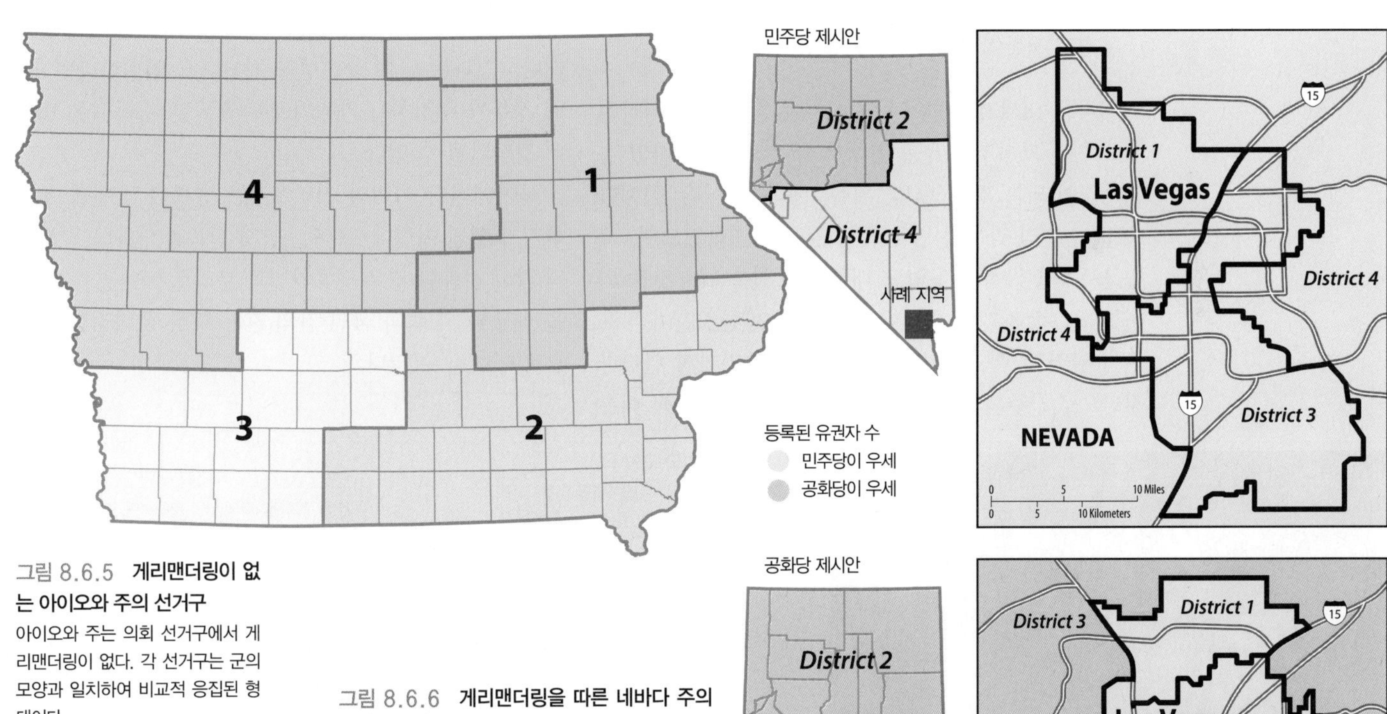

그림 8.6.5 **게리맨더링이 없는 아이오와 주의 선거구**

아이오와 주는 의회 선거구에서 게리맨더링이 없다. 각 선거구는 군의 모양과 일치하여 비교적 응집된 형태이다.

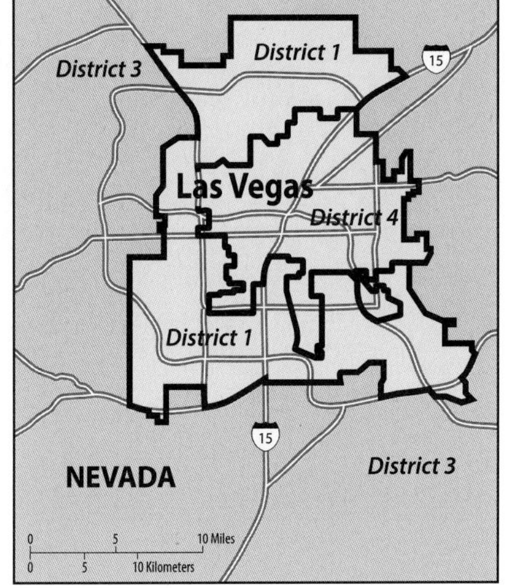

그림 8.6.6 **게리맨더링을 따른 네바다 주의 두 가지 계획안**

네바다 주의 4개 선거구에 대한 경쟁적인 제안에서는 게리맨더링의 세 가지 패턴이 모두 나타난다.

'낭비표' 게리맨더링(오른쪽 위). 네바다 주에서는 전체적으로 공화당원에 비해 민주당원의 수가 조금 더 많지만(43% 대 37%), 민주당의 계획은 네 구역 중 세 구역에서 민주당이 공화당보다 우세한 선거구를 만드는 것이었다.

'초과표' 게리맨더링(오른쪽 아래). 공화당에서는 많은 수의 민주당원을 4구역에 몰아넣음으로써 네 구역 중 두 구역에서 공화당이 우세한 선거구를 만들고자 하였다.

'무더기표' 게리맨더링(두 계획). 공화당의 계획(아래)에서는 히스패닉계 인구가 주를 이루는 4구역이 C자 모양의 1구역으로 둘러싸여 있다. 민주당의 계획(위)은 3구역을 좁고 길게 만들었다.

8.7 민족과 국민

▶ 민족과 국민은 사람들을 다른 이들과 구분 짓는 다양한 방식이다.

▶ 국민은 종종 민족적 용어로 정의되곤 한다.

민족성(ethnicity)이란 같은 고국이나 고향 출신이며 문화적 전통을 공유하는 사람들의 정체성이다. **국민성**(nationality)이란 특정 국가에 법적 귀속과 개인적 충성을 공유하는 사람들의 정체성이라 할 수 있다.

국민성과 민족성은 장소의 정체성과 관련이 있다는 점에서 비슷한 개념이다. 동일한 민족 구성원들 간에 공유하는 문화적 가치는 종교, 언어, 민속 문화 등에서 유래한 것인 반면, 동일한 국적을 지닌 사람들이 공유하는 가치는 투표, 여권 획득, 시민으로서 의무 준수 등에서 유래한 것이다.

북아메리카의 국민

미국에서는 일반적으로 국민과 민족이 확연히 다르게 구분되어 사용된다.

- 미국의 '국민'은 미국에서 태어났거나 미국으로 이주해서 시민권을 획득한 미국 시민으로 정의된다.
- 미국의 '민족'은 아프리카계 미국인, 히스패닉계 미국인, 중국계 미국인, 폴란드계 미국인처럼 선조와 문화적 전통이 다른 집단을 지칭한다.

미국은 18세기 후반에 독립선언문과 헌법, 권리장전에 표현된 가치의 공유를 통해서 국민성을 형성하였다. 미국인이 되는 것은 '생명, 자유, 행복 추구'란 '침해할 수 없는 권리'라는 신념을 갖는 것을 의미하였으며, 세습군주제에 굴복하지 않고 대통령을 선출하는 것을 의미했다(그림 8.7.1). 초기에는 오직 백인 남성만이 투표권이 있었고, 아프리카계 미국인은 19세기까지 완전한 시민으로 간주되지 않았으며 여성은 20세기에서야 대통령 선거에 투표권을 갖게 되었다.

캐나다에서 퀘벡 사람은 다른 캐나다인과 언어, 종교 및 기타 문화적 전통에 있어서 뚜렷이 구분된다(그림 8.7.2). 그러면 퀘벡 사람은 캐나다 국민성을 가지고 있으나 독특한 민족성을 지닌 집단일까, 아니면 앵글로 캐나다인과는 다른 국민성을 지닌 집단일까? 이는 매우 주요한 차이를 지닌 문제이다. 만약 퀘벡 사람이 앵글로 캐나다인과는 다른 국민성을 지닌다고 인정한다면, 퀘벡 정부가 주장하는 캐나다로부터의 분리 독립은 훨씬 더 정당화될 수 있다.

북아메리카 이외의 지역에서는 민족과 국민을 구분하기가 훨씬 어렵다. 우리는 앞서 민족과 인종을 구분하지 않고 사용할 경우 인종차별과 분리로 이어질 수 있음을 배웠다. 민족과 국민 간의 혼동 또한 폭력적인 분쟁으로 이어질 수 있다.

그림 8.7.1 **미국 국민**
로드아일랜드에서 열린 독립기념일 행렬

그림 8.7.2 **캐나다 국민**
7월 1일 캐나다의 날을 축하하는 오타와 시민들

내셔널리즘

내셔널리즘(nationalism)이란 국가에 대한 충성과 헌신이다. 보통 내셔널리즘은 국민의식을 고양하여 국가를 무엇보다 우선시하며, 다른 나라에 대항하여 자국의 문화와 이익을 강조한다. 사람들은 민족 문화와 가치를 보호하고 진흥하는 국가를 지지함으로써 내셔널리즘을 표현한다.

내셔널리즘은 사람들을 단결시키고 국가를 지지하게끔 하는 **구심력**(centripetal force)의 중요한 예이다(구심력이란 단어는 '중앙을 향하는' 것을 의미하며, '중앙으로부터 분산되는' 것을 의미하는 원심력의 반대말이다.). 대부분의 국가는 국민들의 지지를 얻는 가장 좋은 방법은 공통의 태도를 강조하여 사람들을 단결시키는 것임을 알고 있다.

국가는 국기나 국가 등의 상징을 통해 내셔널리즘을 진작시킨다. 붉은 바탕에 망치와 낫이 그려진 상징은 오랜 기간 공산주의에 대한 신념과 동의어였다(그림 8.7.3). 공산주의의 붕괴 이후 동유럽 국가들이 가장 먼저 한 일은 망치와 낫을 뺀 국기를 재고안하는 것이었다(그림 8.7.4).

내셔널리즘은 부정적인 영향도 초래하는데, 특히 민족이 곧 국가를 형성한 경우 그러하다. 민족적 내셔널리즘의 일체감은 종종 타국에 대한 부정적인 이미지를 창출함으로써 형성되곤 한다. 독일의 내셔널리즘은 제2차 세계대전 동안 희생되었던 유대인이나 슬라브인과 같은 소수민족 집단을 공개적으로 폄하하였다. 또 다른 예로 유고슬라비아를 들 수 있는데, 이 나라는 20세기 동안 번영했던 다민족 국가이다. 1980년대 말 사회주의의 시대가 막을 내리자 민족주의 운동으로 나라의 경제 및 정치적 위기에 대하여 서로를 비난하였다. 선거를 통하여 민족주의자들이 정권을 잡자 다른 민족 집단 출신의 민간인에 대한 '인종 청소'를 시작하였으며, 이로 인해 국가는 여러 개로 분리되었다(그림 8.7.5, 8.9절 참조).

그림 8.7.3 **공산주의 체제하에서 우크라이나의 내셔널리즘**
공산주의하에서 우크라이나는 1917년 11월 7일 공산주의자들이 승리를 선언한 혁명기념일을 매년 기념하였다. 소비에트연방의 일원으로서 우크라이나 국기에도 망치와 낫을 비롯한 공산주의의 상징이 포함되어 있었으며 국기의 색 또한 일부는 붉은 색이었다.

그림 8.7.4 **공산주의의 붕괴 이후 우크라이나의 내셔널리즘**
공산주의의 붕괴 이후 우크라이나는 국경일을 소비에트연방으로부터 독립한 8월 24일로 변경하였다. 우크라이나는 또한 소비에트연방의 일원이 되기 이전의 국기를 다시 채택하였다.

그림 8.7.5 **보스니아의 군지도자들**
라트코 믈라디치 장군(왼쪽)과 라도반 카라지치 장군(오른쪽)은 보스니아와 세르비아의 전쟁으로 기소된 주요 전범들로 헤이그로 보내져 재판에 회부되었다. 믈라디치는 1995년 스레브레니차 안전 지역에서 집단 학살 공격을 주도한 죄로 기소되었으며 이 시기 카라지치는 세르비아계의 분리를 주도하였다.

8.8 서부 아시아의 분쟁

▶ 서부 아시아는 국민과 민족의 영역이 복잡하게 얽혀있다.

▶ 서부 아시아에서 국가의 영토가 민족의 영역과 일치하지 않는 점도 이 지역에서 분쟁이 끊이지 않는 원인 중 하나이다.

서부 아시아 국가들의 영토는 민족의 영역과 거의 일치하지 않는다. 따라서 국민의 단결을 고취하고자 하는 국가에서는 우세한 민족의 문화를 다른 민족 집단에까지 강요하곤 한다. 이로 인해 분쟁이 발생한다. 이 지역에는 수십 개의 민족이 분포하고 있으나 약 7개의 국가가 구성되어 있다(그림 8.8.1).

- 이라크 국민. 이라크에서 가장 규모가 큰 민족은 아랍인이다. 주요 민족 집단들은 다시 수많은 부족과 씨족으로 나뉜다. 대부분의 이라크인은 중앙정부보다는 부족이나 씨족에 대해 더 강한 충성심을 지닌다(그림 8.8.2).
- 아르메니아 국민. 아르메니아는 단일민족으로 이루어진 국가이다(그림 8.8.3).
- 아제르바이잔 국민. 가장 규모가 큰 민족은 아제리인이나 아르메니아인이 주요한 소수민족이다(그림 8.8.3).
- 그루지야 국민. 가장 규모가 큰 민족은 그루지야인이다(그림 8.8.3).
- 아프가니스탄 국민. 가장 규모가 큰 민족은 파슈툰인, 타지크인, 하자라인이다(그림 8.8.4).
- 이란 국민. 가장 규모가 큰 민족은 페르시아인이며 아제리인과 발루치인이 주요한 소수민족이다(그림 8.8.5).
- 파키스탄 국민. 가장 규모가 큰 민족은 펀자브인이며 아프가니스탄과의 접경 지역에는 발루치인과 파슈툰인이 주로 거주한다(그림 8.8.6).

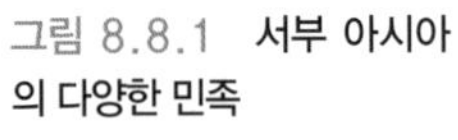

그림 8.8.1 **서부 아시아의 다양한 민족**
나고르노카라바흐에서 피난을 온 아제리인 난민들이 아제르바이잔 바쿠의 버려진 가옥에서 생활하고 있다.

그림 8.8.2 **이라크의 민족**
미국은 이라크의 독재자인 사담 후세인을 퇴진시키기 위해 2003년에 이라크에 대한 공격을 감행하였다. 미국 정부는 후세인이 잔인한 독재를 행하였고, 대량살상무기를 제조하였으며, 테러리스트들과 긴밀한 관계를 형성하였다며 후세인 축출을 정당화하였다. 이라크를 공격하여 후세인을 권좌에서 퇴출시킴으로써 미국은 이라크 국민들로부터 열렬한 환영을 받을 것이라고 예상하였다. 그러나 미국은 종교 분파와 부족 간의 복잡하고 폭력적인 분쟁에 휘말리게 되었다.

- 쿠르드족은 후세인 치하 때보다 훨씬 안전하고 더 많은 자치권을 획득하게 되었으므로 미국을 환영하였다.
- 수니파는 역시 수니파 교도였던 후세인이 자신들에게 주었던 권력과 특권을 잃을 수 있다는 우려에서 미국이 주도한 공격을 반대했다.
- 시아파 또한 미국의 진군을 반대했다. 그들은 후세인 정권에서 박해를 받았고 후세인 퇴진 이후 이라크 정부를 장악하였으나 같은 시아파가 주를 이루는 이란의 반미 감정에 동조하고 있다.

대부분의 이라크인들은 중앙정부 및 주요 민족보다는 부족이나 씨족에 더 강한 충성심을 갖는다. 한 부족('ashira)은 몇 개의 씨족 집단(fukhdhs)으로 구성되며, 씨족 집단은 몇 개의 가문(beit)로 구성되고, 이는 다시 몇 개의 가족(kham)으로 구성된다. 부족들은 수십 개의 연합(qabila)을 이루고 있다.

그림 8.8.3 **아르메니아, 아제르바이잔, 그루지야의 민족**

이 세 국가는 1991년 소비에트연방으로부터 독립하였다.

- 아르메니아인들은 한때 광대한 제국을 통치하였으나 19세기 말과 20세기 초반에 터키인들이 자행한 대학살로 100만 명 이상이 죽음을 당했다.
- 아제르바이잔인은 8~9세기경 중앙아시아에서 침략해온 터키인이 원래 거주하고 있던 페르시아인과 융합하면서 기원하였다.
- 아르메니아인과 아제르바이잔인은 아르메니아 지역의 아제르바이잔 고립지인 나고르노카라바흐(Nagorno-Karabakh)의 소유권을 놓고 수차례 전쟁을 벌였다.
- 그루지야는 훨씬 다양한 민족으로 구성된 나라이다. 오세티야와 아브하지야는 이웃 러시아의 도움으로 그루지야를 떠나 독립을 선언하였다.

그림 8.8.4 **아프가니스탄의 민족**

현재 아프가니스탄의 불안정한 상황은 1979년부터 시작되었다. 당시 몇몇 민족 집단들이 정부에 대항하여 반란을 일으키자 소련이 10만여 명을 파병하여 진압하려 하였다. 소련군은 사태를 진압하지 못한 채 1989년에 퇴각하였으며, 소련이 세운 아프가니스탄 정부는 붕괴되었다. 친소련 정권의 붕괴 이후 수년간 민족들 간에 내분이 지속되었으며 파슈툰족의 일파인 탈레반('구도하는 학생'이라는 의미)이 1995년에 전국 대부분 지역의 주도권을 장악하였다. 탈레반은 그들이 이슬람 규율을 해석한 바대로 매우 엄격하고 가혹한 법률을 적용하였다. 2001년 미국은 아프가니스탄을 침공하여 탈레반이 주도하던 정부를 전복시켰는데, 이는 탈레반 세력이 알카에다 세력에 피난처를 제공하였기 때문이다. 탈레반 세력이 제거되자 아프가니스탄의 지배권을 놓고 많은 민족 집단들 간에 새로운 분쟁이 시작되었다.

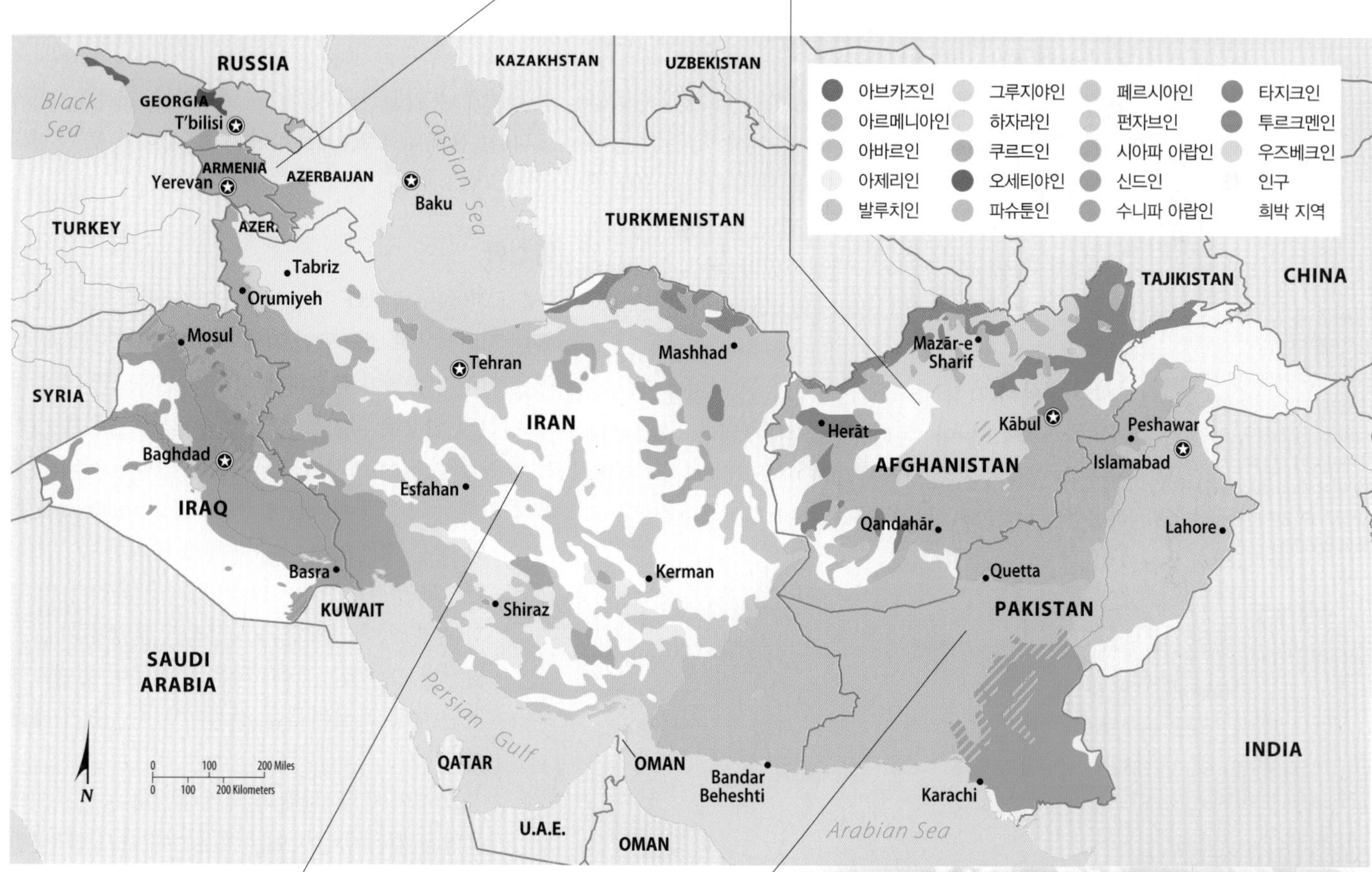

그림 8.8.5 **이란의 민족**

페르시아인들은 시아파 이슬람교를 신봉하는 민족 중에서 가장 규모가 크다. 페르시아인들은 수천 년 전 중앙아시아로부터 이주하여 현재 이란으로 이주한 인도-유럽계의 후손이다. 페르시아 제국은 기원전 5~4세기경에 현재 이란의 영역을 넘어 이집트에까지 이르렀다. 이슬람 군대가 7세기에 페르시아를 정복한 이후 대부분의 페르시아인들은 수니파 이슬람교로 개종하였다. 시아파로의 개종은 15세기에 주로 이루어졌다.

그림 8.8.6 **파키스탄의 민족**

펀자브인은 현재 파키스탄 지역에서 고대부터 가장 다수인 민족이다. 펀자브인은 7세기경에 이슬람교도의 침공을 받은 이후 이슬람교로 개종하였으며 파슈툰족과 이웃하고 있다. 펀자브인은 수니파 이슬람교도로 남아있으나, 파키스탄에서 두 번째로 규모가 큰 민족인 파슈툰족은 시아파 이슬람교로 개종하였다. 파슈툰족은 아프가니스탄과의 국경을 따라 주로 분포하고 있다(오른쪽). 파키스탄 군과 탈레반 지지자들 간에 전투로 인하여 파키스탄인들은 고향을 떠나 난민 캠프로 이동할 수밖에 없었으며, 캠프에서 국제구호단체의 도움으로 연명하고 있다.

그림 8.8.7 **고향을 떠나온 파키스탄인들에 대한 구호 활동**

8.9 발칸반도의 인종 청소

▶ 인종 청소는 상대적으로 더 강한 민족 집단이 다른 민족 집단을 강제로 몰아내는 것이다.

▶ 최근 동남부 유럽에서는 인종 청소가 자행되었다.

인종 청소(ethnic cleansing)는 상대적으로 더 강한 민족 집단이 약한 민족 집단을 강제로 제거하여 민족적으로 단일한 지역을 만드는 것이다. 인종 청소는 한 지역에서 한 민족 전체를 제거하기 위하여 실시하는 것으로 생존한 민족 집단은 그 지역에서 유일한 거주민이 될 수 있다. 인종 청소는 무장한 남성 군인들에 의한 충돌이 아니라 약한 민족의 모든 구성원을 제거하는 것으로, 남성뿐 아니라 여성, 어른뿐 아니라 어린이, 강인한 청년뿐 아니라 쇠약한 노인들까지도 그 대상이 된다. 동남부 유럽의 발칸반도에서는 강력한 인종 청소가 자행되었다.

유고슬라비아 국가의 설립

유고슬라비아는 제1차 세계대전 이후 발칸반도에서 남부 슬라브 어족 계열의 언어를 사용하는 몇 개의 민족들을 연합하여 세워졌다. 사망 시까지 장기 집권했던 티토(Josip Broz Tito, 1943~1953년까지 수상직을 역임하고 1953~1980년까지 대통령을 지냄)는 유고슬라비아의 국민성을 창출하는 데 매우 탁월하였다. 유고슬라비아의 국민성에 대한 티토의 비전에 맞추어 언어 및 종교와 같은 문화적 지역의 민족적 다양성을 수용하였다. 유고슬라비아에서 가장 규모가 큰 5개의 민족 집단인 크로아티아, 마케도니아, 몬테네그로, 세르비아, 슬로베니아 등은 민족의 거주 지역에 대하여 상당한 자치권을 부여받았다. 티토의 서거 이후 1980년대에 유고슬라비아의 민족 간 반목이 재등장하였으며 결국 7개의 작은 국가들(보스니아헤르체고비나, 크로아티아, 코소보, 마케도니아, 몬테네그로, 세르비아, 슬로베니아)로 분열되었다(그림 8.9.1).

발칸화

1세기 전에는 '발칸화'란 용어가 널리 사용되었다. 발칸화는 지리적으로 소규모인 지역에 오랜 기간 서로 반목해온 여러 민족들이 복잡하게 얽혀 거주하고 있어서 하나 이상의 안정된 국가를 창설할 수 없는 경우를 일컫는 용어였다. 당시 세계의 지도자들은 민족들 간의 분쟁으로 인해 국가가 붕괴되는 **발칸화**(Balka nization)가 비단 작은 지역뿐만 아니라 세계 평화까지도 위협한다고 생각하였다. 그들의 생각은 옳았다. 발칸화는 제1차 세계대전의 직접적인 원인이 되었다. 발칸반도에 있는 크고 작은 국가들이 동맹관계였던 대규모 국가들을 전쟁에 끌어들였기 때문이다.

20세기에 두 차례의 세계대전과 공산주의의 흥망을 겪은 발칸반도는 21세기에 다시 한 번 발칸화되고 있다. 발칸반도의 평화는 인종 청소의 '성공'이라는 매우 비극적인 방법으로 찾아왔다. 수백만 명의 사람들이 소수민족의 일원이라는 이유로 체포되거나 살해되고 강압에 의해 이주했다.

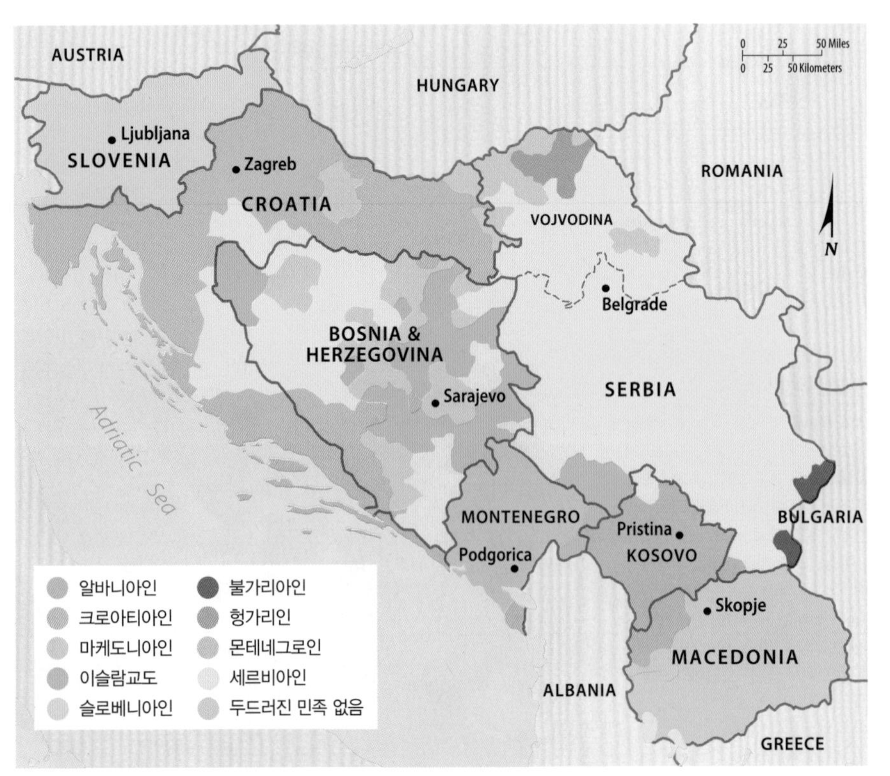

그림 8.9.1 **유고슬라비아의 민족 구성**
1992년 해체되기 이전까지 유고슬라비아는 6개의 공화국(보스니아헤르체고비나, 크로아티아, 마케도니아, 몬테네그로, 세르비아, 슬로베니아)과 2개의 자치 지역(코소보, 보예보디나)으로 구성되어 있었다.

보스니아헤르체고비나

유고슬라비아의 해체 당시 보스니아헤르체고비나의 인구는 세 민족 집단, 즉 보스니아 이슬람교도 48%, 세르비아인 37%, 크로아티아인 14%로 이루어져 있었다. 보스니아헤르체고비나의

그림 8.9.2 **보스니아헤르체고비나의 인종 청소**
네레트바 강을 가로지르는 다리인 스타리 모스트(오래된 다리)는 1566년 투르크인들에 의해 건설되었으며 모스타르 시의 주요한 상징으로 매우 유명한 관광지였다. (왼쪽) 1993년 인종 청소의 일환으로 보스니아 이슬람교도들의 사기를 저하시키고자 세르비아인들이 스타리모스트를 파괴하였다. (오른쪽) 보스니아헤르체고비나에서 전쟁이 종결된 이후 2004년에 재건되었다.

세르비아인들과 크로아티아인들은 이슬람교도가 다수를 이루는 독립국가에서 살기보다는 이웃한 세르비아와 그로이티아로 합병되는 것을 택히였다.

세르비아인들과 크로아티아인들은 보스니아헤르체고비나로부터 분리되는 방향으로 사태를 진전시키고자 보스니아 이슬람교도들에 대한 인종 청소를 단행하였다. 보스니아 세르비아인들의 거주지와 세르비아 사이에 보스니아 이슬람교도들의 주요 거주지가 위치하였기 때문에 보스니아 이슬람교도들에 대하여 보스니아 세르비아인들이 단행한 인종 청소는 특히 잔혹하였다(그림 8.9.2). 보스니아 이슬람교도들에 대한 인종 청소를 통하여 보스니아 세르비아인들은 전 지역에 걸쳐 세르비아인들이 우세한 지역을 만들 수 있었다(그림 8.9.3).

1996년 오하이오 주 데이턴에서 세 민족 지도자 간에 이루어진 회헤 조약에 의거하여 보스니아헤르체고비나는 세 지역으로 분리되었으며, 각각 보스니아 크로아티아인, 이슬람교도, 그리고 세르비아인이 지배하게 되었다. 인종 청소에 대한 보상으로 보스니아 세르비아인들과 크로아티아인들은 그들의 인구 비중에 비해 더 많은 영토를 부여받았다.

BOSNIA & HERZEGOVINA

크로아티아인들이 우세한 지역
보스니아인들이 우세한 지역
세르비아인들이 우세한 지역
보스니아인과 크로아티아인이 혼재된 지역

그림 8.9.3 **인종 청소 이후의 보스니아**
최근의 인종 분포를 그림 8.9.1의 인종 청소 이전의 분포와 비교해보라.

코소보

코소보 인구의 90% 이상은 알바니아 민족이다. 그러나 세르비아인들은 코소보가 세르비아 민족의 정체성을 형성하는 데 있어 필수적인 지역이라고 여기는데, 이는 1389년 오스만제국과의 전쟁에서 비록 패하였지만 결전을 벌였던 역사적인 지역이기 때문이다.

유고슬라비아 시절 코소보는 자치권을 행사하던 지역이었다. 유고슬라비아의 붕괴 이후 세르비아가 코소보를 직접 통치하게 되면서 주요 인구 집단인 알바니아인에 대한 인종 청소를 위한 전투를 시작하였다. 세르비아인의 인종 청소는 1999년에 절정에 달하여 200만 명에 이르던 코소보 거주 알바니아인 중 75만 명이 고향에서 쫓겨나 알바니아에 위치한 난민 캠프로 강제로 이주하였다(그림 8.9.4).

인종 청소에 분개한 미국과 서부 유럽 국가들은 NATO 협약을 발효하여 세르비아의 영공을 공격하였다. 폭탄 투하 공격은 세르비아가 코소보에서 병력과 경찰력을 철수하는 데 동의하면서 종료되었다.

2008년 코소보는 세르비아로부터 독립을 선언하였다. 미국과 서부 유럽 국가들은 코소보를 독립국가로 인정하고 있으나 중국과 러시아를 포함한 세르비아의 동맹국들은 인정하지 않고 있다.

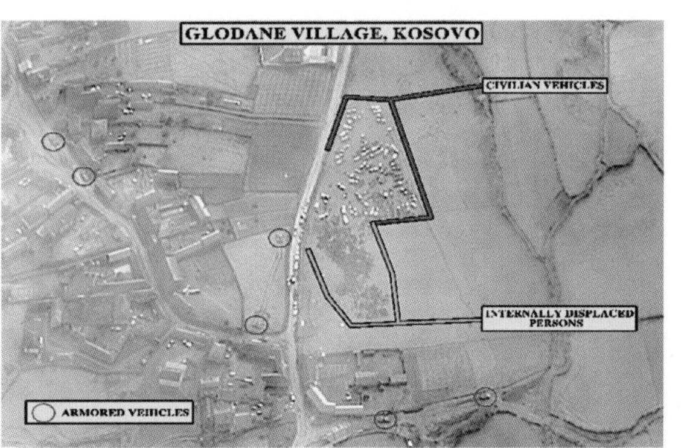

그림 8.9.4 **코소보의 인종 청소**
1999년 NATO의 항공 정찰대가 찍은 이 사진에는 글로덴(Glodane) 마을이 도로의 서쪽(왼쪽)에 있다. 마을 주민과 자동차가 동부의 들판에 줄지어 늘어서 있다. 붉은 원은 세르비아의 무장 차량들의 위치를 나타낸다.

8.10 아프리카의 분쟁과 학살

▶ 학살이란 다른 집단에 의한 대규모 살상을 의미한다.

▶ 학살은 사하라 이남 아프리카의 일부 지역에서 행해졌다.

영토를 장악하고 국민 구성에서 우위를 점하기 위한 민족들 간의 경쟁이 여러 지역에서 벌어지고 있다. 앞서 다룬 바와 같이 이러한 경쟁은 전쟁과 인종 청소로까지 이어질 수 있다. 가장 극단적이고도 소수의 예이지만, 민족 간의 경쟁은 가장 극단적인 행동인 민족 학살로까지 이어질 수 있다.

학살(genocide)은 한 집단 전체를 제거하고 없애버리고자 그 구성원들을 대량 살상하는 것이다. 과거 유고슬라비아를 비롯한 여러 지역에서와 마찬가지로 사하라 이남 아프리카에서도 민족 집단 간에 분쟁이 발생하여 최근에는 결국 민족 학살로까지 이어졌다. 특히 수단과 중앙아프리카에서 그러한 일이 두드러졌다.

수단의 민족 분쟁과 학살

인구규모 4,200만 명의 수단은 최근 내전이 여러 차례 발생하였다(그림 8.10.1).

- **남수단.** 수단 북부에 위치한 아랍계 이슬람교도들이 이슬람 근본주의에 근거하여 국가를 구성하려 하자 흑인 기독교 민족과 애니미즘을 신봉하는 남부의 민족들이 저항하였다. 이슬람 근본주의는 특히 여성에게 가혹한 교리를 적용하는 것으로 알려져 있다. 1983~2005년까지 벌어진 남북전쟁으로 190만 명의 수단인이 사망하였는데 대부분 민간인이었다. 이 전쟁은 2011년에 남부 수단이 국민 투표에 의해 독립을 결정함으로써 끝났다. 그러나 수단 정부 및 남수단 정부가 양국의 국경선에 대하여 합의하지 못하자 전쟁이 재개되었다.
- **다르푸르.** 종교에 기반한 수단의 내전이 잠잠해지자 수단의 서쪽 끝에 위치한 다르푸르 지역에서 민족 간 분쟁이 발발하였다. 중앙정부에 의한 차별과 방치를 이유로 다르푸르의 흑인들이 2003년에 폭동을 일으켰다. 잔자위드라 불리는 약탈을 일삼는 아랍 유목민들이 수단 정부의 지원하에 정착 농민이 주를 이루는 다르푸르의 흑인 인구와 충돌하였다. 48만 명 정도가 사망한 것으로 집계되었으며, 280만 명이 다르푸르의 혹독한 사막에 건설된 난민촌에서 처참한 생활을 하고 있다. 민간인에 대해 대량 살상과 강간을 자행한 수단 정부군의 행동에 대해 많은 국가가 민족 학살이라고 비난하였으며 수단의 지도자들은 전범으로 기소되었다(그림 8.10.2).
- **동부 전선.** 동부의 민족들은 이웃한 에리트레아의 지원하에 2004~2006년까지 수단 정부와 충돌하였다. 분쟁의 쟁점은 석유 이익금의 분배였다.

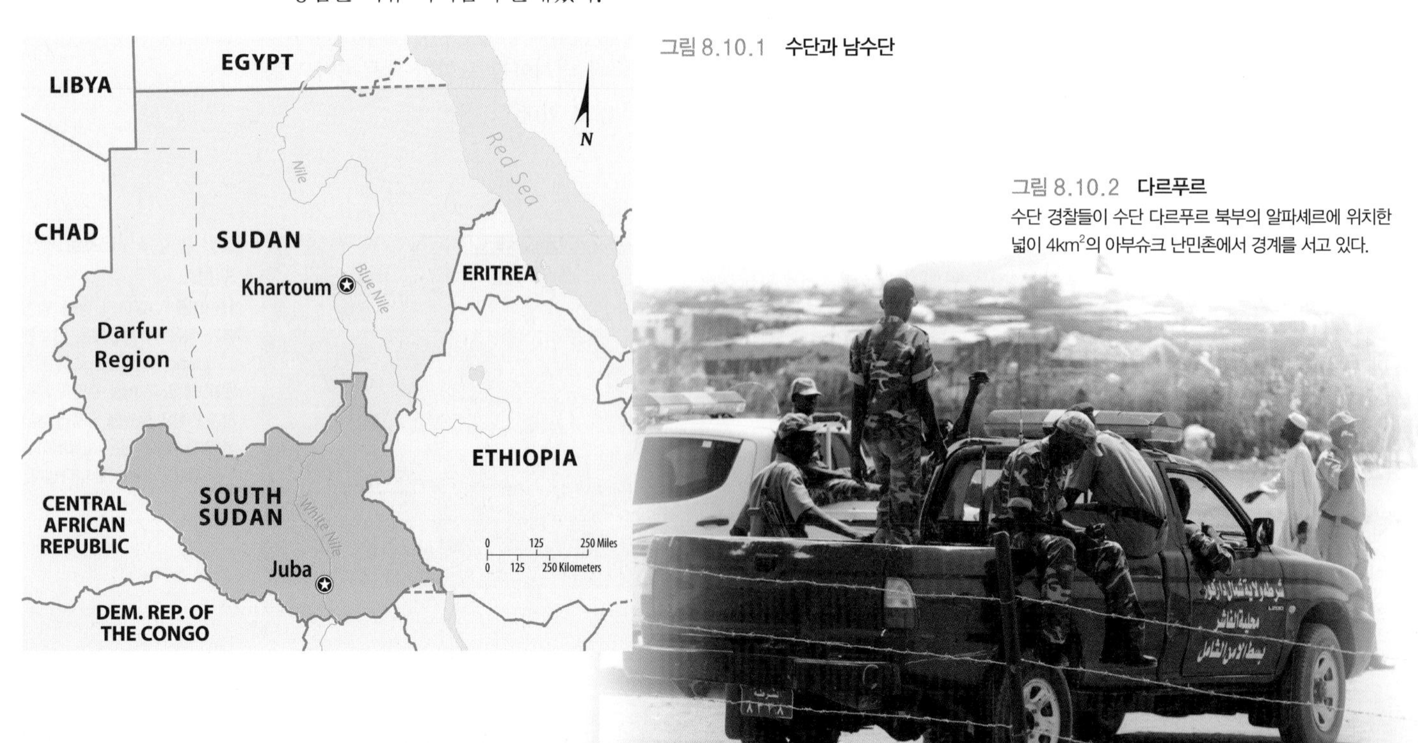

그림 8.10.1 **수단과 남수단**

그림 8.10.2 **다르푸르**
수단 경찰들이 수단 다르푸르 북부의 알파셰르에 위치한 넓이 4km²의 아부슈크 난민촌에서 경계를 서고 있다.

중앙아프리카 지역의 민족 학살

후투족(Hutus)과 투치족(Tutsis) 간에 오랜 분쟁으로 중앙아프리카 지역은 민족 학살의 중심이 되었다.

- 후투족은 정착 농민으로 오늘날 중앙아프리카의 대호수(Great Lakes)로 알려진 르완다와 부룬디의 비옥한 구릉지와 계곡에서 작물을 재배한다.
- 투치족은 400년 전에 케냐 서부의 아프리카 지구대 지역에서 오늘날의 르완다와 부룬디로 이주해온 유목민으로 소를 주로 키운다.

정착 농민과 유목민 간의 관계는 쉽지 않았다. 이는 앞서 살펴본 다르푸르 인종 청소의 한 원인이기도 했다. 학살은 르완다와 콩고에서 특히 진혹하게 벌어졌다.

- **르완다**. 1994년 르완다에서 일어난 민족 학살은 후투족이 수십만 명의 투치족을 살해한 것이다(그러면서도 후투족은 투치족에 대해 동정적이었다.). 오랜 기간 후투족이 인구의 대부분을 차지하였으나 소수민족인 투치족이 수백 년 이상 후투족을 지배하고 농노로 삼았다. 20세기 초반 독일과 벨기에의 식민 지배를 받으면서 투치족은 후투족에 비해 더 많은 혜택을 누렸다. 1962년 르완다가 독립한 직후 새로운 독립국가에서 투치족이 또 다시 지배권을 장악할 것을 우려한 후투족은 많은 투치족을 살해하고 인종 청소를 단행하였다. 1994년 르완다와 부룬디의 대통령이 탑승한 비행기가 격추당한 이후 학살이 시작되었다. 그 사건은 투치족의 소행으로 추정되었다(그림 8.10.3).
- **콩고민주공화국**. 후투족과 투치족의 갈등은 인접국, 특히 콩고민주공화국으로 확산되었다. 1988년 콩고 내전으로 수백만 명이 사망하였으며, 이는 제2차 세계대전 이후 가장 많은 사망자가 난 전쟁이었다. 전쟁은 투치족이 콩고의 장기 집권 대통령인 조셉 모부투(Joseph Mobutu)를 퇴출하는 데 도움을 준 이후 발발하였다. 모부투는 광물 생산으로 인한 수십억 달러를 개인 재산으로 유용함으로써 나라를 빈곤하게 만들었다. 모부투의 뒤를 이어 대통령직에 취임한 로랑 카빌라(Laurent Kabila)는 투치족에 전적으로 의존했고, 1990년대 초반 투치족에 행해진 잔혹 행위에 책임이 있었던 후투족을 투치족이 살해하는 것을 허용했다. 그러나 곧 투치족은 카빌라 대통령과 결별하고, 콩고 정부를 전복시키려는 반란군을 지원하였다. 이에 카빌라는 후투족에 대한 지지로 돌아섰으며 인접국들이 카빌라를 지원하기 위하여 파병하였다. 카빌라는 2001년 암살당하였으며, 그의 아들이 대통령직을 승계하여 이듬해 반란군과의 협정을 이루어냈다.

그림 8.10.3 **르완다**
기세니에서 출발한 수천 명의 후투족 난민이 국경을 넘어 콩고민주공화국의 고마로 향하고 있다.

8.11 테러리즘

▶ 테러리스트들은 폭력을 사용하여 정부를 강압함으로써 정책을 바꾸고자 한다.

▶ 극렬 테러리스트 집단들은 전 세계 여러 나라를 목표로 삼는다.

테러리즘(terrorism)은 사람들을 위협하거나 정부를 강요하여 요구하는 것을 얻어내기 위해 어떤 집단이 체계적으로 폭력을 사용하는 것이다. 테러리스트들은 공포와 불안을 확산시키는 조직적인 행동을 통해 목적을 달성하고자 하며, 폭탄 테러, 납치, 항공기 납치, 인질극, 암살 등을 자행한다. 테러리스트는 그들의 목적과 불만을 널리 알리기 위해서는 폭력이 불가피하며 평화적인 방법으로는 표출되기 어렵다고 주장한다. 테러리스트들은 대의에 대한 신념이 매우 확고해서 자신의 행동으로 인해 자신도 죽을 수 있음을 알면서도 공격을 주저하지 않는다.

테러리즘은 다른 정치적 폭력 행위와 구분하기 어렵다. 예를 들어 팔레스타인 자살 폭탄범이 예루살렘의 식당에서 수십 명의 10대 청소년을 죽였다면 이것은 테러리즘인가, 아니면 이스라엘 정부의 정책과 군사 행동에 대한 전쟁 중의 보복인가? 격렬한 논쟁이 이루어질 것이다. 이스라엘에 동조하는 사람들은 그 행동을 국가의 존재를 위협하는 테러리스트의 위협 행위로 볼 것이며, 반면 팔레스타인을 옹호하는 사람들은 팔레스타인인들에 대한 오랜 기간 동안의 차별과 이스라엘 군대의 민간인 공격으로 이러한 행동이 유발되었다고 할 것이다.

미국에 대한 테러리즘

미국에 대한 가장 비극적인 테러 공격은 2001년 9월 11일에 일어났다. 110층짜리 건물로 미국에서 가장 높은 빌딩이었던 뉴욕세계무역센터가 붕괴되었고, 워싱턴 D.C.의 국방성 건물이 피해를 입었다(그림 8.11.1). 이 공격으로 3천 명에 가까운 사망자가 발생하였다.

그림 8.11.1 **2001년 9월 11일 공격**

9 · 11 테러 공격 이전에도 미국은 20세기 말에 수차례의 테러 공격을 받았다(그림 8.11.2). 미국 시민이 단독으로, 혹은 다른 이들과 동조하여 테러를 저지른 경우도 있었다.

1993년 2월 26일
뉴욕세계무역센터 지하에 주차되어 있던 자동차 폭탄이 폭발하여 6명이 사망하고 약 1천 명이 부상당했다.

1995년 4월 19일
오클라호마 시에 있는 알프레드 P. 뮤러(Alfred P. Murrah) 연방 청사에서 자동차 폭탄으로 168명이 사망하였다.

2001년 9월 11일
비행기가 뉴욕세계무역센터와 워싱턴 D.C.의 국방부 건물, 펜실베이니아 주의 섕크스빌에 충돌 및 추락하여 3천 명이 사망하였다.

1988년 12월 21일
테러리스트의 폭탄이 스코틀랜드 로커비(Lockerbie) 상공에 있던 팬암(Pan Am) 항공기 103편을 파괴하여 259명의 승객이 모두 사망하고 지상에서도 11명이 사망하였다.

1996년 6월 25일
트럭 폭탄이 사우디아라비아 다란의 아파트 단지를 강타하여 그곳에 거주하던 19명의 미국인을 죽이고 100여 명에게 부상을 입혔다.

1998년 8월 7일
케냐와 탄자니아의 미국 대사관에서 폭탄이 폭발하여 190명이 사망하고 5천여 명이 부상을 입었다.

2000년 10월 12일
예멘의 아덴항에서 미 해군의 구축함 콜(Cole)에 대한 폭탄 공격으로 미 해군 17명이 사망했다.

그림 8.11.2 **미국에 대한 테러 공격 (1988~2001년 사이의 주요 공격)**

- 연쇄 소포 테러범(unabomber)으로 알려진 시어도어 존 카진스키(Theodore J. Kaczynski)는 17년 동안 폭탄이 담긴 소포를 보내 3명을 죽이고 23명에게 부상을 입힌 죄로 유죄 판결을 받았다. 그의 표적은 주로 과학기술 관련 학자나 경영자로, 그는 이들이 환경에 부정적인 영향을 미친다고 생각했다.
- 티모시 맥베이(Timothy J. McVeigh)는 오클라호마 시 폭탄 테러로 유죄 판결을 받고 처형되었으며, 그를 도운 테리 니콜스(Terry I. Nichols)는 음모 및 과실치사로 유죄 판결을 받았다. 맥베이는 FBI가 텍사스 주 웨이코 부근에서 다윗파 교도들을 51일간 포위하고 1993년 4월 19일에 이들을 공격하여 80여 명이 사망한 사건 등과 같은 미국 정부의 행동에 분노하여 테러를 저질렀다고 주장하였다.

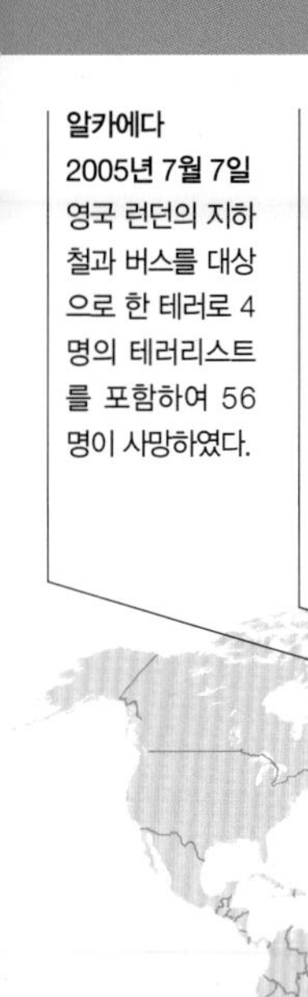

그림 8.11.3 **알카에다의 공격**

그림 8.11.4 **런던에서 발생한 알카에다의 테러 공격**

알카에다

2001년 9 · 11 테러를 포함하여 그림 8.11.2에 표기된 대부분의 반미 테러리즘은 알카에다 조직망의 소행이거나 그들과 연루되어 있다(그림 8.11.3). 아라비아어로 '기초', '토대'를 의미하는 알카에다는 9 · 11 테러 이후 수차례의 폭탄 공격에 연루되었다(그림 8.11.4).

알카에다의 창시자인 오사마 빈 라덴(Osama bin Laden, 1957~2011)은 미국이 사우디아라비아와 이스라엘을 돕는다는 이유로 1996년에 미국과의 전쟁을 선포하였다. 1998년 파트와('종교령')에서 빈 라덴은 이슬람교도들에게는 미국 국민과 거룩한 전쟁을 치를 의무가 있으며, 이는 사우디아라비아 왕실의 사우디아라비아 통치와 유대인의 이스라엘 지배에 대한 책임이 미국에 있기 때문이라고 주장하였다. 그는 사우디 군주제의 종식과 유대교 국가인 이스라엘의 전복을 통해 이슬람의 3대 성지인 마카(메카), 마디나, 예루살렘을 해방시키고자 하였다.

어떤 면에서 알카에다는 기업처럼 운영된다. 지도부가 정책을 세우고 금융, 군사, 언론, 종교 정책 등에 특화된 해외위원회를 조직한다. 조직은 기록을 관리하고 폭탄 제조 기구의 구입과 같은 비용을 조직원들에게 배상한다. 2011년 미국 해군의 특수부대에 의해 빈 라덴이 사망한 이후 알카에다의 지도부는 2인자였던 아이만 알 자와히리(Ayman al-Zawahiri)를 수장으로 임명했다.

알카에다는 하나의 통일된 조직이 아니다. 세계무역센터 공격을 주도한 본래 조직 외에 알카에다는 국가별 이슈와 관련된 지역 분파들을 거느리고 있을 뿐 아니라 사상적으로는 알카에다에 동조하나 재정 면에서는 무관한 모방범들도 있다. 예를 들어 동남아시아에서 이슬람 근본주의 정부를 건설하고자 했던 제마 이슬라미야(Jemaah Islamiyah)는 세계에서 이슬람교도가 가장 많은 국가인 인도네시아에서 공격을 시작하였다.

알카에다가 공격을 정당화하기 위해 종교를 이용하는 점에 대해 이슬람교도나 이슬람교도가 아닌 사람 모두 거북하게 생각한다. 테러리즘을 사용하지 않고 미국과 유럽의 정부 정책에 대해 반대 의사를 표현하는 것은 많은 이슬람교도들의 과제이다. 미국인과 유럽인의 과제는 전 세계 13억 이슬람교도의 평화적인, 그러나 낯선 원칙과 관심을 소수의 테러리스트가 남용하고 오용하는 이슬람교와 구분하는 것이다.

인류는 사람들과 자원을 다스리고 관리하기 위하여 세계를 정치적 공간으로 나누었다. 국가별로 국가의 조직과 통치 방법이 다르다. 국가 내에서나 국가 간에 무력 충돌이 발생하기도 한다. 최근 민족 간 분쟁, 학살, 테러 활동 등은 군인들뿐 아니라 민간인들까지도 목표로 삼고 있다.

핵심 질문

세계는 정치적으로 어떻게 조직되는가?

▶ 세계는 독립적이고 분리된 국가들을 형성하기 위해 정치적으로 나뉘었다.

▶ 대양이나 남극, 우주 공간과 같은 대부분의 광활한 공간은 특정 국가에 의해 분할되거나 점유되지 않았다.

▶ 국경은 국가를 분리하나 국경이 결정되고 적용되는 과정은 나라별로 매우 상이하다.

국가는 내부적으로 어떻게 조직되는가?

▶ 국가의 내부 조직은 독재정부에서 민주주의정부에 이르기까지 매우 다양하며 중앙정부 대 지방정부 간에 권력의 배분 양상도 매우 다양하다.

▶ 선거구의 재조정은 선거 결과에 영향을 미친다.

▶ 한 국가가 단일 국민성으로 구성되는 경우는 거의 없으며 종종 여러 국민성과 민족 집단으로 구성된다.

분쟁은 지역별로 어떻게 다른가?

▶ 국가 내에서나 국가 간에 이윤을 놓고 서로 경쟁하다 평화적인 해결책을 찾지 못하면 무력 분쟁으로 이어진다.

▶ 최근 발발하는 전쟁은 대부분 인구 및 국경을 변경하고자 하는 의도에서 민간인들을 대상으로 폭력을 행사한다는 점이 특징이다.

▶ 최근 이슬람교의 테러리즘은 전 세계의 국가를 대상으로 하며 여러 국가들의 정책을 변화시키고자 한다.

그림 8.CR.1 **파키스탄과 인도 사이의 국경**
다국적군인 UN 평화유지군이 1949년 이후 유지되고 있는 파키스탄과 인도의 휴전선을 감시하고 있다.

지리적으로 생각하기

국가 간에 상품, 자본, 이주민 등의 이동이 급속히 증가하고 있으며, 이는 주권에 대한 도전으로 풀이되기도 한다. 유권자들은 정부로 하여금 상품 및 투자의 유입은 허용하되 이민자의 유입 및 일자리의 유출은 막도록 점점 더 압력을 가하고 있다.

1. 정부는 이러한 압력을 어떻게 조정해야 하는가? 상품, 자본, 인력의 이동에 대한 통제 수단이 아직 정부의 관할권 내에 있는가?

미국 대부분의 주에서는 인구조사가 끝나면 집권당이 선거구를 재조정하려 한다. 정당들은 일부 유권자의 표를 무력화시킴으로써 자신들의 정권 창출에 유리하도록 선거구를 재조정한다. 많은 이들이 이러한 현상은 민주주의에 반하는 것이라고 비판하고 있는데, 민주주의에서는 모든 유권자가 정부의 변화에 대하여 동등한 발언권을 행사해야 하기 때문이다('1인 1표의 원리').

2. 다수에게 유리한 선거구를 재조정하는 방법은 무엇일까? 선거구에 구애받지 않고 대표자를 뽑는 시스템은 없을까? 이러한 변화가 연방이나 지역의 정권 조정에 어떠한 영향을 미칠까?

1990년대 이후 많은 유혈내전이 발생하였다. 어떤 이들은 이러한 사태가 국가의 경계와 민족 혹은 국민 집단이 이상적이라고 생각하는 경계가 일치하지 않기 때문에 발생하였다고 생각한다(그림 8.CR.1). 이러한 시각은 민족 집단이나 국민 집단이 정치적으로 양립할 수 없다고 보는 것이다.

3. 여러 민족 집단이나 국민 집단이 평화롭게 공존하는 국가들을 찾아보자. 이들 국가의 안정에 영향을 미치는 지리적인 요인들(영토나 지방정부의 역할 등)은 무엇인가?

인터넷 자료

UN에서는 평화유지군의 활동에 관한 지도를 제공하며 이를 통해 최근에 발생한 사건들에 대한 정보를 얻을 수 있다(http://www.un.org/Depts/Cartographic/english/htmain.htm).

미국통계국에서는 선거구 재조정에 활용되는 자료를 공개하고 있다(http://www.census.gov/rdo/).

탐구 학습

북극 해안 경계

구글어스를 사용하여 북극의 원유 및 가스 자원에 관한 분쟁에 관하여 살펴보자.

위치 : 로모노소프 해령(Romonosov Ridge)으로 가라. 로모노소프 해령은 해저에 위치한 산맥으로 그린란드에서 러시아에까지 이르며 북극점 아래에 있다.

1. 어느 나라가 북해에서 배타적 경제수역을 주장하고 있는가? 눈금자 도구를 이용하여 각 해안에서 200해리까지를 재보고 에너지 자원에 대한 주장이 미치는 범위가 어디까지인지 살펴보라.

2. 러시아는 로모노소프 해령이 대륙붕의 연장이므로 러시아의 배타적 경제수역이 북극에까지 이른다고 주장하고 있다. 만약 이 주장이 국제재판소에서 인정된다면 어느 국가가 배타적 경제수역을 놓고 러시아와 다투게 될까?

3. 어느 나라가 러시아의 주장을 반대할 것이며, 그 이유는 무엇일까?

핵심 용어

게리맨더링(gerrymandering) 한 당이 다른 당에 대해 유리하기 위하여 선거구를 다시 그리는 것

고립 영토(exclave) 다른 국가에 의해 국토의 다른 부분과 단절된 영토

관통형 국가(perforated state) 자국의 영토가 다른 나라를 완벽하게 에워싼 나라

구심력(centripetal force) 국가를 지지하는 정치적 태도

국가(state) 정치적인 단위로 조직된 영역으로 정부가 통치하며 거주 인구를 거느린다.

국경 지구(frontier) 완벽한 정치적 통제를 행사하는 국가가 존재하지 않는 구역

국민성(nationality) 특정 국가에 법적 귀속과 개인적 충성을 공유하는 사람들의 정체성

국제 조약(international treat) 국가의 주권이 미치는 범위에 대해 협의한 국가 간 조약으로 공동의 문제에 대해서도 협력하기로 약속한다.

내셔널리즘(nationalism) 국가에 대한 충성과 헌신

단일정부(unitary state) 중앙정부에 대부분의 권력이 집중된 정부 체제

단절형 국가(fragmented state) 영토가 여러 조각으로 분절된 국가

독재정부(autocracy) 기존의 엘리트들끼리 지도자를 선출하여 무한한 권력이 소수에 집중되는 정부 형태

문화적 경계(cultural boundary) 문화적 특성의 분포를 따르는 국가의 영역 한계

민족성(ethnicity) 같은 고국이나 고향 출신이며 문화적 전통을 공유하는 사람들의 정체성

민주주의정부(democracy) 국민들이 지도자를 선출하고 공직에 나아갈 수 있는 제한된 정부 형태

발칸화(Balkanization) 국내 민족들 간의 차이로 인해 국가가 붕괴되는 현상

배타적 경제수역(Exclusive Economic Zone, EEZ) 기선으로부터 200해리까지의 바다로 해당 국가는 이 구역 내의 자원 채취에 관한 독점권을 가진다.

보편관할권(universal jurisdiction) 국가의 영역이 아닌 공간에서도 모든 국가가 범죄자를 기소할 수 있다는 법률 원칙으로, 공해상의 해적에 대해서는 모든 나라가 기소할 수 있다.

신장형 국가(elongated state) 국토의 형태가 길고 좁은 국가

엔클레이브(enclave) 다른 나라에 의해 완전히 둘러싸인 영토

연방정부(federal state) 지방정부가 권력의 일부를 지니는 정부의 조직 형태

영역(territory) 정치적 단위의 물리적 공간. 국가의 영역에는 영토, 영해, 영공 및 영토의 지하까지도 포함된다.

영해(territorial waters) 기선으로부터 12해리까지의 바다로 국가가 완전한 주권을 행사한다.

응집형 국가(compact state) 국토의 형태가 원형에 가까운 나라

인종 청소(ethnic cleansing) 상대적으로 더 강한 민족 집단이 약한 민족 집단을 강제로 제거하여 민족적으로 단일한 지역을 만드는 것

인준(recognition) 신생국가의 독립 주권에 대한 기존 국가들의 공식적인 인정

접속수역(contiguous waters) 기선으로부터 12~24해리까지의 바다로 제한적인 권한을 행사한다.

주권(sovereignty) 타국의 간섭 없이 내정을 통치하는 독립성

지형적 경계(physical boundary) 자연경관상의 특정 자연지물과 일치하는 국가 경계

촉수형 국가(prorupted state) 응집된 형태이지만 한쪽이 돌출되어 확장된 국가

테러리즘(terrorism) 사람들을 위협하거나 정부를 강요하여 요구하는 것을 얻어내기 위해 어떤 집단이 체계적으로 폭력을 사용하는 것

학살(genocide) 민족, 인종, 종교, 국민 집단 등을 제거하기 위한 살인 군사 작전

혼합정부(anocracy) 민주주의정부와 독재정부 특성의 혼재가 나타나는 정부

▶ 다음 장의 소개

이 책의 후반부는 지리학의 경제적 요인에 중점을 둘 것이며, 우선 세계를 선진국과 개발도상국으로 나누어 살펴볼 것이다.

9 개발

세계는 선진국과 개발도상국으로 나뉜다. 선진국에 살고 있는 사람들은 세계 인구의 1/5에 불과하지만, 이들은 전 세계 재화의 5/6 이상을 소비한다. 반면 세계 인구의 14%를 차지하는 아프리카 사람들은 1%만을 소비하고 있다.

UN은 선진국과 개발도상국 간에 소비 패턴의 불균형에 대하여 다음과 같이 지적하였다. 미국인들이 해마다 화장품 구입에 지불하는 비용(80억 달러)은 20억 명의 인구에게 학교 교육을 제공하는 데 필요한 비용(60억 달러)보다 20억 달러나 많다. 화장실 없는 주택에 거주하는 사람은 20억 명에 달하며 90억 달러면 이들에게 화장실을 제공할 수 있다. 반면 유럽인들은 아이스크림을 소비하는 데 110억 달러 이상을 지출한다.

부유한 국가와 빈곤한 국가 간의 격차를 완화하기 위해서는 개발도상국들이 더욱 빠른 속도로 발전하여야 한다. 즉, 부를 증대시키고 늘어난 부를 국민들의 보건과 복지를 개선시키는 데 사용해야 한다.

발전 수준은 지역별로 어떻게 다른가?

: 모잠비크의 도로 건설

국가는 발전을 어떻게 추진하는가?

발전에 대한 앞으로의 문제는 무엇인가?

UN의 인적개발지수 보고서를 보려면 스캔하라.

9.1 인적개발지수

- ▶ 국가는 선진국과 개발도상국으로 구분된다.
- ▶ 인적개발지수는 한 국가의 발전 수준에 대한 척도이다.

전 세계 200개 국가는 **개발**(development) 수준에 따라 분류될 수 있는데, 개발은 지식과 기술 확산을 통해 사람들의 물질 환경을 개선하는 과정을 의미한다. 개발 과정은 연속적이며 보건과 부를 계속해서 증대시키기 위한 영속적인 행위를 포함한다. 모든 장소는 개발의 연속선상에 위치한다.

UN은 국가들을 선진국과 개발도상국으로 구분한다.

- **선진국**(developed country)은 **더 개발된 국가**(More Developed Country, MDC) 혹은 **상대적으로 개발된 국가**(relatively developed country)로 알려져 있으며, 개발의 연속선상에서 앞서나간 국가들이다. UN은 이러한 국가들이 매우 개발되었다고 여긴다.
- **개발도상국**(developing country)은 **저개발국**(Less Developed Country, LDC)이라 불리곤 하며, 개발을 어느 정도 이루었으나 선진국에 비해서는 덜 이룬 국가들이다. 개발도상국 간에도 개발 정도가 매우 다양하기 때문에 UN에서는 고도 개발, 중간 개발, 저개발 등으로 구분한다.

모든 국가의 개발 정도를 측정하기 위하여 UN에서는 **인적개발지수**(Human Development Index, HDI)를 고안하였다. 산출 방식이 몇 차례 개정되었지만, UN은 1990년 이후 매년 국가인적개발지수를 산출하여 발표하고 있다. 인적개발지수는 세 가지 발전지표들을 사용한다.

- 풍요로운 생활수준
- 지식으로의 접근
- 건강하게 장수하는 삶

세 지표에 대한 점수를 국가별로 산출하고 이를 결합하여 전체적인 인적개발지수를 계산한다(그림 9.1.1). 인적개발지수는 1.0 혹은 100%가 가장 높은 점수이다. 각 지표에 관해서는 9.2절과 9.3절, 그리고 9.4절에서 상세히 다룰 것이다.

불평등성이 반영된 인적개발지수

UN은 모든 사람이 풍요로운 생활과 지식 및 건강을 누려야 한다고 여긴다. **불평등성이 반영된 인적개발지수**

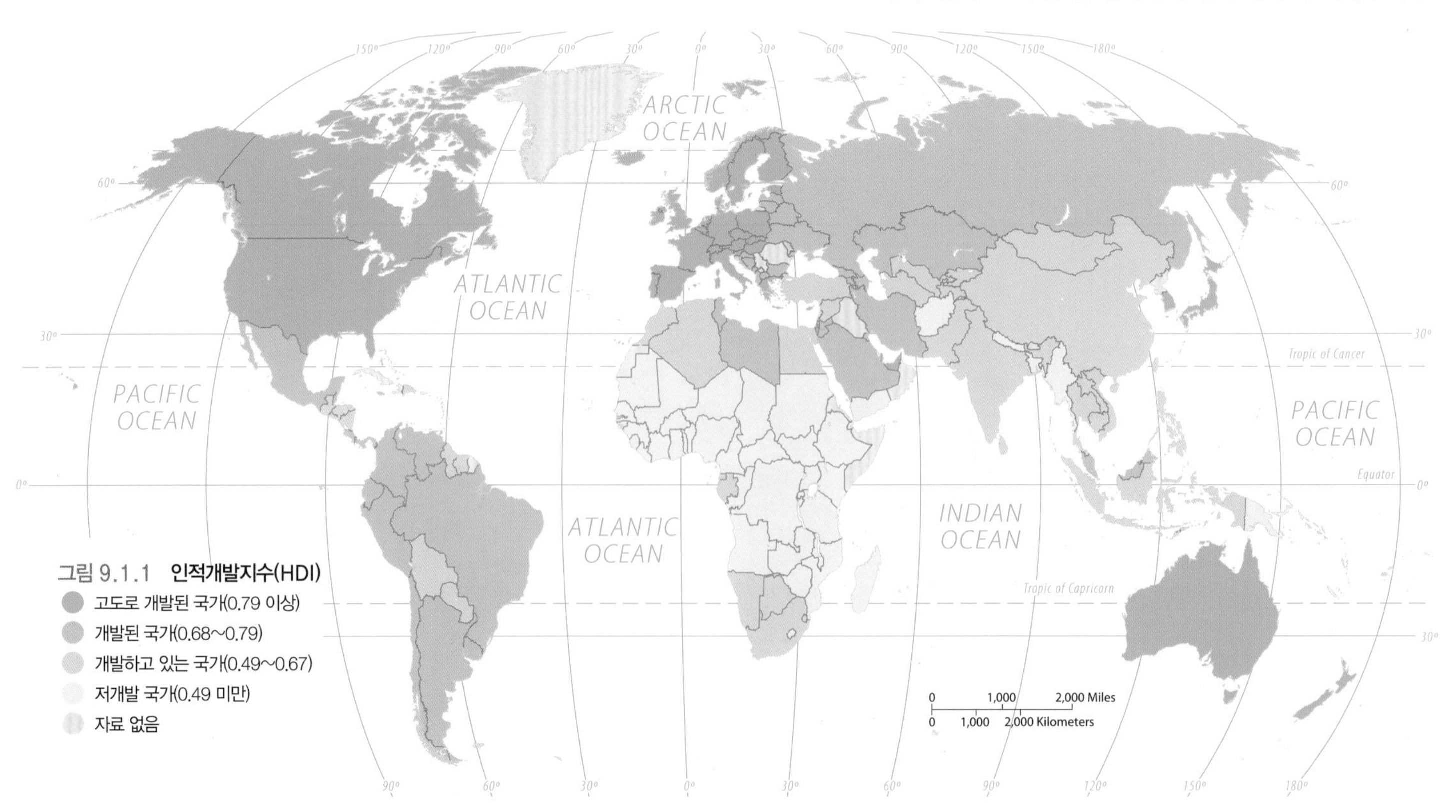

그림 9.1.1 **인적개발지수(HDI)**
- 고도로 개발된 국가(0.79 이상)
- 개발된 국가(0.68~0.79)
- 개발하고 있는 국가(0.49~0.67)
- 저개발 국가(0.49 미만)
- 자료 없음

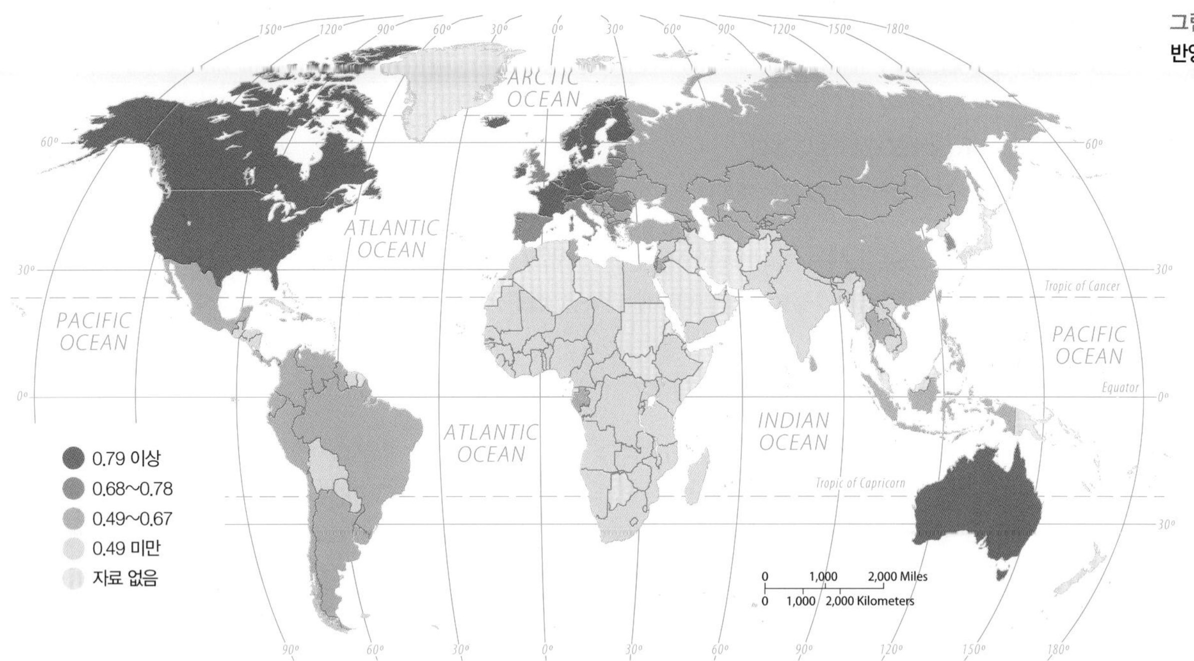

그림 9.1.2 **불평등성이 반영된 인적개발지수(IHDI)**

(Inequality-adjusted HDI, IHDI)는 인적개발지수를 불평등성으로 보정한 것이다(그림 9.1.2).

완벽하게 평등한 국가에서는 HDI와 IHDI가 같다. 만일 한 국가의 IHDI가 HDI보다 낮다면 그 나라는 불평등하다는 의미이다. 두 수치 간에 간격이 크면 클수록 해당 국가의 불평등성도 크다는 의미이다. 소수의 사람들만이 소득이 많고 고등교육을 받으며 적절한 보건 서비스를 누리는 국가는 소득의 편차가 적고 교육 수준도 비슷하며 보건 서비스가 보편적인 국가에 비해 IHDI가 낮게 나타난다.

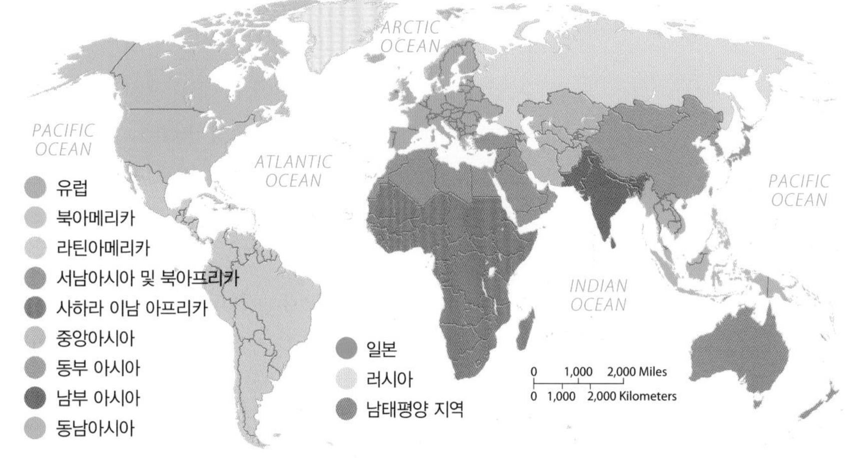

그림 9.1.3 **세계 지역의 구분**

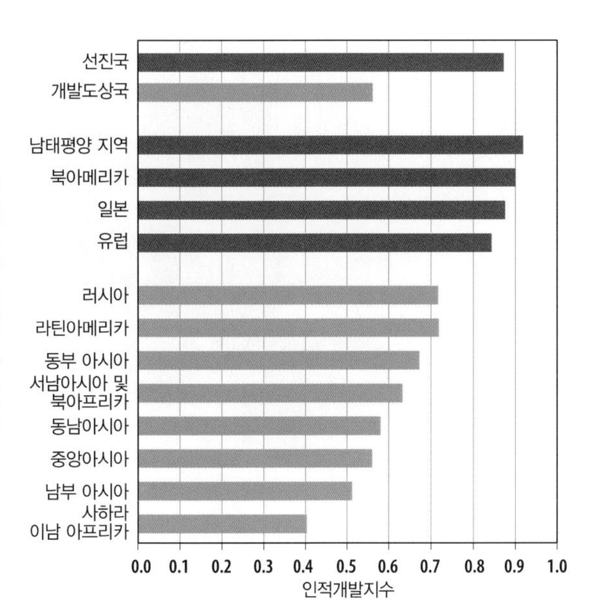

그림 9.1.4 **지역별 인적개발지수**

초점 : 세계의 지역

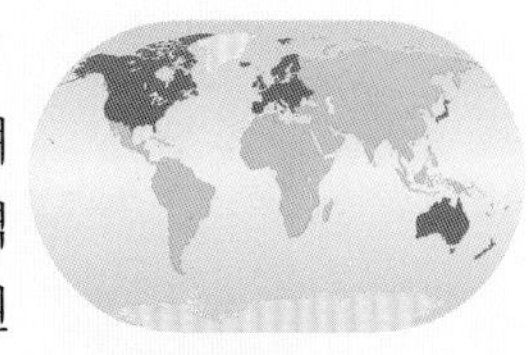

지리학자들은 지형, 문화, 경제 등의 요소를 고려하여 지역을 구분한다(그림 9.1.3). 세계 9개 지역 중 북아메리카와 유럽만이 선진 지역으로 분류된다. 이 외에 다른 지역들, 즉 라틴아메리카, 동부 아시아, 서남아시아 및 북부 아프리카, 동남아시아, 중앙아시아, 남부 아시아, 사하라 이남 아프리카 등은 개발도상 지역으로 분류된다. 이들 9개 지역 이외에도 일본, 러시아, 남태평양 지역의 3개 지역이 두드러진다. 일본과 남태평양 지역은 선진 지역으로 분류된다. 러시아는 공산주의 체제하의 개발의 한계로 인해 현재는 개발도상 국가로 분류된다. 이 장의 나머지 9개 절에서 각 절의 주제와 관련하여 아홉 지역을 한 번 이상 다룰 것이다.

9.2 생활수준

▶ 선진국의 평균 소득은 개발도상국보다 높다.

▶ 선진국 사람들은 보다 생산적이고 더 많은 재화를 소유한다.

풍요로운 생활을 위한 충분한 부는 발전에서 가장 중요한 지표이다. 선진국 국민들은 평균적으로 개발도상국 국민들보다 소득이 더 높다. 지리학자들이 연구한 바에 의하면 선진국과 개발도상국 사람들은 소득을 올리고 소비를 하는 방식이 서로 다르다.

소득

UN에서는 국가 간 평균 소득을 1인당 연간 국민총소득 지수라는 복잡한 지수를 통하여 측정하는데, 이는 국가 간 구매력을 비교하는 것이다. 선진국에서 4만 달러 정도는 개발도상국의 5천 달러에 해당된다(그림 9.2.1).

국민총소득(Gross National Income, GNI)은 한 국가 내에서 1년 동안 생산되는 재화와 서비스의 총 생산액으로, 국가 내로 유입되는 자금과 유출되는 자금까지도 포함된다. GNI를 국민총인구로 나누면 1년 동안 생산된 국가의 부에 대한 각 개인의 평균 기여도를 측정할 수 있다. 예전에는 한 국가에서 매년 생산되는 재화와 서비스의 총 생산액으로 **국내총생산**(Gross Domestic Product, GDP)이라는 개념을 사용하였으나 이는 국가 내로 유입되는 자금과 외부로 유출되는 자금을 포함하지 않는다.

구매력 평가지수(Purchasing Power Parity, PPP)는 GNI를 국가별로 다른 물가로 보정한 것이다. 예를 들어 A 국가와 B 국가의 주민이 똑같은 수입을 벌어들이지만 빅맥 햄버거나 스타벅스 라떼 커피를 구입하기 위해서 A 국가의 주민이 더 많은 돈을 지불하여야 한다면 B 국가의 주민이 더 부유한 것이다.

경제구조

선진국의 1인당 평균 소득이 개발도상국보다 높은 이유는 경제구조가 다르기 때문이다. 직업은 다음의 3개 범주에 속한다.

- **1차 산업**(농업 등)
- **2차 산업**(제조업 등)
- **3차 산업**(서비스업 등)

개발도상국은 선진국에 비해 1차 산업과 2차 산업 종사자의 비중이 높고 3차 산업의 비중은 낮다(그림 9.2.2). 선진국에서 1차 산업에 종사하는 노동자의 비중이 낮은 이유는 소수의 농민들이 다른 산업 부문에 종사하는 사람들에게 공급할 만큼 충분히 많은 식량을 생산하기 때문이다. 선진국 사람들은 대부분 식량을 직접 생산하지 않고 2차 및 3차 산업에 종사함으로써 국가 경제 성장에 기여한다(그림 9.2.3).

그림 9.2.2 **북아메리카의 경제구조**
플로리다의 3차 산업 종사자

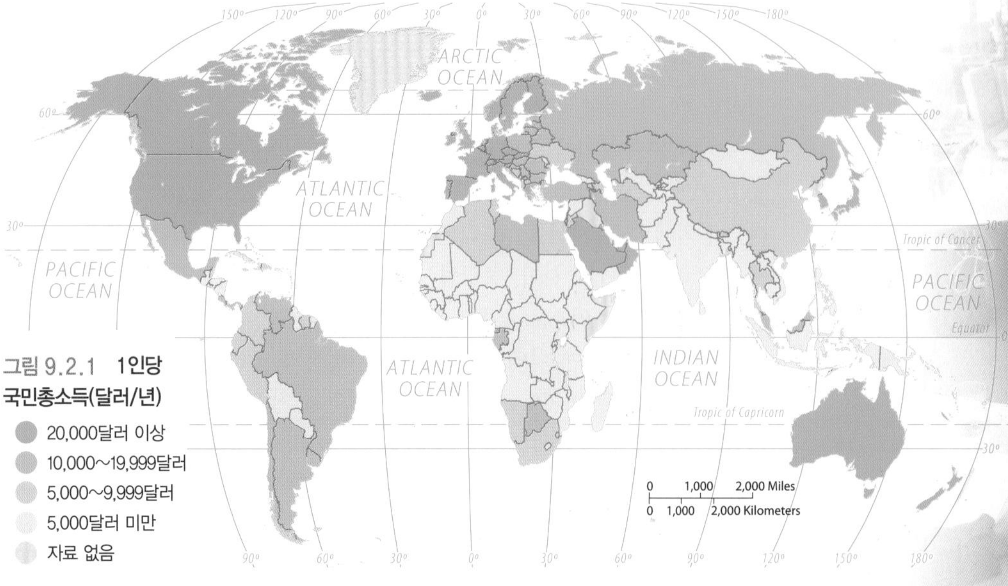

ARCTIC OCEAN
ATLANTIC OCEAN
PACIFIC OCEAN
ATLANTIC OCEAN
INDIAN OCEAN
PACIFIC OCEAN
Tropic of Cancer
Equator
Tropic of Capricorn
0 1,000 2,000 Miles
0 1,000 2,000 Kilometers

그림 9.2.1 **1인당 국민총소득(달러/년)**

- 20,000달러 이상
- 10,000~19,999달러
- 5,000~9,999달러
- 5,000달러 미만
- 자료 없음

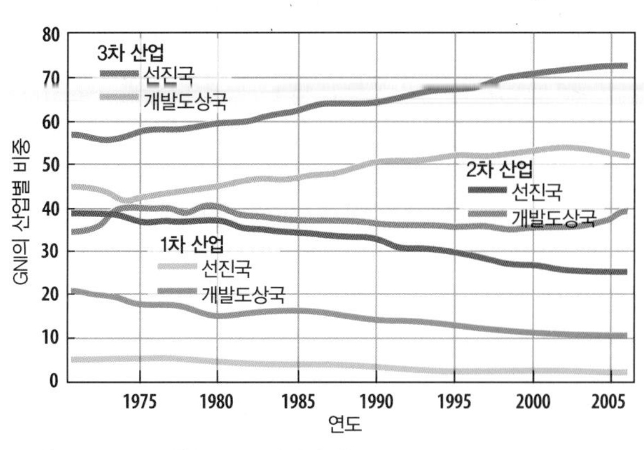

그림 9.2.3 **국민총소득의 산업별 비중**

그림 9.2.4 **북아메리카의 생산성**
캘리포니아의 컴퓨터 생산

생산성

선진국 노동자는 개발도상국 노동자보다 생산적이다. **생산성**(productivity)은 특정 제품 생산에 필요한 노동량 대비 특정 제품의 가치이다. 생산성은 노동자 1인당 부가가치로 산출된다. 제조업의 **부가가치**(value added)는 제품의 가치에서 원재료 및 에너지 비용을 제외한 값이다. 선진국 노동자는 저개발국 노동자보다 생산에 필요한 기계, 도구, 설비 등을 많이 이용하기 때문에 적은 노력으로 많은 제품을 생산할 수 있다(그림 9.2.4).

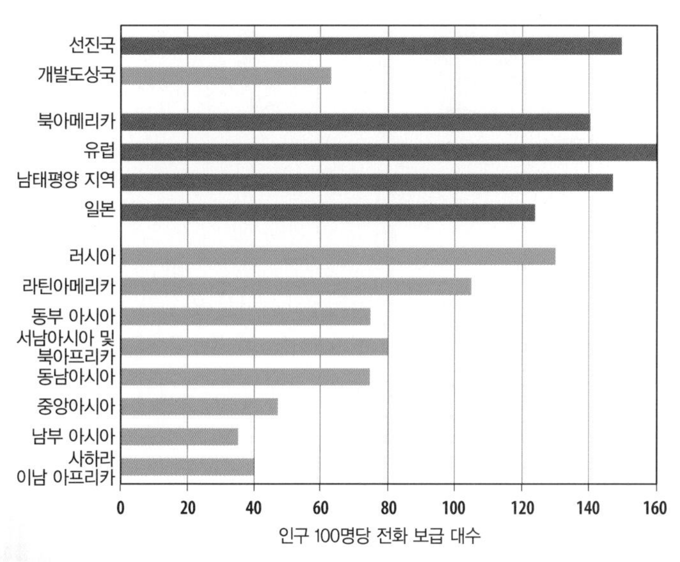

그림 9.2.5 **인구 100명당 전화 보급 대수**

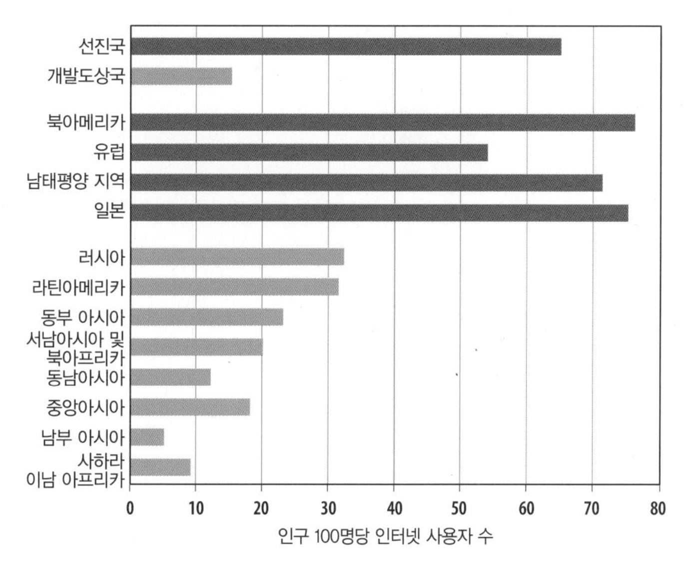

그림 9.2.6 **인구 100명당 인터넷 사용자 수**

소비재

선진국에서 생산된 부의 일부는 재화와 서비스를 구매하는 데 사용된다. 특히 전화와 컴퓨터 같은 통신 관련 소비재 부문의 재화와 서비스가 경제의 기능과 성장에서 주요한 역할을 하고 있다. 조그만 마을에서 친지 및 친구와 함께 살며 집 근처 밭에서 하루 종일 같이 일하는 사람들에게는 컴퓨터와 전화가 필수적이지 않다.

전화는 원재료의 공급자와 상품 및 서비스를 구매하는 소비자 사이의 상호작용을 증진시킨다(그림 9.2.5). 컴퓨터를 통해 다른 소비자 및 공급자들과 정보를 공유할 수 있다(그림 9.2.6). 선진국의 경우 인구 100명당 평균 150대의 전화가 보급되어 있고 65명이 인터넷을 사용하고 있는 데 반해 개발도상국에서는 인구 100명당 60대의 전화가 보급되어 있고 15명만이 인터넷을 사용하고 있다.

초점 : 북아메리카

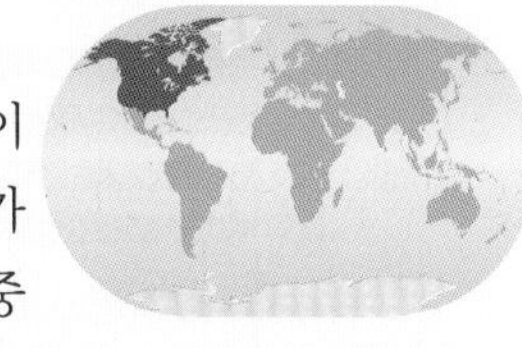

북아메리카는 세계에서 1인당 수입이 가장 높은 지역이다. 한때 북아메리카는 철강, 자동차 및 기타 제조업의 중심지였으나 20세기 후반 이후 다른 지역에 그 지위를 빼앗겼다. 이 지역은 현재 3차 산업 종사자의 비중이 세계에서 가장 높으며, 특히 보건, 레저, 금융 서비스 부문의 비중이 높다. 북아메리카인들은 여전히 세계를 주도하는 소비자들이며 여러 상품의 가장 큰 시장이다. 미국과 캐나다에서 생산된 풍요로운 부로 인해 주민들은 다른 지역보다 훨씬 더 많은 소비재를 소비한다.

9.3 교육 기회

▶ 선진국 사람들은 개발도상국 사람들보다 교육 연한이 길다.

▶ 선진국은 교사당 학생 수가 적고 문자 해독률이 높다.

발전이란 부의 소유 그 이상이다. UN에 따르면 교육 기회야말로 사람들이 가치 있는 삶을 영위하는 데 필수적이다. 일반적으로 국가의 발전 수준이 높을수록 교육의 양과 질이 높아진다. 개발도상국의 많은 주민들에게 교육은 더 좋은 직업과 더 높은 사회적 지위를 얻을 수 있는 기회를 제공한다.

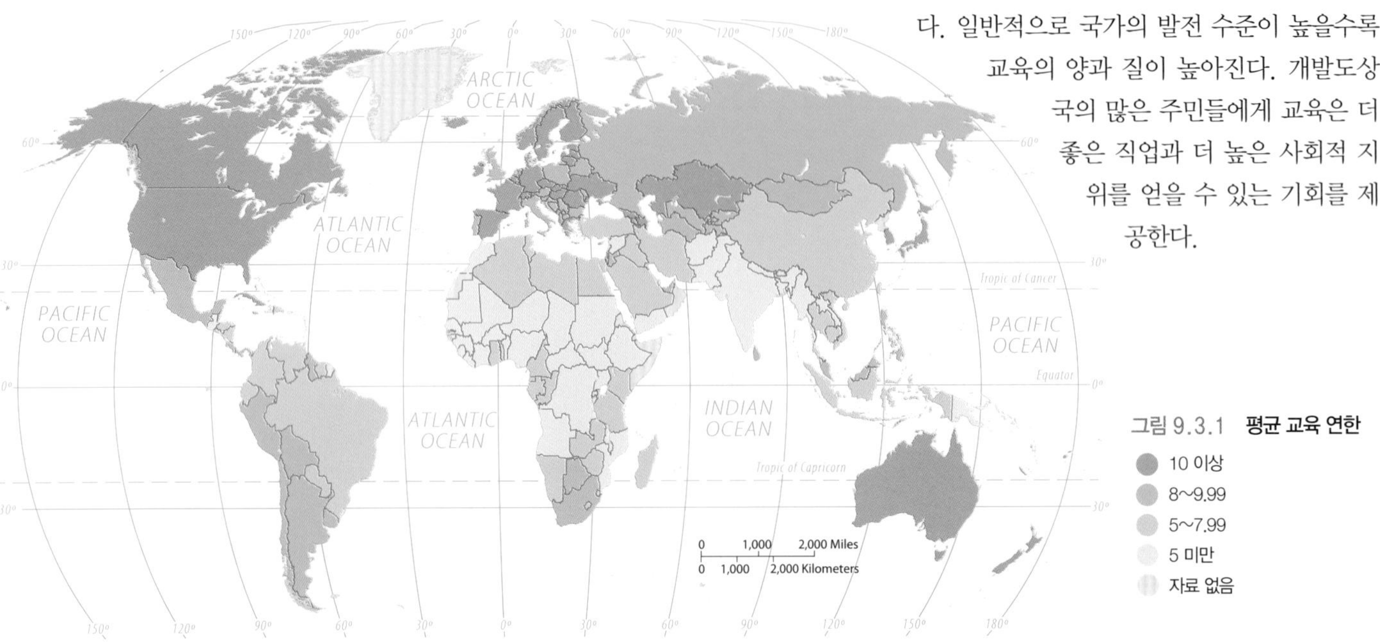

그림 9.3.1 **평균 교육 연한**

교육 연한

UN에서는 교육 연한이 개인이 발전에 필요한 지식에 접근할 수 있는 능력을 측정하는 가장 중요한 측정치라고 여긴다. 즉, 학교가 아무리 형편없어도 학생들이 오래 다닌다면 그들이 무엇인가를 배울 기회가 많아진다는 것이다.

UN에서는 인적개발지수의 교육 기회 항목에서 교육의 양을 측정할 때 두 가지 방법을 사용한다.

그림 9.3.2 **기대 교육 연한**

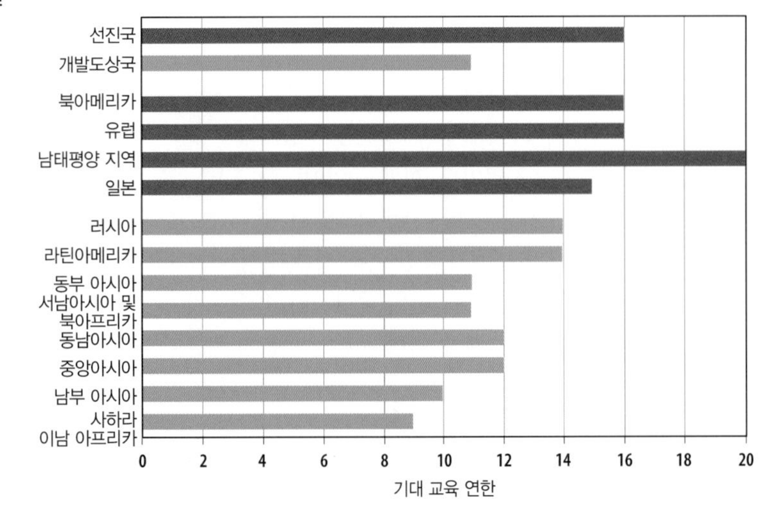

- **교육 연한**. 한 국가의 25세 이상 인구가 평균적으로 재학한 기간. 선진국에서는 학생들이 평균적으로 11년 정도 학교에 다니는 반면, 개발도상국가에서는 약 6년 정도 다닌다(그림 9.3.1).
- **기대 교육 연한**. 평균 5세 어린이들이 미래에 교육을 받을 것이라 예상되는 기간. UN에서는 오늘날 선진국의 5세 어린이들은 평균 16년 정도 학교에 다닐 것이라고 예상하는 반면 개발도상국의 어린이들은 11년 정도 학교에 다닐 것이라고 예상하였다(그림 9.2.3). 사하라 이남 아프리카와 남부 아시아 지역은 다른 지역에 비해 교육 연한이 상당히 낮을 것으로 예상된다.

따라서 UN에서는 어린이들이 미래에 평균적으로 5년 정도 더 오래 학교에 다닐 것이지만 선진국과 개발도상국 간의 교육 격차는 여전히 상당할 것으로 예상하였다. UN은 선진국에서는 현재 5세 어린이들의 약 절반 정도가 대학을 졸업할 것이라고 예상하였지만 개발도상국에서는 고등학교를 졸업하는 비율이 절반에도 이르지 못할 것이라고 예상하였다.

교육의 질

교육의 질을 측정하는 두 가지 방법은 다음과 같다.

- **교사당 학생 수.** 교사 1명당 학생 수가 적어질수록 각 학생은 더 나은 교육을 받게 된다. 개발도상국에서는 교사당 학생의 비가 교사 1명당 학생 30명 정도이고, 선진국에서는 15명 정도이다(그림 9.3.3). 사하라 이남 아프리카와 남부 아시아 지역의 교사당 학생의 비는 40이 넘는다.
- **문자 해독률.** 선진국에서는 많은 사람들이 학교에 다녔으며, 따라서 대부분이 읽고 쓰는 법을 배운다. **문자 해독률**(literacy rate)이란 한 국가의 국민 중에서 읽고 쓸 수 있는 사람의 비율을 나타낸다. 선진국의 문자 해독률은 99%가 넘는다(그림 9.3.4). 개발도상국 중 동부 아시아와 라틴아메리카의 문자 해독률은 90%가 넘지만 사하라 이남 아프리카와 남부 아시아 지역에서는 70%가 되지 않는다.

선진국에서 발간되는 대부분의 도서, 신문, 잡지들은 시민들이 읽고 쓸 수 있기 때문에 발행된다 할 수 있다. 선진국은 전 세계를 대상으로 과학 및 논픽션 도서를 출판하고 있으며, 이 책도 그러한 예라 할 수 있다. 따라서 개발도상국의 학생들은 전문적인 지식을 배우기 위해서는 모국어가 아닌 영어, 독일어, 러시아, 프랑스어 등의 언어로 된 책을 읽어야 한다.

대부분의 개발도상국에서 보다 나은 교육을 추구하고 있지만, 이를 위한 자본이 매우 부족하다. 교육이 GNI에서 차지하는 비중은 개발도상국이 선진국에 비해 높지만, 개발도상국의 GNI가 매우 적기 때문에 개발도상국의 학생 1인당 교육 지출액은 선진국과 비교할 수 없을 정도로 낮다.

그림 9.3.3 **교사당 학생비**

15세 이하 인구비가 높은 국가에서는 교실의 크기가 큰가, 혹은 작은가?

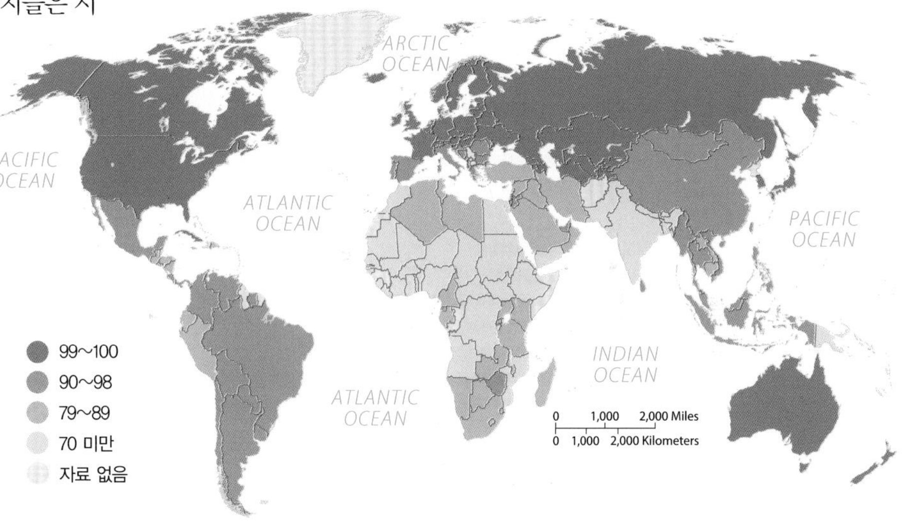

그림 9.3.4 **문자 해독률(%)**

그림 9.3.5 **유럽의 학교**
스페인은 세계에서 가장 바람직한 교사 1인당 학생 수를 나타내고 있다

초점 : 유럽

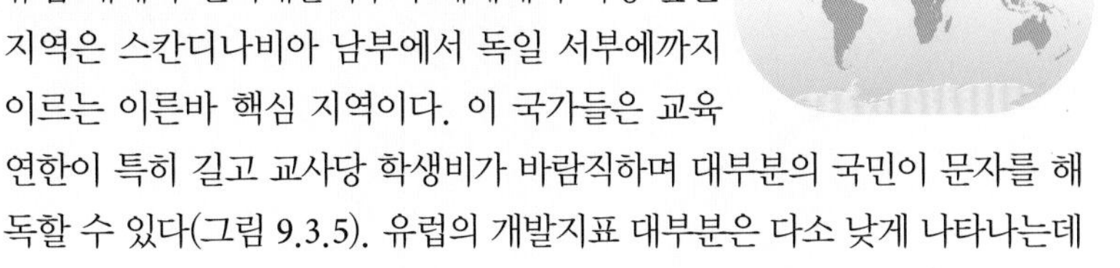

유럽 내에서 인적개발지수가 세계에서 가장 높은 지역은 스칸디나비아 남부에서 독일 서부에까지 이르는 이른바 핵심 지역이다. 이 국가들은 교육 연한이 특히 길고 교사당 학생비가 바람직하며 대부분의 국민이 문자를 해독할 수 있다(그림 9.3.5). 유럽의 개발지표 대부분은 다소 낮게 나타나는데 이는 동부 유럽 국가들이 20세기 대부분의 기간을 공산주의 지배하에서 발전하였기 때문이다. 유럽은 식량, 에너지 및 광물자원을 수입하여야 하나 보험, 금융, 고급 자동차와 같은 고부가가치 제품과 서비스를 생산하기 때문에 높은 수준의 발전을 유지할 수 있다.

9.4 보건지표

▶ 선진국 사람들은 더 오래, 그리고 더 건강하게 산다.

▶ 선진국에서는 보건 의료에 더 많은 비용을 지불한다.

UN에서는 경제적 부와 교육에 이어 발전에서 세 번째로 중요한 지표로 건강을 꼽았다. 발전의 목표는 장수하고 건강한 삶을 사는 데 필요한 영양과 의료 서비스를 국민에게 제공하는 것이다.

기대수명

보건지표 중 인적개발지수에 고려되는 것은 출생 시의 기대수명(life expectancy)이다. 오늘날 선진국에서 태어난 아기는 개발도상국에서 태어난 아기에 비해 기대수명이 평균 10년 이상 길다(그림 9.4.1, 5.4.3의 세계지도 참조). 개발도상국 간에도 지역별로 상당한 차이가 난다. 동부 아시아와 라틴아메리카의 기대수명은 선진국에 비견할만하지만 사하라 이남 아프리카는 매우 낮다.

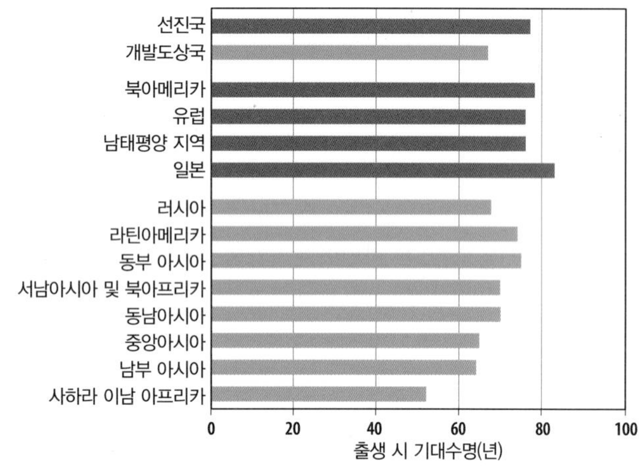

그림 9.4.1 **지역별 기대수명**

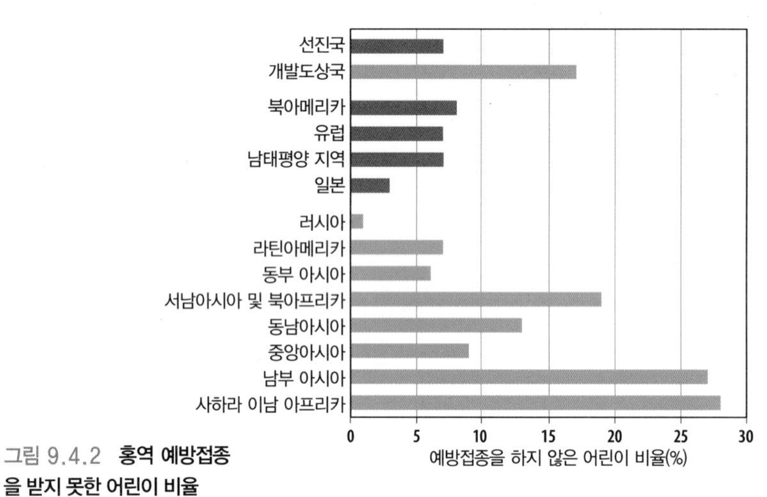

그림 9.4.2 **홍역 예방접종을 받지 못한 어린이 비율**

보건 의료 혜택

선진국 사람들은 보건 및 복지 수준이 높기 때문에 개발도상국에 비해 장수하며 더 건강하게 산다. 선진국민의 소비에서 상당 부분이 보건 및 의료 서비스에 사용된다. 건강한 국민은 경제적으로 더 생산적일 수 있다. 예를 들어 개발도상국 어린이의 17% 정도가 홍역 예방접종을 하지 않은 반면 선진국 어린이는 약 7%만이 예방접종을 하지 않았다. 남부 아시아와 사하라 이남 아프리카 어린이는 4명 중 1명이 홍역 예방접종을 받지 못했다(그림 9.4.2). 사람들이 아픈 경우, 선진국은 병자를 돌보기 위한 자원을 보유하고 있다. 예를 들어 선진국에서는 인구 1만 명당 평균 50개의 병상을 보유하고 있는 반면 개발도상국에서는 20개만을 보유하고 있다(그림 9.4.3, 9.4.4).

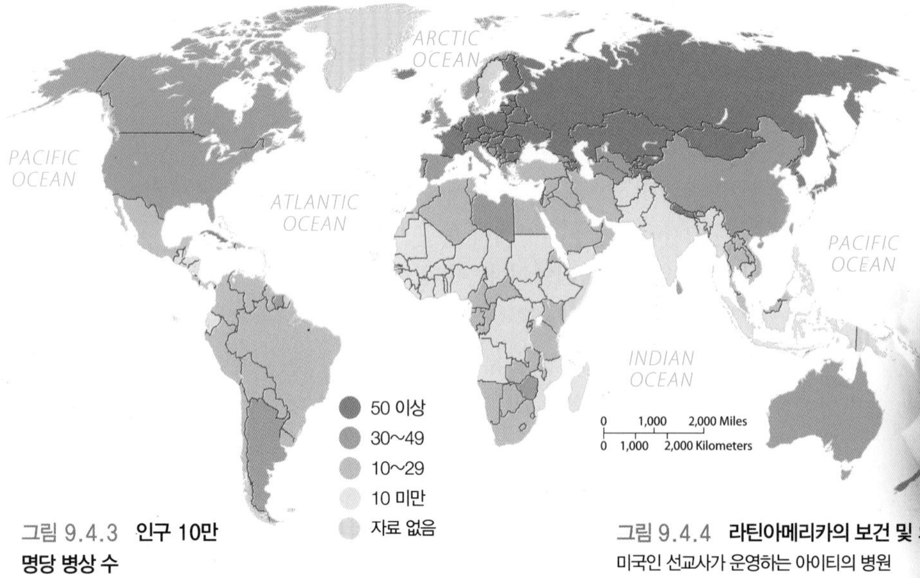

ARCTIC OCEAN
PACIFIC OCEAN
ATLANTIC OCEAN
PACIFIC OCEAN
INDIAN OCEAN
50 이상
30~49
10~29
10 미만
자료 없음
0 1,000 2,000 Miles
0 1,000 2,000 Kilometers

그림 9.4.3 **인구 10만 명당 병상 수**

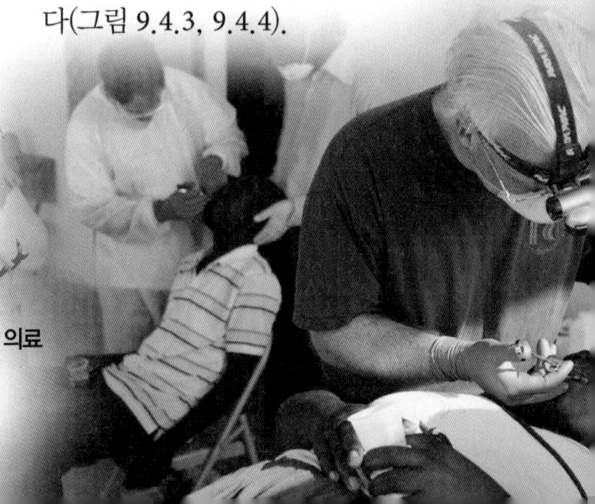

그림 9.4.4 **라틴아메리카의 보건 및 의료**
미국인 선교사가 운영하는 아이티의 병원

그림 9.4.5 **1인당 보건 의료 비용 지출**

그림 9.4.6 **GNI 대비 개인 보건 의료 지출 비중**

보건 의료 지출

특히 의료비 지출은 선진국과 개발도상국 간에 큰 격차가 나타난다. 선진국에서는 연간 보건 및 의료에 1인당 4천 달러 이상을 소비하는 반면, 개발도상국에서는 약 200달러 정도를 지출하고 있다(그림 9.4.5). 선진국은 병원, 의약품, 의사 부문에 특히 많은 비용을 지불한다.

선진국의 경우 보건 및 의료 부문에 대한 지출이 GNI의 7%를 상회하지만 개발도상국은 2%에 불과하다. 선진국은 개발도상국에 비해 GNI가 월등히 높을 뿐 아니라 전체 소득에서 보건 및 의료에 지출하는 비중 또한 높다(그림 9.4.6).

일반적으로 선진국의 보건 의료는 정부에서 지원하는 공공 서비스이기 때문에 국민들은 저렴한 비용이나 무료로 서비스를 이용할 수 있다. 대부분의 유럽 국가들은 보건 의료 비용의 70% 이상을 정부가 분담하고, 개인은 30% 이하만 부담하면 된다. 한편 개발도상국에서는 보건 의료 비용의 절반 이상을 개인이 지불해야만 한다. 그러나 예외적으로 미국은 저개발국과 유사하게 개인이 부담하는 의료 비용의 비중이 55%에 이른다.

선진국에서는 일을 할 수 없는 사람들을 보호하기 위한 국가 예산이 편성된다. 이와 같은 공공 지원은 병약자, 노약자, 장애인, 빈곤자, 고아, 상이용사, 미망인, 실업자 등에게 제공된다. 공공 지원을 가장 많이 하는 국가는 덴마크, 노르웨이, 스웨덴 등이다.

선진국은 현재와 같은 수준의 공공 지원 예산을 책정하도록 압박을 받고 있다. 과거에 경제가 급속히 성장할 때에는 별 어려움 없이 공공 지원을 위한 예산 편성을 확대할 수 있었다. 그러나 최근 경제성장은 둔화된 반면 공공 지원을 필요로 하는 사람들의 비중은 증가하였다. 이에 따라 정부는 공공 지원 자체의 축소 또는 세금 인상을 통한 공공 지원의 확대 중 하나의 전략을 선택해야 하는 어려움에 직면하고 있다.

그림 9.4.7 **라틴아메리카의 보건 및 의료**
콜롬비아의 난민병원

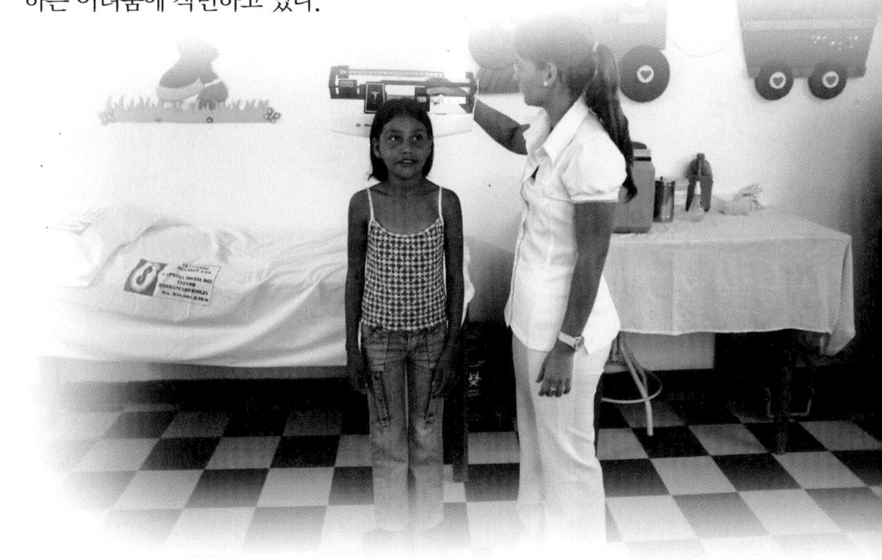

초점 : 라틴아메리카

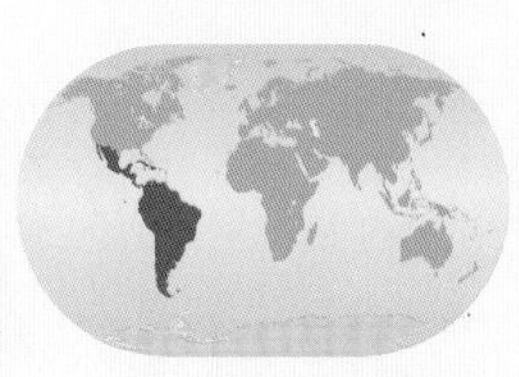

라틴아메리카 내에서도 발전 수준이 지역별로 매우 상이하다. 남대서양 해안을 따라 입지한 대도시 지역의 발전 수준은 선진국과 별반 다르지 않다. 해안 지역의 1인당 GNI는 매우 높게 나타난다. 그러나 내륙으로 갈수록 발전 수준이 낮아진다. 개발도상 지역 중에서도 라틴아메리카는 동아시아 지역과 더불어 기대수명이 길고, 예방접종률이 높으며, 1인당 침상수도 많고, 보건 분야에 많은 돈을 지출한다. 그러나 이러한 지표들은 선진국에 비해서는 뒤처져있다.

9.5 남녀평등 개발

▶ 모든 국가에서 여성의 지위는 남성의 지위보다 낮다.

▶ 성불평등지수란 남성과 여성 간의 불평등을 측정한 것이다.

UN에서는 남성과 여성이 동등하게 대우받는 국가를 한 국가도 발견하지 못했다. 일부 국가만이 여성과 남성을 비슷한 수준으로 대우하고 있을 뿐이며, 그 외 대부분 국가에서 남녀불평등 현상이 매우 심각하게 나타나고 있다.

UN은 각 국가의 성 불평등 정도를 측정하기 위하여 **성불평등지수**(Gender Inequality Index, GII)를 개발하였다. 지수가 높을수록 남성과 여성 간의 불평등 정도가 심한 것이다(그림 9.5.1). 다른 지수들처럼 성불평등지수도 여러 측정치를 결합하여 계산하는데, 모자 보건, 여성의 권한, 노동 참여 등의 지표를 사용한다.

여성의 권한

여성의 권한은 두 가지 지표를 통하여 측정된다.

- 국회에서 여성의원의 의석 비율(그림 9.5.2, 9.5.3)
- 고등학교를 졸업한 여성의 비율

두 지표 모두 선진국에 비해 개발도상국에서 낮게 나타난다.

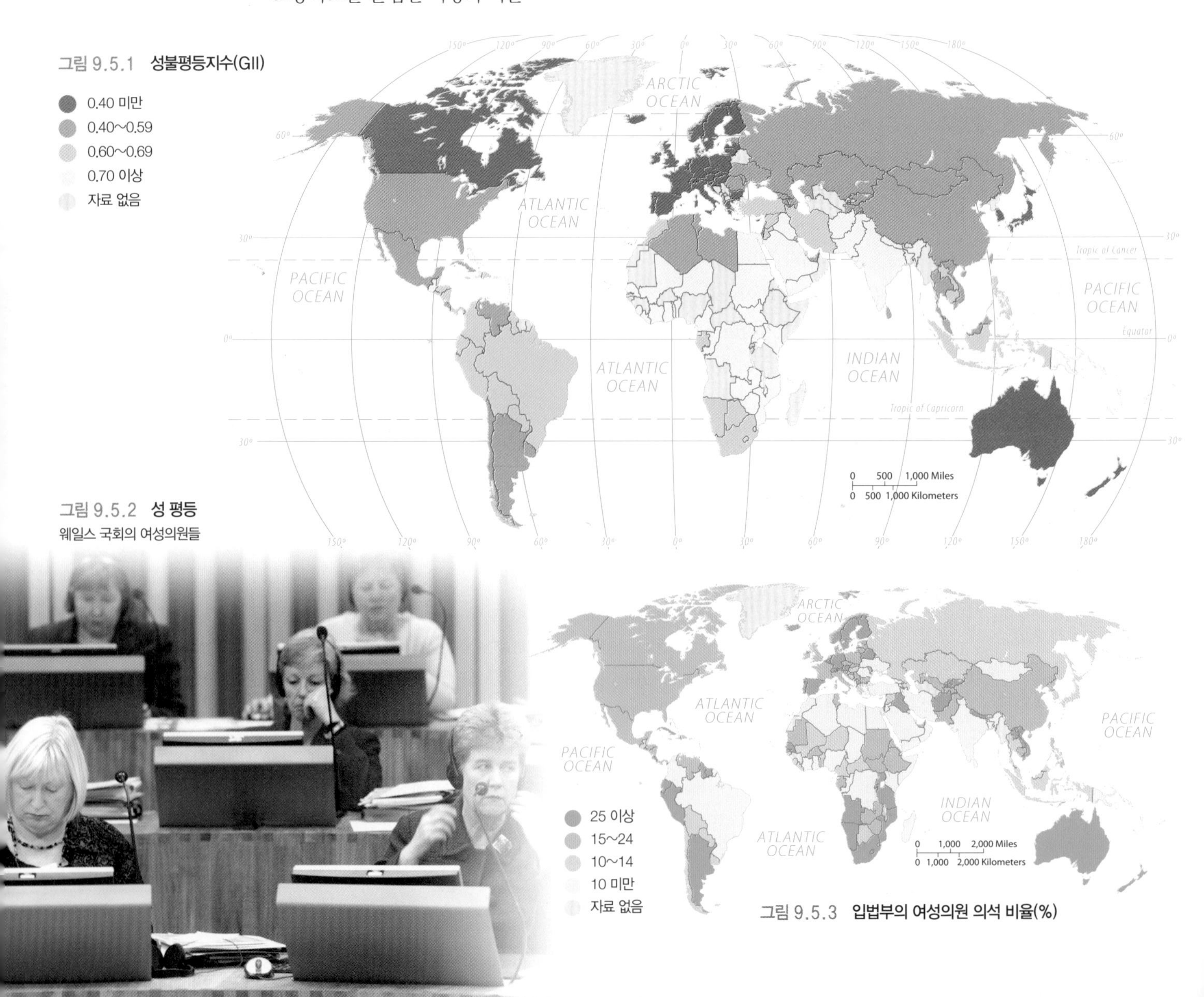

그림 9.5.1 **성불평등지수(GII)**

그림 9.5.2 **성 평등**
웨일스 국회의 여성의원들

그림 9.5.3 **입법부의 여성의원 의석 비율(%)**

노동 참여

노동 참여율은 가정 이외에 상근직에 근무하는 여성의 비율이다. 개발도상국 여성은 선진국 여성에 비해 상근직에 근무하는 비율이 더 낮다(그림 9.5.4).

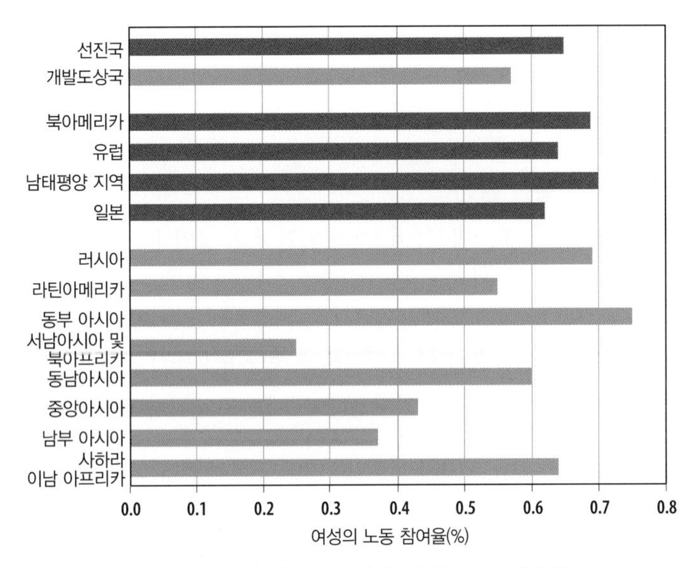

그림 9.5.4 **여성의 노동 참여**
(왼쪽) 지역별 여성의 노동 참여 비율 (오른쪽) 중국 광저우 광섬유 공장의 여성 노동자들

그림 9.5.5 **청소년 출산율(오른쪽)과 오하이오의 청소년 엄마(아래)**

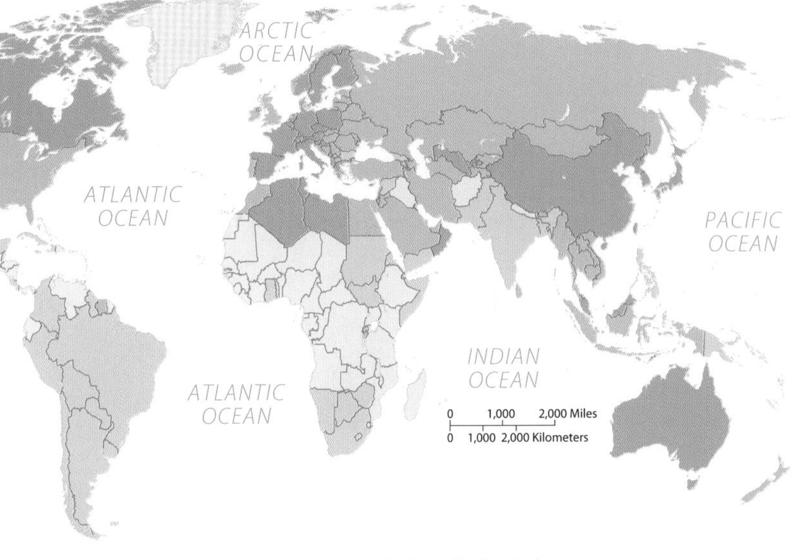

모자 보건

건강 측면은 두 가지 지표에 의해 측정된다.

- **모성 사망률**(maternal mortality ratio)은 인구 10만 명당 출산 도중 사망하는 여성의 수이다.
- **청소년 출산율**(adolescent fertility rate)은 15~19세 사이의 여성 1,000명당 출산한 아기의 수이다.

개발도상국 여성은 선진국 여성에 비해 출산 도중에 사망할 가능성이 높고 청소년기에 출산을 하는 경향이 높다(그림 9.5.5).

일반적으로 성불평등지수는 선진국보다는 개발도상국에서 높게 나타난다. 성불평등지수는 사하라 이남 아프리카, 남부 아시아, 중앙아시아, 서남아시아 등의 개발도상 지역에서 매우 높게 나타난다. 이 지역의 성불평등지수를 높이는 주요 원인은 모자 보건 분야이다. 남부 아시아 및 서남아시아에서는 여성의 권한 면에서 지수가 상당히 낮게 나타난다. 미국은 청소년 출산율과 의회의 여성의원 의석수 때문에 불평등 정도가 높아졌다.

초점 : 동부 아시아

동부 아시아의 성불평등지수는 선진국들과 비견할만하다. 다른 개발도상국과 비교하여 중국의 여성들은 교육 수준이 높고 노동 참여율도 높으며 모성 사망률과 청소년 출산율도 낮다. 미국의 뒤를 이어 세계 2위의 경제 대국인 중국은 전 세계 경제성장의 1/3을 담당하고 있으며 1인당 GNI 또한 가장 빠르게 증가하고 있다. 공산당의 통치하에 정부는 발전 요소의 대부분을 강하게 통제하고 있다.

9.6 발전의 두 가지 경로

▶ 자급자족을 통한 발전 방식은 무역에 장해가 된다.

▶ 국제무역을 통한 발전 방식은 희소 자원의 분배와 관련된다.

개발도상국들은 발전을 촉진시키기 위해 대개 두 가지 발전 모델 중 한 가지를 따른다. 하나는 자급자족에 중점을 둔 방식이고 다른 하나는 국제무역에 중점을 둔 방식이다.

자급자족을 통한 발전

자급자족 또는 균형성장(balanced growth)은 20세기 대부분의 기간에 더 많은 국가들이 채택한 발전 방식이다. 자급자족을 통한 발전 방식은 다음과 같은 특징을 갖는다.

- 투자는 가능한 한 국가의 모든 경제 부문, 모든 지역에서 균등하게 이루어진다.
- 발전 속도는 느리지만 발전의 혜택이 주민과 기업에 모두 제공되므로 시스템이 공정하다.
- 소수의 사람들이 부유해지는 것보다 빈곤 감소가 우선시된다.
- 창업 기업은 대규모 다국적기업과의 경쟁에서 보호된다.
- 타 국가로부터 재화 수입은 관세, 쿼터제, 수입허가제 같은 무역장벽에 의해 제한된다.

자급자족의 예 : 인도

인도는 한때 자급자족 모델을 채택하였다(그림 9.6.1). 인도는 다음과 같은 무역장벽을 구축하였다.

- 인도에 수입 물품을 판매고자 하는 대부분의 외국 기업은 수십 개의 정부 기관들로부터 승인을 받아야 한다.
- 인도 정부로부터 승인을 받은 수입업체들의 판매량도 정부에 의해 결정된다.
- 수입된 상품에는 국내 소비재 가격의 2~3배에 해당하는 세금이 부과된다.
- 인도 화폐는 다른 나라의 화폐로 환전할 수 없다.
- 기업은 신제품 판매, 공장 개조, 생산 확대, 가격 결정, 노동자의 채용 및 해임, 기존 노동자의 직종 변경 등이 있을 경우 정부로부터 허가를 받아야 한다.

국제무역을 통한 발전

국제무역을 통한 발전 방식은 국가가 지역 우위 산업에 희소 자원을 집중 투자함으로써 경제적으로 발전할 수 있다고 보는 관점이다. 생산된 제품을 세계시장에 판매함으로써 획득한 자본을 국내의 다른 산업 발전에 투자하게 된다는 것이다. 로스토우(W. W. Rostow)는 1960년대에 다음과 같이 경제성장의 5단계를 제시하였다.

- **전통적 사회.** 농업 종사자의 비율이 높고, 국가 부의 많은 부분이 군사 및 종교와 같은 '비생산' 활동에 분배된다.
- **도약 준비기.** 엘리트 집단이 혁신적인 경제활동을 견인한다. 고학력 리더 집단의 주도하에 국가는 신기술을 개발하고 수자원 공급 및 교통 체계와 같은 사회간접자본에 대한 투자가 이루어진다. 궁극적으로 이러한 프로젝트들이 생산성 증대를 견인하게 된다.
- **도약기.** 섬유 및 식품과 같은 한정된 경제활동에서 급속한 성장이 이루어진다.
- **성숙기.** 도약기에서 소수의 산업에만 제한되던 현대 기술이 전체 산업으로 광범위하게 확산된다.
- **대중 소비 시대.** 산업 구조가 철강 및 에너지 같은 중공업 생산에서 자동차 및 냉장고 같은 소비재 부문으로 이전한다.

국제무역을 통한 발전의 예

다음의 국가들은 20세기에 다른 나라보다 앞서 국제무역 방식을 도입하였다.

- **'네 마리의 용'.** 대한민국, 싱가포르, 대만, 홍콩은 의류 및 전자제품과 같은 저임금 제조업을 기반으로 발전하였다. 이들 국가는 '네 마리의 호랑이', '4명의 갱'이라는 별명으로도 불렸다.
- **석유 부국인 아라비아반도 국가.** 과거에는 세계에서 가장 낙후된 국가들이었으나, 1970년대에 석유 가격의 급등으로 단기간 내에 부유한 국가가 되었다(그림 9.6.2).

그림 9.6.1 **인도의 자급자족 모델**
하르야나의 시장에서 바스마티 쌀을 판매하고 있다.

자급자족 모델의 문제점

인도를 비롯해 자급자족 모델을 채택한 개발도상국에서는 두 가지 주요 문제가 발생하였다.

- **자급자족을 통한 발전으로 비효율적인 산업이 보호되었다.** 기업은 소비자들에게 생산된 모든 제품을 높은 정부 통제 가격에 판매할 수 있었다. 따라서 기업들은 품질 향상, 생산비용 감소, 가격 절감, 생산 확대 등에 대해 아무런 동기부여가 없었다. 국제 경쟁으로부터 보호받은 기업들은 빠른 기술 변화에 대처해야 할 부담도 없었다.
- **통제를 위해 대규모의 행정 체계가 필요했다.** 복잡한 행정 체계로 인해 부정부패가 만연했다. 기업들은 재화의 생산 또는 서비스의 제공을 통해 이윤을 획득하는 것보다 복잡한 규제를 피해가는 것이 더 도움이 된다는 것을 알게 되었다.

그림 9.6.2 **아랍에미리트의 국제무역 발전 모델**
아랍에미리트 두바이의 발전된 모습

국제무역 발전 모델의 문제점

아시아의 네 마리의 용들과 아라비아반도 국가들을 제외한 국가들이 채택한 국제무역 발전 모델에는 다음과 같은 세 가지 문제점이 있다.

- **재화의 지역적 결핍.** 일부 개발도상국들이 특정 산업을 집중 육성하면서 국민들이 필요로 하는 식량과 의복을 비롯한 생필품의 생산을 감소시켰다.
- **시장 성장의 둔화.** 개발도상국들은 저비용 노동력을 이점으로 활용하고자 하나, 한 세기 전에 '네 마리의 용'들이 이러한 전략을 사용하던 때에 비해서는 선진국의 시장 성장이 훨씬 둔화되었다.
- **낮은 상품 가격.** 일부 개발도상국은 선진국 제조업자들이 찾는 자원을 보유하고 있으며, 자원의 판매를 통해 조성된 자금으로 발전을 추진할 수 있다. 아라비아반도국들의 경우 석유 가격의 급등으로 국제무역 발전 모델을 성공시킬 수 있었지만 다른 개발도상국들의 경우 원자재 가격이 낮아 그러한 행운을 누릴 수 없었다.

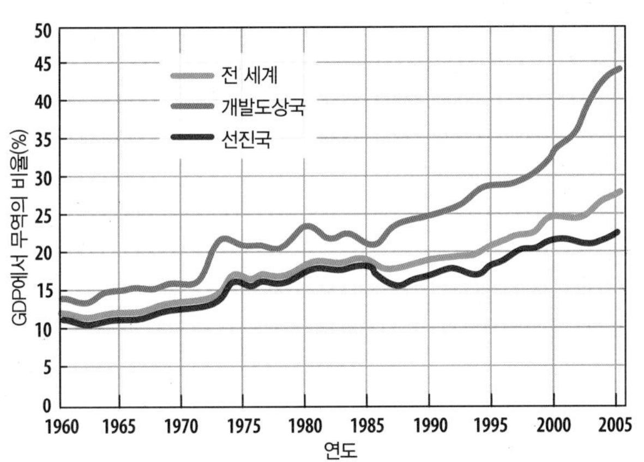

그림 9.6.3 **소득에서 세계무역이 차지하는 비율**

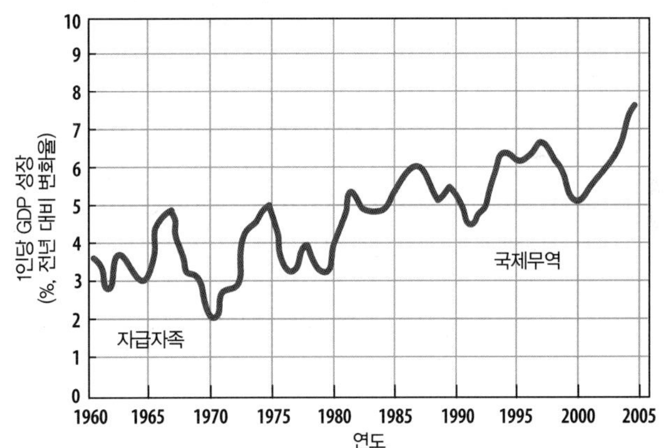

그림 9.6.4 **인도의 1인당 국내총생산의 변화**

국제무역 발전 모델의 성공

국가들은 자급자족 모델에서 국제무역 발전 모델로 전환하였다(그림 9.6.3). 예를 들어 인도는 다음과 같이 변화하였다.

- 관세 및 수입 규제를 감소 또는 철폐하였다.
- 다수의 독점권이 철폐되었다.
- 생산품의 품질이 향상되었다.

국제무역 발전 모델로 전환한 이후 인도의 1인당 소득이 매우 빠르게 증가하였다(그림 9.6.4).

초점 : 서남아시아 및 북아프리카

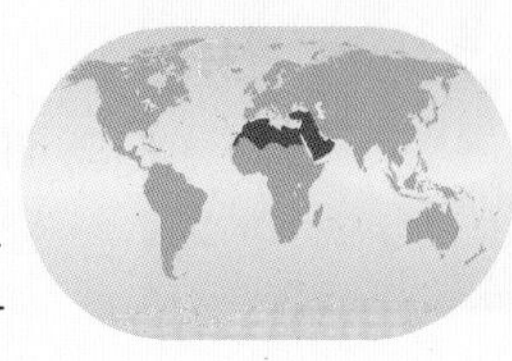

풍부한 석유를 보유한 서남아시아 및 북아프리카 국가들은 주택, 고속도로, 공항, 대학, 통신 네트워크 등 대규모 프로젝트에 석유 자본을 사용하였다. 소비재는 완제품의 형태로 수입되었다. 그러나 국제무역의 일부 관행은 이슬람 교리와 맞지 않는다. 대부분의 여성은 직업을 가질 수 없고 공공장소의 출입이 제한된다. 이슬람교도들은 하루 수차례의 기도 시간에 모든 활동을 중단해야 한다.

9.7 세계무역

▶ 세계무역기구는 국제무역의 채택을 장려하였다.

▶ 다국적기업들이 발전 기금의 주요 제공자이다.

국제무역 발전 모델을 통한 발전을 촉진시키기 위해 대부분의 국가들은 세계무역기구(World Trade Organization, WTO)에 가입하였다. 기업들이 특히 국제무역을 촉진시키고자 한다.

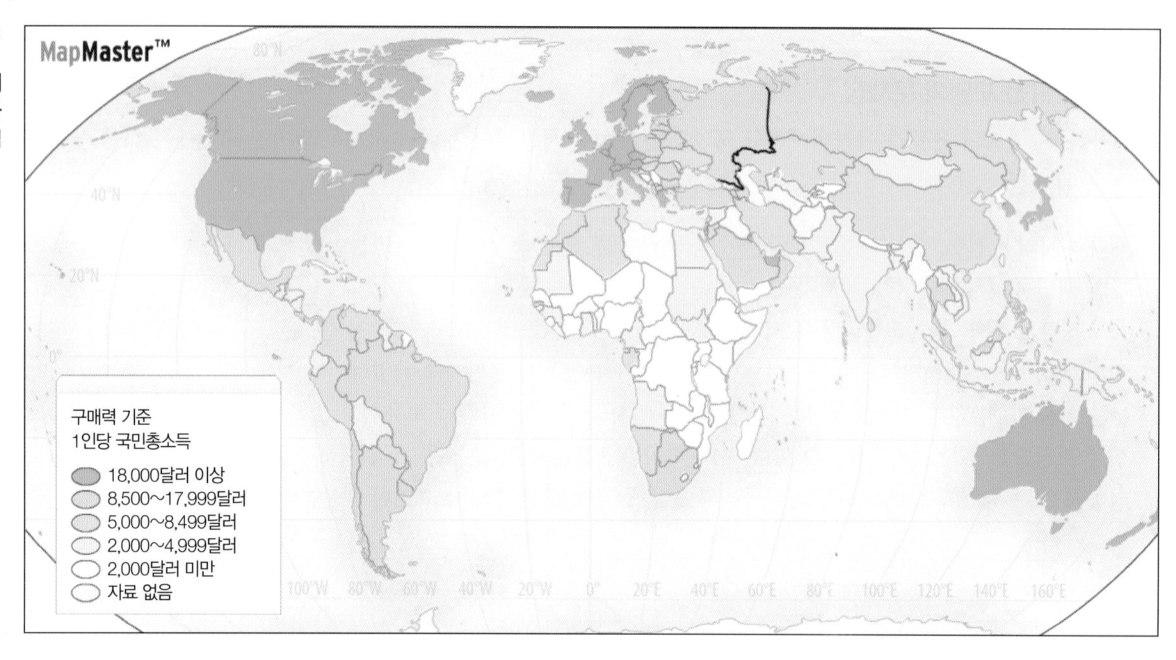

그림 9.7.1 **세계무역기구**

세계의 주요 지역(러시아 제외) 중에서 대부분의 국가가 WTO의 회원국이 아닌 지역은 어디인가?

세계무역기구

국제무역 발전 모델을 장려하기 위해 1995년 전 세계 97%의 국가들이 세계무역기구를 창설하였다. 러시아는 세계무역기구 비가입국 중 경제 규모가 가장 큰 국가이다(그림 9.7.1). 세계무역기구는 세 가지 주요 원칙을 통해 국제무역의 장벽을 낮추고 있다.

1. 규제의 감소 혹은 철폐
- 제조업 품목에 적용되던 정부의 수출 보조금제, 수입 쿼터제, 수출입 관세 등과 같은 무역 규제를 철폐한다.
- 은행, 기업, 개인에 의한 자본 이동에 대한 규제를 축소하거나 철폐한다.

2. 협약의 이행
- 한 국가의 세계무역기구 협정 위반 여부를 판결한다.
- 협정을 위반한 국가에 대해 배상을 명령한다.

3. 지적재산권의 보호
- 다른 국가에서 저작권과 특허권을 침해받은 개인이나 회사로부터 제소를 접수한다.
- 불법적인 저작권이나 특허권 활동을 중지하도록 명령한다.

세계무역기구는 비평가들의 강한 비판을 받아왔다(그림 9.7.2). 세계무역기구에 반대하는 단체들은 세계무역기구의 고위급 회담이 있을 때마다 WTO의 정책을 저지하기 위하여 반대 집회를 개최하고 있다.

- 진보적 비판론자들은 밀실에서 이루어진 결정들이 약자보다는 대기업의 이익을 대변하기 때문에 세계무역기구가 비민주적이라고 비판한다.
- 보수주의자들은 세계무역기구가 불공정무역에 관한 세금과 법률의 변화를 강제할 수 있으며, 이는 국가의 힘과 주권을 침해하는 것이라고 비판한다.

그림 9.7.2 **세계무역기구에 대해서는 강력한 지지 집단과 함께 반대 집단이 있다.**

해외직접투자

국제무역에서는 특정 국가에 기반을 두고 해외에 투자를 하는 기업들을 필요로 한다. 외국 기업에 의해 이루어지는 투자를 **해외직접투자**(Foreign Direct Investment, FDI)라고 한다. 개발도상국에 대한 해외직접투자 규모는 1990년 2조 달러에서 2000년 7조 달러로 증가하였으며 2009년에는 17조 달러에 이르렀다(그림 9.7.4).

해외직접투자는 전 세계에서 고루 이루어지지 않는다. 2009년 해외직접투자의 30%만이 선진국으로부터 개발도상국으로 투자되었으며 70%는 선진국 간의 투자였다. 개발도상국에 투자된 자본 중 1/4 정도는 동부 아시아 및 라틴아메리카에 각각 투자되었다(그림 9.7.5).

해외직접투자의 주요 투자원은 다국적기업들이다. **다국적기업**(Transnational Corporation, TNC)은 본사가 위치한 국가 이외에 다른 국가에 투자하고 경영을 한다. 2009년 100대 다국적기업 중 61개의 본사가 유럽에, 19개가 미국에, 10개가 일본에, 3개가 다른 선진국에 있었으며 7개만이 개발도상국에 위치하였다.

그림 9.7.3 **해외직접투자**
일본의 자동차 회사가 태국에 조립 공장을 건설하였다.

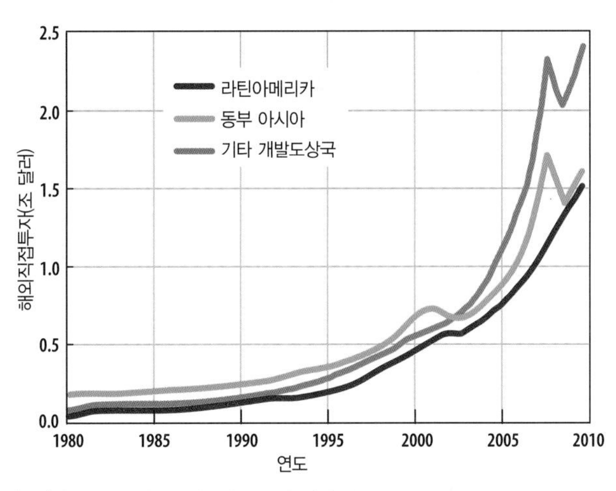

그림 9.7.4 **해외직접투자 규모의 성장**

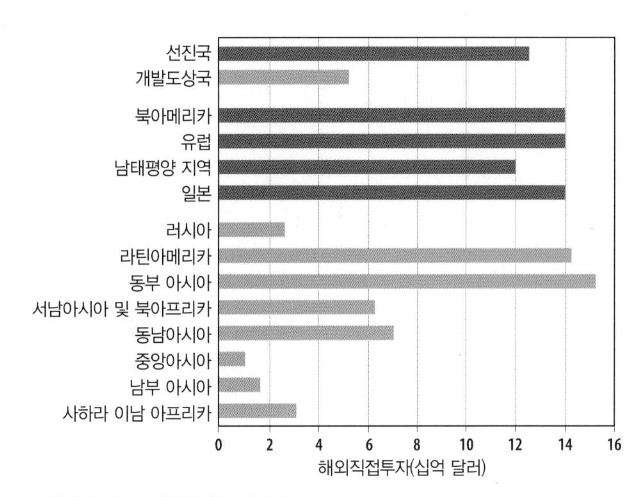

그림 9.7.5 **지역별 해외직접투자 규모**

그림 9.7.6 **동남아시아의 국제무역**
의류 생산 공장의 여성 노동자들

초점 : 동남아시아

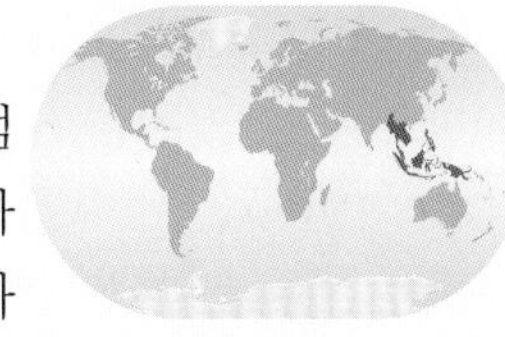

동남아시아는 저임금 노동력을 기반으로 하는 섬유 및 의류의 주요 생산 지역이다. 태국은 동남아시아에서 자동차와 기타 소비재 생산의 중심지가 되었으며, 세계에서 네 번째로 인구가 많은 인도네시아는 주요 원유 생산국이다(그림 9.7.6). 동남아시아의 부정부패 관행과 비합리적인 투자는 국제 투자자들의 투자 의지를 반감시켰으나, 신뢰를 회복하기 위한 뼈아픈 개혁이 단행되었고 이로 인해 개발의 속도가 둔화되기도 하였다. 그러나 최근 제조업체, 금융기관, 정부기관들 간의 밀접한 협력관계와 규제 완화로 경제성장 가능성이 높아지고 있다.

9.8 개발 자금의 조달

▶ 개발도상국에서는 해외 원조와 차관을 통해 경제개발에 필요한 자금을 일부 충당한다.

▶ 차관을 위한 조건으로 경제개혁 단행이 요구되기도 한다.

개발도상국에서는 개발에 필요한 자금이 부족하기 때문에 선진국의 정부, 은행, 국제기구로부터 차관 및 원조를 받는다.

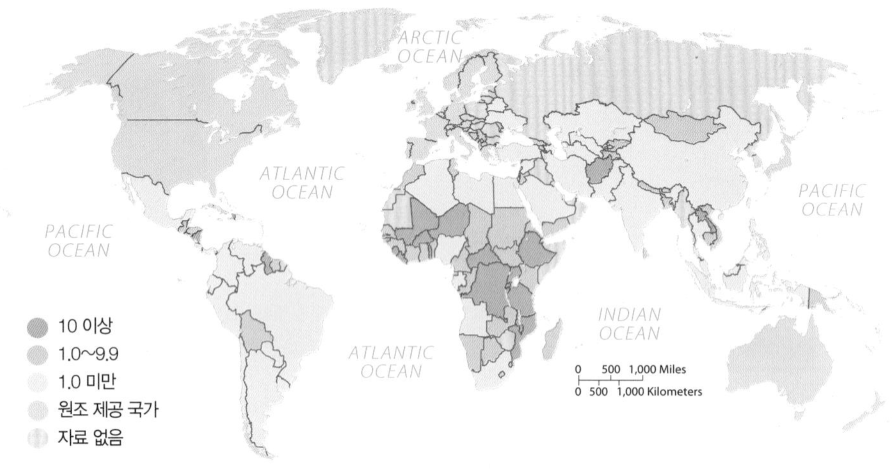

그림 9.8.1 GNI 대비 해외 원조의 비중(%)

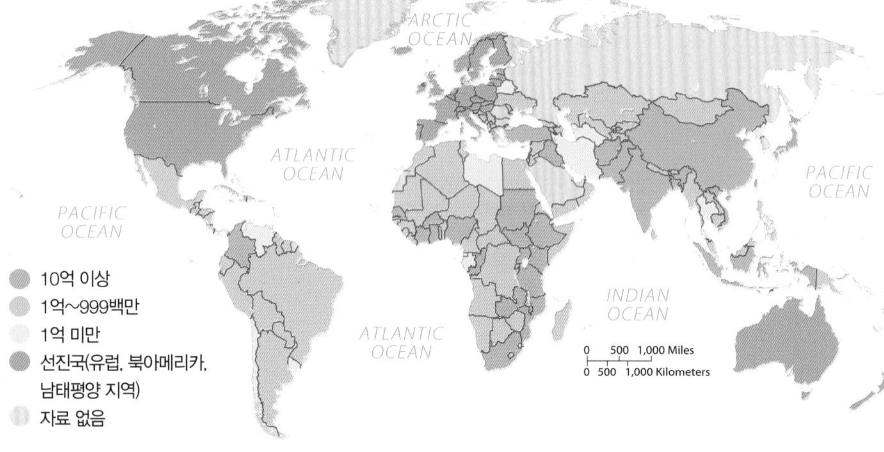

그림 9.8.2 개발 지원(달러)

그림 9.8.3 세계은행의 투자 : 필리핀
필리핀의 방기 만에 위치한 풍력발전기는 세계은행의 차관으로 건설되었다.

해외 원조

대부분의 개발도상국은 선진국 정부로부터 직접적인 원조를 받기도 한다. 미국 정부는 GNI의 약 0.2%를 해외 원조에 배정하고 있다. 유럽 국가들은 그 비율이 좀 더 높아 0.5% 정도이다(그림 9.8.1).

차관

세계의 금융 지원을 담당하고 있는 주요 두 국제기구는 세계은행(World Bank)과 국제통화기금(International Monetary Fund, IMF)이다. 세계은행과 IMF는 제2차 세계대전 이후 경제발전을 도모하고 1930년대에 대공황을 불러온 형편없는 경제정책이 되풀이되는 것을 막기 위해 결성되었다. 세계은행과 IMF는 1945년 UN 특별기관으로 설립되었다. 2009년에는 26개 국가가 10억 달러 이상을 지원받았다(그림 9.8.2).

개발도상국은 수력발전용 댐, 전기 송신 회선, 홍수 방지 시스템, 용수 공급, 도로, 호텔 등과 같은 새로운 인프라를 구축하기 위해 차관을 도입한다(그림 9.8.3). 이론적으로는 새로운 인프라를 건설함으로써 기업들을 유치하게 되고, 기업의 유치로 인해 세금 수입이 증대되며, 개발도상국들은 증대된 수입으로 차관을 갚고 국민들의 생활환경을 개선할 수 있다.

그러나 실제로 세계은행은 아프리카에 지원한 프로젝트의 반 이상이 실패했다고 판단했다. 공통적인 원인은 다음과 같다.

- 잘못된 공사로 프로젝트가 제대로 작동하지 못했다.
- 원조가 낭비되거나, 전용되거나, 차입 국가의 군비로 사용되었다.
- 새롭게 건설된 인프라가 투자를 유치하지 못했다.

구조조정 프로그램

일부 개발도상국들은 차관을 갚기 어렵다. IMF, 세계은행, 선진국 정부는 개발도상국들이 아무런 대책 없이 채무 경감, 탕감, 불이행 등을 습관적으로 자행하는 것에 대해 경계하고 있다. 따라서 이들 기관들은 개발도상국들의 차관 경감을 승인하기 이전에 수혜 대상국에 구조조정 프로그램의 기본이 되는 정책기조문서(Policy Framework Paper, PFP)를 제출할 것을 요구한다.

구조조정 프로그램(structural adjustment program)에는 경제 '개혁'과 '조정'이 포함된다. 이를 위해 개발도상국에 요구되는 조건은 다음과 같다.

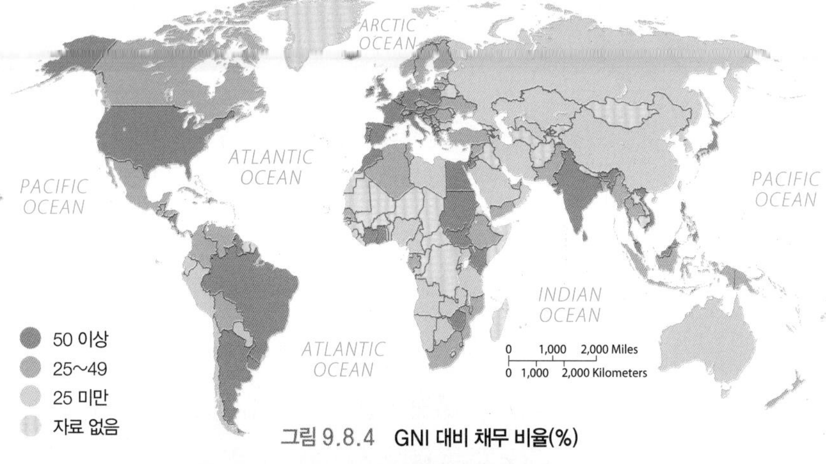

그림 9.8.4 GNI 대비 채무 비율(%)

- 정부의 적절한 지출
- 빈곤층에 대한 직접적인 혜택
- 의료와 교육 분야에 대한 다양한 투자
- 자원의 효율적 투자를 통한 최대의 효과
- 생산적인 민간 부문의 장려
- 효율적인 사회 서비스, 책임 있는 회계 운용, 예상 가능한 규정과 규칙, 대중에 대한 정보 확산 등을 포함하는 정부 개혁

그림 9.8.5 세계은행의 투자 : 아프가니스딘

구글어스를 사용하여 아프가니스탄의 발전을 살펴보라.

위치 : 아프가니스탄의 카불 공항(Kabul Airport)

"스트리트 뷰"를 눌러 드래그하라.

종료 : "지면 수준 보기 종료"를 클릭하라.

공항이 보일 때까지 축소하라.

사진에서 보이는 검은색의 길고 좁은 직선을 건설하는 데 필요한 비용을 세계은행에서 지불하였다.

1. **검은 직선은 무엇인가?**
2. **그 직선은 상태가 양호해 보이는가, 아니면 상태가 좋지 않은가?**

비판론자들은 구조조정으로 인해 빈곤이 더 심화되었다고 주장한다. 정부 지출의 삭감과 인플레이션의 안정을 우선시하는 구조조정 프로그램은 다음과 같은 결과를 초래할 수 있다.

- 빈곤층에 혜택이 돌아가던 보건, 교육 및 사회 서비스가 축소된다.
- 실업이 증가한다.
- 국가 기업과 행정 서비스 부문에서 일자리가 감소한다.
- 가난한 임산부, 아이를 양육하는 엄마, 어린이, 노인 등 지원이 가장 절실한 계층에 돌아가는 혜택이 감소한다.

요약하면 구조조정에 반대하는 사람들은 이러한 개혁이 낭비, 부패, 횡령, 군비 확장 등과 상관없는 가장 빈곤한 계층을 처벌하는 것이라고 주장한다.

이에 대하여 국제기구들은 국가가 개혁을 하지 않으면 가난한 사람들이 더 많은 고통을 받을 것이라고 대응한다. 장기적인 면에서는 경제성장으로 인해 빈곤층에 가장 많은 혜택이 돌아간다. 그럼에도 불구하고 비판론에 대한 대응으로 세계은행과 IMF는 현재 빈곤과 부패를 줄이기 위한 혁신적인 프로그램을 장려하고 있으며 일반 국민들의 의견을 수렴하고 있다. 빈곤층이 경험한 아픔을 완화시키기 위해서는 안전장치가 먼저 마련되어야 한다. 그럼에도 선진국들은 21세기 들어 가장 많은 부채를 지게 되었으며 특히 2007~2009년까지 심각한 경기침체기에 부채가 늘어났다(그림 9.8.4).

초점 : 중앙아시아

중앙아시아 지역에서는 카자흐스탄과 이란이 상대적으로 발전 수준이 높은 편이다. 이 두 국가가 중앙아시아 지역에서 가장 많은 원유를 생산하는 국가인 것은 우연이 아니다. 카자흐스탄에서는 증가하는 석유 자본을 신중한 관리하에 전반적인 개발에 투자한다. 이란에서는 증가하는 석유 자본의 상당 부분이 개발을 도모하기보다는 소비자 물가를 낮게 유지하는 데 사용된다.

1979년 혁명 이후로 정권을 유지하고 있는 이란의 시아파 지도자들은 국내 모든 곳에서 혁명정신을 실천하고 그들이 유럽이나 북아메리카로부터 받은 사회적 관습 및 개발 요소를 제거하는 데에 석유 자본을 사용하고 있다. 최근 들어서는 전쟁으로 인해 피해를 입은 아프가니스탄이 가장 많은 원조를 받고 있다(그림 9.8.5)

9.9 공정무역

▶ **공정무역은 소규모의 기업과 노동자들을 보호하기 위한 발전 모델이다.**

▶ **공정무역을 통해서 생산자에게 더 많은 이윤이 돌아간다.**

공정무역(fair trade)은 국제무역을 통한 발전 모델의 변형으로, 개발도상국의 소기업 및 노동자를 보호하기 위한 기준에 의해 제품이 생산되고 거래된다.

공정무역은 두 가지 기준에 부합하여야 한다.

- 세계공정무역상표기구(Fairtrade Labelling Organizations International, FLO)는 공정무역에 관한 국제 기준을 정하였다(그림 9.9.1).
- 국제 기준은 농장 및 공장의 노동자들에게 적용된다.

그림 9.9.1 **공정무역 의류 표식**

생산자 기준의 공정무역

개발도상국의 소농들과 가내수공업자들은 대부분 사업에 필요한 투자 자금을 은행으로부터 빌릴 수 없다. 그러나 조합을 만들게 되면 신용을 쌓을 수 있고, 원자재 구매 비용을 줄일 수 있으며, 상품의 적정가격을 책정할 수 있다(그림 9.9.2).

협동조합은 민주적으로 운영되기 때문에 농부들과 가내수공업자들은 각자의 리더십을 발휘하고 조직 운영 기술을 익힐 수 있다. 이는 농산물이나 상품을 생산하는 사람들이 해당 지역의 자원 이용 방식과 판매 방식에 대해 발언권을 가지며, 안전하고 건강한 작업 환경을 보장받을 수 있는 토대가 된다. 협동조합은 조합원인 지역 농부와 가내수공업자에게 혜택을 제공하는 반면, 자신의 이윤을 극대화하는 데에만 관심이 있는 부재 기업 소유주에게는 혜택을 주지 않는다.

소비자가 공정무역 커피와 브랜드 커피에 지불하는 가격은 비슷하다. 그러나 실질적으로 공정무역 커피 생산자는 전통 커피 생산자보다 높은 가격에 커피를 공급한다. 즉, 공정무역 커피는 파운드당 1.20달러인 반면 전통 커피는 0.80달러 정도이다. 공정거래에서는 중간 거래업자와 거래하지 않고 생산자들과 직접 거래하기 때문에 비용을 절감하게 되고 많은 이윤을 생산자에게 돌려줄 수 있게 된다.

북아메리카에서 공정무역 상품은 주로 가정용 장식품, 장신구, 직물류, 세라믹과 같은 수공업 제품이 주를 이룬다. 북아메리카에서 가장 규모가 큰 공정무역기관은 수공업 제품에 특화된 'Ten Thousand Villages'이다. 유럽에서 공정무역으로 거래되는 대부분의 상품은 커피, 차, 바나나, 초콜릿, 코코아, 주스, 설탕, 꿀 제품 등이다. TransFair USA는 미국에서 판매되는 공정무역 상품에 대한 인증이다.

노동자 기준의 공정무역

공정무역은 노동자에 관하여 다음과 같은 사항을 준수할 것을 요구한다.

그림 9.9.2 **공정무역 식품**
인도 데라둔(Dehradun)에서 수출을 기다리는 공정무역 쌀

- 노동자들에게 정당한 임금(최저임금 이상)을 보장
- 노동조합 결성을 허용
- 최소한의 노동 환경 및 안전 기준을 준수

이와는 대조적으로 국제무역을 통한 발전 모델에서는 노동자의 권리 보호는 중요한 고려 대상이 아니다. 최근 다음과 같은 현상이 나타나면서 이에 대한 비판이 강하게 제기되고 있다.

- 정부와 국제기구의 소극적인 감시감독으로 개발도상국 노동자들은 열악한 노동 환경에서 최소한의 임금을 받으며 장시간 노동하고 있다.
- 아동 노동과 강제 노동이 자행되고 있다.
- 열악한 위생 시설과 부족한 안전 예방 조치로 인해 심각한 의료 문제가 나타나고 있다.
- 노동자의 부상, 질병, 해고 등에 대해 어떠한 보상도 없다.

공정무역에 의해 거래된 상품의 경우, 평균적으로 가격의 1/3 정도를 개발도상국의 생산자에게 배당하고, 나머지는 소매업체가 지불하는 지대, 임금, 기타 비용과 제품을 수입하는 도매업체에 책정된다. 이와 반대로 국제무역에서는 소비자가 지불하는 가격에서 아주 적은 부분만이 개발도상국 생산자에게 돌아가게 된다고 국제무역 반대론자들은 주장한다. 미국국가노동위원회에 따르면, 미국 시장에서 판매되는 아이티산 의류 소매가격의 1% 이하만이 아이티 노동자에게 돌아간다.

그림 9.9.3 **남부 아시아의 그라민은행**

포커스 : 남부 아시아

개발도상국의 사업자 대부분은 매우 가난하여 은행 대출 자격 요건을 갖추지 못한다. 방글라데시에 기반을 둔 그라민은행(Grameen Bank)은 발전을 위한 대안적인 대출원으로, 남부 아시아의 수십만 명의 여성들에게 대출을 해주고 있다. 대출자 중 1% 정도만이 주별 부채 상환을 하지 못했으며, 이는 시중 은행에 비해서도 매우 낮은 비율이다(그림 9.9.3). 방글라데시농촌개발위원회에서도 수백만 명의 여성에게 대출을 제공하고 있다. 그라민은행의 설립자인 무하마드 유누스(Muhammad Yunus)는 2006년에 노벨 평화상을 수상했다.

9.10 새천년의 개발 목표

- ▶ 대부분의 개발 지표를 살펴보면 개발도상국과 선진국 간의 격차가 감소하였다.
- ▶ UN은 선진국과 개발도상국 간의 격차를 줄이기 위해 8개 항목의 새천년 개발 목표를 설정했다.

선진국과 개발도상국의 관계는 '중심부'와 '주변부'로 표현될 수 있다. 지속적으로 통합되고 있는 세계 경제체제하에서 선진국은 내부의 중심 지역을 형성하는 반면, 개발도상국들은 주변부에 위치하고 있다(그림 9.10.1).

선진국들은 세계 경제활동과 부에서 많은 비중을 차지하고 있다. 주변부에 위치한 개발도상국들은 소비, 통신, 부, 권력의 세계 중심에 접근하지 못하고 있다. 중국, 인도, 브라질과 같은 나라들이 발전함에 따라 중심부와 주변부의 관계는 변화하고 있으며 중심부–주변부를 나누는 경계도 다시 그려져야 한다.

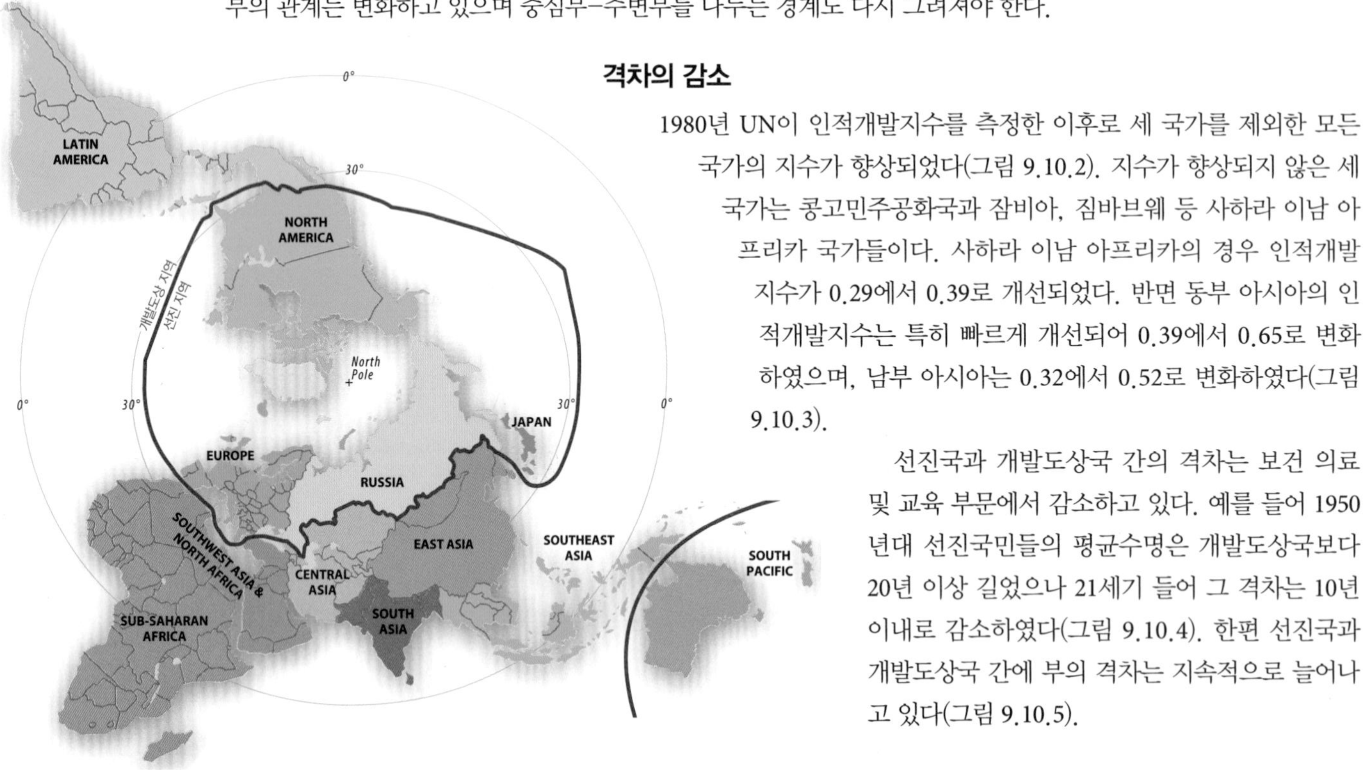

그림 9.10.1 **중심부와 주변부**
이 특이한 세계지도는 세계경제의 중심부에 위치한 선진국의 중심적인 역할과 주변부에 위치한 개발도상국의 부차적인 역할을 나타내고 있다.

격차의 감소

1980년 UN이 인적개발지수를 측정한 이후로 세 국가를 제외한 모든 국가의 지수가 향상되었다(그림 9.10.2). 지수가 향상되지 않은 세 국가는 콩고민주공화국과 잠비아, 짐바브웨 등 사하라 이남 아프리카 국가들이다. 사하라 이남 아프리카의 경우 인적개발지수가 0.29에서 0.39로 개선되었다. 반면 동부 아시아의 인적개발지수는 특히 빠르게 개선되어 0.39에서 0.65로 변화하였으며, 남부 아시아는 0.32에서 0.52로 변화하였다(그림 9.10.3).

선진국과 개발도상국 간의 격차는 보건 의료 및 교육 부문에서 감소하고 있다. 예를 들어 1950년대 선진국민들의 평균수명은 개발도상국보다 20년 이상 길었으나 21세기 들어 그 격차는 10년 이내로 감소하였다(그림 9.10.4). 한편 선진국과 개발도상국 간에 부의 격차는 지속적으로 늘어나고 있다(그림 9.10.5).

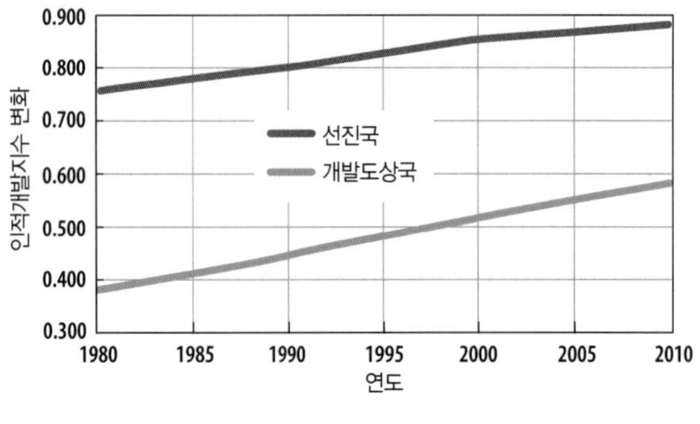

그림 9.10.2 **인적개발지수의 변화(1980~2010년)**

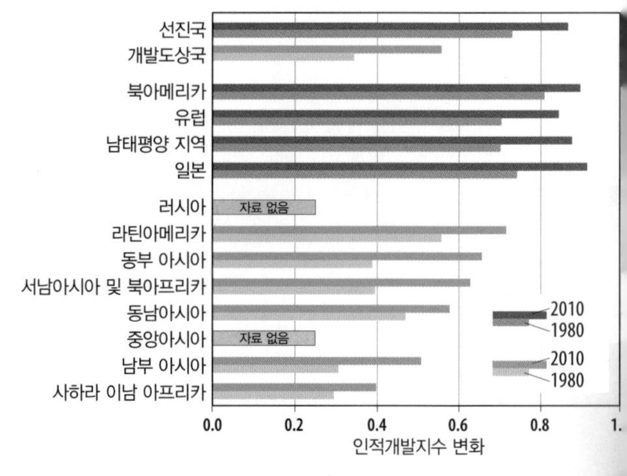

그림 9.10.3 **지역별 인적개발지수의 변화**

8개 개발 목표

선진국과 개발도상국 간의 격차를 줄이기 위해 UN은 8개 항목의 새천년 개발 목표를 설정했다.

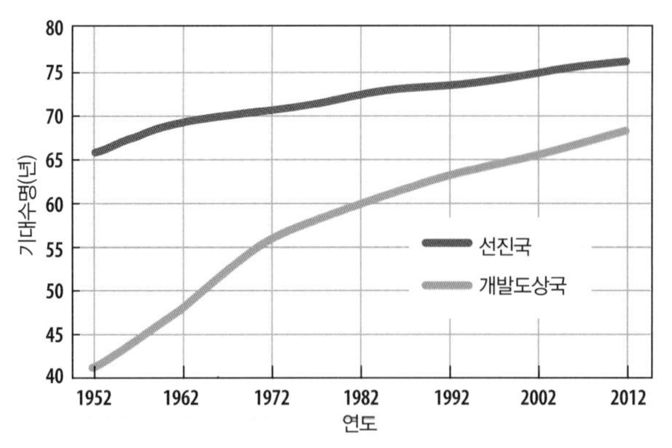

그림 9.10.4 **기대수명의 변화**

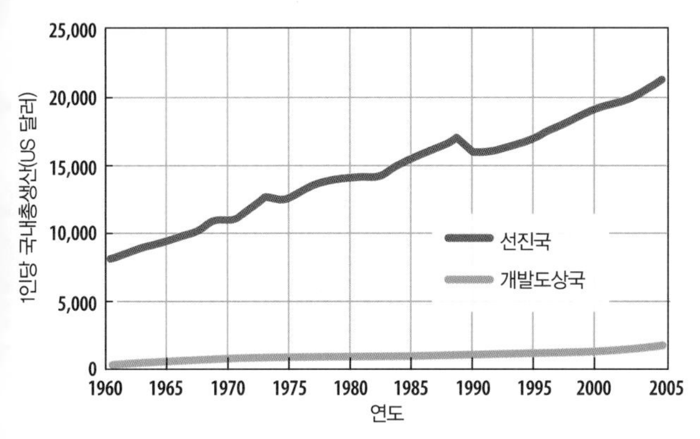

그림 9.10.5 **1인당 국내총생산의 변화**

목표 1 : 빈곤과 기아의 퇴치

현황 : 전 세계, 특히 아시아 지역의 심각한 빈곤은 줄어들었지만 사하라 이남 아프리카에서는 줄어들지 않고 있다.

목표 2 : 보편적인 초등교육의 성취

현황 : 학교에 다니지 않는 취학 연령 어린이의 비율이 남부 아시아와 사하라 이남 아프리카에서 여전히 높다.

목표 3 : 남녀평등과 여성의 권리 증진

현황 : 9.5절에서 논의한 바와 같이 남녀불평등이 모든 지역에서 존재한다.

목표 4 : 영아사망률 감소

현황 : 대부분의 개발도상국에서 영아사망률이 감소했으나 대부분의 사하라 이남 아프리카 국가에서는 줄지 않고 있다.

목표 5 : 모자 보건의 향상

현황 : 매년 50만 명의 여성이 임신 중 합병증으로 사망하며 이 중 99%가 개발도상국 여성이다.

목표 6 : HIV/AIDS, 말라리아 및 기타 질병과의 전쟁

현황 : 제5장에서 논의한 바와 같이 HIV 보균자 수가 여전히 많으며, 특히 사하라 이남 아프리카에서 많다.

목표 7 : 지속 가능한 환경 확립

현황 : UN에 의하면 물 부족 문제, 수질 문제, 산림 파괴, 어류 남획 등이 특히 심각한 환경문제이다.

목표 8 : 개발을 위한 세계적인 동반자 관계 수립

현황 : 개발도상국에 대한 선진국의 원조가 감소하고 있다.

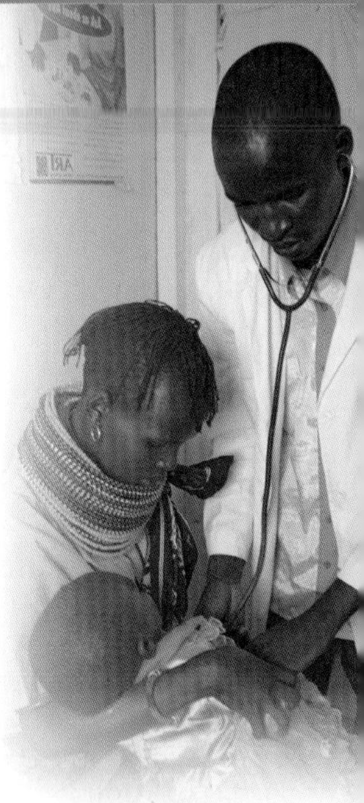

그림 9.10.7 **사하라 이남 아프리카의 보건 의료**
케냐의 병원

그림 9.10.6 **사하라 이남 아프리카의 교육**
케냐의 학교

초점 : 사하라 이남 아프리카

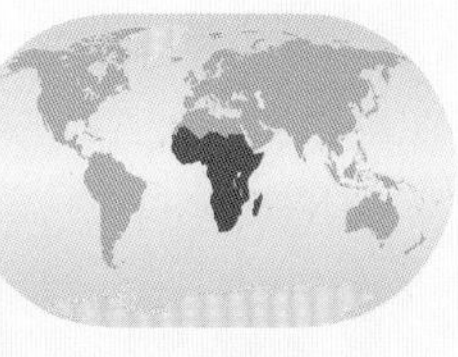

사하라 이남 아프리카는 개발에 대한 전망이 가장 어두운 지역이다. 이 지역은 빈곤층의 비율이 전 세계에서 가장 높고 건강 문제로 고통받는 사람들의 비중 또한 가장 높으며 교육 수준은 가장 낮다(그림 9.10.6, 9.10.7). 상황이 계속 악화되어 아프리카인들은 평균적으로 25년 전에 비해 훨씬 덜 소비한다. 사하라 이남 아프리카의 대다수 국가들이 지닌 근본적인 문제는 거주민의 규모와 토지의 인구 부양 능력 간에 불균형이 매우 심하다는 점이다.

세계는 선진국과 개발도상국으로 나뉜다. 선진국과 개발도상국은 여러 지표를 통해 비교할 수 있다.

핵심 질문

발전 수준은 지역별로 어떻게 다른가?

- ▶ UN에서는 각 국가의 발전 정도를 측정하기 위해 인적개발지수를 고안하였다.
- ▶ 국민총소득(GNI)은 한 국가의 생활수준을 측정한다.
- ▶ 선진국은 교육 수준 및 문자 해독률이 높다.
- ▶ 선진국민들은 기대수명이 길다.
- ▶ 성불평등지수(GII)는 모든 국가의 여성과 남성의 발전 수준을 비교한 지수이다.

국가는 발전을 어떻게 추진하는가?

- ▶ 자급자족 모델과 국제무역 모델은 개발을 이루기 위한 두 가지 주요 방식이다.
- ▶ 자급자족 모델은 과거에는 가장 일반적으로 채택되었지만 현재 대부분의 국가가 국제무역 모델을 따르고 있다.
- ▶ 개발도상국들은 차관을 통하여 재정을 충당하고 있으나 경제개혁을 감행할 것을 요구받고 있다.

발전에 대한 앞으로의 문제는 무엇인가?

- ▶ 공정무역은 무역을 통한 개발에 대한 대안으로, 개발도상국의 생산자들에게 더 많은 이윤을 제공하는 것이다.
- ▶ UN은 국가들이 발전을 이룰 수 있도록 새천년의 개발 목표를 세웠다.

지리적으로 생각하기

국가의 발전 수준에 영향을 미치는 경제, 사회, 인구학적 특성을 다시 살펴보라.

1. 다양한 발전 수준을 나타내는 국가들 간에, 그리고 국가 내에서 어떠한 지표들이 특히 성별로 차이를 나타낼까?

일부 지리학자들은 이매뉴얼 월러스틴(Immanuel Wallerstein)의 이론에 매료되었다. 그는 세계는 단일하게 구성되며, 자본주의 세계의 경제는 중심부, 주변부, 반주변부 세 지역으로 나뉜다고 주장하였다(그림 9.10.1 참조)

2. 이 세 지역 간의 경계는 어떻게 변화하였는가?

21세기 초반의 심각한 경제 위기와 국제무역에 대한 반대로 일부 국가들이 국제무역 중심에서 자급자족 경제 모델로 선회하고 있다(그림 9.CR.1).

3. 경제적 상황이 열악한 경우 자급자족 경제체제로 복귀할 때 어떠한 장점과 단점이 있는가?

인터넷 자료

UN은 매년 모든 국가의 다양한 지표들을 포함하는 인적개발지수 보고서를 발간하고 있다. http://hdr.undp.org를 방문하거나 이 장의 첫 번째 페이지에 있는 QR 코드를 스캔하면 얻을 수 있다.

이 장에서 인용된 지수 중 인적개발지수 보고서가 다루지 않은 자료들은 세계자원연구소(World Resources Institute, WRI) 홈페이지(http://earthtrends.wri.org)에서 얻을 수 있다.

www.NationMaster.com에서는 UN과 CIA를 비롯한 여러 기관의 자료들을 모아놓았다.

그림 9.CR.1 **세계무역기구에 대한 반대**
1999년 시애틀에서 열린 WTO 회의를 반대하는 사람들

탐구 학습

브라질리아

다수의 국가가 낙후된 지역의 발전을 촉진하고자 신수도를 건설하거나 건설을 고려하고 있다. 브라질리아도 그러한 목적에서 건설된 수도로, 1950년대에 수도 이전 사업을 시작하여 1960년도에 브라질의 수도가 되었다.

위치 : 브라질의 브라질리아에 위치한 브라질 국회(National Congress of Brazil) 스크린의 중심부에 있는 박스를 클릭해보라.

주거를 위해 건설된 주택들은 어떤 유형이 주를 이루는가?

핵심 용어

1차 산업(primary sector) 자연에서 직접 자원을 채굴하는 경제 분야로, 농업을 비롯하여 광업, 어업, 임업 등이 포함된다.

2차 산업(secondary sector) 원료의 가공, 변형, 조립 등을 통해 공산품을 생산하는 경제 분야

3차 산업(tertiary sector) 교통, 통신 및 서비스와 관련된 경제 분야로, 서비스 분야는 유료로 제공되는 모든 상품과 서비스 제공까지 포함한다.

개발(development) 지식과 기술 확산을 통해 사람들의 물질적 환경을 개선하는 과정

개발도상국(developing country or Less Developed Country, LDC) 경제발전의 단계에서 상대적으로 초기 단계에 위치한 국가

공정무역(fair trade) 국제무역을 통한 발전 모델의 변형으로, 개발도상국의 소기업 및 노동자가 중심이 되며 민주적으로 경영되는 노동조합이 중요시된다. 고용주들은 노동자들에게 정당한 임금을 지불하여야 하며 노동조합 결성을 허용하여야 하고 최소한의 환경 및 안전 기준을 준수하여야 한다.

구조조정 프로그램(structural adjustment program) 국제무역을 활성화시킬 수 있는 여건을 조성하고자 국제기구가 개발도상국에 도입을 요구하는 경제정책들로서 세금 인상, 정부 지출 축소, 인플레이션 억제, 공기업 매각, 공공요금 인상 등이 포함된다.

국내총생산(Gross Domestic Product, GDP) 한 국가에서 매년 생산되는 재화와 서비스의 총 생산액. 국가 내로 유입되는 자금과 외부로 유출되는 자금은 포함되지 않는다.

국민총소득(Gross National Income, GNI) 한 국가 내에서 1년 동안 생산되는 재화와 서비스의 총 생산액. 국가 내로 유입되는 자금과 유출되는 자금까지도 포함된다.

모성 사망률(maternal mortality ratio) 인구 10만 명당 출산 도중 사망하는 여성의 수

문자 해독률(literacy rate) 한 국가의 국민 중 읽고 쓸 수 있는 사람의 비율

부가가치(value added) 제품의 가치에서 원재료 및 에너지 비용을 제외한 값

불평등성이 반영된 인적개발지수(Inequality-adjusted HDI, IHDI) 각국의 개발 정도를 측정하기 위해 UN에서 개발한 척도로, 인적개발지수를 불평등성으로 보정한 것

생산성(productivity) 특정 제품 생산에 필요한 노동량 대비 특정 제품의 가치

선진국(developed country or More Developed Country, MDC) 개발의 연속선상에서 상대적으로 훨씬 앞서 나간 국가들

성불평등지수(Gender Inequality Index, GII) 각 국가의 성 불평등 정도를 측정하기 위하여 UN에서 개발한 지수

인적개발지수(Human Development Index, HDI) 각국의 개발 정도를 측정하기 위하여 UN에서 개발한 척도로, 수입, 문자 해독률, 교육, 기대수명 등을 사용하여 산출한다.

청소년 출산율(adolescent fertility rate) 15~19세 사이의 여성 1,000명당 출산한 아기의 수

해외직접투자(Foreign Direct Investment, FDI) 외국 기업에 의해 이루어지는 투자

▶ 다음 장의 소개

선진국과 개발도상국 간의 가장 근본적인 차이 중의 하나가 농업의 주된 방식이다.

10 식량과 농업

여러분은 슈퍼마켓에서 식품을 구입하면서 농장을 떠올리게 되는가? 아마도 그렇지 않을 것이다. 고기는 더 이상 가축을 연상시키지 않게 조각으로 나뉘어서 종이나 비닐에 포장된다. 채소는 통조림 캔에 들어있거나 냉동되어 있다. 우유와 달걀은 종이 상자에 들어있다.

미국과 캐나다에서 식품 산업의 규모는 거대하다. 일부 농민들만이 전업농이며, 이들은 제조업이나 사무직 종사자들보다 더 익숙하게 컴퓨터와 첨단 기계를 조작할 수 있다.

기계화율과 생산성이 높은 미국과 캐나다의 농장들은 전 세계 대부분의 지역에서 행해지고 있는 전통적인 자급농업과 대조를 이룬다. 중국과 인도에서는 인구의 1/2 이상이 농민으로서 잉여 산물 없이 자급용 식량을 생산한다. 선진국과 개발도상국 사이의 가장 근본적인 차이는 농업 방식에서 나타난다.

사람들은 무엇을 식량으로 삼는가?

No.- 27 ORGANIC

인도 카스라와드(Kasrawad)의 유기재배 농장

농업의 분포에 어떤 특징이 나타나는가?

10.5 농업 지역
10.6 자급농업과 상업농업의 비교
10.7 자급농업 지역
10.8 상업농업 지역
10.9 어업

농업은 어떤 도전에 직면하고 있는가?

10.10 자급농업과 인구증가
10.11 상업농업과 시장의 힘
10.12 지속 가능한 농업

UN의 식량과 농업에 관한 데이터를 확인해보려면 스캔하라.

10.1 농업의 기원

▶ 초기 인류는 수렵과 채집을 통해 식량을 얻었다.

▶ 농업은 다수의 기원지를 갖고 있으며, 여러 방향으로 확산되었다.

농업(agriculture)은 자급을 하고 경제적 이익을 얻기 위해 작물을 재배하고 가축을 사육하여 지표를 의도적으로 변화시키는 것이다. 그러므로 농업은 인류가 식물을 재배할 수 있게 되고, 동물을 길들인 것에서 유래하였다. 영어로 재배한다는 말인 'cultivate'라는 단어는 '돌보다(to care for)'라는 의미이며, 영어 단어 'crop(**작물**)'은 인간에 의해 재배된 식물이라는 의미이다.

그림 10.1.1 **보츠와나에서 수렵과 채집 생활을 영위하는 사람들**

수렵과 채집

모든 인류는 농업을 고안하기 전에 사냥, 낚시, 식물(산딸기류, 견과류, 과실류, 근류 등) 채집을 통해 생존에 필요한 식량을 얻었을 것이다. 수렵과 채집을 통해 생존한 인류는 50명 이내의 작은 집단을 이루어 생활하였는데, 그 이유는 집단의 규모가 이보다 클 경우 도보 거리 내에서 이용할 수 있는 자원이 빨리 고갈되기 때문이었다.

남성은 사냥을 하거나 낚시를 담당하였으며, 여성은 야생딸기류, 견과류, 근류 등을 채집하였다. 이러한 성별에 따른 노동의 분화는 고정관념에 따른 것처럼 들릴 수 있겠지만 이는 고고학과 인류학에 의해 입증된 것이다. 초기 인류는 아마도 매일 식량을 모았을 것이다. 식량을 얻기 위해 탐색하는 시간은 지역마다 상이한 조건에 따라 차이가 있었을 것이다.

인간은 집단을 이루어 새로운 주거지를 만들며 빈번하게 이동하였다. 이동의 방향과 빈도는 사냥감의 이동과 다양한 장소에 분포하는 식물의 계절적 성장에 따라 달라졌다. 우리는 인간 집단이 사냥권, 통혼, 기타 특정 주제와 관련하여 서로 의사소통을 했다고 가정할 수 있다. 대부분의 경우에 인간 집단은 서로의 영역에 가까이 가지 않음으로써 평화를 유지하였다.

오늘날에는 약 25만 명의 사람들이 농업에 종사하지 않고 수렵과 채집 생활을 하고 있다. 수렵과 채집으로 삶을 영위하는 사람들은 오스트레일리아 남서부 그레이트빅토리아 사막의 스피니펙스족(Spinifex, 'Pila Nguru'라고도 알려져 있음), 인도양 안다만제도의 센티넬리스족(Sentinelese), 아프리카 나미비아와 보츠와나의 부시먼족(Bushman) 등이 속한다(그림 10.1.1). 현대사회에서 수렵과 채집 생활을 하고 있는 공동체는 주변부 지역에서 고립된 삶을 살고 있지만 이들이 생활하는 모습을 통해 농업이 고안되기 이전 선사시대에 인류가 생존해 온 방식을 엿볼 수 있다.

그림 10.1.2 **작물의 기원지**

시기
9,000년 전
7,000~9,000년 전
3,000~7,000년 전
미확인

기원지
1차
2차
확산 경로

ARCTIC OCEAN
PACIFIC OCEAN
ATLANTIC OCEAN
INDIAN OCEAN
PACIFIC OCEAN
Southwest Asia
East Asia
Sub-Saharan Africa
Latin America

보리
일립소맥
에머소맥
렌즈콩
귀리
호밀
통밀
잠두
올리브

벼
대두
밤
호두

호박
후추
카사바
면화
리마콩
옥수수
감자
고구마

얌
수수
동부(광저기)
아프리카 벼
커피
조

망고
토란
코코넛
나무콩
기장

0 1,000 2,000 Miles
0 1,000 2,000 Kilometers

작물의 기원지

유목 집단이 수렵, 채집, 낚시에서 농업으로 전환하게 된 이유는 무엇일까? 지리학자를 비롯한 많은 연구자들은 농업이 전 세계에 분포하는 다수의 기원지로부터 시작되었다는 데 동의한다. 그러나 농업이 언제 시작되어 어떻게 확산되었는지, 그리고 그 이유는 무엇인지에 대해서는 견해가 일치하지 않는다. 초기 경작의 중심지는 서남아시아, 사하라 이남 아프리카, 라틴아메리카, 동아시아, 동남아시아였다(그림 10.1.2). 작물의 재배는 다음과 같이 다수의 기원지로부터 확산되었다.

- 서남아시아에서 유럽과 중앙아시아로 확산되었다.
- 사하라 이남 아프리카에서 아프리카 남단으로 확산되었다.
- 라틴아메리카에서 북아메리카와 열대 남아메리카 지역으로 확산되었다.

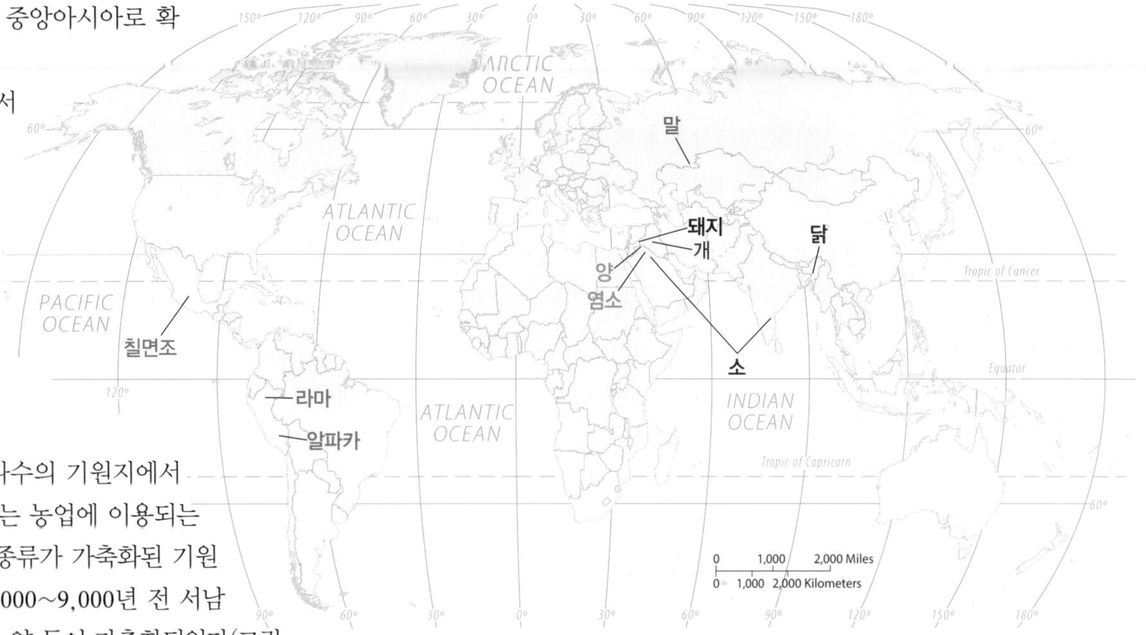

가축의 기원지

동물들도 다양한 시기에 다수의 기원지에서 가축화되었다. 서남아시아는 농업에 이용되는 동물들 가운데 가장 많은 종류가 가축화된 기원지로 추정되고 있다. 약 8,000~9,000년 전 서남아시아에서 소, 염소, 돼지, 양 등이 가축화되었다(그림 10.1.3). 칠면조는 서반구에서 가축화된 것으로 추정된다(그림 10.1.4).

서남아시아 지역에서는 처음으로 작물 재배와 소, 양, 염소와 같은 동물들의 가축화가 함께 이루어졌다. 가축은 작물을 파종하기 전에 경작지를 가는 데 이용되었고, 수확된 작물은 가축의 사료로 쓰였다. 우유, 고기, 가죽과 같은 가축의 부산물은 나중에 이용되었다. 오늘날에는 작물과 가축을 결합시킨 혼합농업이 농업의 기본 요소이다.

개의 가축화는 12,000년 전에 서남아시아에서 이루어졌다고 추정된다. 말은 중앙아시아에서 가축화되었으며 가축화된 말은 제7장에서 언급한 바와 같이 인도-유럽어와 함께 확산되었다.

그림 10.1.3 **가축의 기원지**

시기
12,000년 전
9,000년 전
8,000년 전
6,000년 전
미확인

농업이 시작된 이유

농업이 시작된 원인이 환경적 요인에 의한 것인지, 혹은 문화적 요인에 의한 것인지에 대해 학자들의 견해가 일치하지 않는다. 아마도 환경적 요인과 문화적 요인이 모두 복합적으로 작용하였을 것이다.

- **환경적 요인.** 식물의 재배와 동물의 가축화가 처음 일어난 10,000년 전에 기후변화가 동시에 진행되었다. 마지막 빙하기가 끝나고 빙하가 중위도 지역에서 극지방으로 후퇴하였고, 그 결과 인류를 비롯한 동식물의 분포가 대규모로 변화하였다.
- **문화적 요인.** 인류가 이동 생활보다 한 장소에 머무는 것을 선호하게 되면서 수렵과 채집 생활을 하던 사람들이 정착지를 건설하고 잉여 농산물을 저장하게 만들었다.

야생식물을 채집하면서 인간은 불가피하게 식물을 자르고 열매, 과일, 씨앗 등을 땅에 떨어뜨렸다. 이후 시간이 지나면서 손상되었거나 버려진 식량이 싹을 틔우고 열매를 맺는 것이 관찰되었다. 다음에는 의도적으로 식물을 자르거나 땅 위에 열매를 떨어뜨려 새로운 식물로 자라는지 살펴보았을 것이다.

다음 세대에서는 식물이 자라는 곳에 물을 주어야 한다는 것과 비료를 비롯하여 토양을 개선시킬 수 있는 물질도 함께 주어야 한다는 사실을 알게 되었다. 수천 년에 걸쳐 식물 재배는 우연한 사건과 의도적인 실험을 통해 발전되었다.

농업이 여러 기원지로부터 시작되었다는 것은 아주 오래전부터 인간이 각기 다른 지역에서 다른 방식으로 식량을 생산해왔다는 것을 의미한다. 이와 같은 다양성은 각 지역의 고유한 야생식물, 기후 조건, 문화적 선호에 기인하는 것이다.

그림 10.1.4 **미국 캘리포니아 주의 야생 칠면조**

10.2 음식의 섭취

▶ 사람들은 필요한 에너지의 대부분을 곡물로부터 얻는다.

▶ 기후와 경제개발 수준이 식품의 선택에 영향을 준다.

우리는 생존을 위해 음식을 섭취해야 한다. 식품 소비량이나 영양소 공급원에 있어서 지역마다 차이가 있다. 이와 같은 차이는 다음과 같은 요인들로부터 발생한다.

- **개발 수준.** 선진국 사람들은 개발도상국 사람들보다 더 많은 양의 식품을 다양한 원천으로부터 얻어 소비한다.
- **자연 조건.** 기후는 개발도상국에서 가장 쉽게 재배하고 소비할 수 있는 작물을 결정하는 중요한 요인이다. 그러나 선진국에서 식량은 다양한 기후가 나타나는 지역으로 장거리 운송된다.
- **문화적 선호.** 특정 식품에 대한 선호나 회피는 다음에 소개된 바와 같이 환경적 · 경제적 요인과 연관이 없다.

식품의 총 소비량

음식을 통한 열량 소비(dietary energy consumption)는 개인이 소비하는 음식의 양을 말한다. 미국에서는 음식의 열량 측정 단위로 킬로칼로리(kilocalorie, kcal), 혹은 칼로리(calorie)를 쓴다. 열량은 음식 1g당 영양사가 측정한 kcal로 제공된다.

인간은 낟알이 열리는 식물을 의미하는 **전분 곡물**(cereal grain)의 소비를 통해 대부분의 필요한 열량을 얻는다. 주요 곡물인 옥수수, 밀, 벼가 거의 모든 곡물 생산의 90%를, 그리고 전 세계적으로 소비되는 모든 음식 열량의 40% 이상을 차지하고 있다.

밀은 유럽과 북아메리카의 선진국에서 소비되는 주요 곡물이다(그림 10.2.1). 밀은 빵, 파스타, 케이크 등 다양한 형태로 소비된다(그림 10.2.2). 밀은 또한 중앙아시아와 서남아시아의 개발도상국에서 가장 많이 소비되는 **곡물**(grain)인데, 이 지역에서는 상대적으로 기후가 건조하여 다른 곡물보다 밀을 재배하기에 적합하다.

그림 10.2.2 **프랑스 릴(Lille)에서 밀의 소비 형태를 보여주는 베이커리점**

벼는 동아시아, 남아시아, 동남아시아의 개발도상국에서 소비되는 곡물로서 열대기후가 재배에 가장 적합하다(그림 10.2.3).

옥수수는 세계적으로 주요한 곡물이지만 대부분은

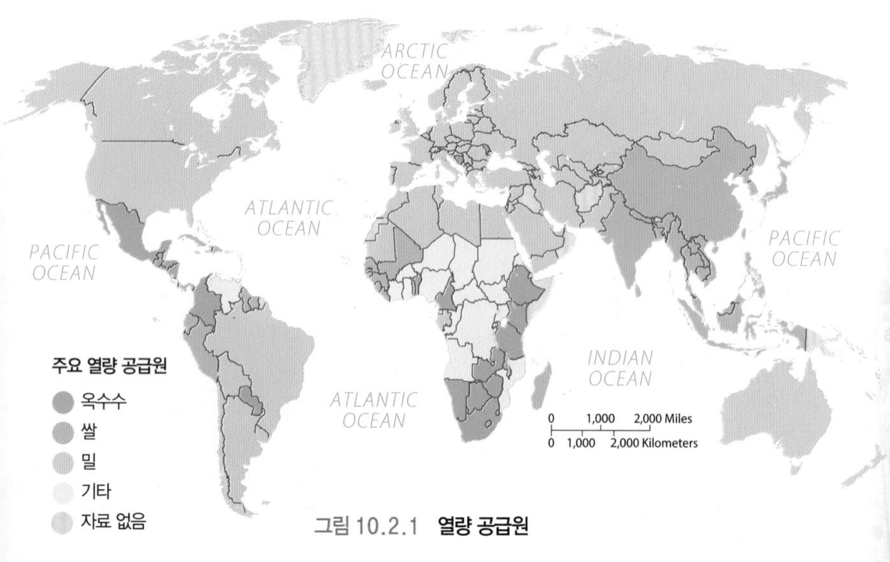

그림 10.2.1 **열량 공급원**

그림 10.2.3 **베트남 호치민 시에서 쌀의 소비 형태를 보여주는 미곡 판매점**

그림 10.2.4 **마다가스카르에서 일주일마다 열리는 정기 시장의 옥수수 판매 모습**

사람들이 직접 섭취하기 위한 식량이라기보다는 가축 사료로 소비된다. 하지만 옥수수는 사하라 이남 아프리카 지역의 일부 국가에서 소비되고 있는 주요 작물이다(그림 10.2.4).

일부 지역, 특히 사하라 이남 아프리카 지역에서는 다른 곡물로부터 필요한 열량을 얻는다. 이와 같은 곡물로는 카사바, 수수, 기장, 플랜틴 바나나, 고구마, 얌 등이 있다(그림 10.2.5). 설탕은 일부 라틴아메리카 국가에서 주요한 음식 열량 공급원이다.

그림 10.2.5 **가나에서 얌의 판매 모습**

영양소의 공급원

단백질은 신체의 성장과 유지에 필요한 영양소이다. 여러 종류의 식품이 다양한 양과 질로 단백질을 공급한다. 선진국과 개발도상국 간의 가장 근본적인 차이는 단백질의 1차 공급원에서 나타난다(그림 10.2.6). 선진국에서 주요 단백질 공급원은 쇠고기, 돼지고기, 닭고기 등의 육류이다(그림 10.2.7). 선진국의 경우 육류는 단백질 섭취의 약 1/3을 차지하는데, 이는 개발도상국에서의 1/10과 대비된다(그림 10.2.8). 대부분의 개발도상국에서 가장 비중이 큰 단백질 공급원은 전분 곡물이다.

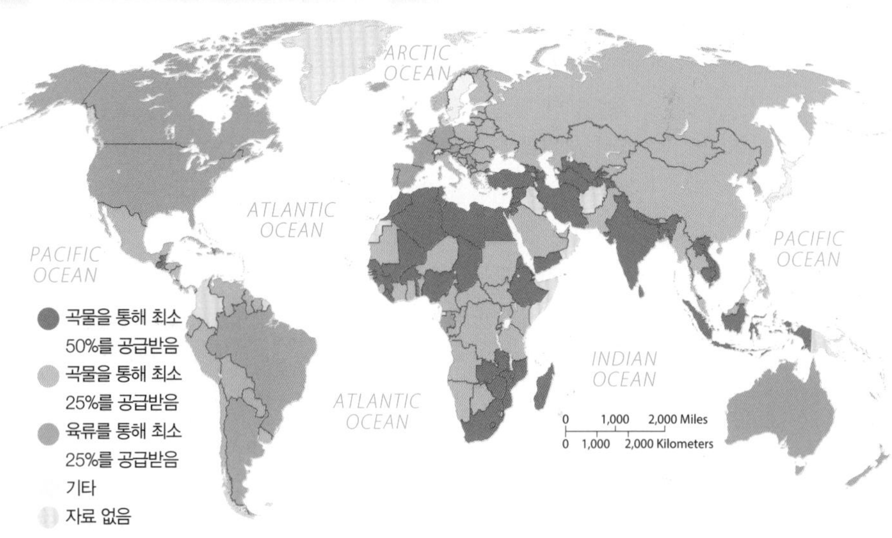

그림 10.2.6 **단백질 공급원**

그림 10.2.7 **아일랜드 더블린에서 육류의 판매 모습**

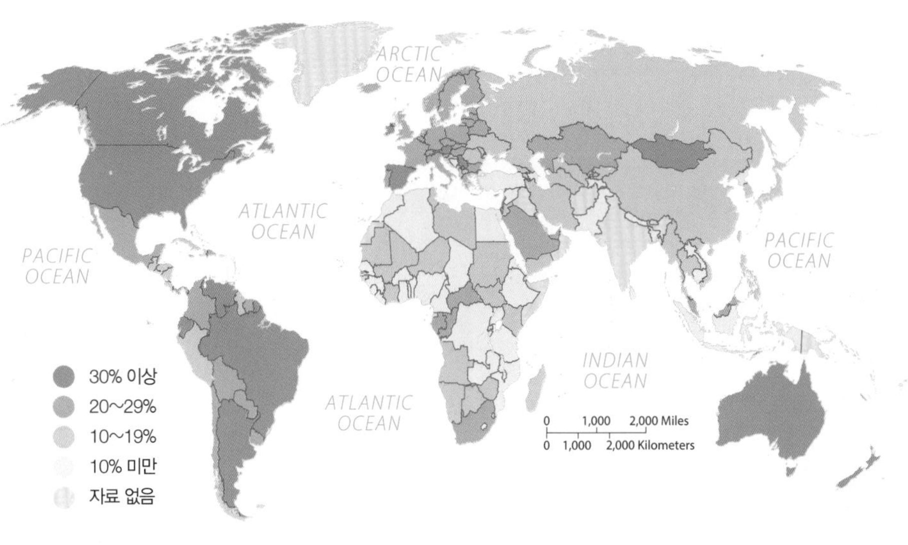

그림 10.2.8 **육류를 통한 단백질 공급**

10.3 음식의 선호

▶ 사람들은 문화적 이유로 특정 음식을 선호하거나 회피한다.

▶ 음식의 선호는 부분적으로 환경적 요인에 의해 영향을 받는다.

문화적 선호와 환경적 특징은 개발도상국과 선진국에서 소비하는 식품의 선호에 영향을 준다.

음식에 대한 터부

사회적 관습에 의해 강요되어 사람들의 행동 방식을 제한하는 것이 **터부**(taboo)이다. 터부는 특히 음식의 섭취에 있어 강하게 나타난다. 잘 알려진 특정 음식의 섭취를 금하는 터부의 대부분이 성경에 기술되어 있다. 성경에 언급된 터부는 구술로 전해졌고, 오늘날 랍비와 일부 유대인에 의해 지켜지고 있는 코셔법(kosher law)으로 발전되었다.

성경에 나타난 음식 터부는 부분적으로 히브리 사람들을 타 민족과 구분 짓기 위해 만들어졌다. 기독교인들이 성경의 음식 터부를 무시하는 것은 2,000년 전부터 시작된, 자신들을 유대인과 구분짓기 원했던 것을 반영하는 것이다. 더구나 보편종교로서 기독교는 서남아시아에서 기원한 터부와 연관성이 적다(제7장 참조).

성경의 터부 가운데에는 되새김질을 하지 않거나 돼지와 같이 발굽이 갈라지지 않은 동물, 그리고 바닷가재와 같이 지느러미나 비늘이 없는 수산 생물을 섭취하지 말라는 것이 포함되어 있다(그림 10.3.1). 무슬림들도 돼지고기를 먹지 않는 터부를 가지고 있다.

돼지고기를 먹지 않는 터부의 결과로 인해 세계 각 지역의 돼지 사육 두수에서 나타나는 차이는 매우 크다. 서남아시아와 북아프리카와 같은 이슬람교 지역에서는 돼지가 거의 사육되지 않는다(그림 10.3.2). 반면에 돼지고기를 선호하는 중국에서는 전 세계 돼지의 1/2이 사육되고 있다.

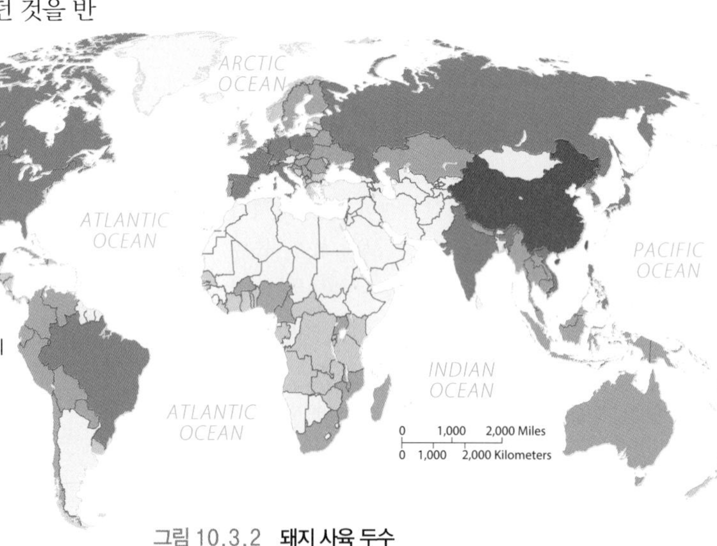

그림 10.3.2 **돼지 사육 두수**

그림 10.3.1 **프랑스 파리에 위치한 코셔 음식점의 모습**

환경적 영향

음식의 선호는 특히 자연환경으로부터 가장 큰 영향을 받는다. 인간은 대부분의 식물과 동물, 즉 특정 지역의 토양과 물에 의존하여 생존하는 생물을 음식으로 섭취한다. 특정 지역에 사는 사람들이 무엇을 식량으로 할 것인가를 결정하는 데 있어서 토양, 기후, 지형, 식생 등의 환경적 특성을 고려해야만 한다.

사람들은 환경에서 부정적인 요소와 강하게 연관되어 있다고 생각되는 식물이나 동물을 음식으로 섭취하지 않는다.

- 성경의 터부는 지중해 동부와 접해있는 지역에서 유목 생활을 하던 히브리인의 환경에 대한 우려로부터 발생했다. 예를 들어

돼지는 부분적으로 유목보다는 정착농업에 더 적합하고 지중해와 같이 기온이 높은 지역에서는 고기가 쉽게 상하기 때문에 금기시되었다.

- 유대인과 무슬림은 돼지고기를 금기시한다. 돼지는 인간을 위해 우유나 털을 제공하지 않고 짐을 나르거나 쟁기를 끌어주는 이점을 제공하지 않은 채 식량과 물을 소비하기 때문이다. 서남아시아와 북아프리카의 건조 지역에서 널리 돼지를 기르는 것은 생태적인 재난이 될 수 있다.
- 인도에서 힌두교인들이 쇠고기를 금기시하는 것은 부분적으로는 마차뿐만 아니라 쟁기를 끄는 데 전통적으로 이용되었던 거세된 숫소를 대규모로 필요로 했기 때문이라는 점으로 설명이 된다. 인도에서 많은 수의 숫소가 필요했는데 이는 모든 경작지를 거의 같은 시기, 즉 몬순 강우가 시작될 때 쟁기로 갈아야 했기 때문이다.

환경적 특징도 음식에 대한 회피뿐만 아니라 선호에 영향을 준다.

- 대두는 아시아에서 잘 자란다. 그러나 익히지 않은 대두는 독성이 있고 소화가 되지 않는다. 장시간의 요리를 통해 대두는 식용이 가능하게 변화되지만 아시아에서는 요리용 연료가 부족하다. 아시아인들은 대두로부터 장시간의 요리가 필요하지 않은 식품을 만들어냄으로써 이러한 환경 딜레마에 적응하였다. 이와 같은 식품들로는 콩나물(싹을 키운 대두), 간장(발효시킨 대두), 두부(증기에 찐 대두) 등이 있다.
- 유럽에서 기름에 빠르게 튀겨낸 음식을 선호하는 것은 부분적으로 이탈리아에서 연료가 부족했던 것에 기인한다. 북유럽에서는 풍부한 목재 공급으로 천천히 끓이거나 굽는 요리가 만들어졌는데, 요리에 사용된 불은 한대기후에서 가옥 내부의 난방에 이용되었다.

음식과 장소 : 테루아의 개념

환경은 음식 선호에 영향을 줄 뿐만 아니라 특정 지역에서 생산되는 식품의 특성에 기여한다. 한 지역의 독특한 자연환경적 특성이 음식의 향미를 발생시키는 데 영향을 주는 것을 프랑스어로 **테루아**(terroir)라고 말한다. 이 단어는 프랑스어로 토양 혹은 토지를 의미하는 'terre'와 어원이 같지만 테루아는 정확히 하나의 영어 단어로 번역되지 않으며, 영어 표현 가운데 '땅에 기반을 둔'을 의미하는 'grounded'나 '장소감'을 의미하는 'sense of place'와 유사한 맥락의 의미를 갖는다. 테루아는 특정 지역의 환경이 특정 식품에 미친 모든 효과를 지칭한다.

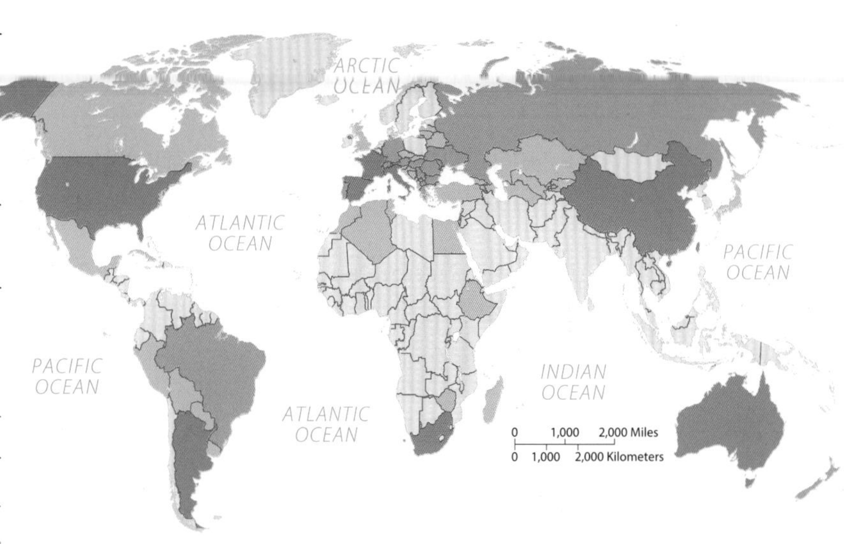

그림 10.3.3 **포도주 생산**
미터톤(1,000kg)
- 1,000,000톤 이상
- 100,000~999,999톤
- 1,000~99,999톤
- 1,000톤 미만
- 자료 없음

테루아라는 단어는 종종 포도주의 독특한 향미를 만들어내는 토양, 기후, 기타 환경적 특성을 통틀어서 말하는 데 사용되기도 한다.

- 기후. 포도원은 적당히 서늘하고 우기인 겨울철과 상당히 길고 기온이 높은 여름철이 나타나는 온대기후에서 가장 잘 경작된다(그림 10.3.3). 여름철의 뜨겁고 햇볕이 내리쬐는 날씨는 포도를 잘 익게 하는 데 필요하다. 이에 비해 겨울은 강우로 인해 선호되는 계절인데, 그 이유는 덥고 습한 날씨에는 포도가 병에 잘 걸려 썩기 때문이다.
- 지형. 포도원은 가능한 햇볕에 대한 노출을 최대화하고, 배수를 용이하게 할 수 있도록 산비탈에 조성한다. 호수나 하천 인근도 물이 극단적인 기온을 완화시키는 작용을 하므로 적합하다.
- 토양. 포도는 다양한 토양에서 재배될 수 있는데 다른 작물에 대해서는 비옥하다고 할 수 없는 입자가 굵고 배수가 잘 되는 토양에서 자란 포도로부터 가장 좋은 포도주가 생산된다. 예를 들어 보르도(Bordeaux)의 버건디(Burgundy) 생산 지역의 토양은 전체적으로 사질이고 자갈이 많으며, 샹파뉴(Champagne)의 샴페인 생산 지역의 토양은 백악질이고, 모젤 계곡(Moselle Valley)의 토양은 점판암질이다(그림 10.3.4).

각 지역마다 독특한 포도주의 특성은 붕소, 망간, 아연 등 암석과 토양 속의 미량 원소들이 어떻게 결합되어 있느냐에 따라 결정된다. 이러한 원소들이 대량으로 존재하면 식물에 해가 될 수 있지만 소량일 경우에는 포도의 독특한 향미를 만들어낸다.

그림 10.3.4 **프랑스 버건디 지방의 포도원**

10.4 영양과 기아

▶ 평균적으로 보면 지구 전체 인구에 필요한 식량이 충분하게 생산되고 있다.

▶ 일부 개발도상국에서는 식량이 충분하지 않으며 영양부족을 겪고 있다.

UN은 **식량 안보**(food security)를 음식 섭취에 필요한 식품의 양과 선호를 충족시키고, 영양소를 충분히 갖춘 식품을 물리적, 사회적, 경제적으로 제한 없이 공급받을 수 있는 것으로 정의한다. 이 정의에 따르면 세계 인구의 1/8이 식량 안보를 누리지 못하고 있다.

음식 섭취를 통한 열량 확보

UN 식량농업기구(FAO)에 따르면, 평균적인 사람이 적당한 신체 활동을 하기 위해서는 1일을 기준으로 최소 1,800kcal를 필요로 한다.

전 세계를 대상으로 평균 열량 소모량을 구해보면 1일 2,780kcal로 권장 열량값의 50% 이상을 넘는다. 이는 대부분의 사람들이 생존에 충분한 음식을 섭취하고 있다는 것을 나타낸다. 선진국 사람들은 평균적으로 권장 열량의 거의 2배인 3,470kcal를 소비하고 있다(그림 10.4.1). 미국은 1인당 하루 3,800kcal를 소비하여 전 세계에서 가장 높은 수치를 나타낸다. 미국을 포함한 선진국에서는 과도한 음식 섭취로 비만이 문제가 되고 있다(그림 10.4.2).

개발도상국에서 하루 평균 열량 소모량은 2,630kcal로서 이 수치도 권장 열량값보다 높은 것이다. 그러나 사하라 이남 아프리카에서 평균 열량은 2,290kcal로 아프리카인의 대부분이 충분한 음식을 섭취하지 못하고 있다. 사람들이 식품을 구입하기 위해 소득의 상당 부분을 소비해야만 하는 국가에서 음식 섭취가 부족한 것으로 나타나고 있다(그림 10.4.3).

영양부족

영양부족(undernourishment)은 건강

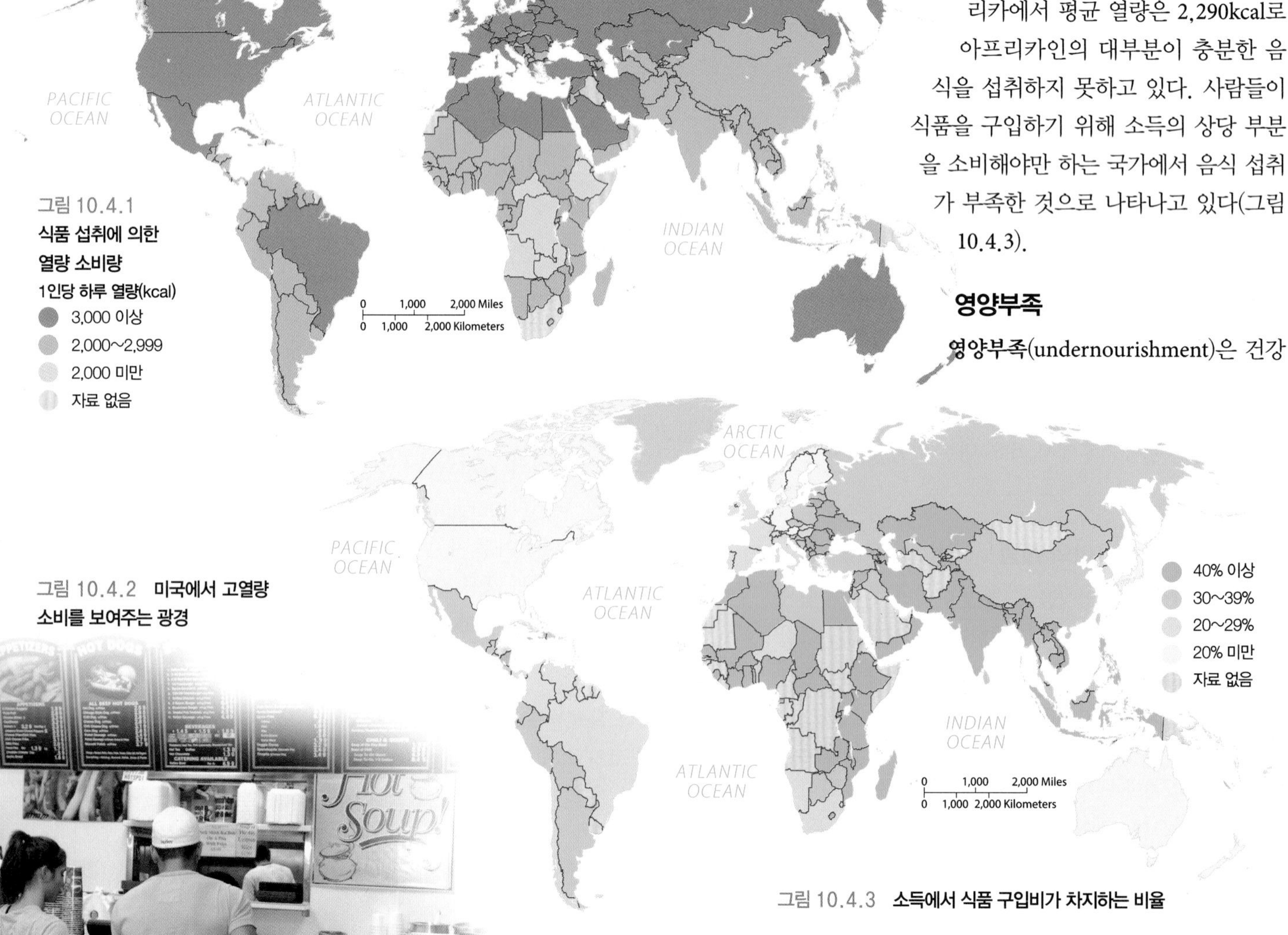

그림 10.4.1 **식품 섭취에 의한 열량 소비량**

1인당 하루 열량(kcal)
3,000 이상
2,000~2,999
2,000 미만
자료 없음

그림 10.4.2 **미국에서 고열량 소비를 보여주는 광경**

그림 10.4.3 **소득에서 식품 구입비가 차지하는 비율**

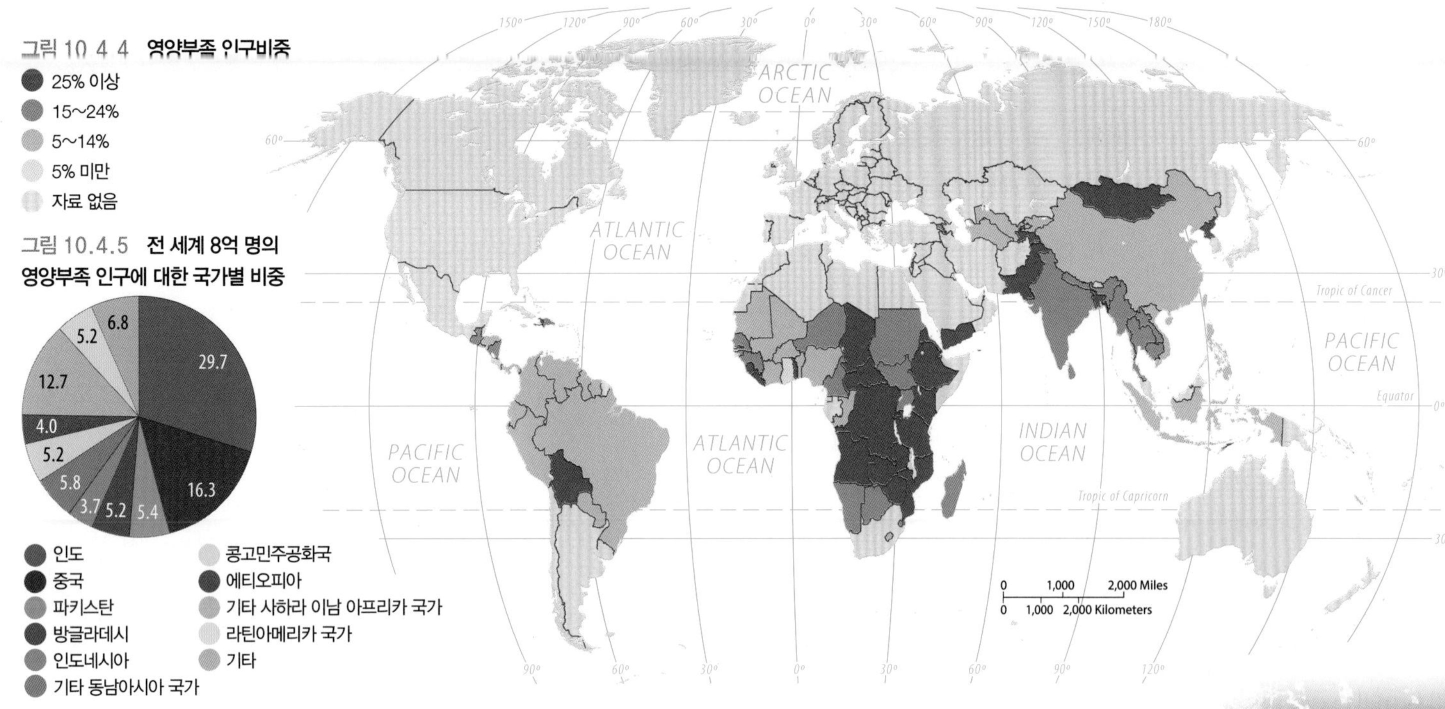

그림 10.4.4 **영양부족 인구비중**

그림 10.4.5 **전 세계 8억 명의 영양부족 인구에 대한 국가별 비중**

한 삶을 유지하고 가벼운 신체 활동을 하는 데 필요한 최소한의 열량 요구치보다 적은 상태가 지속됨으로써 발생한다. 사하라 이남 아프리카 인구의 1/4, 남아시아 인구의 1/5, 모든 개발도상국 인구의 1/6이 영양부족 상태에 있다(그림 10.4.4).

세계 인구 중 8억 명이 영양부족을 겪고 있는데 이 가운데 인도가 2억 3,800만 명으로 그 비중이 가장 높고, 다음은 중국으로서 1억 3,000만 명의 사람들이 영양부족 상태이다(그림 10.4.5). 전 세계의 영양부족 인구수는 과거 수십여 년 동안 변화하지 않았다(그림 10.4.6).

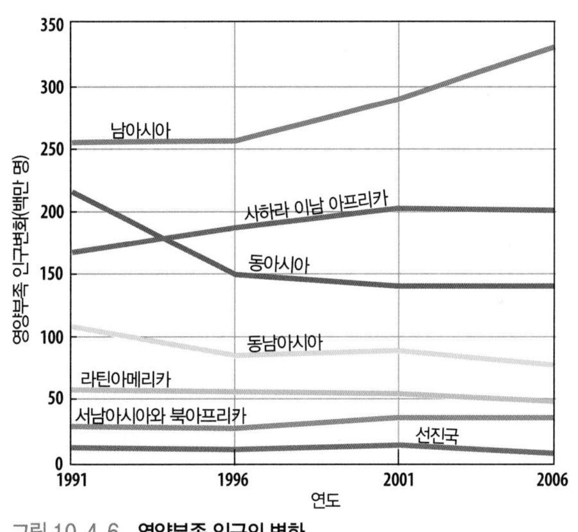

그림 10.4.6 **영양부족 인구의 변화**

그림 10.4.7 **소말리아의 영양부족을 보여주는 광경**

아프리카의 식량 공급 부족 문제

사하라 이남 아프리카는 인구성장에 맞추어 식량을 증산해야 하는 어려움을 겪고 있다(그림 10.4.7). 1961년 이후 사하라 이남 아프리카의 식량 생산은 상당히 증가하였지만 인구도 마찬가지로 성장하였다(그림 10.4.8). 그 결과 1인당 식량 생산은 과거 반세기 동안 거의 변화하지 않았다.

기아에 대한 위협은 사헬 지대에서 특히 극심하게 나타나고 있다. 전통적으로 이 지역은 농업이 제한적으로만 이루어져 왔다. 인구가 급속하게 증가하면서 농민들이 과잉 경작을 하게 되었으며, 가축의 규모도 토지 수용 능력을 넘어서는 수준으로 증가하였다. 가축의 과잉 방목으로 이미 제한적으로만 분포하던 식생과 공급이 부족했던 물을 고갈시켰다.

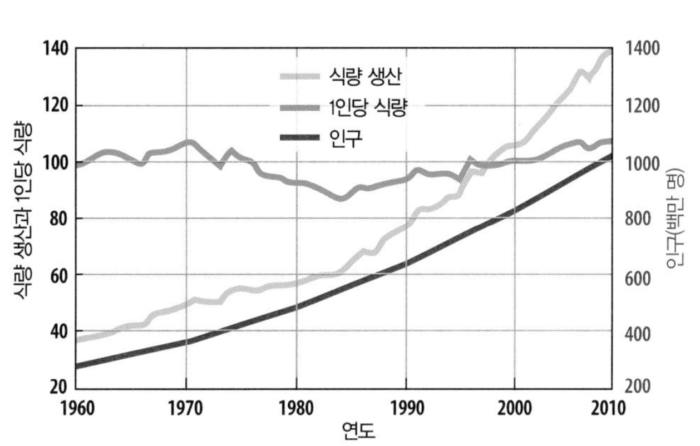

그림 10.4.8 **아프리카의 인구와 식량 생산**

10.5 농업 지역

▶ **세계의 농업 지역은 자급농업과 상업농업 지역으로 구분될 수 있다.**

▶ **농업 지역은 부분적으로 기후 조건과 관련이 있다.**

농업에 있어 가장 근본적인 차이점은 자급농업과 상업농업에서 나타난다.

- **자급농업**(subsistence agriculture)은 일반적으로 개발도상국에서 행해진다(그림 10.5.1). 주로 농민과 그 가족이 자체 소비를 위해 식량 생산을 계획한다(그림 10.5.2).
- **상업농업**(commercial agriculture)은 일반적으로 선진국에서 행해지며, 식품 가공 회사에 판매하는 것을 목적으로 농산물을 생산하는 것이다(그림 10.5.3).

가장 널리 이용되는 세계 농업 지역 분포도는 지리학자 더웬트 휘틀지(Derwent Whittlesey)에 의해 1936년에 제작되었다. 기후 지역이 유목(그림 10.5.4)과 작물 · 가축의 혼합농업(그림 10.5.5)과 같은 농업 지역을 결정하는 데 있어서 중요한 역할을 했다.

그림 10.5.1 **자급농업**

그림 10.5.2 **페루의 집약적 자급농업**

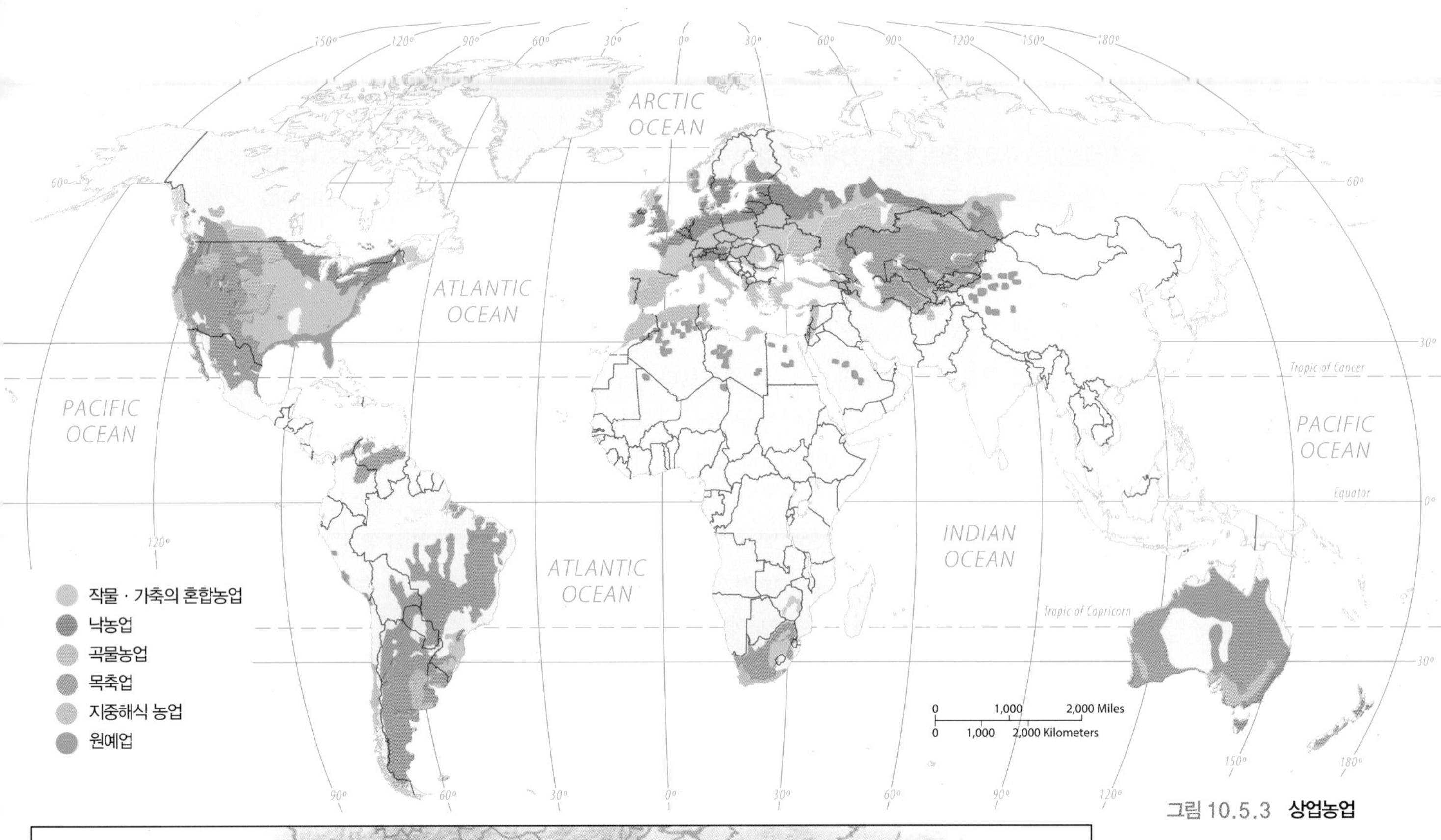

그림 10.5.3 **상업농업**

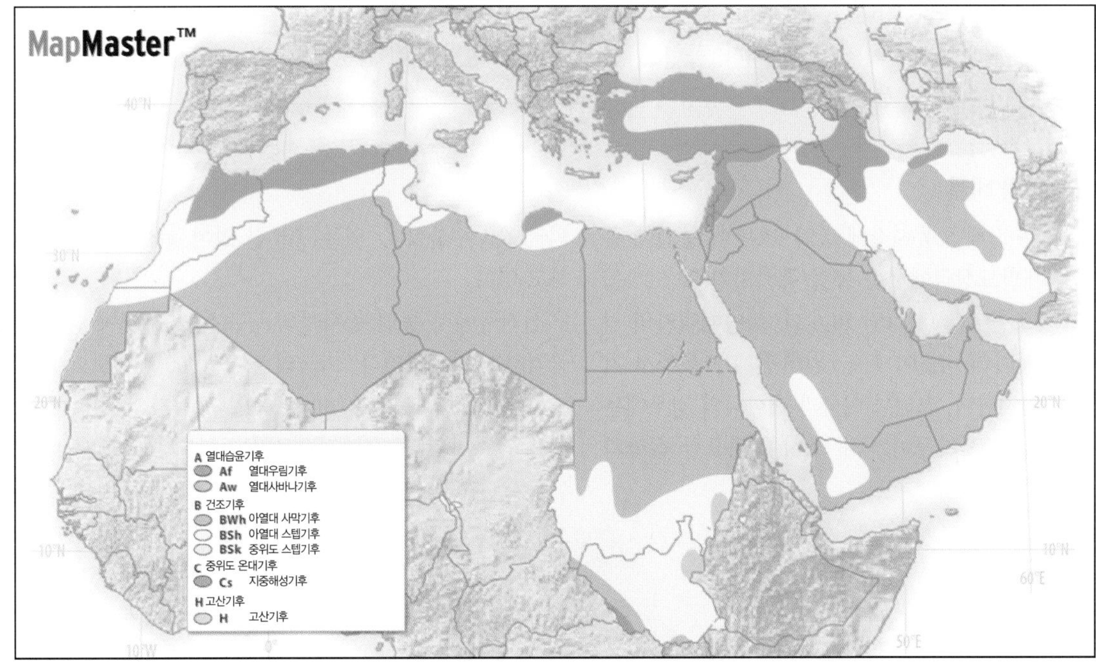

그림 10.5.4 **기후 지역**

기후는 재배되는 작물에 영향을 주거나 작물 재배 대신 가축 사육을 선택하는 데 영향을 끼친다.

1. 서남아시아와 북아프리카의 기후는 어떤 특징이 나타나는가?
2. 서남아시아와 북아프리카에서 어떤 기후 지역이 유목과 관련이 있는가?

그림 10.5.5 **프랑스의 작물 · 가축 혼합농업**

10.6 자급농업과 상업농업의 비교

▶ 자급농업은 규모가 작은 농장, 전체 인구 대비 높은 비율의 농민, 소수의 영농기계가 특징으로 나타난다.

▶ 상업농업은 규모가 큰 농장, 전체 인구 대비 낮은 비율의 농민, 다수의 영농기계가 특징으로 나타난다.

자급농업과 상업농업은 여러 가지 방식에 있어서 차이가 있다.

농장의 규모

평균적인 농장 규모를 비교하면 자급농업에서보다 상업농업에서 훨씬 크다. 일례로 미국에서 평균 농장 규모는 약 161헥타르(418에이커)인 데 비해 중국에서는 1헥타르 정도밖에 되지 않는다.

상업농업은 소수의 대규모 농장에 의해 지배되고 있다. 미국의 경우 5%에 해당하는 농장이 전체 농업 생산의 75%를 차지하고 있다. 이와 같은 규모에도 불구하고 개발도상국의 대규모 상업농장들은 가족 소유로 운영되며, 미국에서는 그 비중이 90%에 달한다. 상업농업에 종사하는 농가들은 주변의 토지를 임대하여 경영 규모를 확대하기도 한다.

농장 규모가 대규모로 확대된 것은 다음에 논의되는 바와 같이 부분적으로는 기계화의 결과이다. 콤바인, 곡물이나 과실 채집기, 기타 농기계는 대규모 농장에서 효과적으로 이용될 수 있지만, 소규모 농장에서는 이와 같은 기계류를 사용하는 데 드는 비용을 감당할 수 없다. 농장 규모가 확대되고, 고도로 기계화가 진행되면서 상업농업은 상당한 자본이 드는 사업이 되었다.

농민들은 농장의 운영을 위한 토지와 농기계를 구입하거나 임대하는 데 수만 달러를 필요로 한다. 일반적으로 이와 같은 비용은 은행 대출을 통해 마련되고, 농산물이 판매된 후 상환된다.

미국의 농업을 1900년도와 2000년도를 중심으로 비교해보면 농경지가 13% 증가하였는데, 이는 주로 관개와 간척을 통해 이루어진 것이다. 그러나 21세기에 들어와 도시 지역이 확대됨에 따라 총 4억 헥타르(10억 에이커)의 농경지 면적 가운데 매년 120만 헥타르(300만 에이커)씩 감소하고 있다.

농업 종사자의 비율

선진국에서는 전체 노동시장에서 약 5%만이 농업에 종사하지만, 개발도상국에서는 농업 종사자가 약 50%를 차지하여 대조를 이룬다(그림 10.6.1). 북아메리카의 경우, 농업 종사자의 비율이 훨씬 낮아 전체 고용에서 겨우 2%만을 차지한다. 그러나 미국과 캐나다의 경우에는 이 2%의 농업 종사자들이 국내 소비에 필요한 식량과 외국으로 수출할 수 있는 충분한 잉여 농산물까지 생산하고 있다.

선진국에서 농업 종사자의 규모는 20세기에 들어와 급격하게 감소하였다. 미국의 경우 1900년도와 2000년도를 비교하면 농장은 60%, 농업 종사자의 수는 85% 정도 감소하였다. 구체적으로 살펴보면 미국에서 1940년 600만 개에 달하던 농장의 수가 1960년에 400만 개, 그리고 1980년에 와서 200만 개로 감소하였다. 이와 같은 농장의 감소에는 인구이동의 배출 요인과 흡인 요인이 모두 원인으로 작용하였다. 농업에 종사할 경우 충분한 소득을 얻을 수 있는 기회가 부족하다는 점이 배출 요인으로, 동시에 도시에서의 고소득 일자리가 흡인 요인이 되었다. 1980년대 이후 미국에서는 농민의 수가 200만 명 정도로 유지되고 있다.

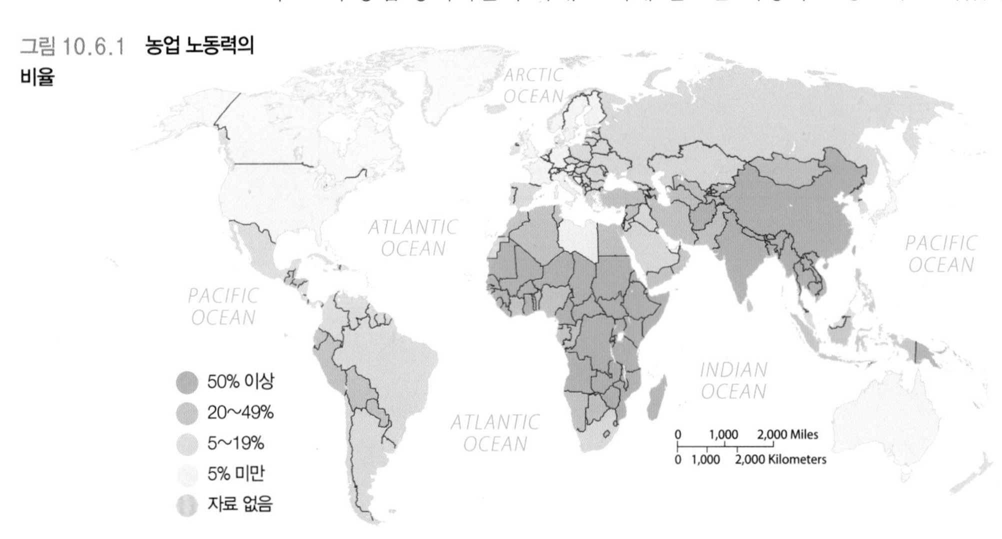

그림 10.6.1 **농업 노동력의 비율**

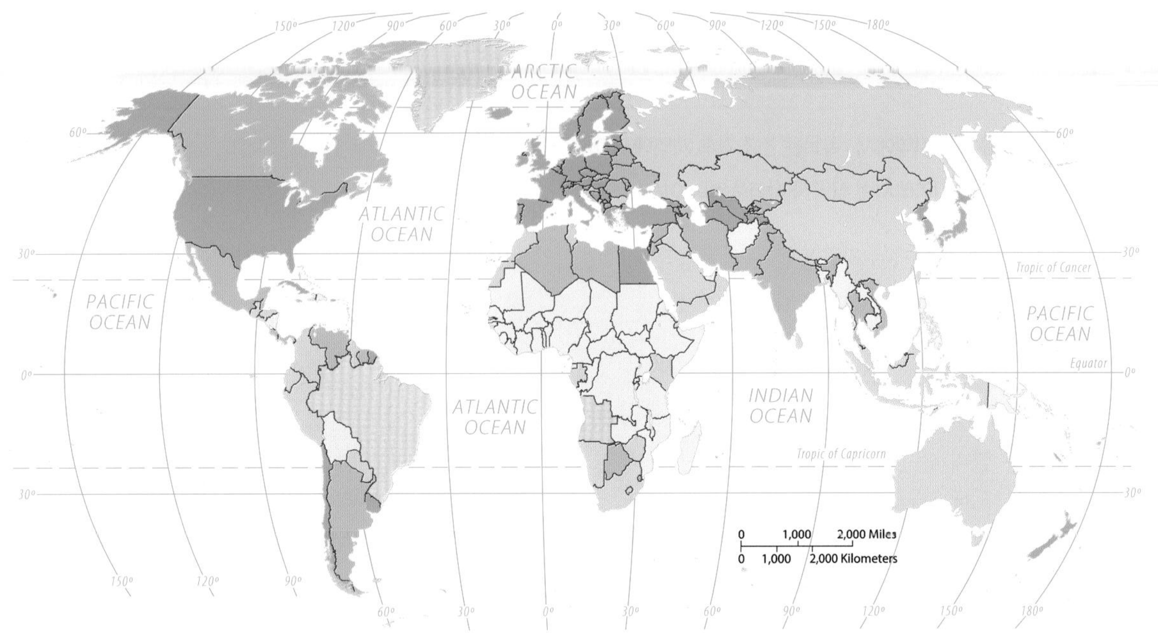

그림 10.6.2 **트랙터 1대당 농경지 면적**
50헥타르 미만
50~99헥타르
100~499헥타르
500헥타르 이상
자료 없음

농기계의 사용

선진국에서는 농업 종사자의 수가 적지만 농사를 짓는 데 인력이나 축력에 의존하기보다는 기계의 힘을 이용함으로써 많은 사람들에게 식량을 공급할 수 있다(그림 10.6.2). 개발도상국에서는 농업 종사자들이 여전히 인력과 축력에 의존하고 있다.

전통적으로 농민이나 지역의 장인들이 목재로 농기구를 제작하였지만 18세기 후반에 이르러 공장에서 농기계가 생산되었다. 최초의 철제 쟁기는 1770년대에 제작되었고, 19세기와 20세기에 인력과 축력을 대체할 수 있는 농기계가 잇달아 발명되었다. 공장에서 제작된 트랙터, 콤바인, 옥수수 채집기, 파종기 등의 농기계가 수작업을 대체하였다(그림 10.6.3).

교통수단의 발달도 상업농업의 확대에 도움이 되었다. 19세기에 철도 교통이 도입되고 20세기에 들어와 고속도로와 트럭이 도입됨으로써 농민들은 농산물과 가축을 보다 멀리, 그리고 신속하게 수송할 수 있게 되었다. 축산물을 운반할 경우 소는 시장까지 직접 몰아 이동시켰을 때보다 트럭과 기차로 수송할 때 더 건강하고 무게가 나가는 상태로 시장에 운반될 수 있다. 마찬가지로 농산물의 경우에도 트럭과 기차로 운송하는 것이 손상되지 않은 상태로 시장까지 운반될 수 있다.

상업농업에 종사하는 사람들은 생산성을 높이기 위해 과학적 진보의 도움을 얻고 있다. 더 많은 양의 농산물과 더 건강한 가축의 생산을 가능하게 할 새로운 비료, 제초제, 교배종, 가축종, 농사 기법 등을 찾기 위해 각종 실험이 대학 실험실, 기업, 연구소에서 이루어졌다. 농민들은 과학 정보에 기초한 최적의 농업 방식을 도입할 수 있게 되었다. 일부 농가에서는 자체적으로 농장에서 연구를 수행하기도 한다.

전자기기 또한 상업농업에 도움을 주고 있다. GPS 단말기를 이용하여 서로 다른 유형과 양의 비료를 필요로 하는 지점의 좌표를 알 수 있게 되었다. GPS는 대규모 농장에서 소의 위치를 모니터링하는 데 이용되기도 한다. 위성영상을 이용하여 작물의 생장을 모니터링할 수도 있고, 콤바인에 부착된 관측 장치를 통해 수확량을 정확하게 측정할 수도 있다.

그림 10.6.3 **미국 콜로라도 주에서 콤바인을 이용하여 밀을 수확하는 모습**

10.7 자급농업 지역

▶ 이동경작은 습윤기후 지역에서, 유목은 건조기후 지역에서 이루어진다.

▶ 아시아의 인구집중 지역에서는 집약적 자급농업이 이루어진다.

개발도상국에서 이루어지는 자급농업은 이동경작, 유목, 집약농업의 세 가지 유형이 특징적으로 나타난다. 농장은 개발도상국에서 이루어지는 상업농업 유형이다.

이동경작

이동경작(shifting cultivation)은 상대적으로 기온이 높고 강우량이 많은 열대 습윤기후 지역에서 행해진다. 매년 이동경작을 하는 사람들은 취락 주변에 한 곳을 작물 경작지로 지정한다. 사람들은 파종하기 전에 도끼와 칼을 이용하여 작물 경작지로 선택한 곳의 조밀한 피복 식생을 제거해야 한다.

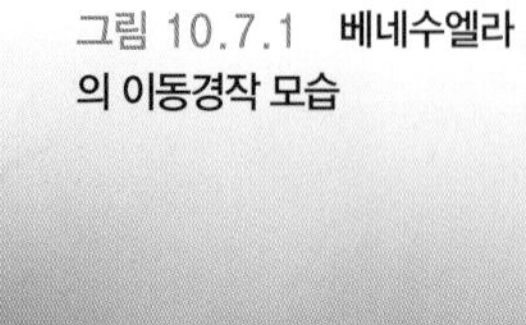

그림 10.7.1 **베네수엘라의 이동경작 모습**

바람이 없는 날에 식생을 제거한 후 그 잔재는 주의를 기울여 잔불이 주변으로 확산되지 않게 통제하여 소각한다. 그 결과, 이동경작은 종종 **화전농업**(slash-and-burn agriculture)이라고 불린다(그림 10.7.1). 강우는 소각된 식생의 재를 토양으로 흡수시켜 필요한 영양분을 공급한다.

이와 같은 방식으로 조성된 개간지는 'swidden', 'ladang', 'milpa', 'chena', 'kaingin' 등의 다양한 명칭으로 불린다. **화전**(swidden)에서는 보통 3년 이하의 기간 동안 토양의 영양분이 고갈되기 전까지만 작물이 자랄 수 있다. 화전민들은 다시 새로운 터를 찾아 식생을 제거하기 시작하며, 기존의 화전을 장기간 작물 경작 없이 방치하여 자연 식생이 번성하도록 만든다.

이동경작은 수목 벌채, 소의 방목, 환금작물 재배 등에 의해 대체되고 있다. 목재를 건설업자에게 판매하거나 패스트푸드 레스토랑을 위해 육우를 사육하는 것이 이동경작을 유지하는 것보다 훨씬 더 효과적인 개발 전략이다. 이동경작을 옹호하는 사람들은 이동경작이 열대 농업에서 좀 더 친환경적인 농사 방식이라고 생각한다.

유목

유목(pastoral nomadism)은 가축화된 동물 무리를 기반으로 이루어지는 자급농업 형태이다. 유목은 작물을 심는 것이 불가능한 건조기후에 적응한 결과인 것이다. 유목민들은 북아프리카, 서남아시아, 중앙아시아의 일부 지역을 포함하는 건조 및 반건조 지역에 주로 거주한다.

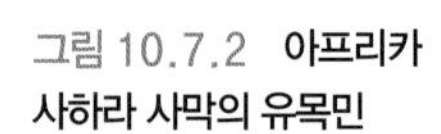

그림 10.7.2 **아프리카 사하라 사막의 유목민**

사우디아라비아 및 북아프리카의 베두인족(Bedouins)과 동아프리카의 마사이족(Maasai)이 대표적인 유목민이다(그림 10.7.2).

유목민은 생존을 위해 작물보다는 주로 동물에 의존한다. 가축으로부터 우유를 얻고, 가죽과 털은 의복과 텐트로 이용된다. 그러나 여타 자급농처럼 유목민들은 대부분 고기보다는 곡물을 소비한다. 가축은 죽었을 경우 사체를 소비할 수 있지만, 보통 도살하지 않는다. 유목민들에게 가축 무리의 크기는 권력과 위신, 그리고 불리한 환경 조건이 지속되는 기간 동안 안전성을 나타내는 중요한 척도이다.

전 세계에서 1,500만 명 정도의 사람들만이 유목민이지만 유목이 이루어지고 있는 지역은 지표의 약 20%를 차지한다. 유목민들은 건조 지역에서 가장 강력한 집단이었다. 오늘날 각국의 정부는 필요할 경우 유목민의 인구 규모를 통제하며, 일부 국가에서는 유목민의 토지를 다른 용도로 이용하기 위해 정부가 강제로 유목민들에게 유목을 포기하게 하고 있다.

집약적 자급농업

인구밀도가 높은 동아시아, 남아시아, 동남아시아에서 대부분의 농민들은 **집약적 자급농업**(intensive subsistence agriculture)을 행하고 있다. 농민 대 농경지의 비율을 나타내는 농업 밀도는 동아시아 및 남아시아 일부 지역에서 매우 높은데, 이곳 사람들은 아주 좁은 면적의 토지로부터 생존을 위해 필요한 식량을 생산해야만 한다.

대부분의 지역에서 노동력은 충분하지만 주로 장비를 구입할 자금이 부족하기 때문에 농업은 수작업으로 혹은 가축을 이용하여 이루어진다.

그림 10.7.3 **쌀 생산량**
백만 미터톤
100 이상
10.0~99.9
1.0~9.9
1.0 미만
자료 없음

아시아의 집약농업 지역은 수도작이 우세한 지역과 그렇지 않은 지역으로 구분될 수 있다. **논벼**(wet rice)는 생장을 빠르게 하기 위해 종묘장에 종자를 심고, 그다음에 논으로 묘목을 옮겨 심는 것을 일컫는다. 논벼는 대부분의 생육기간 동안 물속에 잠겨 있기 때문에 평지에서 가장 잘 자란다.

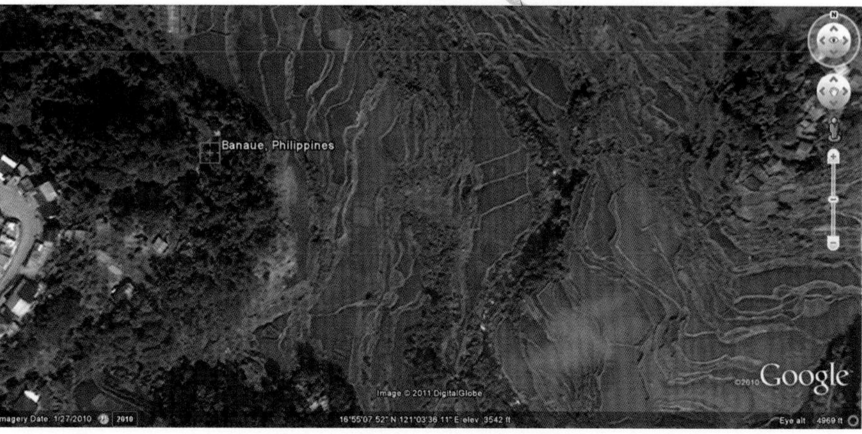

그림 10.7.4 **집약적 자급농업**
구글어스를 이용하여 동남아시아의 수도작 지역을 탐색해보라.
위치 : 필리핀의 바나우에(Banaue)
마우스를 이용하여 갈색 줄무늬들이 보일 때까지 바나우에 지명 근처를 확대해보라.
드래그 : 갈색 줄무늬에 마우스를 고정하고 "스트리트 뷰" 클릭해보라.
"지면 수준 보기 종료"를 클릭하라.

1. **이 지역의 지형은 평지인가, 아니면 구릉지인가?**
2. **갈색 줄무늬들은 무엇인가?**

동부 아시아의 일부 지역에서는 인구성장의 압력으로 벼 재배지의 면적이 확대되어야만 했다(그림 10.7.3). 벼를 재배하기 위한 경지를 확보하기 위해 하천 계곡의 구릉 경사지를 계단식 논으로 조성하기도 한다(그림 10.7.4).

플랜테이션 농업

플랜테이션(plantation)은 한두 가지 작물을 특화한, 개발도상국에서 행해지는 대규모 농장을 말한다. 플랜테이션 농업은 특히 라틴아메리카, 아프리카, 아시아의 열대 및 아열대 지역에서 상업농업의 형태로 이루어진다(그림 10.7.5).

일반적으로 플랜테이션은 개발도상국에서 이루어지지만 종종 유럽인들이나 북아메리카인들이 소유하거나 운영하며, 주로 선진국에서 판매를 목적으로 작물이 재배된다. 플랜테이션에서 재배되는 가장 중요한 작물에는 면화, 사탕수수, 커피, 고무, 담배 등이 포함된다.

미국 남부 지역에서는 남북전쟁 전까지 플랜테이션 농업이 중요했는데, 주요 작물은 면화였으며 담배와 사탕수수가 그 뒤를 이었다. 노예제도 폐지 전까지 아프리카에서 데려온 노예들이 노동의 대부분을 담당하였고, 남북전쟁에서 남부가 패배한 이후 플랜테이션은 감소하였으며, 플랜테이션 농장은 분할되어 개별 농부들에게 팔리거나 소작농에 의해 운영되었다.

그림 10.7.5 **타이의 사탕수수 플랜테이션**

10.8 상업농업 지역

▶ 선진국의 상업농업은 여섯 가지 유형으로 구분된다.

▶ 농업의 유형은 자연지리적 조건에 영향을 받는다.

선진국의 상업농업은 여섯 가지 유형으로 구분될 수 있다. 각각의 유형은 대부분 기후에 따라 선진국가들 내에서 독특한 지역으로 구분되어 나타난다.

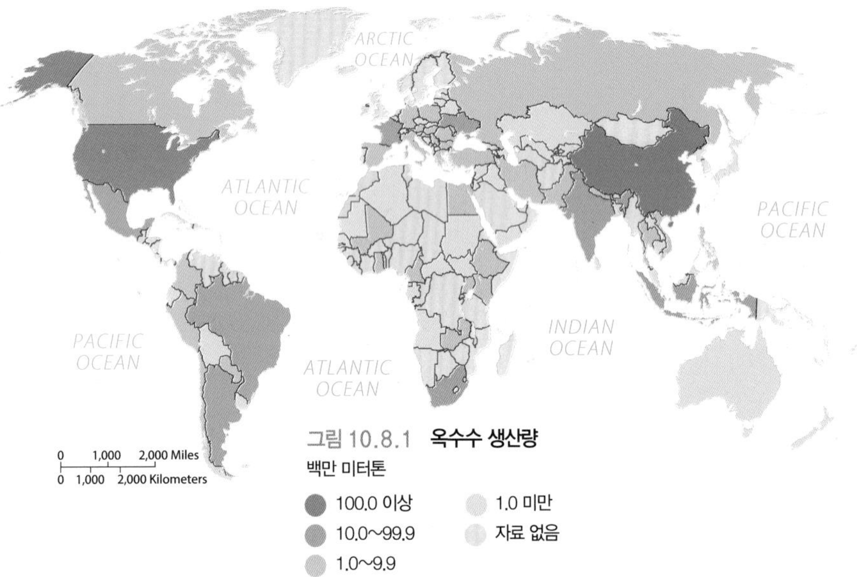

그림 10.8.1 **옥수수 생산량**

작물과 가축의 혼합농업

작물과 가축의 혼합농업에서 가장 독특한 특징은 작물과 가축의 결합이다. 옥수수는 가장 일반적으로 재배되는 작물이며(그림 10.8.1), 대두가 그 뒤를 잇는다. 작물의 대부분은 인간에 의해 직접 소비되기보다는 가축의 사료가 된다. 전형적인 상업적 혼합농업을 기반으로 하는 농장에서는 거의 모든 토지를 작물 재배에 투입하지만 소득의 3/4은 쇠고기, 우유, 달걀과 같은 축산물 판매로부터 얻는다.

작물과 가축의 혼합농업에서는 일반적으로 **작물 윤작**(crop rotation)이 행해진다. 농장은 수많은 경지로 분할되며, 각각의 경지에는 종종 4~5년 정도의 주기에 따라 작물이 재배된다.

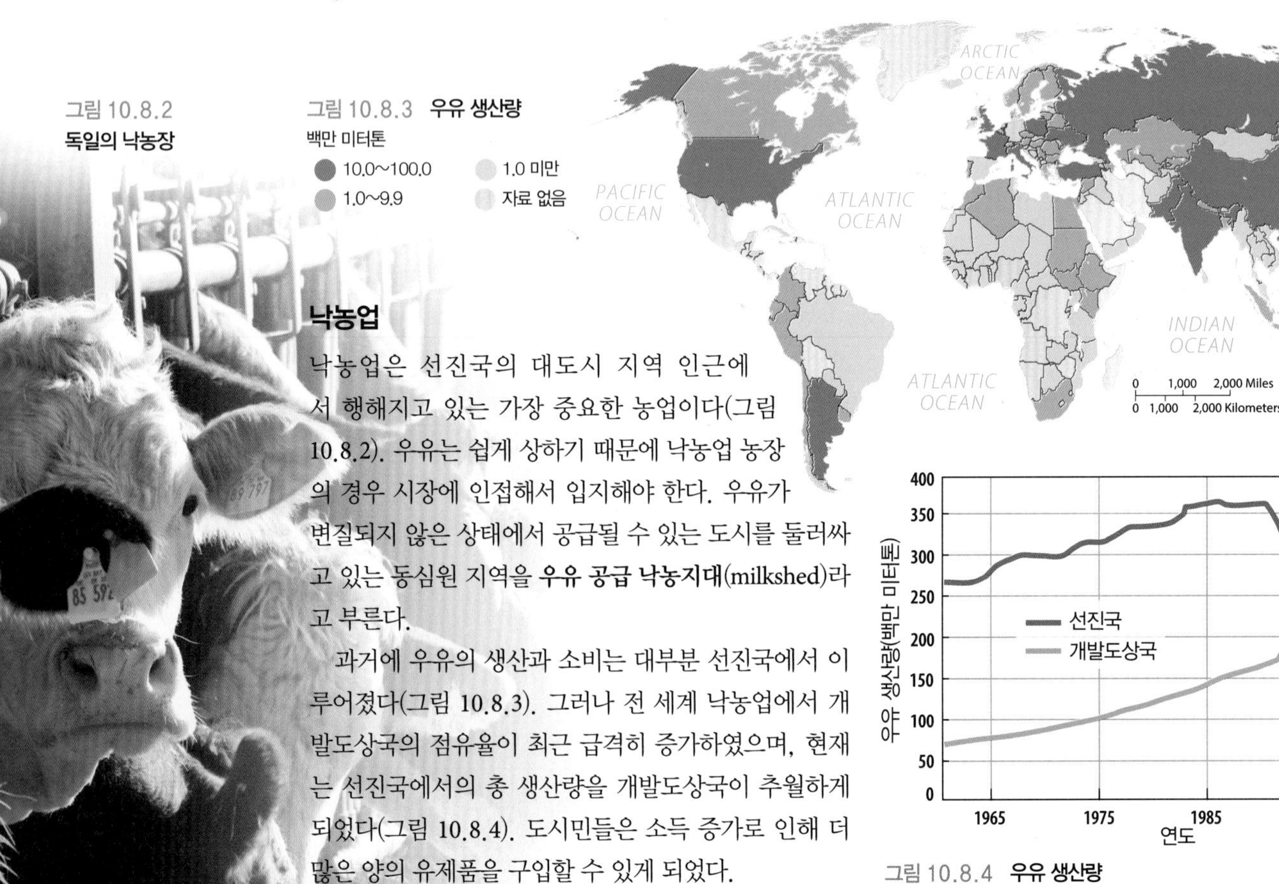

그림 10.8.2 **독일의 낙농장**

그림 10.8.3 **우유 생산량**

낙농업

낙농업은 선진국의 대도시 지역 인근에서 행해지고 있는 가장 중요한 농업이다(그림 10.8.2). 우유는 쉽게 상하기 때문에 낙농업 농장의 경우 시장에 인접해서 입지해야 한다. 우유가 변질되지 않은 상태에서 공급될 수 있는 도시를 둘러싸고 있는 동심원 지역을 **우유 공급 낙농지대**(milkshed)라고 부른다.

과거에 우유의 생산과 소비는 대부분 선진국에서 이루어졌다(그림 10.8.3). 그러나 전 세계 낙농업에서 개발도상국의 점유율이 최근 급격히 증가하였으며, 현재는 선진국에서의 총 생산량을 개발도상국이 추월하게 되었다(그림 10.8.4). 도시민들은 소득 증가로 인해 더 많은 양의 유제품을 구입할 수 있게 되었다.

우유 생산량(백만 미터톤)
400
350
300
250
200
150
100
50
0
1965 1975 1985 1995 2005
연도
선진국
개발도상국

그림 10.8.4 **우유 생산량**

곡물농업

상업적 곡물농장은 북아메리카의 내평원과 같이 작물과 가축의 혼합농업을 하기에는 너무 건조한 지역에 분포한다(그림 10.8.5). 작물과 가축의 혼합농업과 달리 곡물농장의 작물들은 주로 가축에 의한 소비보다는 인간의 소비를 위해 재배된다.

가장 중요한 재배 작물은 밀가루의 원료가 되는 밀이다. 밀가루는 쉽게 변질되지 않아 비교적 용이하게 보관되며, 장거리 운송이 가능하다. 밀은 다른 작물에 비해 단위무게당 가격이 높아 농장으로부터 시장까지 장거리 운송이 필요한 경우에도 수익성이 크다.

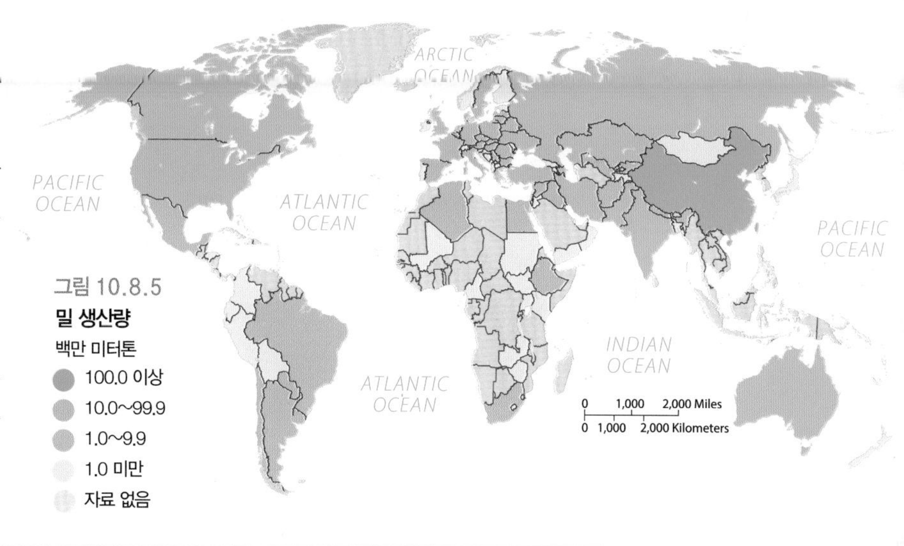

그림 10.8.5 **밀 생산량**

목축업

목축업(ranching)은 광범위한 면적에서 이루어지는 가축에 대한 상업적 방목을 말한다. 이는 식생이 너무 빈약하고 토양이 척박하여 작물이 자라기 어려운 반건조 및 건조 지역에서 행해진다. 중국은 세계 최대의 돼지고기 생산국이며, 미국은 세계 최대의 닭고기 및 쇠고기 생산국이다(그림 10.8.6).

목축업을 상징하는 소몰이와 '와일드 웨스트(Wild West)' 등의 특성은 실질적으로 19세기 중반 겨우 몇 년 동안만 지속되었으나 소설과 영화 속에서 미화되었다. 현대의 목축업은 고립된 농장에서 이루어지기보다는 육가공업의 일부가 되었다.

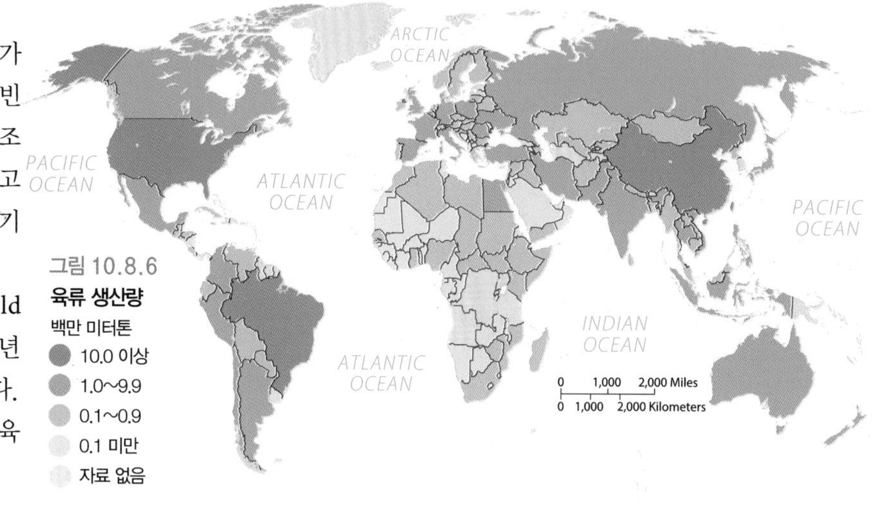

그림 10.8.6 **육류 생산량**

상업적 원예업과 과수 재배업

상업적 원예업과 과수 재배업은 미국 남동부 지역에서 널리 행해지는 농업 유형이다(그림 10.8.7). 이 지역은 장기간의 식물 생장기와 습윤기후가 나타나며, 동부 해안을 따라 입지한 대도시의 대규모 시장에 접근이 용이하다. 이 유형은 종종 **트럭농업**(truck farming, 시장 판매용 청과물 및 채소 재배업)이라고 불리는데, 이는 'truck'이라는 단어가 중세에 상품의 판매나 교환을 의미하는 용어로 사용되었기 때문이다.

트럭농장(truck farm)은 사과, 체리, 양상추, 토마토와 같은 선진국 소비자들의 수요가 큰 과일과 채소를 재배한다. 특화농업이라고 불리는 트럭농업의 한 형태는 뉴잉글랜드로 확산되었다. 농민들은 아스파라거스, 버섯, 피망, 딸기와 같이 제한적이지만 수요가 증가하고 있는 작물을 재배하여 수익을 올리고 있다.

지중해식 농업

지중해식 농업은 지중해 인접 지역과 미국 캘리포니아 주; 칠레 중부, 남아프리카 남서부, 오스트레일리아 남서부와 같이 지중해와 유사한 자연지리적 조건을 갖춘 곳에서 주로 이루어진다. 겨울은 습윤하고 온화하며, 여름은 덥고 건조하다. 지형은 구릉성이고, 산맥의 경우는 해양 쪽으로 급경사를 이루며, 매우 좁은 해안 평야를 형성한다. 두 종류의 가장 중요한 작물은 올리브(주로 요리용)와 포도(주로 포도주용)이다.

그림 10.8.7 **상업적 원예업을 보여주는 미국 조지아주의 땅콩 재배 농장**

10.9 어업

▶ 생선은 자연산으로 잡히거나 양식된다.

▶ 생선 소비가 증가하면서 남획이 발생하고 있다.

지금까지 이 장에서 논의된 농업은 토지를 기반으로 한 것이었다. 인간은 어류, 갑각류(새우, 게 등), 연체류(조개와 굴 등), 해초류(물냉이 등)를 비롯하여 바다, 하천, 호수 등의 수체로부터 식량을 얻는다.

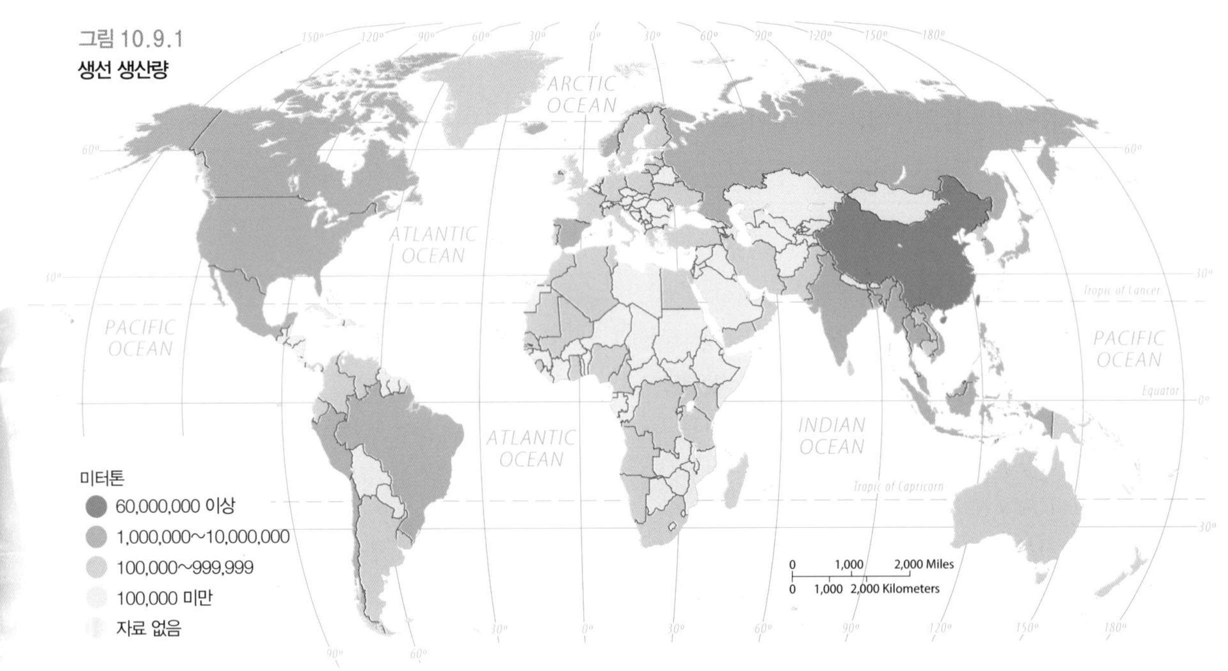

그림 10.9.1 생선 생산량

그림 10.9.2 모리타니의 어업

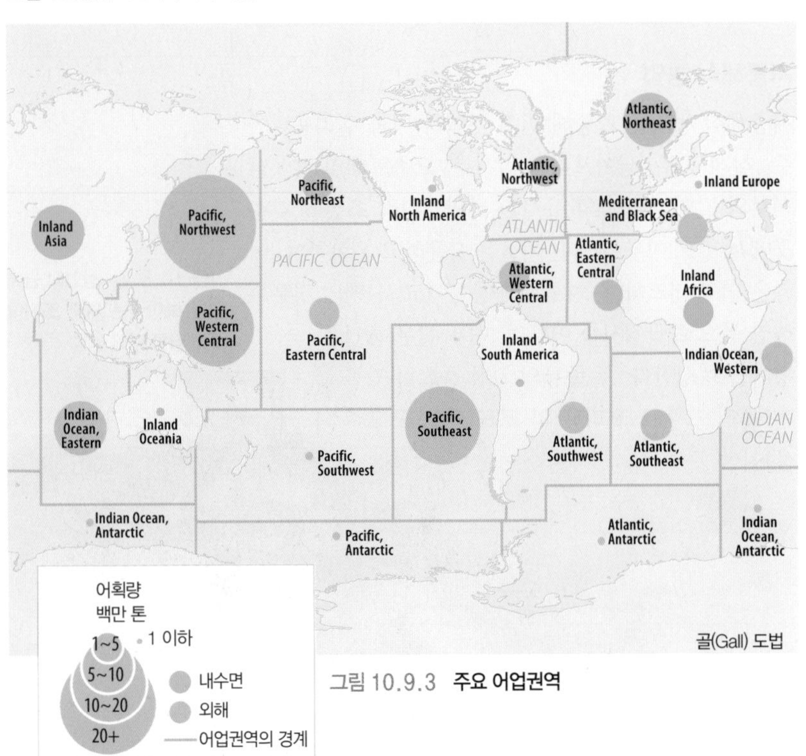

그림 10.9.3 주요 어업권역

수산물의 생산

다음과 같은 두 가지 방식에 의해 수체(바다, 하천, 호수 등)로부터 식품을 획득할 수 있다.

- 어업은 자연산 생선과 수체에 서식하는 수생생물을 포획하는 것이다.
- **양식업**(aquaculture or aquafarming)은 통제된 조건하에서 수생생물을 기르는 것이다.

바다에서 잡히는 생선의 약 2/3는 인간이 직접 소비하며, 나머지는 양식 생선, 가금류, 돼지 등의 사료로 쓰인다.

중국은 세계 어업 생산량의 40%를 차지하고 있다(그림 10.9.1). 또 다른 어업 선도국은 페루, 인도네시아, 인도, 칠레, 일본, 미국 등으로 광범위한 해안 경계를 갖고 있는 나라들이다.

전 세계의 해양은 18개의 주요 어업권역으로 나뉘는데, 이 가운데 대서양과 태평양에 7개, 인도양에 4개 권역이 포함된다(그림 10.9.2). 가장 생산량이 많은 3개 어업권역은 모두 태평양에 위치한다(그림 10.9.3). 어업은 호수와 하천 같은 육지의 수체에서도 이루어진다.

생선의 소비

언뜻 보기에는 수산물의 소비를 늘리는 것이 매력적인 것처럼 보인다. 바다는 지표의 거의 3/4을 차지하며, 해안가에는 인구가 가장 많이 분포한다. 역사적으로 해양은 세계 식량 공급에서 비중이 매우 작았다. 생선 소비량이 증가한 것은 급증하고 있는 세계 인구의 식량 수요를 충족시키기 위한 하나의 방안으로 여겨졌다.

사실상 지난 반세기 동안 1인당 생선 소비량은 전 세계적으로 2배가 증가하였으며, 개발도상국에서는 3배나 증가하였다(그림 10.9.4). 생선 소비가 개발도상국에서 급속하게 증가하고 있지만 생선은 전 세계 총 단백질 소비 가운데 6%만을 차지하고 있다(그림 10.9.5).

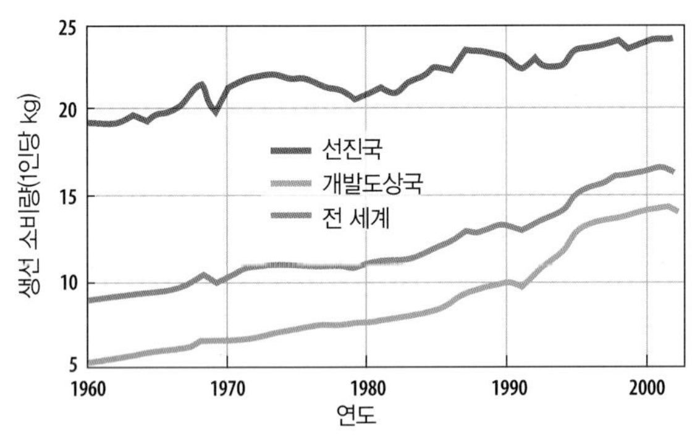

그림 10.9.4 **1인당 생선 소비량**

그림 10.9.5 **생선으로부터 섭취되는 단백질의 비중**

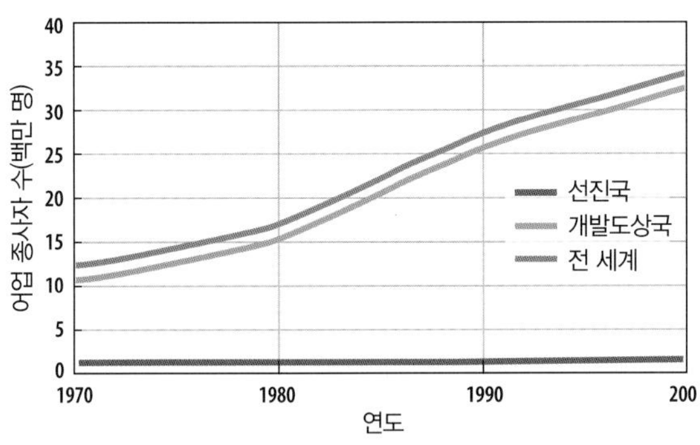

그림 10.9.6 **어업과 양식업 종사자 수**

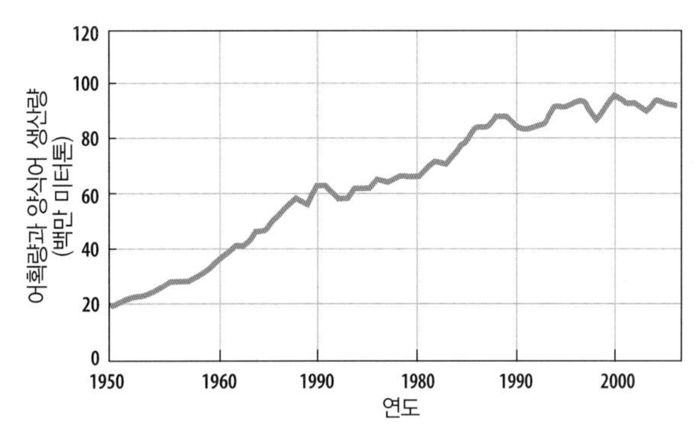

그림 10.9.7 **전 세계 어획량과 양식어 생산량**

그림 10.9.8 **일본의 양식어장**

남획

세계적으로 3,500만 명의 사람들이 어업과 양식업에 종사하고 있다. 어업과 양식업 종사자 대부분이 개발도상국 사람들이다(그림 10.9.6). 생선 생산량은 세계적으로 계속 증가하고 있다(그림 10.9.7). 생산량의 증가는 전적으로 양식업이 증가한 것에 기인한다(그림 10.9.8). 1990년대 이후 인구와 생선 소비량이 증가하였음에도 바다와 호수에서 얻어지는 자연산 생선의 양은 정체되었다.

바다와 호수에 서식하는 일부 어류의 개체 수가 **남획**(overfishing)으로 감소하였는데, 남획은 어류의 번식을 기다리지 않고 계속 어획하는 것을 말한다. 남획은 북대서양과 태평양에서 특히 심각하다. 가령 지난 반세기 동안 남획에 의해 참치와 황새치의 개체 수가 90%나 감소하였다. UN은 전체 어류종 가운데 1/4이 남획되고 있으며, 1/2은 거의 남획에 가깝게 어획되고 있고, 1/4만이 어획 대상에서 제외되어 있다고 추정하고 있다.

10.10 자급농업과 인구증가

▶ 개발도상국에서 식량을 증산시킬 수 있는 전략으로 아래의 네 가지를 고려할 수 있다.

▶ 식량의 생산성을 증가시키고 새로운 식량 공급원을 찾는 것이 가장 유망하다.

앞 장에서 논의된 이슈 가운데 두 가지가 자급농업에 종사하는 농민들이 직면한 도전적인 문제에 영향을 주고 있다. 첫 번째는 개발도상국의 급속한 인구성장(제5장에서 논의됨)으로 자급농업에 종사하는 사람들이 지속적으로 증가하고 있는 인구에 식량을 공급해야 한다는 것이다. 두 번째는 경제발전을 위해 국제교역을 증진(제9장에서 논의됨)시키고자 하기 때문에 자급농업 종사자들이 자체 소비용 식량 대신 수출용 식량을 증산시켜야 한다는 것이다. 식량 공급을 증가시킬 수 있는 네 가지 전략은 다음과 같다.

농경지의 확대

역사적으로 전 세계의 식량 생산은 주로 농업에 투입되는 토지의 면적을 증대시킴으로써 증가하였다. 세계 인구가 18세기에 시작된 산업혁명기 동안 매우 빠른 속도로 증가하자, 개척자들은 사람이 거주하지 않은 영토로 이주하여 경작 토지를 확대시킬 수 있었다.

현재 세계적으로 전체 토지 면적의 겨우 11%만이 농업에 이용되고 있으므로 새로운 토지가 가용한 것처럼 보일 수도 있다. 그러나 과도한, 혹은 부적합한 용수로 인해 농경지 확대가 어렵다. 지난 수십여 년 동안 농경지가 확대되는 속도는 인구의 증가 속도보다 늦었다(그림 10.10.1).

그림 10.10.1 **농경지와 인구성장률**

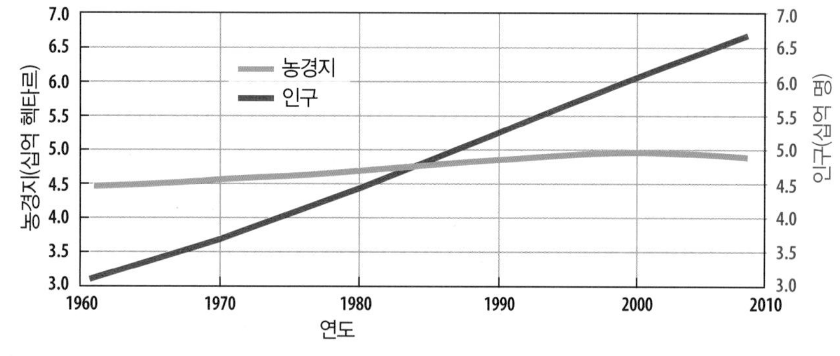

농업 생산성 증대

새로운 농업 방식이 전 세계 농부들에게 같은 면적의 토지로부터 더 많은 양의 농산물을 얻을 수 있게 만들었다. 1960년대와 1970년대에 이루어진 생산성이 높은 농업 기술의 고안과 신속한 확산을 **녹색혁명**(green revolution)이라고 부른다.

과학자들은 1950년대에 고수확 밀 품종을 개발하기 위한 실험을 시작하였다. 10년 후 국제벼연구소(International Rice Research Institute, IRRI)가 '기적'의 벼 품종을 개발하였다(그림 10.10.2). 록펠러재단과 포드재단이 다수의 연구를 후원하였으며, 프로그램 책임자였던 노먼 볼로그(Norman Borlaug) 박사는 1970년에 노벨평화상을 수상하였다. 최근에는 과학자들이 새로운 고수확 옥수수 품종을 개발하였다. 과학자들은 특정 지역의 환경 조건에 적응한 고수확 교배종을 계속해서 개발해왔다.

녹색혁명은 1970년대와 1980년대에 개발도상국의 식량 위기를 막는 데 큰 역할을 수행하였다. 새로운 기적의 종자가 전 세계로 신속하게 확산되었다. 일례로 인도의 밀 생산은 5년 동안 2배 이상 증가하였다. 1960년대 중반 이후 매년 1,000만 톤의 밀을 수입한 인도는 1971년에 이르러 수백만 톤의 밀을 소비량보다 더 많이 생산하였다.

이와 같은 과학적 약진이 21세기에도 계속될 것인가? 새로운 '기적의 종자'를 충분히 활용하기 위해 농민들은 많은 비료와 영농기계를 이용해야만 하는데, 이 두 요소는 더욱 더 값비싼 화석연료에 의존해야 한다. 개발도상국에서는 녹색혁명을 유지하기 위하여 정부가 부족한 예산을 종자, 비료, 농기계 가격 보조금으로 지급해야 한다.

그림 10.10.2 **'녹색혁명'의 산실이었던 국제벼연구소의 모습**

새로운 식량 공급원 탐색

다음과 같은 새로운 식량 공급원을 개발할 수 있다.

- 고단백 곡물을 개발한다. 개발도상국에서는 식품 섭취에 있어 단백질이 부족한 곡물의 비중이 높다. 고단백 교배종은 식품 소비 습관을 바꾸지 않고 더 좋은 영양분을 얻게 할 수 있다.
- 소비량이 적은 식품의 맛을 개선한다. 일부 식품은 터부, 종교적 가치, 사회적 관습 등으로 인해 거의 소비되지 않는다. 선진국에서 소비자들은 두부와 콩나물과 같은 주목할만한 대두식품을 소비하길 꺼려하지만 대두를 햄버거나 소시지 모양으로 요리할 경우 거부감을 줄일 수 있다(그림 10.10.3).

그림 10.10.3 **대두식품**

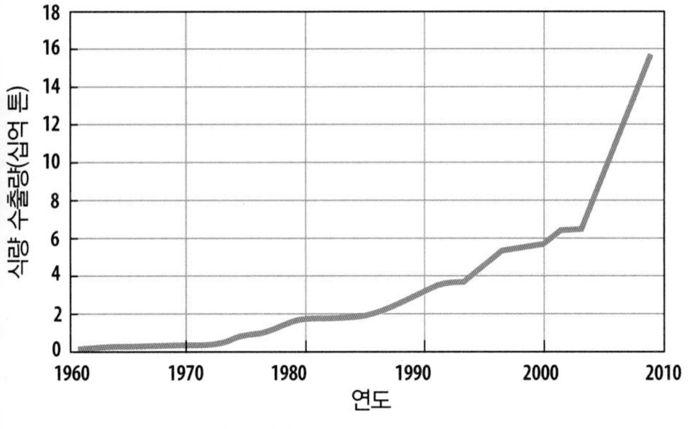

그림 10.10.4 **전 세계의 식량 수출**

수출의 확대

식품에 대한 교역은 계속 증가해왔으며, 특히 2000년 이후로 급증하였다(그림 10.10.4). 최대의 수출 곡물 세 가지는 밀, 옥수수, 쌀이다. 현재 아르헨티나, 브라질, 네덜란드, 미국은 농산물의 순 수출국이다(그림 10.10.5, 10.10.6). 일본, 중국, 러시아, 영국은 주요 농산물 수입국이다.

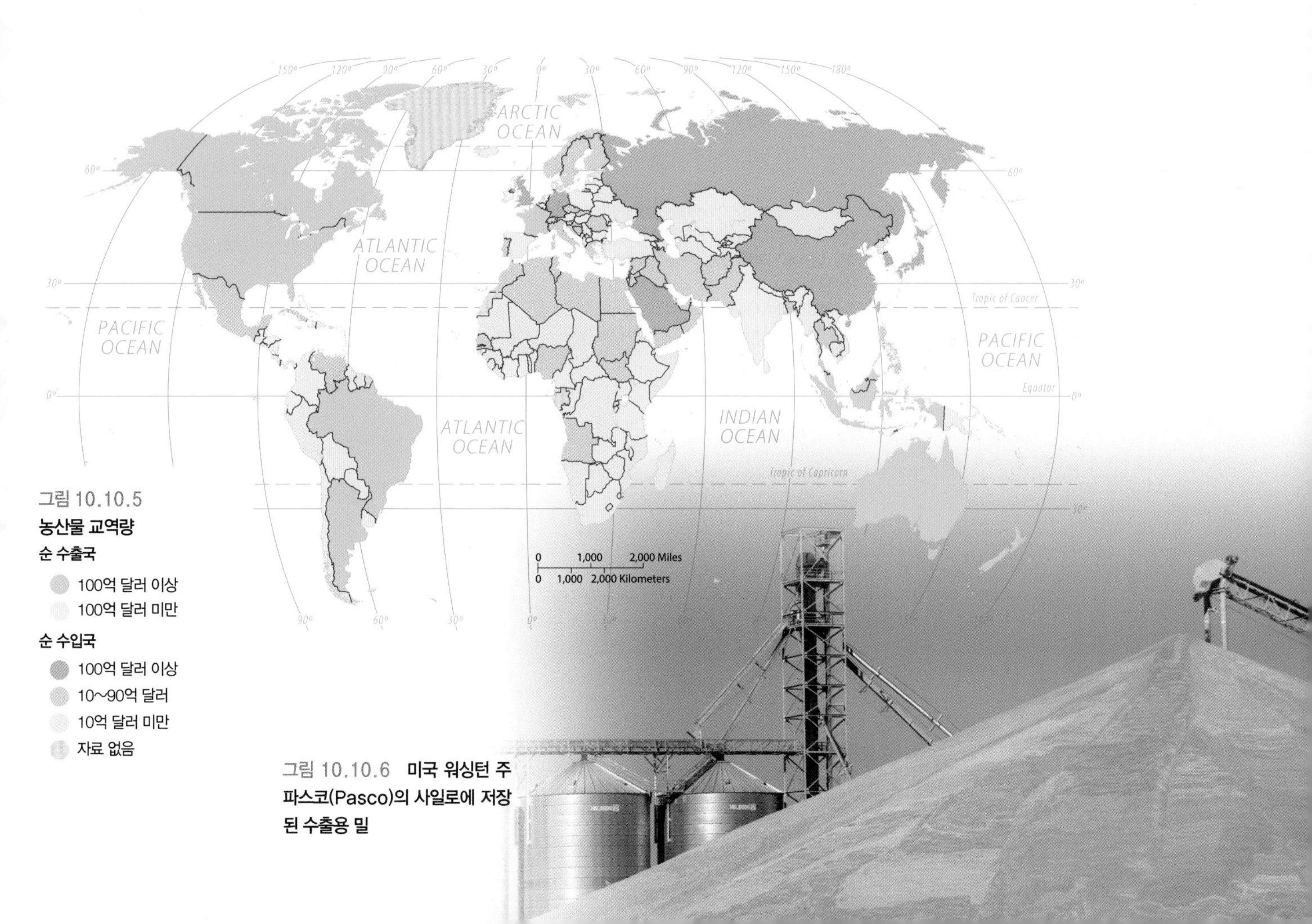

그림 10.10.5
농산물 교역량
순 수출국
100억 달러 이상
100억 달러 미만
순 수입국
100억 달러 이상
10~90억 달러
10억 달러 미만
자료 없음

그림 10.10.6 **미국 워싱턴 주 파스코(Pasco)의 사일로에 저장된 수출용 밀**

10.11 상업농업과 시장의 힘

▶ 선진국의 농업은 기업농업이다.

▶ 과잉 생산 때문에 선진국 농민들은 정부 보조금을 받고 생산량을 줄이기도 한다.

선진국의 상업농업 체계는 가족농장이 농업 활동에 고립되어 있는 것이 아니라 거대한 식품 생산업에 통합되어 있기 때문에 **기업농업**(agribusiness)이라고 불린다. 기업농업은 트랙터 제작, 비료 생산, 종자 유통과 같은 다양한 사업들을 포함한다. 이와 같은 농업 유형은 농가 자체의 자급 수준보다는 시장력(market force)에 의해 영향을 받는다. 지리학자들은 튀넨의 모형을 이용해 농업 작물 선택에 있어 시장에 대한 접근성의 중요성에 대해 설명한다(그림 10.11.1).

미국의 경우 농업 종사자 수가 전체 노동력의 2% 미만를 차지하지만, 식품 가공, 포장, 보관, 유통, 소매 등 기업농업과 관련된 식품 생산 및 서비스업에 종사하는 노동력의 비율은 20%에 이른다. 대부분의 농장은 개별 농가들이 소유하고 있지만 기업농업의 많은 측면이 대기업에 의해 통제된다.

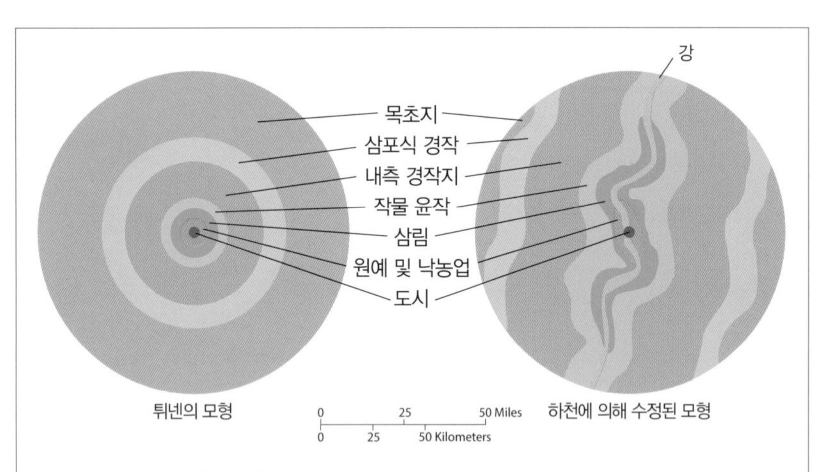

그림 10.11.1 **튀넨의 모형**

독일 북부에서 농장을 소유하고 있던 요한 하인리히 폰 튀넨(Johann Heinrich von Thünen)은 상업농장에서 작물 선택과 관련하여 시장에 대한 접근성의 중요성을 설명한 모형을 제안하였다. 튀넨의 모형은 1826년에 *고립국(The Isolated State)*이라는 제목이 붙은 책에서 처음 제안되었다. 이후에 지리학자들에 의해 수정된 모형에 따르면, 상업농은 처음 시장의 위치에 기반을 두고 어떤 작물을 재배할 것인지, 그리고 어떤 가축을 사육할 것인지를 고려한다. 튀넨은 독일 북부의 대규모 영지 소유자로서 자신이 경험한 바에 바탕을 두고 서로 다른 작물의 공간적 배열에 대한 일반 모형을 만들었다. 그는 특정 작물이 도시 주변을 둘러싼 서로 다른 동심원에서 재배된다는 것을 발견하였다.

생산성에 대한 도전

미국의 낙농업은 생산성의 증대를 잘 보여준다(그림 10.11.2). 미국의 경우 1960년 이후로 낙농우의 수가 감소해왔지만 낙농우 1마리당 우유 생산량은 3배 증가하였다(그림 10.11.3).

선진국에서 상업농업에 종사하는 농가들은 실제 소비량보다 많은 양의 잉여 농산물을 생산하기 때문에 낮은 소득으로 고통을 겪고 있다. 선진국의 경우 농산물 공급이 증가하였지만 낮은 인구성장률과 시장 포화 때문에 수요가 일정하게 유지되고 있다.

농업의 효율성이 높아지면서 수요량보다 많은 잉여 농산물이 발생한다(그림 10.11.4). 새로운 종자, 비료, 살충제, 영농기계, 운영 방식 등의 도입으로 토지 면적당 생산성이 증가하였다.

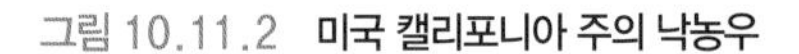
그림 10.11.2 **미국 캘리포니아 주의 낙농우**

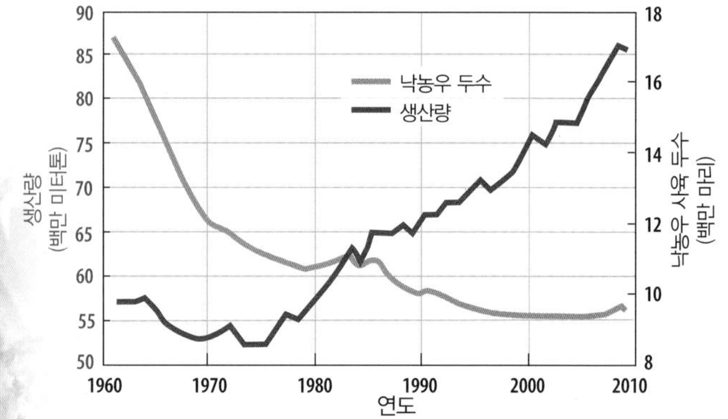

그림 10.11.3 **미국의 낙농업 생산성**

정부 보조금

미국 정부는 과도한 농업 생산성 문제를 해결하기 위해 세 가지 정책을 수립하였다.

- 미국 정부는 농민들에게 과잉 공급 상태에 있는 작물을 감산하도록 유도하고 있다. 토양침식이 지속적인 위협 요소이므로, 정부는 토양이 영양분을 회복하고 침식되는 것을 막기 위해 클로버와 같은 휴한작물을 심도록 권장한다. 이러한 작물들은 건초, 돼지 사료, 판매용 종자 등을 생산하는 데 이용될 수 있다.
- 정부는 특정 농산물의 가격이 낮을 경우 농민들에게 보조금을 지급한다. 정부는 농산물의 목표 가격을 정하고 농민들이 시장에서 받는 가격과 정부에 의해 공정한 수준으로 정해진 농산물 목표 가격 간의 차액을 지급한다. 목표 가격은 농민들에게 일반 소비자 제품 및 서비스와 비교할 때 과거와 똑같은 수준의 가격을 지급할 수 있을 정도로 정해진다.
- 정부는 초과생산된 농산물을 수매하고 국외로 수출하거나 기부한다. 미국의 경우 저소득층 시민들이 부분적으로 추가 식품을 구입할 수 있는 식량배급표(food stamp)를 지급받는다.

유럽은 미국보다 훨씬 더 많은 농업 보조금을 지급하고 있다. 선진국의 정부 정책들은 전 세계 농업 패턴에 나타나는 근본적인 아이러니를 보여준다. 선진국에서 농민들은 농산물의 감산을 요구받지만 개발도상국의 경우에는 인구성장률에 맞추어 식량을 증산하기 위해 노력하고 있다.

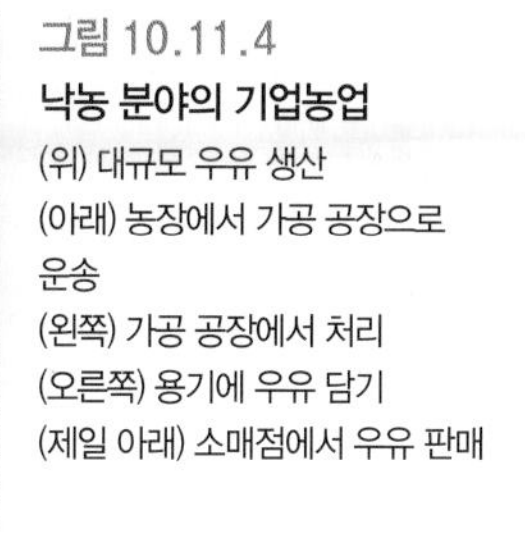
그림 10.11.4
낙농 분야의 기업농업
(위) 대규모 우유 생산
(아래) 농장에서 가공 공장으로 운송
(왼쪽) 가공 공장에서 처리
(오른쪽) 용기에 우유 담기
(제일 아래) 소매점에서 우유 판매

10.12 지속 가능한 농업

▶ 지속 가능한 농업과 유기농업은 세심한 토지 관리에 의존한다.

▶ 지속 가능한 농업은 화학물질의 사용을 제한하고 작물 재배와 가축 사육을 결합하여 이루어진다.

일부 상업농들은 환경의 질을 보존하고 개선하는 농업 방식인 **지속 가능한 농업**(sustainable agriculture)으로 전환하고 있다. 지속 가능한 농업의 대표적인 형태는 유기농업이다.

그림 10.12.1 **전 세계 유기농업의 비중**

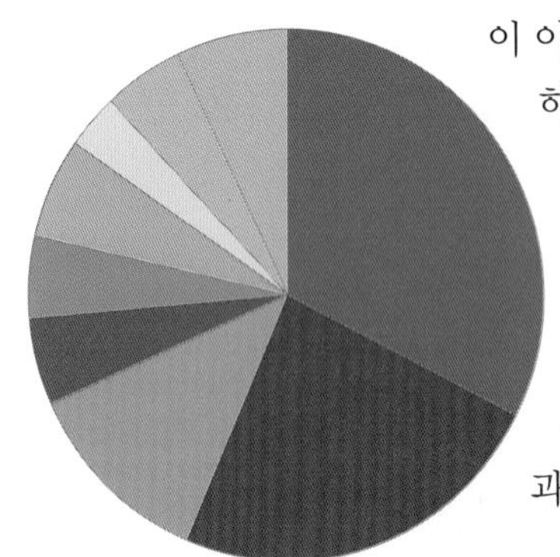

UN 식량농업기구(FAO)는 전 세계적으로 유기농업이 이루어지고 있는 농경지 면적을 0.29%로 추정하고 있다. 오스트레일리아는 세계 최대의 유기농업 국가로서 전 세계 유기농 농경지의 1/3을 차지한다(그림 10.12.1). 유럽은 전체 농경지에서 유기농업이 차지하는 비중이 가장 높다(그림 10.12.2). 지속 가능한 농업(최상의 경우 유기농업)과 관행농업은 다음과 같은 세 가지 측면에서 차이점을 보인다.

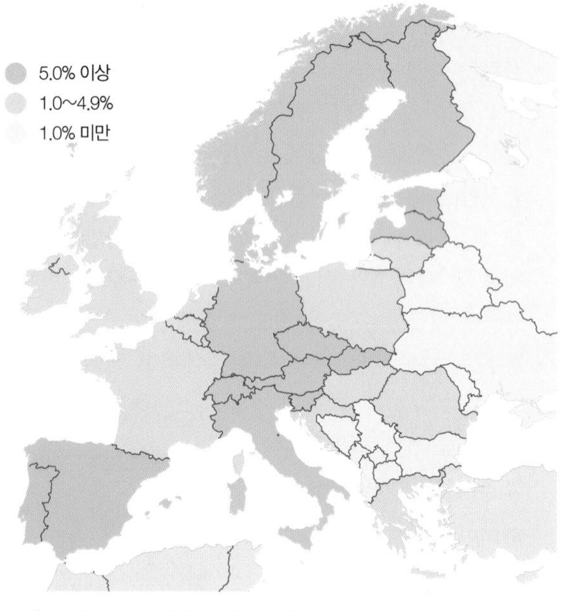

그림 10.12.2 **유럽의 유기농업 경작지 면적**

세심한 토지 관리

지속 가능한 농업은 부분적으로 두둑 위에 작물을 심는 방식인 **이랑경작**(ridge tillage)을 통해 토양을 보호한다. 작물들은 수확기 동안이나 수확 이후 만들어지는 10~20cm(4~8인치)의 두둑 위에 파종된다. 작물은 매년 같은 이랑, 같은 열(row)에 파종된다. 이랑경작은 생산비가 낮고, 토양 보존 효과가 크기 때문에 매력적이다.

이랑경작에 생산비가 적게 드는 이유는 부분적으로 관행농법보다 트랙터를 비롯한 농기계에 대한 투자가 적게 이루어지기 때문이다. 관행농법하에서는 파종을 위해 경지를 갈 때 3~5대의 트랙터가 필요하지만 이랑경작에서는 1~2대의 트랙터면 충분하다. 이랑경작에 필요한 기본적인 농기계는 이랑을 만드는 경운기이다. 쟁기나 사륜구동 트랙터는 필요 없다.

이랑경작을 하기 위해서는 두둑 사이의 간격을 농기계 바퀴의 간격에 맞출 필요가 있다. 만일 이랑의 열 간격이 75cm(30인치)라면, 트랙터의 경우에는 바퀴의 간격을 150cm(60인치), 콤바인의 경우에는 바퀴의 간격을 300cm(120인치)에 맞추게 된다. 필요한 간격을 맞추기 위한 바퀴 간격 조정기를 대부분의 농기계 제조업체로부터 빌려 사용할 수 있다(그림 10.12.3).

이랑경작은 수확에서부터 다음 파종까지 토양의 교란을 최소화한다는 것이 특징이다. 압밀(compaction)이 없는 지대가 각각의 이랑과 일부 고랑의 가운데에 형성된다. 농기계가 오가는 부분을 작물이 자라는 지역과 분리시켜 토양의 질이 개선된다. 몇 년이 지나면 토양에 유기물질이 증가하고, 함수 능력이 높아지며, 지렁이의 번식이 늘어난다. 토양 속에 지렁이가 지나간 통로가 만들어지고, 작물의 뿌리가 부식되면서 배수가 좋아진다.

이랑경작은 생산비가 낮을 뿐만 아니라 수확량도 많아 관행농법에 비해 효과적이다. 비록 다른 방식보다 더 노동집약적이지만, 단위면적으로 비교하면 수익성이 높다. 일례로 미국 아이오와 주에서는 일반 재배 대두보다 더 많이 팔리는 유기 재배 대두의 생산과 제초제를 사용하지 않고 재배한 대두를 생산하는 데 이랑경작이 선호되고 있다.

제한된 화학물질의 이용

관행농법에서는 잡초와 해충을 제거하기 위해 경작지에 제초제와 살충제를 뿌리는데 파종된 종자가 이를 견뎌낼 수 있도록 유전자 변형이 이루어진다. 이렇게 제초제에 살아남는 유전자 조작 종자를 '라운드업-레디(Roundup-Ready)' 종자라고 부르는데, 이러한 종자를 개발한 몬산토(Monsanto)가 '라운드업(Roundup)'이라는 브랜드명이 붙은 제초제를 함께 판매했기 때문에 유래한 것이다. '라운드업-레디' 종자가 널리 파종되면서 토양과 수질에 부정적인 영향을 끼친 것은 물론이고, 제초제를 견디는 잡초가 나타났다.

그러나 지속 가능한 농업에서도 제초제를 아예 사용하지 않는 것은 아니며 잡초를 통제할 수 있는 정도 내에서 제한된 양만 사용한다. 비록 많은 시간과 비용을 투여해야 하지만 원칙적으로 농민들은 제초제를 사용하지 않고 잡초를 통제할 수 있다. 기계를 이용한 잡초 제거 방법에 일부 제초제를 함께 활용하는 것이 한 가지 방법에만 의존하는 것보다 단위면적당 높은 수익을 얻을 수 있다는 것이 최근의 연구로 밝혀졌다.

이랑경작은 화학물질의 양을 감소시키는데, 제초제가 전체 경지가 아니라 이랑에만 살포되기 때문이다. 작물이 파종된 두둑에 좁은 관을 통해 제초제를 살포하는 것이 최상의 방법이 될 수 있다.

작물 재배와 가축 사육의 통합

지속 가능한 농업에서는 개별 농장 단위에서 가능한 많은 작물을 재배하고 가축의 사육을 통합하기 위해 노력한다. 가축들은 농장에서 재배된 작물을 소비하고, 좁은 축사에 감금되지 않는다.

관행농업에서 작물과 가축의 통합은 개별 농장 내에서보다는 중간 매개를 통해 이루어진다. 즉, 작물과 가축의 혼합농업에 종사하는 수많은 농가들은 실제로 작물만 재배하거나 가축만 사육하고 있다. 작물 재배 농가에서는 농장에서 작물을 재배하여 판매하고, 가축 사육 농가에서는 가축만 사육하는데 사료는 외부 공급자들로부터 구입하여 공급한다.

지속 가능한 농업은 작물과 가축 사이의 상호의존성에 따라 변동하기 쉽다.

- 가축의 사육 두수와 분포. 가축의 정확한 사육 두수나 분포는 환경과 비료에 근거하여 결정된다. 특정 지역에서 오랜 기간 가축을 집중적으로 사육하는 것은 식생 피복을 영구적으로 손상시킬 수 있으므로 가축을 이동시키며 사육해야 한다.
- 가축의 감금. 좁은 축사에 가축을 사육하는 것에 대한 도덕적 · 윤리적 논쟁이 특히 격렬하다. 실질적으로 방목된 가축으로부터 나온 퇴비는 토양의 비옥도를 향상시킬 수 있다.
- 극한 기후에서의 관리. 사육 가축의 규모는 단기간 혹은 장기간 지속되는 가뭄기 동안에는 축소될 필요가 있다.
- 유연한 사료 주기와 마케팅. 사료 구입비는 가축 사육에서 가장 큰 변수이다. 가축의 상태를 모니터링하고 농장에서 사료의 질에 대한 계절적인 차이를 고려함으로써 사료 구입비를 최소화할 수 있다.

그림 10.12.3
유럽의 유기농업

농업은 한 국가의 발전 정도와 생활수준을 가장 효과적으로 알려줄 수 있는 여러 가지 척도 가운데 하나이다. 상당한 변화가 있었지만 개발도상국의 경우에는 농업의 고용 인구규모가 상당하며, 여전히 자급용 식량 생산이 최우선시되고 있다.

핵심 질문

사람들은 무엇을 식량으로 삼는가?

▶ 농업은 거의 같은 시기에 여러 곳에서 기원하였으며, 주변 지역으로 확산되었다.

▶ 음식의 섭취는 경제적 발전 정도, 문화적 선호 사항, 환경적 제약 조건 등에 영향을 받는다.

▶ 평균적으로 살펴볼 때 8명의 사람들 가운데 1명은 영양부족 상태에 있다.

농업의 분포에 어떤 특징이 나타나는가?

▶ 농업 방식에 따라 여러 유형의 농업 지역을 구분할 수 있다.

▶ 개발도상국에서 일반적으로 이루어지고 있는 자급농업은 자체 소비를 위해 식량을 생산하는 것을 말한다.

▶ 선진국에서 일반적으로 이루어지고 있는 상업농업은 시장에 판매할 목적으로 식량을 생산하는 것을 말한다.

▶ 상업농업은 자급농업에 비해 농장 규모가 크고, 종사하는 농가의 수가 적으며, 기계화의 정도가 높다.

농업은 어떤 도전에 직면하고 있는가?

▶ 자급농업은 인구의 급속한 성장과 함께 경제발전을 위해 국제교역에 참여하라는 압력으로 유발된 심각한 문제들에 직면해있다.

▶ 상업농업은 시장에 대한 접근성과 과잉 생산에 의해 유발된 심각한 문제들에 직면해있다.

▶ 지속 가능한 농업은 환경의 질을 보존하고 개선시키는 데 있어서 중요한 역할을 수행한다.

지리적으로 생각하기

미국 전체를 최대 도시인 뉴욕을 중심으로 하나의 농산물 시장이라고 가정해보라.

1. 튀넨이 독일에 적용시킨 것처럼 미국의 주요 농업 지역을 어느 정도까지 시장을 중심으로 불규칙하게 이루어진 동심원 지대로 생각할 수 있는가?

제5장에서 언급했던 한 지역의 인구규모가 환경의 부양 능력을 초과하게 되는 인구과잉의 개념을 다시 살펴보라(그림 10.CR.1).

2. 세계의 농업 지역 가운데 어느 곳이 급속한 인구성장을 겪고 있으면서 집약적인 식량 생산을 지속할만한 부양 능력을 갖추지 못한 것으로 나타나는가?

옥수수, 밀, 쌀의 전 세계 생산량을 비교해보라.

3. 옥수수, 밀, 벼와 같은 작물 분포에서 나타나는 차이점은 어느 정도까지 환경 조건에 기인한 것이며, 어느 정도까지 식품에 대한 선호와 기타 문화적 가치에 기인한 것인가?

인터넷 자료

UN 식량농업기구(FAO)는 웹사이트 www.fao.org에서 광범위한 데이터베이스를 운영하고 있다. 이 장의 첫 페이지에 있는 QR 코드를 스캔하여 확인해볼 수 있다.

미국의 농업에 대한 주요 데이터는 미국 농무성 농업통계청의 웹사이트인 www.nass.usda.gov에서 찾아볼 수 있다.

전 세계의 유기농업 통계는 유기농업연구센터의 웹사이트인 www.organic-world.net에서 찾아볼 수 있다.

전 세계의 지속 가능한 농업에 대한 통계자료는 '지속 가능한 농업 연구 및 교육'의 웹사이트인 www.sare.org에서 확인할 수 있다.

그림 10.CR.1 **말리의 인구과잉 문제**
사막 지대에서는 보통 인구가 희박하지만 말리의 경우처럼 급속한 인구성장과 제한된 자원으로 인해 인구과잉 상태일 수 있다.

탐구 학습

미국 인디애나 주 벤턴카운티

구글어스를 이용하여 미국 인디애나 주 벤턴카운티(Benton County)의 농업 경관을 살펴보라.

위치 : 인디애나 주 프리랜드파크(Freeland Park)

"과거 이미지 보기"를 클릭하라.

커서 이동 : 2005년 4월 3일, 2007년 8월 12일, 2009년 10월 6일 영상

위의 세 시기에 농경지에서 나타난 주요 색상의 변화에 주목하라.

이곳의 농경지에서 4~8월, 그리고 10월로 넘어가면서 주요 색상이 변화한 이유는 무엇인가?

핵심 용어

곡물(grain) 곡초의 종자

기업농업(agribusiness) 일반적으로 대기업에 의한 소유권을 통해 식품가공업체에서 상이한 단계의 통합이 특징적으로 나타나는 상업농업

남획(overfishing) 어류의 번식을 기다리지 않고 계속해서 어획하는 것

녹색혁명(green revolution) 새로운 농업 기술, 특히 새로운 고수확 종자와 비료의 신속한 확산

논벼(wet rice) 육묘 시에는 건조지에 심어졌다가 다음에는 성장을 촉진하기 위해 의도적으로 물에 잠긴 경지로 이동시키는 벼

농업(agriculture) 자급 또는 경제적 이득을 위해 작물을 재배하고 가축을 사육하여 지표의 일부분을 변형시키고자 하는 의도적 노력

목축업(ranching) 가축들을 넓은 면적의 초지에서 방목하는 상업농업의 한 형태

상업농업(commercial agriculture) 주로 판매를 목적으로 농산물을 생산하는 농업

식량 안보(food security) 건강한 삶을 누리는 데 필요한 음식의 양과 식품 선호를 충족시키고, 안전하며 영양소를 충분히 갖춘 식품을 물리적, 사회적, 경제적 제한 없이 얻는 것

양식업(aquaculture, aquafarming) 통제된 조건하에서 수산물을 배양하는 것

영양부족(undernourishment) 건강한 삶을 유지하고 적정한 신체 활동을 하는 데 필요한 최소한의 열량 요구치보다 적은 상태

우유 공급 낙농지대(milkshed) 우유가 변질되지 않은 상태에서 공급될 수 있는 도시를 둘러싸고 있는 동심원 지역

유목(pastoral nomadism) 가축화된 동물들을 무리 지어 사육하는 것에 기초한 자급농업의 한 형태

음식을 통한 열량 소비(dietary energy consumption) 1인당 식품 소비량

이동경작(shifting cultivation) 사람들이 한 경지로부터 다른 경지로 농업 활동을 이동시키는 농업 방식으로, 각각의 경지는 단기간 작물 재배에 이용되고, 장기간 휴경지로 남겨진다.

이랑경작(ridge tillage) 농업 생산비를 감소시키고 토양 보존 효과를 증진시키기 위해 이랑 위에 작물을 파종하는 방식

자급농업(subsistence agriculture) 농가의 자체적인 식량 생산과 소비를 목적으로 하는 농업

작물(crop) 계절에 따른 수확물로서 경작지로부터 얻어지는 곡물 또는 과실

작물 윤작(crop rotation) 토양의 영양분 고갈을 막기 위해 매년 다른 경지로 작물을 바꿔 심는 방법

전분 곡물(cereal grain) 식량용 곡물을 산출하는 초목

지속 가능한 농업(sustainable agriculture) 일반적으로 토양 보존 작물을 환금작물과 윤작하고, 비료와 살충제 투입을 감소시킴으로써 장기간 토지 생산성을 유지하고 오염을 최소화하는 농업 방식

집약적 자급농업(intensive subsistence agriculture) 농민들이 토지의 일부로부터 최대한의 수확량을 얻기 위해 상대적으로 많은 노력을 기울여야 하는 자급농업의 형태

터부(taboo) 사회적 관습에 의해 강요된 행태에 대한 제한

테루아(terroir) 포도주의 독특한 향미를 만들어내는 토양, 기후 등의 환경적 특성

트럭농업(truck farming) 'truck'이라는 단어가 상품의 물물교환을 의미하는 용어라는 점에서 명칭이 유래한 상업적 원예와 과수농업

플랜테이션(plantation) 한두 가지 판매용 작물의 생산으로 특화한 열대와 아열대 지역의 대규모 농장

화전(swidden) 파종을 위해 나무를 베고 잔재 소각을 통해 개간한 토지

화전농업(slash-and-burn agriculture) 식생을 베고 잔재를 소각함으로써 경지가 개간되는 것에서 유래한 이동경작의 다른 명칭

▶ 다음 장의 소개

인간이 거주하고 있는 전 지역에서 식량을 얻기 위해 농업이 행해지고 있다. 이에 비해 공장에서 제품을 제조하는 것을 의미하는 산업은 소수의 지역에 매우 조밀하게 집중하여 분포한다.

11 산업

산업의 일자리는 전 세계적으로 여러 지역에서 특별한 자산이 되고 있다. 산업은 경제성장의 '동력'이며, 지역 발전의 토대가 된다.

한 세대 전만 해도 산업은 선진국의 특정 소수 지역에 집중적으로 분포하였으나, 최근 산업의 분포는 개발도상국의 특정 지역을 포함하여 점차 여러 지역으로 확장되고 있다. 한편 미국과 같은 선진국에서는 산업의 쇠퇴로 인해 전통적으로 제조업에 의존해왔던 지역 경제에 심각한 문제가 나타나고 있다.

산업은 어디에 집적되는가?

제철소의 작업모습
(중국 라오닝 성)

산업 입지에 영향을 주는 상대적 요인은 무엇인가?

미국노동통계국의 모바일 웹사이트에 접속하려면 스캔하라.

산업 입지에 영향을 주는 절대적 요인은 무엇인가?

11.1 산업혁명

▶ 산업혁명은 사회에서 필요한 제품을 만드는 방법에 커다란 변화를 가져왔다.

▶ 영국은 산업혁명이 처음으로 시작된 곳이다.

산업의 현대적 개념(공장에서 제품을 제조하는)은 18세기 후반에 영국 중북부 지방에서 태동되었다. 그로부터 산업은 19세기에 유럽과 북아메리카 지역으로 확산되었고, 20세기에 전 세계로 퍼져나갔다.

산업혁명의 기원

산업혁명(Industrial Revolution)은 제품을 생산하는 과정의 변화인 산업 기술의 향상을 의미한다. 산업혁명 이전의 산업은 경관상 지리적으로 분산되어 있었다. 그 당시 사람들은 집 또는 마을에서 농사에 필요한 농기구와 연장을 만들어 썼다. 이러한 소규모 개별 제조업을 **가내공업**(cottage industry) 시스템이라고 한다(그림 11.1.1).

산업혁명이란 용어는 다소 오해하기 쉽다.

- 산업만의 변화보다 훨씬 더 광범위한 변화이며, 하루아침에 일어나지 않았다.
- 산업혁명은 단지 산업적인 측면에서만 변화를 일으킨 것이 아니라 사회적, 경제적, 정치적 측면에서도 엄청난 변화를 초래했다.
- 변화는 일시에 일어난 혁명이라기보다 오히려 10여 년간 새로운 아이디어와 기술의 점진적인 확산을 통해 이루어졌다.

그렇지만 일반적으로 산업혁명을 18세기 후반 영국에서 시작된 일련의 과정으로 정의하고 있다.

공장 발달에 가장 중요한 발명품은 1769년 제임스 와트(James Watt)의 증기기관이다(그림 11.1.2). 와트는 최초로 유용한 증기기관을 만들어 인력, 축력, 물레방아보다 훨씬 효율적으로 물을 끌어올릴 수 있게 하였다. 제임스 와트의 증기기관이 발명됨에 따라 하나의 건물에서 독립적으로 동력을 공급받으면서 제품을 만드는 전 제조 과정이 집중된 공장을 운영할 수 있게 되었다.

주요 산업의 변화

아래의 산업은 산업혁명의 영향으로 크게 발전하였다.

- **석탄 산업** : 석탄은 증기기관 또는 오븐을 가동하기 위한 에너지원이다. 산업혁명 이전에 주요 에너지원이었던 목재는 잉글랜드 지역에서 목선 제조, 건축, 가구, 난방 등으로 사용됨으로써 점차 고갈되었다. 제품 생산업자들은 잉글랜드에 풍부하게 매장되어 있는 석탄에 주목하게 되었다.

그림 11.1.1 **산업의 변화**
(위) 섬유 산업은 19세기 초까지만 해도 수작업에 기반한 가내공업이었다. (아래) 19세기 중반 이후부터 공장에서 기계를 활용하기 시작하였다. 1835년 방적 공장의 내부를 살펴보면, 어린 소녀와 주부들이 소면(carding), 드로잉(drawing), 조방(roving)기계를 다루고 있는 모습을 볼 수 있다.

그림 11.1.2 **제임스 와트의 증기기관**
실린더(기관 왼쪽에 위치)에 투입된 증기가 기계(기관 오른쪽에 위치)를 운전하는 크랭크 축의 피스톤을 움직이게 한다.

- **제철 산업** : 와트의 증기기관으로부터 이윤을 얻은 최초의 산업이다. 철이 유용하다는 점은 수 세기 동안 잘 알려져 있었지만, 지속적으로 용광로를 가열해야 되기 때문에 철을 생산하는 데 어려움이 있었다. 그러나 증기기관을 사용함으로써 쉽게 생산할 수 있게 되었다(그림 11.1.3).
- **교통** : 교통의 발달은 산업혁명을 확산시키는 결정적인 역할을 하였다. 운하와 철도는 수많은 노동자들을 공장으로 끌어들이게 하였을 뿐만 아니라 철광석, 석탄과 같은 중량 원료를 쉽게 운반할 수 있게 하였다. 그리고 소비자들에게 새로운 제품을 신속하게 수송할 수 있게 하였다(그림 11.1.4).
- **섬유 산업** : 섬유 산업은 그림 11.1.1의 그림과 같이 가내공업에서 18세기 후반에 집적된 공장체제로 크게 변화되었다. 1768년 잉글랜드 프레스턴 지방의 이발사이자 가발 제작업자였던 리처드 아크라이트(Richard Arkwright)는 방적기에 앞서 목화를 풀 수 있는 기계를 발명하였다. 가내에 설치하기에는 너무 컸던 방적기 틀은 동력을 공급하는 급류 하천 인근의 공장 내에 위치하고 있었다. 당시 공장이 마치 커다란 물방앗간(watermill)처럼 생겨서 공장을 'mill'로 부르게 되었다.
- **화학** : 옷감의 표백과 염색으로 발달한 산업이다. 1746년 존 로벅(John Roebuck)과 사무엘 가벳(Samuel Garbett)은 석탄으로부터 황산을 추출하여 면화를 표백하는 공장을 설립하였다. 다양한 금속과 황산을 결합해서 옷감을 염색하는 데 필요한 황산염과 같은 또 다른 산성물질을 만들어냈다.
- **식품 가공 처리** : 공장 노동자에게 제공되는 급식에 필요한 음식을 더 이상 농장에서 직접 가져오지 않아도 되었다. 1810년 프랑스의 과자 제조업자인 니콜라스 애퍼트(Nicholas Appert)는 끓인 물로 살균한 유리병으로 통조림 식품을 제조하기 시작했다.

그림 11.1.3 **제철 용광로**
1801년 필립 제임스 드 루테르부르의 작품인 〈콜브룩데일의 밤 풍경〉. 영국 아이언브리지에 있는 콜브룩데일(Coalbrookdale) 회사의 용광로 모습을 묘사하고 있다. 이 그림은 런던과학박물관에 소장되어 있다.

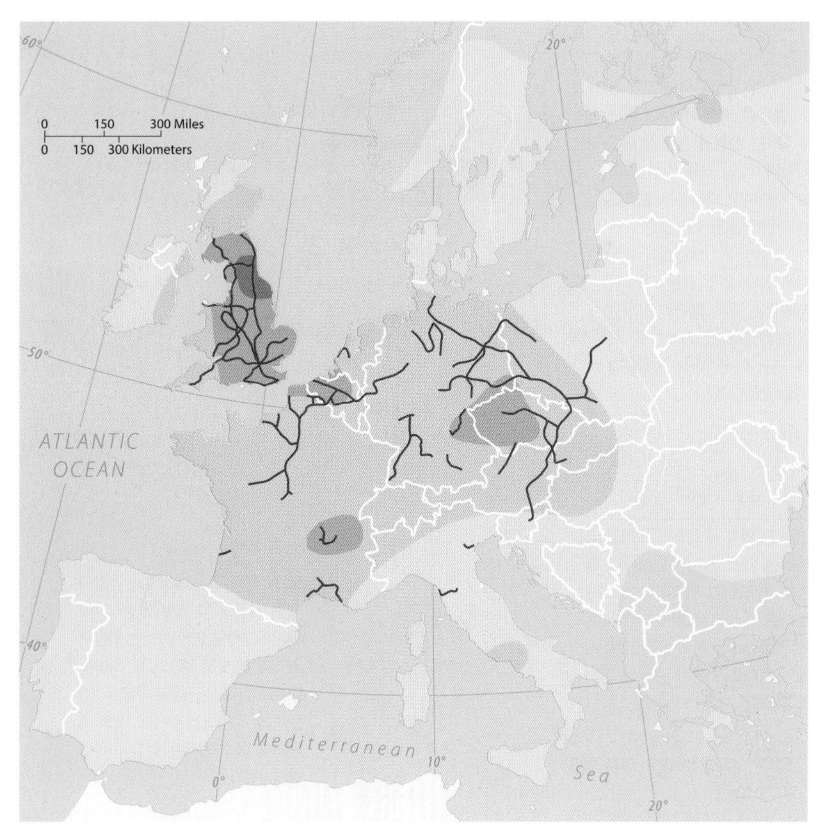

그림 11.1.4 **철도의 확산**
유럽의 정치 문제는 철도의 확산을 가로막았다. 인접한 작은 국가들 간의 협조는 효율적인 철도망 부설과 운송 시스템 구축에 필수적인 것이었다. 유럽에서 각 국가들 간에 협조가 잘 이루어지지 않았기 때문에 유럽 몇몇 국가들은 영국의 철도보다 약 50여 년이 지체되었다.

11.2 산업의 분포

▶ 세계의 산업은 3대 지역에 약 3/4이 집중 분포하고 있다.

▶ 주요 산업 지역은 몇 개의 하위 지역으로 세분된다.

산업은 크게 유럽(그림 11.2.1, 11.2.2), 동부 아시아(그림 11.2.3), 북아메리카(그림 11.2.4) 등 3대 지역에 집중되어 있다(제9장 참조). 이 세 지역이 전 세계 총 산업 생산액의 약 1/4을 차지하고 있다. 세 지역 이외에서는 브라질과 인도가 산업 생산에서 높은 비중을 차지하고 있다.

그림 11.2.1 **유럽의 산업 지역**
유럽은 19세기에 세계에서 처음으로 산업화된 지역이며, 각 국가들이 서로 우위를 점하기 위해 오랫동안 경쟁해온 결과 많은 산업 지역이 발달하였다.

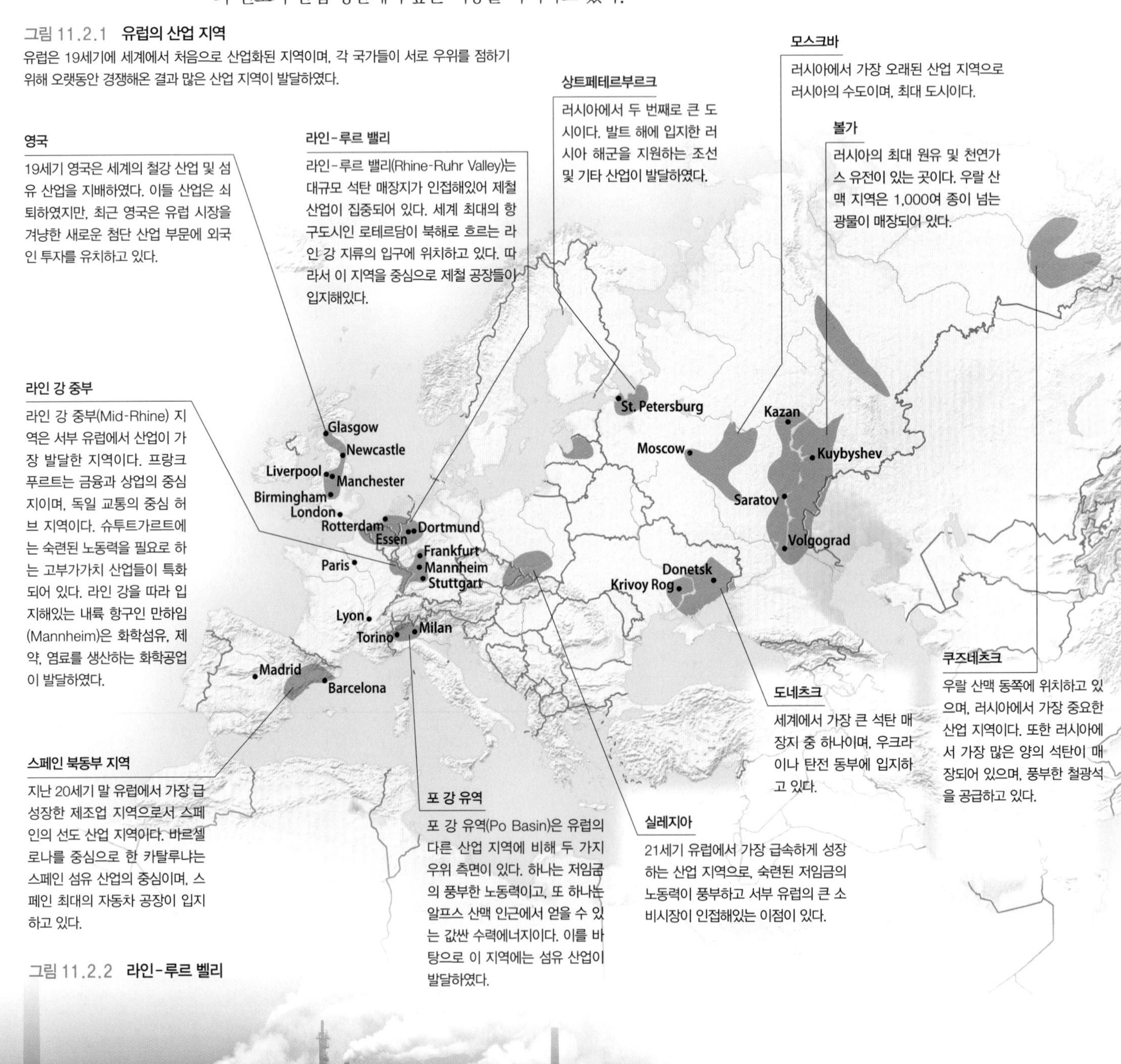

그림 11.2.2 **라인-루르 벨리**

그림 11.2.3 동부 아시아의 산업 지역
동부 아시아는 20세기 중후반부터 일본을 시작으로 세계에서 중요한 산업 지역으로 부상했다. 21세기에 들어서 중국은 전 세계의 제조업을 이끄는 중심지로 급부상하고 있다.
중국
세계에서 두 번째로 큰 공업 국가이며, 가장 많은 노동력을 보유하고 있다. 주요 산업 지대는 동부 해안을 따라 광둥과 홍콩, 상하이와 우한 사이에 있는 양쯔강 밸리, 톈진과 베이징에서부터 선양에 이르는 보하이 만 세 지역이다.
Tianjin, Beijing & Shenyang
Shenyang
Beijing
Tianjin
Bo Hai
NORTH KOREA
SOUTH KOREA
East Sea
JAPAN
Tokyo-Yokohama
Tokyo
Yokohama
Nagoya
Kyoto
Kobe
Osaka
Osaka-Kobe-Kyoto
Nagasaki
CHINA
Nanjing
Shanghai
Wuhan
Yangtze River Valley
Guangdong Province & Hong Kong
Hong Kong
일본
1950~1960년대에 저가 제품을 대량 생산하여 수출함으로써 산업 국가로서 초석을 다졌다. 도쿄로부터 나가사키에 이르는 지역에 제조업이 집중적으로 발달하였다.
그림 11.2.4 북아메리카의 산업 지역
북아메리카의 산업화는 유럽보다 다소 늦게 시작되었지만, 19세기에 매우 빠르게 진행되었다. 전통적으로 북아메리카의 공업은 미국 북동부와 캐나다 남동부에 집중적으로 분포하고 있다. 최근 북아메리카 공업 지역의 중심지는 북동부에서 임금이 저렴하고, 법률적으로 노동조합 결성이 어려운 남부 지역으로 이전되고 있다.
온타리오 주 남동부
캐나다에서 가장 중요한 산업 지역이며, 캐나다와 미국 시장의 중심지이고, 오대호와 나이아가라 폭포 인근에 위치하고 있다.
모호크밸리
뉴욕 주 북부 지역에 위치한 공업 지대이며, 나이아가라 폭포 인근에서 생산된 저렴한 수력을 사용할 수 있는 이점이 있다.
뉴잉글랜드
19세기 초반 미국 면직물 산업의 중심지였다. 남부에서 면화를 들여와 최종 면직 제품을 생산하여 유럽으로 수출하였다.
CANADA
오대호 서부 연안
시카고를 중심으로 형성된 미국 교통의 결절지이며, 현재 미국 철강 생산의 중심지이다.
Boston
Buffalo
Milwaukee
Detroit
New York City
Chicago
Philadelphia
Pittsburgh
Baltimore
중부 대서양 지역
미국 최대의 시장이며, 대규모 소비 시장에 대한 접근성과 해외 무역을 위한 대규모 항구를 필요로 하는 산업이 집중적으로 분포하고 있다.
NORTH AMERICA
캘리포니아 주 남부
미국 최대의 섬유 및 의류 산업 지역이다. 또한 두 번째로 큰 가구 생산 지이자 식품 가공 산업의 중심지이다.
San Francisco
Los Angeles
피츠버그-이리 호
피츠버그는 애팔래치아에 매장되어 있는 석탄과 철광석에 대한 접근성이 좋아 19세기 미국의 주요 철강 생산지였다.
MEXICO

11.3 산업의 상대적 입지 요인

▶ 일반적으로 기업은 두 가지 지리적 비용(절대적 입지 요인과 상대적 입지 요인)에 영향을 받는다.

▶ 상대적 입지 요인은 원료 산지에서 공장까지의 운송비와 관련이 있다.

지리학자들은 특정 지역이 다른 지역에 비해 공장입지에 있어서 우위를 가지는 원인이 무엇인가를 설명하려고 노력한다. 상대적 입지 요인은 이 절에, 절대적 입지 요인은 11.7절에 보다 자세하게 설명되어 있다. **상대적 입지 요인**(situation factor)은 원료 산지로부터 공장까지의 운송비용이 포함된다. 기업은 제품의 생산과 소비자에게 공급하는 데 드는 운송비가 최소가 되는 지점에 입지하고자 한다.

원료에 대한 접근성

모든 산업은 원료를 사용하여 제품을 생산하고, 소비자들에게 제품을 판매한다. 원료 산지 또는 시장과의 운송거리가 멀수록 운송비가 비싸지기 때문에 기업은 가능한 원료 산지와 시장에 가까이 입지하려고 한다.

- 원료 운송비가 제품 운송비보다 비싸면, 공장은 원료 산지 가까이에 입지하게 된다.
- 제품 운송비가 원료 운송비보다 비싸면, 최적의 공장 입지 지역은 시장과 가까운 지역이 된다.

모든 산업은 원료를 사용한다. 원료는 자연환경으로부터 공급되는 것(광물, 목재, 생물 등)이거나 다른 공장에서 생산된 제품 또는 부품이 될 수 있다. **중량 감소 공업**(bulk-reducing industry)은 원료의 무게가 최종 제품의 무게보다 무겁다. 중량 감소 공업은 운송비를 최소화하기 위하여 원료 산지 인근에 입지한다. 구리 제련 공장이 좋은 사례이다(그림 11.3.1). 구리 생산은 채굴, 선광, 제련, 정련 과정에서 중량이 크게 감소하기 때문에 원료 산지에 입지하는 전형적인 중량 감소 공업이다.

그림 11.3.1 **중량 감소 공업 : 구리**

구글어스를 이용하여 구리 광산과 제련 공장을 함께 볼 수 있는 오스트레일리아 최대의 구리 광산인 마운트아이사를 탐색해보라.

위치 : 오스트레일리아 파크사이드의 마운트아이사(Mount Isa)

위성영상 이미지에서 커다란 분화구처럼 보이는 것은 무엇인가?

파크사이드 서쪽 연기를 내뿜는 굴뚝에 위치시킨 다음, 파크사이드 서쪽의 대로에 "스트리트 뷰" 아이콘을 끌어다 놓아보라.

연기를 내뿜는 건물은 무엇을 하는 곳인가? 이러한 구조가 왜 다른 시설들과 가까이 설치되어 있는가?

그림 11.3.2 **중량 증가 공업 : 맥주 생산 공장**
미국의 두 맥주회사는 모두 21개의 공장을 가동하고 있다. 위니펙(Winnipeg)과 샌안토니오(San Antonio) 사이를 선으로 이어보자.

이 선의 동쪽에는 몇 개의 공장이 있는가?

시장에 대한 접근성

대부분 기업의 최적 입지는 제품이 판매되는 시장과 가까운 곳이다. 다음 세 가지 공업의 입지 결정 요인은 제품의 운송비용과 관련이 있다.

- **중량 증가 공업**(bulk-gaining industry)은 생산 과정에서 부피 또는 무게가 증가한다. 대표적인 사례로 음료 또는 맥주 제조업을 들 수 있다. 이러한 제조업은 빈 캔이나 병과 같은 용기에 음료수나 맥주를 주입하여 제품을 만들어서 소비자에게 공급한다. 제품을 생산하는 과정에서 전형적으로 부피 또는 무게가 증가하기 때문에 최종 제품의 운송비용이 결정적인 입지 요인이 된다(그림 11.3.2).
- **단일 시장 제조업체**(single-market manufacturer)들은 단일 지역에서 판매되는 제품을 생산하기 때문에 관련 업체들이 시장 인근에 집적하게 된다. 예를 들어 자동차 부품 제조업체들은 GM 또는 도요타와 같은 특정 최종 조립업체와 연계되어 그 주변에 입지하고 있다(그림 11.3.3).
- **부패하기 쉬운 제품**(perishable product)의 경우 가능한 신속하게 소비자에게 전달되어야 하기 때문에 시장에 인접한 곳에 있어야 한다(그림 11.3.4).

그림 11.3.3 **단일 시장 제조업체 : 자동차 부품 제조업**
미국 오하이오 주 파르마(Parma)에 있는 GM의 노동자가 자동차 부품을 생산하고 있다.

그림 11.3.4 **부패하기 쉬운 제품 : 우유 생산**
모든 사람들이 상한 빵과 쉰 우유를 원하지 않기 때문에 빵과 우유를 생산하는 제조업체들은 소비자들에게 제품을 신속히 운송하기 위해서 소비지 인근에 입지해야 한다.

11.4 철강 산업의 변화

▶ 철강 생산은 전통적으로 중량 감소 공업의 대표적인 사례이다.

▶ 철강 산업의 재구조화로 시장 입지의 중요성은 과거에 비해 크게 증가하였다.

철강 생산에 투입되는 주요 원료는 철광석과 석탄이다. 철강 산업은 전통적으로 원료 운송비를 최소화해야 하는 중량 감소 공업이다.

미국의 철강 산업

미국 내 제철소의 분포는 원료 산지가 산업의 입지 변화에 영향을 미치고 있음을 보여준다.

- **19세기 중반** : 19세기 중반에 미국의 철강 산업은 철광석과 석탄이 매장되어 있는 펜실베이니아 주 남서부 피츠버그 주변에 입지했다. 현재 이 지역에는 제철소가 입지해있지 않지만, 여전히 철강과 관련된 연구 및 관리 기능의 중심지로 남아있다.
- **19세기 후반** : 19세기 후반에는 주로 이리 호 주변, 오하이오 주 클리블랜드, 영스타운, 톨레도, 미시간 주 디트로이트 인근에 제철 공장들이 입지하였다(그림 11.4.1). 이와 같이 제철 공장의 입지가 서쪽 방향으로 이동한 이유는 북부 미네소타 주 메사비 산맥(Mesabi Range)에 풍부한 철광석 매장지가 발견되었기 때문이다. 이 지역은 실질적으로 미국 철강 산업에서 사용되는 모든 철광석을 공급하였다. 이 지역에서 생산되는 철광석은 슈피리어 호, 휴런 호, 이리 호를 통해 운송되었으며, 석탄은 애팔래치아 산맥으로부터 기차로 수송되었다.
- **20세기 초반** : 1900년대 초반에는 새로운 제철소가 메사비 산맥 서쪽 인근에 위치한 미시간 호 남부의 인디애나 주 게리(Gary)와 시카고 등지에 입지하였다. 주요 원료는 여전히 철광석과 석탄이었으나, 기술의 발달로 석탄 사용 비중이 감소하였다. 따라서 새로운 제철 공장은 철광석의 운송비를 절감하기 위해 철광석이 풍부하게 매장되어 있는 메사비 산맥에 인접하여 입지하였다. 석탄은 일리노이 주 남부 지역과 애팔래치아 산맥의 매장지로부터 공급되었다.
- **20세기 중반** : 20세기 중반 이후 미국 대부분의 제철소는 볼티모어, 로스앤젤레스, 트렌튼, 뉴저지 주 등 동부와 서부 연안 지역에 입지하였다. 이와 같이 해안에 입지한 것은 운송비용이 부분적으로 반영되었기 때문이다. 이 당시 철강 산업의 주요 원료인 철광석을 캐나다와 베네수엘라 등에서 수입하였기 때문에 원료 운송에 유리한 대서양과 태평양 연안에 주로 제철소가 입지하였다. 더욱이 동부와 서부 연안에 위치한 대도시에서 배출되는 고철이 제철 생산 공정에서 중요한 재료가 되었다.
- **20세기 후반** : 미국의 수많은 제철소가 폐업했다(그림 11.4.2). 미시간 호 남부 지역과 동부 연안 지역에 입지해있는 제철소만이 현재까지 가동되고 있다.

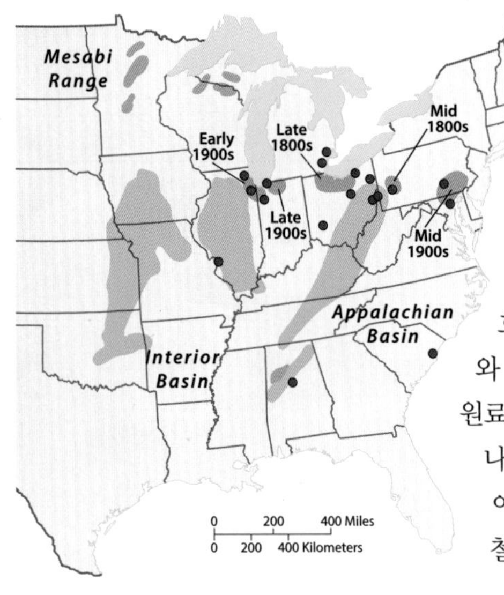

그림 11.4.1 **미국의 종합 제철 공장**
종합 제철 공장은 오대호 연안, 특히 이리 호와 미시간 호 남부 지역에 밀집해있다. 역사적으로 제철소 입지에는 중량이 무거운 철광석과 석탄 등 원료의 운송비가 최소인 지점이 고려되었다. 가동 중인 미국 중서부 지역의 제철소는 대부분 소비 시장과의 접근성이 최대인 곳에 입지해있다.

그림 11.4.2 **펜실베이니아 주 베들레헴의 폐쇄된 제철소**
최근 북아메리카와 유럽의 철강 공장 중 상당히 많은 곳이 폐쇄되었다. 철강 생산은 개발도상국으로 이전하고 있으며, 소형화되고 있다.

철강 산업의 재구조화

새로운 산업 지역으로 세계 제조업이 이동하고 있는 현상을 철강 산업에서 분명하게 확인할 수 있다(그림 11.4.3). 세계 철강 생산량은 1980~2010년 사이에 약 7억 톤에서 약 14억 톤으로 2배 가까이 증가하였다. 증가된 7억 톤 중에서 중국이 6억 톤을 차지하며, 기타 개발도상국이 1억 톤을 차지하였다(그림 11.4.4). 선진국에서 차지하는 생산량은 대략 5억 톤 정도로 크게 변화되지 않았다(그림 11.4.5).

중국의 철강 산업은 주요 원료인 철광석과 석탄이 풍부하기 때문에 더욱 성장하고 있다. 최근 중국의 제조업 성장과 자동차 수요가 늘어나면서 철에 대한 수요도 계속 커지고 있어 제철 생산량이 증가하고 있다.

그림 11.4.3 **중국의 제철소**
산시성 할신의 제철소

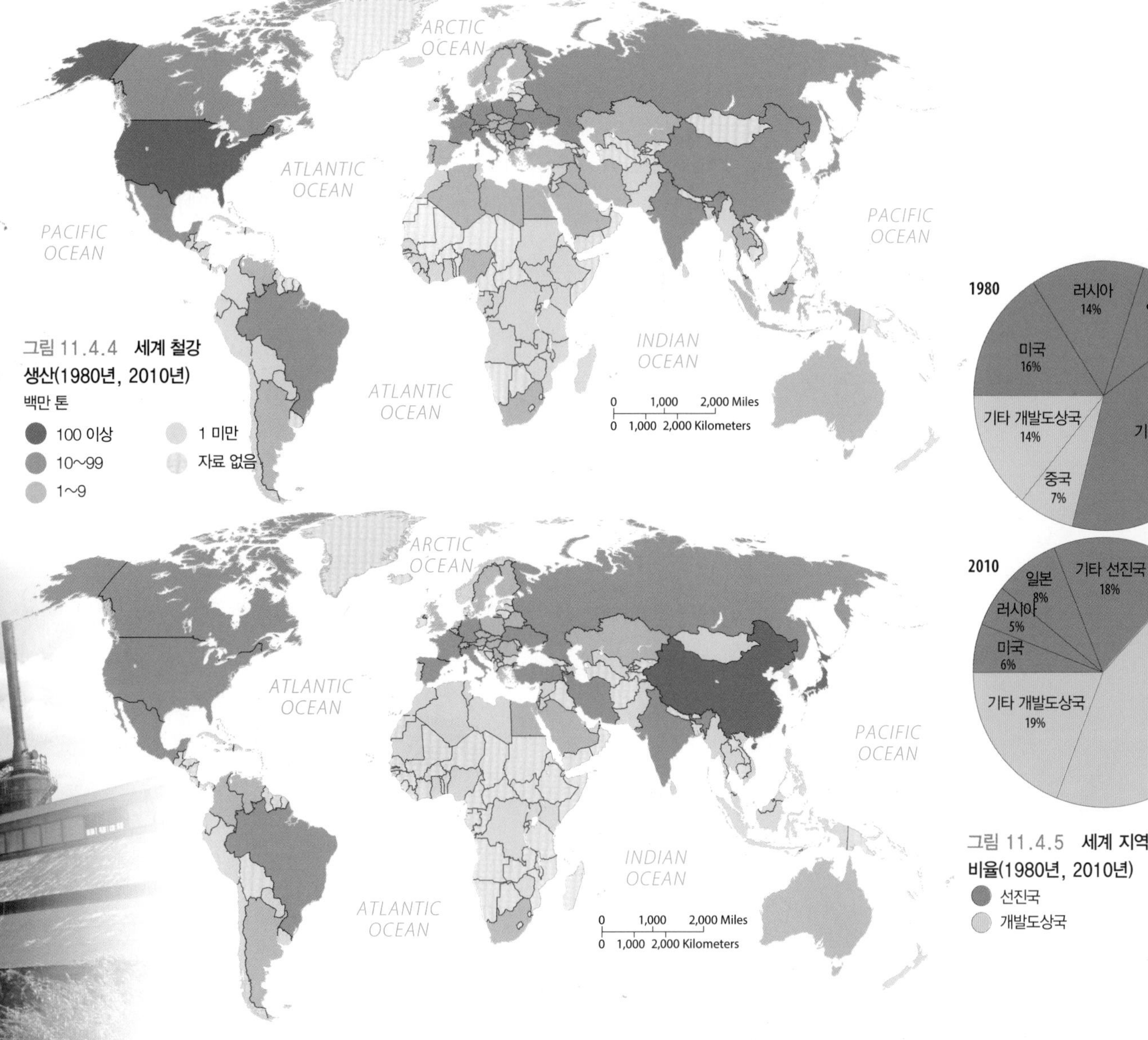

그림 11.4.4 **세계 철강 생산(1980년, 2010년)**

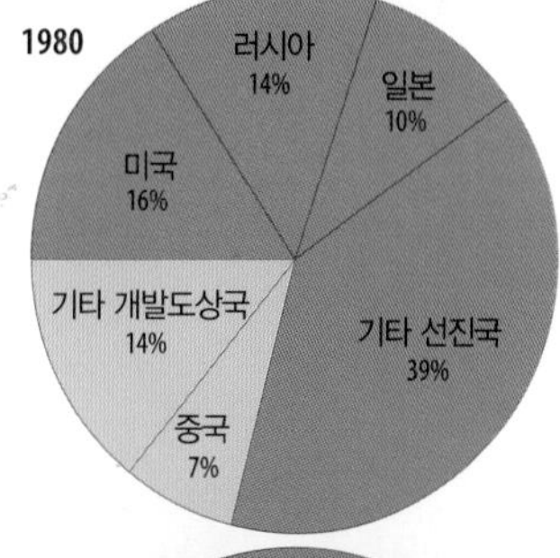

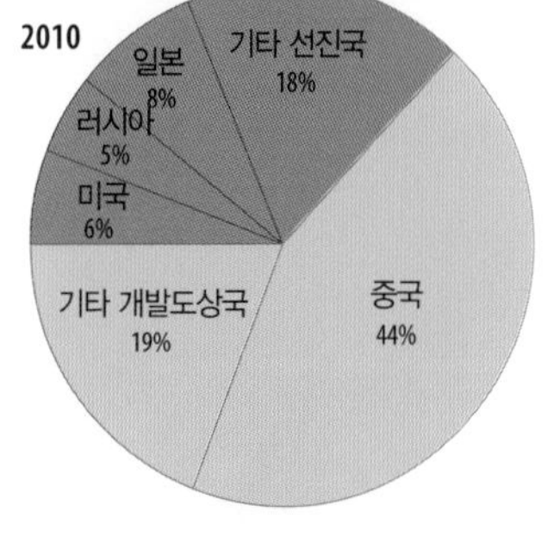

그림 11.4.5 **세계 지역별 철강 생산량 비율(1980년, 2010년)**
선진국
개발도상국

11.5 자동차 산업의 변화

▶ 자동차 산업은 제조 과정에서 중량이 증가하기 때문에 시장 가까이에 입지한다.

▶ 대부분의 미국 자동차 공장은 오토앨리에 집적되어 있다.

자동차는 조립 금속 제품의 대표적인 사례이며, 중량 증가 산업 중 하나로 기술되어 왔다. 중량 증가 산업인 자동차 산업은 소비 시장 가까이에 입지하는 경향이 있다.

자동차 생산의 세계적 분포

자동차는 최종 완성차 공장에서 협력 회사가 생산한 수천 가지의 부품을 조립하여 만들어진다. 세계 10대 자동차 기업이 전 세계 완성차 공장의 60%를 가지고 있다.

- 미국 기업 : 포드와 GM
- 유럽 기업 : 독일의 폭스바겐, 이탈리아의 피아트, 프랑스의 르노와 푸조
- 아시아 기업 : 일본의 도요타, 혼다, 스즈키, 한국의 현대

이들 기업은 여러 국가에 자동차 부품 공장과 조립 공장을 가지고 있기 때문에 기업 본사, 관리 · 연구 · 개발 기능 등의 입지 및 주식 관리에 따른 국적이 문제가 되고 있다.

세계 3대 산업 지역에 약 80%의 자동차 조립 공장이 입지해있는데, 동아시아 지역이 약 40%, 유럽 지역이 약 25%, 북아메리카 지역이 약 15%를 차지하고 있다(그림 11.5.1). 북아메리카에서 판매되는 자동차의 3/4이 북아메리카 지역에서 생산된다(그림 11.5.2). 유럽에서 판매되는 대부분의 자동차는 유럽에서 조립된다. 일본에서 판매되는 자동차는 일본에서 생산되며, 중국에서 판매되는 자동차는 중국에서 대부분 조립된다.

자동차 제조업체의 조립 공장은 자동차 판매 수익의 약 30%를 차지한다. 많은 부품이 외부 하청으로 생산되기 때문에 약 70%의 수익이 하청 협력사에 배분된다. 수많은 부품 제조업체들 중에 중량이 무겁거나 부피가 큰 부품을 공급하는 공장은 가능한 한 부품의 소비처인 최종 조립 공장에 가까이 입지하려고 한다(그림 11.5.3).

한편 특정 부품은 소비처에 인접하지 않아도 되기 때문에 부품 생산 공장입지에 절대적 입지 요인이 중요하게 작용한다. 이러한 예는 임금이 상대적으로 저렴한 멕시코, 중국, 체코 등지에 공장을 입지시키는 사례에서 찾아볼 수 있다.

그림 11.5.1 자동차 생산

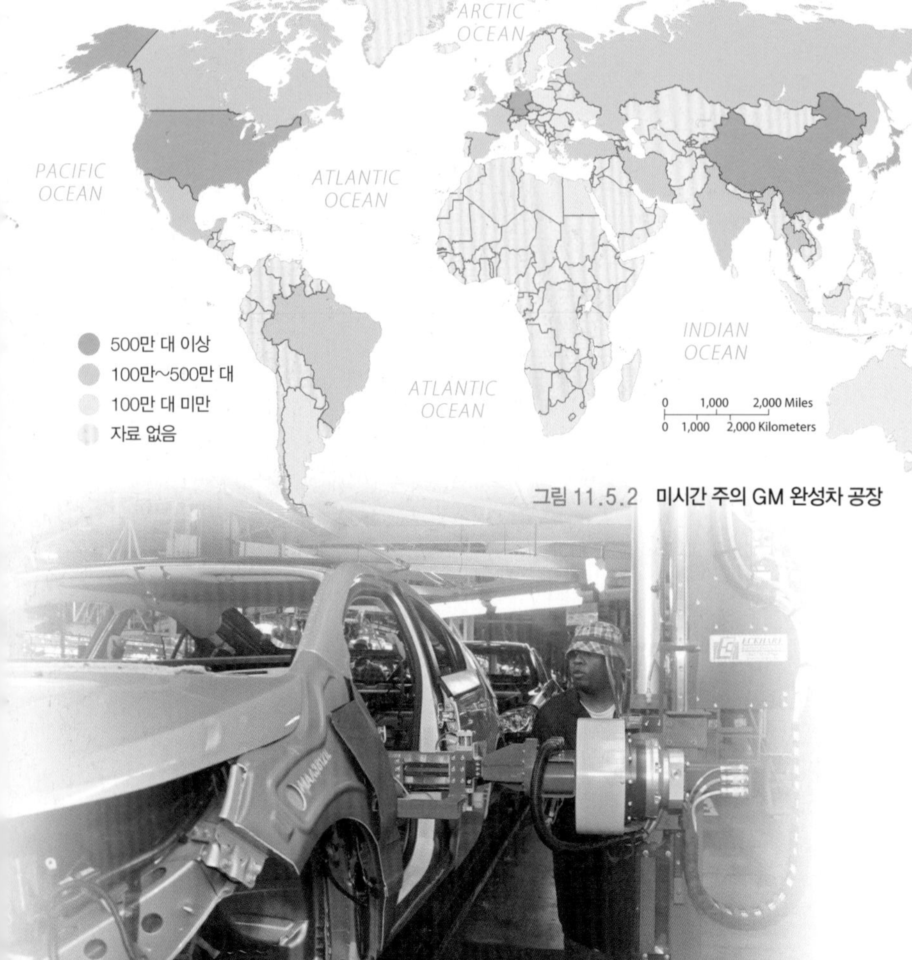

그림 11.5.2 미시간 주의 GM 완성차 공장

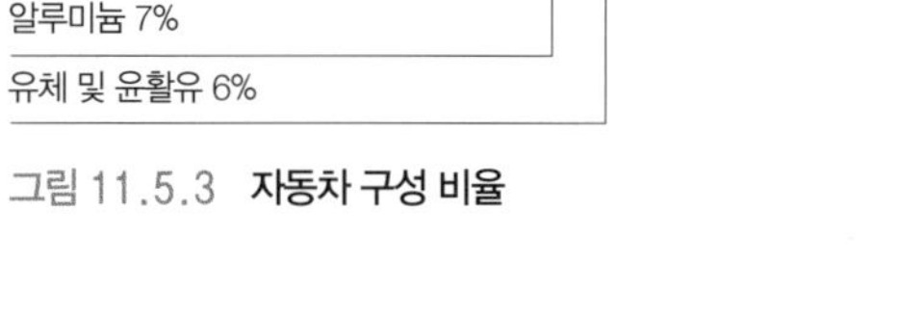

미국의 자동차 생산

미국에는 약 50여 개의 자동차 최종 조립

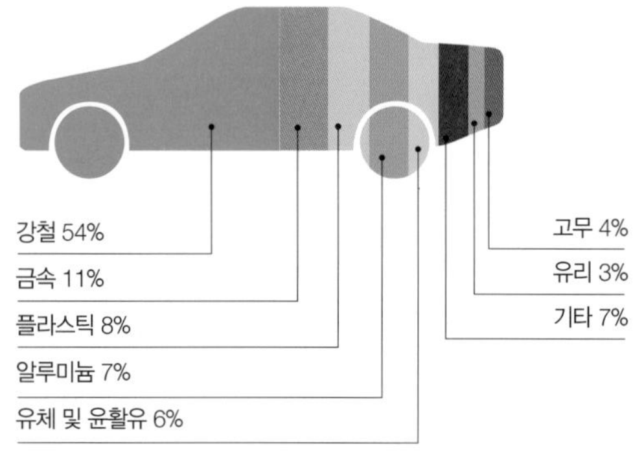

그림 11.5.3 자동차 구성 비율

공장이 있으며, 이들 공장은 수천 개의 부품 공장에서 생산된 부품을 공급받는다. 대부분의 조립 및 부품 공장은 미시간 주와 앨라배마 주 사이의 남북 간 65번 및 75번 고속도로에 형성되어 있는 '오토앨리(auto alley)'라는 회랑을 중심으로 입지하고 있다(그림 11.5.4).

자동차가 중량 증가 제품이기 때문에 자동차 제조업체들은 대부분 자동차가 판매되는 지역에 입지하고 있다. 미국에 자동차 공장이 입지하는 주요 요인 중 하나는 매년 1,500만 대의 신형 자동차가 소비되는 북아메리카 자동차 시장이 있어서 운송비를 최소화할 수 있다는 점이다. 만약 기업이 한 공장에서만 자동차를 생산한다고 가정하면, 북아메리카 시장에 대한 접근성이 가장 중요한 입지 요인이기 때문에 미국 자동차 공장은 동부 또는 서부 해안 지역보다는 내륙 지역에 입지하는 것을 선호하게 된다.

대부분의 부품 제조업체들도 자동차 최종 조립 공장이 밀집해있는 오토앨리 지역에 입지하려고 한다. 예를 들어 자동차 좌석 제조업체들은 최종 조립 공장에서 1시간 내에 도달할 수 있는 지역 범위 내에 입지한다. 특히 자동차 좌석은 부피가 커서 많은 공간을 차지하기 때문에 자동차 최종 조립 업체는 생산 공간을 낭비하지 않기 위해 자동차 좌석을 생산하지 않는다. 또한 엔진, 변속기, 자동차 몸체 금속 부품도 최종 조립 공장에서 1시간 내에 도달할 수 있는 범위 내에서 생산된다.

미국 오토앨리 지역 내에 있는 미국 완성차 생산 기업과 부품 협력 기업은 미시간 주와 북부 주에 밀집해있다. 반면 외국 기업의 미국 현지 완성차 생산 기업과 부품 협력 기업은 오토앨리 지역의 남부에 밀집해있다(그림 11.5.4). 크라이슬러, 포드, GM은 디트로이트 지역에 본사와 연구 · 개발 기능이 입지해있기 때문에 디트로이트 3으로 알려져 있다.

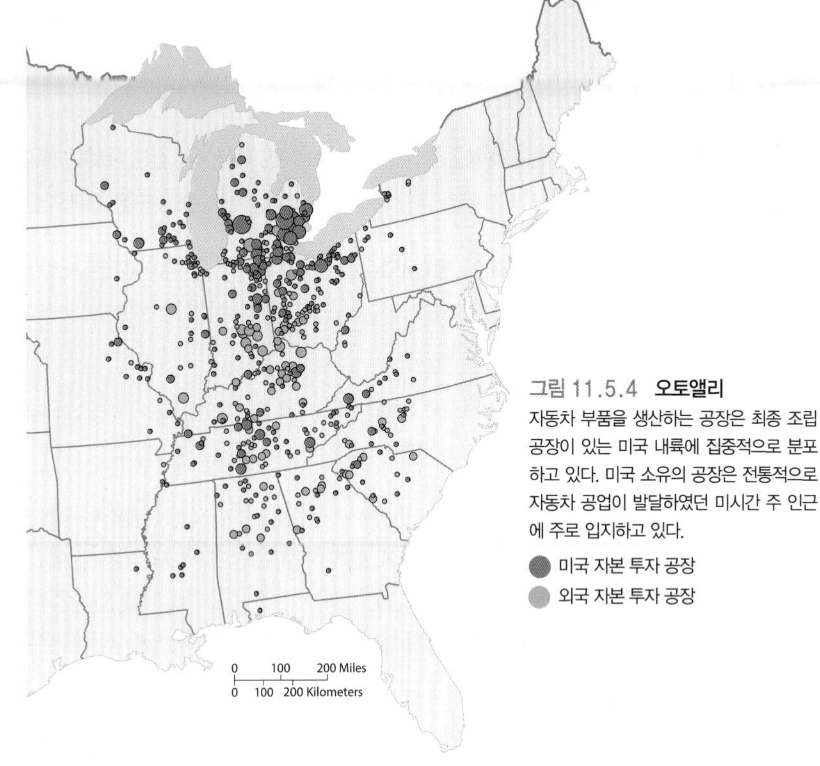

그림 11.5.4 **오토앨리**
자동차 부품을 생산하는 공장은 최종 조립 공장이 있는 미국 내륙에 집중적으로 분포하고 있다. 미국 소유의 공장은 전통적으로 자동차 공업이 발달하였던 미시간 주 인근에 주로 입지하고 있다.
● 미국 자본 투자 공장
● 외국 자본 투자 공장

디트로이트 3의 미국 자동차 시장점유율은 1995년 75%에서 2010년 45%로 줄어들었다. 특정 '외국' 완성차가 디트로이트 3에서 판매한 것보다 훨씬 많이 판매되었다(그림 11.5.4). 디트로이트 3의 기업 가치 하락은 공장 대부분이 오토앨리 지역 북부에 위치해있는 요인과 관련이 있다.

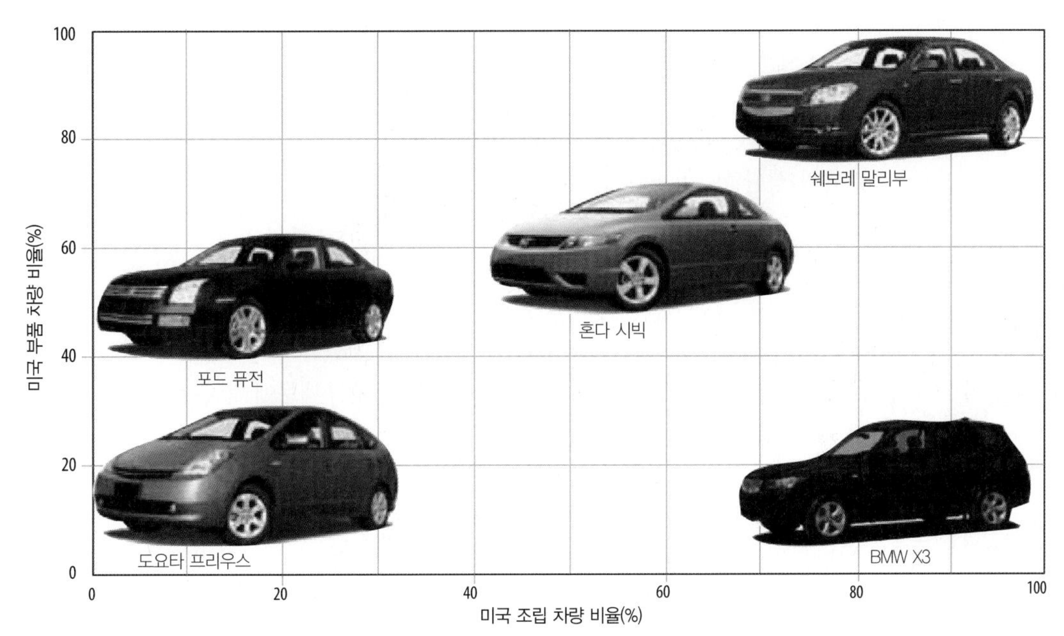

그림 11.5.5 **'미국' 차와 '외국' 차**
그래프에서 X축은 2011년 미국에서 판매된 차량 중 미국에서 조립된 차량의 비율을 나타낸 것이고, Y축은 이들 차량 중 미국에서 만든 부품만으로 생산된 차량의 비율을 표시한 것이다. GM의 쉐보레 말리부는 미국에서 생산된 부품으로 미국에서 조립된 차량이다. 도요타의 프리우스는 일본에서 생산된 부품으로 일본에서 조립되어 대부분 미국으로 수입된 차량이다. 포드의 퓨전은 미국에서 생산된 부품이 약 절반가량으로 멕시코에서 조립되었다. BMW의 X3는 대부분 독일에서 생산된 부품을 사용하여 미국에서 조립되었다. 혼다의 시빅은 대략 절반 정도는 미국에서 생산된 부품으로 미국에서 조립한 차량이고, 나머지 절반은 일본에서 생산된 부품으로 일본에서 조립되어 미국으로 수입된 차량이다.

11.6 선박, 철도, 트럭, 항공 운송

▶ **원료와 제품은 네 가지 운송 수단, 즉 선박, 철도, 트럭, 항공 중 한 가지 이상에 의해 운반된다.**

▶ **네 가지 운송 수단 중에서 가장 저렴한 운송 수단은 제품의 운송거리에 따라 달라진다.**

그림 11.6.1 **항공 운송**
항공 운송은 단시간에 장거리를 운송하는 수단이다.

운송거리가 멀면 멀수록 단위거리당 운송비용은 저렴해진다. 원료 또는 제품의 운송거리가 10km이든 10,000km이든 상관없이 기업은 노동자에게 선적 및 하역비용을 지불해야 하기 때문에 거리가 멀수록 단위거리당 운송비용은 저렴해진다.

네 가지 운송 수단마다 선적 및 하역비용이 다르기 때문에 각 운송 수단의 단위운송비 체감률은 서로 다르다.

- 항공 운송은 운송비가 가장 비싸지만, 부피가 작고 값이 비싼 제품을 신속하게 운반해야 할 경우에 이용된다(그림 11.6.1).
- 선박은 단위거리당 운송비가 매우 저렴하기 때문에 장거리 운송에 매우 유리하다(그림 11.6.2).
- 철도는 제품 운송이 1일 이상 걸리는 경우에 많이 이용된다. 철도는 트럭 기사의 휴식 같은 시간이 필요하지 않기 때문에 보다 장거리 운송에 유리하다.
- 트럭은 철도에 비해 신속하면서도 저렴하게 선적과 하역이 가능하기 때문에 단거리 운송에 많이 이용되는 운송 수단이다.

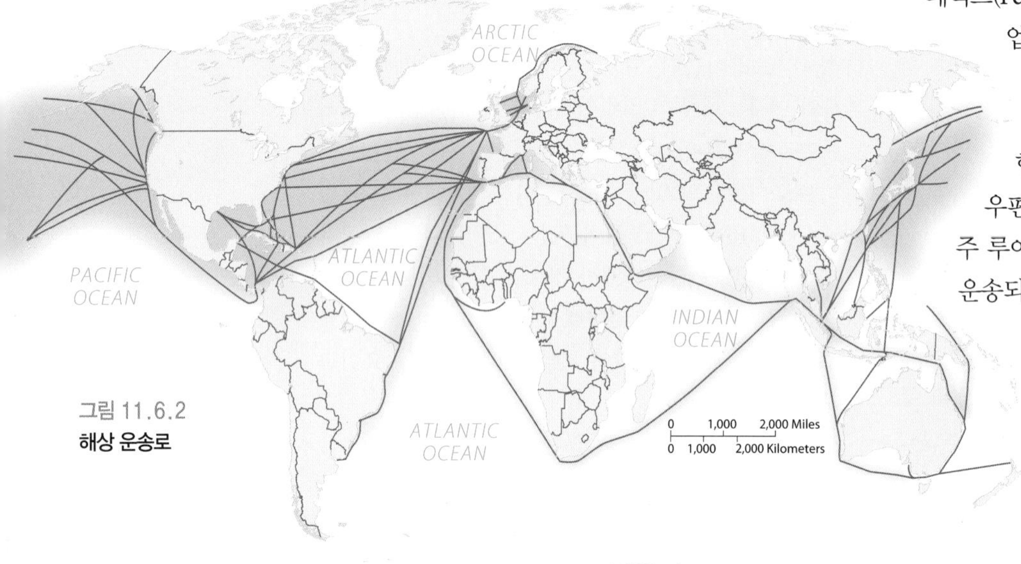

페덱스(FedEx), 유피에스(UPS)와 같은 항공 수송 기업은 대부분의 우편물을 24시간 이내에 배송할 수 있다. 이들 기업은 정오에 우편물을 수거해서 트럭을 이용하여 가장 가까운 공항으로 우편물을 운송한다. 당일 심야에 그 우편물은 테네시 주 멤피스(Memphis), 켄터키 주 루이빌(Louisville)과 같은 내륙 허브 공항으로 운송되어 목적지에 가까운 공항으로 가는 항공기로 옮겨진다. 최종 목적지에서 가장 가까운 공항에 우편물이 도착하게 되면, 그 우편물은 다시 트럭으로 하역되어 그다음 날 아침에 최종 목적지로 배송된다.

ARCTIC OCEAN
PACIFIC OCEAN
ATLANTIC OCEAN
INDIAN OCEAN
ATLANTIC OCEAN
0 1,000 2,000 Miles
0 1,000 2,000 Kilometers

그림 11.6.2
해상 운송로

그림 11.6.3 **미국 로스앤젤레스 항구의 적환지**
장거리 수송 화물은 선박과 자동차, 기차로 이송하는 데 편리하도록 규격화된 컨테이너로 운반된다.

적환지

원료와 제품을 운송하는 데 한 운송 수단에서 다른 운송 수단으로 바뀌게 되면 운송 수단과 상관없이 비용이 증가하게 된다. 예를 들어 항공기를 이용하여 물품을 운송한다고 가정하면, 트럭에서 물품을 하역해서 항공기로 옮겨 실어야 한다. 이때 물품 하역에서부터 항공기 선적까지 물품을 임시 보관할 수 있는 창고 대여 비용이 추가된다.

기업은 원료와 제품에 따라 어떤 운송 수단이 저렴한지 고려한다. **적환지**(break-of-bulk point)는 운송 수단의 이전이 가능한 장소이기 때문에 다양한 운송 수단을 이용하는 기업이 주로 이곳을 선호한다.

컨테이너 박스는 적환지에서 운송 수단 간에 물품을 이송하는 데 매우 효율적이다(그림 11.6.3). 컨테이너는 철도나 트럭을 통해 운반이 가능하며, 대양을 가로지르는 선박에도 쉽게 선적할 수 있다. 대형 컨테이너 선박은 수많은 직방형 컨테이너 박스를 용이하게 선적할 수 있도록 건조되었다.

적기적소 배송

앞에서 언급한 바와 같이 시장에 대한 접근성은 공업의 주요 입지 요인이다. 최근 적기적소 배송 방식이 출현함으로써 시장 접근성은 더욱 중요한 입지 요인이 되었다.

적기적소(just-in-time) 배송은 공장이 필요로 하는 원료 및 부품을 필요한 만큼 필요한 장소에 배달하는 방식이다. 특히 이 배송 방식은 원료 및 부품을 필요로 하는 자동차, 컴퓨터 등과 같은 조립 제품 제조업에 중요하다.

적기적소 배송 방식으로 인해 원료 및 부품은 거의 매일 또는 매시간마다 공장으로 배달된다. 원료 및 부품 공급업체는 최종 조립업체가 필요로 하는 양을 며칠 전에 미리 주문받는데, 심지어 매일 아침에 원료 및 부품이 정확하게 언제 필요한지 주문을 받기도 한다.

적기적소 배송은 불필요한 재고를 최소화하기 때문에 재고 처리 및 보관에 필요한 비용이 절감된다(그림 11.6.4). 미국은 이 배송 방식으로 지난 25년간 재고로 처리되는 물품의 비중을 절반으로 줄였다. 또한 재고 물품을 보관해야 하는 공간이 필요 없어지면서 공장의 규모를 축소할 수 있게 되었으며, 그 결과 제조업체는 비용을 절감할 수 있게 되었다.

배송 시간표가 매우 긴밀하게 짜여지면서 원료 또는 부품 공급자들은 더더욱 소비자와 가까운 곳에 입지하려고 한다. 만약 한두 시간 내에 배송을 해야 할 경우가 발생한다면, 공급자들은 소비자로부터 50마일 이내의 지역에 공장을 입지시켜야 한다.

적기적소 배송은 때론 공급자에게 재고품 처리 부담이 전가되기도 한다. 예를 들어 월마트는 재고가 많이 쌓이지 않을 수 있지만, 공급자들은 '경우에 따라' 엄청난 재고 물량을 떠안게 될 수 있다.

그림 11.6.4 **재고품 절감**
주요 컴퓨터 제조업체들은 창고에 보관되어 있는 재고 상품을 감축함으로써 부분적으로 비용을 절감하게 되었다. 이 업체들은 구매자가 컴퓨터를 주문한 이후에 제품을 생산하는 방식으로 재고 상품을 줄였다.

적기적소 배송사고

적기적소 배송으로 제품 생산업체는 재고량을 최소화할 수 있다. 그러나 세 가지 이유 때문에 적기적소 배송에 문제가 발생할 수 있다.

- **노동 파업**. 공급업체의 공장 파업은 2~3일 이내에 전체 생산 공정을 멈추게 할 수 있다. 또한 트럭 기사, 항만 노동자 등에 의해 물류 산업에서 파업이 일어나면 물류 운송이 어렵게 될 수 있다.
- **교통 혼잡**. 배송은 여러 가지 교통 상황에 따라 지체될 수 있다. 특히 국경을 통과해서 운반해야 하는 경우 트럭과 철도는 교통 혼잡 상황에 영향을 많이 받는다(그림 11.6.5).
- **자연재해**. 세계 여러 곳에서 기상악화로 인해 배송에 차질을 빚는 경우가 발생한다. 태풍과 홍수로 인해 도로와 철길이 폐쇄될 수 있다. 일본에서는 2011년 발생한 지진과 지진해일로 인해 몇 달 동안 교통이 마비되어 제조업체의 생산 공정이 중단되기도 했다. 또한 주요 부품 제조 공장의 피해로 인해 세계 자동차 생산 업체들의 생산량이 감소하기도 했다.

그림 11.6.5 **배달 지연**
캐나다 온타리오 주 고속도로 위의 차량들이 미국 미시간 주 국경 지역을 통과하려고 길게 줄지어있다.

11.7 산업의 절대적 입지 요인

▶ 절대적 입지 요인은 고유한 입지 특성에 기인한다.

▶ 세 가지 절대적 입지 요인은 노동, 토지, 자본이다.

절대적 입지 요인(site factor)은 노동, 토지, 자본과 같이 공장의 생산 비용과 관련된 산업 입지 요인이다.

노동

노동집약적 산업(labor-intensive industry)은 총 비용에서 노동자에게 지불되는 임금과 기타 보수가 차지하는 비중이 높은 산업을 의미한다. 일반적으로 미국에서 노동 비용은 생산 비용의 약 11%를 차지하는데, 노동집약적 산업의 노동 비용은 이 비중보다 훨씬 높다(그림 11.7.1).

그림 11.7.1 **노동**
포장 공장에서 일하고 있는 중국의 노동자. 국제노동기구(ILO)에 따르면, 약 1억 5천만 명의 노동자가 제조업 부문에 종사하고 있다. 중국이 약 20%를, 미국이 약 10%를 차지하고 있다.

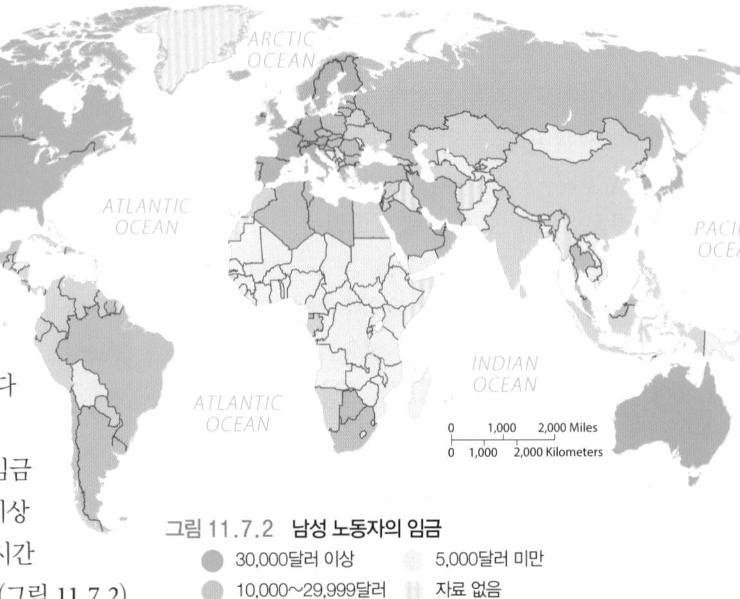

그림 11.7.2 **남성 노동자의 임금**
30,000달러 이상
10,000~29,999달러
5,000~9,999달러
5,000달러 미만
자료 없음

선진국의 제조업 남성 노동자의 평균임금은 시간당 15달러 또는 1년에 3만 달러 이상이다. 반면 대부분의 개발도상국에서는 시간당 2.5달러 또는 1년에 5천 달러 정도이다(그림 11.7.2). 선진국의 노동 비용에는 임금 이외에 건강보험, 퇴직연금, 기타 수당 등 노동자들에게 추가로 지급되는 보수가 포함되지만, 개발도상국에서는 해당되지 않는 경우가 많다.

제조업에서 시간당 2.5달러와 15달러의 임금 차이는 결정적이다. 예를 들어 아이폰의 생산 비용은 대부분 부품(일본, 독일, 한국에서 생산) 비용과 애플사의 총 수익이다. 생산 공정의 한 단계는 노동집약적인 과정으로 부품을 조립하여 완성품을 만드는 과정이다. 이 공정은 상대적으로 임금이 싼 중국에서 이루어진다(그림 11.7.3).

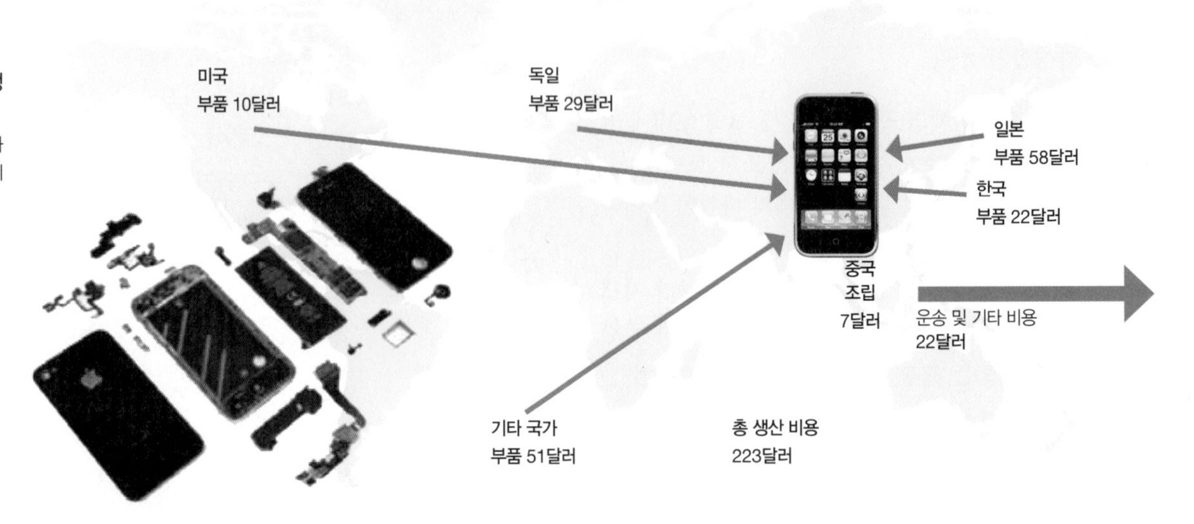

그림 11.7.3 **아이폰의 생산 비용 구조**
아이폰의 생산 비용은 소비자가 제품을 구매하는 비용보다 적게 든다.

토지

산업혁명 초기에 다층으로 지어진 공장 건물은 주로 도심부에 입지해있었다. 현재의 공장은 충분한 공간을 확보할 수 있는 교외 또는 촌락에 위치하며, 주로 단층 건물로 짓는 경우가 많다.

일반적으로 제품 생산 과정에서 원료는 공장의 한쪽 끝에서 컨베이어나 지게차로 운반되어 투입되고, 제작 공정에 맞게 조립되어 완성된 제품은 다른 쪽 끝에서 선적된다.

도시 주변부는 원료 및 제품 운송에 유리하다. 과거에는 대부분 철도를 이용하여 원료와 제품을 공장과 시장으로 각각 운송하였다. 따라서 공장은 철도 노선이 교차되는 지점에 입지하는 것이 유리하였다.

그러나 최근에는 원료 및 제품 수송을 대부분 트럭이 담당하고 있기 때문에 주요 고속도로와의 접근성이 가장 중요한 공장입지 요인이 된다. 특히 여러 고속도로가 교차하는 지점 또는 도시 외곽의 환상 순환 도로와 인접해있는 곳은 공장입지에 매력적이다. 따라서 공장은 교외 고속도로 교차점 인근에 입지한 산업단지에 집적하게 된다(그림 11.7.4).

그림 11.7.4 **토지**
스페인 빅(Vic) 외곽의 공장

토지는 도심 인근보다 교외 또는 촌락 지역이 훨씬 저렴하다. 미국에서 1에이커에 대한 지가는 촌락의 경우 수천 달러에 불과하지만, 교외 지역에서는 수만 달러, 도심 인근에서는 수십만 달러에 달한다.

자본

일반적으로 제조업체는 공장을 신축하거나 기존 공장을 확장하기 위해 자금을 대출받는다. 미국 캘리포니아 주 실리콘밸리에 첨단 산업이 집적하게 된 이유 가운데 하나는 그 지역을 중심으로 풍부한 자본이 형성되어 있었기 때문이다. 미국 내 모든 자본의 약 1/4 정도가 실리콘밸리의 새로운 산업에 쓰이고 있다(그림 11.7.5).

실리콘밸리의 은행은 새로운 소프트웨어 및 정보통신 기업에 지속적으로 자금을 공급하고 있다. 첨단 기업의 2/3가 위험하고 불안한 상황에 처해있지만, 실리콘밸리의 금융기관은 훌륭한 아이디어를 보유한 엔지니어들에게 자금을 지속적으로 지원하여 이들이 창업에 필요한 소프트웨어, 통신 및 네트워크 장비를 구입할 수 있도록 지원해 주고 있다.

개발도상국의 경우 자금 대출 능력이 산업 분포에 중요한 요인이 되고 있다. 여러 개발도상국의 금융기관은 자금이 부족하기 때문에 개발도상국에서 새로운 산업을 발전시키기 위해서는 선진국의 은행으로부터 자본을 끌어와야 한다. 그러나 개발도상국에 속한 기업은 그 국가의 정치적 상황, 경제 시스템, 신용도에 따라 선진국의 은행으로부터 자본을 대출받을 수 있는 여부가 결정된다.

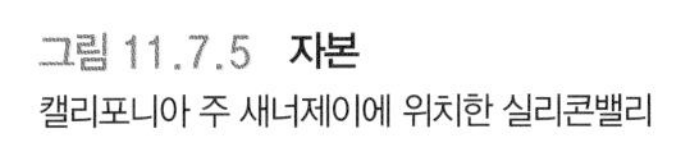

그림 11.7.5 **자본**
캘리포니아 주 새너제이에 위치한 실리콘밸리

11.8 섬유 · 의류 산업

▶ **섬유 · 의류 산업은 대표적인 노동집약적 산업이다.**

▶ **섬유 · 의류 산업은 일반적으로 비숙련 및 저임금 노동력이 필요하다.**

섬유 · 의류 산업은 일반적으로 비숙련 및 저임금 노동자가 필요한 대표적인 노동집약적 산업이다. 섬유 · 의류 산업은 세계 제조업 생산액의 6%를 차지하지만, 노동자 수는 세계 제조업 노동자 수의 14%를 차지한다. 섬유 · 의류 산업에 종사하는 여성 노동자의 비율은 다른 제조업체에 비해 높다.

섬유 · 의류 산업은 세 가지 주요 공정을 거쳐야 한다. 다른 산업과 달리 섬유 · 의류 산업의 모든 공정이 노동집약적이지만, 노동의 중요성은 어느 정도 다양하게 반영된다. 그 결과 세 가지 공정에서 동일한 수준의 노동력이 투입되지 않기 때문에 섬유 · 의류 산업의 세계적인 분포는 일관성 있게 나타나지 않는다.

그림 11.8.1 **중국의 면화 실 추출 공정**

방적 공정

섬유는 천연원료 또는 화학물질로부터 실을 뽑을 수 있다(그림 11.8.1). 면화는 전체 천연섬유의 3/4을 점유하고 있으며, 그 뒤를 양모가 차지한다. 역사적으로 보면 천연섬유가 오랫동안 유일한 원료였지만, 오늘날에는 화학섬유가 세계 실 생산의 약 75%를 차지하고, 천연섬유는 약 25% 정도만 차지하고 있다. 방적 공정은 노동집약적인 부문이기 때문에 주로 저임금 노동력이 풍부한 국가에서 이루어지고 있다(그림 11.8.2).

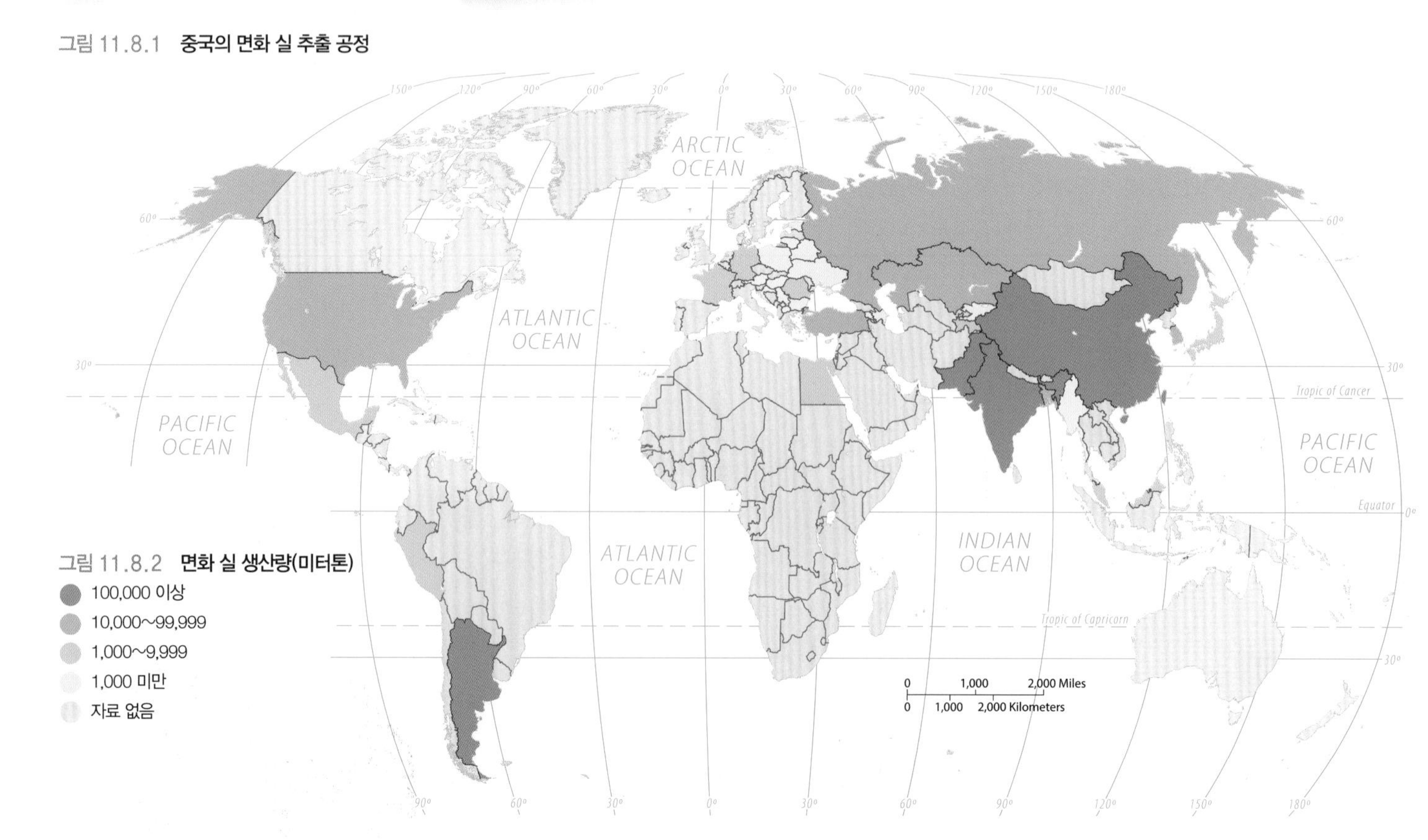

그림 11.8.2 **면화 실 생산량(미터톤)**

직물 및 편직 공정

이 작업은 대부분 노동집약적이기 때문에 직물 생산 비용은 방적 생산 비용보다 비싸다. 전 세계 면직물의 약 60%를 중국이 생산하며, 약 30%는 인도에서 생산된다(그림 11.8.3). 지난 수천 년 동안 직물은 베틀 기계를 이용하여 수작업으로 생산되었다. 직물은 베틀에 구성된 세로줄의 날실과 가로줄의 씨실이 서로 교차하면서 만들어진다(그림 11.8.4).

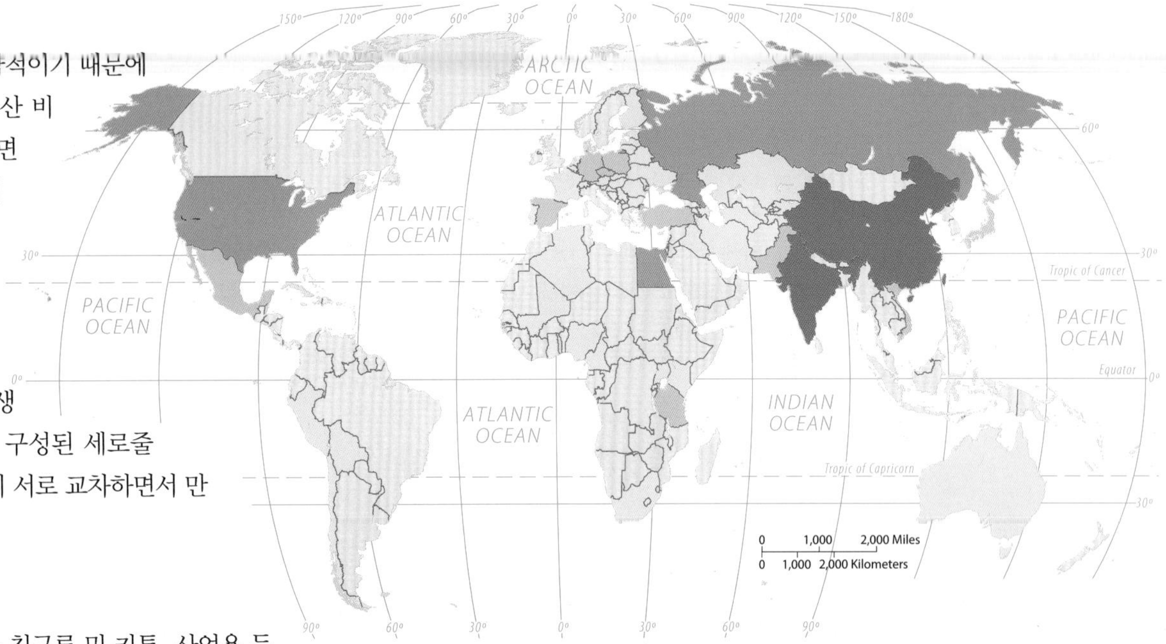

그림 11.8.3 **면직물 생산량(m²)**
- 200억 이상
- 10~30억
- 1~10억
- 1억 미만
- 자료 없음

재단 및 봉재 공정

섬유는 의복, 카펫, 가정용 침구류 및 커튼, 산업용 등 크게 네 가지 주요 제품군으로 분류할 수 있다. 선진국에서는 방적 또는 직물 생산보다는 의류 완제품의 생산 비중이 높다. 이는 생산된 제품의 대소비지가 위치하고 있기 때문이다. 예를 들어 전 세계에서 소비되는 여성용 블라우스의 2/3가 선진국에서 생산된다(그림 11.8.5). 그러나 최근에는 개발도상국에서도 의류 제품의 생산 비중이 점차 높아지고 있다.

그림 11.8.4 **중국의 면직물 생산 공정**

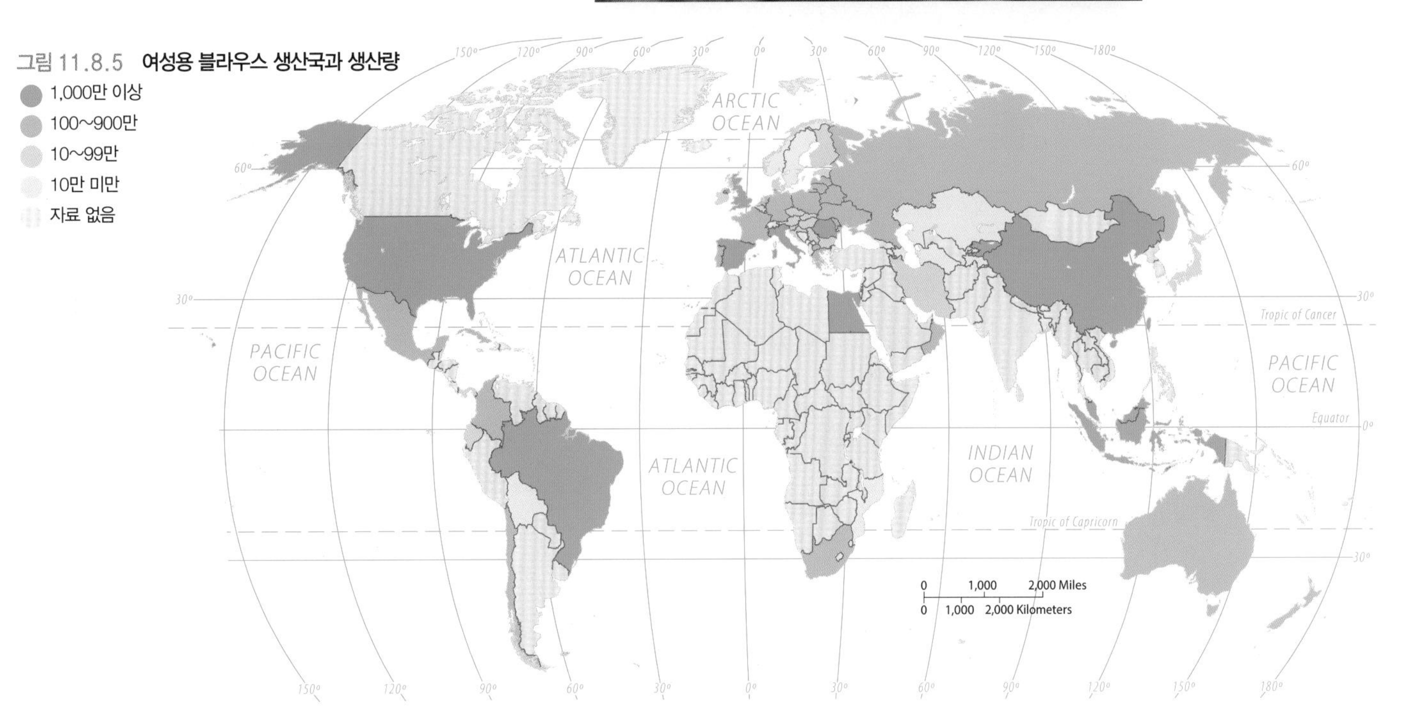

그림 11.8.5 **여성용 블라우스 생산국과 생산량**
- 1,000만 이상
- 100~900만
- 10~99만
- 10만 미만
- 자료 없음

11.9 성장하는 산업 지역

▶ 최근 제조업이 급성장하고 있는 곳은 전통적인 산업 중심지가 아닌 곳이다.

▶ BRIC에 속한 네 국가는 향후 산업의 중심지로 성장할 것이다.

산업은 전 세계적으로 계속 이동하고 있다. 노동력과 같은 절대적 입지 요인은 개발도상국과 선진국에서 새로운 지역의 산업 성장을 추동하는 주요 요인이다. 대소비시장의 성장과 같은 상대적 입지 요인 또한 새로운 산업 지역이 부상하는 데 중요한 역할을 하고 있다.

미국 내 지역 간 이동

미국 내 제조업 고용은 북동부 지역으로부터 남부와 서부 지역으로 이동하고 있다(그림 11.9.1). 1950~2009년 사이 북동부 지역에서는 약 600만 명의 고용이 감소한 반면 남부와 서부 지역에서는 200만 명이 증가하였다.

많은 기업들의 중요한 절대적 입지 요인은 노동력과 관계되어 있다. 미국 내 남부 지역 주에서는 고용에 관한 특별 법규가 제정되었다(고용법 채택 주). 고용법은 공장의 '폐업'을 막고 '개업'을 지속시키기 위한 목적을 가지고 있다.

- '폐업'의 경우, 회사와 노조 모두의 동의가 반드시 필요하다.
- '개업'의 경우, 노조와 회사는 노조 근로자의 고용 조건과 관련된 계약에 대해서 협상하지 않을 수 있다.

고용법에 따르면, 남부 주에서는 공장 근로자의 노동조합 결성을 매우 까다롭게 만들었다. 그 결과 노동조합에 가입한 노동자의 비율은 미국 내에서 남부 주가 매우 낮다. 자동차, 제철, 섬유, 담배, 가구 제조업은 남부에 작은 공동체를 따라 분산되어 있다. 이 지역에 제조업 고용이 증가한 이유는 북부 지역과 달리 임금이 비교적 저렴하고 노동조합에 가입하지 않은 노동력을 확보할 수 있기 때문이라고 볼 수 있다(그림 11.9.2).

그림 11.9.1 1950년과 2010년의 미국 제조업의 변화

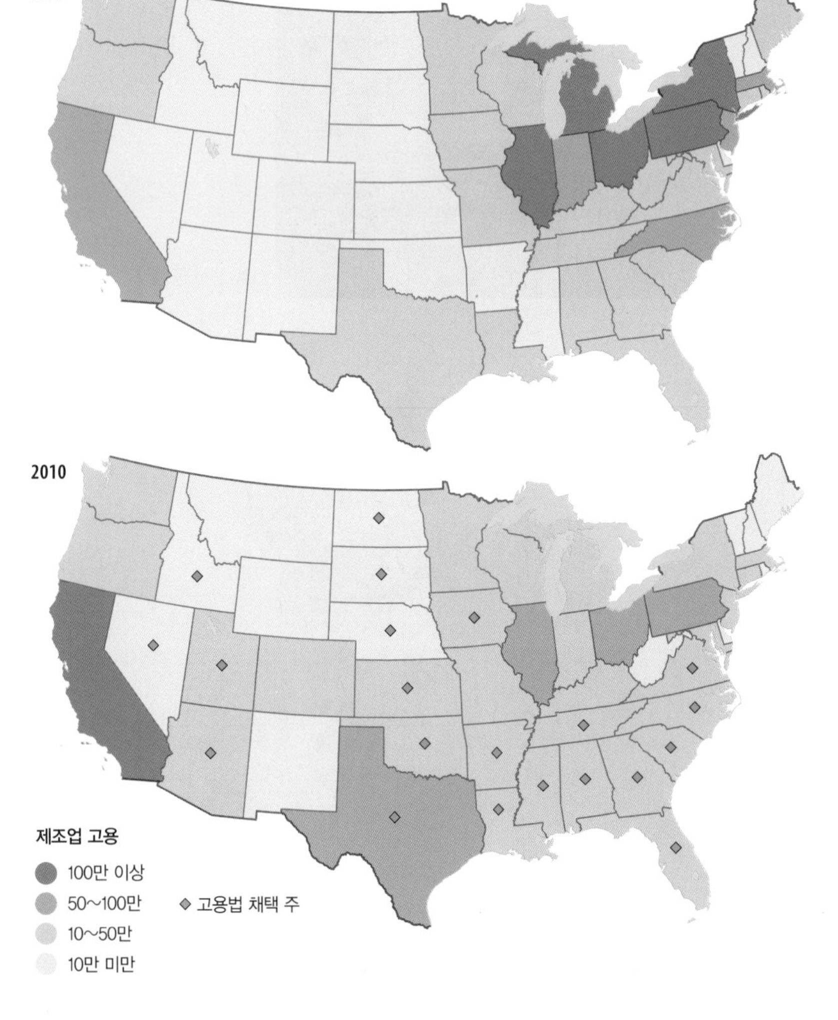

그림 11.9.2 1980~2010년 사이에 신설 또는 폐쇄된 자동차 조립 공장 분포

멕시코의 산업

멕시코의 제조업은 증가하고 있다. 북미자유무역협정(NAFTA)이 1994년에 발효되어 멕시코와 미국 간에 물품 교역의 장벽이 대부분 사라졌다.

미국에 가장 인접한 국가인 멕시코는 매우 저렴한 노동력을 가지고 있기 때문에 미국의 대소비시장을 겨냥한 노동집약적 산업이 입지하기에 매력적인 국가이다. 멕시코의 임금 수준은 다른 개발도상국보다 높지만(그림 11.7.2 참조) 멕시코로부터 미국까지의 운송비용은 매우 저렴하다.

멕시코시티는 멕시코의 수도이며, 대소비시장으로서 국내 소비재 산업 생산의 중심지이다(그림 11.9.3). 기타 공업 지역은 미국과 접해있는 멕시코 북부 지역에 위치하고 있다.

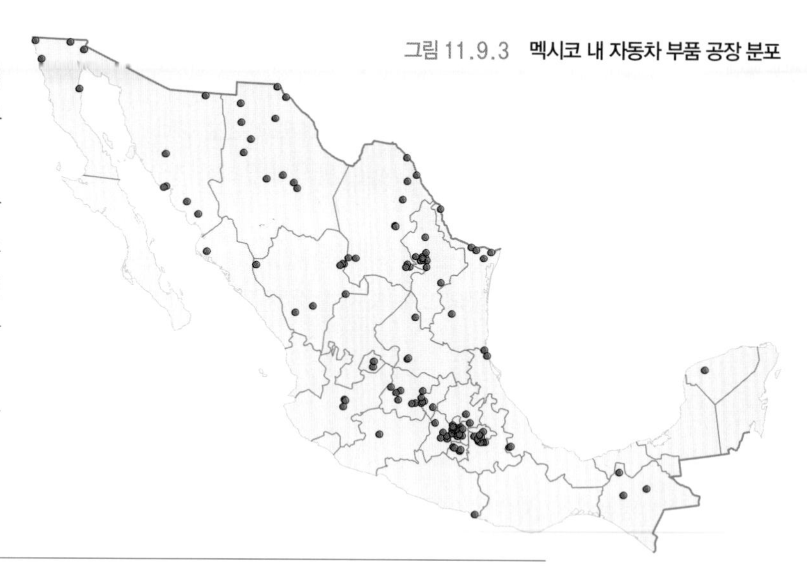

그림 11.9.3 **멕시코 내 자동차 부품 공장 분포**

부상하는 산업 국가 : 'BRIC' 국가

세계적으로 제조업이 크게 성장할 수 있는 국가는 기존의 선진국이 아니다. 국제 금융 분석 기업인 골드만삭스가 21세기 세계 제조업의 중심국가로서 BRIC라는 약칭을 만들어냈다. BRIC는 브라질, 러시아, 인도, 중국을 가리킨다(그림 11.9.4). 이들 국가의 경제가 새롭게 부상하고 있다.

BRIC 네 국가는 전체 면적이 전 세계의 1/4을 차지하며, 전 세계 인구 중 2/5를 보유하고 있지만 전 세계 GDP는 단지 1/6 정도를 점유하고 있다. 이들 국가는 최근 경제체제가 변화되었으며, 세계무역에 적극적으로 참여하고 있다. 21세기 중반에는 BRIC에 미국과 멕시코가 추가되어 6개 국가가 세계 6대 경제대국으로 성장할 것으로 예측되고 있다.

BRIC는 산업 입지에서 상이한 이점을 가지고 있다. UN에서 발전 수준이 높은 국가로 분류되는 러시아와 브라질(그림 11.9.5)은 산업에 필요한 천연자원이 풍부하다. 발전 수준이 상대적으로 낮게 분류되는 중국과 인도는 풍부한 노동력과 대소비시장을 지니고 있다.

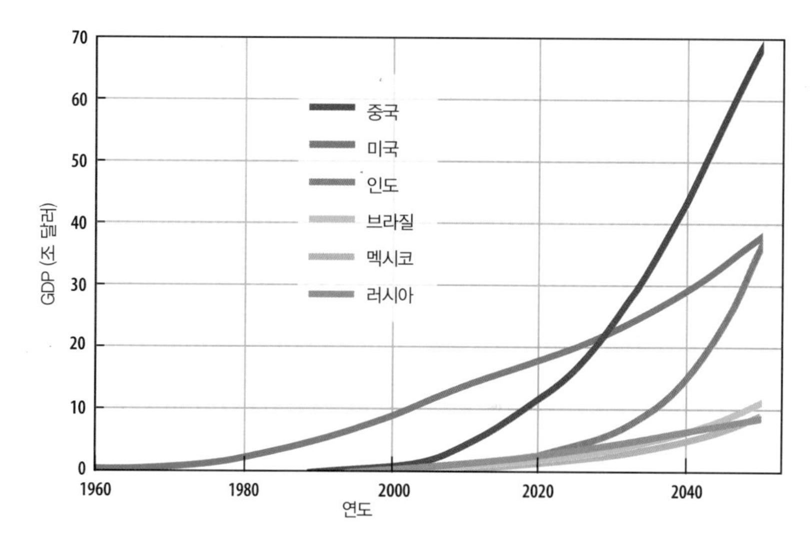

그림 11.9.4 **BRIC, 미국, 멕시코의 GDP 성장 예측**

그림 11.9.5 **브라질 쿠리치바의 컴퓨터 생산 공장**

최근 산업 구조에서 세 가지 변화는 중요한 지리적 의미를 지니고 있다.

- 공장은 새로운 기계 및 생산 공정의 도입으로 보다 생산성이 높아졌다. 공장은 계속 같은 장소에서 생산 활동을 하지만, 기술의 발달로 동일한 생산량을 생산하는 데 보다 적은 노동력을 필요로 한다.
- 기업이 선호하는 생산 입지는 유연한 생산 방식에 유리한 장소이다. 기업은 임금 수준이 낮고, 해고를 해도 노동조합의 힘이 약해 파업의 위험이 낮은 소도시를 선호한다.
- 대기업이 국내외 지역으로 생산 조직을 확장시킴으로써 지방정부와 노동자의 교섭권이 강화되었다. 특히 기업은 지방정부의 지원 인센티브가 많은 곳과 지방 주민들의 노동 의지가 강한 곳에 생산 공장을 입지시키려는 경향이 있다.

핵심 질문

산업은 어디에 집적되는가?

▶ 산업혁명은 영국에서 시작된 이후 20세기에 유럽과 북아메리카 지역으로 확산되었다.

▶ 세계의 산업은 유럽, 북아메리카, 동부 아시아 세 지역에 집중되어 있다.

산업 입지에 영향을 주는 상대적 요인은 무엇인가?

▶ 기업은 절대적 입지 요인과 상대적 입지 요인을 고려하여 최적의 장소에 공장을 입지시키려고 한다.

▶ 상대적 입지 요인은 원료의 운송비용, 공장에서 생산된 제품이 소비자에게까지 도달하는 데 투입된 비용까지 포함한다.

▶ 철강 산업과 자동차 산업의 입지는 전통적으로 상대적 입지 요인의 영향을 크게 받는다.

산업 입지에 영향을 주는 절대적 요인은 무엇인가?

▶ 토지, 노동, 자본은 공장입지에 절대적인 영향을 미치는 3대 생산 요소이다.

▶ 섬유 · 의류 산업의 입지는 전통적으로 절대적 입지 요인에 영향을 받는다.

▶ 새로운 산업 지역의 부상은 상대적 입지와 절대적 입지의 중요성이 커졌기 때문이다.

지리적으로 생각하기

미국, 캐나다, 멕시코 간의 북미자유무역협정(NAFTA)은 1994년에 발효되었다.

1. NAFTA의 발효 이후 미국, 캐나다, 멕시코 각 국가가 얻게 되는 이점은 무엇이고, 불리한 점은 무엇인가?

현대는 2010년 조지아 주 웨스트포인트에 자동차 공장을 설립해서 기아차를 생산하고 있다. 주 정부는 이 공장 부지를 3,600만 달러에 구입하여 현대에 양도했다. 이 밖에도 도로, 철도 등 인프라 건설에 6,100만 달러를 투입하였고, 노동자 훈련에 7,300만 달러를 투입하였다. 또한 감면된 세금도 9,000만 달러에 달한다(그림 11.CR.1).

2. 조지아 주 정부는 왜 기아자동차 공장에 2억 6,000만 달러를 투입했는가? 투입액이 너무 지나친 것은 아닌가?

제조업은 과거보다 훨씬 국가 내 또는 국가 간에 분산되어 있다.

3. 여러분이 살고 있는 지역 또는 공동체 내의 주요 제조업은 무엇인가? 글로벌 경쟁이 심화되고 있는 상황에서 그 제조업은 어떻게 대처하고 있는가?

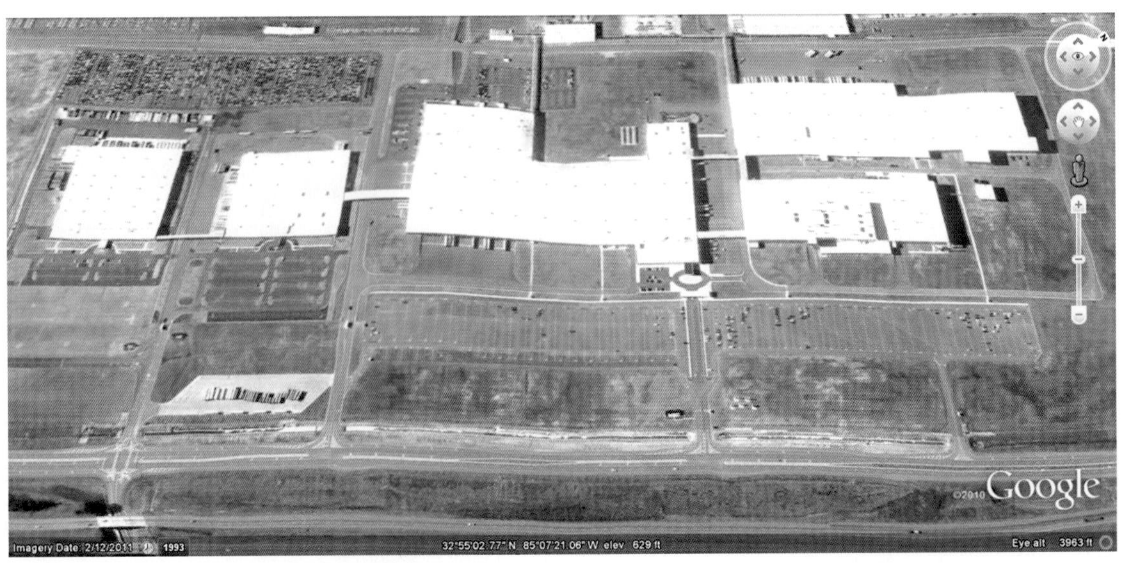

그림 11.CR.1 **미국 조지아 주 웨스트포인트에 있는 기아자동차 조립공장**

탐구 학습

구글어스를 이용하여 미국에서 변화하는 산업 경관을 탐색해보라.

위치 : 미국 텍사스 샌안토니오의 1 Lone Star Pass

공장 전체를 볼 수 있도록 범위를 축소하라.

클릭 : "과거 이미지 보기"

날짜 조정 : 2000년 9월 27일

1. **2000년 9월 27일과 현재의 모습을 비교하면 어떤 변화가 있는가?**

2. **2000년 9월 27일 이후 변화가 나타나기 시작한 시점은 언제인가?**

샌안토니오 시 전체를 볼 수 있도록 범위를 축소하라.

3. **시에서 1 Lone Star Pass가 산업 입지로서 지니고 있는 장점은 무엇인지 말해보라.**

인터넷 자료

제조업 고용과 관련한 통계뿐만 아니라 미국의 각종 산업과 관련한 통계 자료들은 미국노동성의 노동 통계 사이트인 www.bls.gov, 또는 이 장의 첫 페이지에 있는 QR 코드를 스캔해서 검색할 수 있다.

핵심 용어

가내공업(cottage industry) 보통 산업혁명 이전의 생산 유형으로서 공장이 아닌 집에서 제품을 생산하는 유형의 공업

고용법 채택 주(right-to-work state) 회사 노조가 강력한 권한을 행사하는 것을 금지하는 법이 통과된 주를 일컫는다. 이 법은 노조에 가입하는 노동자의 요구를 회사 측이 고용 조건에서 계약 협상으로 다루도록 하고 있다.

노동집약적 산업(labor-intensive industry) 전체 지출 중 노동비 지출액의 비중이 큰 산업

산업혁명(Industrial Revolution) 제조업 생산 공정 과정을 변화시킴으로써 나타난 일련의 산업 기술 혁신을 의미한다.

상대적 입지 요인(situation factor) 공장 내부 또는 외부로 원료를 운송하는 교통과 관련된 입지 요인

적기적소 배송(just-in-time delivery) 공장이 필요할 때 미리 앞서서 부품이나 원료를 배송하는 체계

적환지(break-of-bulk point) 하나의 교통수단에서 다른 교통수단으로 바뀌는 지점

절대적 입지 요인(site factor) 토지, 노동, 자본과 같이 공장 내부의 생산 비용 요소와 관련된 입지 요인

중량 감소 공업(bulk-reducing industry) 투입에 비해서 최종 생산물의 중량 또는 부피가 감소하는 공업

중량 증가 공업(bulk-gaining industry) 투입에 비해서 최종 생산물의 중량 또는 부피가 증가하는 공업

▶ 다음 장의 소개

미국 또는 전 세계에서 가장 빠르게 증가하는 직업은 서비스(제3차) 산업이다. 서비스 산업은 도시에 주로 입지해있다.

12 서비스 활동과 거주 공간

만약 맑게 갠 밤하늘에 미국 본토 위를 날아서 지나간다면, 당신은 까만 하늘 아래에 사람들이 모여 살고 있는 곳에서 발산하는 크고 작은 불빛을 보게 될 것이다. 작은 불빛은 마을이나 소도시에서 발산하는 것이고, 커다랗고 밝게 빛나는 불빛은 대도시에서 발산하는 것이다. 지리학자들은 경제지리학적 개념으로 거주 공간의 패턴을 설명한다.

미국을 포함한 선진국의 거주 공간에서 보이는 규칙적인 패턴은 서비스업이 분포하는 데 반영되어 나타난다. 여러 선진국에서는 산업 활동 인구의 3/4 이상을 서비스업이 차지한다. 서비스업은 대체로 도시의 기반 산업이다.

선진국에서 보이는 거주 공간의 규칙적인 패턴이 개발도상국에서는 잘 보이지 않는다. 지리학자들은 개발도상국의 불규칙한 거주 공간 패턴이 서비스업에 종사하는 인구의 비율이 낮은 데에서 비롯된 결과라고 설명한다.

소비자 서비스업은 어디에 분포하고 있는가?

태국의 인터넷 카페

생산자 서비스업은 어디에 분포하고 있는가?

세계 500대 대도시(권)의 인구자료를 보려면 스캔하라.

12.5 생산자 서비스의 계층 구조

12.6 개발도상국의 생산자 서비스

12.7 경제적 기반

거주 공간은 어디에 분포하고 있는가?

12.8 촌락 지역의 거주 공간

12.9 도시의 역사

12.10 도시화

12.1 서비스업의 유형

▶ 서비스업의 세 가지 유형에는 소비자 서비스, 생산자 서비스, 공공 서비스가 있다.

▶ 서비스업의 고용은 다른 산업에 비해 매우 빠르게 증가하고 있다.

서비스업(service)은 사람들의 욕구나 요구를 충족시키기 위해 제공되는 것에 돈을 지불하는 일련의 활동과 관련된 산업이다. 대부분 선진국에서 서비스업은 GDP의 2/3를 차지하지만, 개발도상국에서는 절반 정도에 그치고 있다(그림 12.1.1).

그림 12.1.1 **GDP에서 서비스업이 차지하는 비율**

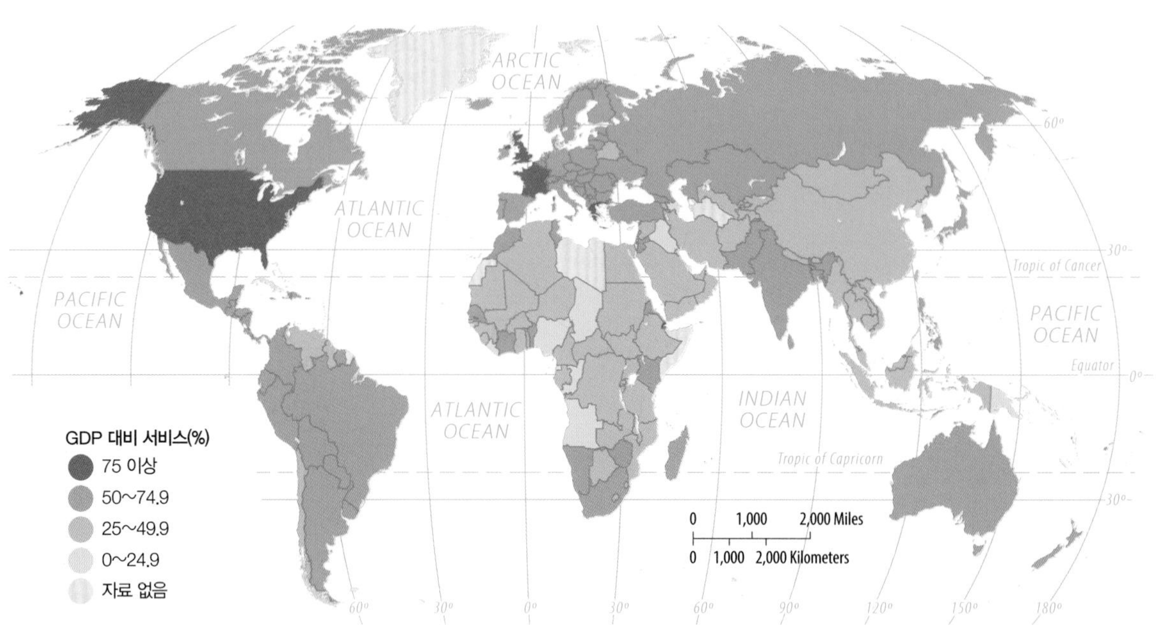

소비자 서비스

서비스업은 크게 소비자, 생산자, 공공 서비스 등 세 가지 영역으로 분류된다. 이들 각 서비스업은 다시 몇 개의 하위 업종으로 세분된다.

소비자 서비스(consumer service)는 개별 소비자들에게 제공되는 서비스이다. 미국 내 전체 직업의 절반가량이 소비자 서비스업이다. 소비자 서비스업의 주요 하위 업종은 도·소매업, 교육, 건강, 레저 등이다(그림 12.1.2).

생산자 서비스

생산자 서비스(business service)는 다른 사업자들에게 편익을 제공하는 것이다. 이 서비스업은 미국 내 전체 직

그림 12.1.2
미국의 소비자 서비스

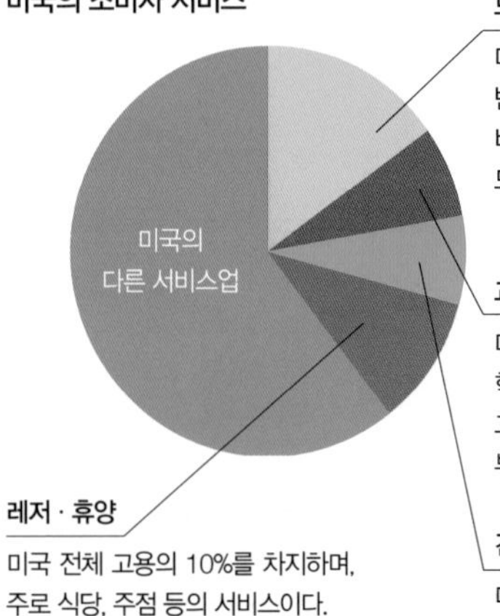

도·소매업

미국 전체 고용의 15%를 차지하고 있다. 이 중 절반 정도가 백화점, 잡화점, 자동차 세일즈 등의 서비스업이다. 소매업 상인에게 물건을 공급해주는 도매업은 소비자 서비스업의 13%를 차지한다.

교육

미국 전체 고용의 7%를 차지하고 있다. 이 중 공립학교에 2/3가, 사립학교에 1/3이 종사하고 있다. 그림 12.1.5에 나와있는 공립학교 교육자는 공공 부문 고용으로 집계되어 있다.

건강

미국 전체 고용의 7%를 차지하며, 주로 병원, 의원, 방문 간호 등의 서비스이다.

레저·휴양

미국 전체 고용의 10%를 차지하며, 주로 식당, 주점 등의 서비스이다.

그림 12.1.3
미국의 생산자 서비스

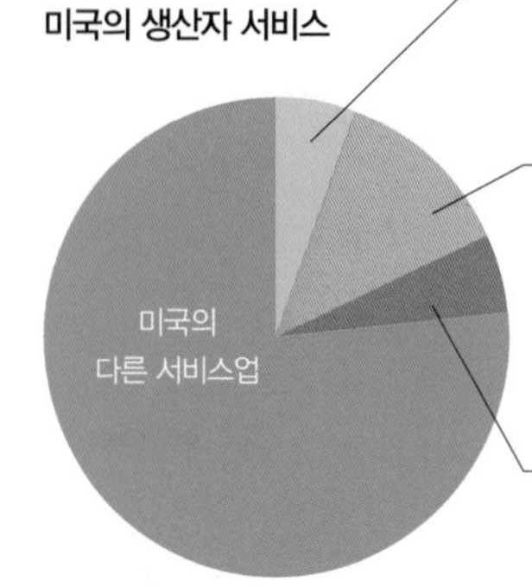

금융 서비스

미국 전체 고용의 6%를 차지한다. 이 중에서 은행과 관련된 금융기관이 절반가량이고, 보험 업종이 1/3, 나머지는 부동산 관련 서비스업이다.

전문가 서비스

미국 내 고용의 13%를 차지한다. 법률, 관리, 회계, 건축, 엔지니어링, 디자인, 컨설팅 등의 전문 서비스업이 절반 이상을 차지하고 있다. 나머지 절반은 사무, 비서, 보관 관련 서비스업 부문이다.

운송 및 정보 서비스

미국 내 고용의 5%를 차지한다. 트럭과 같은 운송 서비스가 절반을 차지하며, 나머지 절반은 출판, 방송 등의 정보 서비스업과 전기·수도 공급 서비스업이 점유하고 있다.

업 중 1/4을 차지하고 있다. 생산자 서비스업의 3대 하위 업종은 전문가 서비스, 금융 서비스, 운송 서비스이다(그림 12.1.3).

공공 서비스

공공 서비스(public service)의 목적은 국민과 기업이 안전하게 활동할 수 있도록 서비스하는 것이다. 미국에서 공공 서비스는 전체 직업 가운데 17%를 차지한다. 공공 서비스 근로자 중에서 교육 부문 종사자는 9%이지만 이들은 소비자 서비스 영역에 포함된다(그림 12.1.4). 공공 서비스 영역의 근로자는 연방정부에 15%, 주정부에 25%, 1만여 개에 달하는 지방정부에 60%가 각각 고용되어 있다. 만약 교육 관련 고용까지 공공 서비스 영역에 포함시킨다면 주 또는 지방정부의 공공 서비스 고용 비율은 더욱 높아지게 된다.

서비스업의 각 부문을 절대적으로 구분하는 기준은 없다. 예를 들어 개별 소비자가 생산자 서비스인 법률 자문, 은행 업무를 이용할 수 있으며, 생산자 서비스도 소비자 서비스인 문구류 구매, 호텔 이용을 하는 등 각각의 서비스업이 연결되어 있는 부문이 있다. 국립공원에서 근무하는 직원이나 디즈니랜드에서 일하는 직원이 제공하는 서비스는 크게 다르지 않다. 그렇지만 지리학자는 서비스업의 분포 패턴과 입지 요인 등을 고려하여 서비스업을 분류해오고 있다.

미국에서의 고용 변화

미국 내 고용 시장의 성장은 서비스업 부문에서 이루어졌다. 반면 1차 산업과 2차 산업 부문에서는 감소했다(그림 12.1.5).

- **생산자 서비스** : 전문가 서비스(엔지니어링, 관리자, 법률가), 자료 분석, 광고, 직업소개업 부문에서의 고용은 매우 빠르게 증가하고 있다.
- **소비자 서비스**(그림 12.1.6) : 소비자 서비스 영역에서 가장 빠르게 성장하고 있는 부문은 건강과 관련된 서비스인 병 · 의원 종사자, 방문 간호사, 비만 치료사이다. 또한 교육, 레크리에이션, 오락 관련 서비스업의 고용도 크게 성장하였다.
- **공공 서비스** : 공공 서비스업의 고용 비율은 지난 20여 년 동안 다소 감소하였다.

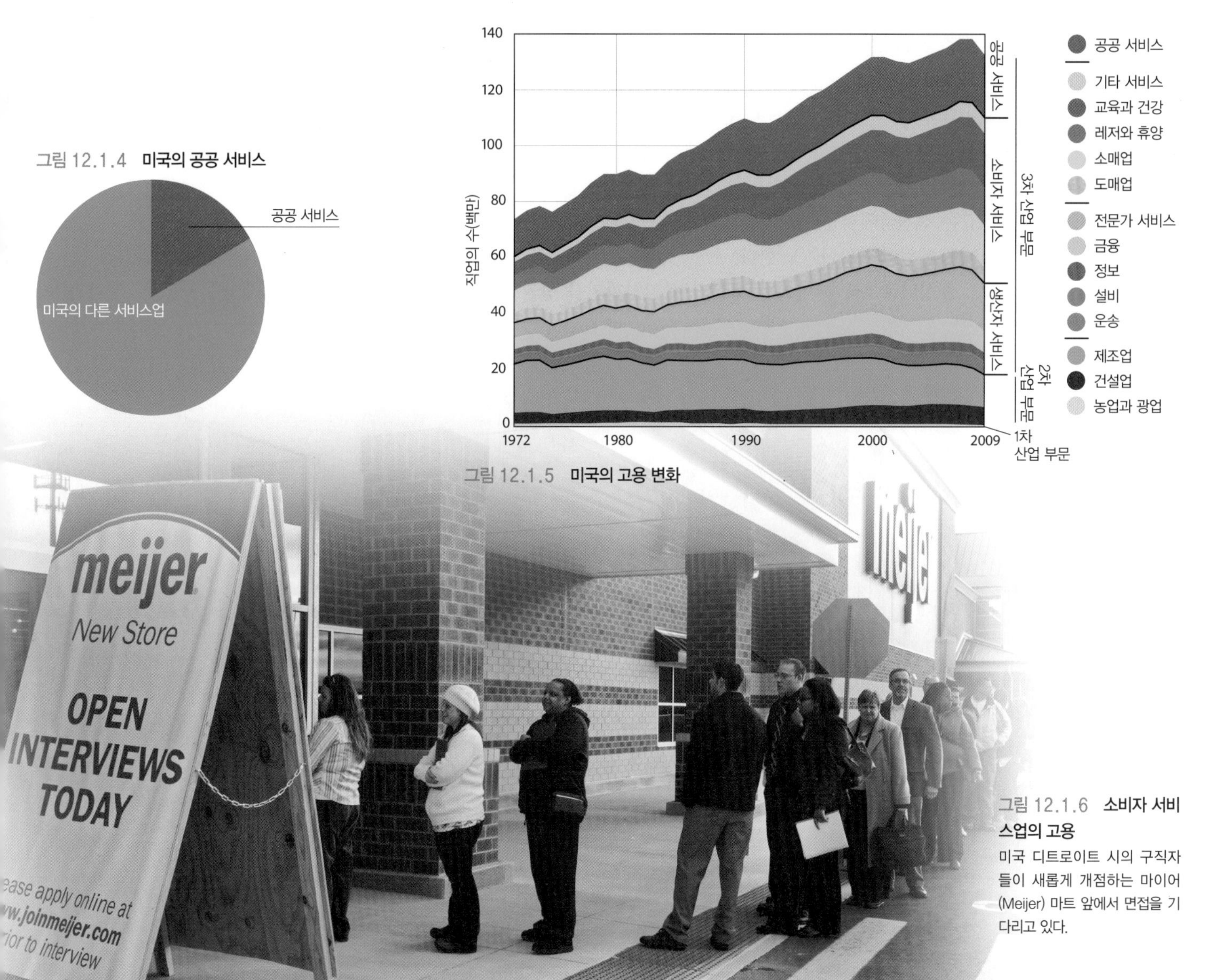

그림 12.1.4 **미국의 공공 서비스**

그림 12.1.5 **미국의 고용 변화**

그림 12.1.6 **소비자 서비스업의 고용**
미국 디트로이트 시의 구직자들이 새롭게 개점하는 마이어(Meijer) 마트 앞에서 면접을 기다리고 있다.

12.2 중심지 이론

▶ **중심지 이론은 소비자 서비스업의 입지를 잘 설명해준다.**

▶ **중심지는 상권, 도달 범위, 최소 요구치로 설명할 수 있다.**

소비자 서비스와 생산자 서비스는 동일한 분포 패턴을 갖지 않는다. 소비자 서비스업(도 · 소매업, 교육, 건강, 휴양)은 도시 규모에 따라 규칙적인 패턴을 보인다. 큰 도시에서는 작은 도시에 비해 소비자 서비스업의 규모가 크고 종류도 다양하다(그림 12.2.1).

서비스업의 상권

새로운 상점에 적합한 입지를 선택하는 데 있어서 가장 중요한 요인은 해당 서비스업에서 이윤이 어느 정도 발생하는가이다. **중심지 이론**(central place theory)은 서비스업이 어떻게 분포해있고 규칙적인 패턴이 왜 나타나는지를 설명하고 있다. 중심지 이론은 1930년대 독일의 지리학자 발터 크리스탈러(Walter Christaller)가 독일 남부 지역을 사례로 연구하여 처음으로 제시한 이론이다.

중심지(central place)는 주변 지역의 사람들에게 재화와 서비스를 제공하고 교환하는 중심 시장이다. 중심지는 상권의 중심에 위치하며, 주변 지역으로부터 접근성이 최대인 곳이다. 중심지 간에는 배후지에 재화와 서비스를 제공하기 위해 서로 경쟁한다. 이 경쟁으로 미국과 같은 선진국에서는 중심지 이론에 따른 중심지의 규칙적인 패턴이 나타나기도 한다.

중심지로부터 서비스가 제공되는 지역까지를 **상권**(market area) 또는 **배후지**(hinterland)라고 한다. 상권은 결절 지역의 대표적인 예로서 중심부가 가장 큰 영향력을 발휘한다. 상권 하나의 범위는 등질 공간을 가정할 경우 원형으로 그려진다. 해당 원 내의 영역이 바로 한 서비스의 상권이다.

사람들은 가장 인접한 중심지에서 서비스를 받고자 하기 때문에 해당 중심지는 원에 속해있는 소비자들에게만 서비스를 제공한다. 해당 원의 바깥에 있는 소비자는 인접한 다른 중심지로부터 서비스를 제공받는다. 해당 상권에 위치한 사람들은 중심지에서 제공하는 서비스를 동일하게 이용한다(그림 12.2.2).

서비스의 도달 범위

모든 서비스의 상권은 다양하다. 상권의 범위를 설정하기 위해서 지리학자들은 서비스에 관한 두 가지 정보,

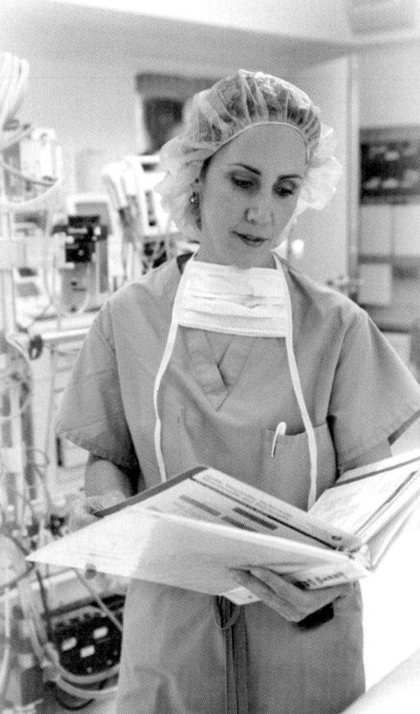

그림 12.2.1 **소비자 서비스의 유형**
시계 방향으로
도매 - 물류보급센터
소매 - 백화점
보건 및 건강 - 병원
교육 - 학교
요식업 - 식당

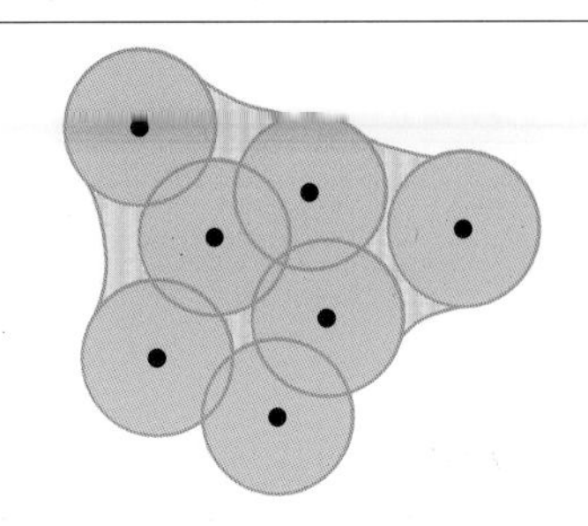

원형 상권의 문제점
상권의 범위는 원형으로 그려진다. 그려진 원들이 배열되는 과정에서 중첩되거나 상권에 포함되지 못한 지역이 나타난다. 중첩된 원의 경우 최단 거리에 위치한 중심지 한 곳에서만 서비스를 제공받아야 한다는 논리에 문제가 발생한다.

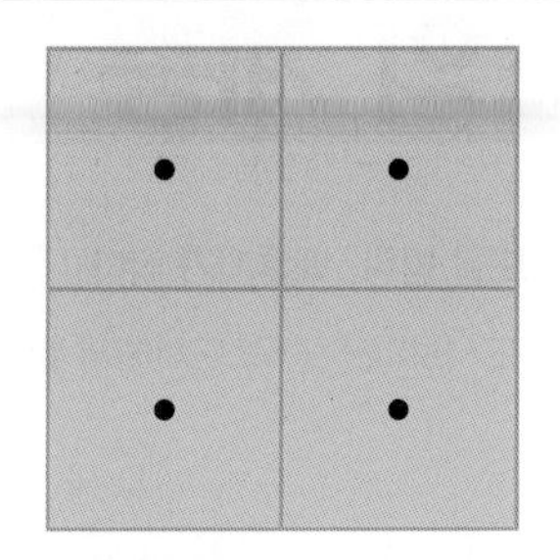

정방형 상권의 문제점
중심지 이론에서는 상권이 중첩되거나 배제된 지역이 있어서는 안 된다. 따라서 원형의 상권은 조건을 만족시키지 못하며, 정방형 또한 비록 중첩된 상권은 발생하지 않지만 중심지로부터 등거리의 상권이 아니기 때문에 이상적인 형태라고 볼 수 없다.

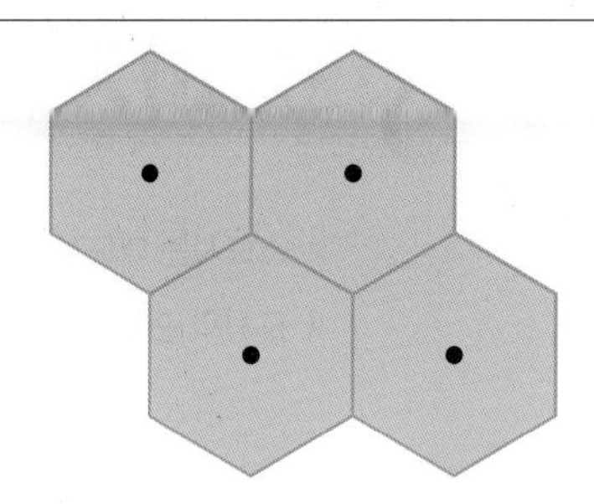

육각형 모형의 상권
상권을 표현하는 가장 이상적인 방법이 육각형 모형이다. 육각형 내의 모든 지점은 최근린 중심지를 선택할 수 있기 때문에 중심지 간에 상권이 서로 중첩되거나 상권에서 배제된 곳이 없다.

그림 12.2.2 **중심지 이론에서 왜 육각형의 상권이 만들어지는가?**
지리학자들은 육각형이 원형 또는 정방형과 다른 기하학적 특성을 지니고 있기 때문에 시장 권역을 나타내는 데 이 모형을 사용한다.

즉 서비스의 도달 범위와 최소 요구치를 살펴본다(그림 12.2.3).

당신은 피자를 먹기 위해 얼마나 멀리 운전할 의사가 있는가? 심한 질병으로 의사에게 진료를 받기 위해 얼마나 멀리 갈 수 있는가? **도달 범위**(range)는 사람들이 서비스를 이용하기 위해 이동하는 최대 거리를 나타낸다. 범위는 상권을 나타내기 위해 그려진 원의 반경이다.

사람들은 식료품, 세탁소, 약국 등과 같은 일상적인 소비자 서비스에 대해서는 근거리 지역 내에 있는 것을 이용하려고 한다. 하지만 메이저리그 야구경기 또는 음악 콘서트와 같은 서비스에 대해서는 기꺼이 장거리를 이동한다. 따라서 편의점은 상대적으로 작은 범위를 갖는 반면 프로야구 경기장은 넓은 범위를 갖는다.

만약 다른 지역에 위치한 기업들이 같은 서비스를 제공하기 위해 경쟁한다면 서비스의 도달 범위는 바뀌게 된다. 일반적으로 사람들은 가장 가까운 곳에 있는 서비스를 이용하려고 한다. 즉, 맥도날드 햄버거를 먹고 싶은 사람이 있을 경우 그 사람은 가장 가까운 곳에 있는 맥도날드 햄버거 가게로 갈 것이다. 서비스의 도달 범위는 같은 서비스 업체 간의 경쟁으로 인해 완전한 원형이라기보다는 불규칙한 형태로 나타난다.

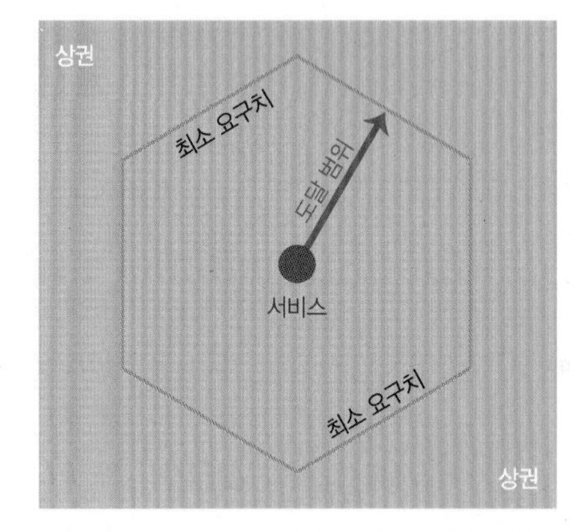

그림 12.2.3 **서비스 상권**
도달 범위는 반경으로 나타나며, 최소 요구치는 해당 서비스의 기능이 유지되기 위해 필요한 최소한의 조건이다.

대부분의 사람들이 거리를 킬로미터나 마일과 같은 물리적인 거리보다는 시간 거리 관점에서 생각하기 때문에 서비스의 도달 범위는 변형되어 나타난다. 만약 사람들에게 레스토랑에 가거나 야구경기를 보러 가기 위해 얼마나 멀리 이동할 의향이 있는지를 물어본다면 그들은 물리적 거리보다는 소요되는 시간으로 답할 것이다.

서비스의 최소 요구치

상권을 파악하는 데 필요한 두 번째 지리 정보는 **최소 요구치**(threshold)이다. 최소 요구치는 서비스를 제공하기 위해 필요한 최소한의 인력 또는 비용을 의미한다. 모든 기업은 이윤을 얻기 위한 최소한의 고객을 확보해야 한다. 서비스를 제공하는 기업 또는 점포는 서비스 도달 범위 내에 분포해있는 잠재적인 고객을 헤아려봄으로써 그 입지 장소가 적합한 곳인지 아닌지 여부를 확인해야 한다.

서비스 도달 범위 내에 분포하고 있는 잠재적인 고객을 헤아리는 방법은 서비스 유형에 따라 커다란 차이가 있다. 편의점과 패스트푸드 레스토랑의 경우 서비스 도달 범위 내에 있는 거의 모든 사람들이 잠재적 고객이 되지만, 특정 재화와 서비스의 경우에는 특정한 개인이 잠재적 고객이 된다. 예를 들어 가난한 사람들은 중고품 상점을 자주 찾고, 부유한 사람들은 백화점을 자주 이용할 것이다. 놀이공원은 어린이가 있는 가족들이 많이 이용하고, 나이트클럽은 미혼자들이 많이 찾는다. 만약 어떤 재화 또는 서비스가 특정 소비자만을 위한 것이라면 그 재화 또는 서비스의 도달 범위는 해당 소비자에게 국한될 것이다.

12.3 소비자 서비스의 계층 구조

▶ **소도시는 대도시에 비해 최소 요구치, 도달 범위, 배후지가 작다.**

▶ **도시의 순위-규모 법칙은 개발도상국 도시보다 선진국 도시에서 잘 적용된다.**

소도시는 대도시에 비해 적은 수의 인구가 거주하기 때문에 소비자 서비스의 경우 비교적 작은 최소 요구치, 좁은 도달 범위 및 작은 상권을 갖는다. 소도시에서는 대형 백화점이나 고차 전문 상점은 살아남을 수가 없다. 왜냐하면 소도시의 전체 소비자 수는 해당 기능의 최소 요구치에 미치지 못하기 때문이다.

대도시에서는 소도시에 비해 더 큰 최소 요구치, 도달 범위 및 상권을 갖는 소비자 서비스가 제공된다. 반면 대도시의 상권에 포함된 주변 소도시에서는 작은 최소 요구치와 도달 범위를 갖는 서비스가 제공된다. 소도시의 '영세한 상점'은 적은 수의 주민들에게 서비스를 제공하며, 보다 규모가 큰 서비스 기능은 소도시 전체 주민을 고객으로 하는데, 이 두 가지 기능이 한 도시 지역에 공존하고 있다.

사람들은 소비자 서비스를 이용하기 위해 가능한 한 적은 시간과 노력을 들이려고 한다. 따라서 대부분의 사람들은 가장 가까운 장소에 입지한 소비자 서비스를 이용한다. 만약 우리가 어떤 상품을 가까운 상점과 멀리 떨어진 백화점에서 같은 조건으로 구매가 가능하다면 굳이 멀리 떨어져 있는 백화점까지 갈 이유가 없다. 그러나 소비자가 해당 제품을 가까운 곳에서 구할 수 없거나 또는 해당 제품의 가격이 원거리 지역에서 현저하게 낮을 경우에는 먼 거리에 있는 서비스를 이용한다.

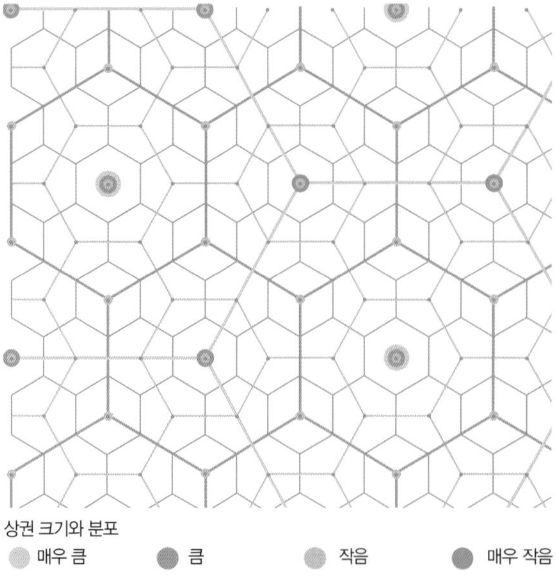

상권 크기와 분포
매우 큼 큼 작음 매우 작음

그림 12.3.1 **도시와 서비스의 포섭 원리**
중심지 이론에 따르면 상권은 규칙적인 패턴으로 배열된다. 고차 중심지(대도시)의 상권은 저차 중심지(중소도시)보다 넓지만 중심지 수는 적으며, 중심지 간의 거리는 멀다. 대도시는 소규모 배후 도시에 재화와 용역을 제공하며, 대도시의 상권 내에는 크고 작은 상권이 포섭되어 있다.

서비스 기능과 도시의 포섭

중심지 이론에 따르면 상권은 산 또는 하천과 같은 물리적 요인에 영향을 받지 않는다면 다양한 크기의 육각형으로 나타난다. 소도시는 아주 많이 분포하지만 최소 요구치 및 도달 범위가 작다. 반면 대도시의 수는 매우 적지만, 대도시의 최소 요구치 및 도달 범위는 매우 넓다. 발터 크리스탈러(Walter Christaller)는 그의 논문에서 독일 남부의 취락 간의 거리가 일정한 패턴을 따르고 있음을 증명해보였다.

포섭 패턴은 서로 다른 크기의 육각형이 중첩되어 나타난다. 네 가지 서로 다른 수준의 상권, 즉 작은 마을(hamlet), 읍내, 소도시 및 대도시가 그림 12.3.1에 그려져 있다. 마을의 상권은 가장 작은 육각형에 해당된다. 이보다 좀 더 큰 육각형은 읍내의 상권을 나타내며, 작은 육각형이 안에 겹쳐져 있다. 이는 작은 규모의 취락에 거주하는 소비자들이 일부 재화와 서비스를 더 큰 규모의 취락에서 구매하기 때문이다.

미국 내의 취락에서도 중심지 이론의 이상적인 패턴은 아니지만 중심지 크기에 따른 포섭 패턴이 나타난다. 예를 들어 미국 노스다코타 주 북부 지역의 경우 마이놋시(Minot)는 인구 41,000명의 가장 큰 도시이고, 이 도시 주변에는 7개의 소도시가 분포해있는데, 이들 소도시의 인구규모는 1,000~5,000명에 달한다. 또한 15개의 작은 농촌(읍내)이 주변에 있는데, 이들 농촌(읍내)의 인구규모는 100~1,000명 미만이다. 이 외에도 거주인구 100명 미만의 작은 마을이 19개가 분포하고 있다(그림 12.3.2). 소도시의 서비스 도달 범위는 반경 30km이고, 상권의 평균 면적은 2,800km^2 정도이다. 작은 마을의 경우 서비스 도달 범위는 반경 15km이고, 상권의 평균 면적은 800km^2 정도로 소도시에 비해 작다.

도시의 순위-규모 분포

지리학자들은 대도시로부터 소도시로의 도시 순위가 일정한 패턴 또는 계층 구조를 만들어내고 있음을 밝혀냈다. 이는 **순위-규모 법칙**(rank-size rule)으로 한 나라의 n번째 규모의 도시는 수위 도시의 1/n 인구이다. 다시 말해서 두 번째로 큰 도시는 가장 큰 도시 규모의 1/2 이고, 네 번째로 큰 도시는 가장 큰 도시의 1/4 수준이다. 순위-규모 분포는 로그 방안지를 이용하면 직선 형태로 나타난다. 미국과 소수의 기타 국가에서의 도시 분포는 순위-규모 법칙을 밀접하게 따른다.

만약 해당 도시의 계층 구조가 직선으로 그려지지 않을 경우, 해당 사회는 도시가 순위-규모별로 분포하지 않는 것이다. 유럽의 몇몇 선진국은 소도시에서 순위-규모 분포를 따르지만, 대도시에서는 그렇지 않다. 대신에 해당 국가들의 수위 도시는 **종주 도시 법칙**(primate city rule)을 따른다. 이러한 분포에서 해당 국가의 최대 도시는 **종주 도시**(primate city)라고 불린다(그림 12.3.3).

도시의 순위-규모 분포의 존재는 단순한 수학적 호기심만으로 밝혀진 것은 아니다. 도시 순위-규모 법칙은 한 국가 내에 거주하는 주민의 삶의 질에 영향을 미친다. 한 국가에서 도시 간의 체계적인 계층 구조는 해당 국가가 전국적으로 소비자들에게 재화와 서비스를 원활하게 제공하고 있다는 것을 의미한다. 반면 개발도상국에서 나타나는 순위-규모 분포상의 종주 패턴은 해당 사회의 도시 주민들에게 충분한 서비스가 제공되고 있지 못하다는 것을 보여주는 것이다(그림 12.3.4).

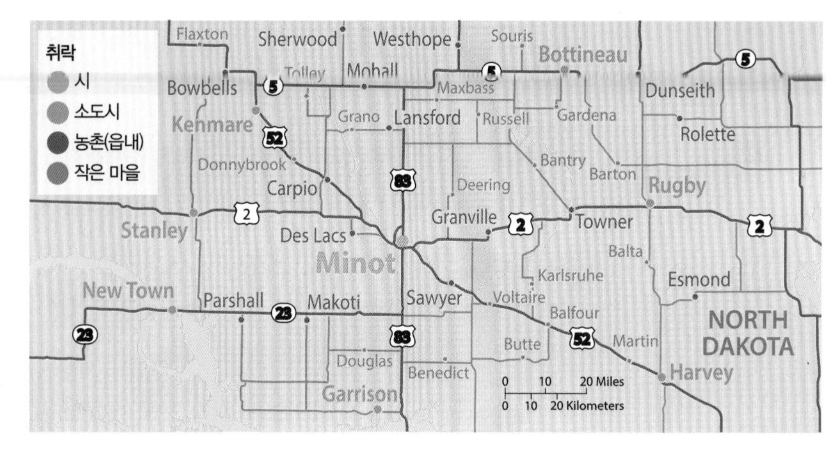

그림 12.3.2 **미국 노스다코타 주 북부 지역의 도시 분포**
중심지 이론에 따라 미국 노스다코타 주 북부 지역의 도시 분포를 설명할 수 있다. 규모가 큰 도시의 수는 적고 서로 멀리 떨어져 분포한다. 반면 작은 마을의 경우에는 마을 수가 많고 마을 간의 거리가 가깝다.

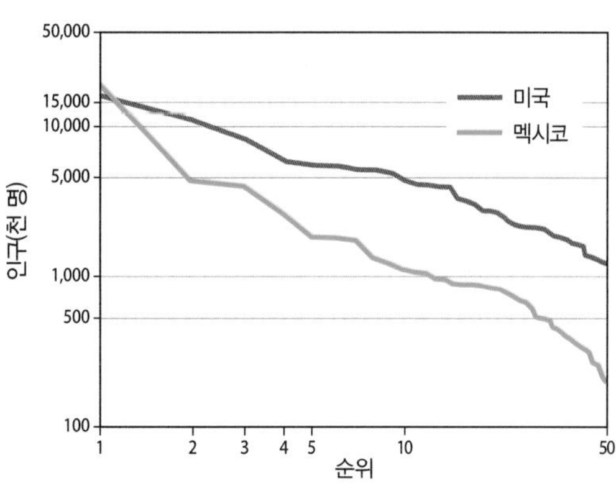

그림 12.3.3 **미국과 멕시코의 도시 순위-규모 분포**
멕시코는 종주 도시의 분포 패턴을 보이고 있다. 멕시코의 최대 도시인 멕시코시티의 도시 인구는 두 번째 도시인 과달라하라보다도 5배나 많다. 미국 도시의 경우에는 순위-규모 분포 패턴을 보인다. 최대 도시인 뉴욕의 인구규모와 두 번째 도시인 로스앤젤레스와는 멕시코만큼 차이를 보이지는 않는다.

그림 12.3.4 **모렐리아(위)와 볼티모어(아래)**
모렐리아와 볼티모어는 멕시코와 미국에서 각각 20번째 순위의 인구규모를 갖는 도시이다. 볼티모어는 도시 인구가 270만 명이지만 모렐리아는 80만 명에 불과하다.

12.4 상권 분석

▶ **소매업의 입지 가능성은 재화 및 서비스의 도달 범위와 최소 요구치에 달려있다.**

▶ **입지 선정에는 GIS 방법이 활용된다.**

지리학자들은 중심지 이론을 적용하여 상권에 관한 연구를 진행하였다. 이 연구는 서비스업체의 신규 개설 및 증설에 이용되고 있다. 또한 상권 분석 연구를 활용하면 극심한 경기 악화로 인해 시설을 축소해야 할 경우에 어떤 시설을 먼저 축소해야 하는지도 알 수 있다.

서비스 공급자가 항상 말하는 세 가지 매우 중요한 입지 요인은 아이러니하게도 '입지, 입지, 입지'이다. 이는 소비자와의 접근성이 가장 중요하고 결정적인 입지 요인임을 의미한다. 제11장에서 논의된 제조업의 절대적 입지 요인과 상대적 입지 요인의 보완적인 측면과 달리 서비스업은 소비자와 인접한 곳이 최적 입지 지역이다.

공장의 최적 입지 지역은 세계적인 지역과 같이 넓은 지역으로 설정된다. 예를 들어 미국 자동차 산업의 최적 입지 지역인 오토앨리는 면적이 대략 10만 km^2에 달한다. 반면 서비스 공급자에게 최적의 입지는 매우 작은 지역에 한정될 수도 있다. 예를 들어 도로 교차로의 한 코너에서는 이윤이 발생할 수 있더라도 다른 코너에서는 이윤이 발생하지 않을 수도 있다.

입지상의 이윤

당신이 살고 있는 곳에 새로운 백화점이 입점해서 유지될 수 있을까?(그림 12.4.1) 이 질문에 대해서는 12.2절에서 언급한 바와 같이 중심지 이론의 두 가지 요소인 도달 범위와 최소 요구치가 해답을 줄 것이다.

1. **도달 범위 계산.** 해당 도시 지역에 거주하고 있는 사람을 파악하고, 사람들이 일반적으로 백화점까지 가는 데 걸리는 시간인 15분 이내의 반경 범위를 정한다.
2. **최소 요구치 계산.** 백화점은 보통 15분 이내의 반경에 25만 명의 거주 인구가 필요하다.
3. **상권 설정.** 입지 지점으로부터 15분 이내에 이동이 가능한 지역을 원으로 그린다. 원 안에 포함된 도시의 인구를 계산해본다. 만약 반경 이내에 25만 명 이상의 인구가 거주하고 있다면, 그 지역에 새로운 백화점이 입점해서 유지될 가능성이 높다. 그렇지만 25만 명 이하가 거주하고 있거나 다른 백화점이 먼저 입점해있다면 새로운 백화점이 입점해서 유지될 가능성은 매우 낮아진다.

최소 요구치는 해당 서비스를 이용하는 사람이 서비스가 제공되는 지점으로부터 멀수록 단골로 이용할 가능성이 낮아진다는 사실에 맞게 조정되어야 한다. 지리학자들은 최소 요구치를 **중력 모형**(gravity model)을 통해 설명하였다. 중력 모형은 서비스를 이용하는 사람의 수와 거리와의 관계를 수학 공식으로 만들어놓은 것이다. 서비스업의 최적 입지는 모든 고객이 서비스를 받을 수 있는 접근성이 최대이며, 이동 거리가 최소인 곳이다.

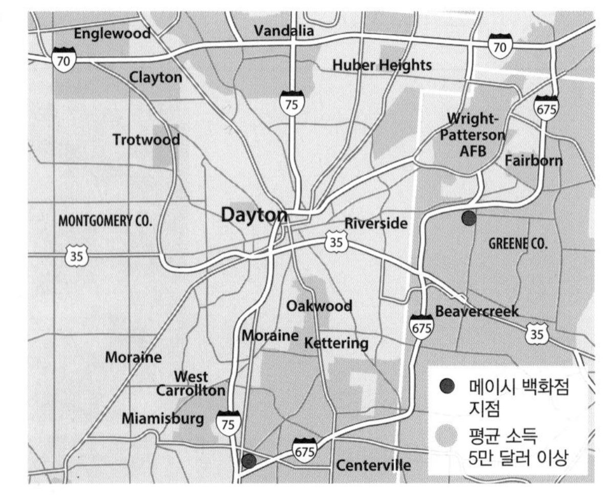

그림 12.4.1 **오하이오 주의 대도시권인 데이튼 시에 있는 메이시 백화점의 상권, 도달 범위, 최소 요구치**

신규 소매업 상점의 입지

미국의 백화점 체인, 쇼핑몰, 대규모 소매업체 등에서는 새로운 상권 분석을 위해 지리학자의 도움을 받는다. 소매업체가 점포를 신설하고자 할 때 후보지로 고려되는 장소는 무수히 많을 수 있다. 그렇지만 회사의 막대한 자본이 투입되는 만큼 충분한 판매를 확보할 수 있는 최적의 입지 장소인 한 곳을 선정해야 한다. 대형 슈퍼마켓의 입지 선정 단계를 살펴보자.

1. **상권 설정.** 신설 점포 후보지에서 매출을 예측하는 첫 번째 단계는 해당 신설 점포의 상품이 공급될 수 있는 상권을 설정하는 것이다. 분석에 필요한 자료는 기존 점포에서 고객이 사용한 신용카드 거래 기록이다. 신용카드로 결재한 고객의 주소지 우편번호는 무엇을 나타내는가? 백화점의 상권은 대개 우편번호로 설정되는데, 구매 고객의 2/3~3/4까지 주소지 우편번호로 파악된다. 월마트는 도시의 외곽에 입지하는데, 그 이유는 고객의 대부분이 그곳에 거주하기 때문이다(그림 12.4.2).
2. **도달 범위 예측.** 신용카드 고객의 우편번호를 기초로 대형 슈퍼마켓의 도달 범위가 차량을 이용한 이동 거리인 10분으로 반경이 그려진다.
3. **최소 요구치 예측.** 대형 슈퍼마켓의 최소 요구치는 상점으로부터 반경 15분 거리에 일정한 소득 수준을 갖춘 2만 5,000명의 인구이다. 월마트는 대개 이 기준에 부합하는 지역을 선호하는 반면 크로거, 퍼블릭스, 세이프웨이와 같은 슈퍼마켓은 보다 소득 수준이 높은 지역을 선호하는 것으로 밝혀졌다. 예를 들어 오하이오 주 데이턴 시에 있는 대형 수퍼마켓인 크로거는 상대적으로 부유한 남쪽과 동쪽에 많이 분포하고 있다(그림 12.4.3).
4. **시장점유.** 신설될 예정인 슈퍼마켓은 다른 경쟁업체와 소비자를 공유해야 한다. 지리학자들은 대개 유추법(analog method)을 이용하여 신설 상점의 시장점유율을 예측한다. 하나 또는 그 이상의 기존 상점은 신설 상점이 입지하는 데 중요한 비교 대상이며, 입지와 관련된 여러 가지 판단 근거를 제공해준다. 상점 간에 시장점유율 비교는 신설 상점에도 적용할 수 있다.

신설 상점의 성공 가능성에 대한 정보는 지리정보시스템(GIS)을 통해 설명할 수 있다. GIS의 한 레이어에 신설 상점의 도달 범위를 나타내고, 다른 레이어에는 그 지역에 거주하고 있는 인구의 특성(가구 분포, 평균 수입)과 경쟁 상점의 상권을 표현해본다면 쉽게 파악할 수 있다.

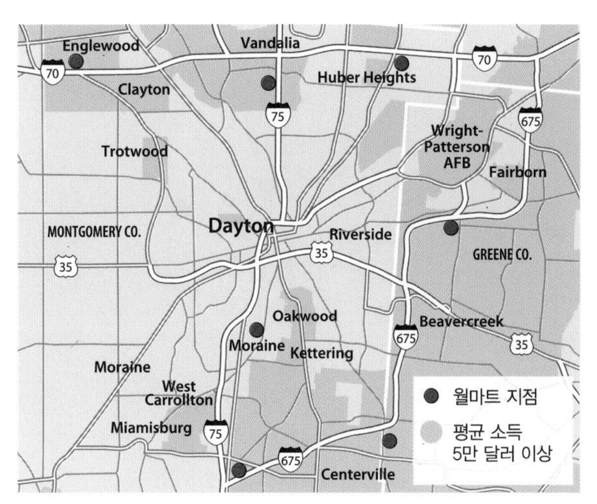

그림 12.4.2 오하이오 주의 대도시권인 데이튼 시에 있는 월마트의 상권, 도달 범위, 최소 요구치

그림 12.4.3 오하이오 주의 대도시권인 데이튼 시에 있는 크로거 슈퍼마켓의 상권, 도달 범위, 최소 요구치

12.5 생산자 서비스의 계층 구조

▶ 세계 도시의 계층 구조는 생산자 서비스의 영향력으로 구분된다.

▶ 도시의 계층은 미국 내 도시 간에도 나타난다.

모든 도시는 주변 지역에 거주하는 사람들에게 소비자 서비스를 제공하지만, 유사한 규모의 도시들이 모두 동일한 생산자 서비스 기능을 제공하고 있는 것은 아니다. 생산자 서비스는 소수의 대도시에 불균형적으로 집중되어 있다.

세계 도시의 생산자 서비스

지리학자들은 도시의 생산자 서비스 기능의 중요도와 보유 정도에 따라 도시를 구분한다. 계층의 가장 상위에 있는 도시는 세계 도시로서 세계 생산자 서비스의 영향력이 매우 크다. 세계 도시는 세계 자본과 정보 흐름의 중심지로서 세계 경제 시스템으로 밀접하게 통합되어 있다.

- 대기업의 본사는 세계 도시에 많이 입지해있으며, 이들 대기업의 주식은 세계 도시의 금융시장에서 활발하게 거래된다. 세계 도시에서는 정보를 빠르게 얻을 수 있어서 주식거래의 적절한 시점을 알 수 있다.
- 세계 도시에 집적되어 있는 생산자 서비스(법률, 회계, 전문가 컨설팅)는 대기업과 금융기관을 상대로 자문 활동을 한다. 광고 기획, 영화 마케팅 및 기타 관련 서비스는 세계 도시에 입지하면서 세계적인 변화의 흐름을 파악하여 기업에 정보를 제공한다.
- 금융 중심지로서 세계 도시에는 세계적인 은행, 보험회사, 금융기관의 본사가 입지해있기 때문에 새로운 투자 자금이 필요한 기업에는 세계 도시가 매력적인 곳이다.
- 세계 도시에는 세계적인 예술과 문화, 정치적 영향력, 고가 사치품에 대한 소비 등이 지나치게 편중되어 있다.

세계 도시는 크게 알파, 베타, 감마로 일컫는 세 층위로 나뉜다. 이 세 층위는 다시 보다 세분된다(그림 12.5.1). 이러한 세계 도시의 기준과 순위를 부여하는 데에는 각 도시의 경제, 정치, 문화, 기반 시설 등의 수준이 고려된다.

- 경제적 측면에서는 세계경제에 영향을 끼치는 다국적기업의 본사 입지 수, 금융기관 수, 법률회사 수가 주요 요인이다.
- 정치적 측면에서는 국제적인 행사에서 주도적인 역할을 하는 국가의 수도 또는 국제기구의 본부 수 같은 요인이 고려된다.

그림 12.5.1 세계 도시 계층

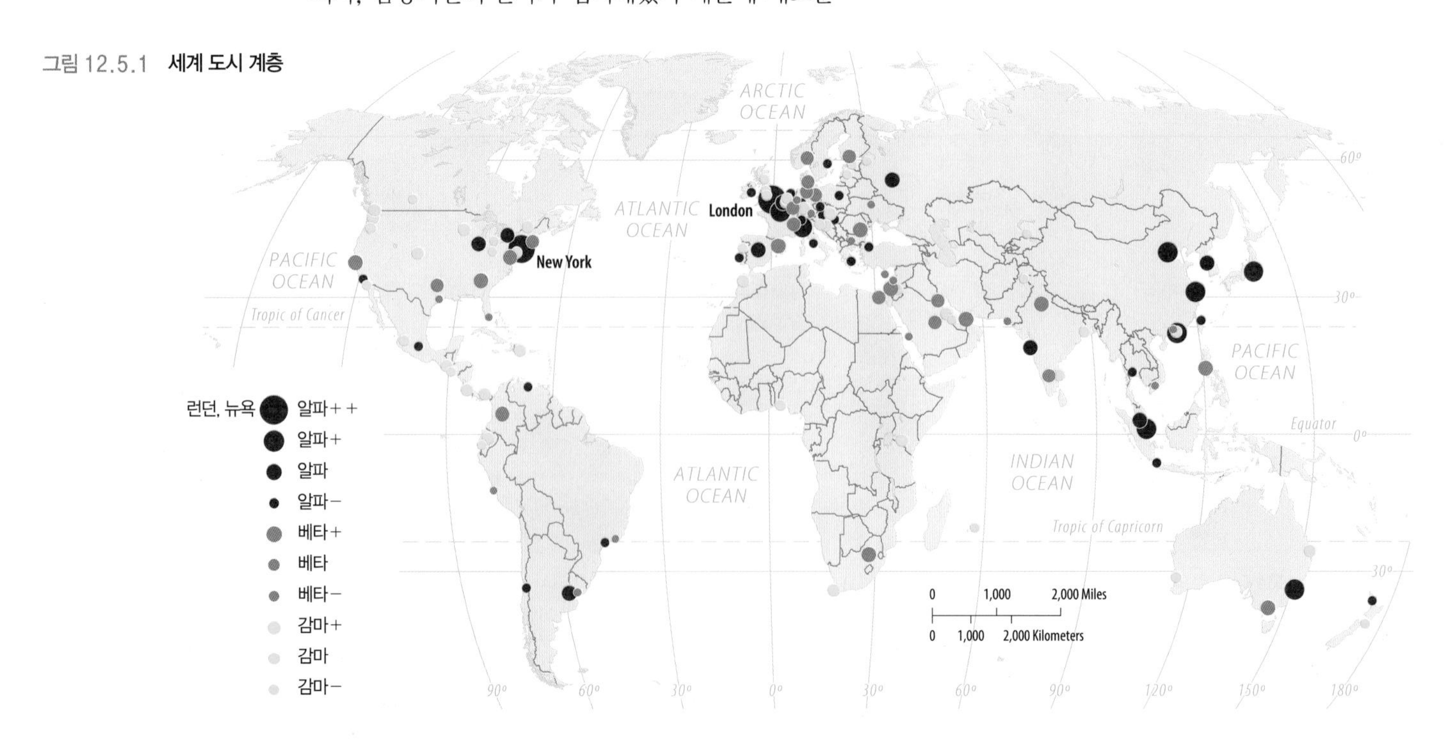

그림 12.5.2 **미국 내 생산자 서비스 도시의 계층**

- 문화적 측면에서는 세계적으로 유명한 문화 · 예술기관, 영향력 있는 대중매체, 체육 시설, 교육기관 같은 요인이 고려된다.
- 기반 시설 측면에서는 국제공항, 각종 편익시설, 첨단 정보통신 시스템 등의 요인이 고려된다.

생산자 서비스의 세 가지 층위

생산자 서비스의 유형과 범위에 의해 세계 도시가 구분된다. 세계 도시 아래에는 세 층위가 있다. 이러한 계층구조는 미국 도시에서 잘 나타난다(그림 12.5.2). 미국 내 세계 도시는 그림 12.5.3에 제시되어 있다.

두 번째 층위 : 관리와 통제 중심 도시. 이들 도시에는 많은 수의 대기업 본사, 은행, 보험, 회계, 광고, 법률 및 홍보를 포함하는 기타 생산자 서비스 기능이 집중되어 있다. 또한 이러한 통제와 관리 중심지에는 중요한 교육, 의료 및 공공시설 등이 집적되어 있다. 볼티모어, 클리블랜드, 피닉스, 세인트루이스가 대표적인 도시이다.

세 번째 층위 : 특화된 생산자 서비스 중심 도시. 보다 정밀하고 고도로 특화된 서비스 기능을 제공한다. 이러한 도시들의 한 그룹은 디트로이트의 자동차, 피츠버그의 철강, 뉴욕 주 로체스터의 사무용 기기, 캘리포니아 주 새너제이의 반도체 등과 같이 특정 산업과 연계된 경영 및 연구 · 개발 활동으로 특화되어 있다. 이러한 도시들의 두 번째 그룹은 올버니, 랜싱, 매디슨과 같이 주의 수도이자 유명한 대학이 소재한 곳으로 정부기구와 교육의 중심지로 특화되어 있다.

네 번째 층위 : 지원 시설 중심 도시. 상대적으로 미숙련 고용이 창출되는 도시이며, 다음과 같은 네 가지 유형이 포함된다.

- 앨버커키, 포트로더데일, 라스베이거스, 올랜도 등의 휴양지 및 은퇴자 거주 중심 도시. 주로 남부와 서부에 위치한다.
- 버펄로, 채터누가, 이리, 록퍼드 등의 제조업 중심 도시. 과거 북동부 제조업 벨트에 위치한다.
- 헌츠빌, 뉴포트뉴스, 샌디에이고 등의 군 관련 중심 도시. 주로 남부와 서부에 위치한다.
- 웨스트버지니아 주 찰스턴, 미네소타 주 덜루스 등의 광업 중심 도시. 광산 지역에 위치한다.

그림 12.5.3 **미국의 세계 도시 : 로스앤젤레스(위), 시카고(가운데), 뉴욕(아래)**

12.6 개발도상국의 생산자 서비스

▶ 역외 중심지에서는 금융 서비스를 제공한다.

▶ 개발도상국 중에는 선진국의 후면 업무 기능을 담당하는 국가가 있다.

세계경제에서 개발도상국에 특화된 두 유형의 생산자 서비스 기능은 역외 금융 서비스 기능과 후면 업무 기능이다.

역외 금융 서비스

매우 작은 국가나 섬 국가에서는 역외 금융 서비스를 제공하기 때문에 세계 금융 자본의 일부가 이들 국가의 서비스를 이용하고 있다. 역외 중심지에서는 세제 혜택과 비밀 보장이라는 중요한 기능을 제공하기 때문에 세계 금융 자본이 이 국가로 유입된다.

- **세제 혜택.** 역외금융센터를 가지고 있는 국가에서는 소득, 이윤, 이자 수입에 부과되는 세율이 매우 낮거나 없는 경우가 많다. 역외금융센터에 등록된 기업은 국적에 관계없이 면세 지위가 부여된다.
- **비밀 보장.** 역외금융센터의 은행 거래는 법률로서 비밀이 보장되기 때문에 개인 또는 기업의 금융 거래 내용이 잘 노출되지 않는다. 개인 또는 기업은 자산을 역외 지역의 은행에 맡겨놓음으로써 비밀 보장과 함께 보호를 받을 수 있다. 개인 또는 기업이 파산했다 하더라도 채권자로부터 안전하게 지킬 수 있다. 세금 회피를 위한 불법적인 거래 또한 역외금융센터의 낮은 세율과 비밀 보장 법률을 악용한 사례이다.

역외금융센터가 있는 곳은 영연방 국가, 선진국의 보호국가, 독립국가 등 다양한데 대부분 섬 국가에 있다(그림 12.6.1). 가장 대표적인 사례는 쿠바 인근의 카리브 해에 있는 케이만군도이다. 케이만군도는 인구가 40,000명에 불과하지만, 70,000여 개의 기업, 수백여 개의 은행과 세계 4대 법률 · 회계 기업이 등록되어 있는 곳이다(그림 12.6.2).

케이만군도에서는 비밀을 공개적으로 노출시키는 사업이 범죄가 된다. 개인 또는 기업이 역외금융센터로 들여온 자산에 대해선 다른 나라의 법적 효력이 미치지 않는다. 역외금융센터는 비밀 보장 법률로써 예기치 않은 파산으로부터 개인과 기업을 보호해주기 때문에 자산을 가져가기 위해서는 추가적인 법률을 적용받아야 한다.

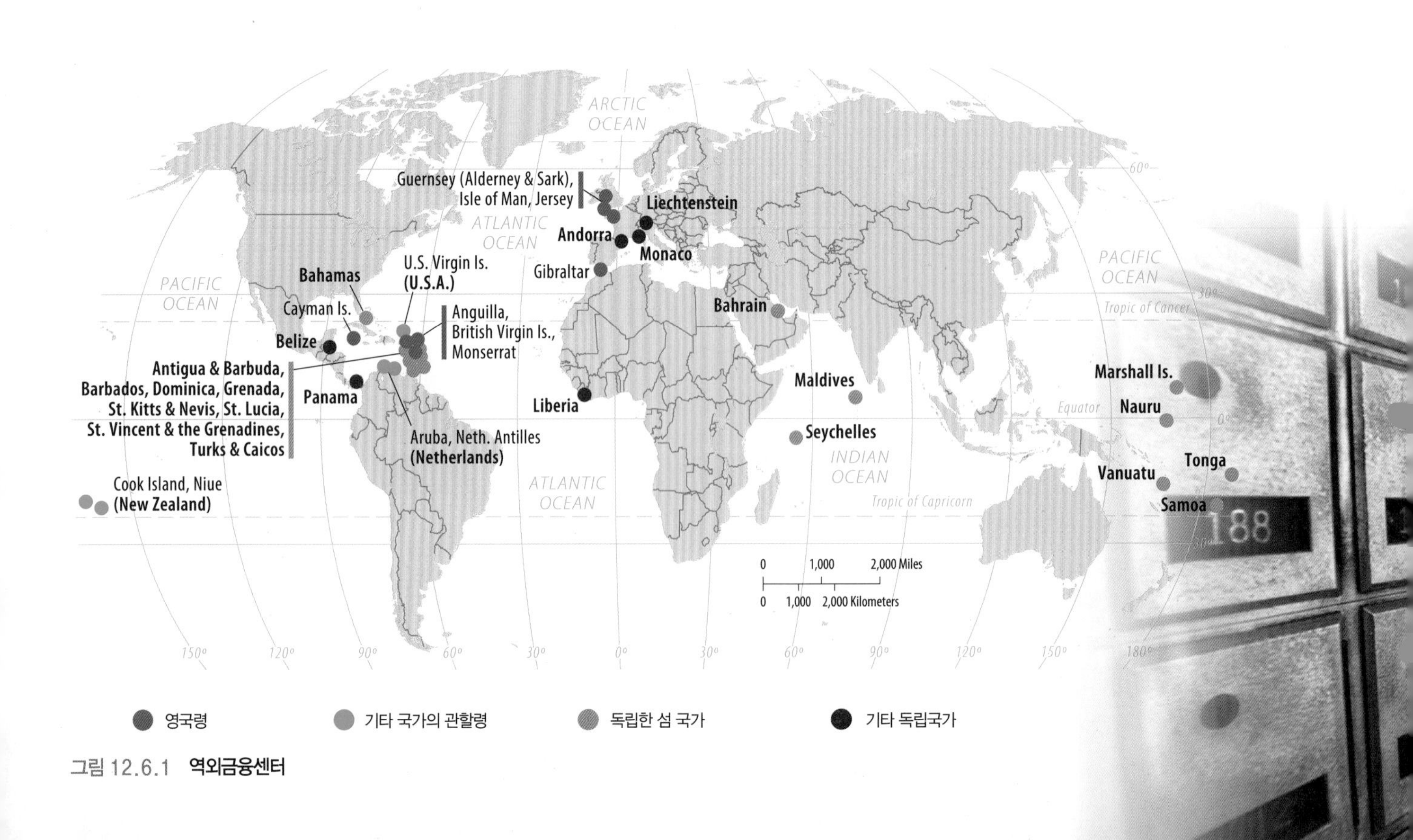

그림 12.6.1 **역외금융센터**

후면 업무

개발도상국 중에서 선진국의 후면 업무를 담당하는 국가가 증가하고 있다. 후면 업무의 전형은 보험 불만 상담, 종업원 근무 관리, 사본 제작, 기타 일상적인 사무 관련 업무이다. 또한 후면 업무에는 신용카드 사용 및 영수증 관련 문의, 물품 이송, 불만 처리, 제품의 설치, 작동, 수리와 관련된 기술적인 문의 등에 대해 응답해야 하는 서비스센터 업무가 포함된다. 컴퓨터를 수리할 수 있는가? 잘못 결재된 신용카드를 정정할 수 있는가? 비행기 탑승 예약을 바꿀 수 있는가? 고객들과 연결된 서비스센터 직원은 아마도 개발도상국에 있는 사람일 것이다(그림 12.6.3).

전통적으로 기업의 후면 업무는 같은 사무 공간에서 이루어지거나 적어도 인근 지역에서 이루어졌다. 예를 들어 시내 중심가의 은행 건물에서 근무하는 직원의 대부분은 서류를 검토하거나 분류하는 일을 했다. 당시에는 업무 또는 직원들 간에 인접성이 업무 효율을 높이고 근로 감독을 쉽게 할 수 있다고 여겼다. 그러나 통신 수단이 발전하면서 기업 내 업무 활동의 공간적 인접성은 크게 중요하지 않게 되었다.

개발도상국 중에서 선진국의 후면 업무 기능을 담당하는 국가로 선정되는 이유는 노동력과 관련된다.

- **저임금.** 선진국의 후면 업무를 위탁받아 일하는 개발도상국의 노동자 임금은 1년에 몇천 달러이지만 다른 부문의 임금 수준에 비해 높은 편이다. 그렇지만 선진국에서 같은 일을 하는 노동자의 임금 수준의 약 1/10 정도에 불과하다.
- **영어 구사 능력.** 개발도상국 중에서 몇 나라는 과거 식민지의 영향으로 영어를 유창하게 하는 노동력이 풍부하다(그림 12.6.4). 인도, 말레이시아, 필리핀 등 아시아 국가 중에서는 영국과 미국의 식민 지배의 영향으로 영어를 잘하는 노동자가 많다. 영어로 전화통화를 할 수 있는 능력은 선진국의 후면 업무를 담당하는 데 경쟁 국가보다 유리하다. 영어에 친숙한 국가는 다양한 미국의 음악, 영화, 드라마에 영향을 받아 미국을 이해하는 수준이 높아 미국인 고객을 상대하는 후면 업무 기능에 유리할 수 있다.

개발도상국에 있는 콜서비스센터 직원은 북아메리카에 있는 소비자가 요구하는 수준에 맞게 '전형적인' 북아메리카 사람처럼 대응해야 한다. 아시아의 콜서비스센터는 북아메리카에 소재하고 있는 것처럼 그리고 미국인 직원인 것처럼 해야 한다. 그러나 지리적인 속성을 피해갈 수는 없다. 이는 그림 1.4.4의 세계 시간대 지도와 관련이 있다. 미국의 낮 시간대에는 미국에서 콜서비스센터가 운영되지만, 밤에는 아시아의 콜서비스센터 직원이 전화를 받는다.

그림 12.6.3 **인도 벵갈루루에 있는 콜서비스센터**

그림 12.6.4 **인도 벵갈루루의 구인광고**

그림 12.6.2 **케이만군도에 있는 우편함**
케이만군도에 있는 역외 사무소의 사무실은 따로 없고, 다만 우편함만 있는 경우가 많다.

12.7 경제적 기반

▶ 도시는 경제적 기반에 따라 몇 가지 유형으로 분류된다.

▶ 재능을 가지고 있는 사람들의 분포와 밀도는 모든 도시마다 다르다.

도시 또는 촌락의 경제구조는 외부 지역의 구매자에게 1차적으로 공급되는 재화와 용역을 의미하는 **기반 산업**(basic industry)에 의해 좌우된다. **비기반 산업**(nonbasic industry)은 소비자 서비스와 같이 같은 지역에 거주하는 구매자를 대상으로 공급하는 재화와 용역을 생산하는 산업이다. 도시 내 기반 산업의 집적은 중요한 **경제적 기반**(economic base)이 된다.

도시의 경제적 기반은 지역 경제로 자본을 끌어오며, 유입된 자본은 해당 지역의 비기반 서비스 산업을 성장시키는 재원이기 때문에 매우 중요하다. 새로운 기반 산업의 입지는 새로운 고용 창출로 인해 노동자와 그의 가족이 해당 지역으로 유입하는 데 기여하며, 이는 슈퍼마켓, 식당, 세탁소 등과 같은 새로운 서비스 산업, 즉 비기반 산업의 신설 및 확대에도 영향을 미친다. 그러나 새로운 비기반 서비스 산업은 새로운 기반 산업을 유인하지는 못한다.

그림 12.7.1 **미국 도시의 경제적 기반**
도시는 경제적 기반을 가지고 있다.

다음에 제시된 산업을 경제적 기반으로 하는 도시를 찾아보라. 광업, 건설업, 비내구재 생산 제조업, 내구재 생산 제조업, 도매업, 개인 서비스업, 금융업, 운송업, 공공 서비스업

특화된 전문 서비스업

미국의 도시를 기반 활동 유형에 따라 분류할 수 있다(그림 12.7.1). 기반 활동 유형으로 분류된 도시들의 분포는 매우 다르게 나타난다. 기반 산업의 개념은 원래 제조업을 토대로 이루어진 것이다. 미국과 같이 후기 산업사회로 접어든 국가에서는 경제적 기반 활동에 서비스 영역이 점차 증가하고 있다.

생산자 서비스가 특화된 미국의 도시는 다음과 같다.

- 종합 비즈니스 : 뉴욕, 로스앤젤레스, 시카고, 샌프란시스코
- 컴퓨터 및 자료 분석 서비스 : 보스턴, 새너제이
- 첨단 산업 지원 서비스 : 오스틴, 올랜도, 롤리-더럼
- 국방 관련 지원 서비스 : 앨버커키, 콜로라도스프링스, 헌츠빌, 녹스빌, 노퍽
- 컨설팅 서비스 : 워싱턴 D.C.

소비자 서비스가 특화된 미국의 도시는 다음과 같다.

- 연예 오락 및 레크리에이션 : 애틀랜타, 라스베이거스, 리노
- 의료 서비스 : 로체스터, 미네소타

공공 서비스가 특화된 미국의 도시는 다음과 같다.

- 주 행정 기능 도시 : 세크라멘토, 탤러해시
- 대학 기능 도시 : 터스컬루사
- 군 관련 기능 도시 : 알링턴

특별한 재능을 가진 사람들의 분포

특별한 재능을 보유한 개인들이 도시마다 균일하게 분포되어 있는 경우는 거의 없다. 일부 도시는 다른 도시들보다 인재의 비율이 더 높다(그림 12.7.2). 리처드 플로리다(Richard Florida)는 대학 학위를 가진 사람의 비율, 과학자나 엔지니어로 고용된 비율, 전문가 또는 기

술자로 고용된 비율의 조합으로 재능을 측정하는 척도를 개발했다.

플로리다는 미국 대도시에서 인재의 분포와 다양성의 분포 사이에 상관성이 높다는 것을 밝혀냈다(그림 12.7.3). 즉, 높은 문화적 다양성을 보유한 도시들은 인재의 비율이 상대적으로 높은 경향이 있었다(그림 12.7.4). 재능을 가진 사람을 도시로 끌어들이는 것은 매우 중요하다. 왜냐하면 이러한 인재들이 경제적 혁신을 촉진할 잠재력을 가지고 있기 때문이다. 이들은 창의적인 사업을 새롭게 시작할 가능성이 높고, 지역 경제의 활성화에 필요한 새로운 창의적인 아이디어를 제공할 가능성이 크다.

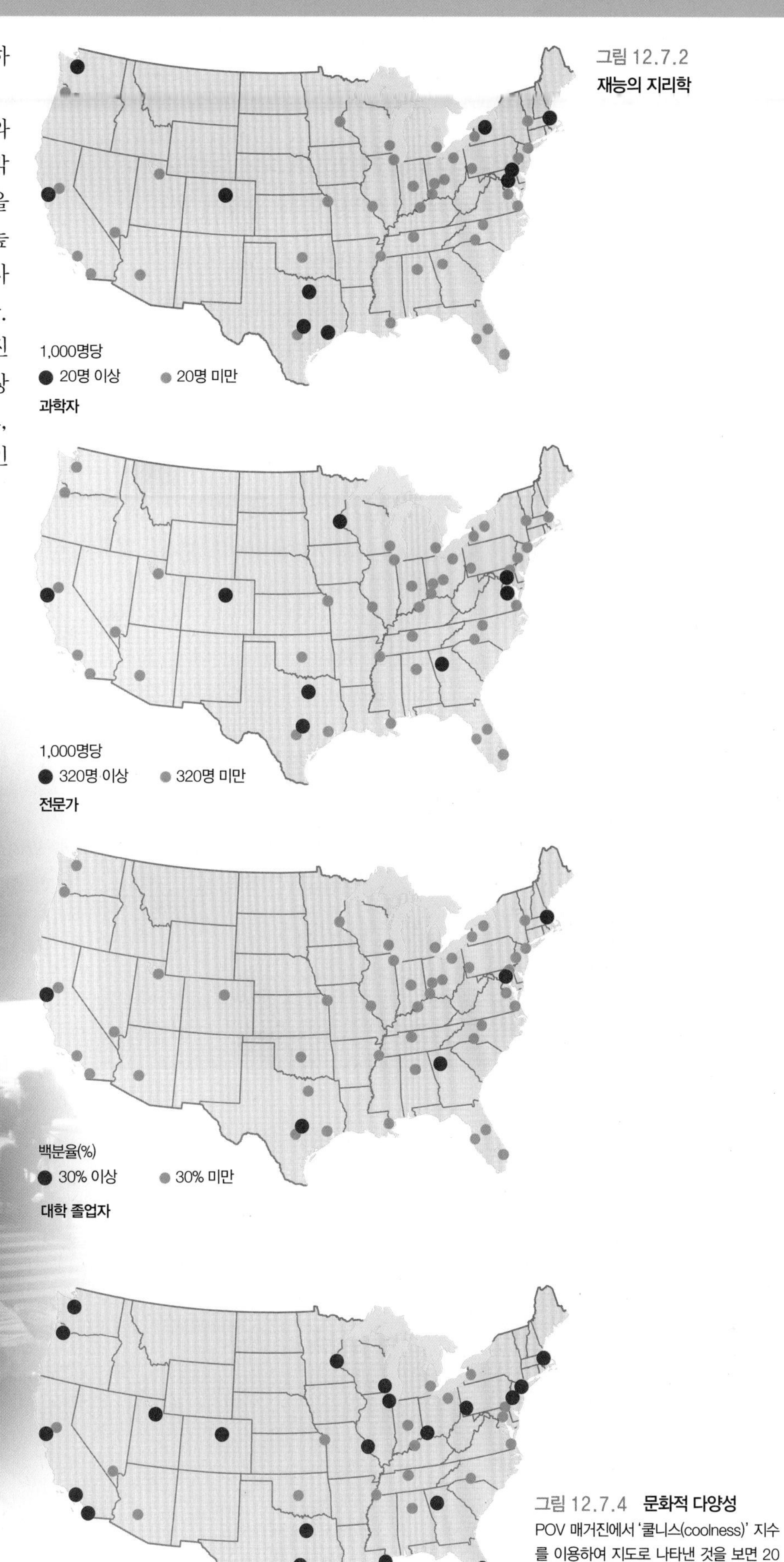

그림 12.7.2 **재능의 지리학**

그림 12.7.3 **도시 밤문화의 매력**
플로리다 주 마이애미와 같은 도시는 젊고 재능 있는 사람들에게 매우 매력적인 밤문화를 제공한다.

그림 12.7.4 **문화적 다양성**
POV 매거진에서 '쿨니스(coolness)' 지수를 이용하여 지도로 나타낸 것을 보면 20대 인구비율과 갤러리, 바 등의 수, 밤문화 향유 시설 수가 상관성을 보이고 있다.

12.8 촌락 지역의 거주 공간

▶ 취락이 밀집되어 있는 곳도 있고 분산되어 있는 곳도 있다.

▶ 농촌 촌락의 분포에서 몇 가지 패턴을 살펴볼 수 있다.

서비스업은 취락 지역에 집중된다.

- 농업 지역의 취락에는 서비스업이 매우 소규모로 발달해있다.
- 도시는 소비자 서비스 및 생산자 서비스의 중심지이다.

전 세계 인구의 약 절반가량은 농촌에 살고 있으며, 나머지 절반은 도시에 거주하고 있다.

분산된 농촌 취락

현재 북아메리카의 농촌 지역 경관에서 볼 수 있는 **분산된 농촌 취락**(dispersed rural settlement)은 경작을 위해 농가들이 서로 고립되어 발달한 것이다(그림 12.8.1).

농촌 취락이 분산된 패턴을 보이는 것은 주로 중앙 애틀란틱 식민지(Middle Atlantic colony)의 미국 식민지 개척자(American colonist)에게 영향을 받은 것이다. 윌리엄 펜(펜실베이니아 주), 볼티모어 경(메릴랜드 주), 조지 카터렛 경(캐롤라이나 주)은 영국 국왕으로부터 대규모 토지를 하사받았으며, 이후 그들은 하사받은 토지를 미국 식민지 개척자들에게 팔았다. 중앙 애틀란틱 식민지의 개척자들은 애팔래치아 산맥을 가로질러 국경 부근에 농장을 분산시켜 놓았다. 가용할 수 있는 토지가 매

그림 12.8.1 **분산된 농촌 취락**

구글어스를 이용하여 노스다코타 주 북부 지역의 분산된 농촌 취락을 확인해보라.

위치 : 노스다코타 주 러셀(Russell)

바둑판처럼 보이는 범위에 맞게 화면을 축소하라.

1. **이러한 경관에서 살고 있는 사람들은 개인적인 삶의 질을 위해 무엇을 필요로 할까? 각자 설명해보라.**
2. **동쪽의 바둑판 패턴을 흐트러뜨리는 물리적 요소는 무엇인가?**

(아래) 노스다코다 주 북부 지역에 있는 농가

우 넓었으며 가격 또한 매우 저렴하였기 때문에 사람들은 관리할 수 있는 만큼의 땅을 쉽게 구매할 수 있었다.

밀집된 농촌 취락

밀집된 농촌 취락(clustered rural settlement)은 농업을 기반으로 하며, 사람들 간의 유대관계가 가족처럼 긴밀하고 취락 주변에는 농업용 토지가 넓게 발달해있다. 이러한 농촌에는 전형적으로 가옥, 농작물 보관 창고 및 농기계 창고, 기타 농업 관련 건물이 있으며, 교회, 학교, 상점 등의 서비스 시설도 분포하고 있다. 공공 및 생산자 서비스는 농촌 지역 한 곳에 집적되어 있으며, 주로 농촌 마을의 중심부나 공공용지에 발달해있다.

영국 농촌의 대부분은 밀집된 취락으로 발달해있다(그림 12.8.2). 미국 식민지 초기에 뉴잉글랜드 지역에 도착한 영국인들은 밀집된 농촌 취락을 만들었다. 그들은 집단을 이루어서 미국으로 건너오게 되었으며, 공유하고 있는 문화와 종교적 가치를 유지하기 위해 모여 살게 된 것이다. 오늘날까지도 뉴잉글랜드 주의 농촌 경관을 살펴보면 이러한 전통이 남아 밀집된 농촌 취락 패턴을 확인할 수 있다.

그림 12.8.2 **밀집되어 있는 농촌 취락**
구글어스를 이용하여 영국의 농촌을 살펴보라.
위치 : 잉글랜드의 핀칭필드(Finchingfield)
핀칭필드 지역을 잘 볼 수 있도록 화면을 확대하라.

1. 핀칭필드 지역의 중심은 어디인가?
2. 어떻게 중심이라는 것을 알게 되었는가?

선형으로 발달해있는 농촌 취락

밀집된 농촌 촌락 가운데 기하학적으로 발달한 모습을 볼 수 있다. 선형으로 길게 열을 지어 있는 농촌 취락은 대개 도로나 하천을 따라 발달한 것이다. 농업용 토지는 취락의 배후지에 길게 뻗은 열상 형태로 경작된다(그림 12.8.3). 현재에도 캐나다 퀘벡 주의 세인트로렌스 강변을 따라 발달해있는 열상 형태의 토지 경작 형태를 볼 수 있다.

그림 12.8.3 **선형으로 길게 뻗은 농촌 취락**
구글어스를 이용하여 세인트로렌스 강변에 입지해있는 취락을 살펴보라.
위치 : 퀘벡 주 Les Bricailles
Les Bricailles로부터 고속도로까지 "스트리트 뷰" 아이콘을 끌어다놓고, 고속도로를 따라가면서 나타나는 주변 경관 및 토지 패턴을 살펴보라.

1. Les Bricailles에서 보이는 경관을 어떻게 기술했는가?
2. 강변으로부터 안쪽까지 농업용 토지가 좁고 길게 구획되어 있는데, 농부들은 어떠한 이점 때문에 이러한 패턴으로 토지를 이용하고 있는가?

환상형으로 발달해있는 농촌 취락

환상형 집촌은 건물들에 둘러싸인 중앙 개방 공간이 있다는 점이 특징이다. 19세기 초에 튀넨은 농업지리 연구에서 이러한 환상형 촌락 패턴을 분석하였다(10.11절 참조). 독일의 게반도르프(Gewandorf) 마을은 농경지에 둘러싸여 있으며, 또한 마을 내 가옥, 저장고, 교회 등의 건물들이 마을 중앙부 광장을 둘러싸고 있는 형태로 이루어져 있다.

사하라 이남 아프리카 남부 지역의 유목민인 마사이족 사람들은 여러 개의 천막을 환상으로 세워서 주거 공간을 만드는데, 이것을 크랄(kraal, 울타리 형태로 둘러친 천막)이라고 부른다. 크랄은 대부분 여성들이 세우는데, 환상으로 둘러선 천막 가옥들 안쪽으로 야간에 가축을 가둘 수 있는 공간이 마련된다. 울타리를 의미하는 영어 단어 'corral'과 'kraal'을 비교해보라(그림 12.8.4).

그림 12.8.4 **환상 형태의 농촌 취락**
케냐 마사이족의 크랄

12.9 도시의 역사

▶ 도시의 기원은 몇몇 지역에서 시작되었으며, 이후 여러 방향으로 확산되었다.

▶ 역사적으로 세계에서 가장 큰 고대 도시는 메소포타미아, 나일 강, 황허 강 유역에서 발달했다.

인류가 기록을 하기 시작한 5,000년의 역사 이전에도 정착된 취락이 발달해있었다. 초기 취락은 서비스를 제공하는 중심지였다.

- **소비자 서비스.** 초기 취락은 유목민 사망자의 장례와 매장 때문에 발달했을 것이다. 정착한 취락에서 남자가 식량을 구하기 위해 사냥을 나가있는 동안에 여자와 어린이는 집에 머무르고 있었을 것이다. 여자는 집에 있는 동안 도구, 옷, 용기 등을 만들었을 것이다.
- **생산자 서비스.** 초기 취락에서도 잉여 식량을 거래하는 집단과 상점이 생겨났으며, 외부 집단과의 교역도 이루어졌다.
- **공공 서비스.** 초기 취락에는 주거지의 치안과 방어를 위한 기능도 갖추어져 있었으며, 정치적 지도자도 존재하였다.

역사적으로 고대 도시는 서남아시아의 메소포타미아 지역에서 기원했다고 알려져 있다. 메소포타미아 문명의 발상지인 비옥한 초승달 지대(Fertile Crescent)에서 발달한 고대 도시는 이후 이집트, 중국, 남부 아시아 인더스 강 유역 등지의 고대 문명이 발달한 곳에서도 발달했다. 도시의 기원지로 밝혀진 곳은 각각 4대 문명의 발상지이자 중심지이다. 문명의 발상지에서부터 시작된 도시라는 개념은 이후 인간의 대표적인 거주 공간의 형태로 전 세계 여러 지역으로 확산되었다.

기원전 300년경까지 세계 최대 도시는 메소포타미아와 이집트에 위치했었다(그림12.9.1). 이집트의 고대 멤피스는 5,000년 전에 30,000명 이상이 거주하는 도시였다(그림12.9.2). 2,400년 전에는 서남아시아, 인도, 중국, 유럽 등지에 세계 최대의 도시가 발달했었다. 콘스탄티노플(현재의 터키 이스탄불)은 중세시대 동안에 세계 최대의 도시였다(그림 12.9.3, 12.9.4).

그림 12.9.1 **기원전 350년 전의 최대 도시**
(위) 그래프는 역사적 시기별로 최대 도시와 당시의 추정 인구를 표시한 것이다. (아래) 최초의 고대 도시가 발달했던 서남아시아와 이집트

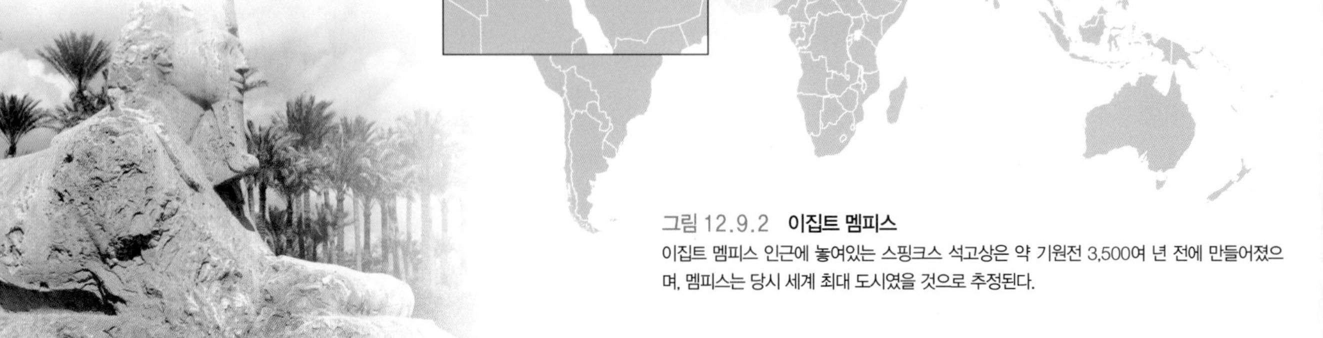

그림 12.9.2 **이집트 멤피스**
이집트 멤피스 인근에 놓여있는 스핑크스 석고상은 약 기원전 3,500여 년 전에 만들어졌으며, 멤피스는 당시 세계 최대 도시였을 것으로 추정된다.

그림 12.9.3 기원전 350년~기원후 1750년의 세계 최대 도시
과거 2,000여 년간 세계 최대 도시는 대부분 아시아에 위치하고 있었다.

그림 12.9.4 중세시대 최대 도시였던 콘스탄티노플
원래는 비잔티움으로 불렸으며, 현재는 이스탄불이 된 콘스탄티노플은 로마가 쇠퇴한 이후 약 1,000여 년간 세계 최대 도시가 되었다. 사진은 성 소피아 성당으로, 이 성당은 처음에 기독교 교회로 지어졌지만, 현재는 이슬람의 상징이 되었다.

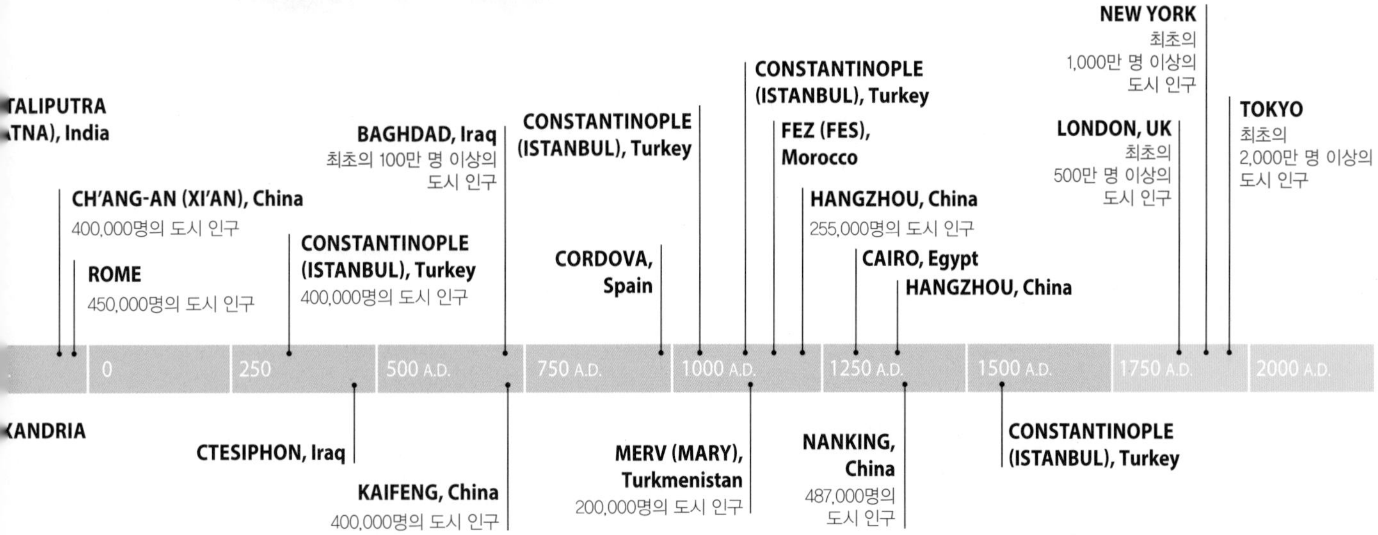

그림 12.9.5 1950년 세계 최대 도시인 뉴욕
뉴욕은 19세기 후반부터 20세기 초반에 전 세계로부터 들어온 수백만의 이민자로 인해 인구가 급증하였다. 사진에서 보이는 로어이스트사이드(Lower East Side)는 많은 이민자들의 정착지가 되었다.

그림 12.9.6 1750~2010년 사이의 세계 최대 도시
지난 3세기 동안 세계 최대 도시는 런던에서 뉴욕으로, 다시 도쿄로 옮겨가고 있다.

12.10 도시화

- ▶ **선진국은 도시에 거주하는 인구비율이 높으며, 경제적 재구조화가 나타난다.**
- ▶ **세계에서 가장 인구규모가 큰 도시는 개발도상국에 있다.**

도시의 인구성장 과정을 설명하는 도시화(urbanization)는 도시에 거주하는 인구의 증가와 도시에 거주하는 인구 비율의 증가 두 가지 측면으로 구분할 수 있다. 도시화의 두 측면은 서로 다른 이유로 발생하며, 그 결과 각 국가별 도시화에 차이가 생긴다.

도시 인구비율

2008년은 인류 역사상 전 세계적으로 도시에 거주하는 인구가 촌락에 거주하는 인구를 처음으로 초과하기 시작한 해이다. 도시에 거주하는 세계 인구비율은 1800년 3%에서 1850년 6%로, 1900년 14%로, 그리고 1950년 30%로 증가해왔다.

도시에 거주하는 인구가 차지하는 비율은 한 국가의 발전 수준을 가늠하는 척도가 된다. 선진국의 경우 전체 인구의 3/4이 도시에 거주하고 있는 반면, 개발도상국의 경우는 2/5가 도시에 거주하고 있다(그림 12.10.1). 라틴아메리카 대륙을 제외하면 선진국의 도시화율이 개발도상국보다 높게 나타난다(그림 12.10.2).

선진국의 높은 도시 인구비율은 지난 2세기 동안에 걸쳐 경제구조의 변화(19세기 산업혁명과 20세기 서비스 산업의 성장)를 가져온 동력이었다. 지난 200여 년간 선진국의 촌락 인구는 도시에 발달한 제조업과 서비스 산업의 일자리에 고용되면서 촌락으로부터 도시로 이주하였다.

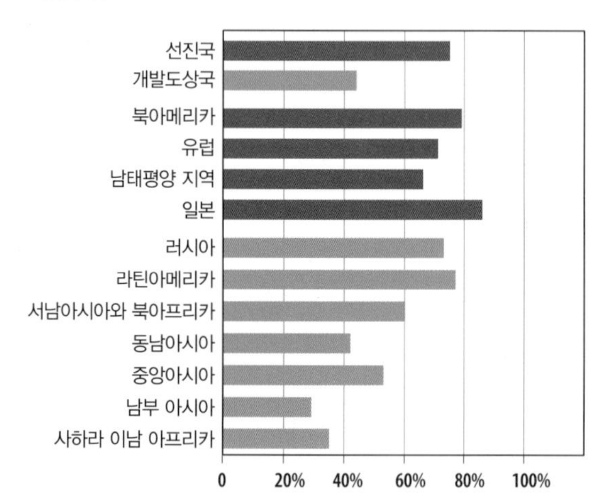

그림 12.10.2 **경제발전 수준과 도시화율**

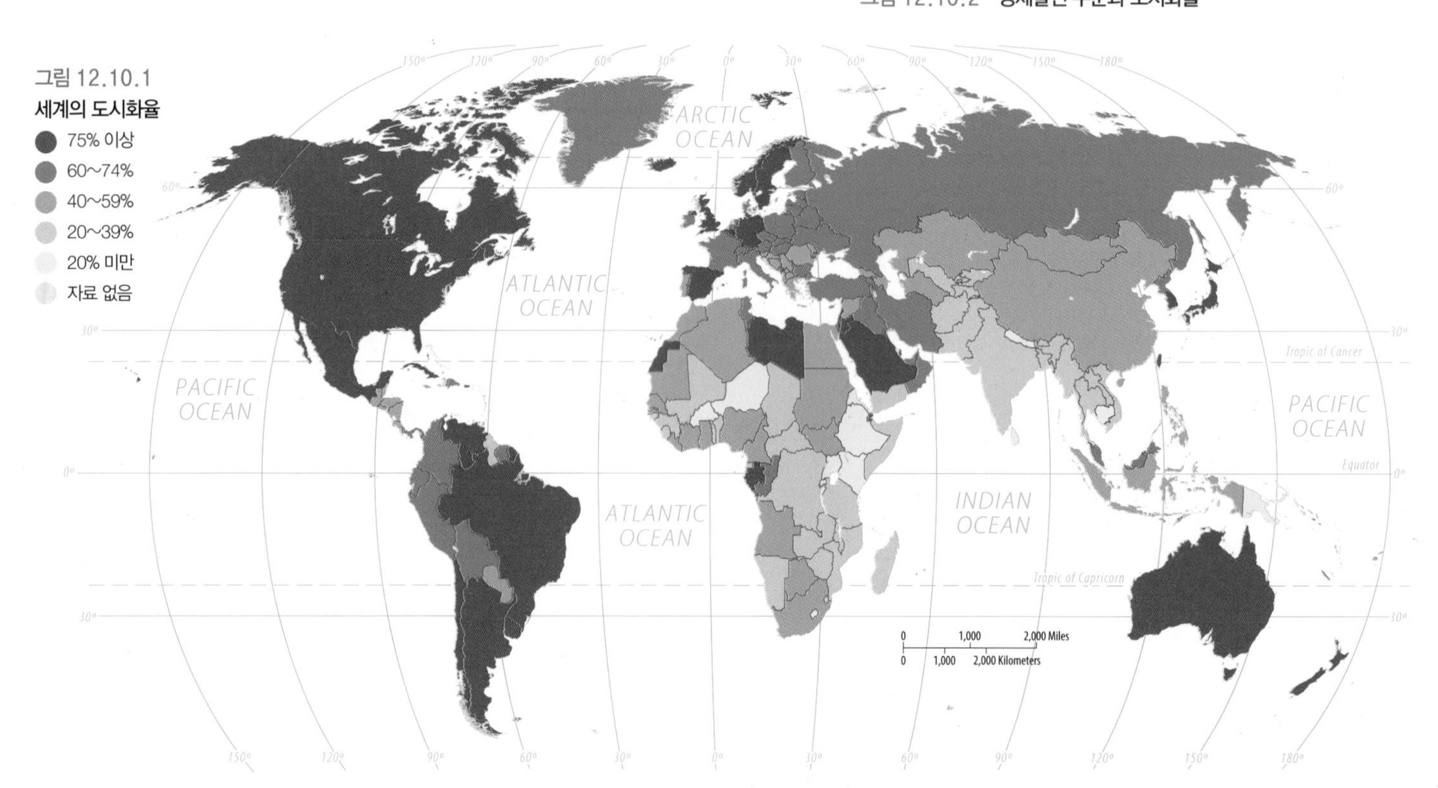

그림 12.10.1
세계의 도시화율
- 75% 이상
- 60~74%
- 40~59%
- 20~39%
- 20% 미만
- 자료 없음

그림 12.10.3 **인구가 300만 명 이상인 도시 분포**

도시 인구

선진국에서는 도시에 거주하는 인구비율이 높지만, 개발도상국에서는 도시에 거주하는 인구규모가 크다(그림 12.10.3). 인구규모 면에서 세계 10대 도시 가운데 7개 도시(세계 20대 도시 중에서 16개 도시)가 개발도상국에 위치하고 있다.

세계 최대 도시를 규정하기란 쉽지 않다. 왜냐하면 각 국가에서 규정하는 도시의 범주가 다르기 때문이다. '데모그라피아(Demographia)'(인구 관련 웹사이트, "인터넷 자료" 참조)에서는 국가마다 서로 다르게 설정된 도시 지역을 구획하는 데 지도와 위성사진을 이용한다. 데모그라피아가 발행한 자료에 따르면, 전 세계적으로 도시 거주 인구가 200만 명 이상인 도시는 171개이며, 300만 명 이상은 105개, 500만 명 이상은 55개, 1,000만 명 이상은 22개, 2,000만 명 이상이 거주하는 도시는 4개(도쿄, 자카르타, 뉴욕, 한국의 서울 · 인천 · 경기)로 나타나있다.

인구규모로 본 도시 순위에서 개발도상국의 도시가 두드러지는 이유는 경제성장에 따른 도시화의 영향으로 볼 수 있다. 산업혁명이 영국으로부터 시작해서 유럽과 북아메리카로 확산된 이후인 1900년에는 세계 10대 도시가 모두 선진국에 위치하고 있었다.

세계에서 가장 인구가 많은 도시와 생산자 서비스의 비중이 높은 세계 도시와 비교해보라(그림 12.5.1 참조). 자카르타, 마닐라, 멕시코시티와 같이 인구가 많은 개발도상국 도시는 생산자 서비스의 비율이 높은 세계 도시의 순위에 포함되지 못하고 있다(그림 12.10.4). 반면 런던, 파리, 시카고, 토론토와 같은 선진국 도시는 인구규모 면에서 순위가 매우 낮지만 세계 도시 순위에서는 20위 안에 포함되는 도시들이다.

그림 12.10.4 **멕시코시티**

지리학자들은 단지 서비스업의 분포만을 관찰하는 데 그치지 않고, 서비스의 분포를 분석하고 설명하는 데 크게 공헌하였다. 쇼핑센터 개발업자, 대규모 백화점 및 슈퍼마켓 체인, 기타 소매업체들은 지리학자들을 고용하여 점포를 위한 신규 장소를 물색하고 기존 점포의 성과를 평가한다. 지리학자들은 매출 부진으로 폐점 위기에 있는 점포들의 상권을 파악할 뿐만 아니라 신규 점포가 수익을 낼 수 있는 서비스가 불충분한 상권을 찾아내기 위해 중력 모형을 기반으로 통계적 분석을 활용한다.

신규 소매 서비스의 개발업자들은 신규 점포 및 쇼핑몰을 건설하기 위해 은행 및 금융기관으로부터 대출을 받는다. 대출기관들은 예정된 소매 점포가 대출금을 상환하기에 충분한 이익을 창출할 잠재력이 있는 상권을 보유하는지에 대한 보증을 원한다. 대출기관들은 소매업체들이 제출한 지나치게 낙관적인 예측과는 독립적으로 객관적인 상권 분석을 실시하기 위해 지리학자들의 도움을 받는 경우가 많다.

서비스를 제공하는 점포의 입지를 선정할 때 많은 사람들이 본능, 직관 및 관례를 근거로 결정을 내린다. 갈수록 경쟁이 심화되어가는 시장에서 최적의 장소에 위치한 소매업체와 서비스 점포는 결정적인 이점을 갖는다.

핵심 질문

소비자 서비스업은 어디에 분포하고 있는가?

- ▶ 서비스업은 소비자 서비스, 생산자 서비스, 공공 서비스 부문으로 세분된다.
- ▶ 선진국에서 소비자 서비스의 분포는 중심지 이론에 따라 일정한 패턴을 보인다.
- ▶ 서비스업을 설명하는 데 상권, 도달 범위, 최소 요구치 등의 개념이 이용된다.
- ▶ 지리학자는 서비스업의 입지 선정에 중심지 이론을 활용한다.

생산자 서비스업은 어디에 분포하고 있는가?

- ▶ 생산자 서비스업은 세계 도시에 매우 편중되어 분포하고 있다.
- ▶ 개발도상국에 입지해있는 생산자 서비스업은 주로 역외 금융 서비스업 또는 후면 업무의 비중이 높다.
- ▶ 재능을 지닌 사람들은 문화적 다양성이 풍부한 세계 도시에 끌리는 경향이 높다.

거주 공간은 어디에 분포하고 있는가?

- ▶ 북아메리카 지역을 제외한 대부분의 지역에서 농촌 취락은 집촌을 이루고 있다.
- ▶ 최초의 취락은 역사보다 선행하여 형성되었다.
- ▶ 선진국에서는 도시에 거주하는 사람의 비율이 더 높지만, 개발도상국에서는 세계에서 가장 인구가 많은 도시를 보유하고 있다.

지리적으로 생각하기

위키피디아의 세계 도시 문헌을 살펴보면, 다양한 기준과 몇 가지 지표가 이용되었음을 알 수 있다. 런던과 싱가포르와 같은 도시는 세계 도시의 모든 기준에서 10번째 순위에 올라있지만, 시드니와 상하이 같은 도시는 기준에 따라 10번째 순위에 들지 못한다(그림 12.CR.1).

1. 선진국 도시 중에 시드니나 개발도상국 도시 중에 상하이와 같이 모든 순위에서 세계 10대 세계 도시에 들지 못하는 도시를 찾아보라. 이들 도시처럼 세계 도시 순위에 포함되거나 또는 포함되지 못하는 원인은 무엇인가?

당신이 살고 있는 도시의 경제는 기반 산업의 영향에 따라 성장 또는 침체를 겪는다. 도시의 기반 산업 활동을 설명하는 데 두 가지 요인이 작용한다. 한 요인은 국가적인 수준의 경제성장과 침체에 따라 영향을 받는 것이다. 다른 요인은 국가 전반적인 영향보다는 당신이 살고 있는 도시의 경기에 영향을 받는 것이다.

2. 두 가지 요인 중에서 어떤 요인이 도시의 기반 산업 활동에 더 영향을 미치고 있는가?

북아메리카 같은 선진국에서조차도 모든 도시가 세계경제와 연결된 세계 도시로 분류되지 않는다.

3. 당신이 살고 있는 도시가 북아메리카 또는 다른 대륙에 있는 어떤 세계 도시와 연계되어 있으며 그렇게 판단하는 근거는 무엇인가?

그림 12.CR.1 **오스트레일리아 시드니**

탐구 학습

구글어스를 이용하여 고대 도시의 모습을 살펴보라.

위치 : 이라크 나시리야의 우르(Ur)

“기본 데이터베이스”에서 “빌딩 3D 이미지보기”를 클릭하라.

북동쪽에 비행기 활주로가 나타나도록 화면을 확대해보라. 그런 다음 활주로가 중앙에 오도록 하라. 북동쪽에 약 1.25마일 가량 어두운 부분에 주목하라. 건물이 3D 형태로 표현되도록 화면을 확대해보라.

1. 3D로 표현된 건물이 당신이 살고 있는 집에 비해 어느 정도인가?

2. 건물이 있는 곳과 어둡게 나타나는 곳의 형태와 범위는 어느 정도인가? 이곳의 절대적 입지 조건을 역사적으로 유추해서 설명해보라.

인터넷 자료

각 국가별 도시 인구는 http://www.citypopulation.de/ 또는 이 장의 첫 페이지에 있는 QR 코드를 스캔하면 알 수 있다.

‘데모그라피아(Demographia)’에서는 모든 도시의 인구수를 측정하는 데 적용될 수 있는 기준을 사용하고 있다. 데모그라피아는 사설 컨설턴트인 웬델 콕스(Wendell Cox)가 소유하고 있으며, 인터넷 웹사이트 주소는 www.demographia.com이다.

핵심 용어

경제적 기반(economic base) 해당 지역 내의 기반 경제활동

공공 서비스(public service) 국민과 기업의 안전과 보호를 도모할 목적으로 정부에서 제공하는 서비스

기반 산업(basic industry) 해당 지역에서 생산된 재화 또는 서비스가 다른 지역으로 유통되는 산업

도달 범위[range (of service)] 사람들에게 서비스를 제공할 수 있는 최대한의 거리

밀집된 농촌 취락(clustered rural settlement) 농경지를 중심으로 농가들이 서로 인접하여 모여있는 촌락

분산된 농촌 취락(dispersed rural settlement) 이웃과 떨어진 곳에 고립되어 거주하는 농가가 많은 촌락 패턴

비기반 산업(nonbasic industry) 해당 지역에서 생산된 것이 해당 지역에서 팔리는 산업

상권 또는 배후지(market area or hinterland) 중심지의 주변 지역으로, 중심지에서 제공하는 재화와 용역을 구매하는 사람들이 거주하는 지역

생산자 서비스(business service) 전문 서비스, 금융 서비스, 교통 서비스 등과 같이 다른 사업 활동을 지원해 주기 위한 서비스

서비스업(service) 사람들의 욕구나 욕망을 충족시켜 주는 활동을 제공하고 비용을 받는 모든 사업

소비자 서비스(consumer service) 도 · 소매, 교육, 건강, 레저 산업과 같이 개별 소비자에게 제공되는 서비스 산업

순위-규모 법칙(rank-size rule) 국가 내 도시 규모별 분포 패턴으로서 n번째 순위의 도시 인구규모는 수위 도시 인구규모의 1/n이다.

종주 도시(primate city) 국가 내에서 가장 인구수가 많은 도시로서, 인구수는 두 번째 순위의 도시 인구수보다 2배 이상 많다.

종주 도시 법칙(primate city rule) 국가 내 도시 패턴 중의 하나로, 종주 도시의 인구수는 두 번째 순위 도시 인구수의 2배 이상이다.

중력 모형(gravity model) 특정 입지에서 서비스가 제공될 수 있는 잠재력은 인구수와 비례하며 거리와는 반비례한다는 모델

중심지(central place) 다양한 서비스가 교환되는 교역의 중심지로서 배후 지역에 재화와 서비스가 제공되는 지역

중심지 이론(central place theory) 3차 산업의 분포를 설명하기 위한 이론으로서, 중심지(도시)는 주변 지역에 재화와 서비스를 제공하는 기능을 한다. 고차 중심지는 저차 중심지에 비해 수가 적지만, 중심지 간에 거리가 멀고 배후 지역이 넓다.

최소 요구치(threshold) 서비스가 제공되기 위해 필요한 최소한의 인구수

▶ 다음 장의 소개

이 장에서는 전 세계에 분포하고 있는 도시에 대해 살펴보았다. 다음 장에서는 도시에 살고 있는 사람들의 분포와 활동에 대해 다룬다.

13 도시 패턴

뉴욕 시 5번가와 34번가의 교차로에서 엠파이어스테이트 빌딩을 올려다볼 때, 우리는 대도시에 있다는 걸 느낄 수 있다. 반면 아이오와 주의 옥수수 밭에 서있으면 농촌에 있다는 건 의심할 여지가 없다. 지리학자들은 도시와 농촌을 서로 다른 곳으로 만드는 것이 무엇인지 설명하고자 한다.

대도시는 자극적이고 떠들썩하며, 재미있고 무섭기도 하고, 반겨주면서도 때론 냉담해지기도 한다. 도시는 모두를 위한 무엇인가를 가지고 있지만, 대부분의 것들은 당신과는 다른 사람들을 위한 것이다. 도시지리학은 도시 지역 내에서 익숙하거나 익숙하지 않은 패턴의 복잡성을 풀어내는 것을 돕는다. 이론은 다른 사람들과 다른 활동이 도시 지역 내 어디에 분포하는지, 왜 그런 차이를 발생시키는지에 관해 설명하고 있다.

도시 지역에서 사람들은 어디에 밀집해있는가?

도시 확산이 주변 사막 지역까지 진행되는 모습. 미국 애리조나 주 피닉스

도시 지역은 어떻게 교외 지역으로 확장되었는가?

도시 지역이 직면한 문제는 무엇인가?

미국 모든 도시의 인구 센서스 지도를 보려면 스캔하라.

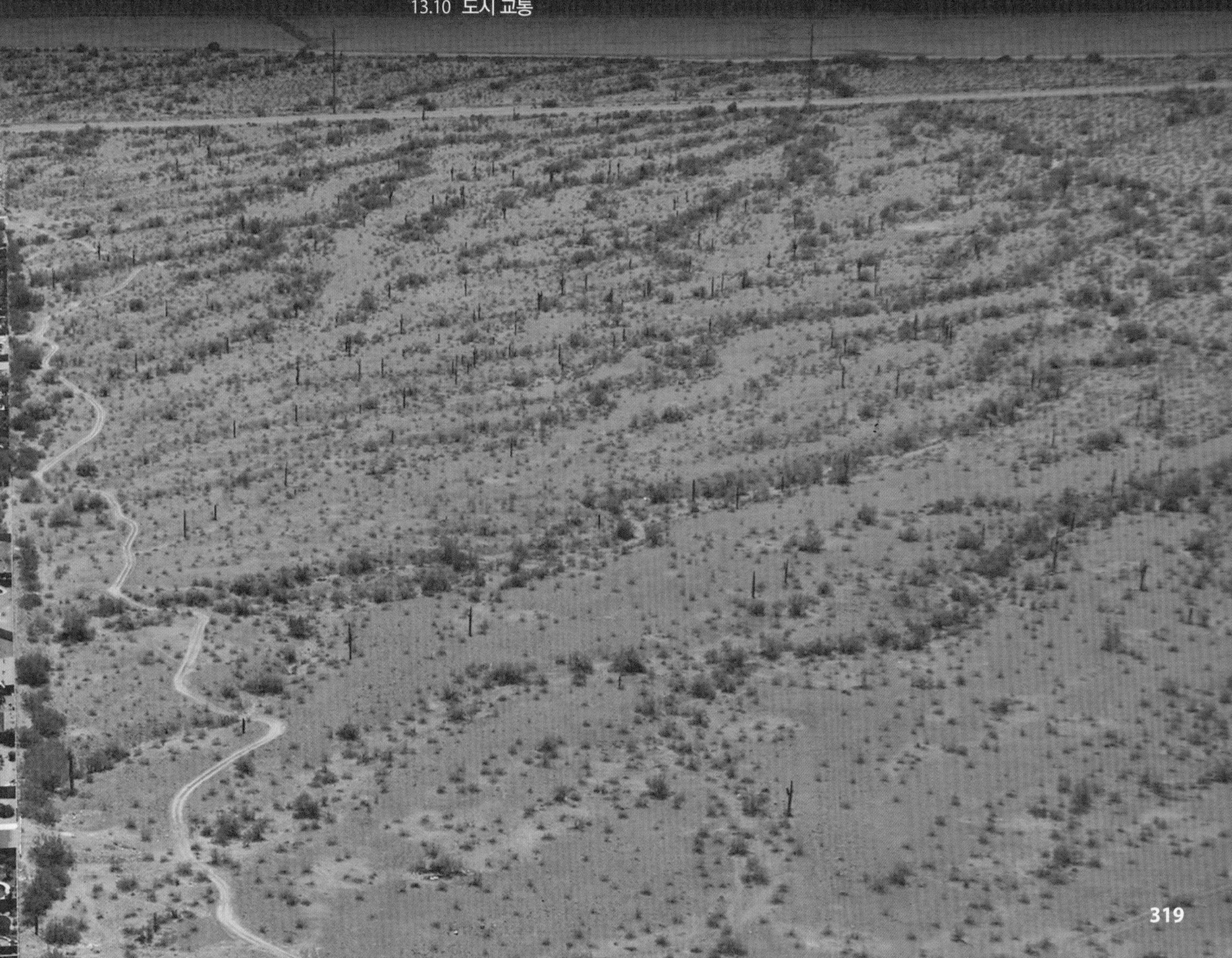

13.1 중심업무지구

▶ 도심은 중심업무지구(CBD)로 알려져 있다.

▶ 중심업무지구에는 소비자 · 생산자 · 공공 서비스 부문이 모두 분포하고 있다.

대부분의 도시에서 가장 잘 알려지고 가장 눈에 띄는 지역은 흔히 도심(downtown)이라고 불리는 중심 지역으로, 지리학자들은 이를 더욱 엄밀하게 표현하여 **중심업무지구**(Central Business District, CBD)라고 부른다. 중심업무지구는 일반적으로 도시에서 가장 오래된 지구로, 최초의 거주지였던 경우도 있다(그림 13.1.1).

소비자 · 생산자 · 공공 서비스는 중심업무지구로 유입되는데, 그 이유는 접근성이 좋기 때문이다. 중심업무지구는 다른 지역으로부터 가장 접근성이 좋은 지역이며, 지역 교통 네트워크의 핵심 지역이다(그림 13.1.2).

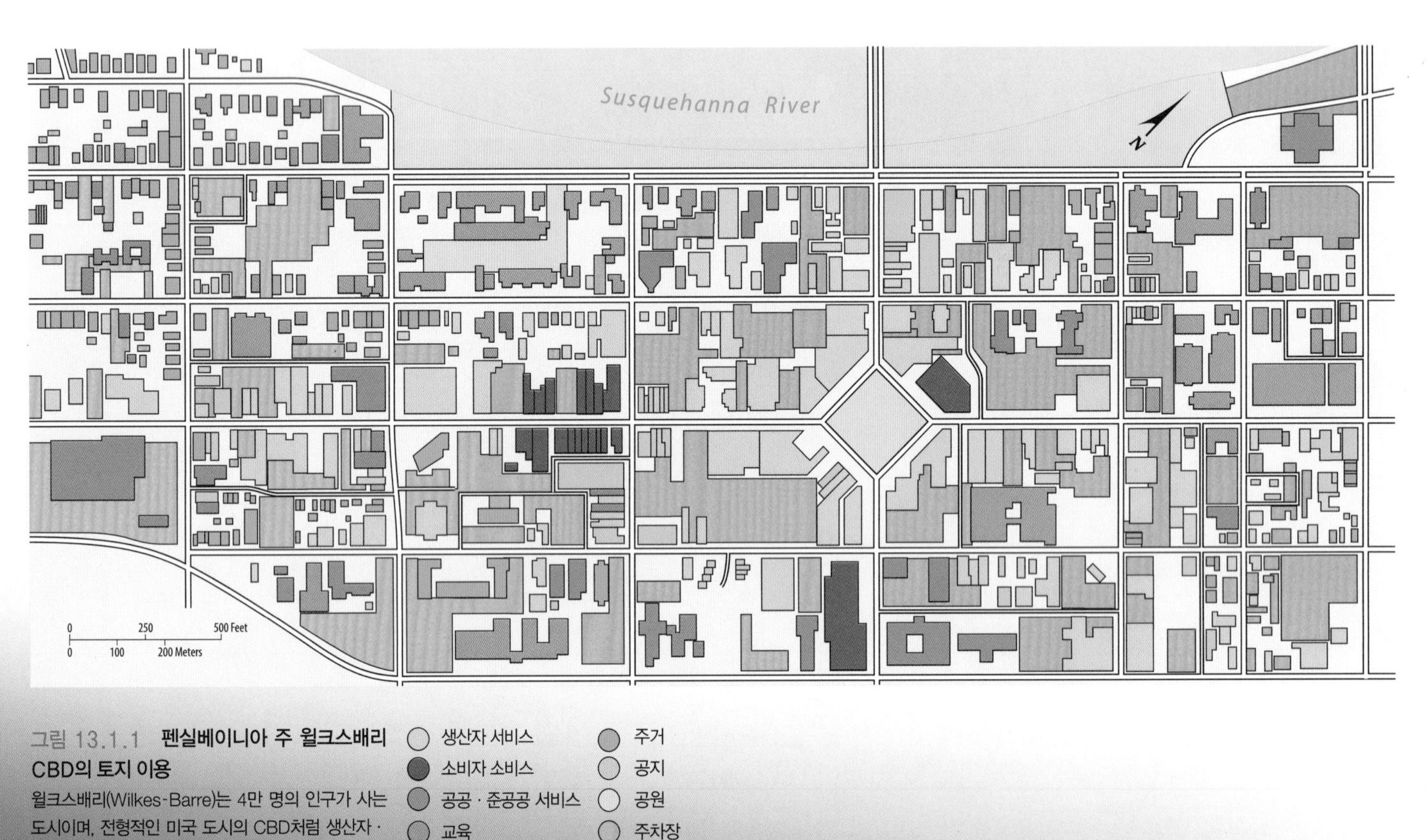

그림 13.1.1 **펜실베이니아 주 윌크스배리 CBD의 토지 이용**
윌크스배리(Wilkes-Barre)는 4만 명의 인구가 사는 도시이며, 전형적인 미국 도시의 CBD처럼 생산자 · 소비자 · 공공 서비스가 혼재되어 있다.

생산자 서비스
소비자 소비스
공공 · 준공공 서비스
교육
주거
공지
공원
주차장

그림 13.1.2 **윌크스배리의 CBD**
윌크스배리의 CBD는 서스쿼해나 강의 서안을 따라 입지해있다.

생산자 서비스

현대 정보통신의 발달에도 불구하고, 많은 전문가들은 아직도 초기에는 대면 접촉을 통해 정보를 교환한다. 광고, 은행, 금융, 언론, 법률 등과 같은 생산자 서비스는 속보 같은 뉴스에 대한 빠른 의사소통을 용이하게 하기 위해 중심에 입지한다(그림 13.1.3.). 대면 접촉은 전문적인 가치의 공유를 기본으로 하는 신뢰관계를 구축하는 것을 돕는다.

생산자 서비스에 종사하는 사람들은 전문직 동료들과의 근접성이 필수적이다. 예를 들어 변호사는 정부 청사나 법원 근처에 입지한다. 임시 비서전문 대행 회사나 즉석 프린터 회사 같은 서비스업은 사무실을 유인하는 상호의존적인 연결고리를 형성하면서 변호사 사무소 근처의 중심업무지구에 입지한다.

제한된 건물 부지에 따른 극단적인 경쟁은 중심업무지구 내의 토지 가치를 높게 만든다. 높은 토지 가치로 인해 중심부는 도시 내 다른 지역보다 토지를 더욱 집약적으로 이용하게 된다.

도시 내 다른 지역과 비교하여 도시 중심부는 지상, 지하에 있는 공간을 더 많이 사용한다. 가장 중심이 되는 도시의 지하에는 엄청난 지하 네트워크로 이루어진 주차장(garage)이 운영되고 있으며, 선착장, 설비 시설, 인도 및 도로 등이 갖추어져 있다. 중심 도시 내의 공간에 대한 수요는 경제적으로 적당한 고층건물 구조를 만들어 냈다.

그림 13.1.3 **윌크스배리 CBD 내 생산자 서비스**
도심부에 업무 빌딩과 은행 건물이 입지하고 있다.

그림 13.1.4 **윌크스배리 CBD 내 소비자 서비스**
문화 예술 극장인 F.M. 커비센터가 보인다.

소비자 서비스

중심업무지구 내 소비자 서비스는 지구 내에서 일하면서 점심 시간이나 근무 시간에 쇼핑을 하는 사람들에게 제공되는 서비스이다. 사무용품, 컴퓨터, 의류 등의 판매와 구두 수선, 초고속 복사, 드라이클리닝 등이 소비자 서비스로 공급된다.

대형 백화점은 중심업무지구 내 한곳에 밀집되어 있으며, 서로 길을 사이에 두고 서있기도 하지만, 어떤 경우에는 외곽 쇼핑몰에 재입지하기도 한다. 몇몇 중심업무지구의 새로운 쇼핑 지역은 독특한 위락 및 오락 등 즐길 거리를 제공함으로써 다른 도시의 관광객뿐 아니라 도시 외곽 지역의 쇼핑객을 끌어들이기도 한다(그림 13.1.4).

공공 서비스

전형적으로 도심에 입지하는 공공 서비스는 시청, 법원, 도서관 등이다. 이러한 시설은 중심업무지구 내에 밀집해있어서 도시 전역에 사는 사람들이 편하게 접근할 수 있도록 한다.

스포츠 시설과 컨벤션센터는 도시 내에 많이 건설되어 있다. 이러한 구조는 근교에 거주하거나 도시 바깥에 사는 사람들을 포함하여 많은 수의 사람들을 유인한다. 많은 도시에서는 시내 레스토랑, 술집, 호텔 등과 같은 사업이 더욱 활발해질 수 있도록 이러한 시설을 중심업무지구에 배치한다.

그림 13.1.5 **윌크스배리 CBD 내 공공 서비스**
윌크스배리 CBD에는 루전카운티(Luzerne County)의 법원 청사와 같은 공공건물이 많이 입지해있다.

13.2 도시 구조 모형

▶ **세 가지 도시 구조 모형은 도시 지역 내 여러 집단의 집적을 설명한 것이다.**

▶ **세 모형에서는 도시의 성장이 각각 동심원형, 선형, 결절형으로 진행된다고 주장한다.**

지리학자, 사회학자, 경제학자들은 동심원 모형, 선형 모형, 다핵심 모형 등 세 가지 모형을 통해 여러 유형의 사람들이 도시 지역에 거주하는 방식에 대해 설명하고자 하였다.

도시 내부의 사회구조를 설명하는 동심원 모형은 평원에 입지한 시카고를 배경으로 개발되었다. 시카고는 동쪽으로 미시간 호를 제외하면 지역의 성장을 방해하는 자연적 특성은 거의 없었다. 시카고는 루프(Loop)로 알려진 중심업무지구가 있는데, 철도가 그 주변을 둘러 지나고 있기 때문에 붙은 이름이다. 루프 주변으로 남쪽, 서쪽, 북쪽에 교외 주거지가 있다. 이 세 가지 모형은 미국 내 다른 도시 및 다른 나라에도 적용되었다.

동심원 모형

1923년 사회학자인 버제스(E. W. Burgess)에 의해 만들어진 **동심원 모형**(concentric zone model)에 따르면, 도시는 마치 나무의 나이테처럼 중심 지역에서부터 외곽으로 5개의 동심원을 이루며 성장하고 있다.

- 가장 내부에 있는 지대(zone)는 중심업무지구로 비주거 활동이 집중되어 있다.
- 두 번째 지대는 점이 지대로, 산업과 저급한 주택으로 구성되어 있다. 도시로 이주한 이주자는 초기에는 이 지대 내에 있는 작은 주거 단지에 거주한다. 이 주택들은 큰 규모의 주택이 지원을 받아 아파트로 개조된 것이다.
- 세 번째 지대는 노동자 계층의 주택 지대인데, 이 지대에는 안정적인 노동자 계층 가족이 사는 일반적인 노후 주택이 포함되어 있다.
- 네 번째 지대에는 중산층 가족을 위해 더욱 크고 최근에 지어진 주택이 있다.
- 다섯 번째 지대는 기성 시가지를 넘어 입지해있는 통근자 지대로, 도심에서 근무하지만 통근자를 위한 베드타운에 거주하기로 결정한 사람들이 사는 곳이다.

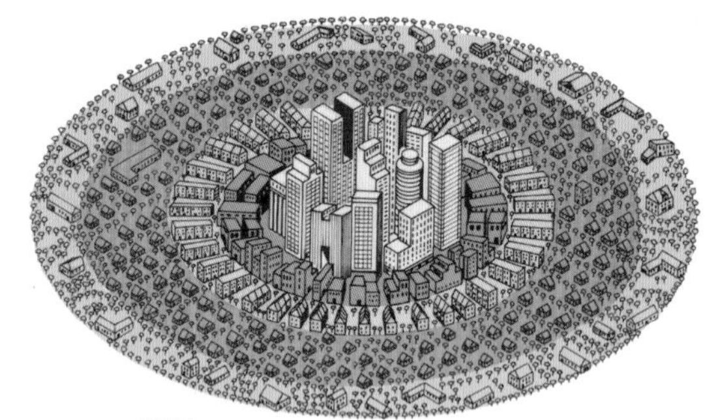

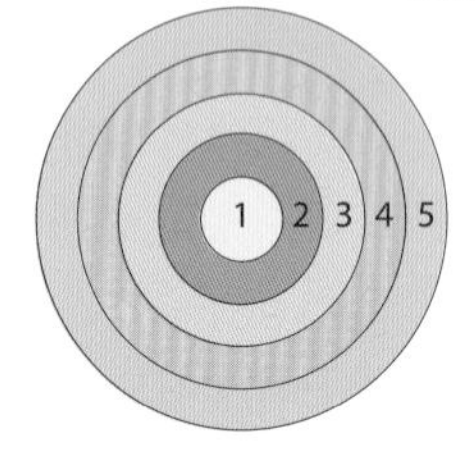

1. 중심업무지구
2. 점이 지대
3. 독립적인 노동자 주택 지구
4. 중산층 주택 지구
5. 통근자 주택 지구

그림 13.2.1 **동심원 모형**

그림 13.2.3 **노동자 계층의 주거 지대**
캘리포니아 주 로스앤젤레스 시의 주택

그림 13.2.2 **점이 지대**
뉴욕 브롱스 내에 있는 임대 아파트

선형 모형

도시경제학자인 호머 호이트(Homer Hoyt)가 1939년에 제안한 **선형 모형**(sector model)에 따르면, 도시는 일련의 부채꼴(sector) 형태로 개발된다(그림 13.2.4). 도시가 커지면, 도심에서부터 쐐기나 선형(부채꼴)의 외부로 활동이 확장된다. 호이트는 많은 수의 미국 도시에 대해 시기적으로 임대료가 가장 높은 지역을 지도화하여, 비록 시간이 지나면서 이 선형을 따라 외곽으로 이동함에도 불구하고 대부분 동일한 선형 구역 내에 고소득 사회계층이 남아있다는 사실을 보여주었다.

고층 주택 구역이 건설되면, 가장 비싼 신규 주택은 도심과는 더 먼 곳인 선형의 가장 외곽 부분에 건설된다. 따라서 최고급 주택은 도심에서부터 도시의 가장 외곽으로 확대되는 회랑에 입지한다. 산업 및 소매 활동은 다른 선형에서 개발되는데, 일반적으로 잘 갖추어진 교통망을 따라 개발된다(그림 13.2.5).

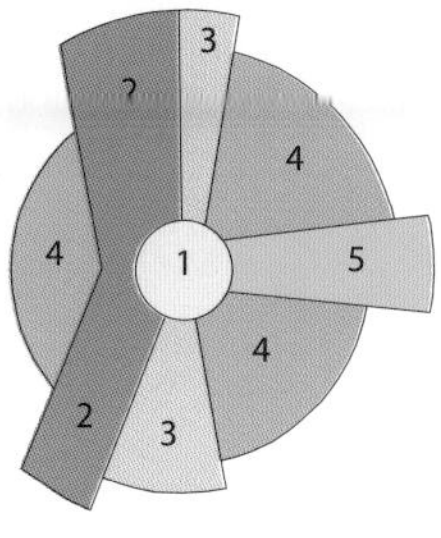

그림 13.2.4 **선형 모형**

1. 중심업무지구
2. 교통 및 산업 지구
3. 저소득층 주택 지구
4. 중산층 주택 지구
5. 고소득층 주택 지구

다핵심 모형

지리학자인 해리스(C. D. Harris)와 울만(E. L. Ullman)은 1945년에 **다핵심 모형**(multiple nuclei model)을 발표하였다(그림 13.2.6). 다핵심 모형에 따르면, 도시는 어떤 활동이 이루어지는 중심이 하나 이상 있는 복잡한 구조이다. 이러한 결절의 예로는 항만, 근린 상업센터, 대학, 공항, 공원 등이 있다.

다핵심 모형에서는 몇몇 활동이 특정한 결절에서 더 많이 일어나는 반면, 다른 곳에서는 그 활동을 피하려는 경향이 있다고 설명한다. 예를 들어 대학은 교육 수준이 높은 주민, 피자 전문점, 서점 등을 유인하게 되지만(그림 13.2.7, 13.2.8), 공항은 호텔이나 도매물품 보관창고 같은 것에 대한 유인이 더 클 수 있다. 또한 양립할 수 없는 토지 이용은 동일한 지역에 군집하지 않으려 할 것이다. 중공업과 고소득층의 주택은 같은 동네에 있는 경우가 거의 없다는 것이 그 예이다.

그림 13.2.5 **교통 지구**
로스앤젤레스

그림 13.3.7 **대학의 중심**
매사추세츠 주 캠브리지에 있는 하버드대학교

그림 13.3.6 **다핵심 모형**

1. 중심업무지구
2. 도매 · 경공업 지구
3. 저소득층 주택 지구
4. 중산층 주택 지구
5. 고소득층 주택 지구
6. 중공업 지구
7. 부도심
8. 교외 주택 지구
9. 교외 산업 지구

그림 13.3.8 **대학가 주변의 소비자 서비스**
캠브리지에 있는 하버드 광장

13.3 사회 지역 분석

▶ 센서스 자료는 사회적 특성의 분포를 지도화하는 데 사용된다.

▶ 세 가지 모형은 사람들이 도시 내 어디에서 거주하는가를 설명해준다.

세 가지 도시 구조 모형은 다양한 사회적 특성을 가진 사람들이 어떤 도시 지역에 거주하고자 하는지를 이해하는 것을 돕는다. 이 모형은 또한 왜 어떤 종류의 사람들이 특정한 장소에 살고자 하는가를 설명할 수 있다.

센서스

이 이론의 효과는 개별 근린 지역 단위 데이터의 구득 여부에 좌우된다. 미국을 포함한 많은 나라에서 이런 정보는 국가 인구조사를 통해 구축된다. 미국 내 도시 지역은 **센서스 지역**(census tract)으로 나뉘는데, 이는 주민 약 5,000명 단위로 구성되어 있으며, 가능한 한 근린 지역의 경계와 일치한다.

미국통계청은 10년마다 매 구역에 거주하는 사람들의 특성을 요약하는 통계를 발표한다. 통계청이 발표하는 정보의 예를 들어보면 유색인종의 수, 총 가구소득의 중위값, 고등학교를 졸업한 성인의 비율 등이다.

이러한 사회적 특성의 공간적 분포는 커뮤니티 센서스 지역 지도로 만들 수 있다. 컴퓨터는 이 과정에서 필수적인데, 개별 센서스 지역에 대한 방대한 데이터를 저장하고 빠른 속도로 지도를 만들기 때문이다. 사회과학자들은 특성의 분포를 비교하고, 다양한 유형의 사람들이 살고자 하는 지역의 종합적인 그림을 그릴 수 있다. 이런 종류의 연구는 **사회 지역 분석**(social area analysis)으로 알려져 있다.

세 가지 모형의 결합

세 모형을 각기 하나씩만 이용할 경우 다양한 유형의 소지역으로 구분된 도시 구조를 설명하는 데 부족하다. 만약 미국 텍사스 주 댈러스 시에 사는 시민들의 분포를 설명할 때 이 이론들을 개별적이 아니라 복합적으로 고려한다면, 다양한 유형의 사람들이 도시 내 어떤 지역에 사는지 설명하는 데 도움이 된다.

- 선형 이론에서는 주택을 소유한 두 가족 중에서 보다 수입이 높은 가족은 소득이 낮은 가족이 사는 곳과 동일한 선형 지역에서 살지 않을 것이라고 한다(그림 13.3.1, 13.3.2).
- 한 가족은 주택을 소유하고 있는 반면, 다른 가족은 세를 들어 살고 있다. 중심지 이론에 따르면 주택 소유자는 보다 외곽 지대에 거주하고자 하며 임차인들은 내부 동심원 지대에 거주한다고 한다(그림 13.3.3).
- 다핵심 이론에서는 동일한 민족 혹은 인종의 사람들은 서로 모여 사는 경향이 강하다고 설명하고 있다(그림 13.3.4).

모형의 한계

도시 내부 구조 이론은 이론이 너무 단순하고, 사람들이 특정한 주거지를 선택하는 다양한 이유를 설명하지 못한다는 점에서 비판을 받는다. 이 세 이론은 제1, 2차 세계대전 사이에 미국의 기존 도시를 전제로 하고 있기 때문에 미국 및 다른 나라의 현대 도시 패턴을 설명하기에는 적절치 않다는 비판도 있다.

사람들은 그들의 개성에 따라 특정 지역을 거주지로 선택하는 경향이 있다. 이것이 동일한 특성을 가진 사람은 모두 같은 동네에 살아야 한다는 것을 의미하는 것은 아니지만, 대부분의 사람들은 자기와 비슷한 특성을 가진 사람들 근처에 사는 것을 선호한다고 모형은 설명하고 있다.

그림 13.3.1 **댈러스의 서부 지역**

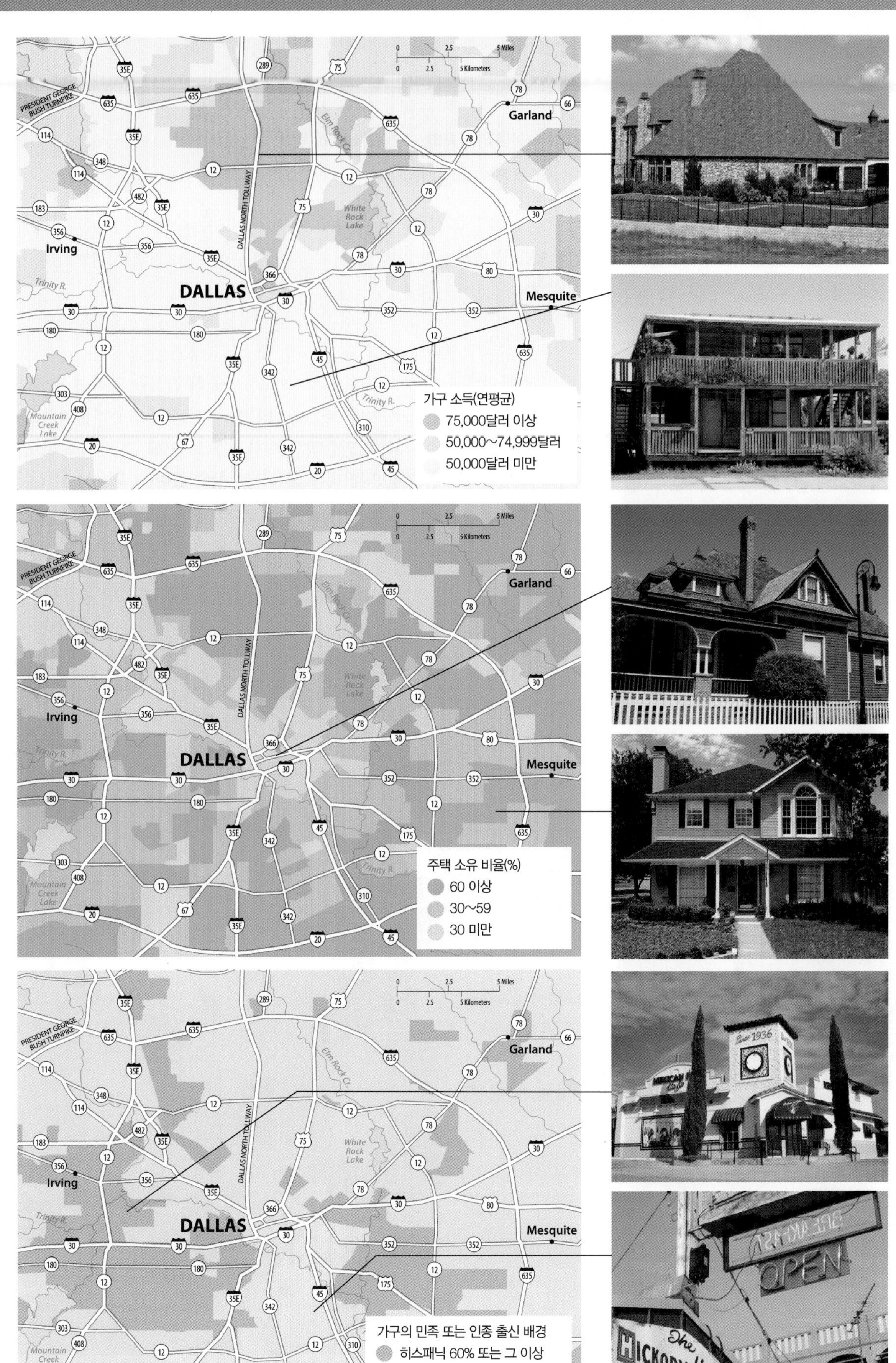

그림 13.3.2 **댈러스의 선형 지구**
(위) 북부 지역에 위치한 고소득층 거주 지구
(아래) 남부 지역에 위치한 저소득층 거주 지구

그림 13.3.3 **댈러스의 동심원 지구**
(위) 중심부 주변의 오래된 임대 주택
(아래) 교외 지역에 위치한 신축 주택

그림 13.3.4 **댈러스의 다핵심 지구**
(위) 서부 지역의 히스패닉 거주 지구
(아래) 남부 지역의 흑인 거주 지구

13.4 유럽의 도시 패턴

- ▶ 유럽 도시의 중심업무지구는 미국과 달리 주거 지역과 소비자 서비스 기능의 비율이 높다.
- ▶ 유럽 도시에서는 도시 주변부 지역으로 갈수록 저소득층의 비율이 높다.

미국에서는 사회계층별 공간적 분포를 세 가지 모형으로 설명하고 있지만, 세계 여러 국가의 도시 구조는 미국의 도시와 매우 다르다. 도시 간의 차이가 모형으로 설명될 수 있지만, 도시 내 사회 집단이 특정 지역을 선택하는 이유가 동일하지 않을 수 있다는 점에 유의해야 한다.

유럽 도시의 중심업무지구

유럽 도시의 중심업무지구 내에는 미국과 다르게 많은 사람들이 거주하고 있다. 유럽에서는 주로 부유층들이 중심업무지구의 주거 공간에 거주하는 것을 매력적으로 생각한다. 유럽 도시의 도심부에는 가장 좋은 전문 상점, 식당, 카페, 문화 공간 등이 입지해있다. 부유층들은 도심부의 문화시설에 가까우며, 고풍스럽고 우아한 전통 주택에 매력을 느낀다.

유럽의 중심업무지구에는 거주하는 시민들에게 필요한 소비자 서비스 기능(예 : 시장, 빵집, 정육점 등)도 입지해있다(그림 13.4.1). 유럽의 대도시 중에는 좁고 혼잡한 도로 때문에 도심으로 진입하는 차량을 금지시키는 곳도 있다. 도심의 보행자 전용도로가 오히려 대규모 쇼핑몰의 매력적인 특징이 되기도 한다(그림 13.4.2).

한편 유럽 도시의 중심업무지구 내 생산자 서비스 기능은 미국 도시보다 훨씬 비율이 낮다. 유럽 도시의 도심은 중세시대에 형성된 구조가 오늘날까지 내려오는 경우가 많아 건물의 층수가 낮으며 도로 또한 폭이 좁다. 그리고 고풍스러운 과거의 왕궁과 교회 건물이 두드러지는 특성을 보인다(그림 13.4.3). 유럽 도시 중에서는 도시 내 고층건물의 건설을 엄격히 제한하는 도시가 많다. 파리의 경우 몇 채의 고층건물이 들어선 이후 시민들의 강력한 항의로 인해 그 이후 보다 높은 건물의 건축은 허용되지 않고 있다(그림 13.4.4).

그림 13.4.1 **프랑스 파리의 중심업무지구 내에 있는 소비자 서비스 기능**

그림 13.4.2 **프랑스 파리에 있는 한때 궁전이었던 루브르박물관**

그림 13.4.3 **파리 조르주퐁피두센터의 보행자 전용 구역**

그림 13.4.4 **파리의 몽파르나스 타워**
유럽에서 가장 높은 이 타워가 파리 시내에 세워진 이후 시민들의 반발로 더 높은 고층건물의 건축은 엄격히 제한을 받고 있다.

유럽 도시의 선형 모형

유럽 도시의 고소득층 주거 지역은 미국 도시에서와 같이 CBD에서 외곽으로 확장된 선형 형태로 나타난다. 파리의 경우 고소득층 거주지는 루브르궁전 지역에서 서쪽의 베르사이유궁전 지역으로 이동했다.

유럽 도시의 동심원 모형

미국 도시에서는 도시 주변 지역으로 갈수록 가족 단위의 독립된 단독주택 가구의 비율이 높게 나타나는 반면, 아파트 중심의 독신자 가구 비율은 도심에 가까울수록 높게 나타난다. 유럽 도시에서도 이와 같은 패턴은 유사하다(그림 13.4.6). 유럽의 도시에는 단독 소유의 독립 주택이 적지만, 도시 외곽으로 갈수록 비율이 증가한다.

그림 13.4.5 **파리의 선형 구조**
소득이 평균 이상인 가구의 거주 비율은 서부 지역(왼쪽)이 동부 지역(위)보다 높다.

미국 도시와 다르게 유럽 도시의 외곽은 저소득층 주택의 비율이 높다. 대단위 교외 주택 지구에는 수십여 채의 아파트가 들어서있으며, 이곳에 도시 내부에서 이주한 사람들이 주로 거주하고 있다.

과거에는 저소득층 시민들이 도시의 중심부에 많이 거주했었다. 19세기에 전기가 발명되기 이전에는 사회적 분리가 수직적으로 나타났다. 부유층들은 주로 1층 또는 2층에 거주한 반면 저소득층은 어둡고 습한 지하층이나 층계를 많이 오르내려야 하는 다락방에 거주했다. 오늘날 저소득층은 유럽 도시의 도심부에 거주할 수 없게 되었다. 도심부의 저급 주택은 부유층의 주거 공간으로 새롭게 탈바꿈했거나 고급 아파트나 업무용 빌딩으로 대체되었다.

그림 13.4.6
파리의 동심원 구조
(위) 중심부 지역의 오래된 주택. (오른쪽) 교외 지구에 있는 새로운 주택

유럽 도시의 교외 거주자들은 직장으로 장시간 통근해야 되는 문제와 도심의 문화시설을 누리기 어려운 문제에 직면해있다. 교외 지역은 상점, 교육, 기타 서비스 수준이 도심부보다 떨어지는 반면 각종 범죄 발생 비율은 높다. 이 지역은 대부분 고층 아파트로 이루어져 있기 때문에 개인적인 공간이 매우 부족하다.

유럽 도시의 다핵심 모형

유럽 도시에서도 다핵심 구조를 볼 수 있다. 교외 지역 거주자들 중에는 아프리카, 아시아로부터 최근에 이민해온 사람들이 많다. 이들은 백인계 유럽인들과 피부색으로 분명하게 구별된다(그림 13.4.7).

그림 13.4.7 **파리의 다핵심 구조**
소득 수준이 낮은 소수집단과 이민자 집단의 주택은 대부분 교외의 고층빌딩이다(맨 위). 파리의 이민자들이 프랑스 정부의 이민 제한 정책에 항의하면서 시가행진을 하고 있다(아래).

13.5 라틴아메리카의 도시 패턴

▶ **개발도상국의 도시 구조에서 유럽 국가의 도시 구조와 유사한 패턴을 볼 수 있다.**

▶ **개발도상국 도시는 식민지 지배 구조의 영향을 받았다.**

개발도상국가의 도시 구조는 유럽 도시와 같이 도시 주변부 지역으로 갈수록 저소득층의 거주 비율이 높게 나타나고, 고소득층의 주거 비율은 도심부에 가까울수록 높게 나타난다. 도시 내 고급 주거 지구는 도심으로부터 선형 형태로 확장되어 나타난다. 개발도상국의 도시 구조와 유럽의 도시 구조 사이에 보이는 유사한 점은 서로 다른 시기에 발생한 것이다. 유럽 국가들의 식민지 지배가 개발도상국의 도시 구조에 강하게 영향을 끼쳤다.

개발도상국의 도시 구조는 크게 세 시기로 구분하여 변화를 살펴볼 수 있다.

- 유럽 식민지 시대 이전
- 유럽 식민지 시대
- 독립 이후 탈식민지 시대

그림 13.5.1 **식민지 시대 이전의 도시 : 테노치티틀란**
(왼쪽) 아즈텍은 테스코코 호수에 있는 섬 위에 도시를 건설했다. (오른쪽) 도시 중심에는 템플로 마요르가 자리 잡고 있었다. 사원의 정상부에 있었던 2개의 제단은 농사를 관장하는 신들의 제단(푸른색으로 단장)과 전쟁의 제단(붉은색으로 단장)이다.

식민지 시대 이전의 도시

유럽 국가들이 아프리카, 아시아, 라틴아메리카의 식민지를 개척하기 이전에 이들 대륙의 사람들은 대부분 촌락에 거주하고 있었다. 매우 적은 수의 도시가 있었지만, 이들 도시의 중심부에는 주로 시장, 종교 시설, 공공건물, 권력층의 주택이 있었다. 도시 주변 지역은 부유층이 아닌 사람들과 새로이 도시로 유입된 사람들의 주거지였다.

멕시코에서 아즈텍인들은 차풀테펙(Chapultepec) 언덕에서 멕시코시티[현지에서는 테노치티틀란(Tenochtitlán)이라고 함]를 발견했다. 외부 세력의 침입으로 언덕에서 쫓겨났을 때 주민들은 남쪽으로 수 킬로미터 떨어진 이곳으로 이주했다. 테스코코(Texcoco) 호수(그림 13.5.1) 내 10여 km^2 면적의 섬에 도시를 건설했으며, 도시에서는 템플로 마요르(Templo Mayor, 대사원)가 주민들의 종교적 삶의 중심지가 되었다.

테노치티틀란은 본토와 3개의 제방 도로로 연결되었고, 이 제방이 호수의 범람을 막아주었다. 용수는 차풀테펙과 수도관으로 연결되어 공급되었다. 본토에서 섬으로 들어오는 대부분의 음식과 생필품, 건축 재료는 다양한 선박을 통해 운송되었고, 섬은 사람과 물자가 이동할 수 있도록 수로로 연결되었다. 건설 이후 200여 년이 지난 시기에 아즈텍은 멕시코 중앙으로부터 세력을 확장해온 새로운 세력에 정복당했다. 새로운 세력이 통치하게 된 이후 테노치티틀란은 약 50만 명이 거주하는 도시로 성장하였다.

그림 13.5.2 **식민지 시대의 도시 : 멕시코시티 소칼로**
1521년 스페인 군대는 테노치티틀란을 점령한 후 도시를 파괴했으며 원주민을 대부분 살해했다. 스페인은 아즈텍인들이 신성하게 여겼던 섬의 중앙부, 즉 소칼로(Zócalo)라고 부르는 광장을 중심으로 멕시코시티라는 도시를 새롭게 건설했다. 스페인은 소칼로로부터 격자형의 가로망으로 도시를 건설하였다. 파괴된 아즈텍 신전 인근에 가톨릭 대성당을 건립하였고, 모크테수마(Moctezuma) 제국의 왕궁이 파괴된 자리에 왕궁을 새롭게 세웠다.

식민지 시대의 도시

유럽 국가들이 아프리카, 아시아, 라틴아메리카에서 식민지를 개척할 시기에 유럽인들은 식민지에 도시를 확장하여 식민지 운영에 필요한 행정 시설, 군 주둔지, 국제무역 시설, 유럽인 주택 등을 새로이 건설하였다. 이 과정에서 기존의 원주민 시설은 한쪽으로 작게 남겨지거나 유럽 방식으로 건설하기 위해 완전히 파괴되었다.

식민지 도시들은 표준화된 계획이 반영되었다. 예를 들어 라틴아메리카의 모든 스페인 식민지 도시는 1573년 발의된 인디스 법(Lows of the Indies)에 따라 건설되었다. 이 법에 따라 격자형 도로망과 대성당, 중앙 광장, 주택, 작은 교회, 수도원 등이 반드시 배치되었다(그림 13.5.2). 식민지 시대 이전의 도시와 비교해볼 때 유럽의 영향을 받은 도시는 넓은 도로, 공공 광장, 정원이 있는 대저택, 저밀도 건축물 등의 특징을 지니고 있다.

독립 이후의 도시

독립 이후 라틴아메리카의 도시는 선형 모형과 동심원 모형에 따라 성장했다(그림 13.5.3).

- **선형 모형.** 엘리트층 거주 지역은 이들 계층이 선호하는 고급 식당, 극장, 공원 등의 시설이 밀집해있으며, 업무 기능, 상점, 위락 시설과 접근성이 뛰어난 '상업축' 주변에 발달해있다. 멕시코시티에서 '상업축'은 '14-lane'으로, 1860년 막시밀리안 황제 때 고안되었으며 파세오 데 라 레포르마(Paseo de la Reforma)로 불리는 3개의 도로이다. 부유층 주택은 이 축을 따라 선형으로 이어져 있다(그림 13.5.4).
- **동심원 모형.** 개발도상국의 도시는 일자리를 찾아 몰려든 수많은 이주민들로 인해 급격히 확장되었다. 멕시코시티는 도시로 유입되는 인구와 새로운 공항 건설을 위해 테스코코 호수를 1903년에 대부분 매립했다(그림 13.5.5). 개발도상국가에서 도시로 유입된 저소득층이나 빈곤층의 대부분은 도시 외곽의 구릉지나 무허가 불량 주택에 거주한다(그림 13.5.6). 개발도상국 도시의 생활 기반 시설은 전반적으로 부족하기 때문에 무허가 불량 주택 지역의 경우에는 더욱 열악한 환경으로 모든 시설이 매우 부족하다. 전기는 불법으로 연결해서 쓰는 경우가 많다. UN에서는 전 세계 무허가 불량 주택에 거주하는 인구를 10억 명(2005년 기준)으로 추산했다.

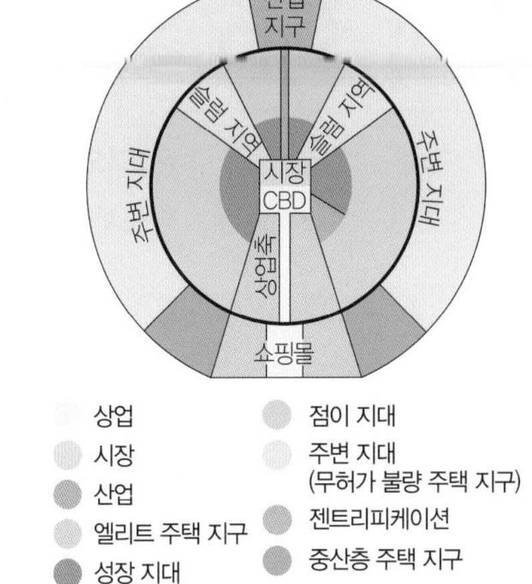

그림 13.5.3 **라틴아메리카의 도시 구조 모형**
지리학자인 어니스트 그리핀(Ernest Griffin)과 래리 포드(Larry Ford)는 라틴아메리카 도시 구조에서 고소득층은 도심부와 인접해있는 잘 정돈된 엘리트 주택 지구에 거주하는 반면, 저소득층은 도시 주변부의 무허가 불량 주택 지구에 거주한다고 설명했다.

그림 13.5.4 **멕시코시티 내의 선형 모형**
부유층 주거 지역은 도심부에서 서쪽으로 넓게 뻗어있는 파세오 데 라 레포르마를 따라 선형으로 나타난다.

그림 13.5.5 **멕시코시티 내의 동심원 모형**
멕시코시티는 매우 빠르게 성장한 도시이다. 저소득층의 주거지가 도시 외곽의 공항(사진 위쪽) 주변 지역에 밀집해있다.

그림 13.5.6 **멕시코시티 내의 무허가 불량 주택**
무허가 불량 주택이 시 외곽의 구릉지에 들어서고 있다.

13.6 도시 지역의 정의

▶ 도시는 법적 도시, 도시화된 지역 또는 대도시 지역으로 정의할 수 있다.

▶ 도시의 성장으로 인접한 대도시가 서로 연결되기도 한다.

도시는 세 가지 형태로 정의할 수 있다.

도시의 법적인 정의

시(city)라는 용어는 법적으로 독립적이고 자치적인 단위로 묶인 도회적인 정주 지역을 의미한다. 미국에서는 교외 지역으로 둘러싸인 도시를 **중심 도시**(central city)로 부른다.

도시는 지방 공무원을 채용할 수 있고, 세금을 징수할 권한이 있으며, 시민들에게 필요한 서비스를 제공할 책임이 있다. 도시의 범위는 지방정부가 법적인 권한을 가진 지리적 지역으로 정의된다(그림 13.6.1).

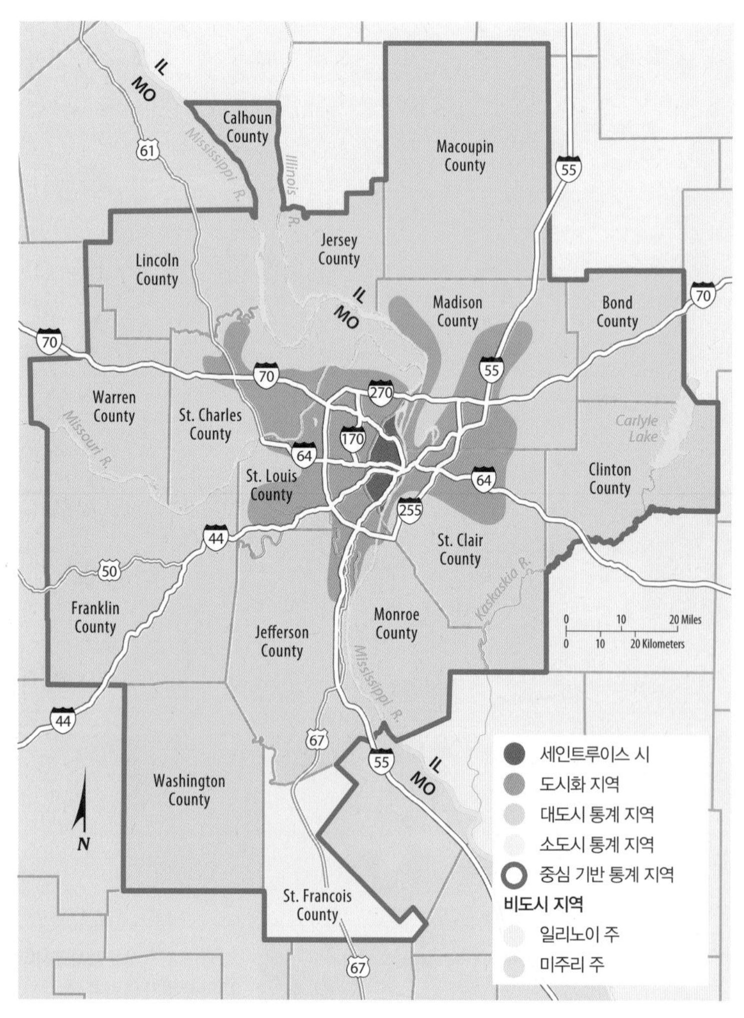

그림 13.6.1 **세인트루이스 시의 영역**

도시화된 지역

도시 지역의 급속한 팽창에 따라 많은 주민들이 중심 도시 외곽의 교외에 거주하게 된다. 미국에서는 중심 도시와 주변의 교외 지역을 합하여 **도시화된 지역**(urbanized area)이라고 한다. 전체 미국인의 30%는 중심 도시에, 40%는 인접한 교외 지역에 살고 있어서 약 70%가 도시화된 지역에 살고 있다고 볼 수 있다.

도시화된 지역에 관한 연구는 상당히 어려운데, 이는 이 지역 단위의 통계 자료를 구하기가 어렵기 때문이다. 미국 및 다른 나라에서 대부분의 자료는 도시, 군 혹은 다른 행정구역 단위로 이루어지며, 도시화된 지역이 행정구역과 일치하지 않는 경우가 많다.

대도시 통계 지역

어떤 도시의 영향권은 법적인 경계를 넘어 인근 행정구역에까지 이른다. 예를 들어 사람들은 도시나 교외 지역에서 일하고 쇼핑하기 위해 장거리를 이동할 수도 있다. 도시 지역 주변에 사는 사람들은 도시 방송국의 프로그램을 시청하며, 도시에서 발행되는 신문을 읽고 도시 스포츠 팀을 응원한다.

미국통계청은 이러한 도시의 기능적인 영향권을 측정하기 위한 방법으로 **대도시 통계 지역**(Metropolitan Statistical Area, MSA)을 고안했다. MSA에는 다음과 같은 지역이 포함된다.

1. 최소 5만 명 이상의 인구가 사는 도시화된 지역
2. 도시가 포함되어 있는 카운티 지역
3. 인구밀도가 높고, 중심 도시의 카운티에서 일하는 주민 비율이 높은 인접 지역

2009년에는 366개의 대도시 통계 지역이 설정되었으며, 미국 전체 인구의 84%가 이 지역에 포함된다.

한편 보다 적은 규모의 도시 지역 통계를 위한 **소도시 통계 지역**(Micropolitan Statistical Area, μSA)도 만들어졌다. 이 범주에는 인구 1~5만 명이 거주하는 도시화된 지역, 도시와 연결된 인접 카운티, 그런 도시가 지역 내에 있는 카운티를 포함한다. 2009년 미국 내에는 576개의 소도시 통계 지역이 있는데, 대부분이 과거 농촌 지역이었던 남서부 커뮤니티이다. 미국인의 약 10%가 소도시 통계 지역에 거주하고 있다.

그림 13.6.2 **메갈로폴리스**

대도시 통계 지역

소도시 통계 지역

그림 13.6.3 **유럽의 대도시 지역**

유럽에서 가장 인구가 많이 분포하고 있는 대도시 지역을 흐르는 하천은 어떤 하천인가? 이 지역에 위치한 도시는 어떤 도시인가?

중첩된 대도시 지역

366개의 대도시 통계 지역과 567개의 소도시 통계 지역이 함께 있는 지역을 **중심 기반 통계 지역**(Core Based Statistical Area, CBSA)이라고 한다. 많은 대도시 통계 지역과 소도시 통계 지역이 매우 가까이 연결되어 있는데, 이렇게 **연결된 통계 지역**(Combined Statistical Area, CSA)은 125개이다. 연결된 통계 지역은 통근 패턴에 의해 2개 또는 그 이상의 통계 지역이 연결되어 나타나기도 한다. 125개의 연결된 통계 지역과 186개의 대도시 통계 지역, 407개의 소도시 통계 지역을 **기초 센서스 통계 지역**(Primary Census Statistical Area, PCSA)이라고 한다.

미국의 북동부 지역에는 대규모 도시 지역이 서로 인접해있어서 보스턴 북쪽부터 워싱턴 D.C. 남쪽에 이르는 하나의 연속적인 도시군을 이루고 있다(그림 13.6.2). 지리학자인 장 고트만(Jean Gottmann)은 이 지역을 메갈로폴리스라고 이름 붙였는데, 이는 그리스어로 '거대한 도시'라는 뜻이다. 중첩된 대도시 지역은 유럽과 일본을 비롯하여 세계 여러 선진 국가에서도 나타나고 있다(그림 13.6.3).

13.7 분절된 도시 정부

▶ **도시는 전통적으로 편입을 통해 커진다.**

▶ **오늘날 대부분의 도시 지역에는 다수의 지방정부가 있다.**

19세기에 전반적으로 인구가 증가하면서 동시에 미국의 도시도 주변 지역을 편입시키면서 외곽으로 더욱 확장되었다. 현재 미국의 대도시 주변은 법적으로 분권화되어 있으며, 주민들이 거주지로 선호하는 교외 지역의 소도시가 둘러싸고 있다. 미국에서 지방정부의 분절화 경향은 교통 문제, 폐기물 처리 문제, 주택 문제, 교육 문제 등 지방정부의 경계를 벗어나 공동으로 대처해야 하는 문제들의 해결을 어렵게 하고 있다.

편입

특정 도시가 주변 지역을 법적으로 도시에 추가하는 과정을 **편입**(annexation)이라고 한다. 편입에 관한 법률적 규칙은 주에 따라 다양하다. 일반적으로 토지는 대부분의 주민이 동의하는 경우에만 도시로 편입될 수 있다.

19세기에 도시 주변 지역 주민들은 일반적으로 편입에 만족했었다. 왜냐하면 도시에서 상하수도 시설, 쓰레기 수거, 도로 포장, 대중교통, 경찰 및 화재 예방 등 더 좋은 서비스를 제공했기 때문이다. 이런 이유로 19세기에 미국 도시는 급격히 성장하였고, 새로이 개발되는 지역의 수용을 통해 법적인 경계가 빠르게 변화되었다. 예를 들어 시카고의 경우에는 면적이 1837년에 26km^{2}이었던 것이 1900년에는 492km^{2}까지 확대되었다(그림 13.7.1).

그러나 오늘날에는 도시가 주변 토지를 편입하는 일이 흔치 않은데, 이는 주민들이 서비스를 받기 위해 지방세를 내는 것보다 그들이 자체적으로 서비스를 운영하는 것을 더 선호하기 때문이다. 그 결과 도시 주변은 수많은 자치권을 지닌 교외 도시 정부로 둘러싸여 있으며, 주민들은 대도시에 편입되는 것보다 독립된 자치체로 유지되는 것을 더 선호한다.

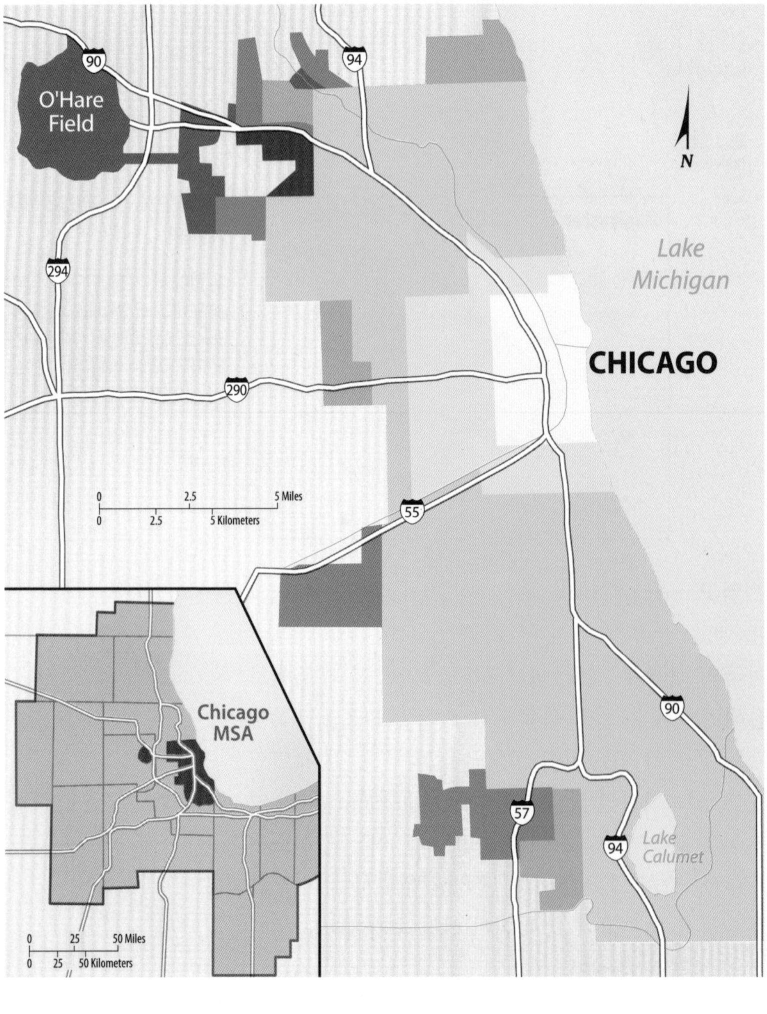

그림 13.7.1 **시카고의 합병**

1837년경의 도시 경계

합병된 시기

- 1870
- 1890
- 1900
- 1930
- 1960
- 1990

대도시 정부

디트로이트 대도시에서만 지자체의 수가 수백여 개에 달할 정도이며, 미국 전체로는 2만 개에 이른다(그림 13.7.2). 낙후된 디트로이트 시(그림 13.7.3) 주변에는 훨씬 부유한 소규모 지자체들이 많이 둘러싸고 있다(그림 13.7.4).

원래 일부 주변 관할 구역은 매우 작고 고립된 마을로서, 도시의 성장으로 중심에 흡수되기 전에는 전통적으로 독립된 지방정부 형태를 지니고 있었다. 이 중 어떤 곳은 새롭게 조성된 주택 단지들인데, 이곳 주민들은 대도시 주변에 거주하고 있지만 행정적으로 대도시에 속하는 것을 원치 않는다.

대도시 정부는 다수의 지방정부 단위의 지방자치단체에 대한 조정 권한을 가질 수 있도록 요구하고 있다. 강력한 대도시 정부가 북아메리카의 몇 개 지역에 등장했는데, 이는 크게 두 종류로 나뉜다.

- **연방 형태.** 토론토에는 1953년 13개의 시정부가 모여 연방 형태로 만들어진 대도시 정부가 있다. 캐나다의 다른 대도시들 역시 다양한 형태의 지방정부 연방을 구성하고 있다.
- **합병 형태.** 인디애나폴리스와 마이애미는 시 정부와 카운티 정부를 합병한 미국 도시 지역의 사례이다. 인디애나폴리스 시와 매리언카운티(Marion County)에 의해 분리되었던 정부 기능은 하나의 청사에서 공동 운영하는 형태로 결합되었다. 플로리다 주 마이애미와 이를 둘러싼 데이드카운티(Dade County)는 일부 서비스를 통합하였으나 도시 경계를 바꾸지는 않았다.

그림 13.7.3 **디트로이트의 도심부 주변 지역**

지도상 지방정부의 명칭이 있는 곳은 5만 명 이상의 거주 인구를 가지고 있는 도시임

그림 13.7.2 **디트로이트 대도시 지역의 지방정부**

그림 13.7.4 **디트로이트의 교외에 위치한 부유한 주택**

13.8 쇠퇴와 재생

▶ 저소득 주민은 미국 도시 내부의 근린 지역에 모여 산다.

▶ 일부 미국 도시 내부의 근린 지역에서는 젠트리피케이션이 일어나고 있다.

미국의 도시 내부는 교외 거주자들이 직면한 문제와는 아주 다른 다양한 경제적 · 사회적 · 물리적 어려움에 직면한 사람들이 집중적으로 모여있다.

도시 내부의 도전

도심 거주자는 가끔 영구적인 하위 계층(underclass)으로 불리는데, 이들은 끝없는 고난의 굴레 속에 갇혀있다.

- **부족한 직업 기술 능력.** 도심 거주자들은 상당수가 직업 경쟁력이 낮다. 이들은 대부분의 직업에서 필요한 기술이 부족한데, 이는 고등학교를 마치지 않은 사람이 절반 이상이기 때문이다.
- **빈곤한 문화.** 미국 도시 내부의 근린 지역에서 태어난 신생아의 2/3가 미혼 여성이 낳은 것이며, 도심에서 태어난 아기의 80%는 편부모와 살고 있다. 적절한 육아 서비스가 제공되지 않기 때문에 편부모들은 수입을 위해 일하러 나가야 하는 것과 아이들을 돌보기 위해 집에 머물러야 하는 것 중에서 선택해야 하는 상황에 처해있다.
- **범죄.** 도시 내부의 근린 지역은 살인과 같은 흉악한 범죄의 발생 비율이 대도시 지역의 다른 지역에 비해 상대적으로 높다(그림 13.8.1).
- **약물.** 일부 도심 거주자는 희망이 없는 환경에 갇혀 마약에 손을 댄다. 마약 중독은 교외 지역에서도 문제가 되긴 하지만, 도시 내부에서 중독자의 비율이 급속하게 늘어나고 있다. 일부 마약 중독자는 범죄를 통해 돈을 마련하기도 한다.
- **홈리스 문제.** 미국 내 홈리스의 수는 수백만 명에 이른다. 대부분의 사람들이 홈리스가 되는 이유는 주택을 구입할만한 여력이 없고, 일정한 수입이 없는 삶 때문이다. 홈리스는 가족 문제나 직업을 잃은 뒤에 주로 발생한다(그림 13.8.2).
- **서비스 시설의 부족.** 저소득층이 도심의 근린 지역에 집중적으로 거주하면서 그 도시의 재정적인 문제가 야기된다. 이런 사람들은 특히 공공 서비스를 필요로 하는데, 이를 위해 쓸 수 있는 세금은 매우 적기 때문이다. 도심은 빈민 지역 내 근린 지역에 필요한 서비스 비용과 실제 지불할 수 있는 자금과의 차이가 점점 커지는 문제를 가지고 있다.
- **열악한 주택.** 저소득 가구를 위한 아파트는 부재지주에 의해 주로 공급되는데, 이러한 빈민가의 주택 공급 방식을 필터링(filtering) 과정이라고 한다. 그러나 집주인은 보수비보다 적은 임대료를 받기 때문에 주택 보수를 중단하는 경우가 생기며, 이러한 경우 건

그림 13.8.2 **홈리스**
오하이오 강 I-75 다리 아래에서 살고 있는 홈리스들

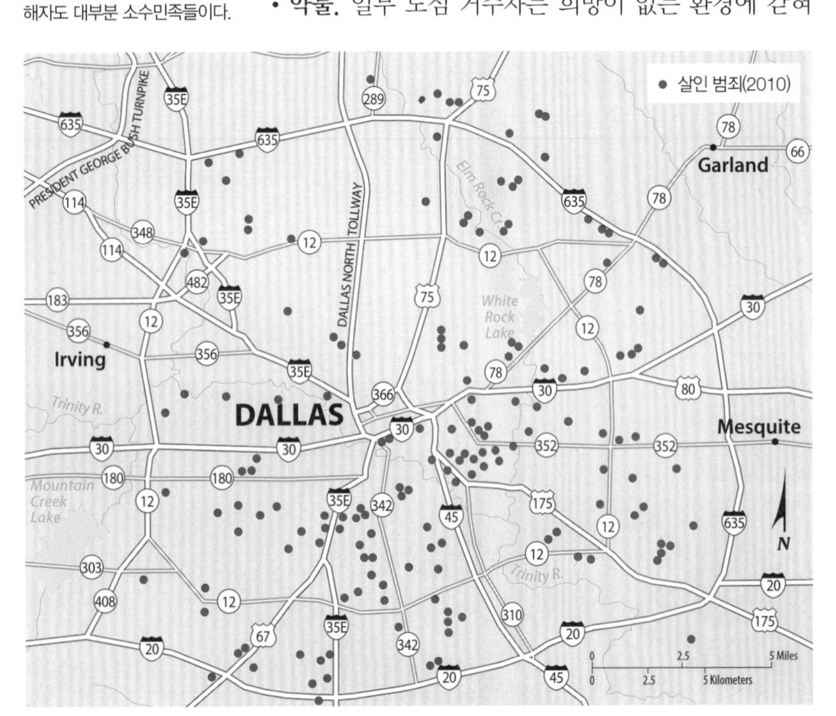

그림 13.8.1 **댈러스의 살인 범죄 발생 지역**
그림 13.3.2, 13.3.3, 13.3.4와 비교해보라. 댈러스 시내에서 살인 범죄가 발생한 지역은 대부분 저소득층 소수민족들이 밀집해 있는 곳이다. 또한 피해자 및 가해자도 대부분 소수민족들이다.

그림 13.8.3 **젠트리피케이션**
런던 시내 스피탈필즈 지역의 젠트리피케이션 이전(왼쪽)과 이후(오른쪽)

물 상황은 더욱 열악해지고 거주하기에 적당하지 않게 된다.

젠트리피케이션

젠트리피케이션(gentrification)은 중산층이 열악한 빈민가 동네로 이주하여 주택을 개조하는 과정을 의미한다. 도시 내의 빈민 근린 지역에서 젠트리피케이션이 대부분 나타나고 있다. 몇몇 도시 내부의 근린 지역의 경우에는 환경이 열악해지지 않는데, 이는 사회적 엘리트 계층이 그 지역을 비싼 주택으로 계속해서 유지하기 때문이다. 대부분의 도시 내부 근린 지역의 경우 도시와 민간 투자자에 의해 새롭게 만들어진다(그림 13.8.3).

중산층 가구가 도시 내부의 쇠락한 주거 지역으로 들어오고 싶어 하는 이유는 우선 크고, 실속 있게 건설되었음에도 불구하고 교외보다 더 저렴하게 주택을 구할 수 있기 때문이다. 도시 내부에 있는 주택은 화려한 장식의 벽난로, 입체적인 기둥, 높은 천장, 목조 장식 등 매력적인 장식으로 건축되어 있다.

도시 내부 근린 지역의 젠트리피케이션은 시내에서 일하는 중산층에 매력적이다. 도시 내부에 거주하면 혼잡한 고속도로나 대중교통 환승을 거쳐 통근하는 부담을 없애준다. 어떤 경우에는 극장, 술집, 레스토랑, 문화 및 위락 시설 등 시내에 입지하는 각종 시설과의 근접성을 원하기도 한다. 개조된 도시 내부 주택은 특히 취학 아동을 자녀로 두지 않은 부부나 독신 가구의 마음을 끌고 있다(그림 13.8.4).

오래된 도시 내부 주택을 개조하는 것이 교외에서 새 주택을 사는 것만큼 비싸기 때문에 도시에서는 세금 감면 및 저리의 융자 등을 통해 주택 소유를 독려한다. 주택 개조를 위한 공공지출은 저소득층의 손실로 중산층을 지원하는 것이라고 비판받아 왔다. 저소득층은 갑자기 높아진 임대료 때문에 젠트리피케이션이 이루어진 장소에서 쫓겨날 압력을 받는다.

그림 13.8.4 **도시 내부의 재개발**
위치 : 일리노이 주 시카고 시 3600 S 스테이트가(3600 S State St.)
위 이미지는 2000년 9월 26일의 모습이다.
"스트리트 뷰"를 눌러서 45번가와 스테이트가의 교차로에 드래그하라.

2000년과 현재의 모습을 비교해볼 때 어떻게 달라졌는가? 더 매력적이고 나은 환경을 갖추기 위해 변화된 시기는 언제인가?

13.9 교외 지역의 스프롤 현상

- ▶ 교외란 도시가 외곽으로 뻗어있는 지역이다.
- ▶ 주택뿐 아니라 소매업도 교외로 확산되고 있다.

1950년대에는 단지 20%의 미국인들만이 교외 지역에 살고 있었다. 이후 50년이 흐르는 동안에 교외 지역은 급속히 팽창했으며, 현재는 약 50%의 미국인이 살고 있다. 미국의 교외 지역은 점차 외곽으로 개발이 확산되어 가는 형태를 일컫는 **스프롤**(sprawl) 현상의 전형적인 경관을 보이고 있는 곳이다.

주변부 모형

미국의 도시화 양상은 천시 해리스(Chauncey Harris, 다핵심 모형을 처음으로 제시)가 주장하는 **주변부 모형**(peripheral model)을 보이고 있다. 주변부 모형에 따르면 도시 지역은 도심부와 환상의 순환도로로 연결된 대규모 교외 주택 지역, 업무 지역 등으로 구성되어 있다(그림 13.9.1).

주변부 지역은 도심부 근린이 지니고 있는 물리적 · 사회적 · 경제적 문제를 거의 겪지 않는다. 그러나 주변부 모형은 지나친 스프롤에 따른 문제, 많은 교외 지역 간의 분리 등이 문제가 되고 있다.

교외 지역의 매력

조사 결과 많은 미국인들은 교외 지역의 삶을 선호하는 것으로 나타났다. 대부분의 조사 결과에서 응답자의 90% 이상이 도심부에서 교외 지역으로 이주하는 것을 희망하고 있다. 교외 지역은 다음과 같은 매력을 지니고 있다.

- 연립주택 또는 아파트보다 독립된 단독 가구를 위한 주택
- 아이들이 뛰어놀 수 있는 정원
- 충분한 주차 공간
- 자가 주택을 소유할 수 있는 기회
- 도심부의 범죄 위험과 정체로부터 해방
- 좋은 교육 환경

그림 13.9.1
도시 지역의 주변부 모형

1. 중심 도시
2. 교외 주거 지역
3. 쇼핑몰
4. 산업 지구
5. 업무 지구
6. 서비스 중심 지구
7. 공항
8. 고용 및 쇼핑센터의 결합

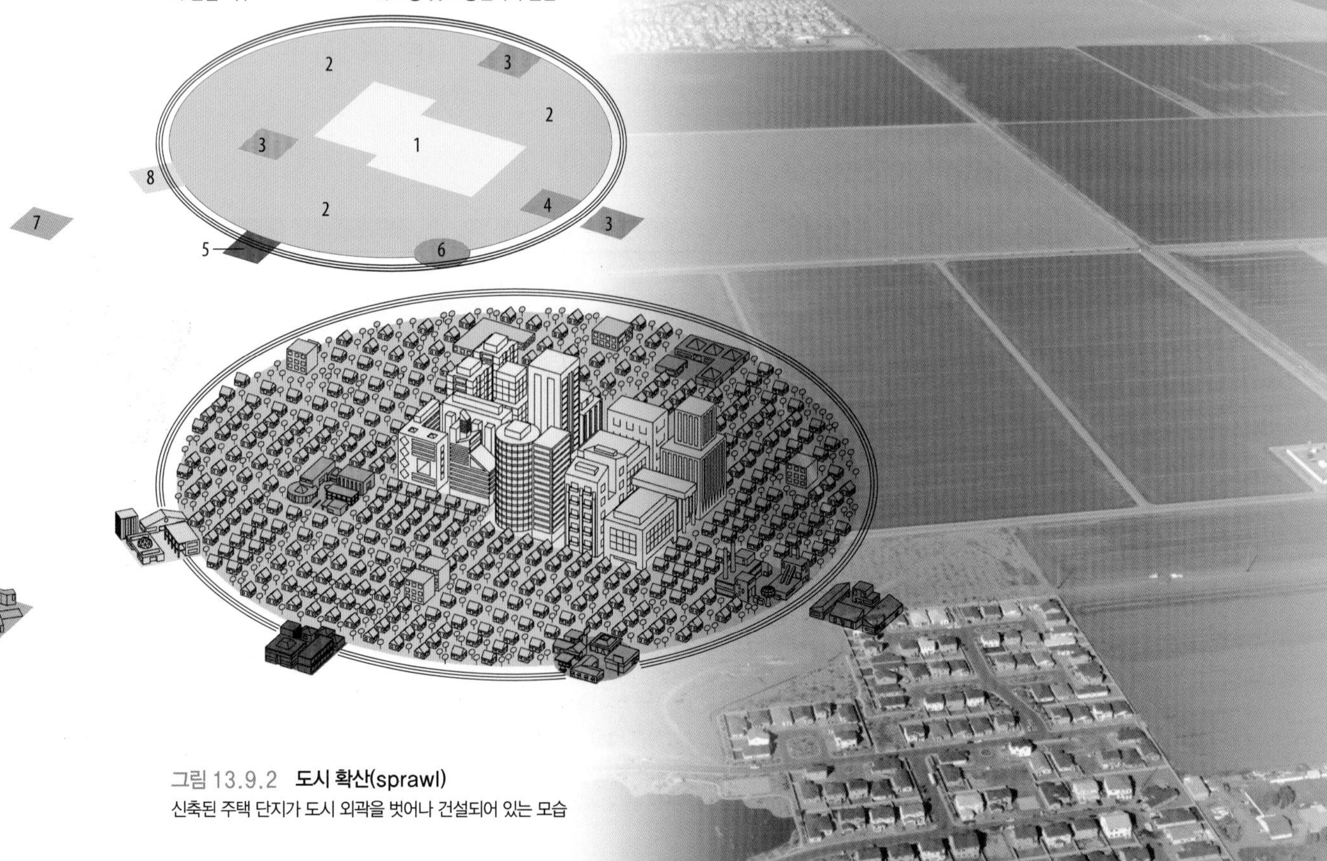

그림 13.9.2 **도시 확산(sprawl)**
신축된 주택 단지가 도시 외곽을 벗어나 건설되어 있는 모습

스프롤 현상의 비용

민간 개발업자가 새로운 주택 건설 부지를 선택할 때에는 시가화된 지역과 떨어져 있으며 건축하는 데 용이하고 값이 싼 곳을 찾는다. 농지는 주택 건설용 토지로 쉽게 전환되지는 않는다. 그 때문에 토지 개발업자는 향후 건축업자가 주택을 지을 수 있도록 농장을 구매한다. 개발업자는 도시의 시가화된 지역과 인접해있는 토지를 구매하는 경우가 드물다. 미국 도시의 주변은 농지 사이에 개발이 이루어진 곳이 나타나는 스위스 치즈와 같은 모양을 띠고 있다(그림 13.9.2).

도시 교외 지역의 스프롤은 예측하지 못한 현상을 빚기도 한다.

- 시가화 지역에서 멀리 떨어져 고립되어 있는 신주택 단지까지 도로 및 기간 시설을 연결해야 한다.
- 장거리 통근 · 통학으로 연료 소비 비용이 상승한다.
- 농업용 토지가 주택 개발로 인해 잠식되고, 투기업자들이 매입해놓은 농지는 개발될 때까지 유휴지로 방치되는 경우가 많다.
- 지방정부는 교외 지역의 새로운 택지 개발로 인해 거둬들인 세금보다 훨씬 많은 비용을 각종 편익 시설 설치 및 서비스를 제공하는 데 지불하고 있다.

분리

새로운 교외 주택단지는 두 가지 측면에서 분리되어 있다.

- 교외 지역에 지어진 주택은 대개 건축 비용, 크기, 집의 배치 등을 고려하지 않고 다만 사회적으로 단독 가구에 맞춰 지어져 있다. 인종 · 민족별 분리도 많은 교외 지역에서 나타나는 현상이다.
- 주택 지역은 상업 기능, 제조업 기능으로부터 분리되어 제한된 곳에 밀집해있다.

소매업의 교외화

교외 주거 지역의 성장은 전통적인 소비자 서비스에 변화를 가져왔다. 도시 거주자들은 오랜 동안 음식과 일상생활용품을 주거 지역 중심에 있는 소규모 동네 상가에서 구입했으며, 중심업무지구에서 보다 고차 물건을 구입해왔다. 그러나 이후 교외 거주자들이 장거리 이동을 하려 하지 않기 때문에 중심업무지구에서 구매하는 빈도가 크게 줄어들었다.

대신 교외 지역에 자동차를 이용하는 고객들에게 편리한 시설과 넓은 주차장, 잘 정돈된 상점을 갖춘 쇼핑몰이 들어서면서 소매업도 집중하게 되었다(그림 13.9.3). 이렇게 교외 지역에 소비자 서비스업이 집중된 곳을 **에지시티**(edge city)라고 부르게 되었다. 에지시티는 원래 도심부에 직장을 가지고 있는 사람들의 주거지가 교외 지역에 형성되면서부터 시작되었으며, 이후 주거 지역 인근에 대형 쇼핑몰이 들어서게 되었다. 현재 에지시티는 생산자 서비스까지 제공하는 중심지로 발전하였다(그림 13.9.4).

쇼핑센터는 민간 개발업자가 건설하는데, 개발업자는 토지를 구입한 뒤 건축을 하고 개별 상인에게 장소를 임대한다. 대형 쇼핑몰 성공의 핵심은 유명 상점을 하나 이상 확보하는 것이다. 대부분의 소비자는 유명 상점에 쇼핑을 하러 간다. 작은 중심지에서는 슈퍼마켓이나 할인점이 유명 상점 역할을 하게 되고, 대규모 중심지에서는 몇 개의 백화점이 유명 상점 기능을 하게 된다.

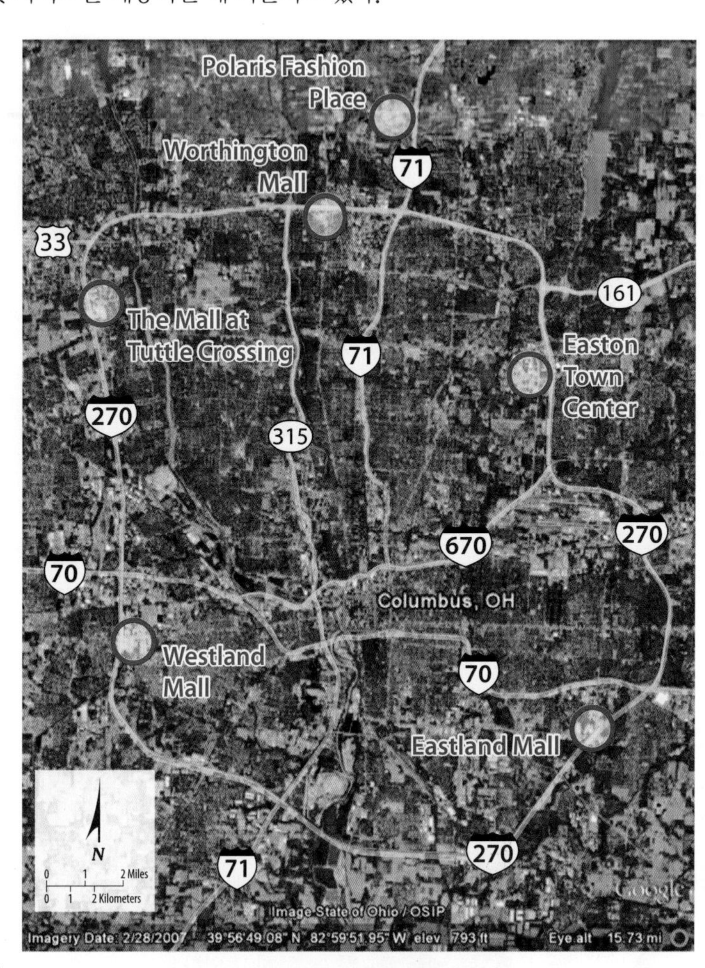

그림 13.9.3 오하이오 주 콜럼버스 시 주변의 쇼핑몰

그림 13.9.4 에지시티
오하이오 주 콜럼버스 시 외곽의 이스턴타운센터

13.10 도시 교통

▶ 미국 내 대부분의 이동은 자동차로 이루어진다.
▶ 일부 도시에서는 대중교통이 다시 인기를 얻고 있다.

사람들은 목적 없이 이동하지 않는다. 이동은 정확한 출발지와 종착지, 그리고 목적을 가지고 있다. 절반 이상의 이동은 업무와 관련된 것이며, 쇼핑이나 개인적인 사업 및 사교를 위한 이동은 전체 이동의 1/4 정도를 차지한다. 도시의 확산으로 인해 많은 사람들이 업무, 쇼핑, 사회 활동을 위해 이동할 때 교통수단에 더 의존하게 된다.

도시 교통의 발달

역사적으로 도시에 사는 사람들은 직장, 상점 등을 걸어 다녀야 했기 때문에 모여 살게 되었다. 19세기에 철도가 건설되면서 사람들은 점차 교외 지역으로 나가 거주하면서 도심으로 출퇴근을 하게 되었다. 도시에 전차(트롤리, 트램, 노면전차 등)가 부설되고, 지하철이 놓이게 되면서 교외로의 통근이 더욱 편리해졌다. 철로와 트롤리 전차 노선은 교외 지역의 개발을 제한하는 요소로서 역으로부터 가까운 지역의 시가지에 좁고 길게 뻗은 형태로 만들었다.

그림 13.10.1 **미국 샌프란시스코의 고속도로**

자동차

20세기 이전에 교외 지역의 성장은 미흡한 교통 상황으로 인해 많은 제약을 받았다. 자동차는 도시 내부에서 먼 거리에 있는 교외 지역뿐만 아니라 철도로 연결되지 않는 지역까지 대규모의 개발을 가능하게 하였다. 미국 도시의 전체 교통량 중에서 95% 이상이 자동차에 의존하고 있다.

미국 정부는 전국적으로 74,000km에 이르는 주간 고속도로의 건설 및 유지비용에 교통 예산의 90%를 지출함으로써 자동차와 트럭의 이용을 장려해왔다(그림 13.10.1). 또한 다른 나라보다 저유가 정책을 지속적으로 펼쳐 자동차 이용을 지지해왔다.

사실 자동차는 도시에서 주요한 토지 이용자이다. 평균적으로 도시 전체 토지의 1/4이 도로와 주차장 등으로 사용되고 있다(그림 13.1.1 참조). 비록 지하 주차장과 주차 빌딩을 이용해 비싼 지상 공간 주차에 필요한 면적을 줄이기는 했지만, 그래도 비싼 토지가 자동차와 트럭의 주차 공간으로 쓰이고 있다. 도심을 관통하는 고속도로와 정교하게 만든 인터체인지는 더 넓게 도시 공간을 점유하고 있다.

자동차는 차를 구입한 후 관리하는 것 이상으로 혼잡 통행료, 고속도로 유지비용, 새로운 고속도로 건설, 오염 방지 등 많은 비용을 투입하게 만든다. 미국인들은 연간 평균 36시간을 교통 정체로 자동차 내에 앉아있으며, 연간 55갤런의 석유를 사용한다.

기술 발달로 자동차의 흐름이 개선되고 있다. 교통 상황을 실시간으로 알려주기 때문에 정체구간을 피해 갈 수 있게 되었으며, 운전자를 대신해 자동으로 자동차 간의 거리나 운행 속도를 통제해주는 기술도 개발되었다.

자동차 운전자는 혼잡한 도로를 이용하거나 아니면 혼잡 통행료를 내고 빠른 길로 다닐 수도 있다(그림 13.10.2). 21세기 기술의 발달과 확산은 개인용 자동차를 이용하는 대다수 사람들에게 지속적으로 편리함을 제공해줄 것이다.

그림 13.10.2 **교통 혼잡 유발에 대해 범칙금을 부과하는 런던의 도로**

대중교통

대도시에서 대중교통은 개별 이용객들에게 필요한 공간이 상대적으로 적기 때문에 대규모의 사람들이 이동하는 교통수단으로 매우 적절하다. 대중교통은 저렴하고, 자동차에 비해 더 에너지 효율적이며, 또한 대규모의 사람들을 좁은 한 지역으로 한꺼번에 빠르게 이동할 수 있도록 한다. 대중교통 수단이 통근에 이점이 있음에도 불구하고 미국 도시 인구의 5%만이 출퇴근을 위해 대중교통을 이용한다. 대도시 외곽으로 연결되는 대중교통은 아주 부족하거나 아예 없다.

일부 미국 도시에서는 대기오염을 줄이고 석유를 절약하기 위해 대중교통을 확대해왔다. 미국의 여러 도시에 새로운 지하철 노선이 건설되고 있거나 기존 노선이 확장되고 있다(그림 13.10.3). 미국 연방정부는 보스턴, 뉴욕 및 다른 도시에서 주간 고속도로를 위한 예산을 교통 서비스를 빠르게 현대화하는 데 대신 사용할 수 있도록 허가했다. 현재 경전철이라는 용어로 더 잘 알려진 트롤리가 북아메리카 지역에서 다시 인기를 얻고 있다(그림 13.10.4). 미국의 자동차 중심 문화의 상징이었던 캘리포니아는 새로운 경전철 노선을 건설하는 선도 도시로 나서고 있다(그림 13.10.5).

최근의 이러한 작은 성공에도 불구하고, 대부분의 대중교통 체계는 요금이 운영비용보다 낮기 때문에 적자 폭이 커지므로 악순환이 반복되고 있다. 주 이용객의 감소와 운영비용의 상승, 요금 인상에 따라 이용객은 줄어들고 서비스 수준은 저하되며, 비싼 요금 체계가 초래되고 있다.

그림 13.10.3 샌프란시스코의 대중교통 : 바트(Bart) 지하철

그림 13.10.4 샌프란시스코의 대중교통 : 소형 경전철

그림 13.10.5 샌프란시스코의 대중교통 : 노면전차

도시의 미래는 어떻게 될까? 이 장에서 살펴본 것처럼 상반된 변화 추세가 동시에 나타나고 있다. 왜 도심부 지역에 빈민가와 같은 주거 지역과 상류층 주거 지역이 같이 나타나는가? 왜 한 도시에 쇠락해가는 지역과 새롭게 쇼핑객과 방문객으로 넘쳐나는 지역이 공존하는가?

넓은 마당으로 둘러싸인 분리된 단독 가옥을 떠오르게 하는 교외 지역의 생활은 많은 사람들에게 매혹적이다. 그러나 도심부에 거주하는 사람들은 교외로 이주해나가는 것을 매우 꺼린다. 대부분 교외 지역은 자동차 없이는 접근이 불가능한 곳에 위치해있다. 도심부 지역에 거주하는 사람들과 교외 지역에 사는 사람들의 공간적 분리는 거의 모든 도시에서 매우 명확하게 대비되는 현상으로 쉽게 찾아볼 수 있다.

미국의 몇몇 주는 최근 몇 년 사이에 지나친 도시 확대를 억제하고, 교통 혼잡을 줄이기 위한 목적으로 쇠퇴한 도심부를 활성화하는 정책을 강하게 실시하고 있다. 이러한 정책의 목적은 지속 가능한 개발과 적정한 규모의 개발을 통해 농촌 지역 또는 자연환경, 공원 등을 보호하기 위한 것이다.

핵심 질문

도시 지역에서 사람들은 어디에 밀집해있는가?

- ▶ 중심업무지구(CBD)에는 도시의 생산자 서비스 및 공공 서비스 기능이 집중되어 있다.
- ▶ 도시에 살고 있는 사람들의 상이한 패턴을 동심원 모형, 선형 모형, 다핵심 모형으로 설명할 수 있다.
- ▶ 세 모형은 도시에 살고 있는 사람들의 생애주기적 단계, 사회적 지위, 민족적 지위에 따라 다르게 나타나는 패턴을 이해하기 쉽게 원형, 선형, 결절형 등의 형태로 구분해놓은 것이다.

도시 지역은 어떻게 교외 지역으로 확장되었는가?

- ▶ 도시는 시가화 지역이 도시의 행정 경계를 넘어 확대되기도 한다. 대도시 지역은 도시 경계 밖의 시가화된 지역과 연계되어 있다.
- ▶ 교외 지역이 성장하면서 대부분의 대도시 지역은 수많은 지방자치정부로 분절되어 있다.

도시 지역이 직면한 문제는 무엇인가?

- ▶ 많은 미국인들은 현재 도시 주변의 교외 지역에 살고 있다.
- ▶ 도심부의 저소득층 주거 지역은 경제적 · 사회적 · 환경적 측면에서 압력을 받고 있다.
- ▶ 교외 지역으로 확산되는 미국 도시 지역은 자동차 교통에 의존하고 있다.

지리적으로 생각하기

당신이 살고 있는 도시 또는 이웃의 모습을 스케치해보자. 케빈 린치(Kevin Lynch)가 저술한 도시의 이미지(*The Image of City*)에 따라 지구(등질 지역), 단(지구 간 경계), 통로(소통의 통로), 결절(상호작용의 구심점), 랜드마크(경관상 현저하게 두드러지는 대상이나 지표) 다섯 가지 요소를 넣어 그려보자.

1. 당신은 도시의 모습을 어떠한 이미지로 받아들이고 있는가?

미국 대도시의 죽음과 삶(*Death and Life of Great American Cities*)를 저술한 제인 제이콥스(Jane Jacobs)는 도시의 매력적인 환경은 미국 뉴욕의 근린에서 볼 수 있는 것과 같이 도시 사람들의 다양하고 생동감 있는 활동이라고 했다(그림 13.CR.1).

2. 이러한 환경에서 살고 있는 우리에게 매력적인 것은 무엇인가? 또는 불리한 점은 무엇인가?

급속하게 성장하고 있는 개발도상국 도시의 사무실들이 기준에 훨씬 미치지 못한 조건의 주택 건물을 더욱 열악하게 만들고 있다. 또한 부족한 교통 시설과 위험한 자동차들 때문에 더욱 악화되고 있다. 그러나 거주자들은 집이 없는 것보다 수준 이하의 주택이라도 더 원하고, 교통수단이 없는 것보다는 안전하지 않은 수단을 더 선호한다.

3. 도시의 주택, 교통, 기타 서비스 시설을 안전하고 충분하게 이용할 수 있게 된다면 어떠한 이점이 있을까? 혹시 문제는 발생하지 않을까?

그림 13.CR.1
뉴욕의 그린위치 빌리지

탐구 학습

일리노이 주 시카고

구글어스를 이용하여 시카고의 레이크프런트(lakefront)의 변화를 탐색해보라.

위치 : 시카코 솔저필드(Soldier Field)

"스트리트 뷰"를 눌러서 "솔저필드" 위쪽으로 드래그하라.

"지면 수준 보기 종료"를 클릭하라.

나침반에서 북쪽이 위로 오도록 화면을 이동시켜라.

레이크프런트와 녹색 섬(노덜리 섬)이 동서 양쪽에 모두 보일 때까지 화면을 축소해보라.

2000년 4월 23일의 과거 이미지를 불러들여보라.

1. 레이크프런트를 따라 솔저필드 동부 지역에서 어떤 변화가 발생했는가?

2. 솔저필드 서부 지역에서는 어떤 변화가 일어났는가?

3. 도시 결절 지역에서 일어난 변화로 인해 시민들의 활동에는 어떠한 영향을 끼쳤을지 생각해보라.

인터넷 자료

Social Explorer는 www.social.explorer.com 웹사이트에서 도시를 포함한 모든 지역 규모별로 통계 자료를 제공하고 있다. 여기 있는 지도는 수백 가지 통계 변수들 중에서 관심 영역을 이용자가 알아서 선택할 수 있다.

핵심 용어

기초 센서스 통계지역(Primary Census Statistical Area, PCSA) 미국에서 결합된 모든 통계 지역은 대도시 통계 지역과 소도시 통계 지역을 모두 합한 것이다.

다핵심 모형(mutiple nuclei model) 활동의 결절지별로 그 주위에 사회 집단이 배치된다는 도시 내부 구조 이론

대도시 통계 지역(Metropolitan Statistical Area, MSA) 미국 내 최소 인구 5만 명 이상의 중심 도시, 그런 도시가 입지되어 있는 카운티, 중심 도시와 기능적으로 연결되기 위해 필요한 기준을 한 가지 이상 만족하는 인접 카운티

도시화된 지역(urbanized area) 미국의 중심 도시와 연속적으로 개발된 교외 지역

동심원 모형(concentric zone model) 각 사회 집단이 동심원 형태로 공간적으로 배치되어 있다고 보는 도시 내부 구조 이론

무허가 불량 주거 지역(squatter settlement) 저개발국 도시 내의 한 영역으로, 소유하거나 임차하지 않은 토지 위에 임의로 주택을 건설하는 불법적인 토지 점유 지역

사회 지역 분석(social area analysis) 도시 내부 지역을 파악하는 데 도시 주민의 경제적 수준, 인종적 배경, 사회적 지위 등과 같은 지표의 통계를 통해 분석하는 방법

선형 모형(sector model) 중심업무지구로부터 방사형으로 뻗어나간 몇 개의 부채꼴(sector) 혹은 쐐기의 형태로 사회 집단이 배치된다는 도시 내부 구조 이론

센서스 지역(census tract) 미국통계청이 통계 자료를 구축하기 위해 구획한 영역으로, 센서스 지역은 도시화된 지역의 근린 지역과 대략 일치한다.

소도시 통계 지역(Micropolitan Statistical Area, μSA) 인구가 1만~5만 명 사이에 있는 도시화된 지역, 그런 도시가 포함되어 있는 카운티(county) 및 그런 도시에 연결하여 인접해있는 카운티

스프롤(sprawl) 상대적으로 낮은 밀도를 가진 지역 및 기성 시가지와 연속적이지 않은 곳에 새로운 주택 용지를 개발하는 것

시(city) 법률적으로 통합된 단일의 자치권을 행사하는 도시 지역

에지시티(edge city) 도시지역의 에지(단)에 위치해있는 결절지로서 업무, 소매 기능으로 특화된 도시

연결된 통계 지역(Combined Statistical Area, CSA) 미국에서 통근 패턴이 연계되어 있어 기초 통계 지역이 2개 또는 그 이상 연속적으로 이어져 있는 통계 지역

젠트리피케이션(gentrification) 도시 근린 지역이 저소득층 임차인이 거주하던 지역에서 중산층의 자가 소유가 우세한 지역으로 전환되어 가는 과정

주변부 모형(peripheral model) 북아메리카 도시 지역에서 중심 도시와 주변 교외 지역의 주거 또는 업무 기능의 도시가 여러 형태의 교통망으로 연계되어 있는 구조를 설명한 모형

중심 기반 통계 지역(Core Based Statistical Area, CBSA) 미국에서 대도시 통계 지역 또는 소도시 통계 지역을 언급하는 용어

중심업무지구(Central Business District, CBD) 소매와 업무 활동이 모여있는 도시 내 구역

편입(annexation) 미국에서 법적으로 어떤 지역이 도시에 포함되는 것

▶ 다음 장의 소개

우리는 마지막으로 천연자원의 사용과 오용 그리고 재사용에 대해 살펴볼 것이다.

14 자원

물과 전기가 없이 하루, 아니 심지어 몇 시간 동안만이라도 보낸다는 것은 무척 힘든 일이다. 천연자원은 항상 인간활동의 중요한 에너지원이다. 인류가 70억 명으로 증가하고 경제수준이 높아지면서 천연자원의 부족 문제가 심각해지고 있다.

오늘날 국가 간 분쟁은 천연자원을 둘러싸고 발생하는 경우가 많다. 석유자원은 세계적으로 주목받는 자원으로, 석유 가격은 세계경제 변화에 커다란 영향을 끼친다. 수자원 부족 문제도 점차 심각해지고 있다. 물 부족 문제는 농업에까지 영향이 미치기 때문에 이로 인해 전 세계 농산물 가격이 상승할 것으로 예견되고 있다.

역사적으로 인류는 기술을 계속 발전시켜 나아가고 있다. 자원 부족 문제도 인류의 기술로 해결할 수 있을 것으로 볼 수 있다. 그러나 인류가 과도하게 자원을 개발하고 이용한다면 자연의 자정 능력을 훼손하게 되고, 그로 인하여 인류는 보다 심각한 문제에 봉착하게 될 수 있다.

피츠버그의 원자력발전소

천연자원은 무엇이고, 자원의 가치를 결정하는 요인은 무엇인가?

에너지자원과 광물자원을 어떻게 활용하고 있는가?

미국에너지정보국의 에너지 관련 자료를 검색하려면 스캔하라.

자원을 미래에도 지속 가능하게 사용하려면 어떻게 해야 하는가?

14.1 자원의 개념

▶ 천연자원은 자연환경에서 만들어졌지만, 문화적 · 기술적 · 경제적 조건에서 정의된다.

▶ 자원의 문화적 · 기술적 · 경제적 조건은 자원으로서 가치가 있을 때뿐만 아니라 가치가 사라질 때조차도 항상 영향을 미친다.

천연자원(natural resource)은 자연환경에 있는 것으로 사람들이 사용하면서 가치가 부여된다. 여기에는 식물, 동물, 석탄, 물, 공기, 토지, 태양광, 야생생물 등이 포함된다.

만약 인간이 자원을 이용했는데 자연적으로 다시 만들어진다면 이러한 자원은 **재생자원**(renewable resource)이 된다. 지리학에서 천연자원은 인간의 활동 무대인 대기권, 생물권, 수권, 암석권 등의 요소를 지니고 있기 때문에 매우 중요한 주제이다. 천연자원은 인간이 만든 자원과 구분된다. 인간이 만든 자원에는 자본, 공장, 컴퓨터, 정보, 노동력 등이 투입된다. 천연자원은 인간이 이용하기 전까지 단지 자연의 일부에 불과하다. 따라서 천연자원은 인간의 문화적 · 기술적 · 경제적 시스템에 의해 정의된다.

- 문화적 가치는 소비되는 품목에 영향을 끼친다. 사회적 선호도 자원의 수요와 공급에 영향을 준다.
- 기술은 특정 자원의 이용 가능성에 매우 지대한 영향을 주며, 자원의 경제성을 결정하는 핵심 요인이다.
- 사회의 경제 시스템은 자원으로서 가치가 있는지를 결정한다. 시장경제에서 안정적인 수요와 공급은 자원의 이용 가능성을 가늠하는 중요 인자이다.

이와 같은 요소는 원유, 다이아몬드, 삼림, 청정 공기 등 어떠한 천연자원 연구에도 적용될 수 있다. 모든 사례에서 세 가지 요소는 천연자원의 가치를 평가하는 데 반드시 고려된다.

문화적 가치와 천연자원

인간이 생존하기 위해서는 집, 음식, 의복이 필요하며, 이것들을 만들기 위해서는 여러 천연자원이 있어야 한다. 인간은 풀, 나무, 진흙, 돌, 벽돌 등을 이용해 집을 지을 수 있다. 인간은 물고기, 돼지 등을 먹을 수 있고, 곡물, 야채, 채소도 먹을 수 있다. 또한 인간은 동물 가죽, 면화, 비단, 화학섬유로 옷을 만들 수 있다. 문화적 가치는 자원을 이용해 우리의 삶을 유지할 수 있도록 도와준다(그림 14.1.1).

습지는 문화적 가치에 의해 야생 상태가 자원으로 바뀔 수 있다는 것을 보여주는 대표적인 지역이다(그림

그림 14.1.1 **가치 있는 자원**
도시 내의 공원(왼쪽 : 미국 뉴욕의 센트럴파크)과 야생 공원(오른쪽 : 미국 워싱턴 주의 올림픽국립공원) 중에서 어떤 곳이 더 가치가 있는가? 아마도 우리는 둘 다 좋아할 것이다. 만약 자원이 희소한 상태에서 선택을 해야 한다면, 우리는 어떠한 결정을 내려야 하는가? 일반적으로 도시의 공원은 많은 사람들이 찾는 곳인 반면 야생 공원은 이용하는 사람이 많지 않다. 야생이 우리가 모르는 수많은 자연 공동체의 은신처임을 안다면, 야생 공원은 도시 공원과 다른 가치를 지니고 있는 곳이다.

14.1.2). 한 세기 전만 하더라도 미국에서 습지는 다양한 생명체가 있는 곳이라기보다는 유독하고, 습하고, 벌레만 가득한 곳으로 인식되었다. 따라서 습지는 쓰레기를 매립하거나 농지로 전환해서 쓸 수 있는 곳이었다. 습지를 매립해서 각종 용지로 사용하는 것은 여러 가지 면에서 좋은 것으로 평가되었다. 그렇지만 20세기에 들어서서 미국에서 문화적 가치가 변화하였다. 자연 생태 시스템의 가치에 주목하기 시작하면서 습지는 다양한 생물이 서식하는 곳이며, 수질오염을 감소시키는 생태적으로 가치 있는 곳이 되었다. 습지에 대한 일반인들의 인식도 변화되었고, 사전적 의미도 긍정적으로 바뀌게 되었다. 즉, 과거에 부정적인 늪지대라는 인식 대신에 인간에게 친숙한 습지로 알려지게 되었다. 오늘날 습지는 가치 있는 토지자원으로 법적 보호를 받고 있다. 세계 여러 지역에서 손상된 습지가 복구되고 있으며, 습지를 훼손하는 행위는 강하게 제한을 받는다.

그림 14.1.2 **습지 보호 : 뉴저지 주**
미국에서 습지는 과거에 전혀 쓸모없는 부정적인 의미를 지닌 늪지로 불렸다. 뉴욕 시 인근의 습지는 오늘날 생물 다양성의 보고이자 수질 정화에 뛰어난 자정 능력을 가지고 있는 곳으로 보호되고 있다.

기술과 천연자원

천연자원의 유용성은 사회의 기술 수준과 사회의 목적에 어느 정도 부합하느냐에 달려있다. 예를 들어 금속은 강도가 높고, 고온에서도 잘 견디며, 열과 전기의 전도율이 좋은 물질이다. 그러나 만약 금속을 가공하여 기계, 부품, 동전, 자동차 차체 등으로 사용할 수 있는 지식이 없었다면 금속 원석은 자원이 될 수 없었을 것이다.

지구 상의 대부분의 물체는 인간이 사용하지 않는 것들이다. 다만 어떻게 써야 하는지 모르고, 추출해내는 방법을 모르기 때문에 사용되지 않고 있을 뿐이며, 가까운 미래에 자원이 될 수 있는 잠재적 자원이다. 방사성 우라늄은 인간이 무기 또는 발전에 이용할 수 있는 기술이 개발되기 이전에는 별로 가치가 없는 것이었다.

경제와 천연자원

천연자원은 시장에서 교환이 가능해지면서 금전적인 가치를 얻게 되었다. 시장에서 형성되는 자원의 가격과 거래되는 양은 공급과 수요에 따라 결정된다. 수요와 공급에 관한 상식적인 원리가 반영된다. 자원을 추출하는 데 많은 노동력과 자본, 기계가 투입된 천연자원의 가격은 다른 자원에 비해 비싸게 거래될 것이다. 공급량이 많을수록 가격은 저렴해지고, 수요량이 많을수록 가격은 비싸진다. 소비자는 자원에 대한 소비 욕구가 클수록 더 많은 비용을 지불하게 된다. 만약 생산자의 공급가격이 낮아지면, 소비자는 가격이 높았을 때보다 더 많이 요구하게 된다.

상품 교환의 외부에 존재하는 요인 중에서는 시장 상황에 반영할 수 있는 것이 없기 때문에 상품 교환 당시의 가격에는 반영되지 않는다. 예를 들어 석탄을 사용하는 화력발전소가 전력을 생산하는 과정에서 대기오염을 발생시킨다. 전기를 사는 사람들은 전기를 직접 지불한다. 그들이 지불하는 가격은 전기에 대한 욕구와 그들이 기꺼이 지불할 수 있는 값이 반영되어 있다. 그러나 발전소에 가까이 거주하는 주민들은 그들이 좋아하든 그렇지 않든 간에 발전소에서 배출되는 오염물질에 직접적으로 노출된다. 비록 화력발전소가 오염 관리 비용을 어느 정도 부담하고 있을지라도 화력발전소가 오염 유발 비용을 소비자에게 직접 청구할 수 없다. 그러므로 이 같은 오염 유발 비용은 내재적인 가격으로 포함되어 있다. 만약 발전소에 오염 유발 비용을 부과하고, 발전소가 전기를 구매하는 사람들에게 그 비용을 보전받게 한다면, 아마도 발전소는 오염물질 배출량을 줄일 것이고, 이에 따라 사람들은 오염으로부터 받는 피해를 줄일 수 있게 된다. 대부분의 천연자원 문제는 오염에 대한 책임을 시장에서 해결할 수 없기 때문에 발생한다.

14.2 경쟁을 통한 균형

▶ **자원 대부분은 여러 가지 용도로 사용될 수 있고, 또한 자원에 대한 수요는 대부분 서로 다른 측면에서 상충될 수 있다.**

▶ **만약 특정 자원이 하나의 목적만으로 사용된다면, 그 용도는 제한될 수 있거나 또는 다른 목적들 때문에 확대될 수 있다.**

천연자원은 대부분 고유한 특성 때문에 가치가 있다. 석탄은 연소될 때 열을 방출하는 것으로, 나무는 건축 재료로서 강도와 예술적인 면을 지니고 것으로, 생선은 단백질 공급원으로, 그리고 신선한 물은 건강에 필수 요소로서의 특성을 지니고 있다. 같은 용도로 사용되는 물질이 여러 가지가 있을 수 있는데, 만약 한 물질이 매우 희소하거나 가격이 비쌀 경우 그 물질은 대부분 다른 물질로 대체된다. 구리는 매우 뛰어난 전도체이지만, 전선으로 이용할 경우 다른 전도체보다 상대적으로 비싸다. 따라서 컴퓨터 네트워크와 같은 정보 송수신 케이블에는 구리 전선을 사용하는 것보다 광섬유 케이블을 이용하는 것이 훨씬 경제적이다.

물질의 대체성은 자원의 희소성으로 인해서 발생하는 물질자원의 가격과 사용 제한 문제에 중요하게 작용한다. 만약 특정 물질이 매우 희소해져서 가격이 비싸진다면, 값이 싼 대체물질이 개발된다. 이러한 대체성으로 인해 그동안 인류는 생활에 필요한 자원을 매우 안정적으로 공급받을 수 있었다.

그렇지만 지구 상에는 대체물이 없는 자원도 많다. 세상에 올드페이스풀 간헐천(Old Faithful Geyser, 역주 : 미국 옐로스톤국립공원에 있는 간헐천 이름)은 오직 하나뿐이고, 향유고래도 한 종류밖에 없다. 만약 올드페이스풀 간헐천이 파괴되고 향유고래가 멸종하게 된다면 이것을 대체할 수 있는 것은 없다(그림 14.2.1). 다른 간헐천이 많이 있고 다른 종의 고래도 존재하지만, 위에 언급한 대상과 같은 것이 아니다. 이들 자원은 고유성 자체가 본질적인 가치이다.

14.2.1 **올드페이스풀 간헐천**
미국 옐로스톤국립공원에 있는 간헐천은 실용적인 목적을 지닌 대상은 아니지만, 그 자체의 독특함 때문에 가치가 높다.

이윤 경쟁을 통한 균형

자원을 최적으로 이용하고 있다는 점에 대해 동의하지 않는 사람들은 왜 그럴까? 희소한 자원을 통제하기 위한 정치적 · 경제적 관계는 이윤 경쟁 상황에 초점이 맞추어져 있다. 예를 들어 2011년 미국환경보호국은 미국 동부 지역에 위치한 발전소에서 배출되는 오염물질을 제한하는 새로운 규칙을 제안했다. 새로운 규칙에 대해 두 이익 집단 간에 격한 논쟁이 일어났다.

- 환경보호론자들은 새로운 규칙으로 인해 인간의 건강과 자연생태계에 영향을 미치는 오염물질 배출이 줄어들게 될 것이라는 점을 강조하였다.
- 전기를 많이 이용하는 산업 입장에서는 새로운 규칙 때문에 전기료가 상승하게 되며, 결과적으로 경제적 측면에서 커다란 타격을 입게 될 것이라는 점을 강조하였다.

환경보호론자들과 산업계의 논쟁은 사실 오래전부터 대립되어온 것으로, 이번에도 두 집단은 각각 연방정부 또는 지방정부와 연계하여 자신들의 입장을 관철시키고자 하였다. 결국 새로운 규칙은 경제성 부분을 고려하여 보다 강력하게 실시하기로 결정되었다. 건강 유지비용 또는 질병 치료비용은 매년 1,200억~2,800억 달러를 절감할 수 있는 데 반해, 발전소 내에 오염물질 저감 장치를 설치하는 비용은 8억~24억 달러로 추산되었다.

정부의 조정은 자원을 어떻게 관리하는 것이 경제 원리에 맞는가를 놓고 결정한다. 시장경제에서 사회마다 서로 다르게 이용되는 자원의 상대적 가치는 가격에 영

그림 14.2.2 **적도 지역의 조림 사업**
이 조림은 탄소배출을 억제하기 위해 조성된 기금으로 만들어졌으며, 조림된 식생은 화석연료로부터 배출된 탄소를 바꾸어주는 기능을 한다.

향을 받는다. 우리가 사용하는 전기의 가격과 수요는 석탄 구매 가격에 영향을 받는다. 건강 유지비용은 건강을 해치지 않는 정도로 오염을 통제하는 데 대한 지출비용에 영향을 준다.

오염 통제 시스템의 시장 기반 접근으로 탄소배출권(cap-and-trade) 거래 제도가 있다. 이 제도는 허용되는 오염 배출량의 최대치가 설정되어 있고, 문제가 되는 오염물질을 배출할 수 있는 권한을 배출자 간에 매매할 수 있다는 점이다. 오염물질 배출이 매우 낮은 기업은 배출권을 팔 수 있으며, 오염물질을 배출해야 되는 기업은 권리를 구입해서 배출해야 한다. 이 같은 방법으로 청정 기업은 탄소배출권을 팔아 이익을 얻게 되고, 반면 오염물질 배출 기업은 더 많은 비용을 지불해야 한다. CO_2 배출을 통제하기 위한 탄소배출권 거래 제도는 미국에서 수년간 연구되어 왔으며, 2003년부터 시카고기후거래소에서 자율적으로 운영되었다. 온실가스 배출을 줄이고자 하는 개인이나 기업은 배출하는 CO_2의 양에 해당하는 권리를 구입해야 한다. 판매된 수익금은 CO_2 절감 기술 개발에 투자되거나 조림 사업 등에 사용된다(그림 14.2.2).

자원 이용에 대한 의사결정이 시장의 가치에 따라 이루어진다면 자본의 가치로 판단할 수 없는 자원의 경우에는 이용 결정이 쉽지 않을 것이다. 예를 들어 청정 공기, 생물 다양성 등이 이에 해당한다. 때때로 우리는 가격을 매기기 어려운 대상의 가치에 대해 그것과 가장 밀접한 것을 중심으로 가치를 부여하게 된다. 예를 들어 숲 속의 고요함과 아름다움의 가치는 결정하기가 매우 어렵다. 그러나 숲을 찾는 유료 관광객의 수가 그 숲의 가치를 가늠하는 척도가 될 수 있다(그림 14.2.3).

우리가 알고 있는 삼림, 물, 공기, 에너지, 천연광물, 농경지, 또는 어떠한 자원이든지 간에 분명한 사실은 이러한 자원의 사용량이 계속 증가하면서 전 세계적으로 개발 또는 오염에 압박을 받고 있다는 점이다. 인구가 증가하고 1인당 자원 사용량이 늘어나는 한(이러한 추세는 지난 1세기 동안 지속됨) 희소한 천연자원에 대한 경쟁은 더욱 치열해질 것이다.

그림 14.2.3 **산림 활용**
삼림은 목재, 펄프 생산(아래 : 말레이시아 파항 주), 여가 장소(왼쪽 : 캐나다 앨버타 주 제스퍼국립공원), 수원지 등 여러 용도로 활용되고 있다.

14.3 에너지자원의 사용

▶ 기술이 발달하면서 에너지의 생산과 저장, 사용 방식도 변화하고 있다.

▶ 전력 소비량은 계속 증가하고 있지만, 아직까지 전력 생산에 화석연료를 많이 쓰고 있다.

에너지 사용의 변화

인간이 불을 사용하면서부터 19세기 중반까지 목재는 가장 중요한 에너지원이었다. 북아메리카 원주민들은 전혀 문제가 없을 정도로 숲에서 목재를 채취하여 사용하였다. 그러나 17세기 초 유럽인들이 북아메리카로 이주해오면서 그들은 삼림지를 경작지로 개간하고, 연료, 건축 재료 등을 목적으로 목재를 대규모로 벌채하였다. 19세기 말 미국 동부 지역의 인구밀집 지역에서는 삼림이 사라졌고, 이 때문에 연료용 목재가 비싸지게 되었다. 또한 제조업이 성장하면서 목재 수급에 심한 불균형이 나타나게 되었다. 목재는 아직까지 개발도상국가의 중요한 에너지원이지만, 점차 비중은 줄어들고 있다.

21세기에도 세 가지 화석연료가 세계 에너지원의 85%, 선진국에서는 90% 이상을 차지하고 있다(그림 14.3.1).

- **화석연료**(fossil fuel)인 석탄은 수백만 년 전에 번성했던 식물이 탄화되어 만들어졌다. 19세기에는 연료 사용량에서 목재를 앞지르게 되었다.
- 원유 또한 광합성 식물의 매장에 의해 만들어진 것으로 1900년대 초 자동차의 보급이 확대되기 전까지는 소비량이 매우 적은 자원이었다. 보다 강력하고 무게가 가벼운 내연기관이 만들어지면서 교통수단에 석탄보다 석유를 연료로 더 많이 사용하게 되었다. 원유 정제, 파이프라인, 판매 시설(주유소와 같은) 등이 확충되면서 발전소와 몇몇 산업 부문을 제외하고는 석유가 석탄을 대체하여 광범위하게 사용되었다. 이후 현재까지 세계에서 가장 중요한 에너지원이 되고 있다.
- 천연가스는 원유 채굴 과정에서 뿜어져 나왔지만, 초기에는 관리하기가 어렵고 소비 시장이 발달하지 못해서 태워 버려졌었다. 그러나 최근에는 중요한 자원이 되고 있다.

인간이 목재를 석탄으로 대체하고, 석탄을 원유와 천연가스로 대체해왔듯이 현재는 화석연료에서 전력으로 대체되고 있는 중이다(그림 14.3.2). 난방과 취사 등의 기본적인 수요가 증가하고 있고, 과거 사치품이었던 에어컨이 생활필수품이 되고 있기 때문에 전력 공급이 더욱 증가하고 있다. 전기 제품의 사용이 급속하게 증가함에 따라 전력 사용량도 급증하고 있다. 이제는 자동차도 전기로 구동하기 시작했다. 그러나 이러한 변화는 아직까지 전력 생산이 화석연료에 크게 의존하고 있기 때문에 에너지 소비의 최종 단계에서만 화석연료가 사라진 것이다.

과거에 사용하던 에너지원에서 기술과 경제가 뒷받침하는 새로운 에너지원으로 대체되는 과정은 에너지 경제에 급속한 변화를 가져오게 된다. 이러한 전환은 자원이 점차 고갈되어 희소하게 될 때 더욱 빠르게 이루어진다. 오늘날 인류는 원유를 대체할만한 것을 찾아 나서고 있다.

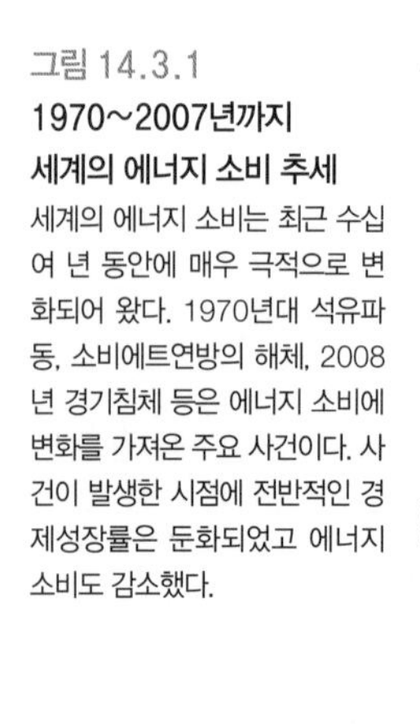

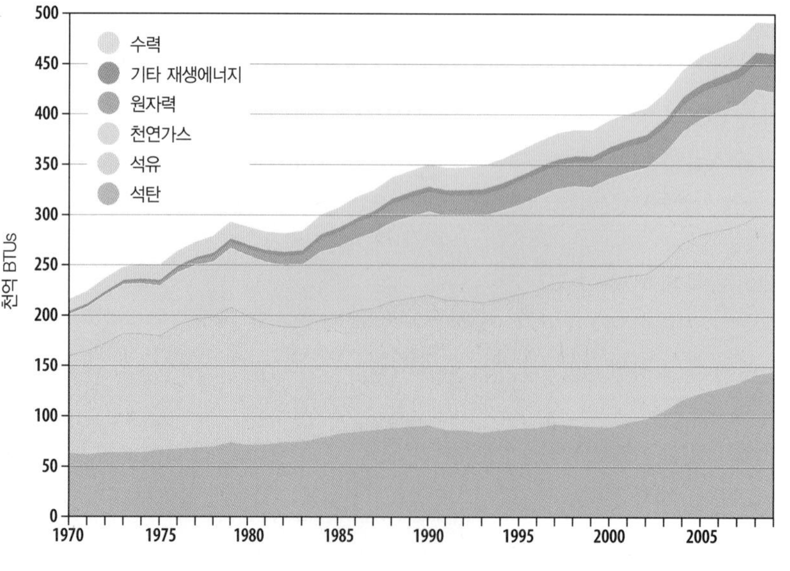

그림 14.3.1
1970~2007년까지 세계의 에너지 소비 추세
세계의 에너지 소비는 최근 수십여 년 동안에 매우 극적으로 변화되어 왔다. 1970년대 석유파동, 소비에트연방의 해체, 2008년 경기침체 등은 에너지 소비에 변화를 가져온 주요 사건이다. 사건이 발생한 시점에 전반적인 경제성장률은 둔화되었고 에너지 소비도 감소했다.

그림 14.3.2 **1960년의 야간 가로 모습(위)과 2010년의 야간 가로 모습(오른쪽)**
전기 사용량은 지난 수십 년 동안에 매우 급속하게 증가했다.

수요 대 부존량

자원의 **부존량**(reserve)은 자원으로 확인된 양 중에서 현재 가격으로 경제적 가치가 있는 것만을 고려한 양이다. 만약 전 세계의 원유 부존량(약 1조 3,000억 배럴)을 연 소비량(약 260억 배럴)으로 나누어보면, 현재의 소비량만큼 사용한다면 인간은 원유를 약 50년 정도밖에 사용할 수 없다. 새로운 대체에너지가 개발되어 원유 소비량이 현재보다 약간 줄어든다 하더라도 원유 사용 가능 연수는 몇십 년 정도 늘어날 뿐이다. 지구 상의 원유 부존량은 21세기 내에, 빠르면 우리가 살아있는 동안에 고갈될 것이다.

새로운 매장지의 발견으로 자원 이용 기간이 연장될 수 있다. 원유는 채굴이 보다 힘들어지기 때문에 비싸지고 있다. 원유 채굴 비용과 정제 비용이 동시에 상승하면서 전력과 같은 다른 에너지원에 대한 매력이 높아지면 원유에서 다른 에너지원으로 소비가 옮겨가게 될 것이다. 인간의 에너지 기반 시설이 새로운 에너지원으로 옮겨가면 원유에 대한 소비는 줄어들게 되고, 원유 가격도 생산비보다 낮아지게 될 것이다. 그러면 원유 생산은 정점을 지나 점차 줄어들게 된다. 이것이 '피크오일(peak oil)' 가설이다.

만약 이 가설을 받아들인다면, 가장 핵심적인 질문은 그때가 언제냐는 것이다. 정점이 몇 년 이내에 매우 빨리 올 수도 있다는 주장도 제기되고 있다. '정점을 주장하는 사람들'은 미국과 북해 지역에서 원유 생산량이 줄어들고 있는 것을 지적하며, 원유 부존량의 추정치가 너무 높게 산정되었다고 주장한다. 또 다른 입장에선 지구 상에서 아직 발견이 안 되었거나 개발이 안 된 유전이 많고, 원유 가격이 상승하면 경제적 가치가 낮았던 유전도 개발되기 때문에 원유 부존량이 늘어나게 된다. 따라서 원유의 고갈 시점도 예상보다 수십 년 늘어나게 된다고 주장한다.

이러한 각각의 예측은 흥미롭게도 자기만족적인 관점이 반영된 것이다. 만약 피크오일 가설이 곧 현실로 나타난다고 믿는다면, 원유에 대한 투자를 기피할 수 있다. 예를 들어 석유를 파는 주유소는 줄어들게 되고, 반면 주차장 등지에 자동차용 전기 충전 시설이 들어서게 될 것이다. 일단 대체에너지 기술에 투자가 시작되면, 규모의 경제에서 기술 개발이 계속되고 이에 따라 원유로부터 대체되는 에너지의 소비가 늘게 된다. 한편 원유 소비가 적어도 20~30년 더 계속될 것이라고 믿는다면, 주유소는 계속 들어서게 되고, 석유로 달리는 자동차가 계속 굴러다니고, 사람들은 비싼 에너지 가격을 지불하면서 자동차를 사용하게 될 것이다.

14.4 화석에너지

- ▶ **화석연료는 편재되어 분포하고 있으며, 화석연료의 국내 소비량보다 생산량이 훨씬 많은 국가도 있고, 해외로부터 수입에 의존하는 국가도 있다.**
- ▶ **일부 화석연료는 확인된 매장량이 향후 몇십 년 내에 고갈될 우려가 있다.**

전 세계적으로 아직까지 화석연료가 주요 에너지원이다. 그러나 화석연료를 무한정으로 사용할 수 없다. 화석연료의 소비 증가율은 채굴량 증가율보다 훨씬 빠르게 나타난다. 화석연료는 한 번 사용하면 다시 되돌릴 수 없기 때문에 **재생 불가능 자원**(nonrenewable resource)이다.

편재적 분포와 소비

산업화 수준이 높은 선진국에서는 일반적으로 에너지 소비가 많은 반면, 빈곤한 국가에서는 소비량이 선진국에 미치지 못한다. 미국은 에너지 소비량의 절반 정도를 해외에서 수입하고, 유럽은 절반 이상을, 일본은 90% 이상을 수입에 의존하고 있다(그림 14.4.1). 주요 생산 국가는 연료에 크게 의존하고 있다(그림 14.4.2).

재생 불가능한 화석연료에 의존하고 있는 상황에서 이러한 연료의 사용 연한을 연장할 수 있는 방법이 중요하다. 화석연료의 새로운 매장지가 발견되었다 하더라도 개발이 불가능한 장소이거나 개발에 너무 많은 비용이 소요될 경우 부존량 추산에서 제외된다. 생산량 대비 부존량(R/P)을 통해 확인된 부존량의 가채년수를 알 수 있다. 세계 원유와 천연가스의 가채년수는 각각 51년과 57년이며, 석탄의 경우는 상대적으로 긴 125년이다. 10여 년 전에 화석연료의 부존량은 적어도 현재보다 많았지만, 인간은 화석연료를 사용할 수밖에 없었다.

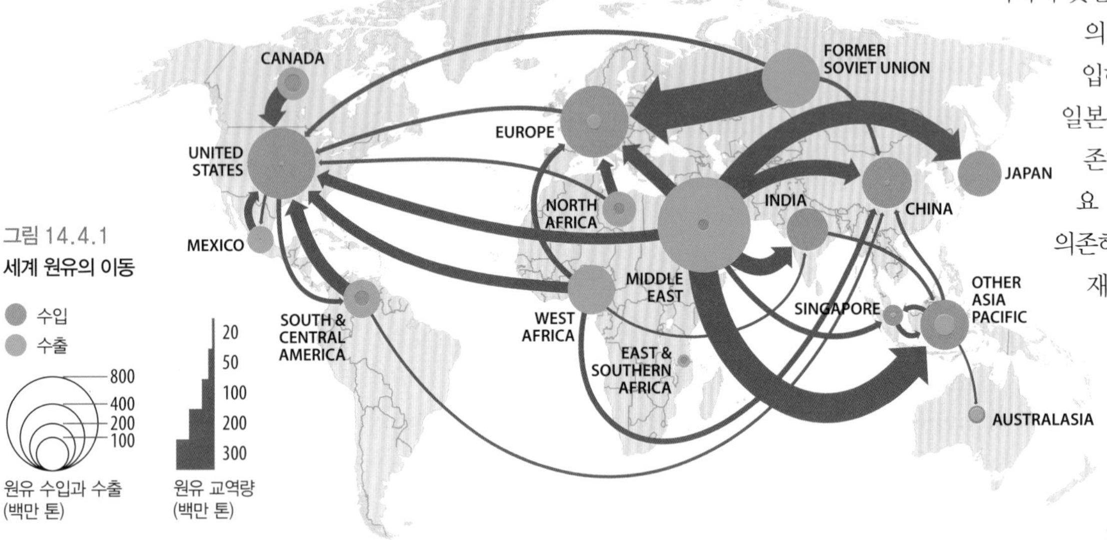

CANADA
UNITED STATES
MEXICO
SOUTH & CENTRAL AMERICA
EUROPE
FORMER SOVIET UNION
NORTH AFRICA
WEST AFRICA
MIDDLE EAST
EAST & SOUTHERN AFRICA
INDIA
CHINA
JAPAN
SINGAPORE
OTHER ASIA PACIFIC
AUSTRALASIA

수입
수출
800
400
200
100
원유 수입과 수출 (백만 톤)
20
50
100
200
300
원유 교역량 (백만 톤)

그림 14.4.1 **세계 원유의 이동**

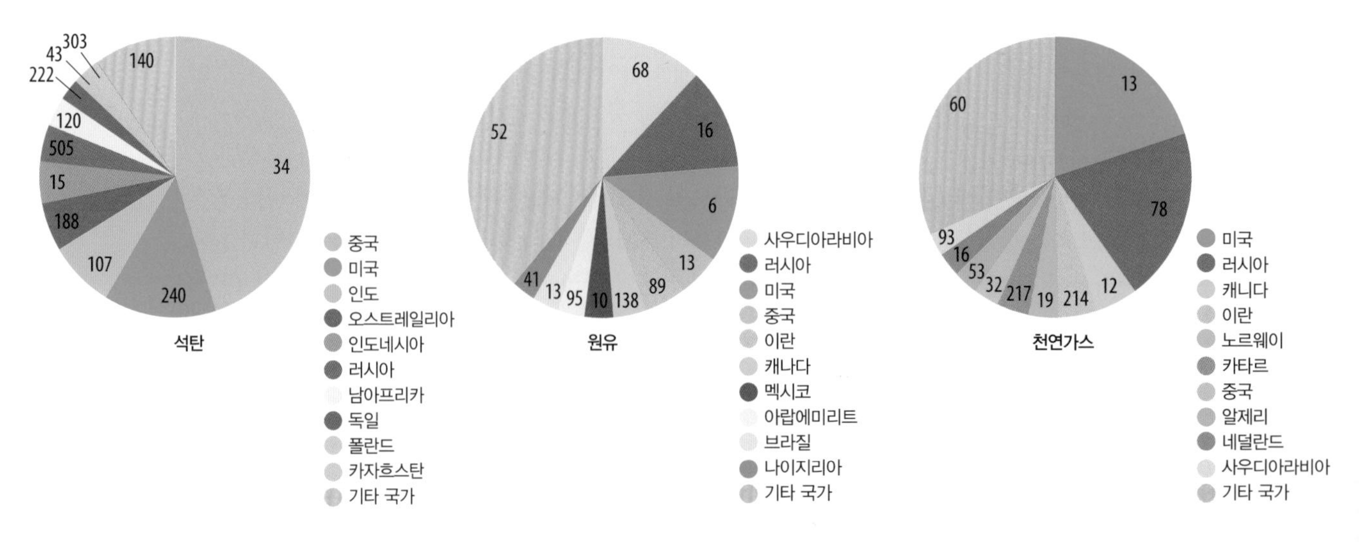

그림 14.4.2 **화석연료의 생산량과 부존량** 해당 자원의 상위 10위 국가를 나타낸 것이다. 이들 국가가 차지하는 비중은 석탄 부존량의 88%, 원유 부존량의 75%, 천연가스 부존량의 72%이다. 도표 상의 숫자는 1년간 채굴량으로 환산했을 때 채굴할 수 있는 연한이다. 석탄 자료는 2008년 기준, 나머지 자료는 2009년 기준이다.

원유

미국은 한때 원유를 수출하기도 했지만, 20세기 중반 이후부터 전체 소비량의 절반가량을 수입하고 있다. 원유 가격의 상승은 소비량을 크게 변화시킨다. 원유 가격의 급상승은 세계경제를 긴장시키며, 다른 에너지원 개발에 관심을 갖게 한다(그림 14.4.3).

그림 14.4.3 **원유 가격의 변천사**

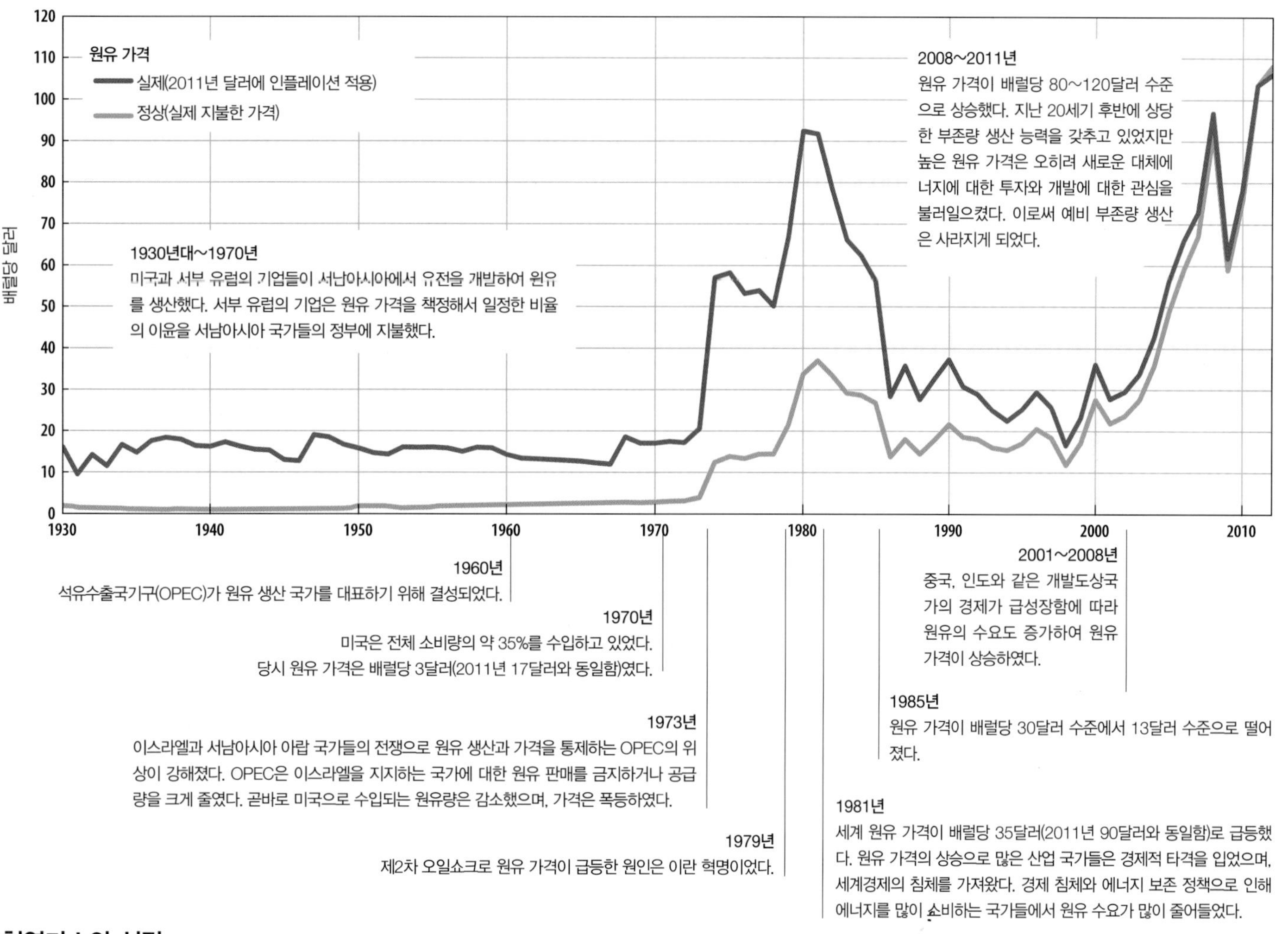

천연가스와 석탄

천연가스는 완전 연소되는 연료로 가정용, 상업용, 산업용으로 많이 사용된다. 미국에서는 최근 전력 생산에 사용하는 연료 중 천연가스의 비중이 높아지고 있다.

천연가스는 원유와 관련이 있지만, 채굴 가능 지역 또는 채굴 가능량은 원유와 큰 관련이 없다. 천연가스는 원유보다 운반하기가 어렵기 때문에 소비지에 인접해 있는 것이 매우 중요하다. 지난 30여 년간 전력 생산량이 계속 증가하고 있기 때문에 생산된 천연가스는 전력 생산에 연료로 공급될 것이다. 최근 미국에서 수압 파쇄 기술을 이용하여 암석으로부터 가스를 추출해내거나 이전에 가치가 낮았던 에너지원에서 추출할 수 있게 됨에 따라 천연가스 생산이 증가하고 있다. 과거에는 지하수를 오염시킬 수 있다는 이유로 개발을 하지 못했다. 또한 천연가스는 석탄이나 원유에 비해 완전하게 연소되고, 다른 화석연료에 비해 탄소배출량이 적다.

세계 석탄 부존량은 원유나 천연가스에 비해 상대적으로 많다. 석탄이 풍부한 중국, 미국은 전력을 생산하는 데 석탄을 이용하고 있다. 그렇지만 대기오염, 지구온난화 등의 몇 가지 문제 때문에 석탄 사용을 제한하고 있다. 석탄은 이산화탄소 배출과 산성비 같은 **산성화**(acid deposition)의 주요 원인이 되고 있다. 석탄을 채굴하는 과정에서 자연환경도 크게 훼손된다. 석탄을 보다 청정하게 사용할 수 있는 기술이 개발될 수 있겠지만, 에너지 소비 효율성이 낮아지고 비용이 상승할 우려도 있다.

14.5 대체에너지

▶ **원자력은 넓게 사용되는 에너지로, 지구온난화에 영향을 미치지 않아 앞으로도 성장 잠재력이 크다. 그러나 안전에 특히 주의가 필요하다.**

▶ **재생에너지 자원은 에너지 공급 측면에서 아직까지 매우 낮은 비율을 차지하고 있다. 에너지 수요에 대한 안정적인 공급이 에너지 관리와 보전에 중요하게 작용하고 있다.**

지구온난화에 대한 관심과 함께 화석연료의 가격 상승이 계속되면서 사람들은 대체에너지를 이용하여 전력을 생산할 수 있는 방법을 찾게 되었다.

원자력에너지

유럽에서는 원자력을 이용한 전력 생산이 약 33%, 미국에서는 약 20%를 차지한다. 일본, 한국, 대만도 원자력에 의존하여 전력을 만들어내고 있다(그림 14.5.1).

원자력은 비교적 공해가 적은 에너지원이지만, 방사능 누출 및 방사능 폐기물 처리 등 안전과 관련된 위험성이 크다. 원자력발전소에서 발생한 3대 사고로 인해 위험성이 많이 알려졌다.

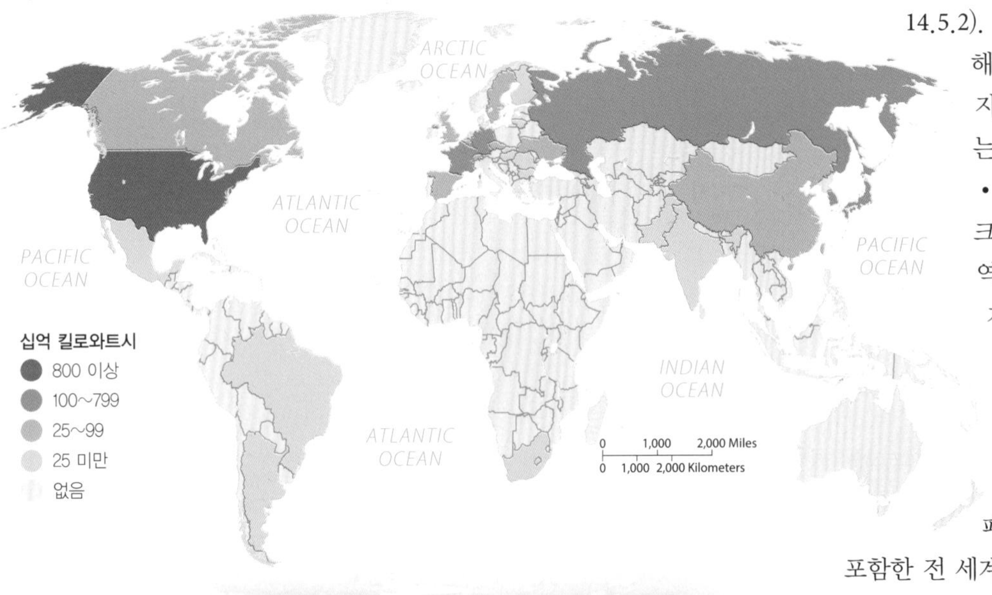

그림 14.5.1 **세계 원자력 발전량**
원자력발전은 전 세계 전력 생산량의 약 14%를 차지한다.

ARCTIC OCEAN
ATLANTIC OCEAN
PACIFIC OCEAN
PACIFIC OCEAN
INDIAN OCEAN
ATLANTIC OCEAN
0 1,000 2,000 Miles
0 1,000 2,000 Kilometers

십억 킬로와트시
- 800 이상
- 100~799
- 25~99
- 25 미만
- 없음

• 1979년 3월, 미국 펜실베이니아 스리마일 섬(Three Mile Island)에 소재한 발전소에서 원자로의 일부가 녹아내려 냉각수가 누출되는 사고가 발생했다(그림 14.5.2). 이 사고는 다행히 인명 피해 등의 큰 피해를 주지는 않았지만, 일반 사람들에게 원자력의 위험성을 알리고 경각심을 일깨우는 계기가 되었다.

• 가장 큰 방사능 누출 사고는 1986년 우크라이나의 체르노빌(벨라루스와 접경 지역)에 위치한 발전소에서 발생했다. 이 지역은 당시 구소련이었다. 이 사고로 3,500명 이상이 사망했으며, 많은 사람들이 암 발병 피해를 입었다. 이 사고는 유럽 전역에 영향을 미쳤으며, 방사능에 오염된 상당한 양의 채소와 우유가 폐기되었다. 이 사고 이후 한동안 미국을 포함한 전 세계에서 원자력발전소 건설이 중단되었으며, 20여 년간 원자력에너지의 성장률도 둔화되었다.

• 2011년 3월 동일본 지진으로 후쿠시마의 다이이치발전소가 폭발하면서 방사능이 유출되는 사고가 발생했다. 당시 미국을 포함한 많은 국가 또는 지역에서 원자력발전소 건설에 대한 관심이 커지고 있었지만, 이 사고를 계기로 원자력에너지의 안전성에 대한 사람들의 신뢰가 또다시 의문시되었다. 따라서 원자력

그림 14.5.2 **미국 펜실베이니아 주 해리스버그 인근의 스리마일 섬 원자력발전소**
1979년에 발생한 이 사고는 심각한 피해를 주지는 않았지만, 이로 인해 안전에 대한 경각심이 높아졌다.

의 안전성에 대한 신뢰가 회복되어야만 새로운 원자력발전소의 추가 건설이 이루어지게 될 것이다.

재생에너지 자원

재생에너지 자원은 전통적인 목재, 한 세기 전에 많이 사용되었던 수력, 그리고 풍력, 에탄올, 바이오디젤, 태양광, 태양열, 조류 등 기술적 범위가 다양하다. 따라서 새롭게 부각되는 에너지원도 있으며, 계속 개발되고 있는 에너지원도 있다(그림 14.5.3). 목재는 취사와 난방을 위한 연료로 많이 사용되는데, 특히 가난한 국가에서 많이 사용된다. 수력은 상업용 전력을 생산하는 데 가장 중요한 재생에너지 자원으로 전 세계 상업용 전력 생산의 6%를 차지한다. 나머지 재생에너지 자원으로 생산되는 전력량은 2% 정도이다.

식물을 **바이오 연료**(biofuel)로 전환하여 사용할 수 있다. 예를 들어 오늘날 자동차는 액체 또는 기체 연료를 연소시켜 움직인다. 이미 기술적으로 사탕수수, 옥수수, 콩을 에탄올 또는 바이오 연료로 전환할 수 있다. 그러나 바이오 연료는 원료가 되는 식물을 재배하기 위해 엄청난 면적의 토지가 필요하며, 식량을 생산하는 토지에서도 재배되는 면적이 늘어날 것이다. 또한 옥수수로부터 추출된 에탄올 또는 콩으로부터 추출된 바이오디젤 등 생산해낸 에너지양은 바이오에너지를 얻기 위해 투입된 총 에너지양보다 적다.

캐나다, 중국, 브라질, 미국은 세계 최대의 수력에너지 생산국이다. 미국과 유럽 지역에서 수력에너지를 얻기 좋은 곳은 이미 개발하여 이용하고 있다. 그러나 개발도상국에서는 수력에너지를 이용할 수 있는 곳이 아직 많이 남아있다. 수력에너지를 이용하기 위해서는 대규모 댐 건설이 필요하다. 환경론자는 댐 건설로 인해 발생하는 농지와 생물 서식지의 수몰, 자연경관의 훼손 등을 이유로 반대하고 있다.

현재 태양에너지는 크게 태양열과 태양광 등 두 가지 방식으로 이용된다. 태양열에너지는 건물 옥상에 설치된 집열판으로부터 직접 얻은 열을 사용하는 방식이다. 집열판으로 얻은 열은 물 또는 다른 액체에 의해 필요한 곳으로 전달된다. **태양광 전기**(photovoltaic electric) 생산은 태양전지판을 이용해 직접 전기를 만드는 방식이다. 태양광발전 방식은 세계 여러 지역에서 전력 생산에 가격 경쟁력을 가지고 있으며, 설치비용이 낮아지게 되면 규모의 경제로서 잠재력을 가질 수 있다. 그러나 태양광에너지는 계절적 · 기후적 변수에 영향을 받기 때문에 안정적이지 못한 문제를 안고 있다. 미국에서 지열은 전기를 생산하는 데 이용되지만 지역적으로 매우 한정되어 있다. 현재는 캘리포니아의 간헐천 발전소가 대표적이며, 아직까지는 건물 규모의 냉난방 시설에 사용되는 전력 정도를 생산할 수 있다.

그림 14.5.3 2010년 미국의 재생에너지 생산

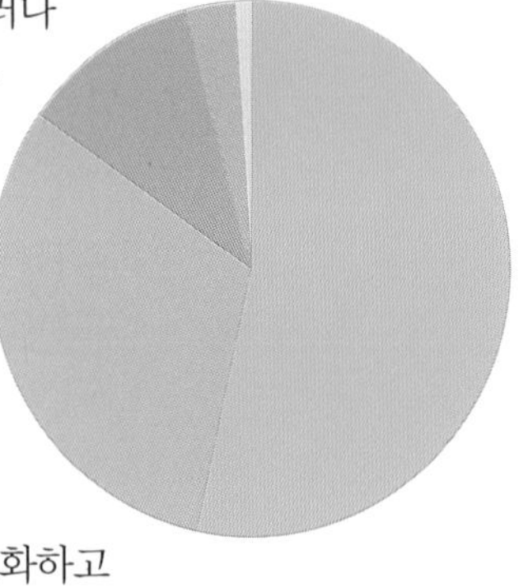

풍력발전은 현재 기술 수준이 가장 빠르게 변화하고 있는 재생에너지 분야이다(그림 14.5.4). 아직까지 미국에서 풍력을 이용한 전력 생산은 전체 전력의 2%에 불과하다. 풍력발전에 대한 환경론자들의 입장은 두 가지로 나뉜다. 하나는 풍력발전을 오염물질을 배출하지 않는 매우 깨끗한 재생에너지로 보는 긍정적 입장이고, 다른 하나는 풍력발전에 필요한 터빈이 경관을 해치고 새들에게 악영향을 주기 때문에 반대하는 입장이다.

에너지 낭비를 줄이고, 에너지의 효율을 높이는 것은 새로운 에너지원을 개발하는 것과 같다.

에너지 보전 기술은 매우 다양하고 이미 이용할 수 있도록 개발되어 있다. 즉, 건물 내 전등을 소등하고 단열하는 등의 단순한 방식에서부터 백열등을 첨단 조명기구로 바꾸거나 에너지 사용과 손실을 최소화하는 '스마트' 건물을 짓는 방식에 이르기까지 매우 다양하다. 에너지 보전은 정부의 정책 마련으로 개선될 수 있고, 에너지 가격의 상승이 자극을 줄 수도 있다. 에너지 사용 증가를 세금 정책으로 관리할 수도 있고, 수요와 공급에 의해 형성되는 시장의 에너지 가격에 따라 조절할 수 있다.

그림 14.5.4 **풍력에너지 생산**
캘리포니아의 풍력발전단지. 최근 여러 지역에 이와 같은 풍력발전단지가 세워졌다.

14.6 광물자원

▶ 광물자원의 수요는 기술 수준, 가격에 민감하며 시기에 따라 변화가 심하다.

▶ 대부분의 광물자원은 몇 나라에서만 생산되기 때문에 이들 국가가 세계 총 공급량에서 차지하는 비중이 높다.

광물자원은 심미적인 특성보다는 강도, 유연성, 무게, 화학반응에 따라 가치가 결정된다. 자동차 엔진이 알루미늄 또는 강철로 만들어져 있다면 강력하고, 내구성 있고, 효율적이라고 생각할 것이다. 금은 극히 예외적으로 귀금속(금은 3/4이 보석류에서 소비된다.)으로 가치가 있는 광물이다. 현재 금은 산업용(특히 전자 산업)으로도 많이 사용되고 있다.

광물이 지니고 있는 기계적 · 화학적 특성으로 광물에 가치가 부여된다. 따라서 광물자원의 사용은 과학기술의 발달과 경제 수준의 향상에 따라 지속적으로 변화되고 있다. 광물 대부분은 대체 사용이 가능하다. 새로운 기술과 제품이 개발됨으로써 특정 광물에 대한 수요가 급증하거나 감소할 수 있다.

광물의 대체 가능성은 매우 중요하다. 왜냐하면 특정 광물의 공급이 중단될 경우에도 인간은 결코 성장을 멈출 수 없고, 자원의 공급이 줄고 수요가 상대적으로 증가하면 가격은 상승하게 마련이기 때문이다. 가격이 상승하면, 다음과 같은 현상이 발생한다.

1. 자원에 대한 수요는 감소할 것이며, 자원 고갈율은 낮아진다.
2. 자원 채굴 기업은 새로운 매장지에서 채굴량을 늘리거나 가격이 낮을 때 채굴하지 않았던 매장지에서도 채굴할 것이다.
3. 자원의 재생 활용이 보다 증가할 것이다.
4. 대체자원에 대한 연구가 활발하게 진행될 것이며, 대체자원이 사용됨으로써 고갈자원에 대한 수요는 고갈되기 전에 사라질 것이다.

광물자원의 가격은 단기적으로 볼 때 매우 변화가 심하지만, 장기적으로 보면 재생 불가능 자원의 고갈에 따른 위기 상황을 극복하고 소비와 공급을 안정화시키는 데 도움을 주고 있다.

광물자원의 분포

전 세계적으로 광물자원의 분포는 지역적 편재가 강하다. 특정 광물을 채굴해서 세계시장에 공급하는 국가는 극히 소수이다. 지구에서 가장 풍부한 광물자원 중 하나인 알루미늄을 예로 들면 2010년 6개 국가(오스트레일리아, 브라질, 중국, 기니, 인도, 자메이카)의 알루미늄 원석(보크사이트) 생산량은 전 세계의 94%를 차지하였다(그림 14.6.1).

광물자원이 편재되고 몇몇 국가에서만 생산되는 상황에서 이들 국가는 카르텔 설립을 선호하고 있다. **카르텔**(cartel)은 생산 집단이 연합하여 해당 자원의 생산량 제한과 가격 안정을 위해 시장가격을 통제하고자 결성하는 것이다. 경우에 따라서 카르텔은 시장가격을 일시적으로 제어할 수 있지만, 대개 시간이 지나면서 통제할 수 없게 된다.

그림 14.6.1 **2010년 세계의 보크사이트, 니켈, 아연, 구리 생산량**

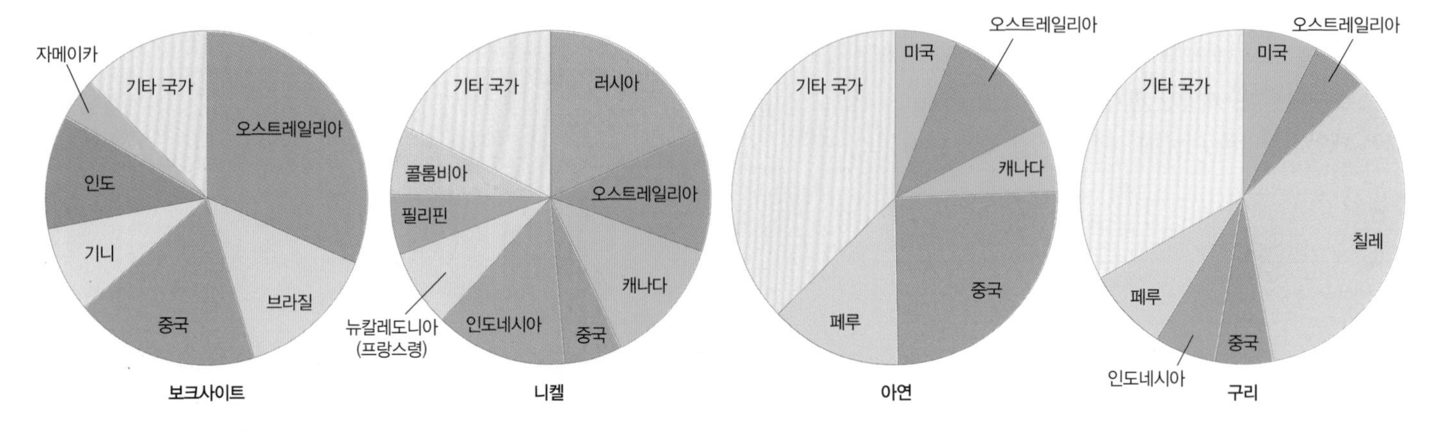

광물자원의 가격은 카르텔, 생산국의 정치적 불안정, 고갈에 따른 공급 불충분 등으로 인해 요동을 치기도 한다. 만약 특정 광물자원의 가격이 계속 상승하게 되면, 기술 혁신을 통해 보다 값싼 광물자원으로 그 자원을 내세하여 사용할 수 있게 된다. 대체 광물자원이 개발되면 특정 광물 자원에 의존했던 국가나 기업은 심각한 위험에 빠질 수 있다.

리튬

리튬(lithium)은 현재 광범위하게 사용되는 금속으로 최근 휴대전화, 휴대용 컴퓨터, 하이브리드 전기자동차에 전지로 많이 사용되면서 더욱 주목을 받고 있다. 리튬 전지는 가벼우면서도 고압의 전류를 막아주는 장점을 지니고 있다. 몇 개 나라에만 상업적으로 가치를 지닌 리튬 매장지가 분포한다(그림 14.6.2). 칠레와 오스트레일리아가 세계 산출량의 1/3을 자지하며, 중국과 아르헨티나는 주요 생산국이다. 볼리비아에도 대규모로 매장되어 있지만, 이제 막 채굴을 시작했다. 미국을 포함한 몇 개 국가는 점차 생산량이 증가할 것으로 예상된다. 현재의 생산량으로 예측해볼 때 가채년수는 500년이다. 그렇지만 휴대용 전기기기와 하이브리드 자동차의 수요가 급증하여 리튬 전지의 수요 또한 급증하게 되면 리튬의 가격은 오르고 생산량은 현재보다 증가할 것이다. 현재의 기술 발전 속도와 새로운 잠재적 매장지의 개발을 고려해볼 때 향후 오랫동안 세계 리튬 공급량은 제한을 받지 않을 것이다. 그러나 앞으로 리튬은 더욱 중요한 광물자원으로 사용될 것이다.

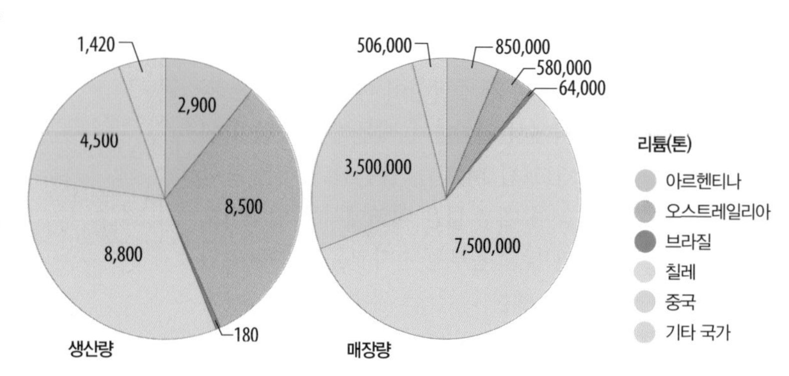

그림 14.6.2 **리튬 생산량과 매장량**
(왼쪽) 생산 : 아르헨티나, 오스트레일리아, 칠레, 중국 등의 국가가 전 세계 생산량의 90%를 차지한다. (오른쪽) 매장량 : 볼리비아는 매장량 자료에 포함되지 않았지만, 칠레보다 더 많은 양이 매장되어 있을 것으로 추정된다. 현재의 소비량 수준으로 환산하면 향후 가채년수는 약 500여 년이지만 앞으로 소비량은 더욱 증가할 것으로 예상된다.

희토류

'희토류'는 란타니드(lanthanide)와 악티니드(actinide)라는 광물을 일컫는 용어로 상업적으로 가치가 있을 만큼 대규모로 매장된 곳이 없다. 희토류는 대개 야금 등 화학적 촉매재로서 산업 부문에 사용되는데, 특히 전기자동차와 전자제품 등 소비자가 사용하는 제품에 많이 사용된다. 중국에 세계 절반가량이 매장되어 있으며, 세계 생산량의 90% 이상을 차지하고 있다(그림 14.6.3). 중국이 희토류 수출을 제한한다면 세계 희토류 가격은 상승하게 되고, 상대적으로 중국의 제조업은 유리하게 될 것이다. 중국에서 생산되는 희토류를 안정적으로 확보하기 위해 어떤 국가 또는 기업에서는 중국 내에 생산 공장을 세우는 경우도 있다. 그렇지만 희토류를 대체할 다른 광물자원이 존재하기 때문에 만약 중국이 희토류 수출을 제한한다면 다른 대체 광물이 개발될 것이며, 중국의 희토류 시장지배력은 감소할 것이다.

그림 14.6.3 **중국의 희토류 광산**
중국은 세계 희토류의 최대 생산 국가이다. 희토류는 화학 공정 및 전자 부품을 생산하는 데 주요한 재료로 이용된다.

14.7 수자원

▶ 수자원은 지구 표면에서 수증기가 증발하고 이것이 강수로 내리는 순환 과정을 보인다.

▶ 농업에 이용한 물은 대부분 증발하지만, 가정 및 산업에 사용한 물은 정화하여 다시 쓸 수 있다.

순환하는 수자원은 강수로부터 얻는다. 식물에 흡수된 대부분의 강수는 증발과 증산으로 사라진다. 강수는 하천으로 유입되어 바다로 흘러가며, 지하로 스며들기도 한다.

강수와 증발산이 매우 광범위한 지역에서 일어나기 때문에 수자원이 된다(그림 14.7.1). 습윤한 열대를 포함하여 매우 넓은 지역에서는 인구밀도가 낮고 풍부한 수자원을 보유하고 있다. 예를 들어 전 세계 강수의 18%가 아마존 강을 따라 바다로 흘러가는데, 이 지역에 거주하는 인구는 세계 인구의 0.1%에도 미치지 못한다. 지역에 따라 강수량은 많지 않은 반면 증발량이 많은 곳도 있다. 중국과 인도는 전 세계 인구의 37%를 차지하고 있지만, 세계 수자원에서 차지하는 비율은 9%에 불과하다(그림 14.7.2).

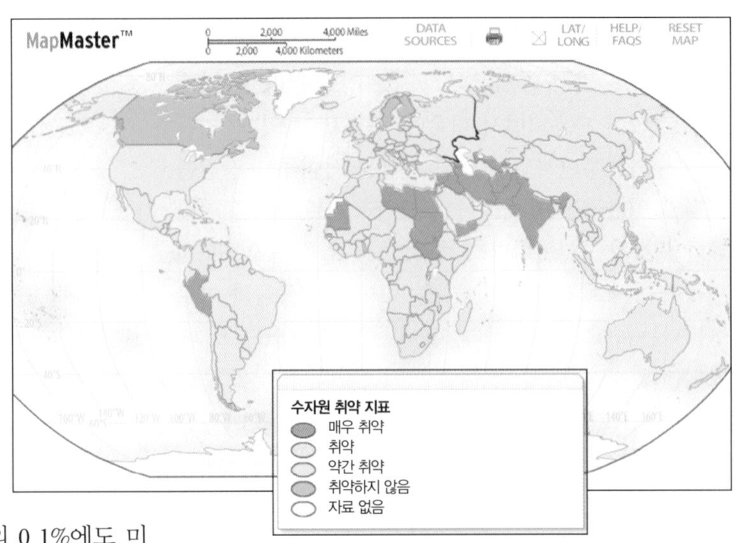

그림 14.7.1 **세계의 수자원 취약 지역**

1. 물 부족이 심각한 국가는 어디인가?
2. 높은 인구밀도와 심각한 물 부족 간에 강한 상관관계를 보이고 있는 지역은 어디인가?

그림 14.7.2 **중국의 말라가는 상수원지**
중국은 물 공급 문제를 겪고 있다.

미국에서는 해마다 하천과 호수, 지표로부터 약 4,830억 입방미터의 물, 즉 전 세계 수자원 중 16%를 사용하고 있다. 이 가운데 14%는 가정과 사무실에서 사용하며, 46%는 산업용(발전소의 냉각수 등으로 사용되며, 사용 즉시 하천이나 바다로 유입되는)이고, 나머지 40%는 농업용이다(그림 14.7.3). 우리가 사용한 물의 약 2/3가 액체 상태로 하천이나 호수로 유입되고 1/3 정도는 농지에 관개용수로 사용되어 증발된다. 물의 **소모성 이용**(consumptive use)으로 일컫는 증발은 재처리 및 재사용이 불가능하기 때문에 중요하다. 이러한 소모성 이용은 작물 재배를 하는 농업에서 가장 많다.

물을 잘 관리하는 지역에서도 수자원 이용은 신중하게 고려되고 있다. 습윤한 기후 지역에서도 강수량이 많은 계절과 토양에 수분이 공급되어야 할 시기가 맞지 않기 때문에 하천을 관개하거나 지하수를 개발하여 이용하고 있다. 하천 중에는 물 사용량이 많아 바다로 유입되는 않는 경우도 있다. 인구가 많이 밀집해있는 연안 지역에서는 지하수를 지나치게 뽑아 사용함으로써 지하수층에 해수가 침투하여 더 이상 지하수를 사용할 수 없게 되기도 한다. 하천에 지나치게 많은 오염물질을 투기하여 어떠한 용도로도 사용할 수 없는 하천으로 만들기도 한다. 세계의 많은 지역에서는 하천에 댐을 건설하여 물을 가두어두고 필요한 시기에 사용할 수 있도록 한다. 이러한 댐은 긍정적인 측면도 있지만 아울러 부정적인 측면도 있다. 이 때문에 댐 건설을 반대하는 경우도 많이 있다.

인구증가로 인해 물 공급 문제는 앞으로 더욱 심각한 문제가 될 것이다. 지구 상에 인류가 증가할수록 많은 식량이 필요하게 되고, 이에 따라 농작물 재배에 이용하는 용수도 더 많이 필요하게 되며 관개시설 또한 더욱 확충되어야 한다(그림 14.7.4). 더욱이 현재 중국을 포함한 세계 여러 지역에서 육류 소비량이 매년 급증하고 있다. 육류를 생산하기 위한 가축 사육에는 콩, 옥수수 등의 사료 작물의 공급이 뒤따라야 한다. 사료 작물에 대한 수요는 인구성장보다 더욱 빠른 속도로 증가할 것이다. 작물 생산에 투입되는 농업용수는 주로 증발산되기 때문에 재처리 및 재사용이 어렵다. 그러므로 수자원에 대한 총수요는 향후 10년 내에 급증할 것이다.

그림 14.7.3 **캔자스 서부 지역의 관개농업**
세계 농업 생산에서 관개는 매우 중요하다. 구글어스를 이용해 미국 캔자스의 관개농업 지역을 탐색해보라.
위치 : 미국 캔자스 주 콜비(Colby)
20km 상공에서 바라보는 화면으로 확대하라.
이미지에서 보이는 원형 경관은 동심원 축의 관개 시스템이다. 관개가 이루어지기 이전에 이 지역은 대부분 프레리 초원 지대였다. 농업용 관개로 인해 보다 습윤한 토양에서 농산물이 생산되고 있다. 원형은 평방마일 체제를 기반으로 정렬되어 있으며, 이러한 기준은 미국에서 일반적이다.

눈금자 도구를 이용하여 원형의 크기가 얼마나 되는지 측정해보라.

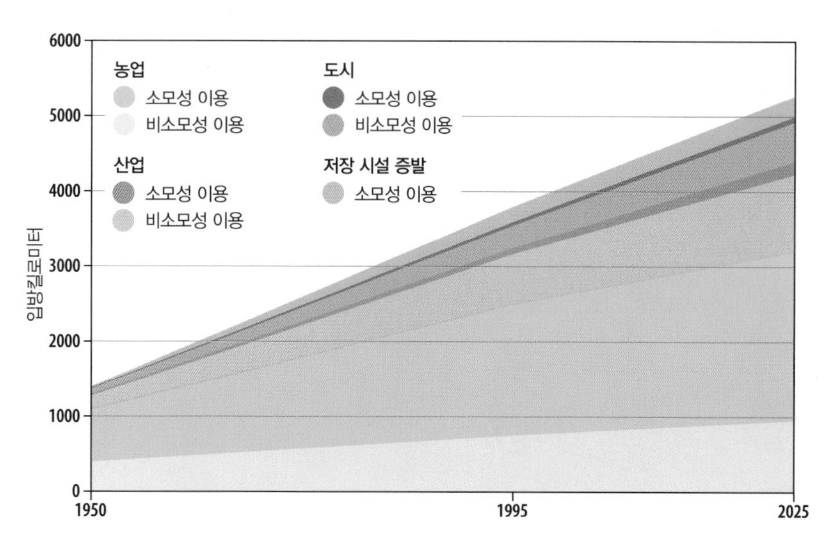

그림 14.7.4 **물 수요량 증가**
농산물 생산을 위한 물 수요량의 증가는 전반적인 물 공급에 압력을 주고 있다.

14.8 수질오염

▶ 물의 오염원은 농업, 공업, 도시 하수를 포함하여 매우 다양하다.

▶ 수질을 향상시키기 위해서는 많은 비용과 노력이 투입되어야 한다.

물은 재생자원이지만, 태양광과는 달리 잘못 사용하면 인간에게 매우 심각한 해를 입힐 수 있다. 수질**오염**(pollution, 인간활동에 의해 불순 정도가 높아지는)은 물의 자정 능력을 넘어서 과도하게 더럽힌 결과이다. 물은 많은 물질을 용해할 수 있으며, 박테리아, 식물, 어류, 퇴적물, 독성 화학물, 각종 쓰레기 등을 운반할 수 있다. 수질오염은 물속에 들어온 물질이 과도하게 많거나 강하여 물이 스스로 운반, 희석, 분해할 수 없을 때 발생한다.

수질오염원은 매우 다양하다. 하천으로 유입되는 오수관 같은 **점 오염원**(point source)인 경우도 있고, 홍수가 발생할 때 농지로부터 유기물질 또는 비료 성분이 대규모로 하천으로 유입되는 **비점 오염원**(nonpoint source)도 있다(그림 14.8.1). 비점 오염원은 막대한 양의 오염물질을 발생시키기 때문에 유입을 차단하기가 쉽지 않다. 농지는 세계에서 가장 넓은 비점 오염원이며, 대기로부터 내리는 산성비 또한 광범위한 오염원이다.

그림 14.8.1 **런던의 도시 빗물**
주차장, 도로, 건물 지붕을 타고 흐르는 물은 비점 오염원이다.

하천은 생물학적 · 화학적 작용을 통해 오염물질을 희석 또는 용해시키고 퇴적물질로 쌓아놓기도 한다. 따라서 오염원이 유입된 지점에서 하천 하류로 갈수록 오염 정도는 대개 낮아진다. 20세기 이전에 하천오염을 막는 유일한 방법은 오염물질을 하천으로부터 떨어뜨리는 것이었다. 그러나 현재는 점차 도시 인구가 증가하고 건강과 환경에 대한 관심이 높아지면서 하천에 하수 처리 시설을 설치하여 하천으로 유입되는 오수를 정화시켜 내보내고 있다.

지하수 오염 또한 심각한 상태이다. 잔디밭이나 골프장에 뿌려진 제초제 성분이 하천이나 지하수에 유입되고 있다. 토양층과 지하에 오염물질이 스며들어 지하수를 오염시키고 있다. 때로는 지하수로 버려진 독성물질이 지표 밖으로 뽑아 올려져 사용되기도 한다. 지하수의 이동 속도는 매우 느리며, 장시간 동안 저장되어 있기 때문에 오염 문제가 더욱 심각하다. 지하수는 대기에 노출되지 않으며, 지표수처럼 생물학적 자정 작용이 활발하게 이루어지지 않는다. 따라서 지하수가 한 번 오염되면 정화되는 데 장구한 시간이 걸린다.

오폐수

전 세계적으로 가장 심각한 수질오염은 **오폐수**(wastewater, 특정 목적으로 사용한 물과 액체 상태로 자연환경에 버려진 것)로부터 발생한다. 오폐수는 하천의 수용력 한계를 초과하여 유입될 때 문제가 된다. 미국 하천의 약 15%가 오폐수 문제를 겪고 있다. 미국과 같은 부유한 국가에서는 오폐수 문제가 가난한 국가보다 심하지만, 강력한 규제와 정화 시설이 갖추어짐에 따라 최근 몇 년 동안 수질이 크게 개선되고 있다.

개발도상국에서는 하수가 직접 하천으로 유입되고 다시 이 하천의 물을 음용수로 이용하는 경우도 있다. 상하수도 시설이 미비하고 영양 결핍이 일어난 곳이나 의료 · 보건 체계가 미흡한 곳에서 이 같은 물을 사용할 경우 치명적이다. 수인성 전염병인 콜레라, 장티푸스, 이질은 개발도상국의 주요 사망원인이다. 상하수도 시설이 미비하기 때문에 아시아, 아프리카, 남아메리카에서 해마다 수백만 명이 수인성 질병으로 사망하고 있다. 급성장 지역의 인구가 도시로 몰려들면서 이들 도시에서는 음용수가 부족하게 되고, 수인성 세균이 증식될 확률이 높아지게 되는 것이다(그림 14.8.2).

그림 14.8.2 **중국 신양의 오염된 하천**
대다수의 개발도상국은 오폐수 처리 시설이 부족하기 때문에 심각한 수질오염 문제를 겪고 있다.

하수 처리 시설을 활용하여 하수에 있는 부유물질을 거르고, 활성산소를 주입하여 유기물을 제거한 후 하천에 방류한다. 보다 선진적인 하수 처리 체계에서는 질소, 세균성 병원균까지 제거할 수 있다. 선진국 국민은 대부분 하수 처리 시설이 갖춰진 곳에서 살지만, 개발도상국에서는 아직까지 하수 처리 시설이 미흡하며 특히 농촌 지역에서는 더욱 심하다.

물의 양과 질은 상관관계가 높다. 풍부한 수량은 오염물질을 희석시키며, 수질오염을 완화시킨다. 세계적으로 물 부족 현상이 예견되는 상황에서 하수 처리 시설은 필수적인 요소가 되었다. 물 부족이 심각한 지역에서는 오폐수를 처리하여 재사용할 수 있는 기술 개발과 시설 투자에 자본이 투입되어야 한다(그림 14.8.3). 이러한 처리 방식에 의존해야만 인간이 소비할 만큼의 물을 확보할 수 있다.

그림 14.8.3 **캘리포니아 오렌지카운티의 첨단 하수 처리 시설**
이러한 시설에서 걸러진 물은 용수로 활용될 수 있을 정도로 매우 깨끗하다.

14.9 대기오염

▶ 대기오염은 인구가 밀집해있는 곳, 특히 대도시에서 심각하다.

▶ 대기오염 문제를 해결하는 기술적인 방법은 이미 개발되어 있다. 그러나 비용 문제와 빈곤 국가에 적용하는 문제 때문에 실행되지 못하고 있다.

대기는 공기의 수직적 · 수평적 차이로 인한 온도와 압력에 의해 끊임없이 움직인다. 대기의 공기가 계속 움직이는 것처럼 오염물질도 공기와 같이 대기 중으로 확산된다. 대기의 오염물질은 인간이 대기 중으로 버릴수록, 또는 대기의 순환이 줄어들수록 더욱 집중된다.

지표의 대기는 평균적으로 78%의 질소, 21%의 산소, 1% 이하의 아르곤으로 구성되어 있다. 나머지 0.04%는 여러 종류의 미량의 가스들로 채워져 있다. 대기오염(air pollution)은 대부분 인간이 분출한 오염물질로 비롯되며, 대기가스들이 평균 함량 비율보다 많아진 것을 일컫는다. 화석연료가 연소되면서 배출되는 이산화탄소(CO_2)와 일산화탄소(CO), 질소화합물(NO_X), **분진**(particulate, 먼지 · 재 같은 매우 작은 물질), 황화합물(SO_X), 탄화수소 등은 가장 대표적인 대기오염물질이다(그림 14.9.1).

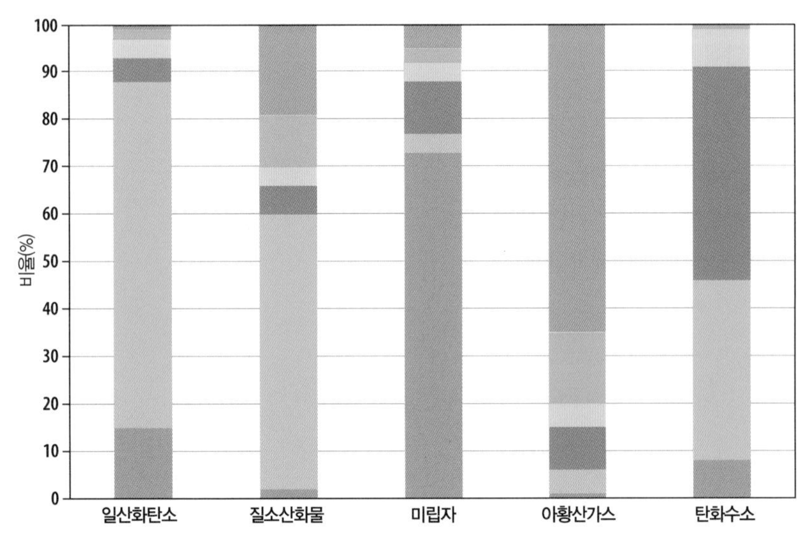

발전 시설
기타 산업용 연료 연소
기타 연료 연소
산업 공정
자동차
농촌 또는 천연자원

그림 14.9.1 **2008년 미국에서 배출된 대기오염원**
전반적으로 분진은 토양 침식으로 발생하지만, 도시에서는 자동차와 산업 시설로부터 많이 발생한다. 탄화수소는 산업 시설에서 주로 배출된다. 자동차, 트럭 등의 운송 수단은 일산화탄소, 질소산화물, 탄화수소의 주요 배출원이다.

도시의 대기오염

대기오염은 전 지구적인 현상이지만, 가장 심각한 곳은 대기오염물질이 대량으로 배출되는 인구가 밀집해있는 지역이다(그림 14.9.2). 도시에서는 오염물질이 응축되면서 심각한 문제가 발생한다. 특히 바람이 불지 않아 오염물질이 분산되지 않을 때 자주 발생한다. 도시의 대기오염의 주요 요소는 다음과 같다.

- 일산화탄소는 화석연료가 불완전연소될 때 발생한다. 일산화탄소를 흡입하면 혈액 내 산소량이 감소된다. 따라서 일산화탄소를 흡입한 사람은 심할 경우 시력, 주의력이 감퇴되며, 만성 호흡기 질환자는 치명적인 손상을 입을 수 있다.
- 탄화수소 역시 연소 불량과 페인트 용해제의 증발로 인해 생성된다. 탄화수소와 질산은 태양광과 결합해 광화학 스모그(photochemical smog)를 발생시키며, 인체에 호흡기 질환, 안구 통증을 유발하기도 한다.
- 분진에는 먼지와 연기도 포함된다. 분진은 공장 굴뚝

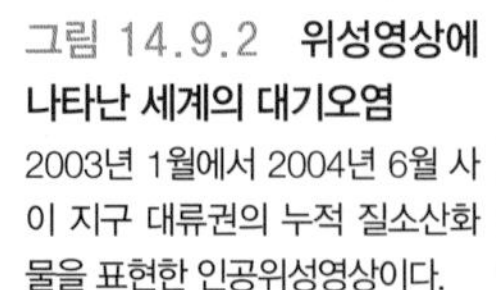

그림 14.9.2 **위성영상에 나타난 세계의 대기오염**
2003년 1월에서 2004년 6월 사이 지구 대류권의 누적 질소산화물을 표현한 인공위성영상이다.

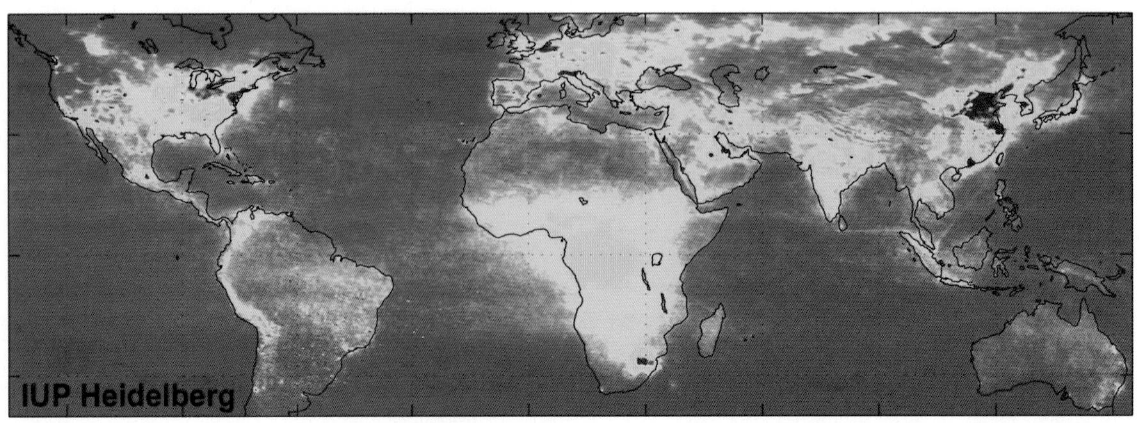

10^{15} molecules/cm^2
-1 0 1 2 3 4 5 6

그림 14.9.3 **캐나다 토론토의 교통 체증**
도시의 수많은 자동차의 증가는 도로 체계의 수용 능력을 뛰어넘어 대기오염을 가중시키고 도로 체증을 불러일으킨다. 청정한 공기는 매우 중요한 삶의 요소이다. 대기오염물질 중에는 먼지, 안개, 산불, 화산재 등 인간의 활동과 관계없이 자연 상태에서 발생된 것도 있다. 심각한 대기오염의 원인은 인간의 활동에 의해 발생한 것으로 화석연료 사용, 쓰레기 소각장, 제품 생산 공정 등에서 배출되는 물질이다.

과 자동차 배기구 등에서 배출되는데, 매우 작기 때문에 눈에 보이지 않는 경우가 많다.

대기오염은 기후에 영향을 받는다. 첫째, 바람이 빠르게 불면 신선한 공기가 유입되면서 오염물질은 흩어지게 된다. 둘째, 대기의 수직적 순환은 따뜻한 공기와 차가운 공기의 교차로 인한 **기온역전**(temperature inversion) 현상 때문에 발생하는데, 이때 오염물질의 분산이 잘 이루어지지 않는다. 셋째, 태양광이 광화학 스모그 발생을 촉진한다. 도시에서 대기오염이 가장 심각한 때의 날씨는 바람이 불지 않으며, 기온이 수직적으로 역전되고, 맑은 날일 경우이다. 이러한 날씨가 자주 있는 도시는 대기오염의 빈도가 잦다.

멕시코시티는 대기오염이 심각한 대표적인 도시이다. 특히 겨울철에 고기압의 영향과 주변 산지로 인해 오염물질이 분산되지 않아 더욱 심각하게 발생한다. 미국 동부 지역의 도시에서는 여름과 가을에 대기오염이 심각하게 나타난다. 그 이유는 기후 환경의 영향으로 오염물질이 잘 분산되지 않기 때문이다. 로스앤젤레스와 샌프란시스코의 경우도 여름과 가을에 심각한 대기오염이 발생한다. 이때 두 도시에서는 기온역전 현상이 자주 발생하고 바람이 불지 않는 맑은 날이 계속된다.

도시의 대기오염을 해결하는 방법은 매우 다양하다. 상대적으로 부유한 국가에서는 오염원 배출을 강력하게 규제함으로써 대기가 개선될 수 있다. 석탄 사용을 억제하고, 자동차 배출 가스를 줄이고, 제조업 생산 시스템을 개선한다면 도시의 대기는 좋아진다. 예를 들어 미국에서는 자동차 매연을 줄이기 위해 1960년대부터 오염물질을 적게 배출하는 자동차를 개발하기 시작했다. 그 결과 일산화탄소 배출량은 3/4이 줄었으며, 질소화합물과 탄화수소 배출량은 95% 이상 감소하였다. 그러나 이렇게 감소된 배출량은 자동차 대수의 증가와 다른 요인으로 인해 상쇄되었다. 미국이나 다른 선진국의 제조업 생산 시설이 개발도상국으로 옮겨짐에 따라 이들 국가의 대기오염 수준이 낮아졌다. 제품 생산 과정에서 오염물질을 배출하는 제조업이 개발도상국으로 이전됨으로써 나타난 결과이다.

많은 개발도상국에서 대기오염이 더욱 악화되고 있다. 이들 국가에서는 자동차 사용은 급속하게 증가하지만 도로와 같은 기반 시설이 낙후되어 있고, 교통 정체가 일상화되어 있어서 대기오염이 악화된다(그림 14.9.3). 더욱이 이곳의 자동차는 대부분 낡고 오래되어 오염 배출량이 많고, 차량 점검도 제대로 안 되어있기 때문에 오염이 더욱 심각해진다. 일부 지역에서는 아직까지 나무와 석탄으로 취사와 난방을 한다. 나무와 석탄을 연료로 사용할 경우 공기의 순환이 잘 되지 않는 곳에서는 더욱 심각한 대기오염이 발생한다. 이러한 문제는 해결될 수 있지만 비용이 많이 든다. 기술적으로 개선된 신형 자동차는 예전 차량에 비해 결코 싸지 않다. 오염 배출을 줄이기 위해 대중교통 기반 시설을 갖추려면 막대한 비용이 필요하다.

14.10 삼림자원

▶ 일반적으로 열대우림 지역에서는 삼림이 감소하고 있고 중위도 삼림 지역에서는 삼림이 증가하고 있다.

▶ 삼림은 재생되는 자원으로 목재 및 연료로도 사용되며, 레크리에이션과 생물 다양성을 경험할 수 있는 등 다양하게 활용된다.

지구 육지(남극대륙을 제외한) 면적의 약 1/3은 삼림과 임야이다(그림 14.1.1). 삼림 지역을 농지로 개간하기 때문에 삼림 면적이 지속적으로 감소하고 있다. 과거에는 지구 육지 면적의 절반이 삼림으로 덮여있었다.

수백여 년 전에는 인간의 손길이 닿지 않은 삼림 지역이 상당히 많았다. 인구가 증가하고 과학기술이 발달하면서 삼림자원이 많이 필요하게 되었다. 오늘날 몇몇 삼림 지역은 지나치게 이용함으로써 사라지기도 했다. 삼림이 농지로 전환되어 작물이 재배되기도 하며, 목재나 펄프를 얻기 위한 벌목으로 삼림이 사라지기도 한다(그림 14.10.2). 동시에 어떤 지역은 과거의 삼림 지역으로 다시 회복되기도 한다. 삼림이 회복되는 곳은 중위도 지역에서 특히 많이 나타난다. 예를 들어 미국 동부 지역의 삼림은 1800년대에 목재와 연료로 많이 사용되었고, 삼림 지역에 농장이 개척되면서 사라졌으나 오늘날에는 이용하지 않으면서 다시 과거의 삼림으로 회복되고 있다. 일부 삼림이 회복되는 지역은 회복이 계속 진행되고 있다. 중국의 삼림 지역은 매년 1%씩 증가하고 있으며, 대부분의 유럽 국가에서도 삼림 면적이 증가하고 있다. 그렇지만 현재 전 세계적으로 삼림 면적은 매년 0.14%씩 감소하고 있다.

그림 14.10.1 **블루리지 산맥**
공원 내의 삼림은 여가 활동 장소를 제공하기 때문에 가치가 있다.

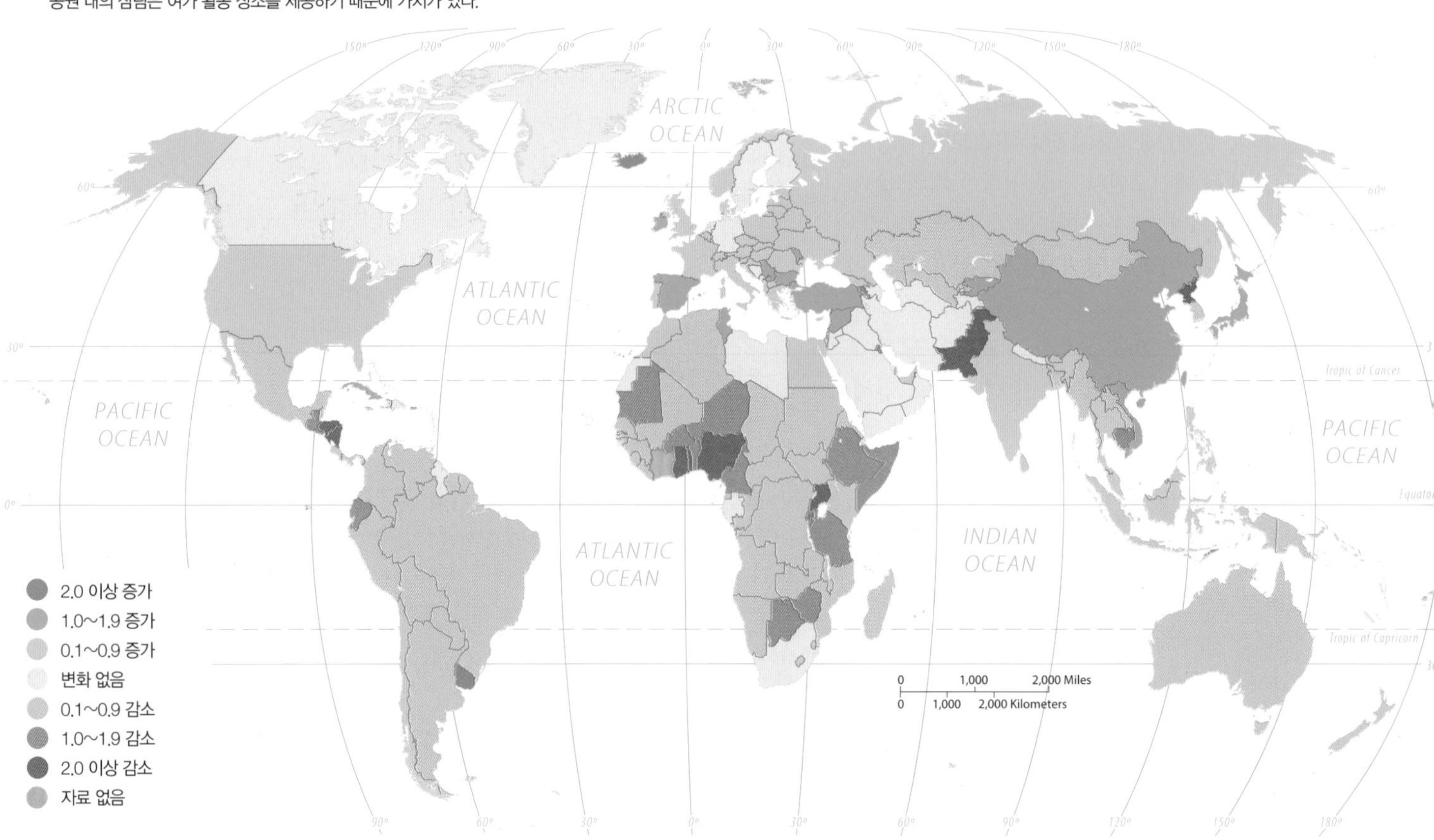

그림 14.10.2 **2005~2010년 삼림 면적 비율(%)의 변화**
열대 지역에서는 대개 삼림 면적이 축소되었지만, 중위도 지역에서는 증가한 것으로 나타난다.

생물자원으로서 삼림

미국의 삼림 지역은 지난 300여 년 동안 한 번 이상 벌채가 된 곳이 많다. 캐나다에서는 벌목이 한 번도 되지 않은 삼림 지역이 많다. 천연 삼림 지역은 양질의 목재를 벌목할 수 있기 때문에 경제적인 가치가 매우 높다. 벌목이 된 삼림 지역에서 미래의 세대가 목재를 다시 얻을 수 있게 하려면 삼림을 새롭게 조성해야 한다.

20세기 초부터 목재 기술의 발달에 따라 과거에 사용했던 나무보다 훨씬 작은 나무도 활용할 수 있게 되었다. 즉, 목재 접합 및 가공 기술로 인해 작은 나무를 가공하여 합판 등을 만들어 쓸 수 있게 되었다. 작은 나무를 가공하여 커다란 목재를 만들 수 있게 되었기 때문에 과거처럼 벌목이 가능한 큰 나무로 성장할 때까지 기다리지 않아도 되어 삼림 벌채 주기가 짧아졌다. 현재 농작물 재배처럼 나무를 심고 가꾸어 목재를 **지속 가능한 생산**(sustained yield)으로 만드는 삼림 플랜테이션이 많이 있다. 목재의 수확 주기는 농작물과 달리 수십 년 주기로 이루어진다(그림 14.10.3).

14.10.3 **미국 남동부의 목재 생산 시설**

삼림은 지속적으로 목재를 공급해준다. 구글어스를 이용하여 목재 생산과 식재 경관을 찾아보라.

앨라배마의 채프먼(Chapman)으로 이동하라.

주변 삼림 지역의 나무를 이용하여 목재를 생산하는 모습이다. 공장 주위의 나무는 벌채되고 묘목이 새로이 식재되어 있다. 이 지역의 식생은 20~40년을 주기로 성장과 벌채가 이루어진다.

인간이 조림하여 관리하는 인공림과 자연 상태의 삼림에서 볼 수 있는 차이점은 무엇인가?

삼림자원의 활용

부유한 국가에서 삼림은 중요한 레크리에이션 자원이다. 삼림 지역은 개발되지 않았기 때문에 하이킹, 캠핑 등 여러 야외 산악 활동을 할 수 있는 장소가 된다. 이 지역은 도시의 소음, 혼잡, 오염 등과는 대비되는 신선함을 제공한다. 숲의 그늘과 계곡의 물은 여름철 휴양 공간으로 이용하는 데 매력적인 요소이다. 또한 산지로 이루어진 삼림 지역은 등산 또는 스키장으로 활용할 수 있다. 삼림 지역은 야생 동물의 사냥과 낚시를 하는 데 좋은 장소가 되기도 한다.

숲은 생물 다양성 때문에 중요한 곳이기도 하다. 숲이 사라진 곳에서는 생물 다양성 또한 같이 사라진다. 열대우림 지역은 각종 식물종이 서식하고 있으며, 수직적인 계층이 잘 나타나있기 때문에 생물 다양성 측면에서 매우 중요하다. 특히 아마존 강 유역의 열대우림은 면적이 400만 km^2에 달하는 곳으로 수백만 이상의 생물종이 서식하고 있다. 아마존 강 유역의 열대우림은 현재 삼림 면적이 빠르게 감소하고 있어 국제적으로 주목을 받고 있다(그림 14.10.4).

1980년대 이후 브라질 아마존 강 유역의 삼림 지역은 매년 1%씩 축소되고 있다. 전 세계적으로 열대우림의 삼림은 매년 약 4만 km^2씩 사라지고 있다. 삼림이 축소되는 것을 염려하는 이유는 열대우림 지역에 거주하는 원주민의 삶을 보호하고, 우리의 후손 세대를 위해 생물 다양성을 보존하기 위한 실천적 · 정신적 기반에서 비롯된 것이다.

14.10.4 **브라질의 식량 생산을 위한 삼림 파괴**

열대우림 지역에서 목축업이 이루어지고 있다. 아마존 강 유역의 삼림 지역에서는 식량 생산과 목축업을 위해 삼림을 대규모로 파괴하고 있다.

14.11 지속 가능성

▶ 지속 가능한 개발은 미래를 위해 자원을 보전할 수 있을 만큼만 자원을 이용하는 것이다.

▶ 생물 다양성은 많은 종류의 생물이 있음을 의미한다.

지속 가능성(sustainability)은 미래 세대도 현재와 같은 자원을 활용할 수 있도록 지구의 한정된 자원을 보전하면서 사용하자는 것이다. 자원마다 사용 가능한 양은 다르고, 인간의 기술 수준과 사용 정도에 따라 차이가 있다.

지속 가능한 개발

UN에 따르면 **지속 가능한 개발**(sustainable development)은 "현 세대의 자원 이용과 개발 수준이 미래 세대의 요구를 충족시킬 수 있는 범위 내에서 이루어져야 한다."라는 것을 의미한다. UN의 '지속 가능한 개발'의 개념은 1987년 브룬트란트 보고서에서 처음으로 정의하였다. 이 보고서는 세계환경개발위원회(World Commission on Environment and Development)의 위원장이며 전 노르웨이 수상이었던 그로 할렘 브룬트란트(Gro Harlem Brundtland)의 이름을 딴 것이다. '인류 공동의 미래'라는 제목에서 알 수 있듯이 브룬트란트 보고서는 환경과 경제적 요소를 결합한 지속 가능한 개발을 인식하는 지표가 되었다.

이 보고서에서 지속 가능한 개발은 천연자원을 보전하는 동시에 경제성장을 위한 개발도 중요하게 고려해야 한다는 것을 의미한다. 경제발전은 빈곤을 감소시키지만 동시에 환경을 훼손하기 때문에 환경보호, 경제성장, 사회적 형평성은 서로 연계되어 있다.

일반적으로 선진국은 경제 수준이 높은 만큼 자원의 소비 수준도 매우 높은 편이다(그림 14.11.1). 산업화 초기 단계에서는 제품을 생산하는 과정에서 발생하는 오염에 대해서 중요하게 생각하지 않지만(그림 14.11.2), 소득 수준이 높아지게 되면서 점차 오염의 심각성에 대해 주의를 기울이게 된다.

환경보호를 주장하는 사람들은 지속 가능성을 논의하는 데 시기가 이미 늦었다고 주장하기도 한다. 그들은 지구온난화, 연안의 수질오염(dead zone), 생물 다양성 파괴 등의 심각한 문제에 대해 세계 인구가 이미 지구의 부양 한계를 넘어섰기 때문에 발생하는 것으로 보고 있다. 그러나 환경보호론자의 주장을 반박하며 지속 가능성에 대해 다른 시각으로 비판하는 사람들도 있다. 즉, 인류의 활동은 아직 지구의 용량을 크게 미치지 못하고 있으며, 지구의 자원은 절대적인 한계가 없다는 것이다. 왜냐하면 앞에서도 언급했듯이 자원의 이용 가능성은 무제한적이며, 자원의 정의는 그동안 끊임없이 수정되거나 대체되어 왔기 때문이다.

탄소배출량(미터톤)
70
60
50
40
30
20
10
0
카타르
쿠웨이트
트리니다드토바고
미국
캐나다
에스토니아
러시아
싱가포르
베트남
중국
노르웨이
브라질
포르투갈
스위스
0달러 10달러 20달러 30달러 40달러 50달러 60달러 70달러 80달러 90달러
1인당 국민소득(GNI)

그림 14.11.1 **1인당 국민소득과 탄소배출량**
일반적으로 부유한 국가는 가난한 국가에 비해 1인당 탄소배출량이 많지만, 여러 가지 변수도 작용한다. 예를 들어 캐나다와 스위스의 소득 수준은 비슷하지만 탄소배출량은 캐나다가 스위스보다 비해 3배 이상 많다. 이러한 차이가 발생하는 원인은 삶의 방식 때문으로 보통 대중교통이 발달해있는 정도에 따라 다르다. 스위스는 캐나다보다 기름값이 훨씬 비싸기 때문에 지속 가능한 에너지 소비 패턴을 보이고 있다.

그림 14.11.2 **중국 내 오염**
중국의 급속한 경제 변화는 오염 배출량을 상승시키는 결과를 낳았다. 세계은행의 자료에 의하면 오염이 심각한 20대 도시 중 16개가 중국에 있다.

보전과 보존

자원에 대한 보전과 보존은 다소 차이가 있다.

- **보전**(conservation)은 야생 생물, 물, 공기와 같은 천연자원과 음식, 의약품, 여가를 포함한 인간의 요구를 충족시키기 위하여 지구에 매장되어 있는 자원의 지속 가능한 이용과 관리를 의미한다. 나무와 같은 '재생자원'이 대체될 수 있는 속도로 소비된다면 보전될 수 있다(그림 14.11.3). 화석연료와 같은 '재생 불가능 자원'도 미래 세대를 위한 가채량이 유지된다면 보전될 수 있다. 만약 천연자원을 낭비하지 않고 주의를 기울이면서 활용한다면 보전은 개발과 함께 유지될 수 있다.
- **보존**(preservation)은 가능한 한 인간의 영향을 거의 받지 않고 현 상태를 유지하는 것이다. 인간의 요구와 관심에 의해 자연의 가치가 결정되는 것이 아니라 지구 상에 살고 있는 모든 동식물은 존재할 권리가 있고 비용과 관계없이 보존되어야 한다는 사실에서 자연의 가치가 결정된다.

보존은 자연을 인간이 활용할 수 있는 자원으로 간주하지 않는다. 반대로 보전의 입장에서는 인간이 천연자원을 지나치게 개발하거나 오염시킬 경우에 대해서 반대한다.

그림 14.11.3 **미국 아이다호의 벌목**
현재 미국에서 벌목이 가장 많이 되는 곳으로 지속 가능한 방법으로 이루어진다.

생물 다양성

제4장에서도 언급했듯이 생물 다양성(biodiversity)은 지구 전체 또는 특정 지역에 다양한 생물종이 존재한다는 것을 의미한다. 현재 지구의 생물 다양성은 농업 활동, 생물종의 이동, 환경오염으로 인해 크게 위협받고 있다.

종의 다양성을 유지시키기 위해 인간의 활동을 제한하고, 국제적 · 국가적 차원에서 보호 구역이 설치되기도 한다. 이러한 국제적인 노력 중의 하나가 UN 생물권 보존 프로그램이다. 생물권 보호는 대개 토지 이용 활동이 제한되고, 환경 보존을 유지하는 방법으로 중심부 지역이 포함되어 계획된다. 생물권 보존은 현 세대의 개발 요구와 미래 세대를 위한 자연 보전이 동시에 이루어지기 때문에 지속 가능한 개발의 모범적인 사례이다. 생물 다양성을 보호하기 위한 또 다른 전략은 야생 동식물의 국제 거래에 관한 협약(Convention on International Trade in Endangered Species of Wild Fauna and Flora, CITES)으로, 사라질 위기에 처해있는 종, 예를 들어 벌목, 포경, 참치 예인망에 의한 돌고래 포획 등을 이 협약에 의해 금지하는 것이다.

생물 다양성은 환경과 인간과의 관계를 살펴볼 수 있는 중요한 척도이다. 생물 다양성 보호를 옹호하는 입장은 야생 지역의 보전뿐만 아니라 모든 생태계 내에 다양성을 유지시키기 위한 전반적인 환경 정책에 대해 긍정적이라고 볼 수 있다(그림 14.11.4). 생물 다양성 보존은 지리학이 연구해야 할 커다란 도전 과제이자 공헌할 수 있는 주제이다.

그림 14.11.4 **생물 다양성 보전**
코스타리카 몬테베르데 운무림 보호 지역 입구의 안내 간판

에너지, 수질, 대기, 삼림과 같은 천연자원은 인간의 삶에 매우 중요한 요소이다. 자원 이용은 인류의 기술 발달에 따라 사용하는 용도나 방식이 크게 변화하고 있다.

핵심 질문

천연자원은 무엇이고, 자원의 가치를 결정하는 요인은 무엇인가?

- ▶ 자원은 인간을 위한 유용성으로 정의되는데, 유용성은 기술 수준, 경제성, 문화에 따라 달라질 수 있다.
- ▶ 자원 중에는 여러 가지 용도로 사용되는 것이 많으며, 하나의 제품을 만드는 데 서로 다른 다양한 자원이 이용되기도 한다.

에너지자원과 광물자원을 어떻게 활용하고 있는가? 미래에 이들 자원은 어떻게 될까?

- ▶ 우리가 사용하는 에너지자원은 끊임없이 변하고 있다. 오늘날 대부분의 연료를 화석에너지로 충당하고 있으며, 전력 수요도 계속 증가하고 있다.
- ▶ 원자력과 재생에너지 자원은 전력 생산의 대체에너지원으로서 가능성이 높아지고 있지만, 원자력에너지는 안전성에 문제가 있고 재생에너지 자원은 활용률이 낮다.
- ▶ 광물자원은 기술과 수요의 변화에 따라 가치가 변하고 있다.

주요 재생자원의 조건은 무엇이고, 그러한 자원을 어떻게 관리해야 하는가?

- ▶ 수자원은 물 수요에 따라 부족 문제가 발생한다. 앞으로도 관개시설 등으로 더욱 심각해질 것으로 예상된다.
- ▶ 수질오염과 대기오염 문제는 기술 개발에 따라 심각성이 줄어들 수 있다. 그러나 개발도상국에서는 여전히 심각한 문제로 대두되고 있다.
- ▶ 삼림자원은 세계 여러 곳에서 농지로 바뀌거나 목재 공급으로 벌채되기 때문에 줄어들고 있다. 열대 지역의 삼림은 점점 줄어들고 있지만, 중위도 지역에서는 늘어나고 있다.

그림 14.CR.1 **2008년 스페인의 대가뭄**
2008년 스페인의 대가뭄 때 바르셀로나에 물을 공급하는 탱크 선박

지리적으로 생각하기

서남아시아는 세계 최대의 원유 생산 지역이지만, 다른 곳에서도 채굴되고 있다. 북아메리카, 유럽, 동아시아는 원유를 수입하는 지역이면서 원유를 채굴하는 지역이다.

1. **세계를 원유 수출국과 원유 수입국으로 구분하는 데 대해 어떻게 생각하는가?**

원유는 오늘날 국제관계에서 매우 중요한 요소이고, 세계는 원유 공급과 수요, 가격에 주의를 기울이고 있다. 미래에는 물 또한 오늘날의 원유와 같이 여러 지역에서 희소한 자원이 될 것으로 예상된다(그림 14.CR.1).

2. **원유와 물이 서로 비교할 수 있는 대상이 되는가? 어떤 점에서 유사하고, 어떤 점에서 다른가?**

불과 몇십 년 전에는 매우 가난한 국가였지만 현재는 급속한 경제성장을 이룬 국가들이 많다. 이들 국가는 경제 수준과 비중이 선진국에 근접해가고 있다.

3. **중국, 인도와 같이 개발도상국의 급속한 경제성장이 환경에 어떠한 영향을 미치고 있는가?**

인터넷 자료

세계자원기구(WRI)는 자원에 대한 모니터링과 전반적인 추세를 분석한다. 인터넷 홈페이지 http://wri.org에서 검색할 수 있다.

수자원에 다양한 정보는 미국지질조사국(http://water.usgs.gov)에서 찾아볼 수 있다.

탐구 학습

삼림 벌채와 수정된 산지 고도 탐색하기

삼림 벌채가 열대 지역에서 발생하고 있다.

브라질 혼도니아의 10°S, 63°W 지역으로 이동하라.

이 지역에서는 최근 대규모 삼림 벌채가 일어났다.

토지가 어떻게 이용되는가?

그림 10.10.2와 비교하여 어떤 유사한 점이 있는가?

10km 고도에서 내려다보는 화면으로 축소하라.

"보기" 메뉴에서 "과거 이미지"를 클릭하라.

타임슬라이더를 이용해 변화된 경관을 살펴보라.

언제 삼림 벌채가 가장 심하게 일어났는가?

웨스트버지니아의 38°20′N, 81°W 지역으로 이동하라.

전력 생산에 필요한 석탄을 효과적이지만 환경을 파괴하는 방법으로 채굴함으로써 산지 정상의 고도가 수정된 것을 볼 수 있다.

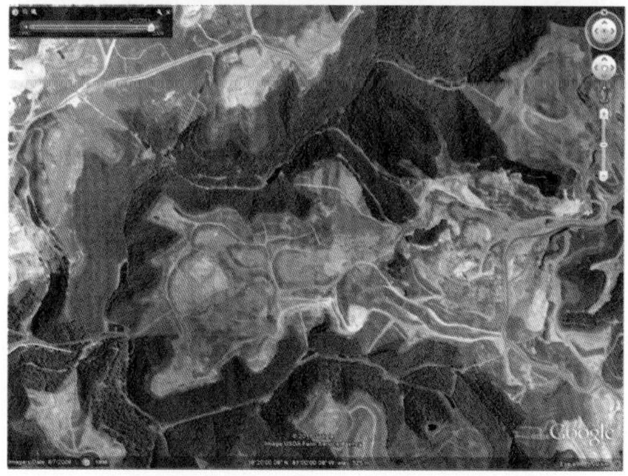

5km 고도에서 내려다보는 화면으로 이미지를 축소하라.

"보기" 메뉴에서 "과거 이미지"를 클릭하라.

타임슬라이더를 이용해서 변화된 경관을 살펴보라.

석탄 채굴 이후에 식생 복원이 이루어졌는가?

핵심 용어

기온역전(temperature inversion) 대기의 교란 작용에 의해 따뜻한 대기층이 차가운 대기층 위에 놓이는 대기 현상

바이오 연료(biofuel) 동식물 폐기물로부터 추출한 연료

보전(conservation) 자원 소비의 속도를 회복되는 속도보다 줄임으로써 천연자원의 지속 가능한 이용 및 관리를 가능하게 하는 일

보존(preservation) 가능한 한 인간의 영향력을 최소화한 채 현재 상태로 자원을 유지하는 것

부존량(reserve) 지질적 자원에서 매장이 확인되었으며 현재의 가격과 기술로 채굴할 경우 상업성이 있는 자원의 양

분진(particulate) 대기 중에 미세한 입자 형태의 오염물질

비점 오염원(nonpoint source) 광범위한 지역에 확산되는 형태로 오염시키는 오염원

산성화(acid deposition) 화석연료가 연소되면서 대기 중으로 방출된 황산화물과 질소산화물이 산소 및 물과 결합되어 황산 및 질산을 형성하고 이것이 다시 지표면으로 되돌아가는 현상

소모성 이용(consumptive use) 이용한 물이 증발할 경우 액체 상태에서 재처리 및 재사용이 불가능하다. 이러한 소모성 이용은 작물 재배를 하는 농업에서 가장 많이 차지하고 있다.

오염(pollution) 자연환경에 인간의 영향으로 생겨난 물질이 증가하는 현상

오폐수(wastewater) 이미 어떤 용도로 사용된 물이거나 액체 상태에서 환경으로 버려진 물

재생 불가능 자원(nonrenewable energy) 한정된 공급량 때문에 고갈될 수 있는 에너지원

재생자원(renewable resource) 이론상 공급에 제한이 없으며 인간이 사용해도 고갈되지 않는 자원

점 오염원(point source) 오염물질이 배출되는 장소를 명확하게 알 수 있는 곳의 오염원

지속 가능성/지속 가능한 개발(sustainability/sustainable development) 자원 고갈을 막고 미래 세대가 개발을 통해서 달성할 수 있는 수준을 침해하지 않으면서 국토 공간을 유지하는 개발

지속 가능한 생산(sustained yield) 재생 가능한 천연자원의 산출량을 지속적으로 유지할 수 있도록 관리하는 방법

천연자원(natural resource) 인간활동에 독립해서 존재하며, 인간에게 유용한 물질

카르텔(cartel) 생산 집단이 연합하여 해당 자원의 생산량 제한과 가격 안정을 위해 시장가격을 통제하고자 결성하는 것

태양광 전기(photovoltaic electricity) 태양광을 전기로 변환시켜 주는 기기로 생산된 전기

화석연료(fossil fuel) 수백만 년 전 지층 속에 누적된 동식물의 유해로부터 생성된 에너지원

용어 해설

1차 산업(primary sector) 자연에서 직접 자원을 채굴하는 경제 분야로, 농업을 비롯하여 광업, 어업, 임업 등이 포함된다.

2차 산업(secondary sector) 원료의 가공, 변형, 조립 등을 통해 공산품을 생산하는 경제 분야

3차 산업(tertiary sector) 교통, 통신 및 서비스와 관련된 경제 분야로, 서비스 분야는 유료로 제공되는 모든 상품과 서비스 제공까지 포함한다.

가내공업(cottage industry) 보통 산업혁명 이전의 생산 유형으로서 공장이 아닌 집에서 제품을 생산하는 유형의 공업

가능론(possibilism) 물리적 환경은 인간의 활동을 제약하지만, 인간은 물리적 환경에 적응하고 다양한 대안적 활동을 선택할 능력이 있다는 이론

강제 이주(forced migration) 폭력이나 재해 같은 강압적인 상황에서 이루어지는 이주

개발(development) 지식과 기술 확산을 통해 사람들의 물질적 환경을 개선하는 과정

개발도상국(developing country or Less Developed Country, LDC) 경제발전의 단계에서 상대적으로 초기 단계에 위치한 국가

거리 조락(distance decay) 특정 현상이 기원한 지역으로부터 거리가 멀어질수록 그 중요성이 감소하고 궁극적으로는 그 현상이 사라지는 것

게리맨더링(gerrymandering) 한 당이 다른 당에 대해 유리하기 위하여 선거구를 다시 그리는 것

경도(longitude) 본초자오선(경도 0°)을 중심으로 동서로 거리를 측정하여 경선의 위치를 표시하는 숫자 체계

경선(meridian) 지도 위에 남극과 북극을 기준으로 그려진 호(arc) 모양의 선

경작지(arable land) 농업에 적합한 토지

경제적 기반(economic base) 해당 지역 내의 기반 경제활동

계절 이주자(seasonal migrant) 정기적이지만 한시적으로 이주하는 사람. 예를 들어 수확기에만 일을 하고 농한기에는 되돌아가는 경우

계층 확산(hierarchical diffusion) 핵심적인 인물, 혹은 권력의 중심지(결절지)로부터 다른 사람이나 장소로 추세나 특징이 퍼져 가는 것

고립어(isolated language) 다른 언어와의 관련성이 적어 어느 어족에도 속하지 않는 언어

고립 영토(exclave) 다른 국가에 의해 국토의 다른 부분과 단절된 영토

고용법 채택 주(right-to-work state) 회사 노조가 강력한 권한을 행사하는 것을 금지하는 법이 통과된 주를 일컫는다. 이 법은 노조에 가입하는 노동자의 요구를 회사 측이 고용 조건에서 계약 협상으로 다루도록 하고 있다.

곡류(meandering) 곡류대의 오른쪽과 왼쪽을 가로지르며 구불구불한 유로를 따라 흐르는 물의 모습

곡물(grain) 곡초의 종자

공간(space) 두 지역 간의 물리적 간격

공간적 상호작용(spatial interaction) 지역 내, 혹은 지역 간 아이디어(사상), 인간활동, 자연적인 프로세스의 움직임

공공 서비스(public service) 국민과 기업의 안전과 보호를 도모할 목적으로 정부에서 제공하는 서비스

공용어(official language) 정부가 경제활동과 공공 문서 사용에 채택한 언어

공정무역(fair trade) 국제무역을 통한 발전 모델의 변형으로, 개발도상국의 소기업 및 노동자가 중심이 되며 민주적으로 경영되는 노동조합이 중요시된다. 고용주들은 노동자들에게 정당한 임금을 지불하여야 하며 노동조합 결성을 허용하여야 하고 최소한의 환경 및 안전 기준을 준수하여야 한다.

관통형 국가(perforated state) 자국의 영토가 다른 나라를 완벽하게 에워싼 나라

광합성(photosynthesis) 녹색식물에서 이산화탄소와 물이 탄수화물과 산소로 변화하는 화학적 반응

교파(denomination) 단일의 율법적 · 행정적 조직 내에서 수많은 지역 신도들을 통합시키는 종파의 세분

구심력(centripetal force) 국가를 지지하는 정치적 태도

구조조정 프로그램(structural adjustment program) 국제무역을 활성화시킬 수 있는 여건을 조성하고자 국제기구가 개발도상국에 도입을 요구하는 경제정책들로서 세금 인상, 정부 지출 축소, 인플레이션 억제, 공기업 매각, 공공요금 인상 등이 포함된다.

국가(state) 정치적인 단위로 조직된 영역으로 정부가 통치하며 거주 인구를 거느린다.

국경 지구(frontier) 완벽한 정치적 통제를 행사하는 국가가 존재하

지 않는 구역

국내 유민(Internally Displaced Persons, IDPs) 출신 국가 내에서 강제로 이주해야 하는 사람

국내총생산(Gross Domestic Product, GDP) 한 국가에서 매년 생산되는 재화와 서비스의 총 생산액. 국가 내로 유입되는 자금과 외부로 유출되는 자금은 포함되지 않는다.

국민성(nationality) 특정 국가에 법적 귀속과 개인적 충성을 공유하는 사람들의 정체성

국민총소득(Gross National Income, GNI) 한 국가 내에서 1년 동안 생산되는 재화와 서비스의 총 생산액. 국가 내로 유입되는 자금과 유출되는 자금까지도 포함된다.

국제 조약(international treat) 국가의 주권이 미치는 범위에 대해 협의한 국가 간 조약으로 공동의 문제에 대해서도 협력하기로 약속한다.

귀화(naturalize) 출신 국가가 아닌 다른 국가의 국민이 되는 과정

그리니치표준시(Greenwich Mean Time, GMT) 경도 0°인 본초자오선이 지나는 시간대의 시간

극고기압대(polar high-pressure zone) 북극과 남극 주변에서 공기가 하강하는 고기압 지역

기계적 풍화(mechanical weathering) 물리적인 또는 기계적인 힘에 의해 암석이 더 작은 입자로 부서지는 현상

기능지역(functional region) '결절지역'이라고도 하며, 핵심이나 결절점을 중심으로 조직된 영역

기대수명(life expectancy) 개인이 처한 사회, 경제, 의료 환경하에서 살 수 있을 것이라 예상되는 평균연령. 출생 시 기대수명은 신생아가 앞으로 살 것이라 기대할 수 있는 평균수명이다.

기반 산업(basic industry) 해당 지역에서 생산된 재화 또는 서비스가 다른 지역으로 유통되는 산업

기업농업(agribusiness) 일반적으로 대기업에 의한 소유권을 통해 식품가공업체에서 상이한 단계의 통합이 특징적으로 나타나는 상업농업

기온역전(temperature inversion) 대기의 교란 작용에 의해 따뜻한 대기층이 차가운 대기층 위에 놓이는 대기 현상

기초 센서스 통계지역(Primary Census Statistical Area, PCSA) 미국에서 결합된 모든 통계 지역은 대도시 통계 지역과 소도시 통계 지역을 모두 합한 것이다.

기후(climate) 수십 년 또는 그 이상 기간의 종합적인 날씨 상태

낙엽활엽수림(broadleaf deciduous forest) 중위도 습윤기후에 분포하는 겨울에 낙엽이 지는 활엽수로 이루어진 산림

난민(refugee) 국제위원회의 규정에 의하면 강제적으로 조국을 떠나 다른 나라로 이주해야 하는 사람

날짜변경선(International Date Line) 경도 180°를 지나는 경선. 미국을 향해 동쪽으로 가다 날짜변경선을 지나면 시계는 하루(24시간)를 뒤로 되돌려야 하고, 아시아를 향해 서쪽으로 간다면 날짜는 하루를 앞당겨놓아야 한다.

남회귀선(Tropic of Capricorn) 남위 23.5° 선

남획(overfishing) 어류의 번식을 기다리지 않고 계속해서 어획하는 것

내셔널리즘(nationalism) 국가에 대한 충성과 헌신

냉대림(boreal forest) 한랭한 대륙성 기후에 분포하는 상록침엽수림

노년인구부양비(elderly support ratio) 경제활동 연령대(15~64세)의 인구를 65세 이상 인구수로 나눈 것

노동집약적 산업(labor-intensive industry) 전체 지출 중 노동비 지출액의 비중이 큰 산업

녹색혁명(green revolution) 새로운 농업 기술, 특히 새로운 고수확 종자와 비료의 신속한 확산

논벼(wet rice) 육묘 시에는 건조지에 심어졌다가 다음에는 성장을 촉진하기 위해 의도적으로 물에 잠긴 경지로 이동시키는 벼

농업(agriculture) 자급 또는 경제적 이득을 위해 작물을 재배하고 가축을 사육하여 지표의 일부분을 변형시키고자 하는 의도적 노력

농업적 인구밀도(agricultural density) 경작지 면적에 대한 농부 수의 비율

다신교(polytheism) 하나 이상의 신을 믿거나 숭배하는 것

다핵심 모형(mutiple nuclei model) 활동의 결절지별로 그 주위에 사회 집단이 배치된다는 도시 내부 구조 이론

단열 냉각(adiabatic cooling) 상승하는 공기의 팽창에 따른 공기의 냉각, 단열은 '열을 가하지 않는' 것을 의미한다.

단일정부(unitary state) 중앙정부에 대부분의 권력이 집중된 정부 체제

단절형 국가(fragmented state) 영토가 여러 조각으로 분절된 국가

단층(fault) 암석의 이동이 일어나는 곳을 따라 형성된 지각의 균열

단파에너지(shortwave energy) 태양으로부터 방출되는 파장이 약 0.2~0.5마이크론인 복사에너지

대기권(atmosphere) 지구를 둘러싸고 있는 얇은 가스층

대도시 통계 지역(Metropolitan Statistical Area, MSA) 미국 내 최소 인구 5만 명 이상의 중심 도시, 그런 도시가 입지되어 있는 카운티, 중심 도시와 기능적으로 연결되기 위해 필요한 기준을 한 가지 이상 만족하는 인접 카운티

대류(convection) 대기 중 온난한 공기의 상승과 같은 기온 하강의 밀도 차이에 따른 유체의 순환

대륙빙하(continental glacier) 하부 지형의 통제를 적게 받는 수백에서 수천 킬로미터 범위의 두껍고 거대한 빙하

뎅글리시(Denglish) 독일어와 영어의 합성어

도달 범위[range (of service)] 사람들에게 서비스를 제공할 수 있

는 최대한의 거리

도시화된 지역(urbanized area) 미국의 중심 도시와 연속적으로 개발된 교외 지역

독재정부(autocracy) 기존의 엘리트들끼리 지도자를 선출하여 무한한 권력이 소수에 집중되는 정부 형태

동심원 모형(concentric zone model) 각 사회 집단이 동심원 형태로 공간적으로 배치되어 있다고 보는 도시 내부 구조 이론

동지(winter solstice) 남반구에서 6월 20일 또는 21일은 북위 23.5° 선을 따라 태양이 정확히 머리 위에 위치하는 날이고, 북반구에서 12월 20일 또는 21일은 남위 23.5° 선을 따라 태양이 정확히 머리 위에 위치하는 날이다.

등질지역(formal region) 'uniform region', 'homogeneous region'이라고도 하며, 한 가지 이상의 고유한 특성을 공유하는 사람들이 거주하는 영역

디아스포라(diaspora) 고향을 떠난 사람들이 세계 여러 지역으로 분산되는 것

링구아 프랑카(lingua franca) 모국어가 다른 사람들 사이에서 서로 이해되고 공통적으로 사용되는 언어

마그마(magma) 지표 하부에서 용융된 암석

맨틀(mantle) 지구의 핵 바로 위 그리고 지각 바로 아래 부분

먹이사슬(food chain) 녹색식물에서 시작하여 초식동물, 육식동물, 그리고 분해자로 끝나는 생태계에서 먹이의 연속적인 소비

메탄(methane) 화학식 CH_4로 대기에서 발견되는 미량의 기체. 온실효과의 주요 원인

모성 사망률(maternal mortality ratio) 인구 10만 명당 출산 도중 사망하는 여성의 수

목축업(ranching) 가축들을 넓은 면적의 초지에서 방목하는 상업 농업의 한 형태

몬순 순환(monsoon circulation) 아시아에서 기압과 바람의 계절적 역전. 아시아 내륙에서 불어오는 겨울철 바람은 건조한 겨울을 형성하고, 인도양과 태평양에서 내륙으로 부는 여름철 바람은 습윤한 여름을 형성한다.

무역풍(trade wind) 아열대와 열대 위도의 탁월풍은 열대수렴대를 향해 불고, 일반적으로 북반구에서는 북동풍, 남반구에서는 남동풍이 분다.

무허가 불량 주거 지역(squatter settlement) 저개발국 도시 내의 한 영역으로, 소유하거나 임차하지 않은 토지 위에 임의로 주택을 건설하는 불법적인 토지 점유 지역

문자 전통(literary tradition) 구두로 표현될 뿐 아니라 문자로도 기록되는 언어

문자 해독률(literacy rate) 한 국가의 국민 중 읽고 쓸 수 있는 사람의 비율

문화 경관(cultural landscape) 문화 집단에 의해 변형된 자연경관

문화생태학(cultural ecology) 인간과 환경의 관계에 대해 지리학적으로 연구하는 분야

문화적 경계(cultural boundary) 문화적 특성의 분포를 따르는 국가의 영역 한계

물순환(hydrologic cycle) 대기권에서 지표로, 그리고 지표를 거쳐 다시 대기권으로 되돌아가는 물의 이동

민족성(ethnicity) 같은 고국이나 고향 출신이며 문화적 전통을 공유하는 사람들의 정체성

민족종교(ethnic religion) 그 원리가 신도들이 집중된 특정 지역의 자연적 특성들에 기초할 가능성이 크며 상대적으로 집중된 공간 분포를 갖는 종교

민주주의정부(democracy) 국민들이 지도자를 선출하고 공직에 나아갈 수 있는 제한된 정부 형태

밀도(density) 단위 지역 내에 특정 사물의 빈도

밀집된 농촌 취락(clustered rural settlement) 농경지를 중심으로 농가들이 서로 인접하여 모여있는 촌락

바이오 연료(biofuel) 동식물 폐기물로부터 추출한 연료

반건조기후(semiarid climate) 연중 강수량이 잠재적인 증발량보다 약간 작은 기후

반이주 정책(exclusionary policy) 인구 유입을 방지하고자 하는 정부의 정책

발산 경계(divergent plate boundary) 두 판이 서로 멀어지는 판의 경계로 새로운 지각이 형성된다.

발원지(hearth) 창의적인 아이디어가 최초로 발생한 지역

발칸화(Balkanization) 국내 민족들 간의 차이로 인해 국가가 붕괴되는 현상

방언(dialect) 언어의 지역적 변화. 단어, 철자, 발음 등으로 구분된다.

배가 기간(doubling time) 인구가 지속적인 비율로 증가한다고 가정할 때 인구규모가 2배로 증가하는 데 필요한 연수

배출 요인(push factor) 기존 거주지에서 사람들을 떠나게 하는 요인

배타적 경제수역(Exclusive Economic Zone, EEZ) 기선으로부터 200해리까지의 바다로 해당 국가는 이 구역 내의 자원 채취에 관한 독점권을 가진다.

범람원(floodplain) 하천에 의한 퇴적으로 형성된 하천 하도에 인접한 낮은 평지

변성암(metamorphic rock) 일반적으로 열이나 압력에 의해 다른 종류의 암석이 변형되어 형성된 암석

변환단층 경계(transform plate boundary) 두 판이 판의 경계를 따라 서로 평행하게 이동하는 경계

보전(conservation) 자원 소비의 속도를 회복되는 속도보다 줄임으로써 천연자원의 지속 가능한 이용 및 관리를 가능하게 하는 일

보존(preservation) 가능한 한 인간의 영향력을 최소화한 채 현재 상태로 자원을 유지하는 것

보편관할권(universal jurisdiction) 국가의 영역이 아닌 공간에서도 모든 국가가 범죄자를 기소할 수 있다는 법률 원칙으로, 공해상의 해적에 대해서는 모든 나라가 기소할 수 있다.

보편종교(universalizing religion) 특정 지역에 거주하는 사람들뿐만 아니라 모든 사람들에게 호소하는 종교

복사(radiation) 모든 방향으로 방출하는 전자기파로 형성된 에너지

본초자오선(prime meridian) 경도 0°를 나타내는 자오선으로, 영국의 그리니치천문대를 통과하는 선

부가가치(value added) 제품의 가치에서 원재료 및 에너지 비용을 제외한 값

부양비(dependency ratio) 경제활동에 종사하기에는 너무 어리거나 나이가 든 인구수(15세 이하 어린이와 65세 이상 노년층)와 생산 연령층의 인구수를 비교한 것

부영양화(eutrophication) 영양물이 과잉 공급된 수체에서 식물 성장이 과다하게 발생하는 과정

부존량(reserve) 지질적 자원에서 매장이 확인되었으며 현재의 가격과 기술로 채굴할 경우 상업성이 있는 자원의 양

북회귀선(Tropic of Cancer) 북위 23.5° 선

분산된 농촌 취락(dispersed rural settlement) 이웃과 떨어진 곳에 고립되어 거주하는 농가가 많은 촌락 패턴

분진(particulate) 대기 중에 미세한 입자 형태의 오염물질

분파(sect) 확립된 교파로부터 분리된 상대적으로 작은 집단

분포(distribution) 지표상에 특정 사물이 배치된 상태

불법 이주민(undocumented immigrant) 정부에서 요구하는 법적 요건을 갖추지 않은 채 한 국가에 입국한 이주민

불평등성이 반영된 인적개발지수(Inequality-adjusted HDI, IHDI) 각국의 개발 정도를 측정하기 위해 UN에서 개발한 척도로, 인적개발지수를 불평등성으로 보정한 것

비기반 산업(nonbasic industry) 해당 지역에서 생산된 것이 해당 지역에서 팔리는 산업

비생물계(abiotic) 비생명체와 무기물로 구성된 시스템

비자(visa) 한 국가에 들어가기 위해 입국 이전이나 입국 현장에서 부여되는 허가서

비점 오염원(nonpoint source) 광범위한 지역에 확산되는 형태로 오염시키는 오염원

빙퇴석(moraine) 일반적으로 융해 지역 부근에서 빙하에 의해 퇴적된 암석과 퇴적물이 집적된 지형

빙하(glacier) 이동하고 있는 지속적인 큰 얼음덩어리

빙하성 유수퇴적 평원(outwash plain) 빙하에서 나온 융빙수 하천에 의해 운반된 모래와 자갈이 집적된 지형으로 일반적으로 빙하 말단의 종퇴석 바로 건너편에 퇴적된다.

사막(desert) 수분을 획득하고 보유하기 위해 희박한 식물 분포를 나타내는 식생 유형

사막기후(desert climate) 적은 강수량과 강수량보다 훨씬 큰 잠재 증발량을 가진 충분히 온난한 기온을 보이는 기후

사막화(desertification) 과목 및 경작과 같은 인간의 토지 이용으로 인하여 지역의 토양과 식생 피복이 사막과 같이 변화하는 과정

사면 운반작용(mass movement) 중력에 의해 지구 표면에서 암석과 토양이 사면 하부로 이동하는 현상

사멸어(extinct language) 한때 사람들이 일상생활에서 사용하였으나 더 이상 사용되지 않는 언어

사회 지역 분석(social area analysis) 도시 내부 지역을 파악하는데 도시 주민의 경제적 수준, 인종적 배경, 사회적 지위 등과 같은 지표의 통계를 통해 분석하는 방법

산성화(acid deposition) 화석연료가 연소되면서 대기 중으로 방출된 황산화물과 질소산화물이 산소 및 물과 결합되어 황산 및 질산을 형성하고 이것이 다시 지표면으로 되돌아가는 현상

산술적 인구밀도(arithmetic density) 인구규모를 영토 면적으로 나눈 비율

산업혁명(Industrial Revolution) 제조업 생산 공정 과정을 변화시킴으로써 나타난 일련의 산업 기술 혁신을 의미한다.

삼각주(delta) 하천이 호수나 바다로 들어가는 곳에 형성된 퇴적 지형

상권 또는 배후지(market area or hinterland) 중심지의 주변 지역으로, 중심지에서 제공하는 재화와 용역을 구매하는 사람들이 거주하는 지역

상대습도(relative humidity) 대기가 보유할 수 있는 수분 함량과 비교한 대기 중 실제 수분 함량. %로 표시

상대적 위치(situation) 다른 장소와의 상대적인 관계로 설명되는 위치

상대적 입지 요인(situation factor) 공장 내부 또는 외부로 원료를 운송하는 교통과 관련된 입지 요인

상업농업(commercial agriculture) 주로 판매를 목적으로 농산물을 생산하는 농업

생물계(biotic) 생물체로 구성된 시스템

생물권(biosphere) 지구 상의 모든 생명체를 지칭

생물량(biomass) 주어진 환경에서 살아있거나 죽은 생물의 건조 질량

생물상(biome) 특정한 식물 또는 동물 유형으로 구분된 생태계의 대분류 단위

생물학적 농축(biomagnification) 먹이사슬의 상위 단계로 이동하면서 농도가 증가하여 신체 조직에 물질이 축적되는 경향

생산성(productivity) 특정 제품 생산에 필요한 노동량 대비 특정 제품의 가치

생산자 서비스(business service) 전문 서비스, 금융 서비스, 교통 서비스 등과 같이 다른 사업 활동을 지원해주기 위한 서비스

생지화학적 순환(biogeochemical cycle) 탄소, 질소, 기타 영양물과 같이 주요 물질을 생물권에 공급하는 환경적 순환 과정

생태계(ecosystem) 생물체와 함께 생물체와 상호작용하는 범위 내의 비생물계

생태관광(ecotourism) 관광객들이 환경에 미치는 영향력을 최소화하는 데 초점을 둔 관광

생태학(ecology) 생태계를 연구하는 학문

서비스업(service) 사람들의 욕구나 욕망을 충족시켜 주는 활동을 제공하고 비용을 받는 모든 사업

선교사(missionary) 보편종교를 확산시키는 것을 돕는 사람

선별적 이주 정책(selective immigration policy) 이주민에 대한 허가 여부를 조건부로 하는 정부의 정책

선진국(developed country or More Developed Country, MDC) 개발의 연속선상에서 상대적으로 훨씬 앞서 나간 국가들

선형 모형(sector model) 중심업무지구로부터 방사형으로 뻗어나간 몇 개의 부채꼴(sector) 혹은 쐐기의 형태로 사회 집단이 배치된다는 도시 내부 구조 이론

성불평등지수(Gender Inequality Index, GII) 각 국가의 성 불평등 정도를 측정하기 위하여 UN에서 개발한 지수

성층화산(composite cone volcano) 용암 분출과 화산재의 폭발적인 분출로 형성된 화산

세계적 유행병(pandemic) 광범위한 지역에 걸쳐 발생하고 매우 높은 비율의 인구가 영향을 받는 질병

세계화(globalization) 전 세계를 연관시키는 활동이나 프로세스로, 결과적으로 특정 사상(事象)이 전 지구적 범위를 갖게 된다.

센서스 지역(census tract) 미국통계청이 통계 자료를 구축하기 위해 구획한 영역으로, 센서스 지역은 도시화된 지역의 근린 지역과 대략 일치한다.

소도시 통계 지역(Micropolitan Statistical Area, μSA) 인구가 1만~5만 명 사이에 있는 도시화된 지역, 그런 도시가 포함되어 있는 카운티(county) 및 그런 도시에 연결하여 인접해있는 카운티

소모성 이용(consumptive use) 이용한 물이 증발할 경우 액체 상태에서 재처리 및 재사용이 불가능하다. 이러한 소모성 이용은 작물 재배를 하는 농업에서 가장 많이 차지하고 있다.

소비자 서비스(consumer service) 도 · 소매, 교육, 건강, 레저 산업과 같이 개별 소비자에게 제공되는 서비스 산업

소빙기(Little Ice Age) 지구 기후가 특히 서늘한 약 1500~1750년 사이의 시기

송금(remittance) 출신 지역의 가족 등에게 보내는 돈

수권(hydrosphere) 지구 상에서 물로 이루어진 모든 영역

수렴 경계(convergent plate boundary) 두 판이 서로 만나는 판의 경계로 지각이 소멸하거나 두꺼워진다.

수증기(water vapor) 기체로 형성된 대기 중 수분

순례(pilgrimage) 종교적 목적으로 신성하다고 간주되는 장소로의 여행

순상지(shield) 아주 오래된 대륙의 중심부

순상화산(shield volcano) 상대적으로 유동성이 큰 용암의 분출에 의해 형성된 상대적으로 완만한 사면을 가진 화산

순위-규모 법칙(rank-size rule) 국가 내 도시 규모별 분포 패턴으로서 n번째 순위의 도시 인구규모는 수위 도시 인구규모의 1/n이다.

순 이주(net migration) 유입 인구수와 유출 인구수의 차이

순 증발산량(Actual Evapotranspiration, ACTET) 주어진 환경에서 증발 또는 증산된 물의 양

스케일(scale) 일반적으로 지구 전체와 지표의 일부분 간의 관계를 지칭한다. 특히 지도상에 나타난 특정 지역의 크기와 실제 크기와의 관계를 말한다.

스팽글리시(Spanglish) 히스패닉계 미국인들이 사용하는 영어와 스페인어의 혼합어

스프롤(sprawl) 상대적으로 낮은 밀도를 가진 지역 및 기성 시가지와 연속적이지 않은 곳에 새로운 주택 용지를 개발하는 것

시(city) 법률적으로 통합된 단일의 자치권을 행사하는 도시 지역

시공간 압축(space-time compression) 교통통신시스템의 발달로 특정 사상이 먼 곳으로 확산되는 데 걸리는 시간이 감소하는 현상

식량 안보(food security) 건강한 삶을 누리는 데 필요한 음식의 양과 식품 선호를 충족시키고, 안전하며 영양소를 충분히 갖춘 식품을 물리적, 사회적, 경제적 제한 없이 얻는 것

신장형 국가(elongated state) 국토의 형태가 길고 좁은 국가

쓰나미(tsunami) 해저지진에 의해 형성된 극단적으로 파장이 긴 파랑. 파랑은 수백 km/h로 이동한다.

아열대고기압대[SubTropical High-pressure(STH) zone] 약 북위 25°와 남위 25°에서 공기가 하강하는 고기압 지역

암석권(lithosphere) 지각과 지각 바로 아래에 위치한 맨틀의 상층부

애니미즘(animism) 식물 · 암석과 같은 자연계의 구성 요소와 천둥 · 지진과 같은 자연 현상이 영혼과 의식이 있는 생명을 갖고 있다는 믿음

양식업(aquaculture, aquafarming) 통제된 조건하에서 수산물을 배양하는 것

어계(language branch) 수천 년 전에 존재하던 공통의 조상언어에서 파생되어 서로 연관된 일련의 언어들. 한 어계 내에 속한 언어들 간의 차이는 어족들 간의 차이에 비해 범위가 작고 오래되지 않으며 인류학적 증거를 통하여 같은 어족에서 파생된 것임을 증명할 수 있다.

어군(language group) 같은 어계 내에서 비교적 최근에 같은 어

원에서 파생되었고 문법이나 어휘에서의 차이가 비교적 적은 일련의 언어들

어족(language family) 유사 이전에 존재하던 공통의 조상언어로부터 파생되어 서로 연관성을 갖는 일련의 언어들

언어(language) 소리를 사용하여 이루어지는 의사소통 체계. 한 집단의 사람들이 같은 의미로 이해하는 발음들의 총체

에지시티(edge city) 도시지역의 에지(단)에 위치해있는 결절지로서 업무, 소매 기능으로 특화된 도시

엔클레이브(enclave) 다른 나라에 의해 완전히 둘러싸인 영토

엘니뇨(El Niño) 동부 열대 태평양에서 매년 나타나는 서류에서 동류로 바뀌는 순환의 변화

역내 이주(intraregional migration) 한 지역 내에서 이루어지는 이주

역도시화(counterurbanization) 도시 및 교외 지역으로부터 촌락 지역으로 이주하는 현상

역외 이주(interregional migration) 국가 내의 한 지역으로부터 다른 지역으로 이루어지는 이주

역학(epidemiology) 의학의 한 분야로 대규모 인구 집단에 영향을 미치는 질병의 발병, 확산, 통제와 관련된 분야

역학적 변천(epidemiologic transition) 인구변천의 각 단계에서 두드러지게 나타나는 사망 원인

연결(connection) 공간의 장벽을 넘어선 인간과 사물의 관계

연결된 통계 지역(Combined Statistical Area, CSA) 미국에서 통근 패턴이 연계되어 있어 기초 통계 지역이 2개 또는 그 이상 연속적으로 이어져 있는 통계 지역

연방정부(federal state) 지방정부가 권력의 일부를 지니는 정부의 조직 형태

연안류(longshore current) 해안에 평행하게 해안선을 따라 이동하는 쇄파대 내의 흐름

연안 운반(longshore transport) 연안류에 의한 퇴적물의 운반

열대수렴대(InterTropical Convergence Zone, ITCZ) 표면풍이 수렴하는 북회귀선과 남회귀선 사이의 저기압 지대

영아사망률(Infant Mortality Rate, IMR) 연간 출생아 수에 대한 1세 이하 영아의 사망률, 출생 영아 1,000명당 사망 수로 표현

영양 단계(trophic level) 생산자, 초식동물, 육식동물과 같이 먹이사슬 내에 상대적으로 다른 위치

영양부족(undernourishment) 건강한 삶을 유지하고 적정한 신체 활동을 하는 데 필요한 최소한의 열량 요구치보다 적은 상태

영역(territory) 정치적 단위의 물리적 공간. 국가의 영역에는 영토, 영해, 영공 및 영토의 지하까지도 포함된다.

영해(territorial waters) 기선으로부터 12해리까지의 바다로 국가가 완전한 주권을 행사한다.

오염(pollution) 자연환경에 인간의 영향으로 생겨난 물질이 증가하는 현상

오존(ozone) 3개의 산소 원자를 가진 분자들로 구성된 기체. 지상에서는 강한 부식성 기체이지만, 상층 대기에서 자외선을 흡수하므로 지구에서 삶을 보호하는 데 필수적이다.

오폐수(wastewater) 이미 어떤 용도로 사용된 물이거나 액체 상태에서 환경으로 버려진 물

온난전선(warm front) 온난기단이 한랭기단으로 전진할 때 형성된 경계

온실기체(greenhouse gas) 온실효과에 기여하는 대기 중 미량 물질. 수증기, 이산화탄소, 오존, 메탄, 프레온가스는 중요한 예이다.

용암(lava) 지표에 도달한 마그마

우유 공급 낙농지대(milkshed) 우유가 변질되지 않은 상태에서 공급될 수 있는 도시를 둘러싸고 있는 동심원 지역

우주기원론(cosmogony) 우주의 기원에 관한 일련의 종교적 신앙

원격탐사(remote sensing) 지구궤도를 도는 인공위성이나 다른 장거리 통신 수단을 통해 지표에 관한 데이터를 획득하는 것

원어민(native speaker) 특정 언어를 제1언어로 사용하는 사람

위도(latitude) 적도(0°)를 중심으로 남과 북으로 거리를 측정하여 지구 상에 그린 평행선의 위치를 표시하기 위해 사용된 숫자 체계

위선(parallel) 자오선과 직각이면서 적도에 평행하게 지구에 그려진 원

위성항법장치(Global Positioning System, GPS) 인공위성, 기지국, 수신기 등을 통해 지구 상의 특정 사물의 정확한 위치를 확인하는 시스템

유량(discharge) 단위시간당 하천의 어떤 지점을 흐르는 물의 양

유목(pastoral nomadism) 가축화된 동물들을 무리 지어 사육하는 것에 기초한 자급농업의 한 형태

유역 분지(drainage basin) 하천을 따라 명확한 경계를 나타낼 수 있는 특정 하천으로 유출이 유입되는 지리적 범위이며, 유역 분지에서 유출된 물은 하천을 따라 이동한다.

유입(immigration) 새로운 지역으로의 이주

유출(emigration) 한 지역에서 이주해 나가는 것

유출(runoff) 토양 표면이든 하천이든 육지 위를 흐르는 물

육식동물(carnivore) 다른 동물을 주 먹이로 하는 동물

음식을 통한 열량 소비(dietary energy consumption) 1인당 식품 소비량

응결(condensation) 물이 기체 상태(증기)에서 액체 또는 고체 상태로 변화하는 것

응집형 국가(compact state) 국토의 형태가 원형에 가까운 나라

이동경작(shifting cultivation) 사람들이 한 경지로부터 다른 경지로 농업 활동을 이동시키는 농업 방식으로, 각각의 경지는 단기간 작물 재배에 이용되고, 장기간 휴경지로 남겨진다.

이랑경작(ridge tillage) 농업 생산비를 감소시키고 토양 보존 효과

를 증진시키기 위해 이랑 위에 작물을 파종하는 방식

이류(advection) 바람 또는 해류에 의한 공기 또는 물체의 수평적 이동

이민 국가(immigration nation) 대부분의 인구가 이주민과 그 후손으로 이루어진 국가

이산화탄소(carbon dioxide) 화학식이 CO2인 대기의 미량 기체, 온실효과의 주요 원인

이주 물결(migration stream) 한 기원지로부터 공통의 목적지로 이루어지는 지속적인 이주 현상

이주 확산(demic diffusion) 사람들이 한 장소에서 다른 장소로 이동하는 현상

인구과잉(overpopulation) 주어진 환경에서 적절한 생활수준으로 부양 가능한 인구규모를 초과한 인구수

인구변천(demographic transition) 한 사회의 인구가 높은 출생률과 사망률로 인한 낮은 인구증가의 상태로부터 낮은 출생률과 사망률로 인해 인구증가율은 낮으나 인구규모는 훨씬 많은 상태로 변화하는 과정

인구피라미드(population pyramid) 한 국가의 인구를 연령과 성별 집단을 기준으로 막대그래프로 표현한 것

인류 기원설(human origins) 현대 인류가 처음으로 어느 곳에서 언제 나타났으며, 그들이 어떻게 지구 상에 분포하게 되었는지에 관한 이론

인재 유출(brain drain) 이주를 통해 고도로 훈련된 전문직 종사자들을 잃는 것

인적개발지수(Human Development Index, HDI) 각국의 개발 정도를 측정하기 위하여 UN에서 개발한 척도로, 수입, 문자 해독률, 교육, 기대수명 등을 사용하여 산출한다.

인종 청소(ethnic cleansing) 상대적으로 더 강한 민족 집단이 약한 민족 집단을 강제로 제거하여 민족적으로 단일한 지역을 만드는 것

인준(recognition) 신생국가의 독립 주권에 대한 기존 국가들의 공식적인 인정

인지지역(vernacular region) 'perceptual region'이라고도 하며, 사람들이 스스로의 문화적 정체성의 일부가 포함되어 있다고 믿는 지역

일사(insolation) 지구의 특정 지역에 도달한 태양에너지의 총량

일신교(monotheism) 유일신의 존재에 대한 교리 혹은 믿음

입국(arrival) 사람들이 한 국가 내로 들어가는 것

입사각(angle of incidence) 어느 시점에 태양복사가 특정한 장소의 지점을 비추는 각

입지(location) 지표상의 사물의 위치

자극 확산(stimulus diffusion) 고유한 특징은 제외되더라도 근본 원리는 전이되는 것

자급농업(subsistence agriculture) 농가의 자체적인 식량 생산과 소비를 목적으로 하는 농업

자연증가율(Natural Increase Rate, NIR) 인구가 1년 동안 증가한 비율. 조출생률에서 조사망률을 뺀 수

작물(crop) 계절에 따른 수확물로서 경작지로부터 얻어지는 곡물 또는 과실

작물 윤작(crop rotation) 토양의 영양분 고갈을 막기 위해 매년 다른 경지로 작물을 바꿔 심는 방법

잠열(latent heat) 물과 수증기에 저장된 열로서 인간에 의해 감지되지 않는다. 잠재한다는 것은 '숨은' 것을 의미한다.

잠재 증발산량(Potential Evapotranspiration, POTET) 물을 최대로 이용할 때 나타날 수 있는 증발산량

잡식동물(omnivore) 식물과 동물을 모두 먹이로 하는 동물

장소(place) 고유한 특성에 따라 구분되는 지구 상의 특정 지점

장파에너지(longwave energy) 지구에서 재방출되는 파장 약 5.0~30.0마이크론의 에너지. 적외선을 포함하고, 열을 느낄 수 있다.

재생 불가능 자원(nonrenewable energy) 한정된 공급량 때문에 고갈될 수 있는 에너지원

재생자원(renewable resource) 이론상 공급에 제한이 없으며 인간이 사용해도 고갈되지 않는 자원

재입지 확산(relocation diffusion) 한 장소에서 다른 장소로 사람이 이동하면서 퍼지는 특징이나 추세

저기압(cyclone) 바람이 북반구에서 반시계방향(또는 남반구에서 시계방향)으로 소용돌이치며 수렴하는 대규모로 기압이 낮은 지역

적기적소 배송(just-in-time delivery) 공장이 필요할 때 미리 앞서서 부품이나 원료를 배송하는 체계

적환지(break-of-bulk point) 하나의 교통수단에서 다른 교통수단으로 바뀌는 지점

전분 곡물(cereal grain) 식량용 곡물을 산출하는 초목

전선(front) 온난한 공기와 한랭한 공기 사이의 경계

전염 확산(contagious diffusion) 전체 인구의 추세나 특징이 급속하고 넓게 퍼지는 확산

절대적 위치(site) 한 장소의 물리적 특성으로 설명되는 위치

절대적 입지 요인(site factor) 토지, 노동, 자본과 같이 공장 내부의 생산 비용 요소와 관련된 입지 요인

점 오염원(point source) 오염물질이 배출되는 장소를 명확하게 알 수 있는 곳의 오염원

접속수역(contiguous waters) 기선으로부터 12~24해리까지의 바다로 제한적인 권한을 행사한다.

정착민 이주(settler migration) 새로운 식민지로 이주한 개인과 가구

제4기(Quaternary period) 거의 지난 3백만 년을 포함하는 지질학적 시간

젠트리피케이션(gentrification) 도시 근린 지역이 저소득층 임차인이 거주하던 지역에서 중산층의 자가 소유가 우세한 지역으로 전환되어 가는 과정

조사망률(Crude Death Rate, CDR) 인구 1,000명당 1년 동안의 총 사망자 수

조출생률(Crude Birth Rate, CBR) 인구 1,000명당 1년 동안의 총 출생자 수

종주 도시(primate city) 국가 내에서 가장 인구수가 많은 도시로서, 인구수는 두 번째 순위의 도시 인구수보다 2배 이상 많다.

종주 도시 법칙(primate city rule) 국가 내 도시 패턴 중의 하나로, 종주 도시의 인구수는 두 번째 순위 도시 인구수의 2배 이상이다.

종파(branch) 특정 종교 내에서 가장 크고 근본적인 구분

주거 이동성(residential mobility) 한 지역으로부터 다른 지역으로 거주지를 이동하는 것

주권(sovereignty) 타국의 간섭 없이 내정을 통치하는 독립성

주변부 모형(peripheral model) 북아메리카 도시 지역에서 중심 도시와 주변 교외 지역의 주거 또는 업무 기능의 도시가 여러 형태의 교통망으로 연계되어 있는 구조를 설명한 모형

중량 감소 공업(bulk-reducing industry) 투입에 비해서 최종 생산물의 중량 또는 부피가 감소하는 공업

중량 증가 공업(bulk-gaining industry) 투입에 비해서 최종 생산물의 중량 또는 부피가 증가하는 공업

중력 모형(gravity model) 특정 입지에서 서비스가 제공될 수 있는 잠재력은 인구수와 비례하며 거리와는 반비례한다는 모델

중심 기반 통계 지역(Core Based Statistical Area, CBSA) 미국에서 대도시 통계 지역 또는 소도시 통계 지역을 언급하는 용어

중심업무지구(Central Business District, CBD) 소매와 업무 활동이 모여있는 도시 내 구역

중심지(central place) 다양한 서비스가 교환되는 교역의 중심지로서 배후 지역에 재화와 서비스가 제공되는 지역

중심지 이론(central place theory) 3차 산업의 분포를 설명하기 위한 이론으로서, 중심지(도시)는 주변 지역에 재화와 서비스를 제공하는 기능을 한다. 고차 중심지는 저차 중심지에 비해 수가 적지만, 중심지 간에 거리가 멀고 배후 지역이 넓다.

중위도 저기압(midlatitude cyclone) 보통 온난전선 및 한랭전선과 관련 있는 중위도에서 저기압 중심에서 나타나는 폭풍

중위도 저기압대(midlatitude low-pressure zone) 아열대고기압대와 극고기압대로부터 공기가 수렴하는 저기압 지역

증발산(evapotranspiration) 증발과 증산의 합

증산(transpiration) 식물에 의해 토양에서 뿌리를 통해 공급된 물이 잎에서 증발되어 대기로 날아가는 현상

지구온난화(global warming) 적어도 수십 년 이상 기온의 일반적인 증가는 일차적으로 지구 대기 중 이산화탄소량의 증가에 의해 야기된다.

지도(map) 2차원으로 혹은 평평하게 지표면 전체나 그 일부를 표현한 것

지도학(cartography) 지도 제작에 관한 학문

지리적 인구밀도(physiological density) 한 지역의 단위 경작지당 거주 인구수. 경작지는 경작 가능한 토지를 의미한다.

지리정보시스템(Geographic Information System, GIS) 지리 데이터를 구축, 조직, 분석, 시각화하는 컴퓨터 시스템

지리정보학(Geographical Information Science, GIScience) 인공위성이나 기타 전자정보 기술을 통해 획득한 지구에 대한 데이터를 분석하는 분야

지리 좌표(geographic grid) 지표 위에 격자 패턴으로 그려진 호(acr)의 체계

지명(toponym) 지표면의 한 부분에 붙여진 이름

지속 가능성/지속 가능한 개발(sustainability/sustainable development) 자원 고갈을 막고 미래 세대가 개발을 통해서 달성할 수 있는 수준을 침해하지 않으면서 국토 공간을 유지하는 개발

지속 가능한 농업(sustainable agriculture) 일반적으로 토양 보존 작물을 환금작물과 윤작하고, 비료와 살충제 투입을 감소시킴으로써 장기간 토지 생산성을 유지하고 오염을 최소화하는 농업 방식

지속 가능한 생산(sustained yield) 재생 가능한 천연자원의 산출량을 지속적으로 유지할 수 있도록 관리하는 방법

지역(region) 문화적 · 자연적 특징의 독특한 조합으로 구분되는 지표의 영역

지진(earthquake) 지구 내부 에너지의 갑작스러운 방출로 지각이 흔들리는 현상

지판(tectonic plate) 서로 다른 방향으로 이동하는 지각의 거대한 조각

지표류(overland flow) 보통 지면에 흡수되는 물보다 강수가 더 빨리 내릴 때 사면 위의 토양 표면에 흐르는 물

지하수(groundwater) 지표면 하부에 물로 포화된 암석 또는 토양에 존재하는 물

지형(landform) 산지나 계곡, 범람원과 같은 육지 표면의 특징적인 형태

지형성 강수(orographic precipitation) 산지 위로 공기가 상승하는 힘에 의해 발생하는 강수

지형적 경계(physical boundary) 자연경관상의 특정 자연지물과 일치하는 국가 경계

진앙(epicenter) 지진의 진원에서 수직으로 지표면과 만나는 지점

진원[focus (of an earthquake)] 지구 내부에서 지진이 최초로 발생한 지점

집약적 자급농업(intensive subsistence agriculture) 농민들이 토

지의 일부로부터 최대한의 수확량을 얻기 위해 상대적으로 많은 노력을 기울여야 하는 가금농업의 형태

집중도(concentration) 일정한 지역 위에 특정 사물이 차지하는 비중

천연자원(natural resource) 인간활동에 독립해서 존재하며, 인간에게 유용한 물질

청소년 출산율(adolescent fertility rate) 15~19세 사이의 여성 1,000명당 출산한 아기의 수

초국적기업(transnational corporation) 본사나 주주가 위치한 국가를 포함하여 여러 국가에서 연구를 수행하고, 공장을 운영하며, 상품을 판매하는 기업

초식동물(herbivore) 식물을 주 먹이로 하는 동물

초청 노동자(guest worker) 부족한 노동력을 보충하기 위해 허용되는 이주 노동자

촉수형 국가(prorupted state) 응집된 형태이지만 한쪽이 돌출되어 확장된 국가

최소 요구치(threshold) 서비스가 제공되기 위해 필요한 최소한의 인구수

추방(displacement) 사람들을 한 지역에서 다른 지역으로 강제로 이주하게 하는 것

추분(autumnal equinox) 북반구에서 9월 22일 또는 23일의 정오에 태양의 수직광선이 적도를 비춘다(태양이 적도를 따라 정확히 머리 위에 있는 것을 뜻한다.).

축척(map scale) 지표상에 위치한 실제 사물의 크기와 지도상에 표시된 사물의 크기 간의 관계

춘분[vernal (spring) equinox] 북반구에서 3월 20일 또는 21일, 이틀 중 하루 정오에 태양의 수직 광선은 적도를 비춘다(태양은 적도를 따라 정확하게 머리 위에 있다.).

층위(horizon) 토양 형성 과정을 거쳐 형성된 토양 내부의 특징적인 층

카르텔(cartel) 생산 집단이 연합하여 해당 자원의 생산량 제한과 가격 안정을 위해 시장가격을 통제하고자 결성하는 것

코리올리 효과(Coriolis effect, 전향력) 지구의 자전 때문에 물체가 일정한 경로로부터 굴절하여 지구 표면을 가로지르며 이동하는 경향

크레올어(creole) 혹은 혼성어(creolized language) 식민지 개척자의 언어와 피지배 민족의 토착언어가 혼합되어 형성된 언어

탄소순환(carbon cycle) 광합성, 호흡, 퇴적, 풍화, 화석연료의 연소 등의 과정으로 발생하는 대기권, 수권, 생물권, 암석권 사이에서 탄소의 이동

태양광 전기(photovoltaic electricity) 태양광을 전기로 변환시켜 주는 기기로 생산된 전기

태양에너지(solar energy) 태양으로부터의 복사에너지

태풍(typhoon) 태평양에서 발달한 열대성 저기압의 이름

터부(taboo) 사회적 관습에 의해 강요된 행태에 대한 제한

테러리즘(terrorism) 사람들을 위협하거나 정부를 강요하여 요구하는 것을 얻어내기 위해 어떤 집단이 체계적으로 폭력을 사용하는 것

테루아(terroir) 포도주의 독특한 향미를 만들어내는 토양, 기후 등의 환경적 특성

토네이도(tornado) 대개 뇌우와 관련이 있고 빠르게 회전하는 공기 기둥. 가끔 300km/h(185miles/h) 이상의 풍속을 가진다.

토양(soil) 지표면에서 광물과 유기물로 이루어진 다공질의 역동적인 층

토양 포행(soil creep) 동물이 땅을 파거나 동결과 융해에 의해 이동되는 것처럼 다양한 크기의 입자들의 개별적인 이동에 의해 일어나는 사면 하부로의 느린 토양 이동

퇴적물 운반(sediment transport) 지표의 침식작용에 의해 형성된 암석 입자의 이동

퇴적암(sedimentary rock) 지구 표면에서 여러 작은 암석 입자들이 집적되고 결합되어 형성된 암석

투영법(projection) 평평한 지도에 실제 지표면에서의 입지를 표시하기 위해 사용되는 체계

툰드라(tundra) 1년의 대부분이 눈으로 덮인 고산 지역이나 고위도에서 나타나는 키가 작고 느리게 성장하는 식생 유형

트럭농업(truck farming) 'truck'이라는 단어가 상품의 물물교환을 의미하는 용어라는 점에서 명칭이 유래한 상업적 원예와 과수농업

파장(wavelength) 복사에너지 또는 수체의 연속적인 파랑 사이의 거리

패턴(pattern) 일정 범위의 지역에서 사물의 배열이 규칙성을 띤 것

팽창 확산(expansion diffusion) 한 지역에서 다른 지역으로 추세나 특성이 점점 더 커져가는(snowballing) 방식으로 확대가 이루어지는 형태

편입(annexation) 미국에서 법적으로 어떤 지역이 도시에 포함되는 것

평형(grade) 하천의 퇴적물 운반 능력이 하천이 운반하는 퇴적물의 양과 균형을 이룬 상태

포용적 정책(inclusionary policy) 인구유입을 수용하거나 장려하는 정부의 정책

폭풍해일(storm surge) 허리케인 중심에서 상승한 해수면은 수 미터일 것이고, 허리케인이 해안에 도착했을 때 대부분의 피해를 준다.

폴더(polder) 네덜란드에서 배수를 시켜 육지로 만든 땅

프랑글레(Franglais) 프랑스인들이 프랑스어에 들어온 영어 단어를 일컫는 용어. 영어 단어 'French'와 'English'에 각각 해당하는

프랑스어 'français'와 'anglais'의 합성어

플라이스토세(Pleistocene Epoch) 약 3백만 년 전부터 시작되어 1만 2,000년 전에 끝난 제4기 초반의 지질학적 시기

플랜테이션(plantation) 한두 가지 판매용 작물의 생산으로 특화한 열대와 아열대 지역의 대규모 농장

하지(summer solstice) 북반구에서 6월 20일 또는 21일은 북위 23.5° 선을 따라 태양이 정확히 머리 위에 위치하는 날이고, 남반구에서 12월 20일 또는 21일은 남위 23.5° 선을 따라 태양이 정확히 머리 위에 위치하는 날이다.

학살(genocide) 민족, 인종, 종교, 국민 집단 등을 제거하기 위한 살인 군사 작전

한대전선(polar front) 중위도에서 전 지구적으로 순환하는 한랭한 극기단과 온난한 아열대 공기 사이의 경계

한랭전선(cold front) 한랭기단이 온난기단 쪽으로 전진할 때 형성되는 경계

한시적 이주 노동자(temporary labor migrant) 일자리를 찾아 이주하였으나 영구 이주는 하지 않는 노동자

합계출산율(Total Fertility Rate, TFR) 여성 1명이 가임 기간 동안 출산하는 평균 자녀의 수

해빈(beach) 파랑에 의해 운반된 퇴적물이 파랑이 부서지는 해안선을 따라 형성된 퇴적지형

해수면(sea level) 파랑과 폭풍, 조석에 의한 변이를 평균한 바다 표면의 높이

해안단구(marine terrace) 해수면이 현재보다 높았을 때 해안의 침식으로 형성된 해안선을 따라 현재의 해수면보다 높아진 거의 평평한 지표면

해외직접투자(Foreign Direct Investment, FDI) 외국 기업에 의해 이루어지는 투자

허리케인(hurricane) 주로 온난한 계절 동안 열대와 아열대의 온난한 해양 위에서 발달하는 강한 열대성 저기압. 허리케인은 태평양에서는 태풍으로, 인도양에서는 사이클론으로 불린다.

현열(sensible heat) 촉각 또는 온도계에 의해 감지되는 열

호흡(respiration) 식물과 동물에서 탄수화물과 산소가 결합하여 물, 이산화탄소, 열로 분해되는 화학적 반응

혼합정부(anocracy) 민주주의정부와 독재정부 특성의 혼재가 나타나는 정부

화산(volcano) 용암으로 마그마가 분출하는 지표의 분출구

화석연료(fossil fuel) 수백만 년 전 지층 속에 누적된 동식물의 유해로부터 생성된 에너지원

화성암(igneous rock) 마그마의 결정으로 형성된 암석

화전(swidden) 파종을 위해 나무를 베고 잔재 소각을 통해 개간한 토지

화전농업(slash-and-burn agriculture) 식생을 베고 잔재를 소각함으로써 경지가 개간되는 것에서 유래한 이동경작의 다른 명칭

화학적 풍화(chemical weathering) 지표에서의 화학반응을 통해 암석이나 광물이 부서지는 현상

확산(diffusion) 장시간에 걸쳐 한 장소에서 다른 장소로 추세나 특성이 퍼져나가는 과정

환경결정론(environmental determinism) 19세기와 20세기 초반에 자연과학에서 발견되는 일반적인 법칙으로 지리학을 연구하는 접근 방식. 이 이론에 따르면, 지리학은 자연환경이 어떻게 인간활동에 영향을 미쳤는가에 대해 연구하는 분야이다.

환경적 유민(environmentally displaced person) 자연재해로 인해 이주할 수밖에 없는 사람

환류(gyre) 아열대고기압 세포 아래에서 순환하는 해류

흡인 요인(pull factor) 새로운 지역으로 사람들을 이주하게 하는 요인

사진 출처

속표지 Half Title Page imagebroker/Alamy Title Page Arcaid Images/Alamy About the Authors Debra Bowles

제1장 1.CO.MAIN Blaine Harrington III/Alamy 1.1.1 Blaine Harrington III/Alamy 1.1.2 Jon Arnold Images Ltd/Alamy 1.1.5 Jenny Matthews/Alamy 1.1.7 Jeremy Sutton-Hibbert/Alamy 1.2.1A Images & Stories/Alamy 1.2.1B Blickwinkel/Alamy 1.2.1C Pearson 1.2.2 North Wind Picture Archives/Alamy 1.2.3 World History Archive/ Alamy 1.2.5 INTERFOTO/Alamy 1.2.4 Courtesy of the Library of Congress 1.5.1 Google, Inc. 1.5.2 Dennis MacDonald/Alamy 1.5.4 Google, Inc. 1.6.1 Robert Spencer/ The New York Times 1.6.2 Jelle van der Wolf/Alamy 1.6.4 Google, Inc. 1.8.1 Ron Yue/Alamy 1.8.3A Kevin Foy/Alamy 1.8.3B Vario Images GmbH & Co.KG/Alamy 1.8.3C Robert Harding Picture Library Ltd/Alamy 1.8.3D Andrew Woodley/Alamy 1.8.3E Robert Harding Picture Library Ltd/Alamy 1.8.3F Andrew Melbourne/Alamy 1.9.3A TAO Images Limited/Alamy 1.9.3B Jeremy Hoare/Alamy 1.10.4 Vario images GmbH & Co.KG/Alamy 1.11.1 Peter Arnold, Inc./Alamy 1.11.2 Imagebroker/Alamy 1.11.3 WILDLIFE/T.Dressler/Still Pictures/Specialist Stock 1.11.5 Balthasar Thomass/Alamy 1.12.1 Picture Contact BV/Alamy 1.12.2 UPPA/Photoshot 1.CR.1 Worldspec/NASA/ Alamy 1.CR.2 Google, Inc. 1.CR.3 Google, Inc. 1.EOC.MAIN Gene Rhoden/Photolibrary.com

제2장 2.CO.MAIN Gene Rhoden/Photolibrary 2.CO.1 Paul Souders/Alamy 2.CO.2 Sborisov/Fotolia 2.CO.3 Photolibrary.com 2.1.4 Sborisov/Fotolia 2.2.3 Itdarbs/Alamy 2.3.1a Jamie Marshall, Dorling Kindersley 2.3.1b Photolibrary.com/Getty Images 2.3.1c Peter M Corr/Alamy 2.4.4.1 Danita Delimont/Alamy 2.4.4.2 Isoft/iStockphoto. com 2.5.2 Jesse Allen, Robert Simmon, and the MODIS science team 2.5.3 Denise Dethlefsen/Alamy 2.6.4 John Henry Claude Wilson/Photolibrary.com 2.7.2 Courtesy NASA/NOAA & OceanRemote Sensing Group, Johns Hopkins Univ. Applied Physics Laboratory 2.7.4 CLAVER CARROLL/Photolibrary.com 2.9.1 Dorling Kindersley 2.9.2 NASA 2.9.3 Ryan McGinnis/Photolibrary.com 2.9.3 Ryan McGinnis/AGE/Photolibrary 2.9.5.1 Mike Hill/Alamy 2.9.5.2 Andrew Fox/Alamy 2.9.5.3 Gino's Premium Images/ Alamy 2.10.1 Pavel Filatov/Alamy 2.10.3 Google, Inc. 2.11.1 Photolibrary.com 2.11.3 Sue Wilson/Alamy 2.11.4 F1online digitale Bildagentur GmbH/Alamy 2.11.5 Morales/Photolibrary.com 2.11.6 Martin Zwick/Photolibrary.com 2.12.2 Jeff Schultz/Photolibrary.com 2.13.1.1 Blickwinkel/Alamy 2.13.1.2 Brad Perks Lightscapes/ Alamy 2.13.1.3 Angie Sharp/Alamy 2.13.1.4 DBURKE/Alamy 2.13.1.5 David Humphreys/Alamy 2.13.1.6 Dennis Hallinan/Alamy 2.13.1.7 Bailey-Cooper Photography/ Alamy 2.13.2 Corbis Premium RF/Alamy 2.CR.1 David Woodfall/Photolibrary.com 2.EOC.1 Google, Inc. 2.EOC.MAIN Bob Gibbons/Photo Researchers, Inc. 2.12.2a Google, Inc. 2.12.2a Google, Inc.

제3장 3.CO.MAIN Bob Gibbons/Photo Researchers, Inc. 3.CO.2 Jim Wark/Airphoto 3.CO.3 RANDY OLSON/National Geographic Stock 3.CO.4 © Radius Images/Glow Images 3.1.1B Mainichi Newspaper/Aflo/Newscom 3.1.2 AIR PHOTO SERVICE/AFLO/Newscom 3.1.3B Hs2/Newscom 3.2.3A Aerialarchives.com/Alamy 3.2.3B NASA/ Alamy 3.3.1 Imago stock&people/Newscom 3.3.2 Imago stock&people/Newscom 3.4.ChartA Harry Taylor, Dorling Kindersley 3.4.ChartB Dave King, Dorling Kindersley 3.4.ChartC Gary Ombler, Dorling Kindersley 3.4.2B Skip Brown/National Geographic Stock 3.4.3B Jim Wark/Airphoto 3.4.4B Jim Wark/Airphoto 3.4.5 Google, Inc. 3.5.1 Imagebroker.net/SuperStock 3.5.2 Raymond Klass Danita Delimont Photography/Newscom 3.5.4 Jason Baxter/Alamy 3.6.1 Life File Photo Library Ltd/Alamy 3.6.2 Tom Till/AGEfotostock.com 3.6.3 Tom Meyers/Photo Researchers 3.6.4 Ricardo Funari/Specialist Stock 3.7.1A Sajith Sivasankaran/Alamy 3.7.1B Mike Goldwater/Alamy 3.7.1C Canadabrian/Alamy 3.7.2 USDA NRCS 3.8.2 Thomas & Pat Leeson/Photo Researchers, Inc. 3.8.4 Colin Underhill/Alamy 3.8.5 RANDY OLSON/National Geographic Stock 3.9.3 Julius Fekete/Shutterstock 3.9.4 Google.com 3.10.2 Radius Images/Glow Images 3.10.3 Google, Inc. 3.10.4 NASA 3.10.5 Norman Owen Tomalin/Alamy 3.11.2 Ashley Cooper pics/Alamy 3.11.3A USGS 3.11.3B USGS 3.11.3C BRUCE MOLNIA USGS/Still Pictures 3.12.1 Jim Wark/Airphoto 3.12.3A David Wall/DanitaDelimont.com "Danita Delimont Photography"/Newscom 3.12.3B Kathy Merrifield/Photo Researchers, Inc. 3.CR.1 z03/ZUMA Press/Newscom 3.EOC.1 Google, Inc. 3.EOC.MAIN Tomas Sereda/ Fotolia.com

제4장 4.CO.MAIN Tomas Sereda /Fotolia.com 4.CO.2 AirPhotoNA 4.CO.3 USDA/Natural Resources Conservation Service 4.CO.4 Martin Ruegner/AGEfotostock.com 4.1.2 AirPhotoNA 4.2.3a NHPA/SuperStock 4.2.4b Gary Whitton/AGEfotostock.com 4.2.4a Curt Teich Postcard A/AGEfotostock.com 4.3.3 Ron Elmy/Alamy 4.5.3 Sinopictures/ Still Pictures 4.6.1.1 Barrie Watts, Dorling Kindersley 4.6.1.2 Gaston Piccinetti/AGEfotostock.com 4.6.1.3 Christian Heinrich/AGEfotostock.com 4.6.1.4 Drake Fleege/ Alamy 4.6.1.5 Phillip Dowell, Dorling Kindersley 4.6.1.6 Phillip Dowell, Dorling Kindersley 4.7.1 Matthew Ward, Dorling Kindersley 4.7.2a USDA/Natural Resources Conservation Service 4.7.2b USDA/Natural Resources Conservation Service 4.7.2c Peter Andersen, Dorling Kindersley 4.7.2d USDA/Natural Resources Conservation Service 4.7.2e USDA/Natural Resources Conservation Service 4.9.2 M Lohmann/AGEfotostock.com 4.9.3 John E Marriott/AGEfotostock.com 4.9.4 Art Wolfe/Photo Researchers, Inc. 4.9.5 Martin Ruegner/AGEfotostock.com 4.9.6 FLPA/Robin Chittenden/AGEfotostock.com 4.9.7 TED MEAD/Photolibrary.com 4.9.8 Boyd E. Norton/ Photo Researchers, Inc. 4.9.9 Robert Harding Picture Library/AGEfotostock.com 4.10.1 Google, Inc. 4.10.2a USDA/NRCS 4.10.2b Preble County Auditor 4.10.3 Tim McCabe /USDA/NRCS 4.CR.1 AirPhotoNA 4.EOC.1 Google, Inc. 4.EOC.MAIN ERProductions Ltd/Photolibrary.com

제5장 5.CO.MAIN ERProductions Ltd/Photolibrary.com 5.CO.A Bertrand Rieger/Hemis/Photoshot 5.CO.B David R. Frazier Photolibrary, Inc./Alamy 5.CO.C Jeremy sutton-hibbert/Alamy 5.1 Sue Cunningham Photographic/Alamy 5.1 Frans Lemmens/Alamy 5.2.2 Bertrand Rieger/Hemis/Photoshot 5.2.4 Pearson 5.3.3 Penny Tweedie/ Alamy 5.5.1 Jake Lyell/Alamy 5.5.2 Renato Bordoni/Alamy 5.5.3 David R. Frazier Photolibrary, Inc./Alamy 5.5.4 LOOK die Bildagentur der Fotografen GmbH/Alamy 5.6.4 Jeremy sutton-hibbert/Alamy 5.7.5 Art Directors & TRIP/Alamy 5.7.6 Alain Le Garsmeur/Photolibrary.com 5.8.2 Neil Emmerson/Photolibrary.com 5.8.3 Yvan TRAVERT/ Photolibrary.com 5.9.1 Wissam Al-Okaili/AFP/Getty Images 5.9.2 Eye Ubiquitous/Alamy 5.9.3b Pearson 5.CR.1 Bertrand Rieger/Hemis/Photoshot 5.CR.2 Google, Inc.

5.EOC.MAIN AP Photo/Arturo Rodriguez/FILE

제6장 6.CO.MAIN AP Photo/Arturo Rodriguez/FILE 6.CO.3 Blickwinkel/Alamy 6.CO.4 BrandX Pictures/Photolibrary.com 6.CO.5 REUTERS/Ammar Awad 6.1.2 Renata Caland/Alamy 6.1.3a HO/AFP/Getty Images/Newscom 6.1.3b Pablo Fonseca Q./La Nacion de Costa Rica/Newscom 6.1.4 Pascal Goetgheluck/Photo Researchers, Inc. 6.2.2 Library of Congress 6.3.1 Images of Africa Photobank/Alamy 6.3.3 Janine Wiedel Photolibrary/Alamy 6.4.2 Alan Gignoux/Alamy 6.4.3 Pearson 6.4.4 Alain Le Bot/Photononstop/Photolibrary.com 6.5.2a Boris Heger/Photolibrary.com 6.5.2b Ton Koene/Photolibrary.com 6.5.2c Blickwinkel/Alamy 6.5.2d Ton Koene/Photolibrary.com 6.5.2e Ton Koene/Photolibrary.com 6.5.2f Sean Sprague/Photolibrary.com 6.6.2 Leonid Serebrennikov/Photolibrary.com 6.6.3 Thomas Hoepker/Magnum Photos 6.6.4 K Wothe/Agefotostock.com 6.7.2 Pearson 6.7.4 BrandX Pictures/Photolibrary.com 6.8.2 World History Archive/Alamy 6.8.3 Library of Congress 6.8.4a Mark Edwards/Photolibrary.com 6.8.4b David Grossman/Alamy 6.9.2 Pearson 6.9.3 Aerial Archives/Alamy 6.9.4 Google, Inc. 6.9.5 Robert Harding Picture Library Ltd/Alamy 6.9.6 Jim Wark/Photolibrary.com 6.9.7 Sean Sprague/Photolibrary.com 6.10.1 REUTERS/Ammar Awad 6.10.3 REUTERS/Danny Moloshok 6.CR.1 Jim West/ZUMA Press/Newscom 6.EOC.1 Google, Inc. 6.EOC.MAIN Pietro Scozzari/Agefotostock.com

제7장 7.CO.MAIN Pietro Scozzari/AGEfotostock.com 7.CO.C Peter M. Wilson/Alamy 7.CO.B Erwin Gavic, autosnelwegen.net 7.CO.D Israel images/Alamy 7.4.3 CandyAppleRed Images/Alamy 7.4.4 Picture Contact BV/Alamy 7.4.5 Jeff Morgan 01/Alamy 7.5.1 Andre Jenny/Alamy 7.5.3 David R. Frazier Photolibrary, Inc./Alamy 7.5.4 CulturalEyes-AusSoc/Alamy 7.6.1 Erwin Gavic, autosnelwegen.net 7.6.4 swissworld.org 7.6.6 Stephen Rees/IStockphoto 7.7.2 Ray Roberts/Alamy 7.7.3 Michael Ventura/Alamy 7.8.1a FALKENSTEINFOTO/Alamy 7.8.1b David Lyons/Alamy 7.8.1c Peter Barritt/Alamy 7.8.2a Luminous/Alamy 7.8.2b Peter M. Wilson/Alamy 7.8.3a Alan Novelli/Alamy 7.8.3b Imagebroker/Alamy 7.8.4 Jim Zuckerman/Alamy 7.9.1 Aurora Photos/Alamy 7.9.2 VojtechVlk/Shutterstock 7.9.3 JTB Photo/Photolibrary 7.9.4 Google, Inc. Earth 7.10.3 Eye Ubiquitous/Photolibrary.com 7.10.4 Iain Lowson/Alamy 7.11.1 Courtesy of Library of Congress 7.11.2 ArkReligion.com/Alamy 7.11.4 Dallas and John Heaton/Photolibrary.com 7.11.3B Linda Whitwam (c) Linda Whitwam, Dorling Kindersley 7.11.5 Dinodia Images/Alamy 7.12.1 Dan Porges/Peter Arnold Inc 7.12.2 Zou Yanju/Photolibrary.com 7.12.3 Robert Estall photo agency/Alamy 7.12.4 Raghu Rai/Magnum Photos, Inc. 7.13.2 Israel images/Alamy 7.Internet 1 Ethnologue.com 7.Internet 2 adherents.com 7. Internet 3 glenmary.org 7.CR.1 REUTERS/Mathieu Belanger 7.CR. 2 Google, Inc. 7.EOC.MAIN Gary Moon/Photolibrary.com 7.EOC.MAIN Mark Henley/agefotostock.com

제8장 8.CO.MAIN Mark Henley/agefotostock.com 8.CO.MAIN Gary Moon/Photolibrary.com 8.EOC.MAIN Neil Cooper/Alamy 8.CO.TOP LEFT Bill Bachmann/Alamy 8.CO.TOP CENTER Jeff Greenberg/Alamy 8.CO.TOP RIGHT Trinity Mirror/Mirrorpix/Alamy 8.1.2 Bill Bachmann/Alamy 8.2.3 Google, Inc. 8.4.1a Wim van Cappellen/Photolibrary/Getty Images 8.4.1b David R. Frazier Photolibrary, Inc./Alamy 8.4.1c Wolfgang Rattay/Reuters Pictures 8.4.3 Dbimages/Alamy 8.5.3 Philippe de Poulpiquet/PHOTOPQR/LE PARISIEN/Newscom 8.5.5 Chromorange/Alamy 8.5.6 Jeff Greenberg/Alamy 8.7.1 Robert Francis/Photolibrary/Getty Images 8.7.2 Garry Black/Alamy 8.7.3 Mike Goldwater/Alamy 8.7.4 Gavin Hellier/Photolibrary/Getty Images 8.7.5 REUTERS/Ranko Cukovic 8.8.1 Imagestate Media Partners Limited - Impact Photos/Alamy 8.8.3 Movementway Movementway/Photolibrary.com 8.8.6 Picture Contact BV/Alamy 8.9.2b PCL/Alamy 8.9.4 United States Department of Defense 8.10.1 Michael Runkel/AGEfotostock.com 8.10.2 RichardBakerSudan/Alamy 8.10.3 Wim van Cappellen/Photolibrary 8.11.1 Laperruque/Alamy 8.CR.1 AP Photo/Roshan Mughal 8.EOC.2 Google, Inc.

제9장 9.CO.MAIN Neil Cooper/Alamy 9.CO.A JORGEN SCHYTTE/Photolibrary.com 9.CO.B Agencja FREE/Alamy 9.CO.C AP Photo/Beth A. Keiser 9.CO.D Steven May/Alamy 9.2.2 APA APA/ Photolibrary.com 9.2.4 H. Mark Weidman Photography/Alamy 9.3.3 MapMaster/Pearson 9.3.5 Agencja FREE/Alamy 9.4.4 Design Pics Inc. - RM Content/Alamy 9.4.7 Picture Contact BV/Alamy 9.5.2 Jeff Morgan 07/Alamy 9.5.4 Imagebroker/Alamy 9.5.5 Kablonk!/Photolibrary.com 9.6.1 REUTERS/Ajay Verma 9.6.2 Robert Harding Picture Library Ltd/Alamy 9.7.1 MapMaster/Pearson 9.7.2a PeerPoint/Alamy 9.7.2b AP Photo/Beth A. Keiser 9.7.3 Eye Ubiquitous/Photolibrary.com 9.7.4 Wim van Cappellen/Photolibrary.com 9.7.6 Jim Holmes/Photolibrary.com 9.8.3 Yobidaba/Shutterstock.com 9.8.5 Google, Inc. 9.9.2 JOERG BOETHLING/Photolibrary.com 9.9.3 GIL MOTI/Photolibrary.com 9.10.6 Robert Harding World Imagery/Alamy 9.10.7 Visions LLC/Photolibrary.com 9.CR.1 JOHN G. MABANGLO/AFP/Newscom 9.CR.2 Google, Inc. 9.EOC.MAIN JOERG BOETHLING/Specialist Stock

제10장 10.CO.MAIN Neil Emmerson/Photolibrary.com 10.CO.2 MAISANT Ludovic/Photolibrary.com 10.CO.3 JOERG BOETHLING/Photolibrary.com 10.1.1 Nigel Pavitt/Photolibrary.com 10.1.4 Craig Lovell/Eagle Visions Photography/Alamy 10.2.2 MAISANT Ludovic/Photolibrary.com 10.2.3 Guenter Fischer/Imagebroker.net/Photolibrary.com 10.2.4 Nigel Pavitt/John Warburton-Lee Photography/Photolibrary.com 10.2.5 Eye Ubiquitous/Photolibrary.com 10.3.1 Fischer B/Photolibrary.com 10.3.4 Philippe Giraud/Photolibrary.com 10.4.2 Jeff Greenberg/Alamy 10.4.7 Steve Morgan/Photolibrary.com 10.5.2 Lite Productions/Glow Images RF/Photolibrary.com 10.5.5 JAUBERT IMAGES/Alamy 10.6.3 Lite Productions/Glow Images RF/Photolibrary.com 10.7.1 Jacques Jangoux/Alamy 10.7.2 Dmytro Korolov/IStockphoto.com 10.7.4 Google, Inc. 10.7.5 Sopose/Shutterstock.com 10.8.2 Imagebroker/Alamy 10.8.7 Inga spence/Alamy 10.9.2 Mark Edwards/Still Pictures/Photolibrary.com 10.9.6 David R. Frazier Photolibrary, Inc./Alamy 10.9.8 MIXA Co. Ltd./Photolibrary.com 10.10.2 JOERG BOETHLING/Still Pictures/Photolibrary.com 10.10.3 Lana Sundman/Alamy 10.11.2 Inga Spence/Alamy 10.11.4A Malcolm Case-Green/Alamy 10.11.4B Justin Kase zsixz/Alamy 10.11.4C Nigel Cattlin/Alamy 10.11.4D DWP Imaging/Alamy 10.11.4E Stock Connection Blue/Alamy 10.12.3 Mar Photographics/Alamy 10.CR.1 Steve McCurry/Magnum Photos 10.EOC.1 Google, Inc. 10.EOC.MAIN David Lyons/Alamy

제11장 11.CO.MAIN Eye Ubiquitous/Photolibrary.com 11.CO.2 LHB Photo/Alamy 11.CO.3 Melba/Photolibrary.com 11.1.1A The Print Collector/Alamy 11.1.1B Image Works/Mary Evans Picture Library Ltd 11.1.2 Dave King, Dorling Kindersley, Courtesy of The Science Museum, London 11.1.3 The Art Gallery Collection/Alamy 11.2.2 blickwinkel/Alamy 11.3.1 Google, Inc. 11.3.2 Pearson 11.3.3 AP Photo/Mark Duncan 11.3.4 Huw Jones/Alamy 11.4.2 XenLights/Alamy 11.4.3 CNS/Photolibrary.com 11.5.2 Jim West/Alamy 11.5.4a Courtesy Ford/ZUMA Press/Newscom 11.5.4b Toyota/ZUMA Press/Newscom 11.5.4c Courtesy of Honda/ZUMA Press/Newscom 11.5.4d s06/ZUMA Press/Newscom 11.5.4e eVox Productions LLC/Newscom 11.6.1 ACE STOCK LIMITED/Alamy 11.6.3 LHB Photo/Alamy 11.6.4 Aurora Photos/Alamy 11.6.5 Images-USA/Alamy 11.7.1 Eye Ubiquitous/Glow Images 11.7.3A D.Hurst/Alamy 11.7.3C REUTERS/Ho New 11.7.4 Melba Melba/Photolibrary.com 11.7.5 Aerial Archives/Alamy 11.8.1 Joerg Boethling/Alamy 11.8.4 Wang Dingchang/Photoshot 11.9.5 Marcelo Rudini/Alamy 11.CR.1 Google, Inc. 11.CR.2 Google, Inc. 11.EOC.MAIN Kay

Maeritz/AGEfotostock.com

제12장 12.CO.MAIN Kay Maeritz/AGEfotostock.com 12.CO.1 Alex Segre/Alamy 12.CO.2 REUTERS/Sherwin Crasto 12.CO.3 AfriPics.com/Alamy 12.1.6 Jim West/Photolibrary.com 12.2.1A Mechika/Alamy 12.2.1B JG Photography/Alamy 12.2.1C Alex Segre/Alamy 12.2.1D Myrleen Pearson/Alamy 12.2.1E Spencer Grant/Alamy 12.3.4A Radius Images/Alamy 12.3.4B Walter Bibikow/Photolibrary.com 12.4a Michael Neelon(misc)/Alamy 12.4B Bob Pardue/Alamy 12.4C Tom Carter/Alamy 12.5.3A Chad Ehlers/Alamy 12.5.3B PCL/Alamy 12.5.3C noel moore/Alamy 12.6.2 Jan Greune/Photolibrary.com 12.6.3 REUTERS/Sherwin Crasto 12.6.4 Katherine S Miles/Alamy 12.7.1 Pearson 12.7.3 Hendrik Holler/Photolibrary.com 12.8.1 National Geographic Image Collection/Alamy 12.8.2 Pearson 12.8.3 Pearson 12.8.4 AfriPics.com/Alamy 12.9.2 Travelshots.com/Alamy 12.9.4 Ingolf Pompe 55/Alamy 12.9.5 ClassicStock/Alamy 12.10.4 Jeremy Woodhouse/Photolibrary.com 12.CR.1 Peter Adams Photography Ltd/Alamy 12.EOC.1 Google, Inc. 12.EOC.MAIN BrandX Pictures/Photolibrary.com

제13장 13.CO.MAIN BrandX Pictures/Photolibrary.com 13.CO.2 Mark Edwards/Photolibrary.com 13.CO.4 Tom Uhlman/Alamy 13.1.2 Andre Jenny/Alamy 13.1.3 Andre Jenny/Alamy 13.1.4 Andre Jenny/Alamy 13.1.5 Vespasian/Alamy 13.2.2 SUNNYPhotography.com/Alamy 13.2.3 David R. Frazier Photolibrary, Inc./Alamy 13.2.5 Chad Ehlers/Alamy 13.2.7 Steve Dunwell/Photolibrary.com 13.2.8 Megapress/Alamy 13.3.1 Richard Stockton/Photolibrary.com 13.3.2b David Hodges/Alamy 13.3.2c Typhoonski/Dreamstime.com 13.3.3b Amar and Isabelle Guillen - Guillen Photography/Alamy 13.3.3c Corbis/Photolibrary.com 13.3.4b Dionne McGill/Alamy 13.3.4c Lorie Leigh Lawrence/Alamy 13.4.1 Hemis/Alamy 13.4.2 Universal History Archive/Photolibrary.com 13.4.3 JTB Photo/Photolibrary.com 13.4.4 GARDEL Bertrand/Photolibrary.com 13.4.4 Directphoto.org/Alamy 13.4.5c Directphoto.bz/Alamy 13.4.6b Paris Street/Alamy 13.4.6c Bernard Rouffignac/Photolibrary.com 13.4.7 Directphoto.org/Alamy 13.5.1a DEA/G DAGLI ORTI/Photolibrary.com 13.5.1b DEA/G DAGLI ORTI/Agefotostock.com 13.5.1c Ken Welsh/Photolibrary.com 13.5.5 aerialarchives.com/Alamy 13.5.5 Danita Delimont/Alamy 13.6.3 Pearson 13.7.3 Marvin Dembinsky Photo Associates/Alamy 13.7.4 Lee Madden/Splash News/Splash News/Newscom 13.8.2 Tom Uhlman/Alamy 13.8.3 David R. Gee/Alamy 13.8.3a D Hale-Sutton/Alamy 13.8.4 Google, Inc. 13.9.2 B.A.E. Inc./Alamy 13.9.2 Chad Ehlers/Photolibrary.com 13.9.4 SG cityscapes/Alamy 13.10.1 Aerial Archives/Alamy 13.10.2 SHOUT/Alamy 13.10.3 Jose Carlos Fajardo/ZUMA Press/Newscom 13.10.4 Robert Clay/Photolibrary.com 13.10.5 David Muscroft/Photolibrary.com 13.CR.1 Kordcom/Photolibrary.com 13.EOC.1 Google, Inc. 13.EOC.MAIN Imagebroker/Alamy

제14장 14.CO.MAIN Imagebroker/Alamy 14.CO.2 All Canada Photos/Alamy 14.CO.3 REUTERS/Stringer Shanghai 14.CO.4 Robert Harding Picture Library Ltd/Alamy 14.1.1a Ernst Klinker/Alamy 14.1.1b Jordan Siemens/Alamy 14.1.2 Jim Wark/Photolibrary.com 14.2.1 Chad Ehlers/Alamy 14.2.2 Third Milllenium Alliance 14.2.3a All Canada Photos/Alamy 14.2.3b Stuart Forster/Alamy 14.3.2a Mackertich/Dowse/Alamy 14.3.2b Prisma Bildagentur AG/Alamy 14.5.2 AFP/Getty Images/Newscom 14.5.4 Lite Productions/Photolibrary.com 14.6.3 REUTERS/Stringer Shanghai 14.7.1 Pearson 14.7.2 REUTERS/Stringer Shanghai 14.7.3 Google, Inc. 14.8.1 Ian Lamond/Alamy 14.8.2 REUTERS/Stringer Shanghai 14.9.3 Janusz Wrobel/Alamy 14.10.3 Google, Inc. 14.10.4 Worldwide Picture Library/Alamy 14.11.5 Robert Harding Picture Library Ltd/Alamy 14.CR.1 REUTERS/Albert Gea 14.EOC.1 Google, Inc. 14.EOC.2 Google, Inc.

겉표지 COV Caro/Alamy

찾아보기

ㅇ

옮긴이

안재섭

서울대학교 교육학 박사
현재 동국대학교 사범대학 지리교육과 교수

김희순

고려대학교 지리학 박사
현재 서울대학교 라틴아메리카연구소 HK 연구교수

이광률

경희대학교 이학 박사
현재 경북대학교 사범대학 사회교육학부 지리교육전공 교수

정희선

미국 루이지애나주립대학교 지리학 박사
현재 상명대학교 인문사회과학대학 지리학과 교수

세계 지도

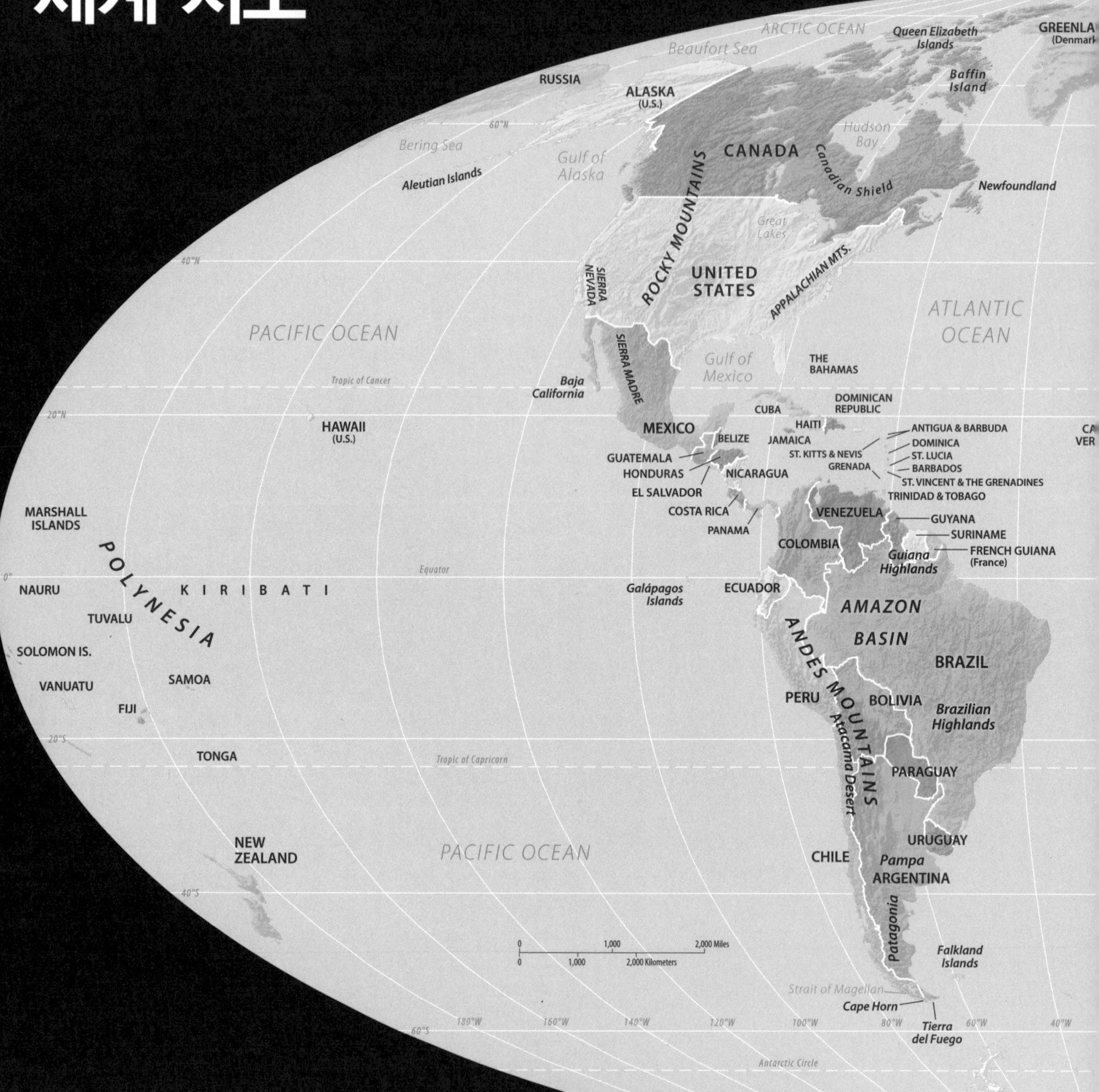

ARCTIC OCEAN
Beaufort Sea
Queen Elizabeth Islands
GREENLA (Denmark
RUSSIA
ALASKA (U.S.)
Baffin Island
Bering Sea
Hudson Bay
Gulf of Alaska
CANADA
Aleutian Islands
ROCKY MOUNTAINS
Canadian Shield
Newfoundland
Great Lakes
SIERRA NEVADA
UNITED STATES
APPALACHIAN MTS.
ATLANTIC OCEAN
PACIFIC OCEAN
SIERRA MADRE
Gulf of Mexico
THE BAHAMAS
Tropic of Cancer
Baja California
DOMINICAN REPUBLIC
CUBA
HAITI
HAWAII (U.S.)
MEXICO
ANTIGUA & BARBUDA
BELIZE
JAMAICA
DOMINICA
ST. KITTS & NEVIS
ST. LUCIA
GUATEMALA
GRENADA
BARBADOS
HONDURAS
NICARAGUA
ST. VINCENT & THE GRENADINES
EL SALVADOR
TRINIDAD & TOBAGO
MARSHALL ISLANDS
COSTA RICA
VENEZUELA
GUYANA
PANAMA
SURINAME
POLYNESIA
COLOMBIA
FRENCH GUIANA (France)
Equator
Guiana Highlands
NAURU
KIRIBATI
Galápagos Islands
ECUADOR
AMAZON BASIN
TUVALU
SOLOMON IS.
BRAZIL
SAMOA
VANUATU
ANDES MOUNTAINS
PERU
BOLIVIA
Brazilian Highlands
FIJI
Atacama Desert
TONGA
Tropic of Capricorn
PARAGUAY
URUGUAY
NEW ZEALAND
PACIFIC OCEAN
CHILE
Pampa
ARGENTINA
Patagonia
Falkland Islands
0 1,000 2,000 Miles
0 1,000 2,000 Kilometers
Strait of Magellan
Cape Horn
Tierra del Fuego
180°W
160°W
140°W
120°W
100°W
80°W
60°W
40°W
60°N
40°N
20°N
0°
20°S
40°S
60°S
Antarctic Circle

ARCTIC OCEAN
Barents Sea
Arctic Circle
SIBERIA
RUSSIA
URAL MTS.
See Europe inset map below
KAZAKHSTAN
MONGOLIA
GOBI (DESERT)
UZBEKISTAN
TIAN SHAN
KYRGYZSTAN
TURKMENISTAN
TAJIKISTAN
GEORGIA
ARMENIA
AZER.
TURKEY
SYRIA
LEBANON
ISRAEL
JORDAN
IRAQ
IRAN
AFGHANISTAN
HIMALAYAS
CHINA
NORTH KOREA
SOUTH KOREA
JAPAN
PACIFIC OCEAN
East China Sea
KUWAIT
BAHRAIN
QATAR
PAKISTAN
NEPAL
BHUTAN
ATLAS MTS.
TUNISIA
MOROCCO
ALGERIA
LIBYA
SAHARA
EGYPT
Arabian Peninsula
UNITED ARAB EMIRATES
Thar Desert
BANGLADESH
TAIWAN
Tropic of Cancer
SAHEL
SAUDI ARABIA
OMAN
INDIA
Deccan Plateau
BURMA (MYANMAR)
LAOS
South China Sea
MAURITANIA
MALI
NIGER
CHAD
SUDAN
ERITREA
YEMEN
Arabian Sea
THAILAND
VIETNAM
PHILIPPINES
DJIBOUTI
Bay of Bengal
CAMBODIA
BURKINA FASO
TOGO
NIGERIA
GUINEA
COTE D'IVOIRE
BENIN
CENTRAL AFRICAN REPUBLIC
SOUTH SUDAN
Ethiopian Highlands
ETHIOPIA
SRI LANKA
MALDIVES
BRUNEI
PALAU
MICRONESIA
GHANA
LIBERIA
CAMEROON
EQ. GUINEA
SAO TOME & PRINCIPE
SOMALIA
UGANDA
MALAYSIA
Equator
RWANDA
BURUNDI
KENYA
GABON
REPUBLIC OF THE CONGO
SINGAPORE
INDONESIA
DEMOCRATIC REPUBLIC OF THE CONGO
TANZANIA
SEYCHELLES
PAPUA NEW GUINEA
COMOROS
ANGOLA
MALAWI
INDIAN OCEAN
TIMOR LESTE
SOLOMON ISLANDS
ZAMBIA
MADAGASCAR
NAMIBIA
ZIMBABWE
MAURITIUS
BOTSWANA
Tropic of Capricorn
MOZAMBIQUE
Kalahari Desert
AUSTRALIA
Great Victoria Desert
ATLANTIC OCEAN
SWAZILAND
SOUTH AFRICA
LESOTHO
40°N
20°N
0°
20°S
40°S
140°E
0°
20°E
40°E
60°E
80°E
100°E
120°E
ANTARCTICA
20°W
0°
20°E
40°E
60°E
ICELAND
Arctic Circle
SWEDEN
FINLAND
0 250 500 Miles
0 250 500 Kilometers
NORWAY
60°N
ESTONIA
RUSSIA
UNITED KINGDOM
DEN.
LATVIA
RUSS.
LITH.
IRELAND
POLAND
BELARUS
NETH.
GERMANY
BELG.
CZECH REP.
UKRAINE
LUX.
SLVK.
ATLANTIC OCEAN
LIECH.
AUS.
MOLDOVA
SWITZ.
SLOVE.
HUNGARY
FRANCE
ITALY
CRO.
SERB.
ROMANIA
BOS. & HERZ.
KOS.
BULGARIA
MONT.
MAC.
PORTUGAL
SPAIN
ANDORRA
ALB.
40°N
GREECE
TURKEY
EUROPE
MALTA
MOROCCO
ALGERIA
TUNISIA
CYPRUS